C程序设计

——基于应用导向与任务驱动的学习方法

贺细平 著

電子工業出版社

Publishing House of Electronics Industry

北京 • BEIJING

内 容 简 介

本书采用以解决实际应用问题为导向、以具体编程任务为驱动的模式，将C语言的知识无缝融入每个实际应用程序中。作者精心设计了100多个应用案例，每个案例均有实现特定功能的、完整的、可运行的程序代码。本书图表丰富，对程序设计的概念、求解问题的思路和方法、程序背后的原理和机制进行了深入剖析。全书共9章。第1章从简单程序入手，将程序设计相关的基础性概念融入案例，使读者对C程序设计有一个整体的、直观的、感性的认识。第2章阐述表达复杂逻辑的分支和循环语句的用法，使读者对应用问题中的逻辑具有较好的表达能力。第3章阐述了利用数组处理批量数据。第4章阐述了如何存储和处理文本型数据。第5章全面地阐述了函数这一模块化程序设计利器。第6章对具有内存间接访问能力的指针进行了深入阐述。第7章讲解如何利用结构体类型创建用户所需新数据类型。第8章阐述了如何利用文件实现数据持久化。第9章讲解了位运算的规则和用法。

图书在版编目（CIP）数据

C程序设计：基于应用导向与任务驱动的学习方法/贺细平著. 一北京：电子工业出版社，2018.1
ISBN 978-7-121-33232-6

Ⅰ. ①C…　Ⅱ. ①贺…　Ⅲ. ①C语言一程序设计　Ⅳ. ①TP312.8

中国版本图书馆CIP数据核字（2017）第306156号

策划编辑：冉　哲
责任编辑：底　波
印　　刷：涿州市般润文化传播有限公司
装　　订：涿州市般润文化传播有限公司
出版发行：电子工业出版社
　　　　　北京市海淀区万寿路173信箱　邮编　100036
开　　本：787×1 092　1/16　印张：32.75　字数：880千字
版　　次：2018年1月第1版
印　　次：2023年7月第13次印刷
定　　价：89.00元

凡所购买电子工业出版社图书有缺损问题，请向购买书店调换。若书店售缺，请与本社发行部联系，联系及邮购电话：（010）88254888，88258888。

质量投诉请发邮件至 zlts@phei.com.cn，盗版侵权举报请发邮件至 dbqq@phei.com.cn。

本书咨询联系方式：ran@phei.com.cn。

前　言

当您第一眼见到这本书，一定诧异于它的厚度，但只要您翻开阅读，我想，您一定不会觉得这是一本难啃的“大部头”，而像是一本娓娓道来的程序设计“故事书”。

当我想要编写一本关于程序设计的教材时，难抑内心的激动。我的第一门程序设计语言是BASIC，然后学习C语言，后来学过C++、Java、Python等程序设计语言。多数学过程序设计的人，对第一门程序设计语言的印象大抵是艰难而晦涩的。一些人秉承对程序设计的执着和热爱，从这种艰难中走过来了，并且从此爱上了程序设计，享受程序设计在解决现实生活的实际应用问题后带来的快乐和成就感。但更多的人对编程望而生畏，面对堪如天书的代码，始终难解心中诸多困惑：这些代码是如何写出来的？为什么要写成这样？必须写成这样吗？为什么我这样写就不对呢？解决此问题还有其他写法吗？为何当我面对实际应用问题时总感到无从下手呢？怎样才能创造出属于自己的程序呢？

我尽最大努力，使程序设计的每个细节变得简单清晰。为了让您理解程序的来龙去脉，对于每次需要解决的编程任务，不是一次性地抛出最终程序代码，而是必须对解决此问题的思路、方法进行详尽分析。并且遵循“由简单到复杂，由低级到高级”的设计过程，尽可能完整地展示“程序是怎样炼成的”。对于同一编程任务，提供尽可能多的设计思路和不同的算法以及实现代码，帮助您打开程序设计思维的匣子。

本书侧重于培养您作为程序设计者必须具备的计算思维。所谓的计算思维，就是以计算机的方式去思考问题的求解过程。作为机器的“计算机”思考问题的方式与作为万物之灵的“人”的思考问题方式是不同的。“人”通过学习程序设计去理解并掌握“计算机”思考问题的方式，这个过程就是培养计算思维的过程。因此，本书以求解具体应用问题为目标，驱动相关程序设计知识的应用。

本书强调，程序设计语言是求解问题的工具，程序设计语言是为求解问题服务的。本书对语法的讲解以够用为准，不提倡代码中应用古怪、费解的语法。当然，程序设计必须掌握相关语法，有语法错误的程序过不了“编译关”。掌握C语言语法不是程序设计学习的重点，更不是学习目的。培养计算思维，能利用程序设计语言解决实际应用问题才是最终目的，学习程序设计必须过实际“运行关”。

C语言具有语法简洁、概念清晰、底层控制力强等优点，是值得程序设计初学者首选的语言。C语言虽是面向过程的程序设计语言，但是学好C语言将为面向对象的程序设计语言（如C++、Java、C#、Python等）的学习打下坚实基础。

学好编程没有捷径，上机练习、独立思考、保持兴趣、学用结合、日积月累、持之以恒是成为编程高手的秘籍。关于如何学习程序设计的建议请参见附录“10.1 关于程序设计的学习方法”（扫描前言中的二维码）。

本书特色：

一、本书贯彻以求解应用问题（实际应用问题的一部分或实际应用问题的简化问题）为导向，以具体“编程任务”为驱动的程序设计学习方法，将每个知识点融入实际编程任务中。因此，展现在您面前的代码是一个完整的、可运行的、有输入/输出的、实现了一定功能的应用程序，而不是仅仅为了讲解某个知识点的片段的、不完整的代码。

二、作为例题的编程任务生动有趣。每个编程任务力求有现实生活应用背景，让您时刻不忘学习程序设计的目的是能运用计算机程序解决现实生活中或大或小的实际问题，体会计算机是如何按您的意图行动的，体会计算机给我们生活带来的方便，体会计算机的威力与魅力。编程不再是单纯地学习C语言语法，也不是纯粹为了实现数学的数值计算。

三、图表丰富。本书秉承“能用图和表表达的，一定画图做表”的思想。因此，书中配有大量图解、表格，大量地运用了类比、对比、小贴士、小问答等形式，尽量用直观的形式帮助您理解程序设计的概念、原理、机制等方面。

四、讲解深入浅出。本书融入了我多年程序设计教学经验、教学成果、应用软件开发经验和对程序设计的体会与理解。对程序中诸多概念的理解，需要程序设计者（以后简称为程序员）对操作系统的有关原理有一定的理解。因此，本书在讲解程序的同时，尽量对发生在程序运行背后的机制——特别是操作系统中与编程相关的机制进行了深入剖析。对操作系统和计算机原理的介绍，能帮助程序员深入地理解程序在底层的运行机制，使程序员在编程时做到“知其然”且“知其所以然”。

五、程序代码“箭指”代码解释，阅读代码一目了然、易读易懂。对于程序代码中每个重要语句，均引出箭头指向相应的代码解释，代码和对应的解释是左邻右舍、如影相随的，方便阅读。此外，在排版上，也尽量将一个完整程序或函数模块的代码排在同一页中，确保代码的形式整体性。

六、本书站在程序员的角度来看待和学习C语言，而不是站在C语言的角度罗列C语言知识本身。站在程序员的角度，面对编程任务时，我们应该思考的是如何运用C语言为“我”（即程序员）的设计目标服务。从这个角度出发，您就更容易理解和接受C语言的知识了。

本书的例题全部采用编程任务的形式给出。每个编程任务由8部分构成：标题、任务描述、输入、输出、输入举例、输出举例、分析，以及参考代码。本书例题采用此形式是基于以下四点考虑的。

其一，这种方式对要解决的任务有清晰、准确的编程描述，因此每个程序代码需要达到的目标和需要实现的功能非常明确。学习程序设计是为了能用自己设计的程序解决实际问题，因此，我们将本书读者的角色定为软件开发者。软件开发是软件开发者按照用户提出的需求进行软件设计的过程。设计得到的软件必须达到指定功能，满足软件用户的需求。描述清晰、准确的软件需求对软件开发至关重要。因为需求的小变化，可能导致软件设计的巨大改变，甚至从头重新设计。

其二，有利于独立思考和寻求解决问题的多种方法，培养计算思维。在达到既定软件开发目标的情况下，鼓励读者学会分析问题，开动脑筋独立思考，尝试用不同思路、不同算法或不同的代码去完成同一个任务，对比不同实现方式之间的优缺点。对于每个编程任务，本书代码仅供参考。本书绝不鼓励读者仅满足于将本书代码照抄照搬，死记硬背。

其三，对C语言知识点均采用融入具体编程任务的方式讲解，使我们对每个C语言知识要素所适用的实际应用场合有最感性的认识。

其四，方便使用OJ作为程序设计在线练习平台。本书的编程任务便于自动裁判（可简单地将“裁判”理解为教师批改学生所交的程序设计作业这一过程）。国内外有许多大学和组织提供了开放式的在线裁判系统（Online Judge，OJ），它能对提交的程序源代码进行自动裁判。OJ 系统 24 小时在线练习资源丰富，裁判结果公正客观。OJ 系统原本为程序设计竞赛所用，但是好的工具为什么不能用于学习呢？参加过信息学竞赛（IOI，NOI）或大学生程序设计竞赛（CPC）的读者一定对这种编程任务的形式不陌生，因为竞赛题采用此形式。希望本书读者不要对此表示疑惑，学习程序设计当然不是为了参加比赛。在此，只是取其长而用之，更好地服务于学习程序设计这一目标。我早在 2009 年就开始将 OJ 系统作为练习平台引入到信息类本科专业的“C 程序设计”课程教学中，得到了学生和同行的好评与认可。目前，将 OJ 作为程序设计教学练习平台的做法在越来越多的学校的程序设计教学中得到运用。

本书提供所有编程任务的描述、测试用例数据和标程，并且不断补充高质量的编程任务作为练习或测试用。读者（包括教师或学生）可在 OJ 上练习、实验、测试和上机考试。如果您所在学校尚未建立 OJ 系统，可自主开发 OJ，也可利用开源系统部署自己的 OJ，或者直接利用互联网上开放的 OJ 系统。如果 OJ 上没有想要练习的编程任务，则需要先在 OJ 上添加它。欢迎使用湖南农业大学程序设计在线练习系统（http://210.43.224.19/oj）。

本书适合作为本科低年级程序设计课程教材，也非常适合程序设计初学者自学使用。对参加奥林匹克信息学竞赛的队员和参加 ACM/ICPC 大学生程序设计竞赛的队员来说，也是一本非常好的入门教材。对于有一定程序设计基础的读者，本书也不失参考价值。书中有许多对程序深入的剖析很有启发意义，值得一读。

众所周知，C 程序设计课程是计算机类专业、信息类专业极其重要的专业基础课。我从事本科程序设计专业基础课一线教学十余年，希望能有一本读起来不那么枯燥，同时又不失专业性和系统性的面向程序设计初学者的 C 语言图书，这是我写本书的意图。如何利用本书，各位见仁见智。

希望通过本书带给读者更多愉悦的程序设计经历，提振编程信心，激发编程的兴趣，为今后的学习、工作、科研培养良好的计算思维和软件设计基础。

本书的写作是我将头脑中纷繁的思绪变成有条理文字的过程，既艰辛又充满快乐。常常为了设计一个恰到好处的编程任务或为了更好地表述某个概念，灵感突现，即使是已卧床或半夜醒来，也立刻记录，唯恐遗漏。本书力求知识更加系统、表述更加准确、语言更加通俗、例子更加贴近生活，这使写作过程充满挑战性，字句斟酌，直到自己满意为止，以致成书过程如此漫长。对本书内容安排、章节设置、设置每个例子代码甚至每段表述，都经过反复琢磨和权衡，力求语言描述精准、思想表达透彻。漫长的成书过程，让我体会到了写书的不易，不过，本书写作过程带给我更多的是快乐。在写作期间，不仅有将存在于脑海的点滴心得随着键盘的敲击变成文字的快感，而且，在此期间我的儿子不经意间长成了帅小伙，陪伴他的时间总是短暂而欢快的。我的妻子虽常常担心因长时伏案而有腰椎疾病的我，但她送来键盘旁的一杯热茶、一碟水果，顿时让我满血复活。特别感谢我的妻子陈海燕女士包容我无数个日夜以计算机为伴而少有陪伴她，家务操持多劳她费心，虽偶有抱怨，但忍韧而坚强。谨以此书献给我的家人。

感谢电子工业出版社高等教育分社谭海平社长和冉哲编辑对我蜗牛般写稿进度的容忍。

感谢我的学生卢晨曦、邵振宇、王舒心、王鹏、陈慧、张洋、唐朝宇、廖颜勤、姚沛丰、熊嘉奇、唐航、周子翔、沈煜恒为本书的校对付出了辛勤劳动。

虽然我对本书写作用心尽力，但由于学识水平有限，错误与不足之处在所难免，恳请批评指正（我的邮箱：390199309@qq.com）。

限于篇幅，本书第 1 章至第 9 章的综合应用实例和知识拓展部分以及附录部分，以扫描二维码下载相应文档的形式提供。

附录：

贺细平

目　录

第 1 章　邂逅程序设计——初识 C 语言

生活在信息时代的我们在日常生活中已经离不开计算机和软件（程序）了。

日常生活中最常见的“计算机”是微型计算机，俗称“电脑”，有台式电脑、笔记本电脑、平板电脑、工作站、服务器等。顾名思义，可以理解为“用电的大脑”、“有着闪电般计算速度的大脑”、“会计算的机器”。甚至，日常使用的智能手机也可以看作掌上计算机。

我们几乎每天都在浏览互联网、收发电子邮件、在线聊天、玩游戏、看电影、听音乐、写文档、绘图、打电话、发短信、发微博、发微信等，数不胜数，这些都离不开各种各样的程序和软件。这些软件运行在各式各样的电子设备中，如台式计算机、笔记本电脑、平板电脑、手机游戏机、MP3、DVD、数码相册、导航仪、自动柜员机，甚至在电视机、机顶盒、冰箱、洗衣机、空调等家电中都有“程序”在运行。

想知道这些软件或计算机程序是怎么设计吗？我们能设计这样的软件或程序吗？

千里之行，始于足下。本书将为读者开启神奇的程序设计之门。

一直以来，我们是软件或程序的使用者、程序的消费者，直到今天，我们才有机会成为程序的设计者、生产者或创造者。编程能让我们实现自我价值。从此我们将与程序设计结下不解之缘，我们将在学习中体会程序设计的奇妙、程序设计的美和程序设计的魅力。从今天起，当我们在设计程序时，角色已悄然发生了改变，由“看热闹的外行”转变为“看门道的内行”，程序设计人员通常称为程序员，你想成为编程高手吗？你想成为出色的程序员吗？本书将为您打开充满趣味和奥妙的程序设计大门，现在开始我们愉快的程序设计之旅吧！

程序设计语言有很多种，如 C++、Java、C#、Python、PHP、Perl、JavaScript、VisualBasic、Pascal、Fortran、Delphi、Ruby 等。C 语言仍然是值得学习的语言，因为 C 语言简洁精练、操控能力强、程序运行效率高、能很好地锻炼计算思维。此外，C 语言是系统编程的首选语言，许多操作系统（如 Windows、Linux、Android 等）主要使用 C 语言实现。

“计算机”（电脑）解决问题的方式与“人”解决问题方式大太一样。通过本门课程的学习，你将有深刻体会。所谓计算思维，通俗地说，就是以计算机的特有方式去思考问题、解决问题。可以说掌握了计算思维，就掌握了程序设计的本质。

计算机有最核心能力，体现在 3 个方面：快速计算能力、海量存储能力、高速通信能力。

计算机深入到了生活的方方面面，具有各种神奇功能或“智能”，所有的这些功能都离不开软件（或程序）。人们设计各种各样的程序实现特定的功能来满足生产生活的各种需要。程序的功能是通过程序代码控制计算机的运行，从而达到预定的目标的。这些目标包括得到计算结果、控制外部设备、可视化呈现等。

虽然计算机的功能、形态各异，但目前绝大多数计算机的组织结构仍是冯·诺依曼计算机体系结构。按照冯·诺依曼计算机体系结构的思想，计算机系统有如下特点。

（1）采用二进制。数据和指令都采用二进制，而非十进制。因为二进制只有两种状态，用 0 和 1 表示，如开关电路的“通”与“断”，因此易于用电子电路实现。

（2）存储程序。数据和指令都以相同的方式存放在存储器，依次取出指令，分析指令的含义，然后执行指令。执行指令的过程如下：读取操作数，根据所要执行的计算操作计算出结果，存放结果。程序和指令无区别地统一存储使计算机的硬件易于设计与实现。

（3）顺序执行。指令是线性地、串行地、逐条指令地被执行。串行和线性意味着程序的执行有严格的先后顺序，这使得程序易于设计与调试，易于理解和把握。

（4）五大部分。计算机硬件由运算器、控制器、存储器、输入设备和输出设备组成。

冯·诺依曼计算机体系结构给出了计算机的组成和运行的宏观蓝图，这能帮助我们更好地理解计算机、程序及程序设计。

计算机程序执行模式是串行模式，即程序代码或计算机指令是顺序地、串行地被执行。因此程序代码可以单步调试。并行程序本质上是多个串行程序的并发运行，因此串行程序设计是并行程序设计的基础。

> 小问答：
>
> 问：软件和程序有什么区别？
>
> 答：软件一般是指具有较完整功能的、相对复杂的程序。

1.1 第一个程序——我会算加法

编写第一个程序。

想看看程序长得像什么样子了吗？马上开始编写属于自己的第一个程序。

按如下任务的要求，编写一个C语言程序实现指定的功能。

编程任务1.1：我会算加法

任务描述：给定任意两个整数A、B，输出两者之和。

输入：两个整数A、B，两个数之间用空格分隔。

输出：A与B的和。

输入举例：12 34

输出举例：46

分析：本问题虽简单，但具有典型“三部曲”结构：输入—计算—输出。程序必须能接受输入的两个整数，然后做求和运算，最后将结果输出。输入采用C语言的库函数scanf( )完成，求和利用C语言的算术运算之一，即加法运算符“+”实现，输出结果利用C语言的库函数printf( )函数实现。

“工欲善其事，必先利其器”，让我们先来熟悉编程工具和编程环境。可用于C程序设计的集成开发环境（Integrated Development Enviornmont，IDE）有许多。本书采用Code::Blocks作为C程序设计的集成开发环境。

操作步骤如下，共有4大步。

第1大步：在Code::Blocks中创建一个名为aAddb的新工程。

第1.1步：运行Code::Blocks。第一次运行前，需要在计算机安装此软件。可从www.codeblock.org下载最新版Code::Blocks安装包，它是开源软件。如果在Windows下使用，建议下载带有MinGW编译环境的安装包，它带有gcc编译器和gdb调试器，如codeblocks-12.11mingw-setup.exe安装包。Code::Blocks运行后界面如图1.1所示。

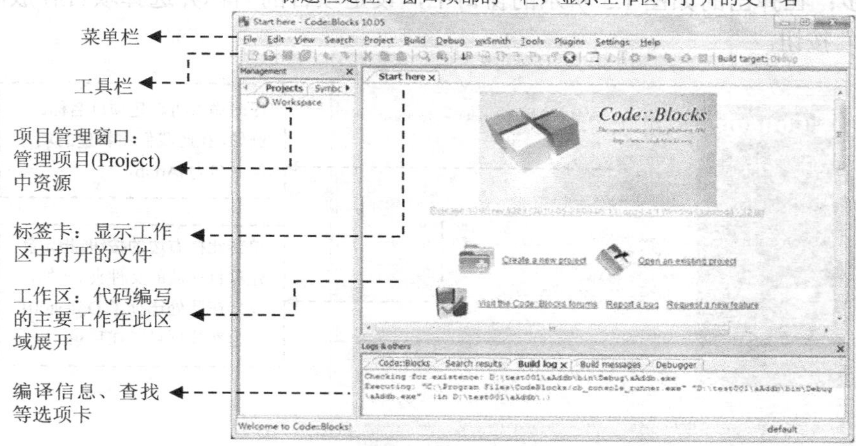

图 1.1　Code::Blocks 用户界面

第 1.2 步：打开菜单“File—New—Project”选项新建软件项目，如图 1.2 所示。在此窗口中选择 Console application 选项，表示新建项目类型为控制台应用程序。

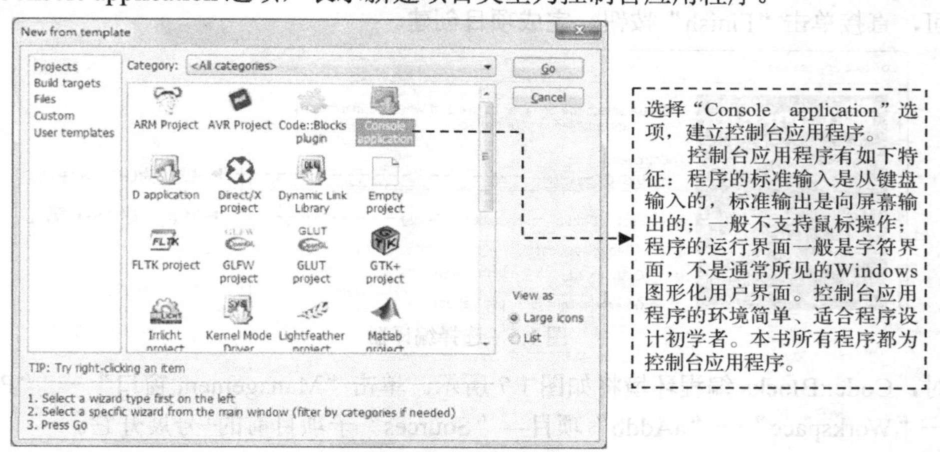

图 1.2　选择新建项目类型

然后单击“Go”按钮，弹出如图 1.3 所示的窗口，勾选 Skip this page next time 复选项，以后新建项目时将不再出现此提示窗口。在此窗口单击“Next”按钮。

第 1.3 步：在弹出如图 1.4 所示的窗口中选择“C”语言作为程序设计语言。

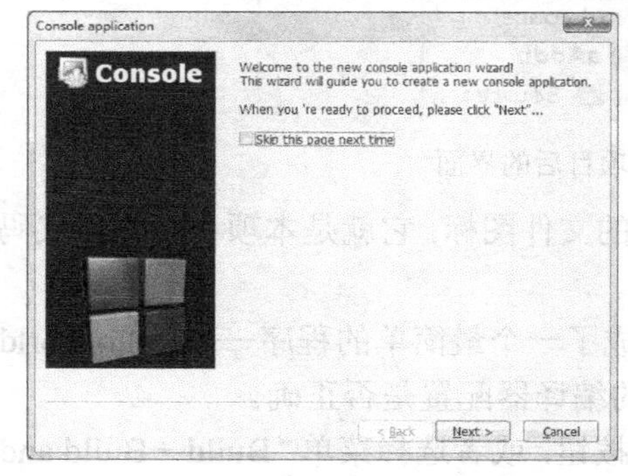

图 1.3　新建项目时的提示

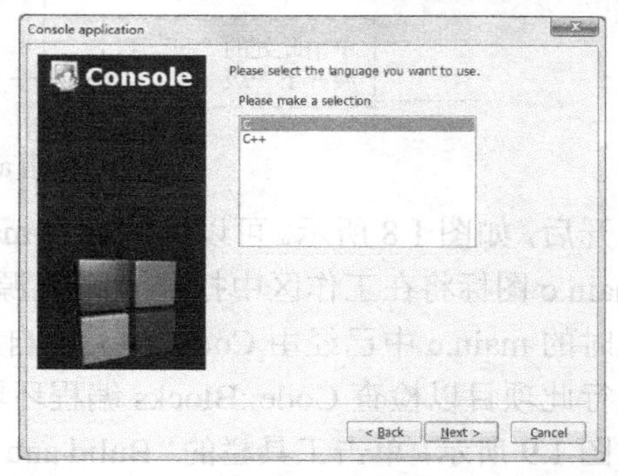

图 1.4　选择程序设计语言

第 1.4 步：在弹出的如图 1.5 所示的窗口中，设定项目的名称并选择项目存放的文件夹。单击“Next”按钮。

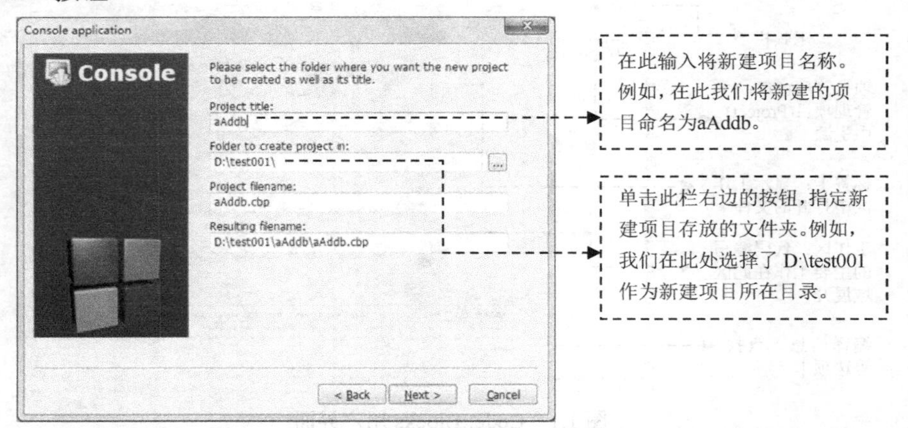

图 1.5　设定项目名称和项目所在文件夹

第 1.5 步：选择编译器，如图 1.6 所示。此处选择默认的 GNU GCC Compiler，即 GCC 编译器即可，直接单击“Finish”按钮，完成项目创建。

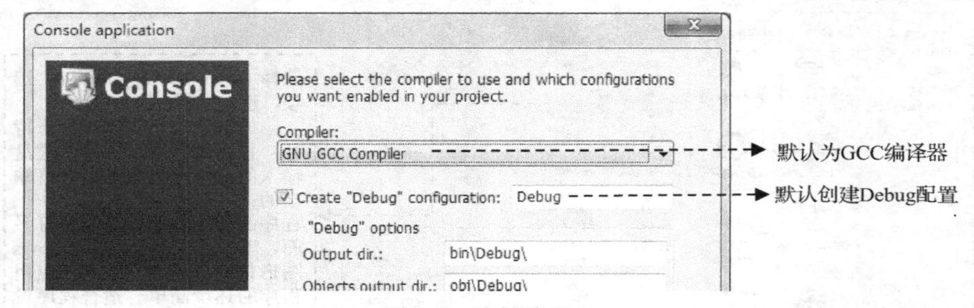

图 1.6　选择编译器

此时，Code::Blocks 编程环境将如图 1.7 所示。单击“Management 窗口”—“Projects”选项卡—“Workspace”—“aAddb”项目—“Sources”子项目前的+号展开它。

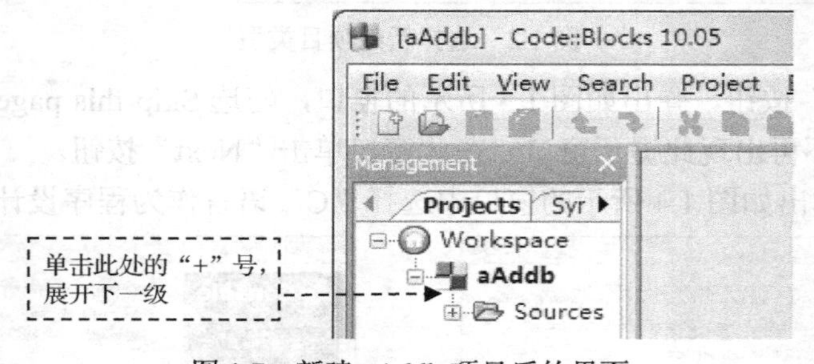

图 1.7　新建 aAddb 项目后的界面

展开后，如图 1.8 所示。可以看到名为 main.c 的文件图标，它就是本项目下的源代码文件。双击 main.c 图标将在工作区中打开 main.c 源文件。

此时的 main.c 中已经由 Code::Blocks 自动生成了一个最简单的程序——Hello world。

运行此项目以检查 Code::Blocks 编程环境下的编译器配置是否正确。

如图 1.9 所示，单击工具栏的“Bulid and run”按钮，或者选择菜单“Build—Build and run”，或者直接按快捷键 F9，就能编译并运行当前程序。

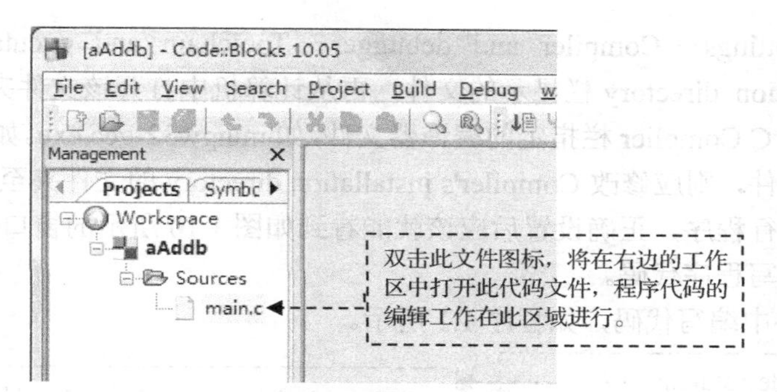

图 1.8　展开项目下的 main.c 文件

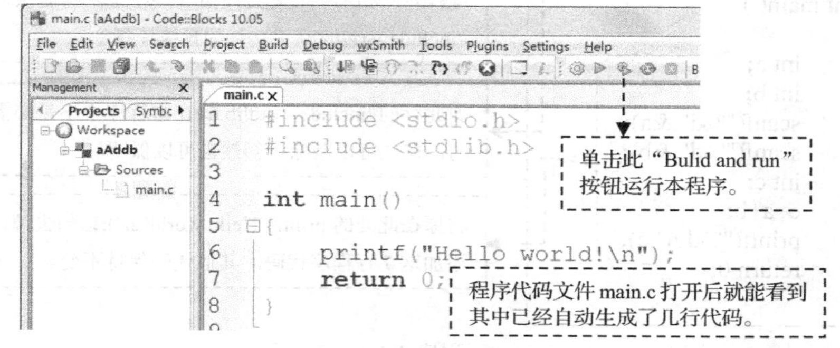

图 1.9　运行项目

如果能看到如图 1.10 所示运行结果窗口，意味着 Code::Blocks 编程环境设置正确。接下来就可以在 main.c 文件中编写程序代码了。

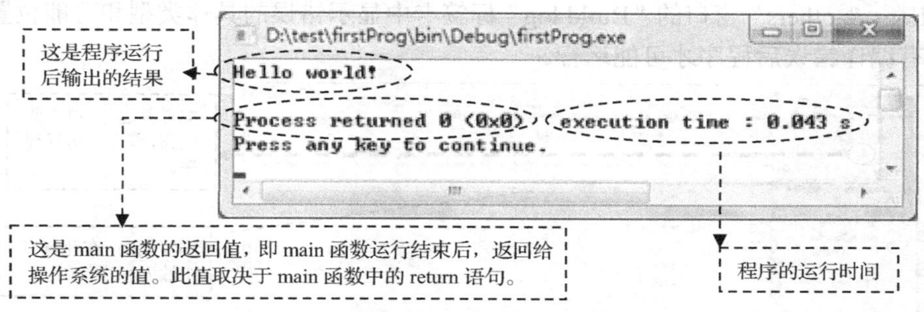

图 1.10　Hello world 程序的运行结果

如果运行后不能看到图 1.10 所示的窗口，并且在工作区下方的 Logs & others 窗口中显示了如下信息，如图 1.11 所示。

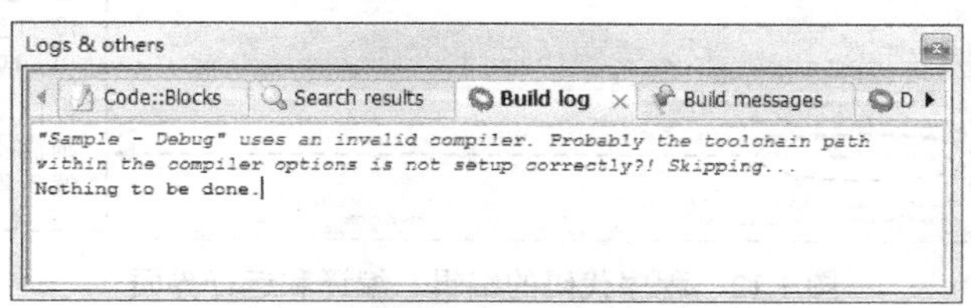

图 1.11　未正确设置编译器时的提示

该提示表明：XXX-Debug 项目使用了无效的编译器。可能是 toolchain 中编译器的路径设置不正确，跳过当前操作，未执行任何动作。

以上错误是因为 Code::Blocks 中编译器设置错误引起的，那么如何正确设置编译器呢？

首先进入 Settings—Compiler and debugger—Toolchain and excutables 选项卡查看 Compiler’s installation directory 栏显示的文件，再从计算机中打开该文件夹的 bin 子文件夹，确认其中是否包含 C Complier 栏指定的编译器文件，如 mingw32-gcc.exe。如果没有 C Compiler 栏指定的编译器文件，则应修改 Compiler's installation directory 的文件夹至 C 编译器所在的文件夹。然后再次运行程序，正确设置后应该就能看到如图 1.10 所示的窗口了。

第 2 大步：编写程序代码。

在 main.c 文件中编写代码，如程序 1.1 所示。

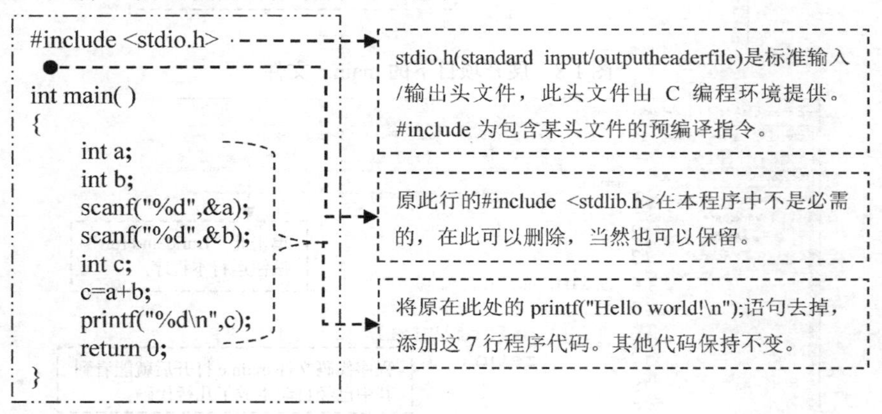

程序 1.1

第 3 大步：编译并运行。单击工具栏中的“Build and run”按钮，编译 main.c，如果没有错误和警告，则编译成功了，将出现如图 1.12 所示的运行界面。如果有编译错误，则在窗口底部的“Logs & others”窗口的“Build log”标签卡中显示错误的具体类型和可能位置等信息。修改至没有编译错误后程序才可能运行。

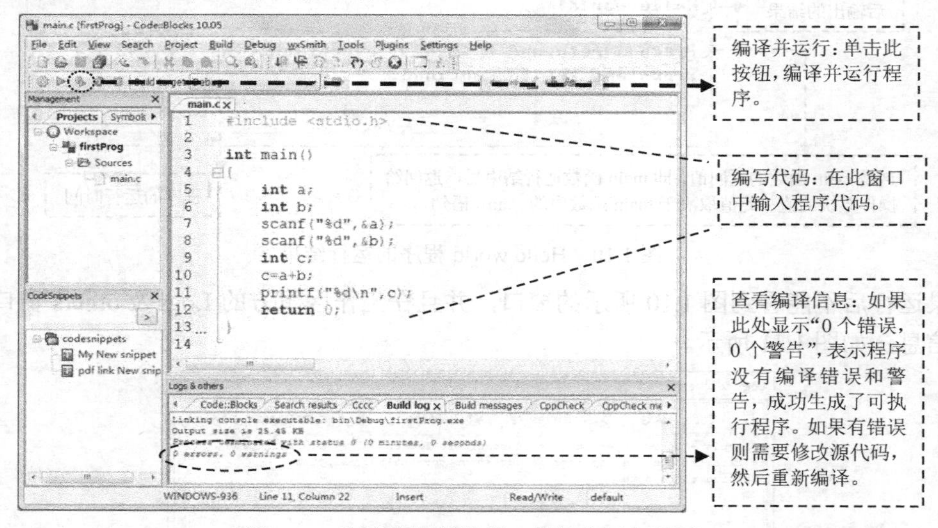

图 1.12　程序代码的编辑、编译和运行界面

第 4 大步：测试。根据所完成的编程任务的要求，全面地测试程序功能是否正确。如果在测试过程中发现错误，则应分析原因，修改代码，重新编译，运行并再次反复测试，直至通过自己设计的全部测试用例为止。至此，编程任务完成。

程序运行后，在窗口中输入：123 空格 456，按回车后，程序将输出这两个数的和 579。

结果如运行结果 1.1 所示。

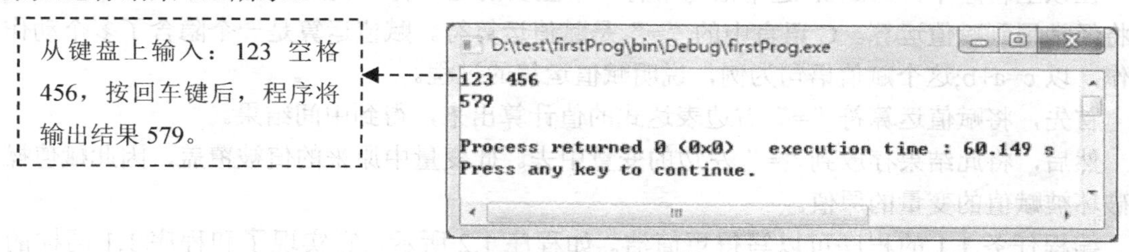

运行结果 1.1

对于实现编程任务 1.1 的程序，我们对其做一些简单说明，帮助读者理解代码。

首先，让我们了解控制台应用程序的基本框架，如图 1.13 所示。

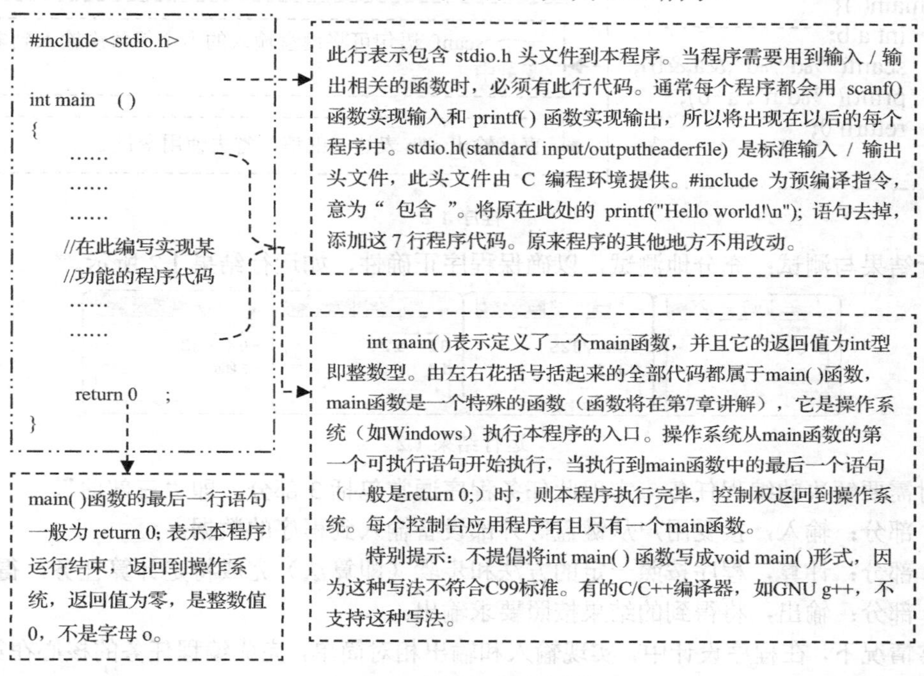

图 1.13 应用程序基本框架

编程任务 1.1 的程序代码和详细说明如图 1.14 所示。

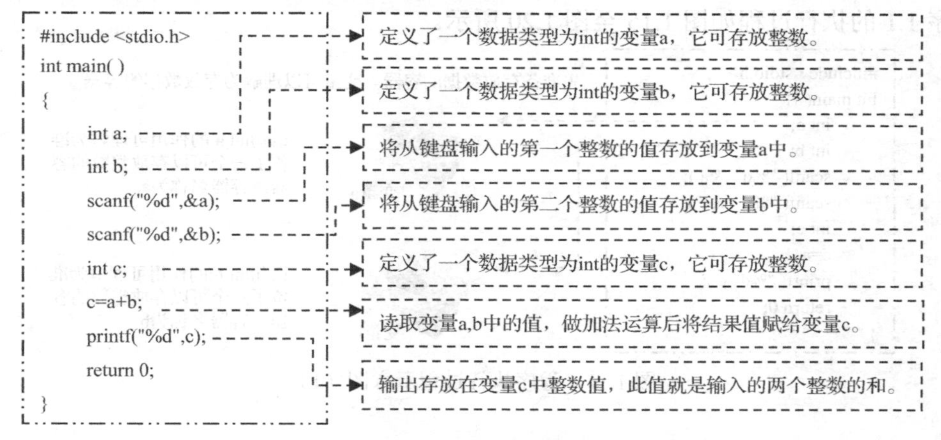

图 1.14 程序代码和详细说明

在以上程序中，c=a+b; 这个语句中有一个重要的运算符，就是赋值运算。在以后的程序中将经常用到赋值运算。C 语言中的“=”是赋值运算符。赋值运算是一个隐含了多个动作的操作，以 c=a+b;这个赋值语句为例，说明赋值运算的过程。

首先，将赋值运算符“=”右边表达式的值计算出来，得到中间结果。

然后，将此结果存放到“=”左边的变量中去。此变量中原来的值被覆盖，因此赋值操作将破坏被赋值的变量的原值。

编程任务 1.1 的程序可以写得更简洁。如程序 1.2 所示，它实现了和程序 1.1 同样的功能。

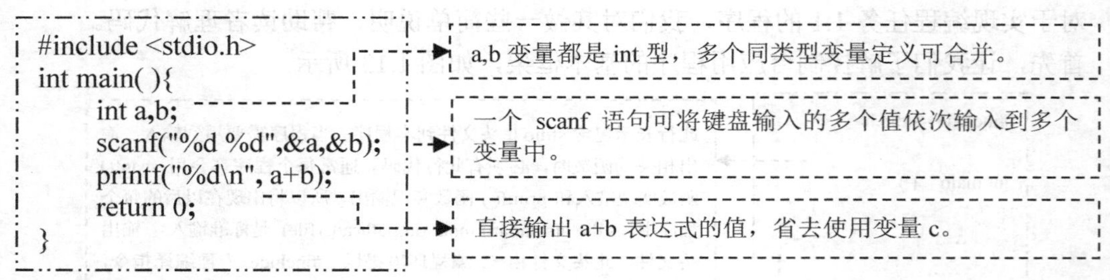

程序 1.2

运行结果与测试：充分地测试，以确保程序正确性，如运行结果 1.2 所示。

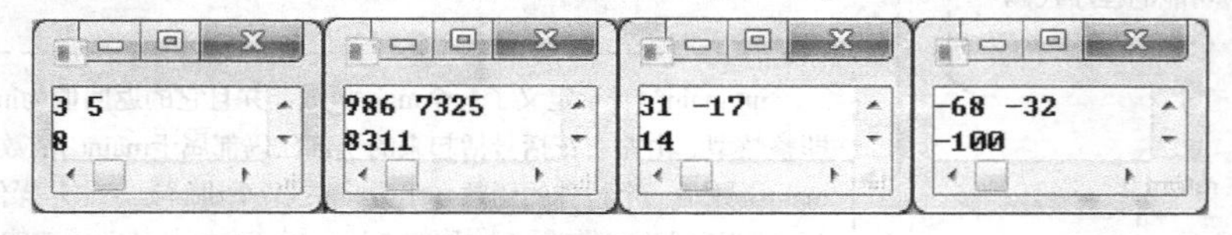

运行结果 1.2

面对需要解决的编程任务，实现此任务程序通常包括 3 部分，即“三部曲”。

第 1 部分：输入，接受用户从键盘等外部设备输入到程序的数据。

第 2 部分：计算，程序按照一定的方法和步骤（即算法）完成特定计算任务，得到结果。

第 3 部分：输出，将得到的结果按照要求输出。

通常情况下，在程序设计中，实现输入和输出相对简单，完成编程任务的核心在第 2 部分“计算”。程序代码中的大部分代码是在第 2 部分，从以后的编程任务中能很清楚地看到这一点。在实际任务中，以上 3 部分可能不只出现一次，可能多次交替出现。

程序 1.1 的执行过程如图 1.15 至图 1.20 所示。

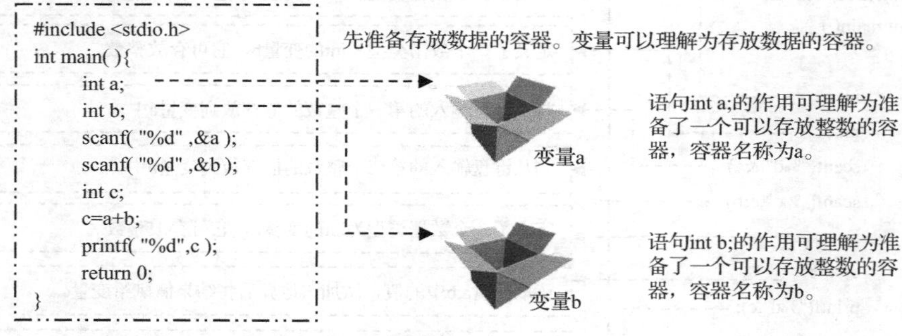

图 1.15　程序执行过程示意图（1）

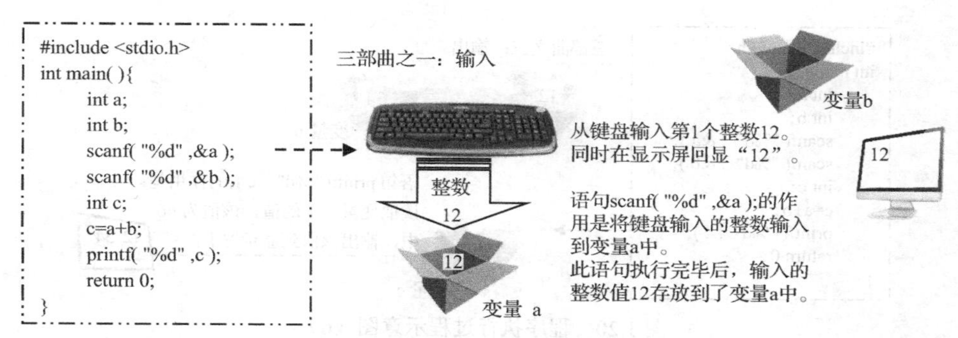

图 1.16　程序执行过程示意图（2）

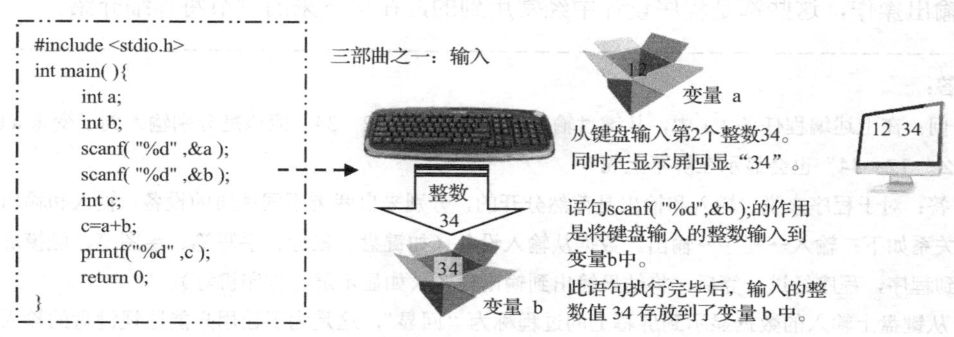

图 1.17　程序执行过程示意图（3）

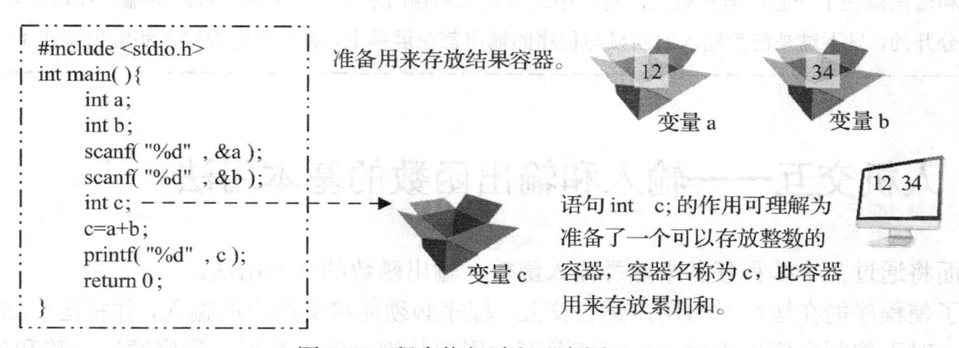

图 1.18　程序执行过程示意图（4）

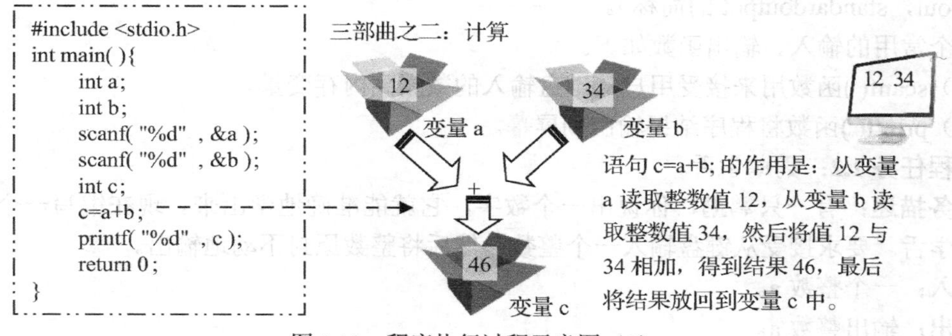

图 1.19　程序执行过程示意图（5）

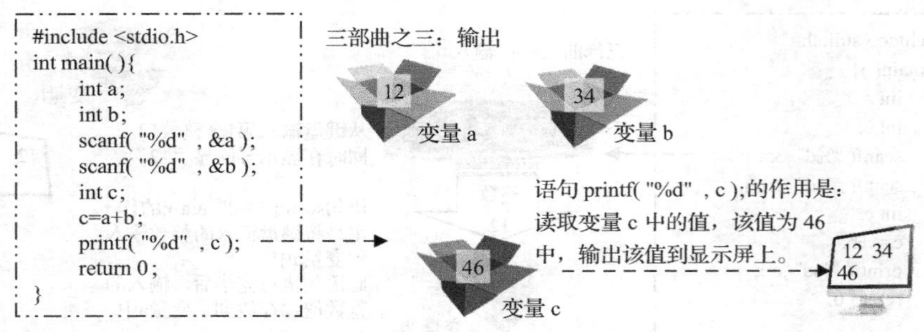

图 1.20　程序执行过程示意图（6）

在编程任务 1.1 的程序中，我们接触到了很多 C 语言新事物：变量、赋值操作、数学运算、输入和输出操作，这些都是程序设计中经常用到的，在接下来的章节将详细介绍。

小问答：

问：在上述编程任务 1.1 中，从键盘输入的两个整数“12　34”应该是分别输入到了变量 a,b 中，为什么”12　34”也会显示在屏幕上呢？

答：对于程序来说，输入和输出是截然分开的，分别来自两类不同性质的设备。输入和输出与程序的关系如下：输入→程序→输出。数据从输入设备（如键盘、鼠标、手写笔、绘图笔、触摸屏等）流入到程序，程序经过计算后，将结果输出到输出设备（如显示屏、打印机等）。

从键盘上输入的数据显示到屏幕上的过程称为“回显”，这是为了让用户能监视键盘的输入。正因如此，在屏幕上既会显示输入也会显示输出，甚至输入和输出可能交错出现在屏幕上。从外观上看，输入和输出混在了一起，但实质上，对程序来说输入和输出永远不会混淆，程序的输入和输出始终是完全分开的，只不过是键盘输入的回显与程序的输出都在屏幕上，看上去好像输入和输出混在了一起。

1.2　人机交互——输入和输出函数的基本用法

下面将通过几个编程任务来熟悉输入函数、输出函数的基本用法。

为了使程序能在运行时与用户进行交互，程序必须能接受用户的输入，并将运行结果呈现给用户。对于控制台应用程序，一般情况下，用户从键盘输入数据，程序通过计算和处理后，输出结果到屏幕上。所以键盘称为标准输入（stdin，standardinput 的简称），屏幕称为标准输出（stdout，standardoutput 的简称）。

两个常用的输入、输出函数如下。

（1）scanf( )函数用来接受用户从键盘输入的数据到内存变量。

（2）printf( )函数将程序结果输出到屏幕。

编程任务 1.2： 鹦鹉学舌。

任务描述： 有一只鹦鹉，你说出一个数字，它就能准确地学出来。现在编写一个程序模拟鹦鹉学舌。要求接受从键盘输入一个整数，然后将整数原封不动地输出。

输入： 一个整数 a。

输出： 输出整数 a。

输入举例： 365

输出举例：365

分析：首先定义一个整型变量，然后利用 scanf( )函数实现从键盘输入值到此变量，然后利用 printf( )函数输出该变量的值。代码如程序 1.3 所示，结果如运行结果 1.3 所示。

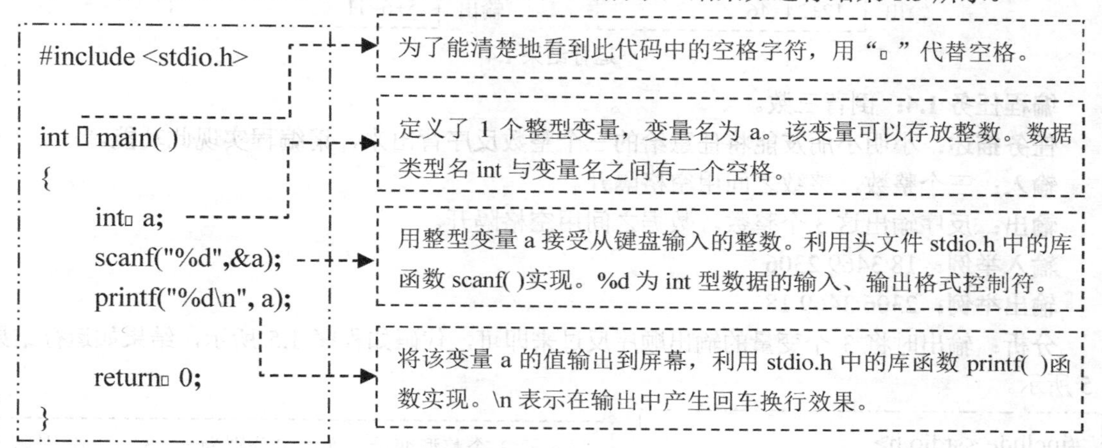

程序 1.3

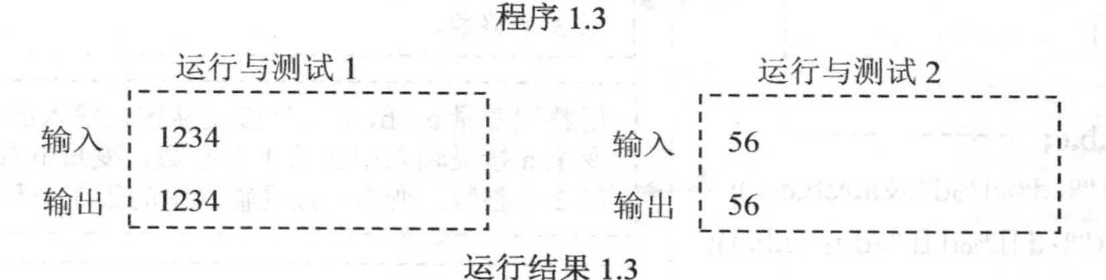

运行结果 1.3

编程任务 1.3：A+B=C。

任务描述：对于任意给的两个数 a 和 b，以“a+b=a 与 b 之和”的等式形式输出。

输入：两个整数 a 和 b，两者之间用一个空格分隔。

输出：以等式的形式输出和式。

输入举例：12 34

输出举例：12+34=46

分析：结果中的加号“+”和等号“=”字符分别来自输出字符串中的“+”和“=”号的原样输出。代码如程序 1.4 所示，结果如运行结果 1.4 所示。

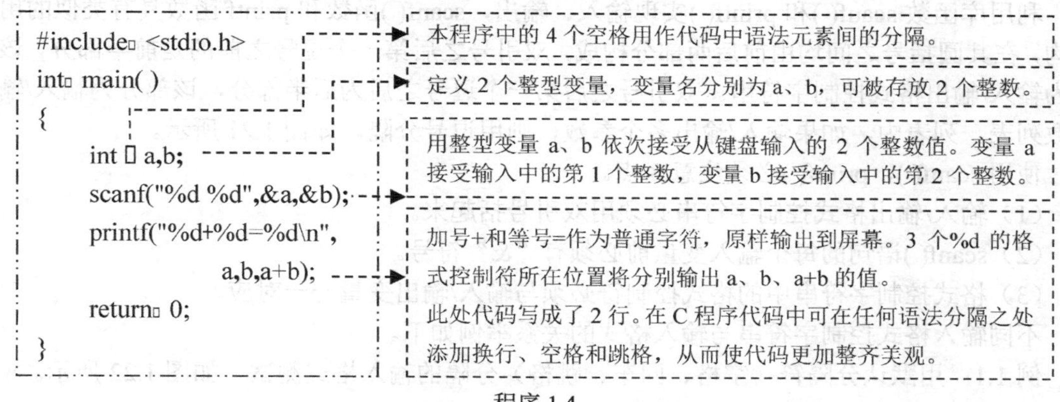

程序 1.4

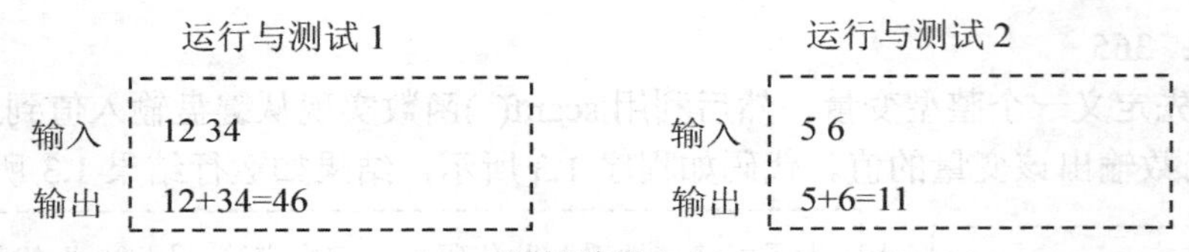

运行结果 1.4

编程任务 1.4：倒背三数。

任务描述：小明小朋友能将任意给的三个整数反序背出来，请编程实现此功能。

输入：三个整数，整数之间用空格隔开。

输出：反序输出这 3 个整数。数据之间用空格隔开。

输入举例：18 3469 2306

输出举例：2306 3469 18

分析：输出时将 3 个变量的输出顺序反过来即可，代码如程序 1.5 所示，结果如运行结果 1.5 所示。

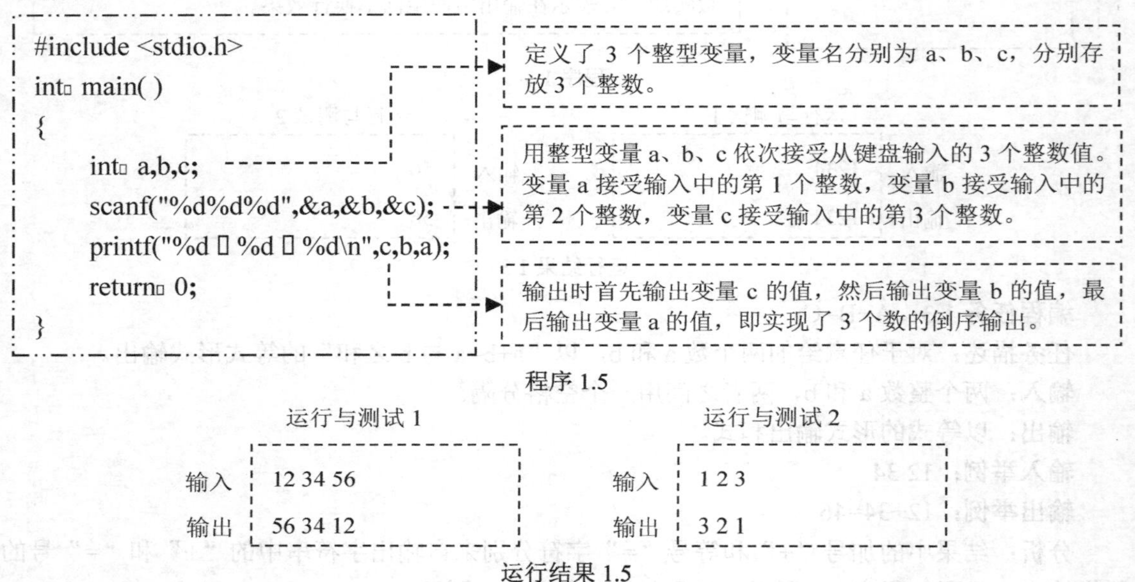

程序 1.5

运行结果 1.5

利用库函数 scanf( )和 printf( )实现输入、输出，scanf( )函数和 printf 函数具有类似的用法结构，在其圆括号之间均由前后两部分构成，双引号之后第一个逗号之前的是前半部分，该部分为输入/输出格式控制字符串。双引号之后第一个逗号之后为后半部分，该部分为输入/输出参数列表。列表中，如果输入/输出多个参数，则用逗号分隔，如图 1.21 所示。

使用 scanf( )，printf( )必须注意 3 点。

（1）输入/输出格式控制字符串必须用双引号括起来。

（2）scanf( )语句的每个输入变量前必须有“&”符号。

（3）格式控制字符串中的格式控制符必须与输入/输出变量一一对应。

不同输入格式控制字符串与输入格式的关系举例如下。

例 1.1：用默认分隔符（空格、回车、跳格）分隔的输入格式测试，如图 1.22 所示。

例 1.2：用逗号分隔的输入格式测试，如图 1.23 所示。

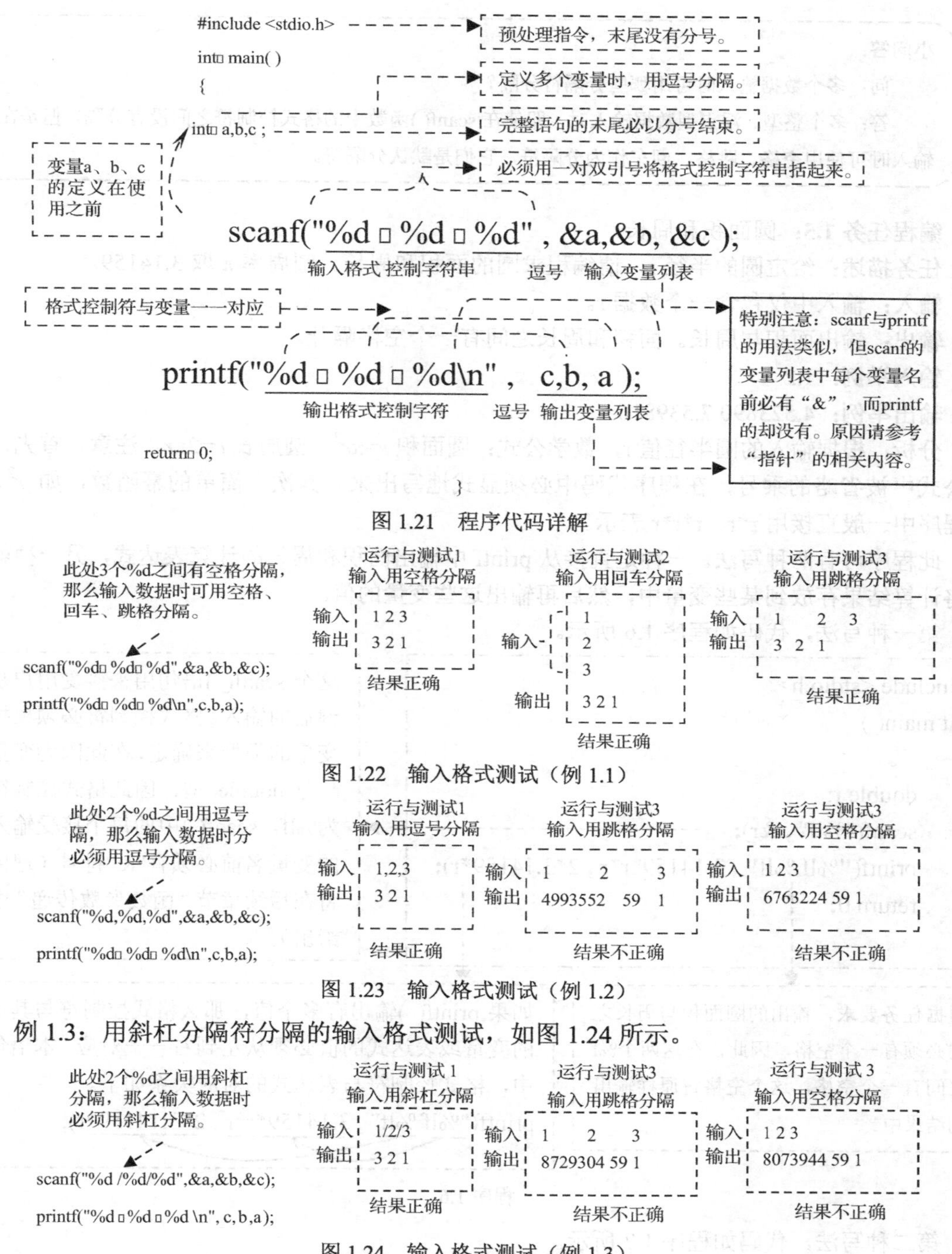

图 1.21 程序代码详解

图 1.22 输入格式测试（例 1.1）

图 1.23 输入格式测试（例 1.2）

例 1.3：用斜杠分隔符分隔的输入格式测试，如图 1.24 所示。

图 1.24 输入格式测试（例 1.3）

根据上述结果，关于输入数据之间的分隔，总结得如下规律。

如果输入格式串中数据的分隔不是默认的分隔符（即空格、回车、跳格）的话，必须严格按照输入格式控制字符串的形式输入。

小问答：

问：多个数据输入时可用哪些分隔符分隔？

答：多个整型、浮点型数据输入时，即使在scanf( )函数中的格式控制符之间没有分隔，但是在输入时可使用空格、跳格、回车作为分隔符，它们是默认分隔符。

编程任务 1.5：圆面积和周长。

任务描述：给定圆的半径 r，请编程求圆的面积和周长。圆周率 π 取 3.14159。

输入：输入中仅包含一个数据 r。

输出：输出面积与周长。面积和周长之间有一个空格隔开。

输入举例：1.2

输出举例：4.523890 7.539816

分析：根据输入的圆半径值 r，数学公式：圆面积 $s=\pi r^2$，圆周长 $c=2\pi r$。注意，首先，数学公式中被省略的乘号，在程序代码中必须显式地写出来。其次，简单的幂函数，如 r^2、r^3 在程序中一般直接用 r*r、r*r*r 表示。

此程序可有两种写法。一种是直接从 printf 中输出面积和周长的计算表达式，另一种就是先将计算结果存放到某些变量中，然后再输出这些变量的值。

第一种写法，代码如程序 1.6 所示。

```
#include <stdio.h>
int main( )
{
    double r;
    scanf("%lf" , &r);
    printf("%lf %lf" , 3.14159*r*r , 2*3.14159*r);
    return 0;
}
```

这个 scanf( )语句用来接受用户从键盘的输入。格式控制符必须根据变量的类型来确定，在此因为变量 r 为 double 型，因此格式控制符为%lf。scanf( )中的每个接受输入的变量名前必须有”&”符号（理由将在后续章节“函数参数传递”中给出）。

根据任务要求，输出的圆面积与周长之间必须有一个空格，因此，在这两个%f 之间有一个空格，这个空格将原样输出到结果中。

如果 printf( )输出有多个值，那么格式控制符与其后的变量或表达式的值必须从左到右一一对应。本语句中，格式控制符与表达式的对应关系如下。

printf("%lf %lf" , 3.14159*r*r , 2*3.14159*r);

程序 1.6

第二种写法，代码如程序 1.7 所示。

程序运行结果如运行结果 1.6 所示。

由此可见，实现同样的任务或功能的程序代码可以不相同。不同的实现代码可能在思路、效率、代码易读性方面有很大的差别。可以尝试用不同的方式实现同一功能并分析它们在以上方面的不同，这样可以加深对程序设计的理解和把握。

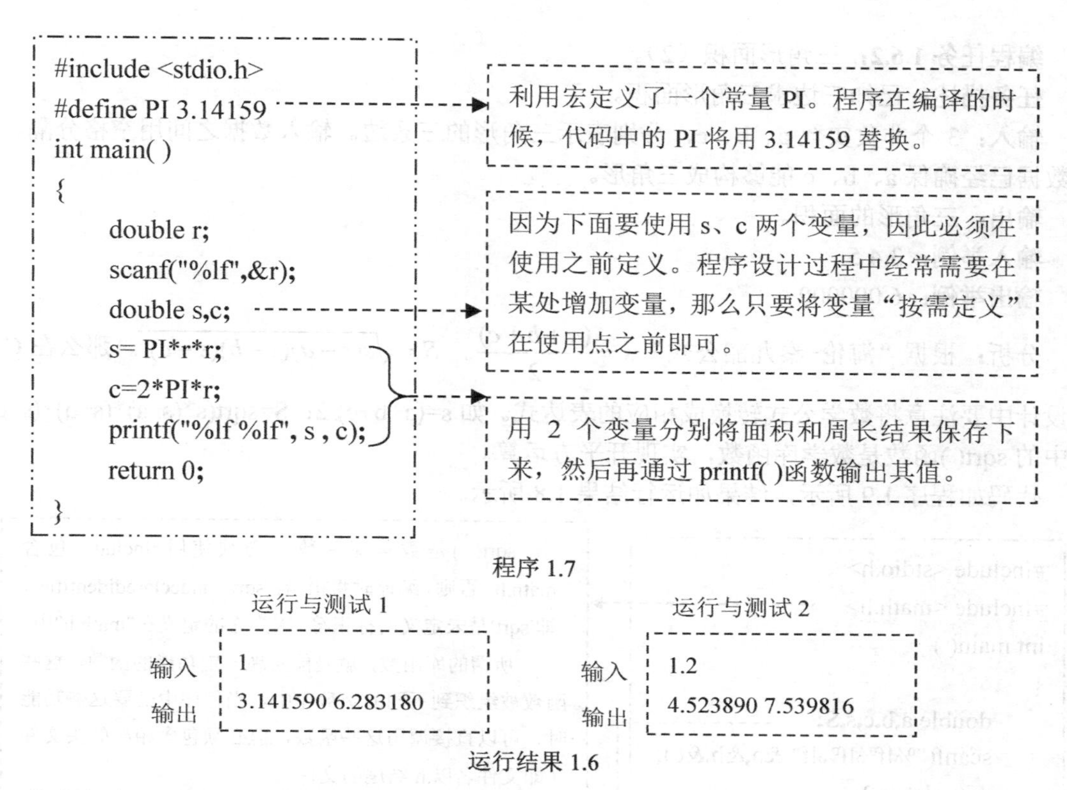

程序 1.7

运行结果 1.6

编程任务 1.6.1：三角形面积（1）。

任务描述：已知底高求三角形面积。

输入：2个非负实数，分别表示三角形的底和高。输入数据之间的分隔符为空格。

输出：三角形的面积。

输入举例：3.1 2.2

输出举例：3.410000

分析：从键盘输入底和高两个数据，通过面积公式计算出结果，然后输出。代码如程序1.8所示，结果如运行结果1.7所示。

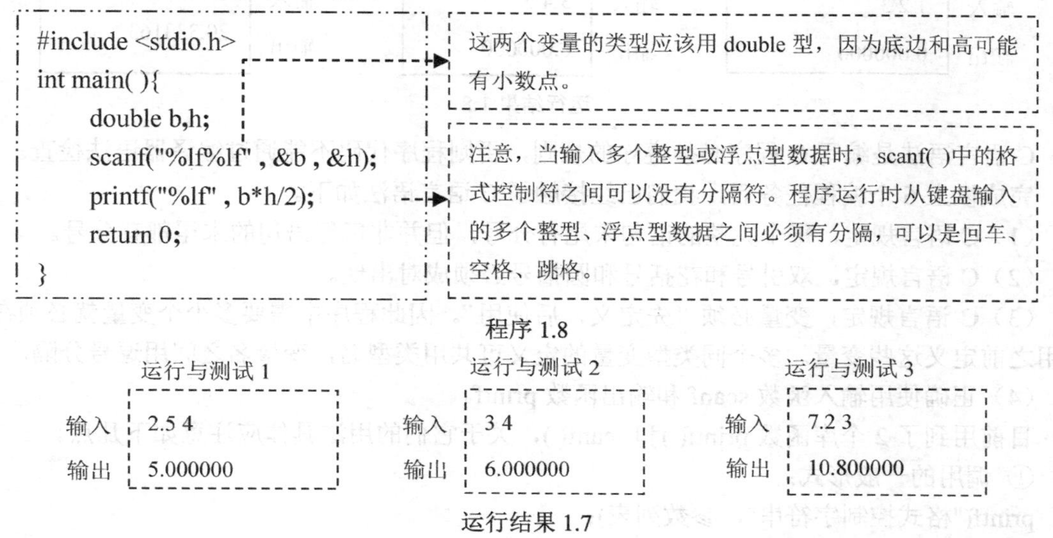

程序 1.8

运行结果 1.7

编程任务 1.6.2：三角形面积（2）。

任务描述：已知三边求三角形面积。

输入：3 个非负实数 a、b、c，分别表示三角形的三条边。输入数据之间用空格分隔。输入数据已经确保 a、b、c 能够构成三角形。

输出：三角形的面积。

输入举例：3 4 5

输出举例：6.000000

分析：根据“海伦-秦九韶公式” $s=\dfrac{(a+b+c)}{2}$，$S=\sqrt{s(s-a)(s-b)(s-c)}$。那么在 C 程序设计中要注意将数学公式转换成相应的表达式。如 s=(a+b+c)/2；S=sqrt(s*(s−a)*(s−b)*(s−c));其中的 sqrt( )函数是数学库函数，实现开平方运算。

代码如程序 1.9 所示，结果如运行结果 1.8 所示。

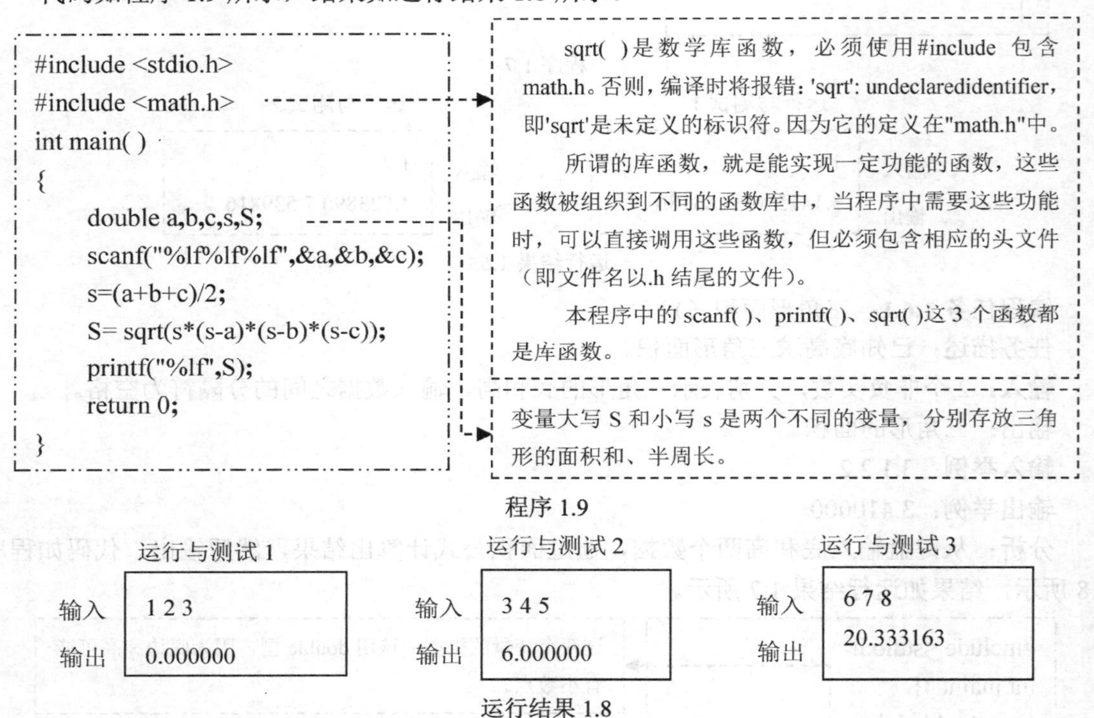

程序 1.9

运行结果 1.8

C 语言语法是编写 C 程序必须遵守的规则，否则程序代码不能通过编译器语法检查。完成以上 6 个编程任务后，我们已经接触了 C 语言语法如下。

（1）C 语言规定，每个完整的语句末尾有分号，但并非每行语句的末尾都有分号。

（2）C 语言规定，双引号和花括号和圆括号必须成对出现。

（3）C 语言规定，变量必须“先定义，后使用”。因此程序中需要多少个变量就必须在其使用之前定义这些变量。多个同类型变量的定义可共用类型名，变量名之间用逗号分隔。

（4）正确使用输入函数 scanf 和输出函数 printf。

目前用到了 2 个库函数 printf( )和 scanf( )，关于它们的用法具体应注意如下几点。

① 调用的一般形式：

printf("格式控制字符串"，参数列表);

scanf("格式控制字符串"，参数列表);

格式控制字符串必须用双引号括起来。格式控制字符串与气候的参数列表之间用逗号分隔。参数列表中用逗号分隔参数。

② scanf 函数中的变量列表的每个变量前面必须有“&”符号，否则将导致程序运行时出错。而 printf 函数中的每个变量名前不能有“&”符号，否则导致输出结果错误。其原因请参考 6.6.2 节的相关内容。

③ 变量列表中变量的先后顺序决定了其值在输入/输出的顺序。

④ 格式控制字符串中的%d 为 int 型数据的输入/输出格式控制符，double 型用来表示带小数点的实数，格式控制符为%lf。如表 1.1 所示。

表 1.1 int 型和 double 型的格式控制符

数据类型	输入/输出格式控制符	备　注
int	%d	int 数据类型用来表示整数，%d 用于将 int 型整数以十进制方式输入和输出，字母 d 来自 decimal，十进制
double	%lf	%lf 用于 double 型浮点数的输入输出格式控制，字母 lf，来自 long float(长浮点数)

⑤ 格式控制符必须与变量列表中的变量配对使用。也就是说，一个 int 型数据的输入/输出必须与一个%d 配对；同理，一个 double 型数据的输入/输出必须与一个%lf 配对。

⑥ 在输入时，表示将输入中%d 所在位置的数据输入到对应的变量中。当多个格式控制符之间没有其他字符分隔时，表示输入数据之间使用空格、回车、跳格作为分隔符。

⑦ 在输出时，表示在%d 所在位置输出对应变量的值。

1.3 条件与判断——随机应变

现实生活中许多问题必须判断是否满足某些条件再进行下一步决策。在 C 语言中，if 语句可以实现条件的判断，当条件为真时则进入其分支。程序在运行时能根据不同的条件做出不同的反应，使得程序具有了随机应变的能力。请从以下编程实例中了解 if 语句的基本用法。

1.3.1 二叉分支的表达——基本的 if-else 语句

编程任务 1.7：最高分（两人版）

任务描述：对于任意给定的两个学生某门功课的分数，求最高分。

输入：用空格分隔的两个整数，表示两个学生某门功课的分数。

输出：最高分。

输入举例：89 95

输出举例：95

分析：为了知道输入的两个数值哪个大哪个小，必须“比较”才知道。C 语言中的 if-else 语句就能实现“比较”。根据比较的结果只有是“真”还是“假”来执行不同的操作。

代码如程序 1.10 所示，程序流程图如图 1.25 所示。

本编程任务还可以用没有 else 分支的 if 语句来实现，写法如程序 1.11 所示。

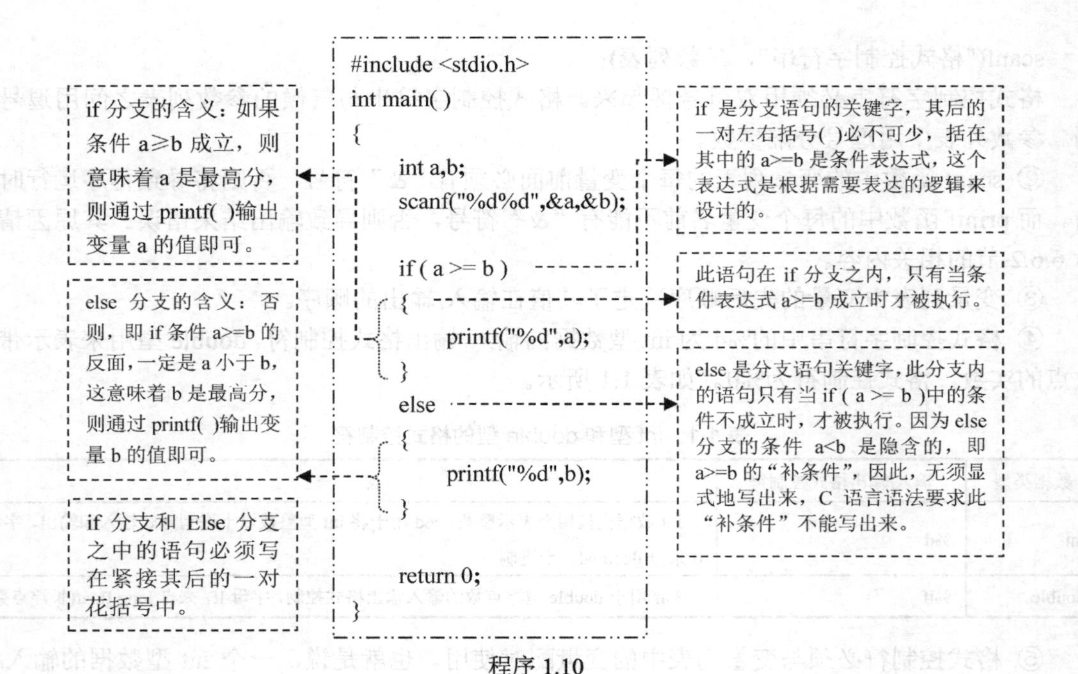

程序 1.10

```
#include <stdio.h>
int main( )
{
    int a,b;
    scanf("%d%d",&a,&b);

    if ( a >= b )
    {
        printf("%d",a);
    }
    else
    {
        printf("%d",b);
    }
    return 0;
}
```

开始
输入值到变量a,b
a≥b 吗？
是
否
输出变量a的值
输出变量b的值
结束

图 1.25　程序流程图

```
#include <stdio.h>
int main( ){
    int a,b;
    scanf("%d%d",&a,&b);

    if( a > b ) {
        printf("%d",a);
    }

    if( a < b ) {
        printf("%d",b);
    }

    if( a == b ) {
        printf("%d",b);
    }
  return 0;
}
```

如果条件a大于b满足，则a是最高分，输出a。

如果条件a小于b满足，则b是最高分，输出b。

如果条件a等于b满足，则输出b（输出a亦可）。

特别注意：C语言中，判断两个值是否相等的关系运算符是双等号"=="，不能是单等号"="。单等号"="在 C 语言中是赋值运算符，其作用是将"=" 右边的值赋值给左边的变量。

受到"="习惯念成"等于"的影响，初学者很容易将此条件错写成 if(a=b)，而且很难发现此错误。

程序 1.11

以上程序和对应的流程图如图 1.26 所示。if 语句的逻辑是一旦其条件成立则执行该条件的分支语句。

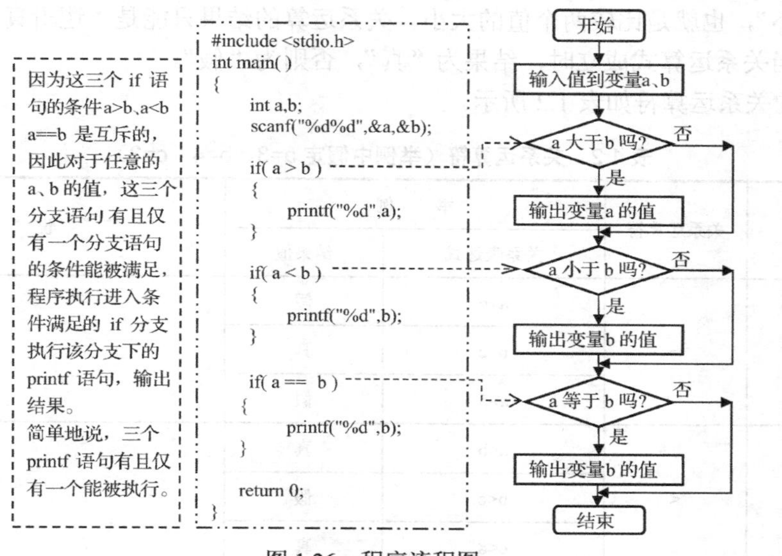

图 1.26　程序流程图

在上面两个程序中，我们用到了 if 语句实现判断和决策。当某个任务的逻辑需要根据某个条件是否满足做出不同的决策时，因为任何条件只有两种结果，要么条件满足，值为“真”，要么条件不满足，值为“假”，这样就构成了最基本的二叉分支选择，即“二选一”。C 语言中 if 结构可实现这种决策。

具体有两种形式的 if 结构二叉分支语句，分别为 if-else 型、if 型。

（1）if-else 型二叉分支，其结构和流程图如图 1.27 所示。

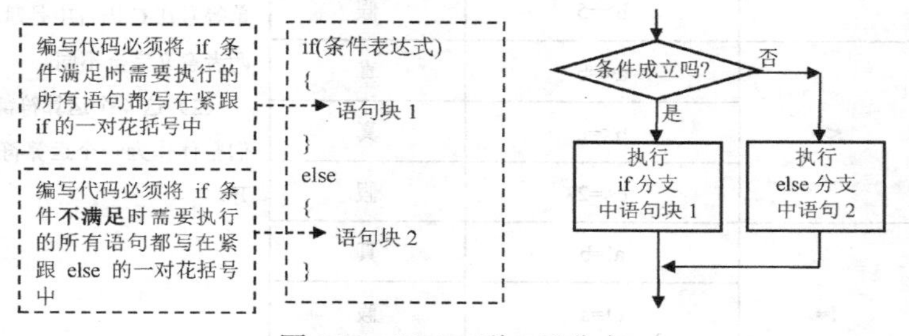

图 1.27　if-else 型二叉分支

if-else 型二叉分支的特点：if 分支与 else 分支均有语句。

（2）if 型二叉分支，又称绕过型二叉分支。其结构和流程图如图 1.28 所示。

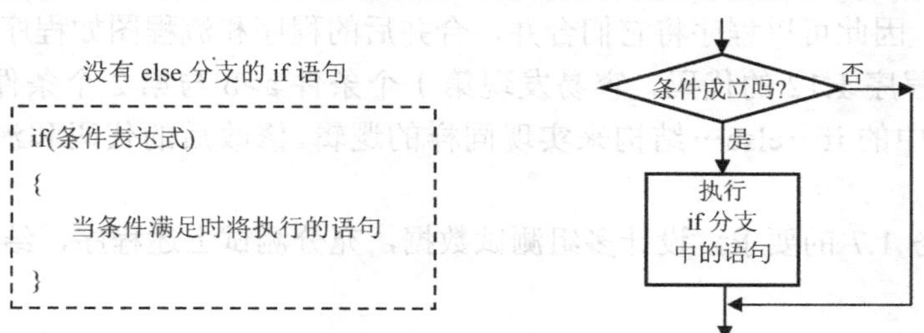

图 1.28　if 型二叉分支（绕过型二叉分支）

if 型二叉分支的特点：没有 else 分支。当条件不满足时，则跳过 if 分支中的语句。

程序 1.10 和程序 1.11 中的“>”、“<”、“==”是 C 语言中的关系运算符。关系运算通俗地说是“比大小”，也就是比较两个值的大小。关系运算的结果只能是“逻辑真”或“逻辑假”两种情况，当关系运算式成立时，结果为“真”，否则为“假”。

C 语言的关系运算符如表 1.2 所示。

表 1.2　关系运算符（举例中假定 a=3、b=4、c=3）

<table>
<tr><th rowspan="2">名　称</th><th rowspan="2">关系运算符</th><th colspan="2">举　例</th><th rowspan="2">说　明</th></tr>
<tr><th>关系表达式</th><th>结果值</th></tr>
<tr><td rowspan="3">大于</td><td rowspan="3">></td><td>a>b</td><td>假</td><td rowspan="3"></td></tr>
<tr><td>b>c</td><td>真</td></tr>
<tr><td>a>5</td><td>假</td></tr>
<tr><td rowspan="3">小于</td><td rowspan="3"><</td><td>a<b</td><td>真</td><td rowspan="3"></td></tr>
<tr><td>b<c</td><td>假</td></tr>
<tr><td>c<8</td><td>真</td></tr>
<tr><td rowspan="3">等于</td><td rowspan="3">==</td><td>a==b</td><td>假</td><td rowspan="12">特别注意：
（1）当需要判断两个值是否相等时，必须使用双等号“==”，而不是单等号“=”，因为单等号在 C 语言中是赋值运算符。“==”与“=”两者意义完全不同。
（2）这 4 个运算符都由 2 个字符构成，它们整体作为一个运算符，中间不能用空格分开。</td></tr>
<tr><td>c==a</td><td>真</td></tr>
<tr><td>b==4</td><td>真</td></tr>
<tr><td rowspan="3">大于或等于</td><td rowspan="3">>=</td><td>a>=b</td><td>假</td></tr>
<tr><td>c>=a</td><td>真</td></tr>
<tr><td>b>=5</td><td>假</td></tr>
<tr><td rowspan="3">小于或等于</td><td rowspan="3"><=</td><td>a<=b</td><td>真</td></tr>
<tr><td>b<=c</td><td>真</td></tr>
<tr><td>c<=2</td><td>假</td></tr>
<tr><td rowspan="3">不等于</td><td rowspan="3">!=</td><td>a!=b</td><td>真</td></tr>
<tr><td>c!=a</td><td>假</td></tr>
<tr><td>b!=5</td><td>真</td></tr>
</table>

分析程序 1.11 的逻辑我们可以发现，其实第 2 个 if 语句和第 3 个 if 语句的条件满足时，执行的语句相同，因此可以程序将它们合并，合并后的程序和流程图如程序 1.12 所示。

进一步分析程序 1.12 的代码，容易发现第 1 个条件 a>b 与第 2 个条件是互补的，因此可以利用 C 语言中的 if…else…结构来实现同样的逻辑。修改后的代码和流程图如程序 1.13 所示。

根据编程任务 1.7 的要求，设计多组测试数据，充分测试上述程序，结果如运行结果 1.9 所示。

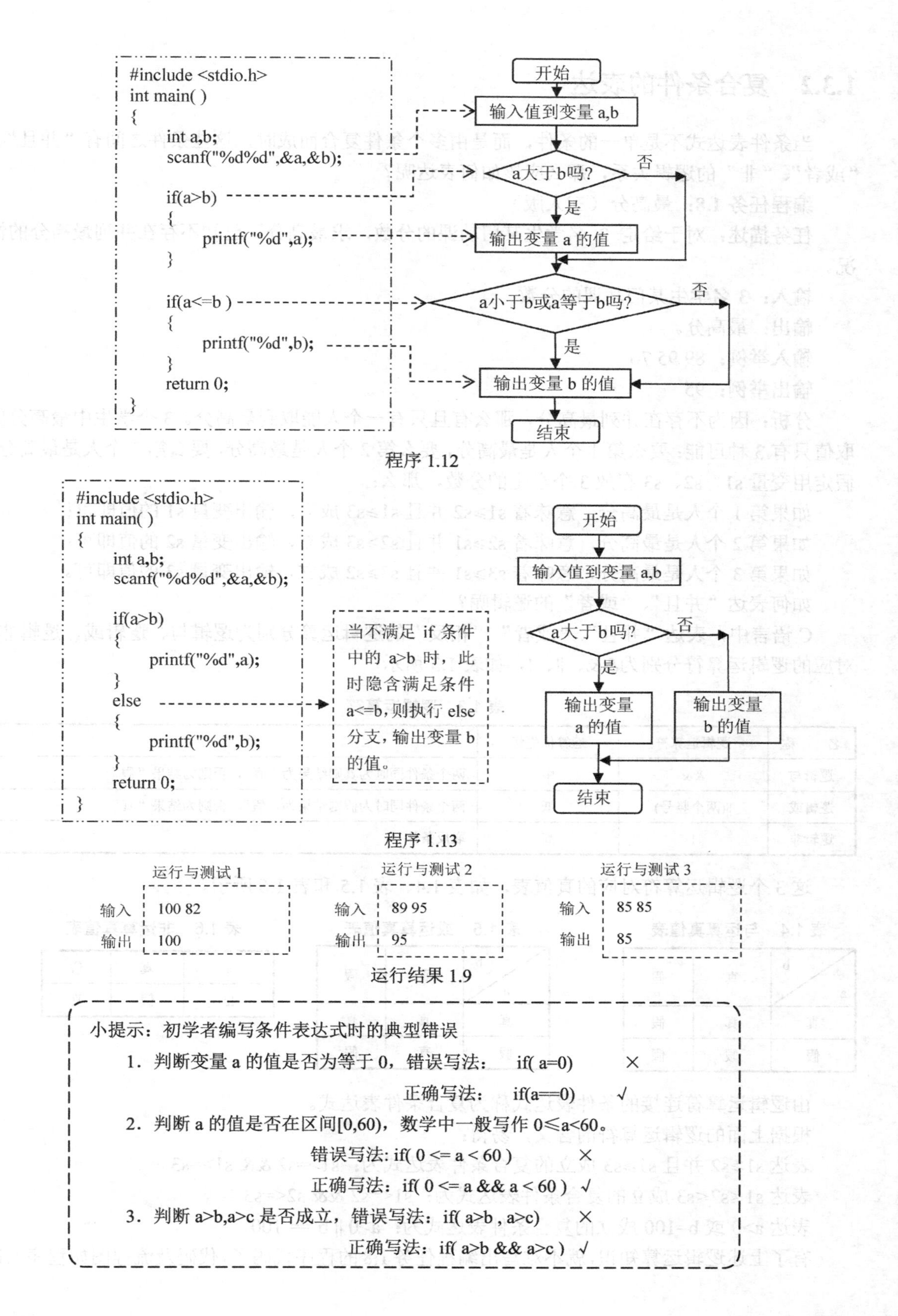


```c
#include <stdio.h>
int main( )
{
    int a,b;
    scanf("%d%d",&a,&b);

    if(a>b)
    {
        printf("%d",a);
    }

    if(a<=b )
    {
        printf("%d",b);
    }
    return 0;
}
```

程序 1.12


```c
#include <stdio.h>
int main( )
{
    int a,b;
    scanf("%d%d",&a,&b);

    if(a>b)
    {
        printf("%d",a);
    }
    else
    {
        printf("%d",b);
    }
    return 0;
}
```

程序 1.13

	运行与测试 1	运行与测试 2	运行与测试 3
输入	100 82	89 95	85 85
输出	100	95	85

运行结果 1.9

小提示：初学者编写条件表达式时的典型错误

1．判断变量 a 的值是否为等于 0，错误写法： if(a=0) ×

正确写法： if(a==0) √

2．判断 a 的值是否在区间[0,60)，数学中一般写作 0≤a<60。

错误写法: if(0 <= a < 60) ×

正确写法: if(0 <= a && a < 60) √

3．判断 a>b,a>c 是否成立，错误写法：if(a>b , a>c) ×

正确写法: if(a>b && a>c) √

1.3.2 复合条件的表达

当条件表达式不是单一的条件，而是由多个条件复合而成时，这些条件之间有“并且”、“或者”、“非”的逻辑关系，那么应该如何表达呢？

编程任务 1.8：最高分（三人版）

任务描述：对于给定 3 名学生某门功课的分数，求最高分。已知不存在并列最高分的情况。

输入：3 名学生某门功课的分数。

输出：最高分。

输入举例：89 95 76

输出举例：95

分析：因为不存在并列最高分，那么有且只有一个人能取到最高分。3 个学生中最高分的取值只有 3 种可能：要么第 1 个人是最高分，要么第 2 个人是最高分，要么第 3 个人是最高分。假定用变量 s1、s2、s3 存放 3 个学生的分数，那么：

如果第 1 个人是最高分，意味着 s1⩾s2 并且 s1⩾s3 成立，输出变量 s1 的值即可；

如果第 2 个人是最高分，意味着 s2⩾s1 并且 s2⩾s3 成立，输出变量 s2 的值即可；

如果第 3 个人是最高分，意味着 s3⩾s1 并且 s3⩾s2 成立，输出变量 s3 的值即可。

如何表达“并且”、“或者”的逻辑呢？

C 语言中，表达“并且”、“或者”、“相反”的逻辑运算分别为逻辑与、逻辑或、逻辑非，对应的逻辑运算符分别为&&、||、!，如表 1.3 所示。

表 1.3 逻辑运算符

名　称	逻辑运算符	运算优先级	含　义
逻辑与	&&	中	两个条件同时为真则结果为“真”，否则为结果“假”
逻辑或	||(两个竖号)	低	两个条件同时为假则结果为“假”，否则为结果“真”
逻辑非	!	高	取反条件

这 3 个逻辑运算符对应的真值表，如表 1.4、表 1.5 和表 1.6 所示。

表 1.4 与运算真值表

a \ b	真	假
真	真	假
假	假	假

表 1.5 或运算真值表

a \ b	真	假
真	真	真
假	真	假

表 1.6 非运算真值表

a	真	假
!a	假	真

由逻辑运算符连接的条件表达式称为复合条件表达式。

根据上面的逻辑运算符的含义，易得：

表达 s1⩾s2 并且 s1⩾s3 成立的复合条件表达式为：s1>=s2 && s1>=s3

表达 s1⩽s2⩽s3 成立的复合条件表达式为：s1<=s2 && s2<=s3

表达 a>0 或 b=100 成立的复合条件表达式为：a>0 || b == 100。

有了上述逻辑运算知识，就不难写出编程任务 1.8 的程序代码了，代码及流程图如程序 1.14

所示。

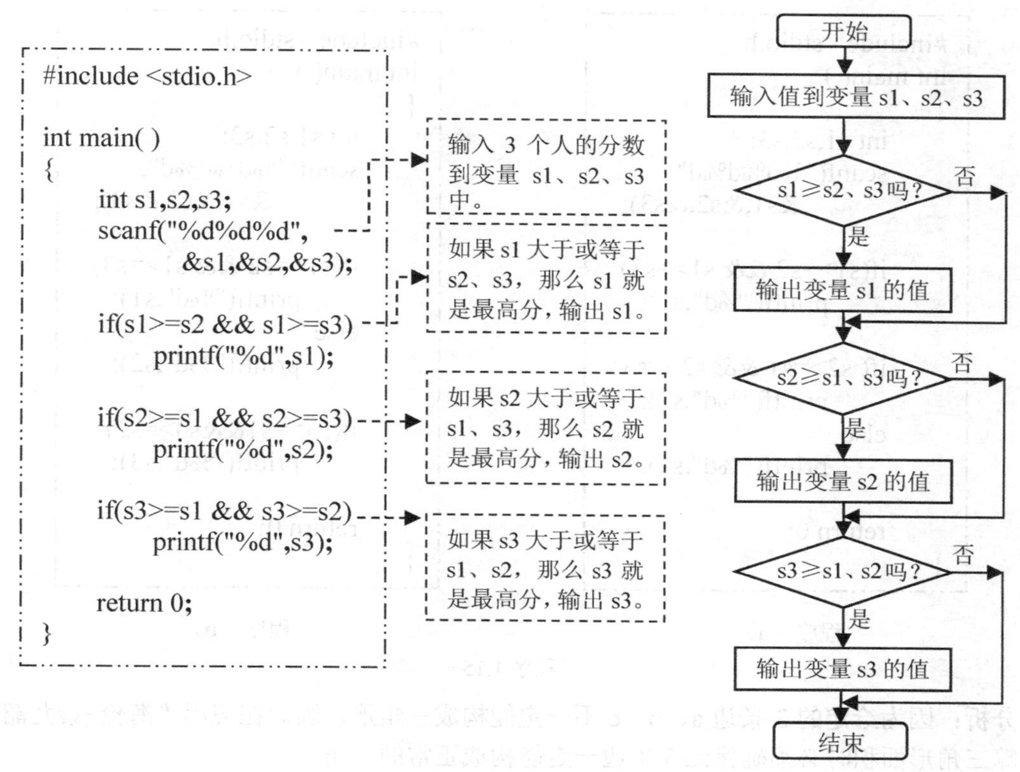

程序 1.14

根据编程任务的要求，设计多组测试用例，充分测试以上程序，检查结果是否正确。下面展示了 3 组测试用例的结果，如运行结果 1.10 所示。

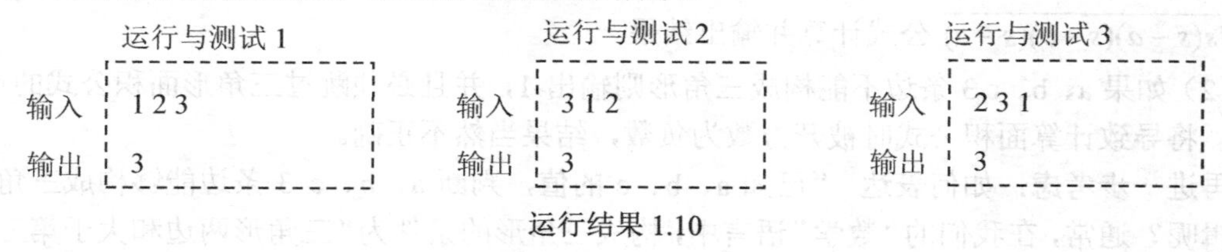

运行结果 1.10

思考题：

（1）本编程任务的逻辑还有哪些不同的表达方式，请上机测试你的代码。

（2）本编程任务的需求修改为求 5 个学生成绩的最高分该如何实现呢？

（3）程序 1.15 中（a）、（b）代码的是否也能完全实现本编程任务功能？为什么？

编程任务 1.9： 三角形面积

任务描述： 已知三角形的 3 边长 a、b、c，求三角形的面积。

输入： 3 个非负实数 a、b、c 分别表示三角形的 3 条边。输入数据之间用空格分隔。

输出： 三角形面积。如果 3 条边不能构成三角形（包括两边之和等于第三边的情形），则输出-1。

输入举例： 3.1 4.2 5.3

输出举例： 6.506612

```c
#include <stdio.h>
int main( )
{
      int s1,s2,s3;
      scanf("%d%d%d",
              &s1,&s2,&s3);

      if(s1>=s2 && s1>=s3)
          printf("%d",s1);

      if( s2>=s1 && s2>=s3)
          printf("%d",s2);
      else
          printf("%d",s3);

      return 0;
}
```

程序（a）

```c
#include <stdio.h>
int main( )
{
      int s1,s2,s3;
      scanf("%d%d%d",
              &s1,&s2,&s3);

      if(s1>=s2 && s1>=s3)
          printf("%d",s1);
      else
          printf("%d",s2);

      if(s3>=s1&&s3>=s2)
          printf("%d",s3);

      return 0;
}
```

程序（b）

程序 1.15

分析：因为给定的 3 条边 a、b、c 不一定能构成三角形。因此在应用“海伦-秦九韶”公式计算三角形面积时必须确保此 3 条边一定能构成正常的三角形。

因此，根据 3 条边是否能构成三角形分为两种情况。

（1）如果 a、b、c 这 3 条边能够构成三角形，则根据根据“海伦-秦九韶公式” $s=\dfrac{(a+b+c)}{2}$，$S=\sqrt{s(s-a)(s-b)(s-c)}$ 公式计算并输出结果。

（2）如果 a、b、c 3 条边不能构成三角形则输出-1，并且必须跳过三角形面积公式的计算，否则，将导致计算面积公式时被开方数为负数，结果当然不正确。

再进一步考虑：如何表达 “已知 a、b、c 的值，判断 a、b、c 3 条边能够构成三角形”的逻辑呢？通常，在我们的“数学”语言中，构成三角形的条件为“三角形两边和大于第三边”，可用公式 a+b>c 表示，但这个数学公式隐含的意思是“**任意两边之和大于第三边**”。因此，编程时，必须准确地表达“任意两边之和大于第三边”，用程序设计语言应该准确无误地表达为：“如果 a+b>c 并且 a+c>b 并且 b+c>a 这 3 个条件同时成立，那么 a、b、c 构成三角形的条件才成立”。

程序 1.16 展示了两个程序，两者完全等价。两者的差别：交换了 if 与 else 分支，这两个分支条件互补。

以上程序多次运行测试结果如图 1.29 所示。

编程提示：

对于程序的测试，必须充分而全面，防止程序对于某些情况的处理结果不正确。

```
#include <stdio.h>
#include <math.h>
int main( )
{
    double a,b,c,s,S;
    scanf("%lf %lf %lf",&a,&b,&c);

    if(a+b>c && a+c>b && b+c>a)
    {
        s=(a+b+c)/2;
        S= sqrt( s*(s-a)*(s-b)*(s-c) );
        printf("%lf",S);
    }
    else
    {
        printf("-1");
    }

    return 0;
}
```

程序（a）

```
#include <stdio.h>
#include <math.h>
int main( )
{
    double a,b,c,s,S;
    scanf("%lf %lf %lf",&a,&b,&c);

    if(a+b<=c || a+c<=b || b+c<=a)
    {
        printf("-1");
    }
    else
    {
        s=(a+b+c)/2;
        S= sqrt(s*(s-a)*(s-b)*(s-c));
        printf("%lf",S);
    }

    return 0;
}
```

程序（b）

程序 1.16

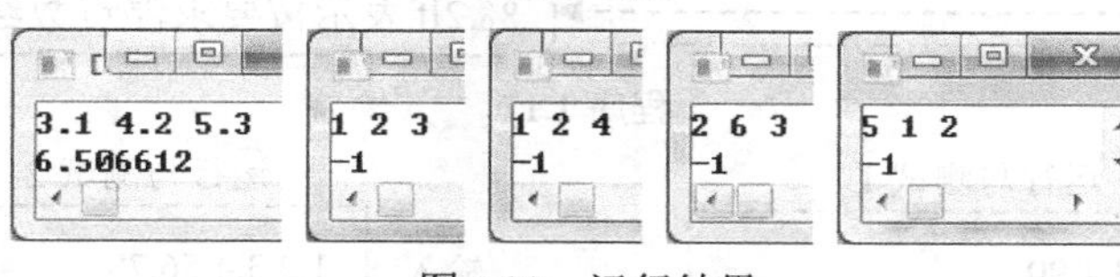

图 1.29　运行结果

1.4　利用库函数——拿来主义

在设计程序时，为了实现某些功能，我们希望：如果有现成的、已经设计好的代码模块，能够直接拿来派上用场，那该多好啊！

比如说，对于给定角度为 x 弧度，需要计算该角度的正弦函数值，我们想此时如果有现成的、能很方便地拿来就用的代码就好了！

利用 C 程序设计语言中的库函数可以为我们实现上述愿望。这就是说，库函数中的函数可以被我们“拿来”为我所用，这种“拿来主义”的思想，在软件工程中有深远的意义。

请先看如下编程任务。

编程任务 1.10：三角形的第三边长

任务描述：已知三角形的两条边和夹角大小，求第三边长。

输入：给定 3 个数，分别表示三角形的两条边的边长和夹角，以角度为单位，取值范围为（0, 180）。

输出：第三边长，保留 2 位小数。

输入举例：1.0 1.0 90

输出举例： 1.41

分析： 对于这个问题在数学上有余弦定理：三边长分别为 a，b、c，其中 a、b 边的夹角为 C，那么 $c=\sqrt{a^2+b^2-2ab\cos C}$ 。那么在 C 程序中如何计算 a^2、cos$C$、和 $\sqrt{x}$ 呢？计算 a^2 很容易实现，直接用 a*a 即可。但是计算余弦值和平方根如果想自己实现的话，则需要用到“高等数学”中的知识，目前实现起来还有难度。C 语言提供的数学库函数中现成的余弦函数 cos( )和平方根函数 sqrt( )可供调用。常用数学库函数请参考附录（扫描前言中的二维码）。代码如程序 1.17 所示，运行与测试如运行结果 1.11 所示。

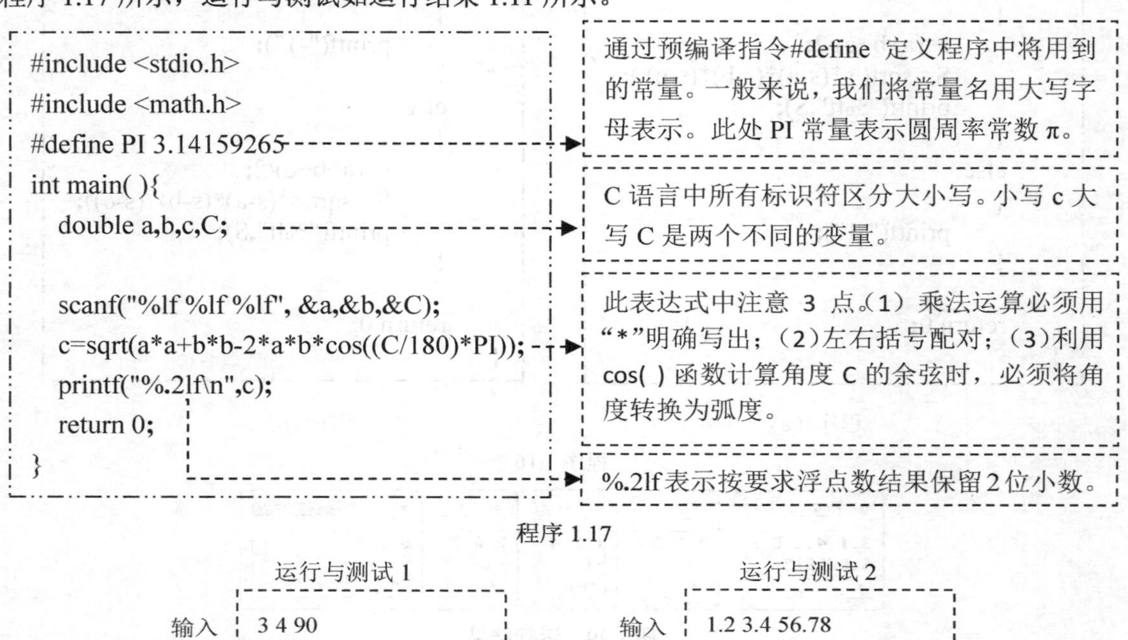

```
#include <stdio.h>
#include <math.h>
#define PI 3.14159265
int main( ){
   double a,b,c,C;

   scanf("%lf %lf %lf", &a,&b,&C);
   c=sqrt(a*a+b*b-2*a*b*cos((C/180)*PI));
   printf("%.2lf\n",c);
   return 0;
}
```


程序 1.17

运行与测试 1

输入	3 4 90
输出	5.00

运行与测试 2

输入	1.2 3.4 56.78
输出	2.92

运行结果 1.11

C 语言中的函数是能完成一定功能的程序代码单元。常用的功能已被设计成各种函数并被整理归类成库，构成库函数。当程序中需要这些功能时，可以很方便地拿来使用，不用自己去设计这些函数，这就是“拿来主义”。只要在程序的开头部分用#include<库函数头文件名>，就能在程序中直接使用这些函数。数学函数对应的头文件为 math.h。

表 1.7 说明了以上程序用到数学库函数中的余弦函数 cos( )和平方根函数 sqrt( )的用法。

表 1.7 cos( )和 sqrt( )函数用法说明

函数原型	double cos(double x)	double sqrt(double x)
功　　能	求 cos(x)的值	求 $\sqrt{x}$ 的值
参数说明	x 为弧度值，数据类型为 double	x 的数据类型为 double
返回值的含义	x 的余弦值，数据类型为双精度	x 的平方根，数据类型为双精度
备　　注	x 的单位是弧度，不是角度	函数名 sqrt 来自 square root 平方根，x 不能为负值

注：函数的返回值在此可以粗略地理解为数学中的“函数值”。

使用库函数时，通过查看库函数的说明文档，应该明确以下问题。

（1）函数名是什么？调用函数时不能将函数名写错。

（2）函数的功能什么？确认此函数的功能是否满足要求。

（3）函数参数是什么？必须根据函数对参数的要求为函数传递适当的参数。必须清楚每个参数的含义、参数的数据类型、参数的个数、对参数的其他要求。

（4）函数返回值的含义是什么？使用函数的返回值时必须明白它的数据类型和含义。

延伸思考：

以库函数为例，说明“拿来主义”在软件工程中有何重要意义。

库函数是具有一定功能的函数集合，它为我们的程序设计提供了许多的完成特定功能的子程序。也就是说，我们的程序设计和软件开发工作不一定一切从零开始，可以利用前人或自己原来已取得的程序设计工作成果。库函数意味着在软件工程中软件开发的成果是可积累的、代码是可复用的。

“拿来主义”在软件工程中的本质是“代码的重用”，也就是说尽量使软件设计者和开发者减少重复劳动，利用已有的、可重用的代码模块构建新的软件系统，解决新的应用问题，从而大大地提高开发效率，这有着十分重要的现实意义。

从软件工程角度上来看，程序设计中的“函数”，是实现了一定功能的一系列“动作”的集合，因此函数也可理解为实现某个功能的“过程”。函数实现了“动作”的可重用。“类”可以看作函数与和函数所操作的数据的封装，“类”实现了比函数更高层级上的代码重用。应用程序框架则实现了比“类”更高层级的代码重用。

小问答：

问：如何确定某个库函数属于哪个头文件？

答：查找相关程序设计语言的库函数手册或帮助文档，如 MSDN（Microsoft Developer Network）。这些手册或帮助文档对函数用法有详细的说明，是程序设计时备的工具资料。

本书中用到的库函数及其所属头文件都可在附录的“库函数”（扫描前言中的二维码）部分查到。

问：为什么程序的开始处一般都有#include <stdio.h>这一行呢？

答：因为我们的程序使用了标准输入/输出库函数中的 scanf( )函数、printf( )函数。这两个函数所在的头文件是 stdio.h，因此必须用#include 预编译指令包含此头文件，否则，编译时提示没有定义 scanf( )函数、printf( )函数。#include 预编译指令一般写在程序的开始处。

问：我可以自己写程序设计求平方根函数 sqrt( )和余弦函数吗？

答：可以。但需要用到高等数学知识才能得到计算这些函数的公式，然后根据公式设计程序实现指定函数的功能。库函数已设计好，并经过了严格测试，拿来即用，不仅为我们提供了便利，而且减少了重复劳动和出错的概率。

小问答：

问：“计算机”像“人脑”一样具有智能吗？

答：从冯·诺依曼计算机模型你就能发现，计算机其实远没有你想象的那么“聪明”。不论计算机实现的功能多么“智能”、多么复杂，都是计算机老老实实地按我们预先设计好的程序一步一步地执行得到的。这个过程非常“机械”，一点也不“智能”。本质上，计算机是“机器”，没有人脑所具有的智能。它的智能是一种表象。计算机表现出的智能称为“人工智能”。它有非常广阔的应用场合，也是计算机科学的重要研究领域。

> 问：程序设计语言 C 和 C++有何区别和联系？
>
> 答：C++语言是在 C 语言的基础上增加了面向对象程序设计的支持，通俗地说，C++包含 C，是 C 语言的扩展。因此，在 C++的编程环境下可编写 C 程序，C++的编译器可以编译 C 语言程序。
>
> C 语言是“面向过程（Procedure Oriented）”的程序设计语言，“函数”是代码设计和代码重用的基本单位，而 C++是支持“面向对象（Object Oriented）”的程序设计语言，“类”是代码设计和代码重用的基本单位。两者的关系如下图所示。
>
> 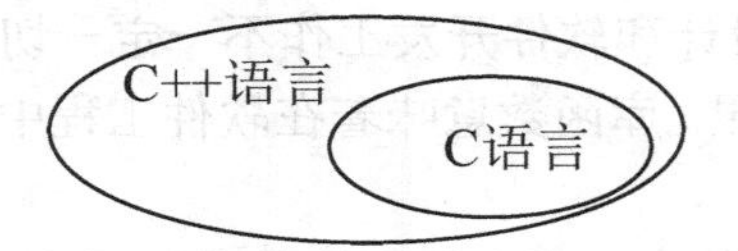
>

1.5 机器擅长之“算术运算”——计算机的老本行

计算机有强大的计算能力，最基本的计算就是算术运算，这是计算机之所以称为“计算”机器的原因之所在。人类发明计算机的初衷也是希望有台能代替人类执行繁重的计算任务的机器，所以“计算”（即算术运算）是计算机的老本行。超级计算机的重要性能指标是每秒执行浮点运算的次数，中国超级计算机（天河、神威等）性能为世界之首，令人振奋。

C 语言提供的算术运算符如表 1.8 所示。

表 1.8 算术运算符

名　称	运 算 符	举 例		备　注
		表 达 式	表达式的值	
加法	+	3+5	8	这些运算与数学中加、减、乘、除运算结果一致
		3+5.0	8.0	
		-3.1+4.2	1.1	
减法	-	10-3	7	
		10.0-3	7.0	
		0.24-7	-6.76	
乘法	*	6*7	42	
		6*7.0	42.0	
		6.0*7.0	42.0	
除法	/	1/2	结果是 0 不是 0.5	特别注意，如果参与除法运算的除数和被除数均为整数型数据，则结果也是整数值，此时只保留结果的整数部分，其小数部分被舍弃。 如果参与除法运算的除数和被除数中至少有一个为浮点数据，那么结果是也是浮点型，能得到带小数部分的结果
		1/2.0	0.5	
		1.0/2	0.5	
		9/3	3	
		9.0/3.0	3.0	

续表

名　称	运 算 符	举　例		备　注	
		表 达 式	表达式的值		
取余数	%	8%2	0	8 除以 2 的余数为 0（商 4）	只能针对整数进行取余运算
		9%2	1	9 除以 2 的余数为 1（商 4）	
		(−2)%3	−2	−2 除以 3 的余数为−2（商 0）	
		8%(−3)	2	2 除以−3 的余数为 2（商−2）	
		(−7)%(−3)	−1	−7 除以 3 的余数为−1（商 2）	
反号	−	−a	0.3	在此假定变量 a、b、c 的值在执行反号运算前分别为−0.3、4、0。反号运算是单目运算符，即只需要一个操作数参与即可完成运算的运算符。	
		−b	−4		
		−c	0		

说明（1）在以上算术运算符中，反号运算符的优先级最高，其次是乘除法和取余，最低的是加减法。同优先级的运算符按从左到右顺序结合的原则。

（2）计算机存储整数和小数的方式有本质的不同，如 8 和 8.0，前者按整数型方式存储，后者按浮点数型（可以表示带小数点的数据）方式存储。输入/输出时，对于整数型和浮点数型数值必须使用相应的格式控制符才能正确地输入/输出。整数型中的 int 型的输入/输出格式控制符为%d，浮点数型中的 double 型的输入/输出格式控制符为%lf。请看如下小实验，代码及运行结果如程序 1.18 所示。

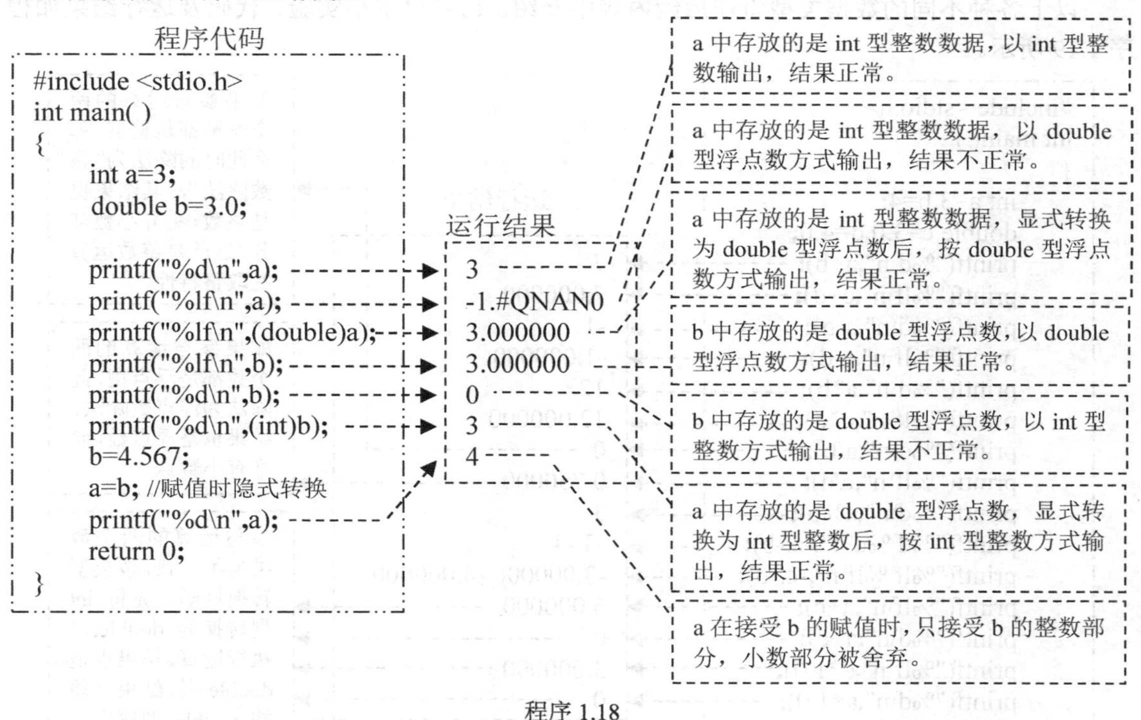

程序 1.18

（3）关于加、减、乘、除算术运算结果的数据类型。

参与算术运算的数据有两种类型，整数型数据类型，它不能表示小数，浮点型数据类型，可以表示小数。

规律：只要有浮点型数参与运算，那么结果就是浮点型数。只有当参与运算的都是整型数，结果才是整型数。如表 1.9 所示，“⊠”代表加、减、乘、除运算符（不包括取余数和反号运算符）。

表 1.9　加、减、乘、除算术运算结果的数据类型

参与算术运算的模式			结果类型	举例
整型	⊠	整型	整型	10/8 结果为 1，不是 1.25
整型	⊠	浮点型	浮点型	10/8.0 结果为 1.25
浮点型	⊠	整型	浮点型	10.0/8 结果为 1.25
浮点型	⊠	浮点型	浮点型	10.0/8.0 结果为 1.25

（4）自动类型转换规则，如图 1.30 所示。

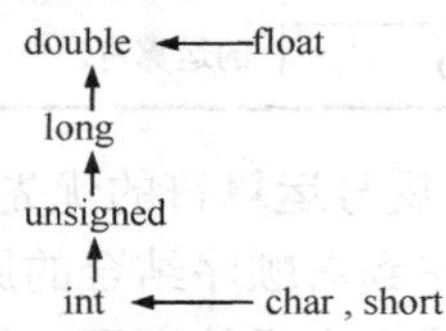

图 1.30　C 语言内置类型之间的自动类型转换规则

在 C 语言中，当参与运算的数据类型不一致时，先按以下规则转换为同一类型后再执行运算，运算结果为统一后的类型。如果两个数据的类型不同，但按以下自动转换类型规则，能够直接赋值，这种现象称为不同类型数据的“赋值兼容”。

以上各种不同的数据类型将在后续内容中介绍。请看以下小实验，代码及运行结果如程序 1.19 所示。

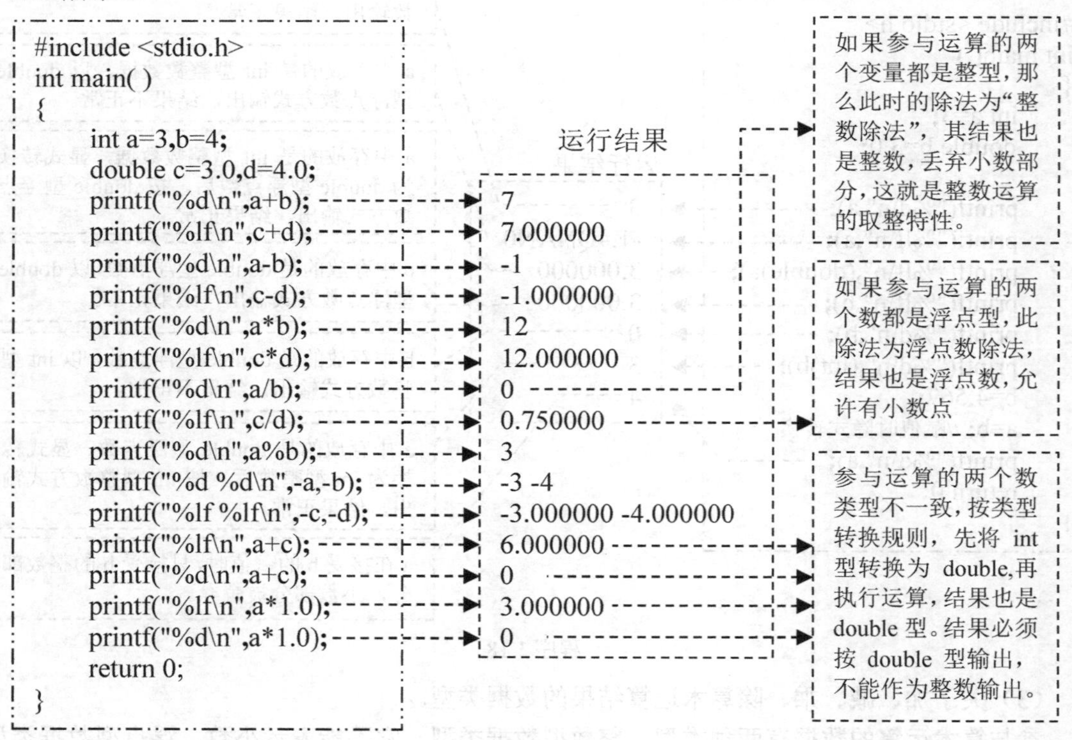

程序 1.19

> **小问答：**
>
> 问：计算机，故名思义，应该具有强大的计算能力，但在C语言中，为什么只有区区6个算术运算符？
>
> 答：计算机的计算功能很强大，但基本运算确实只有寥寥的几个。其他所有复杂的计算必须通过设计合适的算法转换成基本运算才能实现。不过计算机的计算能力除“算术运算”外，还有“逻辑运算”、“关系运算”、“位运算”、“寻址运算”等。设计合理、高效的算法，充分利用计算机的计算、存储、通信、控制等能力，就能使计算机在我们的工作和生活中呈现丰富多彩的功能，发挥巨大的威力，这正是计算机的魅力和神奇之处。

编程任务 1.11： 简单算术

任务描述： 给定任意两个正整数A、B，输出A与B的和、差、积、除法的商数和余数。

输入： 两个整数A、B，两个数之间用空格分隔。

输出： 和、差、积、除法的商数和余数。结果之间用空格分隔。

输入举例： 19 3

输出举例： 22 16 57 6 1

分析： C语言提供了以下算术运算符。

那么本编程任务直接利用上述运算符即可实现，如程序1.20所示。

```
#include <stdio.h>
int main( ){
    int a,b;
    scanf("%d%d",&a,&b);
    printf("%d□ %d□ %d□ %d□%d\n",
            a+b,a-b,a*b,a/b,a%b);
    return 0;
}
```

> 输出语句中的□表示空格，它们将原样输出，从而使输出数据之间空格分隔。

> %d个数必须与输出的表达式个数对应。

程序 1.20

程序代码编写完成后，应反复、充分地测试，确保程序对满足条件的各种输入数据的结果均正确，如运行结果1.12所示。

运行与测试 1

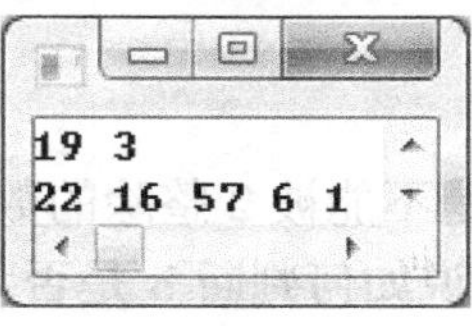

运行与测试 2

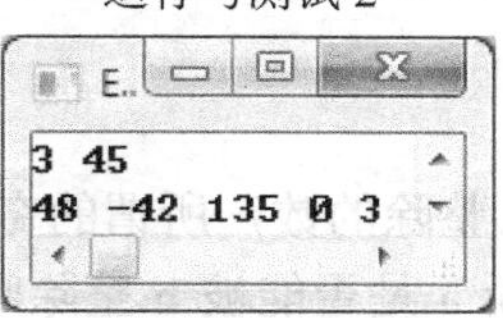

运行与测试 3

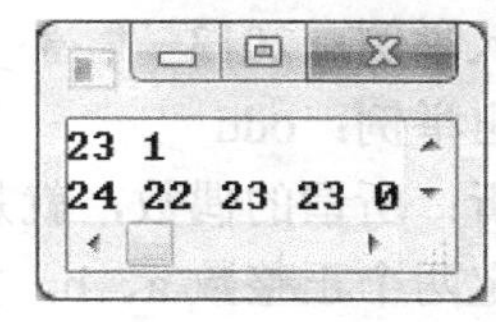

运行结果 1.12

编程任务 1.12： 梯形的面积

任务描述： 给定一个梯形的上底a、下底b和高h，求其面积s。

输入： 3个数a、b、h，数之间用空格分隔。注意a、b、h可能是小数。

输出： 梯形的面积s。结果保留2位小数。

输入举例： 1.2 3.4 5

输出举例：11.50

分析：因为计算机内部对于整数和小数采用完全不同的两种输入方式。整数直接用二进制补码存储，而小数采用浮点数形式存储。因此，当需要对数据以小数的方式存储和处理时，应将数据类型定义为浮点数类型。在C语言中，浮点数类型有两种：float、double，如表1.10所示。

表1.10 float型与double型浮点数存储格式

数 据 类 型	输入/输出格式控制符	字 节 数	数值表示范围		说 明
float	%f	4	约$\pm3.4\times10^{\pm38}$	前7位为有效数字	精度较小
double	%lf	8	约$\pm1.7\times10^{\pm308}$	前16位为有效数字	精度高

说明：%f与%lf用于浮点数的输出格式控制时，默认输出6位小数。

测试浮点数输入/输出格式控制的程序，代码如程序1.21所示，结果如运行结果1.13所示。

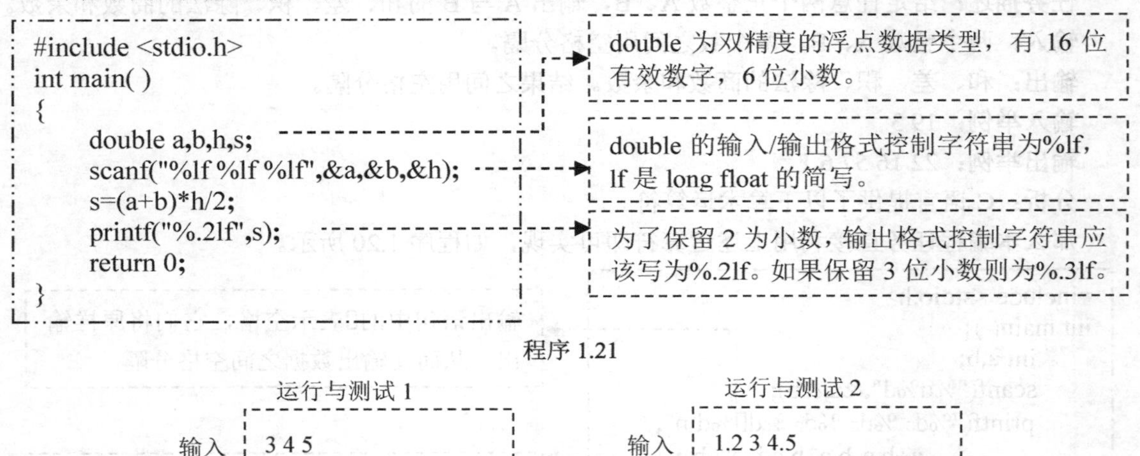

```
#include <stdio.h>
int main( )
{
    double a,b,h,s;
    scanf("%lf %lf %lf",&a,&b,&h);
    s=(a+b)*h/2;
    printf("%.2lf",s);
    return 0;
}
```


程序1.21

运行与测试1

输入	3 4 5
输出	17.50

运行与测试2

输入	1.2 3 4.5
输出	9.45

运行结果1.13

编程任务1.13：奇数或偶数

任务描述：判断给定的正整数n的奇偶性。

输入：一个整数n（0<n<100000)。

输出：如果n为奇数输出odd，如果n为偶数输出even。

输入举例：2013

输出举例：odd

分析：所谓的偶数，就是能被2整除的数，所谓的奇数，就是不能被2整除的数。

给定两个正整数a、b，如何判断a是否能被b整除呢？或者说如何判断b是否为a的因子呢？

可利用C语言提供的取余运算符%。如果a除以b的余数等于0，则意味着a一定能被b整除，同时也意味着b一定是a的因子。也就是说if(b%a==0)的条件成立，则a一定能被b整除，b一定是a的因子。

在此只需要判断if(n%2==0)是否成立，如果成立则n为偶数，否则为奇数。

代码如程序1.22所示，结果如运行结果1.14所示。

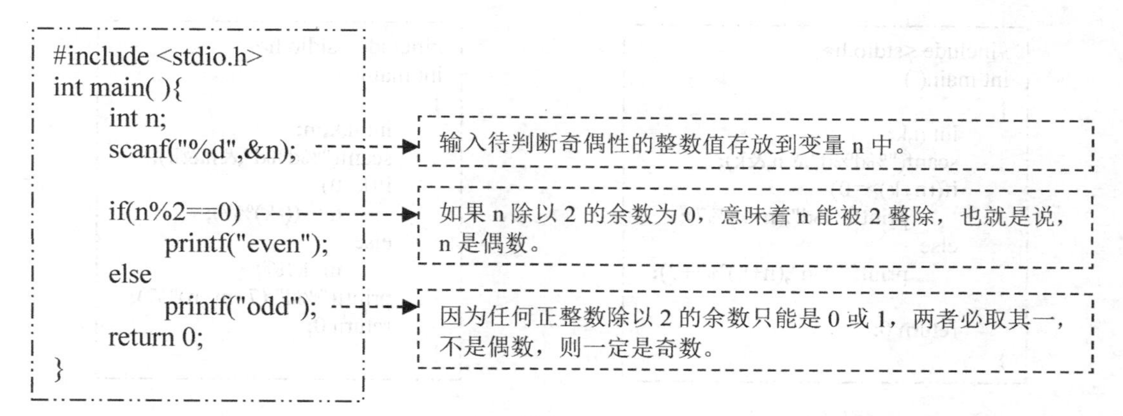

程序 1.22

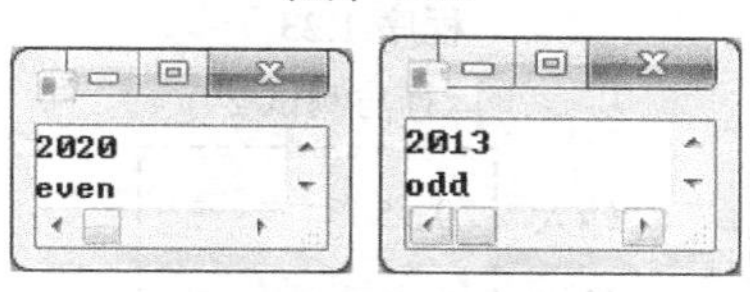

运行结果 1.14

编程任务 1.14： 星期几

任务描述： 我们经常需要知道若干天以后是星期几，以便安排活动日程表。通常我们会查日历、挂历或者查手机、计算机的日历。现在，设计一个程序，如果告诉你某天是星期 n，请计算出该天前或后的第 k 天是星期几？

输入： 给出整数 n(0≤n≤6)、k。n 为 0 表示星期日，1 表示星期一，2 表示星期二，以此类推。k>0 表示该天之后第 k 天，k=0 表示当天，k<0 表示该天之前的第 k 天。

输出： 输出一个整数，表示该天后第 k 天是星期几。

输入举例： 1 8

输出举例： 2

分析：每周 7 天构成环形，如图 1.31 所示。

本问题可利用取余运算%实现。每周 7 天是周期出现的，因此，当日是星期 n，当 k 为 0 或正数时，其后的第 k 天，可以用(n+k)%7 来计算。但当 n+k 为负数时，表示当天之前的第 k 天，如 n=0、k=−1，结果应该是(n+k)%7 的结果即−1，显然，需在此基础上增加一个周期 7，（−1）+7 就变成 6 就正确了。(n+k)的值为负值时，那么(n+k)%7 的值的范围一定是[−6,0)，再在此基础上加 7 就得到了最后的结果。

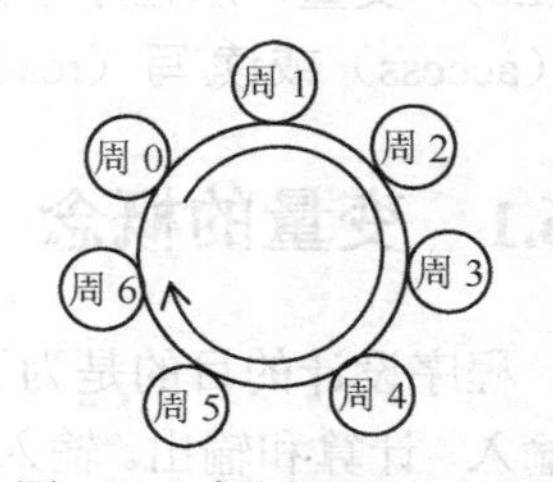

图 1.31 每周 7 天示意图

根据上述分析，得到如下判断。

当 n+k≥0 时，最后的结果为(n+k)%7，否则，最后的结果为(n+k)%7+7。

有了上述分析，就容易写出程序。

当然，对于同一个问题有不同的解决方法，我们可以开动脑筋，多想一想是否有其他办法解决，这样不仅可以拓宽思路，而且可以很快熟练掌握编程语言的运用。

程序 1.23 中的两个程序代码都能实现本编程任务的功能，但两个程序对负值的处理方式不一样。结果如运行结果 1.15 所示。

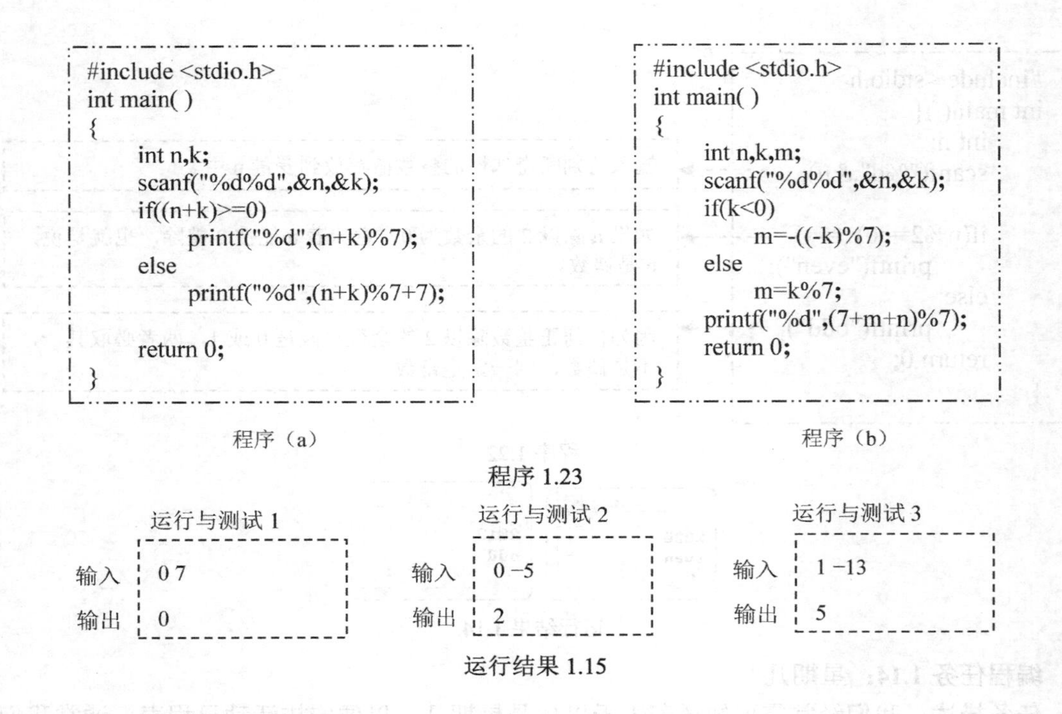

```c
#include <stdio.h>
int main( )
{
      int n,k;
      scanf("%d%d",&n,&k);
      if((n+k)>=0)
            printf("%d",(n+k)%7);
      else
            printf("%d",(n+k)%7+7);

      return 0;
}
```

程序（a）

```c
#include <stdio.h>
int main( )
{
      int n,k,m;
      scanf("%d%d",&n,&k);
      if(k<0)
            m=-((-k)%7);
      else
            m=k%7;
      printf("%d",(7+m+n)%7);
      return 0;
}
```

程序（b）

程序 1.23

运行与测试 1

输入	0 7
输出	0

运行与测试 2

输入	0 −5
输出	2

运行与测试 3

输入	1 −13
输出	5

运行结果 1.15

1.6 变量——数据的栖身之所

在前面的程序中，我们已经用到了变量，本节阐述变量的概念和相关知识。

程序中的数据必须存放在某个“容器”（即特定的内存空间）中，并且为了方便存取这个容器中的数据，这个容器应该有一个“名字”与之相关联，这就是变量和变量名。程序中的数据需要存放到变量中，并且在运算时需要从变量中读取数据。存放数据到变量的过程称为“写（write）”变量，从程序中读取数据的过程称为“读（read）”变量。“读”和“写”合称为“访问（access）或读/写（read/write）”。

1.6.1 变量的概念

程序设计的目的是为了实现指定的功能、完成指定的任务。通常来说，程序需要对数据进行输入、计算和输出。输入的数据和计算的结果必须用“可盛放数据的容器”来存放这些数据，这些“容器”就是程序中的变量。在程序中，为了读取或修改存放在容器中的值，这个容器（也就是变量）应有名字，我们称之为变量名。例如，上述程序中的变量 a、b、c，如图 1.32 所示。

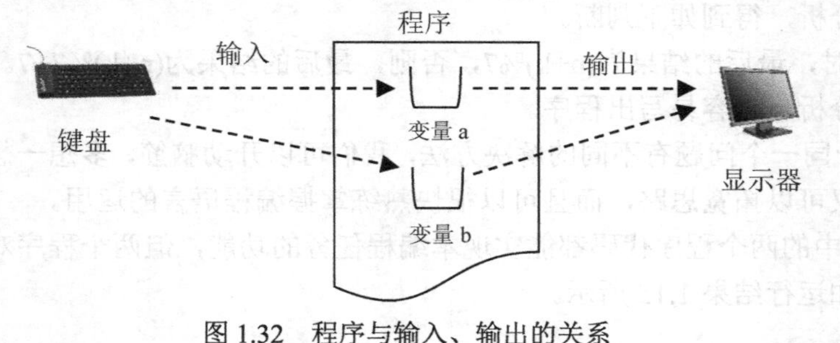

图 1.32　程序与输入、输出的关系

变量，顾名思义，表示在程序运行时存放在其中的值可被改变。改变变量的值一般通过赋值操作实现。

变量的名字与变量的值直接关联，变量的值存放在与变量对应的内存中，程序中通过变量名存取变量中的值。变量名由程序设计者指定，但必须遵守 C 语言标识符命名规则。在 C 语言中，变量名区分大小写。

变量的示意图如图 1.33 所示。

变量a中存放了一个整数值23。 a 23

变量b中保存了一个带有小数数值3.14159。 b 3.14159

变量c中存放了一个单字符，即字母A。 a 'A'

图 1.33　存放数据的容器——变量的示意图

C 语言规定，变量必须先定义，后使用。

C 语言为什么一定要求变量必须先定义后使用呢？因为变量定义确定了变量采用何种数据类型、占用内存大小、作用范围大小和生命期长短等信息，这些对于变量的使用来说至关重要。

> **小贴士：**
>
> 如果在编译时错误指示某个变量没有定义，只需在第一次使用变量前的任意位置补充该变量的定义即可。

对变量进行“读”或“写”的操作称为使用变量。读变量对变量值是非破坏性操作的，即某个变量的值可以被反复地“读”，而变量值不会发生改变，相当于“复制”操作。

写变量对变量值是破坏性的，写操作将新值写入变量，原来变量中的值被新值覆盖。即变量中原来的值被新值“冲”掉了，取而代之的是新值。如果程序中需要修改变量的值，或者将某个值保存起来，则需要写操作来实现。写操作主要通过赋值语句来实现。

通过下面的小实验来体会变量读/写，代码如程序 1.24 所示，结果如运行结果 1.16 所示。

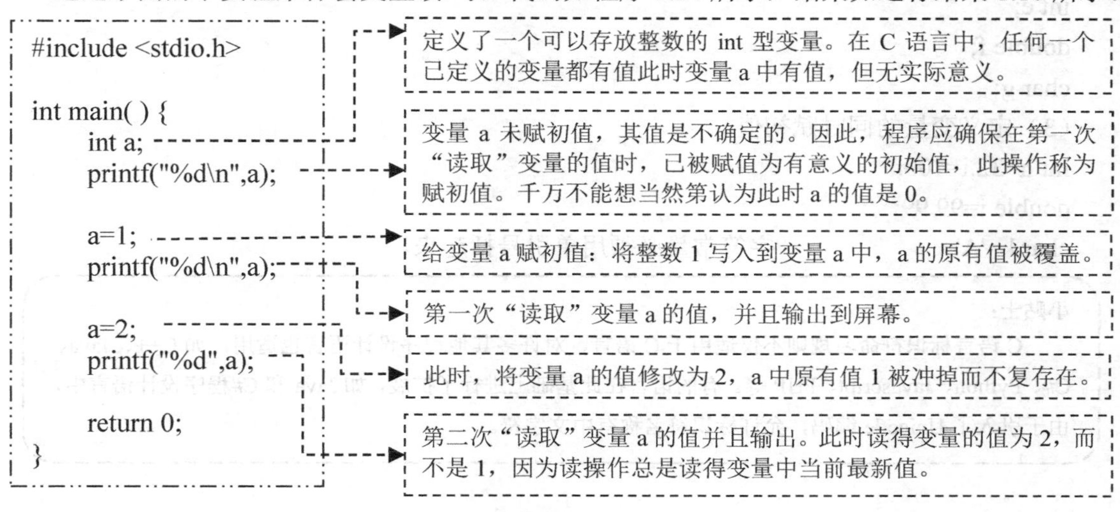

程序 1.24

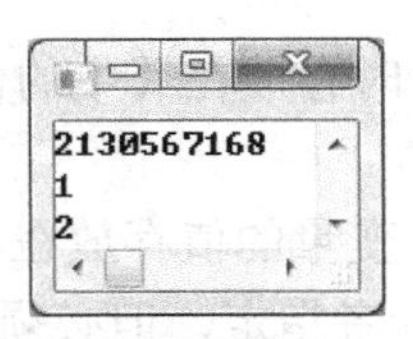

运行结果 1.16

定义变量的格式为：

变量所属数据类型名 变量名

变量的定义时，必须指明变量的数据类型。多个同类型变量的定义可以共用类型名，变量名之间用逗号分隔。常用数据类型名有能存放整数的 int 型，能存放小数的 double 型，能存放字符的 char 型。

变量名可由程序设计者自己拟定，但必须遵守 C 语言标识符的命名规则。

C 语言标识符命名规则如下。

（1）标识符只能由字母、数字、下画线组成，并且必须以字母或下划线开头。

（2）不能使用 C 语言保留的关键字作为自定义标识符。C 语言保留关键字见附录（扫描前言中的二维码）。

（3）标识符区分大小写。

例如，以下变量名是合法的：a1　a2　a3_wchar　fun_03。

以下变量名是非法的：3a　4Str　a-1　a-2　a-3　chapter_1.1　chapter_1.2　int　double 。

以下变量 int a;　int A;　int cnt;　int Cnt; 都是不同的变量。

变量定义举例：

（1）定义 3 个变量，用来存放整数值。

因为 3 个变量的类型相同，以上 3 行语句也可以写成一个语句：int a,b,c;。

（2）定义一个存放整数的变量，一个存放带有小数的变量和一个字符变量。

```
int e;
double f;
char g;
```

（3）定义变量的同时赋初值。

```
int h=32,i=100;
double j=99.99;
char k='A';            //字符常量必须用单引号括起来。
```

> 小贴士：
>
> C 语言标识符命名规则不仅适用于 C 语言，对许多其他程序设计语言也适用，如 C++、Java、C#、Python、Javascript、PHP 等。有的语言在此基础上进行了扩展，如 Java 和 C#程序设计语言中，由于引入了 Unicode 编码，允许标识符名称有中文字符。

> **编程好习惯：**
>
> 变量的命名最好见其名能知其意。例如，year,month,day,count,total,sum。当然，如果英文单词不会写，也可用拼音代替。如果变量名由多个单词连接而成，建议每个单词的第一个字母大写。例如，TotalIncoming、MaxSalary、VisitedFlag 等。总之，简洁而表意的变量名是首选。

1.6.2 变量的数据类型

任何一个变量，都应该属于特定的数据类型。所谓的“数据类型”就是一类数据所具有的共性。它规定了数据的存储方式、占用内存的字节数、取值范围、所能执行的运算、数据表示含义等重要信息。C 语言的数据类型如图 1.34 所示。

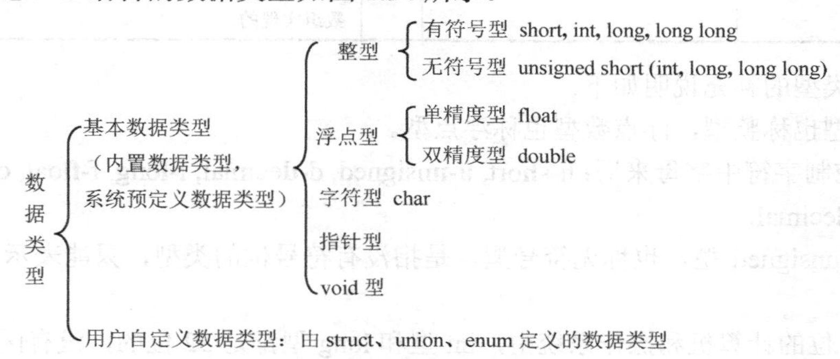

图 1.34 C 语言的数据类型

常数据类型有各自的取值范围、所占存储字节数和适用场合如表 1.11 所示。

表 1.11 常用基本数据类型

大类型	数据类型	格式控制串 十进制	八进制	十六进制	字节数	取值范围	说明
整数型	short unsigned 或 unsigned short	%hu	%ho	%hX	2	$[0,2^{16}]$ 即 [0,65536]	适用于取值范围较小的整数场合
	short	%hd				$[-2^{15-1},2^{15-1}-1]$ 即 [-32768,32767]	
	int unsigned 或 unsigned int 或 unsigned	%u	%o	%X	4	$[0, 2^{32}-1]$ 即 [0, 4294967295]	中等取值范围，适用于一般应用场合
	int	%d				$[-2^{31-1},2^{31-1}-1]$ 即 [-2147483648,2147483647]	
	long long	%lld	%llo	%llX	8	$[-2^{63-1},2^{63-1}-1]$ 即 [-9223372036854775808, 9223372036854775807]	其中__int64 类型只适用于 MS Visual C++编译器
	__int64	%I64d	%I64o	%I64X			
	long long unsigned 或 unsigned long long	%llu	%llo	%llX		$[0, 2^{64}-1]$即 [0,18446744073709551615]	
	__int64 unsigned	%I64u	%I64o	%I64X			

续表

大类型	数据类型	格式控制串			字节数	取值范围	说明
		十进制	八进制	十六进制			
浮点数型	float	%f			4	约 $\pm3.4\times10^{\pm38}$ 前 7 位为有效数字	精度较小
	double	%lf (lf 取 long float 之意)			8	约 $\pm1.7\times10^{\pm308}$ 前 16 位为有效数字	精度较高
字符型	char	%c			1	$[0,2^{8-1}]$ 即 [0,128]（ASCII 英文字符）	中文字符用双字节表示
	字符串	%s			—	字符串的长度取决于字符数组的大小。 C 语言中没有专门的字符串类型，字符串是利用字符数组实现的。	

关于数据类型的补充说明如下。

（1）整数型也称整型，浮点数型也称浮点型。

（2）格式控制字符中字母来历：h-**s**h**o**rt, u-**u**nsigned, d-**d**ecimal, l-**l**ong, f-**f**loat, c-**c**har, s-**s**tring, o-octal, x-he**x**adecimal。

（3）所谓 unsigned 型，也称无符号型，是指没有符号位的类型，只能表示 0 或正数，不能表示负数。

（4）在 32 位的计算机和操作系统中，int 型和 long 型都是 32 位的，没有区别，因此在表 1.11 中没有单独列出 long 型。

（5）十六进制格式控制符中的 X 可以是大写 X，也可以是小写 x。为大写 X 时，十六进制中表示 10、11、12、13、14、15 的字符用大写 ABCDEF 表示；用小写 x 时，十六进制字符用小写字母 abcdef 表示。推荐使用大写 X。

（6）通过格式控制串可以控制输出宽度、左对齐还是右对齐、是否补前导 0，也可控制浮点数输出时保留的小数点位数。具体用法将在编程实例中说明。也可参见附录的“格式控制串”部分（扫描前言中的二维码）。

（7）特别提示：在 32 位操作系统下，int 型和 long 型等效，unsigned int 和 unsigned long 等效，在 Visual C++编程环境下 64 位整型数据类型为__int64，但在 Code::Blocks 使用的 gcc 环境下为 long long 型。

（8）变量类型所占字节数与具体的操作系统环境和编译系统环境有关，可通过使用 C 语言关键字 sizeof（类型名或变量名）的方式查看该类型或变量所占字节数。注意，在 32 位计算机系统中，long 型和 int 型均为 4 字节。sizeof 的用法示例如表 1.12 所示。

表 1.12　输出各数据类型所占字节数

语　　句	结　　果
printf("%d\n",sizeof(char));	1
printf("%d\n",sizeof(short));	2
printf("%d\n",sizeof(int));	4
printf("%d\n",sizeof(long));	4

续表

语　句	结　果
printf("%d\n",sizeof(float));	4
printf("%d\n",sizeof(double));	8
long long a; printf("%d\n",sizeof(a));	8

（9）令人惊讶的是，虽然计算机能够存储现实世界千奇百怪、各式各样的数据（如数值、文本、声音、影像、动画等），但从数据在计算机中最本质的存储方式角度来看，计算机中只有两种数据类型：整数型和浮点数型。因为这两种数据类型在计算中采用了截然不同的两种存储方式。详情请参考“整数和浮点数存储方式”（扫描本章二维码）。

（10）整数在计算机以整型数据类型存储时是完全准确的、没有误差的。但浮点数在计算机中存储时可能有极小的误差。建议：能用整型存储和处理的数据就不用浮点型。

（11）在使用每种数据类型时，一定要注意它能表示的数据范围和特性，防止数据溢出。例如，最大的 int 型数+1 将变成 0，最小的 int 型数−1 将变成最大的 int 型数，这正好印证了“物极必反”的道理。演示数据溢出的代码如程序 1.25 所示，结果如运行结果 1.17 所示。

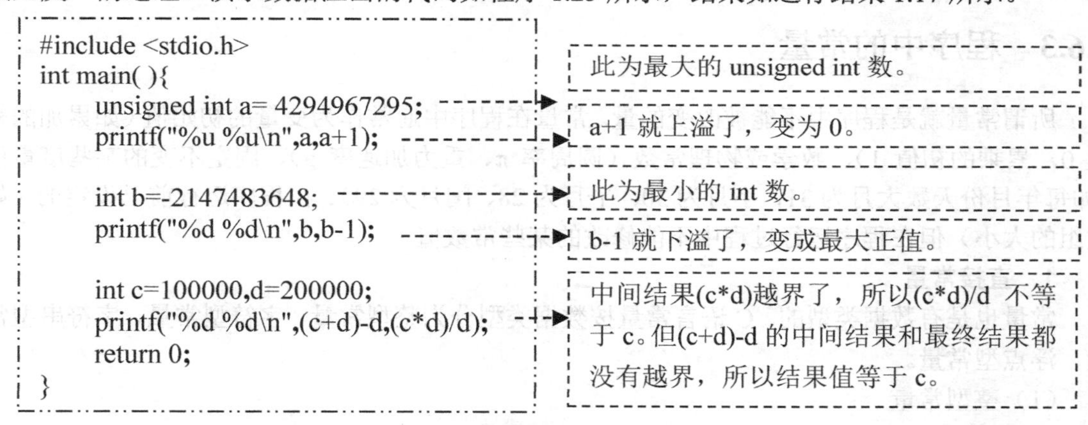

```
#include <stdio.h>
int main( ){
    unsigned int a= 4294967295;
    printf("%u %u\n",a,a+1);

    int b=-2147483648;
    printf("%d %d\n",b,b-1);

    int c=100000,d=200000;
    printf("%d %d\n",(c+d)-d,(c*d)/d);
    return 0;
}
```


程序 1.25

```
4294967295 0
-2147483648 2147483647
100000  -7374
```

运行结果 1.17

从上例可得到以下重要结论：

> 在进行计算时，其中间结果和最终结果都不能超出数据的表示范围，否则就会因数据溢出产生莫名其妙的结果。

举例：short a=30000,b=10000,c; c=((short)(a+b))/2;　printf("%d",c); 输出的结果是-12768。按常理“正数+正数，结果仍为正数”，但实际结果为负数，这是为什么呢？

其实不难理解其原因：应该注意的是，虽然计算的最终结果值没有超出 short 的数值表示范围，但中间结果 a+b 值为 40000，已经超出了 short 能表示的最大正整数 32767，因此最终结果仍不正确，图 1.35 展示了详细计算过程。

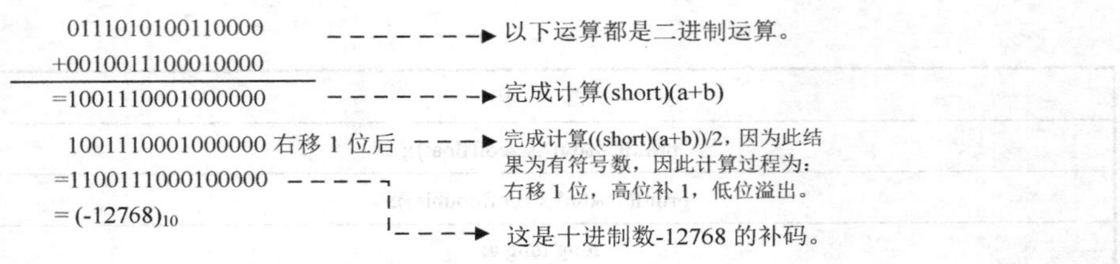

图 1.35　short 型整数运算溢出举例

思考题：请想一想，为什么上例中溢出后得到的结果并非都是 0 呢？你能解释溢出后的结果吗？（提示：在计算机内部，无符号型整数用原码表示，有符号型整数用补码表示。）

如何确定程序中的变量使用何种数据类型？

原则（1）：必须能满足其数值表示范围和所要执行的计算的需要。

原则（2）：尽量使用占用存储空间小的数据类型，以便节约宝贵的存储空间。

例如，如果程序中需要使用一个变量表示学生成绩，其成绩没有小数点，那么这样的成绩可以采用 unsignedshort、short、int、unsigned、__int64、float 或 double 来存储，但考虑到存储空间大小、数值表示范围和运算的方便性，可确定采用 int 或 unsigned 型。如果成绩带有小数点，则应该考虑使用 float 或 double。

1.6.3　程序中的常量

所谓常量就是程序中不能被改变的量。常量在程序中通常作为变量的初始值（如累加的初值 0，累乘的初值 1）、数学或物理常数（圆周率 π、重力加速度 g）、固定不变的某些度量值（如每年月份天数大月为 31，小月为 30，平月为 28、闰月为 29）、在程序运行前已设定的（如数组的大小）但在程序运行过程中不能修改的某些常数值。

1．直接常量

常量也是有数据类型的。C 语言常量按数据类型分为整型常量、字符型常量、字符串型常量、浮点型常量。

（1）整型常量

① 十进制的常量，这是程序中使用最多的常量。例如，0、-1、1、365、7、38、31。

② 十六进制常量：常量也可利用十六进制表示，在常量前加“0x”前缀，如 0x0012FF7C，0xFFFFFFFF（32 位二进制全为 1），0xFFFFFFFFFFFFFFFF（64 位二进制全为 1）。

（2）字符型常量

形式 1：用一对单引号将单个字符括起来。例如，字符'a'、'b'、'c'、'A'、'B'、'C'。

形式 2：用一对单引号，中间为反斜杠\，后跟数值。表示 ASCII 码为该数值的字符。例如，'\97'（表示字符'a',因为字符'a'的 ASCII 码为 97）、'\98'（表示字符'b'，因为字符 b 的 ASCII 码为 98）、'\0'（表示 ASCII 码为 0 的字符）。

（3）字符串型常量

用一对双引号""括起来的字符串为字符串常量。例如，"Zhangsan"、"Lisi"、"张三"、"李四"。

（4）浮点型常量

带有小数点的常量，为浮点型常量。例如，3.14，1.0，0.618。

2. 符号常量

程序中为了使常量具有名称，通过名称使用常量，比直接使用数据更加便于理解和修改。可以通过#define 预定义指令为某个数值常量定义相应的标识符，称此常量为符号常量。

定义符号常量的语法：

#define 符号常量标识符 常量值

下例演示了圆周率常量 π 的用法，代码及运行结果如程序 1.26 所示。

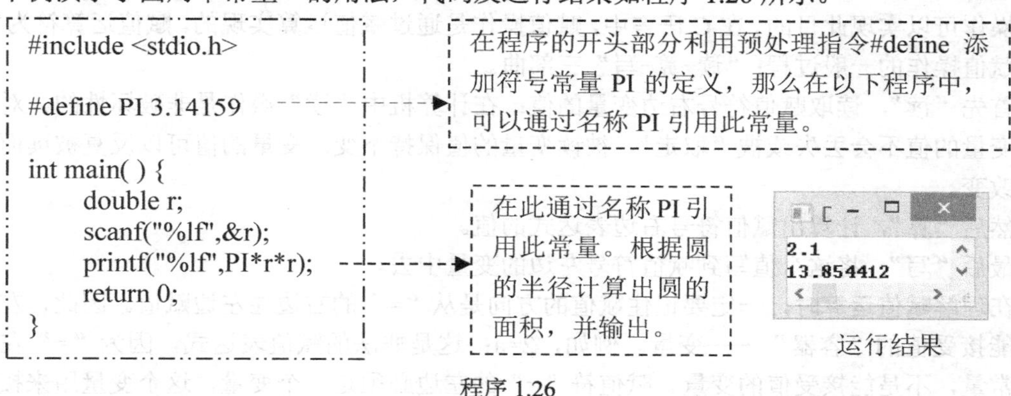

程序 1.26

需要注意的是，C 语言编译器对源代码中的#define 预处理指令是这样处理的：仅将#define 中定义的“常量标识符”所代表“常量值”作为字符串，在编译前，将程序源代码中的所有此“常量标识符”字符串替换为对应的常量值，然后再进行编译。因此，以上 define 指令之后不能有分号，否则编译器将 PI 替换为“PI;”，那么 PI*r*r 将被替换为“PI;*r*r”而导致编译错误。

思考题：#define 预处理指令的字符串替换特性可在程序设计中发挥更大的作用，如何利用此功能呢？

小问答：

问：什么是集成开发环境？

答：集成开发环境（Integerated Development Envinroment，IDE）是指能为程序设计和软件开发提供程序代码的编辑、编译、连接、运行、调试等功能一体化解决方案的编程环境，称为集成开发环境。在此环境中设计程序非常方便、快捷。

问：C 语言程序设计的集成开发环境除 Code::Blocks 外，还有其他的集成开发环境吗？

答：比较常见的有 Code::Blocks、Visual C++ 6.0、Dev C++、C-Free、Turbo C/C++、C++ Builder、Eclipse、Visual Studio。

问：本书选用 Code::Blocks 作为 C 语言 IDE，它与其他 C 语言 IDE 相比有何特点？

答：使用方便、体积小、开源、在 Windows 7、8、10 的 32 位和 64 位版本下运行良好、在 Linux 系统下可用。

问：Code::Blocks 有中文版吗？

答：没有，但可下载汉化包解压后放在 Code::Blocks 安装文件夹的指定目录即可将菜单汉化。建议使用英文原版，原因有三：第一，编译提示信息总是英文，能看懂编译出错提示信息对于快速纠正语法错误很有帮助；第二，用户界面中英文单词数量不多，记住这些单词没有困难；第三，多掌握计算机专业英语词汇对于学习程序设计大有裨益。

1.7 赋值运算——改变变量的值

通过前面的编程实例，我们已经对赋值运算符不再陌生，但我们应深刻理解赋值运算的含义。**必须将数学中的"等于号="与关系运算符中"相等运算符=="严格区分。**

在程序设计中，如何才能将某个值存放到变量中呢？如何才能将变量中的值发生改变呢？赋值操作可以实现此目的。在C语言中，赋值操作是通过赋值运算实现的，赋值运算符为"="。

赋值操作的一般过程："读-算-写"三部曲。

首先"读"，读取赋值符号右边变量的值；在计算机中"读"操作是非破坏性的，对被读取的变量的值不会丢失或被"取走"，被读变量的值保持不变。变量的值可以反复被读而不会发生改变。

然后"算"，计算出赋值符号右边表达式的值。

最后"写"，将这个值写到赋值符号左边的变量中去。

在理解赋值运算时，一定要记住赋值的方向是从"="的右边往左边赋值。因此，左边必须是能接受值的"容器"——变量。例如，2=a；这是非法的赋值表达式，因为"="左边是一个常量，不是能接受值的变量。赋值符"="的左边必须是一个变量，这个变量用来接受赋值符右边得到的结果值。

赋值表达式"a+b=c+d"是错误的，因为"="号左边必须是单个变量，即必须是能存放数据的"容器"才能接受被赋的值。

赋值表达式的赋值过程如图1.36所示。

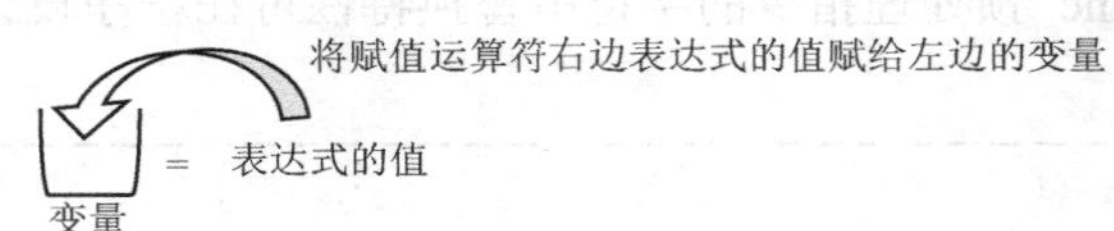

图1.36　赋值过程示意图

赋值表达式的念法："将表达式的值赋给变量"。注意，先念"表达式"，后念"变量"。

a=c+d; 应该念成"将c+d的值赋给a"，不要念成"a等于c+d"。此赋值语句含义是"先将变量c和变量d中的值读取出来，执行c与d的加法运算，得结果值，然后将此值写到变量a中去"。

i=i+1; 应该念成"将i加1后的值赋给i"，而不要念成"i等于i+1"。此赋值语句含义是"先将变量i中的值读取出来，执行i与1的加法运算，得结果值，然后将此值写到变量i中去"。

以上念法，不仅能帮助理解赋值过程，也能防止将赋值运算当成数学的"等于"来理解。

> **变量的重要特性：**
>
> 读的特性：变量中的值可以被读任意多次而不会改变。我们将变量理解成"存放值的容器"，每次从容器中取值的实质是"复制"此变量的值，因此容器中变量的值是"取之不尽"的。只要值不被修改，则其值一直保持不变。
>
> 写的特性：一旦对变量执行写操作（如给变量赋值），那么这个变量中原有的值将永久丢失，新的值覆盖原有的值。

图 1.37 展示了变量的读、写特性和赋值运算的执行过程。请注意每执行一个语句时变量值的变化情况。

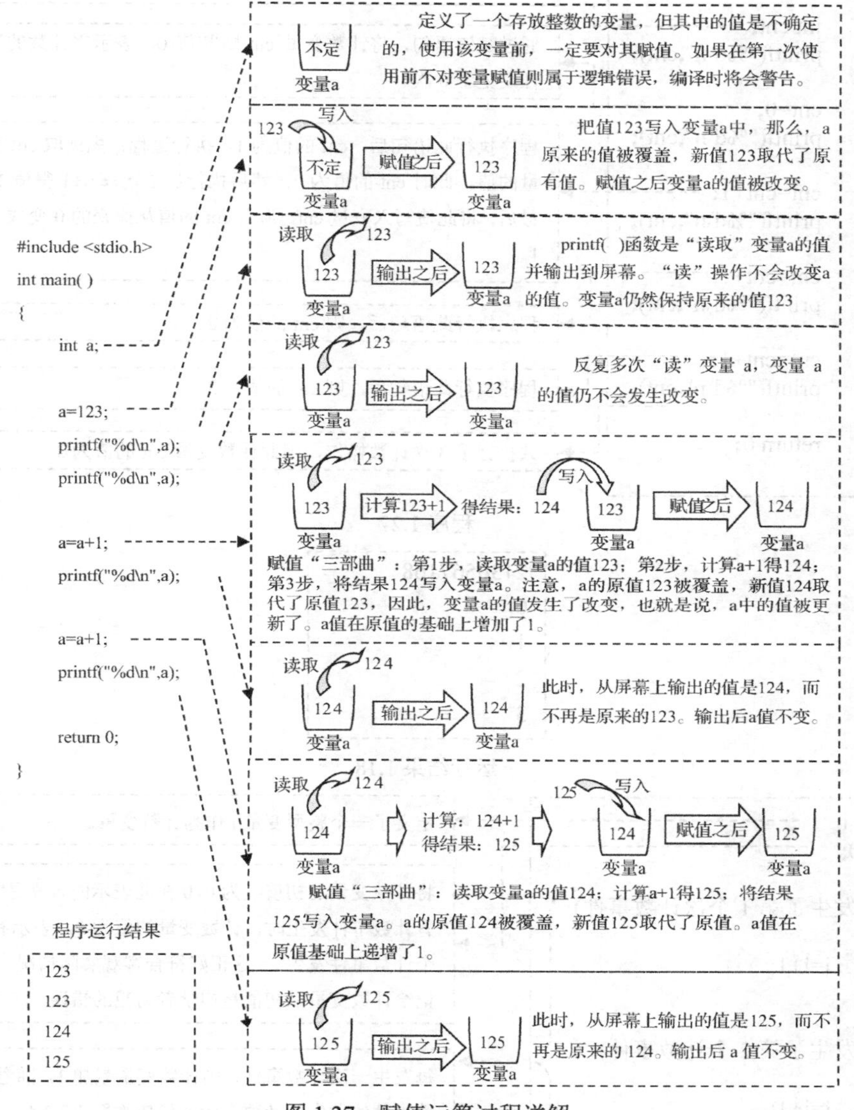

图 1.37　赋值运算过程详解

显然，赋值运算符“=”与数学中的“等于”符号本质的差别。C 语言中的赋值运算，由一系列的读、写和计算动作完成，不是一个数学等式。例如，能实现计数功能的赋值表达式 cnt=cnt+1，如果将 cnt=cnt+1 理解成数学中的等式，显然，此等式不成立。

程序 1.27 演示了如何实现计数功能，结果如运行结果 1.18 所示。

在程序设计中，经常会遇到需要计数的场合，那么就可以用一个整型变量实现计数功能。实现计数功能的要点如下。

（1）必须将计数变量的初值赋为 0。

（2）每发生一个计数事件则使计数变量的值在原来的基础上累加 1。

实现计数功能的关键代码片段如程序 1.28 所示。

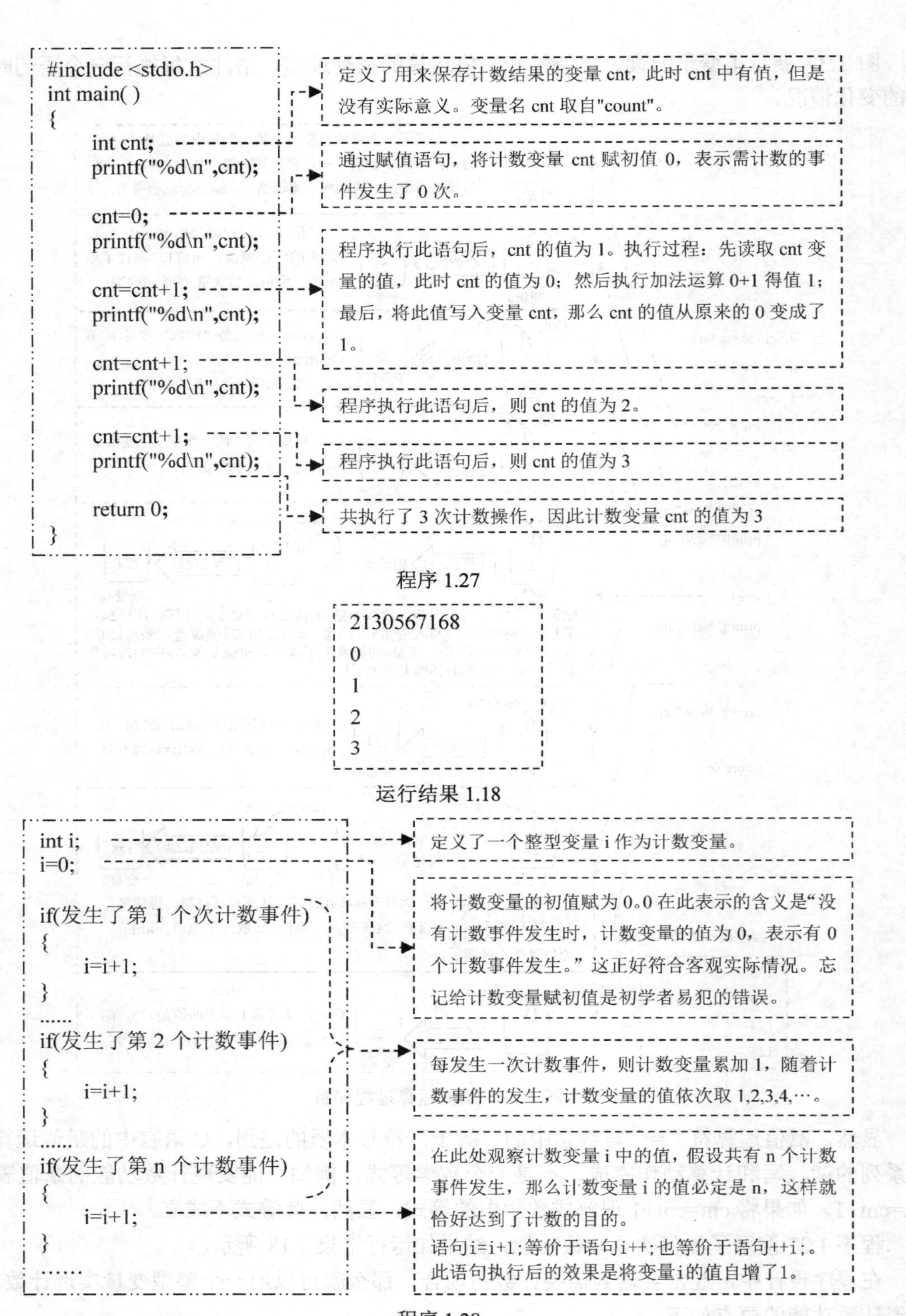

程序 1.27

运行结果 1.18

程序 1.28

编程任务 1.15：成绩分析（三人版）

任务描述：3 个同学参加某次考试，现需要分析及格人数、最高分、最低分、平均成绩。

输入：输入包含 3 个整数，分别表示 3 个同学的成绩。

小问答：

问：C语言中一行就是一个语句吗？在每行代码的末尾一定要加分号吗？

答：不对。C语言中，简单语句确实必须以分号结尾。复杂结构的语句可有多行，但并不能每行代码末尾都加分号。常见的复杂结构的语句有循环语句、分支语句。

初学者写代码时容易忘记在简单语句结尾的分号。但是，分号也不能随意多加。例如，在以上代码中，不能在 int main( )之后添加分号。

事实上，C语言语句不是以“行”为单位的。C语言程序代码的格式是自由的，在所有能分隔的位置均可以添加换行符、空格符和跳格符。

输出： 分别输出及格人数、最高分、最低分、平均成绩。平均成绩保留 1 位小数。输出之间用一个空格分隔。

输入举例： 90 55 70

输出举例： 2 90 55 71.7

分析： 对于这个问题，最直接的做法是：定义 3 个变量，输入 3 个学生的成绩到这 3 个变量，然后根据 3 个变量的值计算及格人数、最高分、最低分和平均分。

代码如程序 1.29 所示。

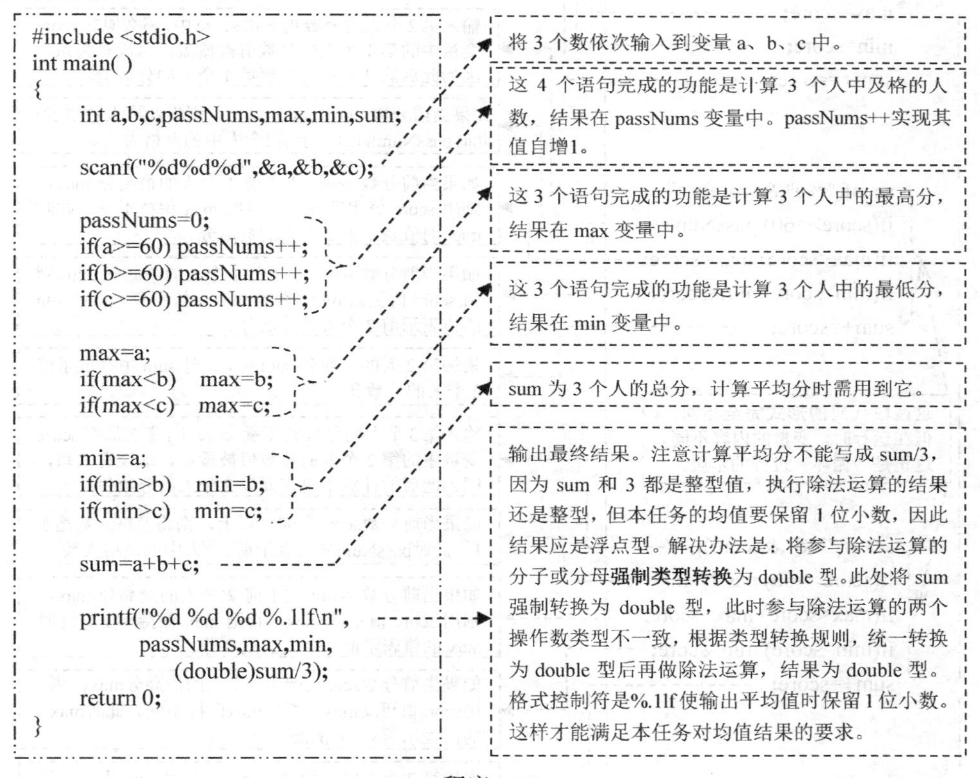

程序 1.29

但仔细分析本编程任务就能发现，其实没有必要为每个学生的成绩定义一个变量，可以重复利用同一个变量来接收一个学生的成绩，对此进行计算后，再用同一个变量接收下一个学生的成绩，再计算，直至所有学生分数输入完毕，最后输出结果。

具体来说，我们可以每次从键盘接受一个输入数据作为当前待处理的分数到变量 score，计算和判断完成后，再输入下一个数据到变量 score 中，此时，score 中的前一个分数值被覆盖。

然后重复执行上述过程，每次执行完对当前输入数据的处理，我们可得到目前为止前 i 个数的及格人数、最大值、最小值、总分。当 i 等于 3 时，就得到本编程任务的解。

重复利用 score 变量，而不是定义 3 个不同的变量，此做法的好处是：提高了变量的利用率；方便用循环语句实现 n 个人的成绩分析，n 的值在运行时才输入。

此外，保留一位小数的 double 型格式控制符为%.1lf。

改进后的代码如程序 1.30 所示，结果如运行结果 1.19 所示。

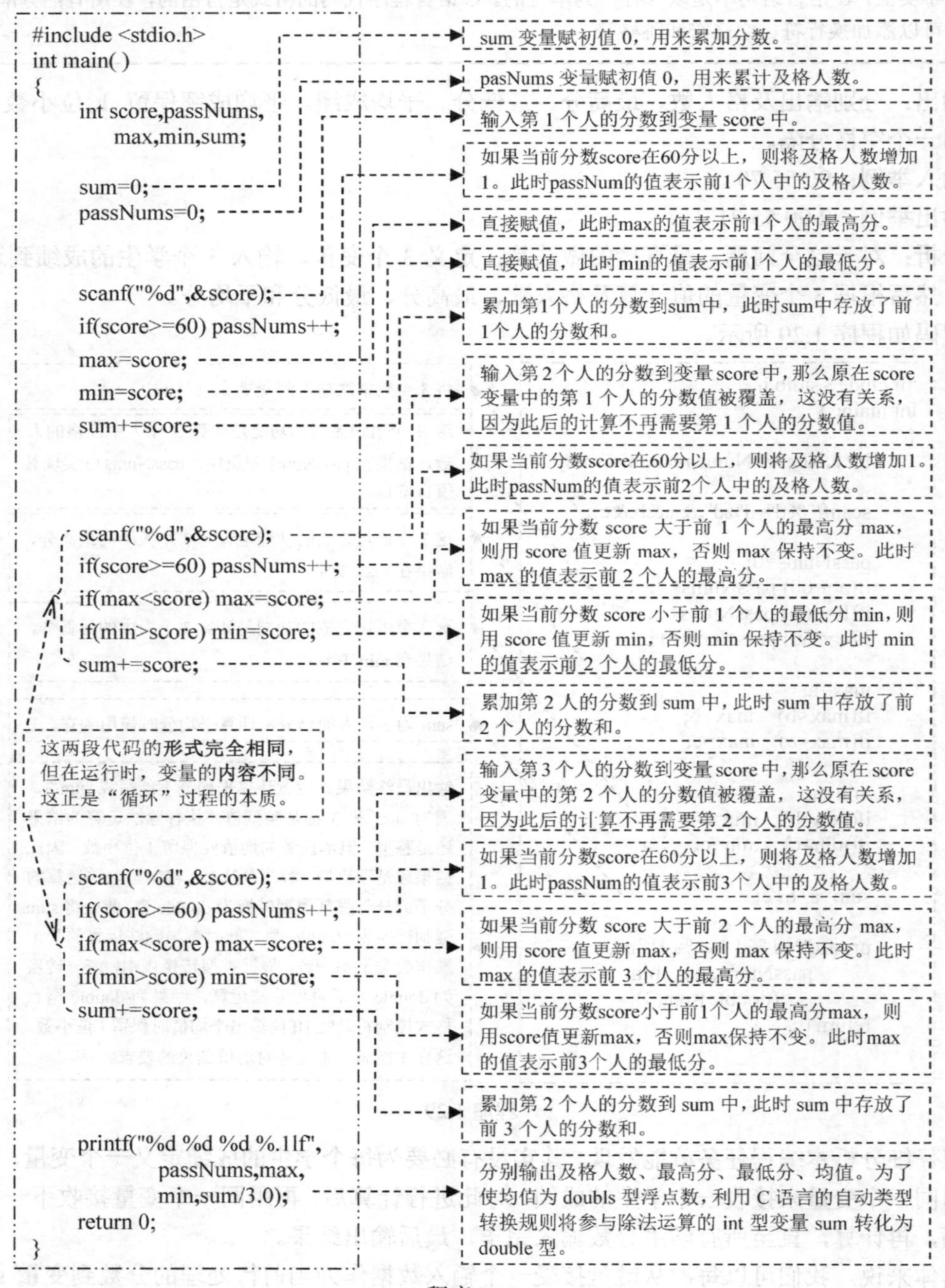

程序 1.30

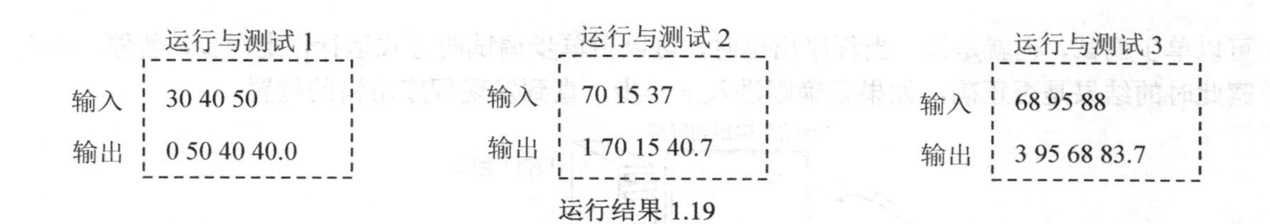

运行结果 1.19

1.8 程序设计的一般过程

从完成第一个编程任务至此，我们已经了解了程序设计的大致过程。一般来说，从接受程序设计任务开始到完成指定任务的过程，如图 1.38 所示。

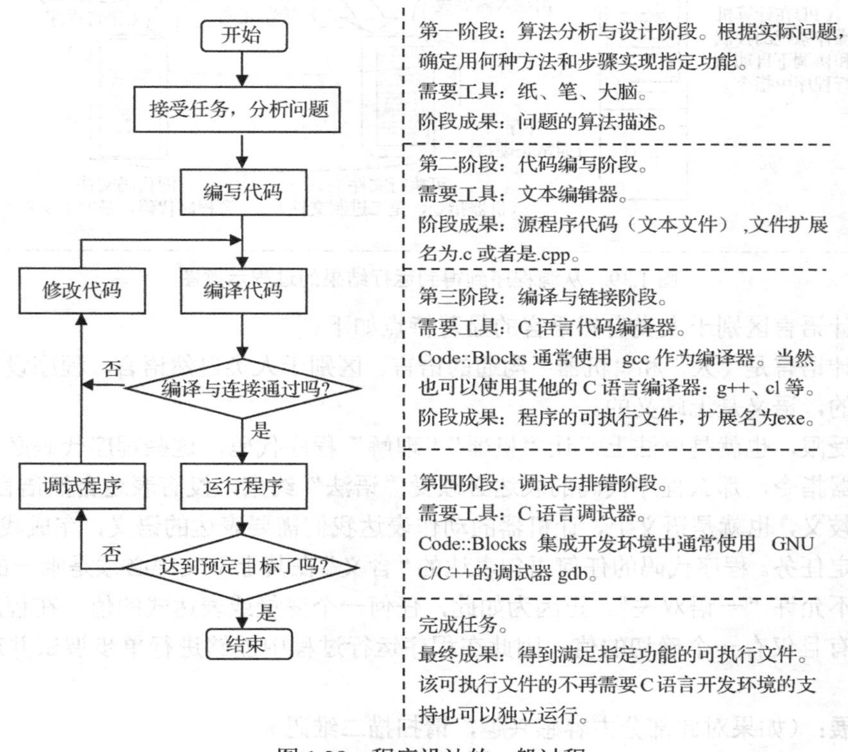

图 1.38 程序设计的一般过程

从图 1.38 可以看出，从我们接受任务开始至达到预定目标为止，中间可能经过多次反复修改—运行—调试的循环迭代。以上过程第二、三、四阶段都可在 Code::Blocks 集成开发环境中完成，这就是集成开发环境为程序设计带来的便利！

从编写源程序代码至得到运行结果的详细过程如图 1.39 所示。

说明：

（1）源代码必须编译成可执行文件才能运行。源代码是不能直接运行的。

（2）不管是源代码文件还是可执行文件，都保存在外存（通常是硬盘）中，而非内存。

（3）只有当可执行文件载入到内存后才能执行。

（4）在执行的过程中，运算功能（包括算术运算和逻辑运算）由 CPU 的运算器完成。CPU 在控制器的指挥下将程序中的指令逐条、顺序地执行。正是因为指令是逐条执行的，因此程序可以单步调试，也就是说，当程序出错时，可以用单步调试的方式运行，走一步，暂停，再观察此时的结果是否正确，如果正确则进入下一步，直到发现程序出错的位置。

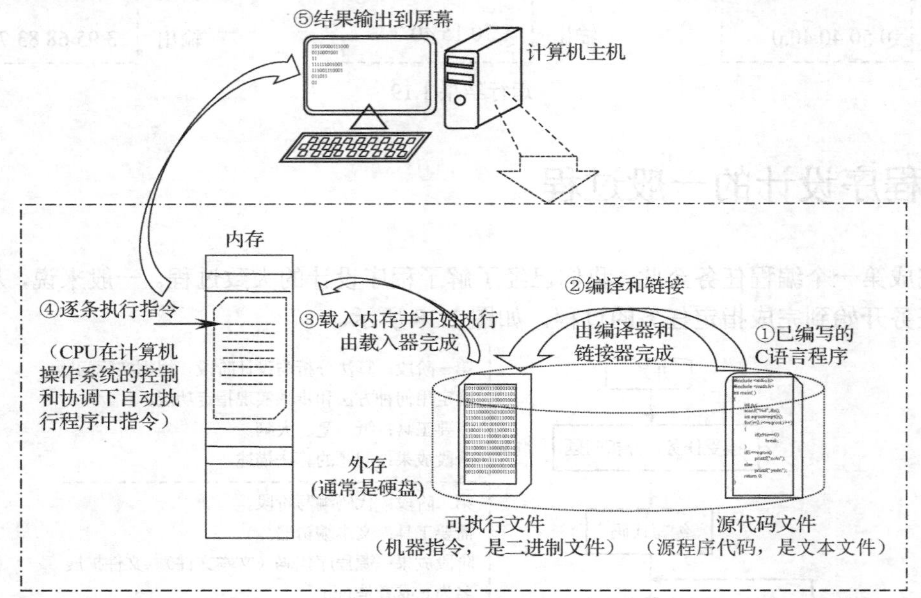

图 1.39　从源程序到得到运行结果的过程示意图

程序设计语言区别于人类自然语言的显著特点如下。

程序设计语言是“人”和“机器”沟通的语言。区别于人类自然语言，程序设计语言在形式上是受限的，语义是无歧义的。

形式上受限，也就是语法上，让“机器”“理解”程序代码，这些程序代码必须能转换成一系列的机器指令，那么程序代码的表达必须受“语法”约束，没有表达自然语言那么自由。

内容无歧义，也就是语义上，让机器的动作表达我们需要表达的语义，完成我们“人”想要完成的指定任务。程序代码的任何语句表达的“含义”在其上下文中必须是唯一的、确切的、无歧义的，不允许“一语双关”。正因为如此，任何一个变量或表达式的值，在程序运行的某一个时刻都有且仅有一个确切的值，因此在程序运行过程中能够进行单步调试并观察中间结果。

知识拓展：（如果对此部分内容感兴趣，请扫描二维码）

程序设计相关背景知识包括：程序与操作系统的关系、整数和浮点数存储方式、常见数学表达式写法、程序员与程序设计的类比。

本章小结

通过本章的学习，我们对 C 语言有了初步的、感性的认识，学习了基础的、比较简单的编程知识，能够求解比较简单的实际应用问题。本章的编程任务虽然比较简单，但使我们能初步体会到用程序解决实际问题的方法和步骤。

本章主要知识点包括：如何在 Code::Blocks 中编程，如何给变量赋值，如何定义变量确定变量的数据类型，如何输入和输出，如何利用 if 语句进行判断，如何表达较为复杂的逻辑条件，怎样表达数学运算，以及怎样利用库函数，如何利用计数变量实现计数等知识。

通过学习本章的编程任务，我们已经接触到 C 语言的语法。C 语言语法是编写 C 程序时必须遵守的规则。如果违反了语法规则，编译时编译器将提示程序有语法错误，必须排除错误，使程序编译成功后才能运行。

初学者写程序容易犯语法错误，下面列出本章主要语法要点以备查。

（1）变量必须先定义后使用。变量名应遵守标识符命名规则。标识符区分大小写。

（2）标识符命名规则：C 语言中所有的标识符（包括常量名、变量名、数组名、函数名、结构体名等）必须同时满足如下条件。

① 由字母、数字、下画线构成，但必须是字母或下画线开头。

② 长度不超过 255 个字符。

③ 不能使用 C 语言保留的关键字参见附录（扫描前言中的二维码）。例如，不能使用 int、double、char、for、if、else、break、continue 等。

（3）每个完整的语句末尾有分号。并非每行语句的末尾有分号，因为有的语句有多行。例如，if（条件）的右括号之后不能有分号。

（4）双引号和花括号、圆括号必须成对出现。

（5）int、double 型数据的输入、输出格式控制符为%d、%lf。

（6）调用 printf( )、scanf( )、cos( )、sqrt( )等库函数时必须传递正确的参数。

（7）转义字符“\n”表示换行。

（8）同类型的多个变量可以合并定义，变量名之间用逗号分隔。

（9）if 判断的复合条件，不能写成 1<=a<=31，必须写成两部分，再用&&运算符连接。应写成如下形式：1<=a && a<=31。

（10）判断变量 a 的值是否等于 0，不能写成 if(a=0)，必须写成 if(a==b)的形式。

（11）输入值到普通变量时，应在变量名前加&符号，否则能通过编译，但将导致运行出错。

（12）C 语言规定，赋值表达式的值就是被赋值变量所得到的值。

（13）可以通过“#define 常量名 常量值”的方式定义符号常量。

（14）当执行算术运算时，参与运算的操作数类型不一致，则按“自动类型转换”规则，将类型统一后再进行计算，计算结果为统一后的类型。

（15）强制类型转换的语法格式为：(目标类型名) 被转换对象。强制类型转换的目的是使结果满足求解应用问题的需要。

（16）C 语言所有语法元素（包括如 int、for return 这样的保留字，如分号、逗号、圆括号、方括号、花括号、单引号、双引号等标点符号）都必须是英文状态的半角字符，而不能是中文状态下的全角字符。原因可以理解为：包括程序设计语言在内的大多数 IT 技术起源于美国，很多相关技术都是以英语语言为基础的，计算机能处理的最基本的字符集 ASCII 字符集也是这样的，它包含了英文的字母数字和标点符号，但没有包含中文、日文、韩文和阿拉伯文等其他非英语国家文字符号。但是请注意，此处所要求的英文状态的标点符号是指起语法作用的标点符号，并不是说程序中就不能使用中文字标点了。当然，在常量字符串（即双引号括起来的部分）中任意字符都是允许的，包括中文。

小提示：常见易混淆的半角英文字符和全角中文字符

代码中所有作为语法元素的标点符号必须是英文半角字符，不能是全角字符和中文字符。

符号名称	英文状态	中文状态
逗号	,	，
分号	;	；
（左右）双引号	""	“”
（左右）小括号	()	（）
（左右）单引号	''	‘’
问号	?	？
惊叹号	!	！

小问答：

问：写 C 语言程序一定需要 Code::Blocks 那样的集成开发环境吗？

答：不一定。程序设计过程一般包括：编写代码、编译、运行和调试，这些步骤都可以利用单独的工具完成。集成开发环境为此提供了“一揽子”解决方案，为程序设计提供诸多便利，使程序设计过程变得更加简单、快捷。例如，Code::Blocks 集成开发环境提供了代码编辑、编译、调试、代码自动完成、彩色语法、开发项目管理、在线帮助、众多功能插件等一条龙服务。总之，优秀的集成开发环境使程序开发人员的工作更加方便、快捷、高效。

编写程序代码实际上是在编辑一个文本文件。可以直接使用任意文本编辑器编写程序代码，例如，Windows 附带的记事本、写字板，此外还有 Ultra Edit、EditPlus 等软件。

第 2 章　程序逻辑之关键——分支与循环

设计程序解决实际应用问题的本质过程：要让计算机按照我们的思路和想法，一步一步地执行操作，最后完成指定的任务。我们学习 C 程序设计，也就是运用“C 语言”设计程序源代码，表达求解问题的思路，最终得到可运行的程序，该程序能解决某个实际应用问题。

C 语言是结构化程序设计语言。结构化程序的特点是程序由顺序结构、分支结构、循环结构这 3 种基本结构构成，每个结构只有一个入口和一个出口，便于程序设计模块化，如图 2.1 所示。计算机程序设计的理论和实践均证明了这 3 种基本结构能表达任何复杂逻辑[1]。

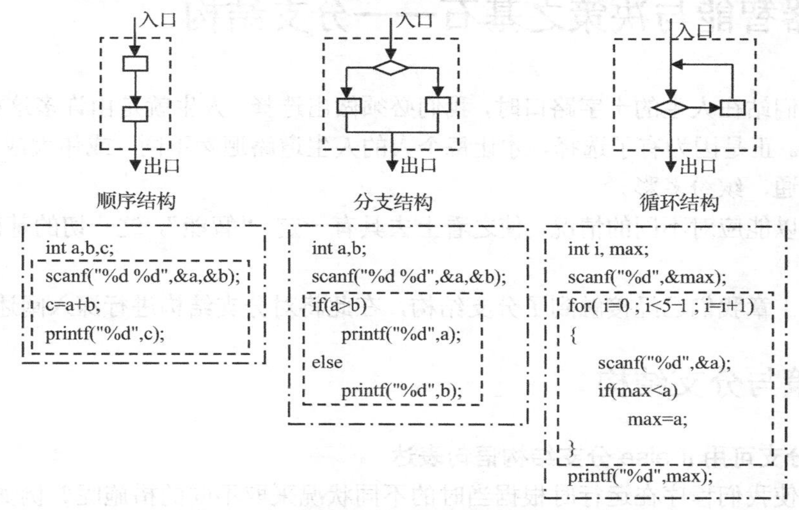

图 2.1　结构化程序的 3 种基本结构及代码举例

（1）顺序结构：代码从前往后，顺序执行。特点：代码先后顺序就是执行的先后顺序。助记语：“代码在先者先被执行”。这是 3 种程序结构中最基本的结构。

（2）分支结构：有多种可能路径，根据条件的满足情况决定具体执行哪个分支。特点：运行时，根据条件只能执行多个分支中某一个分支下的代码。代码的先后顺序和执行顺序基本一致，但部分代码可能不会被执行。助记语：“多种路径，必经其一”。

（3）循环结构：根据条件重复执行某些动作。特点：某些代码可能会被多次执行，这些代码形式相同，但其中变量的内容可能不同（“形似而神异”），助记语：“年年岁岁花相似，岁岁年年人不同”。

灵活、合理地运用这 3 种基本程序结构表达求解问题的逻辑是 C 程序设计的关键。程序中有分支和循环才能使程序实现复杂逻辑，从而表现一定程度的“智能”。掌握分支与循环的运用是培养计算思维的重要方面。

程序逻辑与计算思维是紧密联系的。

计算机是一台能根据程序自动执行指定动作的机器，计算机的“智能”与“思维”是这些

1 参考文献：谭浩强. C 程序设计[M]. 北京：清华大学出版社，2012.

机械化步骤的最终表现。也就是说，计算机只会按照确切的、毫无歧义的程序指令一步一步地执行基本动作，它的“智能”通过这些确切的毫无歧义的一系列动作体现出来。按照设计者的意图设计的程序，体现了一定的“逻辑”甚至“智能”。计算机并不会像人一样“思考”，只会“照章行事”。计算机更没有像人一样具有创造性思维。如果不指示计算机如何一步一步地完成某项任务，它根本就不能动弹。如果作为程序设计者的我们都不知道如何完成某项任务，计算机就更不可能知道如何实现此任务了。机器“智能”是“人”智能通过程序表现出来的。

程序设计就是告诉计算机如何一步一步地实现我们“人”所要求的任务。程序是计算机的“灵魂”，程序中的逻辑就是计算机的思维方式。站在“计算机的角度”，用计算机程序的方式去思考和求解问题就是“计算思维”。

2.1　机器智能与决策之基石——分支结构

每次当我们站在人生的十字路口时，我们必须做出选择，人生就是由许多这样的命运路口和选择决定的。正是因为有了选择，才让每个人的人生道路迥然不同，或伟大或平淡，或轰轰烈烈或普普通通，缤纷多彩。

程序之所以能应对不同的情况，使之看上去具有一定 “智能”，这一切的基础是程序具有分支结构。

虽然在第 1 章我们已经接触到了分支结构，在此将对分支结构进行深入阐述。

2.1.1　决策与分支结构

1．二叉分支可用 if-else 分支结构语句表达

如何才能使我们程序在运行时根据当时的不同状况采取不同的措施呢？例如，一个控制机器人通过十字交叉路口的程序，那么，当机器人到达十字路口时，不能止步不前，也不能不顾一切冲过路口。它下一步行动是前进还是停步，取决于当时十字路口交通灯的状态。因此，机器人必须具有判断功能。机器人通过感知设备获取周围环境信息，运行在机器人的程序决策下一步行动，从而使机器人体现“智能”，如图 2.2 所示。程序中逻辑判断和决策可由分支结构实现。

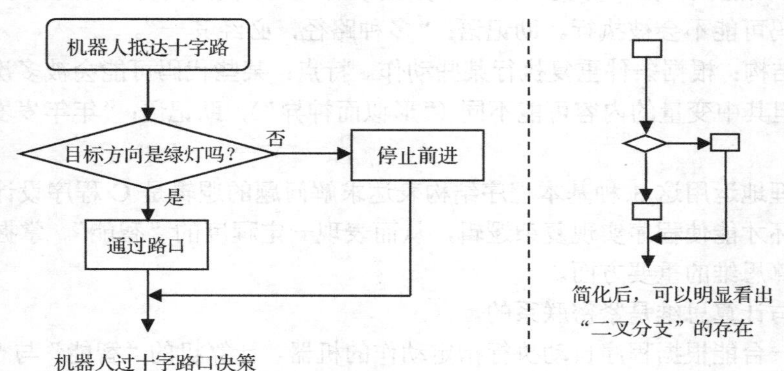

图 2.2　逻辑中的决策与分支

为了让计算机表现出像人类“聪明灵活、随机应变”的能力，那么计算机程序必须具有“判断”功能，也就是说，程序应能根据当前已知的信息是否满足某个条件，然后决定下一步采取何种动作。

典型分支结构为二叉分支，即一分为二，在C语言中可用“if...else...”语句实现，如所图2.3示。

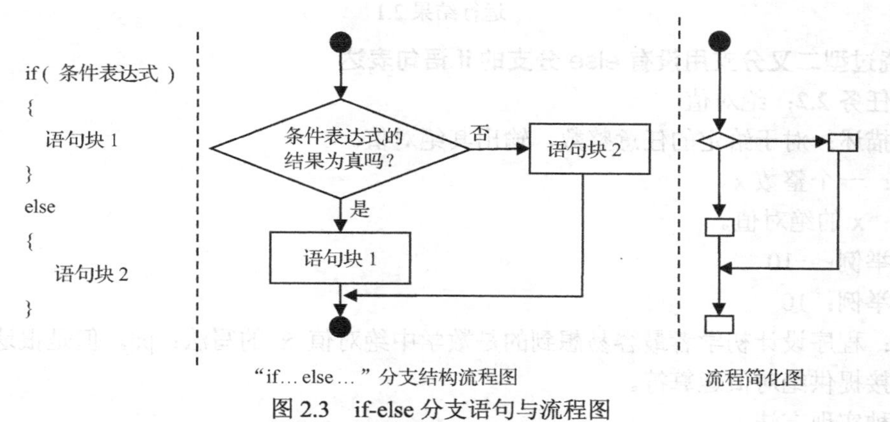

图 2.3 if-else 分支语句与流程图

编程任务 2.1：机器人过路口（单方向版）

任务描述：一个机器人到达了十字路口，机器人将直行前进。请为机器人编写程序，根据给定的直行交通灯的状态，决定机器人此时是行进通过还是停下来等待。

输入：一个整数表示直行交通灯状态。红灯用0表示，绿灯1表示。

输出：当前可通过路口，则输出“pass”，否则，输出“wait”。

输入举例：

0

输出举例：

wait

分析：利用if...else...分支结构就可以满足求解本题的需要。在表达“相等”条件时，请注意用关系运算符“==”而不是“=”，因为“=”在C语言中是赋值运算符，不是比较是否相等的运算符，如程序2.1 代码及流程图所示。运行结果如运行结果2.1所示。

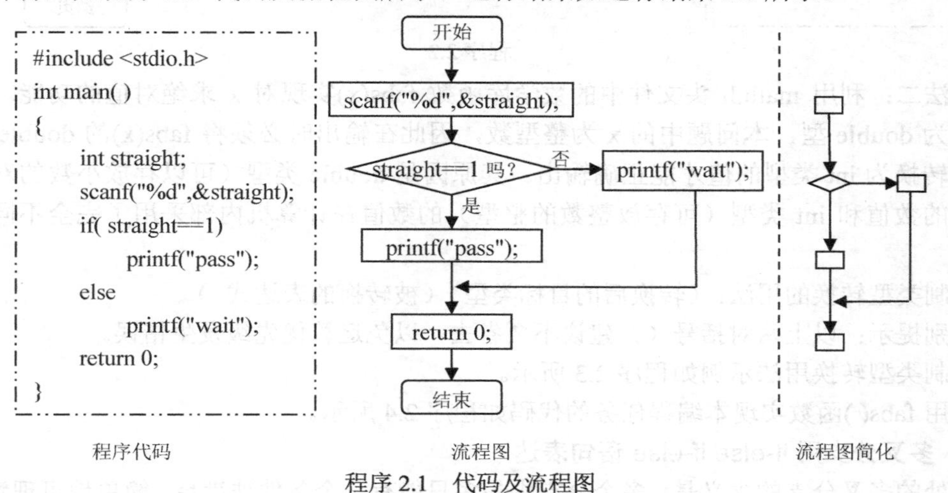

程序 2.1 代码及流程图

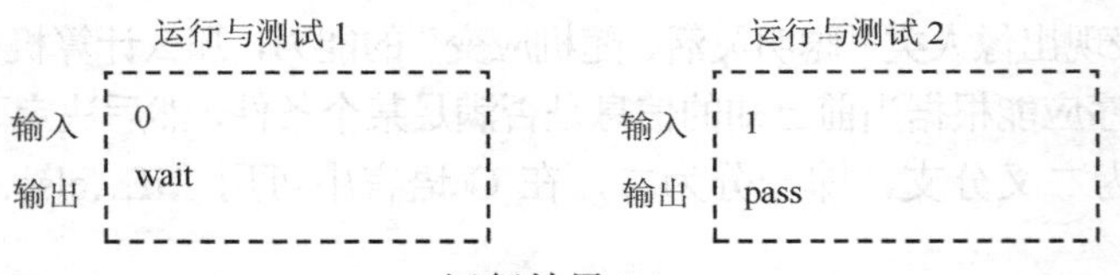

运行结果 2.1

2．绕过型二叉分支用没有 else 分支的 if 语句表达

编程任务 2.2：绝对值

任务描述：对于给定的任意整数，输出其绝对值。

输入：一个整数 x。

输出：x 的绝对值。

输入举例：-10

输出举例：10

分析：程序设计初学者最容易想到的是数学中绝对值 x 的写法：|x|，但是很遗憾的是 C 语言不直接提供绝对值运算符。

有两种实现方法：

方法一：自己动手利用没有 else 分支的 if 语句实现，代码如程序 2.2 所示。

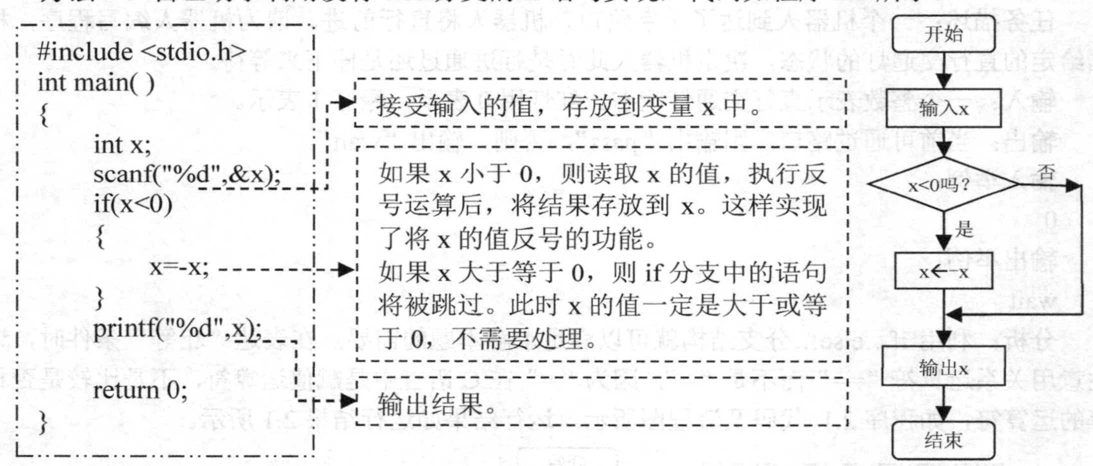

程序 2.2

方法二：利用 math.h 头文件中的数学库函数 fabs(x)实现对 x 求绝对值的功能。其返回值类型为 double 型，本问题中的 x 为整型数，因此在输出时必须将 fabs(x)的 double 类型的值强制转换为 int 类型的值才能正确输出。其原因是 double 类型（可以存放小数的双精度浮点型）的数值和 int 类型（可存放整数的整型）的数值在计算机内部采用了完全不同的存储形式。

强制类型转换的用法：（转换后的目标类型）（被转换的表达式 ）

特别提示：以上两对括号（）建议不要省去，以免运算优先级发生错误。

强制类型转换用法示例如程序 2.3 所示。

利用 fabs( )函数实现本编程任务的代码如程序 2.4 所示。

3．多叉分支用 if-else if-else 语句表达

此处的多叉分支的含义是：多个分支中最多只能有一个条件被满足，简单地可理解成“多选一”。

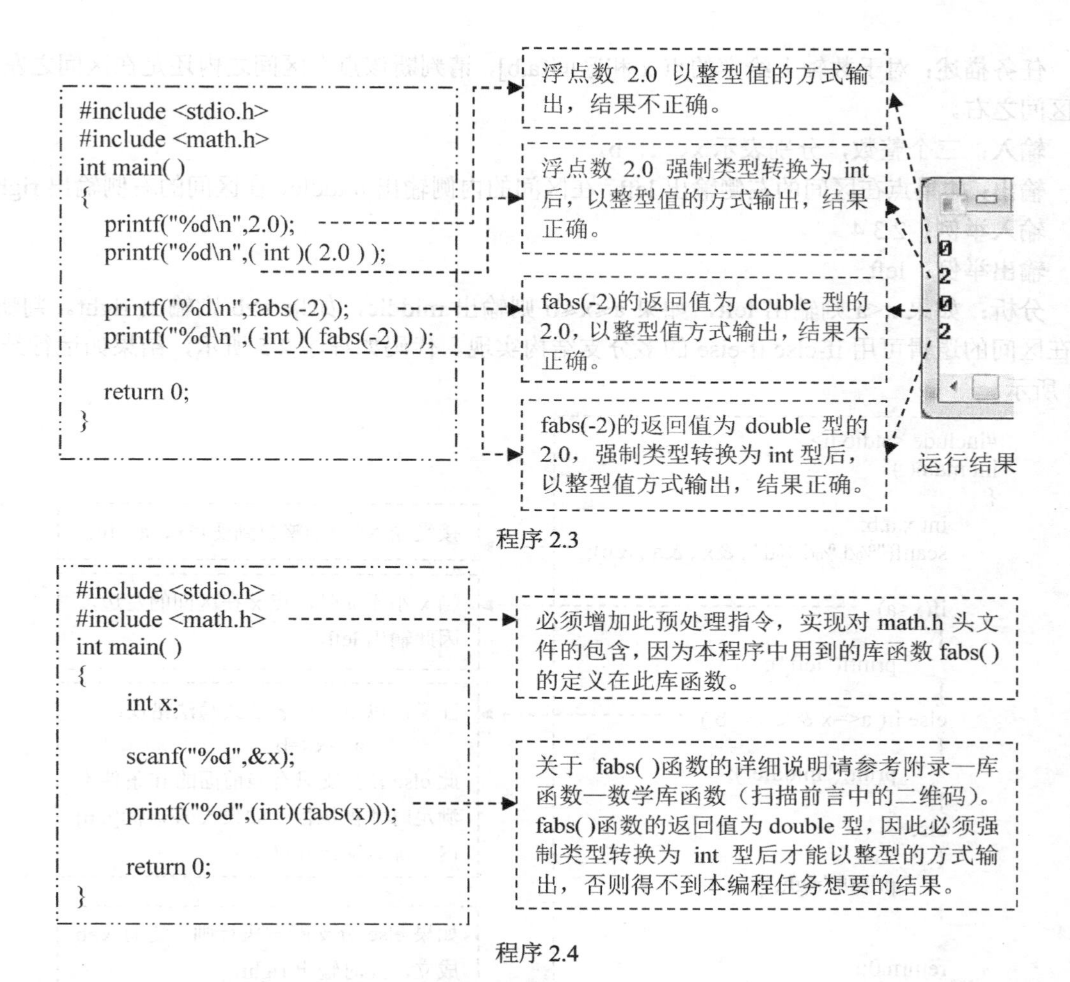

程序 2.3

程序 2.4

if-else if-else 的一般形式如图 2.4 所示。

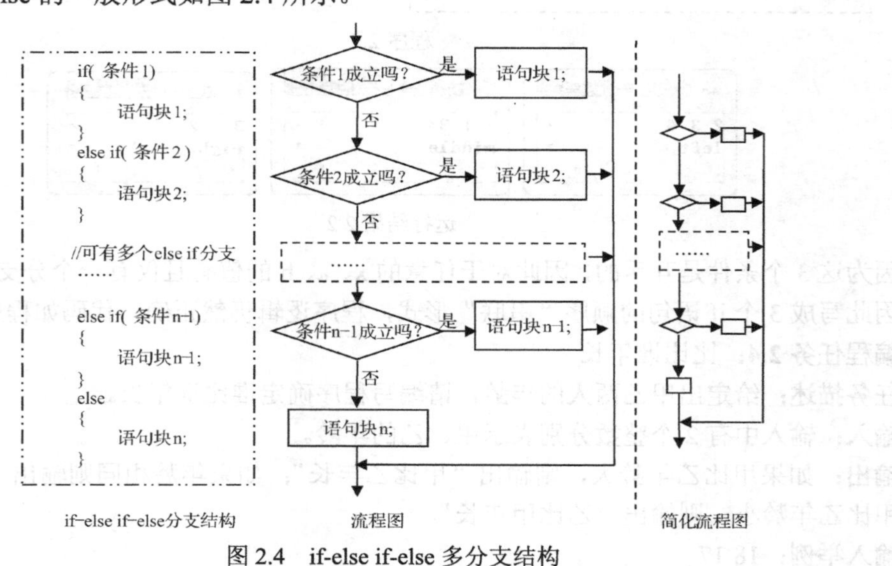

图 2.4　if-else if-else 多分支结构

编程任务 2.3：点与区间的位置关系

任务描述：对于数轴上给定的点 x 和区间[a,b]，请判断该点在区间之内还是在区间之左或在区间之右。

输入：三个整数，分别表示 x、a、b。

输出：如果点在区间的左侧输出 left，在区间的内侧输出 middle，在区间的右侧输出 right。

输入举例：2 3 4

输出举例：left

分析：如果 x<a 则输出 left，如果 a≤x≤b 则输出 middle，如果 x>b 则输出 right。判断 x 所在区间的逻辑可用 if-else if-else 的多分支结构实现。代码如程序 2.5 所示，结果如运行结果 2.2 所示。

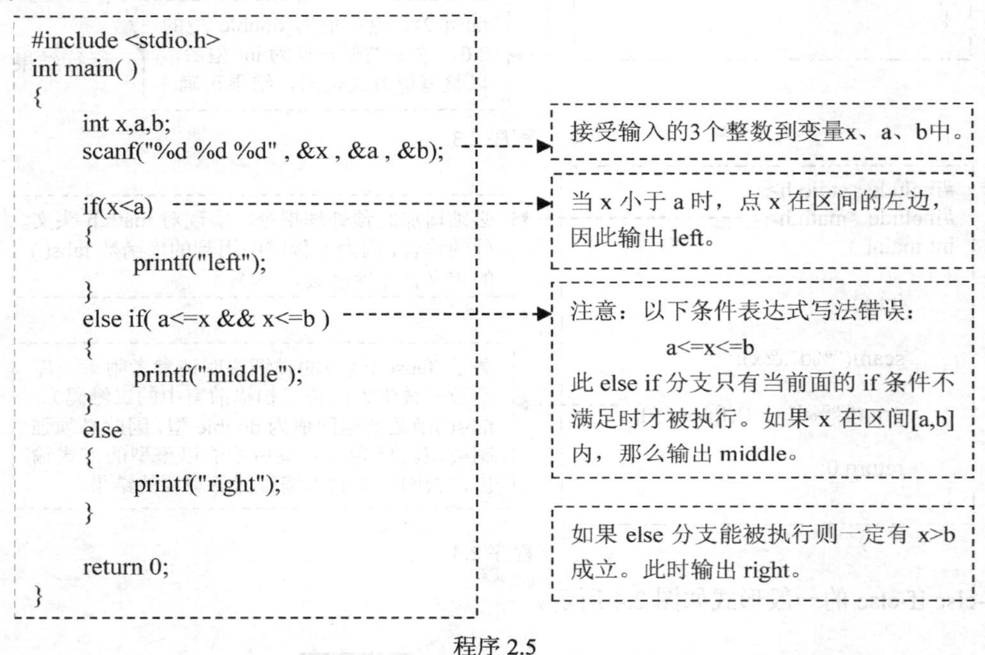

```c
#include <stdio.h>
int main( )
{
    int x,a,b;
    scanf("%d %d %d" , &x , &a , &b);

    if(x<a)
    {
        printf("left");
    }
    else if( a<=x && x<=b )
    {
        printf("middle");
    }
    else
    {
        printf("right");
    }

    return 0;
}
```


程序 2.5

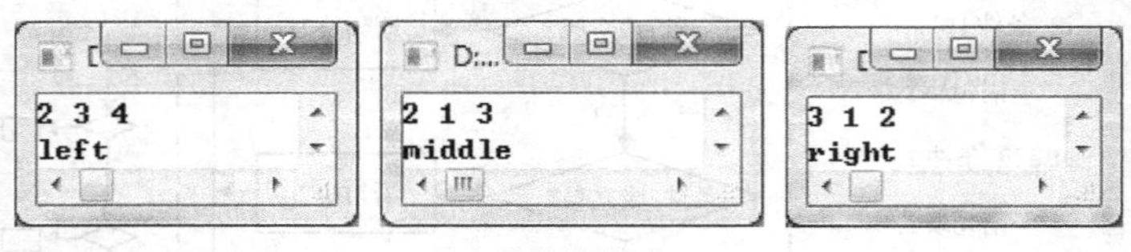

运行结果 2.2

因为这 3 个条件是互斥的，因此对于任意的 x、a、b 的值有且仅有一个分支的条件会被满足。因此写成 3 个 if 语句的顺序“串联”形式，程序逻辑仍然正确，代码如程序 2.6 所示。

编程任务 2.4：比比谁年长

任务描述：给定出甲乙两人的年龄，请编写程序确定谁比谁年长。

输入：输入中有 2 个整数分别表示甲、乙的年龄。

输出：如果甲比乙年龄大，则输出“甲比乙年长”；如果年龄相同则输出“甲乙同龄”；如果甲比乙年龄小，则输出“乙比甲年长”。

输入举例：18 17

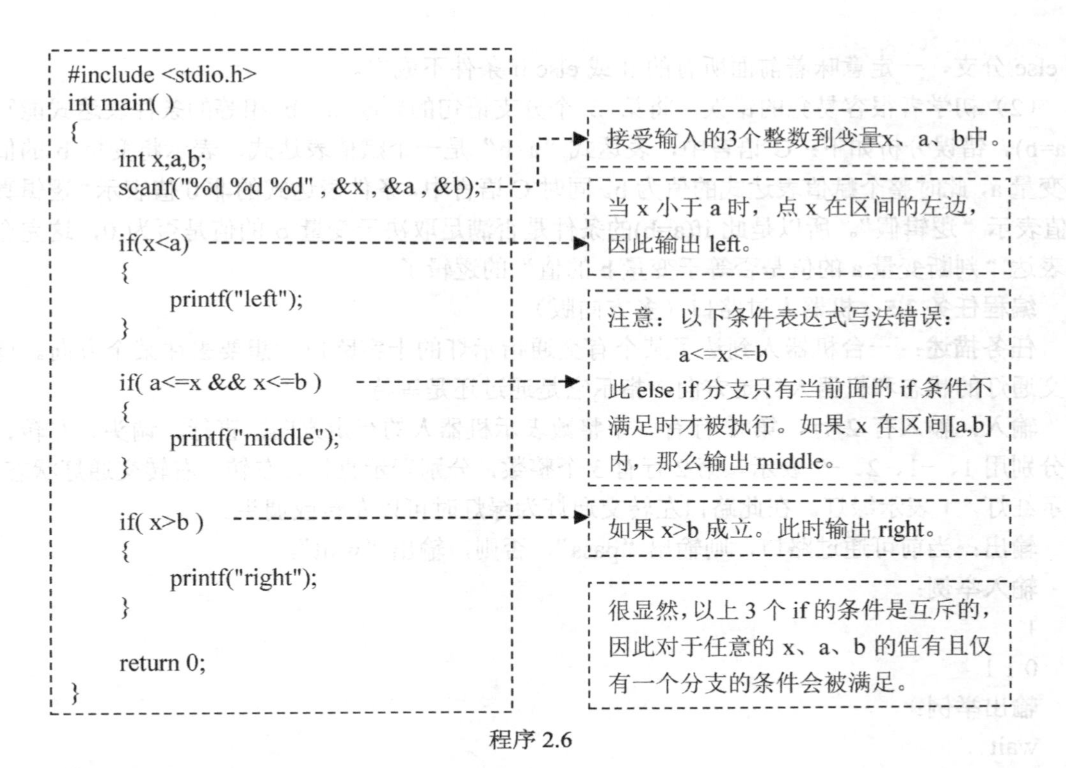

程序 2.6

输出举例：甲比乙年长

分析：根据甲乙年龄的大小，分成 3 种情况，因此可利用 if-else if-else 语句实现本程序的逻辑，代码及流程图如程序 2.7 所示。在此程序中，请注意：

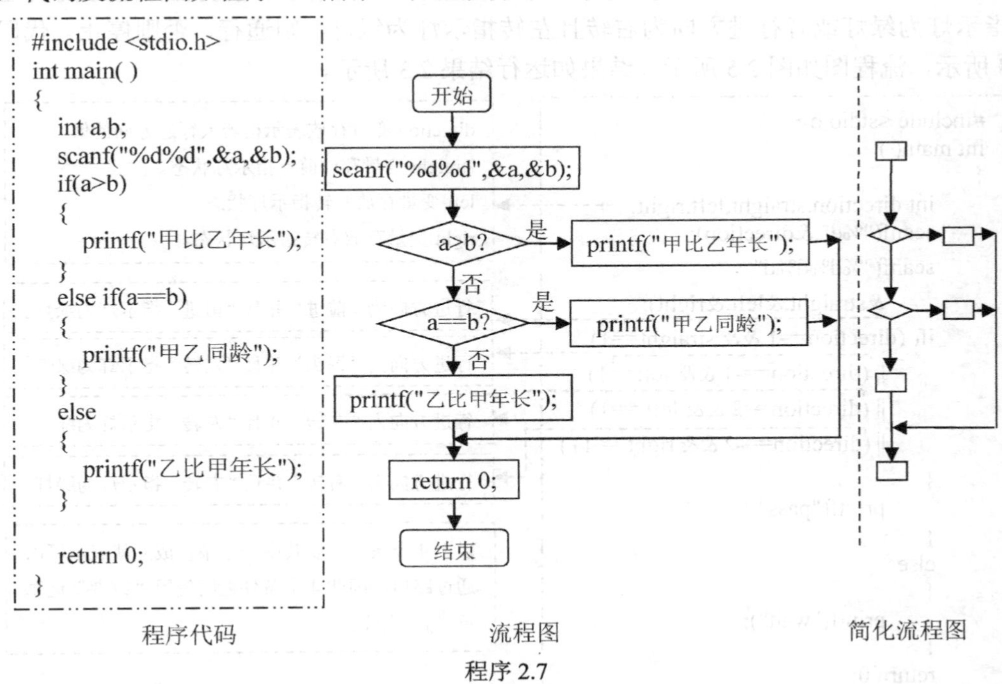

程序代码　　流程图　　简化流程图

程序 2.7

（1）if-else if-else 分支结构的流程，如果程序能执行到 else if（条件表达式）这个判断操作，那么一定意味着在此之前的 if 或 else if 分支条件都不成立；同理，如果程序能进入最后的 else 分支，一定意味着前面所有的 if 或 else if 条件不成立。

（2）初学者很容易犯的错误：将第 2 个分支语句的判断 a、b 相等的条件表达式能写成 if(a=b)。错误分析如下：C 语言中，表达式“a=b”是一个赋值表达式，表示将变量 b 的值赋给变量 a，此时整个赋值表达式的值为 b。同时 C 语言中，条件表达式的非 0 值表示“逻辑真”，0 值表示“逻辑假”。所以是此 if(a=b)的条件是否满足取决于变量 b 的值是否为 0，这完全不能表达“判断变量 a 的值是否等于变量 b 的值”的逻辑了。

编程任务 2.5：机器人过路口（多方向版）

任务描述：一台机器人到达了某个有交通指示灯的十字路口，想要去往某个方向。请根据交通灯的状态和机器人行走方向，指示它是通过还是等待。

输入：输入有 2 行，第 1 行有一个整数表示机器人的行走方向，直行、调头、左转、右转分别用 1、−1、2、−2 表示。第 2 行有 3 个整数，分别表示直行、左转、右转交通灯状态，0 表示红灯，1 表示绿灯。在此路口左转交通灯为绿灯时可以左转或调头。

输出：当前可通过路口，则输出“pass”，否则，输出“wait”。

输入举例：

1

0 1 1

输出举例：

wait

分析：根据以上需求，机器人是否通过路口的条件是“如果行进方向的灯是绿灯则通行，否则停止行进”。但这个条件对编写程序来说还不够具体，应更准确地表达为：如果行进方向为前进且前进指示灯为绿灯或者行进方向为调头且左转方向为绿灯或者行进方向为左转且左转指示灯为绿灯或者行进方向为右转且左转指示灯为绿灯，则通行，否则停止。代码如程序 2.8 所示，流程图如图 2.5 所示，结果如运行结果 2.3 所示。

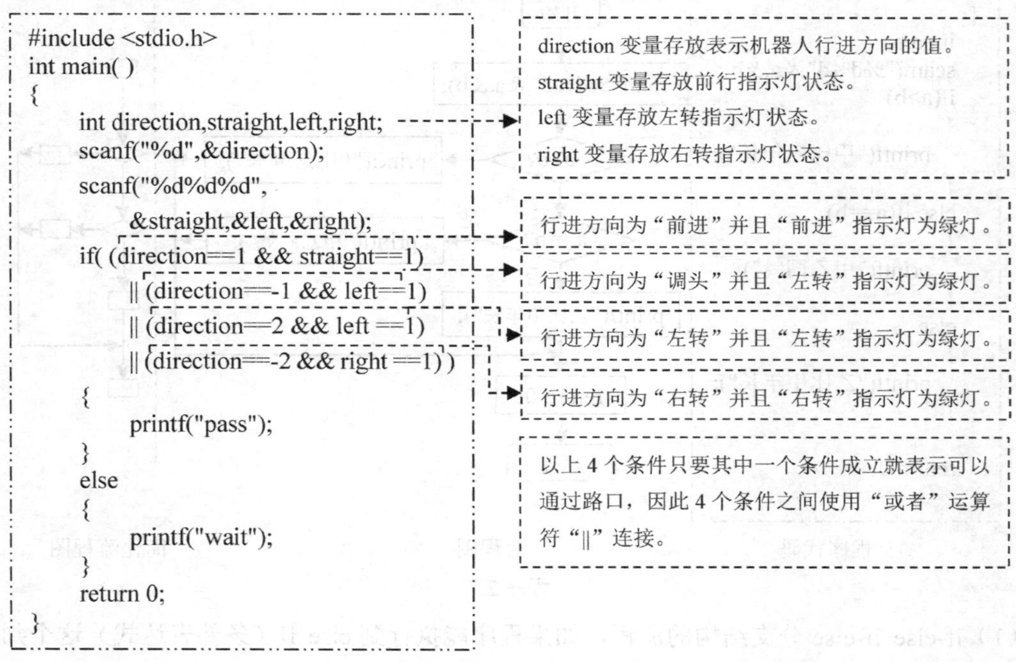

```
#include <stdio.h>
int main( )
{
    int direction,straight,left,right;
    scanf("%d",&direction);
    scanf("%d%d%d",
        &straight,&left,&right);
    if( (direction==1 && straight==1)
        || (direction==-1 && left==1)
        || (direction==2 && left ==1)
        || (direction==-2 && right ==1) )
    {
        printf("pass");
    }
    else
    {
        printf("wait");
    }
    return 0;
}
```


程序 2.8

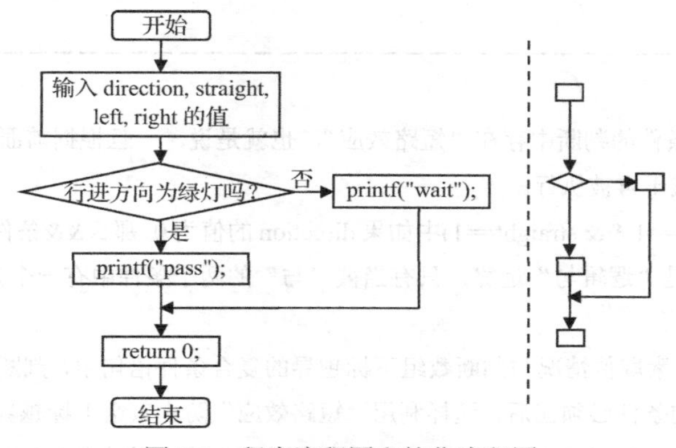

图 2.5　程序流程图和简化流程图

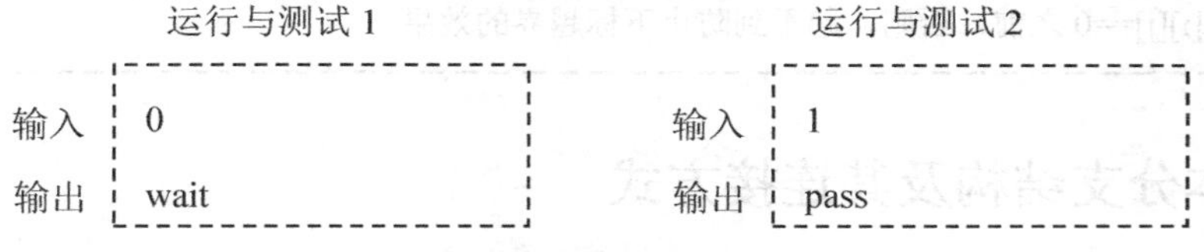

运行结果 2.3

注意两个条件之间的逻辑运算符的用法：

如果两个条件之间为“并且”，“必须同时成立”之意，则用逻辑运算符“&&”连接；

如果两个条件之间为“或者”，“两者之一成立”之意，则用逻辑运算符“||”连接。

以上程序的另一种等价写法如程序 2.9 所示，两者逻辑完全等价。

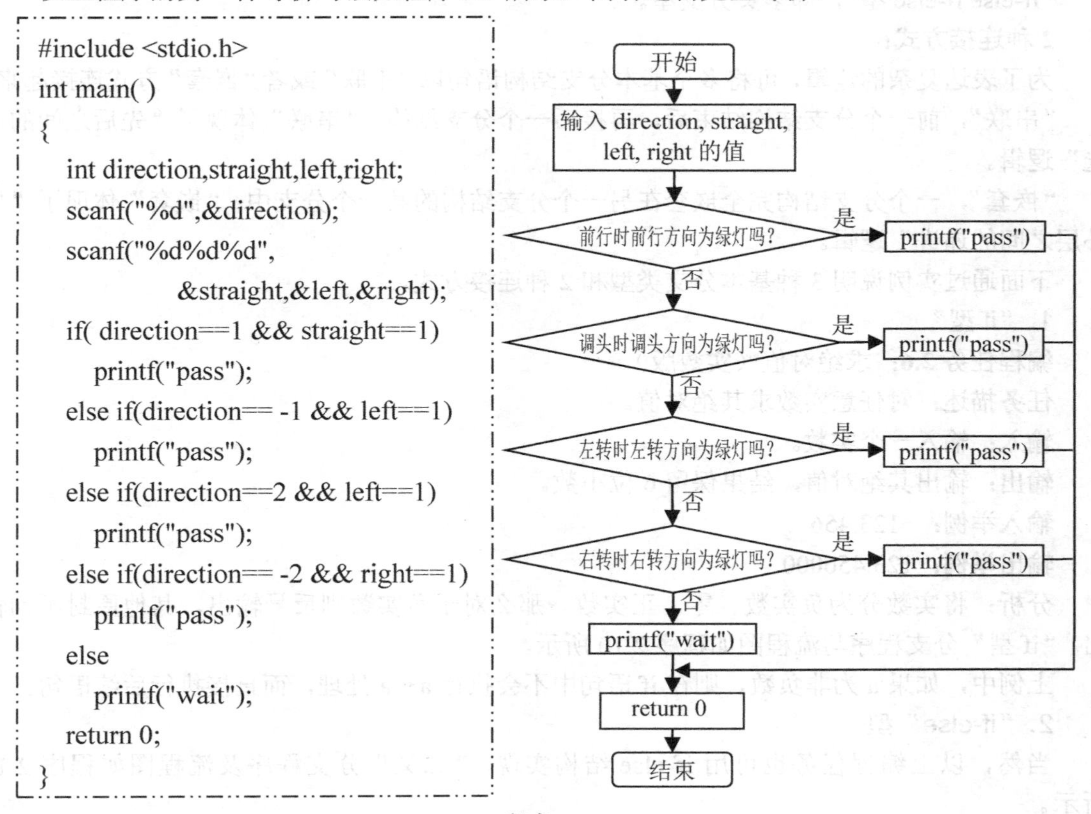

```
#include <stdio.h>
int main( )
{
   int direction,straight,left,right;
   scanf("%d",&direction);
   scanf("%d%d%d",
                &straight,&left,&right);
   if( direction==1 && straight==1)
      printf("pass");
   else if(direction== -1 && left==1)
      printf("pass");
   else if(direction==2 && left==1)
      printf("pass");
   else if(direction== -2 && right==1)
      printf("pass");
   else
      printf("wait");
   return 0;
}
```


程序 2.9

小知识：

在 C 语言中，符合条件的判断中存在“短路效应”，也就是说，一旦根据前面的条件表达式能得出结果，则其后的条件表达式不再被执行。

如上例中 if(direction==1 && straight==1)中如果 direction 的值为 0，那么&&条件的第 1 部分 direction==0 的结果为“假”，因为是“逻辑与”运算，只有当被“与”的两个条件中有一个为“假”时，最终结果一定是“假”。

因此，在判断数组元素取值情况与判断数组下标越界的复合条件语句中，判断下标越界的条件必须在前，而判断数组元素值的条件必须在后，这样利用“短路效应”防止数组下标越界（参见编程任务“盘龙数组”）。例如，for(i++,j++; j<n&&a[i][j]==0; j++) { /*循环体*/ } 中，防止数组下标越界的判断是 j<n，这个判断必须在 a[i][j]==0 之前，否则，起不到防止下标越界的效果。

2.1.2 基本分支结构及其连接方式

不管多么复杂的逻辑，都可以通过如下 3 种基本分支结构和 2 种连接方式来实现。

3 种基本分支结构：

“if 型”，即无 else 分支的二叉分支型，或称为旁路二叉分支型、绕过型。

“if-else 型”，即标准二叉分支型，这是最基本的分支结构。

“if-else if-else 型”，即多叉分支型。

2 种连接方式：

为了表达复杂的逻辑，可将多个基本分支结构语句以“串联”或者“嵌套”方式连接起来。

“串联”，前一个分支结构结束后，再接后一个分支结构；“串联”体现了“先后之间的可选”逻辑。

“嵌套”，一个分支结构完全嵌套在另一个分支结构的某一个分支中；“嵌套”体现了“里外层之间的递进”逻辑。

下面通过实例说明 3 种基本分支类型和 2 种连接方式。

1．“if 型”

编程任务 2.6： 求绝对值（实数版）

任务描述： 对任意实数求其绝对值。

输入： 输入一个实数。

输出： 输出其绝对值，结果保留 6 位小数。

输入举例： −123.456

输出举例： 123.456000

分析： 将实数分为负实数、零、正实数。那么对于负实数则反号输出，其他原封不动输出。“if 型”分支程序与流程图如程序 2.10 所示。

上例中，如果 a 为非负数，则在 if 语句中不会执行 a←a 处理，而直接执行后续语句。

2．“if-else”型

当然，以上编程任务也可用 if-else 结构实现，“二叉”分支程序及流程图如程序 2.11 所示。

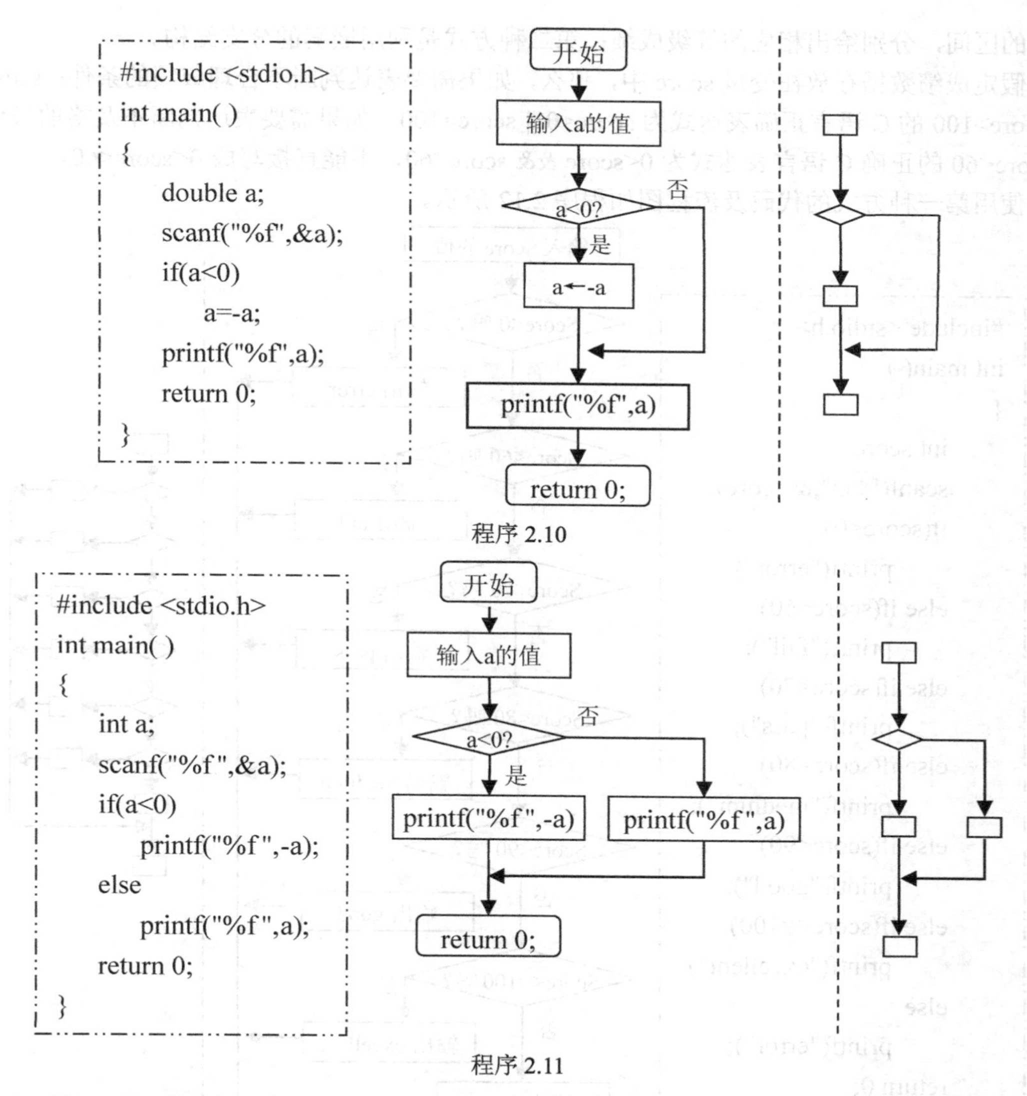

程序 2.10

程序 2.11

3．“if-else if-else”型

C 语言的“if-else if-else”具有级联的特点，这种结构比较适合具有多个互斥条件的多分支的情况。

编程任务 2.7：成绩的等级

任务描述：根据分数成绩给出等级。

输入：一个整数值。

输出：分数<0 或分数>100，则输出“error”，表示成绩数据有误；分数为 0～9 则输出“fail”，表示成绩不及格；分数为60～69则输出“pass”，表示成绩及格；分数为70～79则输出“medium”，表示成绩中等；分数为 80～89 则输出“good”，表示成绩良好；分数为 90～100 则输出“excellent”，表示成绩优秀。

输入举例：95

输出举例：excellent

分析：在表达多分支的逻辑有两种方式：第一种方式是使用 if-else if-else 结构。根据成绩分数的区间，分别给出相应的等级成绩；第二种方式是利用嵌套的分支结构。

假定成绩数据存放在变量 score 中，那么，如果需要表达判断不合理成绩的条件：score<0 或 score>100 的 C 语言正确表达式为 score<0 || score>100。如果需要表达判断不及格的条件：0<score<60 的正确 C 语言表达式为 0<score && score<60，不能直接写成 0<score<60。

使用第一种方式的代码及流程图如程序 2.12 所示。

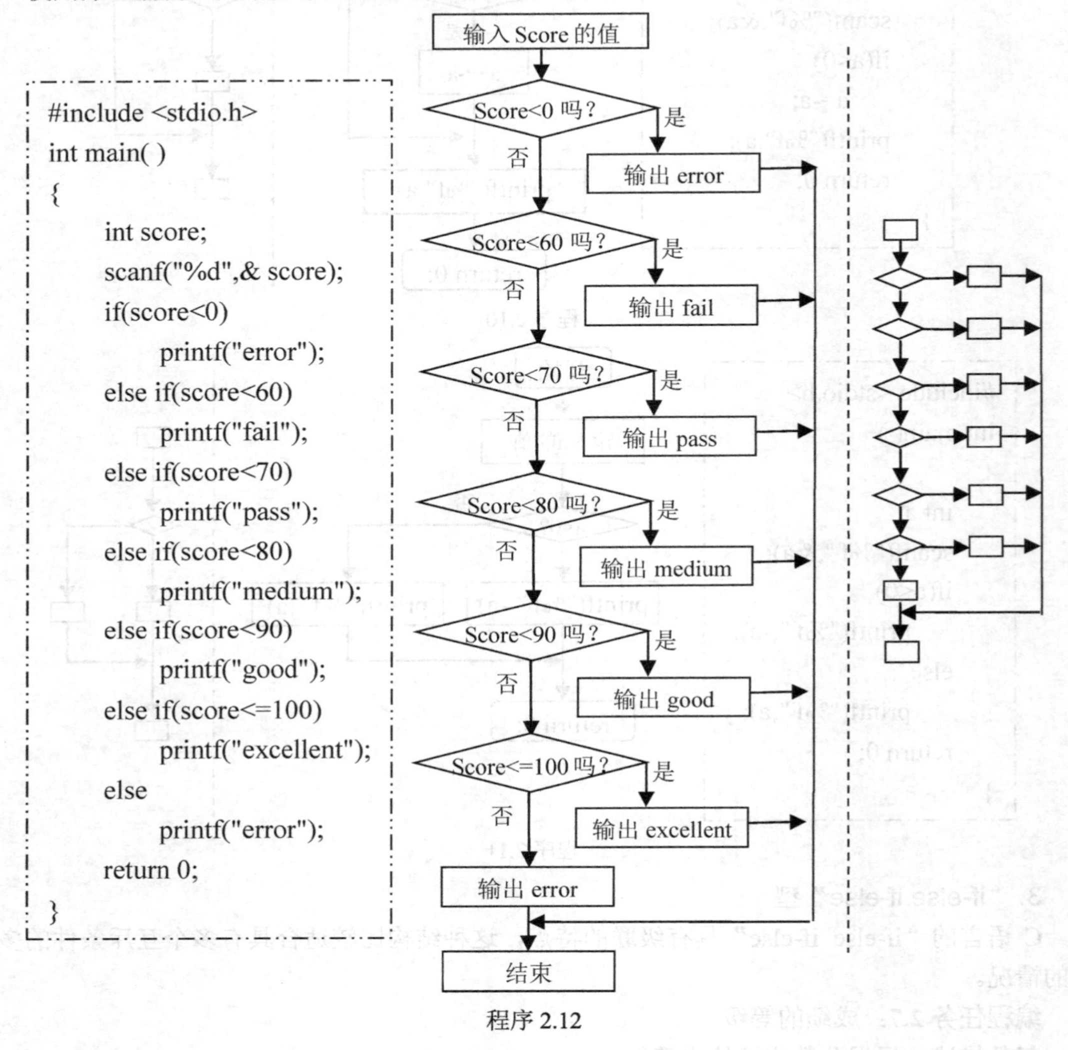

```c
#include <stdio.h>
int main( )
{
    int score;
    scanf("%d",& score);
    if(score<0)
        printf("error");
    else if(score<60)
        printf("fail");
    else if(score<70)
        printf("pass");
    else if(score<80)
        printf("medium");
    else if(score<90)
        printf("good");
    else if(score<=100)
        printf("excellent");
    else
        printf("error");
    return 0;
}
```


程序 2.12

说明：

（1）程序执行至此处，则必有 score>=0，因此 score>=0 的条件是隐含的。在下一步的判断中，可以忽略这个条件。

（2）程序执行至此处，则必有 score>=0 并且 score<60，其中 score>=0 是隐含的，是根据“if-else if-else”结构的执行流程推导出来的，而这个隐含条件正好能被利用，保证在此输出的成绩等级的正确性。以下情况，以此类推！

（3）这个逻辑的表达对 if 语句中的条件写法有严格的顺序要求，因为每个 if 条件形式上只表达了区间条件的一半。根据本分支结构的执行过程可知，还有半个区间条件隐含在前面的 if 条件的反条件中。

例如，“不及格”的分数区间为“score>=0 && score<=60”，而在此程序中表达了 score<60 这个条件，score>=0 的条件隐含在前面的 if(score<0)的反条件中，即 score>=0。

本分支结构中的 if 条件的区间左半条件写法是按照分数从小到大排列的。因为区间右半条件是隐含的，因此不能随意打乱各个 else if( )分支的先后顺序。

课后思考：尝试实现上述逻辑的其他多种等价程序代码写法。

编程任务 2.8：跳远成绩

任务描述：田径运动会中跳远项目对于每个运动员有 3 次跳远成绩，最终成绩取 3 次中的最大值。给定某个运动员的 3 次跳远成绩，给出其最终成绩。

输入：3 个正整数，表示一个运动员 3 次跳远成绩，单位为厘米。

输出：输出最终成绩。

输入举例：788 895 821

输出举例：895

分析：因为可能存在最大值相同的情况，因此可以利用 if-else if-else 结构实现，避免当最大值出现 2 次以上时，重复输出最大值。根据最大值出现的位置分 3 种情况：最大值出现在第 1 个数，最大值出现在第 2 个数，最大值出现在第 3 个数。代码及流程图如程序 2.13 所示。

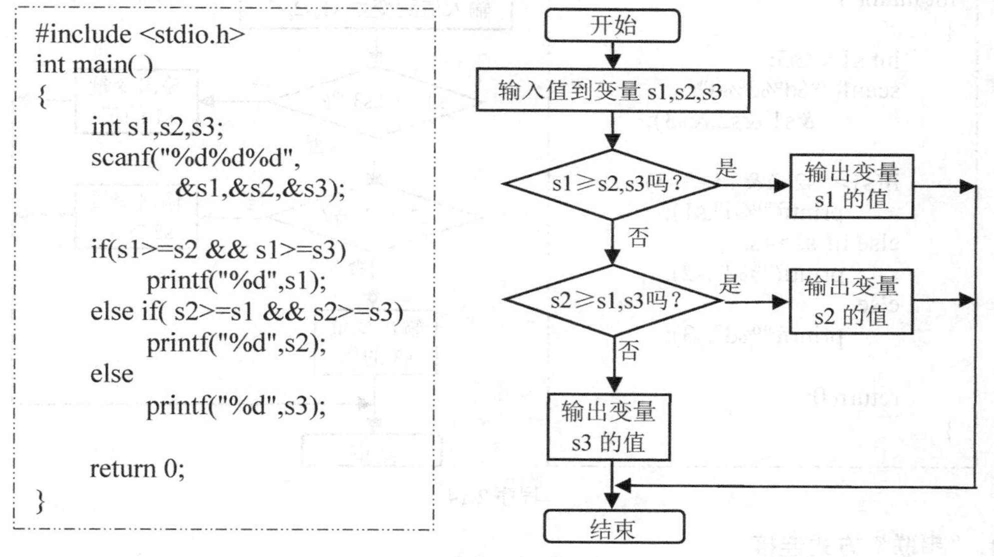

```
#include <stdio.h>
int main( )
{
    int s1,s2,s3;
    scanf("%d%d%d",
            &s1,&s2,&s3);

    if(s1>=s2 && s1>=s3)
        printf("%d",s1);
    else if( s2>=s1 && s2>=s3)
        printf("%d",s2);
    else
        printf("%d",s3);

    return 0;
}
```


程序 2.13

注意，如果存在两个以上相同的最大值：如输入为 700 800 800 或 800 800 700 或 800 700 800 或 800 800 800，程序在执行时将会进入最大值第一次出现所在分支执行输出后跳过整个分支结构，因此确保了最大值只输出一次。

例如，测试数据为 700 800 800 时，执行过程如图 2.6 所示。分支结构代码中有下画线部分为实际被执行的语句，流程图中的虚线表示分支结构被执行的路线。

进一步分析图 2.6 中的分支结构不难发现，else if(s2>=s1 && s2>=s3)中的条件可以进一步简化为 else if (s2>=s3)即可，因为此 else if 分支如果能被执行一定意味着 s1 不是最大值，那么最大值一定是 s2、s3 中的一个，因此只需要比较 s2 和 s3 即可，没有必要再比较 s2 和 s1。修改后的代码及流程图如程序 2.14 所示。

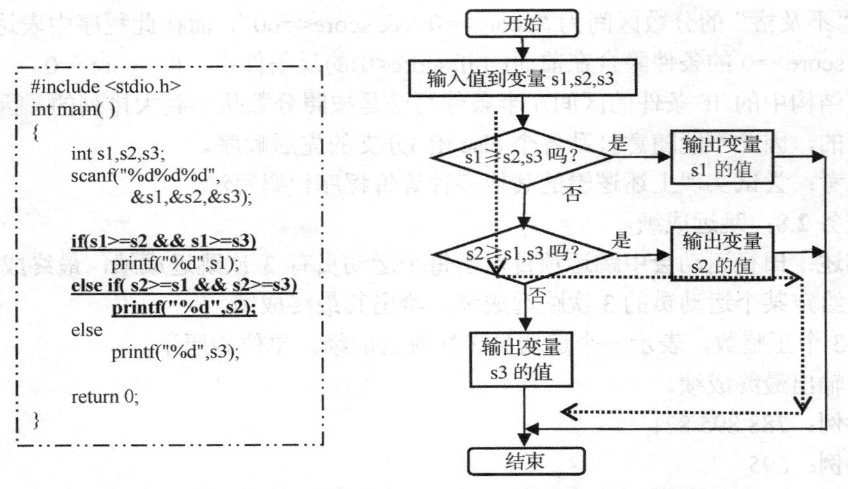

图 2.6　分支程序与基于特定测试数据的实际执行过程示意图

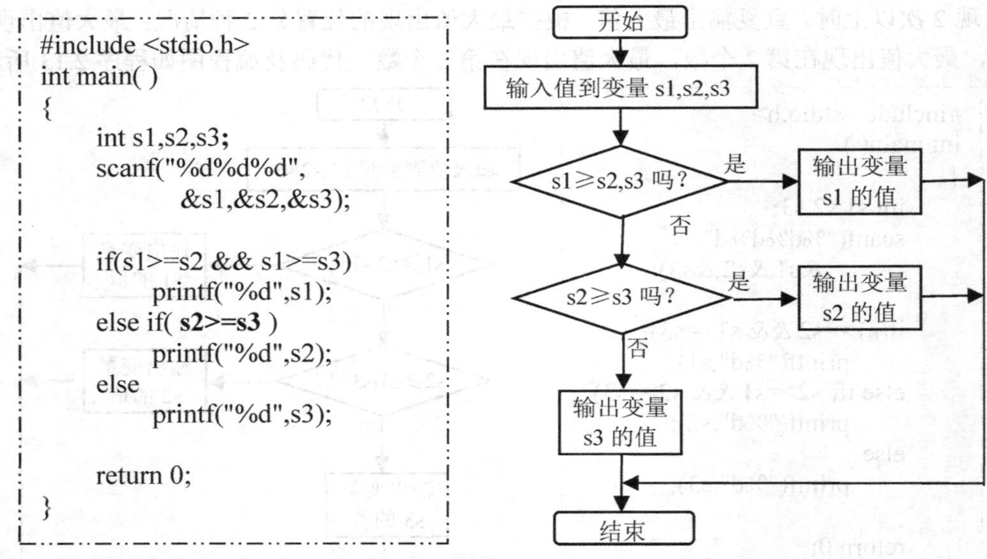

程序 2.14

4．“串联”方式连接

多个 if 语句或 if-else 语句按前后顺序排列，执行时也是按此顺序执行各个 if 分支结构的。

编程任务 2.9：服装搭配

任务描述：服装搭配是一门艺术，不同的搭配有着截然不同的视觉效果。现在将问题简单化，只有颜色深浅（深用 1 表示，浅用 0 表示）、颜色（红色用 1 表示，蓝色用 0 表示）、衣裤（衣用 1 表示，裤用 0 表示）的搭配情况。给定按深浅、颜色、衣裤代码分别给出 3 个用空格分隔的整数，请输出此搭配的结果。

输入：3 个用空格分隔的整数（0 或 1）。

输出：深色为 dark、浅色为 light、红色为 red、蓝色为 blue、衣为 coat、裤为 trousers，单词之间用一个空格分隔。

输入举例：1 1 0　　　　　　**输出举例：**dark red trousers

分析：本编程任务的逻辑中有多个分支结构，但前后两个分支结构之间是顺序连接的。代码及流程图如程序 2.15 所示。

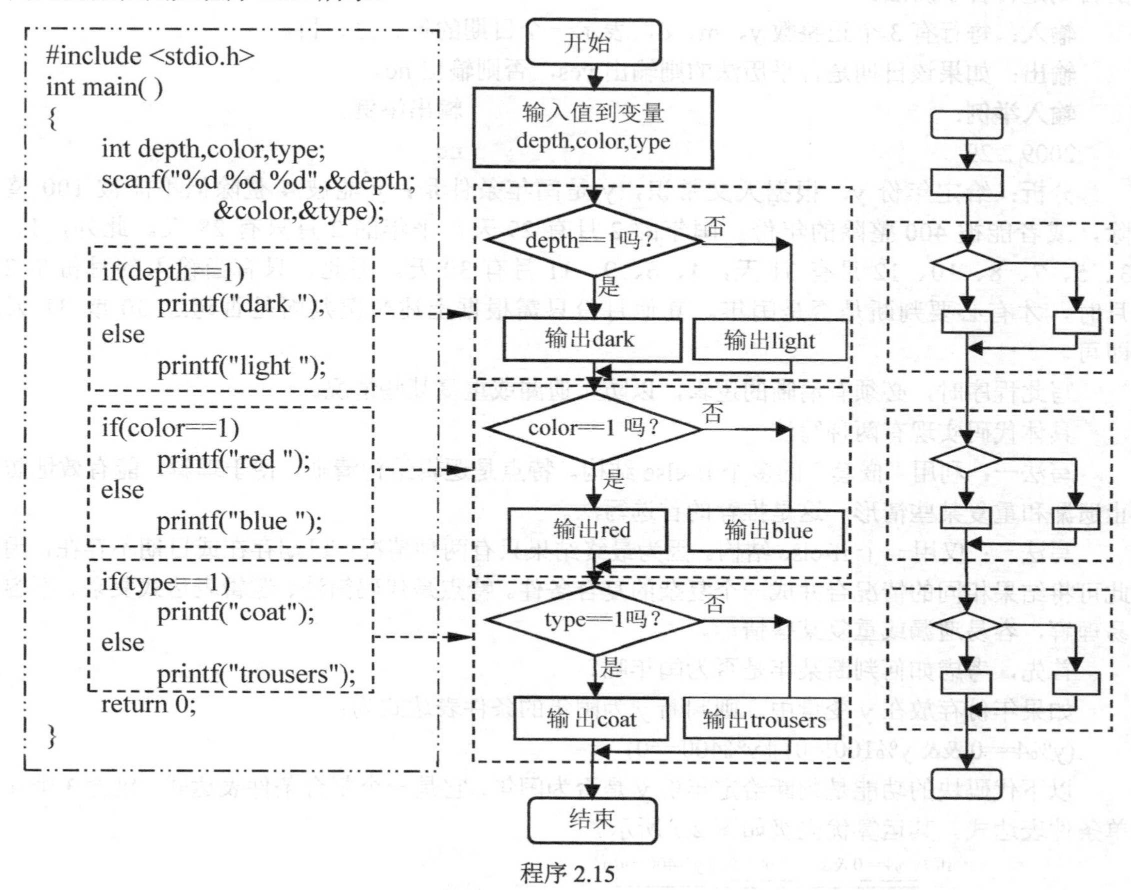

程序 2.15

在程序 2.15 中可清楚地看到，此程序中的 3 个 if-else 分支结构是按先后顺序排列的，是“串联”关系。这意味着，不管第一个分支结构的条件 depth==1 是否满足，执行到第二个分支结构 if(color==1)时，其两个分支均有可能进入。也就是说，不管衣服颜色是深或浅，颜色都有可能是红或蓝。同理，对于第三个分支结构 if(type==1)来说，不管前面第一个和第二个分支结构是如何被执行的，第三个分支结构的两个分支均有可能进入。也就是说，不管前面颜色深浅或那种颜色，衣服类型均有可能是上衣或裤子。

因此，以上三个分支结构，每个分支结构有两个分支，不同的执行路径共有 2×2×2=8 种。

在程序测试时，至少应设计 8 个测试用例覆盖这 8 种可能的执行路径。

5．“嵌套”方式连接

在 if 分支中嵌套另一个 if 分支，则构成了“嵌套型”的分支结构。嵌套的层次直接体现了逻辑的层次性和递进性。具体实例参见编程任务 2.10。

编程任务 2.10：有这样的日期吗（单测试用例版）

任务描述：某人对历史事件发生的日期没有一点概念，当问到某个重大历史事件是何年何月何日发生时，他会立刻信口报出一个日期，别人以为他还真有学问，这么对答如流。其实，他说出的日期可能不合历法，也就是说根据历法根本不存在这样的日期。请编程判断某个给定的日期是否合乎历法。

输入：每行有 3 个正整数 y、m、d，表示一个日期的年、月、日。

输出：如果该日期是合乎历法的则输出 yes，否则输出 no。

输入举例：	**输出举例**：
2009 2 29	no

分析：给定年份 y，根据天文常识，y 是闰年条件是：y 能被 4 整除但不能被 100 整除，或者能被 400 整除的年份。闰年的 2 月有 29 天，平年的 2 月只有 28 天。此外，1、3、5、7、8、10、12 月有 31 天，4、6、9、11 月有 30 天。因此，只有当输入的月份是 2 月时，才有必要判断是否是闰年。其他月份只需根据上述情况判断是否超过 30 或 31 天即可。

写此程序时，必须有清晰的逻辑，以防止遗漏或重复某些情况。

具体代码实现有两种写法。

写法一：利用“嵌套”的多个 if-else 结构。特点是逻辑结构清晰，便于理解，能有效地防止遗漏和重复某些情形。这是推荐的首选写法。

写法二：仅用一个 if-else 结构。因为最终结果只有两种情况：日期存在或日期不存在，因此可将结果相同的情况合并成一个复杂的复合条件。特点是代码简洁、逻辑表达式复杂、不容易理解，容易遗漏或重复某些情形。

首先，考虑如何判断某年是否为闰年呢？

如果年份存放在 y 变量中，则判断 y 为闰年的条件表达式为：

(y%4==0 && y%100!=0) || y%400==0)

以下代码块的功能是判断给定年份 y 是否为闰年，它是一个复合条件表达式，包含 3 个简单条件表达式。其运算优先级如图 2.7 所示。

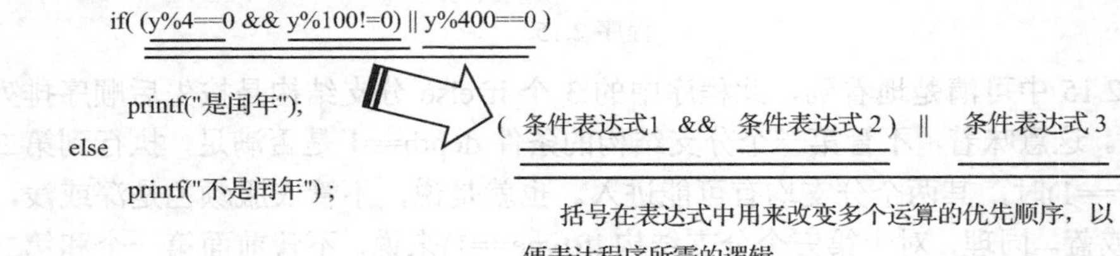

括号在表达式中用来改变多个运算的优先顺序，以便表达程序所需的逻辑。

在书写条件表达式时，为了确保得到我们需要的逻辑，可在恰当位置添加括号，确保运算的优先顺序。

在以上表达式中，因为&&运算符的优先级比||高，因此括号可以省略。

图 2.7　复合条件语句的逻辑表达分析

写法一的代码如程序 2.16 所示。同时，通过以下代码，展示了代码格式规范化。

注意，在多层嵌套的 if 结构中，对于嵌套的内层来说，能够进入此分支，必有外层条件都已经满足。

以上代码是完全用 if-else 标准的二叉分支实现的，当然可以利用 if-else if-else 结构对此进行简化，降低了 if 语句的嵌套深度。代码如程序 2.17 所示。

```c
#include <stdio.h>

int main( ){
   int y,m,d;
   scanf("%d%d%d",&y,&m,&d);
   if(m==2) {//如果是 2 月则进一步判断 y 是否为
              //闰年
     if((y%4==0 && y%100!=0) || y%400==0) {
        //如果 y 为闰年，则进一步判断 d 的大小
        if(d<=29) //闰年 2 月 29 天以内，日期存在
           printf("yes");//此日期存在
        else
           printf("no");//此日期不存在
     } else{   //是 2 月，且 y 为平年
        //则进一步判断 d 的大小
        if(d<=28) //平年 2 月 28 天以内，正常
           printf("yes");
        else
           printf("no");
     }
   } else{   //如果不是 2 月则进一步判断是否为大
             //月、小月或不合理月份
     if(m==1 || m==3 || m==5 || m==7
        || m==8 || m==10 || m==12) {
        //则进一步判断天数是否在 31 天以内
        if(d<=31) //大月且 31 天以内，日期存在
           printf("yes");
        else
           printf("no");
     } else if(m==4 || m==6 || m==9 || m==11)
        //则进一步判断天数是否在 30 天以内
        if(d<=30) //小月且 30 天以内，日期存在
           printf("yes");
        else
           printf("no");
     }else printf("no");
   }
   return 0;
}
```

本例示范了规范的程序代码写法。

规范的程序代码注意事项如下。

（1）变量命名原则为简洁且表意。

（2）代码采用缩进格式。缩进层次体现了逻辑层次，能大大提高代码的可读性，减少出错机会。规范的代码缩进格式是程序设计和软件工程的基本要求。

在 Code：：Block 说中具有代码自动缩进功能。单击菜单 plugins → Soure code formatter (Astyle)即可。

（3）在代码中添加了注释，以帮助代码阅读者理解程序逻辑。符号“//”为单行注释符，表示该行中“//”之后的文字为注释。在编译时注释将被忽略，不会作为程序代码被编译。多行注释使用/*注释内容*/的形式，一般写在被注释代码之前。

虽然在本书中的代码为了方便阅读采用了旁注的方式，没有采用在代码中添加注释的方式，但在实际的软件工程中，都需要并且要求在代码中适当地添加注释，如在程序关键逻辑或需要对代码块功能进行说明之处添加注释，方便阅读程序时对程序的理解，这在软件工程中有重要的实际意义。

（4）代码行太长时可写成多行，在代码自然分隔处可换行。

（5）关于代码缩进的风格。本书代码风格尽量统一。为了节约空间，有时采用将左花括号放在上一行末尾，else 分支与前左花括号在同一行。

程序 2.16

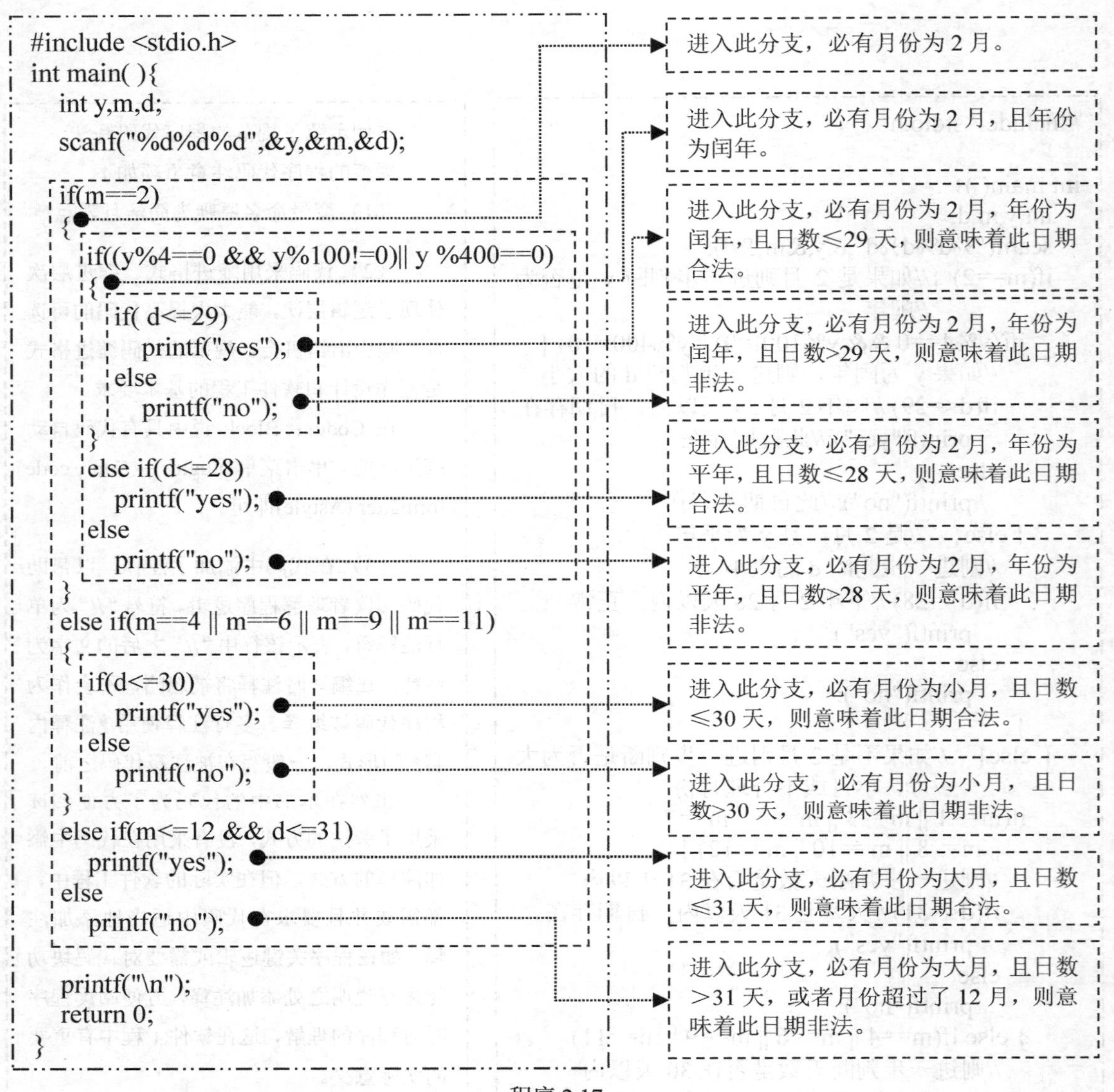

程序 2.17

分析程序 2.17 的代码可知，本编程任务的结果只有两种，yes 或 no。可将结果相同的逻辑合并为一个复合条件，也就是说，将所有结果为 yes 的 if 条件合并到一个 if 分支中去。

由上述代码可以看出，符合历法的情况有 4 种：第 1 种，如果是闰年的 2 月并且天数少于 29 天；第 2 种，如果是平年的 2 月并且天数少于 28 天；第 3 种，如果是大月并且天数少于 31 天；第 4 种，如果是小月并且天数少于 30 天。此 4 种情况只要满足其一则结果为 yes，因此，这 4 种情况是以“逻辑或”运算连接的。

基于以上分析，容易得到写法二，代码如程序 2.18 所示。

对于以上程序，完成程序代码设计后，通过认真检查程序逻辑没有发现问题，则进行程序设计最后阶段——“运行测试”。不能仅用“输入举例”的数据测试，也决不能简单地认为通过此测试用例了，程序就正确了。必须设计足够多的测试用例测试程序所有可能的分支路径是否正确，只有当每个可能的分支路径正确了，程序的正确性才有保障。

```c
#include <stdio.h>
int main( ){
    int y,m,d;
        scanf("%d%d%d",&y,&m,&d);
        //将 4 种符合历法的情况复合成一个语句，必须注意括号的层次和配对情况
        if( ( (m==2 && ((y%4==0 && y%100!=0) || y%400==0) && d<=29)
            || (m==2 && !((y%4==0 && y%100!=0) || y%400==0) && d<=28)
            || (m==1 || m==3 || m==5 || m==7 || m==8 || m==10 || m==12) && d<=31 )
            || ((m==4 || m==6 || m==9 || m==11) && d<=30))
            printf("yes");
        else
            printf("no");
    return 0;
}
```

程序 2.18

小提示：

在任何编程任务中“输入举例”、“输出举例”只是对本任务输入、输出情况进行了举例，并不是说程序只需对此输入的输出结果正确那么整个程序就正确。在编写程序时，必须严格按照“编程任务”的要求，全面考虑各种情况，自己设计出各种情况的测试用例，确保程序逻辑完全正确，而不仅限于输入举例中的数据。测试用例的设计原则是尽可能覆盖程序的每条分支路径。如本例中，可设计如下测试数据进行测试：

测试用例	期待结果	测试说明
2000 2 29	yes	测试闰年 2 月的合乎历法情况
2000 2 30	no	测试闰年 2 月的不合历法情况
2001 2 28	yes	测试平年 2 月的合乎历法情况
2001 2 29	no	测试平年 2 月的不合历法情况
2010 7 31	yes	测试大月的合乎历法情况
2010 7 32	no	测试大月的不合历法情况
2010 9 30	yes	测试小月的合乎历法情况
2010 9 31	no	测试小月的不合历法情况

本程序每运行一次只能测试一个测试用例，因此需要反复运行多次，测试所设计的测试用例，检查程序的输出是否与期待结果一致，如果不一致，则应检查并修改程序。“测试了几个用例都正确”不能简单地认为程序就一定正确，测试必须细致、全面，这样才能发现隐藏较深的逻辑错误，切不可马虎。

由此可见，软件测试是软件工程中占有重要地位。

条件语句的“串联”和“嵌套”方式比较如下所述。

“串联”的特点：不管前一个 if 条件是否满足，都要执行下一个 if 的判断。

“嵌套”的特点：只有当前一个 if 条件不满足时，才执行下一个 if 的判断。因为它是顺序测试 if 条件，如果满足则跳出整个“if-else if-else 结构，第 n 个 if 判断之所以能被执行，一定是因为前 $n-1$ 个 if 条件都不满足。

嵌套的 if 结构一般用来表示逻辑的递进关系，逻辑的层次比较清晰。嵌套深度不宜过深，否则将给代码的阅读、排错和维护带来困难。不管用何种 if 分支结构，要求条理清晰，能准

确地表达逻辑，防止条件的重复和遗漏。

可以将 if-else if-else 结构看成特殊的 if-else 嵌套结构，也就是每个 else 分支中只有一个 if-else 结构的多层 if-else 嵌套的情形。

例如，将“编程任务 2.8：跳远成绩”中 if-else if-else 结构改写成 if-else 的嵌套结构，分支结构嵌套的情形分析如图 2.8 所示。

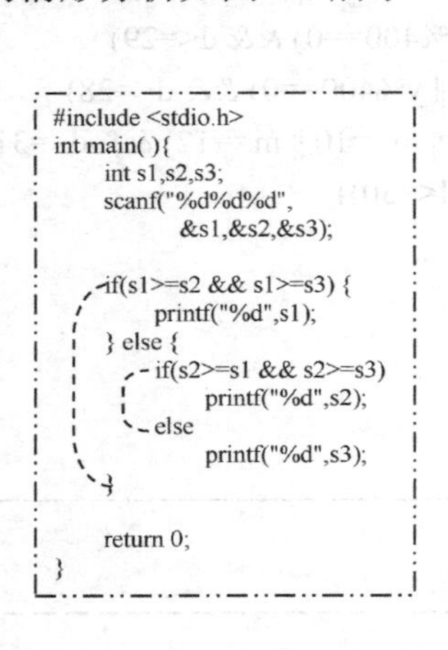

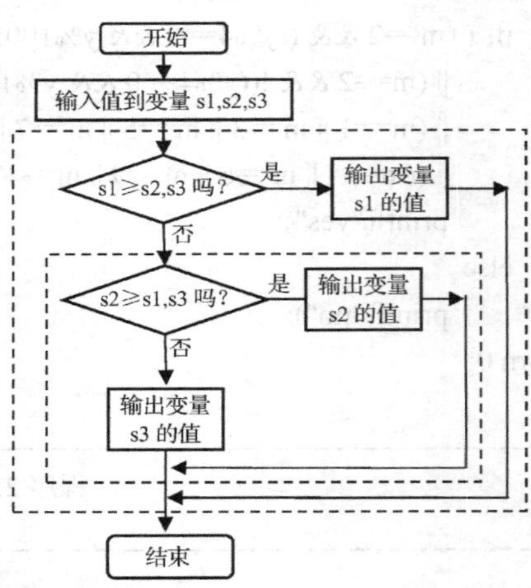

图 2.8　分支结构嵌套的情形分析

小提示：

3 种基本分支结构中最基本的分支结构是 if-else 分支结构。

仅有 if 分支的结构可认为是没有 else 分支的 if-else 结构。if-else if-else 结构可认为是多个嵌套的 if-else 结构。从理论上来说，只要掌握 if-else 型分支结构的用法即可表达任何逻辑，因为其他形式的分支结构都可以由此结构表达出来，如下所示。

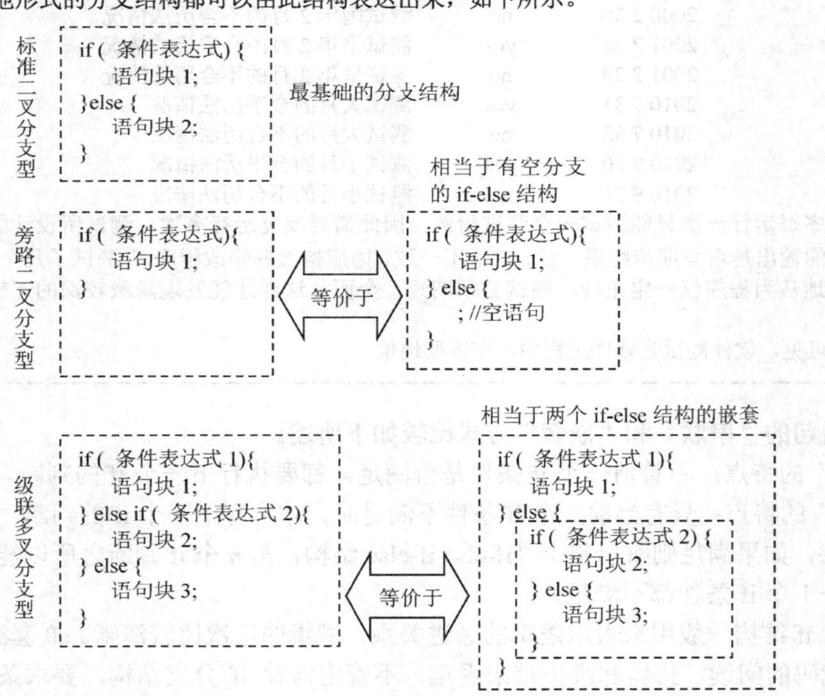

2.1.3 逻辑运算与复合条件表达

某一个逻辑需要多个条件通过“与、或、非”逻辑运算符连接，C 语言中表达“逻辑与、逻辑或、逻辑非”的运算符分别是“&&、||、!”。

1．逻辑与运算

“条件 A&&条件 B”表达的逻辑是当条件 A 与条件 B 都为真时，结果才为真，否则为结果为假，即“条件 A 为真并且条件 B 为真，则结果为真”。逻辑与运算的真值表如表 2.1 所示。

表 2.1 “逻辑与”运算的真值表

B \ A	真	假
真	真	假
假	假	假

例如，假设 s 为某个同学的成绩，那么判断该同学成绩为“中等”的数学表达式为 60<s ≤70，那么逻辑表达式可写成以下几种等价形式：

```
if(60<s && s<=70) printf("中等");
if(s<=70 && 60<s) printf("中等");
if(s>60 && s<=70) printf("中等");
if(s>60 && 70>=s) printf("中等");
```

常见的错误写法：

因为受数学表达方式的影响，初学者最容易将数学中的不等式 60<s≤70 直接写成 if(60<s<=70)的形式，在 C 语言中，必须将其用 s>60、s<=70 这两个基本条件表达式，再用数学式中隐含的“并且”关系运算符即“逻辑与”进行复合。正确的写法为：

```
s>60 && s<=70,
```

等价的表示形式还有：

```
s<=70 && s>60
```

2．“逻辑或”运算

“条件 A||条件 B”表达的逻辑是当条件 A 与条件 B 至少一个为真时，则结果为真，否则为假，即“条件 A 为真或者条件 B 为真，则结果为真”。逻辑或运算的真值表如表 2.2 所示。

表 2.2 “逻辑或”运算的真值表

B \ A	真	假
真	真	真
假	真	假

例如，假设 s 为某个同学的成绩，该同学成绩为“成绩有误”的数学表达式为 s<0 或者 s>100，那么对应的 C 语言代码可写成：

```
if ( s < 0 || s > 100 )   printf("成绩有误");
```

当然，s<0 也可写成 0>s，同理 s>100 也可写成 100<s。

3．“逻辑非”运算

“！条件 A”表达的逻辑是条件 A 为真时，结果为假，否则为结果为真，即“结果为条件 A 的反条件”。逻辑非运算的真值表如表 2.3 所示。

表 2.3 “逻辑非”运算的真值表

a	真	假
!a	假	真

例如，假设 s 为某个同学的成绩，0≤s≤100 为合理的成绩，那么其反条件即为“成绩有误”，可利用逻辑非表达此逻辑：

```
if( !(0<=s && s<=100)) printf("成绩有误");
```

多个逻辑运算符连接的表达式构成了复合条件表达式，可以表达复杂的条件。

复合条件表达式的书写规则如下。

（1）比较运算（又称关系运算）的一般形式为：

被比较对象 比较运算符 比较对象

例如，a > b。

（2）每个比较运算符，即>、>=、<、<=、==、!=，都是二元运算符（所谓的二元运算符就是要“两个巴掌才能拍得响”的运算符，准确地说是必须有两个操作数参与的运算符，如+、−、*、/运算符等），必须有且仅有两个对象参与比较运算，比较的结果是逻辑真（值为 1）或逻辑假（值为 0）。

（3）多个比较运算不能共用变量，应该拆分为多个两两相比的条件，然后用逻辑运算符将这些两两比较式连接起来。例如，共用变量的连续写法如 0≤a<10 在数学中很正常，不会引起误会。但按照 C 语言的语法，对此写法 if(0<=s<60)的理解如下：

If (0<=s<60) 语句的条件表达式中，因为 0<=s<60 这个表达式中涉及两个运算符“<=”和“<”，两者的优先级在同一等级，按照同等级时的从左向右结合原则，首先计算 0<=s 这个表达式，如果此条件位“假”则值为 0，如果此条件为“真”则值为 1。计算完 0<=s 的值后，用其值代入原表达式进行下一步运算，也就是说，是 if(0<60)或者是 if(1<60)，显然这两种情况的结果都是“真”。条件 if(0<=s<60)最后结果必为“真”，与 s 的值没有关系！显然，这不是我们想要的结果。

（4）&&和||运算是按“短路方式”求值的。如果第一个操作数已经能够确定表达式的值，那么，第二个操作数就没有必要计算了。

例如，复合表达式的形式为：表达式 1||表达式 2||表达式 3，那么，

如果表达式 1 为真，结果必为真，那么表达式 2 和表达式 3 将不会被计算；

如果表达式 1 为假，表达式 2 为真，结果必为真，那么表达式 3 将不会被计算。

例如，复合表达式的形式为：表达式 1 &&表达式 2 &&表达式 3，那么，

如果表达式 1 为假，结果必为假，那么表达式 2 和表达式 3 将不会被计算；

如果表达式 1 为真，表达式 2 为假，结果必为假，那么表达式 3 将不会被计算。

这一点在编程可以很好地加以利用。

例如表达式：x>0 && 1/x>(x+y)，利用“短路”效应避免了除以 0 的错误。

例如表达式：i>=0 && a[i]!=-1，利用了“短路”效应避免了数组 a 的下标 i 越界（请参考第 3 章“数组”的相关内容）。

编程任务 2.11：三角形面积（已知 3 边为任意正整数）

任务描述：已知三角形的 3 条边长 a、b、c，求三角形的面积。

输入：包含 3 个正整数 a、b、c，a、b、c 均大于 0 且小于 1000。

输出：输出面积值，保留 4 位小数，如果 3 条边不能构成三角形，则输出-1。两边之和小于或等于第三边时不构成三角形。

输入举例：	**输出举例**：
3 4 5	6.0000

分析：

（1）如何根据“数学定理：三角形的两边之和大于第三边”，用条件表达式判断构成三角形的条件。其实，数学的这种表述在编程时必须更加明确地的表述为：如果从三边中任取两边，其和大于第三边，则构成三角形，否则无法构成三角形。对于给定的三边长 a、b、c，如果 a+b>c 并且 a+c>b 并且 b+c>a 这 3 个条件同时成立，则 a、b、c 能构成三角形。

对于这个编程任务来说，假设用变量 a、b、c 分别保存第 1、2、3 条边的长度值，那么判断 a、b、c 能构成三角形的条件应该表达为：if (a+b>c && a+c>b && b+c>a)，不能写成 if(a+b>c)。

（2）根据平面几何知识，已知三角形的三边长求面积，可用“海伦-秦九韶公式”计算：$\Delta = \sqrt{s(s-a)(s-b)(s-c)}$，其中 $s = \dfrac{a+b+c}{2}$。

在此将数学式写成 C 语言的运算表达式时应注意 3 点。

其一：必须先算 s，后算面积。

其二：C 语言运算表达式与数学公式的不同之处。隐含的乘法运算 xy 必须明确地写成 x*y 的形式。

其三：求平方根运算可利用数学函数库中现成的函数，使用数学库函数应在源代码中使用“#include <math.h>”包含相应的头文件。

计算结果的数据类型选择：float 型对应的格式符为%f，前 7 位为有效数字，小数 6 位。double 型对应的格式符为%lf，前 16 位为有效数字，小数 6 位。本例选用 double 型浮点数据类型。

根据以上方法完成的程序代码如程序 2.19 所示。

小知识：数据类型的转换。

何时需要数据类型转换呢？在 C 语言中，当参与运算的两个运算对象的数据类型不一致时，需要进行数据类型转换，举例如图 2.9 所示。

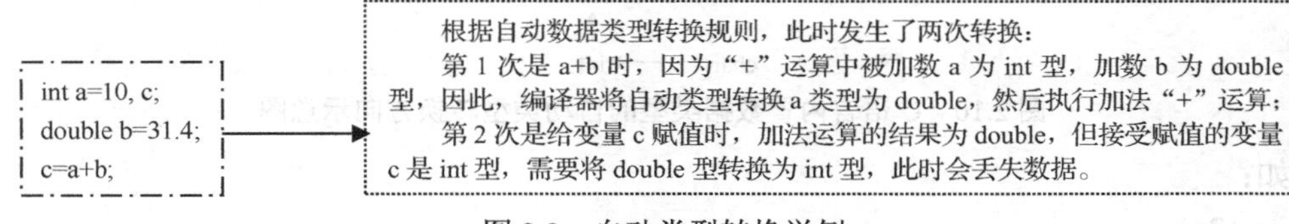

图 2.9　自动类型转换举例

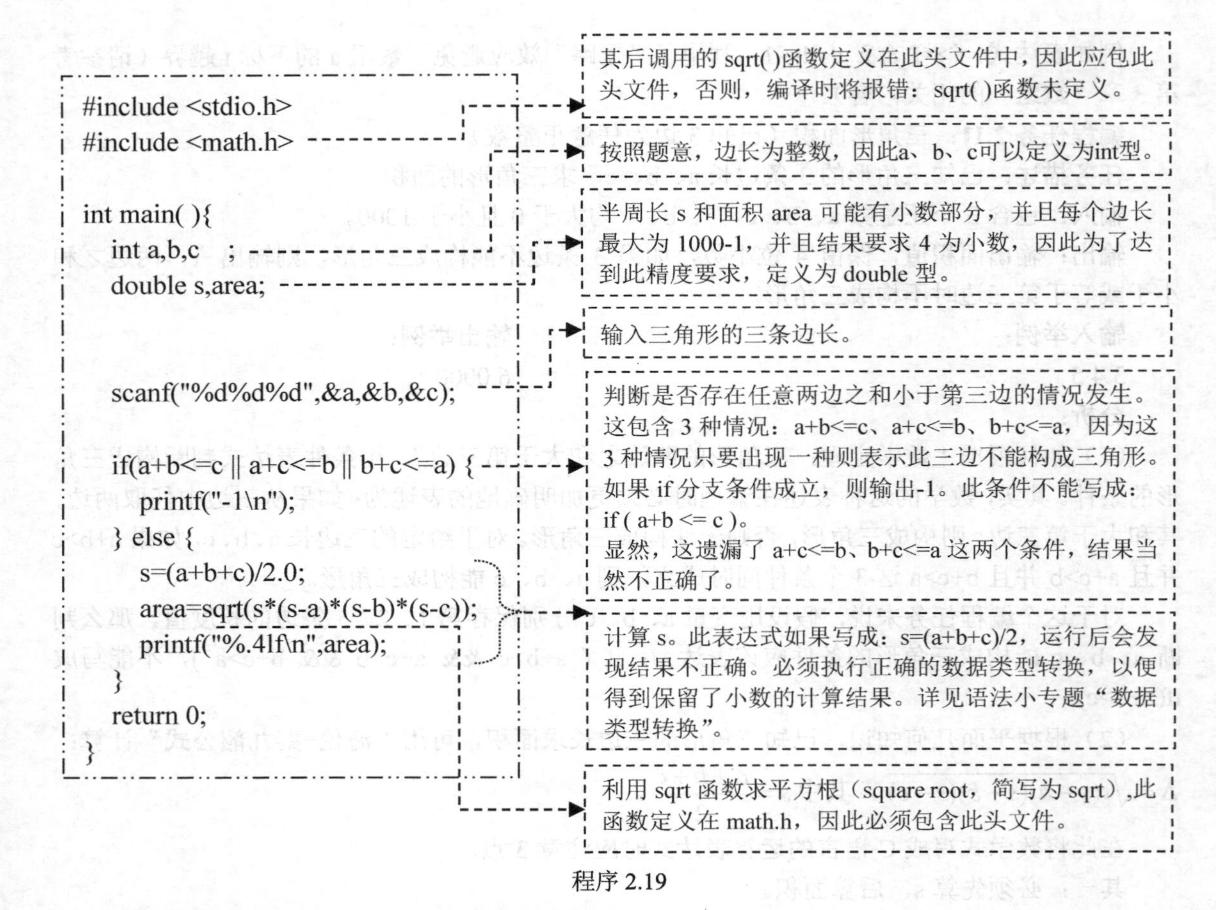

程序 2.19

数据类型的转换分为自动类型转换和强制类型转换。

（1）自动数据类型转换

自动数据类型转换：根据参与操作的两个操作数的类型，由编译器自动执行的类型转换。

此类转换是隐含的，不需要特殊的程序代码实现，但程序设计者应认识到在程序代码的何处将会发生自动类型转换。

自动类型转换遵循的规则如下。

- 若参与操作的类型不同则先转换成同一类型，然后进行运算。
- 短字节数据类型向长字节数据类型转换，以保证精度不降低。
- C 语言内置数据类型的自动类型转换方向如图 2.10 所示。

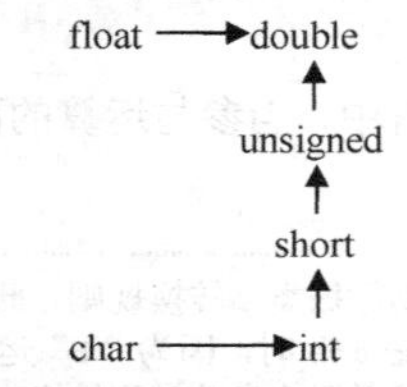

图 2.10　C 语言内置数据类型的自动类型转换方向示意图

例如：

```
int a=12;
double b=3.14;
```

double c=a+b;

上例中执行“+”加法运算时，因为参与运算的变量 a、b 的类型不一致，按照自动类型转换规则，a 的值转换为 double 型后再进行加法运算，结果为当然是 double 型。

例如：

int a=13;

double b=a/2;

执行除法运算时，因为 a 是 int 型、2 也是 int 型，那么执行的是整数的除法运算，结果当然也是 int 型，在此为结果为整数 6，并非 6.5。然后 int 型结果 6 赋值给 double 型变量。

自动类型转换也包括以下两种情形，在此特别指出，以引起注意。

① 赋值时的自动类型转换。

赋值时以赋值运算符左边的变量类型为准，如果赋值运算符右边的结果与左边接受赋值的变量数据类型不一致，则自动转换为赋值符左边的变量类型，而不管数据长短和是否会发生数据丢失。

例如：

int a=3.14;　//此时 int 型变量 a 只能接受 double 型常数的整数部分，小数部分被舍弃

例如：

char ca='a';

char cb=ca+1; //本语句作用是字符变量 cb 取字符变量 ca 的后一个字符，此时为字符'b'

执行加法运算时，执行自动类型转换：字符型（1 字节的 ASCII 码值）变量 ca 转换为 int 型（4 字节）。赋值时再次执行类型转换：从 int 型（4 字节）向 char 型（1 字节）转换。

② 函数参数传递时的自动类型转换。

函数参数传递时类型转换：函数调用时实参类型以形参为准，与赋值时类型转换的情形类似，相当于实参向形参“赋值”（请参考第 5 章）。

例如：

int n=73;

printf (" %lf ", sqrt (n)) ;

上例中调用 sqrt(double x)函数时，形参 x 为 double 型，而实参 n 为 int 型。因此在调用时，形参的 int 型值将自动类型转换为 double 型值。

（2）强制数据类型转换

强制类型转换：按照程序设计者的要求和意图进行数据类型转换。

语法格式：（目标数据类型）（表达式）。

以上格式中两对括号，建议不要省去，以防因运算优先级影响而达不到我们想要的类型转换目的。

程序设计者应负责因强制类型转换可能导致的数据丢失问题以及如何解读、存取和处理这些数据。

2.1.4　if 条件表达典型错误分析

if 条件表达典型错误分析如图 2.11 至图 2.14 所示。

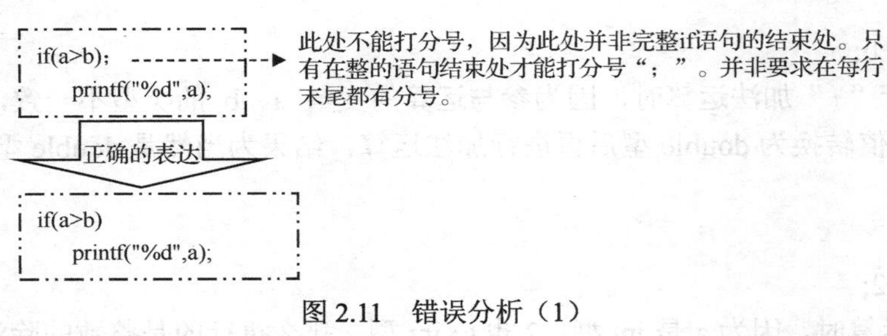

图 2.11　错误分析（1）

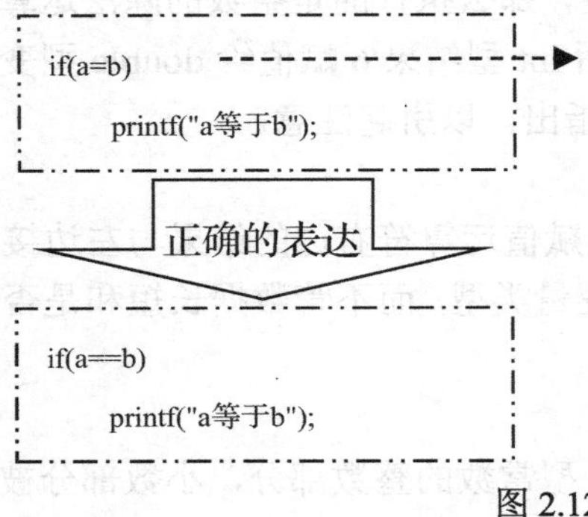

图 2.12　错误分析（2）

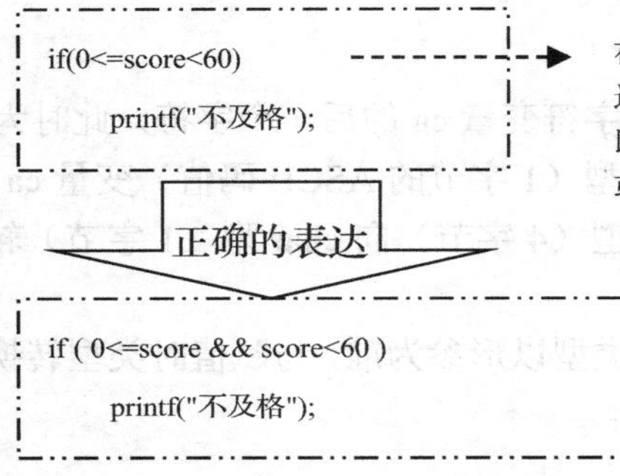

图 2.13　错误分析（3）

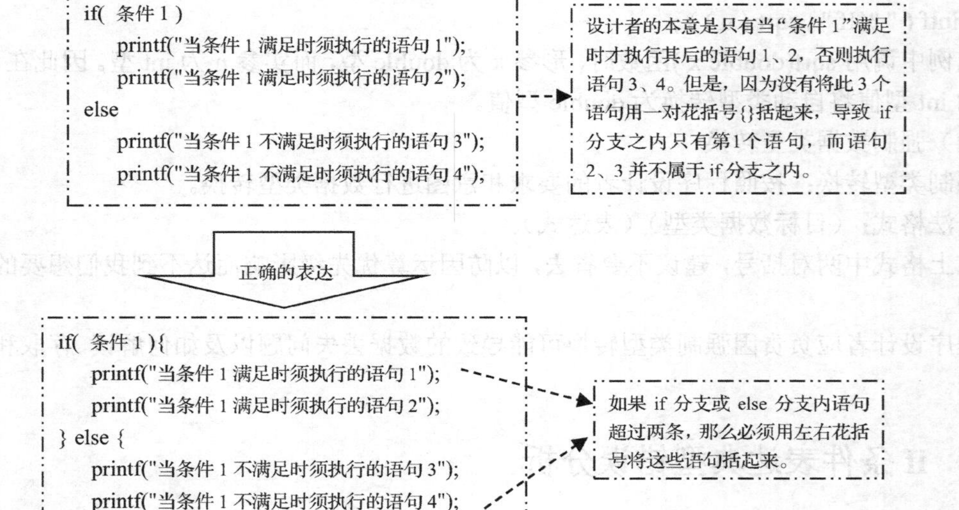

图 2.14　错误分析（4）

小知识：

在 if 语句中，else 的默认配对规则为就近原则。也就是说，在没有花括号指明 else 与哪个 if 配对时，它与离它最近的 if 配对。例如下面的 3 种情形：

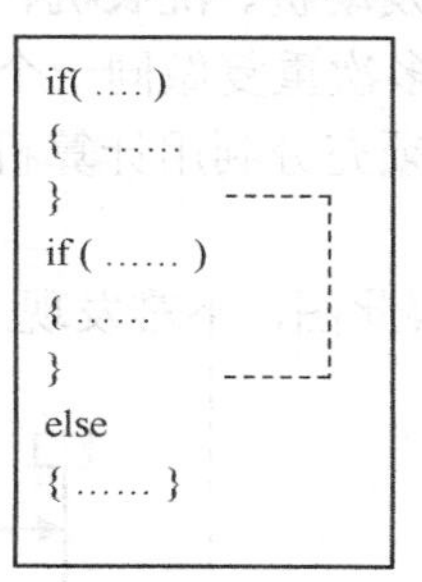
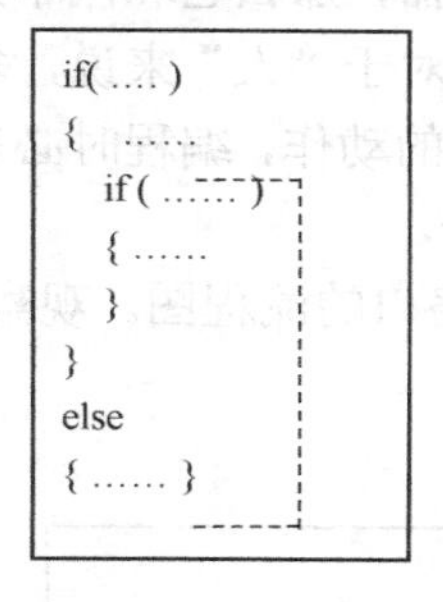
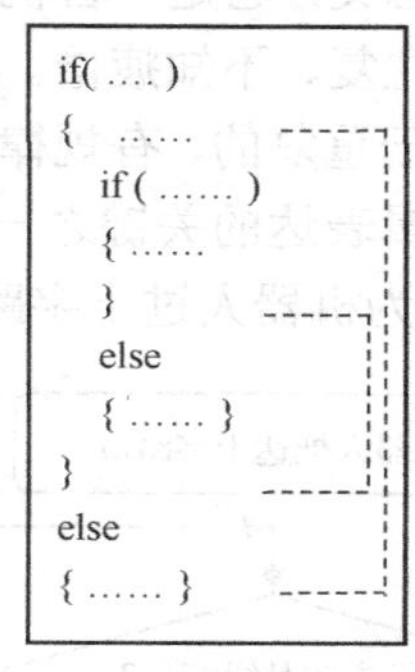

小问答：

问：将判断是否相等的关系运算符“==”，写成了赋值运算符“=”，为什么运行结果有时正确，有时不正确？

答：如果在以上编程任务中，if(straight==1)写成了 if(straight=1)时，如果输入 straight 的值为 1，程序将输出为“pass”，此时是正确的，但当输入的 straight 值为 0 时，程序还是输出为“pass”，与实际逻辑不符。

根本的原因是混用了关系运算符“==”（用双等于号表示）与赋值运算符“=”（用单等于号表示）。这是 C 语言的初学者容易犯的一个错误，这能通过 C 语言的语法检查。C 语言认为 if(straight=1)的写法是不违背语法的。基于以下两条 C 语言规则。

（1）C 语言中任何符合语法的表达式都是有值的。赋值表达式的值为赋值给变量的值。

（2）C 语言规定，任何非 0 值表示“逻辑真”，0 值表示“逻辑假”。

根据以上 C 语言规则，不管赋值前 straight 的值为多少，执行赋值操作后，straight 的值为 1，并且赋值表达式的值为 1。因此，不管 straight 变量的值是 0 还是 1，执行此操作后 if(straight=1)被认为是“逻辑真”，因此总是输出“pass”。再例如，如果要判断 a 是否等于 b，如果写成 if(a=b)，那么只要 b 的值非 0，不管 a 为何值，这个条件就是“逻辑真”，显然，这不能完全正确地表示“a 与 b 是否相等”的逻辑。

因此，将“==”写成“=”没有语法错误，却是重大的逻辑错误，而且很隐蔽。

2.2 机器擅长之“循环”——不厌其烦地重复

“年年岁岁花相似，岁岁年年人不同”。

在生活中处处可见循环的踪影，日月星辰的运转、生老病死的轮回、昼夜晨昏的更替，更有一日三餐、上课下课、上学放学、入学毕业等数不胜数。

循环往往不是简单地重复，虽是周而复始地重复，但每次都会有推陈出新的变化。每次重复时的形式相同，但内容发生了变化。

C 语言的循环也是如此，循环的代码在形式上是重复的、固定不变的，但实质上每次循环中的每个变量的值、每个具体动作都可能和上次不一样。

计算机，顾名思义，它是一台机器，那么它和汽车发动机、洗衣机、搅拌机等机器一样有机器的共性：循环往复、不知疲倦。对于"人"来说，多次重复做同一个动作会令人厌烦。计算机作为机器擅长于重复的、有规律的动作，编程时必须充分利用计算机的这一特点。循环结构的设计是程序逻辑表达的关键之一。

如图 2.15 所示为机器人过十字路口的流程图。观察此图，不难发现"循环"结构的存在。

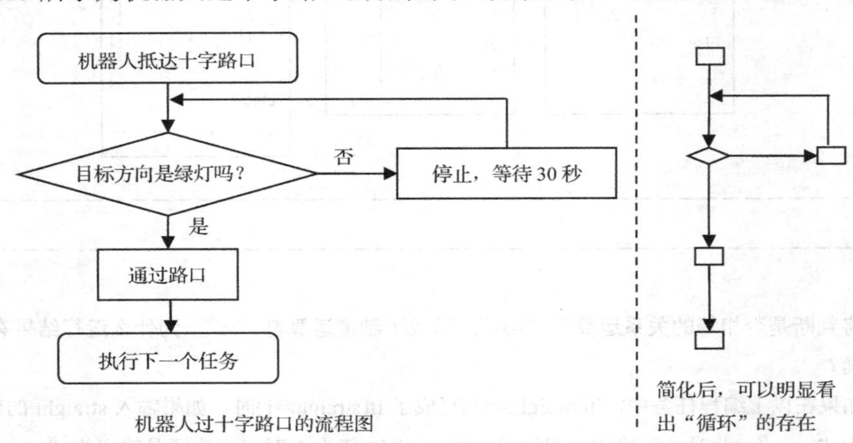

图 2.15　机器人红路灯过路口的流程图

2.2.1　for 循环的引入

在软件设计实践时，经常能够发现程序中存在重复的、有规律的动作。这些动作在程序中表现为"代码形式完全相同，变量的值有规律地变化"，因此，可用"循环结构"来实现。

编程任务 2.12 和 2.13 展示了如何从程序中发现重复的、有规律的动作，也就是如何发掘程序中"代码形式完全相同，变量的值有规律变化"的代码，并将其转化为循环结构。

编程任务 2.12： 3 个数的累加和

任务描述： 输入 3 个整数，求其累加和。

输入： 3 个整数。

输出： 3 个数累加和。

输入举例： 3 9 5

输出举例： 17

分析： 这个任务相当简单，只需将 3 个整数输入到 3 个变量，然后 3 个变量相加即可。

下面展示从熟悉的简单代码写法过渡到 for 循环语句实现的过程。

第一种实现方式：直接法，代码如程序 2.20 所示。

第二种实现方式：累加法，代码如程序 2.21 所示。

算法思路分析：假设已知前 n 个数的累加和为 sum，那么很容易求得前 n+1 个数的累加和，即将 sum 与第 n+1 个数相加，然后再将结果保存在 sum 中。这样，可用同样的步骤求出前 n+2 个数的和、前 n+3 个数的和。用代码表示这个过程就是 sum = sum + a_i (i=1,2,3,…； a_i表示第 i

个数)。

```c
#include <stdio.h>
int main( ){
        int a,b,c;
        scanf("%d%d%d",&a,&b,&c);
        printf("%d",a+b+c);
        return 0;
}
```

先用 3 个变量 a、b、c 接受输入 3 个值。

然后直接求和 3 个变量的值并输出

程序 2.20

因为，当 n 为 0 时，sum 的值为前 0 个数的累加和，很显然，此时 sum 的值应该是 0。所以在执行 sum = sum + a_i之前，一定要将 sum 的初值赋为 0，否则，结果错误，因为 C 语言中并不会自动将变量的初值赋为 0。

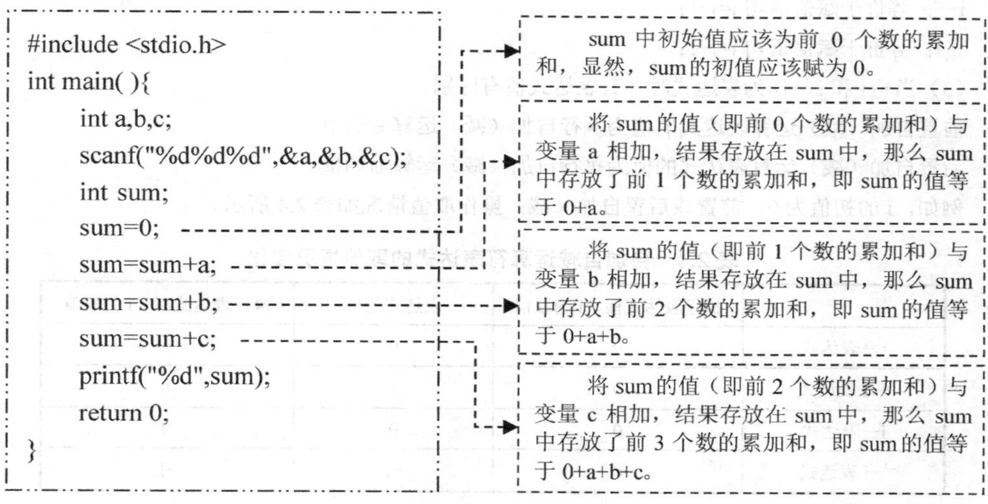

程序 2.21

第三种实现方式：重复动作法，代码如程序 2.22 所示。

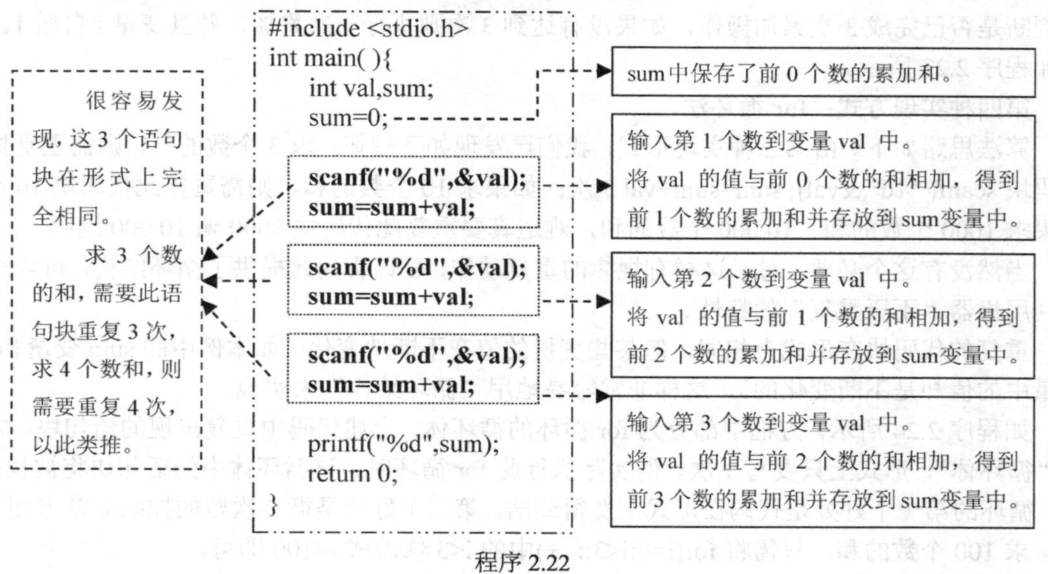

程序 2.22

算法思路分析：为了使代码形式上呈现得更加有规律，可以对 sum = sum + a_i 进一步改造。分析上述代码不难发现，a、b、c 变量仅接受一次赋值并被累加后就不再使用了，因此考虑对输入的多个值如果每次用同一个变量（如变量 val）接受一个值，那么这个累加式可写成 sum = sum + val。那么，累加 3 个数的和，只需重复地这样的动作 3 次即可。

小知识：自增运算符++和自减运算符--

（1）++和--运算符是一元运算符，运算符可以前置于变量也可后置于变量。例如，对于某个变量 i，存在 i++，++i，i--，--i 的形式。

（2）当自增（减）运算是一条单独的语句时，前置和后置运算的语句并无区别。

i++；等价于赋值语句 i=i+1；

++i；等价于赋值语句 i=i+1；

i--；等价于赋值语句 i=i−1；

--i；等价于赋值语句 i=i−1；

（3）当++i 和 i++作为表达式时，其表达式值有区别。

前置自加（减）运算表达式的值为执行自加（减）运算后的值。

后置自加（减）运算表达式的值为执行自加（减）运算前的值。

例如，i 的初值为 0，前置或后置自加（减）操作取值情况如表 2.4 所示。

表 2.4　自加自减运算符表达式的取值情况变化

	执行表达式前，i 的取值	表达式的值	执行表达式后，i 的取值
i++表达式	0	0	1
++i 表达式	0	1	1
i--表达式	0	0	−1
--i 表达式	0	−1	−1

在程序 2.22 的基础上，引入变量 i，用来计数已完成的累加和操作次数，增加一个条件语句判断是否已完成 3 次累加操作，如果没有达到 3 次则执行一次累加，并且变量 i 自增 1。代码如程序 2.23 所示。

第四种实现方式：for 循环法。

算法思路如下。由第三种实现形式，我们已发现如下规律：求 3 个数的和，则需重复执行代码块 scanf("%d",&val); sum=sum+val 3 次；如果求 10 个数的和，则需重复此代码块 10 次；如果求 1000 个数的和、10 000 个数的和，难道真要重复此代码块 1000 遍 10 000 遍吗？

当然没有这个必要，对于这样有规律的重复动作，C 语言为此提供了循环结构，可以充分地利用机器“不厌重复”的特性。

重复的代码块在形式上相同，但某些变量的值在不断地变化（如本例中的 sum 变量和 val 变量中的值却是不断变化的），这样非常容易地用“循环结构”来实现。

如程序 2.24 所示，方框中部分为 for 循环的循环体。上述代码中重复出现的语句块，成为了“循环体”，形式上只要写 1 次，但实际执行此 for 循环时，该循环体中的语句块将被执行 3 次。循环的第一个好处是代码在形式上变得简洁。第二个好处是循环次数的控制非常方便。例如，求 100 个数的和，只需将 for(i=0;i<3;i++)中的 i<3 修改成 i<100 即可。

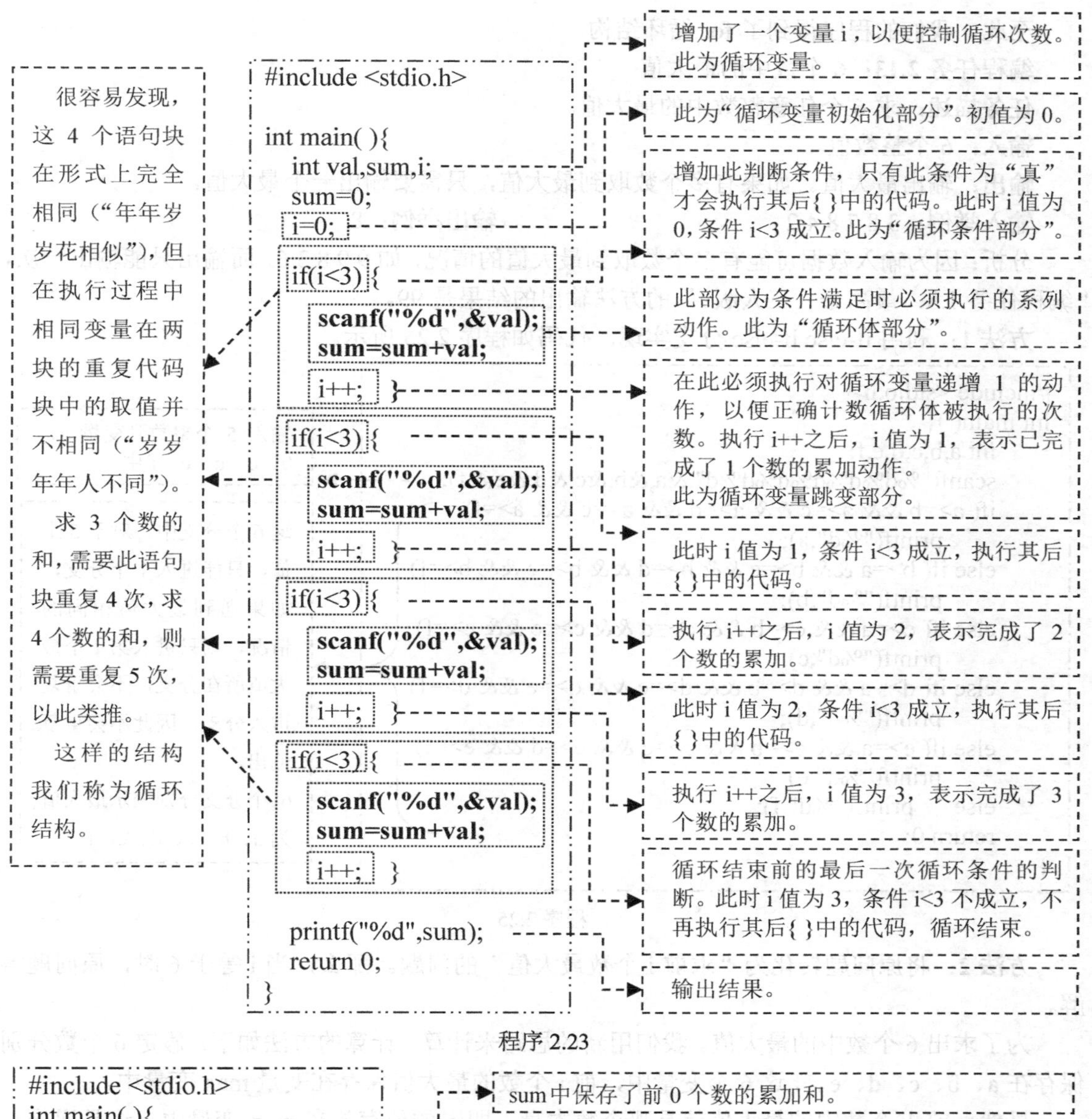
很容易发现，这 4 个语句块在形式上完全相同（“年年岁岁花相似”），但在执行过程中相同变量在两块的重复代码块中的取值并不相同（“岁岁年年人不同”）。
求 3 个数的和，需要此语句块重复 4 次，求 4 个数的和，则需要重复 5 次，以此类推。
这样的结构我们称为循环结构。
#include <stdio.h>
int main( ){
int val,sum,i;
sum=0;
i=0;
if(i<3){
scanf("%d",&val);
sum=sum+val;
i++; }
if(i<3){
scanf("%d",&val);
sum=sum+val;
i++; }
if(i<3){
scanf("%d",&val);
sum=sum+val;
i++; }
if(i<3){
scanf("%d",&val);
sum=sum+val;
i++; }
printf("%d",sum);
return 0;
}
增加了一个变量 i，以便控制循环次数。此为循环变量。
此为“循环变量初始化部分”。初值为 0。
增加此判断条件，只有此条件为“真”才会执行其后{ }中的代码。此时 i 值为 0，条件 i<3 成立。此为“循环条件部分”。
此部分为条件满足时必须执行的系列动作。此为“循环体部分”。
在此必须执行对循环变量递增 1 的动作，以便正确计数循环体被执行的次数。执行 i++之后，i 值为 1，表示已完成了 1 个数的累加动作。
此为循环变量跳变部分。
此时 i 值为 1，条件 i<3 成立，执行其后{ }中的代码。
执行 i++之后，i 值为 2，表示完成了 2 个数的累加。
此时 i 值为 2，条件 i<3 成立，执行其后{ }中的代码。
执行 i++之后，i 值为 3，表示完成了 3 个数的累加。
循环结束前的最后一次循环条件的判断。此时 i 值为 3，条件 i<3 不成立，不再执行其后{ }中的代码，循环结束。
输出结果。

程序 2.23

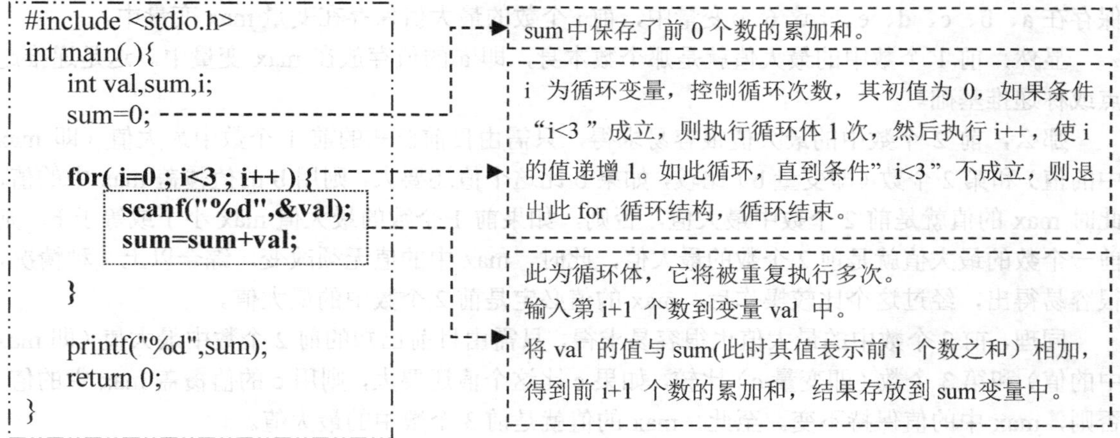
#include <stdio.h>
int main( ){
int val,sum,i;
sum=0;
for(i=0 ; i<3 ; i++) {
scanf("%d",&val);
sum=sum+val;
}
printf("%d",sum);
return 0;
}
sum 中保存了前 0 个数的累加和。
i 为循环变量，控制循环次数，其初值为 0，如果条件“i<3 ”成立，则执行循环体 1 次，然后执行 i++，使 i 的值递增 1。如此循环，直到条件” i<3” 不成立，则退出此 for 循环结构，循环结束。
此为循环体，它将被重复执行多次。
输入第 i+1 个数到变量 val 中。
将 val 的值与 sum(此时其值表示前 i 个数之和）相加，得到前 i+1 个数的累加和，结果存放到 sum 变量中。

程序 2.24

至此，我们的程序得到了 for 循环结构。

编程任务 2.13：6 个数中的最大值

任务描述：求 6 个任意整数中的最大值。

输入：6 个整数值。

输出：输出最大值。如果有多个数取到最大值，只需要输出一个最大值。

输入举例：3 8 7 8 4 2　　　　　　　　　　**输出举例**：8

分析：因为输入数据可能有多个数取到最大值的情况，如 9 9 8 3 6，而输出只能输出一次，“编程任务 1.8：最高分（三人版）”的方法输出的结果是 99。

方法 1：利用 if-else if-else 分支实现。代码如程序 2.25 所示。

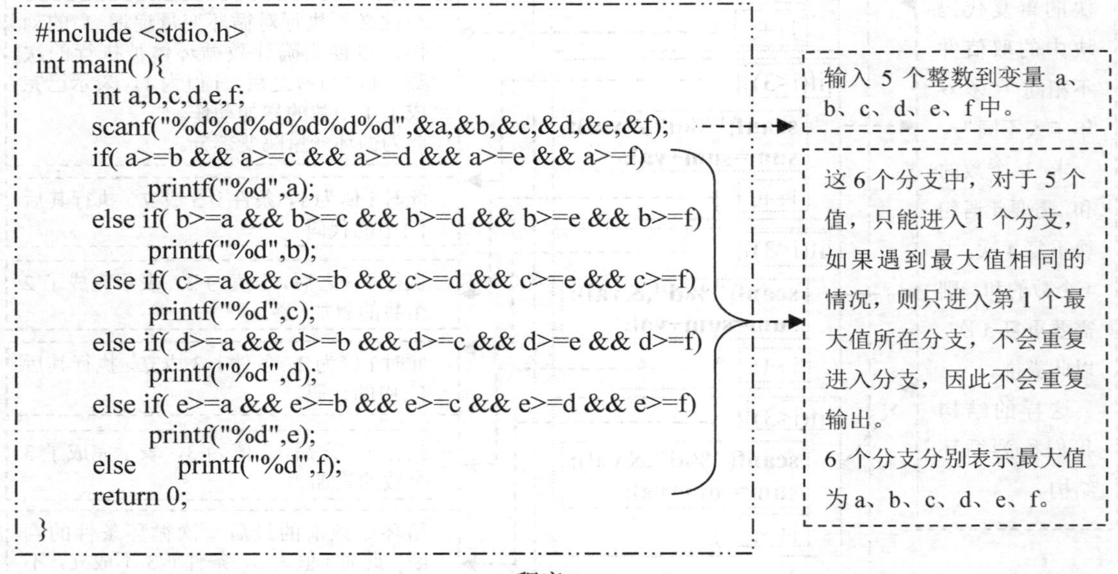

```
#include <stdio.h>
int main( ){
    int a,b,c,d,e,f;
    scanf("%d%d%d%d%d%d",&a,&b,&c,&d,&e,&f);
    if( a>=b && a>=c && a>=d && a>=e && a>=f)
        printf("%d",a);
    else if( b>=a && b>=c && b>=d && b>=e && b>=f)
        printf("%d",b);
    else if( c>=a && c>=b && c>=d && c>=e && c>=f)
        printf("%d",c);
    else if( d>=a && d>=b && d>=c && d>=e && d>=f)
        printf("%d",d);
    else if( e>=a && e>=b && e>=c && e>=d && e>=f)
        printf("%d",e);
    else     printf("%d",f);
    return 0;
}
```


程序 2.25

方法 2：将原问题转化为“求前 i 个数最大值”的问题。那么，当 i 等于 6 时，原问题得解。

为了求出 6 个数中的最大值。我们用新的思路来计算。计算的方法如下：假定 6 个数分别保存在 a、b、c、d、e、f 这 6 个变量中，前 i 个数的最大值保存在变量 max 变量中。

显然，前 1 个数中的最大值就是那个数本身，即 a 的值存放在 max 变量中。这是递推起点或称递推基础。

那么，前 2 个数中的最大值很容易求得，只需由目前已知的前 1 个数中最大值（即 max 中的值）和第 2 个数（即变量 b）比较，如果 b 比这个值还要大，则用 b 的值覆盖 max 中的值，此时 max 的值就是前 2 个数中最大值，否则，如果前 1 个数的最大值 max 小于或等于 b，则前一个数的最大值就是前 2 个数的最大值，此时，max 中的值无须改变。综合以上 2 种情况，很容易得出，经过这个比较操作后，max 的值必定是前 2 个数中的最大值。

同理，前 3 个数中的最大值也很容易求得，只需由目前已知的前 2 个数中最大值（即 max 中的值）和第 3 个数（即变量 c）比较，如果 c 比这个值还要大，则用 c 的值覆盖 max 中的值，否则，max 中的值保持不变。至此，max 的值就是前 3 个数中的最大值。

以此类推，直到求出了前 6 个数最大值即得解。此算法的代码如程序 2.26 所示。

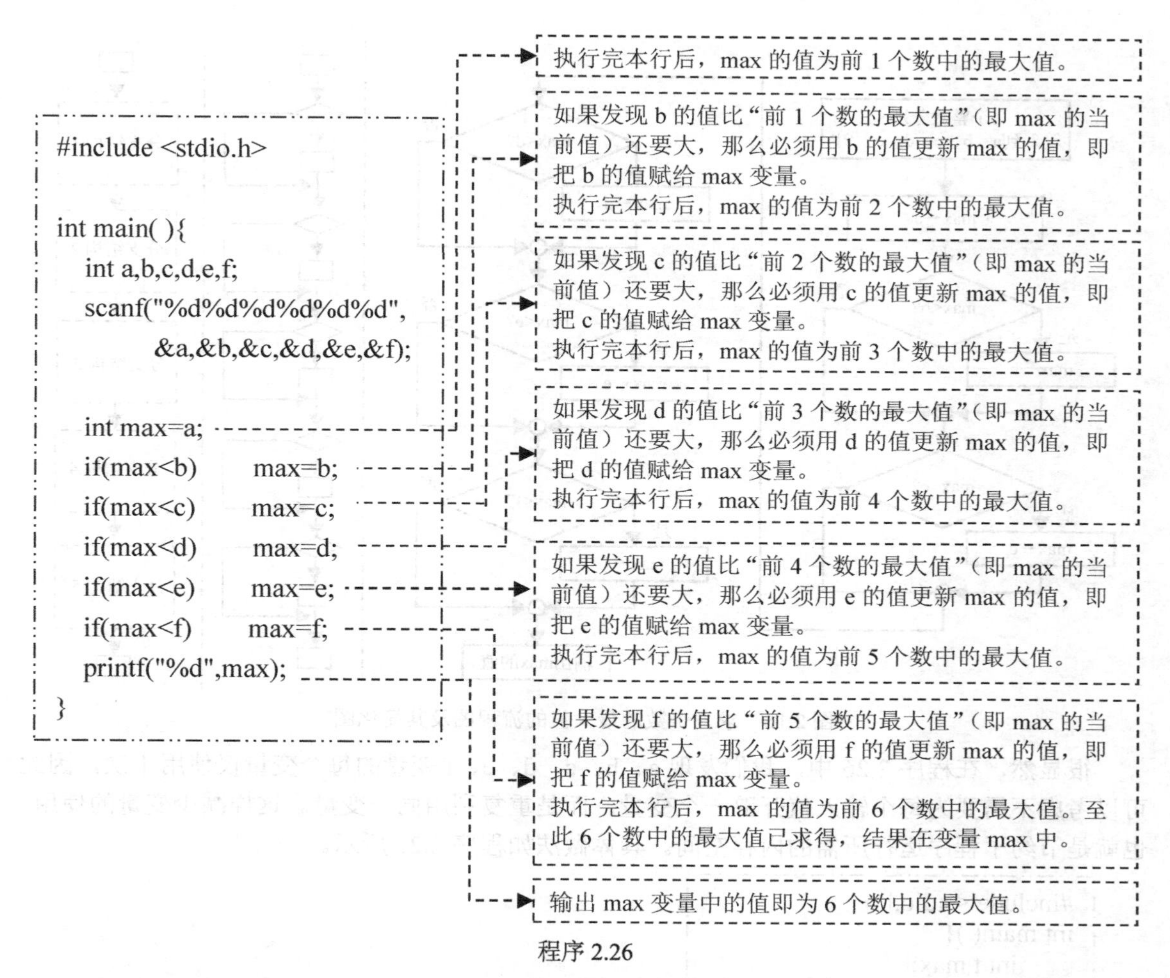

程序 2.26

从程序 2.26 可以看出，这是 5 个“绕过型”分支的顺序串联，如图 2.16 所示。多个分支语句的串联，在逻辑表达上具有以下特点：不管前 1 个“判断”结果如何，都应该进行下 1 个“判断”，即不管前 1 个分支结构的条件是否满足，都必须到执行下 1 个分支结构，这些分支结构都会被执行有且仅有一次。

在这个例子中，不管分支语句的条件是否满足，第 1 个分支语句执行完后，max 的值表示的是前 2 个数中的最大值，在下一步求前 3 个数中的最大值时，必须用前面得到的 max 值与下 1 个变量进行比较，因此，前后 2 个分支结构的关系是“顺序串联”的关系。

分支 1、分支 2、分支 3、分支 4、分支 5 都会按照在代码中的先后顺序被执行一次，且必定被执行一次。

小问答：

问：什么是算法？

答：为了完成某个计算任务，我们必须设计明确的、具体的、方便计算机程序实现的计算步骤和方法，指挥计算机一步一步地操作，最后实现我们要求的功能，这就是求解某问题的“算法”。

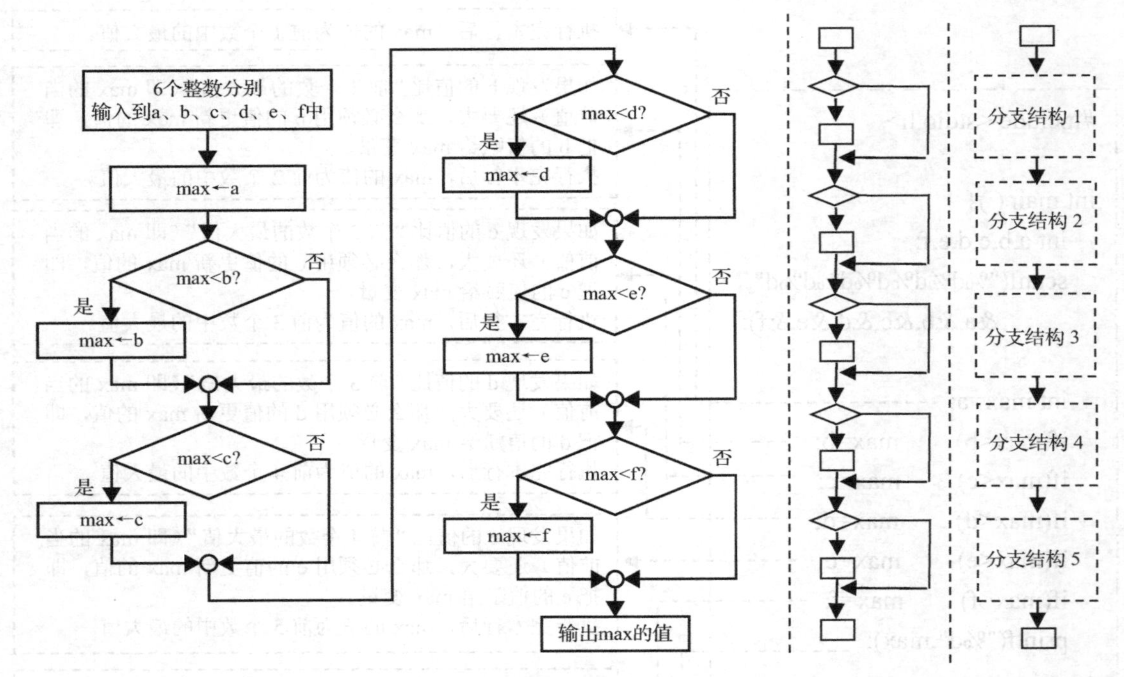

图 2.16　求 6 个数的最大值的流程图及其简化图

很显然，在程序 2.26 中，我们发现 a、b、c、d、e、f 变量的每个变量仅使用 1 次，因此可以考虑不需要为每个输入值开辟一个变量，而是重复利用同一变量。这样减少变量的使用，也就是节约了程序运行所需的内存空间。具体做法如程序 2.27 所示。

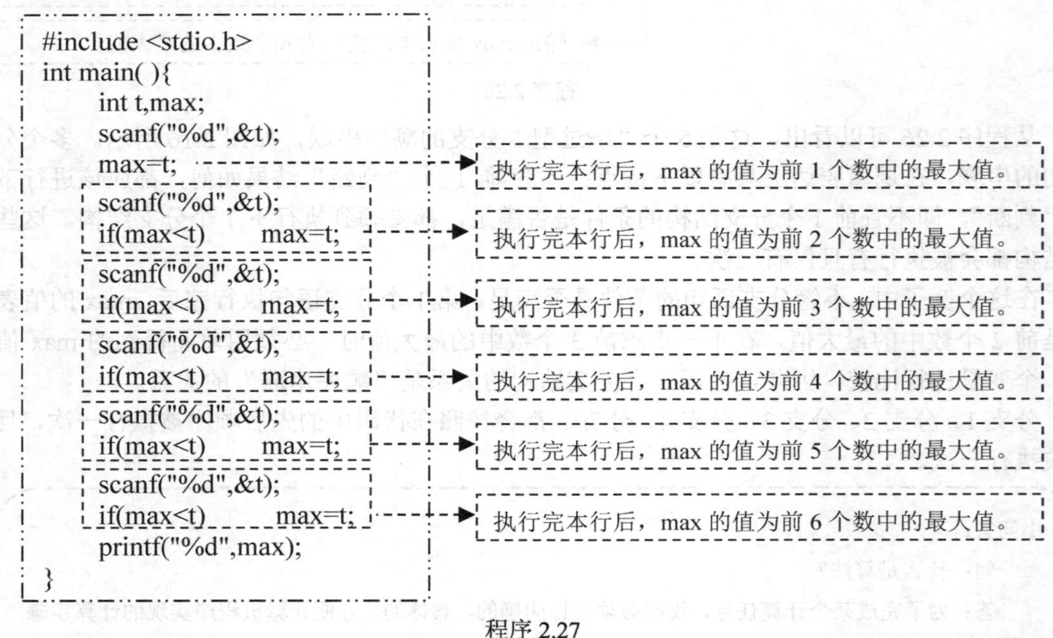

```
#include <stdio.h>
int main( ){
    int t,max;
    scanf("%d",&t);
    max=t;
    scanf("%d",&t);
    if(max<t)      max=t;
    scanf("%d",&t);
    if(max<t)      max=t;
    scanf("%d",&t);
    if(max<t)      max=t;
    scanf("%d",&t);
    if(max<t)      max=t;
    scanf("%d",&t);
    if(max<t)      max=t;
    printf("%d",max);
}
```


程序 2.27

观察程序 2.27 的代码，不难发现除了第一次接受输入到 t 变量之后，接下来是将 t 的值直接赋给 max 外，其后的 5 个值都是接受输入到变量 t 之后，将此值（新输入的）与 max 的值（原来的，前面已输入值的最大值）比较，如果 t 比 max 大，则用 t 的值更新 max 的值，否则不用更新。

很容易看出，程序 2.27 代码中那些形式相同但变量取值不相同的代码块就是循环体，因此，可改为循环语句实现，代码如程序 2.28 的程序（a）所示。

最后，程序 2.28（a）中的循环次数固定为 6-1 修改为 n-1 即可。n 是用户输入的表示数据个数的变量。这就实现了将固定次数的 for 循环推广到能循环任意次数的 for 循环，代码如程序 2.28（b）所示。

```c
#include <stdio.h>
int main( ){
        int t,max,i;


        scanf("%d",&t);
        max=t;

        for( i=0 ; i<6-1 ; i++ )
        {
                scanf("%d",&t);
                if(max<t)       max=t;
        }

        printf("%d",max);
        return 0;
}
```

（a）

推广到求 n 个数的最大值。

```c
#include <stdio.h>
int main( ){
        int t,max,i,n;
        scanf("%d",&n);

        scanf("%d",&t);
        max=t;

        for( i=0 ; i<n-1 ; i++ )
        {
                scanf("%d",&t);
                if(max<t)       max=t;
        }

        printf("%d",max);
        return 0;
}
```

（b）

程序 2.28

以上将“形式完全相同，变量值在有规律的变化”的代码转化为循环结构的过程，称为“循环结构的折叠”。反之，如果将循环结构转化为“形式完全相同，变量值在有规律的变化”的代码的过程，称为“**循环结构的展开**”。循环结构的折叠与展开示意图如图 2.17 所示。

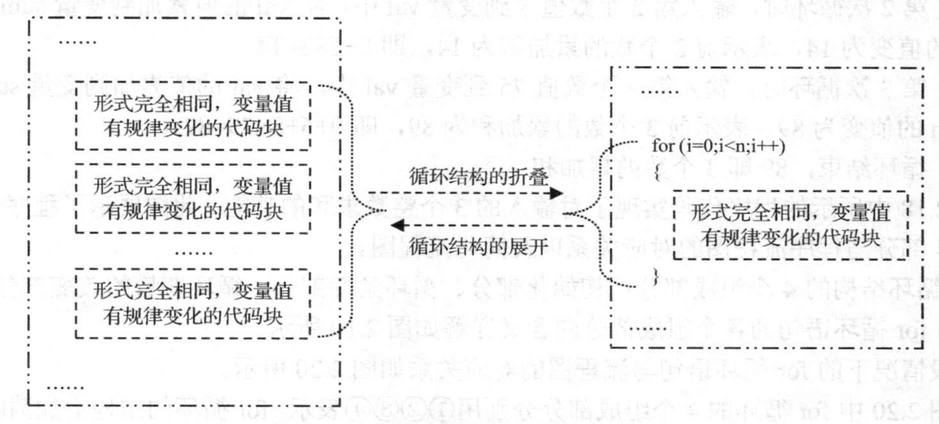

图 2.17　循环结构的折叠与展开示意图

这两个过程在程序设计中均有重要意义。循环结构的折叠是帮助我们发现程序中存在的循环结构，循环结构的展开过程能帮助我们理解循环的执行过程。

在循环结构中，通常有一个控制循环“开始、终止、跳变”的变量，此变量称为循环变量。例如，以上程序中的变量 i 为循环变量。

循环结构折叠的关键是需要确定如下 4 个方面。

（1）循环变量的初值，它决定了循环起点。

（2）循环的终止条件，它决定了循环的终点。

（3）循环变量的跳变，它决定了循环的步长。

（4）循环体，取“形式完全相同，变量有规律变化”。

其中的（1）、（2）、（3）方面共同确定了循环的次数。

2.2.2　剖析 for 循环

编程任务 2.14：3 个数之和

任务描述：求给定 3 个整数的和。

输入：3 个整数。

输出：3 个数的和。

输入举例：

6 8 75

输出举例：

89

分析：当然有多种程序写法能实现此任务。在此利用原问题与子问题相似的特点来求解，将 3 个数求和的任务看作求前 i 个数的累加和的任务，当 i=3 时，得解。此过程可看作逐步累加输入的数值到变量 sum 的过程。需要注意的是，在进入循环前，存放累加和的变量 sum 必须赋初值 0。以输入举例中的数据为例，累加和的计算过程如下。

（1）初始时，sum 的值为 0。

（2）第 1 次循环时，输入第 1 个数值 6 到变量 val 中，将 val 的值累加到变量 sum 中，此时 sum 的值变为 6，表示前 1 个数的累加和为 6，即 0+6=6。

（3）第 2 次循环时，输入第 2 个数值 8 到变量 val 中，将 val 的值累加到变量 sum 中，此时 sum 的值变为 14，表示前 2 个数的累加和为 14，即 0+6+8=14。

（4）第 3 次循环时，输入第 3 个数值 75 到变量 val 中，将 val 的值累加到变量 sum 中，此时 sum 的值变为 89，表示前 3 个数的累加和为 89，即 0+6+8+75=89。

（5）循环结束，89 即 3 个数的累加和。

图 2.18 中所示的程序代码实现了对输入的 3 个整数求和的功能。此图展示了程序代码 for 循环的 4 部分与程序流程图的对应关系以及简化流程图。

for 循环结构的 4 个组成部分：初始化部分、循环条件部分、循环变量的改变部分、循环体部分。for 循环语句的各个组成部分的含义详解如图 2.19 所示。

一般情况下的 for 循环语句与流程图的对应关系如图 2.20 所示。

将图 2.20 中 for 循环的 4 个组成部分分别用①②③④表示，for 循环的结构更加清晰明了。简化图以及 for 循环 4 部分执行次数具有的性质如图 2.21 所示。

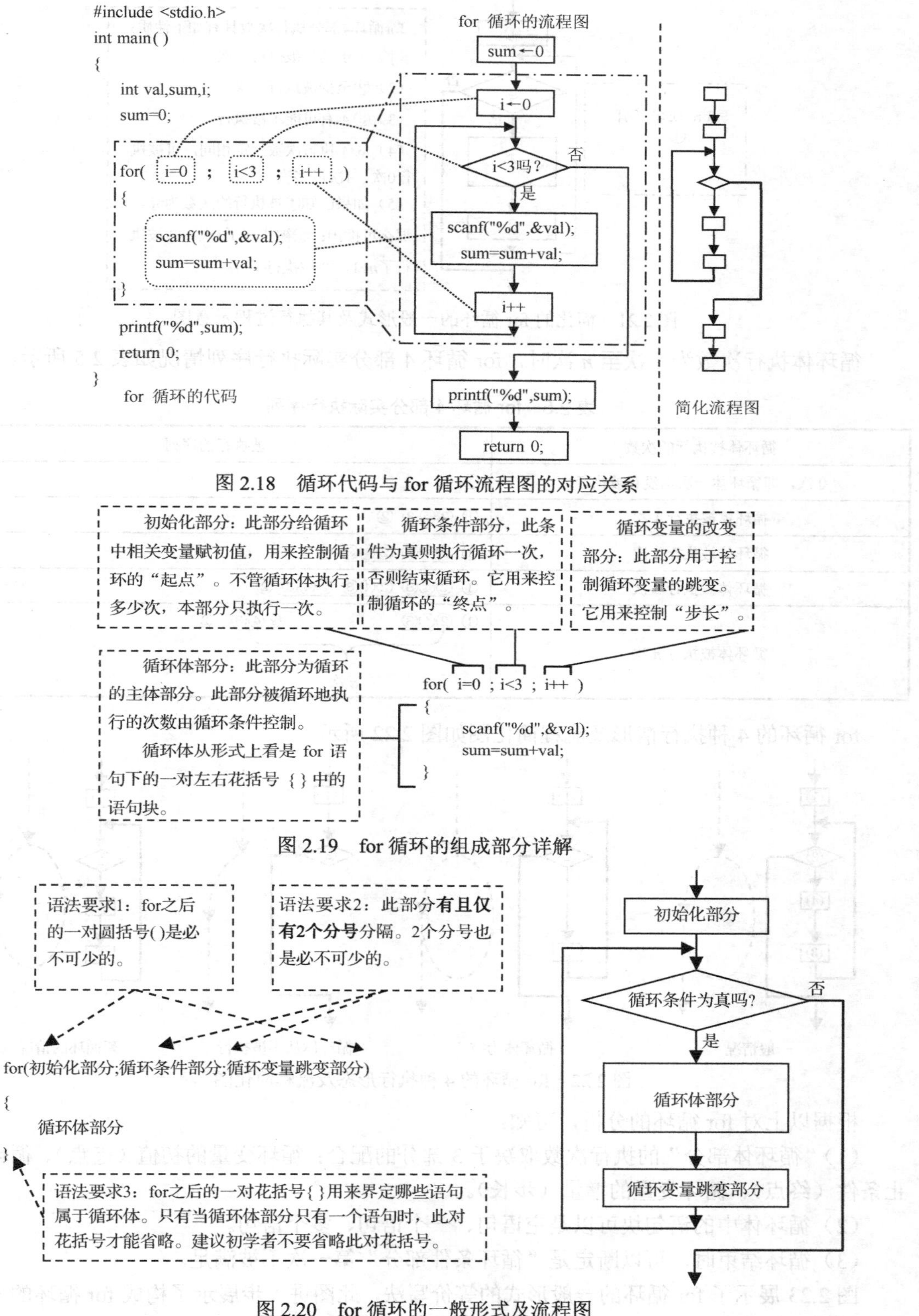

图 2.18 循环代码与 for 循环流程图的对应关系

图 2.19 for 循环的组成部分详解

图 2.20 for 循环的一般形式及流程图

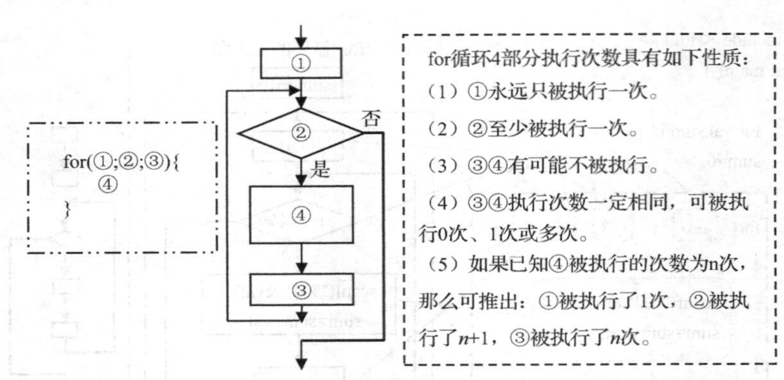

图 2.21　简化的 for 循环的一般形式及其执行过程示意图

循环体执行次数为 1 次至 n 次时，for 循环 4 部分实际执行序列情况如表 2.5 所示。

表 2.5　for 循环 4 部分实际执行序列

循环体被执行的次数	被执行的序列
0 次，即循环体一次也没有被执行	① ②
循环体被执行 1 次	① ②⑤③ ②
循环体被执行 2 次	① ②④③ ②④③ ②
循环体被执行 3 次	① ②④③ ②④③ ②④③ ②
循环体被执行 n 次	① ②④③ …… ②④③ ②（中间为 n 次）

for 循环的 4 种执行情形及流程简化图如图 2.22 所示。

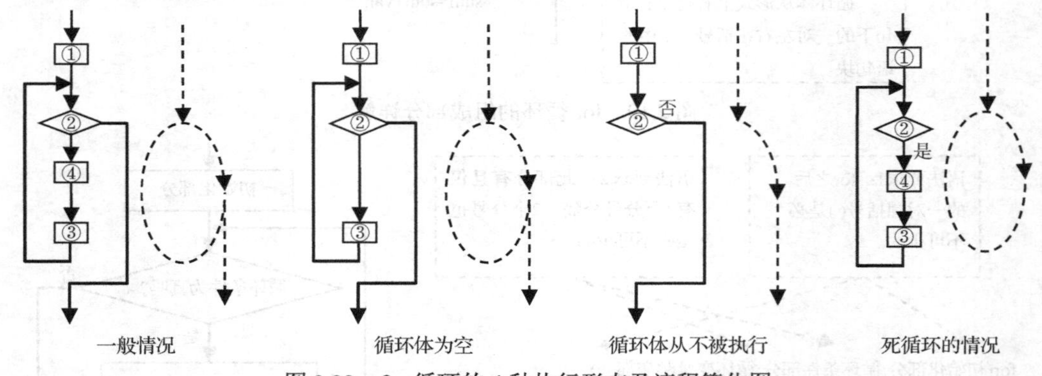

图 2.22　for 循环的 4 种执行形态及流程简化图

根据以上对 for 循环的分析，可知：

（1）“循环体部分”的执行次数取决于 3 部分的配合：循环变量的初值（起点）、循环的终止条件（终点）、循环变量的增量（步长）。

（2）循环体中的语句块可以是空语句、一个语句、多个语句。

（3）循环结束时，可以断定是“循环条件部分”第一次不被满足。

图 2.23 展示了 for 循环的一般形式的等价写法，此图进一步展示了构成 for 循环的 4 部分之间的逻辑关系和执行时的先后关系。

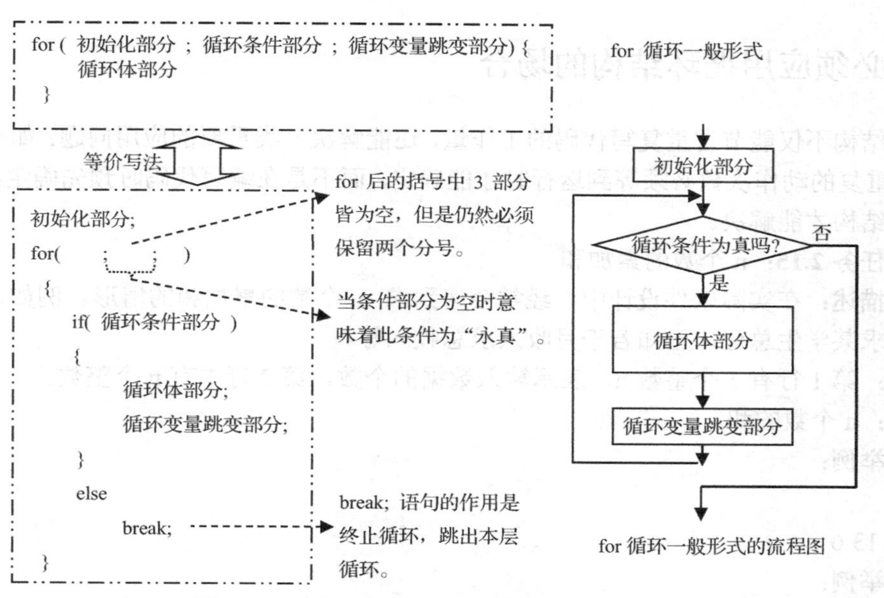

图 2.23　for 循环一般形式的等价写法与流程图

为了帮助大家理解 for 循环的执行过程，程序 2.29 演示了 for 循环各部分的执行过程，结果如运行结果 2.4 所示。

```
#include <stdio.h> //本程序的功能仅是演示for循环的执行过程，不建议程序写成这种形式。
int main( ) {
    int i;
    for(printf("初始化\n"),i=0 ; printf("判断循环条件  "),i<10 ; printf("循环变量跳变\n"),i++)
    {
        printf("第%d 次执行循环体  ",i+1);
    }
    printf("\n");
    return 0;
}
```

程序 2.29

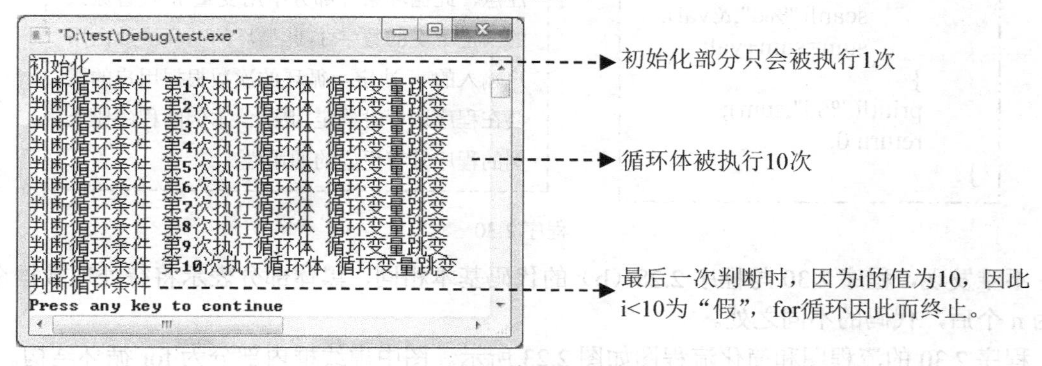

运行结果 2.4

从运行结果 2.4 可以看出，循环体被执行 10 次，循环条件部分被执行 11 次。

2.2.3 必须应用循环结构的场合

循环结构不仅能节省重复写代码的工作量，还能解决一类重要的应用问题：如果问题中有规律的、重复的动作次数必须等到运行时才能确定，而不是在编写代码时预先确定，那么只能利用循环结构才能解决。

编程任务 2.15：n 个数的累加和

任务描述：在实际软件设计中，经常会遇到求 n 个数的累加和的情形。例如，已知每门课程成绩求某学生总分，已知若干月收入求总收入等。

输入：第 1 行有 1 个整数 n，表示输入数据的个数，第 2 行中有 n 个整数。

输出：n 个数的和。

输入举例：

5

7 2 8 13 6

输出举例：

36

分析：此编程任务必须运用循环结构才能实现。

这个任务与前一个任务相比有一定的特殊性，因为输入数据的个数 n 要等到程序运行时才能确定，因此，无法在程序运行前预先定义所需的 n 个变量，只能重复地使用同一个变量来实现。因此，必须使用循环结构。用户输入的第 1 个数据为 n，表明其后有 n 个数据需要累加。根据 for 循环的执行过程可知，循环的次数可由变量 n 来控制，将累加过程放在循环体中即可。代码如程序 2.30 所示。

```
#include <stdio.h>
int main( ){
    int val,sum,i;

    int n;
    scanf("%d",&n);        ---> 首先用变量 n 接收输入中的第 1 个数据。

    sum=0;
    for (i=0 ;i<n; i++) {  ---> 注意，此循环条件部分中用变量 n 代替原来的固定不变的数字 3。此循环的循环次数由用户输入的 n 决定。循环的次数根据用户的需要在程序运行时确定，因此，本例的程序比上例的程序具有更好的通用性。
        scanf("%d",&val);
        sum=sum+val;
    }
    printf("%d",sum);
    return 0;
}
```

程序 2.30

不难发现，程序 2.30 与程序 2.28（b）的代码基本相同，黑体部分表示将待处理数据个数变为 n 个后，代码的不同之处。

程序 2.30 的流程图和简化流程图如图 2.23 所示。图中虚线框内部分为 for 循环结构。

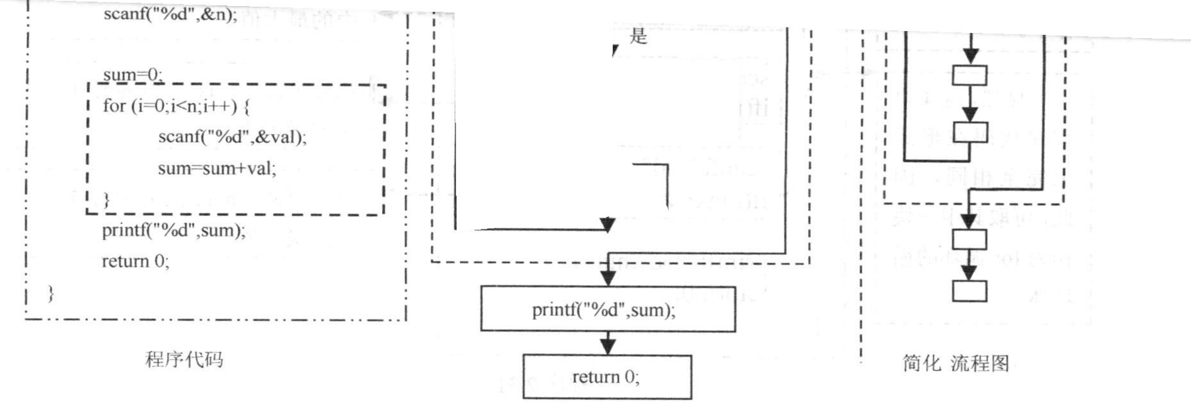

图 2.24 “n 个数的累加和”的程序代码与流程图

编程任务 2.16： 求最高分

任务描述： 某次大规模考试后，老师手头有大量的分数数据需要处理，其中需要求出所有学生成绩中的最高分。依靠人工处理有速度慢、容易出错的缺点，编程实现本功能。

输入： 第 1 行有 1 个整数 n，表示其后有 n 个学生成绩数据。第 2 行有 n 个整数，表示学生的分数。

输出： 输出这 n 个数据中的最大值。

输入举例：

5

3 7 2 8 6

输出举例：

8

分析： “求最高分”问题的本质就是“求最大值”。在前述编程任务中，我们已经能够求解“6 个数中的最大值”这个相对简单的问题了。在本题中，分数数据的个数由输入中的第一个数据给出，因此，对于每个输入的分数利用同一个变量，就很容易将此程序用 for 循环实现。

首先，很容易将“6 个数中的最大值”的程序代码改造成如程序 2.31 所示等价形式。

利用 for 循环对程序 2.31 进行改进后，得到代码及流程图如程序 2.32 所示。

根据程序 2.32，很容易得到本编程任务的程序代码，如程序 2.33 所示。

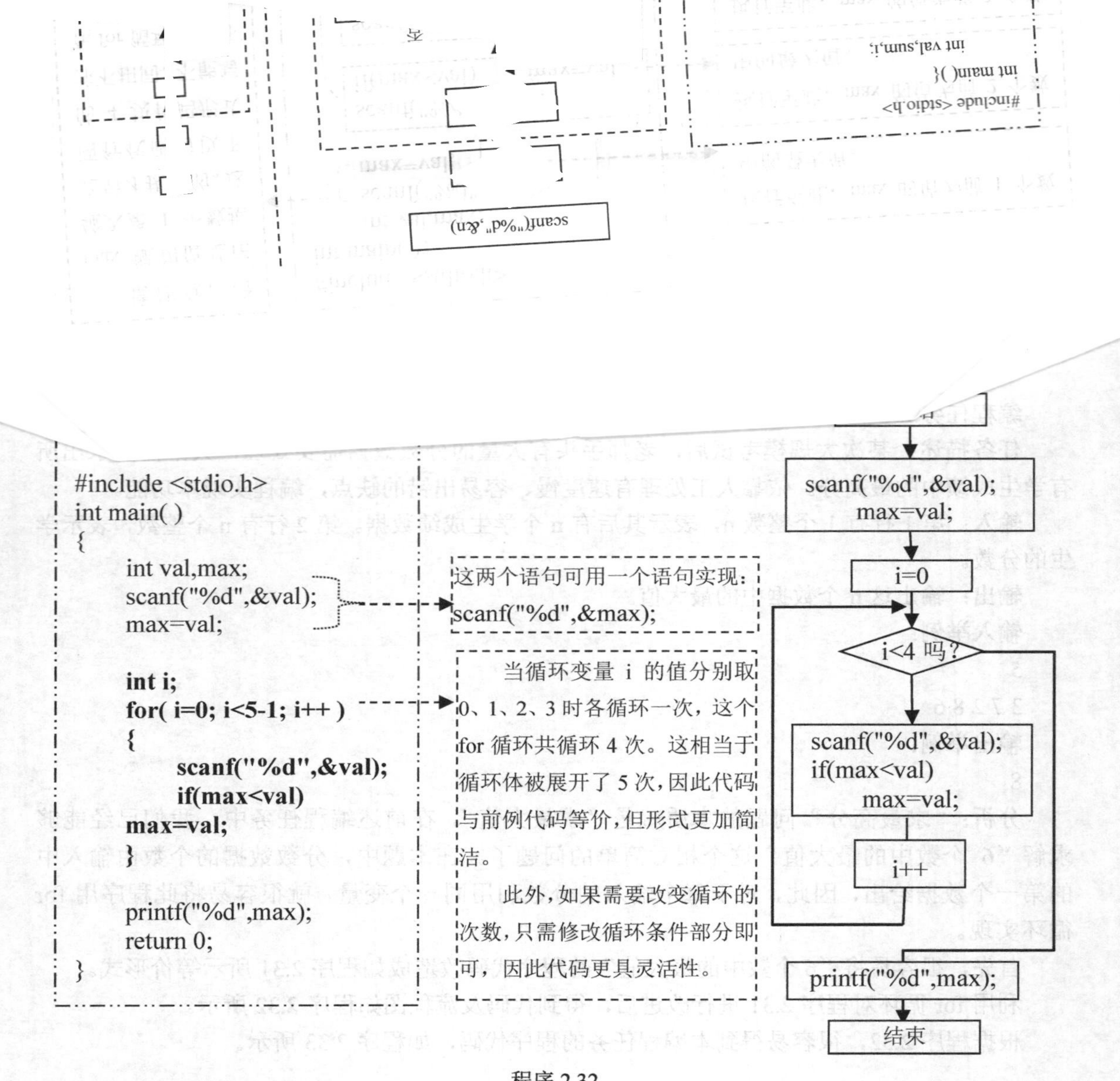
#include <stdio.h>
int main( )
{
int val,max;
scanf("%d",&val);
max=val;
int i;
for(i=0; i<5-1; i++)
{
scanf("%d",&val);
if(max<val)
max=val;
}
printf("%d",max);
return 0;
}
这两个语句可用一个语句实现：
scanf("%d",&max);
当循环变量 i 的值分别取0、1、2、3 时各循环一次，这个 for 循环共循环 4 次。这相当于循环体被展开了 5 次，因此代码与前例代码等价，但形式更加简洁。
此外，如果需要改变循环的次数，只需修改循环条件部分即可，因此代码更具灵活性。
scanf("%d",&val);
max=val;
i=0
i<4 吗？
scanf("%d",&val);
if(max<val)
max=val;
i++
printf("%d",max);
结束

程序 2.32

```c
#include <stdio.h>
int main( ){
    int max,val,n;
    scanf("%d",&n);

    scanf("%d",&val);
    max=val;

    int i;
    for( i=0; i<n-1; i++ ) {
        scanf("%d",&val);
        if(max<val)
            max=val;
    }
    printf("%d",max);
    return 0;
}
```

> max=val;：将输入的 n 个值的第 1 个数直接赋值给变量 max，那么变量 max 的值取到了前 1 个数的最大值，前 1 个数的最大值当然就是第一个数本身了，所以直接赋值即可。

> for(i=0; i<n-1; i++)：对于总共需处理 n 个数的问题来说，此 for 循环的次数是 n-1，因为此 for 循环之前，已经将 n 个数中的第 1 个数赋值给 max 了。

程序 2.33

程序 2.33 可以有另外一种等价的写法，修改前后代码对比如程序 2.34 所示。

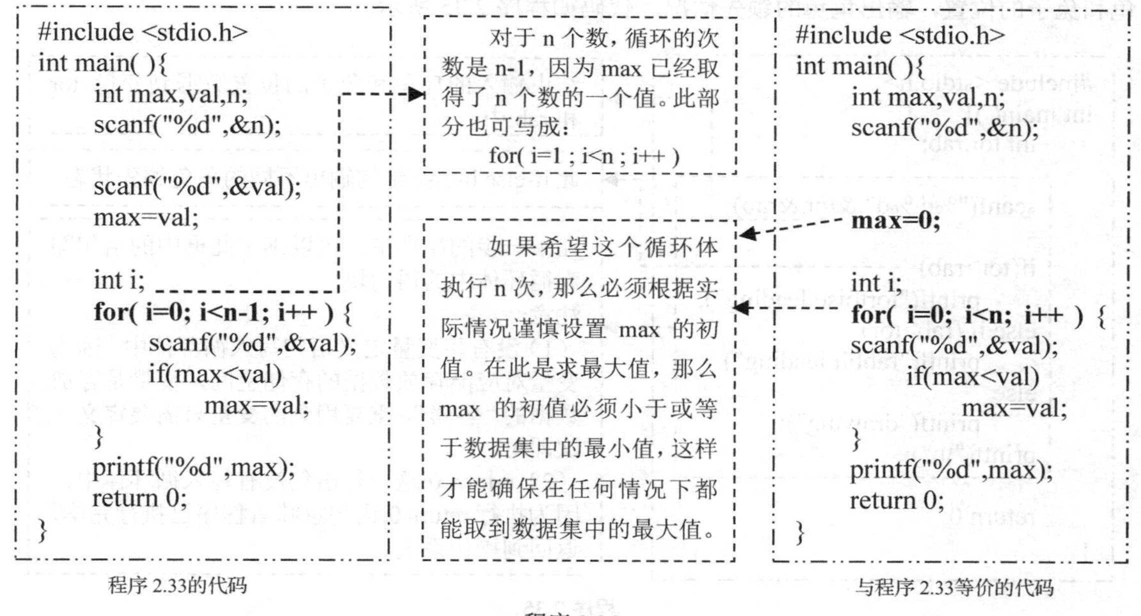

程序 2.34

思考题：在程序设计中，实现相同任务的程序有多种写法。请用尽量多的不同写法实现编程任务“n 个数的累加和”、“求最高分”，仔细比较并体会不同写法的特点。

2.2.4 循环的初步运用

编程任务 2.17：龟兔赛跑

任务描述：乌龟和兔子举行了一场赛跑，骄傲的兔子跑跑停停，乌龟自始至终不敢松懈。

当发号令响后，我们每隔固定时间间隔记录此时刻乌龟和兔子从起点跑出的距离。现在需要你编程回答在各个时刻谁领先或者是平局。

输入：第 1 行有 1 个整数 k($1 \leqslant k \leqslant 100$)，表示共记录了 k 个时刻的数据。其后的 k 行，每行包含 2 个整数，分别表示乌龟、兔子所跑出的距离。

输出：对每个时刻输出一行，输出当前时刻和领先者的信息，其格式见输出举例。

输入举例	**输出举例**
5	
1 2	time 1:rabbit leading
4 3	time 2:tortoise leading
5 5	time 3:drawing
6 5	time 4:tortoise leading
7 5	time 5:tortoise leading

分析：本任务需要根据输入的第 1 个数据确定需要循环处理数据的次数。循环中，每次接受输入的两个整数，判断整两个整数的大小，然后输出结果是乌龟领先还是兔子领先。

首先可以考虑本问题的简单情况——只处理一个测试用例的问题：对于某一个给定时刻乌龟和兔子的位置，输出龟兔的领先情况。代码如程序 2.35 所示。

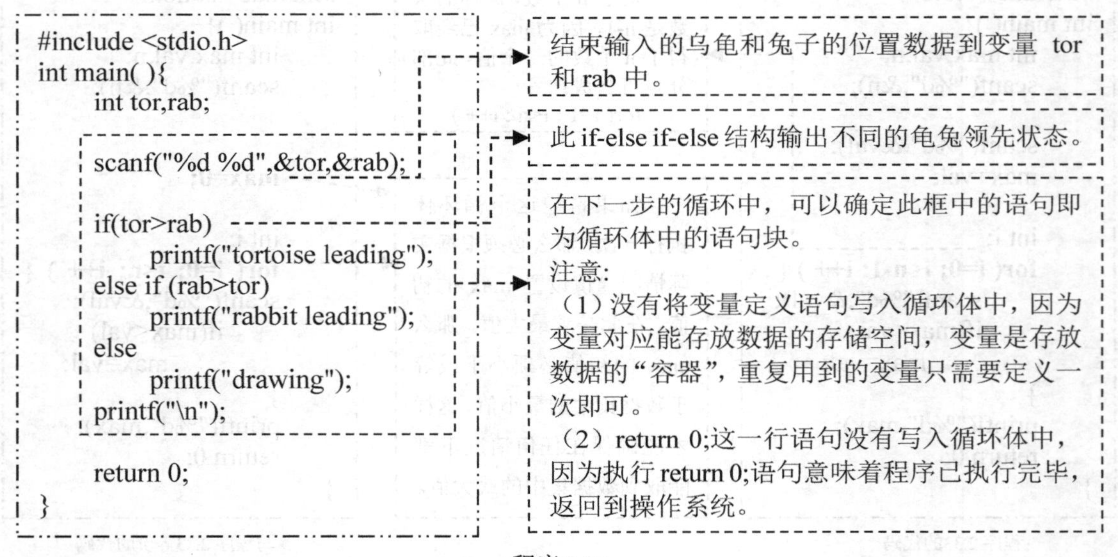

程序 2.35

程序 2.35 只实现了单个时刻龟兔状态的处理，并找出了循环体所在的语句块，在以上程序代码的基础上，很容易地加入 for 循环语句实现对多个时刻数据的处理，程序代码和流程图如程序 2.36 所示。

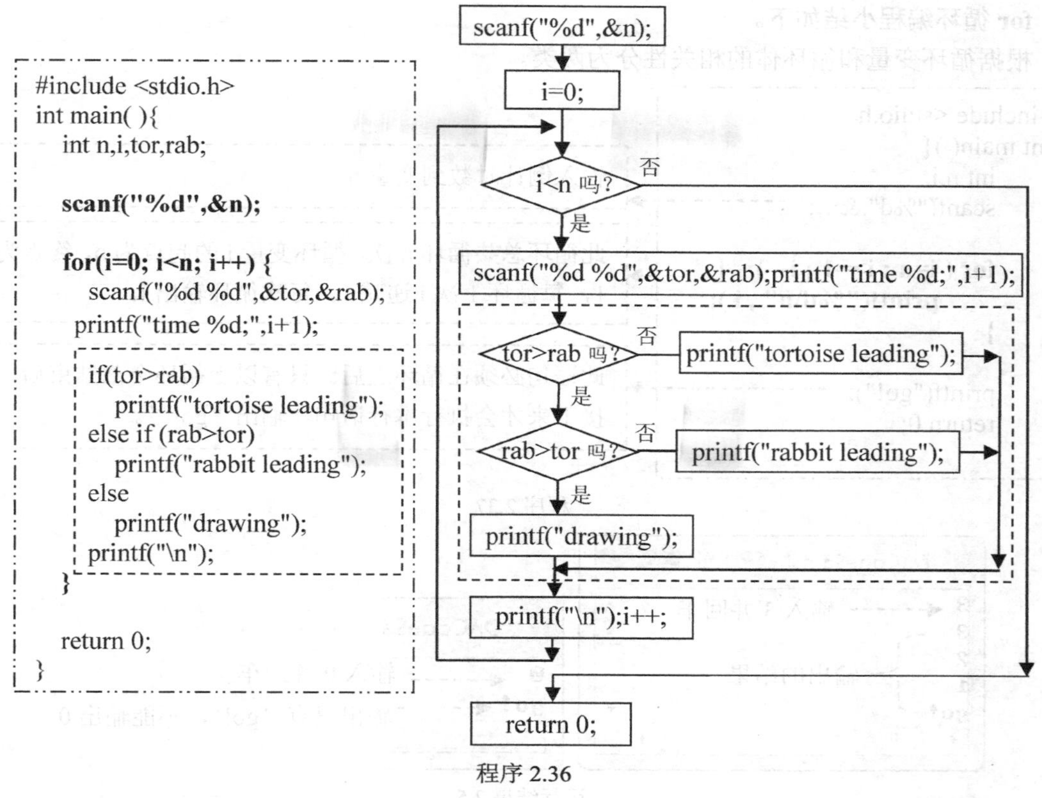

程序 2.36

编程任务 2.18：倒计时

任务描述：每逢重大活动，在活动开始前采用倒计时方式，起到引起大家的关注、警示合理安排时间等作用。例如，奥运会开幕倒计时、高考倒计时、火箭发射点火倒计时等。

输入：给定一个整数 n（0≤n≤100），要求从 n 开始倒计时。

输出：输出 n+1 行，最后一行输出“go!”。

输入举例：

5

输出举例：

5

4

3

2

1

go!

分析：分析这个问题容易得到：输出的行数总是 n 行外加一行“go!”。输出行数 n 行，很自然地想到循环变量从 1 递增到 n 就能实现循环 n 次，那么此任务要求第 i 行输出的内容为 n-i+1。当然也可以让循环变量从 n 递减到 1，同样也能实现循环 n 次，此时每行输出内容为 n。注意处理边界条件，如当 n 为 0 时，则直接输出“go!”。代码如程序 2.37 所示，运行结果如运行结果 2.5 所示。

思考题：本编程任务代码还有多种写法，请读者自己尝试其他不同写法。

for 循环编程小结如下。

根据循环变量和循环体的相关性分为两类。

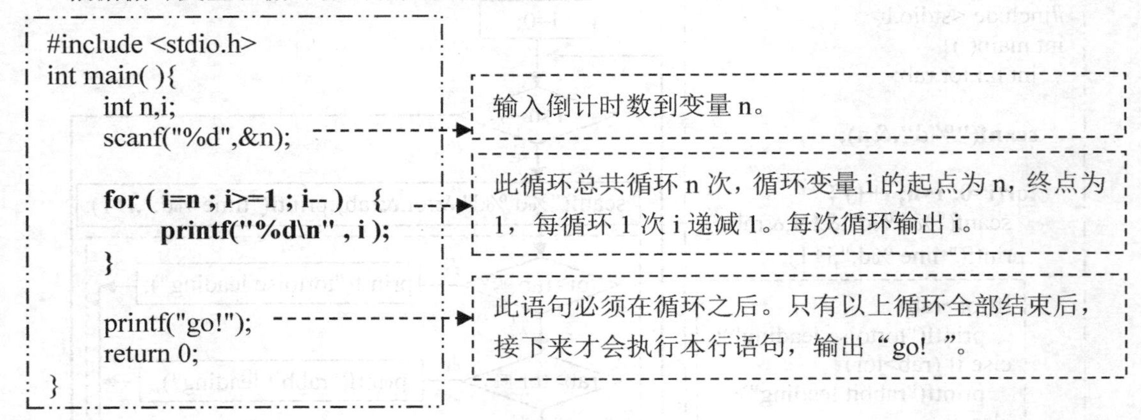

程序 2.37

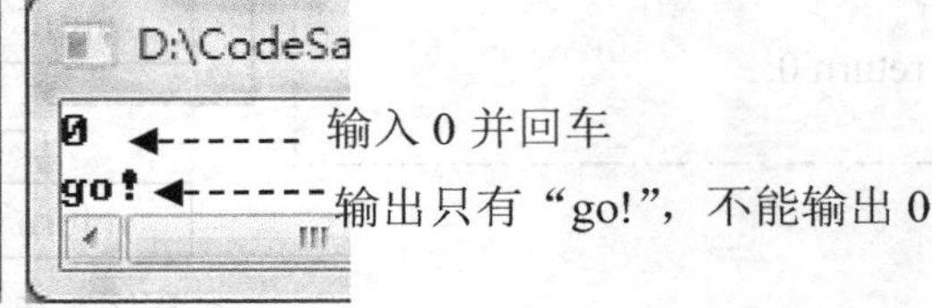

运行结果 2.5

第一类：循环变量仅用于控制循环次数，在循环体中并没有利用循环变量，这类问题相对简单。此时，可按如下步骤确定程序中的循环结构。

第一，编写一次重复任务需要完成功能。

第二，确定循环体语句块的边界，即循环体语句块应从哪一行开始，到哪一行结束。

第三，在代码中加入一对花括号，并将循环体语句块中的全部语句放入这个循环体中。

第四，在循环体的右花括号前编写 for 循环语句。

注意：变量的定义语句一般不要放在循环体中；确认循环变量初始化语句的位置是在循环之前还是在循环体内，如果变量初始化位置在循环之前意味着变量是在进入循环之前初始化 1 次，如果变量初始化语句的位置在循环体内则意味着每循环一次就初始化 1 次。

第二类：循环变量不仅用于控制循环的次数，循环体中也需要利用循环变量。

这类问题的程序设计要求对循环过程有较深入的理解，需要思考如下问题：循环变量的含义是什么？每次循环时循环变量的取值是什么？循环体被执行 1 次所完成的功能是什么？全部循环完成意味着什么？

2.2.5 for 循环常见错误分析

for 循环常见编程错误之一：错误地添加分号。

在 for 语句第一行末尾添加了分号，这使 for 循环的循环体部分与循环控制部分割裂，并且使循环体为空语句。程序编译时不报错，但运行时得到的结果不正确，如图 2.25 所示。

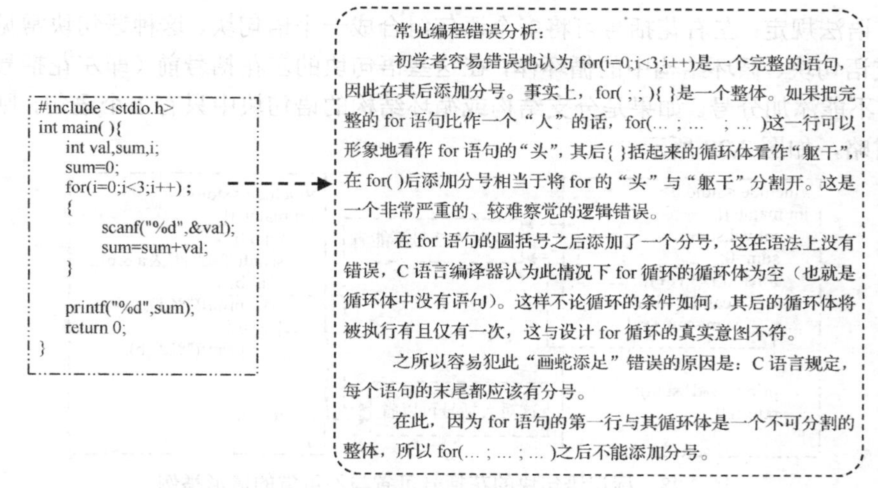

图 2.25　for 循环常见错误分析（1）

以上错误程序的等价形式如图 2.26 所示。从此图中可以清晰地看到，原来的循环体完全脱离了循环结构，成为了一个语句块，此语句块将无条件地执行 1 次。这与原来的作为循环的情形大相径庭。

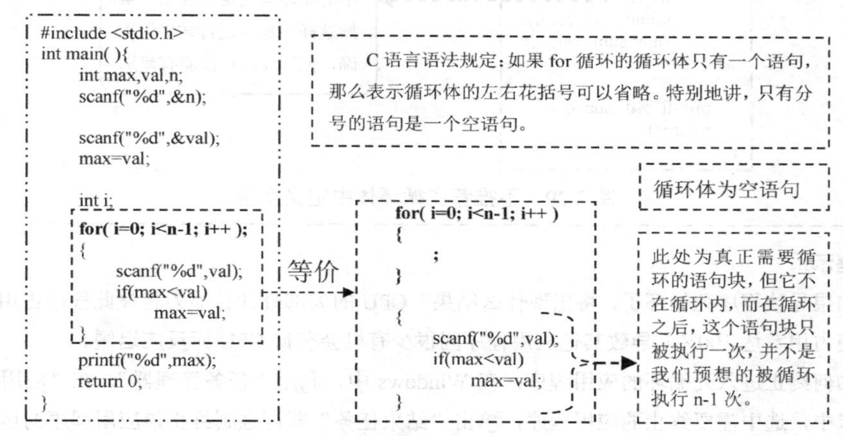

图 2.26　for 循环常见错误分析（2）

for 循环常见编程错误之二：

多语句的循环体没有用花括号括起来如图 2.27 所示。

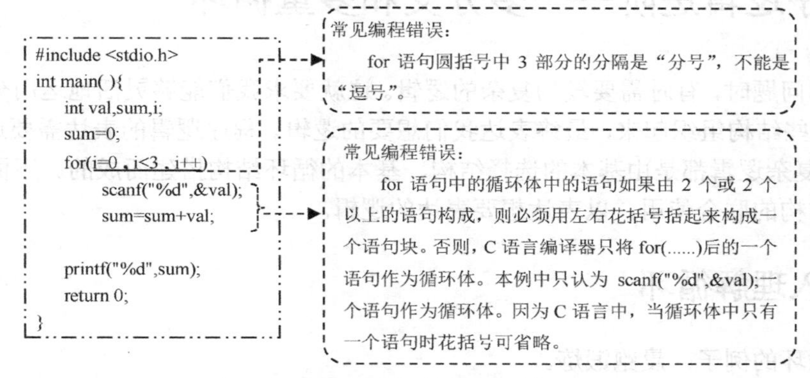

图 2.27　for 循环常见错误分析（3）

C 语言语法规定：左右花括号可将多个语句组合成一个语句块。这种语句块常见于分支结构中的分支语句块、循环结构中的循环体，在这些语句块的左花括号前（即左花括号的前一行语句末尾）不能添加分号。如果是分支结构或循环结构的语句块中只有 1 个语句，则此左右花括号可以省略，如图 2.28 所示。

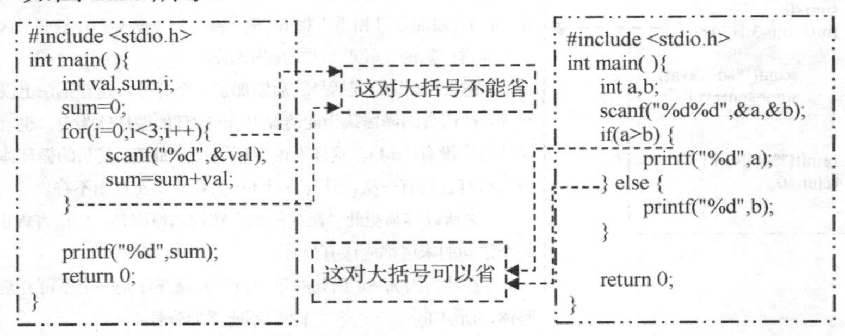

图 2.28　标识语句块的花括号可省与不可省的情形举例

```
#include <stdio.h>
int main( ){
    int sum,i;
    sum=0;
    for(i=0 ; i<3 ; i++) {
        int val;
        scanf("%d",&val);
        sum=sum+val;
    }
    printf("%d",sum);
    return 0;
}
```

小知识：

不推荐此写法：在 for 语句中的循环体内定义变量。虽然这样写程序运行结果仍正确，但程序运行性能有差别。

图 2.29　不推荐在循环体中定义变量

编程提示：

如果导致程序死循环了，将出现什么结果？CPU 的大部分计算能力将被此程序占用，极端时可使占用率达 100%，导致其他应用程序因很少有机会获得 CPU 而反应迟缓。

如何终止进入死循环的应用程序：在 Windows 中，利用“任务管理器”，在“应用程序”选项卡中，选中需要终止的应用程序，单击“结束任务”即可强制终止该应用程序的运行。

2.3　程序逻辑进阶——多分支和多重循环

解决实际问题时，有时需要较为复杂的逻辑。这就要求我们能够灵活地运用分支结构和循环结构，把这些结构组织起来，最终表达我们想要的逻辑。程序逻辑的表达需要达到“我想即我得”，任何复杂逻辑都是由基本的选择结构、基本的循环结构搭建而成的。下面将着重讲述循环、分支结构的联合使用，以表达想要表达的逻辑。

2.3.1　深入理解循环

生活中循环的例子：晨跑锻炼。

全民健身运动倡导“每天锻炼一小时，健康工作 50 年，幸福生活一辈子”，绕田径场跑步也是一种很好的锻炼形式。现小明要绕操场跑 5 圈，显然，如果把“跑 1 圈”看作一次循环的话，那么跑 5 圈，就是重复此动作 5 次。为了让计算机模拟此跑步任务，在此以向屏幕输出一行文字“跑完了第 1 圈”表示跑完 1 圈，但对于计算机来说，必须确定一些信息才能完成跑 5 圈的动作。

需要确定哪些信息呢？例如，圈数如何计数？初始计数从何记起？如何才知道已经跑完了 5 圈？其要点如图 2.30 所示。

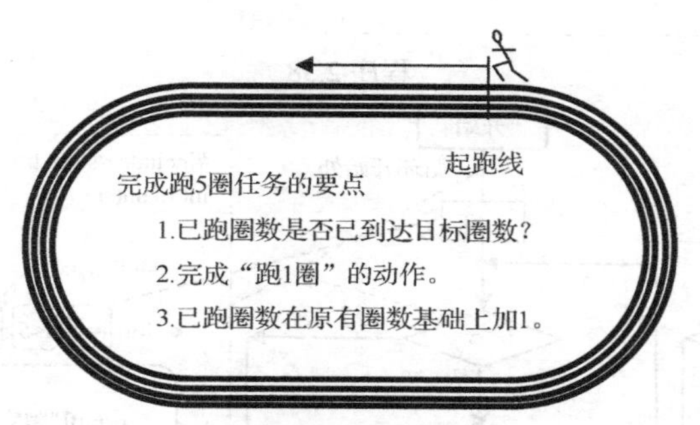

图 2.30　完成跑 5 圈的 3 个要点

第一种办法：直接用 5 次几乎相同的代码实现 5 次循环，如图 2.31 所示。

```
#include <stdio.h>
int main( ){
      printf("跑完了第 1 圈\n");
      printf("跑完了第 2 圈\n");
      printf("跑完了第 3 圈\n");
      printf("跑完了第 4 圈\n");
      printf("跑完了第 5 圈\n");
      return 0;
}
```

运行结果

```
跑完了第 1 圈
跑完了第 2 圈
跑完了第 3 圈
跑完了第 4 圈
跑完了第 5 圈
```

图 2.31　模拟跑 5 圈的代码及其输出

如果是编写程序控制机器人完成跑 5 圈的任务，需要哪些信息和什么样的流程呢？

用自然语言描述的实现上述任务的流程如图 2.32 所示。

Step1：将表示“已跑圈数”的计数器 i 置为 0。

Step2：判断“已跑圈数小于5吗？”条件是否为真，如果是则执行下一步，否则跳转到Step6。

Step3：完成跑 1 圈的任务。在此用输出“跑完了第？圈”表示。

Step4：已跑圈数 i 的值在原来的基础上增加1。

Step5：跳转到 Step2。

Step6：任务已完成。

图 2.32　“跑 5 圈”任务的流程与用 for 循环的运用

图 2.32 清晰地展示了求解实际问题时，从“人脑”的思路到“电脑”的程序代码的过程。培养计算思维就是培养将人脑的思路清晰地描述并最终转化为正确程序代码的能力。

将图 2.32 所描述的转化为程序代码，如程序 2.38 所示。

程序 2.38 的描述、流程图和 for 循环实现的程序代码之间的联系，如图 2.33 所示。

```c
#include <stdio.h>
int main( )
{
    int i;
    for ( i=0 ; i<5 ; i++ )
    {
            printf("跑完了第%d圈\n",i+1);
    }

    return 0;
}
```

因为每循环一次，i的值都会自增1，i的值是变化的，依次为0、1、2、3、4，i+1依次为1、2、3、4、5。当i取5时，循环结束。

运行结果

跑完了第1圈
跑完了第2圈
跑完了第3圈
跑完了第4圈
跑完了第5圈

程序 2.38

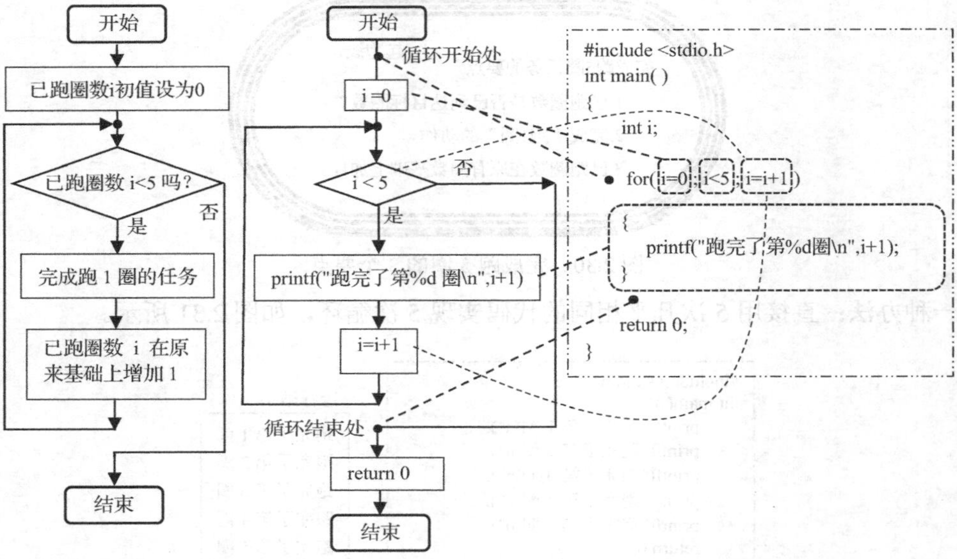

开始
已跑圈数i初值设为0
已跑圈数 i<5 吗？
是
否
完成跑1圈的任务
已跑圈数 i 在原来基础上增加1
结束

开始
循环开始处
i =0
i < 5
否
是
printf("跑完了第%d 圈\n",i+1)
i=i+1
循环结束处
return 0
结束

```c
#include <stdio.h>
int main( )
{
    int i;
    for(i=0;i<5;i=i+1)
    {
        printf("跑完了第%d圈\n",i+1);
    }
    return 0;
}
```

（a）近似自然语言的流程图，表达了“人脑”解决问题的思路　（b）近似C程序代码的流程图，介于两者之间　（c）程序代码，展示了for循环语句实现了所需的逻辑

说明：图（b）与图（c）之间虚线表示两者的联系。

图 2.33　跑圈与循环过程详解

2.3.2　循环的连接

根据所需表达的逻辑的需要，多个循环结构之间的连接方式有两种：“串联”和“嵌套”。

循环的“串联”是指两个循环结构之间是顺序串联关系，它的特点是只有前一个循环结构结束后，才会进入后一个循环结构。

循环的“嵌套”是指一个循环结构在另一个循环结构的循环体中。

循环的“串联”与“嵌套”如图 2.34 所示。

可通过实现如下两个健身任务来理解循环的串联和嵌套。

健身任务 1：先做 10 个俯卧撑，再跑步 5 圈。请编程，用程序输出模拟上述任务执行过程。程序代码与输出结果的对应关系如程序 2.39 所示，此为循环的“串联”的情形。

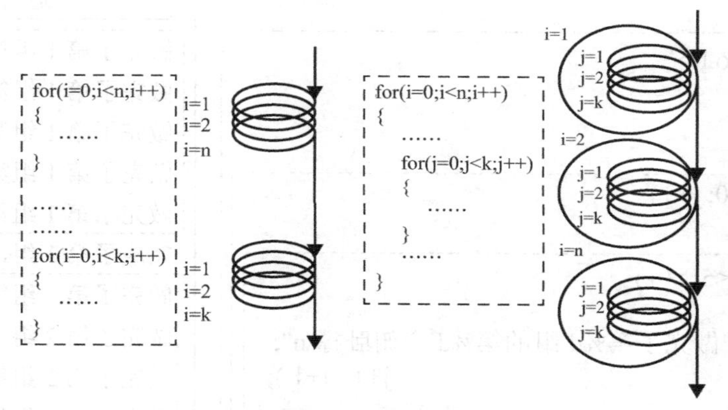

图 2.34 循环的“串联”与“嵌套”

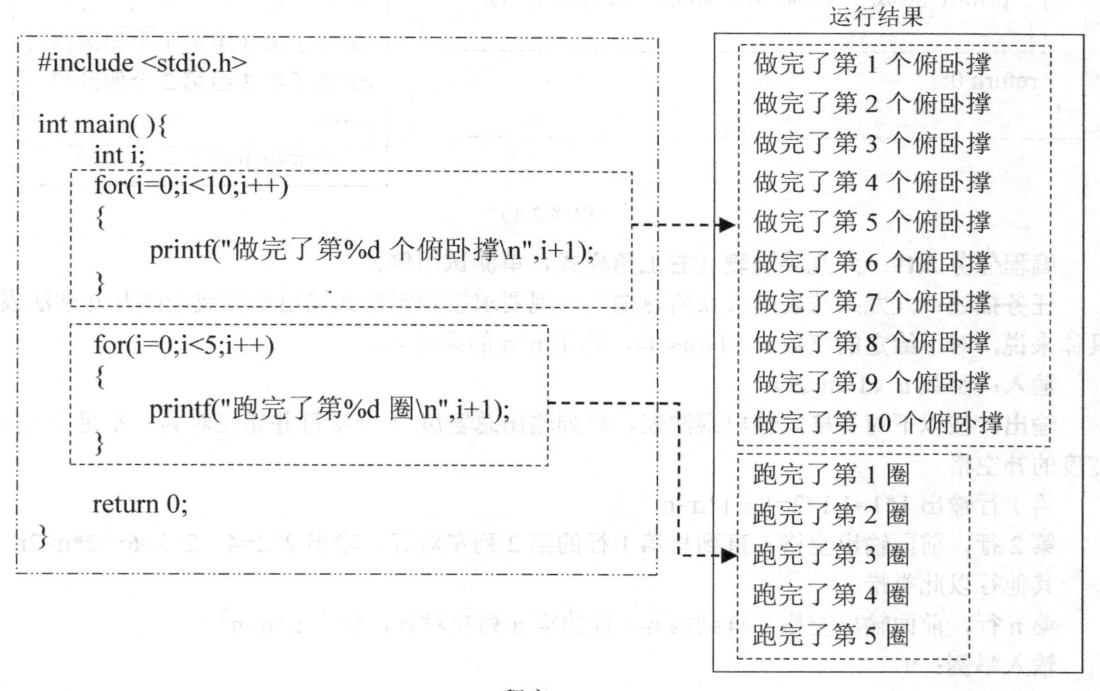

程序 2.39

健身任务 2：需要做 50 个俯卧撑，分 10 组完成，每做完 5 个俯卧撑休息一会儿。请用程序输出模拟上述任务的执行过程。代码及运行结果如程序 2.40 所示，此为循环的“嵌套”的情形。

思考题：请读者将以上程序至少用 3 种不同的写法来实现相同的功能。（i++变 i--；计数不从 0 开始；条件写成 i<=5；或者 i<=4; i++写成 i=i+1；）

```c
#include <stdio.h>
int main( )
{
   int i,j;
   for(j=0; j<10; j++)
   {
      for(i=0; i<5; i++)
      {
         printf("做完了第%d 组的第%d 个俯卧撑\n",
                                              j+1 , i+1 );
      }
      printf("完成了第%d 组，休息一会儿\n",j+1);
   }
   return 0;
}
```

运行结果

```
做完了第 1 组第 1 个俯卧撑
做完了第 1 组第 2 个俯卧撑
做完了第 1 组第 3 个俯卧撑
做完了第 1 组第 4 个俯卧撑
做完了第 1 组第 5 个俯卧撑
完成了第 1 组，休息一会儿
做完了第 2 组第 1 个俯卧撑
做完了第 2 组第 2 个俯卧撑
做完了第 2 组第 3 个俯卧撑
做完了第 2 组第 4 个俯卧撑
做完了第 2 组第 5 个俯卧撑
完成了第 2 组，休息一会儿
做完了第 3 组第 1 个俯卧撑
做完了第 3 组第 2 个俯卧撑
……
（以下输出略）
```

程序 2.40

编程任务 2.19：九九乘法表（右上角样式，单测试用例）

任务描述：九九乘法表是大家所熟知的。现要求按规定格式输出部分或全部九九乘法表，具体来说，对于给定的整数 n（1≤n≤9），输出 n*n 的乘法表。

输入：整数 n（1≤n≤9）。

输出：按以下对齐格式输出乘法表。每列输出总宽度 7 个字符并靠左对其，不足 7 字符宽度的补空格。

第 1 行输出 1*1=1 1*2=1…1*n=n

第 2 行，前面输出空格，直到与第 1 行的第 2 列左对齐，输出 2*2=4　2*3=6…2*n=2n

其他行以此类推。

第 n 行，前面输出空格，直到第 n-1 行的第 n 列左对齐，输出 n*n=n^2

输入举例：9

输出举例：

```
1*1=1  1*2=2  1*3=3  1*4=4  1*5=5  1*6=6  1*7=7  1*8=8  1*9=9
       2*2=4  2*3=6  2*4=8  2*5=10 2*6=12 2*7=14 2*8=16 2*9=18
              3*3=9  3*4=12 3*5=15 3*6=18 3*7=21 3*8=24 3*9=27
                     4*4=16 4*5=20 4*6=24 4*7=28 4*8=32 4*9=36
                            5*5=25 5*6=30 5*7=35 5*8=40 5*9=45
                                   6*6=36 6*7=42 6*8=48 6*9=54
                                          7*7=46 7*8=56 7*9=63
                                                 8*8=64 8*9=72
                                                        9*9=81
```

分析：对于这个问题，我们采用循序渐进的方式编写程序代码。每次编写或修改程序后，运行并观察结果与本任务输出目标的距离，逐步修改直至解决问题。我们先考察 n=9 时对应的九九乘法表。按照其排列规律补齐其左下三角区的乘法式，如图 2.35 所示。在此图中，很容易观察到输出前导空格组数、行列与乘数、被乘数之间的变化规律。

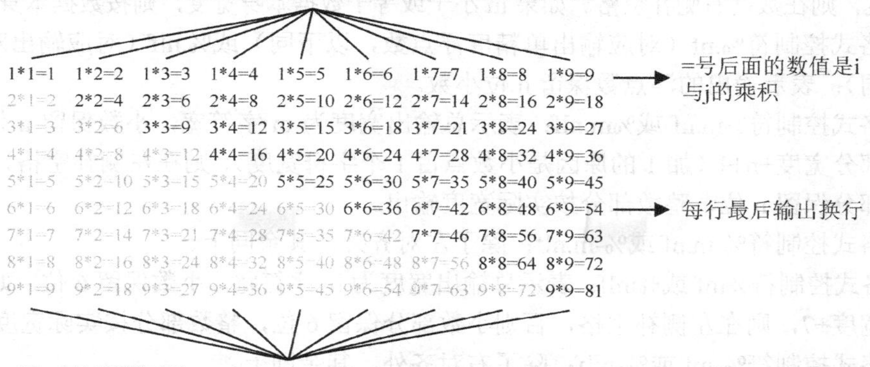

图 2.35　输出结果的构成分析

根据图 2.35 的分析，写出此任务的代码，如程序 2.41 所示，结果如运行结果 2.6 所示。

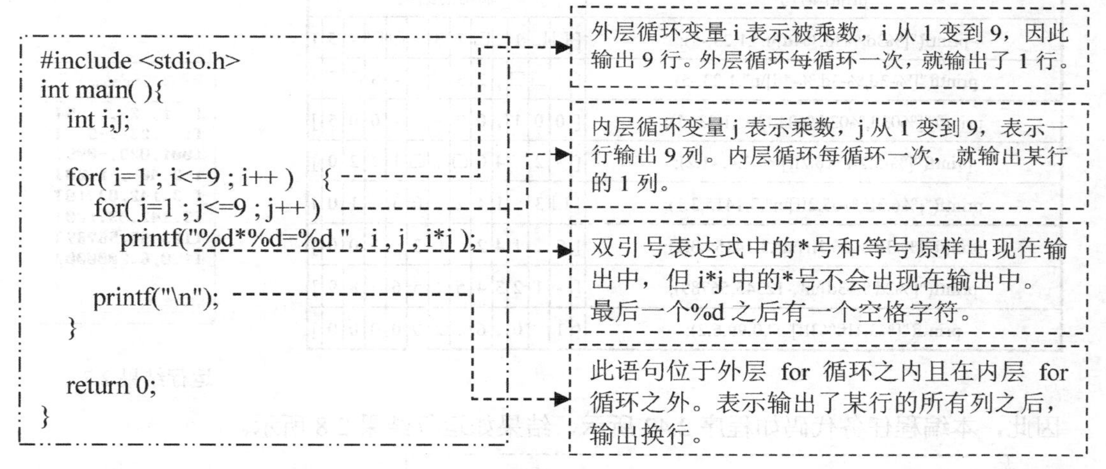

程序 2.41

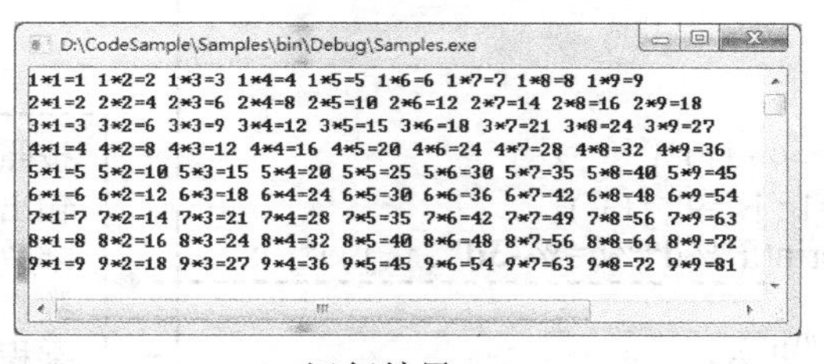

运行结果 2.6

结果分析：以上结果中每个乘式与补全的九九乘法表完全一致，但没有实现每列 7 字符等宽左对齐。为了实现等宽左对齐，不足宽度部分补空格的功能，利用 printf( )函数的输出格式控制功能。

printf( )函数的宽度与对齐格式控制符用法小结。

（1）格式控制符%md：表示输出整数最小宽度为 m 字符，右对齐方式输出。如果 m 大于数据本身宽度，则在数据左侧补空格。如果 m 小于或等于数据本身宽度，则按数据本身宽度输出。

（2）格式控制符%0md；除在左侧补 0 外，其余同上。

（3）格式控制符%-md；表示输出整数最小宽度为 m 字符，左对齐方式输出。如果 m 大于数据本身宽度，则在数据右侧补空格。如果 m 小于或等于数据本身宽度，则按数据本身宽度输出。

（4）格式控制符%.nf（对应输出单精度浮点数，以下同）或%.nlf（对应输出双精度浮点数，以下同）：表示输出的浮点数保留 n 位小数。

（5）格式控制符%m.nf 或%m.nlf：表示总输出宽度为 m 字符宽，小数保留 n 位。如果 m 大于整数部分宽度+n+1（加 1 的原因是小数点占 1 个字符宽度），则在左侧补空格，向右对齐，否则小数部分保留 n 位，整数部分按实际宽度输出。

（6）格式控制符%-m.nf 或%-m.nlf：除了左对齐外，其余同上。

（7）格式控制符%mf 或%mlf：表示总输出宽度为 m 字符宽，小数保留 6 位。如果 m 大于整数部分宽度+7，则在左侧补空格，否则小数部分保留 6 位，整数部分按实际宽度输出。

（8）格式控制符%-mf 或%-mlf：除了右对齐外，其余同上。

格式控制符的用法举例如表 2.6 所示，输出结果如运行结果 2.7 所示。

表 2.6　不同输出格式的 printf 语句及输出结果对照表

printf 语句	输出的结果
printf("[%3d,%3d,%4d]\n",1,23,-5);	[□□1,□23,□□-5]
printf("[%-3d,%-3d,%-4d]\n",1,23,-5);	[1□□,23□,-5□□]
printf("[%03d,%03d,%04d]\n",1,23,-5);	[001,023,-005]
printf("[%-5.2lf,%6.2lf]\n",2.4, -1.2);	[-2.40□,□1.20]
printf("[%6.3lf,%05.2lf]\n",3.1415,3.1);	[□3.142,03.10]
printf("[%.3lf,%06.3lf]\n",3.14159,3.1);	[3.142,03.100]
printf("[%2d,%-3d]\n",-12345,56789);	[-12345,56789]
printf("[%3.1lf,%3lf]\n",0.99,6.2);	[1.0,6.200000]

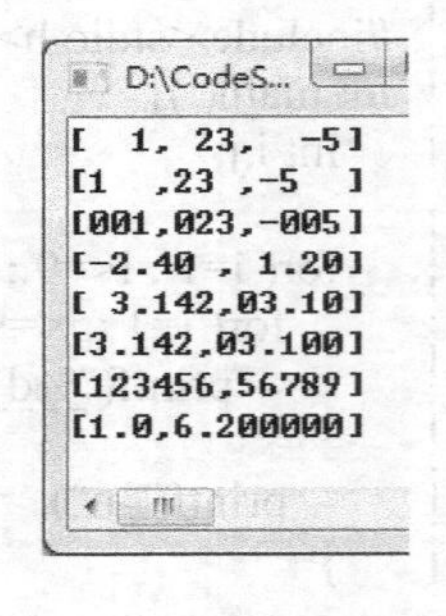

运行结果 2.7

因此，本编程任务代码如程序 2.42 所示，结果如运行结果 2.8 所示。

```
#include <stdio.h>
int main( ){
    int i,j;

    for( i=1 ; i<=9 ; i++ )     {
        for( j=1 ; j<=9 ; j++ )
            printf("%d*%d=%-3d" , i , j , i*j );

        printf("\n");
    }
    return 0;
}
```

按照任务要求，每列输出宽度为 7，因为乘数被乘数都是 1 位数，因此只需要设定乘积宽度为 3、左对齐即可。

程序 2.42

```
D:\CodeSample\Samples\bin\Debug\Samples.exe
1*1=1   1*2=2   1*3=3   1*4=4   1*5=5   1*6=6   1*7=7   1*8=8   1*9=9
2*1=2   2*2=4   2*3=6   2*4=8   2*5=10  2*6=12  2*7=14  2*8=16  2*9=18
3*1=3   3*2=6   3*3=9   3*4=12  3*5=15  3*6=18  3*7=21  3*8=24  3*9=27
4*1=4   4*2=8   4*3=12  4*4=16  4*5=20  4*6=24  4*7=28  4*8=32  4*9=36
5*1=5   5*2=10  5*3=15  5*4=20  5*5=25  5*6=30  5*7=35  5*8=40  5*9=45
6*1=6   6*2=12  6*3=18  6*4=24  6*5=30  6*6=36  6*7=42  6*8=48  6*9=54
7*1=7   7*2=14  7*3=21  7*4=28  7*5=35  7*6=42  7*7=49  7*8=56  7*9=63
8*1=8   8*2=16  8*3=24  8*4=32  8*5=40  8*6=48  8*7=56  8*8=64  8*9=72
9*1=9   9*2=18  9*3=27  9*4=36  9*5=45  9*6=54  9*7=63  9*8=72  9*9=81
```

运行结果 2.8

结果分析：运行结果 2.8 在运行结果 2.6 的基础上实现了等宽输出和左对齐。但每行输出的乘法式为阶梯形的。分析此结果的规律可知：被乘数为 i 的行，其乘数也是从 i 开始递增至 9 为止，不是从 1 递增至 9。因此，修改内层 for 循环 j 的初始值为 i。修改后代码如程序 2.43 所示，结果如运行结果 2.9 所示。

```c
#include <stdio.h>
int main( ){
    int i,j;
    for( i=1 ; i<=9 ; i++ ) {
        for( j=i ; j<=9 ; j++ )
            printf("%d*%d=%-3d" , i , j , i*j );
        printf("\n");
    }
    return 0;
}
```

这意味着内层 for 循环的循环次数与外层 for 循环的循环变量是关联的。
输出第 1 行时，j 从 1 递增 9，输出 9 列。
输出第 2 行时，j 从 2 递增 9，输出 8 列。
……
输出第 9 行时，j 从 9 递增 9，输出 1 列。

程序 2.43

```
D:\CodeSample\Samples\bin\Debug\Samples.exe
1*1=1   1*2=2   1*3=3   1*4=4   1*5=5   1*6=6   1*7=7   1*8=8   1*9=9
2*2=4   2*3=6   2*4=8   2*5=10  2*6=12  2*7=14  2*8=16  2*9=18
3*3=9   3*4=12  3*5=15  3*6=18  3*7=21  3*8=24  3*9=27
4*4=16  4*5=20  4*6=24  4*7=28  4*8=32  4*9=36
5*5=25  5*6=30  5*7=35  5*8=40  5*9=45
6*6=36  6*7=42  6*8=48  6*9=54
7*7=49  7*8=56  7*9=63
8*8=64  8*9=72
9*9=81
```

运行结果 2.9

结果分析：运行结果 2.9 在运行结果 2.8 的基础上输出了每行需要显示的乘法式，但每行的起始输出位置不正确，需要在每行输出乘法式之前输出一定数量的空格。

如何输出这些空格呢？

如果以一列的宽度 7 个字符作为单位，7 个空格构成一组，那么不难得出如下规律：

第 1 行需要输出 0 组空格。

……

第 i 行需要输出 i-1 组空格。

……

第 9 行需要输出 8 组空格。

要实现此规律，只需要在第 i 行输出前，先输出 i-1 组空格即可。代码如程序 2.44 所示，结果如运行结果 2.10 所示。

```
#include <stdio.h>

int main( ){
    int i,j;

    for( i=1 ; i<=9 ; i++ ) {
        for( j=1 ; j<i ; j++ )
            printf("       ");

        for( j=i ; j<=9 ; j++ )
            printf("%d*%d=%-3d",i,j,i*j);
        printf("\n");
    }

    return 0;
}
```

此 for 循环的循环次数与外层 for 循环的循环变量是关联的。
输出第 1 行时，j 从 1 递增 0，输出 0 组空格。
输出第 2 行时，j 从 1 递增 1，输出 1 组空格。
输出第 3 行时，j 从 1 递增 2，输出 2 组空格。
……
输出第 9 行时，j 从 1 递增 8，输出 8 组空格。

此处双引号运行结果为一组空格，即7个空格。

注意这两个 for 循环都同在外层 for 循环之内，这两个 for 循环与外层 for 循环之间是“嵌套”关系。这意味着，外循环每执行一次，内层的两个 for 循环将从头至尾执行完其全部循环。
这两个 for 循环之间是“串联”关系，这意味着只有当前一个 for 循环结束后，才执行下一个 for 循环。

程序 2.44

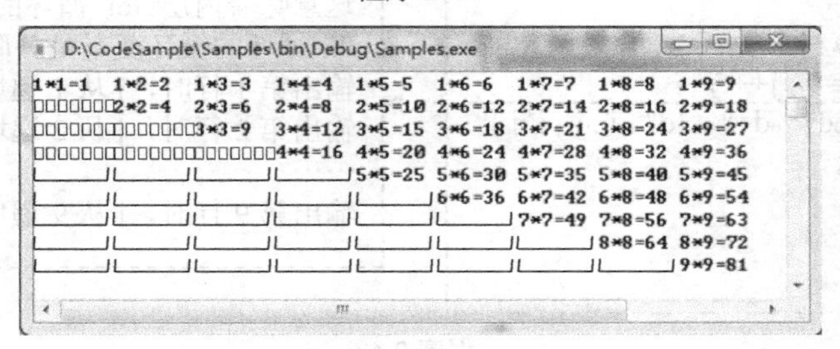

运行结果 2.10

为了使乘法式向右靠，必须在其前面输出空格字符，紧接这些空格字符之后再输出乘法式，这样才能达到目的。这些空白位置其实是输出了空格字符（用“□”表示），每 7 个空格为一组，第 1 行前有 0 组空格，第 2 行前有 1 组空格，以此类推。

至此，对于 n=9 的情形就已经完成了。但是任务要求对输入的 n，输出 n*n 的乘法表，而不是全部九九乘法表。

分析程序 2.44 不难得出，只需修改两处代码，以便程序能根据输入的 n 确定乘法表中的行数和列数即可。代码如程序 2.45 所示，结果如运行结果 2.11 所示。

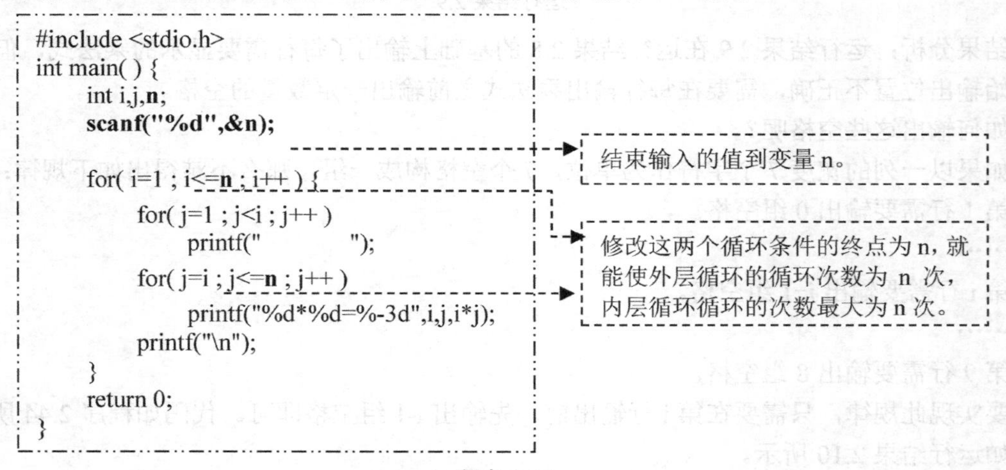
```
#include <stdio.h>
int main( ) {
    int i,j,n;
    scanf("%d",&n);
    for( i=1 ; i<=n ; i++ ) {
        for( j=1 ; j<i ; j++ )
            printf("       ");
        for( j=i ; j<=n ; j++ )
            printf("%d*%d=%-3d",i,j,i*j);
        printf("\n");
    }
    return 0;
}
```


程序 2.45

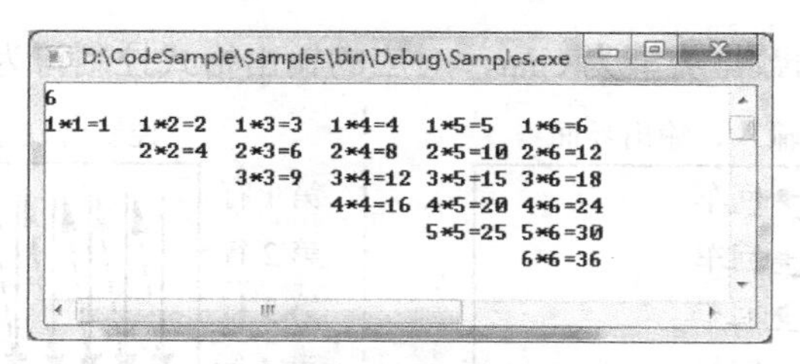

运行结果 2.11

至此，本编程任务全部完成。

思考题：乘法表还可用如程序 2.46 所示代码实现，请阅读程序并说明代码的含义。

```
#include <stdio.h>
int main( ) {
    int i,j,n;
    scanf("%d",&n);
    for(i=1; i<=n; i++) {
        for(j=1;j<=n;j++) {
            if(i>j)
                printf("       "); //输出 7 个空格
            else
                printf("%d*%d=%-3d",i,j,i*j);
        }
        printf("\n");
    }
    return 0;
}
```

程序 2.46

2.3.3　双重循环与多重循环

在很多实际任务中需要用到双重循环以及 3 重以上的多重循环。2 重以上的循环在实际设计时必须明确每一重循环所完成的功能，逐层分析循环是否满足了应用问题的需要。

编程任务 2.20：实心矩形图案

任务描述：输出由指定字符构成的 m 行 n 列实心矩形图案。

输入：输入数据有 2 行，第 1 行包含 2 个整数 n（1≤n, m≤50），以及指定字符。

输出：输出由特定字符 c 构成的 m 行 n 列实心矩形图案。

输入举例：

3 6 &

输出举例：

&&&&&&

&&&&&&

&&&&&&

分析：本任务可用双重的 for 循环实现。外层控制行数，从上往下依次输出第 1 行、第 2 行、…、第 m 行，内层循环实现输出具体的某一行。

请注意，在控制台的字符输入、输出界面下，输出位置不能随意定位，必须遵守如图 2.36

所示约定。存放单字符的数据类型为 char，对应的输出格式控制符为%c。

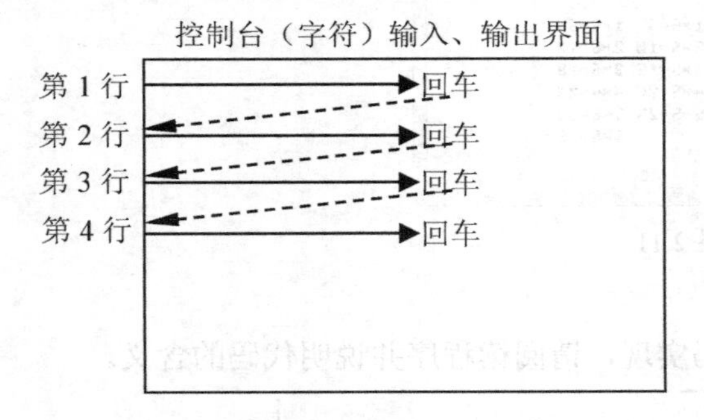

正确的输出路径

在控制台字符界面环境下，输出位置的控制只能从左往右、从上往下顺序输出。输出位置不能任意跳转。

行前的空白可以是跳格也可以是空格。需要换行时，输出回车换行符。

在此输出环境下，任何字符图案的输出必须转换成按从上到下、从左到右的顺序输出。

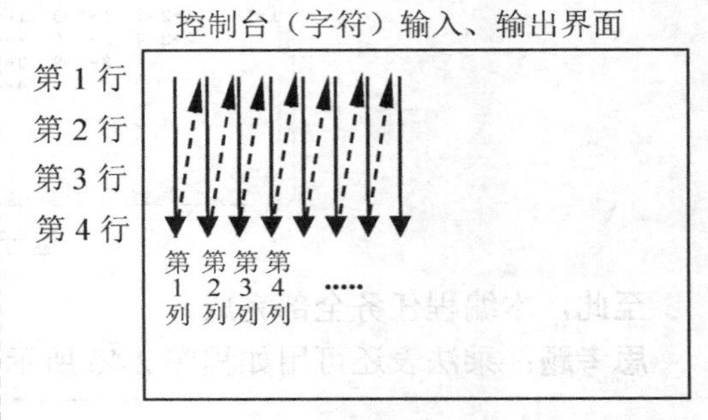

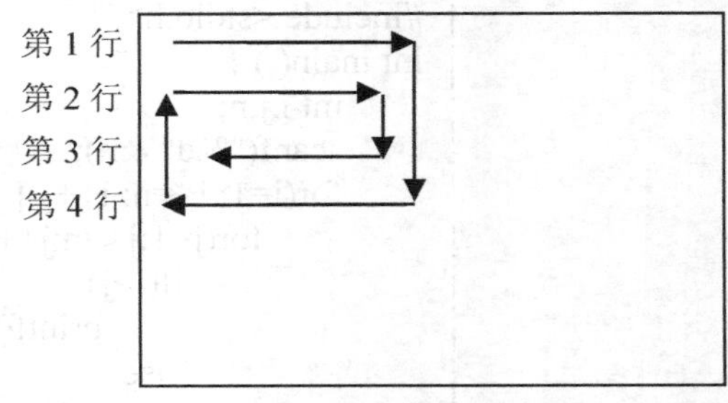

不正确的输出路径举例

图 2.36 控制台输出结果与输出路径分析

根据以上输出规律，不难得到本编程任务的代码，如程序 2.47 所示。

```
#include <stdio.h>
int main( ){
    int i,j,m,n;
    char ch;
    scanf("%d %d %c",&m,&n,&ch);
    for(i=0;i<m;i++) {
        for(j=0;j<n;j++)
            printf("%c",ch);
        printf("\n");
    }
    return 0;
}
```

当外层循环变量 i=0 时，内层循环变量 j 分别取 j=0, j=1, j=2,⋯, j=n-1，共循环 n 次，这样，就输出了第 1 行。当外层循环变量 i=1 时，内层循环变量 j 再次取 0,1,2,⋯,n-1，完成了第 2 行的输出，以此类推，输出以下各行。

每输出一行，在行的末尾输出一个回车。注意，本行语句属于外循环的循环体，不属于内循环的循环体。因为内层 for 循环的循环体只有一个语句，所以可以省略其循环体的“{ }”。但是外层 for 循环体的左右花括号不能省略。

程序 2.47

编程任务 2.21：游乐园的收入

任务描述：大家欢游乐园公司的财务部每天都需要计算当天的营业总收入。该游乐园分别设有若干个游乐项目，全部项目的当天收入就是游乐园的日收入。财务部的工作非常多，希望能编程实现日收入的计算。

输入：第 1 行包含 1 个整数 n(1≤n≤100)，表示共有 n 天的收入数据。对于每天的收入数据分 2 行。第 1 行包含 1 个整数 k(1≤k≤50)，表示当天有 k 个游乐项目，接下来的一行中有 k 个整数表示每个项目的当日收入。

输出：分别求出每天游乐园的日收入。每个日收入的输出单独占一行。

输入举例：

3

4

300 200 280 100

5

280 170 400 200 50

2

65 73

输出举例：

880

1100

138

分析：为了实现求得每日总收入，只需将当日所有收入累加起来即可，利用循环语句来实现。对于每个测试用例都要进行相同的运算，因此每个测试用例对应外层循环的一次循环，求每日总收入的循环为内循环。因此，程序的总体逻辑是双重循环。代码如程序 2.48 所示。

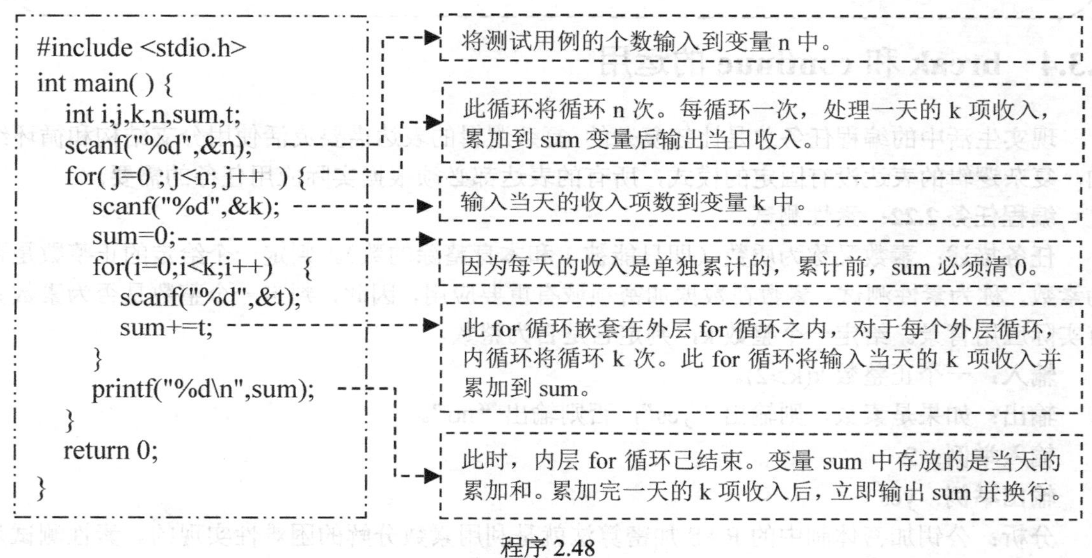

程序 2.48

以上程序中，关于“+=”之类的复合赋值运算符的说明如表 2.7 所示。

表 2.7　C 语言的复合赋值运算符

运 算 符	举 例	等 价 形 式	备 注
+=	a+=10	a=a+10	
−=	a−=b+c	a=a−(b+c)	注意不等价于 a=a−b+c
*=	a*=b/2	a=a*(b/2)	注意不等价于 a=a*b/2
/=	a/=10	a=a/10	
%=	a%=b−c	a=a%(b−c)	注意不等价于 a=a%(b−c)

思考题：在编程任务中，如果需要计算的是游乐园的所有营业日的所有项目的总收入，应该如何实现呢？

编程提示：

通常不要在循环体内修改循环变量，以防止循环次数失控。例如，多重循环时，如果内层循环与外层循环使用相同的循环变量，则会出现如下循环次数紊乱的状况。

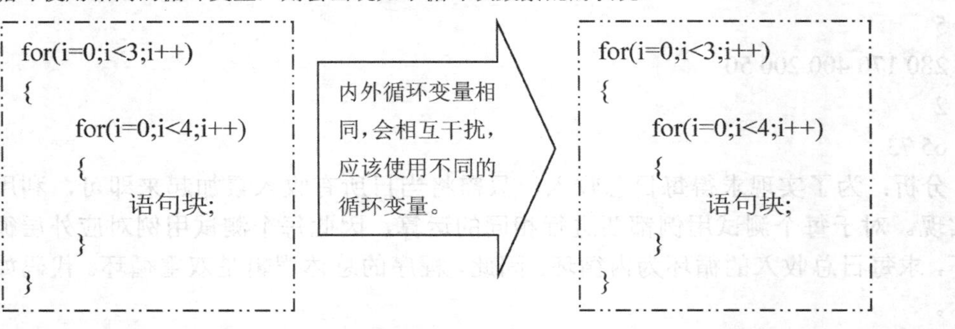

2.3.4 break 和 continue 的运用

现实生活中的编程任务总是比较复杂的，复杂逻辑的表达需要灵活使用分支结构和循环结构。复杂逻辑的表达没有固定的模式，所有的表达都必须根据实际应用任务的需要。

编程任务 2.22： 素性测试

任务描述： 素数又称为质数（即只能被 1 和本身整除的数）。判定一个给定的正整数是否为素数，称为素性测试。素数在数据加密领域有重要应用，因此，判定一个整数是否为素数具有实际应用背景。给定一个整数 k，判定它是否为整数。

输入： 一个正整数 k(k≥2)。

输出： 如果是素数，则输出“yes”，否则输出“no”。

输入举例： 2

输出举例： yes

分析： 公钥加密体制中的 RAS 加密算法就是利用素数分解的困难性实现的。素性测试是该算法中的重要部分。RSA 具体算法和实现可参考计算机密码学相关资料。

根据素数的定义，整数 k“能被 1 整除并且能被 k 整除”很容易用 C 语言表达成“k%1==0 && k%k==0”，但是，这个条件表达式的结果是“永真”的，也就是说，不管 k 取何值这个条件永远为真。此外，定义中还有一个很重要的逻辑“只能”没有表达出来。因此必须将定义进行转换，考虑该定义的等价形式“从 2～k-1 的每个整数都不能整除 k，则 k 为素数”。显然，只需穷举 2～k-1 的每个整数与 k 的整除情况。在此试除的过程中，如果某个数能够整除 k，那么就没有必要继续试除了，此时可以断定 k 为“不是素数”。反之，如果每个数都不能整除 k，则 k 必为“素数“。其逻辑分析如图 2.37 所示。

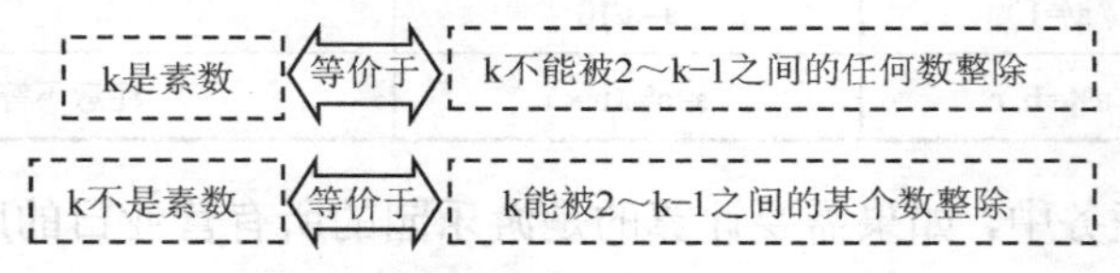

图 2.37 判断是否为素数的逻辑分析

例如，如果 k 的值为 9，那么首先用 2 试除 9，因为 9 不能整除 2，则继续用 3 试除 9，此时 3 能整除 9，此时循环无须继续。

如何运用 for 循环表达这种逻辑呢？在此提供 3 种算法。

第 1 种算法：计数整除次数法。根据素数的定义“只能被 1 和本身整除”，可利用循环计数 k 能整除 2～k-1 之间整数的次数来判断 k 是否为素数。

第 2 种算法：标志法。标志法有两种实现方式。

（1）间接标志法。在此以 break 语句和是否到达循环终点作为是否为素数的标志。将 n 试除 2～n-1 之间的每个整数，如果发现 n 能整除某个整数则结束循环。然后判断循环是正常结束还是中途跳出，如果是正常结束则为素数，否则为合数。

（2）标志变量法。对于任何一个大于或等于 2 的正整数，它要么为素数，要么不是。因此，可以设置标志变量 flag，其取值及含义如下。

flag 的值为 1：表示到目前为止，尚未发现能被 k 整除的因子，因此“k 为素数”的假设仍然成立。

flag 的值为 0：表示到目前为止，已经发现能被 k 整除的因子，因此“k 为素数”的假设不再成立，即肯定 k 不是素数。

如果最后要得到“n 不是素数”的结论，只需在 2～k-1 之间找到一个数是 k 的因子即可，这种情况称为“一票否决”。

如果最后要得到“n 是素数”的结论，必须确保 2～k-1 之间的每个数都不是 k 的因子，换句话说，k 在素性测试过程中从来没被“一票否决”过。

因此，初始时，可将 flag 的初值设为 1，如果在测试过程中发现了某个数能整除 k，则为更正原来的假定，将 flag 的值赋为 0，并且下次循环不再继续。如果在测试过程中从来没有被“一票否决”过，则接受初始假定，即 k 为素数。

第 3 种算法：素数筛法。此方法需要用到数组，请参考“第 3 章 批量数据的存储和处理——数组”。

以下为标志法第 1 种实现方式——间接标志法。代码如程序 2.49 所示，程序与流程图如图 2.38 所示。

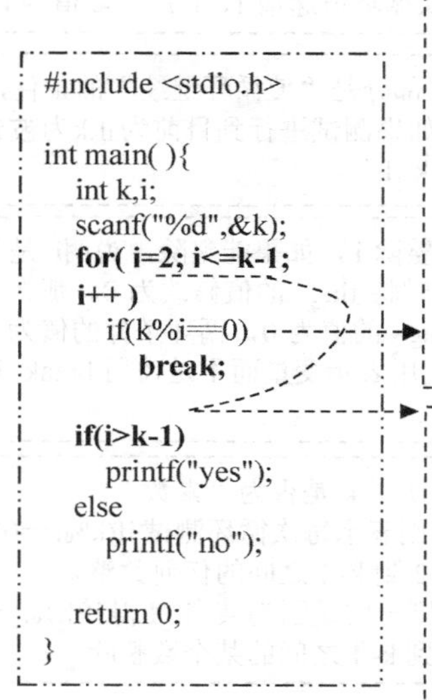

```
#include <stdio.h>

int main( ){
    int k,i;
    scanf("%d",&k);
    for( i=2; i<=k-1;
    i++ )
        if(k%i==0)
            break;

    if(i>k-1)
        printf("yes");
    else
        printf("no");

    return 0;
}
```

break 语句的作用是立即跳出循环，程序的执行点转到循环之后的语句。因此，跳出循环的可能情况有两种。

第一种情况：随着循环的进行，因为 for 循环的条件部分结果为“逻辑假”，循环因此结束，可将这种情况比喻成 for 循环的“寿终正寝”。

第二种情况：随着循环的进行，因为执行了 break 语句而立刻跳出了循环，循环当然不再继续。此时，尽管此时循环的条件部分为“逻辑真”，也会立即跳出循环，循环变量自加部分的语句也不会被再执行。这种因 break 语句退出循环的情形，可比喻成 for 循环的“中途夭折”。

break 语句用于提前结束循环，一般是因为循环过程中某种原因，循环没有必要继续时被采用。

本程序利用了 break 语句的特点，表达了所需要的逻辑。

此条件被设计成for循环条件的反条件。k是否能被某个i（2<=i<=k-1）整除的信息隐含在对这个反条件的判断中。

如果i>k-1，那么for循环一定是“寿终正寝”，这也说明，循环体中break语句没有被执行过，也就是说对于任何i都不能被k整除，因此k是素数。

反之，如果i<=k-1，那么for循环一定是“中途夭折”，这一定是因为break语句被执行了，也就是说，存在某个i能被k整除，此时k不是素数。

此程序的关键逻辑是利用循环变量i是否达到循环的终点k-1来判断k是否是素数。虽然没有使用标志变量，但这个判断所表达的信息相当于前例中flag标志变量的作用。

程序 2.49

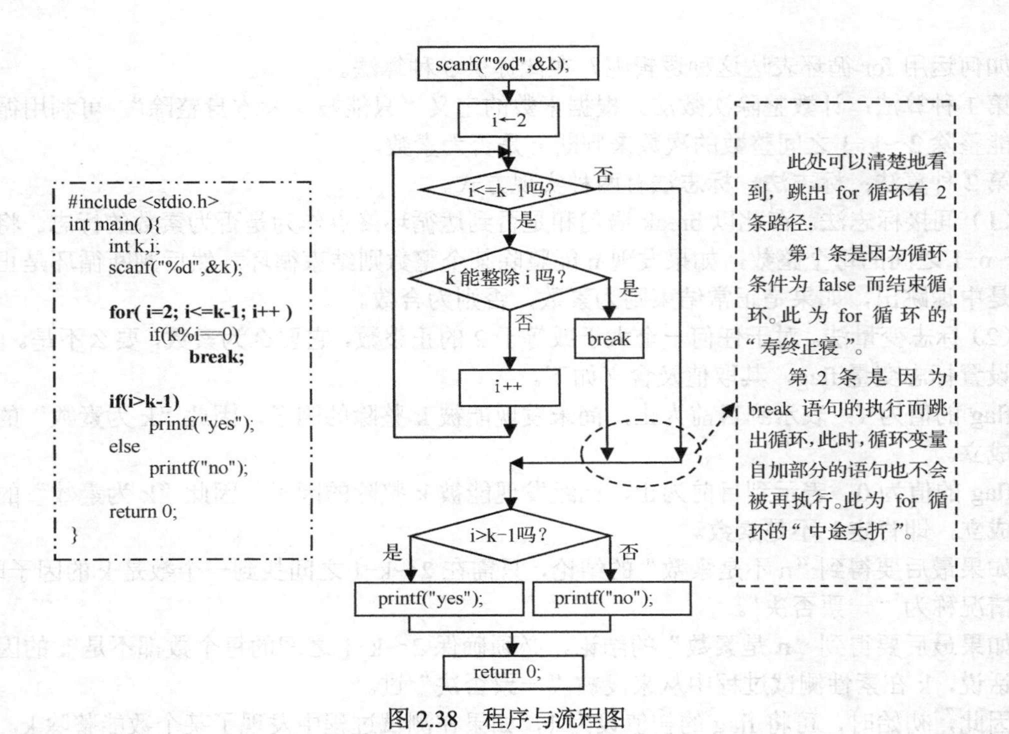

图 2.38　程序与流程图

以下为标志法第 2 种实现方式——标志变量法，代码如程序 2.50 所示，程序与流程图如图 2.39 所示。

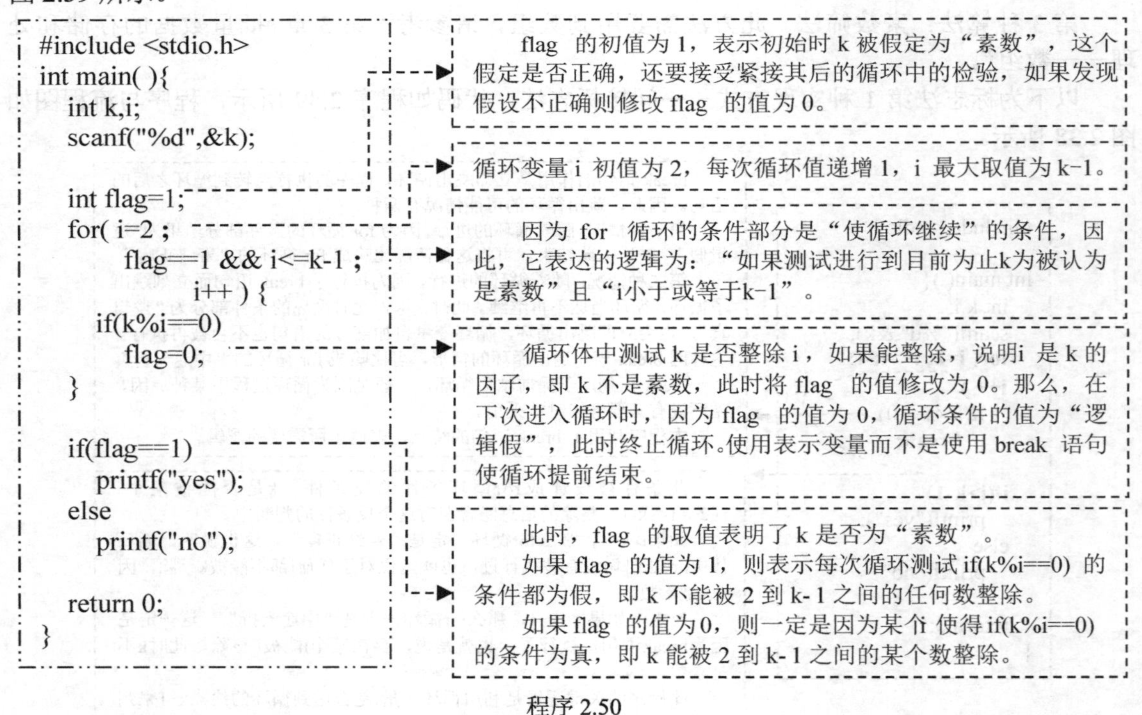

程序 2.50

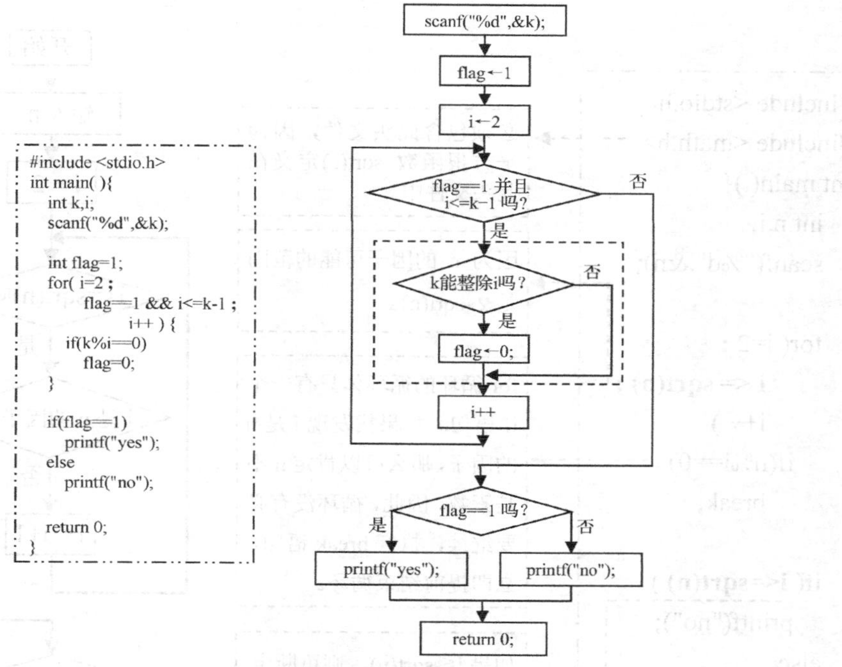

图 2.39　程序与流程图

完成同样的任务或功能，如果能提高程序的运行速度，也就是说如果能减少循环的次数，就能提高程序的运行效率。下面我们对本编程任务进行分析。

程序改进 1：程序 2.49、程序 2.50 的循环终点 i<=k-1 可以改进，以减少循环次数。通过对以上求解素数过程的分析容易得到：对于给定的待测素性的整数 n，如果 n 为素数，那么循环的次数为 n-1 次。事实上，由于 2～n 中某些数之后的数就不再可能是 n 的因子，因此就没有必要循环地一一试除，循环的次数可以大大减少。

例如，对于素数 n=17 来说，如果 2～4 之间没有发现 17 的因子，那么 5～16 之间就不可能存在 17 的因子。反证法：如果此时 5～16 之间存在 17 的因子 x，那么一定有 y*x=n=17，其中，y 必满足 y≤x，因为如果 y>x 那么要至少取到 6，x 至少取到 5，那么 y*x 至少取到 30，而 n=17，矛盾，所以假设不成立。

定理：对于待测试素性的整数 n，如果在 2～sqrt(n)之间不存在 n 的因子，那么 n 是素数。如果 n 是合数，那么必定在 2～sqrt(n)之间存在 n 的因子。在此略去证明。

根据以上结论，程序只需考虑从 2～sqrt(n)之间的是否存在因子即可判断 n 的素性。在程序 2.49 的基础上，改进后的代码及流程图如程序 2.51 所示。

> **小提示：**
>
> 循环的正常结束：可认为是循环的“寿终正寝”，因为循环的结束是因为循环的条件部分不满足，也就是正常地到达了循环的终点。
>
> 循环从 break 结束：可认为是循环的“中途夭折”，因为循环结束不是因为循环的条件部分不满足，而是因为执行 break 语句使循环结束。
>
> 循环中 continue 被执行：可认为是循环体的“偷工减料”，因为循环体中某些语句在某次循环中被跳过，直接进入下一次循环。

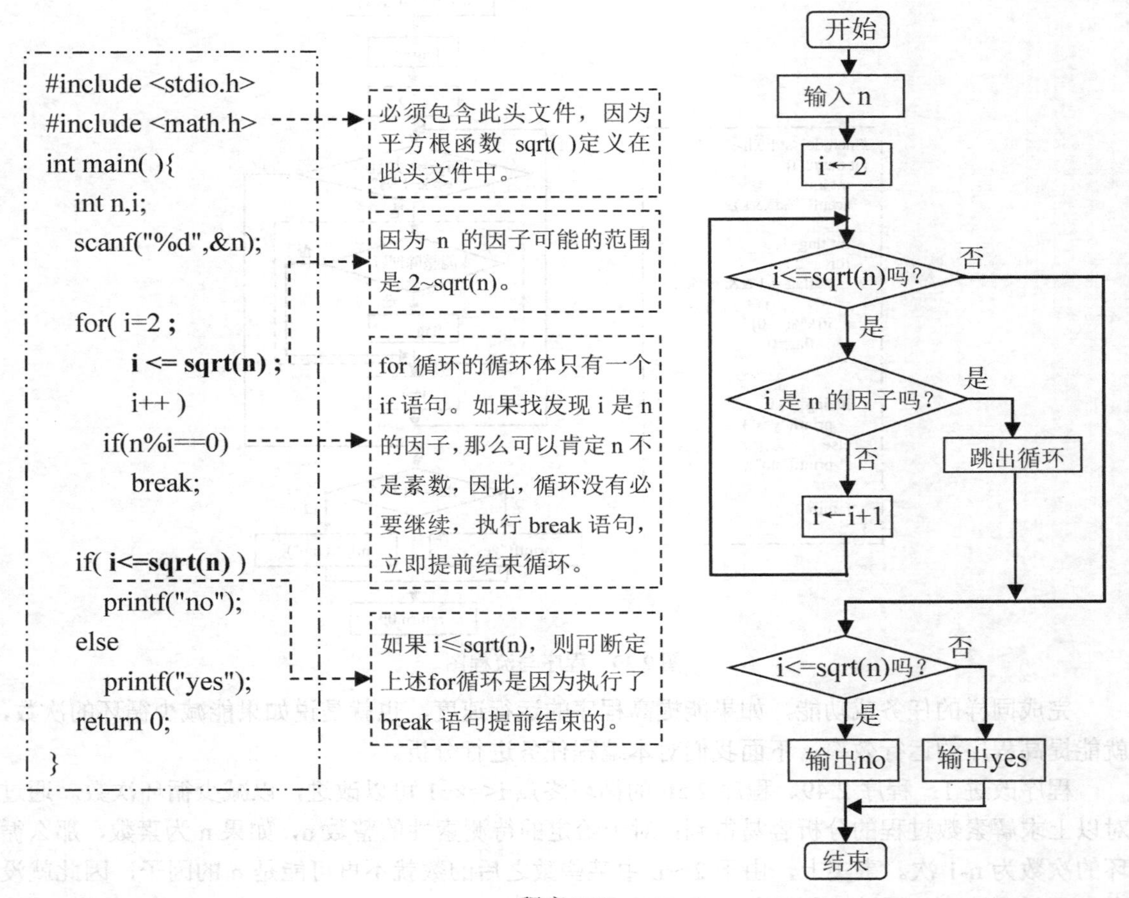

程序 2.51

程序改进 2：程序 2.51 的运行性能仍可改进。从此程序流程图可以看出，sqrt(n)利用数学库函数对 n 求平方根。因为 sqrt(n)求 n 的平方根的过程是一个比较复杂的计算过程，这个过程需要耗费一定的时间。而上述程序中每次在循环中判断 i<=sqrt(n)这个条件时，就需要重新调用 sqrt( )函数计算一次 n 的平方根，每循环一次就计算一次，这样反反复复计算 n 的平方根耗费了很多的 CPU 时间。事实上，这个 n 的平方根在整个循环中都是不变的，只需要计算一次就够了，下次循环时直接读取 sqrt(n)的计算结果即可。在程序 2.51 的基础上，改进后的代码及其流程图如程序 2.52 所示。

编程任务 2.23：已知三边求三角形面积（多测试用例）

任务描述：已知三角形的 3 条边长 a、b、c，求三角形的面积。

输入：第一行包含一个正整数 k（0<k<100），表示有 k 组测试数据；接下来 k 行，每行包含正整数 a、b、c。

输出：对每个测试用例，输出其面积，并单独占一行。结果保留 4 位小数。如果三边不能构成三角形，则输出-1。如果两边之和等于第三边也认为不能构成三角形。

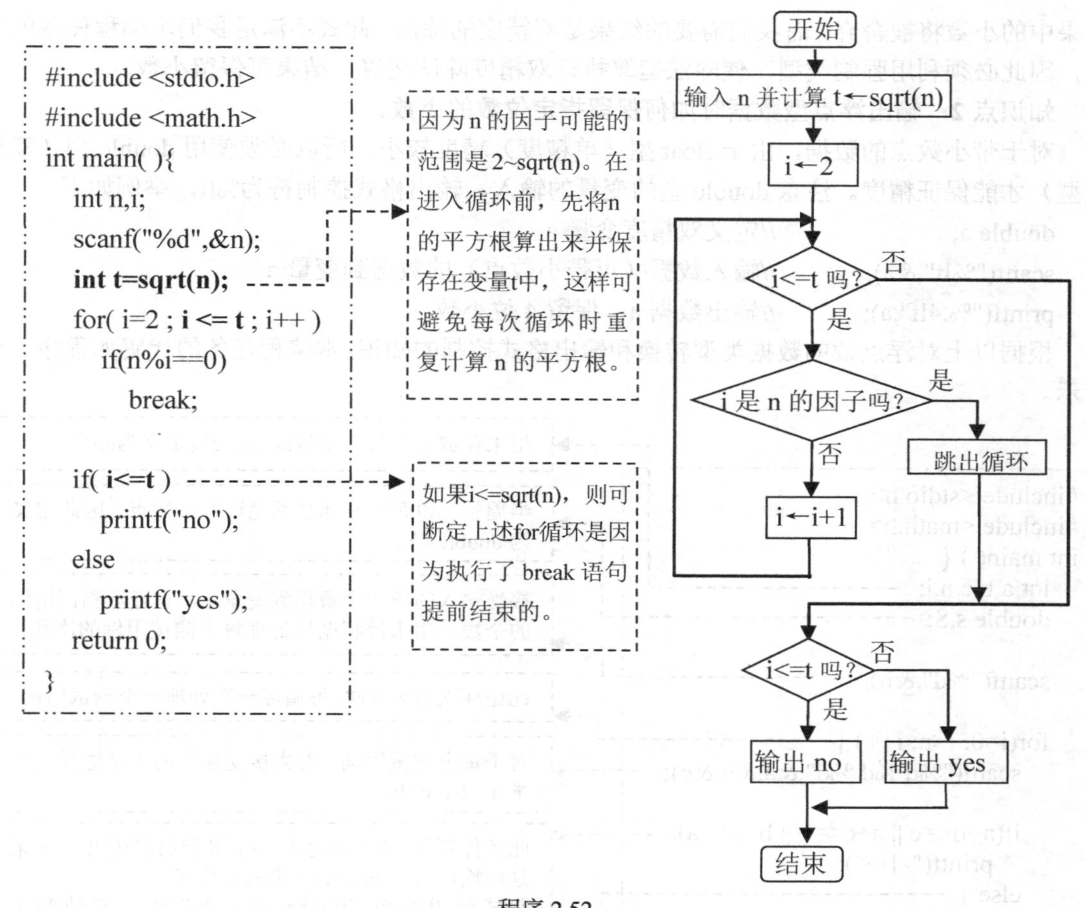

程序 2.52

输入举例：	**输出举例：**
4	6.0000
3 4 5	9.9216
4 5 6	−1
2 3 7	−1
7 8 15	

分析：注意到本编程任务与“求三角形面积（3）”的区别：本问题的输入数据为整数，可定义int整型变量a、b、c存放输入的3条边的值。当然，也可以定义3个double型变量a、b、c。

知识点1：数据类型转换问题。

本例中采用int型变量。此时必须特别注意数据类型转换的问题。

因为变量a、b、c是int型变量时，公式s=(a+b+c)/2中加法“+”和除法“/”运算的数据类型隐含的双精度型。因此，在此编程任务此公式的表达应该写成：

s=(a+b+c)/2.0 ;　　或者　　s=(a+b+c)/(double)(2) ;

不能写成：　s=(a+b+c)/2;

因为以上C语言表达式中参与加法运算变量a、b、c的数据类型为int型，那么其结果也是int型，再执行除法运算时，常数2被认为是int型，因此执行除法实质上是整数的除法，结果中的小数将被舍弃，而我们需要的结果是双精度的除法，此式不满足我们本编程任务的要求，因此必须利用强制类型，使除法运算执行双精度除法运算，结果可保留小数。

知识点 2：输出浮点型数据时如何保留指定位数的小数。

对于带小数点的数据，由于 float 型（单精度）精度较小，所以必须使用 double 型（双精度型）才能保证精度。注意 double 型的变量的输入、输出格式控制符为%lf，举例如下：

```
double a;                    //定义双精度变量 a
scanf("%lf",&a);             //输入数据（可带小数点）的数据到变量 a
printf("%.4lf",a);           //输出数据 a，保留 4 位小数
```

根据以上对浮点数的数据类型转换和输出格式控制的知识，本编程任务的代码如程序 2.53 所示。

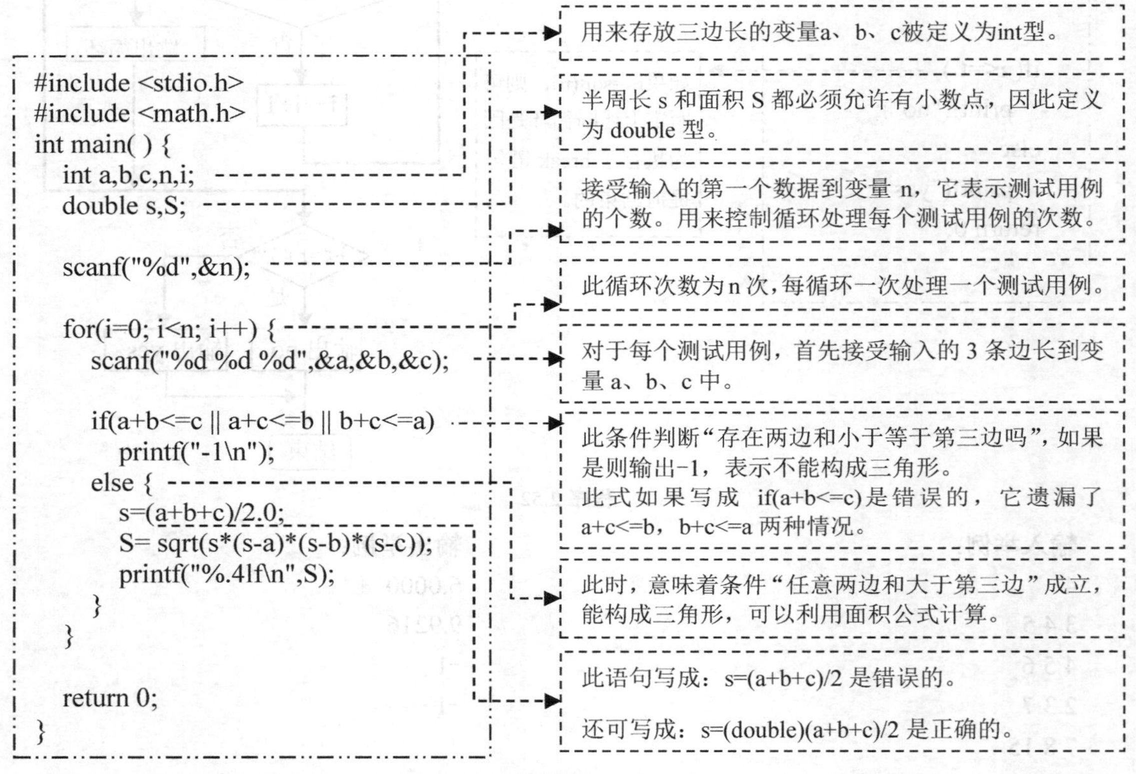

程序 2.53

在以上程序中，当不构成三角形时，if 分支条件满足，进入此分支，输出-1，进入下次循环，处理下一个测试用例。

如果构成三角形，则会进入 else 分支，输出正常三角形的面积，处理完毕则进入下一次循环，处理下一个测试用例。

关于数据类型转换：因为 a、b、c 变量被定义为整数，但边长的一半可能会有小数出现，因此应定义变量 s 为浮点型。

程序 2.53 的逻辑也可利用 continue 语句实现，只需在此代码的基础上稍加修改即可，修改后的代码如程序 2.54 所示。

```c
#include <stdio.h>
#include <math.h>
int main( ){
    int a,b,c,n,i;
    double s,S;

    scanf("%d",&n);

    for(i=0; i<n; i++) {
        scanf("%d %d %d",&a,&b,&c);

        if(a+b<=c || a+c<=b || b+c<=a) {
            printf("-1\n");
            continue;
        }

        s=(a+b+c)/2.0;
        S= sqrt(s*(s-a)*(s-b)*(s-c));
        printf("%.4lf\n",S);

    }
    return 0;
}
```

此 if( )语句 else 分支被去掉。根据 continue 语句的作用，如果满足条件则跳过本次循环体中的语句。因此本 if 结构与以前程序代码中的 if-else 结构效果相同。

如果将此语句块写成如下形式，也是正确的。只是没有充分利用 continue 语句的特性。

```c
if(a+b<=c || a+c<=b || b+c<=a) {
    printf("-1\n");
    continue;
} else {
    s=(a+b+c)/2.0;
    S= sqrt(s*(s-a)*(s-b)*(s-c));
    printf("%.4lf\n",S);
}
```

程序 2.54

在程序 2.54 中，当不构成三角形时，if 分支条件满足，进入此分支，输出-1，在执行 continue 语句，其效果是跳过 if 分支之后语句（此处有 3 行），进入下次循环，处理下一个测试用例。

如果构成三角形，则不会进入 if 分支，if 结构之后的 3 行语句将得到执行，其效果是计算并输出正常三角形的面积，处理完毕后，进入下次循环，处理下一个测试用例。

为了测试程序的正确性，设计了 8 个具有代表性的测试用例对程序进行运行测试，结果全部正确，如运行结果 2.12 所示。

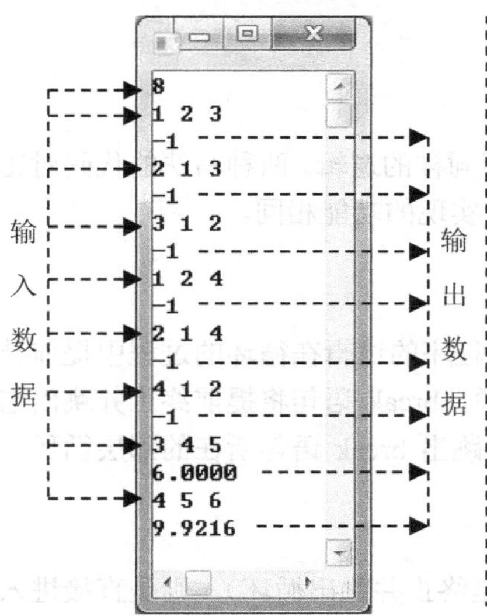

这次测试有 8 组数组。请注意，在程序运行后，每当输入一组数据，然后回车后，发现结果马上输出来了。这样，当输完多组数据后，发现输入和输出结果交错出现在屏幕上，而不是全部让所有输入全部输入完毕后再输出，你可能会担心这样的程序是否不正确。

回答是不用担心，这样的程序完全正确。理由如下：

虽然在屏幕上看上去输入和输出是交错的，但实际上对于程序来说，输入和输出是完全分开的，不会混淆。

当然，也可将程序设计为实现先接受所有输入，然后依次输出结果。为了实现此效果，首先，对每个测试用例进行结算，然后，将结果保存到**数组**（参见下章）保存，最后，依次输出每个测试用例的结果。这样做其实没有必要。代码如程序2. 55 所示。

运行结果 2.12

设计适当的测试用例，以便充分测试程序的每个分支和每个条件，确保程序对于所有情况不重复、无遗漏并且正确地进行了处理。这也是程序设计中一项十分重要的工作，应该引起读者的足够重视。没有经过严格测试的程序或软件可能会漏洞百出。

如程序 2.55 所示，程序的运行效果是在屏幕上看到先显示全部输入然后显示全部输出。程序中加粗部分为与以上程序代码不同之处。此程序代码涉及的数组知识将在第 3 章中详细讲解。

```
#include <stdio.h>
#include <math.h>
int main( ){
    int a,b,c,n,i;
    double s,S,result[100];
    scanf("%d",&n);

    for(i=0; i<n; i++) {
        scanf("%d %d %d",&a,&b,&c);
        if(a+b<=c || a+c<=b || b+c<=a) {
            result[i]=-1;
            continue;
        }
        s=(a+b+c)/2.0;
        S= sqrt(s*(s-a)*(s-b)*(s-c));
        result[i]=S;
    }

    for(i=0;i<n;i++){
        if(result[i]==-1)
            printf("-1\n");
        else
            printf("%.4lf\n",result[i]);
    }
    return 0;
}
```

运行结果

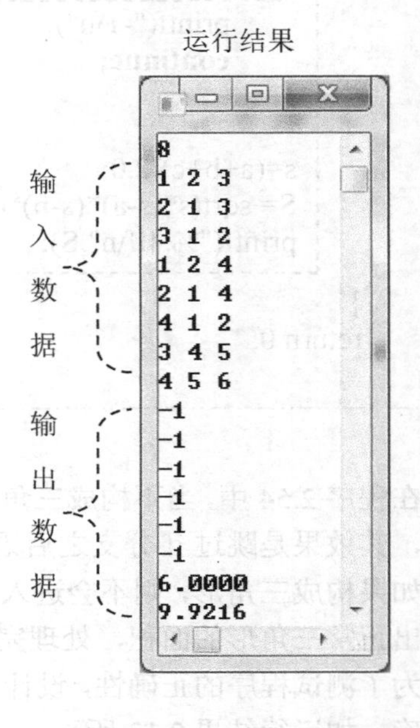

程序 2.55

当然，程序中不用 continue 语句而用 if-else 语句能实现同样的逻辑。两种写法的代码对比如图 2.40 所示。其中，用 while 循环代替了之前 for 循环，实现的功能相同。

break 和 continue 的用法小结。

（1）break 的用法。

一般情况下，循环的终点由循环变量控制，但如果应用程序的逻辑在循环的过程中提前结束循环的话，则可以使用 break 语句实现此目的。也就是说，break 语句将提前终止并跳出它所在的循环。注意，在嵌套的循环结构中，break 语句只能跳出 break 语句所在的那层循环，而不是跳出到最外层循环之外，如图 2.41 所示。

（2）continue 的用法。

如果应用程序的逻辑要求提前结束本次循环（注意不是终止并跳出循环），则是直接进入下次循环，而不是直接终止循环，如图 2.42 所示。

```c
#include <stdio.h>
#include <math.h>
int main( ) {
    int n,a,b,c;
    double s,area;
    scanf("%d",&n);
    while(n--) {
        scanf("%d%d%d",&a,&b,&c);
        if(a+b<=c || a+c<=b || b+c<=a) {
            printf("-1\n");
            continue;
        }
        s=(a+b+c)/2.0;
        area=sqrt(s*(s-a)*(s-b)*(s-c));
        printf("%.4lf\n",area);
    }
    return 0;
}
```

此 3 行语句处于 if 结构之后，不属于 if 分支结构。

```c
#include <stdio.h>
#include <math.h>
int main( ) {
    int n,a,b,c;
    double s,area;
    scanf("%d",&n);
    while(n--) {
        scanf("%d%d%d",&a,&b,&c);
        if(a+b<=c || a+c<=b || b+c<=a){
            printf("-1\n");
        }else {
            s=(a+b+c)/2.0;
            area=sqrt(s*(s-a)*(s-b)*(s-c));
            printf("%.4lf\n",area);
        }
    }
    return 0;
}
```

以下 3 行语句处于 if-else 结构的 else 分支内。

图 2.40　continue 与等价的 if-else 结构的对比

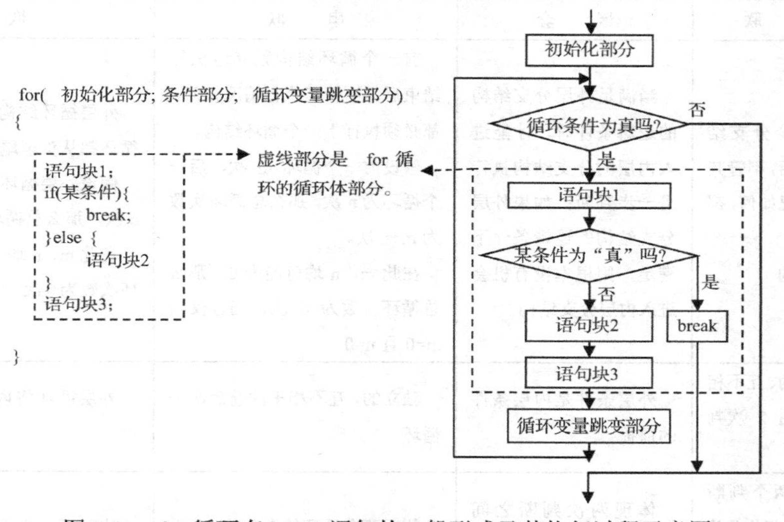

图 2.41　for 循环有 break 语句的一般形式及其执行过程示意图

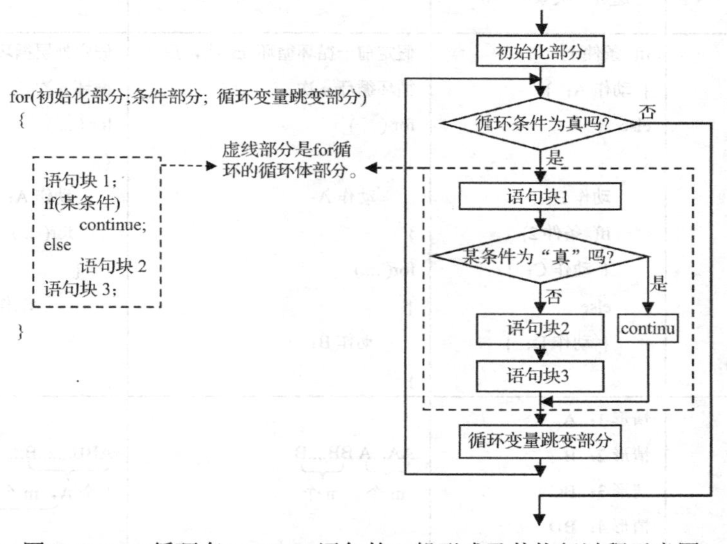

图 2.42　for 循环有 continue 语句的一般形式及其执行过程示意图

注意，被跳过的语句为循环体中 continue 语句之后的语句。循环变量的跳变部分照常执行，不会被跳过。

从理论上讲，所有能用 continue 语句实现的逻辑均可用 if-else 语句实现。程序设计者可根据需要决定采用哪种写法。

2.3.5 分支与循环的串联和嵌套

在程序设计中，当遇到多个分支或多个循环时，它们之间究竟应该是“串联”还是“嵌套”呢？其实不难确定。其一，必须清楚地了解程序需要表达的逻辑；其二，应该对“串联”和“嵌套”的特点了如指掌，如表 2.8 所示。

表 2.8 分支与循环的串联和嵌套

	分支结构		循环结构	
	串联	嵌套	串联	嵌套
结构特点	前一个分支结构执行后，不管其执行情况如何，都必须执行下一个分支结构	当满足外层分支结构的逻辑条件时，才能进入内层的分支结构执行进一步判断；如果外层分支结构的逻辑条件不满足，则根本没有机会进入内层分支结构	前一个循环结构独立地执行结束后，不管其执行情况如何，都必须执行下一个循环结构。 假设前一个循环 m 次，后一个循环为 n 次，那么总循环次数为 m+n 次。 在此 m、n 均可能为 0。那么总循环次数为 0 次，当且仅当 m=0 且 n=0	外层循环结构每循环一次，内层循环都从头至尾循环一遍。 假设外层循环 m 次，内层循环为 n 次，那么总循环次数为 m*n 次。 在此 m、n 均可能为 0。那么总循环次数为 0 次，当且仅当 m=0 或 n=0
逻辑关系	独立的、互不相干的前后 2 次判断	外层条件是内层条件的前提	独立的、互不相干的前后两个循环	外层循环将内层循环“放大”n 倍
比喻	体现两个判断结果的“组合”关系	体现两次判断之间“递进”关系	体现两个循环的“先后”关系	体现两个循环的“倍数”关系

举例	if(条件 1)
	{ 动作 A; }
	else
	{ 动作 B; }
	
	if(条件 2)
	{ 动作 C; }
	else
	{ 动作 D; }
		if(条件 1)
		{ 动作 A; }
		else
		{
		    动作 B;
		    if(条件 2)
		    { 动作 C; }
		    else
		    { 动作 D; }
		}
			假定前一循环循环 m 次，后一循环循环 n 次。
			for (...)
			{
			    动作 A;
			}
			for(...)
			{
			    动作 B;
			}
				假定外层循环循环 m 次，内层循环循环 n 次。
				for (...)
				{
				    动作 A;
				    for(...)
				    {
				        动作 B;
				    }
				}

可能的结果	情形 1：AC 情形 2：AD 情形 3：BC 情形 4：BD	情形 1：A 情形 2：B 情形 3：BC 情形 4：BD	AA...A BB....B m 个 n 个	ABB.......B... AB.......B. 1 个 A，m 个 B 1 个 A，m 个 B m 个

2.4　其他形式分支与循环

2.4.1　switch-case 分支结构

此类分支结构适用于根据变量的取某个确定的常量值来决定是否进入某个分支，通过以下实例说明它的用法。

编程任务 2.24：超市结账台

任务描述：你在某大型超市将大大小小、林林总总的生活用品都购置齐全了，在满载而归之前，当然不能忘了结账。超市将根据你的会员等级实行优惠，VIP 会员九折，金牌会员九三折，银牌会员九五折，普通会员九八折，非会员不打折。编写一个结算程序，实现快速自动计算应付金额，结果精确到分。

输入：第 1 行有 1 个整数 n（1≤n≤1000）表示购物结账的人数。其后对于每个结账者，其中，第 1 行有 2 个整数，第 1 个整数 k（1≤k≤100）表示商品的种数，第 2 个整数表示此人的会员等级（非会员、普通会员、银牌会员、金牌会员、VIP 会员分别用 0、1、2、3、4 表示）。接下来的 k 行，每行有 2 个数据，表示所购商品的单价和数量。

输出：输出每个顾客购物的应付金额。结果保留 2 位小数。

输入举例：

```
2
2 2
69.0 4
358.78 3
1 4
491.61 2
```

输出举例：

```
1284.72
884.90
```

分析：根据本任务的描述，会员折扣如表 2.9 所示。

表 2.9　会员折扣

会员级别	非会员	普通会员	银牌会员	金牌会员	VIP 会员
会员等级	0	1	2	3	4

因为对每个顾客的计算法方法是一样的，所以可用循环实现，每循环一次处理一位顾客的数据，并立即输出该顾客的折后应付款。对于每个顾客：第 1 步，根据其会员等级确定折扣 fold 变量的值；第 2 步，计算并累加每项购物款到 sum 变量；第 3 步，输出应付款为 sum*fold。其中第 2 步和第 3 步的先后顺序可交换。

程序 2.56 展示了 switch-case 语句的用法。

switch-case 是多分支跳转结构，它能实现根据表达式或变量的值直接跳转到指定的分支，其语法结构及流程图如图 2.43 所示。

```
#include <stdio.h>

int main( ){
    int pn,amount,i,n,grade;
    double sum,price;
    double fold; //存放某个顾客享受的折扣

    scanf("%d",&pn); //从键盘输入顾客人数
    while(pn--) { //对每个顾客循环一次
      scanf("%d%d",&n,&grade);
      switch(grade) {
        case 0:      //顾客不是会员
          fold=1.0;        //无折扣
          break;
        case 1:      //顾客是普通会员
          fold=0.98;    //享受九八折
          break;
        case 2:      //顾客是银牌会员
          fold=0.95;    //享受九五折
          break;
        case 3:      //顾客是金牌会员
          fold=0.93;    //享受九三折
          break;
        default:
          fold=0.90;//VIP 享受九折
      }

      sum=0.0;
      for(i=0;i<n;i++)     { //按项计价并累加
        scanf("%lf%d",&price,&amount);
        sum+=price*amount;
      }

      printf("%.2lf\n",sum*fold);
    }

    return 0;
}
```

顾客人数 pn、物品件数 amount、循环变量 i、商品种数 n、会员等级 grade 这些变量都是整数类型。

因为价格和总金额应是允许有小数部分的，所以要定义为浮点型，浮点型有两种数据类型可供选择：float 型和 double 型。double 型能支持 17 位有效数字，而 float 型只支持 7 位有效数字。特别注意，这些不能定义为 int 型，因为 int 型不能表示小数。

输入某个顾客购物的件数和等级。

这是典型的 switch-case 结构。**该结构只适用于条件变量取值为可列举的数个常量值的情况，只允许有两种值：整数值或字符值**。例如，此处的 grade 变量表示会员的等级，只可能取值：0、1、2、3、4 这 5 种情况。

请注意，每个 case 分支的最后一条语句都有 break 语句，这并非语法要求，而是本任务逻辑表达的需要。此处的 break 语句的作用与循环语句中的 break 意义类似，“跳出”本 switch-case 结构。

如果不写 break 语句，那么程序将继续顺序执行其后 case 分支中的语句，直到遇到 break 或 switch-case 结构结束处才会跳出 switch-case 结构。显然，如此逻辑并非本任务所要表达的逻辑。

default 分支表示：如果都不满足以上 case 条件值，则进入此分支。相当于 if 语句中的 else 分支。根据本编程任务，此时顾客一定是 VIP 会员。

因为对每个顾客需要单独累计其购物金额，因此存放购物金额的变量 sum 必须在累计每个顾客应付款之前初始化为 0。

累加每项物品的价格，此语句等价写法是：sum=sum+price*amount。“+=”是复合赋值运算符，A+=B 等价于 A=A+B。

输出该顾客打折后应付款。格式控制符%.2lf 表示输出 double 型的值并保留 2 位小数。

程序 2.56

注意，为了使执行完一个 case 分支中的语句块后立即跳出 switch-case 结构，而不再执行其后的语句，一定要在该语句块的末尾加上 break 语句。否则，程序将继续顺序执行其后所有 case 分支中的语句，这种结构表达的逻辑与前例的表达的逻辑完全不同。

如果每个 case 分支中都没有 break 语句，那么程序流程图如图 2.44 所示。

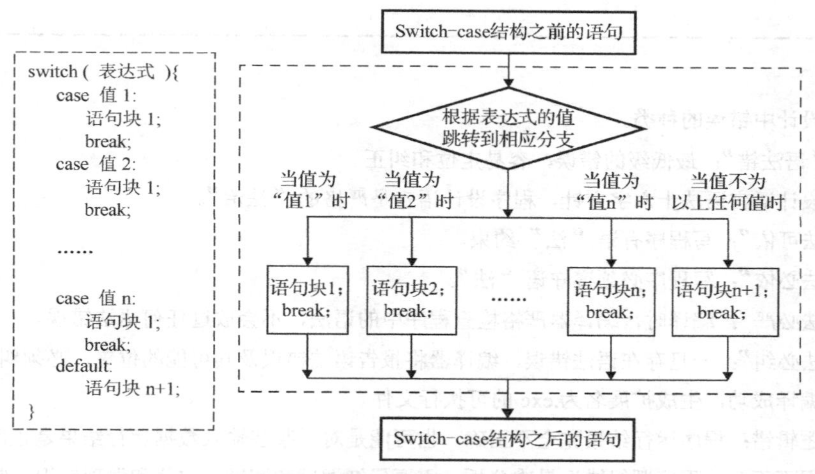

图 2.43　switch-case 结构与流程图

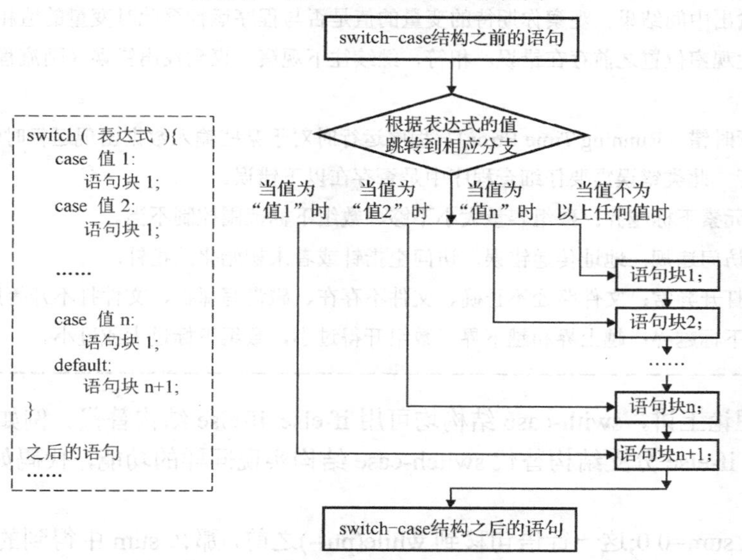

图 2.44　无 break 语句的 switch-case 结构与流程图

显然，switch-case 结构与 break 配合使用能实现多分支功能。此结构的特性类似于家用电风扇电路的"多挡开关"，如图 2.45 所示。

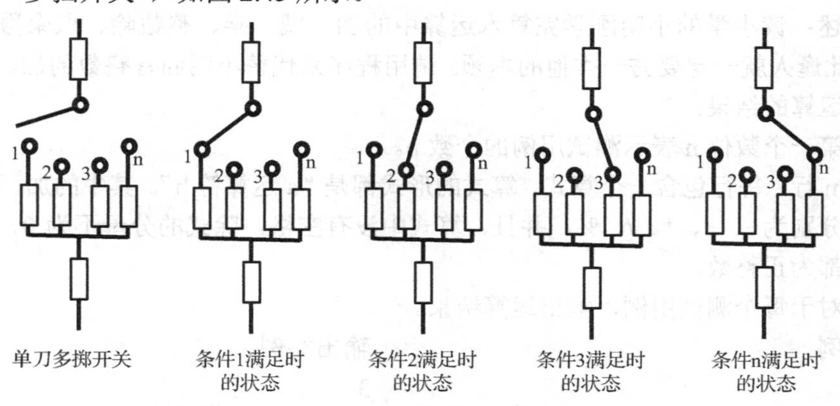

图 2.45　swith-case 结构类比"多挡开关"

小知识：

程序设计中错误的种类。

（1）“语法错”：最低级的错误，容易定位和纠正。

程序设计语言语法十六字方针，程序设计语言是严格的“法治”。

“有法可依”：写程序有语“法”约束。

“有法必依”：写程序必须遵守语“法”。

“执法必严”：编译时，编译器严格检查程序中的语法，不会放过任何语法错误。

“违法必纠”：一旦存在语法错误，编译器将报告语法错误及其可能的位置。必须纠正错误后程序才能编译成功，生成扩展名为.exe的可执行文件。

（2）逻辑错：程序运行结果完全不正确，也可能是对于某些输入数据运行结果是正确的，但对于某些数据不正确。程序逻辑错误最难分析，需要仔细调试和测试，定位和发现错误。常用手段有单步调试、输出中间结果。观察你期待的变量的值是否与程序运行至此时变量的值相符，不符，则程序代码在此观察位置之前存在错误。相符，继续往下观察，直到找出错误（画流程图表示，举例说明）。

（3）运行时错（Running Time Error）：程序运行时对于某些输入数据出现运行时错，程序将被强行终止运行。此类错误需要仔细查程序中是否存在以下错误。

① 数组元素下标越界：数组容量大小不够、数组下标范围控制不当。

② 内存访问违规：地址传递错误，访问空指针或者未初始化的指针。

③ 文件打开异常：文件路径不正确、文件不存在、磁盘写保护、文件打不开等原因。

④ 数组下标越界：越上界和越下界。数组开得过小，数组下标过大或过小。

当然，从理论上讲，swith-case结构均可用if-else if-else结构替代。例如，对于本编程任务，可用if-else if-else分支结构替代switch-case结构实现同样的功能，代码如程序2.57所示。

思考题：

（1）如果将sum=0.0;这一行语句移到while(pn--)之前，那么sum中得到的结果表示何种实际意义？

（2）如何用if-else结构实现顾客的会员享受的折扣。

编程任务2.25： 小明做算术

任务描述： 读小学的小明刚学完算术运算中的加、减、乘、整数除、取余数运算，他学得很快，因此逢人就一定要秀一秀他的本领。请用程序来代替小明回答整数的加、减、乘、除、取余数5种运算的结果。

输入： 第一个数位n表示测试用例的个数n。

其后的n行，每行包含一个算式。算式的形式都是“a运算符b”。其中的加、减、乘、除、取余运算符分别为+、−、*、/、%，并且，算式中没有空格，除式的分母不为0，取余式中的分子、分母都为正整数。

输出： 对于每个测试用例，输出运算结果。

输入举例	**输出举例**
5	3

```
1+2                                  -1
3-4                                  30
5*6                                  0
7/8                                  9
9%10
```

```
#include <stdio.h>
int main( ){
   int ps,amount,i,n,grade;
   double sum,price;
   double fold; //存放某个顾客享受的折扣

   scanf("%d",&ps); //从键盘输入顾客人数
   while(ps--) {   //对每个顾客循环一次
     scanf("%d%d",&n,&grade);

     if(grade==0)   //顾客不是会员
        fold=1.0;      //无折扣
     else if(grade==1) //顾客是普通会员
        fold=0.98;   //享受九八折
     else if(grade==2) //顾客是银牌会员
        fold=0.95;   //享受九五折
     else if(grade==3) //顾客是金牌会员
        fold=0.93;   //享受九三折
     else   //此时顾客一定是 VIP 会员
        fold=0.90;   //VIP 享受九折

     sum=0.0;
     for(i=0; i<n; i++) { //按项计价并累加
        scanf("%lf%d",&price,&amount);
        sum+=price*amount;
     }
     printf("%.2lf\n",sum*fold);
   }
   return 0;
}
```

顾客人数 ps、物品件数 amount、循环变量 i、商品种数 n、会员等级 grade 这些变量都是 int 整数型。

因为价格和总金额是允许有小数部分的，所以应定义为浮点型，浮点型有两种数据类型可供选择：float型和double型。double型能支持17位有效数字，而float型只支持7位有效数字。注意，这些变量不能定义为int型，因为int型不能表示小数。

输入某个顾客购物的件数和等级到变量 n 和变量 grade 中。

使用 if-else 结构实现：根据会员等级 grade 变量的值来确定可享受的折扣。

因为对每个顾客需要单独累计其购物金额，因此存放购物金额的变量 sum 必须在累计每个顾客应付款之前初始化为 0。

累加每项物品的价格，此语句等价写法是：sum=sum+price*amount。“+=”是复合赋值运算符，A+=B 等价于 A=A+B。

输出该顾客打折后应付款。格式控制符%.2lf 表示输出 double 型的值并保留 2 位小数。

程序 2.57

分析：对于输入的两个数值和中间的运算符，根据运算符的取值执行相应的运算，最后输出结果。代码如程序 2.58 所示。

剖析 switch-case 结构的跳转特性。

在 switch-case 语句中的“case 特定值 i:”表达的是根据“switch(表达式)”的表达式的值决定跳转的目标语句位置标号，其跳转相当于“goto 某目标语句位置标号；”的功能。

程序 2.58 中包含的 switch-case 结构使用 goto 语句实现的等价写法如程序 2.59 所示。

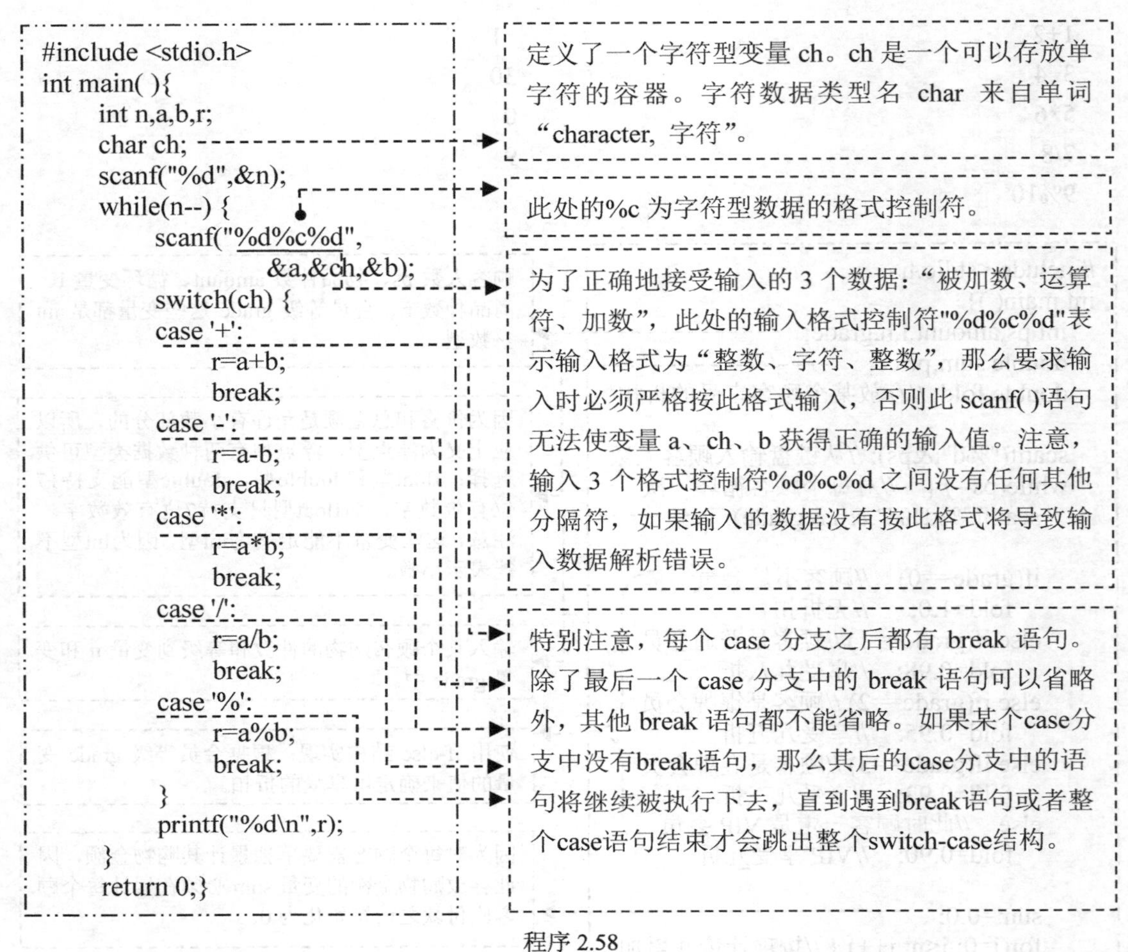

程序 2.58

switch-case 结构注意事项说明如下。

（1）switch-case 结构能够实现的逻辑一定可以用 if-else if-else 结构实现。

（2）在 if-else if-else 结构中，依次测试每个条件，如果满足则进入此条件对应的分支。但 switch-case 结构进入分支不是通过逐个地测试“表达式”的值是否等于 case 分支中的“值 1，值 2,…，值 n”中的某一个，而是根据“switch(表达式)”中表达式的值直接跳转到相应分支，然后从该分支开始一直往后顺序执行，直到遇到 break 语句或 switch-case 语句本身的末尾就会跳出 switch-case 结构。

（3）必须正确地使用 break 语句，按照你所要表达的逻辑的需要正确地跳出 switch-case 结构。

（4）如果每个分支（包括 case 分支和 default 分支）都有 break 语句，那么这些代码中分支书写顺序可任意。其原因是 switch-case 语句是根据“switch(表达式)”中表达式的值直接跳转到指定分支，而不是逐个测试每个分支的条件是否满足。

（5）表达式值必须是整数型或字符型（单个字符），不能是 double 型，更不能是字符串型。

（6）default 分支不是必需的，可以省去。

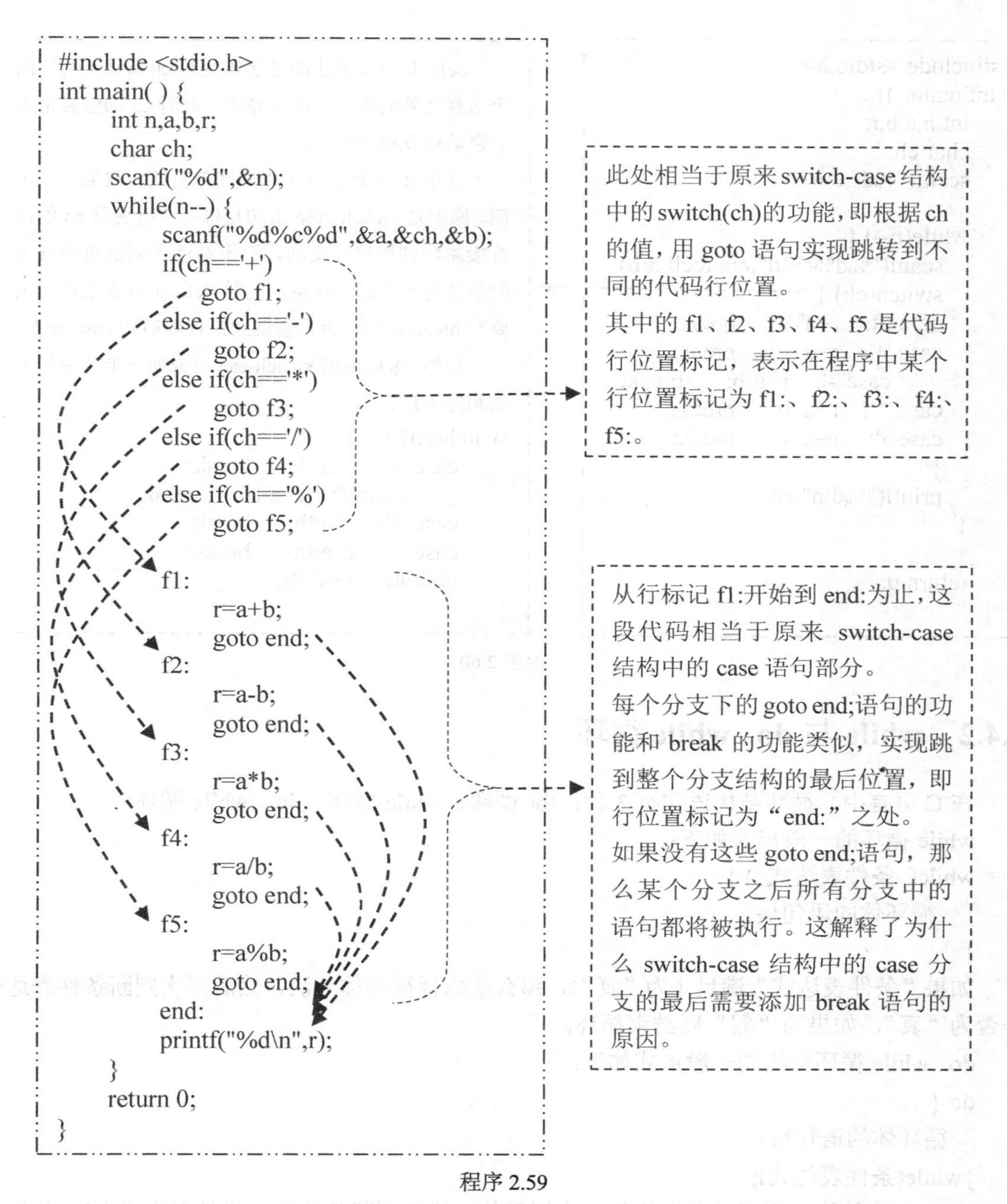

程序 2.59

（7）C 语言确实支持 goto 语句，但因它能使程序的执行从一个任意代码行跳转到另一个任意代码行，这样容易破坏结构化程序设计的要求，即“程序有三种基本结构（顺序结构、分支结构、循环结构）并且每种结构有且仅有一个入口、一个出口”，因此，不建议使用 goto 语句。

程序 2.60 展示了以上实例的 switch-case 结构的 case 分支和 default 分支的顺序可任意性。当然，在程序设计中，建议将 default 分支放在其他 case 分支之后，作为最后一个分支。

```c
#include <stdio.h>
int main( ){
    int n,a,b,r;
    char ch;
    scanf("%d",&n);

    while(n--) {
        scanf("%d%c%d",&a,&ch,&b);
        switch(ch) {
        default:   r=a%b;    break;
        case '+':   r=a+b;    break;
                case '-':   r=a-b;    break;
        case '*':   r=a*b;    break;
        case '/':   r=a/b;    break;
        }
        printf("%d\n",r);
    }

    return 0;
}
```

default 分支表达的是字符变量 ch 除“+−*/”四个运算之外的值，在此问题中，此时 ch 的值必定为取余数运算符“%”。

这个 default 分支可以写在最前面，结果仍然正确。原因是 switch-case 语句是根据字符变量 ch 的值直接跳转到指定分支的，而不是逐个测试每个分支的条件是否满足。注意，此时 defalut 分支之后一定要有 break 语句，否则会继续执行其后的 case 分支。

当然，本例中的 switch-cae 写成如下形式更加简洁和便于理解。

```c
switch(ch) {
    case '+':   r=a+b;    break;
        case '-':   r=a-b;    break;
    case '*':   r=a*b;    break;
    case '/':   r=a/b;    break;
    default:   r=a%b;
}
```

程序 2.60

2.4.2 while 与 do...while 循环

在 C 语言中，循环结构语句有 3 种：for 循环、while 循环、do…while 循环。

while 循环的一般形式如下：

```
while( 条件表达式 ) {
   循环体的语句块;
}
```

如果“条件表达式”满足（为“真”），那么就执行循环体一次，然后再次判断条件表达式是否为“真”，如果为“假”则结束循环。

do...while 循环结构的一般形式如下：

```
do {
   循环体的语句块;
}while(条件表达式);
```

do...while 结构在执行时首先执行一次循环体，然后判断条件表达式是否为“真”，如果是则继续循环，否则循环结束。

> **小提示：**
>
> for、while、do...while 这 3 种循环结构具有同等逻辑表达能力，也就是说，任何循环都可用这 3 种语句表达，三者区别仅在于程序代码的简洁性和可阅读性上的差异。
>
> 类似的情形也存在于分支结构中，if-else 结构、switch 结构、?: 结构 3 种分支结构也具有同等逻辑表达能力。在程序代码中三者可以等价替换。

以“编程任务 2.1：游乐园的收入”为例，程序 2.61 展示了 do...while 循环的用法。

```
#include <stdio.h>

int main( ) {
        int i,k,n,sum,t;
        scanf("%d",&n);
        do {
                scanf("%d",&k);
                sum=0;
                for(i=0; i<k; i++) {
                        scanf("%d",&t);
                        sum+=t;
                }
                printf("%d\n",sum);
        } while(--n) ;

        return 0;
}
```

循环结构为：do{ 循环体 }while(循环条件表达式)；。

这样改写时必须注意 while( )结构中循环体可能不被执行，但在 do-while 结构中，循环体至少被执行 1 次。在本问题中，因为 n 为正整数，因此循环体至少被执行一次，所以这样改写没有问题。

注意，本次循环条件表达式使用了前缀自减运算符。while 的条件是表达式--n，该表达式的值是执行赋值动作 n←n-1 之后的 n 值。当 n=1 时，--n 表达式的值为 0，0 表示“假”，因此此时循环结束。

根据本任务的要求，这里写成--n 正好能使循环体执行 n 次。特别注意，这个存放累加和的**变量 sum 在累加前必须赋值为 0**，并且，这个语句的位置，**必须在外循环之内、内循环之前**。因为外循环每循环一次表示输入并计算出一天的总收入，因此初始化 sum 为 0 的语句正确位置就应在外层 for 循环之内、内层 for 循环之前。

程序 2.61

程序 2.61 的另外 3 种等价写法如程序 2.62、程序 2.63、程序 2.64 所示。

```
#include <stdio.h>
int main( ) {
        int i,k,n,sum,t;
        scanf("%d",&n);
        while(n--) {
                scanf("%d",&k);
                sum=0;
                for(i=0; i<k; i++) {
                        scanf("%d",&t);
                        sum+=t;
                }
                printf("%d\n",sum);
        }
        return 0;
}
```

循环结构为：

while(循环条件表达式)

{循环体}

注意，本次循环条件表达式使用了后缀自减运算符。while 的条件是表达式 n--，该表达式的值是执行赋值动作 n←n-1 之前的 n 值。当 n=1 时， n--表达式的值为 1，此时变量 n 的值被赋值 0，但 while(n--)中的条件表达式的值为 1，表示“真”，因此循环体将执行一次。然后再次执行 while(n--)时，因为表达式 n--的 值为 0，0 表示“假”，因此此时循环结束。那么循环体执行次数也正好是 n 次。

程序 2.62

```
#include <stdio.h>
int main( ) {
        int i,j,k,n,sum,t;
        scanf("%d",&n);
        for(j=0;j<n;j++) {
                scanf("%d",&k);
                sum=0;
                for(i=0; i<k; i++) {
                        scanf("%d",&t);
                        sum+=t;
                }
                printf("%d\n",sum);
        }
        return 0;
}
```

循环结构为：

for(初始化表达式; 循环条件表达式 ；循环变量跳变表达式)

{循环体}

注意，在这种写法中，引入了一个新的循环变量 j，实现循环体被执行 n 次的功能。外层循环变量 j 与内层循环变量 i 不能是同一个变量，否则内外 2 层循环的计算相互干扰，造成各自的计数紊乱，循环次数不能实现预定意图：外层循环 n 次，对于每次外层循环，内层循环 k 次。

程序 2.63

```c
#include <stdio.h>
int main( ) {
    int i,j,k,n,sum,t;
    scanf("%d",&n);
    for(    ; n>0 ; n--) {
        scanf("%d",&k);
        sum=0;
        for(i=0; i<k; i++) {
            scanf("%d",&t);
            sum+=t;
        }
        printf("%d\n",sum);
    }
    return 0;
}
```

循环结构为：

for(初始化表达式; 循环条件表达式; 循环变量跳变表达式)

{循环体}

注意，在这种写法中，直接利用 n 作为循环变量，实现循环体被执行次数为输入的 n 值次。

当然，for 语句的头部分 for(; n>0 ; n--)也可以写成以下形式：

```c
for(   ; n>0 ; --n)
for(   ; n==1 ; --n)
for( n-- ; n>=0 ; --n)
for( n=n-1 ; n==0 ; n=n-1)
……
```

程序 2.64

从上述 4 个功能等价的程序可以看出：完成同一任务，即使是算法相同，也有不同的语句表达方式。解决一个问题的程序代码并非“唯一”，往往有多种不同算法、多种不同表达，只要能够满足所求解问题的需求即可。

知识拓展：（如果对此部分内容感兴趣，请扫描二维码）

本章综合应用实例。

本章小结

1．C 语言程序的基本结构只有 3 种：顺序结构、分支结构、循环结构。3 种结构可以任意嵌套，但每种结构只有一个入口、一个出口。这是结构化程序设计的要求。程序中不建议使用 goto 语句。

2．C 语言中任何表达式都是有值的。

以下 3 种表达的值很特别，使用时请留注意。

（1）赋值表达式的值为被赋值变量的值。例如，if(a=1)相当于 if(1)，if(a=b)相当于 if(b)。

（2）自增或自减表达式的值：

① 前缀自增（减）表达式的值为自增之后的值。例如，a=0、b=++a；那么 a、b 的值为 1、1。

② 前缀自增（减）表达式的值为自增之前的值。例如，a=0、b=a++；那么 a、b 的值为 1、0。

（3）逗号表达式的值为最右边的表达式值，逗号表达式的求值顺序为从右到左。例如，a=0; b=(a++,a++,a++)，那么 a 的值为 3，b 的值为 2。

3．条件表达式的值为 0 表示“逻辑假”，非 0 表示“逻辑真”。

例如，在编程任务中如果需要处理多个测试用例，那么可以写成如下形式。

```
scanf("%d",&n);        //变量n接受从输入中表示测试用例个数的数据
while(n--)             //这里的循环将循环n次，从而达到对n个测试用例进行处理的目的
{
    //此处为处理一个测试用例的代码
}
```

while (1) 表示此循环条件为“永真”，此时，除非循环体中有break语句可退出循环，否则为死循环。

4．break和continue语句都是针对其所在的那层循环，不能跨层。如果需要满足某个条件就从最内层跳出所有层的循环，应该在各层循环的条件中添加标志变量，并在内层循环中满足某个条件时就改变标志变量的值。

5．关于变量赋初值的问题。求n个数的累加和时，累加变量必须清0。求阶乘时，一定要记得将累乘变量赋初值1。

思考题：

（1）如果C程序设计语言不提供分支和循环的表达能力，那么请你设想这样的C程序设计将是什么情形。

（2）如果机器人所在路口的红绿灯工作不正常，总是红灯亮，要是“人”肯定不会一直停在这里等红灯，因为“人”在等了一段时间的红灯后，会“意识到”这个红灯坏了，因此，会小心翼翼地通过此路口。如果是机器人碰到了这种情形，它是什么反应呢？如何改进这个机器人才能使它“意识到”这个红灯坏了呢？

（3）如下程序也能实现“编程任务：成绩的等级”,分析其执行过程并画出流程图。

```
#include <stdio.h>
int main( ){
    int a;
    scanf("%d",&a);
    if(a<0)
    {   printf("成绩有误"); }
    if(a>=0 && a<60)
    {   printf("不及格");    }
    if(a>=60 && a<70)
    {   printf("及格");      }
    if(a>=70 && a<80)
    {   printf("中等");      }
    if(a>=80 && a<90)
    {   printf("良好");      }
    if(a>=90 && a<=100)
    {   printf("优秀");      }
    else
    {   printf("成绩有误"); }
    return 0;
}
```

（4）请上机调试如下程序，试分析其循环次数为什么不是 10 次。

```
#include <stdio.h>
int main( ){
    double i;
    for(i=0; i!=10; i+=0.1) {
        printf("%lf\n",i);
    }
    return 0;
}
```

（提示：double 型是浮点数据类型，请理解浮点数在计算机中的存储方式。）

（5）对于编程任务中的 for 循环，你还可以写出哪些不同的写法呢？

```
#include <stdio.h>
int main( ){
    int val,sum,i;
    sum=0;

    for( i=0 ; i<3 ; i++ ) {
        scanf("%d",&val);
        sum=sum+val;
    }

    printf("%d",sum);
    return 0;
}
```

```
#include <stdio.h>
int main( ){
    int val,sum,i;
    sum=0;

    for(i=0;i<3; scanf("%d",&val) , sum=sum+val , i++) {
        ; //此为空语句，循环体为空
    }
    printf("%d",sum);
    return 0;
}
```

此部分为逗号表达式，即逗号分隔的表达式，被逗号分隔的多个表达式的执行顺序为从左到右。

```
#include <stdio.h>
int main( ){
    int val,sum,i;
    sum=0;

    for( i=3-1 ; i >=0 ; i-- ) {
        scanf("%d",&val);
        sum=sum+val;
    }

    printf("%d",sum);
    return 0;
}
```

```
#include <stdio.h>
int main( ){
    int val,sum,i,j;
    sum=0;

    for( i=2 ; i<8 ; i=i+2 ) {
        scanf("%d",&val);
        sum=sum+val;
    }

    printf("%d",sum);
    return 0;
}
```

小知识：

关于“?:”运算符的用法。

C 语言提供了 1 个三元运算符“?:”，其含义如下。

表达式 1？表达式 2：表达式 3

如果表达式 1 的值为“真”（非 0）则将表达式 2 的值作为整个表达式的值。

如果表达式 1 的值为“假”（为 0）则将表达式 3 的值作为整个表达式的值。

此运算符能简化某些条件求值的代码。“?:”运算符适用场合：根据条件的结果得到一个值。

例 1：将 a、b 中较大值放赋值给 max，可以写成：

```
max=(a>b) ? a : b ;
```

例 2：s 为某学生某门课程分数，如果 s≥60 则输出 pass，否则输出 fail，语句可写成：

```
printf("%s" , (s>=60) ? "pass" : "fail" );
```

例 3：将 a 的绝对值赋给 a，可以写成：

```
a = (a>0) ? a : -a ;
```

编程提示：

1．编写多重循环的关键是必须清楚地把握外层循环和内层循环的实际含义。

2．对于逻辑较为复杂的程序代码，一定要充分测试，确保程序对于所有的输入都能得到正确的结果。

小提示：

分支结构的分支或循环结构循环体的语句块如果只有一个语句，那么左右括号可以省略。但如果语句块中有多个语句，则不能省略大括号。

编程好习惯：写分支语句和循环体代码时，先不管分支中语句的多少，都在其后写出一对花括号{}，分支中的语句写在这对花括号中。当程序已完成后，在整理代码时才考虑是否将可以省略的左右括号去掉。

如以下代码片段：

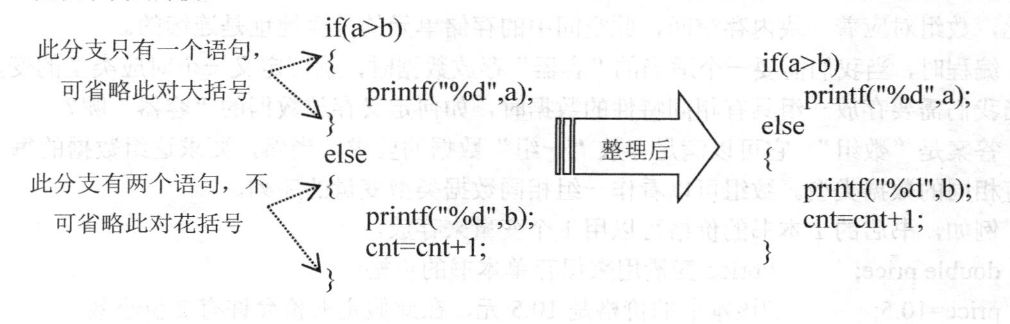

第3章　批量数据存储与处理——数组

通过前面章节的学习，我们知道计算机作为一台机器，它的擅长之一是**算术运算（整数、浮点数运算）**，擅长之二是**循环（做重复而有规律的动作）**。**批量数据的存储和处理**是机器的擅长之三，这是因为计算机拥有一定数量且能快速访问的存储空间——内存。数组是存放在内存中的。

在本章中，我们将学习如何用数组存储和处理一组性质相同的数据，在此所谓的“性质相同”是指数据类型相同，如一批实验数据、一个班的学生成绩、一个月的气温等。

3.1　何时需要数组

在我们的日常生活中，往往需要处理大批量性质相同的数据。

例如，在超市购物时，成千上万种商品，结账台的货款计算程序就必须有相应的机制存取大量商品价格信息数据，并且要求这些价格数据必须能被方便、快捷地存取。

再如，某科学实验需要对观测到的一系列数据进行处理，那么要求处理程序能存储这一系列数据，并能在处理过程中快捷地存取这些数据。

以上的应用提出了两个需求：大批量数据的存储机制、快速访问数据的机制。

“数组”能很好地满足这类需求，顾名思义，数组就是可以存取一组（而不是单个）数据的容器，这些数据具有相同类型，存放这些数据的空间实际上是在内存中某个连续的存储区。因此，数组对应着一块内存空间，此空间中的存储单元的内存地址是连续的。

编程时，当我们需要一个适当的“容器”存放数据时，就可定义一个对应类型的变量。如果当我们需要存放一组具有相同特性的数据时，如何定义存放数据的“容器”呢？

答案是“数组”。它可以满足存放“一组”数据的要求，当然，要求这组数据的每个元素具有相同的数据类型。数组可以看作一组相同数据类型变量的序列。

例如，书店的1本书的价格可以用1个变量来存放。

```
double price;        //price 变量用来保存单本书的价格
price=10.5;          //该本书的价格是 10.5 元，在此假定书价允许有 2 位小数
```

书店的2本书的价格可用2个变量来存放。

```
double price1 , price2 ;
price1=30.8 ;  price2=45.9 ;
……
```

书店有100本书，需要存取其价格数据，该如何实现呢？

难道这样定义吗？double price1，price2，price3，……（在此省去96个变量名），price100吗？

如果是这样，不仅变量定义的代码就将你烦透了，也只仅仅满足了100个数据存储的需求，并没有满足方便、快捷地访问每个元素的需求。引入数组，就能很好地同时满足这两个需求。

借助数组，定义可存放 100 本书价格的 double 型数组：double price[100];，其中 a[0]用来存放第 1 本书的价格，a[1]用来存放第 2 本书的价格，…，a[99]用来存放第 100 本书的价格。**数组的下标可以是变量**，配合循环结构的使用可以方便、快捷地访问数组的每个元素。

再以学生成绩处理为例，假设成绩为整数。

如果程序需要存放和处理 1 个学生的成绩，用 1 个整型变量 a 存放，可定义：int a;。

如果程序需要存放和处理 2 个学生的成绩，用 2 个整型变量 a,b 存放，可定义：int a,b;。

如果程序需要存放和处理 3 个学生的成绩，用 3 个整型变量 a,b,c 存放，可定义：int a,b,c;。

……

如果程序需要存放和处理 10000 个学生的高考成绩（成绩为整数），该如何定义呢？

难道定义为：a,b,c,…, z, aa,ab, … zz, ba,bb,bc, …,bz, ……，这样当然不可行！

那就只能借助“数组”了，程序代码可以写成：int a[10000];。

这个语句相当于一次性定义了 10000 个 int 型变量，这些变量分别为 a[0], a[1], a[2], … a[9999]，a 为数组名，方括号内的数字称为数组元素的下标。程序中通过“数组名[下标]”的方式就可以读取和写入对应的数组元素的值了。每个数组元素 a[i]（0≤i≤10000−1）可以看作 1 个 int 型变量。

总之，何时需要数组呢？

当程序中需要一组变量来存放具有相同数据类型的数据，并且需要能够快速地访问到每个数据元素时，则可利用数组实现。

在程序设计中引入数组后，因为数组下标可以是变量，配合循环使用，可对数组中每个元素进行处理，这样就可使程序具有对批量数据进行处理的能力了。

> 小提示：
>
> 从程序设计的角度来看，程序中的代码和数据必须在程序被运行时载入到**内存**，然后 CPU 依据程序指令一步一步地执行。也就是说，程序必须载入**内存**才能运行，运行时程序的指令和数据（主要包括变量、数组）都在计算机**内存**，而非外存。
>
> 当然，程序也可以访问外存中的数据，因为外存中的数据一般以文件的形式存在。程序与外存进行数据交换通过“文件”操作实现。文件操作详见第 8 章。

3.2 序列数据的处理——一维数组

3.2.1 一维数组的定义

一维数组是由一组具有相同特性的数据构成的序列或集合。例如，某个班级 30 名学生的考试成绩、超市中所有商品的价格、水文观测得到某河流全年的水位高度、某实验得到一系列的观测数据等。

C 语言规定，程序中需要使用数组时，与使用变量一样，必须“先定义后使用”。本节中“数组”通常指一维数组，二维数组和高维数组将特别指明。

数组定义的一般形式：

数组元素类型名 数组名 [元素最大个数]

例如，定义能容纳 10 个 int 型数据的数组，数组名为 myArray，如图 3.1 所示。

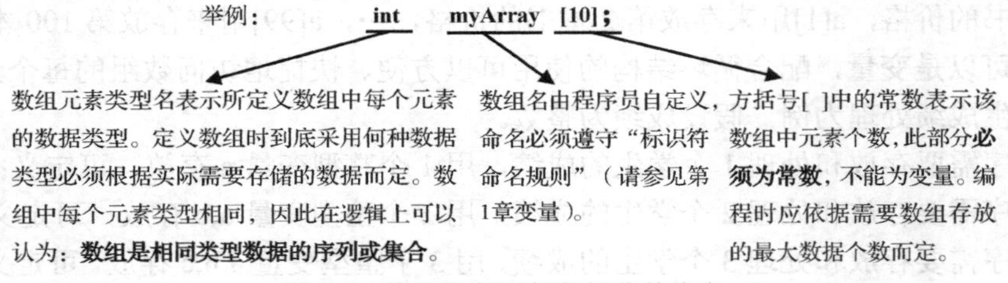

图 3.1　数组定义语句各部分的含义

例如，当程序中需要一个能够存放 10 个整数的数组时，可定义如下数组：

int myArray[10];

这意味着在内存中开辟了一个能够存放 10 个 int 型数据的内存空间。这些内存空间就是数组 myArray 的存储空间，数组名 myArray 与这块存储空间相关联，这些存储空间在内存中是连续的，如图 3.2 所示。

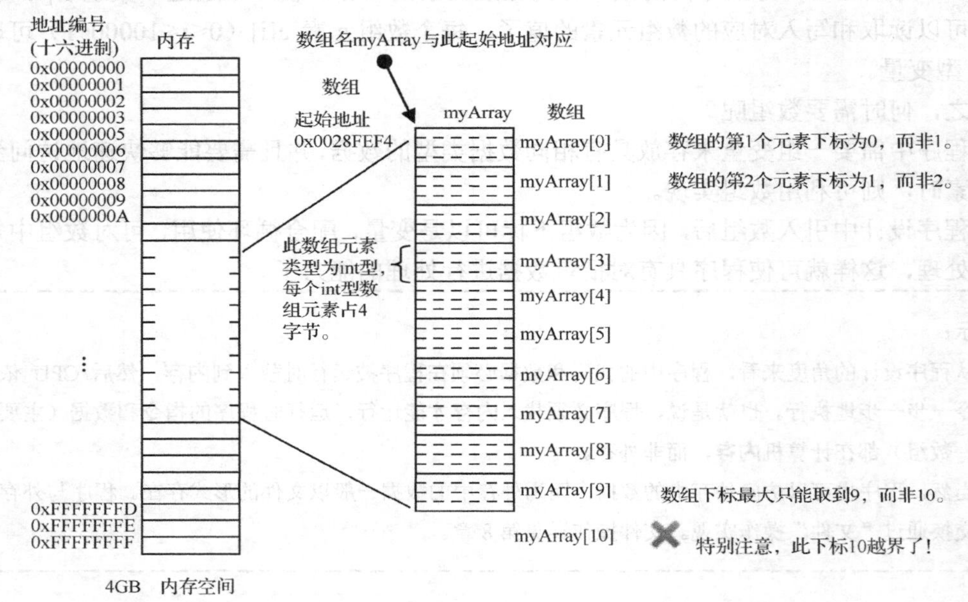

图 3.2　数组定义语句“int myArray[10];”的内存分配示意图

数组定义的说明如下。

（1）定义数组意味着大批量内存的分配。如果数组过大，会因为不能成功为数组分配所需内存而导致发生运行时错（Runtime Error）。

（2）myArray 数组共占用连续内存空间 10×4=40 字节。因为每个 int 型数据占用 4 字节，10 个 int 型数组元素共需 40 字节。注意，**数组内存空间必须是连续的。**

数组占用内存空间大小=数组大小×每个元素占用字节数（单位：字节）

（3）myArray 数组拥有 10 个元素，程序通过“数组名[下标]”的方式访问数组元素，它们分别为 myArray[0]、myArray[1]、myArray[2]、myArray[3]、myArray[4]、myArray[5]、myArray[6]、myArray[7]、myArray[8]、myArray[9]。

（4）myArray 数组的每个元素具有相同的类型，此处为 int 型。每个元素相当于一个 int 型单变量。

（5）myArray 数组下标的取值范围为[0,10-1]。C 语言编译器不进行下标越界检查，因此必须由程序员自己负责，确保访问数组元素时不越界。例如，对于本例中只能容纳 10 个元素的 myArray 数组来说，以下数组元素的下标越界：myArray[-1]、myArray[10]、myArray[20]。

（6）数组下标可以是变量。因此数组下标可作为循环变量使批量数据处理成为可能。

例如，给 myArray 数组中下标为 5 的数组元素赋值为 30。

第一种方式，下标为常量的情形：myArray [5] =30 ;。

第二种方式，下标为变量的情形：int i ;　i=5 ;　myArray [i] =30 ;。

例如，输出数组 myArray 数组中的 10 个 int 型数组元素的值，可写成：

```
for ( i=0 ; i<10 ; i++ )    printf ( "%d\n", myArray [ i ] ) ;
```

（7）“数组名”myArray 与数组在内存的“起始地址”对应。数组名是常量，不是变量。这意味着“数组名”与数组“起始地址”建立了固定的对应关系。

（8）定义了数组并不意味着对数组元素进行了初始化。如果需要初始化则必须由程序员负责。未初始化的数组元素值是不确定的，这与变量未初始化时的取值情况相同。

思考题：数组只能存储一组具有相同数据类型的数据，如果需要对一组不同类型数据进行处理，如何存储这组数据呢？

3.2.2　数组与内存分配

计算机执行定义数组的语句时，事实上操作系统执行了一系列与内存分配相关的幕后操作，确保计算机中内存资源的有序管理。以定义一个能够容纳 10 个 int 型数据的数组为例，说明与数组相关的内存分配操作，如图 3.3 所示。

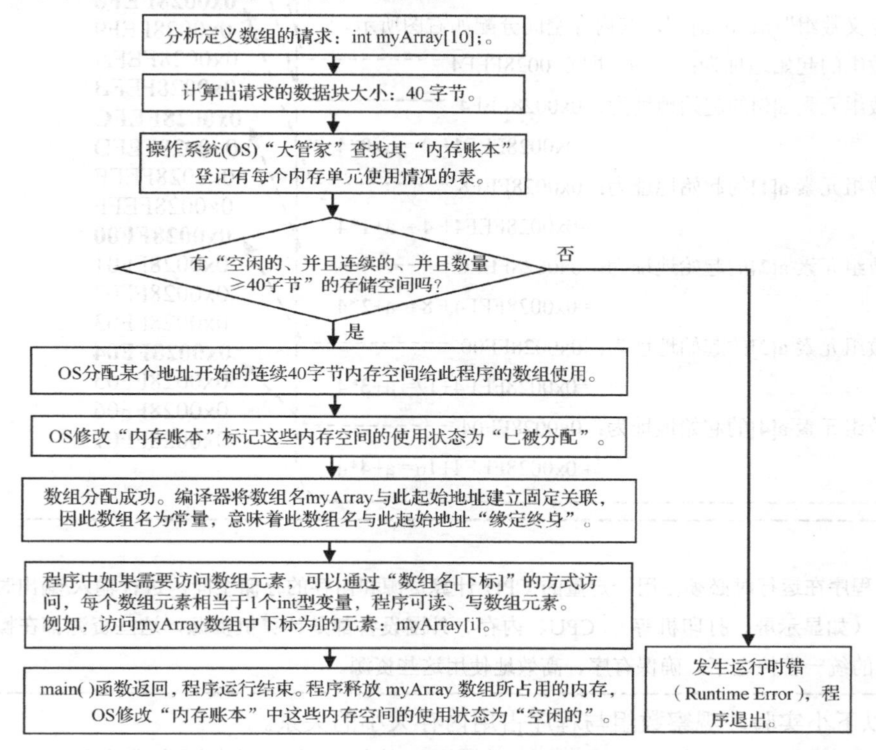

图 3.3　数组内存分配过程详解

单个变量要占用一定的存储空间，如 int 型数据占用 4 字节、char 型数据占用 1 字节、double 型数据占用 8 字节。程序中定义单个变量可以比喻为向操作系统（Operating System，OS，它是计算机资源的大管家，CPU、内存、外设等计算机资源的分配、回收、调度和使用都归它管理）申请程序运行所需的“零星小场地”，每个单变量占用的空间相对较小，相当于“内存空间的零售”。这样的需求容易得到满足，不易失败。但对于数组来说，情况就不一样了。

在程序中，定义数组意味着向操作系统申请程序运行所需的“连片大广场”，即申请占用一大片连续存储空间，相当于“内存空间的批发”。例如，定义变量 int a[1000000000]，那么 a 数组需要占用 4×1000000000≈4GB 连续的内存空间。显然，“批发”内存空间的“量”过大则可能导致系统无法满足此需求，既然所需空间没有得到操作系统大管家的批准和分配，数组根本就没有分配到内存空间，其后对数组的访问其实是对内存空间的访问，必然导致运行时错。

数组的大小（数组中元素的个数）显然不能无限大，它受限于计算机系统实际的物理内存大小和当前可用内存空间大小。

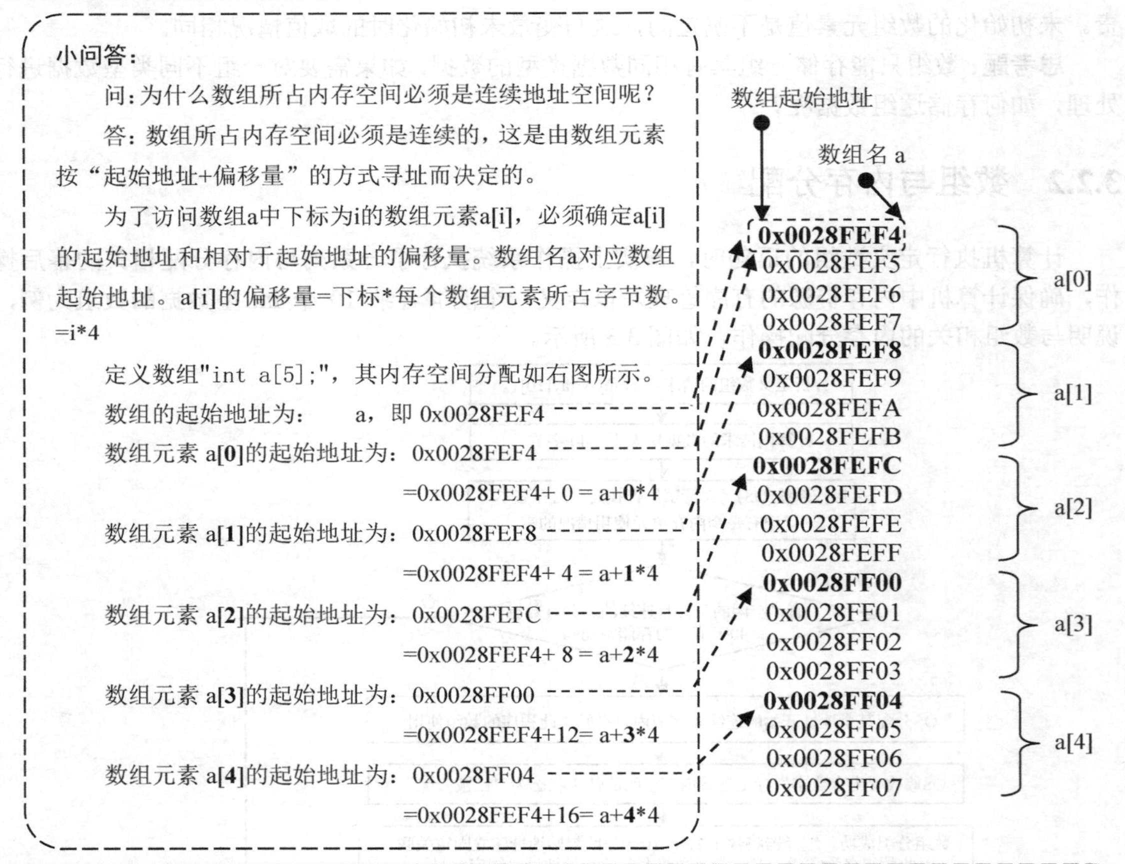

小知识：

应用程序在运行时必须占用一定量的 CPU 计算资源和内存的存储空间，进行输入/输出时还需占用外围设备（如显示屏、打印机等）。CPU、内存、外围设备都是计算机资源，这些资源都在操作系统这一大管家的统一管控之下，确保有序、高效地使用这些资源。

通过以下小实验，观察数组与程序占用内存大小的关系。

程序 3.1 中定义了能容纳 100 个 int 型数据的数组，该数组占用内存空间 400 字节。程序运行后，如图 3.4 所示，控制台窗口显示信息“请按任意键继续…”，此时，观察 Windows 任务管理器中的“进程”选项卡，找到正在运行的 C 程序对应的进程。在此例中，进程映像名为“数组与内存的关系.exe”，观察此程序占用的内存大小。从图 3.4 可以看到，本程序占用内存 936KB。

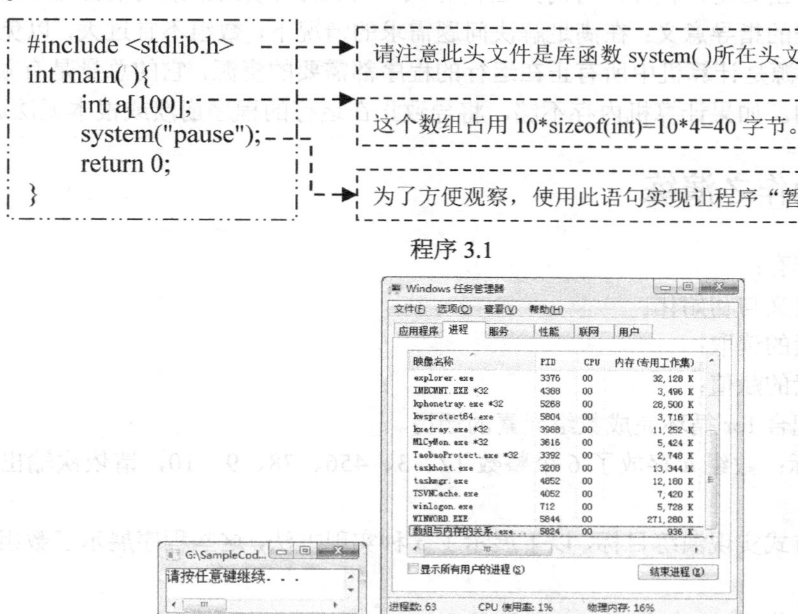

程序 3.1

图 3.4　数组大小对程序运行内存的影响（1）

将程序 3.1 的数组大小改为 102500 后，再次运行程序并观察程序所占内存大小。代码如程序 3.2 所示，运行结果如图 3.5 所示。

```
#include <stdlib.h>
int main( ){
    int a[102500];
    system("pause");
    return 0;
}
```

这个数组占用 102500*4=410000 字节，比上一个程序的数组大 400KB。

程序 3.2

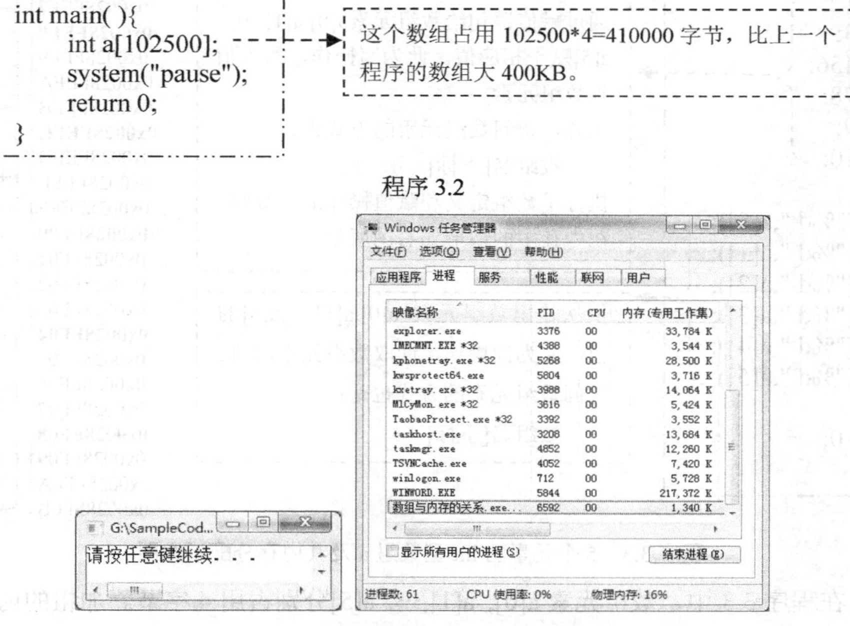

图 3.5　数组大小对程序运行内存的影响（2）

程序 3.2 比程序 3.1 的数组元素个数增加了 102400 个，数组大小增加了 102400*4=400KB。也就是原来程序占用内存为 936K+400K=1336KB，与上图中任务管理器窗口显示的 1340KB 相近。

由以上实验得出结论：程序运行时所占内存大小与程序中数组的大小成正比。

此结论对编程的指导意义：在满足解决问题需求的情况下，数组不宜过大，以免浪费内存资源。因为内存资源是计算机中所有正在运行的程序都需要的资源，它的总量是有限的，相对外存来说是宝贵的。如果计算机内存不够，将导致正在运行的程序崩溃或根本无法运行。

3.2.3 数组操作之演练

常见数组操作有：

（1）数组的定义与初始化；

（2）数组元素的读取；

（3）数组元素的赋值；

（4）用下标配合 for 循环完成数组元素的遍历。

演练任务目标：数组 a 存放了 6 个整数 12、3、456、78、9、10，请依次输出所有数组元素。

可通过不同方式实现演练目标，以下展示了 3 种实现方法，这些程序展示了数组的 4 种常用操作。

数组演练程序代码 1，如程序 3.3 所示。

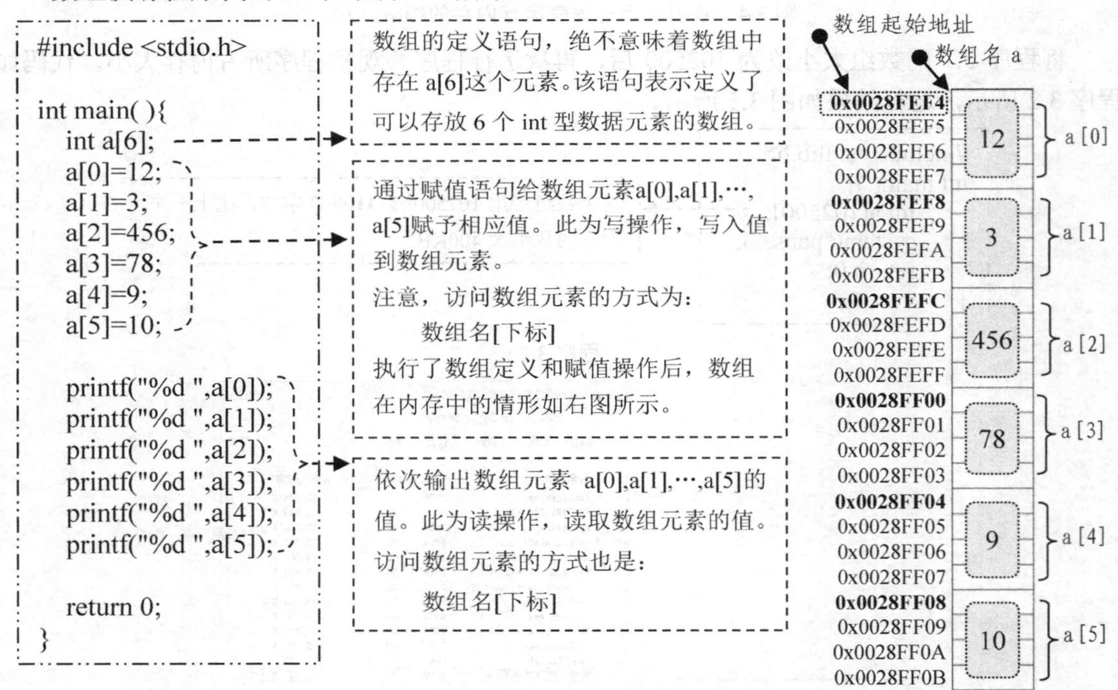

程序 3.3　5 个元素的 int 型数组 a 及其内存分配示意图

说明： 在程序 3.3 中，数组元素 a[0], a[1],…, a[5]分别占用 4 字节。加粗的内存地址编号是每个数组元素的起始地址。

数组演练程序代码 2，如程序 3.4 所示。

```
#include <stdio.h>
int main( ) {
    int a[6];
    a[0]=12;
    a[1]=3;
    a[2]=456;
    a[3]=78;
    a[4]=9;
    a[5]=10;

    int i;
    for(i=0;i<6;i++)   {
        printf("%d ",a[i]);
    }
    return 0;
}
```

将输出 6 个元素的过程改用“下标配合 for 循环”的方式实现。这样就实现了对数组元素的从头至尾依次遍历。请理解下标和循环变量是如何配合的。

此循环有多种写法，请尝试用不同的写法完成相同的任务。

请注意，因为循环变量 i 被用作了数组的下标，循环变量的起点和终点的确定必须由程序员、程序设计者谨慎决定，以防访问数组元素的下标越界。

注意，此处数组的下标为变量。

循环时，下标 i 分别取值为 0,1,2,3,4,5，那么 a[i]就分别表示 a[0],a[1],a[2],a[3],a[4],a[5]。这样就实现了依次访问并输出数组中的 6 个元素。

程序 3.4

数组演练程序代码 3，如程序 3.5 所示。

```
#include <stdio.h>

int main( ) {
    int a[ ]={12,3,456,78,9,10};
    int i;
    for(i=0;i<6;i++)       {
        printf("%d ",a[i]);
    }
    return 0;
}
```

此语句实现了在定义数组的同时对数组元素初始化。

空方括号[ ]表示省略定义数组元素个数的常数，数组元素个数由初始化值的个数决定。

当然，如果不省略此常数也是正确的写法：

int a[6]={12,3,456,78,9,10};

如果写成inta[10]= {12,3}; 也是正确的，此时只提供了2个初始化数据，因此只有数组a的前2个元素a[0],a[1]被分别初始化为12,3，其后的数组元素被初始化为0。

一般不推荐用此方式初始化数组。

程序 3.5

3.2.4 一维数组的运用

编程任务 3.1：蛟龙转身

任务描述：某游戏中有一条长长的蛟龙，玩家可以通过游戏操纵杆或键盘控制这条蛟龙 180° 大转身。龙包括龙头、龙身、龙尾，由很多节构成，依据每一节用一个整数表示该节的颜色，因此，一条龙可用一组有序数据表示。请编程模拟实现蛟龙调头转身。

输入：第一行中一个正整数 n，表示蛟龙的节数，节数最多不超过 1000。其后一行包含用空格隔开的 n 个整数，表示蛟龙的每个节。

输出：180° 大转身后的蛟龙。最后输出一个回车符。

输入举例：

7

2 3 9 6 5 7 4

输出举例：

4 7 5 6 9 3 2

分析：首先，应该注意到，本编程任务中对蛟龙的每个节的数据用同一个变量接收并循环处理是不能实现的，因为最先输入的数据要最后才输出，因此，这些数据必须在输出前能够按输入的顺序逐个存储起来，再将最后输入的数据最先输出，然后输出倒数第 2 个输入的数据……最后输出第 1 个输入的数据。要达到此目的，必须利用数组才能实现。交换前后的位置关系如图 3.6 所示。

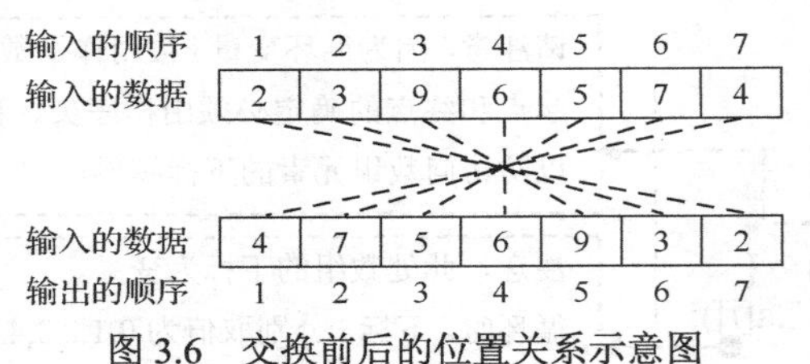

图 3.6　交换前后的位置关系示意图

可用两种方法实现本编程任务。当然，完成本任务并不只有两种方法。鼓励读者尽量用不同的思路、不同的算法、不同的代码解决同一个问题。

方法 1：数据按输入顺序保存到数组后，并不将数组中的元素真正地颠倒顺序，而是将数组中的元素倒序输出，如图 3.7 所示。此时，实际得到的输出结果体现了倒序输出的效果。方法 1 的代码如程序 3.6 所示。

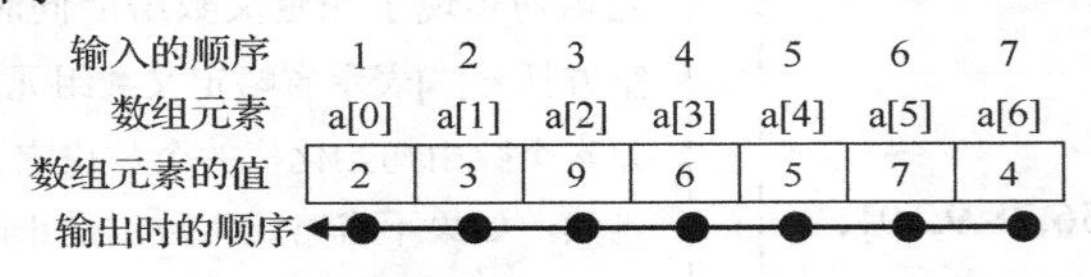

图 3.7　采用倒序输出的过程示意图

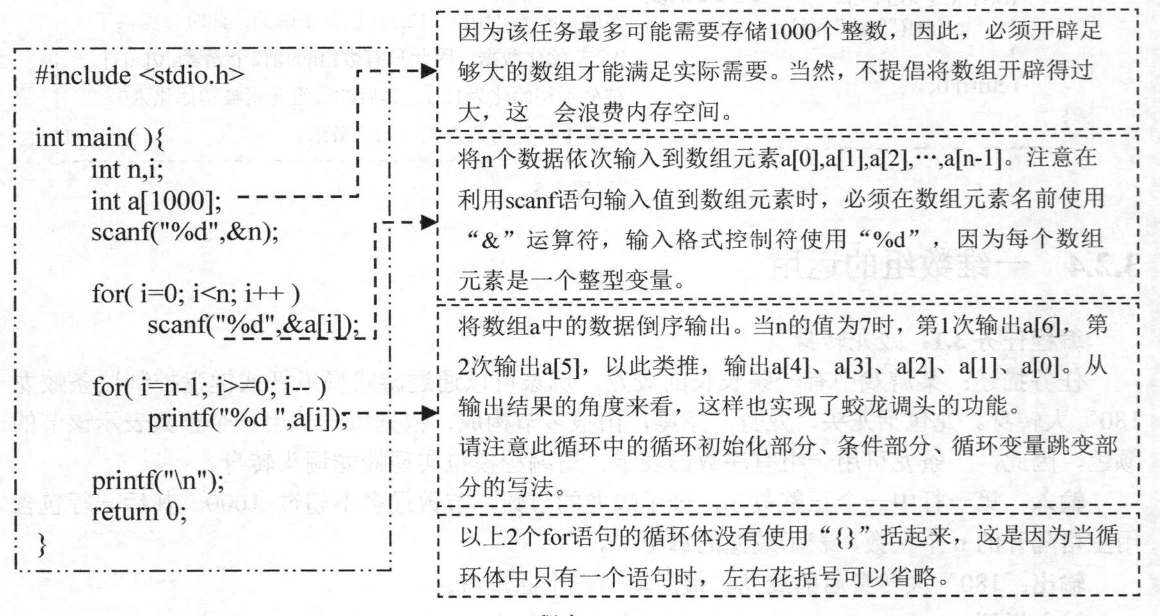

程序 3.6

方法 2：“原地对调法”。数据按顺序输入到数组后，再将数组中前半部分元素与后半部分对应位置的元素逐个交换其值，这样数组中元素的值就被真正地颠倒过来，最后，将数组元素顺序输出即可。此方法虽稍复杂，但某些应用场合必须用此法实现数组元素的前后对调。

图 3.8、图 3.9 展示了数组元素原地对调实现倒序的算法过程。

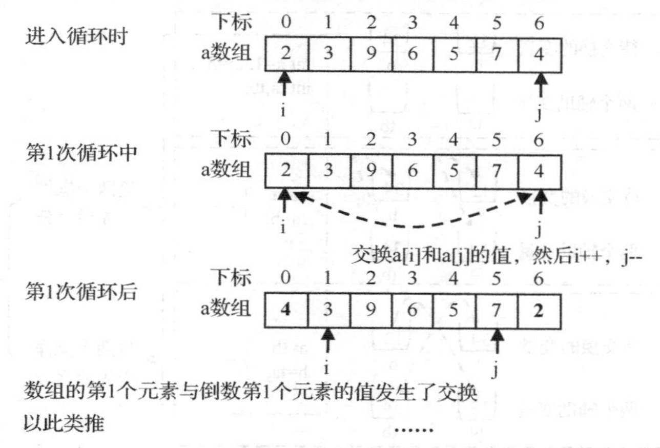

图 3.8　数组中元素成对交换的过程示意图（1）

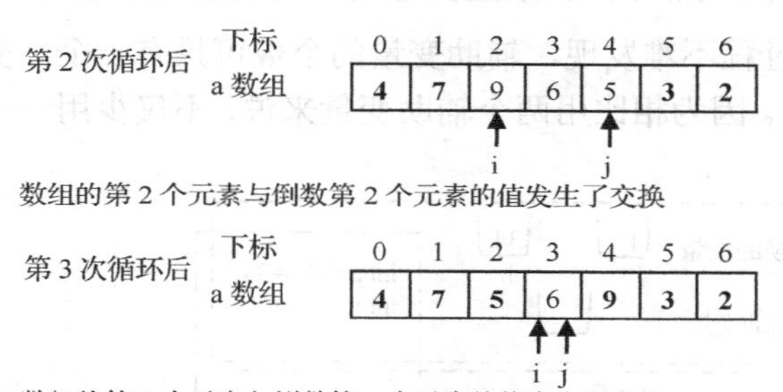

图 3.9　数组中元素成对交换的过程示意图（2）

根据以上分析，实现“蛟龙调头”效果的过程是将数组 a 中第 1 个元素与倒数第 1 个元素交换，第 2 个元素与倒数第 2 个元素交换……直到数组的前半部分与后半部分的元素交换完毕。

下标变量 i 从数组的第一个元素开始往下标增大方向走，下标变量 j 则从数组的最后一个元素往下标减小方向走。每次交换 a[i]与 a[j]的值，直到两者相遇。这样就实现了数组元素首尾调头的功能。

第 4 次循环时，因为“i<j”这一条件不成立，所以循环终止。

一般情况下，关于循环的终止条件依 n 的奇偶性分为两种情况。

（1）当 n 为奇数时，此时必有 i==j，即 i、j 同时指向了对称中心位置所在的元素，此元素没有必要与自己交换，所以循环至此必须结束。

（2）当 n 为偶数时，此时必有 i>j，此时表示，左半部分和右半部分的数据对调完毕，交换操作不能再继续，循环必须终止。

因此可以得出结论：以上两种情况都可统一用 i<j 不成立这个条件表达循环的终止。

上述“原地对调法”还需要解决一个小问题：给定两个变量 a、b，如何实现交换两个变量中的值呢？

算法：借助辅助变量来实现。又有两种做法，借助两个辅助变量实现或借助一个辅助变量实现，分别演示如下。

假定变量 a 的值为 12、变量 b 的值为 34。

借助两个辅助变量实现两个变量值的交换，其过程如图 3.10 所示。

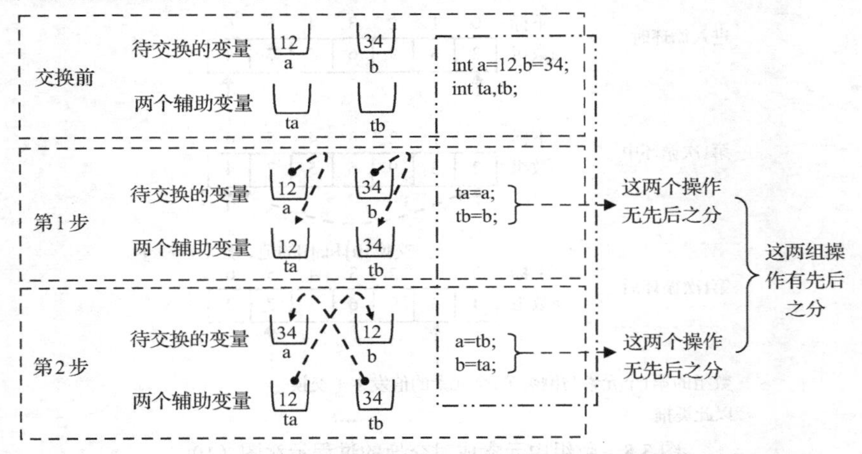

图 3.10　利用两个辅助变量实现交换两个变量的值

分析图 3.10 所示的交换过程不难发现，辅助变量的个数可只有一个。交换变量时，推荐使用只有一个辅助变量的方法。因为相比用两个辅助变量来说，不仅少用一个变量并少做一次赋值操作，如图 3.11 所示。

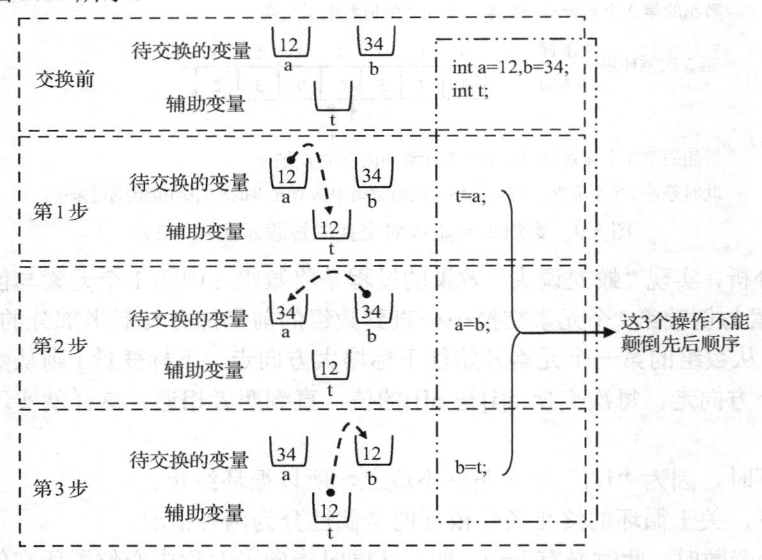

图 3.11　利用一个辅助变量实现交换两个变量的值

至此，“原地对调法”的实现就水到渠成了。方法 2 的代码如程序 3.7 所示。

请理解数组在程序 3.7 中的作用。

思考题 1：上例中，很容易发现变量 i 和变量 j 有关联关系，i 向右移动一个位置，必定有 j 向左移动一个位置，这意味着 i 和 j 一定是同步移动的，只是方向相反而已。初始时，i 的值为 0，j 的值为 n−1。请分析 j 与 i 的关系，要求不用 j 变量，直接用 i 的表达式表示 j 的值，请按此方法重写本程序。

思考题 2：编程任务“蛟龙调头”的第 3 种算法实现。利用一个新数组，将原数组中的元素按照倒序的方式将数据赋值一份放到新数组中。最后从新数组中将元素一一赋值到原数组，再将原数组中的元素顺序输出即可。

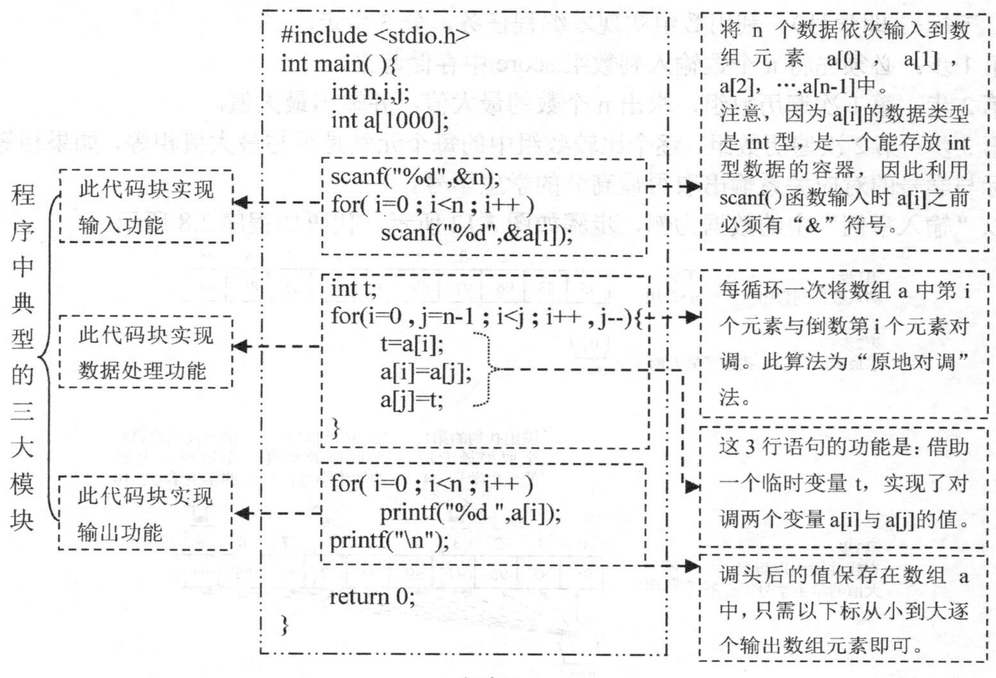

程序 3.7

思考题 3：编程任务“蛟龙调头”的第 4 种算法实现。在输入时，将第 1 个输入数据存放到数组的倒数第 1 个元素位置，第 2 个输入数据存放到数组的倒数第 2 个元素位置，第 3 个输入数据存放到数组的倒数第 3 个元素位置……以此类推，最后输入的数据存放到数组的第 1 个位置。然后，从数组中按下标顺序从 0 到 n-1 依次输出，即可得到倒序的序列。

编程任务 3.2：“一哥”是何人

任务描述：我们常称在某领域最顶尖的人物为“一哥”。某次考试之后，老师想知道本次考试的“一哥”是何人，也就是说老师想知道最高分是多少，获得最高分的有哪些人。

输入：第一行中有个正整数 n（1≤n≤100），表示班级中参加考试的学生人数。第二行中包含 n 个成绩，取值范围为[0,1000]，成绩之间用空格隔开。成绩以学生学号从小到大的顺序输入，并规定学生学号从第 1 号开始，然后是 2 号、3 号、4 号……依次顺序编号到 n。

输出：第一行输出最高分。第二行输出取得最高分的学生学号，如果有多名同学取得最高分按学号升序输出，学号之间用空格分隔。

输入举例：

10

95 83 96 97 89 90 97 63 85 97

输出举例：

97

4 7 10

分析：对于这个问题，首先应该思考的问题是“不用数组能否实现”。

答案当然是否定的。因为通过前面的例子，我们知道求给定的 n 个值的最大值只需要用一个单变量保存每次输入的数据，外加一个辅助变量 max 存放前 i 个数中的最大值即可。

但在本编程任务中，不仅要求最大值，而且必须输出取得最大值的元素的下标（下标从 0 开始，下标+1 即学号）。利用数组实现本编程任务，分 3 步走。

第 1 步：必须先将 n 个数输入到数组 score 中存储起来。

第 2 步：第 1 次遍历数组，求出 n 个数的最大值，并输出最大值。

第 3 步：第 2 次遍历数组，逐个比较数组中的每个元素是否与最大值相等，如果相等则根据下标与学号的对应关系输出取得最高分的学生学号。

以“输入举例”中的数据为例，步骤如图 3.12 所示。代码如程序 3.8 所示。

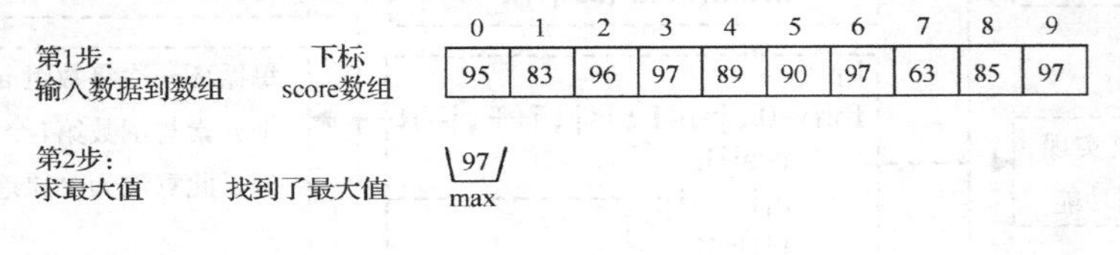

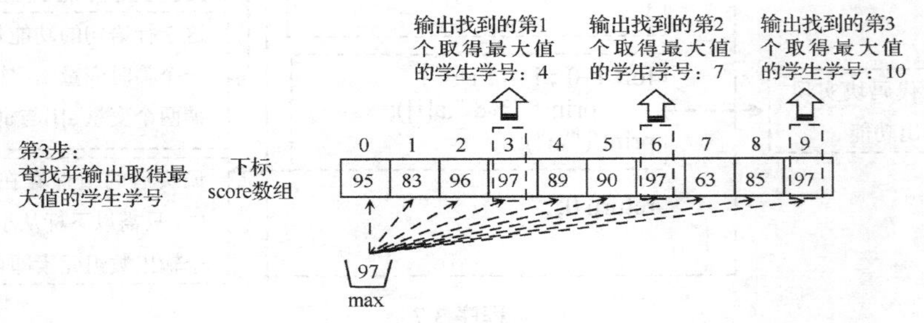

图 3.12　算法过程举例

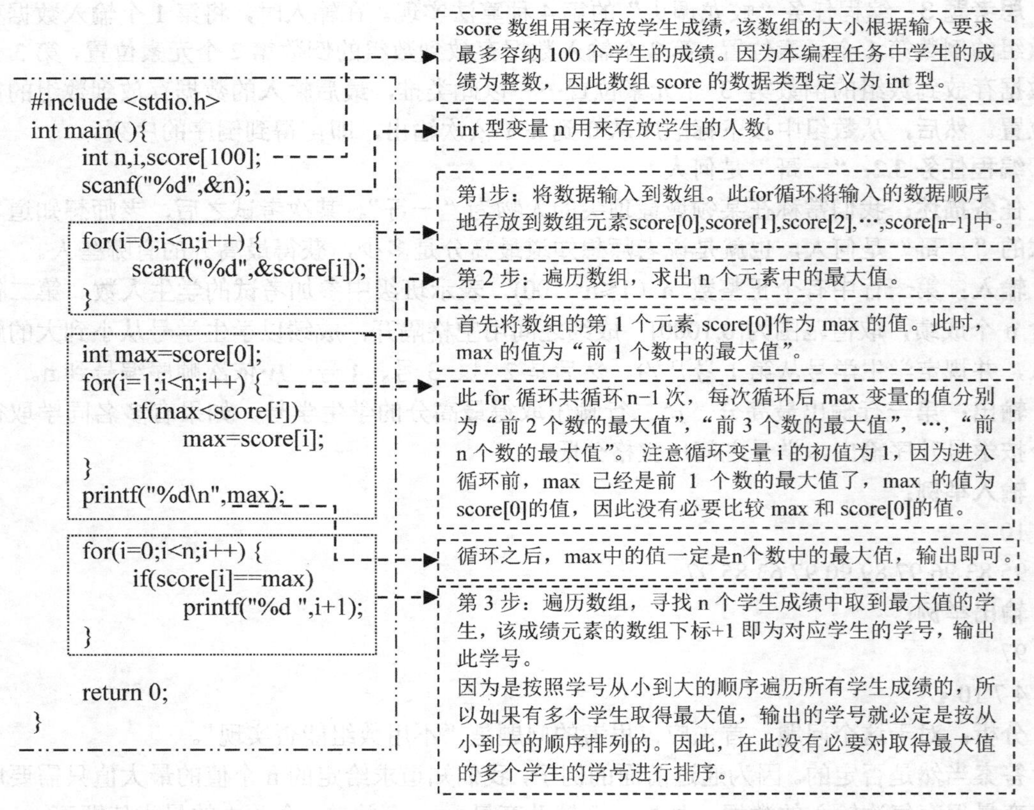

程序 3.8

编程任务 3.3：超市结账台

任务描述：参见“编程任务 2.24：超市结账台”

分析：如表 3.1 所示，因为会员的等级是有限的几个确定的整数值，在此分别为 0、1、2、3、4，会员等级的判定可以使用 if-else 语句或 switch-case 语句来实现，请读者自行完成。

但在本例中，我们可充分利用会员等级的特性，将会员等级作为会员折扣数组的下标，程序比前两种方式更加简洁、高效。如表 3.2 所示，数组元素 folds[grade]的值表示会员等级为 grade 的顾客能享受的折扣。这样，在计算时，如果已知会员等级为 grade 求其享受折扣，显而易见就是 folds[grade]。例如，假设已知会员等级为 0，那么该等级会员享受的折扣是 folds[0]，值为 1.00。假设已知会员等级为 1，那么该等级会员享受的折扣是 folds[1]，值为 0.98，以此类推。

表 3.1　会员折扣表

会员级别	非会员	普通会员	银牌会员	金牌会员	VIP 会员
会员等级	0	1	2	3	4
享受折扣	1	0.98	0.95	0.93	0.90

如表 3.1 所示会员折扣表，可以方便地用数组 folds[ ]存储，如表 3.2 所示。

表 3.2　数组下标与折扣值的对应关系

数组下标	0	1	2	3	4
数组 folds[ ]	1.00	0.98	0.95	0.93	0.90

本编程任务代码如程序 3.9 所示。

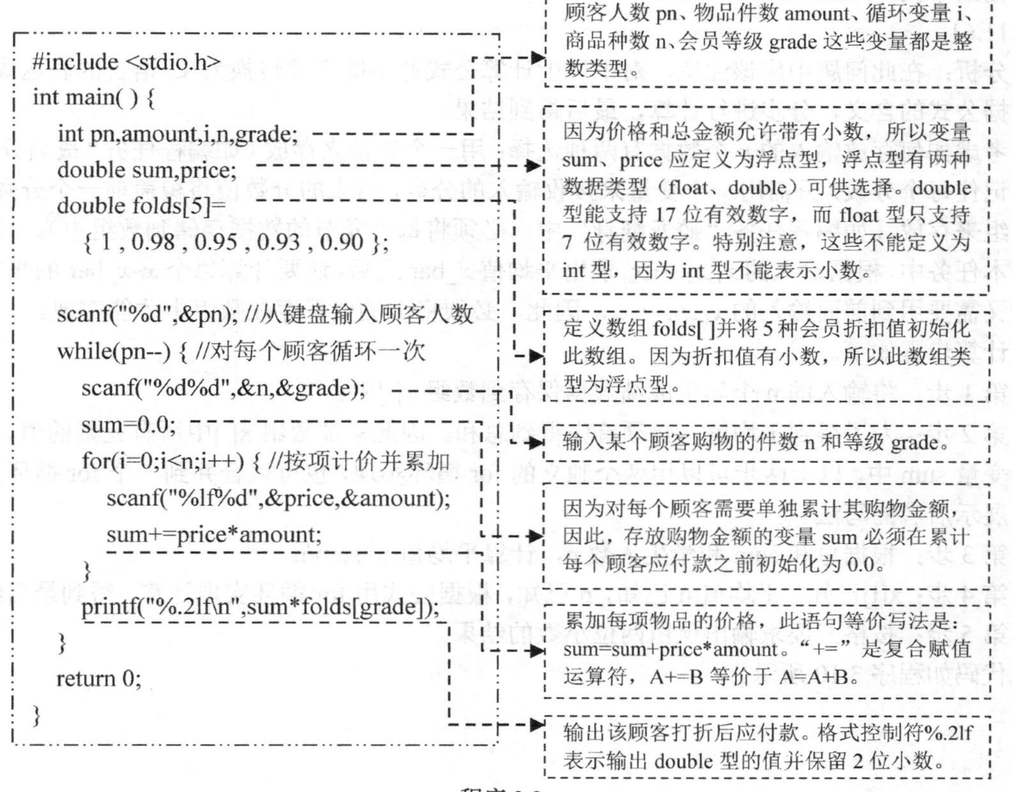

程序 3.9

思考题：对于编程任务“超市结账台”的代码，如果将“sum=0.0;”这一行语句移到while(pn--)之前，那么每次循环得到的sum的值表示何种实际意义？

编程任务 3.4：成绩的标准差

任务描述：某次考试结束后，需要分析考试成绩的一些情况，例如，需要分析学生成绩之间相差是否很大，也就是学生分数偏离平均值的程度如何，偏离值越大则成绩分布两极分化越严重。利用统计学中“标准差”可以反映此特性。对于离散的随机变量，标准差计算公式为：

$$d=\sqrt{\frac{\sum_{i=1}^{n}(x_i-\overline{X})^2}{n-1}}$$

式中，$\overline{X}=\frac{1}{n}\sum_{i=1}^{n}x_i$；$d$ 表示标准差；x_i 为随机变量的第 i 个观测值；$\overline{X}$ 表示平均值；n 为样本数。

输入：第一行有一个正整数 k，为测试用例的个数。对于每个测试用例的输入有两行，第一行有一个正整数表示学生成绩个数 n（$0<n\leqslant1000$）。其后的一行中有 n 个学生的成绩 s（$0\leqslant s\leqslant100$），成绩可能带有一位小数。

输出：学生成绩的标准差，结果保留两位小数。

输入举例：

1

10

90 85 73.5 64 90.5 76 82 97 61 83

输出举例：

11.61

分析：在此问题中应该注意，对于以上计算公式并不能直接转换为 C 语言的表达式，必须根据公式的含义，分步进行计算，最后得到结果。

考虑如何存放输入的 *n* 个数据有两种选择：用一个变量来存放（如编程任务“最高分”中，不必记住每个分数，只需用一个变量来接收输入的分数，后来的分数值将覆盖前一个分数值），用数组来存放（如编程任务“蛟龙翻身”中，必须将每个龙节的数据存储到数组中）。显然，因为本任务中，根据输入的 $x_1,x_2,\cdots,x_n$ 求出平均值 x_bar 之后，还要计算每个 x_i-x_bar 的平方和，此时又需要用到前面输入的 $x_1,x_2,\cdots,x_n$，因此，必须将 x_i 的值保存在数组中才能实现。

计算步骤如下。

第 1 步：将输入的 n 个学生成绩数据保存到数组 x[ ]中。

第 2 步：为了得到平均值，必须首先得到总和。因此累加数组 x[ ]中所有元素的值，并存放到变量 sum 中。以上两步可以用两个独立的 for 循环实现，也可以合并到一个 for 循环实现。下面展示后者的写法。

第 3 步：根据总和 sum 和学生人数 n，计算平均值 u=sum/n。

第 4 步：x[i]已知，平均值 u 已知，n 已知，根据公式用 for 循环实现计算，得到最后结果。

第 5 步：按格式要求输出保留两位小数的结果。

代码如程序 3.10 所示。

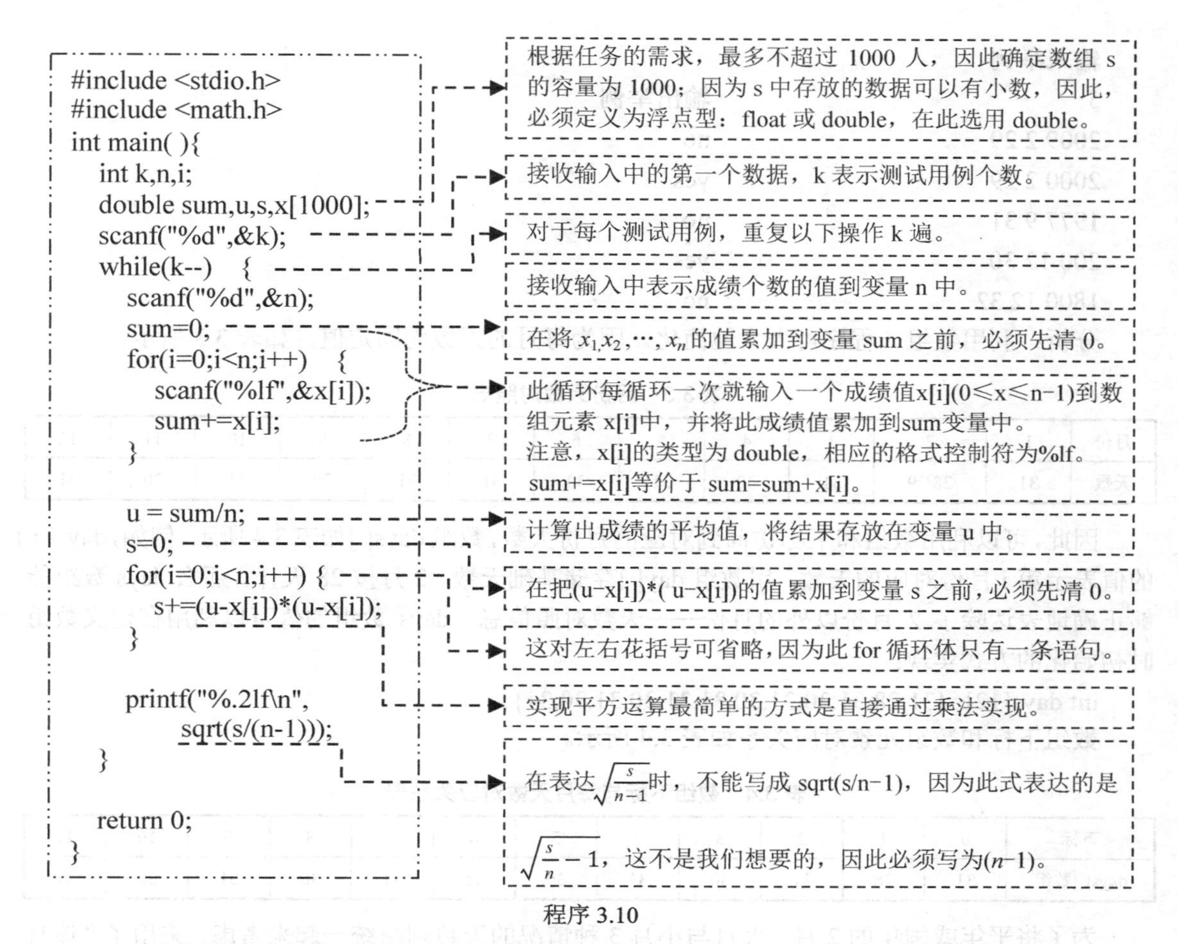

程序 3.10

以上程序利用了循环、数组、数学库函数、输出格式控制、求累加和等知识。

3.2.5 巧用数组下标

数组的下标及其对应的数组元素在实际应用中可以赋予某种特定含义，因此，程序设计中经常利用下标实现某些功能。

一般来说，在数组 a 中，已知数组下标 i，那么下标 i 对应的值 a[i]是直接得到的。同理，在数组 a 中，如果已知满足某个条件的数组元素为 a[i]，那么它对应的下标 i 也是直接得到的。在编程时可以充分利用**数组下标与数组元素一一对应**的特性。

编程任务 3.5：有这样的日期吗（多测试用例版）

任务描述：有位历史没有学好但喜欢糊弄别人的人，当说到某个重大历史事件是何年何月何日发生时，他会立刻毫不犹豫地信口报出一个日期，别人还以为他真有学问，这么对答如流。其实，先撇开真正的历史事件日期，明眼人马上能发现他说的日期不合历法，根本就不存在这样的日期。现在请编程判断某个给定的日期是否合乎历法。

输入：第一行有个整数 n 表示测试用例的个数（1≤n≤100）。其后的 n 行，每行有 3 个正整数 y、m、d，表示一个日期的年、月、日。

输出：如果该日期是合乎历法的则输出 yes，否则输出 no；每个日期的输出单独占一行。

输入举例

5

2009 2 29

2000 2 29

1977 9 31

200 12 30

1800 12 32

输出举例

no

yes

no

yes

no

分析：利用数组，程序可大大地简化。因为每月的天数为固定值，如表 3.3 所示。

表 3.3　月份天数对照表

月份	1	2	3	4	5	6	7	8	9	10	11	12
天数	31	28/29	31	30	31	30	31	31	30	31	30	31

因此，可以利用数组和下标访问到对应的月份天数，数组 days[ ]如表 3.4 所示。例如，days[i]的值表示第 i 月份对应的天数。用数组 day[ ]存储基础天数，2 月按 28 天计。那么 days 数组能够正确地表达除了 2 月份以外的月份——天数对照信息。days 数组的值可以利用在定义数组时初始化的方式实现：

```
int days[12]={31,28,31,30,31,30,31,31,30,31,30,31};
```

数组下标和数组元素对应关系如表 3.4 所示。

表 3.4　数组下标与每月天数对应关系表

下标	0	1	2	3	4	5	6	7	8	9	10	11
days[ ]数组	31	28	31	30	31	30	31	31	30	31	30	31

为了将平年或闰年的 2 月、大月与小月 3 种情况的天数判断统一起来考虑，采用了“该月基础天数+增量”的方式，详情如表 3.5、表 3.6 所示。

表 3.5　平年月份与每月天数对应关系表

月份 m-1	0	1	2	3	4	5	6	7	8	9	10	11
每月基础天数 days[m-1]	31	28	31	30	31	30	31	31	30	31	30	31
平年时的增量 delta	0	0	0	0	0	0	0	0	0	0	0	0
每月的天数：days[m-1]+delta	31	28	31	30	31	30	31	31	30	31	30	31

表 3.6　闰年月份与每月天数对应关系表

月份 m-1	0	1	2	3	4	5	6	7	8	9	10	11
每月基础天数 days[m-1]	31	28	31	30	31	30	31	31	30	31	30	31
闰年时的增量 delta	0	**1**	0	0	0	0	0	0	0	0	0	0
每月的天数：days[m-1]+delta	31	**29**	31	30	31	30	31	31	30	31	30	31

对于 delta 的处理可设置其初值为 0，只有在 2 月并且年份为闰年时才将 delta 置为 1。因此，对于 1～12 月的任意月份 m，那么该月的天数统一用 days[m-1]+delta 表示。

本编程任务的代码如程序 3.11 所示。

```c
#include <stdio.h>
int main( ){
    int n,y,m,d,delta;
    scanf("%d",&n);
    int days[12]={31,28,31,30,31,30,
                  31,31,30,31,30,31};

    while(n--) {
        scanf("%d%d%d",&y,&m,&d);

        delta=0;
        if( m==2 &&
          (y%4==0 && y%100!=0
                  || y%400==0 ) )
            delta=1;

        if( m>12 || d > days[m-1]+delta )
            printf("no\n");
        else
            printf("yes\n");
    }
    return 0;
}
```

在定义数组的同时进行初始化。初始化后，days[0]的值初始化为32，days[1]的值初始化为28，以此类推。days数组的用途：如果已知月份m求该月的天数，为days[m-1]。数组下标为0~11，而不是1~12。

增量 delta 初值为 0，表示初始时假定该年为平年 2 月或非 2 月。如果是闰年 2 月，其后的判断语句将修正 delta 的值。

如果是 2 月且是闰年，那么将增量 delta 的值修改为 1，否则保持初始假设不变。

如果月份超过了 12 月或者天数超过了该月对应的天数则输出“no”。闰年的情况已考虑在内。

如果月份在 12 月以内，并且天数在对应月份的天数之内，则输出“yes”。

程序 3.11

相比原来利用 if-else 结构对大月、小月和平月的判断，本程序的逻辑简洁许多。

改进之处 1：利用 days 数组提供了月份与该月天数的对应关系表，下标 i 表示月份，数组元素 days[i]的值表示该月的天数。有了此表，如果需要得到 i 月份的天数用 days[i]表示即可。

改进之处 2：对于 2 月的处理方式。本例采用的处理方式为：首先初始时假设 2 月的天数为 28 天，初始时假定年份为平年即 delta 为 0。如果输入数据中的月份是 2 月，并且该年为闰年，则更新 flag 的值为 1，此值正好就是闰年的 2 月需要增加的天数。

此程序的关键逻辑部分是：if(m>12 || d>days[m-1]+delta)。

对于这个条件的理解，我们通过以下几个测试用例来说明。

（1）输入 2009 2 29，那么 y=2009，m=2，d=29。delta 初值为 0，因为月份虽为 2 月但 2009 年为平年，因此 delta 的值保持 0 不变。此时，以上 if 条件第一部分 m>12 不成立。d 的值为 29，days[m-1]+delta 的值为 28+0，以上 if 条件的第二部分 d>days[m-1]+delta，即 29>28 成立，那么 if(m>12 || d>days[m-1]+delta)成立，因此输出“no”。

（2）输入 2000 2 29，那么 y=2000，m=2，d=29。delta 初值为 0，因为月份为 2 月但 2000 年为闰年，因此 delta 的值被置为 1。此时，以上 if 条件第一部分 m>12 不成立。d 的值为 29，days[m-1]+delta 的值为 28+1，以上 if 条件的第二部分 d>days[m-1]+delta，即 29>29 不成立，那么 if(m>12 || d>days[m-1]+delta)不成立，因此输出“yes”。

其他的测试用例用类似方式分析，留给读者自己完成。

编程任务 3.6： 票数统计

任务描述：《造星花园》青春偶像派电视剧热播后，剧组中的各位明星来到湖海卫视参加“我选我喜欢”的与观众现场互动娱乐节目。现场的观众对明星们投票，选出最受欢迎的明星。

投票的方式是：每个观众只能投一票，观众喜欢某个明星或觉得他（她）表现不错，就可以到台上将一支玫瑰花送给这位明星。所有的投票者投完票后，主持人根据每个明星手中的玫瑰花朵数，宣布明星所得票数。编程来统计每个选手得到的观众票数，并输出哪个明星最受欢迎。

例如，4 个观众给 3 位明星投票，第 1 个观众投给了 1 号明星，第 2 个观众投给了 3 号明星，第 3 个观众投给了 1 号明星，第 4 个观众投给了 2 号明星。那么 3 个明星的得票数分别是 2、1、1。

输入：第一行包含 2 个整数 m、n（1≤m、n≤100），m 为投票人数，n 为明星人数。其后一行中包含 m 个整数 ai（1≤ai≤n≤200，1≤i≤m），表示第 i 个投票人给第 ai 个明星投了一票。

输出：请输出 1～n 号明星各自的所得票数。注意，票数之间用空格分隔，最后一个票数之后不能输出空格。

输入举例：

10 3

1 2 1 3 1 3 2 1 1 1

输出举例：

6 2 2

分析：利用 tickets[ ]数组记录票数，ticket[i]表示第 i 个明星的得票数，初始时 n 个明星的得票数都是 0。

对于 m 个投票人，票 ai 表示第 i 个投票人将票投给了第 ai 个明星。程序中如何实现呢？

不难发现，如果将票投给了第 ai 位明星，那么第 ai 位明星对应的 ticket[ai-1]的票数应该增加 1。之所以下标是 i-1，是因为 tickets[0]记录第 1 个明星的得票数，tickets[1]记录第 2 个明星的得票数，…，tickets[n-1]记录第 n 个明星的得票数。以“输入举例”的数据为例，其输入过程中 ticket[ ]数组元素值随着每次处理输入数据后的变化情况如表 3.7 所示。

表 3.7　输入过程中各明星当前得票数动态变化情况表

逐个输入投票数据	各明星当前得票数		
	第 1 个明星得票数 tickets[0]	第 2 个明星得票数 tickets[1]	第 3 个明星得票数 tickets[2]
没有输入 ai 时	0	0	0
输入第 1 个 ai 值：1 表示给 1 号明星投了一票	1	0	0
输入第 2 个 ai 值：2 表示给 2 号明星投了一票	1	1	0
输入第 3 个 ai 值：1 表示给 1 号明星投了一票	2	1	0
输入第 4 个 ai 值：3 表示给 3 号明星投了一票	2	1	1
输入第 5 个 ai 值：1 表示给 1 号明星投了一票	3	1	1
输入第 6 个 ai 值：3 表示给 3 号明星投了一票	3	1	2
输入第 7 个 ai 值：2 表示给 2 号明星投了一票	3	2	2
输入第 8 个 ai 值：1 表示给 1 号明星投了一票	4	2	2
输入第 9 个 ai 值：1 表示给 1 号明星投了一票	5	2	2
输入第 10 个 ai 值：1 表示给 1 号明星投了一票	6	2	2

本编程任务的代码如程序 3.12 所示。

```
#include<stdio.h>
int main( ){
    int m,n,i,ai, tickets[200];

    scanf("%d%d",&m,&n);

    for(i=0;i<n;i++)  {
        tickets[i]=0;
    }

    for(i=0; i<m; i++)  {
        scanf("%d",&ai);
        tickets[ai-1]++;
    }

    for(i=0; i<n; i++)  {
        if(i<n-1)
            printf("%d□ ",tickets[i]);
        else
            printf("%d",tickets[i]);
    }
    return 0;
}
```

数组 tickets 的大小以明星最大人数为准，根据要求在此定为 200。

m 存放的是投票人数，n 存放的是明星人数。

此 for 循环对 n 个命名的票数赋初值 0。tickets[i]用来累计第 i 个明星的票数，因此必须在累计前将值清 0。也可以利用定义数组的同时初始化每个数组元素值为 0：int tickets[200]={0}。

此 for 循环共循环 m 次，每循环一次就输入一个投票人的票 ai，因为明星 ai 新增了一票，因此明星 ai 对应的得票数 tickets[ai]的值增加 1。

前面 for 循环结束后，意味着所有票统计完毕，每个明星的得票数结果值保存在数组tickets[ ]中。因此，本for循环依次输出tickets[ ]数组中的值即可。
要注意输出格式：两个输出之间用空格分隔，但末尾不能输出空格。当i<n−1时，意味着不是最后一次输出票数，其后必有输出，因此其后必须带空格。否则意味着这是最后一次输出，其后不带空格。

程序 3.12

在本编程任务中，需要完成“输出 n 个数据，数据之间用一个空格分隔，最后不能有空格”的这一功能。实现方式有多种。请阅读如图 3.13 所示的 6 种写法，观察输出结果是否相同。代码中的字符“□”为空格字符。

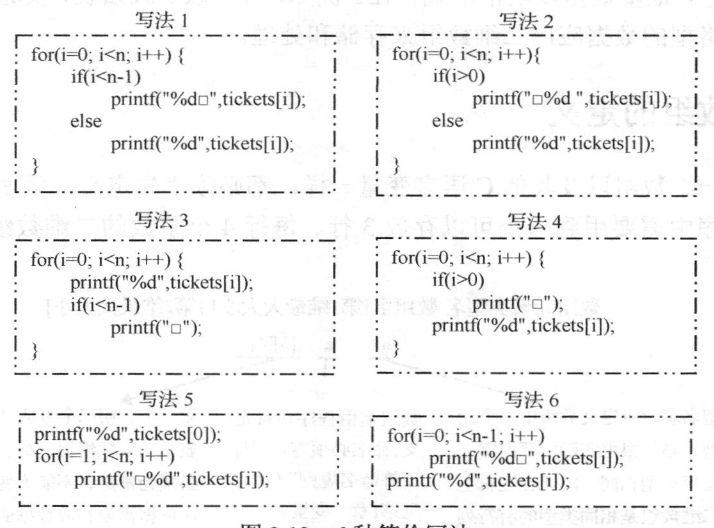

写法 1

```
for(i=0; i<n; i++) {
    if(i<n-1)
        printf("%d□",tickets[i]);
    else
        printf("%d",tickets[i]);
}
```

写法 2

```
for(i=0; i<n; i++){
    if(i>0)
        printf("□%d ",tickets[i]);
    else
        printf("%d",tickets[i]);
}
```

写法 3

```
for(i=0; i<n; i++) {
    printf("%d",tickets[i]);
    if(i<n-1)
        printf("□");
}
```

写法 4

```
for(i=0; i<n; i++) {
    if(i>0)
        printf("□");
    printf("%d",tickets[i]);
}
```

写法 5

```
printf("%d",tickets[0]);
for(i=1; i<n; i++)
    printf("□%d",tickets[i]);
```

写法 6

```
for(i=0; i<n-1; i++)
    printf("%d□",tickets[i]);
printf("%d",tickets[i]);
```

图 3.13　6 种等价写法

程序 3.13 在功能上能同样满足本编程任务的要求，但有 3 处不足。

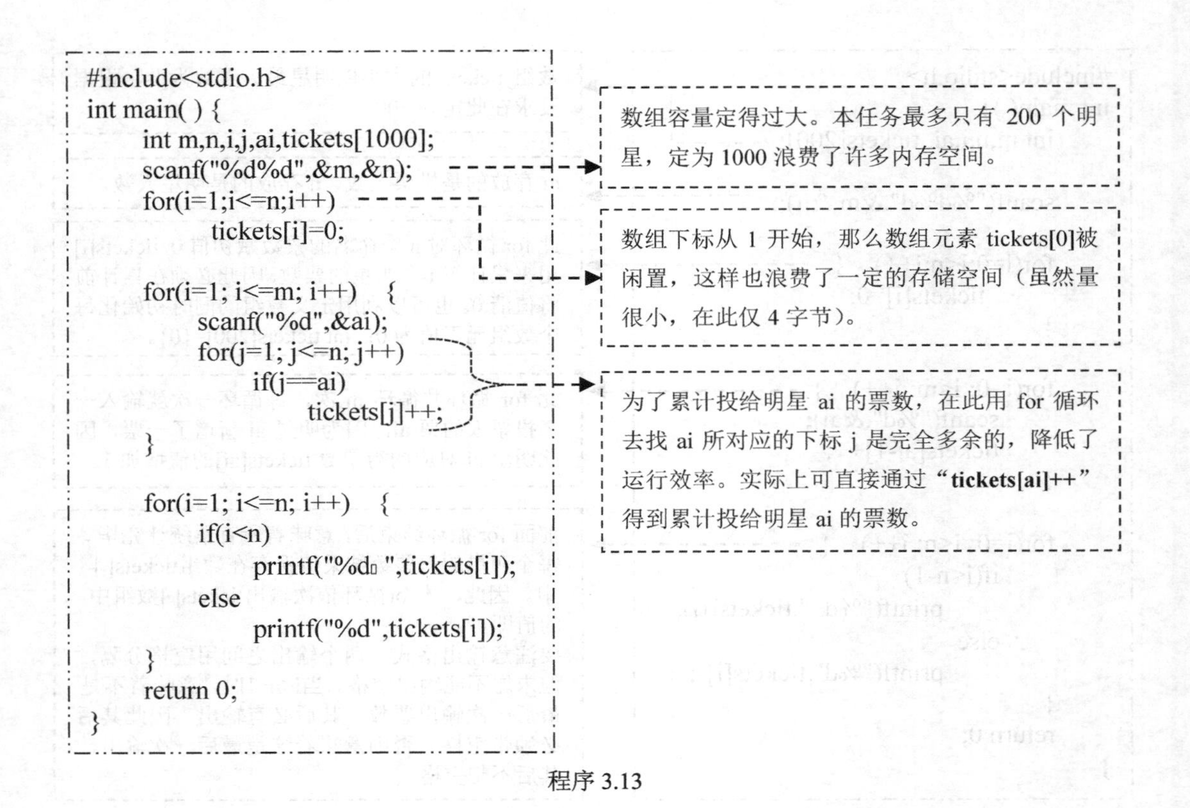

```
#include<stdio.h>
int main( ) {
    int m,n,i,j,ai,tickets[1000];
    scanf("%d%d",&m,&n);
    for(i=1;i<=n;i++)
        tickets[i]=0;

    for(i=1; i<=m; i++)    {
        scanf("%d",&ai);
        for(j=1; j<=n; j++)
            if(j==ai)
                tickets[j]++;
    }

    for(i=1; i<=n; i++)    {
        if(i<n)
            printf("%d ",tickets[i]);
        else
            printf("%d",tickets[i]);
    }
    return 0;
}
```


程序 3.13

3.3　表格型数据的处理——二维数组

在实际应用中，很多数据以表格形式存在。例如，课程表、成绩表、实验数据、销售数据、数独等，这些表格型的数据应用二维数组来存储和处理。

3.3.1　二维数组的定义

二维数组与一维数组以及其他 C 语言变量一样，都必须“先定义，后使用”。

例如，当程序中需要用到一个可以存放 3 行、每行 4 个整数的二维数组时，其定义形式如图 3.14 所示。

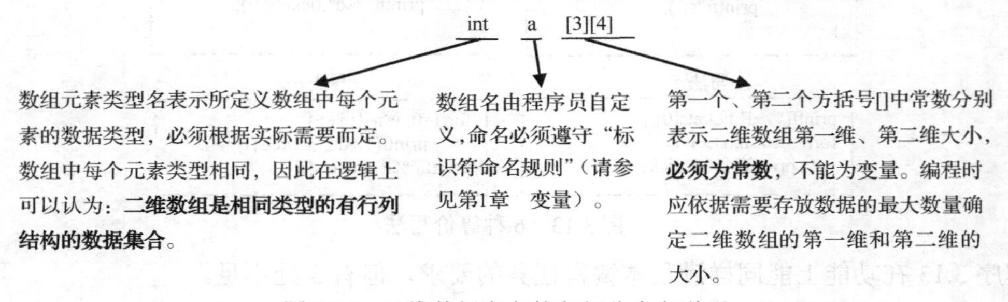

图 3.14　二维数组定义的各部分含义说明

二维数组的定义语句的作用是在操作系统的管理下分配二维数组所需的存储空间，其过程与一维数组内存空间分配过程相同。以 int a[3][4]为例，这意味着操作系统在内存中找到了一块 3×4×4=48 字节的空闲的连续的内存空间作为二维数组的存储空间。数组名 a 与这块存储空间相关联，如图 3.15 所示。

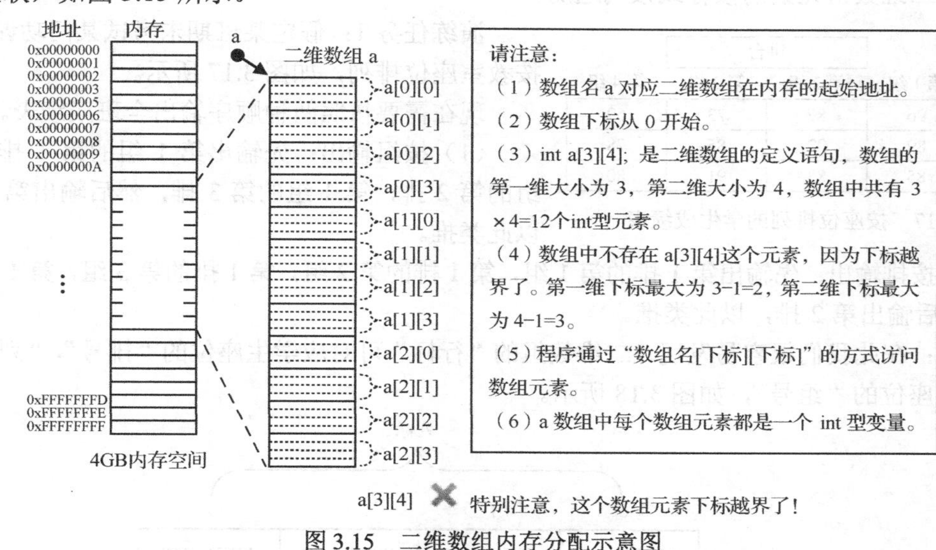

图 3.15　二维数组内存分配示意图

二维数组所占存储空间大小=第一维大小×第二维大小×数组元素类型大小

其中，二维数组所占存储空间大小和数组元素类型大小的单位为字节。

3.3.2　访问二维数组的元素

如果被定义的二维数组成功地获得了所需内存空间，就意味着我们在程序中可以通过以下方式访问该数组对应位置的数组元素。

二维数组名[第一维下标][第二维下标]

在逻辑上，二维数组可以看成一张有行、有列的表格，如图 3.16 所示。第一维下标为行号，第二维下标为列号。行号和列号都从 0 开始。

例如，二维数组 a 中行号为 0、列号为 0 的元素是 a[0][0]，它是数组左上角的元素。

同理，二维数组 a 中行号为 2、列号为 3 的元素是 a[2][3]。

从图中可以看出，可将行号和列号看成平面坐标系的坐标轴，那么坐标（列号 i,行号 j）就唯一对应了数组 a 中的一个元素 a[i][j]。

图 3.16　二维数组的下标

需要注意的是，与一维数组相同的是，对二维数组的访问，C 语言编译器并不会检查下标是否越界了。因此，需要程序员自己确保对二维数组元素的访问不越界。这在程序设计的实践中，需要特别留意。

3.3.3　二维数组操作演练

通过以下编程任务，熟悉对二维数组的基本操作。

（1）二维数组的定义和初始化。

（2）二维数组元素的访问，包括读取数组元素和数组元素赋值。

（3）二维数组元素的按行或按列遍历。

演练任务 1：假定某班期末考试某门功课成绩，按教室座位排列，如图 3.17 所示。

讲台				
	第 1 组	第 2 组	第 3 组	第 4 组
第 1 排	96	87	73	69
第 2 排	89	92	85	78
第 3 排	85	83	91	80

图 3.17　按座位排列的学生成绩表

现在需要按照两种顺序输出全班成绩表。

（1）按组输出：先输出第 1 组的第 1 排，第 1 组的第 2 排，第 1 组的第 3 排，然后输出第 2 组，以此类推。

（2）按排输出：先输出第 1 排的第 1 组，第 1 排的第 2 组，第 1 排的第 3 组，第 1 排的第 4 组，然后输出第 2 排，以此类推。

分析：在此我们很容易发现，二维数组的“行标”可对应学生座位的“排号”，“列标”可对应学生座位的“组号”，如图 3.18 所示。

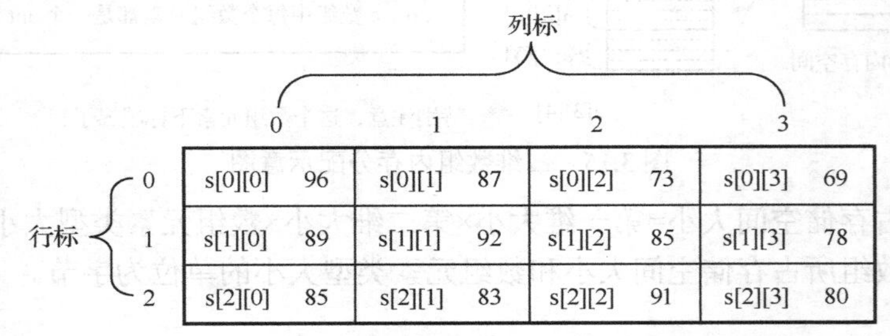

图 3.18　成绩数组 s 的各元素及其值

演练任务 1 的代码及运行结果如程序 3.14 所示。

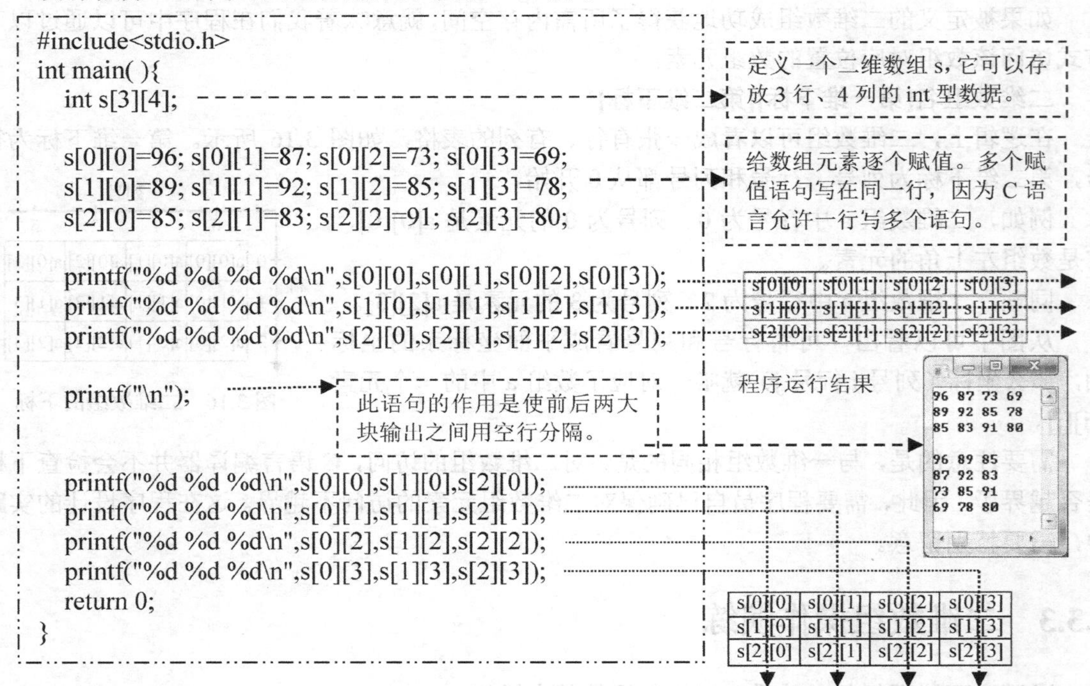

```
#include<stdio.h>
int main( ){
   int s[3][4];

   s[0][0]=96; s[0][1]=87; s[0][2]=73; s[0][3]=69;
   s[1][0]=89; s[1][1]=92; s[1][2]=85; s[1][3]=78;
   s[2][0]=85; s[2][1]=83; s[2][2]=91; s[2][3]=80;

   printf("%d %d %d %d\n",s[0][0],s[0][1],s[0][2],s[0][3]);
   printf("%d %d %d %d\n",s[1][0],s[1][1],s[1][2],s[1][3]);
   printf("%d %d %d %d\n",s[2][0],s[2][1],s[2][2],s[2][3]);

   printf("\n");

   printf("%d %d %d\n",s[0][0],s[1][0],s[2][0]);
   printf("%d %d %d\n",s[0][1],s[1][1],s[2][1]);
   printf("%d %d %d\n",s[0][2],s[1][2],s[2][2]);
   printf("%d %d %d\n",s[0][3],s[1][3],s[2][3]);
   return 0;
}
```


程序 3.14

对程序 3.14 可进行两点改进，使代码更简洁：用二维数组定义时初始化代替逐个元素赋值；因为二维数组的下标可以是变量，因此可利用双重循环实现输出。改进后的代码如程序 3.15 所示。

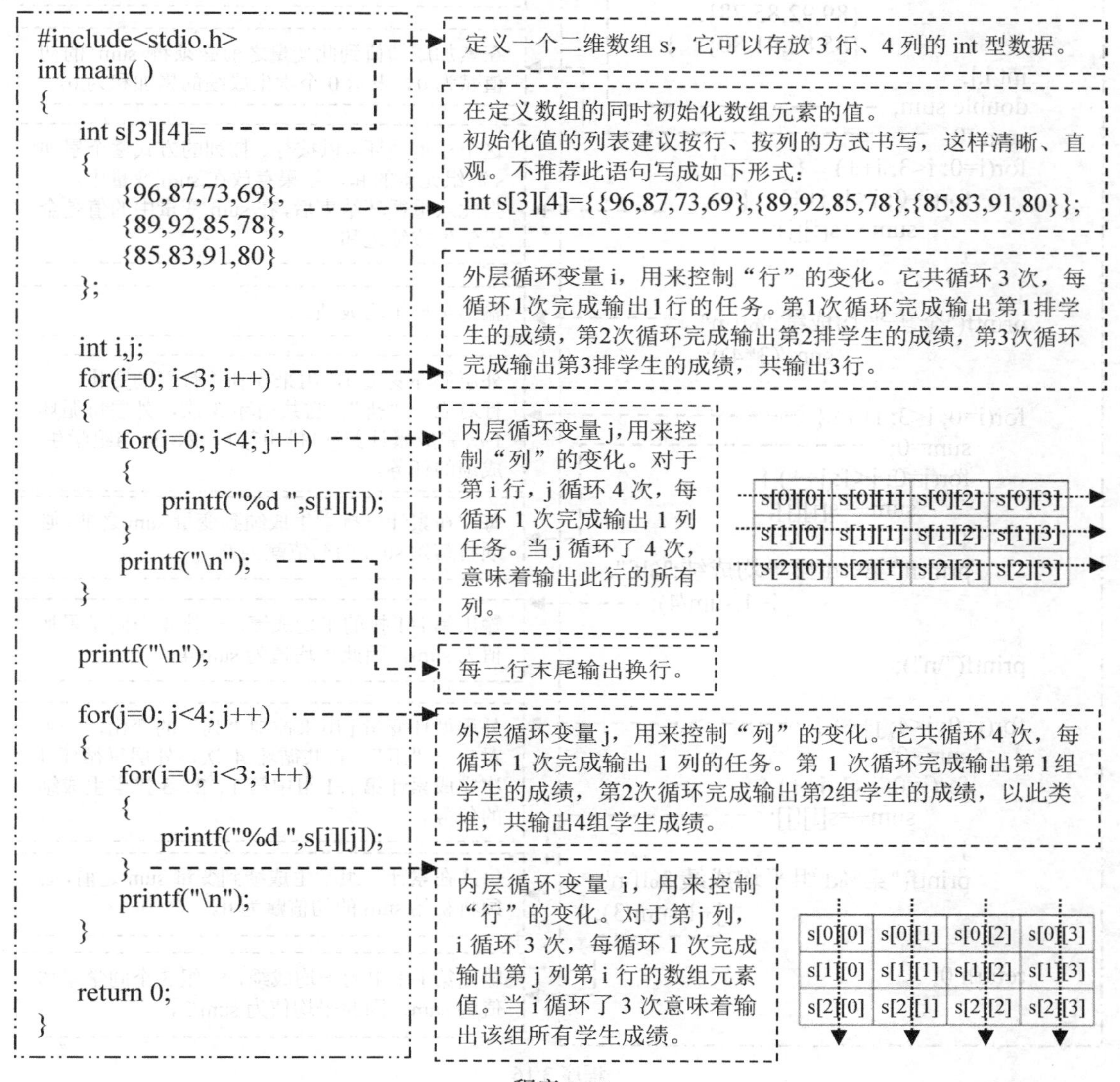

程序 3.15

在以上演练任务中，应注意双重循环的循环变量与数组中行标和列标的对应关系以及输出数组元素时的行和列的变化规律。

演练任务 2：先输出全班平均成绩，再输出每一排同学的平均成绩，然后输出每一组同学的平均成绩。直接利用二维数组下标的行、列与座位的排组对应关系即可实现。代码如程序 3.16 所示，结果如运行结果 3.1 所示。

```c
#include<stdio.h>
int main( ){
    int s[3][4]={  {96,87,73,69},
                   {89,92,85,78},
                   {85,83,91,80}  };
    int i,j;
    double sum;
    sum=0;
    for(i=0; i<3; i++)   {
        for(j=0; j<4; j++)   {
            sum+=s[i][j];
        }
    }
    printf("全班平均成绩:%lf\n",
                sum/(3*4));

    for(i=0; i<3; i++) {
        sum=0;
        for(j=0; j<4; j++) {
            sum+=s[i][j];
        }
        printf("第%d 排平均成绩:%lf ",
                    i+1,sum/4);
    }
    printf("\n");

    for(j=0; j<4; j++) {
        sum=0;
        for(i=0; i<3; i++) {
            sum+=s[i][j];
        }
        printf("第%d 组平均成绩:%lf\n",
                    j+1,sum/3);
    }
    return 0;
}
```

注意，在此将 sum 变量定义为双精度浮点型，以便在计算全班平均值 sum/(3*4)时能够执行浮点数除法，使结果的小数部分得以保留。

在累加成绩值到此变量之前必须将 sum 的初值赋为 0。表示 0 个学生成绩的累加和为 0。

这个双重循环，以按行、按列的方式逐个累加 s 数组元素的和，结果存放在 sum 变量中。当此双重循环结束后，在 sum 变量中的值是全班学生成绩之和。

输出全班平均成绩。

外层循环变量 i，用来控制“行”的变化，一行对应一“排”。它共循环 3 次，外层每循环 1 次完成累计第i+1排中第1、2、3、4组学生成绩的任务。

每次在累计一排学生成绩到变量 sum 之前，必须将初始 sum 的初值赋为 0。

输出第 i+1 排的平均成绩，一排 4 个同学累加值为 sum，因此平均值为 sum/4。

外层循环变量 j 用来控制“列”的变化，一列对应一“组”。它共循环 4 次，外层每循环 1 次完成累计第 j+1 组中第 1、2、3 排学生成绩的任务。

每次在累计一组学生成绩到变量 sum 之前，必须将初始 sum 的初值赋为 0。

输出第 j+1 组的平均成绩，一组 3 个同学累加值为 sum，因此平均值为 sum/3。

程序 3.16

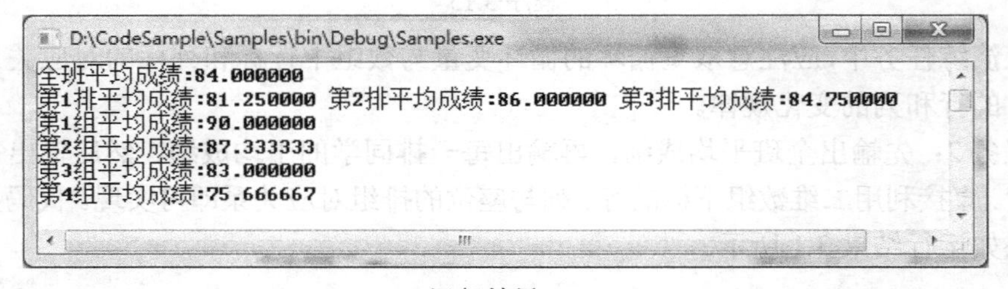

运行结果 3.1

3.3.4 二维数组的应用

编程任务 3.7：图像的简单叠加

任务描述：位图图像（Bitmap Image）可以看成像素的矩阵，每个像素的值表示该像素的颜色。现在将两幅尺寸完全相等的图像叠加，叠加后的结果像素值为对应位置的两幅图像像素值之和。这样叠加后，在图像编辑中能起到特殊的效果。每个像素的值为 0～255。像素值叠加后和超过 255 的按 255 计。

输入：第一行给定两个数，图像的大小 m、n，图像为 m 行、n 列个像素，0<m、n<100。其后有两个 m×n 的矩阵，输入的两个矩阵之间由空行隔开。

输出：输出叠加后的图像。注意，同行的两个数据之间用空格分隔，但行首、行尾没有空格。

输入举例：

```
3 4
1 2   3  4
5 6   7  8
9 10 11 12

13 14 15 16
17 18 19 20
21 22 23 254
```

输出举例：

```
14 16 18 20
22 24 26 28
30 32 34 255
```

分析：两幅图像的宽度和高度是相同的。图像的叠加，就是将两幅图像中对应位置的像素值相加，即 a[i][j]+b[i][j]→c[i][j]，如果和超过 255，则按 255 计。

以“输入举例”的数据为例，本编程任务的计算过程如图 3.19、图 3.20 和图 3.21 所示。

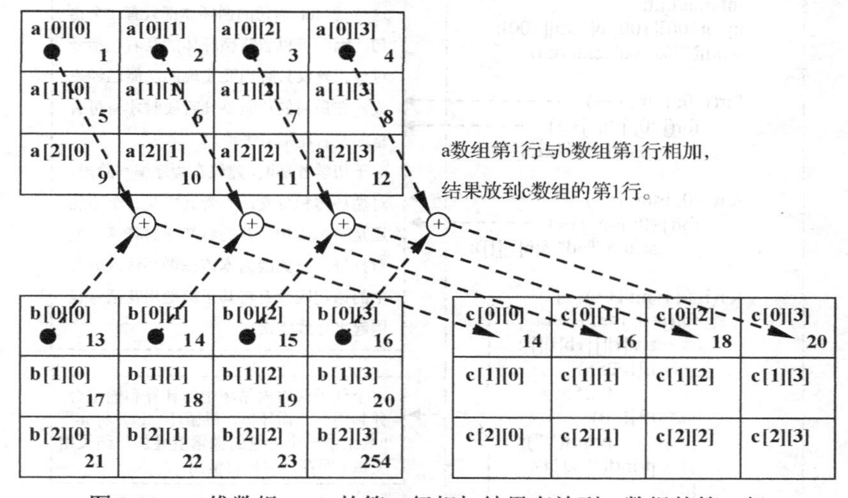

图 3.19　二维数组 a、b 的第 1 行相加结果存放到 c 数组的第 1 行

本编程任务的代码如程序 3.17 所示。

在程序 3.17 中不难发现，仅对于完成此任务来说，二维数组 c 不是必需的，可以省略，因此修改后的代码如程序 3.18 所示。

```c
#include<stdio.h>
int main( ){
    int m,n,i,j;
    int a[100][100] , b[100][100];
    scanf("%d %d",&m,&n);

    for(i=0;i<m;i++)
        for(j=0;j<n;j++)
            scanf("%d",&a[i][j]);

    for(i=0;i<m;i++)
        for(j=0;j<n;j++)
            scanf("%d",&b[i][j]);

    int c[100][100];
    for(i=0;i<m;i++)
        for(j=0;j<n;j++) {
            c[i][j]=a[i][j]+b[i][j];
            if(c[i][j]>255)
                c[i][j]=255;
        }

    for(i=0;i<m;i++) {
        for(j=0;j<n;j++) {
            if(j!=0)
                printf(" ");
            printf("%d",c[i][j]);
        }
        printf("\n");
    }

    return 0;
}
```

定义两个二维数组 a、b，它们最大可以存放 100 行、100 列 int 型数据。这个是根据编程任务中输入数据中图像的最大行数和列数确定的。

输入图像的行数 m、列数 n。

此段代码功能：输入数据到数组 a。按输入的行、列顺序，将第1幅图像的像素值存放到二维数组 a 相应位置的元素中。外层循环变量 i 控制"行号"，内层循环变量 j 控制"列号"。a[i][j]表示二维数组 a 中第 i 行、第 j 列的元素，它是一个 int 型变量。

此段代码功能：输入数据到数组 b。按输入的行、列顺序，将第 2 幅图像的像素值存放到二维数组 b 相应位置的元素中。外层循环变量 i 控制"行号"，内层循环变量 j 控制"列号"。b[i][j]表示二维数组 b 中第 i 行、第 j 列的元素，它是 int 型变量。

在此定义了一个 c 数组，它的大小与数组 a、b 相同，用来存放叠加后的图像像素值。

此段代码功能：完成两幅图像叠加计算。外层循环变量 i 控制"行号"，内层循环变量 j 控制"列号"。遍历 a、b 中每个数组元素 a[i][j]、b[i][j]，计算结果存放到 c[i][j]。按照编程任务要求，如果叠加结果大于 255，则修改为 255。此双重循环结束后，a、b 两幅图像叠加的结果存在 c 数组中。

此段代码功能：输出结果数组 c 的值。外层循环变量 i 控制"行号"，内层循环变量 j 控制"列号"。遍历 c 中每个数组元素 c[i][j]。注意，为了防止行首或行尾产生多余的空格。此双重循环结束后，结果图像的输出即完毕，没有任何多余输出。

程序 3.17

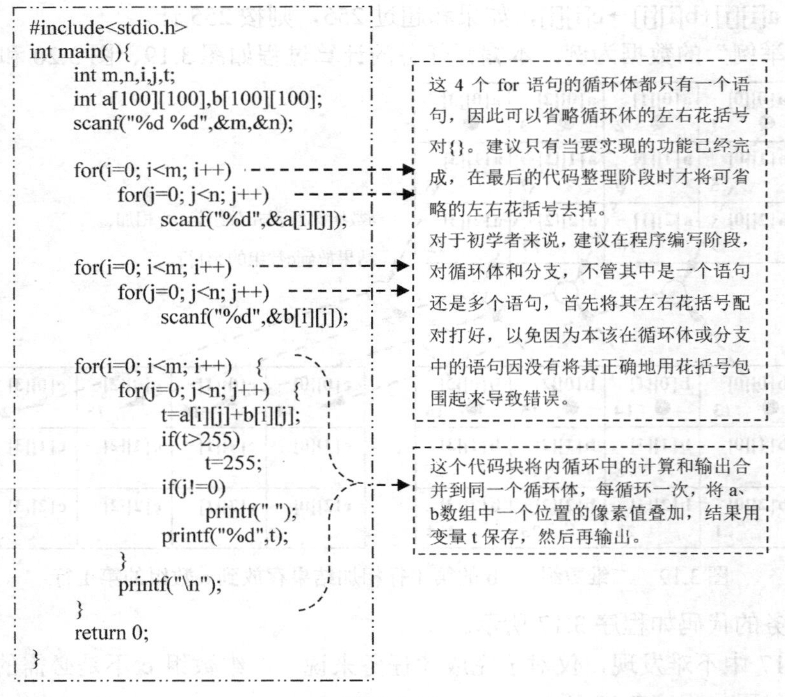

```c
#include<stdio.h>
int main(){
    int m,n,i,j,t;
    int a[100][100],b[100][100];
    scanf("%d %d",&m,&n);

    for(i=0; i<m; i++)
        for(j=0; j<n; j++)
            scanf("%d",&a[i][j]);

    for(i=0; i<m; i++)
        for(j=0; j<n; j++)
            scanf("%d",&b[i][j]);

    for(i=0; i<m; i++)    {
        for(j=0; j<n; j++)    {
            t=a[i][j]+b[i][j];
            if(t>255)
                t=255;
            if(j!=0)
                printf(" ");
            printf("%d",t);
        }
        printf("\n");
    }
    return 0;
}
```

这 4 个 for 语句的循环体都只有一个语句，因此可以省略循环体的左右花括号对{}。建议只有当要实现的功能已经完成，在最后的代码整理阶段时才将可省略的左右花括号去掉。对于初学者来说，建议在程序编写阶段，对循环体和分支，不管其中是一个语句还是多个语句，首先将其左右花括号配对打好，以免因为本该在循环体或分支中的语句因没有将其正确地用花括号包围起来导致错误。

这个代码块将内循环中的计算和输出合并到同一个循环体，每循环一次，将 a、b数组中一个位置的像素值叠加，结果用变量 t 保存，然后再输出。

程序 3.18

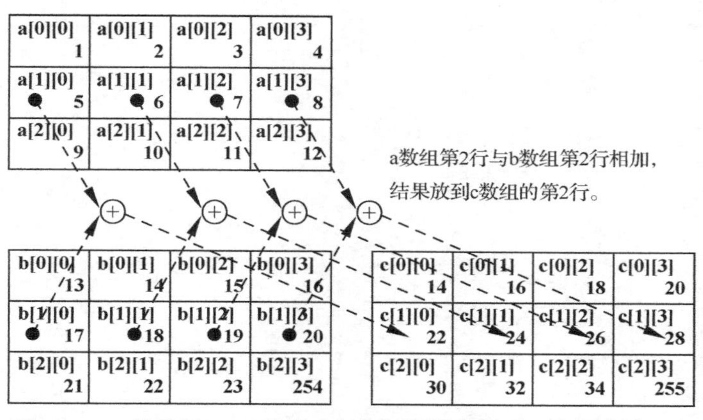

图 3.20　二维数组 a、b 的第 2 行相加结果存放到 c 数组的第 2 行

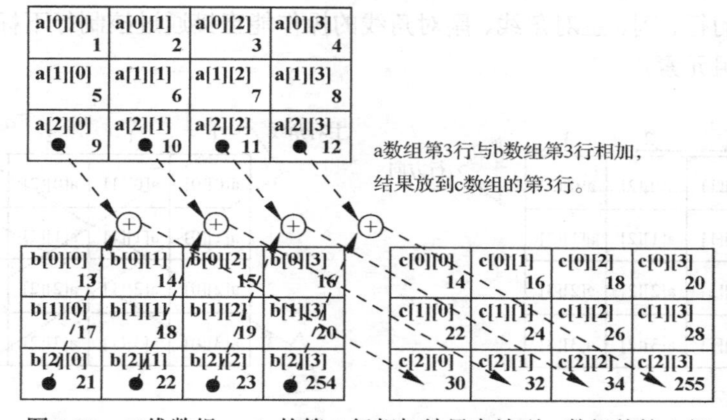

图 3.21　二维数组 a、b 的第 3 行相加结果存放到 c 数组的第 3 行

编程任务 3.8： 图像抽丝

任务描述： 有一幅有 m×m 像素的图像，0<m≤1000，在某图像处理中需要提取该图像中的某行、列、主对角线或副对角线上的元素，请编程实现按要求提取像素的操作。

输入： 第一行有一个整数 m，其后的 m 行每行 m 个表示像素值的整数。接下来的第一行有一个正整数表示提取像素操作次数 k。其后的 k 行，每行有以下 4 种情况。

（1）-1 n 表示提取图像的第 n 行像素。行从 1 开始由上往下依次编号。

（2）1 n 表示提取图像的第 n 列像素。列从 1 开始由左往右依次编号。

（3）-2 表示提取图像的主对角线像素。主对角线是指左上角与右下角的连线。

（4）2 表示提取图像的副对角线像素。副对角线是指右上角与左下角的连线。

输出： 输出 k 行，每个操作输出占一行，同行数据之间用空格分隔。

输入举例：

4

13 21 45 36

62 22 97 18

37 44 56 40

28 50 39 67

5

1 2

-1 4
-1 1
2
-2

输出举例：

21 22 44 50
28 50 39 67
13 21 45 36
36 97 44 28
13 22 56 67

分析：如图 3.22 所示，对于按行、按列组织的图像像素可用二维数组表示，本编程任务中访问二维数组的行、列、主对角线、副对角线的操作能直接通过控制行下标和列下标的变化依次访问这些数组元素。

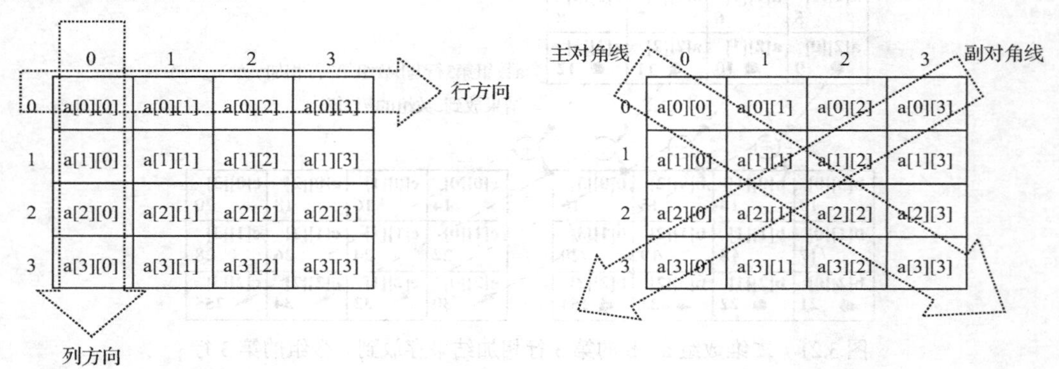

图 3.22　二维数组中行、列方向、主对角线、副对角线方向示意图

通过观察图 3.22，我们得到各个方向的下标变化规律。

（1）行方向：行标不变，列标依次取 0～n-1。

（2）列方向：列标不变，行标依次取 0～n-1。

（3）主对角线方向：行标和列标同时取 0～n-1。

（4）副对角线方向：行标取 0～n-1，列标取 n-1～0。

有了以上规律，本任务的编程就容易实现了，如程序 3.19 所示。

```c
#include <stdio.h>
int a[1000][1000];
int main( ){
   int m,n,i,j,k,act;
   scanf("%d",&m);
   for(i=0;i<m;i++)
      for(j=0;j<m;j++)
         scanf("%d",&a[i][j]);

   scanf("%d",&k);
   while(k--) {
      scanf("%d",&act);
      switch(act)   {
         case -1:
         scanf("%d",&n);
         for(j=0;j<m-1;j++)
               printf("%d ",a[n-1][j]);
         printf("%d\n",a[n-1][j]);
         break;

         case 1:
         scanf("%d",&n);
         for(i=0;i<m-1;i++)
               printf("%d ",a[i][n-1]);
         printf("%d\n",a[i][n-1]);
         break;

         case -2:
         for(i=0;i<m-1;i++)
               printf("%d ",a[i][i]);
         printf("%d\n",a[i][i]);
         break;

         case 2:
         for(i=0;i<m-1;i++)
               printf("%d ",a[i][m-1-i]);
         printf("%d\n",a[i][m-1-i]);
         break;
      }
   }
   return 0;
}
```

a 为全局数组，存放此任务的图像最大为 1000×1000 像素，对于这样的大数组，不宜定义为局部变量，因为局部变量存储在函数的栈空间，如果太大将导致栈溢出。全局变量存在数据段，能开辟的存储空间比局部变量的存储空间大。

二重 for 循环实现将 m 行、m 列像素输入到二维数组 a 中。a[i][j]表示二维数组 a 中的第 i 行、第 j 列，此处 a[i][j]可以看作一个 int 型变量。

根据操作的类型分别处理。

act 值为-1，表示是要输出行。

从输入行号值到变量 n 中。

此循环输出 a 数组行标为 n-1、列标为 0 ～ m-2 的元素值 a[n-1][0], a[n-1][1], …, a[n-1][m-2]。每个元素后输出一个空格。

输出第 n-1 行的最后一个元素 a[n-1][m-1]的值，其后输出回车。

输出行的操作至此完成，一定要用 break 语句跳出 switch 结构。

与之类似，此块代码实现的功能是输出第 n 列的元素 a[0][n-1], a[1][n-1],…, a[m-1][n-1]，元素之间以空格分隔，最后元素后只输出回车不再输出空格。

与之类似，此块代码实现的功能是输出主对角线元素 a[0][0], a[1][1],…, a[m-1][m-1]。以空格分隔，末尾只有回车无空格。

与之类似，此块代码的功能是输出副对角线元素 a[0][m-1], a[1][m-2],…, a[m-1][0]。以空格分隔，末尾只有回车无空格。

程序 3.19

程序的运行结果与测试如运行结果 3.2 所示。其中，指向梯形内的箭头图表示“输入”，指向梯形外的箭头图表示“输出”。

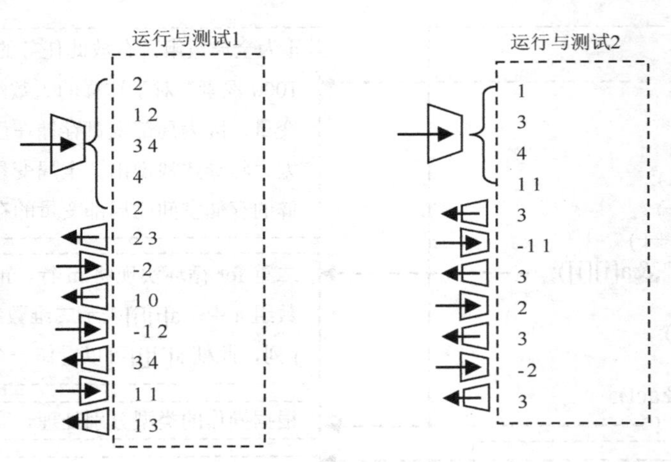

运行结果 3.2

小知识：

二维数组元素在计算机中的存储有两种方式，C 语言采用行优先存储方式，MATLAB 采用列优先存储方式。例如，对于 2 行、4 列的二维数组两者的存放顺序如下。

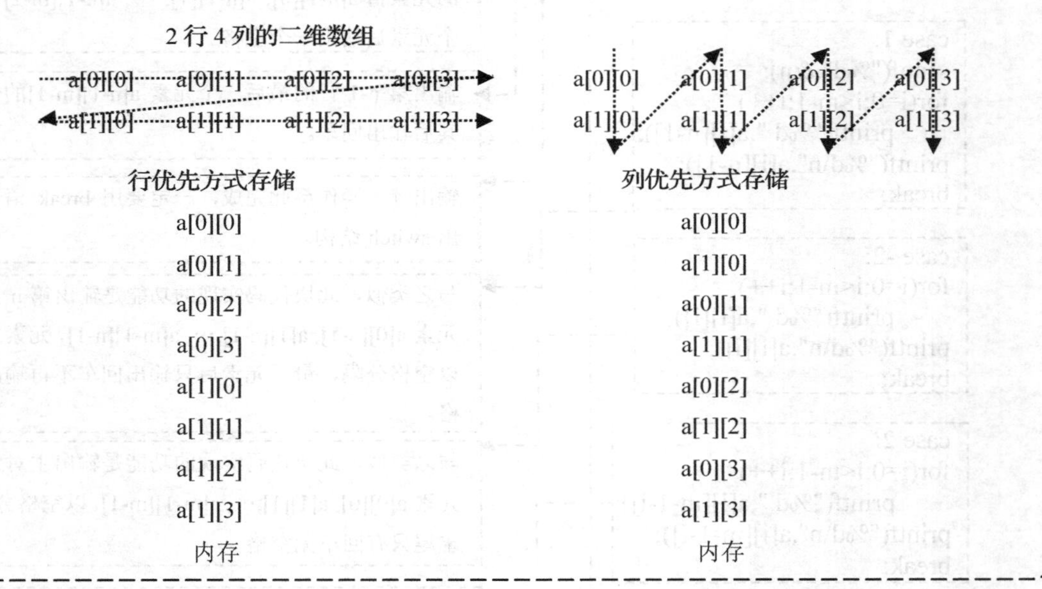

3.4 其他

3.4.1 数组的拓展——多维数组

三维数组可与空间坐标系联系在一起。

但在本质上，如果维度之间每一维互不相关，那么多维数组可以对应不同维度的物理量。

如田间试验：按照温度、湿度、光照、肥料、田间管理等多个维度。

三维数组的定义举例：double t[3][4][5];定义了 3 行、4 列、5 层的三维数组。

三维数组元素访问举例：a[2][3][4]=37.83；printf("%lf",a[2][3][4]);。

超过三维的数组也是允许的，但应注意每一维的大小和总大小在适当的范围内，否则会因没有足够的连续内存空间分配而引起“运行时错”。

3.4.2 二维数组与一维数组的关系

二维数组也可以看作数组元素为一维数组的一维数组。每行可看成一维数组的一个元素。如图 3.23 所示，可将 a 数组看成由 a[0]、a[1]、a[2] 3 个元素构成的一维数组。

a[0]又是一个由 a[0][0],a[0][1],a[0][2],a[0][3]构成的一维数组。

a[1]又是一个由 a[1][0],a[1][1],a[1][2],a[1][3]构成的一维数组。

a[2]又是一个由 a[2][0],a[2][1],a[2][2],a[2][3]构成的一维数组。

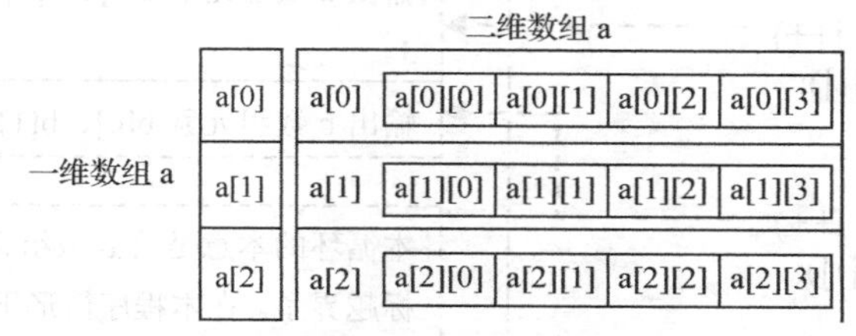

图 3.23 二维数组与一维数组关系示意图

3.4.3 数组下标越界

在 C 语言中，数组下标越界控制必须由程序设计者负责，也就是程序设计者需要在代码中保证所访问的数组元素下标不超出范围，否则可能导致运行时错误或程序结果错误。

典型的错误代码如下。

```
int a[10];
for(i=1;i<=10;i++)
   scanf("%d",&a[i]);
```

错误分析：以上数组定义 int a[10];语句表明，数组中只能存放 10 个元素，因为下标从 0 开始，下标最大只能为 9。而在 for 循环中，当 i 取到 10，访问 a[i]也就是访问 a[10]，此时数组下标越界了。

程序 3.20 展示了因为数组越界而产生的诡异结果，如运行结果 3.3 所示。

造成上述奇怪结果的原因如图 3.24 所示，因为此时数组 b 与数组 a 在内存的存储位置正好如图所示的前后相邻，当越界访问数组元素 b[2]、b[3]、b[4]时，实际上等价于访问数组元素 a[0]、a[1]、a[2]。

```
#include <stdio.h>
#define SIZE_A 3
#define SIZE_B 2

int main( ){
        int a[SIZE_A];
        int b[SIZE_B];
        int i;
        for(i=0; i<SIZE_A; i++)
                a[i]=i+1;

        for(i=0; i<SIZE_B; i++)
                b[i]=(i+1)*10;

        for(i=0; i<SIZE_A; i++)
                printf("%d ",a[i]);
        printf("\n");

        for(i=0; i<SIZE_B; i++)
                printf("%d ",b[i]);
        printf("\n");

        for(i=0; i<SIZE_A+SIZE_B; i++)
                b[i]+=100;

        for(i=0; i<SIZE_A; i++)
                printf("%d ",a[i]);
        printf("\n");

        for(i=0; i<SIZE_B; i++)
                printf("%d ",b[i]);
        printf("\n");

        return 0;
}
```

利用预处理指令#define 定义了 SIZE_A 常量，其值为3，定义了 SIZE_B 常量，其值为2。它们分别用来表示数组 a、b 的大小。

数组 a 的大小为可以存放 3 个整数。
数组 b 的大小为可以存放 2 个整数。

给 a 数组元素 a[0]、a[1]、a[2]分别赋值为 1、2、3。

给 b 数组元素 b[0]、b[1]分别赋值为 10、20。

输出 a 数组元素 a[0]、a[1]、a[2]的值，结果为 1、2、3。

输出 b 数组元素 b[0]、b[1]的值，结果为 10、20。

本循环的本意是给 b 数组元素值增加 100，但数组下标越界了。在本程序情形下恰好越界到数组 a 所在的存储空间。因此，不仅是数组 b 的值被修改，数组 a 的值也被修改，在原来值的基础上增加了 100。请注意，修改数组 a 中的元素值，不是通过 a[i]+=100 的方式实现的，而是通过 b[i]+=100 实现的。

再次输出 a 数组元素 a[0]、a[1]、a[2]的值，结果不再是原来的 1、2、3，而是 101、102、103。数组 a 的值被“神不知鬼不觉”地修改了，给程序埋下了难以察觉的错误。

再次输出数组b中元素b[0]、b[1]，结果为110、120。

程序 3.20

运行结果

```
1 2 3
10 20
101 102 103
110 120
```

1 2 3 → a 数组的值，结果正常。

10 20 → b 数组的值，结果正常。

101 102 103 → a 数组的值，结果不正常，a 数组的值被莫名其妙地修改了。

110 120 → b 数组的值，结果正常，b 数组元素的值在原来基础上增加了 100。

运行结果 3.3

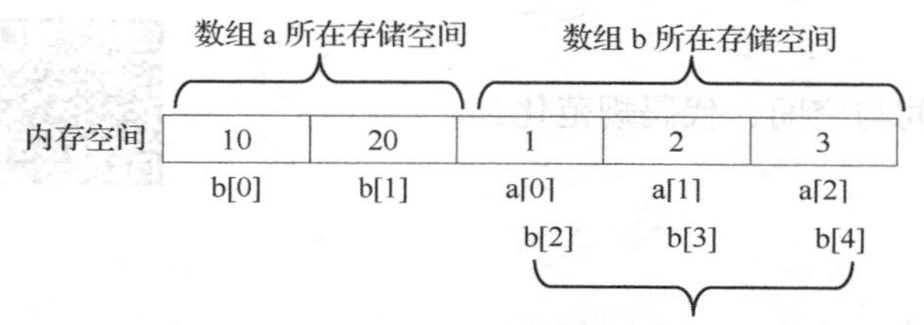

图 3.24 数组访问越界示意图

3.4.4 数组定义时的大小能否为变量

在实际编程中，我们经常会遇到数组中元素的个数在运行时才能给出，我们很自然地希望数组定义时的大小能用变量。遵循 C99 标准的 C 编译器支持数组定义时大小为变量，但应该注意的是，作为数组的大小的变量，其值必须在数组定义语句被执行时已经有确定的值。

例如，对于某次实验有 n 个数据，我们将它们存放到数组 a 中，在遵循 C99 标准的编译后，可以定义大小为变量的数组。代码如程序 3.21 所示。

```
#include <stdio.h>
int main() {
    int n,i;
    scanf("%d",&n);
    int a[n];
    for(i=0; i<n; i++)
        scanf("%d" ,&a[i]);
    for(i=0;i<n;i++)
        printf("%d ",a[i]);
    return 0;
}
```

变量 n 的值在运行时根据输入的值才能确定。
请注意，此处定义数组时，其大小为 n，n 不是在运行前预先确定的，而是在运行时，由用户输入后才能确定的。
当程序执行到 int a[n];语句时，变量已经有了确定值，遵循 C99 以后标准的编译器支持这种数组定义方式。

程序 3.21

即使是编译器允许定义大小为变量的数组，该变量的值也必须在数组定义时已获得了正确的值。程序 3.22 所示代码是有错误的。

```
#include <stdio.h>
int main() {
    int n,i;
    int a[n];
    scanf("%d",&n);
    for(i=0; i<n; i++)
        scanf("%d" ,&a[i]);
    for(i=0;i<n;i++)
        printf("%d ",a[i]);
    return 0;
}
```

此程序有错误。此程序在运行后，因异常而立即终止。
此程序与以上程序的区别仅在于对调了这两个语句的先后顺序。此时，因为执行到数组a的定义语句时，表示其大小的变量n的值是没有初始化的值（实际值是一个不能预料的值），从而导致数组所需内存空间分配失败，进一步到程序异常退出。

程序 3.22

知识拓展：（如果对此部分内容感兴趣，请扫描二维码）

1．本章综合应用实例。

2．补充知识：程序的时间与空间、代码规范化。

本章小结

1．数组用来解决程序需要存放大量数据类型相同的数据的问题。也就是说，当程序需要保存一组具有相同性质或含义相同的数据时，就可使用数组。

2．数组一般与“循环结构”配合，用下标作为循环变量能方便、快捷地“遍历”数组的每个元素。一般来说，一维数组用一重循环遍历，二维数组用二重循环遍历，三维数组用三重循环遍历，以此类推。

3．数组是程序设计中最常用、最基础的数据结构，灵活运用数组是程序设计的基本功。

4．数组是内存空间被大量占用的主要因素。因此，使用数组的原则为适量和适用。

5．数组（包括一维数组、二维数组、多维数组）的共性。

（1）数组定义时，方括号中的常数确定了每一维的大小。

（2）位于数组名前的类型名规定了每个数组元素的数据类型。也就是说每个数组元素的类型相同。

（3）每个数组元素是一个单变量。

（4）数组名与数组在内存的起始地址对应。数组名是常量，不是变量。

（5）数组所占内存空间大小计算公式为：（第一维大小×第二维大小×…×第 n 维大小）×数组元素类型大小，单位为字节。

（6）数组所占用内存空间必须是连续的内存空间。

（7）数组每一维的大小的确定应以该维在实际需求的最大值为准。

（8）均以“数组名[第一维下标][第二维下标]…[第 n 维下标]”的方式访问数组元素。

（9）下标都是从 0 开始的。

（10）数组下标越界的检查需要程序员自己负责。

第 4 章　文本数据处理——字符串

在我们的日常生活中，使用计算机的绝大多数场合与文本处理相关。例如，写论文、交报告、做总结、发短信等诸如此类与文字编辑相关的工作，都离不开计算机对文本型数据的处理。在常用软件中，有许多与字处理相关的应用软件。例如，记事本（Windows 附件）、写字板（Windows 附件）、Microsoft Word、金山 WPS Office、Open Office、vi、Adobe Acrobat、Tex。这些应用程序有的不仅能处理文本，还可以处理多媒体信息。

文本是由字符构成的，多个字符构成的线性序列一般称为**字符串**。

文本型数据区别于数值型的数据独具特色。

（1）文本数据的存储方式是以数组形式存在的，每个数组元素存放一个**字符**。

（2）单个字符采用特定的编码，如英文字符采用 ASCII 码，中文字符使用 GB2313 编码或 Unicode 编码。

（3）文本类型数据的常用操作包括：赋值（字符串复制）、比较（字符串比较）、插入、删除、修改、查找。（这部分内容在“数据结构”中将详细阐述字符串类型。）

（4）C 语言中有一些常用的字符串处理库函数可供利用，在程序代码中需包含相应的头文件。一般代码的开始处写如下代码：#include <string.h>。

（5）虽然在 C 语言中没有专门的字符串数据类型，字符串一般用字符数组来实现，但在 C++、C#、Java 等面向对象的语言中，有专门的字符串类型可用。例如，C++的 string 类、C# 的 String 类、Java 的 String 类。

4.1　字符数据存储和处理

4.1.1　字符的编码

文本数据与数值型数据一样，必须以某种方式进行编码后，计算机才能存储和处理文本信息。按所属的语言类别，字符分为英文字符和中文字符。

1．英文字符的编码

英文字符的编码采用 ASCII 码（American Standard Code for Information Interchange，美国标准信息交换码），它实现了对字符 0～9、大小写字母、标点符号的编码，如表 4.1 所示。

ASCII 编码具有如下特点：共编码字符 128 个，从 0 开始顺序编码，最大编码为 127，占 1 字节；1 字节有 8 位，而 128 个编码只需 7 位；ASCII 编码只用低 7 位（二进制位），最高位为 0；如图 4.1 所示。

说明 1： ASCII 码可分为控制字符区、数字区、大写字母区、小写字母区、标点符号区。除第一个字符、最后一个字符以及控制字符外，其他字符为可打印字符。

表 4.1　ASCII 码

ASCII码值		字符	ASCII码值		字符	ASCII码值		字符	ASCII码值		字符
十进制	十六进制		十进制	十六进制		十进制	十六进制		十进制	十六进制	
0	00	(空字符)	32	20	(空格)	64	40	@	96	60	、
1	01	SOH	33	21	!	65	41	A	97	61	a
2	02	STX	34	22	”	66	42	B	98	62	b
3	03	ETX	35	23	#	67	43	C	99	63	c
4	04	EOT	36	24	$	68	44	D	100	64	d
5	05	ENQ	37	25	%	69	45	E	101	65	e
6	06	ACK	38	26	&	70	46	F	102	66	f
7	07	BEL	39	27	'	71	47	G	103	67	g
8	08	BS	40	28	(	72	48	H	104	68	h
9	09	HT	41	29	)	73	49	I	105	69	i
10	0A	LF	42	2A	*	74	4A	J	106	6A	j
11	0B	VT	43	2B	+	75	4B	K	107	6B	k
12	0C	FF	44	2C	,	76	4C	L	108	6C	l
13	0D	CR	45	2D	-	77	4D	M	109	6D	m
14	0E	SO	46	2E	.	78	4E	N	110	6E	n
15	0F	SI	47	2F	/	79	4F	O	111	6F	o
16	10	DLE	48	30	0	80	50	P	112	70	p
17	11	DCI	49	31	1	81	51	Q	113	71	q
18	12	DC2	50	32	2	82	52	R	114	72	r
19	13	DC3	51	33	3	83	53	X	115	73	s
20	14	DC4	52	34	4	84	54	T	116	74	t
21	15	NAK	53	35	5	85	55	U	117	75	u
22	16	SYN	54	36	6	86	56	V	118	76	v
23	17	TIB	55	37	7	87	57	W	119	77	w
24	18	CAN	56	38	8	88	58	X	120	78	x
25	19	EM	57	39	9	89	59	Y	121	79	y
26	1A	SUB	58	3A	:	90	5A	Z	122	7A	z
27	1B	ESC	59	3B	;	91	5B	[	123	7B	{
28	1C	FS	60	3C	<	92	5C	/	124	7C	|
29	1D	GS	61	3D	=	93	5D	]	125	7D	}
30	1E	RS	62	3E	>	94	5E	^	126	7E	~
31	1F	US	63	3F	?	95	5F	—	127	7F	DEL

控制字符区　　数字字符区　　大写字母区　　小写字母区

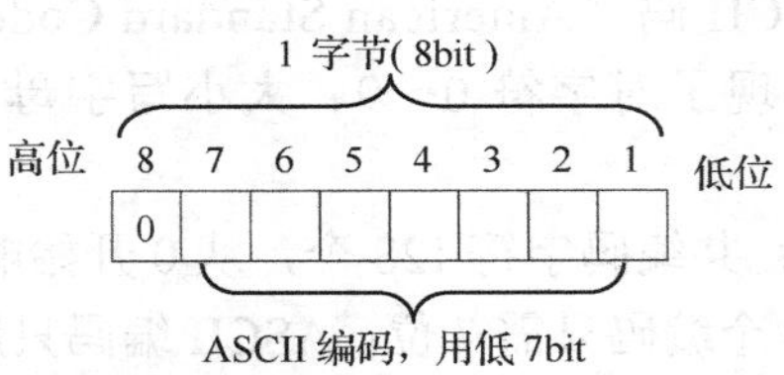

图 4.1　ASCII 码编码使用了 1 字节的低 7bit

说明 2：空字符和空格字符的区别。第一个字符为 ASCII 码值为 0 的字符，即空字符，用作字符串的结束符。而 ASCII 码值为 32 的空格字符是一个实实在在的字符。

说明 3：控制字符区中的字符主要是为控制打字机动作而设计的，其中仅有少数控制字符为常用，如表 4.2 所示。

表 4.2　ASCII 码表中控制字符区常用字符

ASCII 码值	字　　符	转义字符表示形式	英 文 全 称	含　　义
0	（空字符）	\0	Null char	空字符
8	BS	\b	Backspace	退格，相当于按键盘的退格键（Backspace 键）
9	HT	\t	Horizontal Tab	水平方向跳格，相当于按键盘的跳格键（Tab 键）
10	LF	\n	Line Feed	换行，将输出位置换到下一行
13	CR	\r	Carriage Return	回车，将输出位置定位到行首

说明 4：ASCII 码是英文字符的计算机编码，共 128 个，用一个字节的整数表示，最小值为 0，最大值为 127。程序 4.1 的功能：输出 ASCII 码表中全部字符（128 个），结果如运行结果 4.1 所示。

```
#include <stdio.h>
int main( ){
        int i;
        for(i=0;i<128;i++)
                printf("%c ",i);
        return 0;
}
```

这个程序能输出 ASCII 码表的全部 128 个字符。有些控制字符以图形符号显示。
for 循环直接列举从 0～128 的 ASCII 码值，格式控制符“%c”意味着以字符方式输出，即输出 ASCII 码值为 i 的字符。

需要理解的一个重要概念是：变量 i 的值是 int 整数型，但是输出结果，不是输出整数，而是输出字符。这说明英文“字符”在计算机中确实是用 0～127的“整数”表示的。
输出时格式控制符“%c”使输出的是“字符”而不是“整数”。

程序 4.1

运行结果 4.1

如果将程序 4.1 中的格式控制符%c 改为%d，则输出结果如运行结果 4.2 所示。

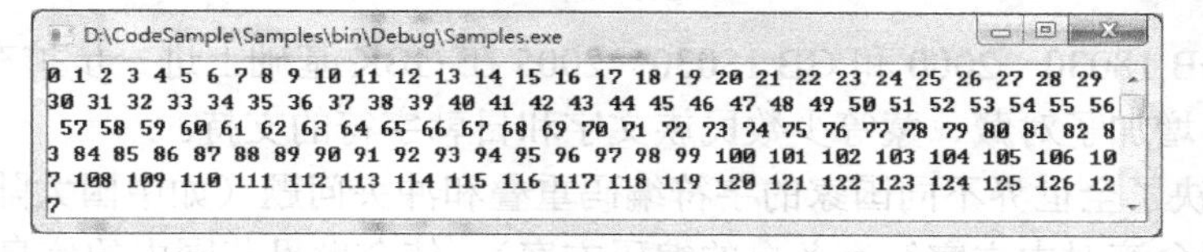

运行结果 4.2

2．中文编码奥秘初探

一个字节最多只能表示 256 个字符，这已足够编码英语国家的字符，但对于许多非英语语言来说（如中文、日文、韩文、阿拉伯文等），其字符数在几千到数万个，因此必须通过 2 个或 2 个以上的字节来表示。

我国中文字符编码标准 GB 2312—1980 采用双字节编码，两字节最高位均为 1，区别于英文字符 ASCII 码最高位为 0，这样就能实现中英文混排。编码容量为 2^{14}=16384 个，但

GB 2312—1980 只利用其中的 7445 个编码，包括 6763 个汉字和 682 个符号，只能满足常用汉字编码的需要。汉字编码范围为：高字节从 0xB0～0xF7，低字节从 0xA1~0xFE，占用码位 72×94=6768 个，其中有 5 个空位是 0xD7FA～0xD7FE。

GBK 即汉字内码扩展规范，它扩展了 GB2312，编码了古汉语等罕用字，共收录汉字 21003 个、符号 883 个，并提供 1894 个造字码位，很好地解决了简体繁体的表示，目前得到了广泛的应用和支持。GBK 采用双字节表示，高字节最高位必为 1，但低字节高位可为 0 或 1。具体编码范围为：高字节为 0x81～0xFE，低字节为 0x40～7E，0x80～0xFE，即低字节从 0x40～0xFE 中剔除 0x7F。

中文字符的 GBK 的编码方案如图 4.2 所示。

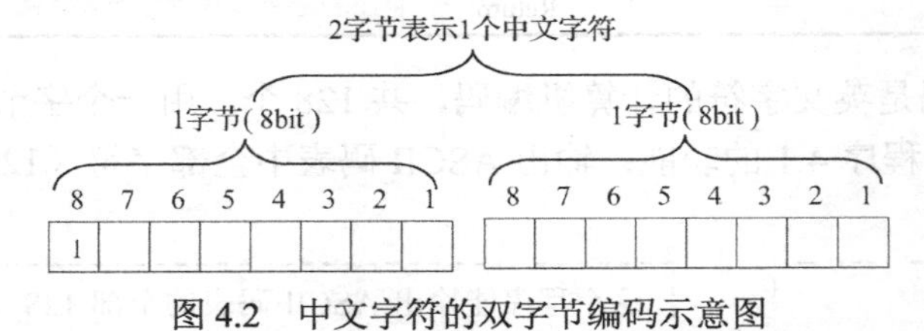

图 4.2 中文字符的双字节编码示意图

程序 4.2 展示利用 GBK 的双字节编码输出中文字符，结果如运行结果 4.3 所示。

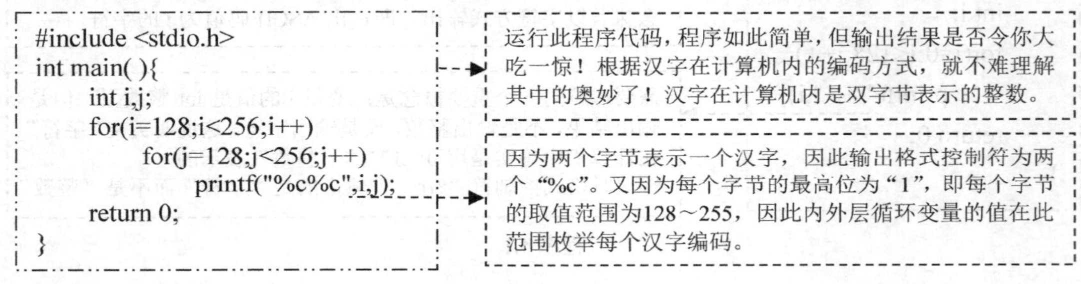

```c
#include <stdio.h>
int main( ){
    int i,j;
    for(i=128;i<256;i++)
        for(j=128;j<256;j++)
            printf("%c%c",i,j);
    return 0;
}
```


程序 4.2

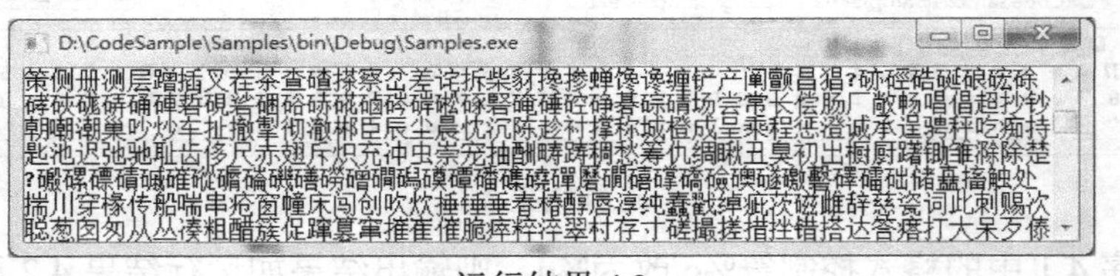

运行结果 4.3

国家标准 GB 18030—2000 和 GB 18030—2005 在 GBK 基础上进一步扩充，采用了 2 字节和 4 字节编码，增加了对藏、蒙等少数民族文字和日韩字符的支持。

Unicode 解决了全世界不同国家的字符编码重叠和冲突问题（如中国大陆、日本、韩国、中国香港、中国台湾对中文字符有各自的编码方案），使全世界范围内的信息交换更加通畅。Unicode 对全世界文字字符用统一的码点表示，码点为 0～0x10FFFF，共 1114112 个。目前 Unicode 最新版为 2013 年 9 月发布的 Unicode 6.3 版，它也仅使用了 11 万多个码点。Unicode 的具体实现方式有：UTF-8（采用 1、2、3、4 字节编码 1 个字符），UTF-16（采用 2 或 4 字节编码 1 个字符）、UTF-32（直接采用 4 字节编码 1 个字符），UTF 是 Unicode Transformation Foramt 缩写，即通用字符集转换格式。它们在字符存储和处理方面各有优缺点。它们都实现了对中文字符的全面支持。其中 UTF-8 最为常用，UTF-8 对中文字符编码通常为 3 字节，区别于 GBK 标准对中文字符的编码为 2 字节。

为了使计算机能够存储和处理各种字符，存储字符的关键是对字符进行编码。字符主要分为英文字符、中文字符、其他字符（如微信聊天中常用的表情符），英文字符是最基本的字符，在各种编码体系中均保留了与 ASCII 码的一致性，但除此之外的其他字符（如中文字符）可能因为使用编码体系不同，相同的字符在不同编码体系下有不同的编码，这就是非英文字符编码的复杂性。例如，汉字有 GB 2312 编码体系、GBK 编码体系、UTF-8 编码体系、UTF-16 编码体系、UTF-32、BIG5 编码体系等，对此有兴趣的读者请参考字符编码相关资料。

4.1.2　字符数据的存储

英文字符在计算机中是以 ASCII 码存储的，也就是说，在计算机中“字符”是用“整数”存储和表示的。

在第 4 章中，如果没有特别说明，“字符”是指 ASCII 字符，即通常所说的“英文字符”。

在 C 语言中，字符数据类型为 char，大小为 1 字节。1 个字符型变量只能存放 1 个字符，不能存放多个字符，多个字符的存储必须用字符数组实现。

字符常量用单引号表示，例如，'a'、'1'、'>'、'!'、'\0'（空字符）、'\t'（跳格字符）、'\n'（换行字符）'\r'（回车字符）。再如，char ch;　ch='a';(正确)，但 ch='abc';是错误的，ch="abc";也是错误的。

字符型数据在计算机中存储的实质就是其 ASCII 码值，即一个整数值。因此字符与整数在计算机内有天然的联系。为了理解此概念，请看小程序，代码如程序 4.3 所示。

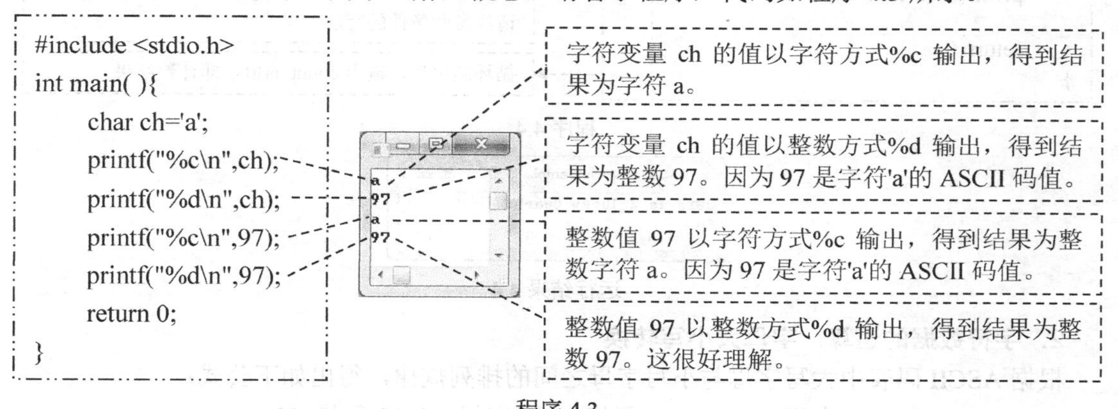

程序 4.3

4.1.3　字符数据的运算

ASCII 码是整数。因此，字符在计算机中的表示就是一个整数。输出时才根据字符的形状呈现为对应的字符而已。ASCII 码既然是整数，就可以执行整数的运算，如比较大小、算术运算等。当然，运算的含义需要赋予，以下是字符数据常见的运算。

1．字符数据的运算：比较大小

ASCII 码表是两个字符比较大小的依据，ASCII 码值大的字符大，ASCII 码值小的字符小，ASCII 码值相等的字符相等。例如，以下比较是成立的：'a' == 'a'　'8'=='8'　'[' == '['　'a' < 'b'　'A' < 'a'　'0' < '1'　'Z' < 'a'　'z' > 'h'　'b' > 'C'　'a' > 'Z'。

应用举例：统计以换行符结束的一行文本中大小写字母、数字的总个数，文本长度不超过

1000 字符。代码如程序 4.4 所示，结果如运行结果 4.4 所示。

> ASCII 码表中数字、字母的大小规律：
>
> （1）大写字母的 ASCII 码小，小写字母的 ASCII 码大；
>
> （2）任意大写字母“小于”任意小写字母；
>
> （3）大写字母按 A～Z 从小到大排列；
>
> （4）小写字母按 a～z 从小到大排列；
>
> （5）数字字符按'0'到'9'从小到大排列。

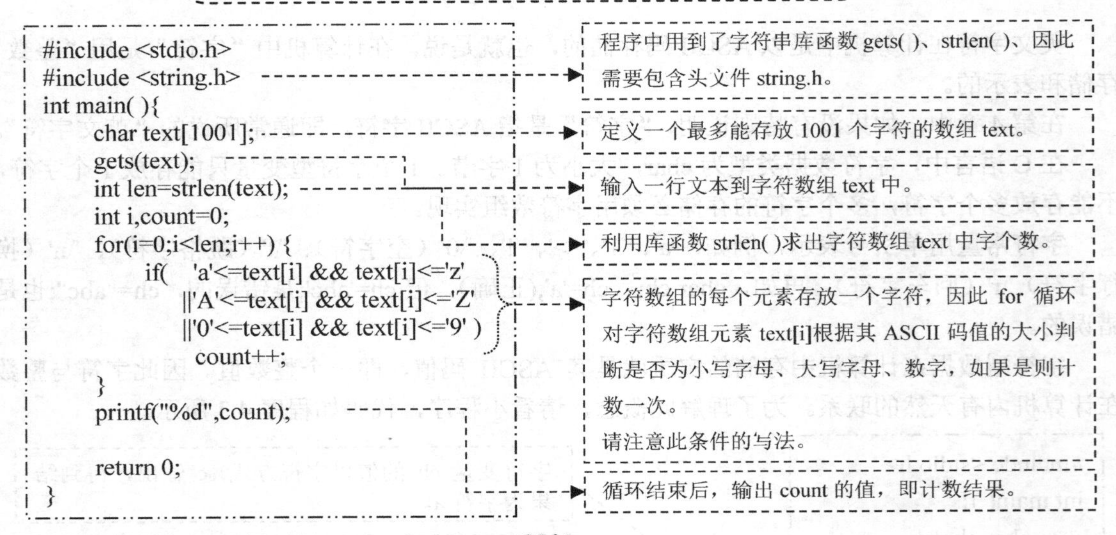

程序 4.4

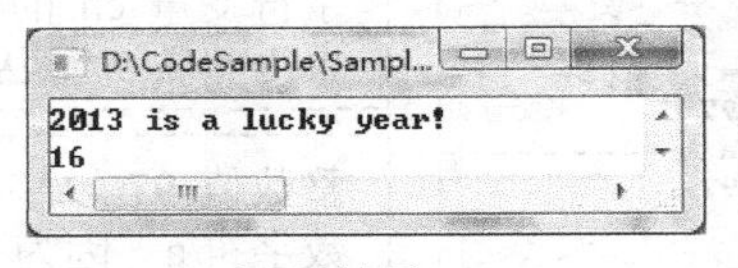

运行结果 4.4

2. 字符数据的运算：字母大小写转换

根据 ASCII 码表中大写字母与小写字母之间的排列规律，得出如下公式：

大写字母 ASCII 码值=小写字母 ASCII 码值−32

请看程序 4.5，它演示了大小写字母相互转换的方法。

3. 字符数据的运算：数字字符与对应的整数值之间的转换

数字字符'0'、'1'、'2'、'3'、'4'、'5'、'6'、'7'、'8'、'9'从小到大依次排列，相邻两个“数字字符”之间的 ASCII 码差值为 1，这与对应的 10 个“一位数”0、1、2、3、4、5、6、7、8、9 的排列顺序一致，并且相邻两个“一位整数”之间的差值也为 1。

根据以上条件，就可以得出“数字字符”和对应的“一位整数”之间的换算关系。

数字字符'0'对应的“整数 0”的值='0'的 ASCII 码−'0'的 ASCII 码=48−48=0

数字字符'1'对应的“整数 1”的值='1'的 ASCII 码−'0'的 ASCII 码=49−48=1

数字字符'2'对应的“整数 2”的值='2'的 ASCII 码−'0'的 ASCII 码=50−48=2

数字字符'3'对应的“整数 3”的值='3'的 ASCII 码−'0'的 ASCII 码=51−48=3

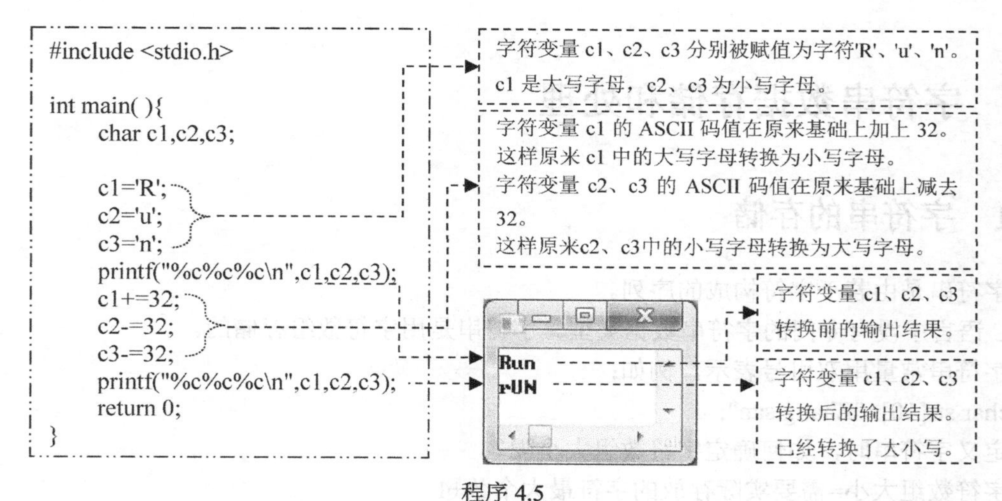

程序 4.5

数字字符'4'对应的“整数 4”的值='4'的 ASCII 码-'0'的 ASCII 码=52-48=4
数字字符'5'对应的“整数 5”的值='5'的 ASCII 码-'0'的 ASCII 码=53-48=5
数字字符'6'对应的“整数 6”的值='6'的 ASCII 码-'0'的 ASCII 码=54-48=6
数字字符'7'对应的“整数 7”的值='7'的 ASCII 码-'0'的 ASCII 码=55-48=7
数字字符'8'对应的“整数 8”的值='8'的 ASCII 码-'0'的 ASCII 码=56-48=8
数字字符'9'对应的“整数 9”的值='9'的 ASCII 码-'0'的 ASCII 码=57-48=9
综上所述，一般地，如果数字字符变量为 ch，那么它对应的“一位整数”值有如下公式：
d=ch-'0'
反之，如果“一位数”整数值为 d，那么它对应的数字字符 ch=d+'0'。
程序 4.6 展示了单个数字字符与它所表示的整数值之间的关系。

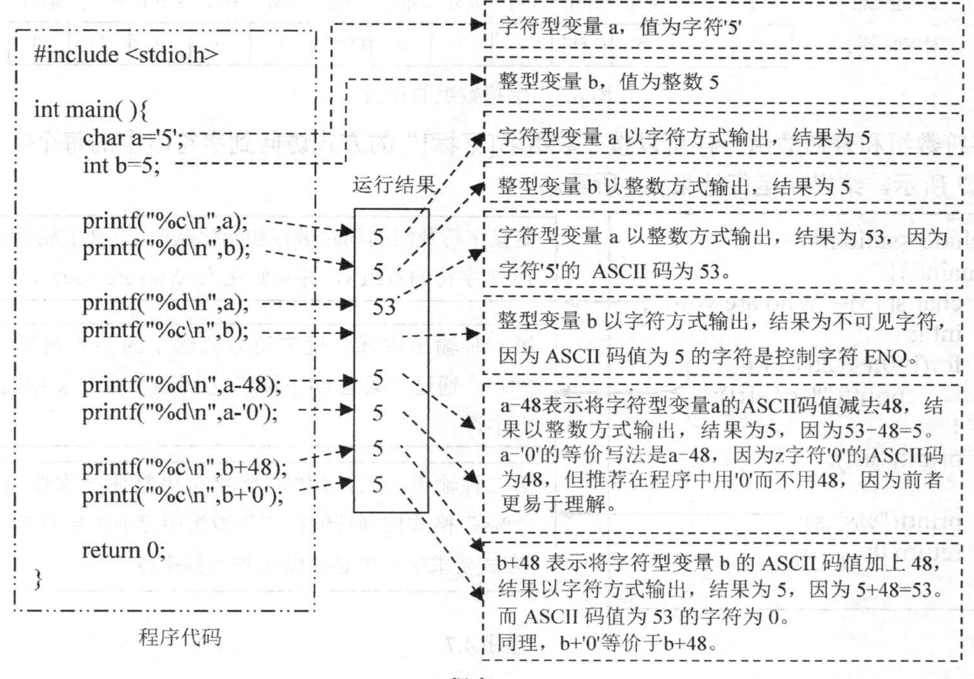

程序 4.6

4.2 字符串数据存储和处理

4.2.1 字符串的存储

字符串是由若干字符构成的序列。

C 语言中没有专门的字符串数据类型。字符串是用字符数组存储的。

字符串常量用双引号表示，例如：

char str[10]="Zhang san";

定义字符串时，如何确定字符数组大小呢？

字符数组大小=需要实际存放的字符最大个数+1

在此字符数组大小需要在实际存放的字符个数的基础上“+1”是因为一般需要给字符串末尾留出一个字符的位置存放空字符'\0'。空字符'\0'是 ASCII 码表中第 1 个字符，ASCII 码值为 0，其字符常量表示为'\0'。存放在字符串末尾的空字符表示字符串结束，它需占用 1 字节。

例如，存储字符串“Who are you?”，需要定义一个数组保存它，因为实际字符串长度为 12，那么字符数组的大小应该定义为 13，因为字符串末尾的空字符占据 1 个字符的存储空间。字符数组在定义时可以用常量字符串对数组进行初始化。例如，字符数组 s 的定义如下。

char s[13]= "Who are you? ";

此定义语句意味着在内存开辟了一块 13 字节的连续存储空间，数组名为 s，如图 4.3 所示。

数组下标	0	1	2	3	4	5	6	7	8	9	10	11	12
s数组元素值（字符ASCII码值）	87	104	111	32	97	114	101	32	121	111	117	63	0
s数组元素	s[0]	s[1]	s[2]	s[3]	s[4]	s[5]	s[6]	s[7]	s[8]	s[9]	s[10]	s[11]	s[12]
对应的字符	W	h	o	(空格)	a	r	e	(空格)	y	o	u	?	\0

图 4.3 字符数组的存储

字符数组和普通数组一样可以按“数组名[下标]”的方式访问到字符串中的每个字符。如程序 4.7 所示，结果如运行结果 4.5 所示。

```c
#include <stdio.h>
int main( ){
    char s[13]="Who are you?";
    int i;
    for(i=0;i<12;i++) {
        printf("%c",s[i]);
    }
    printf("\n");

    printf("%s",s);
    return 0;
}
```

定义字符数组的同时进行初始化赋值。定义了能够存放 13 个字符的数组 s，并初始化为"Who are you?"。

第一种输出方式，逐字符方式输出的格式控制符为"%c"。通过“数组名[下标]”方式逐个输出 s 中的 12 个字符。

第二种输出方式，用%s 将字符串整体一次性输出。“%s”格式控制符输出字符数组中存放的字符串。此方式要求字符串必须以'\0'作为结束符。

程序 4.7

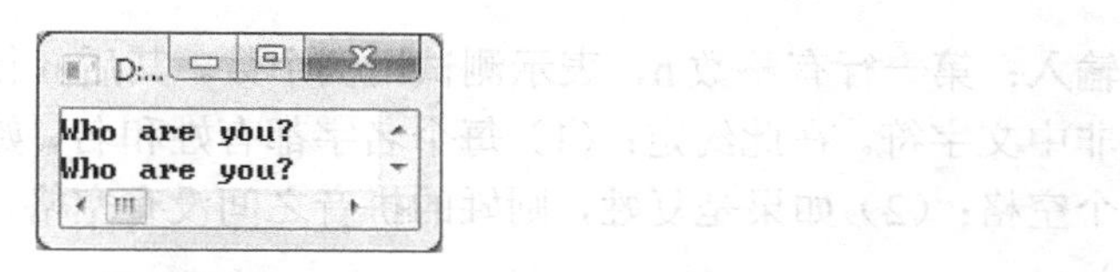

运行结果 4.5

4.2.2 文本型数据输入/输出

在 C 语言中，文本型数据输入/输出方式比较多样，各有特点和适用场合，必须熟悉每种方式才能在程序中灵活运用合适方式完成特定编程任务，如表 4.3 和表 4.4 所示。

表 4.3 文本型数据的输入方式

输入方式	输入方式举例	特 点	数据之间的分隔	遇文件尾时返回值	自动添加空字符'\0'的情况	适 用 场 合
逐个字符输入	char ch; scanf(“%c” ,&ch); char ch; ch=getchar( );	1 次只能接收输入 1 个字符。可以将任何字符输入，包括空格、回车、跳格	数据之间的分隔必须由程序判断，不忽略输入中任何字符	EOF	不会自动在输入的字符串末尾添加空字符'\0'	需要逐个字符处理的任务，或其他方式无法处理
逐个单词输入	char str[100]; scanf(“%s” ,&str);	1 次输入 1 个“单词”。 输入后，str 中不能有空格、回车、跳格字符	空格、回车（换行）、跳格作为分隔符，并且输入时被忽略	EOF	自动在输入的字符串末尾添加空字符'\0'	在用空格、回车、跳格作为输入数据之间分隔的场合
逐行或逐段输入	char str[100]; gets(str);	1 次输入 1 行（1 段）。 输入后，str 中不能有回车或换行字符	回车（换行）。输入时回车被忽略	NULL	自动在输入的字符串末尾添加空字符'\0'	以行为单位的文本处理。所谓“1 行”或“1 段”是指以换行符结束的文本

表 4.4 文本型数据的输出方式

输出方式	输出方式举例	输 出 结 果	特 点	适 用 场 合
逐个字符输出	char ch='A'; printf(“%c” ,&ch);	A	一次只能输出一个字符。输出字符串中可以包含任何字符	需要逐个字符输出的场合
	char ch='?'; putchar(ch);	?		
字符串整体输出	char str[100]= "Are you ready?\nYes, I am."; printf(“%s” ,str);	Are you ready? Yes, I am.	一次能将字符串整体输出，直到遇到空字符'\0'为止。输出字符串中可以包含任何字符	需要将字符串一次性整体输出的场合
	char str[100]="Here you are.\nThanks!"; puts(str);	Here you are. Thanks!		

编程任务 4.1：尊姓大名

任务描述：给定一个名字，请输出他（她）的姓和名。

输入：第一行有整数 n，表示测试用例个数。其后 n 行，每行一个名字。名字使用汉语拼音而非中文字符。在此约定：（1）每个名字都有姓和名，姓和名之间用一个空格分隔，名中可有多个空格；（2）如果是复姓，则姓的拼音之间没有空格，姓名的长度少于 100 个字符（包括空格）。

输出：每个测试用例输出 2 行。格式参见输出举例。

输入举例：

3
Mao Ze Dong
Ouyang Zheng Hua
Dong Zhao Pin Ting

输出举例：

Lastname:Mao
Firstname:Ze Dong
Lastname:Ouyang
Firstname:Zheng Hua
Lastname:Dong
Firstname:Zhao Pin Ting

分析：

方法 1：充分利用 scanf("%s",...)和 gets( )输入的特点，实现对输入的“姓”与“名”的正确解析。代码如程序 4.8 所示，结果如运行结果 4.6 所示。

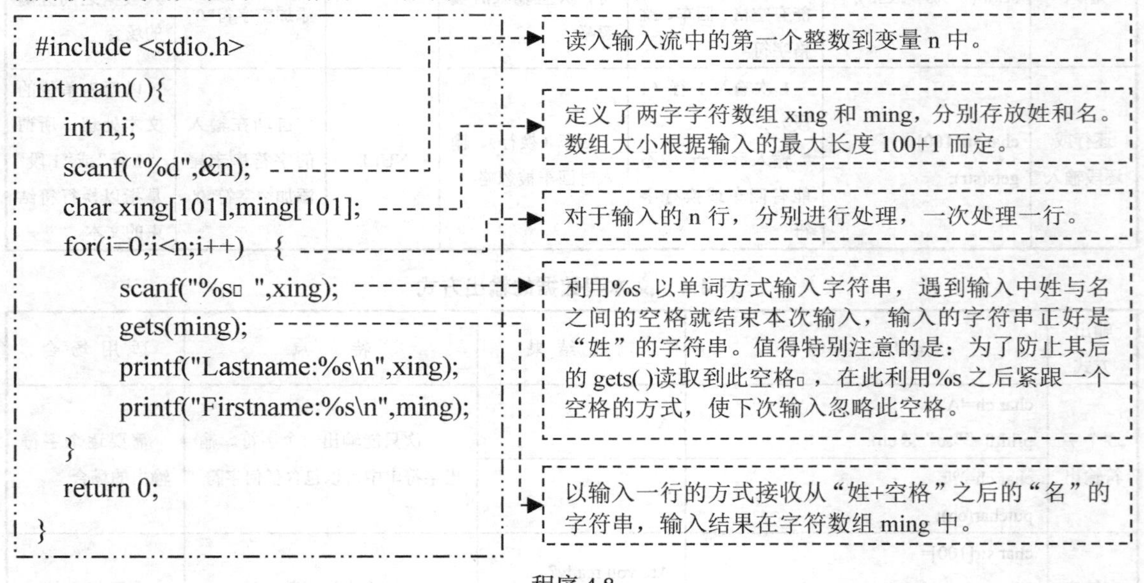

```
#include <stdio.h>
int main( ){
  int n,i;
  scanf("%d",&n);
  char xing[101],ming[101];
  for(i=0;i<n;i++)    {
      scanf("%s□ ",xing);
      gets(ming);
      printf("Lastname:%s\n",xing);
      printf("Firstname:%s\n",ming);
  }
  return 0;
}
```


程序 4.8

方法 2：根据本问题的特点，姓名字符串中第 1 个空格“□”之前的为“姓”，之后的为“名”。因此，可以对姓名字符数组中的字符逐个处理，先输出“姓”，直到遇到空格“□”为止。然后输出姓名中空格之后的全部字符即为“名”，如图 4.4 所示。代码如程序 4.9 所示。

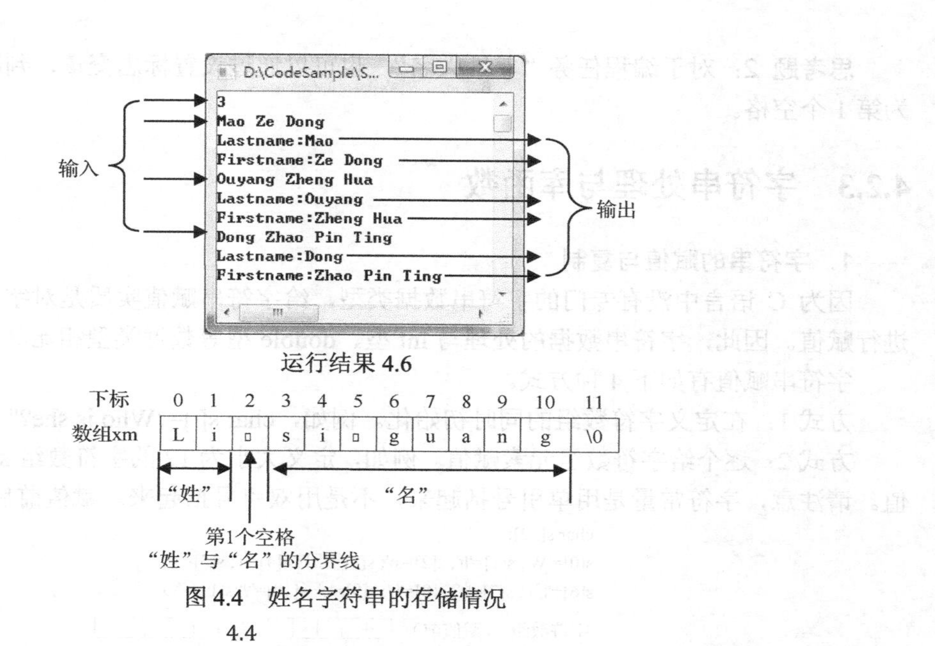

运行结果 4.6

下标	0	1	2	3	4	5	6	7	8	9	10	11
数组xm	L	i	␣	s	i	␣	g	u	a	n	g	\0

“姓”　“名”

第1个空格
“姓”与“名”的分界线

图 4.4　姓名字符串的存储情况

4.4

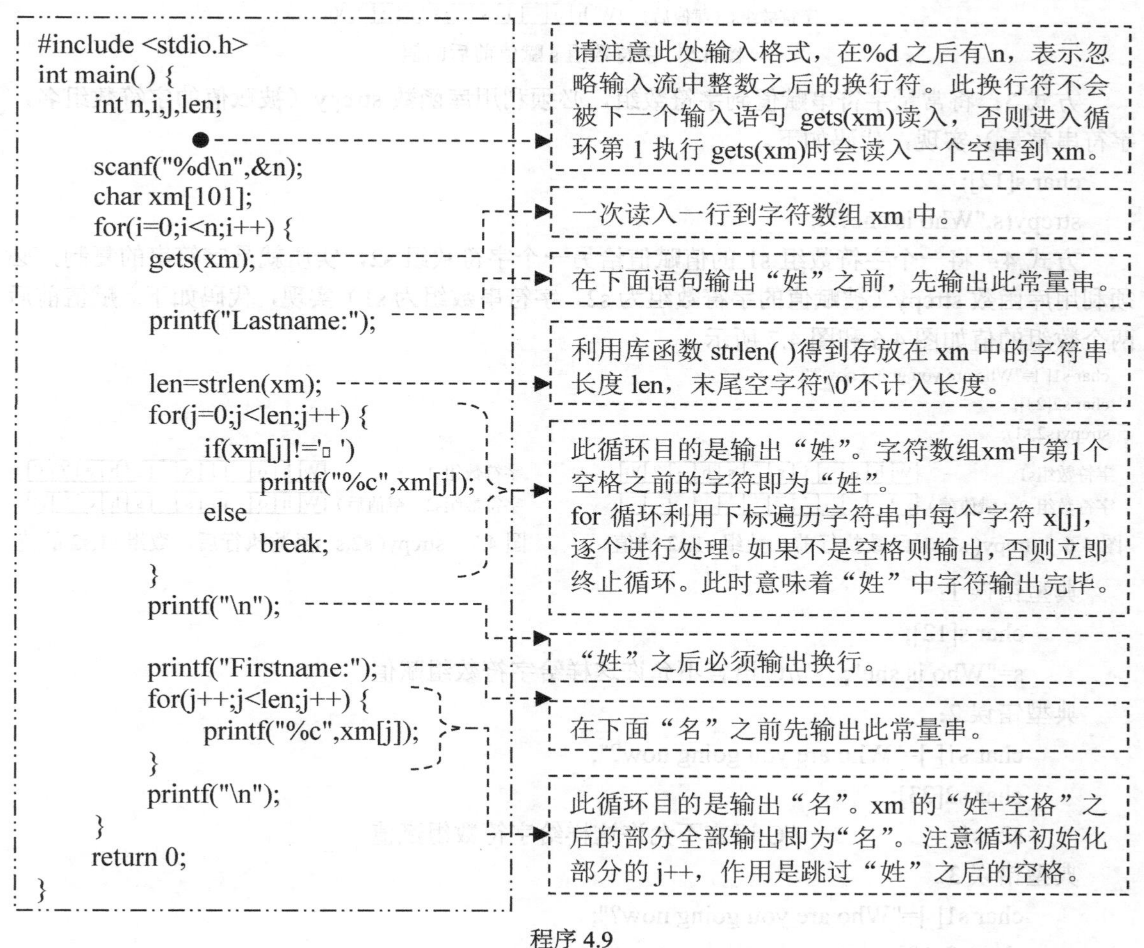

```
#include <stdio.h>
int main( ) {
    int n,i,j,len;

    scanf("%d\n",&n);
    char xm[101];
    for(i=0;i<n;i++) {
        gets(xm);
        printf("Lastname:");

        len=strlen(xm);
        for(j=0;j<len;j++) {
            if(xm[j]!='␣')
                printf("%c",xm[j]);
            else
                break;
        }
        printf("\n");

        printf("Firstname:");
        for(j++;j<len;j++) {
            printf("%c",xm[j]);
        }
        printf("\n");
    }
    return 0;
}
```


程序 4.9

思考题 1：对于编程任务“尊姓大名”，如果不用数组该如何实现呢？

思考题 2：对于编程任务“尊姓大名”，也可以通过设置标志变量，判断出现的空格是否为第 1 个空格。

4.2.3 字符串处理与库函数

1．字符串的赋值与复制

因为 C 语言中没有专门的字符串数据类型，给字符串赋值实质是对字符数组的每个字符进行赋值。因此，字符串数据的处理与 int 型、double 型等数据类型相比具有一定的特殊性。

字符串赋值有如下 4 种方式。

方式 1：在定义字符数组的同时初始化。例如，char s[ ]="Who is she?";。

方式 2：逐个给字符数组元素赋值。例如，定义大小为 12 的字符数组 s，并且逐个字符赋值。请注意，字符常量是用单引号括起来，不是用双引号括起来。赋值前后如图 4.5 所示。

```
char s[12];
s[0]='W'; s[1]='h'; s[2]='o'; s[3]='□'; s[4]='i'; s[5]='s';
s[6]='□'; s[7]='s'; s[8]='h'; s[9]='e'; s[10]='?';s[11]='\0'
```

字符数组s（赋值前）												
字符数组s（赋值后）	W	h	o		i	s		s	h	e	?	\0

图 4.5 字符数组 s 赋值前后的值

方式 3：将常量字符串赋值到字符数组，必须利用库函数 strcpy（被赋值的字符数组名，字符串常量）实现，代码如下。

```
char s[12];
strcpy(s,"Who is she?");
```

方式 4：将一个字符数组 s1 的值赋值给另一个字符数组 s2，实质就是字符串的复制，必须利用库函数 strcpy（被赋值的字符数组为 s2，字符串数组为 s1）实现，代码如下。赋值前后两个数组的值如图 4.6 和图 4.7 所示。

```
char s1[ ]="Who are you going now?";
char s2[23];
strcpy(s2,s1);
```

字符数组s1	W	h	o		i	s		s	h	e	?	\0
字符数组s2（赋值前）												

图 4.6 strcpy(s2,s1)函数执行前，数组 s1,s2 的值

字符数组s1	W	h	o		i	s		s	h	e	?	\0
字符数组s2（赋值后）	W	h	o		i	s		s	h	e	?	\0

图 4.7 strcpy(s2,s1)函数执行后，数组 s1,s2 的值

典型错误 1：

```
char s[12];
s="Who is she";        //C 语言不允许这样给字符数组赋值
```

典型错误 2：

```
char s1[ ]="Who are you going now?";
char s2[23];
s2=s1;                 //C 语言不允许这样给字符数组赋值
```

典型错误 3：

```
char s1[ ]="Who are you going now?";
char s2[10];
strcpy(s2,s1);         //接受赋值的字符数组大小不够，访问数组 s2 时下标会越界
```

执行赋值操作时，一定要保证被赋值字符数组有足够大的存储空间接受赋值，防止数组访问越界。

2. 字符串长度

字符串长度：unsigned strlen(char * s)，返回字符串 s 的长度。字符串末尾必须有空字符'\0'作为字符串结束符，并且空字符'\0'不计入字符串长度。代码如程序 4.10 所示，结果如运行结果 4.7 所示。

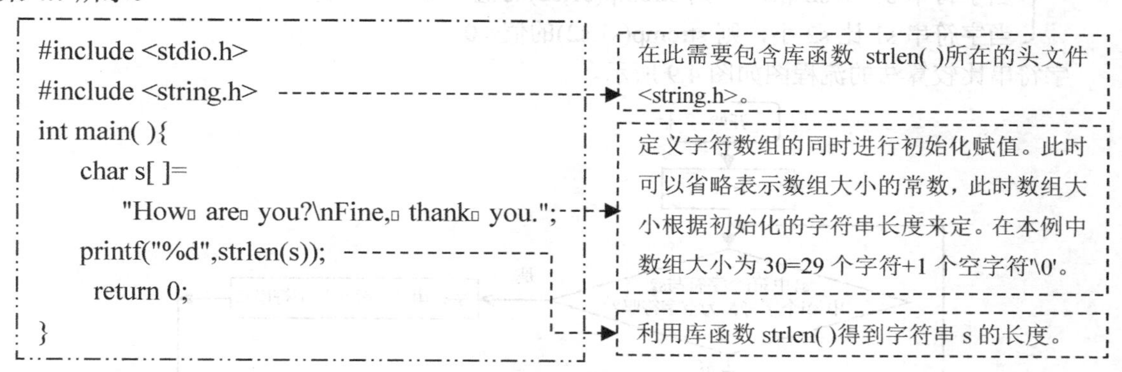

```c
#include <stdio.h>
#include <string.h>
int main( ){
    char s[ ]=
        "How are you?\nFine, thank you.";
    printf("%d",strlen(s));
     return 0;
}
```


程序 4.10

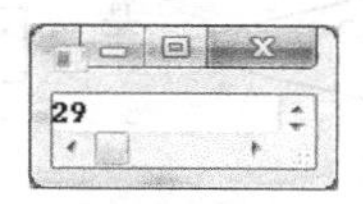

运行结果 4.7

注意程序 4.10 中字符串常量中的'\n'和'\0'表示单个字符，不是两个字符，字符数组如图 4.8 所示。

图 4.8 字符数组 s 的值

请注意，上述数组 s 末尾的字符位空字符'\0'，它表示字符串的结束。在 C 语言中，存储用双引号括起来的字符串常量到数组时，将自动在末尾添加一个空字符'\0'，其 ASCII 码值为 0，用来标记字符串的结束。

3. 字符串的比较

（1）字符串的比较算法

对于给定的两个字符串，如何比较字符串的大小呢？

在此，不妨假定：两个字符串中的字符均取自 ASCII 码表中的字符；两个字符串分别存放在字符数组 s1、s2 中；存储在字符数组中字符串末尾有一个空字符表示字符串的结束。

对于给定的两个字符串：s1,s2，从左到右，逐个比较字符，首先比较下标为 0 位置对应的字符 s1[0]与 s2[0]的大小，如果 s1[0]的 ASCII 码大于 s2[0]的 ASCII 码，则返回 1，如果 s1[0]的 ASCII 码小于 s2[0]的 ASCII 码，则返回-1，如果 s1[0]等于空字符，并且 s2[0]等于空字符，则返回 0；否则继续比较下标位置为 1 的对应字符 s1[1]与 s2[1]，直到得到结果。

字符串比较算法的由来：英文词典中的单词就是按照上述算法从小到大排列的。这也是通常所说的字典序。按照此思路，不仅英文串可以比大小，中文串也可以比大小。英文串的比较依据是字符的 ASCII 码，中文串比较的是中文字符的编码。

（2）字符串比较函数

调用库函数 strcmp( )可实现字符串的比较，函数原型如下。

int strcmp(char *s1,char *s2)。

strcmp( )函数实现了如上字符串比较算法。strcmp(s1,s2)的返回值有 3 种情况：

- 当字符串 s1 比 s2 大，则 strcmp(s1,s2)的值> 0
- 当字符串 s1 和 s2 相同，则 strcmp(s1,s2)的值== 0
- 当字符串 s1 比 s2 小，则 strcmp(s1,s2)的值< 0

字符串比较算法的流程图如图 4.9 所示。

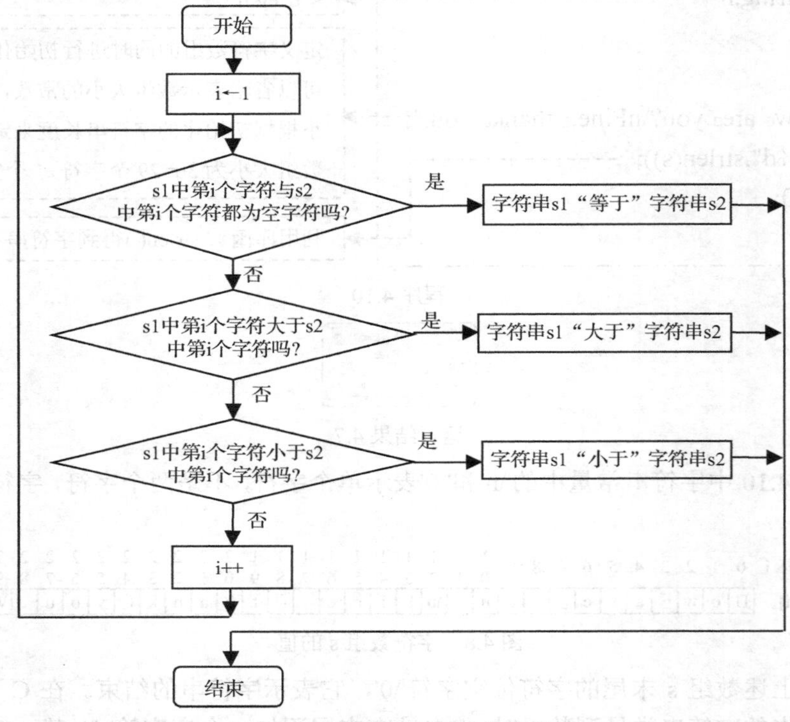

图 4.9　字符串比较算法的流程图

字符串的比较举例，如图 4.10 至图 4.17 所示。图中灰色单元格为得到比较结果时所在的位置。

char s1[ ]="I am fine.", s2[ ]="I am glad!"，那么 s1 比 s2 小，因为'f'的 ASCII 码小于'g'的 ASCII 码。此时，strcmp(s1,s2)<0。

s1	I	□	a	m	□	f	i	n	e	.	\0
s2	I	□	a	m	□	g	l	a	d	!	\0

图 4.10　字符串比较例 1

char s1[ ]="bee", s2[ ]="been"，那么 s1 比 s2 小，因为'\0'的 ASCII 码小于'n'的 ASCII 码。此时 strcmp(s1,s2)<0。

char s1[ ]="god", s2[ ]="God"，那么 s1 比 s2 大，因为'g'的 ASCII 码大于'G'的 ASCII 码。此时 strcmp(s1,s2)>0。

s1	b	e	e	\0	
s2	b	e	e	n	\0

图 4.11　字符串比较例 2

s1	g	o	d	\0
s2	G	o	d	\0

图 4.12　字符串比较例 3

char s1[ ]="sam", s2[ ]="sam"，那么 s1 与 s2 相同，因为两者的每个字符都相同。此时 strcmp(s1,s2)==0。

char s1[ ]="a"，s2[ ]=""，那么 s1 比 s2 大（空串，即只有空字符'\0'的串，任何非空串均大于空串）。此时 strcmp(s1,s2)>0。

s1	s	a	m	e	\0
s2	s	a	m	e	\0

图 4.13 字符串比较例 4

s1	A	\0
s2	\0	

图 4.14 字符串比较例 5

char s1[ ]="□"，s2[ ]=""，那么 s1 比 s2 大（包含一个空格的串大于空串）。此时 strcmp(s1,s2)>0。

char s1[ ]="123"，s2[ ]="23"，s1 比 s2 小（如果理解成“一百二十三小于二十三”，正确吗？为什么？）。此时 strcmp(s1,s2)<0。

char s1[ ]="123"，s2[ ]="11"，s1 比 s2 大（如果理解成“一百二十三大于一十一”，正确吗？为什么？）。此时 strcmp(s1,s2)>0。

s1	□	\0
s2	\0	

图 4.15 字符串比较例 6

s1	1	2	3	\0
s2	2	3	\0	

图 4.16 字符串比较例 7

s1	1	2	3	\0
s2	1	1	\0	

图 4.17 字符串比较例 8

仔细分析以上比较结果不难发现：字符串比较的第 3 个假定不仅为存储在计算机中字符串提供了“醒目标志”——结束标志'\0'——标志前面的字符串到此结束，也使得空字符可以参与比较并获得正确结果，因为任何非空字符均大于空字符，只有空字符才等于空字符。正是因为末尾的空字符直接参与比较，从而使得比较过程中不用考虑在前 k 个字符均相同但 s1 或 s2 只有 k 个字符（这意味着 s1 或 s2 没有第 k+1 个字符）的情形。

编程任务 4.2：英文比大小

任务描述：给定 2 个英文字母、单词、短语、句子或短文 s1,s2，按它们字典序比较大小。

输入：2 行，分别为 s1 和 s2。每行包含不超过 1000 个字符，字符只有大小写字母、空格和英文标点符号。

输出：3 种情况，s1 比 s2 大，s1 比 s2 小，s1 与 s2 相同。

输入举例：	**输出举例：**
I am a student.	s1 比 s2 小
I am a teacher.	

分析：任务很明确，比较两个字符串的大小（按字典序）。准备两个数组存放 s1、s2 两个字符串。因为两个字符串按行输入并且其中可能含有空格，因此应该利用库函数 gets( )来实现输入，不能用 scanf("%s",…)的方式输入，因为此方式不能输入含有空格、回车、跳格字符的字符串。

值得注意的是，比较两个字符串大小，初学者最容易犯的错误是直接用比较运算符实现比较。典型错误代码如程序 4.11 所示。正确的代码如程序 4.12 所示。

注意：在 C 语言中，利用 string.h 中所有字符串处理函数处理字符串时，要求被处理字符串的末尾必须有空字符，否则，这些函数将不能正常工作。因为这些函数都以空字符作为字符串的结束标志。

以 scanf("%s",str)、gets(str)的方式输入字符串时在字符串的末尾将自动添加空字符。而以 scanf("%c",&ch)、ch=getchar( )的方式逐字符输入字符串时，不能在字符串的末尾自动添加空字符。

```
#include <stdio.h>
int main() {
        char s1[101],s2[101];
        gets(s1);
        gets(s2);
        if(s1>s2)
                printf("s1 比 s2 大");
        else if(s1==s2)
                printf("s1 与 s2 相同");
        else
                printf("s1 比 s2 小");
        return 0;
}
```

C语言中，比较两个字符串的大小不能直接使用比较运算符（包括>、>=、<、<=、==、!=）来比较。

在C语言的语境下，if(s1>s2)或if(s1==s2)比较的是两个字符数组在内存的起始地址大小。关于内存地址的知识，请参见后续“指针”的相关内容。

比较两个字符串（字符串存放在字符数组中）的大小，应该调用库函数strcmp()来实现。例如，如果需要表达“字符串s1大于字符串s2”，应该这样写判断语句：if(strcmp(s1,s2)>0)。如果需要表达“字符串s1与字符串s2相同”，应该这样写判断语句：if(strcmp(s1,s2)==0)。

程序 4.11

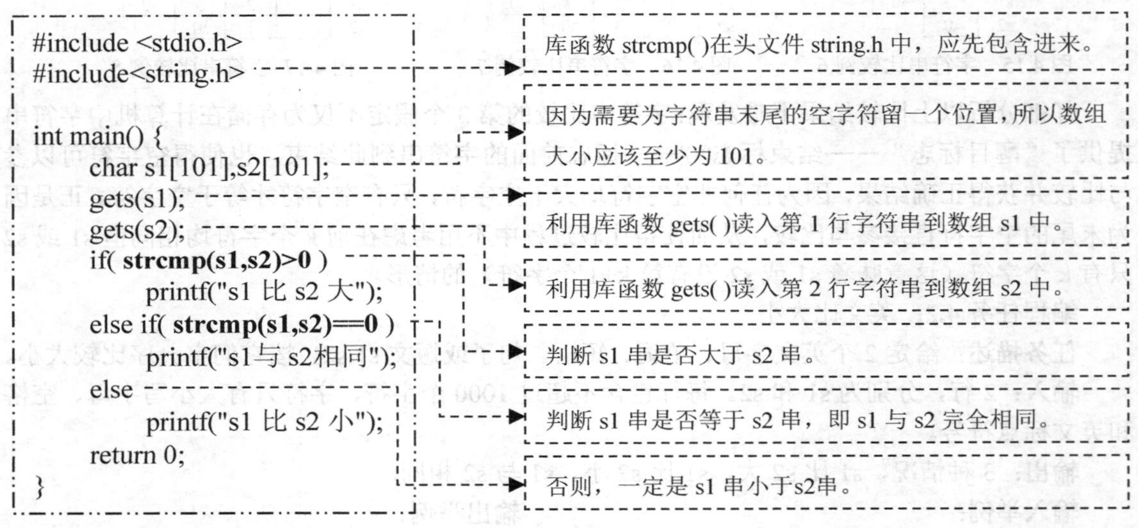

程序 4.12

4．字符串的拼接

库函数 strcat(s1,s2)能够实现将字符串 s2 拼接到 s1 之后。要求字符数组 s1 有足够大的空间存放拼接后的结果。

举例：

```
char s1[101 ]="Hunan province";
char s2[101]="Changsha city";
strcat(s1,",□");     //在原字符串之后拼接 1 个逗号和空格，s1 结果为"Hunan province,□"
strcat(s1,s2);       //在原字符串之后拼接 s2，s1 结果为"Hunan province,□Changsha city "
printf("%s",s1);
```

5．数字字符串转换为对应的整数

应该注意到，数字字符构成的串与它所表示的整数值既有联系又有区别，如下例所示。

```
char a[7]="123456";     //字符数组 a 中存放的为 1 个字符串，由 6 个数字字符构成
```

int b=123456;　　　　//int 型变量 b 中存放的为 1 个整数，其值为 123456

数字字符串“123456”和 int 整型值 123456 在计算机内的表示完全不同，前者是在字符数组的每个元素中存放 1 字符的 ASCII 码值，而后者用 4 个字节存放一个 int 型整数。数字字符串必须经过转换后才能得到对应的整数值。

首先，我们来做一个小实验。

实验任务：将存放在字符数组 a 中的数字字符串“123456”转换为整数后存放在整型变量 b 中，b 中的数值为 123456。

实验目的：其一，理解存储在字符数组中的数字字符串与整型变量的区别；其二，掌握通过 sscanf( )函数将存放在字符数组中的数字字符串转化为整数后存放到整型变量中。

错误做法的代码如程序 4.13 所示，结果如运行结果 4.8 所示。

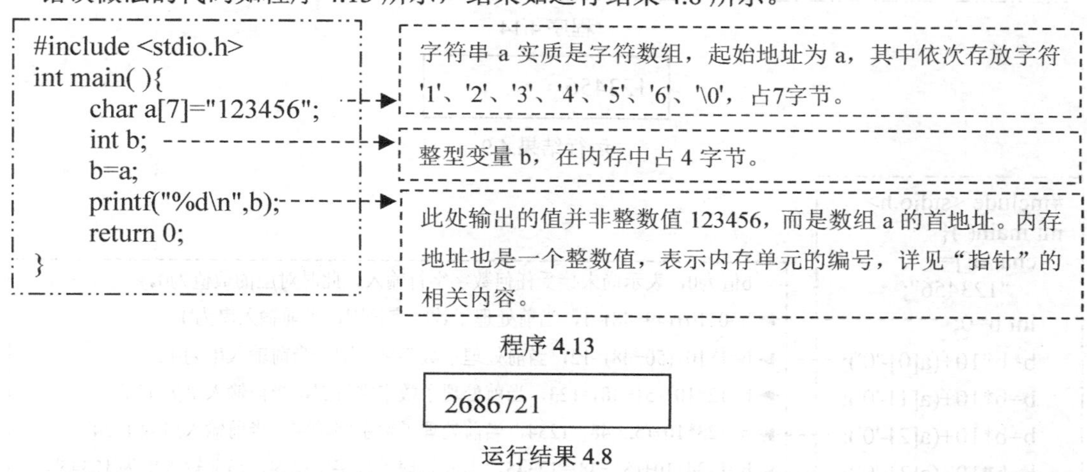

程序 4.13

```
2686721
```

运行结果 4.8

这个结果不正确，并非我们想要的整数值：123456，在此输出的 2686721 是一个代表数组 a 在内存中的起始地址的整数。说明，这个首地址的值在不同的机器和不同的运行环境下可能不一样。

正确的做法有两种，如下所述。

方法 1：直接利用库函数 sscanf( )实现。

sscanf 函数的一般形式如下：

sscanf(源字符串，格式控制字符串，目标变量地址列表)

功能：从“源字符串”中按照“格式控制字符串”的格式解析得到的数据存放在“目标变量”中。此函数中的第 2 个和第 3 个参数与 scanf(格式控制字符串，目标变量地址列表)的含义完全一致。唯一不同的是，sscanf( )函数多了一个参数，用来指明输入数据来源为第 1 个参数指明的字符串，也就是说，输入数据不是来自键盘，也不是来自文件，而是来自内存中的字符串。这样就实现了从字符串“123456”到整数值 123456 的转换。代码如程序 4.14 所示，结果如运行结果 4.9 所示。

方法 2：整数字符串转换为整数值。

基本思路：DIY（Do It Yourself），即自己动手实现从字符串到整数的转换算法。该算法为：将字符串从左到右逐个字符处理，也就是自高位数字向低位数字的方向处理。算法开始时，结果变量 b 的初值为 0。此后，每输入一个数字字符，则将 b 的原有值乘以 10，再加上刚输入的数字字符对应的整数值，然后将此新值写回变量 b 中。如此循环，直到处理完所有字符为止。

最终结果就在变量 b 中。这种算法每处理一个数字字符的效果是，先将 b 中所有数位向左移动一位，再将刚输入的数字添在最低位（最右边的数位），以此新值更新 b 的值，进入下一次循环。代码如程序 4.15 所示。

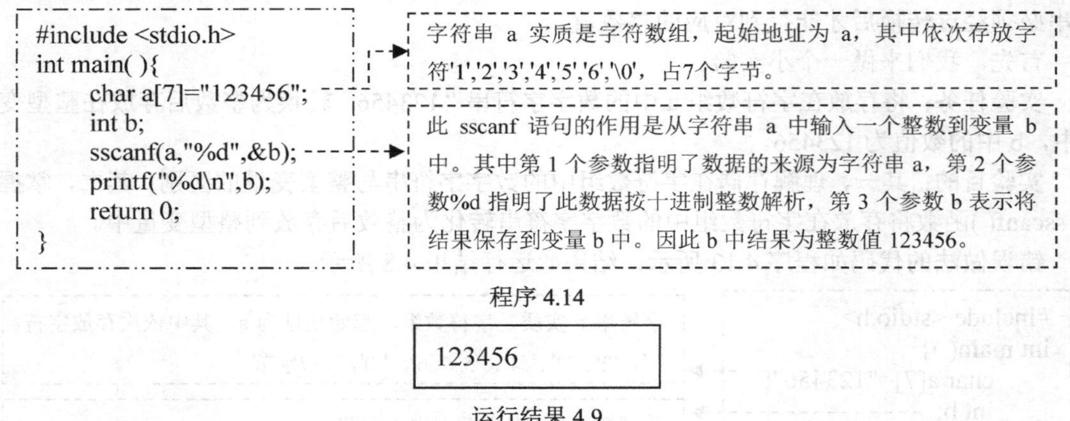

程序 4.14

123456

运行结果 4.9

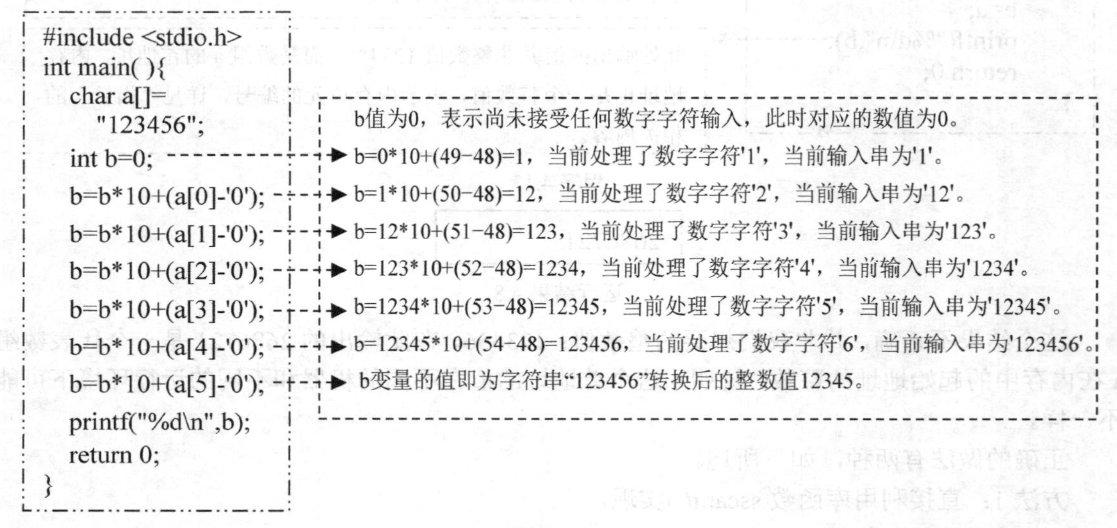

程序 4.15

显然可改用循环实现，修改后的代码如程序 4.16 所示。如果将此程序中的 i<6 修改为 i<strlen(a)，则此方法具有一定的通用性，当然，应该注意到转换后的数值不能超过 int 型数据的表示范围。

```
#include <stdio.h>
int main( ){
    char a[ ]="123456";
    int c, i;
    for(c=0,i=0;i<6;i++)
        c=c*10+(a[i]-'0');
    printf("%d\n",c);
    return 0;
}
```

在此，循环次数为 6，因为数字字符串的长度为 6。此处也可以利用库函数 strlen(a)得到字符串 a 的长度。

程序 4.16

编程任务 4.3：购物金额

任务描述：在很多带有图形用户输入界面的程序，如用户在购物网站中，要求能够根据用户输入商品件数计算出所购商品金额，在用户界面接受输入控件一般为文本框，因此用户输入的数值是放在字符串而非整型变量中的。当然，我们在后续的计算中，如需要计算用户所购商品的金额时，需要使用的是此数字字符串表示的整数值，也就是说，需要将数字字符串转换为整型值。商品的单价一般是从读取后台数据库得到的，其数据类型可以直接是双精度浮点型。

输入：我们将问题简化，对于以下程序代码框架，前面两步输入的两个数据分别表示商品的数量和单价，商品的数量已输入到字符串 strNums 中，这模拟了从图形用户界面的文本框获得用户输入数据。单价已输入到双精度浮点型变量 price 中，这模拟了从后台数据库中读取到了商品单价数据。

输出：计算后存放在变量 sum 中的值，它表示所购商品的金额。结果保留 6 位有效数字。

输入举例：	**输出举例**：
12 2.5	30.000000

框架代码：必须使用以下框架代码，已经给出的框架代码不能修改，如程序 4.17 所示。

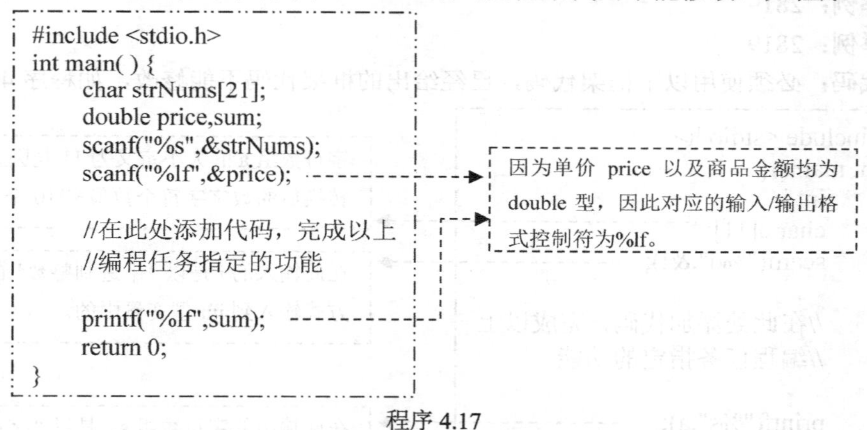

```
#include <stdio.h>
int main( ) {
    char strNums[21];
    double price,sum;
    scanf("%s",&strNums);
    scanf("%lf",&price);

    //在此处添加代码，完成以上
    //编程任务指定的功能

    printf("%lf",sum);
    return 0;
}
```


程序 4.17

分析：关键是从字符串中解析得到表示商品件数的整数值。根据前面的分析，有两种方法，可以 DIY，也可利用 sscanf( )完成。显然，利用 sscanf( )解决本编程任务更简单。

填空后，程序代码如程序 4.18 所示。

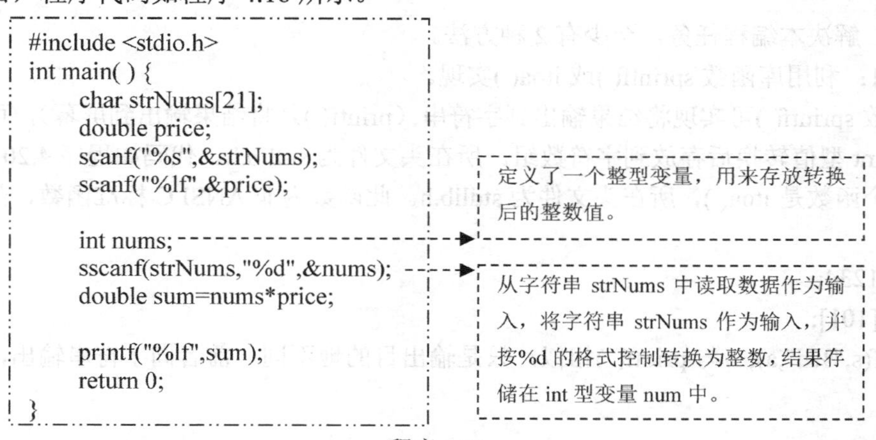

```
#include <stdio.h>
int main( ) {
    char strNums[21];
    double price;
    scanf("%s",&strNums);
    scanf("%lf",&price);

    int nums;
    sscanf(strNums,"%d",&nums);
    double sum=nums*price;

    printf("%lf",sum);
    return 0;
}
```


程序 4.18

运行结果：如图 4.10 所示，从键盘输入 12 和 2.5，程序输出 30.000000，结果正确。

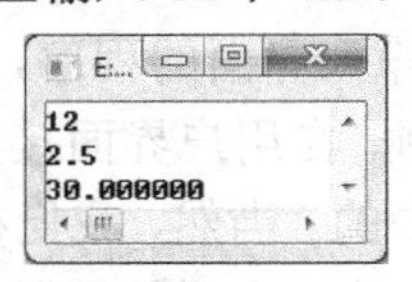

运行结果 4.10

6．整数转换为数字字符串

编程任务 4.4：int 型整数转数字串

任务描述：在我们的程序设计中，有时会遇到需要将存放在 int 型变量中的整数，转成十进制的数字字符串。

给定存储在 int 型变量 i 整数值，将其转换为对应的十进制数字字符串，结果存储到字符数组 a 中。int 型变量 i 的值在转换前已经被赋值。i 中的整数值的取值范围为[-2147483648，2147483647]。

输入：从键盘输入一个整数到 int 型变量 i 中。

输出：输出存放在字符数组 a 中的字符串。此串为整数 i 对应的十进制数字字符串。

输入举例：2819

输出举例：2819

框架代码：必须使用以下框架代码，已经给出的框架代码不能修改，如程序 4.19 所示。

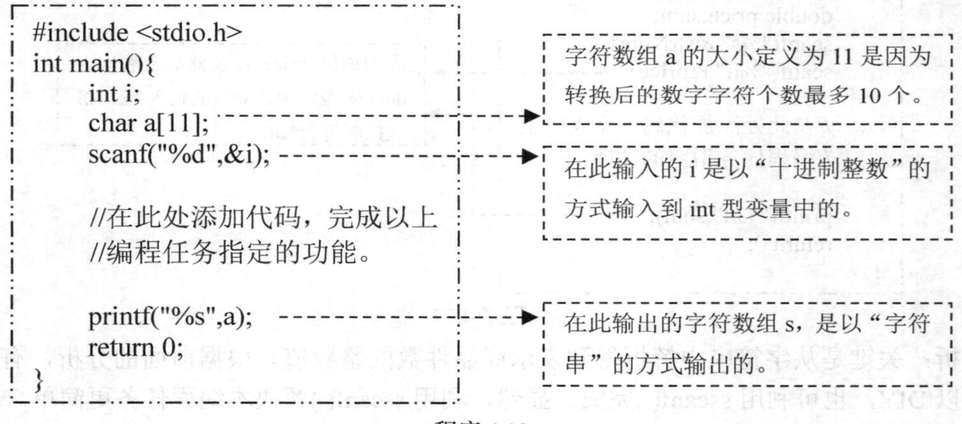

```
#include <stdio.h>
int main(){
    int i;
    char a[11];
    scanf("%d",&i);

    //在此处添加代码，完成以上
    //编程任务指定的功能。

    printf("%s",a);
    return 0;
}
```


程序 4.19

分析：解决本编程任务，至少有 2 种方法。

方法 1：利用库函数 sprintf( )或 itoa( )实现。

库函数 sprintf( )可实现将结果输出到字符串（printf( )是将结果输出到屏幕），可以利用它来实现将 int 型值转换后存放到字符数组。所在头文件为 stdlib.h。代码如程序 4.20 所示。

另一个函数是 itoa( )，所在头文件为 stdlib.h。此函数为非 ANSI C 标准函数，部分编译器不支持。

```
int a=1234;
char s[101];
sprintf(s,"%d",a); //与 printf( )相似，只是输出目的地不同，前者向字符串输出，后者向屏幕输出
```

```c
#include <stdio.h>
#include <stdlib.h>
int main(){
        int i;
        char a[11];
        scanf("%d",&i);

        sprintf(a,"%d",i);
        //itoa(i,a,10);

        printf("%s",a);
        return 0;
}
```

调用库函 sprintf( )，其功能是将 int 型变量 i 的值以十进制整数方式（这是由%d 格式控串决定的）输出到字符数组 a。字符串的末尾有空字符'\0'。

此行代码展示了 itoa( )的用法。如果使用库函数 itoa( )，其功能是将 int 型变量 i 的值以 10 为进制转换为字符串，结果存放到字符数组 a 中。去掉注释符//后，此行代码将起作用。

程序 4.20

方法 2：DIY 法，从高位到低位，得到逐个数位然后转换为对应的 ASCII 数字字符，存放到字符数组 a 的相应位置。DIY，即自己实现从整数到数字字符串的转换。具体来说，至少有两种算法，从高位向低位处理，从低位向高位处理。在此给出思路并举例，留给读者自己写代码实现。

方法 2 之算法 1：“从高位到低位”。首先得到十进制整数值的位数，然后每次取最高位，再舍去最高位，以此类推，直到为 0 为止。例如，int 型 a 中的值为 2819，首先得到 a 的为 4 位数。在此“/”表示整数出发，然后经过 4 次循环，即可分别取出千位、百位、十位、个位。

第 1 次循环，取 a 的最高位，即原数的千位。a/(10 的 3 次方)=2819/1000=2，将 2+'0'存放字符数组 a[0]。然后，将 a%(10 的 3 次方的余数)的赋回给 a，即 a=2819%1000=819，为下次循环做准备。

第 2 次循环，取 a 的最高位，即原数的百位。a/(10 的 2 次方)=819/100=8，将 8+'0'存放字符数组 a[1]。然后，将 a%(10 的 2 次方的余数)的值赋回给 a，即 a=819%100=19，为下次循环做准备。

第 3 次循环，取 a 的最高位，即原数的十位。a/(10 的 1 次方)=19/10=1，将 1+'0'存放字符数组 a[2]。然后，将 a%(10 的 1 次方的余数)的值赋回给 a，即 a =19%10=9，为下次循环做准备。

第 4 次循环，取 a 的最高位，即原数的个位。a/(10 的 0 次方)=9/1=9，将 9+'0'存放字符数组 a[3]。然后，将 a%(10 的 0 次方的余数) 的值赋回给 a，即 a =9%1=0，为下次循环做准备。

因为 a=0，处理结束。

a[4]赋值为'\0'，表示字符串结束。得到结果字符数组 a 中存放了'2'，'8'，'1'，'9'，'\0'。

方法 2 之算法 2：“从低位到高位”从十进制整数的低位到高位，每次取最低位，让后舍去最低位，直到剩余的整数为 0 为止。结果按位保存在字符数组中，然后再倒序即可。

第 1 次循环，取 a 的最低位，即原数个位。a%10=2819%10=9，将 9+'0 '放字符数组 a[0]。然后，将 a/10 的值赋回给 a，即 a=2819/10=281，为下次循环做准备。

第 2 次循环，取 a 的最低位，即原数十位。a%10=281%10=1，将 1+'0'放字符数组 a[1]。然后，将 a/10 的值赋回给 a，即 a=281/10=28，为下次循环做准备。

第 3 次循环，取 a 的最低位，即原数百位。a%10=28%10=8，将 8+'0'存放字符数组 a[2]。

然后，将 a/10 的值赋回给 a，即 a=28/10=2，为下次循环做准备。

第 4 次循环，取 a 的最低位，即原数千位。a%10=2%10=2，将 2+'0'存放字符数组 a[3]。然后，将 a/10 的值赋回给 a，即 a=2/10=0，为下次循环做准备。

因为 a=0，处理结束。

此时字符数组 a 中存放了'9'，'1'，'8'，'2'。将 a 中字符顺序左右翻转后得到'2'，'8'，'1'，'9'。a[4]赋值为'\0'，表示字符串结束。最后得到结果字符数组 a 中存放了'2'，'8'，'1'，'9'，'\0'。

> **小知识：**
>
> Windows 和 Linux 的回车换行为 2 个字符。对回车换行的处理方式有区别。Windows 中，按下键盘的 Enter 键，将自动生成 2 个字符，分别为回车和换行。程序中只需要输出' \n'一个字符即可实现回车和换行。而 Linux 的回车换行为 2 个字符。

> **特别提示：**
>
> 字符串处理函数 strlen( )、strcpy( )、strcmp( )、strcat( )都要求字符串的末尾有空字符'\0'作为字符串结束符。
>
> 利用 printf("%s",str)的方式输出字符串 str 时，也要求空字符'\0'作为字符串 str 的结束符。
>
> 如果字符串没有正确地以'\0'作为结束符，那么调用以上函数得到结果可能不正确。

string.h 中提供的诸如 strlen( )、strcpy( )、strcmp( )等字符串处理函数，目前来说，我们是"拿来主义"——拿来就用。当我们学完"函数"和"指针"后就可以 DIY 了。

4.3 文本型数据处理之演练

编程任务 4.5： 鹦鹉学舌

任务描述： 有一只鹦鹉学舌的功夫十分了不得，不论你说什么，随便你说多长，它都能分毫不差地学出来。

输入： 任意长度的包含 ASCII 字符的字符串。

输出： 原封不动地输出，直到输入数据到达文件尾（EOF，End Of File）为止。

输入举例： Here is a very very very long text!

输出举例： Here is a very very very long text!

分析： 按字符方式来处理输入数据，每输入一个字符就原样输出一个。如果用数组的话，其大小也不确定，并且所需内存肯定比只用一个字符变量要大得多。根据数组使用原则"能不用数组就不用数组"，因为数组是占用内存的"大户"。代码如程序 4.21 所示，结果如运行结果 4.11 所示。

说明： 以上程序在控制台运行时，会一直等待用户输入字符串。为了能结束输入，请按组合键 Ctrl+Z，该组合键在屏幕的显示为^Z。

```
#include <stdio.h>
int main( ){
      char ch;
      while(scanf("%c",&ch)!=EOF)
            printf("%c",ch);
      return 0;
}
```

不管输入有多长，但是scanf("%c",&ch)每次输入一个字符到字符变量 ch 中，直到遇到文件尾（EOF）时，返回值为 EOF。

每输入一个字符，就原样输出该字符。

程序 4.21

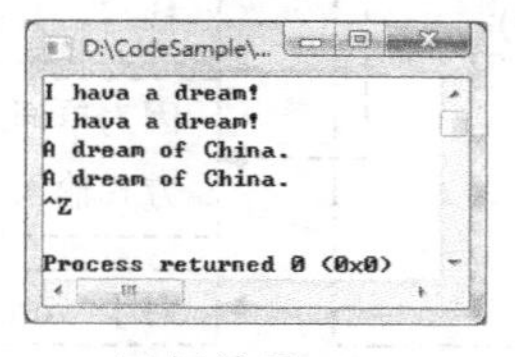

```
I hava a dream!
I hava a dream!
A dream of China.
A dream of China.
^Z

Process returned 0 (0x0)
```

运行结果 4.11

编程任务 4.6：抄写单词

任务描述：聪明又贪玩的小明在学习小学汉语或英语时，经常写错别字。老师为了惩罚他，罚抄数遍，以期重复训练加强他对易错字的印象。但重复抄写让小明烦不胜烦。若干时日后，小明学会了程序设计，他惊喜地发现，如果这样的抄写任务交给机器（计算机）去完成的话，简直是小菜一碟，抄写 1 遍与抄写 100000 遍都易如反掌，计算机任劳任怨、不厌其烦。

输入：第 1 行包含两个正整数 m，n，表示有 m 个单词，每个单词罚抄 n 遍。第 2 行包含 m 个用空格分隔需要抄写的单词。每个单词不超过个 50 字母。

输出：抄写结果。每一遍抄写单独占一行。

输入举例：

2 3

love you

输出举例：

love

love

love

you

you

you

分析：逐个单词输入、输出。代码如程序 4.22 所示，结果如运行结果 4.12 所示。

编程任务 4.7：倒背如流（段落版）

任务描述：对于给定的一段文本，经过短时间速记后，小明不仅能按正常顺序背出来，还能够倒背如流。此处所谓文本的“一段”是指以换行结束的文本，也可以说是“一行”。现在把这个任务由计算机执行，在此撇开文本发音问题，只要将给定英文文本按正常顺序和倒序各输出一遍即可。

输入：一行只有英文字符的文本，不超过 10 万字字符。

输出：两行，第一行为正常顺序输出，第二行为反序输出。包括标点符号在内。

输入举例：

I am a student.

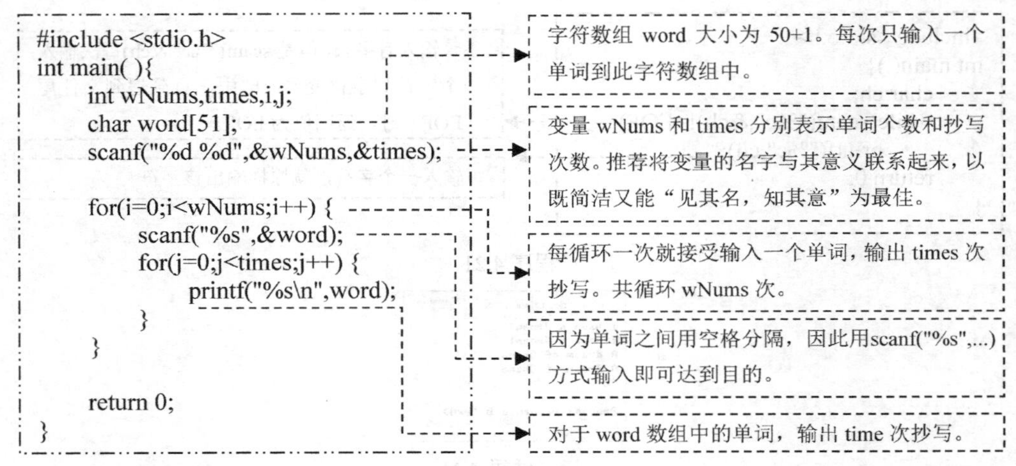

程序 4.22

运行结果 4.12

输出举例：

I am a student.

.tneduts a ma I

分析：利用 gets( )按行输入到字符数组，正向输出可以利用 printf("%s",..)一次性整体输出实现，也可根据数组下标逐个字符输出，反向输出就只能根据下标从字符数组末尾往字符数组头方向逐个字符输出。代码如程序 4.23 所示，结果如运行结果 4.13 所示。

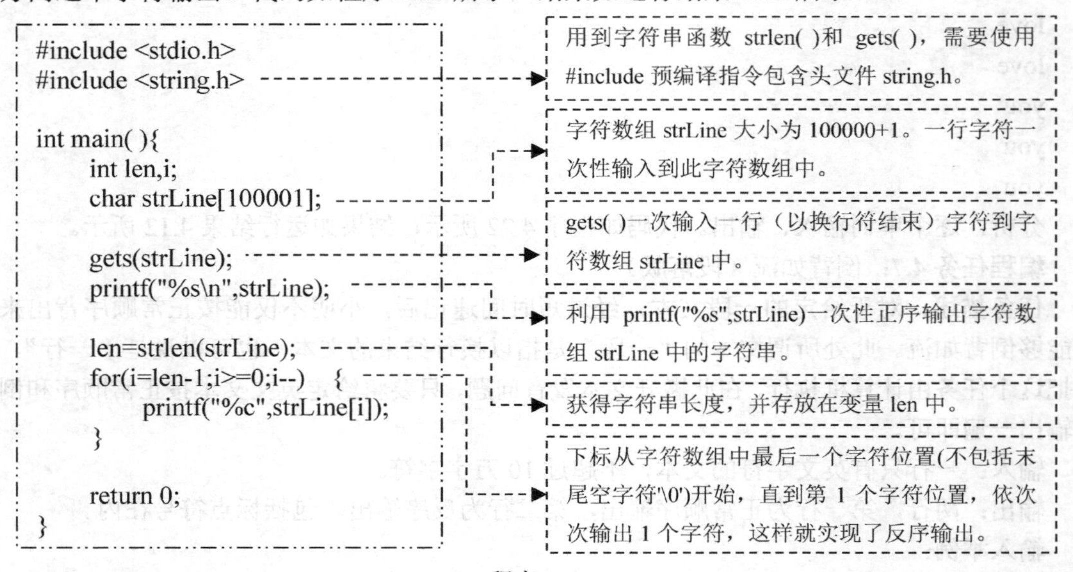

程序 4.23

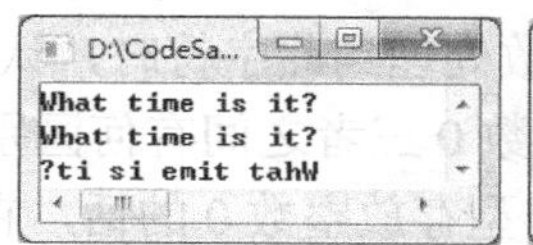

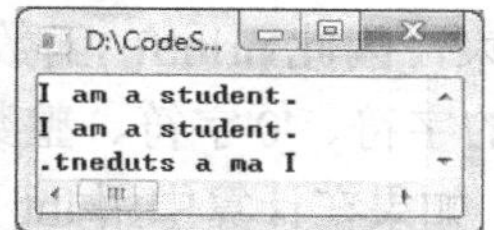

运行结果 4.13

4.4 其他

4.4.1 空字符'\0'的作用

选择 ASCII 码值为 0 的字符作为空字符是基于以下两点考虑的。

其一：ASCII 码为 0 的字符不会出现在通常的字符串中，因此用空字符作为结束标志不会引起歧义。

其二：ASCII 码为 0 的字符是所有字符中 ASCII 码最小的字符。因此，字符串比较时，空字符可以参与字符串的比较。

特别地讲，空串，即空字符串，就是只包含空字符，没有其他任何字符的字符串，即""，它是所有字符串中最小的字符串。注意，空串""的双引号之间没有空格。空串的长度为 0。

字符串中的空字符。

所谓的空字符是 ASCII 码值为 0 的字符。它是 ASCII 码值最小的字符。它的字符常量表示为'\0'。

在 char str[5]= "abcd";字符串常量"abcd"中，字符串的末尾自动添加了空字符。在内存中的情况如下：

str[0]	str[1]	str[2]	str[3]	str[4]
a	b	c	d	\0

应该特别注意的是，如果是通过如下语句对 str[]数组的元素一一赋值，那么元素 str[4]并不会自动赋为'\0'。如果此时是用 strlen(str)求 str 字符串的长度，得到的结果一般会大于 str 的实际长度。

```
str[0]='a';
str[1]='b';
str[2]='c';
str[3]='d';
```

str[0]	str[1]	str[2]	str[3]	str[4]
a	b	c	d	不确定

那么在这种情况下，在字符串的末尾没有空字符，因此不能直接使用字符串处理的库函数。因为字符串处理函数 strlen( )、strcmp( )、strcpy( )、strcat( )等在处理字符串时，要求这些字符串的末尾必须有空字符。

如果要使上例中 str 字符串以空字符结尾的话，即 str[4]的值为'\0'，则必须使用赋值语句给 str[4]赋值为'\0'。

编程提示：对字符串进行处理时，应对字符串末尾空字符的处理加以特别注意。字符串处理函数，包括以 printf("%s",…)方式输出字符串时，都以空字符作为字符串的结尾。

printf("Hello\0 world!");得到的结果是：Hello(没有 world)，因为 Hello 之后是空字符'\0',它

表示前面的字符串到此结束，因此 printf( )函数处理到此字符时，认为字符串结束了。

问：ASCII 码值为 0 的字符、'0'字符、整数 0 三者之间有何区别与联系？

答：区别有：整数 0，如果在计算中用 int 型存放整数 0 的话，它在计算机中占 4 个字节，而 ASCII 码值为 0 的字符、'0'字符都只占 1 个字节，而 ASCII 码为 0 的字符称为空字符，一般在字符串的末尾作为字符串的结束标志。'0'字符是 ASCII 码为 48 的字符，它是一个普通字符。

联系有：字符（特指英文字符）在使计算机中以 ASCII 码表示。也就是说，字符对于计算机来说是一个编码，实质是“整数”，这个整数最小为 0，最大为 127。也就是说，不管是整数还是字符，在计算机中都是整数，这是它们的联系。因此整数 0 与字符 0 可以相互转换。

> **特别提示：**
>
> 一个中文字符，需要 2 个字节来表示，因此在 C 语言中，一个中文字符实际上是 2 个字符。因此在定义时，char str='甲'是错误的，单引号中必须是 1 个字节的字符，必须是 char str[]="甲"，str 中包括空字符共有 3 个字符。

4.4.2　字符和字符串的区别与联系

字符与字符串，既有区别又有联系，如表 4.5 所示。

表 4.5　字符与字符串的区别与联系

比　较	字　符	字 符 串
数据类型	char 此类型名取自单词“character”	C 语言没有字符串数据类型，用字符数组实现

格式控制符	%c　(字母 c 取自单词“charcter”首字母)
	举例:
	char c='A';
	printf("%c",c);
		%s　(字母 s 取自单词“string”首字母)
		举例:
		方式 1：利用%s 控制符整体输出，直至遇到空字符为止。
		char str[5]= "abcd";
		printf("%s",str);
		方式 2：用 for 循环逐个字符输出。
		char str[5]= "abcd";
		int i,len=strlen(str);
		for(i=0;i<len;i++)
		　　printf("%c",str[i]);

屏幕输出结果	A	abcd
常量表示方式	单引号括起来的单个字符 'a'　'A'　'b'　'B'　'6' '□'(空格字符，单引号之间有一个空格字符，为了方便阅读，在此用□代替空格) '\0'表示空字符, ASCII 码为 0。	双引号括起来，字符串常量的末尾被自动添加空字符'\0'。 "student"　"where"　"2013"　"6"(注意字符串常量"6"与字符常量'6'的区别) "□"（用空格符的字符串，它不是空串） ""（双引号之间没有任何字符，表示“空串”）

赋值操作	直接赋值
	举例：将字符变量 ch1 的值赋给 ch2。
	char ch1='A', ch2;
	ch2=ch1;
		逐字符复制方式赋值
		举例：将字符串（字符数组）s1 的字符赋值给 s2。
		char s1[6]="Hunan",s2[6];
		strcpy(s2,s1);
		不能写成：s2=s1;

续表

比　较	字　符	字　符　串

比较大小	实质是比较两个字符的 ASCII 码大小。
	直接用“双等于号”
	if(ch1==ch2)
	{ …… }
	if(ch=='\0') 判断字符变量 ch 是否为'\0'
	{ ……}
		实质是比较两个字符串的字典序先后。
		借助字符串比较库函数 strcmp( )实现
		if(strcmp(s1,s2)==0)
		{ …… }
		if(strcmp(s," ")==0) //判断字符串变量是否为空串
		{ ……}

思考题：

（1）辨析空字符、空串、空格字符、由空格构成的字符串的异同。

（2）利用字符串处理函数，如何实现二维表格输出时的列对齐格式与自适应列宽。

（3）如何利用 sleep( )函数，实现有趣的字符串动画。

知识拓展：（如果对此部分内容感兴趣，请扫描二维码）

本章综合应用实例。

本章小结

1．单个字符是字符串处理的基本单元。字符串是由多个字符构成的。

2．不管是何种字符（中文、英文、繁体、简体、表情符）都必须编码后才能在计算中存储和处理。字符集的编码规范和标准众多。即使是同一文字可能不同国家和地区对它的编码不相同。ASCII 是英文字符的编码标准，GBK 是中文字符编码标准，容纳世界各国文字的编码标准有 Unicode，其常用实现形式为 UTF-8。

3．本质上，单个字符对应一个编码，可以看作一个整数。字符串就是整数数组。因此，单个字符的大小比较实质是比较其编码的大小。字符串大小按字典序来确定。

4．字符常量由单引号括起来，字符串常量由双引号括起来。

5．C 语言没有专门的字符串数据类型，通常是用字符数组实现字符串的存储和处理。

6．ASCII 码为 0 的字符'\0'，通常用来作为字符串结尾的标志。

7. 对字符串进行处理时，应该注意正确处置字符串末尾的'\0'，因为它标志字符串的结束，而所有的字符串库函数结果的正确性均依赖于在字符串末尾有'\0'才能认定该字符串结束。

8．因为空格字符、回车字符、换行字符、跳格字符既可能是待处理字符串中的普通字符，也可能作为输入数据的分隔字符。因此，必须根据实际需要选用合适的输入方式对待这 4 个字符。

9．字符串数据的处理是软件设计最常见的一类数据处理。

第 5 章　模块化设计之利器——函数

程序设计中为什么需要“函数”？

简而言之，“函数”有利于我们提高软件开发效率和质量，降低软件升级维护的难度。

在实际软件工程中，为了在规定的工期开发出满足用户需求、质量可靠的软件，必须借助“模块化”设计手段。

简单地说，函数就是具有一定功能的代码模块。函数是模块化程序设计的重要手段，是实现代码复用的基本单位，因此函数称得上是模块化程序设计的利器。利用函数进行程序设计，有利于复杂任务的分解，有利于程序的测试和维护，在软件工程中有重要意义。在软件工程中，将一个较大的程序分为若干个相对独立的功能模块，每一个模块可以完成某种特定的功能，每个模块可以独立地测试，多个模块通过“函数调用”组装起来，最终实现特定的功能。

在前面的内容中，我们早已接触“函数”了，接触得最多的是主函数，即 main( )函数，它几乎出现在我们的每个程序中。在可执行的 C 程序中，它是可执行程序的入口，每个可执行程序有且仅有一个 main( )函数。其次是在程序中使用过 C 语言的库函数，如输入函数 scanf( )、输出函数 printf( )、求平方根函数 sqrt( )、求正弦值函数 sin( )、求字符串长度函数 strlen( )、比较两个字符串大小的函数 strcmp( )等。

程序中使用的函数从何而来呢？有两条途径。

途径一，已有的函数。程序中使用事先已经设计的可供程序调用的函数。通常这些函数以函数库的形式提供使用，这样的函数称为**库函数**。C 语言中，调用库函数时，必须在程序代码开始部分使用如下预处理指令，告知编译器该库函数所在的头文件。

#include <库函数的头文件名>

库函数的使用请参见 1.4 节。

小问答：

问：库函数是什么？有何作用？

答：C 语言将常用的函数，按照功能分类归集，构成了库函数。使用库函数时，需要在程序的开始部分使用预编译指令：#include　<库函数的头文件名>。常用的 C 语言函数库有标准输入/输出库函数 stdio.h、标准库函数 stdlib.h、字符处理库函数 ctype.h、字符串处理库函数 string.h、时间处理库函数 time.h 等。库函数为我们编程带来了极大的便利，提高了编程的效率和代码质量。例如，我们需要计算弧度的正弦函数值，只需要调用数学库函数中的 sin( )函数即可实现，我们无须关心该函数具体是如何实现的，为我们编程带来极大方便，提高了开发效率。

途径二，自己设计的函数。在程序中自己动手设计函数，称为用户自定义函数。自己设计的函数当然可在自己的程序中调用它们。这样就是函数的“自给自足，自产自用”，这正是本章的重点——如何自己设计函数。

小问答：

问：为什么需要自己设计函数呢？不是有现成的库函数可以用吗？

答：的确，库函数能“拿来就用”，但并非程序中需要的所有功能都有相应的库函数。C 语言的标准函数库只提供了一些常用（如常用数学函数）或相对比较底层的功能（如输入/输出、文件读/写）的函数。在程序设计中，大量的功能模块需要自己设计函数来实现。从另一个角度来说，即使是库函数，它也需要被设计出来才能使用，只不过库函数通常不是自己设计的而已。当然，你也可以将自己设计的函数以库函数方式提供给别人使用。

5.1 初识函数设计

在此之前，从来没有自己设计过新函数，下面设计第一个新函数。自己设计一个新函数给自己用，有点“自力更生”、“自给自足”的意味。

程序 5.1 的功能是：给定三角形的两边长 a、b 和夹角 C（角度单位为弧度），求边长 c。

```
#include <stdio.h>
int main( ) {
    double a,b,c,C;
    scanf("%lf %lf %lf",&a,&b,&C);
    c=sqrt (a*a+b*b-2*a*b*cos(C));
    printf ("%lf",c);
    return 0;
}
```

main( )函数是自己编写的，但是程序中没有自己调用 main( )函数，因为 main( )是此程序的入口，是给操作系统调用的，没有必要自己调用。

程序中调用了 sqrt( )、cos( )、 scanf( )、 printf( ) 函数，但这些都是能“拿来就用”的库函数，都不是自己设计的。

程序 5.1

如程序 5.1 所示，在此之前编写的程序都类似于上述程序，程序代码都写在 main( )函数中，而 main( )函数作为应用程序的入口，在程序运行时被操作系统调用。在自己的程序代码中一般不会调用 main( )函数。此前我们的程序可能会调用库函数，如调用 scanf( )、printf( )、sqrt( )、sin( )等。在此之前，我们从来没有在自己的代码中调用过自己编写的函数。

在下例中，我们将设计一个函数，并且自己调用它。这样，这个函数计算是“自产自用”、“自给自足”！通过下例，让我们来设计第一个“自给自足”的函数，即自己“生产”一个函数，并在主函数中调用这个函数，即自己“使用”此函数。

编程任务 5.1：求 3 个数的最大值

任务描述：对于给定的 3 个整数，求最大值。

输入：3 个整数。

输出：最大值。

输入举例：5 7 6

输出举例：7

分析：输入的 3 个整数值分别用 int 型变量 a、b、c 存放，然后比较 a、b，取其中的最大值，此最大值存放到变量 max 中，然后比较 max、c，取两者中的最大值，结果存放到变量 max 中，那么此时，max 中存放的就是 a、b、c 的最大值。

根据以上分析，下面展示了不设计新函数和设计新函数的写法，其中，设计新函数又展示两种不同写法，对比这些写法的异同之处，初步体会引入函数设计后的模块化设计思想。

第 1 种写法：它将实现程序功能的全部代码写在主函数 main( )中，没有将其中可以模块化的功能设计成新的函数。代码如程序 5.2 所示，结果如运行结果 5.1 所示。

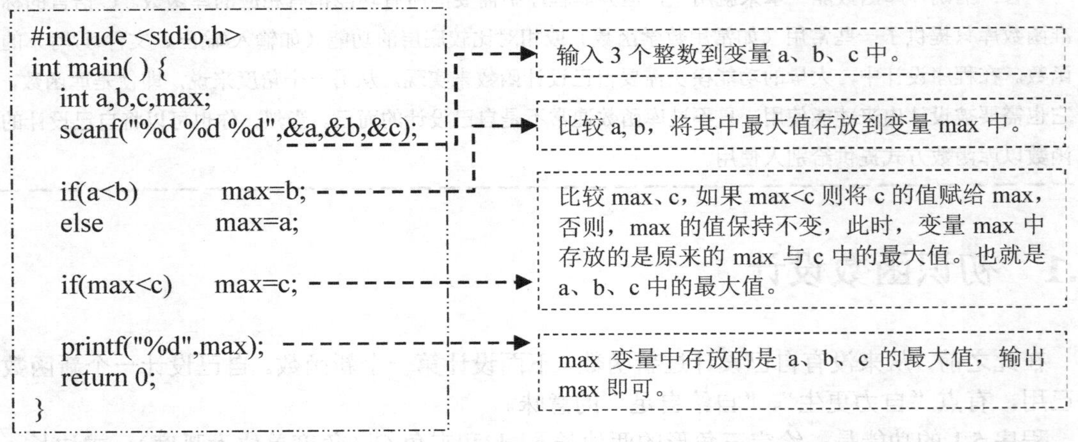

程序 5.2

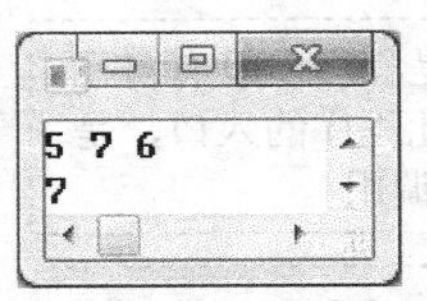

运行结果 5.1

程序 5.2 只有一个 main( )函数。下面我们将以上编程任务中实现最大值计算功能的代码设计成函数。

第 2 种写法：以下程序代码展示了将以上程序中求 3 个数的最大值这部分代码块改写成函数 maxOf3( )，此函数接受 3 个 int 型参数 a,b,c，返回的结果为三者的最大值。

代码如程序 5.3 所示，代码中黑体部分是与程序 5.2 代码的不同之处。

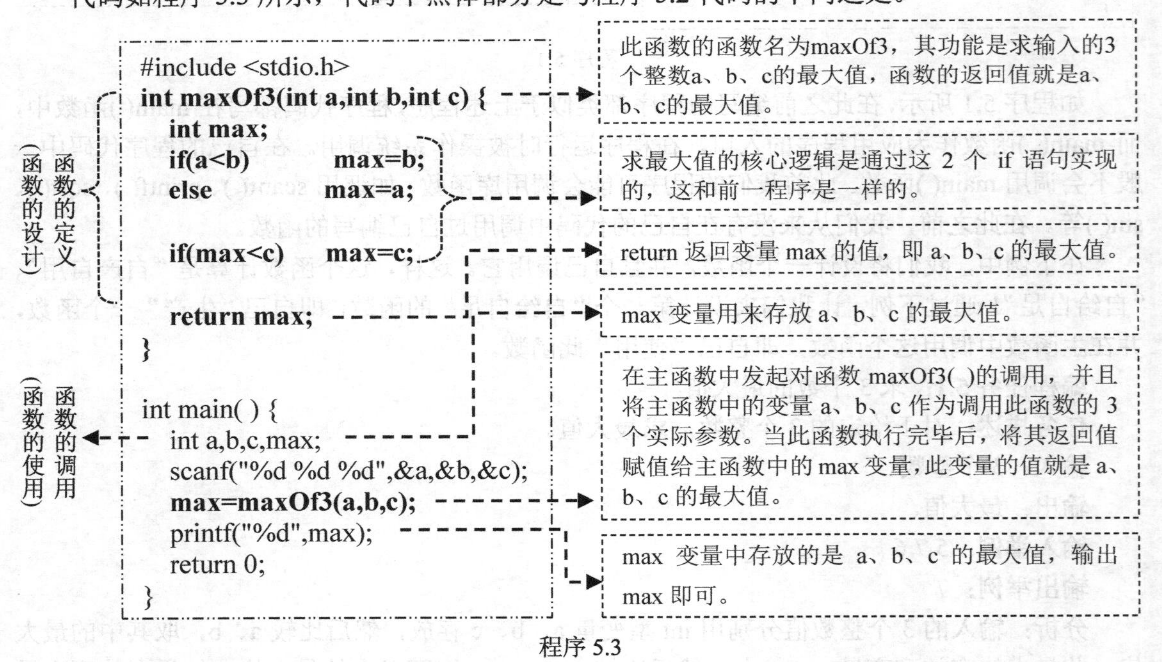

程序 5.3

在程序 5.3 的基础上，在 printf( )函数中直接输出 maxof( )函数的返回值，省去中间变量 max。代码如程序 5.4 所示。

```
int main( ) {
    int a,b,c;
    scanf("%d %d %d",&a,&b,&c);
    printf("%d", maxOf3(a,b,c));
    return 0;
}
```

此语句包含两次函数调用。首先，调用maxOf3(a,b,c)函数；此函数返回后，将其返回值作为 printf( )函数的实际参数，再调用printf( )函数。

程序 5.4

当然，利用函数实现求 3 个整数最大值，可有多种写法。

第 3 种写法：下面展示另一种函数设计。设计思路：将求解 2 个数的最大值作为功能模块，设计成一个函数 maxOf2( )，那么 3 个数的最大值可通过 2 次调用此函数得到。代码如程序 5.5 所示，加粗部分为与前一程序代码不同之处。

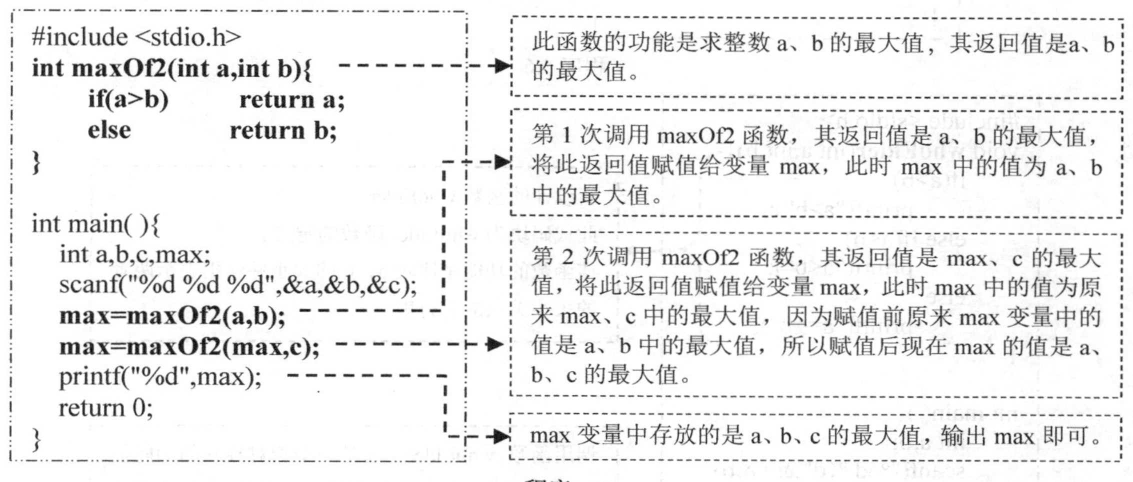

程序 5.5

编程任务 5.2：谁年长（基础版）

任务描述：有两个人相互猜测对方年龄，并争论他们两个谁年长，最后只能各自亮出年龄，谁年长就显而易见了。给定 2 个整数，判断它们之间的大小关系。

输入：给定 2 个取值范围在[-10000 , 10000]的整数 a、b。

输出：如果 a 大于 b 则输出“a>b”；如果 a 小于 b 则输出“a<b”；a 和 b 相等则输出“a==b”。

输入举例：9 8

输出举例：a>b

分析：本问题也比较简单，根据 a、b 的比较输出结果即可。

下面给出实现本任务的多种写法。

第 1 种写法，直接在 main( )函数中实现，不设计新函数，如程序 5.6 所示。

第 2 种写法：将“根据 a、b 的大小关系输出结果”作为单独的功能模块，设计成函数 whoElder( )，如程序 5.7 所示。

通过上述例子，我们已经初步接触了自定义函数的过程。在后续章节将深入地阐述函数的概念、函数的设计、函数的调用、递归函数等与函数相关主题。

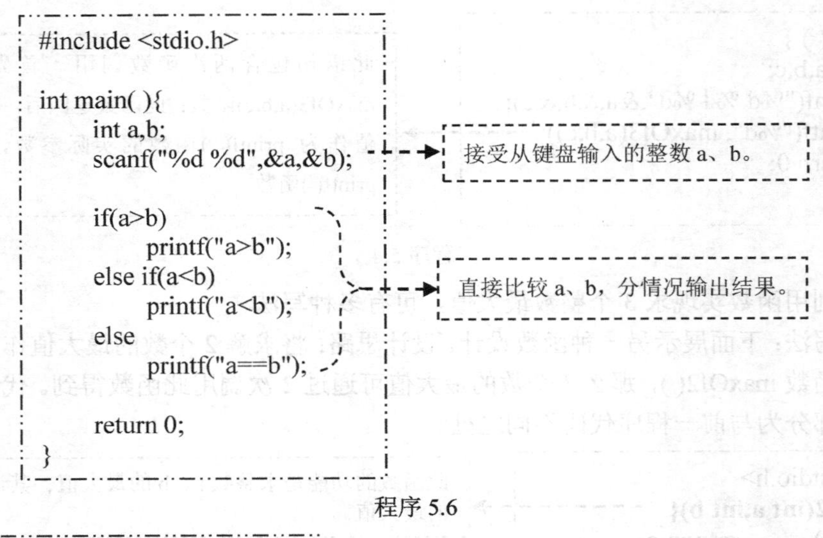

程序 5.6

```
#include <stdio.h>
void whoElder(int a,int b){
    if(a>b)
        printf("a>b");
    else if(a<b)
        printf("a<b");
    else
        printf("a==b");
}

int main( ){
    int a,b;
    scanf("%d %d",&a,&b);
    whoElder (a,b);
    return 0;
}
```

新设计的函数 whoElder。此代码块为 whoElder 函数的定义。该函数的功能是比较 a、b 的大小并输出表示两者的大小关系的字符串。

调用函数 whoElder。它是一个相对独立的功能模块，它的功能是根据用户输入的整数 a、b 的大小按要求输出结果的功能。

程序 5.7

5.2 函数的概念

5.2.1 函数的概念剖析

什么是函数呢？

在程序设计中，函数是功能明确、边界清晰、相对独立、方便重用的代码模块。

以程序 5.5 中的函数 maxOf2(int a, int b)为例，如图 5.1 所示，剖析函数的概念。

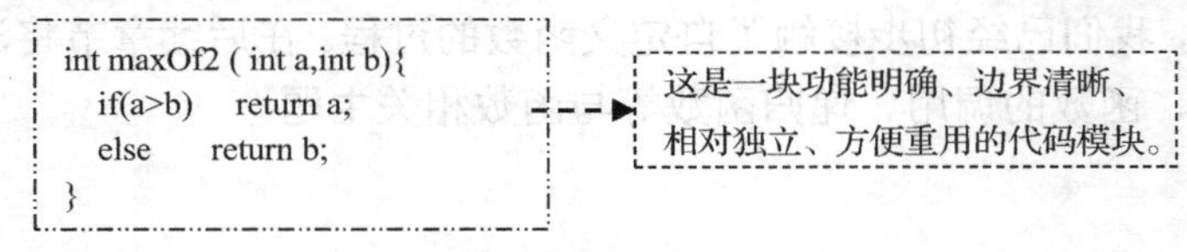

图 5.1 函数与模块的概念

（1）“功能明确”体现在：该程序块的功能是返回输入的 2 个整数的最大值。也就是说，除此功能外，不具备其他任何功能，例如，此函数没有“求 3 个整数的最大值”的功能，没有“求 2 个浮点数的最大值”的功能，也没有“求 2 个整数的最小值”的功能。

（2）“边界清晰”体现在：清晰的“边界”体现在两个方面。

其一，函数代码与其他代码的有明确的“物理边界”。

函数的定义清晰地规定了函数代码的起始处和结束处。每个函数的代码的边界从函数定义所在行开始，至函数体对应的右花括号所在行结束。maxOf2( )函数和 main( )函数代码的“物理边界”如图 5.2 所示。

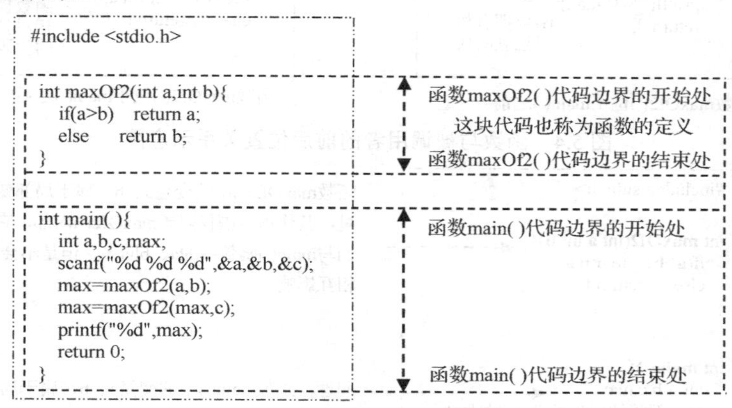

图 5.2 函数的物理边界示意图

其二，函数与其他代码之间的数据“输入输出边界”。

函数与其他代码之间的数据“输入输出边界”，称为函数与外界的边界，也称为函数与外界的接口。它是通过函数参数和返回值体现的。

maxOf2 函数接受 2 个整数参数，返回 1 个整数值。此函数与外界的信息交换只有这 3 个数据，构成了此函数与外界的数据“输入输出边界”，如图 5.3 所示。

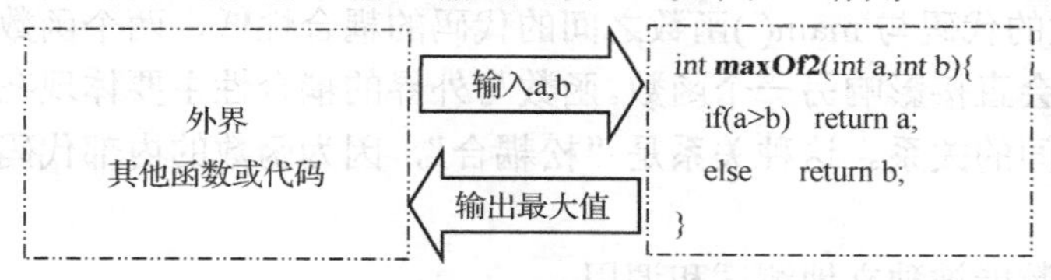

图 5.3 函数与外界的“输入输出边界”示意图

（3）“相对独立”体现在：每个函数的代码块是相对独立的整体，与外界的其他函数或者代码相对分离。具体来说，体现在如下 4 个方面。

其一，函数代码（在此特指函数的实现代码，而非指外界调用此函数的代码）与其他代码的相对位置自由。

如图 5.4 所示，函数 maxOf2( )与函数 main( )的相对位置可前可后。

其二，每个函数内部有一块“属于自己的小天地”。

也就是说，函数可拥有的局部变量（函数的形式参数和内部定义的变量均为局部变量），局部变量作用域与生命期均仅限于本函数。因此，函数 maxOf2( )中有局部变量 a、b，函数 main( )中也有同名的局部变量 a、b，不会有命名冲突。函数 maxOf2( )中的局部变量 a、b 与函数 main( )中的局部变量 a、b 并非同一变量，因为代码模块是独立的，如图 5.5 所示。

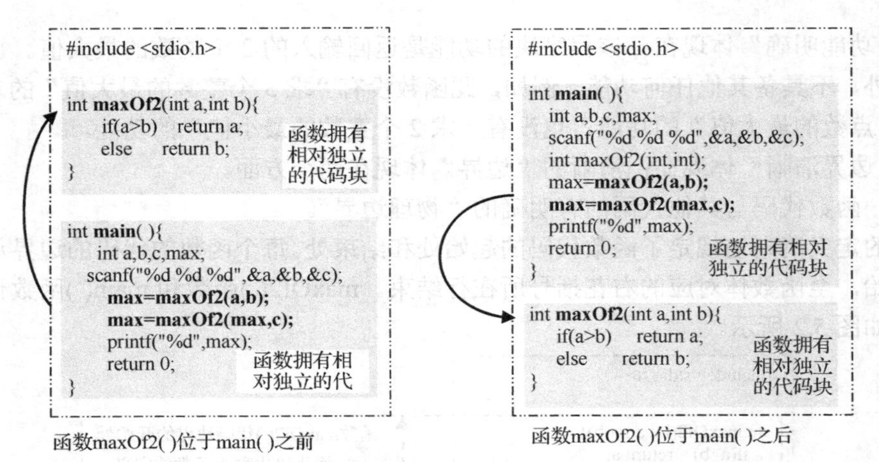

图 5.4　函数与被调用者的前后位置关系示意图

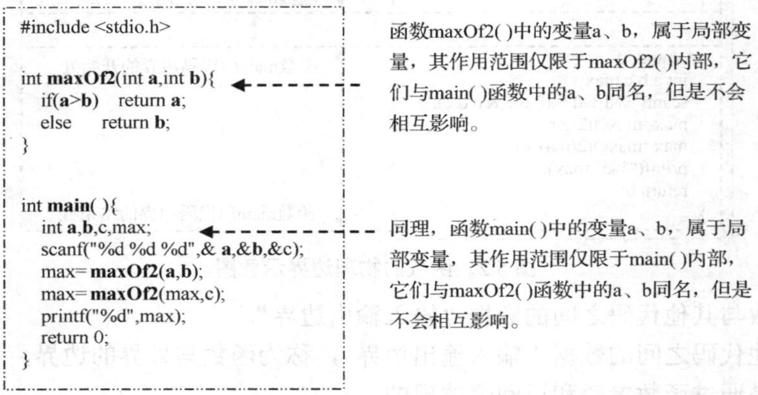

```
#include <stdio.h>

int maxOf2(int a,int b){
    if(a>b)    return a;
    else       return b;
}

int main( ){
    int a,b,c,max;
    scanf("%d %d %d",& a,&b,&c);
    max= maxOf2(a,b);
    max= maxOf2(max,c);
    printf("%d",max);
    return 0;
}
```

函数maxOf2( )中的变量a、b，属于局部变量，其作用范围仅限于maxOf2( )内部，它们与main( )函数中的a、b同名，但是不会相互影响。

同理，函数main( )中的变量a、b，属于局部变量，其作用范围仅限于main( )内部，它们与maxOf2( )函数中的a、b同名，但是不会相互影响。

图 5.5　函数模块独立性示意图

其三，函数之间是低耦合的。

maxOf2( )函数的代码与 main( )函数之间的代码的耦合性低，两个函数实现的内部代码均可独立地修改而不会直接影响另一个函数。函数与外界的耦合性主要体现在函数与调用者之间的参数和返回值之间的关系。这种关系是“松耦合”，因为函数的内部代码与其他外部代码保持了独立性。

其四，每个函数能被独立地测试和调用。

例如，可以单独测试 maxOf2( )是否正确，如程序 5.8 所示。

```
#include <stdio.h>
int maxOf2(int a,int b){
    if(a>b)       return a;
    else          return b;
}

int main( ){
    printf("%d\n",maxOf2(1,2));
    printf("%d\n",maxOf2(4,3));
    printf("%d\n",maxOf2(5,5));
        return 0;
}
```

运行结果

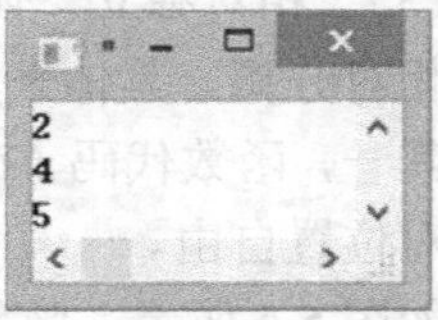

```
2
4
5
```

对 maxOf2( )函数设计了 3 个测试用例。
第 1 个测试用例：测试第 2 个参数为最大值的情形。
第 2 个测试用例：测试第 1 个参数为最大值的情形。
第 3 个测试用例：测试 2 个参数相等的情形。
以上 3 个测试用例能够覆盖函数 maxOf2( )的所有分支路径，因此，以上测试是充分的，得到的测试结果是可靠的。

程序 5.8

（4）“方便重用”体现在：程序中可多次调用 maxOf2( )函数。这样，maxOf2( )就被重复多次利用了，很好地实现了代码的重复利用，而没有必要重复 maxOf2( )中的代码。不用函数时，代码的重复显而易见，如图 5.6 所示。

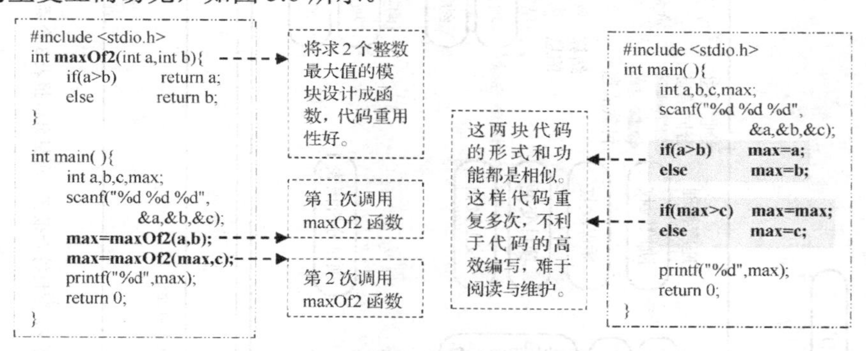

图 5.6　演示函数的可重用性

正是因为函数具有以上特点，所以“函数”是软件工程中模块化程序设计的基石，是代码可重用的最小单元。

函数是程序中可被重用的软件模块。因此，利用函数代码的可重用特性，可以简化程序中功能类似的重复代码。请参见本章函数设计实例中“编程任务——相隔多少天”，此例方法 1 中的 isLeap( )在程序中有两处被调用，体现了函数代码模块可被重用的特性。

5.2.2　模块化设计思想在函数中的体现

在软件工程中，函数是模块化程序设计思想的一种具体体现。一个大任务可分解为若干个小任务，如此可多次迭代，每个小任务就是一个“功能明确、边界清晰、相对独立、方便重用”的模块，这样每个小任务就可以设计成一个“函数”。如图 5.7 所示。

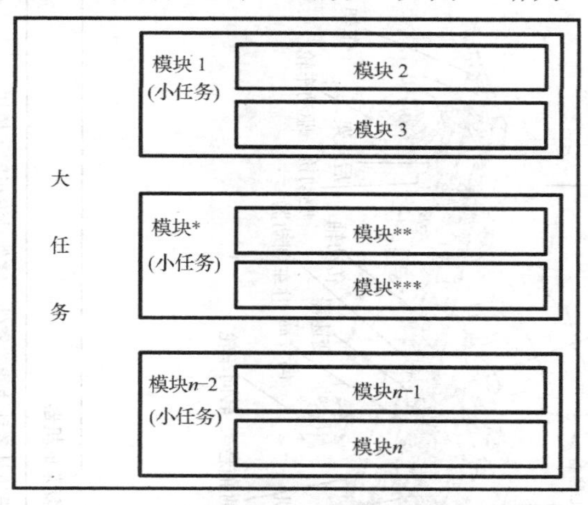

图 5.7　模块化程序设计的思想示意图

一个的功能复杂的大软件相当于一台大机器。函数相当于各种大小零部件，零部件装配后构成一个具有特定功能的有机整体——大机器。许多函数通过特定的逻辑组织起来实现特定的功能，构成了复杂的大软件。

表 5.1 将软件系统与机器系统的模块进行类比，展示了函数具有“模块”的特性。

表 5.1　函数具有“模块”特性的类比

项　目	机器系统——以某款载重汽车为例	软件系统——以某企业管理信息系统为例
系统构成示意图	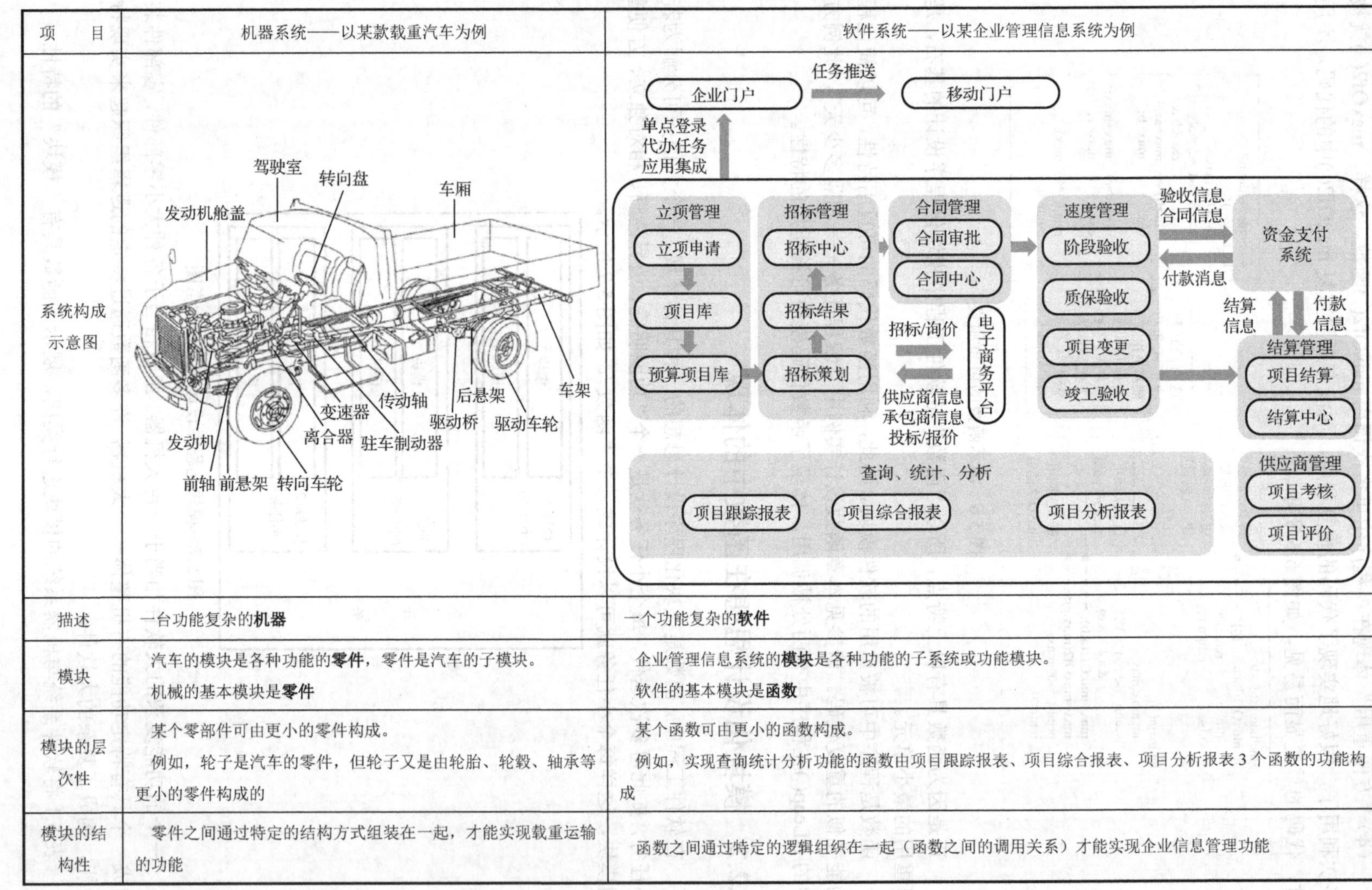	
描述	一台功能复杂的**机器**	一个功能复杂的**软件**
模块	汽车的模块是各种功能的**零件**，零件是汽车的子模块。 机械的基本模块是**零件**	企业管理信息系统的**模块**是各种功能的子系统或功能模块。 软件的基本模块是**函数**
模块的层次性	某个零部件可由更小的零件构成。 例如，轮子是汽车的零件，但轮子又是由轮胎、轮毂、轴承等更小的零件构成的	某个函数可由更小的函数构成。 例如，实现查询统计分析功能的函数由项目跟踪报表、项目综合报表、项目分析报表 3 个函数的功能构成
模块的结构性	零件之间通过特定的结构方式组装在一起，才能实现载重运输的功能	函数之间通过特定的逻辑组织在一起（函数之间的调用关系）才能实现企业信息管理功能

续表

项　　目	机器系统——以某款载重汽车为例	软件系统——以某企业管理信息系统为例
模块的结构性	所有零件构成一个分工合作的有机整体	所有函数构成一个分工合作的有机整体
	零件装配错误或模块本身功能故障，将导致汽车的失去某些功能或整体功能	函数调用错误和函数本身功能错误，将导致企业信息管理系统部分错误或整体失效
	零件可以单独生产和测试	函数可以单独设计和测试
更高级别模块	大的机械部件、机械平台或框架结构：如发动机总成、底盘、电气系统、转向系统等	类或控件、软件框架：如基础类、应用程序框架、中间件等

5.3 新函数是如何炼成的

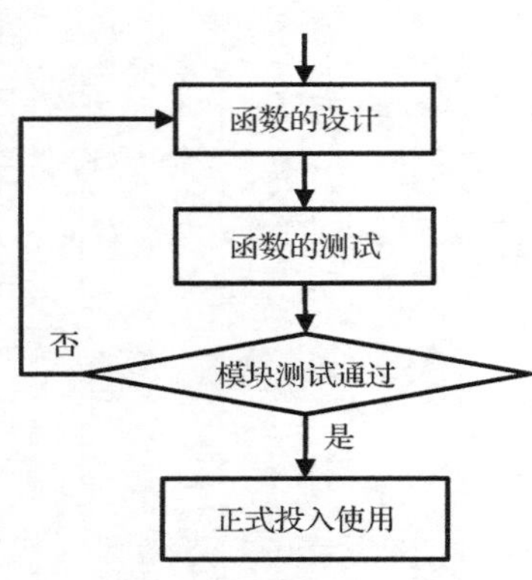

图 5.8 生产新函数的 3 个阶段

在软件工程和实际应用中，对于新函数在正式投入使用前大概经历 3 个阶段："函数的设计"→"函数的测试"→"函数交付使用"，如图 5.8 所示。

根据函数的特性，每个函数可单独测试，通常每个函数在投入正式使用前也必须经过严格测试。每个模块经单独测试确认功能正确后，才能正式交付使用，这样才能确保由多个函数模块组装成的更大函数模块的正确性。

函数的**交付使用**意味着通过测试后的函数模块在程序中任何需要之处被调用。

表 5.2 详细阐述了新函数从设计、测试到投入使用的 3 个阶段。

表 5.2 函数设计的步骤

步骤	阶段	内容		注意事项	举例
第 1 步		函数的总体功能	确定待设计的函数的所需实现功能。明确函数的输入和输出	此函数所需完成的功能必须边界清晰、功能明确	给定 3 个整数，求最大值
第 2 步			确定函数名	函数名、参数名都必须遵循 C 语言标识符命名规定，"见名知义"	maxIn3
第 3 步	函数设计阶段	函数的原型部分，也是函数的"形式部分"	确定形参的个数、名称、数据类型和含义。形参的先后顺序可任意设定，但在调用函数时，实参必须与此处的形参一一对应	根据函数功能需求来确定	有 3 个形参，名称、类型和顺序如下： int a,int b,int c a、b、c 均为输入参数，表示输入的 3 个整数值
第 4 步			确定返回值的类型，明确返回值的含义		返回值为输入的 3 个整数的最大值，类型为 int
第 5 步		函数实现部分，即函数"内容部分"	按照函数的功能要求，编写函数体中的代码	通过具体的算法步骤实现函数所需的功能	判断 a 是否不小于 b、c，如果是则返回 a，否则进一步判断 b 是否不小于 a、c，如果是则返回 b，否则返回 c
第 6 步	函数测试阶段	函数功能测试	设计测试程序，单独测试所设计函数是否达到设计要求。若未达到，则重复以上步骤	实际参数和形式的个数、顺序和数据类型和意义都必须一一对应	设计尽可能覆盖各种情况的测试数据，对此模块进行充分测试，确保函数功能正确（测试程序略）
第 7 步	投入使用阶段	正式投入使用	在主调函数的适当位置调用此函数，其返回值可以被主调函数利用		在应用程序中调用自己设计的此函数

5.4 函数的设计

5.4.1 发掘任务中的模块

函数设计的目标是将程序中功能明确、输入/输出边界清晰的模块设计成函数。具体应将哪些代码模块设计成函数，则需要我们从程序中发掘适合设计成函数的代码模块。图 5.9 展示了不适合和适合设计成函数的两种情形。

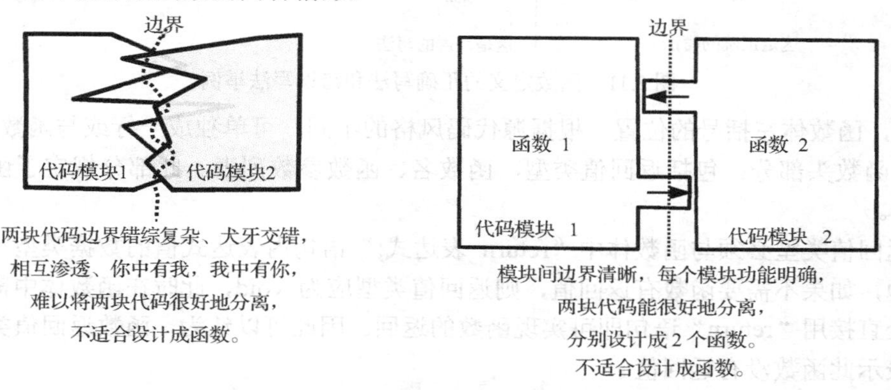

图 5.9 适合和不适合设计成函数情形的示意图

将任务中"功能明确、边界清晰"的模块发掘出来后，下面的任务具体来说，是根据模块所需完成的功能，确定函数的定义。

在实际编程任务中发掘函数函数模块，可从如下两个方面着手。

（1）从功能着手：将"功能明确、边界清晰"的模块提炼成"函数"。如果被设计出来的函数，在程序中在多处被调用，那么这体现了函数在模块化方面的价值，同时也体现了函数在代码复用方面的价值。然而，即使是该函数在程序中仅在某一处被调用，把该模块设计成函数仍然值得，因为这样做能使程序的结构清晰，便于理解和维护。

（2）从形式着手：如果程序中存在功能相似并且代码相似度很高的多个代码块，可以考虑将这些相似度很高的代码块提炼成"函数"。当然，提炼出来的函数仍然满足"功能明确、边界清晰"的特性。

通过一定时间的编程训练后，你也能在设计函数时做到得心应手、信手拈来。

5.4.2 函数的定义

函数的设计落实到程序代码层面上，就是要确定**函数的定义**。函数的定义规定了实现函数的各项具体要素。函数的定义包括两大部分：**函数头和函数体**。

函数头包括函数名、返回值类型、形式参数列表。这部分包含与函数密切相关的 3 项要素。

函数体是函数功能的具体实现，是函数的内部细节。

在 C 语言中，定义函数的语法格式如图 5.10 所示。

值得注意的是，函数头和函数体是一个有机整体，因此在函数头之后与函数体左括号的之间不能有分号，如图 5.11 所示。

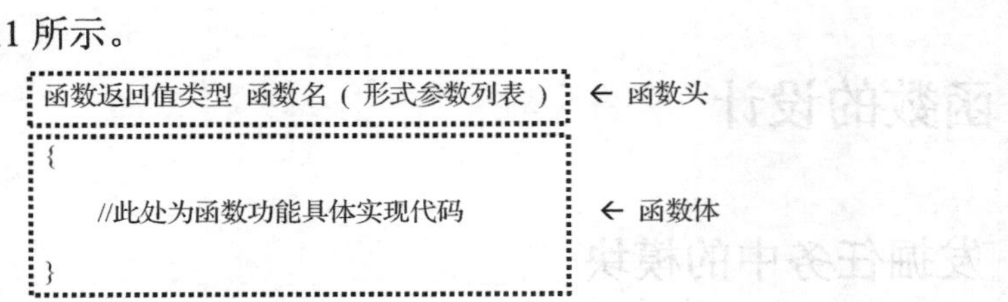

图 5.10　函数定义及构成

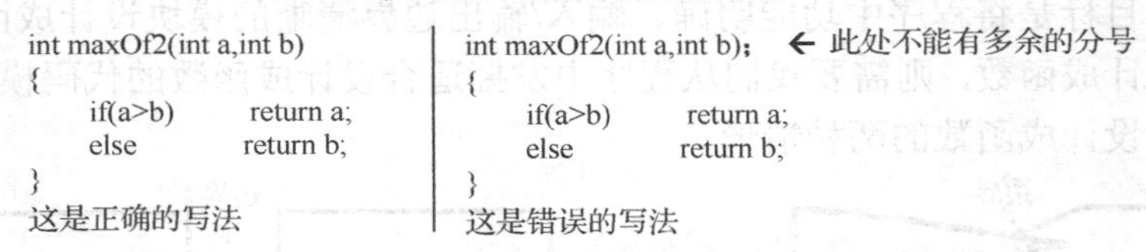

图 5.11　函数定义的正确写法和错误写法举例

注意，函数体左括号的位置，根据源代码风格的不同，可单独成一行或与函数头同行。

（1）函数头部分：包括返回值类型、函数名、函数参数列表。此部分规定了函数的原型（protype）。

- 返回值类型必须与函数体中“return 表达式;”语句内表达式值的数据类型一致。特殊地，如果不需要函数有返回值，则返回值类型应为 void，此时在函数体中需要返回之处直接用“return”语句即可实现函数的返回。因此可以认为，函数返回值类型为 void 表示此函数没有返回值。

  函数的返回值是函数执行完毕，返回到调用点时，所带回的一个值。此值作为函数调用表达式的值。此值的含义由函数设计者赋予。函数被调用后最多只能返回一个值。

- 在 C 语言中，函数名是函数的唯一标识，不允许函数重名。函数名的命名必须遵循 C 语言标识符命名规则（详见附录中的 C 语言标识符命名规则，扫描前言中的二维码）。注：在面向对象的程序设计语言（如 C++、Java、C#）中，为了支持函数的重载，允许函数重名，因此，函数的唯一标识采用了“函数+参数列表”的方式。

- 形式参数，简称为形参，可以有 0 个或多个形式参数。这些参数在函数被调用时必须被赋值。语法格式为“数据类型 1 参数名 1, 数据类型 2 参数名 2, …”。参数之间用逗号分隔。参数有先后之别。这些参数是函数内部与外界发生数据交换的重要途径（但并非唯一途径，因为函数也可以通过全局变量与外界发生数据交换，请参考“全局变量”相关内容）。

（2）函数体部分。

- 此部分是被左右括号括起来的一段代码，是实现函数功能的代码模块。
- 此部分为函数的实现细节部分。
- 函数体可以为空。但不管函数体是否为空，其左右花括号{ }不能省略。

函数定义举例 1：以 manxOf2( )函数为例，说明函数的各项要素，如图 5.12 所示。

下面，请看在实际的编程任务中如何运用模块化设计的思想，将编程任务中“功能明确、边界清晰、相对独立”的模块提炼出来并设计成函数。

编程任务 5.3：a+b

任务描述：给定两个整数 a、b，a、b 的取值范围[-10000,10000]，求 a、b 的和。

输入：两个 a、b。

函数的形式参数列表为：
函数名为 maxOf2
int a, int b，参数有先后之别
函数的返回值类型为 int
int maxOf2 (int a , int b)
这对圆括号必不可少
函数体从左花括号开始
{
if(a>b) return a;
else return b;
}
这对左右花括号必不可少
函数体中的代码，
即函数功能的实现部分
函数体至右花括号结束

图 5.12 函数定义的各项要素说明

输出：a 与 b 的和。

输入举例：3 4

输出举例：7

分析：显而易见，对于求两个整数 a、b 的和这一子模块具有“功能明确、边界清晰、相对独立”的特点，可以设计为一个函数。函数名为 add，此函数的定义如程序 5.9 所示。

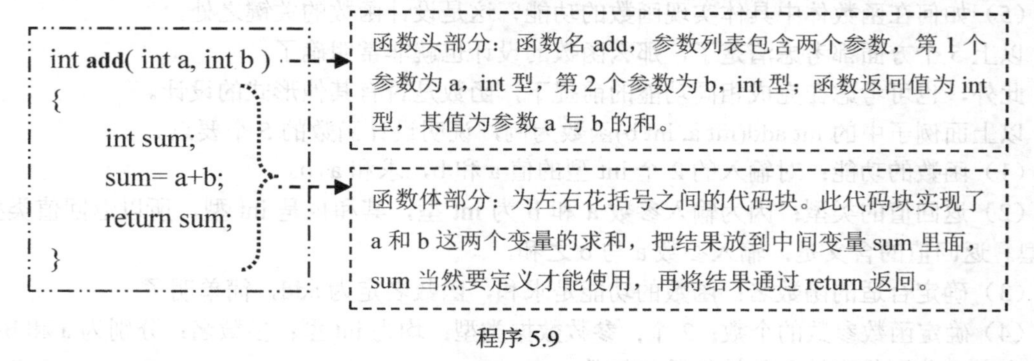

程序 5.9

实现以本编程任务的完整程序代码如程序 5.10 所示。

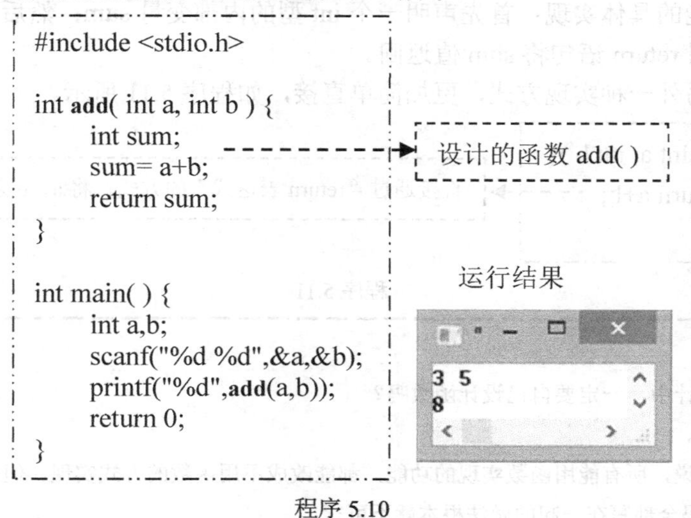

程序 5.10

5.4.3 设计函数的方法论

函数是具有一定功能的相对独立的代码块。一个函数就是一个功能模块。

函数设计指导思想：功能明确、边界清晰、低外耦、高内聚。

这意味着函数的设计必须：(1)模块化设计，这要求设计的函数可以单独调试和方便组装；(2)模块级抽象，这意味着将模块内部的实现细节对模块外是不可见的，模块内部可视为“黑盒”，从而实现对调用者隐藏被调函数的内部实现细节。

设计函数的困难之处在于：如何确定函数定义中的各要素。

具体来说有两大部分：函数的“函数头”和“函数体”。“函数头”包括函数名称、函数参数列表（每个参数的类型和顺序）、函数的返回值类型。“函数体”包括函数特定功能的具体实现，是函数的具体实现细节。

设计函数的5个要点如下。

(1) 函数的功能是什么？

(2) 返回值的类型如何确定以及返回值的含义是什么？

(3) 如何确定一个合适的函数名？

(4) 如何确定函数形式参数的个数、名称、数据类型和含义？

(5) 如何在函数体中具体实现函数的功能？这是设计函数的关键之处。

以上5个方面都考虑清楚了，那么函数的设计也就非常明确了。

此外，也可考虑在完成相同功能的前提下，函数是否有其他形式的设计。

以上面例子中的int add(int a, int b)函数为例，说明设计函数的5个要点。

(1) 函数的功能：对输入的2个int型的值a和b，求和a+b。

(2) 返回值的类型：因为输入参数a和b为int型，其和也是int型，所以返回值类型为int型。返回值的含义是：输入参数a与b之和。

(3) 确定合适的函数名：函数的功能是求和，函数名定为add，简单明了。

(4) 确定函数参数的个数：2个；参数数据类型：均为int型；参数名：分别为a和b；参数的含义：分别代表输入的被加数和加数。

(5) 函数功能的具体实现：首先声明一个int型的内部变量sum；然后将a+b的值存入变量sum；最后利用return语句将sum值返回。

此函数还有另外一种实现方式，更加简单直接，如程序5.11所示。

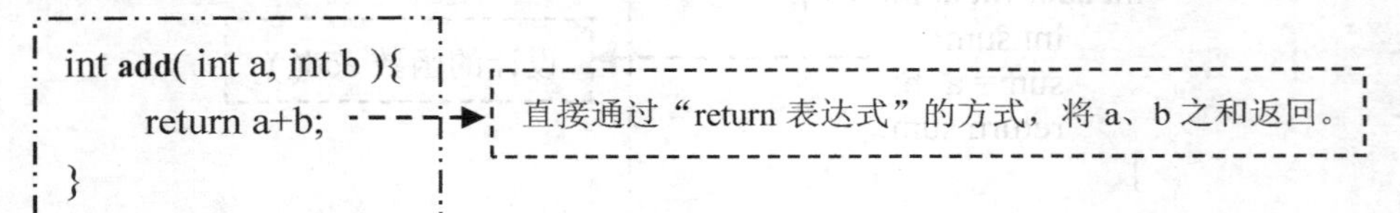

```
int add( int a, int b ){
    return a+b;
}
```


程序5.11

小问答：

问：程序设计中，一定要自己设计函数吗？

答：不一定。

从理论上来说，所有能用函数实现的功能，都能改成不用函数的方式实现。但是，当软件比较复杂时，将所有代码全部写在一起的做法根本就不可行。

但在实践中，建议尽量将能设计成函数的代码设计成函数。因为利用函数，实现模块化设计，使代码可读性、可维护性大大提高，错误概率大大降低，并且能实现软件开发团队的分工合作，开发效率也因此提高。

5.4.4 设计函数的要点详解

对于设计函数的5个要点详解如下。

1．函数的功能

对于函数调用者来说，函数头的信息（或者说函数的原型信息）是与函数的功能相对应的。函数体对该函数调用者是透明的、不可见的。

例如，上例“编程任务：a+b”中，对用函数 add( )的调用者 main( )来说，add( )函数原型“int add(int a, int b)”直接与“求2个整数之和”的功能对应。

2．函数的返回值

函数的返回值有两种情形。

（1）如果函数的返回值类型为 void，那么该调用该函数后没有返回值。这意味着，对该函数的调用，只是执行了系列的动作，不需要函数提供返回值。此时我们不关心或者无须关心函数执行的结果，只要求它履行了规定的过程即可。因此，有的程序设计语言将它称为“过程”

（2）如果函数的返回值类型除 void 以外的其他数据类型，如 int 型、double 型、char 型。此时，函数的返回值就是函数调用结束后返回的一个值，是被调函数通过 return 语句返回的值。那么，可以从形式上理解为函数调用表达式的值就是函数的返回值。

如果函数没有返回值，那么函数返回值类型应该为“void”，虽然此时省略“void”程序也能运行，但不推荐大家这样写。因为省略返回值类型时，gcc 编译器默认函数的返回值类型为 int 型，并且默认返回整数1。

函数是否需要返回值取决于根据函数的所需实现的功能。

例如，对于编程任务“a+b”，可以将结果输出动作也放入 add 函数中。此时的 add 函数功能发生了变化，它不仅实现了计算功能，也实现了输出功能。新 add 函数就不需要有返回值了，因此其返回值类型为 void，代码及运行结果如程序5.12所示。

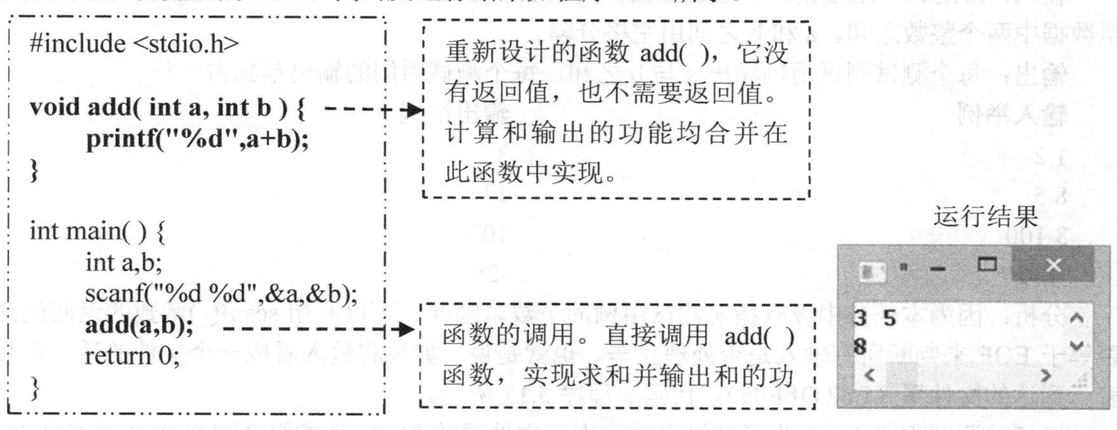

程序 5.12

小问答：

问：函数的返回值最多只能有 1 个，如果需要函数返回多个值怎么办？

答：无法直接让函数返回多个值，但能用变通的办法实现相同的效果，也就是说返回后，主调函数可以访问到需要“带回”（不能称“返回”）的多个值。

变通方法 1：利用多个全局变量存放需要的返回值。因为在被调函数中也能访问全局变量，因此，将需要在调用函数返回后“带回”的值存到这些全局变量中即可。但是全局变量太多将严重破坏函数的“边界清晰”的特性。这将在“全局变量”相关内容中阐述。

变通方法 2：利用函数参数是数组首地址或者变量地址，在被调函数中通过此地址间接访问到多个变量的位置，即可实现“带回”多个值的效果。这将在“指针”相关内容中阐述。

有返回值的函数被调用后，调用函数的表达式值就是函数的返回值。主调函数可利用此返回值，但也可以只调用被调函数而将返回值弃之不用。

例如，程序中经常使用的 scanf( )函数，它是有返回值的。其返回值表示成功输入的数据个数，如果返回 EOF，表示输入遇到了文件尾，也就是意味着输入已经结束。在我们的程序中，大多数情况直接调用 sanf( )函数实现将数据输入到变量的功能，并不使用 scanf( )函数的返回值。

但如果遇到以下应用场景，scanf( )函数的返回值能派上用场：如果输入文件中数据或者测试用例的个数不确定，而以输入数据到达文件文件尾为准，那么此时可以使用如下模式：

```
while(scanf("%d",&data)!=EOF){  //循环中应该实现的动作   }
```

请看以下编程任务。

编程任务 5.4：a+b（不定个数测试用例版）

任务描述：给定若干组数据，每组数据包含两个取值范围在[-10000,10000]的整数，求每组数据中两个整数之和。每组数据称为一个测试用例。本任务中测试用例的个数以实际输入中的测试用例个数为准。

输入：给定若干组数据，每组数据包含两个取值范围在[-10000,10000]的整数 a 和 b，求每组数据中两个整数之和。a 和 b 之间用空格分隔。

输出：每个测试测试用例输出 a 与 b 之和，每个测试用例的输出单独占一行。

输入举例	**输出举例**
1 2	3
8 5	13
3 100	103
-1 -27	-28

分析：因为本任务中没有指明测试用例的个数。因此，可以利用 scanf( )函数的返回值是否等于 EOF 来判断所有输入是否处理完毕。也就是说，如果将输入看成一个文件的话，那么表示到达的文件尾（End Of File）。代码如程序 5.13 所示。

运行并测试程序 5.13。为了从键盘输入表示文件尾的 EOF，请按组合键 Ctrl+Z 或 Ctrl+D。结果如运行结果 5.2 所示。

函数的返回值类型为 void 的举例。

问：设计函数时，如何确定函数的返回值类型为 void 呢？

答：返回值类型为 void 的函数，表示此函数没有返回值。如果某函数只需要执行过程性事务，也就是说，函数被调用时，只需要执行完毕此过程，然后返回到函数调用处继续往后执行即可。函数的调用者不需要此函数执行完毕后带回一个值。

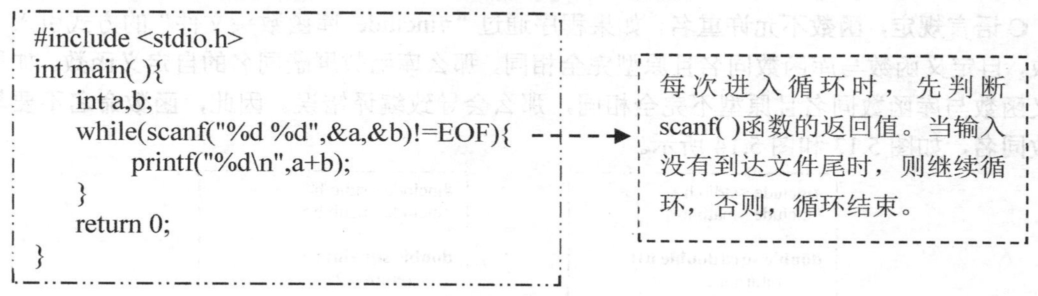

```
#include <stdio.h>
int main( ){
    int a,b;
    while(scanf("%d %d",&a,&b)!=EOF){
        printf("%d\n",a+b);
    }
    return 0;
}
```

每次进入循环时，先判断scanf( )函数的返回值。当输入没有到达文件尾时，则继续循环，否则，循环结束。

程序 5.13

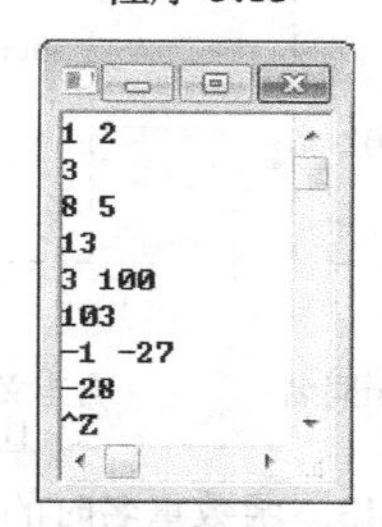

运行结果 5.2

例如，以上“编程任务：a+b”的函数 add 可以设计成如下没有返回值的形式。此时函数原型“void add(int a, int b)”对应的功能发生了变化。函数的使用也相应地发生了变化，代码如程序 5.14 所示。

```
#include <stdio.h>

void add( int a, int b ) {
    int sum;
    sum= a+b;
    printf("%d",sum);
    return;
}

int main( ) {
    int a,b;
    scanf("%d %d",&a,&b);
    add(a,b);
    return 0;
}
```

函数功能：对输入的两个整数 a 与 b 求和并将结果输出。此函数只需要执行过程性事务即可，不需要返回值。

输出结果的动作放到了 add 函数的内部。在之前的设计中，此输出动作是在主函数 main()中完成的。

在无返回值的函数中，函数体右括号前的return语句可省略。

在主函数 main 中，只要调用函数 add(a, b)即可，无须使用（当然也不能使用，因为无返回值可用）add( )函数的返回值。

程序 5.14

3．函数的命名

给函数命名时，建议养成“**见其名而知其义**”的良好习惯，以便函数调用者能通过函数名很好地了解函数的功能。在 C 语言中，标识符的命名最长为 255 个字符。C 语言不允许标识符有中文字符。

为了适当地缩短标识符长度，英文单词可适当地简写。比如求正弦值的函数名为 sin( ),

求余弦值的函数名为 cos( )，求绝对值的函数名为 abs( )，求平方根的函数名为 sqrt( )，求某年有多少天的函数名为 getDaysOfYear( )，求某个数是否为素数的函数名 isPrime( )等。

C 语言规定，函数不允许重名。如果程序通过“#include 库函数头文件”的方式引入了库函数，自定义函数与库函数同名且原型完全相同，那么库函数屏蔽同名的自定义函数。如果自定义函数与库函数同名且原型不完全相同，那么会导致编译错误。因此，**函数命名不要与库函数同名**，如图 5.13 和图 5.14 所示。

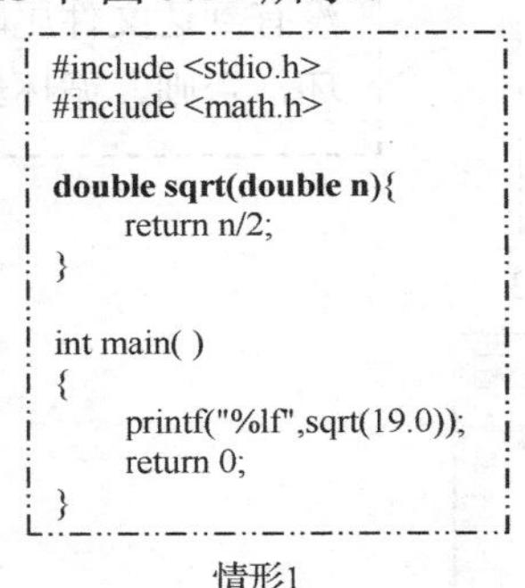

```
#include <stdio.h>
#include <math.h>

double sqrt(double n){
    return n/2;
}

int main( )
{
    printf("%lf",sqrt(19.0));
    return 0;
}
```

情形1

自定义函数sqrt与库函数sqrt同名
且函数原型完全相同

```
#include <stdio.h>
#include <math.h>

double sqrt(int n){
    return n/2;
}

int main( )
{
    printf("%lf",sqrt(19.0));
    return 0;
}
```

情形2

自定义函数sqrt与库函数sqrt同名
且函数原型不完全相同

图 5.13　函数重名时的情形

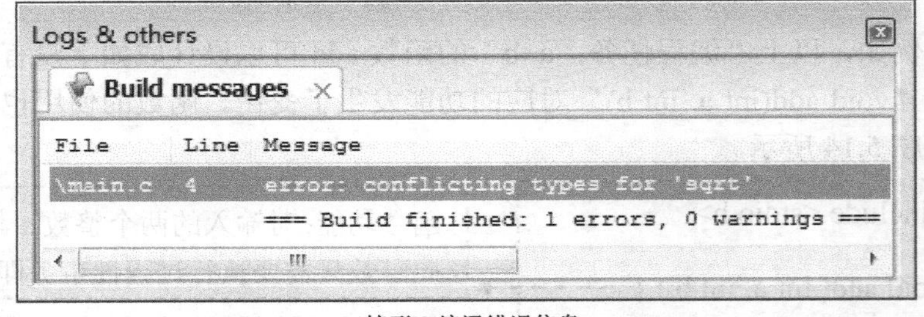

情形 1 的运行结果
实际调用的是库函数 sqrt

情形 2 编译错误信息
编译错误，不能运行

图 5.14　函数重名时编译或运行的结果

4．函数的形式参数

形式参数的个数、数据类型和含义是根据该函数与外界发生数据交换的具体需求而定的。

形参列表可以为空，此时意味着调用此函数时不需要任何参数，但不论在函数定义还是函数调用时，都**不能省略函数名后的左右圆括号( )**。

5．函数体

函数功能的实现依赖于函数体。根据需要，函数体内可以定义变量，这些变量也属于局部变量。函数体内可以调用其他函数或函数本身。函数体也可以为空，但**不能省略函数体的左右花括号{ }**。但是，函数的声明语句中不能有表示函数体的左右花括号，详情请参见“函数声明”相关内容。

值得注意的是：函数的形式参数属于局部变量，函数体内定义的变量也属于局部变量。而局部变量作用范围仅限于本函数。因此，给**形式参数变量的命名以及给函数内定义的变量命名时，只要保证其名称在本函数内唯一**，而不须顾及与其他函数的形参名是否相同，也无须顾及与其他函数内部定义的变量名是否相同。这也是函数具有模块性和相对独立性的体现。

通过以下两个编程任务中的函数设计实例，加深对函数设计要点的理解。

编程任务 5.5：二月份有多少天

任务描述：根据现行公历历法，二月份的天数一般是 28 天，但是闰年的二月份就是 29 天。给定某个年份，确定二月份到底有多少天。

输入：第一行包含一个整数 n（1≤n≤100），表示测试用例的个数。其后的 n 行，每行有一个非负整数。

输出：每个测试用例输出一行。输出该年的 2 月份的天数。

输入举例：	输出举例：
4	28
1900	29
2000	29
2004	28
2009	28

分析：这个问题的关键是判断给定年份是否为闰年。根据天文学常识，判定闰年的口诀是“四年一闰，百年不闰，四百年补闰”。用变量 year 存放满足待判断的年份，那么满足（year%400==0）或者（year%4==0 并且 year%100!=0）则是闰年，否则是平年。

因为判断某年是否为闰年，满足函数必须具备的“功能明确，边界清晰”的条件。因此可设计一个函数来实现判断是否为闰年。

从设计函数的 5 个要点来说明如何设计闰年判定函数。

（1）函数的**功能**：给定年份，判定给它是否为闰年。

（2）**返回值**的类型、含义：返回值类型为 int 型，仅取 0、1 两个值，1 表示是闰年，0 表示不是闰年。

（3）合适的函数名：函数名称定为 isLeapYear，名字简单明了。

（4）函数形式参数的个数、名称、数据类型和含义：1 个参数，参数名为 year，int 型，表示待判定是否为闰年的年份。

（5）函数体功能的具体实现：满足条件（year%400==0）或者（year%4==0 并且 year%100!=0）则是闰年，否则是平年。

以上 5 个方面明确了之后，设计函数 int isLeapYear(int year)代码如程序 5.15 所示。

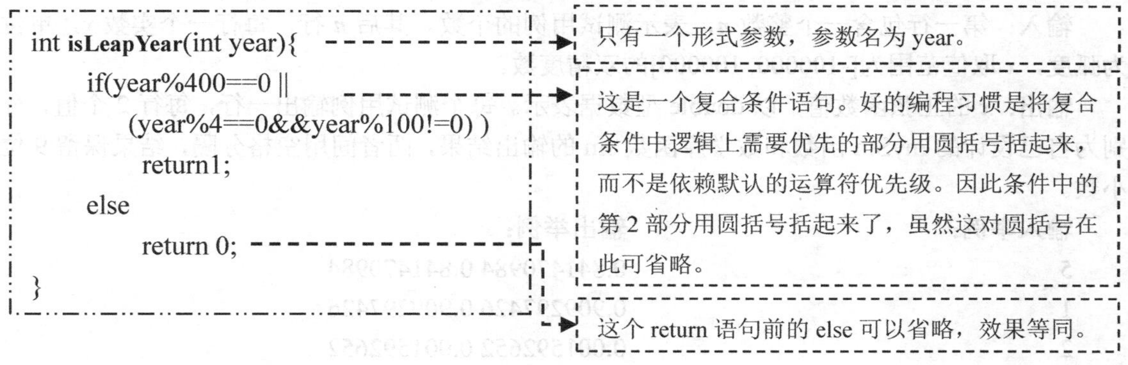

```
int isLeapYear(int year){
    if(year%400==0 ||
        (year%4==0&&year%100!=0) )
        return1;
    else
        return 0;
}
```


程序 5.15

本编程任务的完整代码如程序 5.16 所示，结果如运行结果 5.3 所示。

```
#include <stdio.h>

int isLeapYear(int year);

int main( ) {
    int n,y;
    scanf("%d",&n);
    while(n--){
        scanf("%d",&y);
        printf("%d\n",28+isLeapYear(y));
    }
    return 0;
}

int isLeapYear(int year){
    ……
}
```

函数头的信息已经在 5 个要点中明确了。

这是 isLeapYear( )函数的声明，其函数的定义在 main( )函数代码之后。

这里巧妙地利用了平年二月为 28+0 天，闰年二月为 28+1 天的表达式。这比以下写法精简些：

```
if(isLeapYear(y)==1)
    printf("29\n");
else
    printf("28\n");
```

这是 isLeapYear 函数的定义，代码如上所示。

程序 5.16

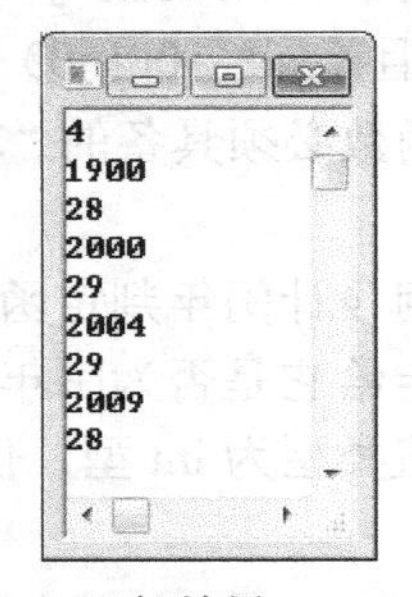

运行结果 5.3

以下编程任务模仿数学库 sin( )函数的设计，以便加深对函数设计的理解。

编程任务 5.6：正弦函数的设计

任务描述：众所周知，如果程序中需要计算正弦值，可以调用 math.h 中的数学函数 sin( )。但是现在我们亲自设计一个正弦函数 mySin( )，借此加深对函数设计过程的体会。要求将自己设计的函数与数学库 sin 函数的结果对比，要求保留小数点 9 位时两者结果一致。

输入：第一行包含一个整数 *n*，表示测试用例的个数。其后 *n* 行，每行一个实数 *x*，单位为弧度，*x* 取值范围为[-100000, 100000]的双精度数。

输出：*x* 的正弦函数值，以 double 型数据表示。每个测试用例输出一行，每行 2 个值，分别为自己设计的 mySin 函数和数学库函数 sin 的输出结果，两者间用空格分隔，结果保留 9 位小数。

输入举例：

```
5
1
2
3.14
1.570796
100000
```

输出举例：

```
0.841470984 0.841470984
0.909297426 0.909297426
0.001592652 0.001592652
1.000000000 1.000000000
0.035748798 0.035748798
```

分析：在此，设计函数时，跳过了"从任务中分析和提炼具有功能明确，边界清晰的模块"这一步骤，直接进入函数设计阶段，并且有现成样板——数学库函数 sin( )可供模仿。

依然按照设计函数的 5 个要点来阐述如何设计 mySin( )函数。

（1）函数的**功能**：给定弧度，求正弦值。

（2）**返回值**的类型、含义：返回值类型为 double，因为正弦值也带有小数点，并且要求有 9 位小数的精度。返回值就是给定弧度的正弦函数值。

（3）合适的函数名：函数名称为 mySin( ),与库函数 sin( )相区别。

（4）函数形式参数的个数、名称、数据类型和含义：1 个参数，参数名为 x，double 型，表示待求正弦函数值的角度值，单位为弧度。

（5）函数体功能的具体实现：这是设计函数的关键，为了计算给定弧度 x 的正弦函数值，我们想，如果有某种方法，能够将求正弦函数值的计算转换为基本的加减乘除运算就好了。幸运的是，这样的方法真的有！根据《高等数学》中"函数的展开"知识可知，正弦函数可以展开成如下形式：

$$\sin(x) = x - \frac{x^3}{3!} + \frac{x^5}{5!} - \frac{x^7}{7!} + \frac{x^9}{9!} \cdots, \quad -\infty < x < \infty$$

对以上公式的利用当然还要结合我们计算机的特点来进行。

计算时，如何对待公式中的省略号：具体的程序中当然不能有省略号，就是根据精度要求来决定计算的项数。从数学的角度来说，计算的项数越多，数据精度越高，但是计算机中数据精度受数据类型的限制，当精度到达数据类型所能表示的最大程度后，就不能再提高了，否则，因为数据溢出反而会导致结果错误。其中，对不带符号的每一项有如下特性：当 $0<x<\pi$时，此项值单调递减；$\lim\limits_{k\to\infty}\dfrac{x^{2k-1}}{(2k-1)!}=0$。这告诉我们在计算前若干项后取得了指定精度的结果，即可结束计算。如在本例中，根据实验结果，确定计算前 17 项，即可达到保留 9 位小数时结果与数学库函数 sin 的结果基本一致。

有了上述公式，我们就有了求解 x 正弦函数值的算法。但是在具体的编程上还有一些问题需要解决。从上述计算公式可以看出，前后两项之间的变化是有规律的，如第 k 项第 k+1 项的关系为：

$$\text{item}(k+1) = \frac{x^{2(k+1)-1}}{[2(k+1)-1]!} = \frac{x^{2k-1}xx}{(2k-1)!(2k)(2k+1)} = \text{item}(k)\frac{xx}{2k(2k+1)}$$

第 k+1 项的符号为第 k 项符号取反。

因此，已知前项和符号，即可得到下一项。

公式中对 x 在[−∞,+∞]之间均成立，但计算机中的 double 型数据表示范围和有效数字的位数都是有限的，超出此范围将导致运算结果错误。因此本任务中的 x 限定在[−100000,100000]之间。

按照上述设计，编程实现 mySin(x)函数，代码如程序 5.17、程序 5.18 所示。

运行程序 5.17，观察运行结果，发现多数情况下结果正确，但是某些情况下结果错误。如运行结果 5.4 所示。

仔细分析以上程序中 mySin( )函数的代码，观察每次 for 循环中变量 it 的取值情况，就能发现问题之所在：当 x 的值比较大，如 x=100000 时，for 循环中变量 it 的值太大，超出了 double 型数据的表示范围，导致最终结果错误。

```c
#include <stdio.h>
#include <math.h>

double mySin(double x);

int main( ) {
    int n;
    double x;
    scanf("%d",&n);
    while(n--) {
        scanf("%lf",&x);
        printf("%.9lf ",mySin(x));
        printf("%.9lf\n",sin(x));
    }
    return 0;
}
```

因为使用了数学库函数 sin( )，必须包含此头文件。

此为函数 mySin( )的声明语句。此函数的定义在其调用点之后，因此必须声明。函数的声明语句中可以省略形式参数名，但是其类型名不能省略。此语句必须分号结束。此语句不能有表示函数体的左右括号。

有 n 个测试用例，所以此 while 循环共循环 n 次。

分别调用自己设计的函数 mySin( )和库函数 sin( )，输出两者的结果，以便对比。"%.9lf"用来控制输出结果保留 9 位小数。

程序 5.17

```c
double mySin(double x) {
    int i,sign=1;
    double s=x;
    double it=x;

    for(i=1; i<=16; i++) {
        it*=(x*x)/(2*i*(2*i+1));
        sign=-sign;
        s+=sign*it;
    }
    return s;
}
```

此 3 行为变量的定义和初始化：变量 sign 用来存放每一项的符号，初值为 1。变量 s 用来存放前若干项的累加和，初值为第一项的值，即 x。变量 it 存放每项的值，初值为 x。

形式参数 x，函数内部定义的变量 i、sign、s、it 都是局部变量。它们的作用范围仅限于此函数。

循环计算前 16 项。因此初始时已经有了 1 项。所以共计算了前 17 项。

在此返回变量 s 的值。它是前 17 项之和，作为最后求得的 x 的正弦函数值返回。

程序 5.18

```
D:\Workspace4C\sin\bin\Debug\sin.exe
5
1
0.841470985 0.841470985
2
0.909297427 0.909297427
3.14
0.001592653 0.001592653
1.570796
1.000000000 1.000000000
100000
1151633440464702300000000000000000000000000000000000000000000000000000000000000000
0000000000000000000000000000000000000000000000000.000000000 0.035748798
```

运行结果 5.4

解决办法：利用正弦函数 sin(x)具有周期性的特点，将 x 的转换为[−2π,2π]内，再进行计算，此范围内的 x 值比较小，这样不至于 for 循环中变量 it 的值过大。具体做法是将 x−2kπ，其中的 k=⌊x/(2π)⌋，⌊ ⌋表示向下取整。代码如程序 5.19 所示。

```
double mySin(double x) {
    x=x-(int)(x/(2*PI))*2*PI;
    int i,sign=1;
    double s=x;
    double it=x;

    for(i=1; i<=16; i++) {
        it*=(x*x)/(2*i*(2*i+1));
        sign=-sign;
        s+=sign*it;
    }
    return s;
}
```

mySin 函数仅需增加此语句，使 x 变换到 $[-2\pi,2\pi]$ 再进行后续处理。其他代码不变。

此处用到了自定义的符号常量 PI，表示圆周率 π 常数。在此，圆周率 π 取 15 位小数以满足计算精度要求。因此在程序开始处#include <math.h>语句之后，增加以下语句：

```
#define   PI   3.141592653589793
```

语句中的**(int)(x/(2*PI))**是将 x/(2*PI)的 double 型值强制类型转换为 int 型值，实现了向下取整的功能。

程序 5.19

运行修改后的程序并进行测试。结果正确，如运行结果 5.5 所示。

运行结果 5.5

下面，就我们刚设计的 mySin( )函数进一步讨论，以便我们加深对函数的理解。假设在主函数 main( )中有如下语句，其功能是计算并输出 12.34 弧度的正弦函数值。

```
double x=12.34,y;
y=mySin( x );
printf("%d" , y);
```

第二条语句是赋值语句，其右边是一个函数调用，也就是说，main( )函数调用了 mySin( )函数。调用时，给 mySin 函数传递了实际参数，实际参数值为 12.34。此时，程序将执行 mySin( )函数定义中函数体的代码，执行完毕后，通过 return 语句返回，此时表达式“mySin(x)”的值就是此函数的返回值。在此具体值为 0.21371244079，通过赋值运算符，这个值将赋值给 y 变量。

如图 5.15 所示，函数可以被看成一个“黑盒”。这个盒子接受一个或多个输入，内部实现一定操作后，有 0 个或多个输出。程序员需要使用某个函数时，直接拿过来用，无须关心（或函数设计者不想让函数使用者知道）函数内部具体实现细节。函数的使用者只需关心输入和输出即可，因此，可将主要精力集中在如何利用函数实现自己需要完成的业务逻辑。

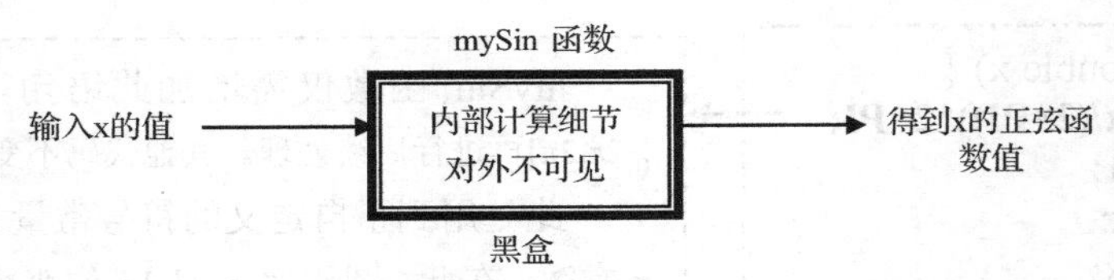

图 5.15　函数的黑盒模型

小知识点：符号常量

在 C 语言中，通过“#define 符号常量名 常量”预处理宏定义指令，使程序中能使用符号常量代替常量。一般预定成俗的做法是，符号常量名中的字母均大写，例如，NULL、EOF、MAX、PI、N 等。

使用符号常量的有两点好处：

其一，程序中符号常量名所表达的含义远比常量本身清晰明了。例如，用符号常量名 PI 代替常量 3.14159 表示圆周率。用符号常量 MAX 代替 1000 表示数组的最大元素个数。

其二，如果程序中有很多处使用了符号常量，当需要修改符号常量所表示的值时，只要修改“#define 符号常量名 常量”中常量值即可，程序中所有符号常量所代表的值就是该修改的值。也就是说，只要改动一处代码即可，如果直接使用常量，那么需要修改多处。

5.5　函数的测试

函数的设计与测试紧密联系在一起，自己设计的函数一般都需要经过测试，确信函数功能正确后该函数才能投入正式使用。

如 5.4 节的编程任务“正弦函数的设计”中，函数设计完成后，必须经过严格的测试，只有通过了所有测试用例后，函数才能使用。

函数可以单独测试，因为它是相对独立的模块。例如，编程任务“2 月有多少天”中的 isLeapYear( )，可以设计程序的如表 5.3 所示的测试用例进行测试。

表 5.3　测试用例测试结果表

序　号	测 试 用 例	正 确 输 出	实 际 输 出	通 过 与 否
1	2	0	0	通过
2	4	1	1	通过
3	100	0	0	通过
4	200	0	0	通过
5	201	0	0	通过
6	400	1	1	通过
7	402	0	0	通过
8	2000	1	1	通过
9	2100	0	0	通过
10	2020	1	1	通过

修改 main( )函数如程序 5.20 所示，专门针对 isLeapYear( )进行测试，测试结果填入表 5.3。

```
int main( ) {
    int i,y;
    for(i=0;i<10;i++){
        scanf("%d",&y);
        printf("%d\n",isLeapYear(y));
    }
    return 0;
}
```

测试用例为10个，因此循环10次。

表达式 isLeapYear(y)表示调用函数 isLeapYear，并且将实际参数 y 的值作为其参数。

程序 5.20

全部测试用例通过后，就可将 isLeapYear( )函数交付使用了。在后续的程序设计中，如果程序有问题，通常情况下，不要首先怀疑错误发生在这个 isLeapYear( )函数上，错误应该在其他部分。

函数测试属于模块测试，是软件测试的基础部分。软件测试在软件工程中是一项艰巨而细致的工作，其重要性不言而喻。

5.6　函数的交付使用

函数的交付使用：经测试正确后的函数被程序调用。

交付使用的函数往往被用于新的软件系统或组装成更高级别的软件模块。

因此，为了别人（或自己）能很好地使用已经设计好的函数，必须就以下 5 个方面对函数的信息进行详细说明。这也是函数使用说明书的 5 个要点。在实际的软件开发工作中，经常需要使用库函数，因此也经常需要查阅函数使用说明书，库函数的设计者通常会提供相关帮助文档。

使用函数的 5 个要点如下。

（1）函数的功能是什么？

（2）返回值的类型以及返回值的含义是什么？

（3）函数名是什么？

（4）函数形式参数的个数、数据类型和含义？使用函数时，可以不关心形式参数名称，因为它是局部变量，只需关心形式参数的个数、数据类型和含义，以及调用时实际参数与形式参数的对应关系。

（5）函数的来源：这些已经设计好的函数可能是库函数、自己或第三方设计的。如果是库函数，应该通过#include 预编译命令将相同的头文件包含到当前程序。如果是自己设计的，要确保当前代码能够访问此函数。如果是第三方设计的函数，则应该下载相应的第三方函数库并正确安装和使用。

使用函数的 5 个要点与设计函数的 5 个要点前 4 个基本相同；第 5 个要点不相同是因为使用函数时不需要关心函数的内部实现。

以设计绝对值函数 myAsb( )为例，说明使用函数的 5 个要点。

（1）功能：求整数 x 的绝对值。

（2）返回值：类型为 int 型，含义是 x 的绝对值。

（3）函数名：myAbs。

（4）形式参数和实际参数：1 个形式参数，参数名为 x，int 型，x 的单位为弧度。调用 myAbs( )函数时实际参数除了名字可以与形参不同外，参数的个数、类型、顺序都必须与形式参数对应。

（5）来源：自己设计的函数，函数定义的代码在本程序中。

值得注意的是，使用函数时，并不要求实际参数名与函数的形式参数名相同，只需要确定实际参数与形式参数的对应关系。绝对值函数 myAbs( )的使用，代码如程序 5.21 所示。

```
#include <stdio.h>

int myAbs(int x) {
    if(x<0)
        x=-x;
    return x;
}

int main( ) {
    int a;
    scanf("%d",&a);
    printf("%d",myAbs(a));
    return 0;
}
```

在 myAbs( )函数定义中，形式参数名为 x，它是局部变量，其作用范围仅限本函数内。当此函数被调用时，它将接受实际参数的值。当调用结束，本函数返回后，形式参数所占存储空间将被释放。

这个变量 a 在 main( )函数内部定义，也是局部变量，其作用范围仅限本函数内。

表达式 myAbs(a)表示调用函数 myAbs。实际参数变量名 a 并不要求与函数定义的形式参数 x 同名。调用时，实际参数 a 的值将赋值给形式参数 x，然后执行 myAbs 函数。

程序 5.21

当然，myAbs( )函数有可有多种不同实现形式，如程序 5.22 所示列举了 3 种。

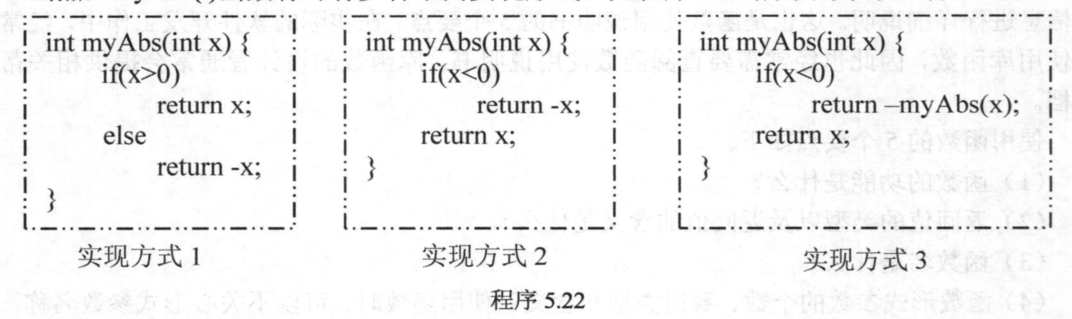

程序 5.22

对于最后设计完成的“函数”，相当于工厂产品的成品。这个成品，既可以提供给别人（或别的软件项目）使用，也可以给自己（或自己的软件项目）使用。如果新设计的函数是给自己用的，那么我们既是该函数的生产者和设计者，也是该函数的消费者和使用者。如果为了某一特定目的或功能，设计了一系列的函数。例如，有几十个或几百个函数，用来完成各种数学运算。此时，可将这一系列函数组织成“库函数”，提供给其他人使用。

库函数代码是如何与调用者的代码融为一体的呢？

我们前面在程序中经常使用的 scanf( )、printf( )、sqrt( )、strlen( )、strcpy( )都是以“库函数”的形式组织的。我们使用时只需要在程序中用#include“函数所在头文件”即可。源代码在经过编译后得到的目标文件，然后再根据头文件中的信息，将目标文件与库函数中的函数连接起来，得到可执行文件，如图 5.16 所示。

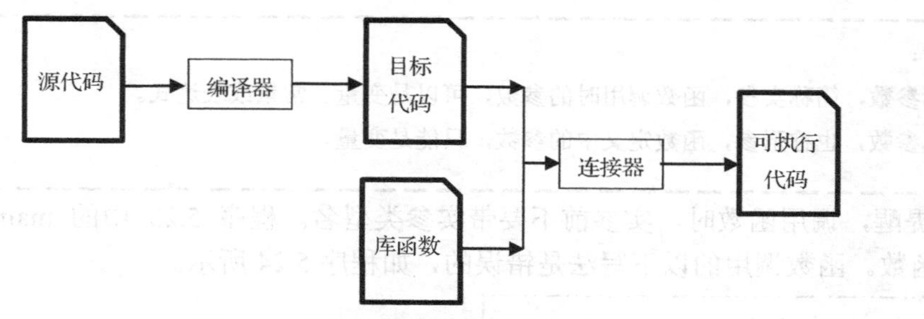

图 5.16　库函数连接到程序的过程示意图

5.6.1　函数的调用形式

函数调用表达式一般形式如下。

情形 1：无实际参数时，函数调用表达式的一般形式为：

函数名（）

情形 2：有 1 个或 n 个实际参数时，函数调用表达式的一般形式为：

函数名（实参 1，实参 2，…，实参 n）

其中，函数名就是定义的函数的名字，也就是被调用函数名。实际参数的个数是根据被调函数定义中形式参数个数来确定的，可以是 0 个、一个或多个。如果没有实际参数，函数名后的左右圆括号不能省略。如果是多个实际参数，则用逗号分隔。

如果函数有返回值，那么函数调用表达式的值就是该函数的返回值。因此，可以将函数调用表达式看成一个值，此值就是返回值。

函数调用表达式可以单独作为一个语句，也可是其他语句或表达式的一部分。例如：

printf("Hello world! "); //调用了 printf( )函数，这是一个单独的语句

double result=myAbs(a-b); //调用了 myAsbs( )函数，它作为赋值语句的一部分

printf("%lf", 2*sin(x)); //调用了 sin( )函数，它作为表达式的一部分

如程序 5.23 所示，如果程序运行时用户输入给变量 a 的值为-12，则 myAbs(a)的值就是 12。那么语句 printf("%d",myAbs(a));等价于 printf("%d",12);

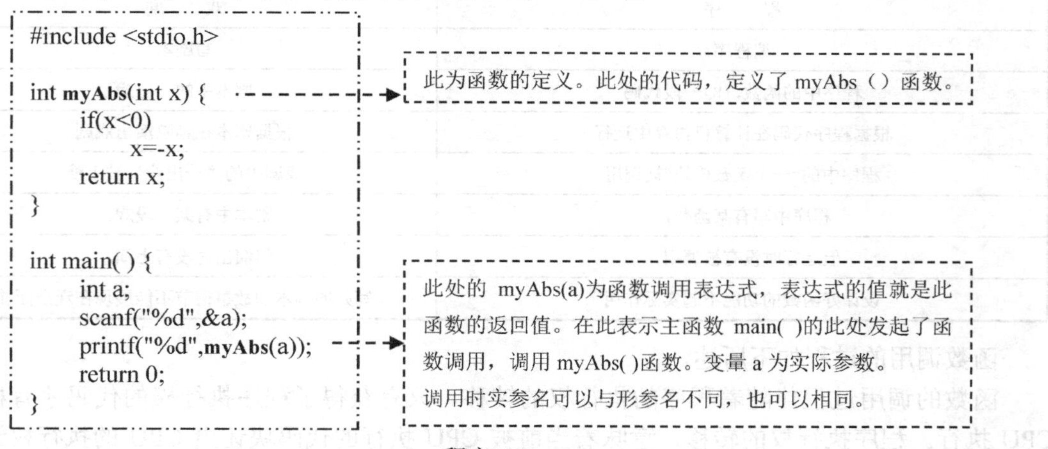

程序 5.23

概念辨析：

实际参数，简称**实参**，函数调用时的参数，可以是变量、常量或表达式。

形式参数，也称**形参**，函数定义中的参数，只能是变量。

特别提醒，调用函数时，实参前不要带实参类型名。程序 5.23 中的 main( )函数调用了 myAbs( )函数。函数调用的以下写法是错误的，如程序 5.24 所示。

```
#include <stdio.h>

int myAbs(int x) {
    if(x<0)
        x=-x;
    return x;
}

int main( ) {
    int x;
    scanf("%d",&x);
    printf("%d", myAbs ( int x ) );
    return 0;
}
```

代码 **myAbs (int x)**的本意是在 main( )函数中调用 myAbs( )函数，实参为 x。但这样写是错误的。因为函数调用时，实参变量前不能写类型名。

此语句的正确写法如下：

printf("%d", **myAbs (x)**);

程序 5.24

5.6.2 函数调用过程详解

函数设计完成后，我们得到了函数代码模块。如果仅仅是设计出了函数，它并不会被自动执行。只有当该它被调用时，该函数中的代码才会真正地得到执行。也就是说，程序员设计好了函数，如果它不被调用，则它形同虚设。如同编剧写好了一出戏的剧本，观众在戏剧院并不能看到此出戏剧的演出，只有将该出戏的剧本搬上舞台上表演了，观众才能看到根据此剧本实际演出的一出戏。表 5.4 所示为这两种情景的类比。

表 5.4 编程与写剧本的类比

程　序	戏　剧
编程序	写剧本
程序中的函数，即一段代码	剧本中的一出戏
根据程序代码在计算机内存中运行	根据剧本在剧院演出戏剧
程序中的"一个函数模块"被调用	戏剧中的"一出戏"被上演
程序中写有某函数，	剧本中有某一段戏，
但运行时没有被调用，	但演出时没有上演，
设计好函数的功能不起实际作用	写好的剧本的故事情节不能展现在观众面前

函数调用的过程如下所述。

函数的调用过程伴随着程序的执行权的转移，只有获得了程序执行权的代码才有机会被 CPU 执行。程序执行权的转移，意味着当前被 CPU 执行的代码块让出 CPU 的执行权给另一块代码在CPU上执行。

主调函数和被调函数的概念。

所谓的主调函数，就是发起函数调用的函数，是调用的主导方和发起方。

所谓的被调函数，就是被调用的函数。

如图5.17所示，主调函数main( )在②处发起对add( )函数的调用。数字①～⑥表示程序执行先后过程。

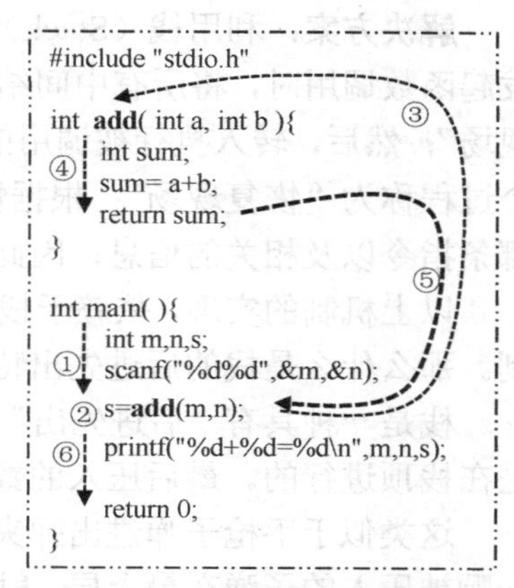

图5.17　函数调用过程详解

①：程序开始运行。操作系统从程序代码的入口main( )函数开始执行。此处代码位于main中，并且位于发起调用函数add( )前。此处代码按正常中顺序执行。

②：发起函数调用。在此例中，主调函数为main( )，被调函数为Add( )，也就是说，main( )函数中发起函数调用add(m,n)。此时程序执行控制权从主函数转移到add( )函数。请注意，此时主函数并没有结束，只是暂时被中断，转而执行add( )函数代码。

③：实现参数传递。将实际参数的值按照位置对应关系分别赋值给形式参数。程序执行控制权真正转移到被调函数add( )。形式参数a,b分别被赋予实际参数m,n的值。

④：执行被调函数代码。按照被调函数add( )的定义，执行被调函数代码。在此，根据形式参数a,b的值计算a+b，得到结果存放在sum变量中。

⑤：结束调用并返回。执行return语句，被调函数add( )结束运行，将sum的值作为函数的返回值，返回到主调函数main( )。

⑥：从中断点接续执行。当被调函数add( )执行结束后，此时程序执行的控制权又交回给主调函数main( )。为了能够从被中断处继续往后执行，必须根据被中断时所保存的现场（一般包括主调函数被中断时的局部变量、指令地址、寄存器数据、程序状态字等数据）信息，恢复现场，然后继续往后执行。

主调函数首先获得了程序执行权，发起对被调函数的调用后，便“暂时”失去了程序执行权。但这仅是“暂时”的，因为执行权很快将被重新夺回——当被调函数获得执行权将其代码执行完毕返回后，主调函数重新获得了程序执行权。对主调函数来说，程序执行权将“失而复得”。那么，在程序执行权在主调函数和被调函数之间转移时，如何才能保证程序的执行不会乱套呢？

问题的提出：被调函数执行完毕并返回到主调函数，此时，主调函数重新获得程序执行权。为了能接着继续往后执行，必须有相应的机制确保当让出的控制权重新获得时，程序能从此处往后“无缝地”续接执行。这要求被执行前的所有中间变量和状态都能在获得执行权后仍然存在并且正确，程序的后续执行位置准确无误，既不会重叠执行终端前已经执行过的代码，也不会跳过本应该执行的代码。

比如说，你在给小朋友讲故事时，电话进来了，这时你暂停讲故事，开始接电话，电话结束后，回到讲故事上来时，你突然发现不知道故事已经讲到什么地方了，接下来应该从哪儿继续讲。因此，你必须在电话进来，离开讲故事前，用某种方式（用大脑、用纸笔、在故事书上折角做记号等）记住原来已经讲到的位置，以便回头接着讲时，能准确无误地知道从哪里讲起。甚至还有可能在你接电话时，有人紧急求助于你，你又要中断打电话，转而处理出现的紧急事件。紧急事件处理完毕后，回头来将电话打完，然后再接着讲故事。如果你不记得被打断时事情已经做到哪一步，那么可能会重复或遗漏某些步骤，这样可能会陷入糟糕的境地。

那么，何种机制能够保证程序执行过程不论如何被“中断”总能“无缝地”继续执行下去呢？

解决方案：利用栈（Stack）后进先出的特性，建立“函数调用栈（Function Call Stack）”。发起函数调用时，将所有中间结果和被中断位置等现场信息“压入”栈，这个过程称为“保存现场”；然后，转入执行被调用的函数代码，执行完毕返回后，从栈中将现场信息“弹出”，这个过程称为“恢复现场”；根据恢复后的现场信息，就能知道主调函数在中断前已经执行到了哪条指令以及相关的信息，因此可准确无误地继续往后执行。这样就能完美地实现以上机制。

以上机制的实现，依赖于栈的后进先出特性。因此，理解栈的此特性才能很好地理解此机制。那么什么是栈的后进先出特性呢？

栈是一种具有“后进先出”即“先进后出”特性的数据结构。在栈中，数据压入和弹出都是在栈顶进行的。最后压入的数据，最先弹出来；同理，最先压入的数据，最后才能弹出来。

这类似于手枪子弹进出弹夹的方式。装入子弹时，第一颗装入的子弹被压在最底层，最后一颗被压入的子弹在最上层。射击时，最后一颗被装入的子弹第一个被弹出，第一个被装入的子弹最后被弹出。子弹从弹夹中弹出的顺序正好与装入顺序相反，如图 5.18 和图 5.19 所示。

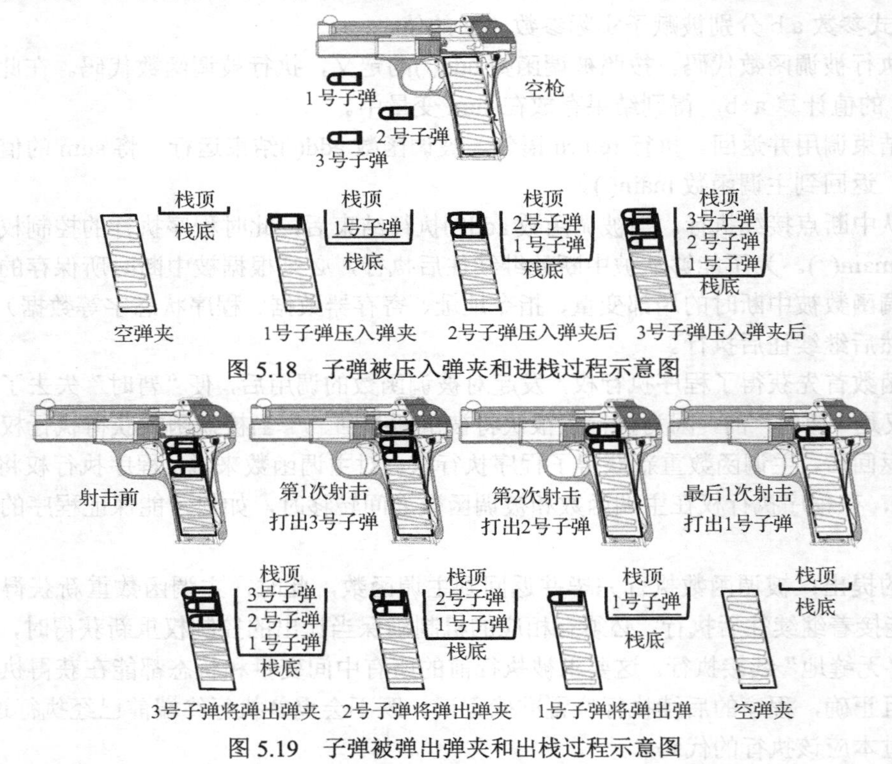

图 5.18　子弹被压入弹夹和进栈过程示意图

图 5.19　子弹被弹出弹夹和出栈过程示意图

栈在程序设计中有重要的应用场合，例如，在应用软件中常用“撤销”所做操作的功能，就是利用栈来实现的，此外在深度优先搜索算法、表达式求值、检查符号是否正确配对等场合具有应用。

如图 5.20 至图 5.25 所示，利用 A 函数调用 B 函数的过程，帮助你理解“函数调用栈”是如何实现主调函数被中断后无缝接续执行的。

（1）A 函数被其他函数（如主函数）调用，此时 A 函数的现场信息进栈，然后，第 1 条语句被执行时的状态如图 5.20 所示。

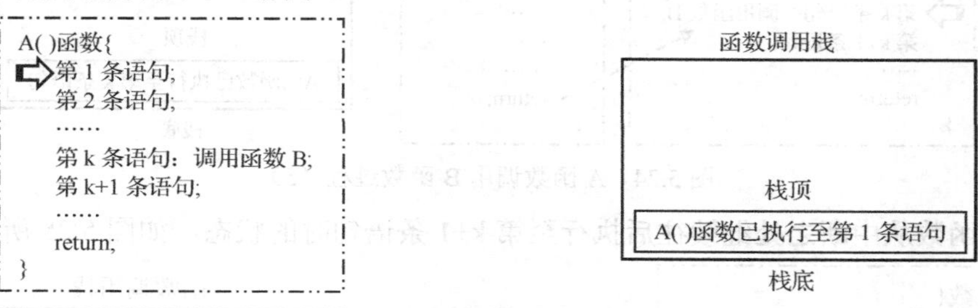

图 5.20　A 函数调用 B 函数过程（1）

（2）A 函数执行至第 k 条语句时，被中断，调用函数 B，B 函数的现场信息进栈，转而执行函数 B 的第 1 条语句时的状态，如图 5.21 所示。

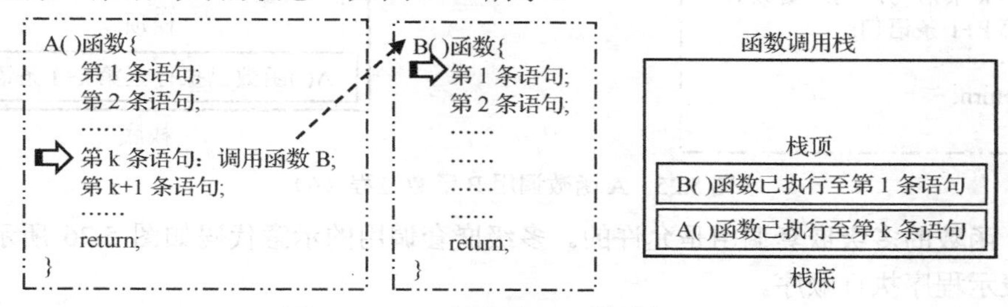

图 5.21　A 函数调用 B 函数过程（2）

（3）A 函数被中断，停留在第 k 条语句，函数 B 仍在执行中，执行至函数 B 的第 2 条语句时的状态，如图 5.22 所示。

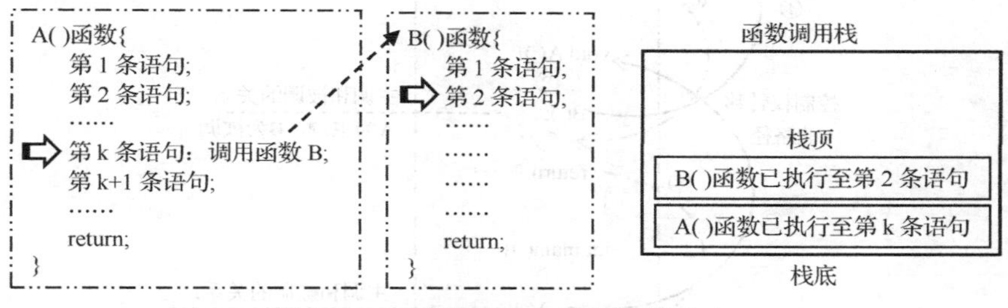

图 5.22　A 函数调用 B 函数过程（3）

（4）A 函数被中断，停留在第 k 条语句，函数 B 仍在执行中，执行至函数 B 的 return 语句时的状态，如图 5.23 所示。

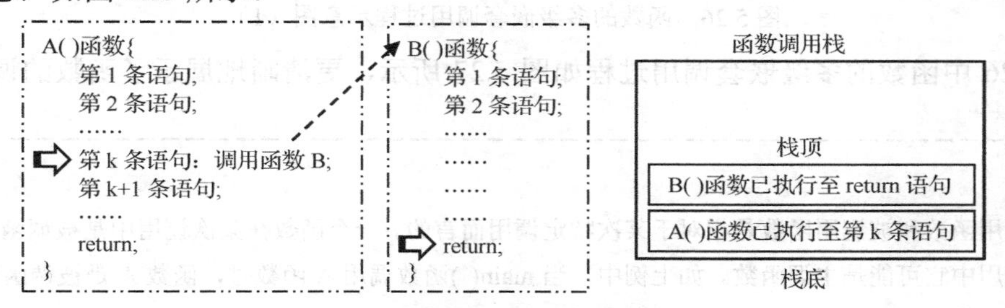

图 5.23　A 函数调用 B 函数过程（4）

（5）B 函数返回到 A 函数时的状态，B 函数的现场信息出栈，如图 5.24 所示。

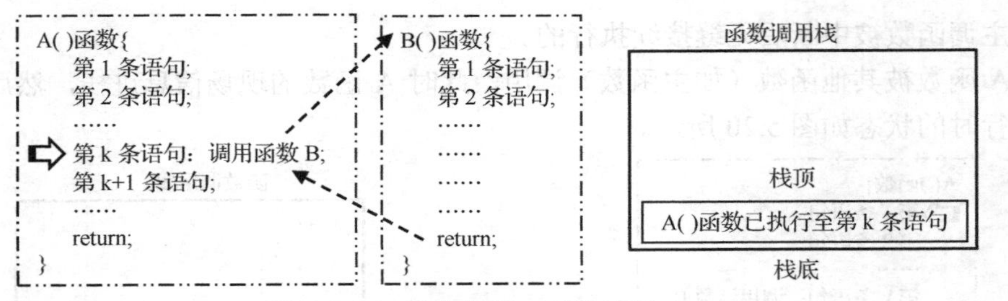

图 5.24　A 函数调用 B 函数过程（5）

（6）A 函数从中断之处继续往后执行至第 k+1 条语句时的状态，如图 5.25 所示。

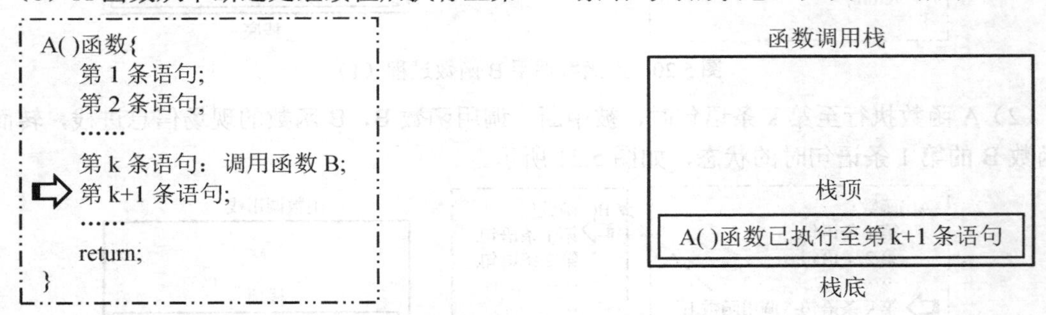

图 5.25　A 函数调用 B 函数过程（6）

当然，函数的多级嵌套调用是允许的。多级嵌套调用的示意代码如图 5.26 所示，图中的数字标号表示程序执行顺序。

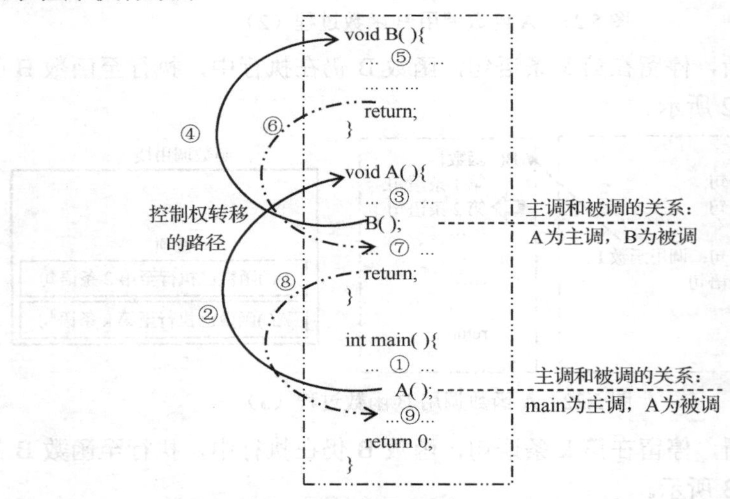

图 5.26　函数的多级嵌套调用过程示意图（1）

图 5.26 中函数的多级嵌套调用过程如图 5.27 所示，更清晰地展示了函数的调用和返回路径。

小提示：

主调用函数和被调用函数是相对于某次特定调用而言的。一个函数在某次调用中是被调函数，在另外一次调用中它可能是主调函数。如上例中，当 main( )函数调用 A 函数时，函数 A 是被调函数；当 A 函数调用函数 B 时，A 在此调用充当主调函数。

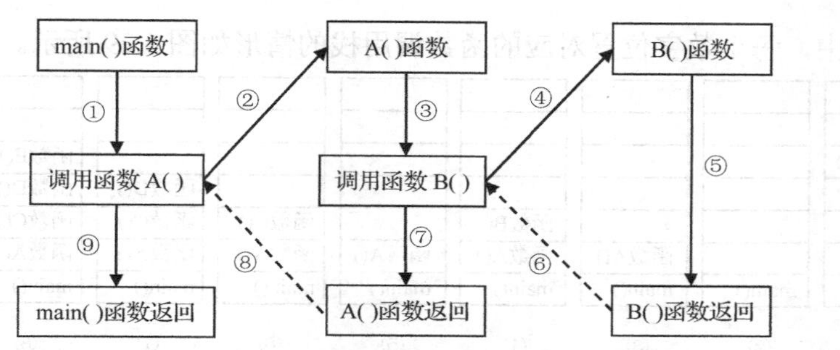

图 5.27　函数的多级嵌套调用过程示意图（2）

以上过程的嵌套调用过程中，函数调用栈是连续多次压栈，然后连续多次出栈的情形。事实上，有更加复杂的多级嵌套函数调用，调用过程中函数调用栈的进栈和出栈动作多次交替。

复杂的多级嵌套函数调用的示意代码如程序 5.25 所示。

```
void G( );
void F( );
void E( );
void D( );        函数声明
void C( );
void B( );
void A( );
①int main( ){
    ...②...
    A( );
    ...⑭...
    G( );
    ...⑯...
    return 0; ⑰
}

void A( ){
    ...③...
    B( );
    ...⑤...
    C( );
    ...⑬...
    return;
}

void B( ){
    ...④...
    return;
}

void C( ){
    ...⑥...
    D( );
    ...⑫...
    return;
}

void D( ){
    ...⑦...
    E( );
    ...⑪...
    return;
}

void E( ){
    ...⑧...
    F( );
    ...⑩...
    return;
}

void F( ){
    ...⑨...
    return;
}

void G( ){
    ...⑮...
    return;
}
```

程序 5.25　复杂的多级程序调用的示意代码

程序 5.25 中函数的调用和返回的过程如图 5.28 所示。

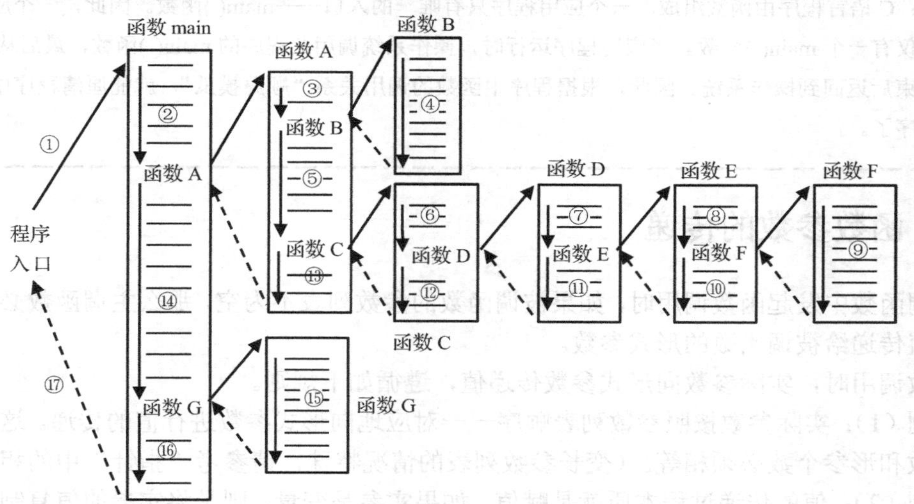

图 5.28　复杂的多级程序调用过程示意图

在图 5.28 中，每个数字位置对应的函数调用栈的情形如图 5.29 所示。

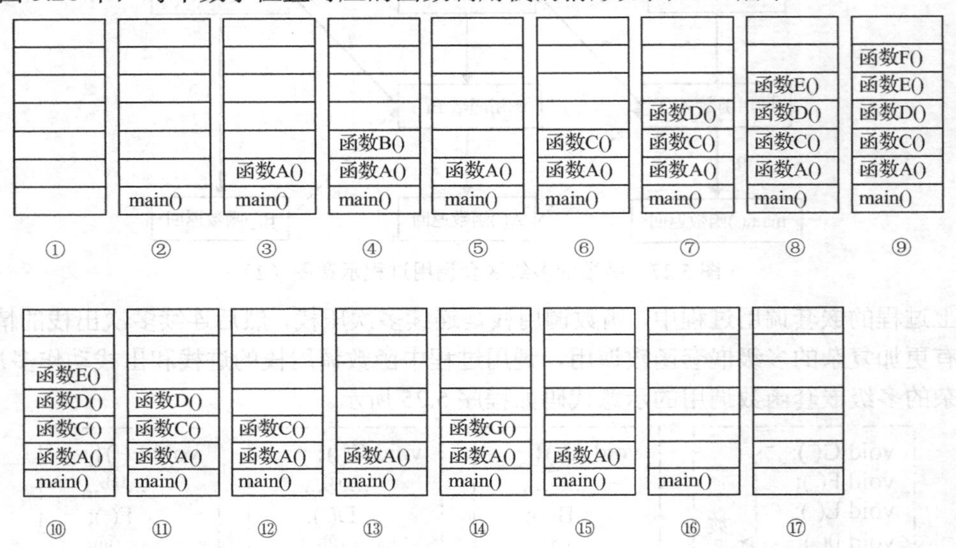

图 5.29　复杂的多级程序调用过程中调用栈的变化过程示意图

从上例的调用过程中函数调用栈变化情况，可以看出栈的“后进先出”特性，即“后保存的现场先恢复”这一做法，实现了在任何多级嵌套调用情况下，函数都能不重复不遗漏、正常有序地接续执行。

主调函数的局部变量属于重要的现场信息。这些局部变量在调用被调函数时得到保存，在被调函数返回时得到恢复。局部变量的保存和恢复对于我们理解递归函数的执行过程至关重要。

重要提示：从上例可知，函数的最大嵌套调用深度取决于函数调用栈的大小。函数调用嵌套过深将导致“函数调用栈”溢出，程序执行权转移机制会被破坏，可能导致程序崩溃。这对程序设计的重要指导意义在于：递归函数的最大递归调用深度不能太大。

小问答：

问：程序中有多个函数，那么程序按什么顺序执行这些函数呢？

答：C 语言程序由函数组成。一个应用程序只有唯一的入口——main( )函数。因此，一个应用程序中有且仅有一个 main( )函数。当应用程序运行时，操作系统调用此程序的 main( )函数，最后从 main( )函数结束后返回到操作系统。因此，根据程序中函数的调用关系“顺藤摸瓜”，就能厘清程序中函数的执行顺序了。

5.6.3　函数参数的传递

主调函数中发起函数调用时，如果被调函数的参数列表不为空，那么主调函数必须将实际参数的值传递给被调函数的形式参数。

函数调用时，实际参数向形式参数传递值，遵循如下规则。

规则（1）：实际参数按照参数列表顺序一一对应地向形式参数进行值的传递。这也意味着实参个数和形参个数必须相等。（变长参数列表的情况特殊，请参考“指针”中的相关内容。）

规则（2）：值的传递过程本质就是赋值。如果实参是变量，则是将实参的值复制一份再赋值给形参。如果实参是表达式，则先求出表达式的值再赋给形参。如果实参是常量，则直接将值赋给形参。

规则（3）：值的传递方向是单向的，只能从实参传递给形参，反之不可。

规则（4）：**函数调用时参数传递的方式只有一种——“传值”**，也就是说，实参向形参传递的永远是实参的值，不可能是实参本身。这个值可以是 int 型值、double 型值、char 型值，也可以是结构体类型值、地址值。（地址值和结构体类型值参考在“指针”、“结构体”的相关内容）

规则（5）：实参与形参数据类型必须一致，或者两者数据类型虽不一致但实参数据类型到形参数据类型之间的类型转换具有赋值兼容的自动类型转换特性。

需要指出的是，实参和形参的个数必须相同、类型必须赋值兼容，而并不要求实参和形参的名称相同。但在编程实践中，尽量使实参与形参同名，有利于阅读和理解程序代码。

为了深入理解以上 5 点规则，下面分别展开说明。

1．规则（1）的说明

函数调用时，从实参到形参的传值对应关系为“按参数列表一一对应”，如图 5.30 所示。

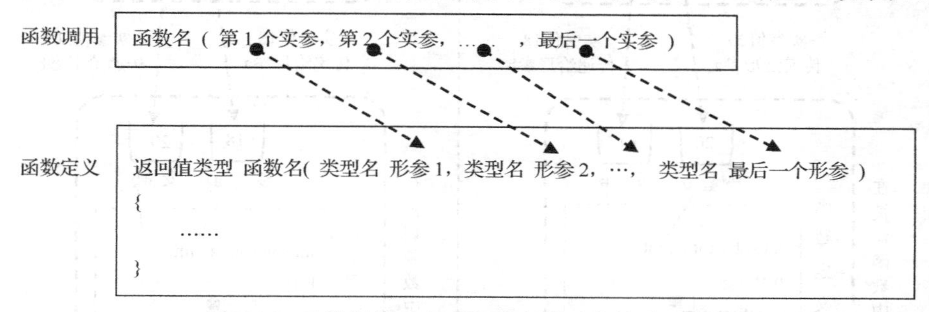

图 5.30　函数调用时实参与形参的对应关系示意图

形参和实参之间是通过顺序确定对应关系的，而不是通过形参与实参的名称是否相同来确定对应关系的。实参和形参完全可以是不相同的名字，但在一般的编程实践中，尽量保持实参和形参的名称一致，以便理解。

下面举例说明，函数参数传递时实参到形参的对应关系，如程序 5.26 所示，结果如运行结果 5.6 所示。在程序 5.26 中的两处函数调用，函数调用时参数值传递的对应关系如图 5.31 所示。

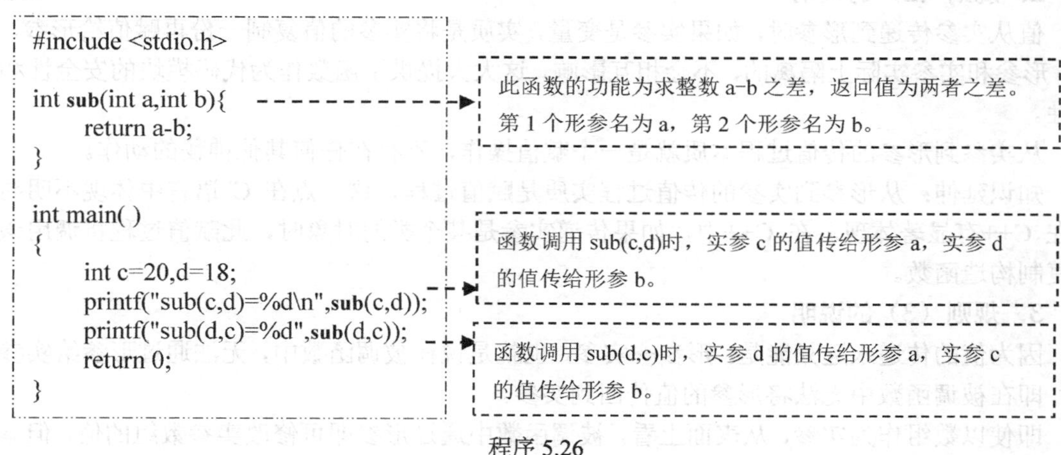

程序 5.26

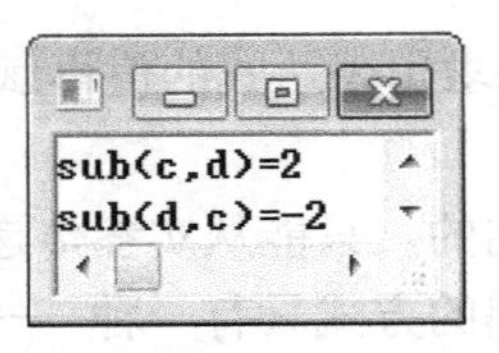

运行结果 5.6

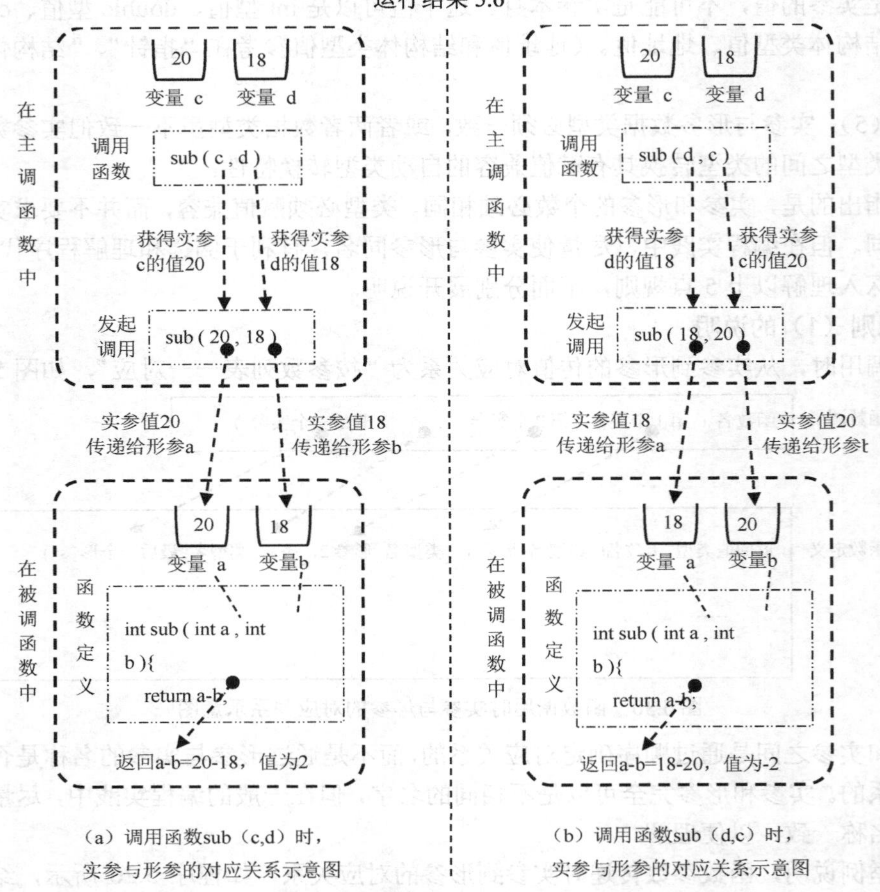

图 5.31　验证函数调用是形参与实参对应关系的实例

2．规则（2）的说明

值从实参传递到形参时，如果实参是变量，实质是将实参的值复制一份再赋值给形参。因此，形参和实参实际上隔离的，不会相互影响，这大大提供了函数作为代码模块的安全性和可靠性。

从实参到形参的传值过程本质就是一个赋值操作，不存在任何其他神秘的动作。

知识延伸：从形参到实参的传值过程实质是赋值过程，这一点在 C 语言中体现不明显，但在 C++有显著体现。在 C++中，如果传递实参是某个类的对象时，此赋值过程将调用该类的复制构造函数。

3．规则（3）的说明

因为值的传递永远只能是：形参→实参，也就是说在被调函数中，无法通过形参给实参赋值，即在被调函数中无法将形参的值传回到实参。

即使以数组作为实参，从表面上看，被调函数中通过形参即可修改实参数组的值，但本质上并非如此。这将在“指针”的内容中详细阐述。在很多 C 程序设计相关资料中，对此内容有误解。

4．规则（4）的说明

（1）实参向形参传递的是实参的值，此值可以是任意数据类型。特别地讲，当传递的值是地址值时，通过间接引用可以实现特殊效果，这种做法有特定的应用场合。这将在“指针”的内容中详细阐述。

（2）因为只能将实参的值复制一份传递给形参，所以实参本身根本不会传递给被调函数。修改形参的值根本不会影响到实参。

实参和形参是两个独立的变量，分别处于主调函数和被调函数中，修改形参的值与修改实参的值永远互不相干。实参和形参变量的名称可以相同也可以不相同，不管名字是否相同，都代表着两个不同的变量。

事实上，形参是局部变量（局部变量除了函数参数外，还包括函数体中定义的变量）。其生命期为：函数被调用时为形参在栈空间分配内存空间，直到函数返回时，将释放所有局部变量。局部变量的作用范围：只在函数内部有效。这符合分模块程序设计的思想。在一个大的软件工程项目中，每个负责设计函数模块的设计者在给局部变量命名时，不用担心因软件工程的其他代码的变量同名而造成程序错误。

程序 5.27 和运行结果 5.7 展示了如下现象：在函数中改变局部变量的值不会影响主调函数中局部变量的值。

```
#include <stdio.h>
#include <stdlib.h>

void f(int a){
    printf("在被调函数 f 中，赋值语句 a=34 执行前，形参 a=%d\n",a);
    a=34;
    printf("在被调函数 f 中，赋值语句 a=34 执行后，形参 a=%d\n",a);
}

int main( )
{
    int a=12;
    printf("在主调函数 main 中，调用 f(a)之前，实参 a=%d\n",a);
    f(a);
    printf("在主调函数 main 中，调用 f(a)之后，实参 a=%d\n",a);
    return 0;
}
```

在主调函数 main()中调用 f(a)时，作为实参的变量 a 与被调函数 f(int a)中的形参变量 a 同名。

程序 5.27

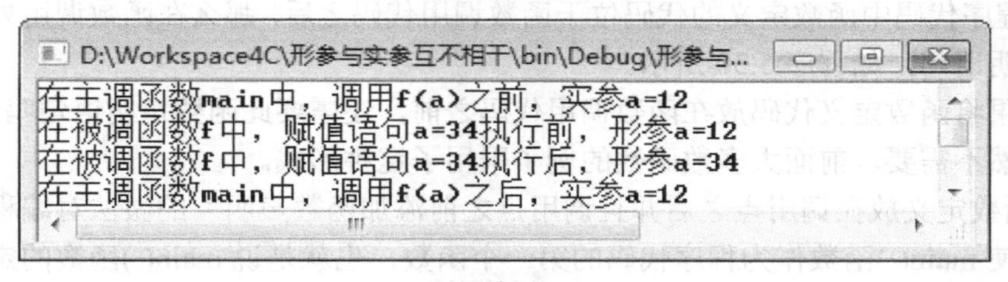

运行结果 5.7

从运行结果 5.7 可以看出，在函数 f 中，形参变量 a 的值确实从 12 改变为 34 了，但是这对实参变量 a 没有影响。

5．规则（5）的说明

赋值兼容的自动类型转换：在 C 语言中 char、short、int、long long、float、double 之间可以进行自动类型转换。转换的基本规律：数据类型存储字节短的向长的转变数据值不变，反之将被截短；浮点数向整数转变将丢失小数部分。

程序 5.28 展示了虽然实参与形参不一致，但能够进行自动类型转换的情况。

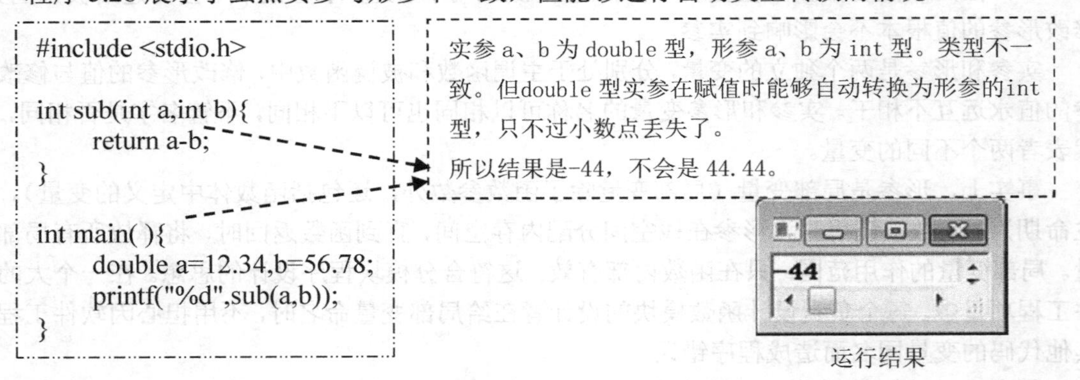

程序 5.28

当然，可以先将实参类型强制转换为形参类型后，再调用函数。如程序 5.29 所示。

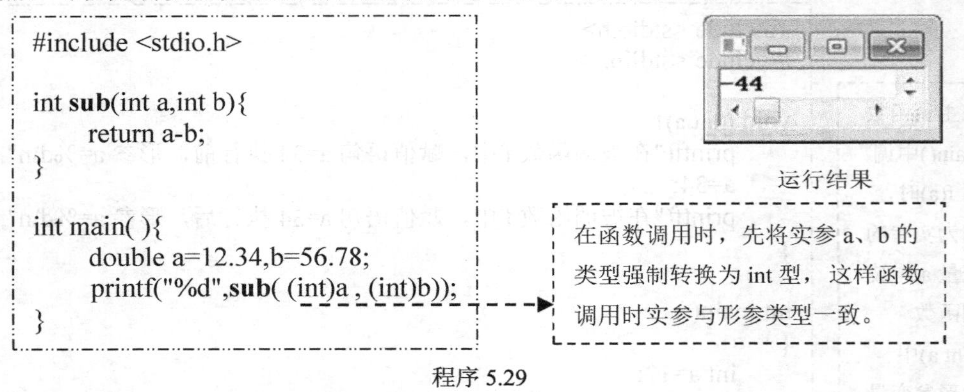

程序 5.29

5.6.4　函数的声明

下面通过问答的方式，阐述函数声明的相关知识。

问：何时需要函数声明？

答：当程序代码中函数定义的代码位于函数调用代码之后，那么在函数调用处之前应该有此函数的声明语句，如程序 5.30 所示。

问：如果将函数定义代码放在函数调用代码之前，还需要此函数声明语句吗？

答：当然不需要。前面大多数函数的例子采用了这种形式。

问：“函数定义放在调用点之后并且调用点之前添加函数声明”的做法对编程有何好处？

答：能使 main( )函数作为程序代码的第一个函数，也就是说 main( )函数的定义放在其他函数定义之前，这样程序便于阅读和理解，因为 main( )函数是程序的入口，理解程序自然应从 main( )函数入手。对于比较长的程序代码，这样做的好处显而易见。

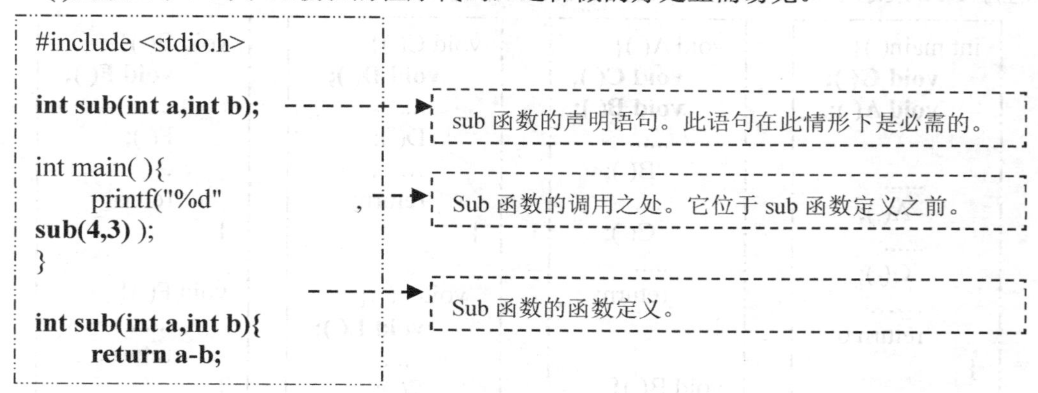

程序 5.30

问：怎么写函数声明语句？

答：函数声明语句一般形式如下。

返回值类型 函数名（第 1 个形参类型，第 2 个形参类型，…，第 n 个形参类型）;

请注意两点：声明语句的末尾有分号；每个形参的名字是可选的，但每个形参的类型是必需的。这样做的原因是：程序中函数的标识是由函数的返回值类型、函数名、参数类型列表组成的。编译器据此信息查找与函数声明唯一对应的函数定义代码所在位置。

如程序 5.31 所示，两种函数声明方式都是正确的。在程序设计实践中，采用第一种形式的比较多。因为函数声明语句可直接复制函数定义的函数头部分再在其后加分号即可。

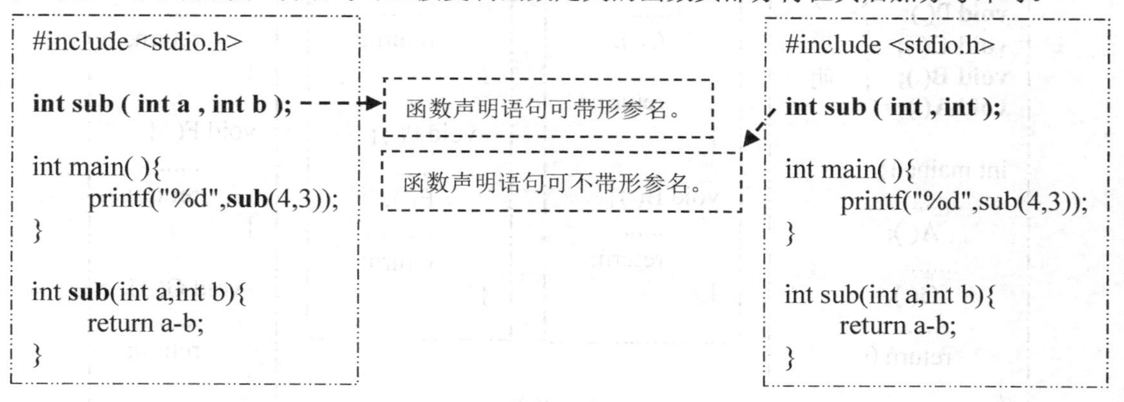

程序 5.31

问：函数声明写在程序代码的什么位置？

答：第一种做法，函数声明语句放在主调函数体的开始处。此时，该函数声明的有效范围为：从声明语句所在位置起至声明语句所在主调函数的右括号止。这种做法的好处是能非常直观地知道主调函数需要调用哪些函数。这种做法适用于该函数仅被少数主调函数调用、函数之间调用关系简单的情形。

第二种做法，将所有函数声明放在程序开始处的 main( )函数之前。此时，该函数声明的有效范围为：从声明语句所在位置起至声明语句所在的程序代码文件末尾止。这种做法使函数定义的代码摆放位置比较自由。这种做法适用于该函数被多个函数调用、函数之间调用关系复杂的情形。

程序 5.32 展示了第一种做法。请注意函数的声明语句与函数调用语句的区别。

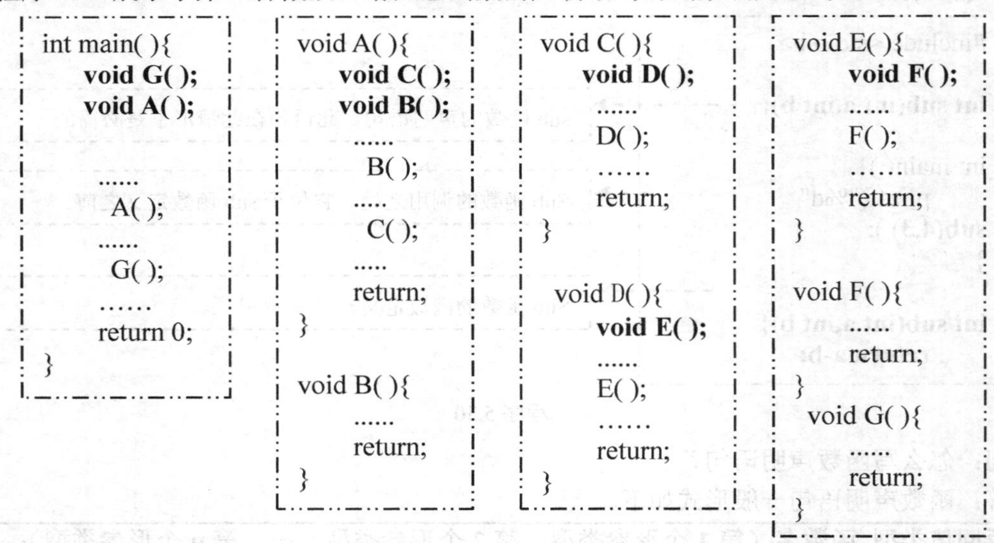

程序 5.32

程序 5.33 展示了第二种做法。

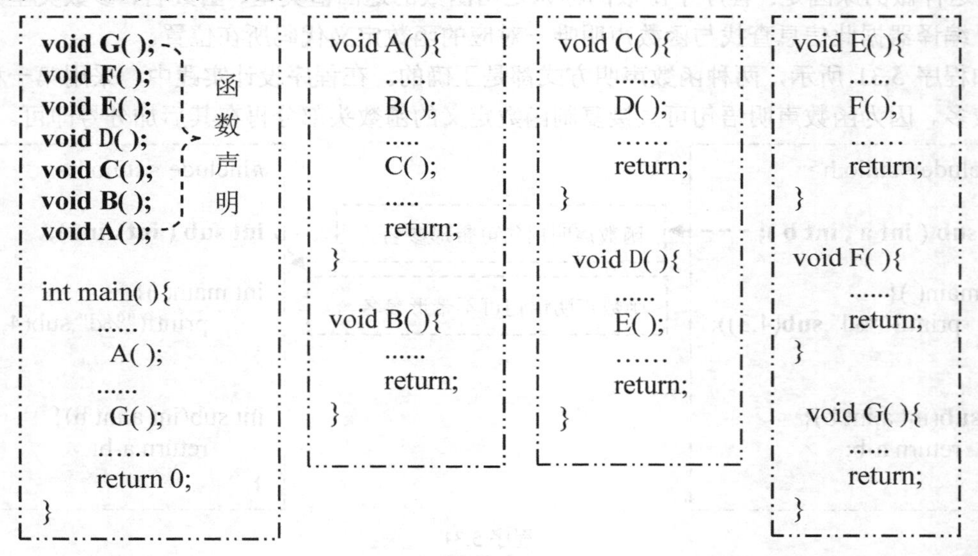

程序 5.33

5.7 函数设计实践

编程任务 5.7：2 月有多少天

任务描述：根据现行公历历法，2 月份天数一般是 28 天，但如果是闰年的 2 月就是 29 天。给定某个年份，确定 2 月到底有多少天。

输入：第一行包含一个整数 n（1≤n≤100），表示测试用例的个数。其后的 n 行，每行有一个非负整数。

输出：每个测试用例输出一行。输出该年的 2 月的天数。

输入举例：	输出举例：
4	28
1900	29
2000	29
2004	28
2009	

分析：闰年知识科普：地球绕太阳运行周期为 365 天 5 小时 48 分 46 秒（合 365.24219 天），即一回归年（Tropical Year）。公历的平年只有 365 日，比回归年短约 0.2422 日，每四年累积约一天，把这一天加于 2 月末（2 月 29 日）。这样 4 年一闰，4 年一闰之后，每 100 年就应该停止闰年一次，但每 400 年就应该恢复闰年一次。这样才能比较好地保证"一年"与地球绕太阳公转周期同步。闰年口诀："四年一闰，百年不闰，四百年补闰"。

将以上闰年的规则转化为条件表达式就是：年份能被 4 整除，且不能被 100 整除或者能被 400 整除。

因为对于给定的年份判断是否为闰年可以视为一个小的功能模块，它具有"功能明确，边界清晰"的特点，因此可设计成函数。此时根据函数的功能是否包含结果输出，有两种写法。

第一种写法：isLeapYear( )函数的功能为判断是否为闰年并输出结果。此时该函数不需要返回值，所以返回值类型为 void。代码如程序 5.34 所示。

```
#include <stdio.h>
void isLeapYear(int year){
    if(year%4==0 && year%100!=0 ||
            year%400==0 )
        printf("29\n");
    else
        printf("28\n");
}
int main( ){
    int n,i,y;
    scanf("%d",&n);
    for(i=0;i<n;i++)        {
        scanf("%d",&y);
        isLeapYear(y);
        }
    return 0;
}
```

此处为 isLeapYear( )函数的定义。

函数返回值类型修改为 void，也就是说函数没有返回值。

函数体中对于闰年就直接输出 29，非闰年直接输出 28。

main( )函数调用自定义的 isLeapYear( )函数，isLeapYear( )函数没有返回值，函数调用将执行 isLeapYear( )函数定义中系列语句后返回到 main( )函数。

程序 5.34

第二种写法：isLeapYear ( )函数的功能为判断年份是否为闰年。是闰年则返回值为 1，否则返回值为 0，此时该函数返回值类型应该为 int 型，代码如程序 5.35 所示。

从本例的程序 5.34、程序 5.35 中的函数设计可以看出，被设计的函数是否有返回值是由函数的功能决定的。

编程任务 5.8：谁老大（短名字版）

任务描述：在日常生活中经常碰到两个人比谁的年龄大，都想要对方称自己为"老大"，相持不下时，只能最后摊牌，各自说出自己的出生年月日。此时，谁是老大就不争自明了。

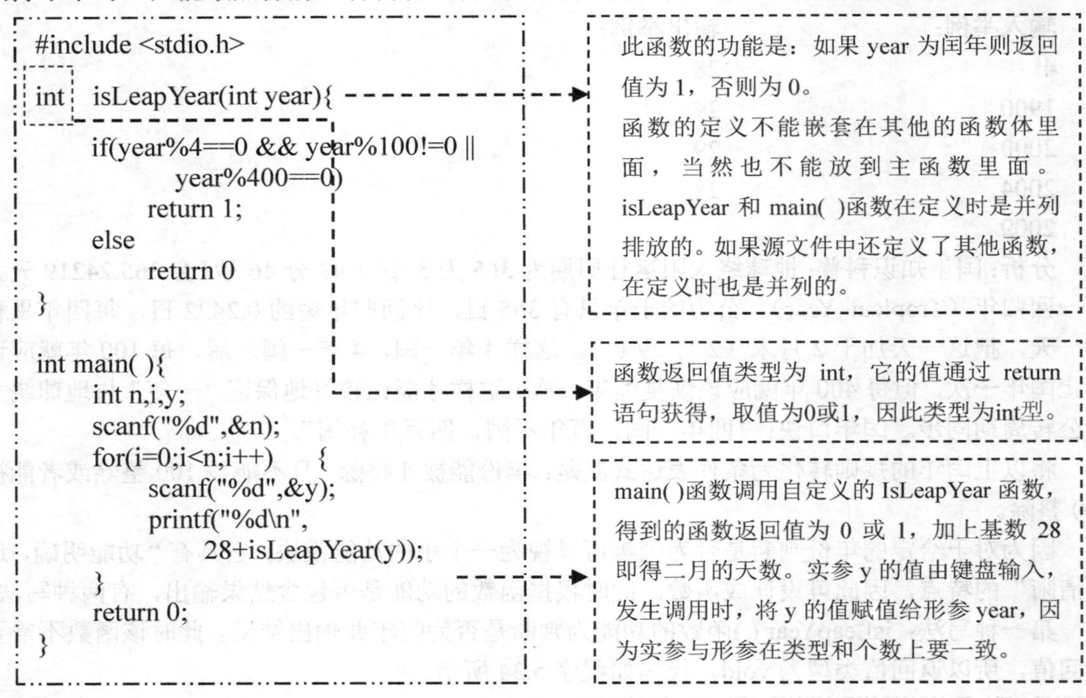

程序 5.35

输入：第一行有一个正整数 n 表示测试用例的个数，n≤100。

其后有 n 行，每行包含 8 个用空格分隔的数据，分别为第 1 个人的名字和出生年月日，第 2 个人的名字和出生年月日。

说明：名字由字母、数字和下画线构成，名字没有空格，名字的最大长度为 30 个字符。年份可能为负值，表示公元前。年份的取值范围为[-10000,10000]。

输出：输出年龄大的人名 后加“is elder!”。如果年龄相同，则输出“They are the same age!”

输入举例：

```
3
Zhang_San 1999 1 1 Li_Si 1999 1 1
Tang_taizong 598 1 28 Qin_Shihuang -259 12 3
Mao_Zedong 1893 12 26 Nixon 1913 1 9
```

输出举例：

```
They are the same old!
Qin_Shihuang is elder!
Mao_Zedong is elder!
```

分析：对于给定的两个年月日，比较两者的年龄大小，算法如下：先比较年份，年份小的年龄大，反之年龄小；如果年份相等，则进一步判断月份，月份小的年龄大，反之年龄小；如果年份和月份均相等，则进一步判断出生日，出生日小的年龄大，反之年龄小；如果年月日均相同则年龄相同。

因此，将比较两人谁年长的功能模块设计成函数 int cmp (int y1, int m1, int d1, int y2, int m2, int d2)，返回值为 1、0、-1，分别表示出生日期为“y1 年 m1 月 d1 日”的第 1 个的年龄大于、等于、小于出生日期为“y2 年 m2 月 d2 日”的第 2 个的年龄。

因此，本编程任务的代码由两部分构成，分别如程序 5.36、程序 5.37 所示。其中，程序 5.36 为程序的 main( )函数部分，该部分是程序的入口，是程序的主体部分。程序 5.37 为函数 cmp( )的定义。程序 5.36 与程序 5.37 的在同一代码文件中，它们之间的先后顺序可以任意安排。C 语言规定，函数定义在函数调用之后时，调用前必须声明该函数。

因为 main( )函数是应用程序的入口，因此，当程序中有多个函数时，通常将 main( )函数放在其他函数之前，作为整个程序代码的第一个函数。这样能方便阅读程序。

```
#include <stdio.h>
int cmp(int y1,int m1,int d1,
        int y2,int m2,int d2) ;

int main( ) {
    int n,result;
    char name1[32],name2[32];
    int y1,m1,d1,y2,m2,d2;
    scanf("%d",&n);
    while(n--) {
        scanf("%s %d %d %d",
              name1,&y1,&m1,&d1);
        scanf("%s %d %d %d",
              name2,&y2,&m2,&d2);
        result=cmp(y1,m1,d1,y2,m2,d2);
        if(result>0)
            printf("%s is elder!\n",name1);
        else if(result<0)
            printf("%s is elder!\n",name2);
        else
            printf("They are the same age!\n");
    }
    return 0;
}
```

函数 cmp 的声明，因为在 cmp 函数的实现代码所在位置之前调用了此函数（在 main( )函数中调用了 cmp 函数，此代码位置在函数 cmp 定义代码之前，因此必须先声明。

用于存放名字的数组大小至少为 32，因为最长名字有 31 个字符，字符串末尾的空终止符占 1 个字符的空间。

因为名字中没有空格、跳格、回车，因此可以直接用 scanf("%s",字符数组名)的方式输入。

调用 cmp 函数并将返回值保存在变量 result 中，以便其后能够根据 result 的结果输出对应的结果。

根据 cmp 函数返回值的意义，输出相应的结果。

程序 5.36

```
int cmp(int y1,int m1,int d1,
        int y2,int m2,int d2)
{
    if(y1<y2) return 1;
    if(y1>y2) return -1;
    if(m1<m2) return 1;
    if(m1>m2) return -1;
    if(d1<d2) return 1;
    if(d1>d2) return -1;
    return 0;
```

此函数功能：比较出生日期分别为“y1年m1月d1日”与“y2年m2月d2日”的两个人年龄大小。分别用返回值1、0、-1表示第1个人的年龄大于、等于、小于第2个人的年龄。
此代码利用了return语句将结束函数的执行并返回的特点，写成了多if语句串联的结构。最后的return 0；语句能够被执行，当且仅当两个日期的年月日完全相同。

程序 5.37

进一步说明如下。

（1）main( )函数中只调用 cmp 函数 1 次，并将返回值保存在变量 result 中，然后根据 result 的结果输出对应的结果。这样做的好处是能够减少函数的重复调用，如程序 5.38 所示。

```
int main( ) {
    int n,result;
    char name1[32],name2[32];
    int y1,m1,d1,y2,m2,d2;
    scanf("%d",&n);
    while(n--) {
        scanf("%s %d %d %d",
                name1,&y1,&m1,&d1);
        scanf("%s %d %d %d",
                name2,&y2,&m2,&d2);

        if( cmp(y1,m1,d1,y2,m2,d2) >0 )
            printf("%s is elder!\n",name1);
        else if( cmp(y1,m1,d1,y2,m2,d2) <0 )
            printf("%s is elder!\n",name2);
        else
            printf("They are the same age!\n");
    }
    return 0;
}
```

在此去掉了语句：result=cmp(y1,m1,d1,y2,m2,d2);

在这里比较时需要调用一次 cmp 函数。

当第 1 次比较结果大于或等于 0 时，在此时又调用了一次 cmp 函数。

程序 5.38

（2）cmp 函数的定义代码逻辑可以不写成多个 if 语句，可以写成效果等价的“if-else if-else”结构，因为 return 语句将直接结束函数的执行，如程序 5.39 所示。

```
int cmp( int y1,int m1,int d1,
            int y2,int m2,int d2) {
    if(y1<y2) return 1;
    else if(y1>y2) return -1;
    else if(m1<m2) return 1;
    else if(m1>m2) return -1;
    else if(d1<d2) return 1;
    else if(d1>d2) return -1;
    else return 0;
}
```

这是典型的 if-else if－else 结构实现多分支的写法。

程序 5.39

编程任务 5.9：相隔多少天

任务描述：当特定的某天有重要事情发生时，这个日子往往非常值得期待。我们常常想知道这个日期离现在还有多少天。有时，我们已知两个事件发生的时间，想要知道这两个事件之间相差多少天？对此类问题，我们可以归纳为：给定两个包含年月日的日期，求两者之间相差的天数。

输入：第一行有一个正整数 n。n<1000。表示测试用例的个数。其后的 n 行，每行包含一个测试用例的数据。每个测试用例包含用空格分隔的 6 个整数。分别表示两个日期的年月日。

年月日最小为公元1年，最大为公元10000年。

请注意，每个测试用例中的前后两个日期中，前一个日期不一定比后一个日期小。

请放心，已经确保了输入的日期是合理的日期。

输出：每个测试用例输出一行。输出两个日期之间相隔的天数。

注意：本例中，所有年份的天数、月数、闰年均按现行公历历法推算，不用理会历史上曾经因为某种原因导致的日期异动。

输入举例

4

2016 10 28 2016 10 28

1 2 3 3 2 1

2020 10 31 2000 2 28

1 1 1 10000 12 31

输出举例

0

728

7551

3652424

分析：至少可以采用两种方法解决本问题。

方法1：两个日期y1年m1月d1日与y2年m2月d1日之间的相差的天数=D3+D2−D1，算法如图5.32所示。

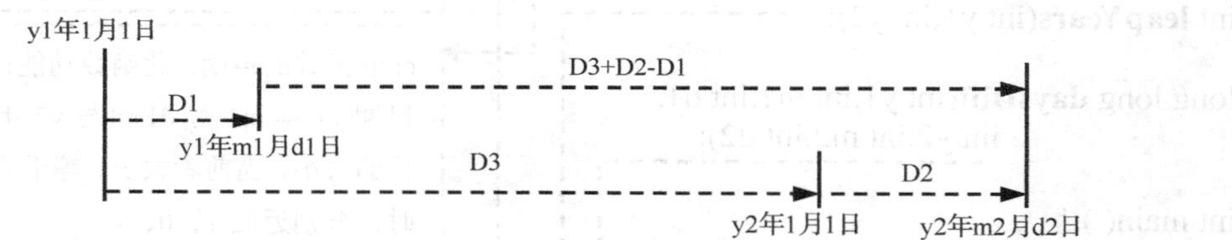

图5.32　以y1年1月1日为基准的两个日期之间相差天数计算示意图

以“输入举例”中数据为例，两个日期1900年5月28日与1949年10月1日之间的天数的算法为：

D3=1900年1月1日至1949日1月1日天数=(1949−1900)×365+期间闰年数12=17897

D2=1949年1月1日至1949年10月1日天数=31+28+31+30+31+30+31+31+30+(1−1)=273

D1=1900年1月1日至1900日5月28日天数=31+28+31+30+(28−1)=147

得：D3+D2+D1=17897+273−147=18023天。

注：[1900，1948]期间的闰年有1904、1908、1912、1916、1920、1924、1928、1932、1936、1940、1944、1948，共12个。

在此算法中必须确保日期“y1年m1月d1日”≥“y2年m2月d1”。

因此，从此任务中可以提炼出多个具有“功能明确，边界清晰”条件的模块，这些模块分别设计成函数，共设计5个函数。

（1）比较两个日期大小的功能模块：设计成函数int cmp(y1,m1,d1,y2,m2,d2)，比较的结果分别用1、0、−1表示第1个日期大于、小于或等于第2个日期。

（2）判断是否为闰年的功能模块：设计成函数int isLeap(int y)，求年份y是否为闰年，如果是，则返回 1，否则返回 0。计算 D1、D2 和 D3 中都需要“判断某年 year 是否为闰年”的子功能，其模块性最明显。

（3）求年份在区间[y1,y2)的闰年个数的功能模块：设计成函数 int leapYears(int y1,int y2)，返回值为闰年个数。

（4）求日期 y 年 m 月 d 日离当年元旦天数的功能模块：设计成函数 int daysFromThisYear (int y, int m, int d)，返回值为其天数。

（5）两个指定日期之间天数的功能模块：设计成函数 int daysDiff(int y1, int m1, int d1, int y2, int m2, int d2)，返回值为“y1 年 m1 月 d1 日”与“y2 年 m2 月 d1”之间的天数。这就是本任务想要得到的结果。

本编程任务代码如程序 5.40 所示。

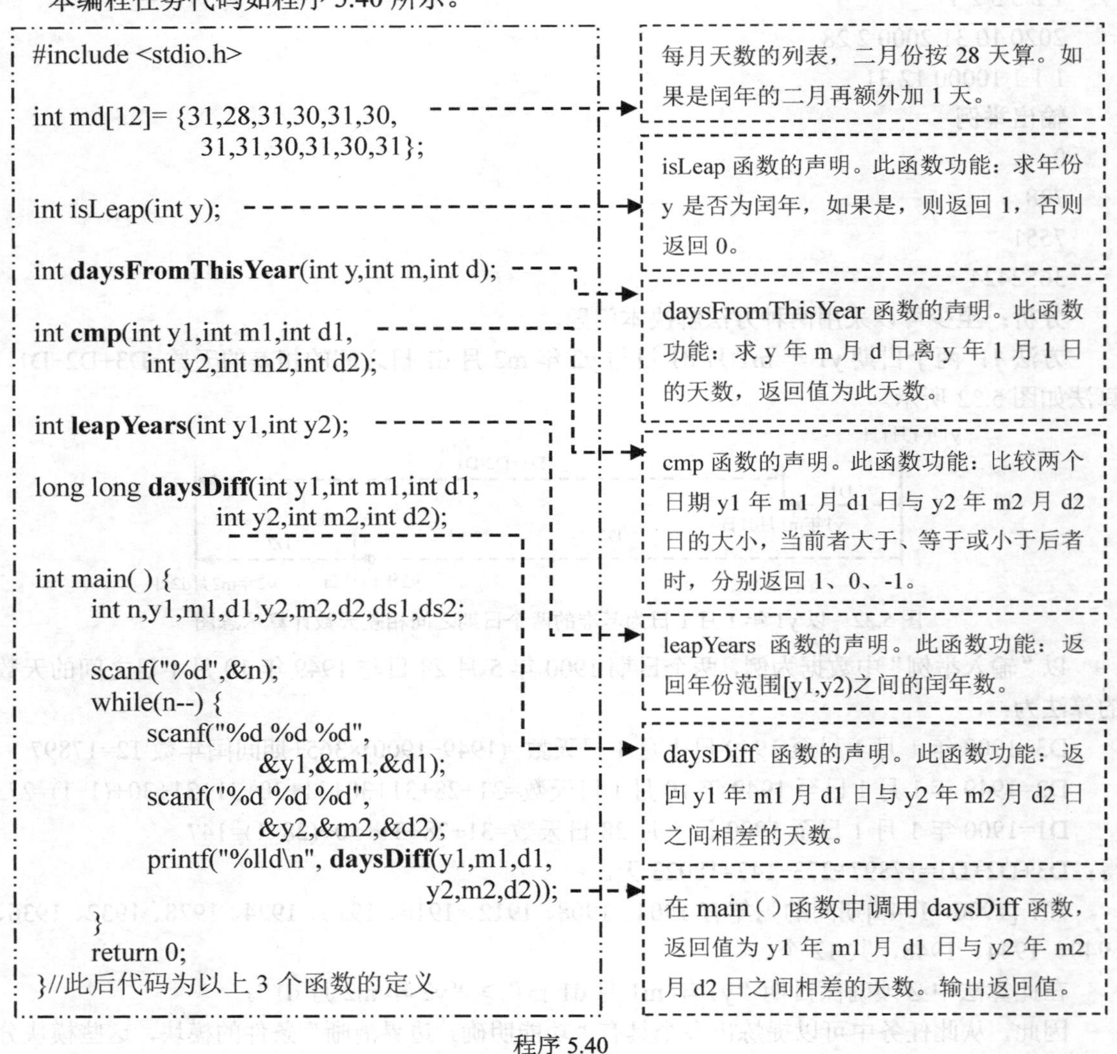

```c
#include <stdio.h>

int md[12]= {31,28,31,30,31,30,
             31,31,30,31,30,31};

int isLeap(int y);

int daysFromThisYear(int y,int m,int d);

int cmp(int y1,int m1,int d1,
        int y2,int m2,int d2);

int leapYears(int y1,int y2);

long long daysDiff(int y1,int m1,int d1,
                   int y2,int m2,int d2);

int main( ) {
    int n,y1,m1,d1,y2,m2,d2,ds1,ds2;

    scanf("%d",&n);
    while(n--) {
        scanf("%d %d %d",
              &y1,&m1,&d1);
        scanf("%d %d %d",
              &y2,&m2,&d2);
        printf("%lld\n", daysDiff(y1,m1,d1,
                                  y2,m2,d2));
    }
    return 0;
}//此后代码为以上 3 个函数的定义
```


程序 5.40

程序 5.41 为 isLeap 函数的定义。此函数功能：求年份 y 是否为闰年，如果是，则返回 1，否则返回 0。此函数被 daysFromThisYear( )和 leapYears( )调用。例如，isLeap(4)的返回值为 1；isLeap(100)的返回值为 0；isLeap(400)的返回值为 1；isLeap(1900)的返回值为 0；isLeap(2000)

的返回值为 1；isLeap(2016)的返回值为 1。

```
int isLeap(int y) {
    if((y%4==0 && y%100!=0)||y%400==0)
        return 1;
    return 0;
}
```

根据“四年一闰，百年不闰，四百年补闰”的规则来判定是否为闰年。

此 return 语句之前可以加 else，则原 if 语句变为 if-else 语句，效果等价。

程序 5.41

程序 5.42 为 daysFromThisYear 函数的定义。此函数功能：求 y 年 m 月 d 日离 y 年 1 月 1 日的天数，返回值为此天数。此函数内部调用了 isLeap( )函数。此函数被 daysDiff( )函数调用。例如，daysFromThisYear(2016,11,11)的返回值为 315，计算方法为：(1)+(31 + 28 + 31 + 30 + 31 + 30 + 31 + 31 + 30 + 31)+ (11 − 1)。

此值分 3 部分计算：第 1 部分为 0 或 1，仅当月份大于 2 且是闰年时才取 1；第 2 部分为 m−1 个月的天数累加，每个月的天数预先存放在 md[ ]数组中，因此只需要用循环累加 md 的前 m−1 个数组元素的值即可得到；第 3 部分为当前日离本月 1 日的天数，即 d−1 天。3 部分累加即可。

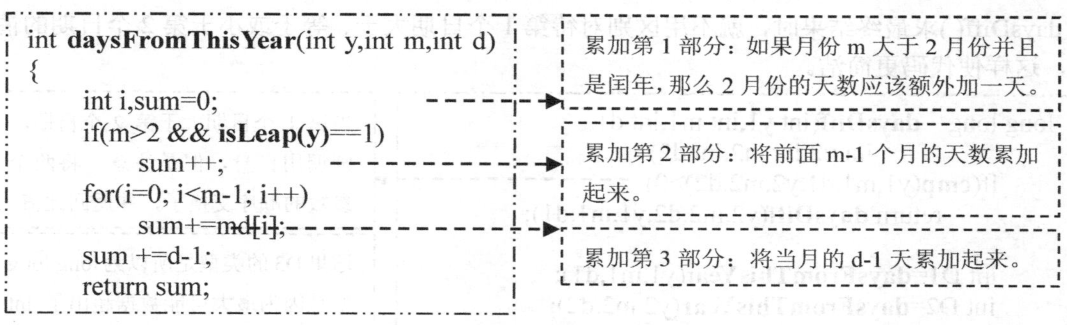

程序 5.42

程序 5.43 为 cmp 函数的声明。此函数功能：比较两个日期 y1 年 m1 月 d1 日与 y2 年 m2 月 d2 日的大小，当前者大于、等于或小于后者时，分别返回 1、0、−1。此函数被 daysDiff( )函数调用。例如，cmp(2016,12,10,2017,1,1)的返回值为 1，cmp(2020,10,1,2020,9,30)的返回值为-1，cmp(2030,1,1,2030,1,1)返回值为 0。

```
int cmp(int y1,int m1,int d1,
        int y2,int m2,int d2){
    if(y1>y2) return 1;
    else if(y1<y2) return -1;
    else if(m1>m2) return 1;
    else if(m1<m2) return -1;
    else if(d1>d2) return 1;
    else if(d1<d2) return -1;
    else return 0;
}
```

两个日期的大小判断逻辑非常清晰：顺序判断对应的年月日，如果能就此分出大小，则立即返回结果，不需要继续往下比较，否则进入下一个比较。最后，当年月日全部相等时，返回 0。

这个函数有另外一种等价写法：将此代码中的“else”全部删除，变成多个 if 语句的串联形式，效果等价。

程序 5.43

程序 5.44 为 leapYears 函数的声明。此函数功能：返回年份范围[y1,y2)之间的闰年数，要求参数 y1,y2 必须满足 y1≤y2。此函数调用了 isLeap( )函数。此函数被 daysDiff( )函数调用。例如，leapYears(1900,1904) 返回值为 0，leapYears(2000,2009) 返回值为 3，LeapYears (2021,2030)=2。

```
int leapYears(int y1,int y2){
    int y,sum=0;
    for(y=y1;y<y2;y++)
        if(isLeap(y)==1)
            sum++;
    return sum;
}
```

此函数的实现简单明了，逐个判断年份范围在[y1,y2-1]之间的每个年份 y 是否为闰年，是则计数 1 次。

此 for 循环语句可改写成以下等价写法：

```
for(y=y1;y<y2;y++)
    sum+=isLeap(y);
```

请思考，为什么？

程序 5.44

程序 5.45 为 daysDiff 函数的声明。此函数功能：返回 y1 年 m1 月 d1 日与 y2 年 m2 月 d2 日之间相差的天数。此函数调用 daysDiff( )函数自身、cmp 函数、daysFromThisYeas( )函数、leapYears( )函数。此函数被本身调用，也被 main( )函数调用。此函数的返回值就是本编程任务的最终结果。在此将它设计成函数有两个好处：其一，主函数变得清晰明了，主函数中的代码大大减少；其二，巧妙地利用了交换 2 个日期参数的顺序后自身调用自身，这样在主函数中调用 daysDiff( )求最终结果时，就不用区别对待第 1 个日期大于、等于或小于第 2 个日期的情况了，这样使代码更简洁。

```
long long   daysDiff(int y1,int m1,int d1,
                     int y2,int m2,int d2){
    if(cmp(y1,m1,d1,y2,m2,d2)>0)
        return daysDiff(y2,m2,d2,y1,m1,d1);

    int D1=daysFromThisYear(y1,m1,d1);
    int D2=daysFromThisYear(y2,m2,d2);
    long long D3=(y2-y1)*365LL+leapYears(y1,y2);

    return D3+D2-D1;
}
```

当第 1 个日期大于第 2 个日期，则调用自身，但是注意，将两个参数的顺序交换了，并返回此值。

这里 D3 的类型是所以为 long long 型是因为最大可能数据超出了 int 型数据的表示范围。为了将常量 365 的类型明确为 long long 型，在常量后添加 LL 或 ll。

程序 5.45

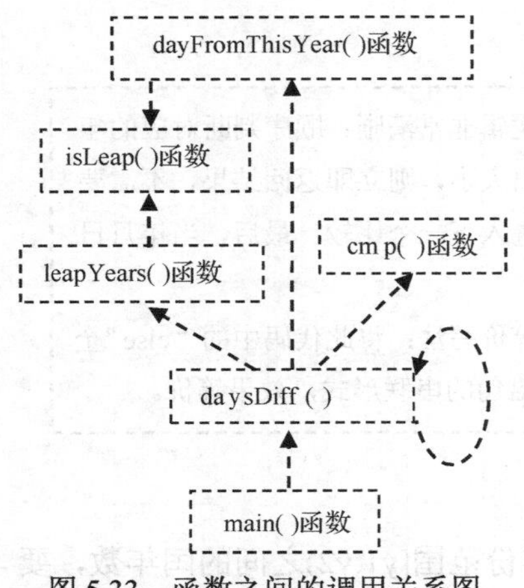

图 5.33　函数之间的调用关系图

根据上述函数设计，有 3 处能体现代码的重用。多个函数之间的调用关系如图 5.33 所示。图中箭头的含义为：函数调用发起者→被调用者。

（1）isLeap 函数代码在本程序中两处被调用，分别被 daysFromThisYear( )和 leapYears( )函数调用。

（2）daysFromThisYear( )函数在本程序两处被调用。因为 D1 和 D2 的计算方法相同，因此可重用同一个函数 daysFromThisYear( )计算得到。

（3）daysDiff( )也被两个函数调用了，其一是 main( )函数，其二是它自身。

此编程任务还有另外一种实现方法，代码更加简单。

方法 2：因为两个日期的对应年月日的大小关系有多种情形，分情况考虑会比较复杂。为了简便，我们统一选定一个基准日期，如选定公元 1 年 1 月 1 日，先求出这两个日期与基准日期相差的天数，然后再计算两个日期之间的绝对值即可，如图 5.34 所示。

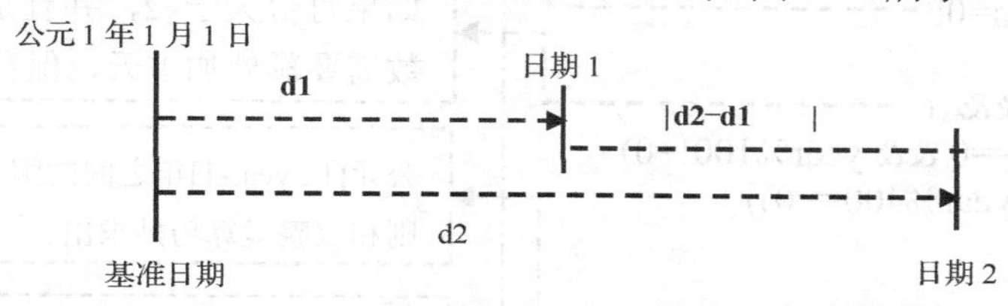

图 5.34　以公元 1 年 1 月 1 日为基准的两个日期之间相差天数计算示意图

在计算某个日期离公元 1 年 1 月 1 日的天数时，分成两部分，第 1 部分是计算相差的整年包含的天数，第 2 部分是该日期在该年内的天数，即距该年 1 月 1 日的天数。

关于闰年的考虑：第 1 部分中，平年 365 天，每个闰年增加一天；第 2 部分中，如果月份大于 2 月并且该年是闰年，则需要增加 1 天。

例如，求 1900 年 5 月 28 日至 1949 年 10 月 1 日有多少天？

计算第一个日期离开基准日期的天数：又分为 2 部分。

第 1 部分：先算公元 1 年 1 月 1 日至 1900 年 1 月 1 日的整年天数=相差年数×365+闰年个数，即(1900−1)×365+(1900−1)/4−(1900−1)/100+(1900−1)/400=693595 天。其中每个除法结果取整数。同理，求得 1 年 1 月 1 日至 1949 年 1 月 1 日的整年天数=711492。

第 2 部分：1900 年 1 月 1 日至 1900 年 5 月 28 日的天数=31+28+31+30+(28−1)=147 天，同理，1949 年 1 月 1 日至 1949 年 10 月 1 日的天数=31+28+31+30+31+30+31+31+30+(1−1)=273 天。其中，如果月份大于 2，并且是闰年，则 2 月需要额外加 1 天。

最后，两者总天数相减，即|(693595+147)−(711492+273)|=18023 天。

本编程任务的代码如程序 5.46、程序 5.47 所示。

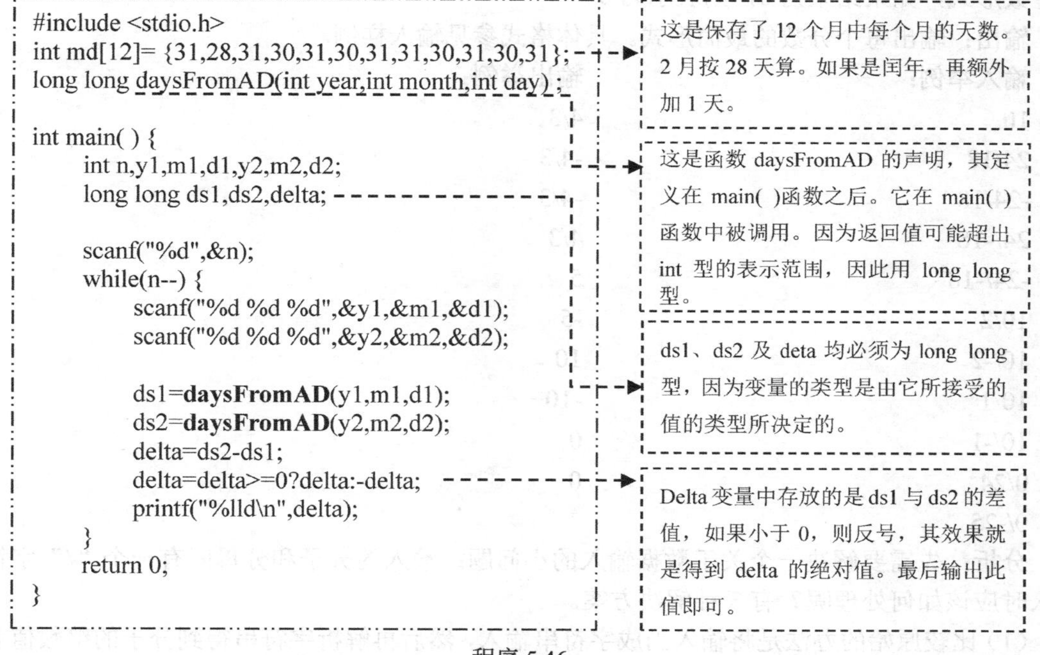

```
#include <stdio.h>
int md[12]= {31,28,31,30,31,30,31,31,30,31,30,31};
long long daysFromAD(int year,int month,int day) ;

int main( ) {
    int n,y1,m1,d1,y2,m2,d2;
    long long ds1,ds2,delta;

    scanf("%d",&n);
    while(n--) {
        scanf("%d %d %d",&y1,&m1,&d1);
        scanf("%d %d %d",&y2,&m2,&d2);

        ds1=daysFromAD(y1,m1,d1);
        ds2=daysFromAD(y2,m2,d2);
        delta=ds2-ds1;
        delta=delta>=0?delta:-delta;
        printf("%lld\n",delta);
    }
    return 0;
}
```


程序 5.46

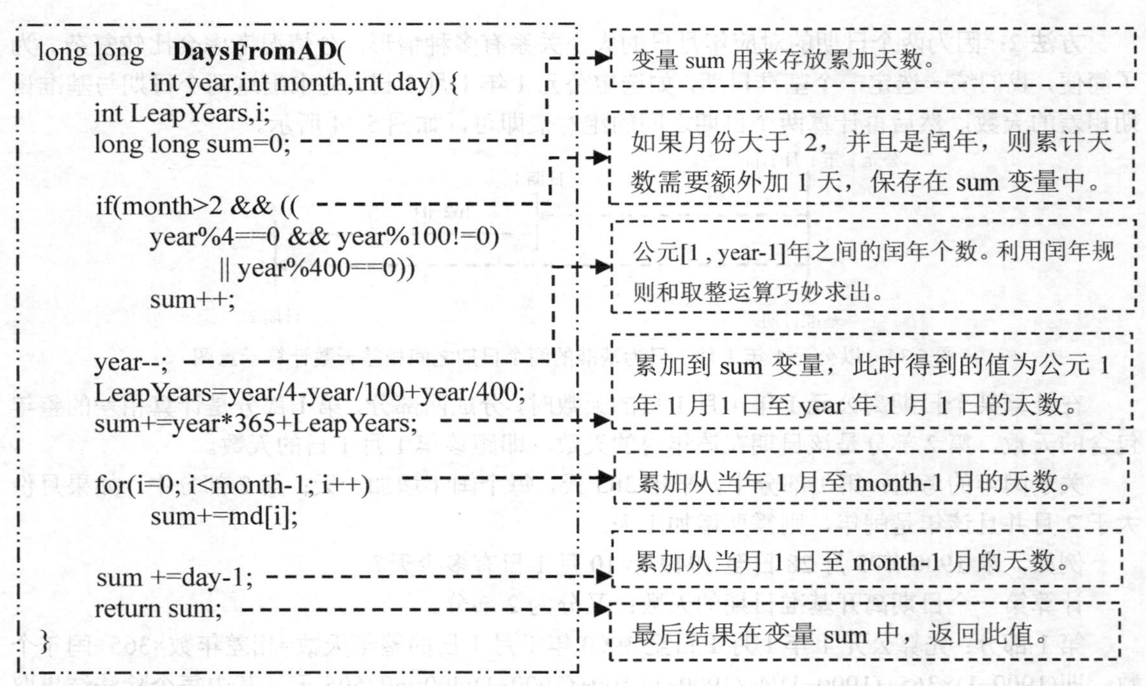

```
long long  DaysFromAD(
          int year,int month,int day) {
     int LeapYears,i;
     long long sum=0;

     if(month>2 && ((
          year%4==0 && year%100!=0)
               || year%400==0))
          sum++;

     year--;
     LeapYears=year/4-year/100+year/400;
     sum+=year*365+LeapYears;

     for(i=0; i<month-1; i++)
          sum+=md[i];

     sum +=day-1;
     return sum;
}
```


程序 5.47

编程任务 5.10：分式化简

任务描述：在数学的运算中我们经常需要对分数进行化简，化为最简分数，即分子分母除了正负 1 以外，没有其他约数。下面编程实现分数的化简。

输入：第一行有一个整数 n(1≤n≤10000)，表示测试用例的个数。其后 n 行，每行有一个分数，分子和分母之间有一个除号“/”分隔，并且分母不为零。如果结果为非零整数则表示为整数形式，如果结果为 0，则表示为 0。

输出：输出每个分数的最简形式。具体格式参见输入样例。

输入举例：	输出举例：
10	4/3
24/18	-4/3
-24/18	-4/3
24/-18	4/3
-24/-18	5
10/2	-5
10/-2	10
10/1	-10
10/-1	0
0/24	0
0/-25	

分析：先需要解决一个关于数据输入的小问题：输入的分子和分母间有一个“/”字符，输入时应该如何处理呢？有 3 种解决方案。

（1）比较原始的办法是将输入当成字符串输入，然后再解析字符串得到分子的整数值和分母的整数值。

（2）利用一个字符变量读入这个“/”字符：char ch; scanf("%d%c%d",&a,&ch,&b);这个字符变量除了用来读入“/”字符外并无其他用处。

（3）直接利用 scanf 函数的特性，忽略分子和分母中间的“/”字符：scanf("%d/%d", &a, &b);也就是在使用 scanf 函数的格式串中，两个%d 格式串之间有一个“/”字符。

本例采用第（3）种方案。

为了实现分子和分母的约分，必须先求得分子和分母的最大公约数。最大公约数（gcd）有多种求法。但不管是何种算法，“求两个整数的最大公约数”这一功能模块可设计成单独的函数。而程序的主函数部分的设计也可以相对独立，因此，我们可以先设计程序包括 main( )部分的主体部分，如程序 5.48 所示。

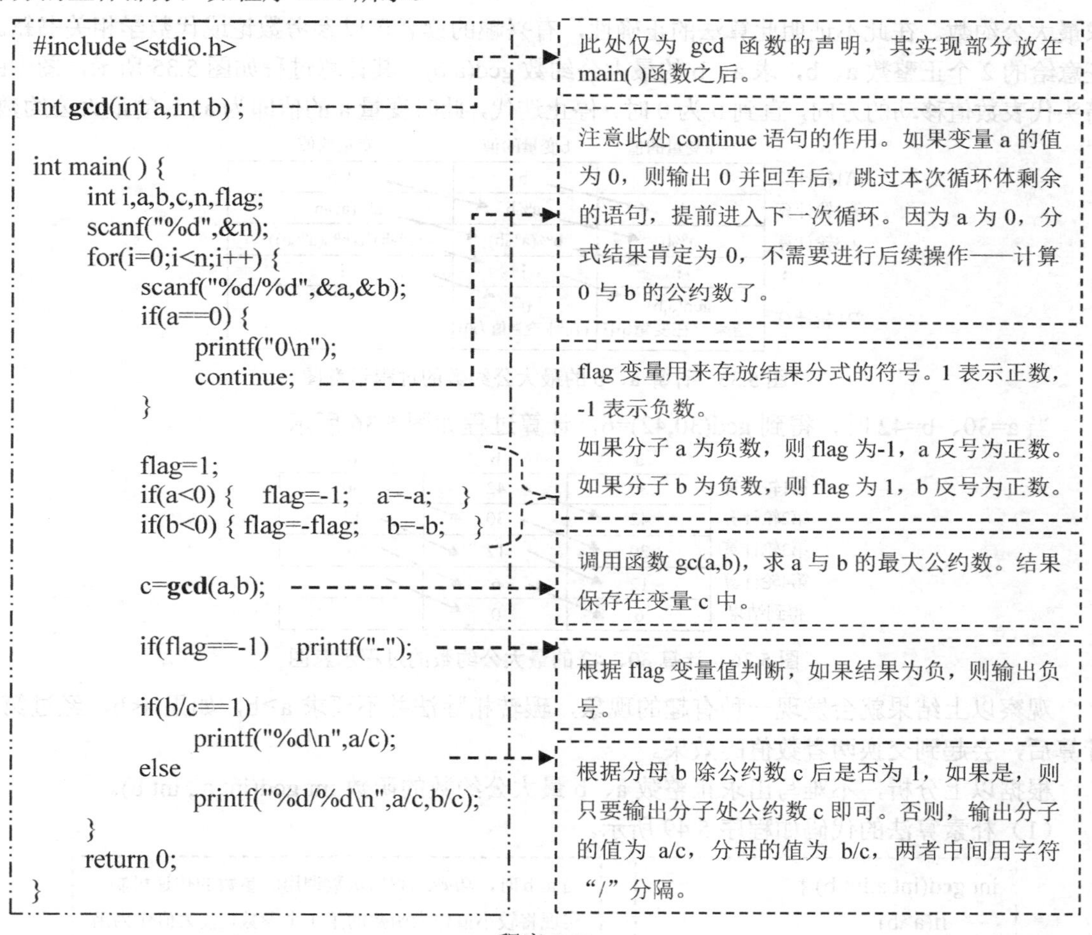

程序 5.48

需要说明如下两点。

（1）对结果的正负符号的处理方式有多种，可以有自己的方式。

（2）特别应该注意的是，当分子为 a 为 0 时，如果不特殊处理此情况，继续用 gcd(a,b)函数求最大公约数，得 c 为 0，在接下来的 if(b/c)判断时，因为 b/c 的除法运算中分母为 0，会引发严重的“除 0 错”，导致程序终止。

下面需要实现本任务的核心逻辑子任务，即 gcd( )函数的设计——如何求两个正整数的最大公约数。求最大公约数有多种方法（参见百度百科“最大公约数”词条），常见的有质因数分解法、短除法、辗转相除法、更相减损法（中国古典算法，出自《九章算术》）。下面以朴素算法和辗转相除法为例进行说明。

（1）朴素算法：属于穷举法。假定 a<b，那么最大公约数一定是 a,a-1,a-2,…,1 之间某个整数 i 使得 a、b 均整除 i。逐个枚举，穷举 a、b 所有可能的公因子，最大的公因子就是最大公约数。但要注意，这里要求 a<b，如果不满足则要交换。与辗转相除法相比，本算法的运行速度要慢许多。

（2）辗转相除法，又称欧几里得算法。利用结论 $\gcd(a,b)=\begin{cases} a, & \text{当}b=0\text{时} \\ \gcd(b,a\%b), & \text{当}b>0\text{时} \end{cases}$，实现求最大公约数。在此不证明此算法的正确性，有兴趣的读者可以参考数论或代数学相关书籍。任意给的 2 个正整数 a、b，求 a、b 的最大公约数 gcd(a,b)。其计算过程如图 5.35 所示，图中的箭头代表数值移动的方向，直到 b 为 0 时，停止迭代，此时变量 a 的值即为 a、b 的最大公约数。

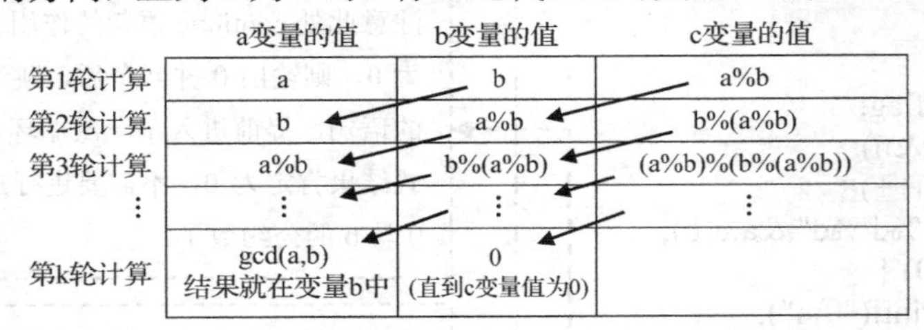

图 5.35　计算 a、b 的最大公约数的过程示意图

当 a=30、b=42 时，得到 gcd(30,42)=6，计算过程如图 5.36 所示。

	a	b	d
第1轮计算	30	42	30
第2轮计算	42	30	12
第3轮计算	30	12	6
第4轮计算	12	6	0
得到结果	6	0	

图 5.36　计算 30、42 的最大公约数的过程示意图

观察以上结果就会发现一种有趣的现象，辗转相除法并不要求 a≥b，如果 a<b，经过第 1 计算后，会起到交换两者数值的效果。

根据以上分析，不难写出求正整数 a、b 最大公约数的函数 int gcd(int a , int b)。

（1）朴素算法的代码如程序 5.49 所示。

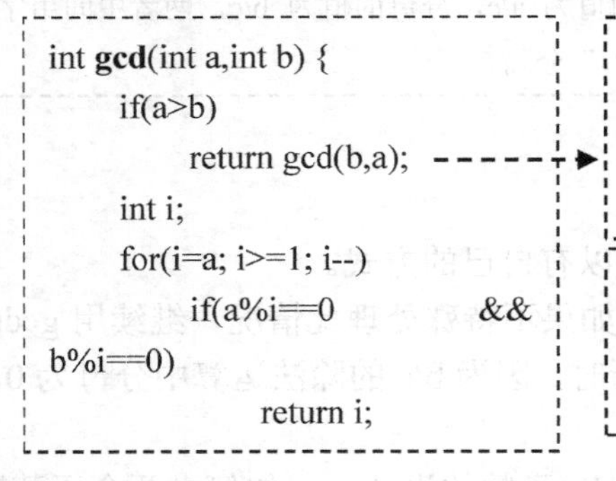

```
int gcd(int a,int b) {
    if(a>b)
        return gcd(b,a);
    int i;
    for(i=a; i>=1; i--)
        if(a%i==0          &&
b%i==0)
            return i;
```

当 a>b 时，巧妙地利用函数调用时参数的传递机制，实现将较小值作为函数的第 1 个参数，较大值作为函数的第 2 个参数。当然另一种做法是直接利用中间变量 t 交换 a、b 两个变量的值。

循环变量 i 从 a 开始，从大往小遍历，直到 1 为止，第一个满足能同时整除 a、b 的数 i，就是最大公约数。利用 return 语句，直接返回，循环自然也被终止了。

程序 5.49

（2）辗转相除法的代码如程序 5.50 所示。

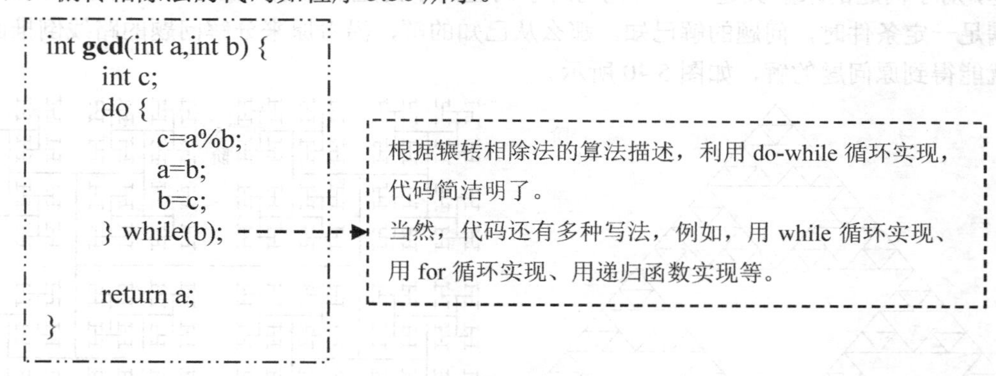

```
int gcd(int a,int b) {
    int c;
    do {
        c=a%b;
        a=b;
        b=c;
    } while(b);

    return a;
}
```


程序 5.50

比较程序 5.49 与程序 5.50 的求最大公约数的算法就会发现，当 a、b 分别为 30、42 时，辗转相除法循环只有 5 次，而朴素算法需要 24 次。事实上，可以证明辗转相除法的效率比朴素法高很多。

观察与观点：通过上面的几个实例不难得出，利用函数进行模块化程序设计，比把所有代码都写在主函数中，代码更加清晰，逻辑更加明了，代码可读性也大大提高。

5.8 函数的递归——自相似之美

首先，请观察图 5.37、图 5.38 和图 5.39，它们是由使用了递归函数的程序绘制的图案，思考这些图案有何共同特点。

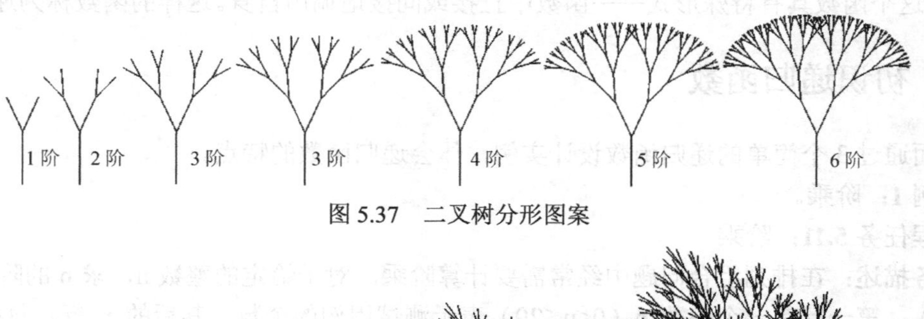

图 5.37 二叉树分形图案

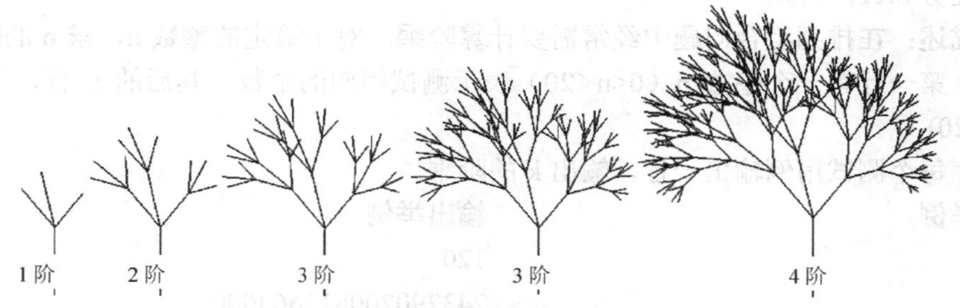

图 5.38 三叉树分形图案

不难看出，以上图形简单而优美，都具有“部分与整体以某种方式相似”的特性，即“自相似性”。具有自相似性的形体称为分形（Fractal）。

现实生活中有许多具有这类“自相似性”结构的事物，如套娃、文件目录、组织结构等。用程序设计的语言来说，就是“原问题与子问题具有相似性”，那么求解原问题就转变为求解子问题，对子问题的求解又进一步转化为对子问题的子问题的求解，直到当子问题小到一定规模或满足一定条件时，问题的解已知。那么从已知的解，沿着原来分解问题的路线倒推回去，最终就能得到原问题的解，如图 5.40 所示。

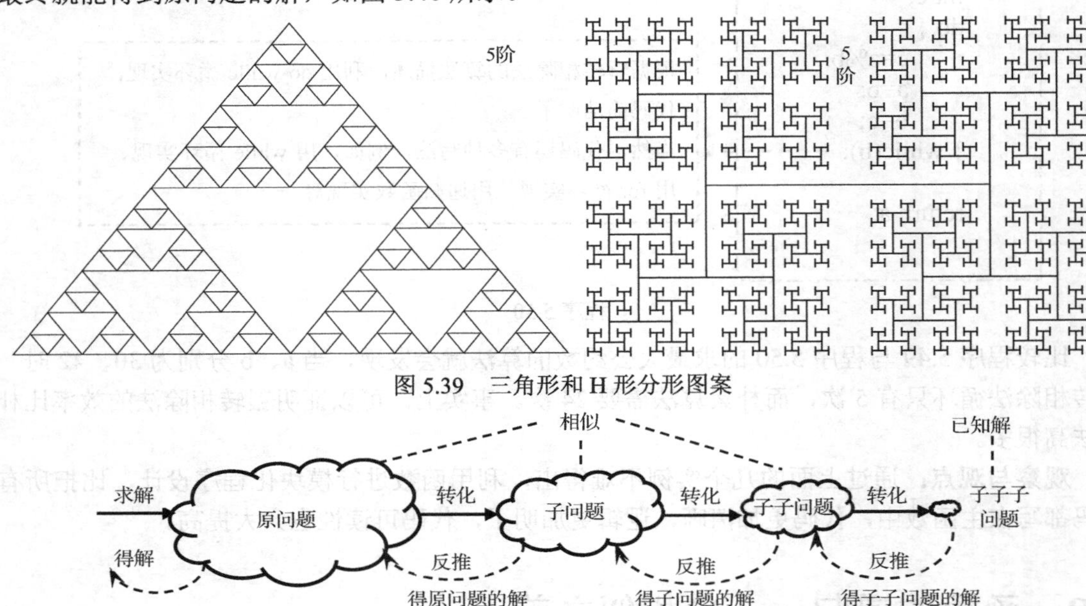

图 5.39　三角形和 H 形分形图案

图 5.40　具有“自相似”结构的问题求解一般过程示意图

在程序设计中，如果待求解的问题具有上述“自相似性”，并且当问题规模小到一定程度时问题的解是已知的时，可将原问题求解过程用“函数”表示，待求解问题的规模作为函数参数，那么这个函数具有特殊形式——函数中直接或间接地调用自身。这样的函数称为递归函数。

5.8.1　初识递归函数

下面通过 3 个简单的递归函数设计实例，体会递归函数的特点。

实例 1：阶乘。

编程任务 5.11：阶乘

任务描述：在排列组合问题中经常需要计算阶乘。对于给定的整数 n，求 n 的阶乘。

输入：第一行有一个整数 n（0<n≤20）表示测试用例的个数。其后的 n 行，每行一个整数 k(0<k≤20)

输出：每个测试用例输出一行，输出 k 的阶乘。

输入举例：	**输出举例**
2	120
5	2432902008176640000
20	

分析：关于阶乘结果的数据类型的选择。因为测试数据最大为 20！=2,432,902,008,176,640,000，这个结果远远超出了 int 型和 unsigned int 型数据的表范围。因此应该用 long long 型或 long long unsigned 型，这两个数据类型的最大取值分别为 9,223,372,036,854,775,807，18,446,744,073,709,551,615。

关于阶乘的计算。根据阶乘的计算公式有 n!=n×(n−1)×(n−2)×(n−3)×⋯×3×2×1。根据此公式，不难直接利用循环语句实现累乘即可得到阶乘。代码“阶乘的非递归实现”所示。

在此将重点展示如何利用递归实现阶乘。根据上述阶乘计算公式，可知：

n!=n×(n−1)!

(n−1)!=(n−1)×(n−2)!

(n−2)!=(n−2)×(n−3)!

……

1!=1

因此，可以定义阶乘的递归函数 fact(n)如图 5.41 所示。

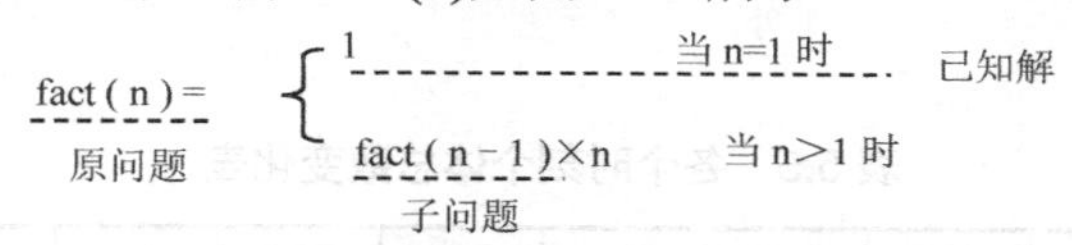

图 5.41　阶乘的“原问题—子问题结构”

上式中，原问题、子问题和已知解一目了然。那么根据以上求解此问题的递归分析，不难写出如下递归函数 long long fact(int n)，如程序 5.51 所示。

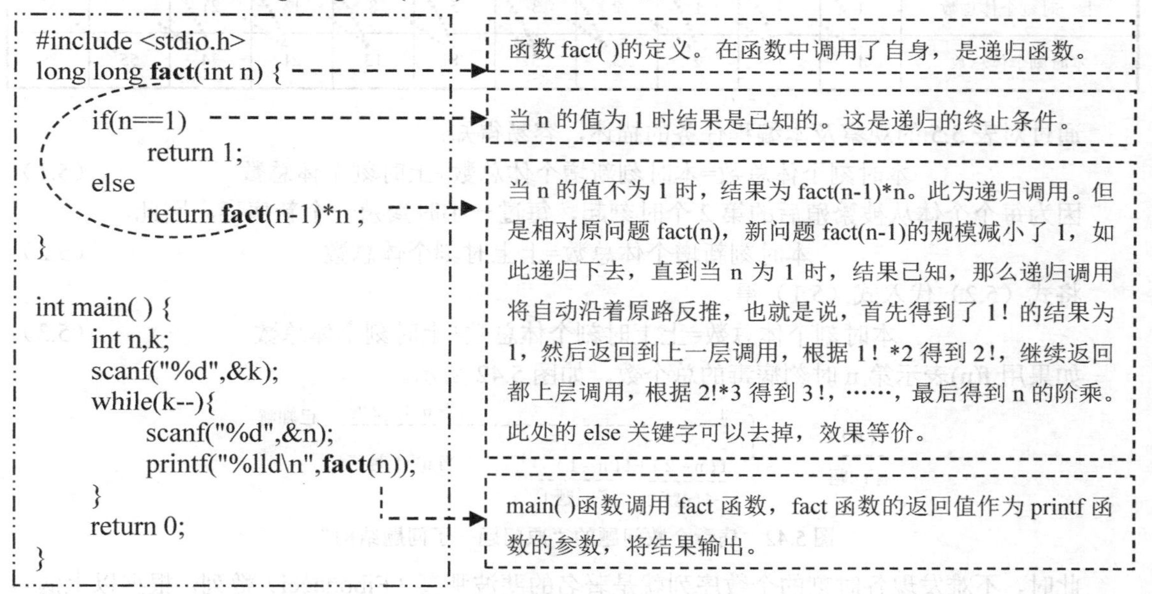

程序 5.51

当然，阶乘也可以不用递归，直接用循环实现，可参考“递归与非递归”中的相关内容。

实例 2：Fibonaci 数列。

编程任务 5.12：病毒繁殖（基础版）

任务描述：有一种病毒，一个病毒体从它被繁殖出来后的第 2 个小时起，每过 1 小时就能繁殖一个新病毒。从最初的 1 个病毒个体，过若干个小时后检查一次，请问此时病毒的总数量为多少。假设新老个体都没有死亡。

输入：第一行有一个整数 k，表示检查的次数，0<k≤100。其后的 k 个数据，每个数据表示为检查的时间时刻 n，0<n≤35，以小时为单位。

输出：每次检查结果输出一行，输出此时病毒总个数。

输入举例：	**输出举例：**
6	1
1	1
2	2
3	3
4	5
5	35
35	

分析：为了能够得到数量变化规律，首先，对前 11 个时刻病毒个体数量变化，如表 5.5 所示。

表 5.5 各个时刻个体总数变化表

时刻	第 1 小时	第 2 小时	第 3 小时	第 4 小时	第 5 小时	第 6 小时	第 7 小时	第 8 小时	第 9 小时	第 10 小时	第 11 小时
本时刻新增个体数			1	1	2	3	5	8	13	21	34
上一时刻个体总数	1	1	1	2	3	5	8	13	21	34	55
本时刻个体总数	1	1	2	3	5	8	13	21	34	55	89

通过对表 5.5 的观察及本编程任务的描述，容易得知：

本时刻个体总数=本时刻新增个体总数+上时刻个体总数　　　　(5.1)

因为每个个体从被繁殖后的第 2 个时刻起，每过一小时繁殖一个新病毒，因此，

本时刻新增个体总数=上上时刻个体总数　　　　(5.2)

将式（5.2）代入式（5.1）得：

本时刻个体总数=上上时刻个体总数+上时刻个体总数　　　　(5.3)

如果用 f(n)表示第 n 时刻病毒的总个数，如图 5.42 所示。

$$f(n)=\begin{cases}1 & \text{当 } n=1\text{、}2\text{ 时（已知解）}\\ f(n-2)+f(n-1) & \text{当 } n>1\text{ 时}\end{cases}$$

f(n)：原问题；f(n−2)：子问题 2；f(n−1)：子问题 1

图 5.42 病毒个数问题的“原问题—子问题结构”

此时，不难发现各时刻的个数序列就是著名的斐波那契（Fibonacci）数列。根据以上病毒个数“原问题与子问题结构”，不难写出该任务的递归函数 int f(int n)，该函数的功能是：求第 n 时刻细菌个数，返回值此个数，注意 n 的取值范围为[1,35]，如程序 5.52 所示。

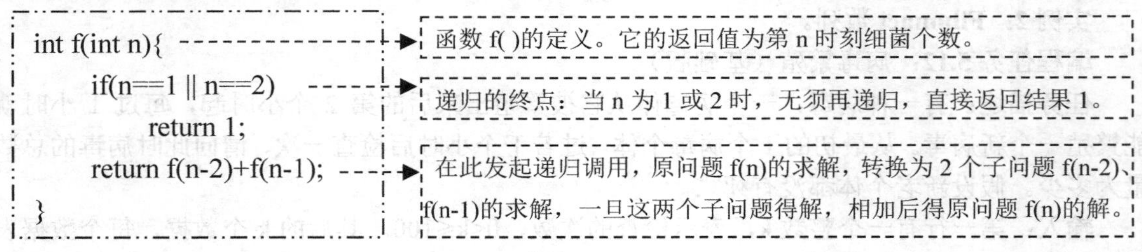

程序 5.52

本编程任务的主函数如程序 5.53 所示。

```c
#include <stdio.h>

int f(int n);

int main( ){
    int k,n;
    scanf("%d",&k);
    while(k--){
        scanf("%d",&n);
        printf("%d\n",f(n));
    }
    return 0;
}
```

这是函数 f( )的声明。f( )函数的定义代码如程序 5.53 所示，f( )函数定义的代码可以放在 main()函数之前或之后的位置。

利用这样的 while(k--){循环体}的形式，可以实现循环体被执行正好 k 次。也就是对每个测试用例循环一次。

在此，发起调用 f( )函数，实参值为变量 n 的值。此时 main( )函数是主调函数，f( )函数是被调函数。调用结束后 f(n)的值就是函数 f(n)的返回值，也就是第 n 时刻的细菌总个数。

程序 5.53

当然，对于“病毒繁殖（基础版）”这个编程任务来说，因为 n 的取值不超过 35，说明数据规模小，此时，可以采用一种取巧的方法——打表法。具体做法是事先将 1～35 的阶乘结果保存在数组中，这样每次求 n 的阶乘时，直接从数组的对应位置输出其结果即可，无须再计算。

实例 3：最大公约数。

对于前面的“编程任务——分式化简”中的求正整数 a、b 的最大公约数函数，也可以设计成递归函数。公式如图 5.43 所示：

gcd (a , b) =（原问题）
a 当b=0时 已知解
gcd (b , a%b) 当b≠0时（子问题）

图 5.43　最大公约数问题的“原问题—子问题结构”

根据以上分析，int gcd(int a , int b)函数的递归实现代码如程序 5.54 所示。

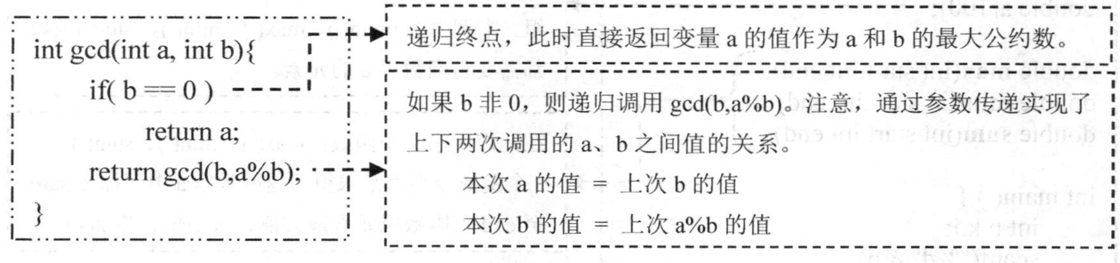

程序 5.54

需要说明的是，以上 3 个实例中的递归函数实现的功能都可以用非递归函数实现。这可参考“递归与非递归”中的相关内容。

5.8.2　递归函数设计的关键点

设计递归函数有两个关键点

（1）“递”：找到原问题与子问题之间的规律。原问题如何转换为规模更小的子问题，换而言之，由子问题的解如何得到原问题的解。

（2）“归”：即终止条件。为了防止“递而不归”的情况发生，在函数内部应当设置能终止递归调用的条件，也就是当问题小到一定规模时，问题的解已知，这也是递归的终点。

抓住递归函数设计两个关键点，我们就能发掘隐藏在问题中的“原问题—子问题结构”，递归函数也不难设计了。

编程任务 5.13： 简单统计

任务描述： 某次实验之后得到了很多组实验数据，现在需要统计每组实验数据中的最大值、最小值、平均值。

输入： 第一行包含一个整数 n（1≤n≤100），表示实验数据的组数（测试用例的个数）。每个测试用例的输入有两行，第一行包含一个整数 k（1≤k<100），表示这组实验中数据的个数。第二行包含 k 个实验数据（注意这些实验数据可能有小数点）。

输出： 每个测试用例的输出单独占一行，分别输出该组实验数据中的最大值、最小值、平均值，结果全部保留 2 位小数。

输入举例	**输出举例**
2	5.00 3.00 4.00
3	4.10 1.20 2.62
3 4 5	
5	
2.3 2.5 1.2 3.0 4.1	

分析： 对于以上问题，相信读者已经会用循环求解了。但在此，我们想展示如何挖掘出问题中的“递归”。

我们确定程序的逻辑主线，即 **main( )**函数的设计，把程序的主框架确定下来，如程序 5.55 所示。

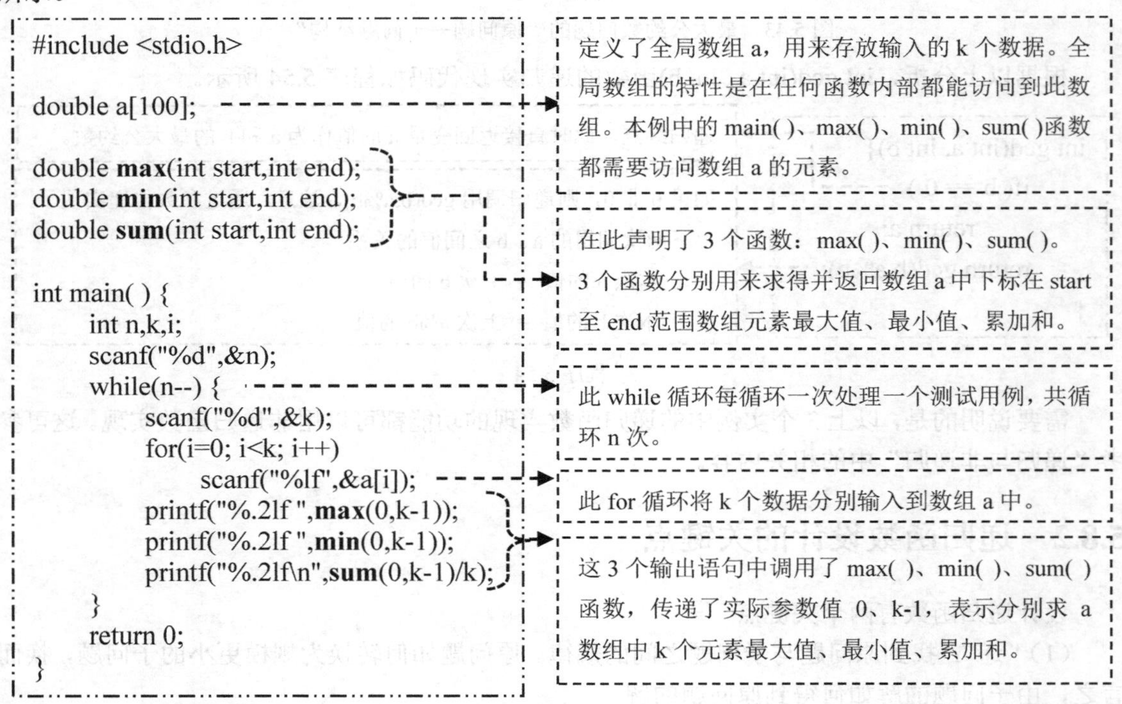

```
#include <stdio.h>

double a[100];

double max(int start,int end);
double min(int start,int end);
double sum(int start,int end);

int main( ) {
      int n,k,i;
      scanf("%d",&n);
      while(n--) {
            scanf("%d",&k);
            for(i=0; i<k; i++)
                  scanf("%lf",&a[i]);
            printf("%.2lf ",max(0,k-1));
            printf("%.2lf ",min(0,k-1));
            printf("%.2lf\n",sum(0,k-1)/k);
      }
      return 0;
}
```


程序 5.55

重点考虑 3 个函数：max( )、min( )、sum( )是否可以设计成递归函数。

答案是肯定的，并且有多种递归方案。下面分别阐述几种递归方案。

递归方案 1：

函数 max(start,end)的功能是：返回数组 a 中下标在 start 至 end 范围数组元素最大值。

“递”：将区间平分为左右两个区间后，得到两个子问题。取两个子问题解的最大值得原问题的解。左右两个子问题的解分别为 max(start,mid)与 max(mid+1,end)，其中，mid=(start+end)/2。

“归”：当区间长度为 1 时，直接返回此元素，1 个元素的最大值就是它本身。

因此，区间最大值问题的“原问题—子问题结构”如图 5.44 所示。

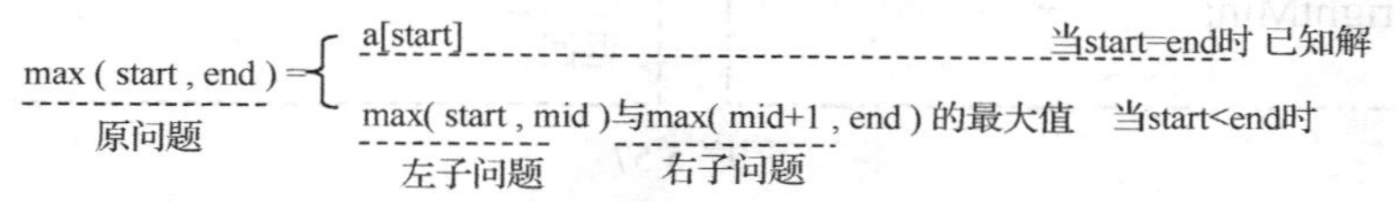

图 5.44　区间最大值问题的“原问题—子问题结构”（1）

例如，当 k=8 时，原问题与子问题之间的关系如图 5.45 所示。

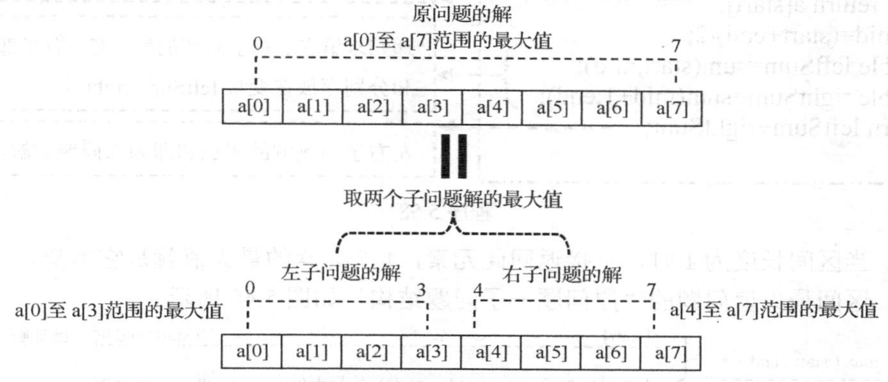

图 5.45　区间最大值问题的“原问题—子问题结构”（1）举例

根据以上分析，容易写出 max( )函数的递归实现，如程序 5.56 所示。

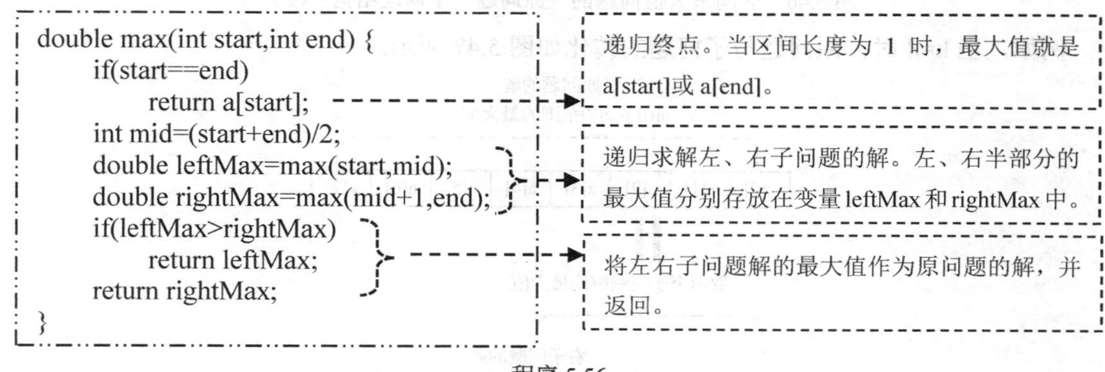

```
double max(int start,int end) {
    if(start==end)
        return a[start];
    int mid=(start+end)/2;
    double leftMax=max(start,mid);
    double rightMax=max(mid+1,end);
    if(leftMax>rightMax)
        return leftMax;
    return rightMax;
}
```


程序 5.56

同理，得 min( )与 sum( )函数的递归实现，如程序 5.57 和程序 5.58 所示。

递归方案 2：

函数 max(start,end)的功能是：返回数组 a 中下标在 start 至 end 范围数组元素最大值。

“递”：将区间分为左右两个区间后，得到两个子问题。取两个子问题解的最大值得原问题的解。左边区间长度为 1，右边区间长度为 k−1。此时，左子问题的解已知，为 a[start]；右子问题的解为 max(start+1,end)。

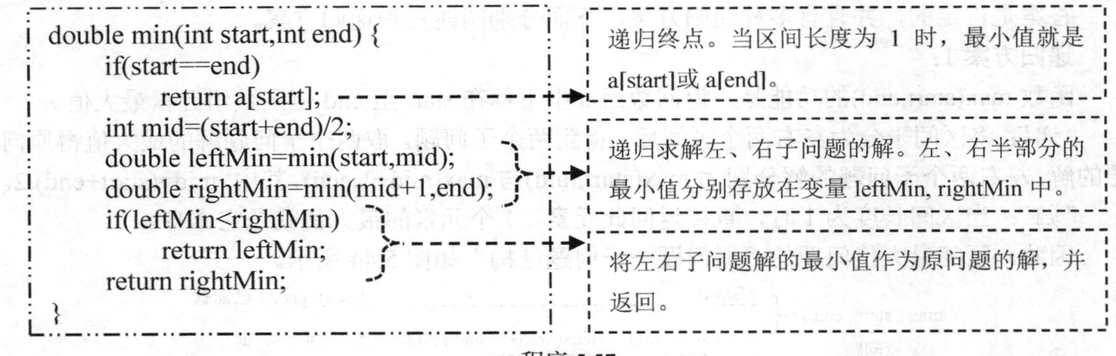

```
double min(int start,int end) {
    if(start==end)
        return a[start];
    int mid=(start+end)/2;
    double leftMin=min(start,mid);
    double rightMin=min(mid+1,end);
    if(leftMin<rightMin)
        return leftMin;
    return rightMin;
}
```

递归终点。当区间长度为 1 时，最小值就是 a[start]或 a[end]。

递归求解左、右子问题的解。左、右半部分的最小值分别存放在变量 leftMin, rightMin 中。

将左右子问题解的最小值作为原问题的解，并返回。

程序 5.57

```
double sum(int start,int end) {
    if(start==end)
        return a[start];
    int mid=(start+end)/2;
    double leftSum=sum(start,mid);
    double rightSum=sum(mid+1,end);
    return leftSum+rightSum;
}
```

递归终点。当区间长度为 1 时，累加和就是 a[start]或 a[end]。

递归求解左、右子问题的解。左、右半部分的累加和分别存放在变量 leftSum, right 中。

左右子问题解的累加和即为原问题的解，并返回。

程序 5.58

“归”：当区间长度为 1 时，直接返回此元素，1 个元素的最大值就是它本身。

此时，区间最大值问题的“原问题—子问题结构”如图 5.46 所示。

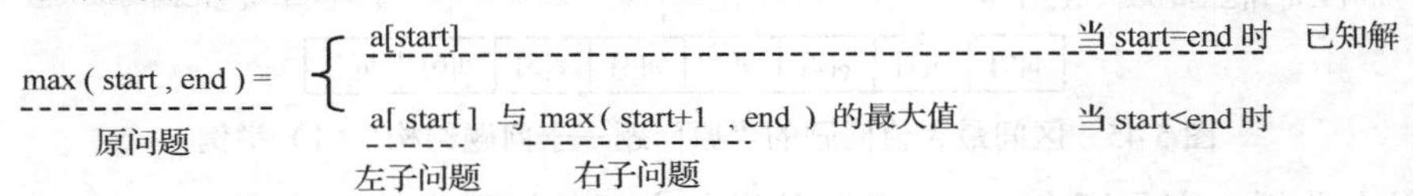

图 5.46　区间最大值问题的“原问题—子问题结构”（2）

例如，当 k=8 时，原问题与子问题的转化如图 5.47 所示。

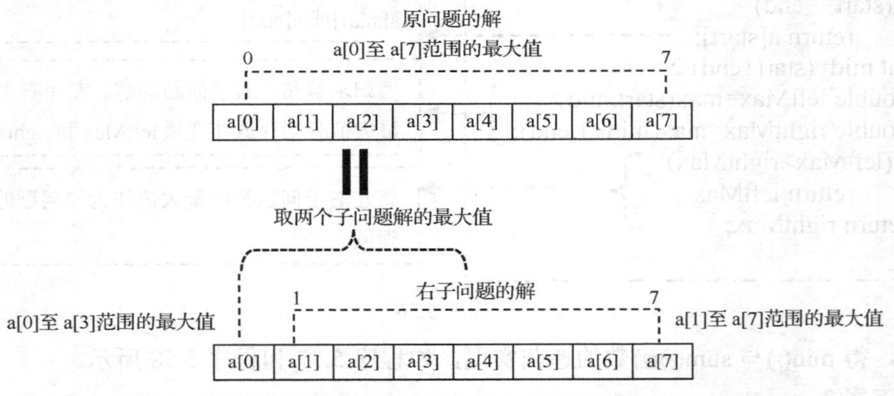

图 5.47　区间最大值问题的“原问题—子问题结构”（2）举例

根据以上分析，容易写出 max( )函数的递归实现，如程序 5.59 所示。

同理，得 min( )与 sum( )函数的递归实现，如程序 5.60 所示。

递归方案 3：左右子问题的区间长度与递归方案正好相反，其递归结构如图 5.48 所示。

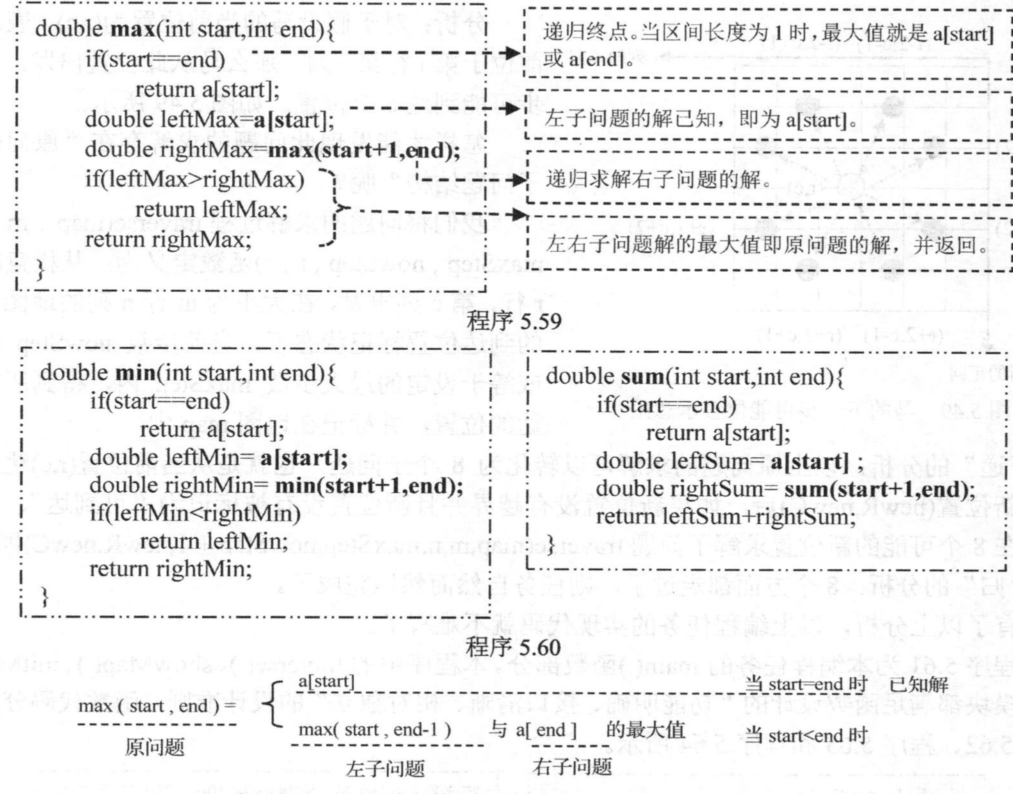

程序 5.59

程序 5.60

图 5.48 区间最大值问题的“原问题—子问题结构”

此方案的实现代码留给读者自己完成。

编程任务 5.14：铁骑踏遍

任务描述：骑兵在冷兵器时代是机动性最好的战斗群，具有极大的威胁力和战斗力。古代的骑士骁勇善战、纵横四方，所到之处如秋风扫落叶，荡涤战场。中国象棋和国际象棋中的马就是骑士与战马的化身。现以中国象棋为例，给定一个 m*n 棋盘大小，给定“马”所在的初始位置(r,c)。将棋盘看成二维数组，位置用（行号，列号）表示。请输出“马”在 k 步以内能覆盖棋盘上的哪些点。当然，作为常识，中国象棋“马”的走法规则为“日”字形格的对角。

输入：第一行一个小于 10 的正整数，表示测试用例的个数。

每个测试用例的输入有一行，包括 m、n、r、c、k。

输出：输出 m*n 棋盘中点的覆盖情况。能在 k 步内到达的点用@表示，否则用#表示。每个测试用例之后，输出一个空行。

输入举例：	**输出举例：**	
3	@@@	@#@#@
3 3 0 0 8	@#@	##@@#
3 3 1 1 9	@@@	@@##@
5 5 0 0 2		#@#@#
	###	@#@##
	#@#	
	###	

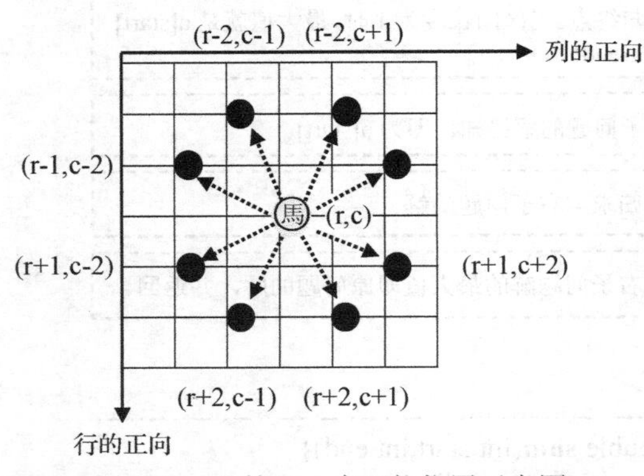

图 5.49　马的下一步可能位置示意图

分析：对于假设马的当前位置为(r,c)，表示当前位于第 i 行第 j 列，那么马从此位置出发，下一步可能到达 8 个位置，如图 5.49 所示。

怎样才能发现此问题的求解存在“原问题—子问题结构”呢？

我们将问题的求解过程 traverse(map , m , n , maxStep , nowStep , r , c)函数定义为：从棋盘的第 r 行，第 c 列出发，在大小为 m 行 n 列的地图 map 的到达位置标记状态下，当前步数 nowStep 小于或等于设定的最大步数 maxStep 内，得到所能到达的位置，并标记在地图 map 中。

“递”的分析：以上原问题的求解可以转化为 8 个子问题，也就是从当前位置(r,c)跳到下一个新位置(newR,newC)后，如果新位置没有越界并且新位置没有被标记为“可到达”，那么只需在 8 个可能的新位置求解子问题 traverse(map,m,n,maxStep,nowStep + 1,newR,newC)即可。

“归”的分析：8 个方面都走过了，则任务自然而然地完成了。

有了以上分析，以上编程任务的实现代码就不难写了。

程序 5.61 为本编程任务的 main( )函数部分。本程序中的 traverse( )、showMap( )、initMap( )功能模块都满足函数设计的“功能明确、接口清晰、相对独立”的设计准则，函数代码分别如程序 5.62、程序 5.63 和程序 5.64 所示。

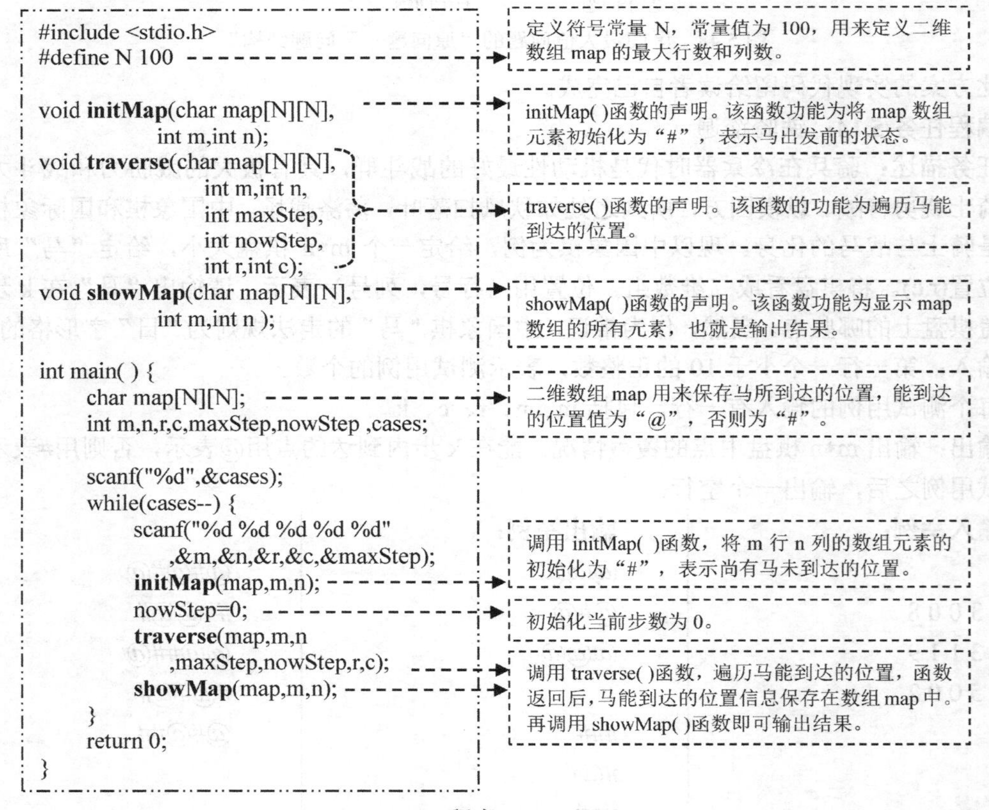

```
#include <stdio.h>
#define N 100

void initMap(char map[N][N],
            int m,int n);
void traverse(char map[N][N],
              int m,int n,
              int maxStep,
              int nowStep,
              int r,int c);
void showMap(char map[N][N],
            int m,int n );

int main( ) {
    char map[N][N];
    int m,n,r,c,maxStep,nowStep ,cases;
    scanf("%d",&cases);
    while(cases--) {
        scanf("%d %d %d %d %d"
            ,&m,&n,&r,&c,&maxStep);
        initMap(map,m,n);
        nowStep=0;
        traverse(map,m,n
            ,maxStep,nowStep,r,c);
        showMap(map,m,n);
    }
    return 0;
}
```


程序 5.61

```
void initMap(char map[N][N],
             int m,int n) {
    int i,j;
    for(i=0; i<m; i++)
        for(j=0; j<n; j++)
            map[i][j]='#';
}
```

此为 initMap( )函数的定义。

本函数的功能是实现对数组 a 的前 m 行 n 列进行初始化，每个元素初始化为字符“#”，表示尚未被马走过。

此函数必须在 traverse( )函数之前被调用。

程序 5.62

程序 5.62 中的 traverse( )函数为递归函数，用来完成马所能到达位置的遍历。

```
int delta[8][2]= {
    {-2,+1},{-1,+2},{+1,+2},{+2,+1},
    {+2,-1},{+1,-2},{-1,-2},{-2,-1}
}; //8 个位置按从右上角元素开始，逆时针顺序遍历

void traverse(char map[N][N],
              int m,int n,
              int maxStep,
              int nowStep,
              int r,int c) {
    int i,newR,newC;

    map[r][c]='@';

    for(i=0; i<8; i++) {
        newR=r+delta[i][0];
        newC=c+delta[i][1];
        if(newR>=0 && newR<m
            && newC>=0 && newC<n
            && map[newR][newC]=='#'
            && nowStep<maxStep) {
            traverse(map,m,n,maxStep
                    ,nowStep+1,newR,newC);
        }
    }
}
```

定义了全局变量 delta，它是二维数组，delta[i][0]和delta[i][1]分别存储了从当前位置下一步到达8个可能位置中的第1个位置的行向增量和列向增量。这个数组起到“行向列向增量表”的效果，对它只读不写。这个数组仅被travese( )函数利用。因此，代码位置上靠近它，便于理解。

首先将第 r 行第 j 列的 map 元素修改为“能到达”状态值。

下一步分别尝试跳到 8 个可能位置。

从当前位置(r,c),获得增量后得到表示下一步位置的(newR,newC)。

在真正跳到下一步位置(newR,newC)前，先判断新位置没有越界并且没有被标记为“@”，即没有走到过此位置。

递归调用，在新位置求解子问题。注意此处的第 5 个实际参数为“nowStep+1”，在此它的用法非常精妙。

程序 5.63

特别说明：对于递归调用中第 5 个实际参数为“nowStep+1”，有如下作用。

在当前同一位置(r,c)出发，当前步数为 step，那么跳到 8 个可能的新位置(newR,newC)时，站在新位置(newR,newC)的角度观察，此时的 nowStep 的步数为原出发点的 nowStep 步数增加 1。因为 nowStep 是局部变量，在递归调用子问题时，nowStep 变量将被保存在“栈”中，当子问题函数返回后，将恢复原来的值。这正是我们想要的效果。

编程任务 5.15：汉诺塔（输出移动过程版）

任务描述：汉诺塔（又称河内塔，参见百度百科）问题是源于印度一个古老传说的益智

玩具。大梵天创造世界时做了 3 根金刚石柱子，在一根柱子上从下往上按照大小顺序摞着 64 片黄金圆盘。大梵天命令婆罗门把圆盘从下面开始按大小顺序重新摆放在另一根柱子上，不分白天黑夜地移动盘子。规则是在小圆盘上不能放大圆盘，在 3 根柱子之间一次只能移动一个圆盘。大梵天预言，当 64 片盘子都移动到另一个柱子上时，世界就将在一声霹雳中毁灭。

```
void showMap(char map[N][N],
             int m,int n) {
    int i,j;
    for(i=0; i<m; i++) {
        for(j=0; j<n; j++)
            printf("%c",map[i][j]);
        printf("\n");
    }
    printf("\n");
}
```

此为 ShowMap( )函数的定义。
实现对数组 map 按 m 行 n 列逐个字符输出，得到本编程任务的最终结果。
此函数在 traverse( )函数之后被调用，用来输出结果。

程序 5.64

有趣的是，这个预言并非空穴来风，因为容易证明，n 个圆盘移动到另一个柱子上需要移动 2 的 n 次方-1。当 n 为 64 时，2 的 64 次方-1 等于 18446744073709551615。即使每秒移动一次，也需要 5845.54 亿年，而地球存在至今不过 45 亿年，太阳系的预期寿命也只有数百亿年。

现在规定 3 根柱子编号分别为 A、B、C。初始时，有 n 片圆盘在 A 柱上，从上到下圆盘编号分别为 1,2,⋯,n。目标是将这 n 片圆盘按上述规则移到 C 柱上，请输出每步的移动过程。

以 n=3 为例，图 5.50 展示了每步移动动作和 A、B、C 3 根柱子的状态。

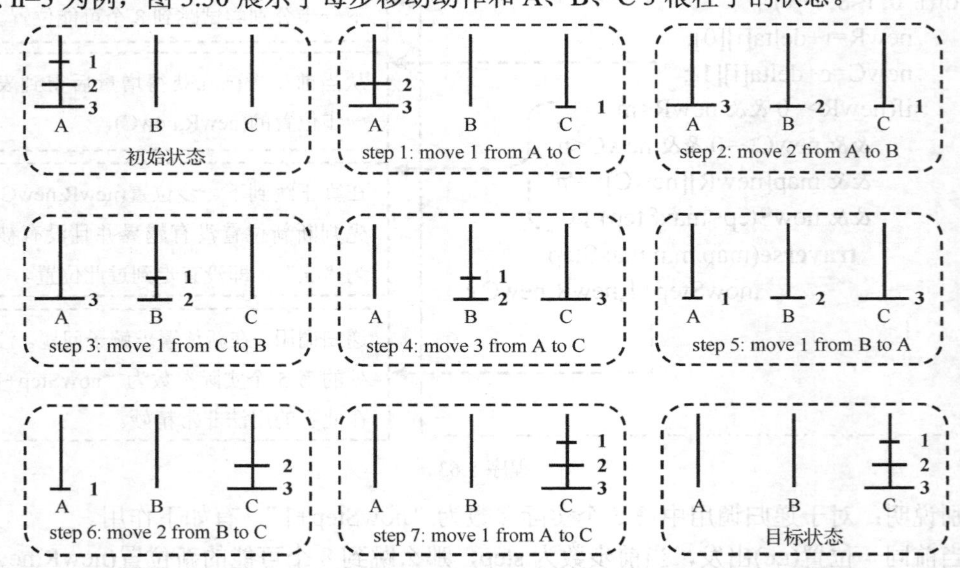

图 5.50　3 片圆盘时汉诺塔移动过程示意图

输入：一个整数 n，0<n<20。

输出：移动过程，格式如输出举例所示。

输入举例：

3

输出举例：

step 1: move 1 from A to C

step 2: move 2 from A to B

step 3: move 1 from C to B

step 4: move 3 from A to C

step 5: move 1 from B to A

step 6: move 2 from B to C

step 7: move 1 from A to C

分析：定义函数 hanoi(n, from, mid, to)的功能是：将 from 柱上 n 个圆盘（编号为 1～n）借助 mid 柱，移动到 to 柱上，输出其移动过程。

我们先通过具体的例子来获得问题求解过程的感性认识。以 n=3 为例，那么 hanoi(3,'A','B','C')表示：将 A 柱上 3 个圆盘（编号为 1～3）借助 B 柱，移动到 C 柱上，输出其移动过程。

如图 5.51 所示，此为 n=3 时汉诺塔的初始态和目标态。为了到达目标态，我们将原问题 hanoi(3,'A','B','C')先转化为 hanoi(2,'A','C','B')，也就是说将原问题中 A 柱上的 1～2 号圆盘移动到 B 柱，得到中间态 1，然后通过一次移动，即将 A 柱最大圆盘（3 号圆盘）移动到 C 柱，得到中间态 2。那么从中间态 2 到目标态的过程就是 hanoi(2,'B','A','C')。

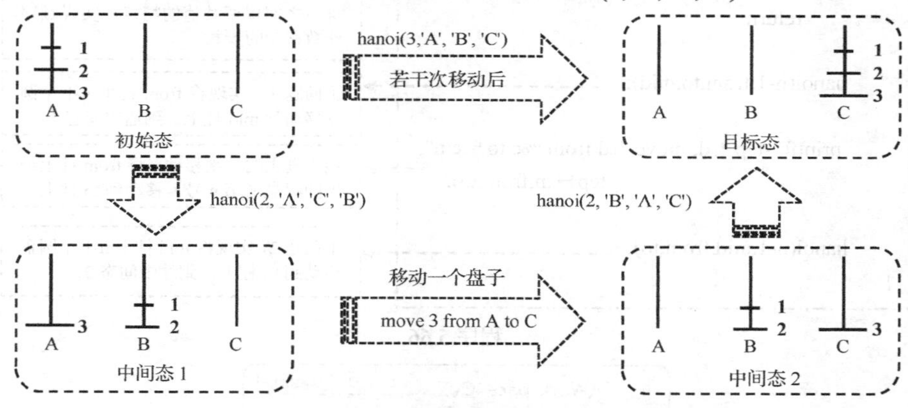

图 5.51　3 片圆盘时汉诺塔移动过程与 hanoi( )函数表示

一般来说，对于问题 hanoi(n, from, mid, to)，“递”与“归”的分析如下。

“递”：原问题与子问题的转化关系如图 5.52 所示。

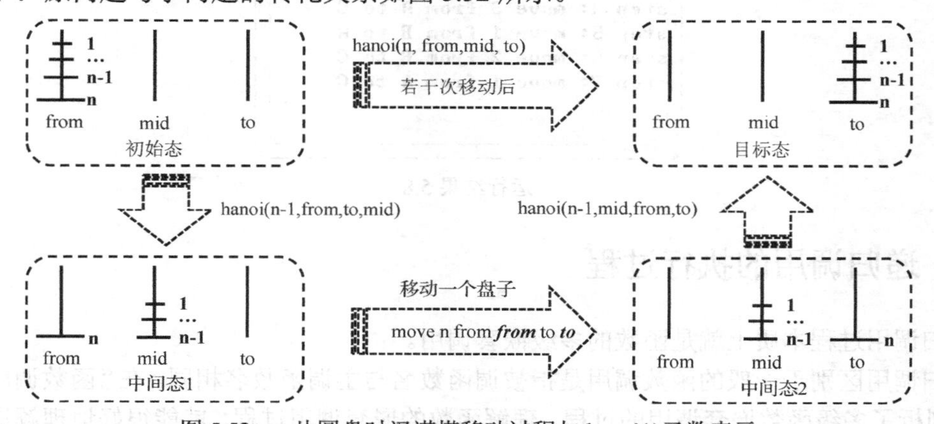

图 5.52　n 片圆盘时汉诺塔移动过程与 hanoi( )函数表示

“归”：当 n=0 时，无须任何动作，即得解。

根据以上分析，汉诺塔的递归程序代码如程序 5.65 和程序 5.66 所示。输入 3 的结果如运行结果 5.8 所示。

```c
#include <stdio.h>
void hanoi(int n,char from,char mid,char to);
int main() {
    int n;
    scanf("%d",&n);
    hanoi(n,'A','B','C');
    return 0;
}
```

这是 hanoi( )函数的声明，其调用点在 main()函数中，hanoi( )函数的定义在 main( )函数之后。

此处调用函数 hanoi(n,'A','B','C'),表示将 A 柱上 3 个圆盘（编号为 1～3）借助 B 柱，移动到 C 柱上，输出其移动过程。

程序 5.65

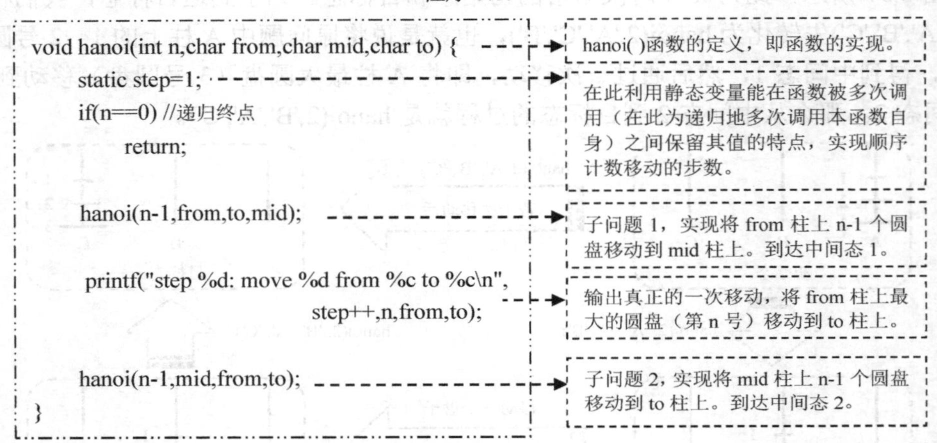

程序 5.66

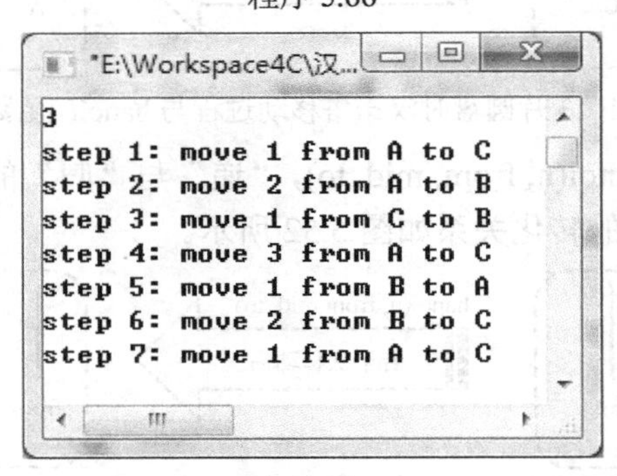

运行结果 5.8

5.8.3 递归调用的执行过程

递归调用过程本质上就是函数的多级嵌套调用。

递归调用区别于一般的函数调用是指被调函数名与主调函数名相同。在“函数调用过程详解”中剖析了多级函数嵌套调用的过程。理解函数的嵌套调用过程，就能很好地理解递归函数的执行过程。

递归函数执行时会反复调用其自身，调用函数去调用被调用函数，被调用函数又去调用被调用函数，如此反复，而这里的调用函数和被调用函数就是同一个函数。每调用一次就进入到新的一层，如此“递进”下去。当然不能这样无休止地进行下去，当终止条件满足时就结束本次递归调用，返回上一层，实现“归返”，此过程中“递进”与“归返”可能交替进行，最后返回到顶层，结束整个递归调用。

由此可知，递归的执行过程“递进”和“归回”以不同的次序出现时，实际执行路径呈“树”状。在此过程中，调用栈的维护是自动进行的。也就是说，调用现场的保存（局部变量进栈）和返回后调用现场的恢复（局部变量出栈）是自动进行的。但是作为程序设计者应该非常清楚递归函数的执行过程。

以编程任务中的阶乘fact分析。当m为4时，目标是求4!，那么在main( )函数中调用fact(4)函数。而fact(4)的计算需要得到fact(3)的值再乘以4，在没有乘4以前先调用fact(3)。调用fact(3)函数，更进一层，要调用fact(2)函数再乘以3，在没有乘3以前就调用fact(2)。要调用fact(2)函数，需要fact(1)乘以2，调用fact(1)函数，显然此时到达递归终点，结果1的阶乘为1。获得了1的阶乘结果后，乘以2，得到fact(2)的值；接着返回上一层，再乘以3得到fact(3)的值……，最终得到fact(4)的值，即4!等于24。其调用过程如图5.53所示。

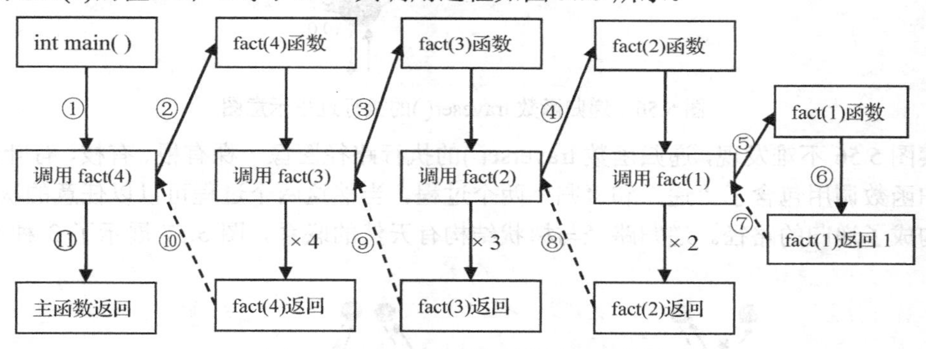

图5.53　fact(4)的函数调用过程示意图

我们将图5.53中的每次函数调用用一个节点表示，那么函数间的调用关系可以简化，如图5.54所示。

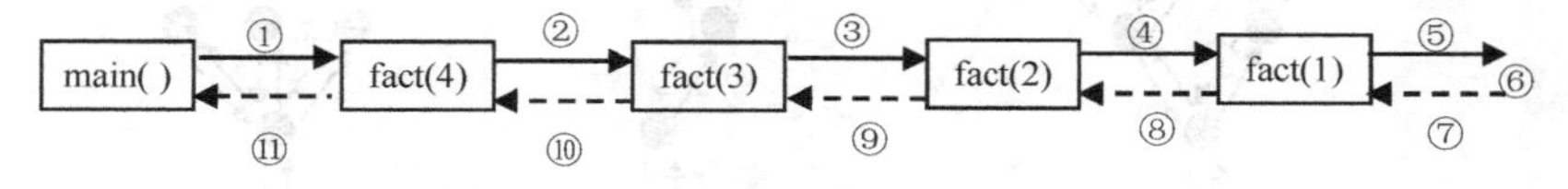

图5.54　fact(4)的函数调用过程简图

从图5.54可以看出，以上递归调用过程的特点是，一直“递进”到底，然后一直“归返”到顶。递归的路径就是“一条道”，直去直回，看不出递归路径像“树”状。其实，这也是“树”状的特殊情况——只有主干，没有枝叶。当然递归调用的路径并非总是这样的。下面展示一种“递进”与“归返”交替，递归路径呈现分叉的树状。

在“编程任务——铁骑踏遍”中，当输入数据为第3个测试用例时，所能到达的位置和搜索的顺序，也就是递归时遍历所有可能到达位置的顺序，如图5.55所示。

那么递归函数traveser( )此时的执行路径如图5.56所示。图中的实线表示“递进”，虚线表示“归返”。

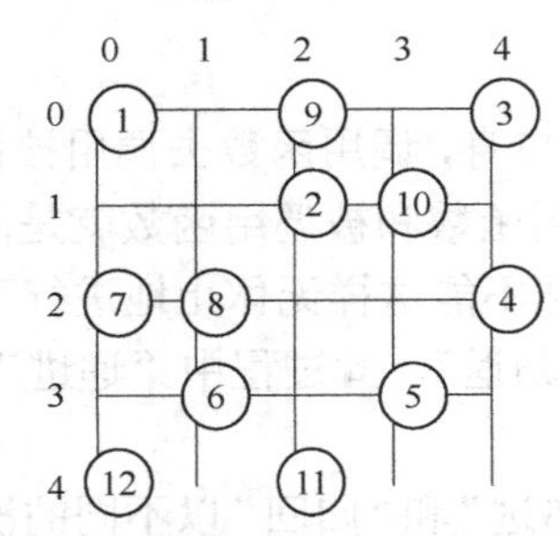

图 5.55　马能到达的位置和搜索顺序示意图

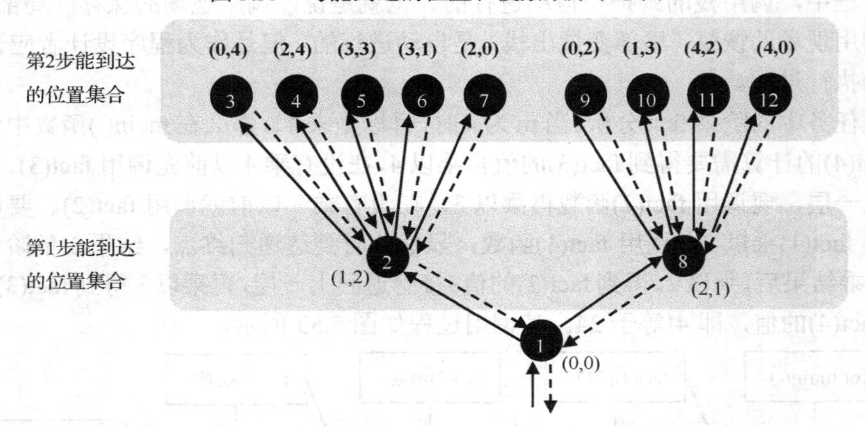

图 5.56　递归函数 traveser( )的执行过程示意图

观察图 5.56 不难发现，递归函数 traverse( )的执行路径图像一棵有根、有枝、有叶的"树"。

递归函数调用包含了"递"和"归"两个过程。当然这两个过程可以以任意的次序进行。这样就构成了递归的路径。递归路径与树状结构有天然的联系。图 5.57 展示了 3 种不同递归路径。

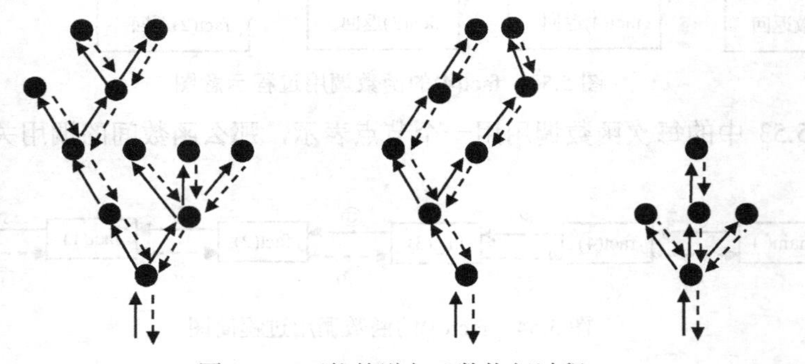

图 5.57　可能的递归函数执行过程

更进一步来说，递归与深度优先搜索、回溯有天然的联系，对此有兴趣的读者可以参考相关算法设计的书籍。

5.8.4　二分法与递归

"二分法"的思想是将原问题分解为两个子问题后再求解，当子问题的规模足够小时，问题的解是已知的。因为二分法能将原问题规模 n，以 2 为底的对数的速度下降，子问题的规模在 $\log_2 n$ 次分解后将变为 1。通常此时子问题的解是已知的。

例如，原问题的规模 n=1024，假定每次将原问题规模平分，那么只要经过 10 次平分，子问题的规模就变为了 1。

下面通过实例来说明二分法的运用。

编程任务 5.16：找图书

任务描述：如果在杂乱无章又浩如烟海的书库中查找自己想要的那本书，其难度不亚于大海捞针。值得庆幸的是，某书库的书不是乱七八糟摆放的，而是按照书的编号（也就是每本书有一个唯一整数编号）顺序摆放的。书库为了提供服务质量，委托了你开发图书查询系统，要求开发的系统提供查询服务具有最短平均响应时间。在此假定，读者查询每一本的概率都是相等的，如果书不存在，也要求尽可能快地得到结果。

输入：第一行一个整数 n，表示书库中书的总本数，0<n≤100 000 000。其后 n 个按升序排列的正整数，每个编号代表一本书。接下来的一行包含一个整数 k，表示读者的查询次数，0<k<10000。此后的 k 行，每行一个整数，表示读者查询的书号，书号取值范围$[1, 10^{19}]$。

输出：输出每次查询的结果，如果书号存在，再输出该书号对应的顺序号（顺序号是从 0 开始的），如果没有则输出-1。

输入举例：

```
10
2 3 7 100 168 2018 3125 5196 712513 1234567890123
4
100
101
1234567890123
2018
```

输出举例：

```
3
-1
9
5
```

分析：我们将问题简化为：给定按升序排列的 n 本书的书号，将它存储在数组中，给定读者需要查找的书号，在数组中查找，如果有此书输出其对应数组下标，否则输出-1。要求平均查找速度尽可能快，也就是平均查找次数尽可能小。

应该按照何种策略找书才能满足此需求呢？

最容易想到的方法是从头到尾比对数组元素与待查找的书号是否相同，相同则输出对应的数组下标，并且不再继续查找（因为书号唯一），如果将数组元素全部比对完毕都没有与此书号相同的元素出现，则输出-1。

对此查找任务，显然有“功能明确，边界清晰，相对独立，方便重用”的特点，因此可以设计成函数。

函数原型：int findBkNum(int start,int end , long long unsigned bkNum)。

函数功能：前提条件是在全局数组 bn 中已经存储了按升序排列的书号。本函数实现在数组 bn 的下标从 start 至 end 区间内查找指定的书号 bkNum 是否存在，如果存在则返回该书号对应的数组下标，如果不存在，则返回-1。

显然，我们最终的目标是要在 bn 数组的下标 0 至 n-1 区间内查找 bkNum，因此，只需调用 findBkNum(0,n-1,bkNum)即可，代码如程序 5.67 所示。

实现 findBkNum(start, end, bkNum)函数的功能有多种方法。

方法 1：顺序查找算法。也就是从书号数组 bn 中，下标范围为[start,end]中逐个与待查找的书号 bkNum 比较，如果某个下标对应的元素相等，在此假设为 bn[i]==bkNum，那么返回 i，如果在整个范围内找不到，则返回-1。这个过程也可以设计成非递归函数，为了与上述递归函数进行对比，此函数的原型和功能与递归函数完全一致，仅是函数的具体实现不同，也就是函数体不同。**findBkNum( )**函数代码如程序 5.68 所示。

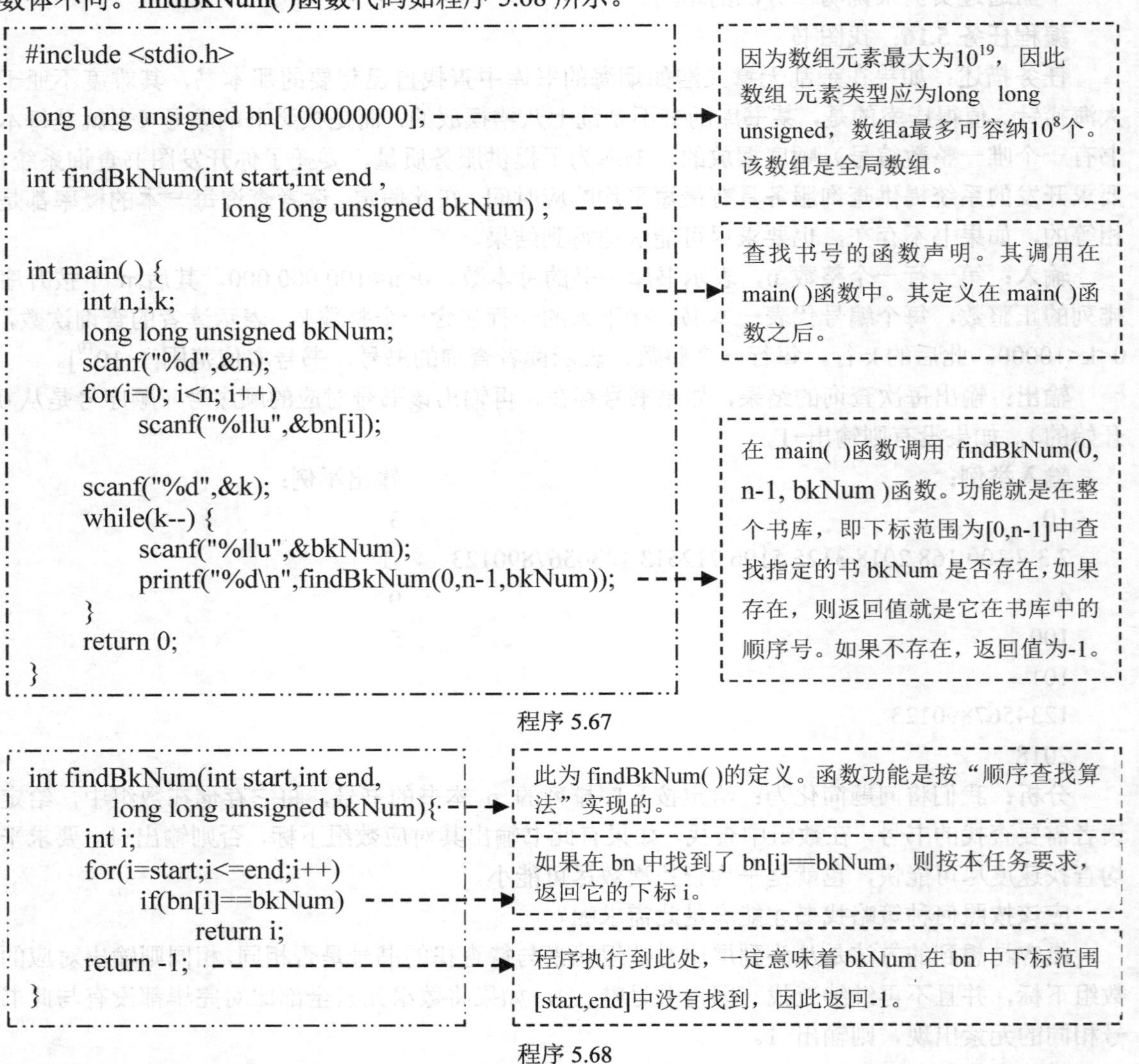

```
#include <stdio.h>

long long unsigned bn[100000000];

int findBkNum(int start,int end ,
              long long unsigned bkNum) ;

int main( ) {
    int n,i,k;
    long long unsigned bkNum;
    scanf("%d",&n);
    for(i=0; i<n; i++)
        scanf("%llu",&bn[i]);

    scanf("%d",&k);
    while(k--) {
        scanf("%llu",&bkNum);
        printf("%d\n",findBkNum(0,n-1,bkNum));
    }
    return 0;
}
```


程序 5.67

```
int findBkNum(int start,int end,
      long long unsigned bkNum){
    int i;
    for(i=start;i<=end;i++)
        if(bn[i]==bkNum)
            return i;
    return -1;
}
```

此为 findBkNum( )的定义。函数功能是按“顺序查找算法”实现的。

如果在 bn 中找到了 bn[i]==bkNum，则按本任务要求，返回它的下标 i。

程序执行到此处，一定意味着 bkNum 在 bn 中下标范围[start,end]中没有找到，因此返回-1。

程序 5.68

程序运行结果如运行结果 5.9 所示。

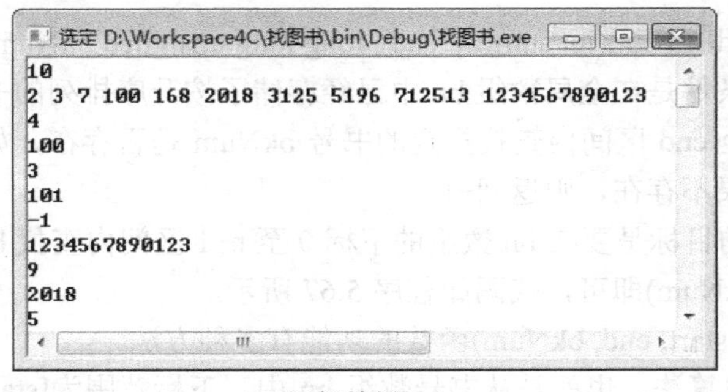

运行结果 5.9

以上方法存在查找效率低下的问题。

假设，n 个数字中，每个数字被查找的概率相等，均为 $1/n$，那么：

每个元素被查找到平均需要比对次数

=找到每个数字的比较次数×该数字被查找的概率

$$=1\times\frac{1}{n}+2\times\frac{1}{n}+3\times\frac{1}{n}+\cdots+n\times\frac{1}{n}$$

$$=(1+2+\cdots+n)\times\frac{1}{n}$$

$$=\frac{(1+n)\times n}{2}\times\frac{1}{n}=\frac{n+1}{2}\approx\frac{n}{2}$$

也就是说平均查找次数为 $n/2$，如果 n 为 10^8，即 10 亿，那么查找每个元素平均需要 5 亿次比对，这个效率相当低，这意味着一次查询，需要漫长的等待时间才有结果，读者（用户）使用此查询系统的体验极差。何况现在已经是大数据时代，数据量以 P 为单位计数（$1P\approx10^{15}$），按上述算法，即使使用超级计算机，查找一个数据所需时间要以“年”计，完全不能接受。

当然，以上算法可以改进为：因为书号是升序排列的，如果 bn[i]>bkNum，表示书号为 bkNum 的书在下标范围[start,end]中肯定不存在，因此可立即返回-1。实现代码留作课后练习。但是按此方法改进后的算法效率仍然低于下述的二分法。

方法 2：二分法查找。

思路分析：

（1）“递”：原问题为 findBkNum(start, end, bkNum)。因为待查找的数组 bn 中的元素是有序的，那么原问题是在区间[start , end]内查找 bkNum，可以转换为，首先比较 bnNum 与区间中点 mid=(start+end)/2 对应的元素 bn[mid]是否相等，如果是，则找到了，返回 mid，原问题得解。如果 bnNum<bn[mid]，那么可以将右半查找区间撇开，从而转换为左子问题，其查找区间比原问题缩小一半，此时左子问题只需在区间[start , mid-1]中继续查找。同理，如果 bnNum > bn[mid]，那么可以将左半查找区间撇开，从而转化为右子问题，其查找区间比原问题缩小一半，此时右子问题只需在区间[mid+1, end]中继续查找。

（2）“归”：当区间长度小于 0 时，表示区间中没有元素，此时对于任意给出的 bkNum，一定是找不到的，也就是说，结果肯定返回-1。

根据以上分析，不难得到以下“原问题—子问题结构”，如图 5.58 所示。

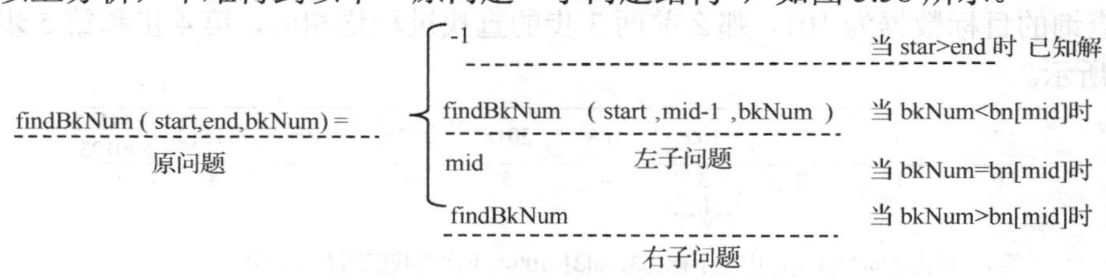

图 5.58 查找图书问题的“原问题—子问题结构”

以下为利用递归函数实现的二分查找算法的代码，如程序 5.69 所示。

图 5.59 至图 5.64 展示了以“输入举例”数据为例，查找目标数据 100 所在位置的过程。

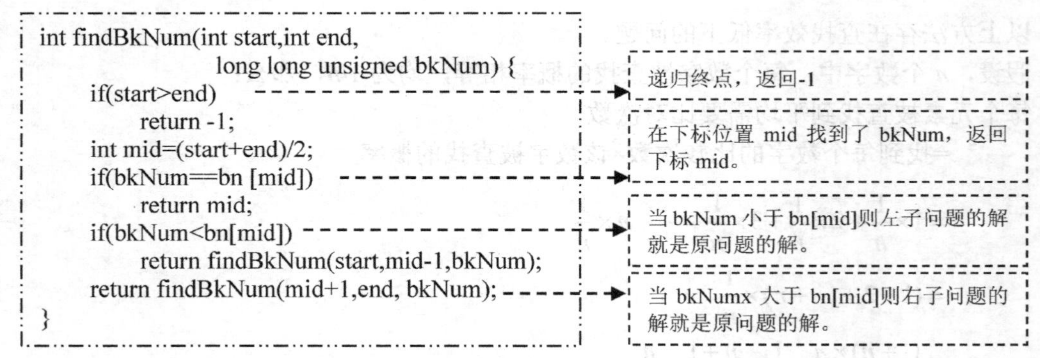

```
int findBkNum(int start,int end,
                long long unsigned bkNum) {
    if(start>end)
        return -1;
    int mid=(start+end)/2;
    if(bkNum==bn [mid])
        return mid;
    if(bkNum<bn[mid])
        return findBkNum(start,mid-1,bkNum);
    return findBkNum(mid+1,end, bkNum);
}
```


程序 5.69

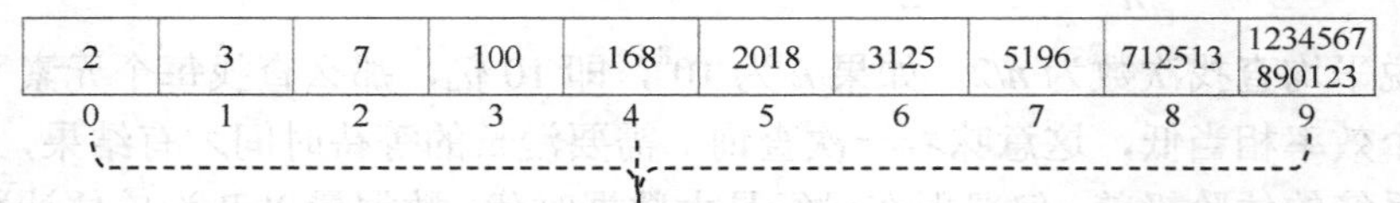

图 5.59　第 1 次查找时的情形

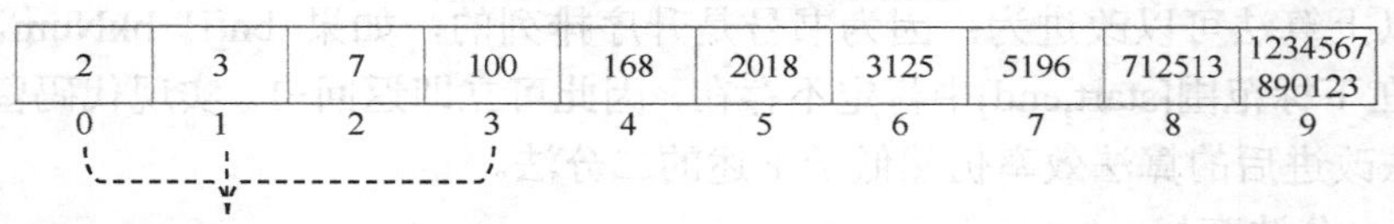

图 5.60　第 2 次查找时的情形

图 5.61　第 3 次查找时的情形

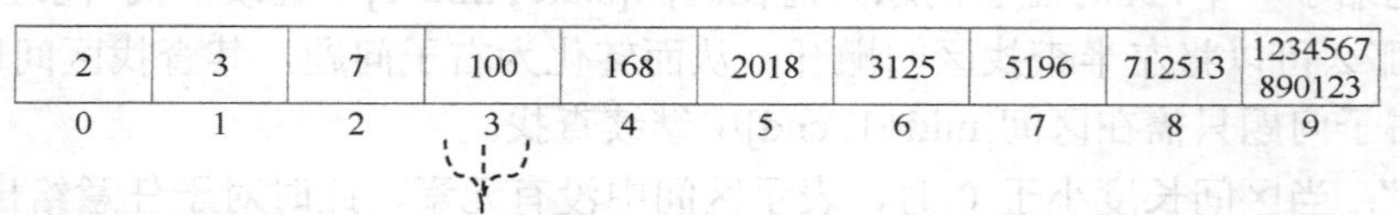

图 5.62　第 4 次查找时的情形

如果查询的目标数据为 101，那么前面 3 步的查找过程均相同，第 4 步和第 5 步如图 5.63 和图 5.64 所示。

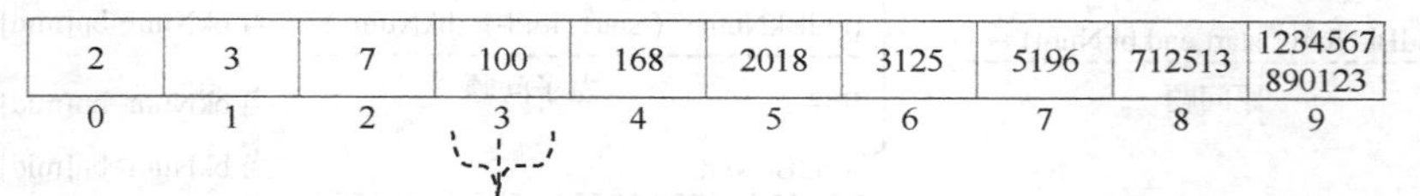

图 5.63　第 4 次查找时的情形（目标数据为 101）

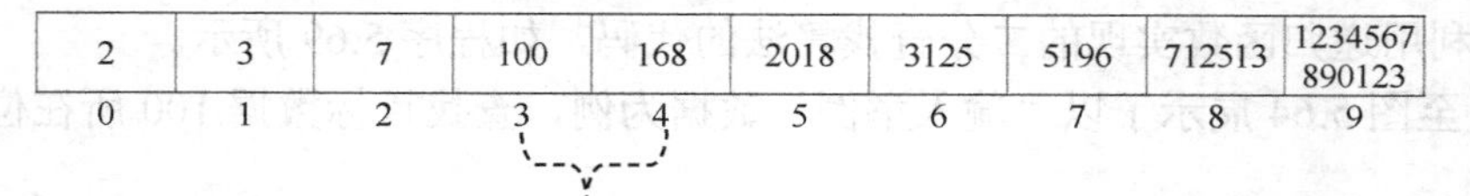

图 5.64　第 5 次查找时的情形（目标数据为 101）

其他测试数据的查找过程，请读者自己分析。

程序 5.70 为利用非递归函数实现二分查找算法的代码。

```
int findBkNum(int start,int end,
      long long unsigned bkNum){
      int mid;
      while(start<=end){
            mid=(start+end)/2;
            if(bkNum==bn[mid])
                  return mid;
            if(bkNum>bn[mid])
                  start=mid+1;
            else
                  end=mid-1;
      }
      return -1;
}
```

利用循环来实现二分。在此，代码也很短。其逻辑与递归的逻辑是一样的。

此时，找到了 bk[num]，返回 mid 即可。

此时，收缩区间的左边界，撇开左半区间。

此时，收缩区间的右边界，撇开右半区间。

程序 5.70

对比程序 5.69 和程序 5.70 中的 findBkNum( )函数的递归和非递归两种实现方式的代码，不难发现递归实现比非递归实现少用一层循环。

编程任务 5.17：求方程近似解

任务描述：已知函数形式为：f(x)=a·ln(x)+b·x·sin(x)+c，求 f(x)在区间[x1,x2]内，使得 f(x)=0 时的解 x。其中 a、b、c、d 为给定常数。因为此方程的解析解很难求，因此只能求它的近似解。ln(x)表示以自然常数为底 x 的对数，自然常数取 2.7182818284。

输入：第一行有一个小于 10 的正整数 k，表示测试用例的个数。每个测试用例的输入 5 个实数 a、b、c、x1、x2。输入数据已经确保了 f(x)在[x1,x2]区间有唯一解，并且 f(x1)与 f(x2)异号。

输出：每个输出占一行。输出使 f(x)的绝对值小于 10^{-12} 时的近似解 x，保留 14 位小数。

输入举例：

2

1 0.06 -1 0.85 9.25

1 2 3 0.25 4.33

输出举例：

2.48100012936011

3.75498641609102

分析：对于以上测试用例，a=1、b=0.06、c=-1、x1=0.85、x2=9.25 时，f(x)=ln(x)+0.06xsin(x)-1，区间为[0.85,9.25]。函数图像如图 5.67 所示。

因为输入数据作为前提条件保证了 f(x)在[x1,x2]区间有唯一解，并且 f(x1)与 f(x2)异号。因此，可以利用二分法，不断缩小[x1,x2]的区间长度，直至到达指定精度为止。

以“输入举例”第 1 个组输入数据为例，迭代缩小[x1,x2]区间长度的过程如图 5.65 至图 5.67 所示。

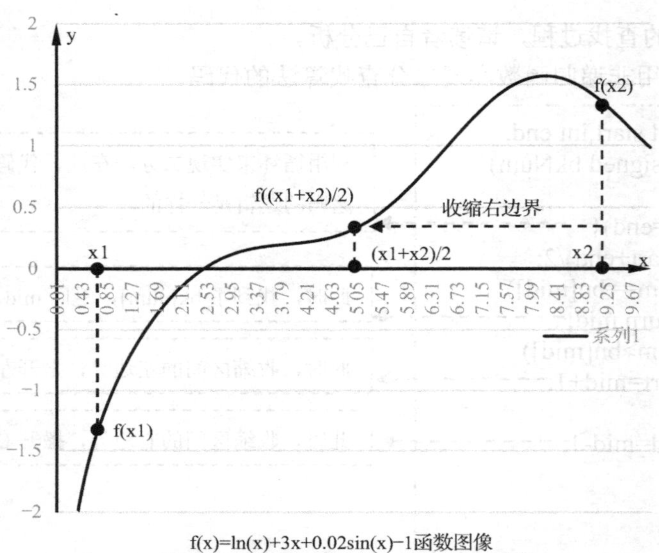

图 5.65　第 1 次迭代时的情形

如图 5.65 所示，第 1 次迭代时，x1=0.85、x2=9.25、f(x1)<0、f(x2)>0，得中点 5.05 对应的 f(5.05)>0，因此下次迭代时，区间左边界应为[0.85,5.05]。新区间是原来区间基础上收缩右边界。

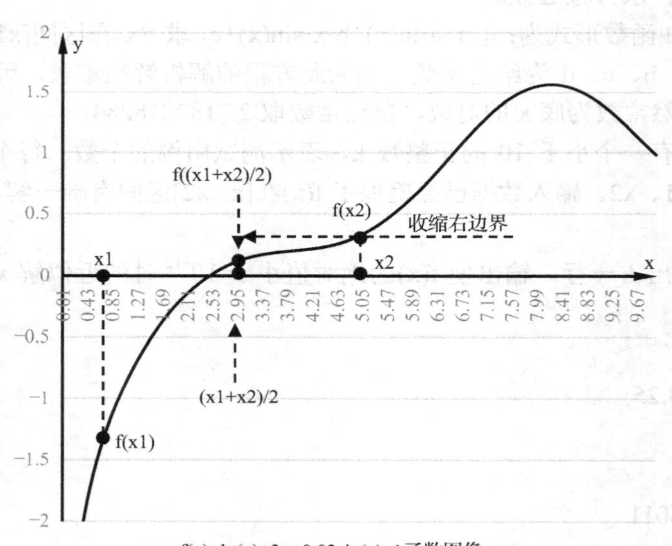

图 5.66　第 2 次迭代时的情形

如图 5.66 所示，第 2 次迭代时，x1=0.85、x2=5.05、f(x1)<0、f(x2)>0，得中点 2.95 对应的 f(2.95)>0，因此下次迭代时，区间左边界应为[0.85,2.95]。新区间是原来区间基础上收缩右边界。

如图 5.67 所示，第 3 次迭代时，x1=0.85、x2=2.95、f(x1)<0、f(x2)>0，得中点 1.90 对应的 f(1.90)<0，因此下次迭代时，区间左边界应为[1.90,2.95]。新区间是原来区间基础上收缩左边界。

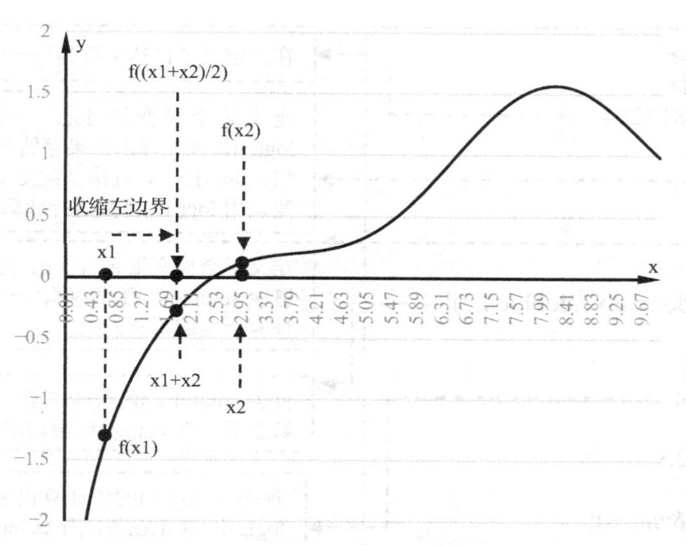

图 5.67　第 3 次迭代时的情形

根据以上分析可知，以上过程是对[x1,x2]的区间进行二分，逐步缩小区间长度。被收缩的区间边界是与 f(mid)同号的边界。

定义函数 solution(x1,x2)的功能为：求解方程 $f(x)=a\cdot\ln(x)+b\cdot x\cdot\sin(x)+c$ 在区间[x1,x2]内，使得 f(x)=0 时的近似解 x。

因此得到如图 5.68 所示的“原问题—子问题结构”。

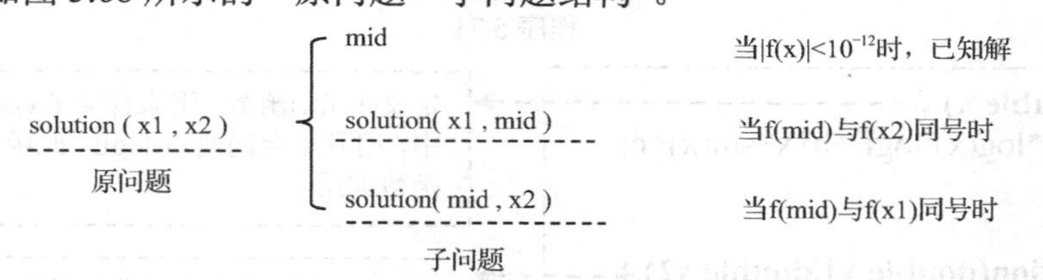

图 5.68　区间求解问题的“原问题—子问题结构”

图 5.68 所示的“原问题—子问题结构”可用递归和非递归两种方式实现。程序 5.71 为递归实现方式。非递归方式的实现请读者自己完成。

备注：为了保持计算精度，程序中的相关变量均采用了 double 数据类型。

有一个小问题需要解决——如何求 ln(x)？

遗憾的是在 math.h 对应的数学函数库中没有 ln(x)函数可供直接调用。只有以 10 为底的常用对数函数 log(x)可用。不过也很简单，利用换底公式即可，也就是说可以通过 ln(x)=log(x)/log(E)得到。其中，E 为自然常数。

本编程任务的代码如程序 5.72 所示。

总之，关于二分与递归的关系，必须明确以下概念。

（1）二分法仅是一种解决问题的策略。

（2）二分法的具体实现是否能高效率地解决问题，取决于具体问题的结构。例如，“编程任务——简单统计”中的“递归方案 1”也是应用了二分法，但是，在此处的二分法并没有带来性能上的提升。但在“编程任务——找图书”，二分法极大地提升了性能。

```c
#include <stdio.h>
#include <math.h>
#define E 2.7182818284

double logE;

double a,b,c;

double solution(double x1,double x2);

int main( ) {
    logE=log(E);

    double x1,x2,x;
    int cases;
    scanf("%d",&cases);

    while(cases--) {
        scanf("%lf %lf %lf %lf %lf",
              &a,&b,&c,&x1,&x2);
        x=solution(x1,x2);
        printf("%.14lf\n",x);
    }
    return 0;
}
```

在此定义了自然常数为符号常量 E。

定义了全局变量 logE，为了防止重复计算 log(E)，预先算出结果存储在此变量中。当需要用到 log(E)时，直接从此变量读取即可，无须重复调用 log(E)函数进行计算。

定义了全局变量 a、b、c。这样做的主要目的是减少 solution( )函数参数的个数。对函数的模块性有一定的不利影响。

此为 solution( )函数的声明，其定义在 main( )函数之后。在 main( )函数调用了此函数。

预先将 log(E)的值计算出来，保存在全局变量 logE 中，避免在每次计算 ln(x)时重复计算 log(E)的值。

在此调用了 solution( )函数，实参为 x1 和 x2。其返回值为方程 f(x)在区间[x1,x2]的近似解。

输出最终结果。

程序 5.71

```c
double f(double x) {
    return a*log(x)/logE+b*x*sin(x)+c;
}

double solution(double x1,double x2) {
    double mid,fMid,fx1,fx2;

    mid=(x1+x2)/2;
    fMid=f(mid);
    if(fabs(fMid)<1e-12)
        return fMid;
    fx1=f(x1);
    fx2=f(x2);

    if(fMid>0 && fx2>0 ||
        fMid<0 && fx2<0)
        return solution(x1,mid);
    if(fMid>0 && fx1>0 ||
        fMid<0 && fx1<0)
        return solution(mid,x2);
}
```

定义了 f(x)函数，用来计算 f(x)的值。在此函数中，用到了全局变量 logE。此函数被 solution( )函数调用。

solution 函数的定义。此函数为递归函数。

判断是否已经达到了终止条件。这里调用了标准库函数中 fabs(x)函数来求双精度浮点数 x 的绝对值。
此处的常数 $1*10^{-12}$表示为 1e-12，利用了 C 语言的科学计数表示法表示常数。

中点的函数值 fMid 与 f(x2)同号，则收缩区间右边界，转换为新区间的子问题。
请注意 return 语句的用法。因为这结果需要从最里层的递归调用终点，**接力式地返回**，直至最顶层，作为本函数的返回值。

中点的函数值 fMid 与 f(x1)同号，则收缩区间左边界，转换为新区间的子问题。

程序 5.72

（3）二分一般可以用递归实现。二分法可以用递归和非递归两种方式实现，两者在理论上具有同等效率，但二分法的递归和非递归具体实现在效率上可能会有区别。

（4）用递归实现二分法是否高效，取决于具体问题的结构，与递归并无直接关系。

5.8.5 递归与非递归

递归和非递归的关系如下。

（1）从理论上来说，任何递归程序都有等价的非递归实现。

（2）通常，递归函数比非递归函数在代码形式上更简洁、优美。

（3）递归和非递归程序的时间效率和空间效率没有特定的关系，也就是说，递归并不一定能改善程序的效率，甚至有可能因为使用未经优化的递归而降低了效率。请参见“编程任务——病毒繁殖（效率版）”的相关内容。

（4）递归比非递归在形式上减少了循环语句的层数。举例说明顺序输出、倒序输出。

对于阶乘，同样可用递归函数和非递归函数实现，两者对比如程序 5.73 所示。对两者运行过程简单分析不难得知，两者运行效率基本等价。

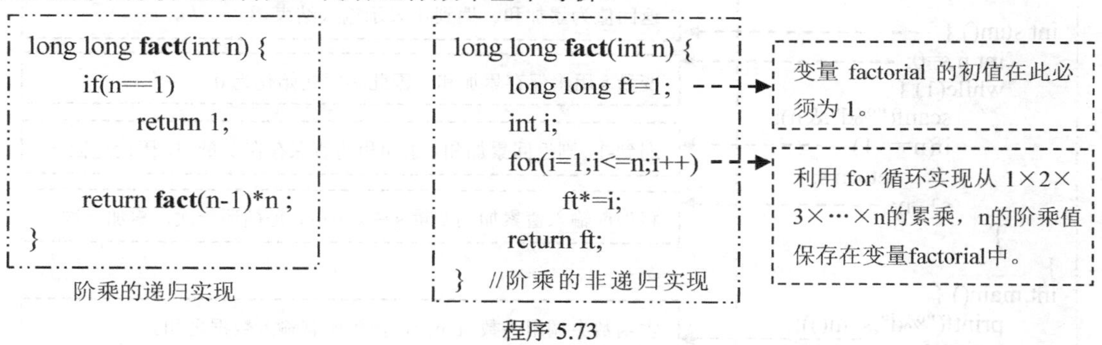

程序 5.73

对于“编程任务——分式化简”中的函数 int gcd(int a,int b)求正整数 a、b 的最大公约数。

数学上有此结论：$gcd(a,b)=\begin{cases} a & ,当b为0时 \\ gcd(b,a\%b) & ,当b非0时 \end{cases}$，在此证明略，有兴趣的读者请参考相关资料。

求最大公约数的辗转相除法也可以用递归函数和非递归函数实现，其对比如程序 5.74 所示。对两者运行过程简单分析不难得知，两者运行效率基本等价。

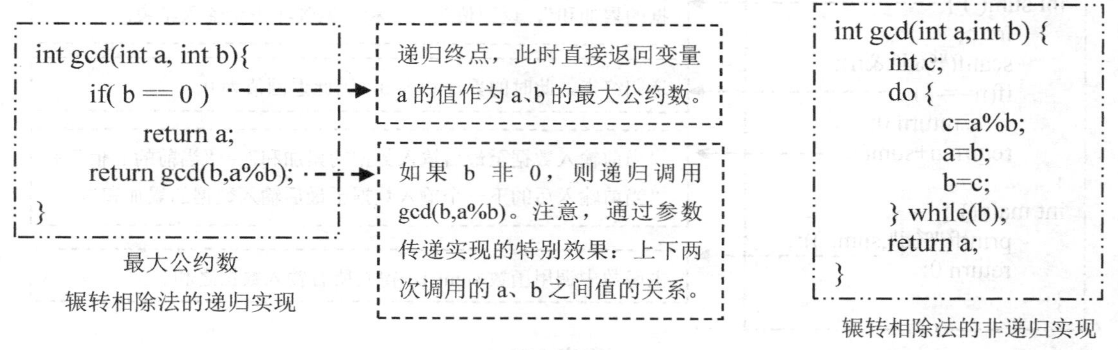

程序 5.74

以上两种方法的运行效率基本等价。

递归函数大多可以改写成非递归，即“递推”，也就是说用循环实现从“已知→未知”。例如，求阶乘或求斐波拉契数列第 n 项的值。

编程任务 5.18： 累加和

任务描述： 给定一组非负实数（实数个数不超过 100 个），求累加和。

输入： 一组非负实数，-1 表示输入结束。

输出： 累加和。

输入举例：

2 0 1 8 -1

输出举例：

11

分析： 对于此编程任务不用递归而用循环实现，也有多种实现方式。在此仅展示了将求和任务设计成 sum( )函数的实现方式，代码如程序 5.75 所示。

```
#include <stdio.h>

int sum() {             // 非递归函数，sum( )无参数，表示“求所有输入数据的累加和”，返回值为累加和。遇到-1 表示输入结束。
    int n,s=0;          // 变量 s 用来保存累加和，因此必须初始化为 0。
    while(1) {
        scanf("%d",&n);
        if(n==-1)       // 遇到-1，则返回累加和。累加和的值保存在变量中，因此返回 s。
            return s;
        s+=n;           // 将当前输入值累加到变量 s 中。while 每循环一次，累加一次。
    }
}
int main() {
    printf("%d",sum()); // 主函数中调用函数 sum( )，得到所有输入数据之和。
    return 0;
}
```

程序 5.75

下面通过两种递归实现方式，展示递归返回时如何将递归深处或终点处的结果接力式返回，直到作为递归函数最顶层调用的返回值。

递归实现方法 1：程序 5.76 中递归函数 sum( )，与求阶乘的递归函数有异曲同工之妙。

```
#include <stdio.h>
int sum( ) {            // 递归函数 sum( )无参数，表示“求当前输入数据至最后输入数据的累加和”，返回值为累加和。遇到-1 表示输入结束。
    int n;
    scanf("%d",&n);
    if(n==-1)           // 递归终点。此时的累加和为 0，因此返回值为 0。
        return 0;
    return n+sum();     // “当前输入数据至最后输入数据的累加和”=“当前的 n 值”+“当前输入后的下一个输入数据至最后输入数据的累加和”。
}
int main() {
    printf("%d",sum( )); // 主函数中调用函数 sum( )，得到所有输入数据之和。
    return 0;
}
```

程序 5.76

递归实现方法2：请注意，程序5.77的递归函数sum( )的含义与程序5.76的递归函数sum( )的含义有区别。

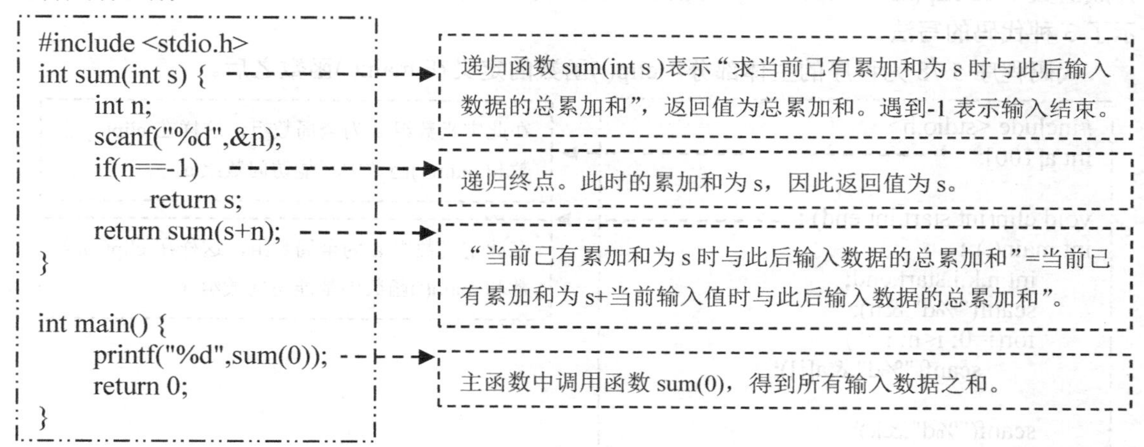

程序5.77

程序5.76和程序5.77中的sum( )函数在得到最终结果的方式上稍有区别：第1种实现方式从递归终点开始返回时，总是通过计算“n+上一层sum( )函数的返回值”得到本层函数的返回值。而在第2种递归实现中，在递归终点处得到了最终结果，然后，每次返回本函数的结果，即往上层的主调函数返回，上层继续往上上层返回，以此类推，直到返回到main( )时，此时返回值就是n个数之和。可以看出，这种返回方式是上下层之间的接力式返回。

编程任务5.19：剪辑电影片段

任务描述：电影的剪辑是电影制作中的重要阶段。剪辑时，我们需要经常从影片中剪出一个小片段，并且可能需要将此片段顺序播放或倒序播放。

我们将此问题简化如下。给定一个数组，从中读取指定起止范围内的元素，顺序或反序输出。

输入：第一个有一个整数n($0<n\leq100$)表示数组中元素的个数。其后一行中有n个数据，分别表示数组中的n个元素，每个值的取值范围为[0,10000]。此后有一行，包含一个整数k($0<k\leq100$)，表示测试用例的个数。其后k行，每行两个数据，每个数据的取值范围为[1,n]，这两个数据分别表示剪辑的起点和终点位置。

输出：对于每次测试用例，输出一行。输出起点和终点位置之间的元素，包括起点和终点在内。如果起点位置小于终点位置，则顺序输出，否则反序输出。一行中的多个输出数据用空格分隔。注意，每行的行尾没有空格，只有换行。

输入举例：

```
10
2 8 4 6 9 3 0 5 2 7
5
9 9
1 10
10 1
3 9
4 2
```

输出举例：

```
2
2 8 4 6 9 3 0 5 2 7
7 2 5 0 3 9 6 4 8 2
4 6 9 3 0 5 2
6 4 8
```

分析：对于本任务“输出 a 数组中下标范围在[start,end]之间的所有元素功能模块”被设计成函数 void clip(int start,int end)。此函数可设计为普通函数，也可设计为递归函数。下面展示了 3 种代码的写法。

代码程序 5.78 为程序的主体部分。clip( )函数的定义在 main( )函数之后。

```
#include <stdio.h>
int a[100];                                  // 在此定义数组 a 为全局数组，这样在 clip( )函数和 main( )函数中都能访问数组 a。

void clip(int start,int end) ;               // 在此定义数组 a 为全局数组，这样在 clip( )函数和 main( )函数中都能访问数组 a。
int main( ) {
    int n,k,i,start,end;
    scanf("%d",&n);
    for(i=0; i<n; i++)
        scanf("%d",&a[i]);

    scanf("%d",&k);
    for(i=0;i<k;i++){
        scanf("%d %d",&start,&end);
        clip(start-1,end-1);                 // 调用 clip( )函数是的起点位置和终点位置 2 个参数均减去了 1，因为数组下标是从 0 开始的。
    }
    return 0;
}
```

程序 5.78

方法 1：clip( )函数不用递归方式实现，如程序 5.79 所示。

```
void clip(int start,int end) {               // 直接分两种情况进行处理，分别用 for 循环实现。
    int i;
    if(start<end) {                          // 直接分两种情况处理，如果起点小于终点，则利用 for 循环实现顺序输出。
        for(i=start; i<end; i++)
            printf("%d ",a[i]);
    } else {                                 // 直接分两种情况处理，如果起点小于终点，则利用 for 循环实现顺序输出。
        for(i=start; i>end; i--)
            printf("%d ",a[i]);
    }
    printf("%d\n",a[i]);                     // 为了在行尾不输出多余的空格，因此将每行最后一个输出的元素单独处理。
}
```

程序 5.79

方法 2：clip( )函数不用递归方式实现，但将上述代码中的 2 个 for 语句统一起来用 1 个 for 语句实现，如程序 5.80 所示。

方法 3：利用递归函数方式实现。

为了实现递归，必须从以下两个方面着手。

（1）“递”：即原问题转化为子问题的规律，找出具有相似性的原问题和子问题之间的转化关系。

（2）“归”：即递归的终止条件。当子问题规模小到一定程度时，问题的解能直接得到。

原问题转化为子问题的思路：减少原问题的规模。如本例，减少区间长度，就是减少了问题的规模。如何才能够减少区间长度呢？马上就能想到输出区间端点所在的元素后，区间长度就减少了 1。那么根据 start 与 end 的大小分如下 3 种情况讨论。

```
void clip(int start,int end) {
    int i,j,len,inc;
    if(start<end) {
        len=end-start+1;
        inc=1;
    } else {
        len=start-end+1;
        inc=-1;
    }

    for(i=0,j=start; i<len-1; i++,j+=inc)
        printf("%d ",a[j]);
    printf("%d\n",a[j]);
}
```

当终点大于起点时，区间长度 len 等于 end-start+1，增量 inc 为 1。

当起点大于终点时，区间长度 len 等于 start-end+1，增量 inc 为-1。

在此循环中，i 用来控制循环次数，共循环 len 次；j 用来保存当前需要访问的数组的下标，起始值为 start，每次的增量为 inc，当 inc 为 1 时表示顺序访问数组，当 inc 为-1 时表示倒序访问数组元素。

为了在行尾不输出多余的空格，因此将每行最后一个输出的元素单独处理。

程序 5.80

① 当 start<end 时，clip(start,end)函数的功能是“顺序输出 a 数组中下标在[start,end]之间的元素”。那么，先输出单个元素 a[start]后，将原问题转化为子问题“顺序输出 a 数组中序号在[start+1,end]之间的元素”。而子问题与原问题具有相同的结构，仅是起点增加了 1 而已，也就是说通过调用 clip(start+1,end)函数就能实现此子问题。至此，成功地将原问题转化成了子问题。直到 start 与 end 重合时，子问题足够小，不再需要继续转化为子问题就可以直接得到解了，即可直接输出 a[start]。

如图 5.69 所示，以本编程任务“输入举例”的第 4 个测试用例为例，说明如何将原问题转化为子问题。

原问题：clip(3,9)，顺序输出a数组中序号在[3,9]之间的元素

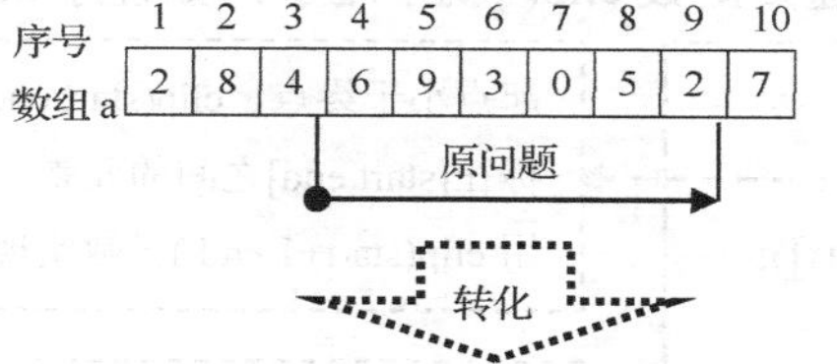

子问题：clip(3+1,9)，顺序输出a数组中序号在[3+1,9]之间的元素

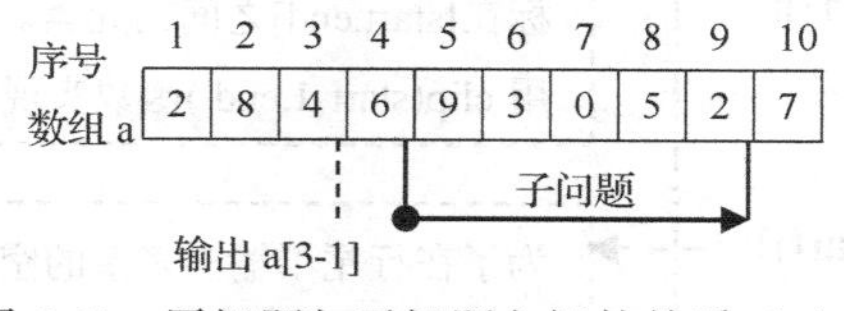

图 5.69　原问题与子问题之间的关系（1）

② 当 start>end 时，clip(start,end)函数的功能是“倒序输出 a 数组中下标在[start,end]之间的元素”。那么，先输出单个元素 a[start]后，将原问题转化为子问题“倒序输出 a 数组中序号在[start-1,end]之间的元素”。而子问题与原问题具有相同的结构，仅是起点减少了 1 而已，也就是说通过调用 clip(start-1,end)函数就能实现此子问题。至此，成功地将原问题转化成了子问题。直到 start 与 end 重合时，子问题足够小，不再需要继续转化为子问题就可以直接得到解

了，即可直接输出 a[start]。

如图 5.70 所示，以本编程任务“输入举例”的第 3 个测试用例为例，说明如何将原问题转化为子问题。

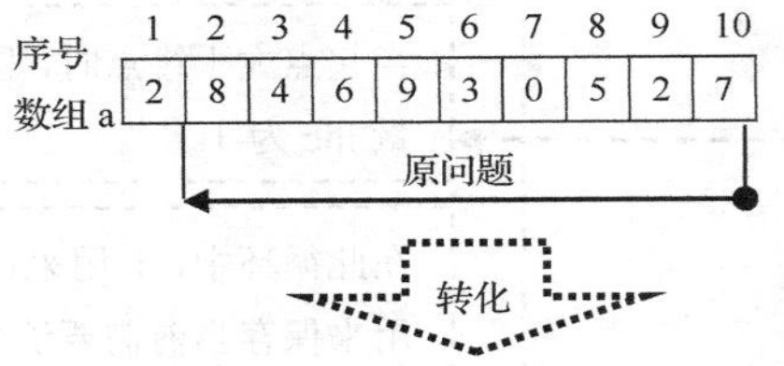

图 5.70　原问题与子问题之间的关系（2）

③ 递归的终点：当 start 与 end 重叠时，递归到达终点。

如图 5.71 所示，以本编程任务“输入举例”的第 1 个测试用例为例，说明递归的终点的设置。

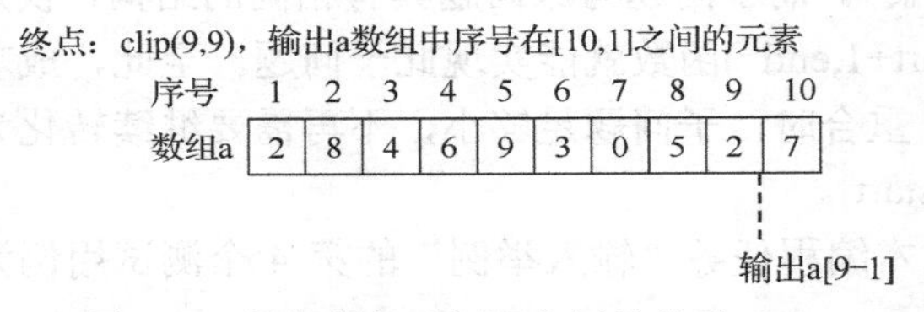

图 5.71　原问题与子问题之间的关系（3）

有了以上分析后，写出递归函数 clip( )就不难了，如程序 5.81 所示。

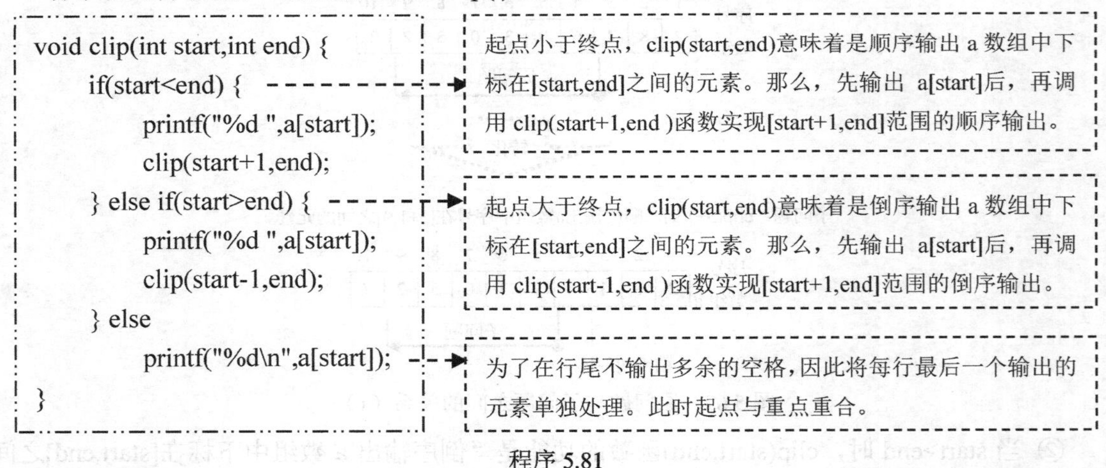

程序 5.81

不难看出，clip( )函数的递归写法与非递归写法相比，递归函数的代码中没有了 for 循环。实质上，递归调用过程与方法（1）、方法（2）中的 for 循环具有等效性。

编程任务 5.20： 回文串

任务描述： 对于给定的字符串，判断是否为回文串。所谓的回文串是指顺着读和反着读都一样的文本。例如，“地满红花红满地”、“雾锁山头山锁雾”、“天连碧水碧连天”，“山果花开花果山”等。

输入：给定的字符串仅包含英文字符。字符串的长度不超过 100 个字符。串中字符为大写或小写字母。

输出：如果为回文串则输出 YES，否则输出 NO。

输入举例：	**输出举例：**
level	YES

分析：hw(i,j)的值为 1 表示从字符数组下标 i 至下标 j 之间串为回文串，hw(i,j)的值为 0 表示从数组下标 i 至下标 j 之间串为不是回文串。此问题的“原问题—子问题”结构如图 5.72 所示。

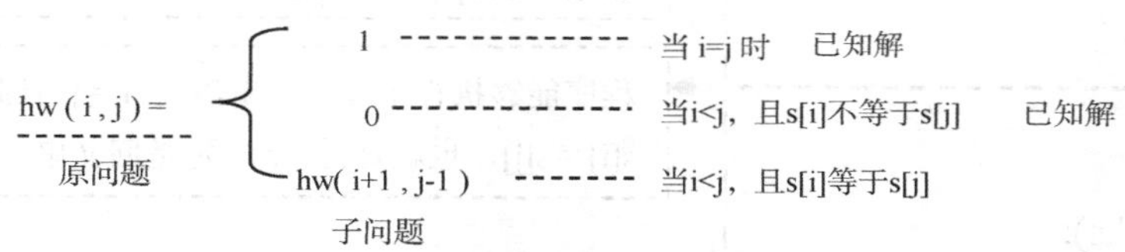

图 5.72　回文串的“原问题—子问题”结构

递归时的情况如图 5.73 所示。

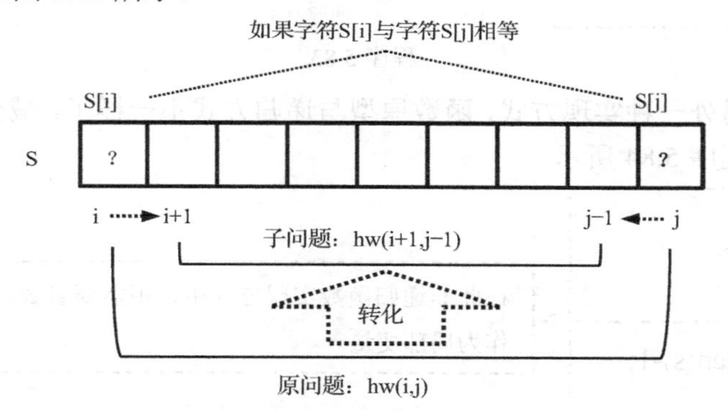

图 5.73　回文串的“原问题—子问题结构”举例

实现本编程任务的递归写法如程序 5.82 所示。

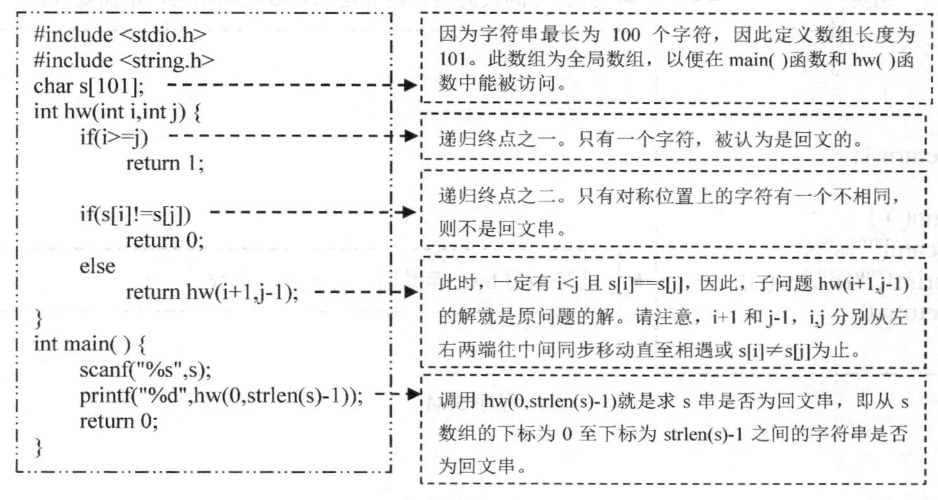

程序 5.82

程序 5.83 为非递归实现方式。为了方便对比，保持了 hw( )函数与递归方式的原型一致。

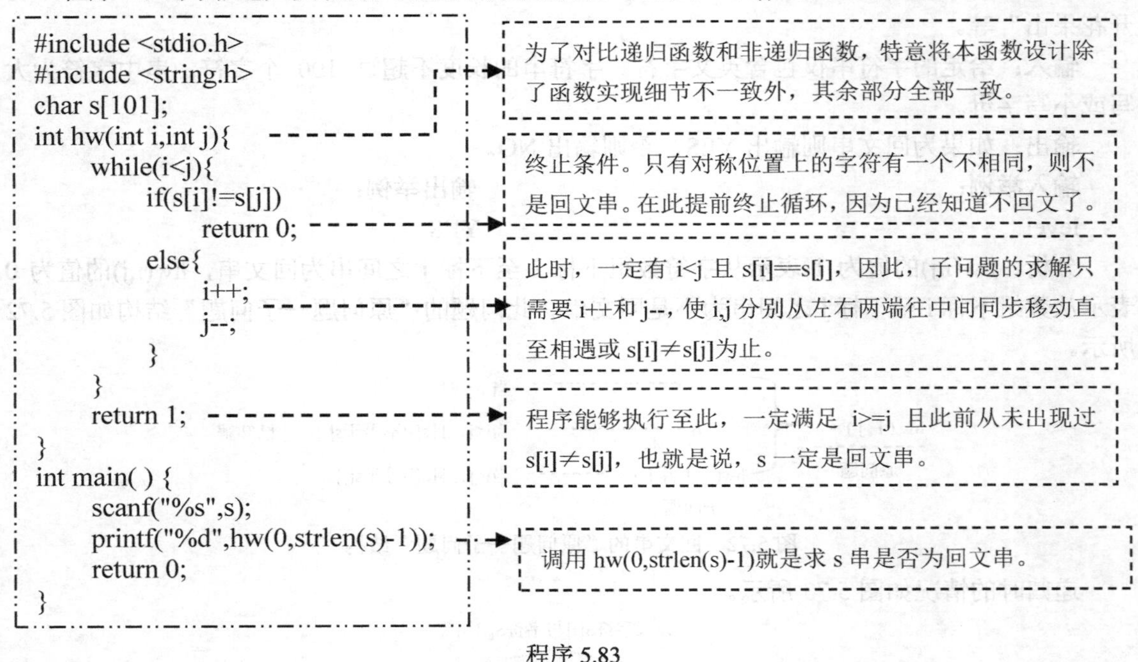

```c
#include <stdio.h>
#include <string.h>
char s[101];
int hw(int i,int j){
    while(i<j){
        if(s[i]!=s[j])
            return 0;
        else{
            i++;
            j--;
        }
    }
    return 1;
}
int main( ) {
    scanf("%s",s);
    printf("%d",hw(0,strlen(s)-1));
    return 0;
}
```


程序 5.83

非递归方式的另外一种实现方式，函数原型与递归方式不一样了，减少了起点和中点下标两个参数，代码如程序 5.84 所示。

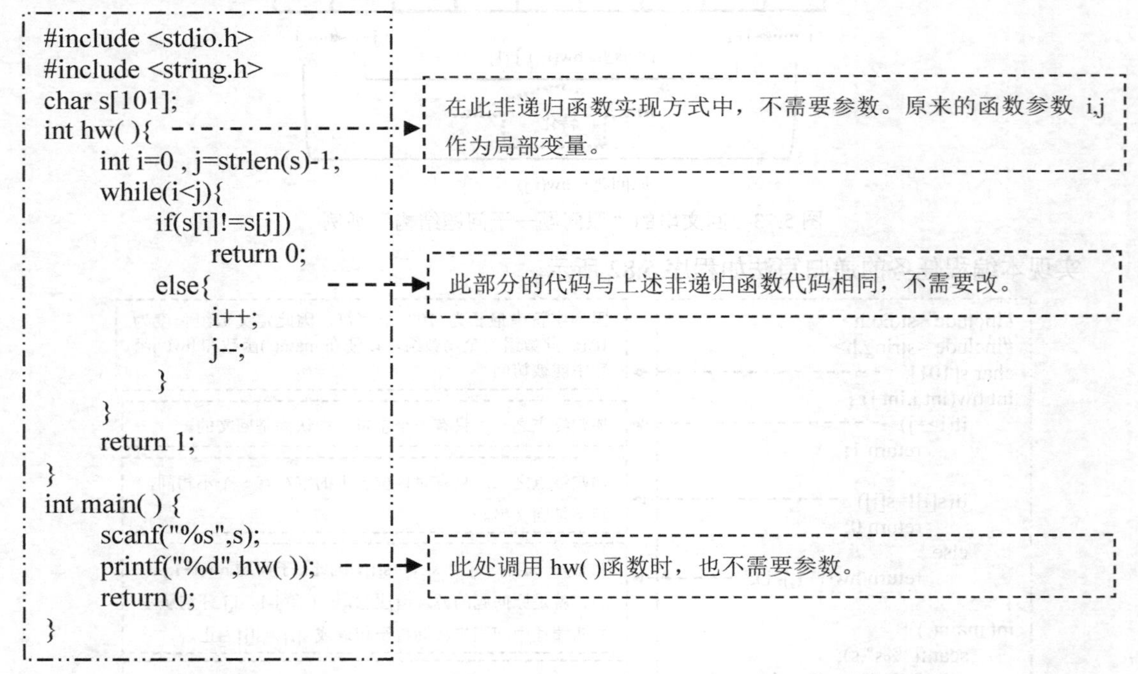

```c
#include <stdio.h>
#include <string.h>
char s[101];
int hw( ){
    int i=0 , j=strlen(s)-1;
    while(i<j){
        if(s[i]!=s[j])
            return 0;
        else{
            i++;
            j--;
        }
    }
    return 1;
}
int main( ) {
    scanf("%s",s);
    printf("%d",hw( ));
    return 0;
}
```


程序 5.84

5.8.6 提高递归效率

递归程序形式优美，但如果递归程序设计不当，则可能运行效率低下。

以下是有关递归效率的要点。

（1）递归函数的设计使程序代码变得简洁易读。

（2）是否设计成递归函数与程序效率没有直接联系。递归程序是否有效和高效必须具体问题具体分析。

（3）递归程序需要的最大存储空间等于递归达到最大深度时所需保存的数据量（最主要的局部变量，包括函数参数和函数内部定义的变量）。如果递归深度太大，很容易超出程序允许的最大“栈”空间，而导致运行失败。

（4）如果递归展开的子问题总数随着递归深度的增加呈现几何级数的增长，那么递归的计算效率十分低下。

（5）在递归过程中，可以利用记忆法记住已经得到的中间结果，避免重复计算，从而大大提高效率。

（6）用递归方式和循环方式（非递归方式）实现同样功能的情况下，一般来说，用循环方式实现的程序运行时间效率更高。因为递归调用有压栈和弹栈的操作，这些操作都需要消耗CPU运行时间。

以如下编程任务为例，说明在设计递归程序时，必须注意以上几点。

编程任务 5.21：病毒繁殖（效率版）

任务描述：有一种病毒，一个病毒体从它被繁殖出来后的第 2 个小时起，每过 1 小时就能繁殖一个新病毒。从最初的 1 个病毒个体，过若干小时后检查一次，请问此时病毒的总数量为多少，假设新老个体都没有死亡。

输入：第一行有一个整数 k，表示检查的次数，0<k≤100。其后的 k 个数据，每个数据表示为检查的时间时刻 n，0<n≤93，以小时为单位。

输出：每次检查结果输出一行，输出此时病毒总个数。

输入举例：	**输出举例**：
6	1
1	1
2	2
3	3
4	5
5	12200160415121876738
93	

分析：在前述“编程任务—病毒繁殖（基础版）”中，已经得到了病毒个数变化的规律就是著名的**斐波那契（Fibonacci）数列**。

本时刻个体总数=上上时刻个体总数+上时刻个体总数

如果用 f(n)表示第 n 时刻病毒的总个数，那么递归结构如图 5.74 所示。

此编程任务需要注意的编程细节：因为当输入数据 n 为 93 时，输出结果应该为 12 200 160 415 121 876 738，在基本数据类型中，只有 long long unsigned 数据类型才能保存这么大的结果。long long unsigned 的输入输出格式控制符为“%llu”。“llu”分别为 long long unsigned 的首字母。

$$f(n)=\begin{cases}1 & \text{当}n=1,\ 2\text{时} \quad \text{已知解} \\ f(n-2)+f(n-1) & \text{当}n>1\text{时}\end{cases}$$

原问题　子问题2　子问题1

图 5.74　病毒繁殖问题的“原问题—子问题结构”

解法 1：直接递归法。代码如程序 5.85 所示。

```
#include <stdio.h>
long long unsigned f(int n){
    if(n==1 || n==2)                  ---> 递归的终点。
        return 1;
    return f(n-2)+f(n-1);             ---> 递归，原问题转化为两个子问题。
}

int main(){
    int k,n;
    scanf("%d",&k);
    while(k--){
        scanf("%d",&n);
        printf("%llu\n",f(n));        ---> 主函数调用函数 f(n)，返回值为 n 对应的斐波那契数列数列项。
    }
    return 0;
}
```

程序 5.85

直接递归法的优点是代码简单，致命缺点运行时间效率太差。

本任务相比“编程任务—病毒繁殖（基础版）”，仅是 n 的规模变大了，最大 n 为 93。如果还是直接按“编程任务—病毒繁殖（基础版）”中的递归函数实现本程序，会发现一个非常严重的问题：当 n 大一点时，如取到 90 时，程序的运行速度极慢，无法忍受。

为什么会出现这种现象呢？图 5.75 以求解 6！为例，分析其调用情况。图中的 f(n)表示求 n 的阶乘。

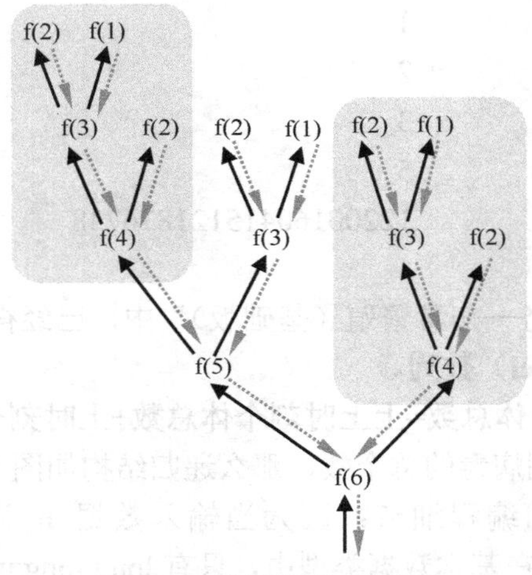

图 5.75　递归调用过程分析

从图 5.75 中不难发现递归函数执行效率低下的原因：重复计算。在整过计算过程中 f(4)被计算 2 次，f(3)被计算 3 次。例如，在左侧分枝得到 f(4)的结果，这个结果在右侧分枝求 f(4)时，完全没有必要再次计算，而是直接利用前面已经得到的 f(4)的结果。

解决此问题的思路非常简单——避免重复计算。为了避免重复计算，必须能将已经计算的结果 f(4)的值 24 保存起来，并且以后能够方便地由 4 得到 f(4)的值 24。有没有某种结构正好能满足这种需求呢？显然，数组是很好的解决方案：利用数组的下标于数组值的一一对应关系，即可实现对结果的保存和根据下标的高效查询。在此用数组 f[n]表示 n 的阶乘值。保存已有结果就是“记住”了这些结果，因此这种做法称为“记忆递归法”。

解法 2：带记忆的递归。上例中直接递归的计算时间太长，简单分析即可知道，对子问题的计算重复进行了多次，因此需要利用记忆法进行改进。代码如程序 5.86 和程序 5.87 所示。

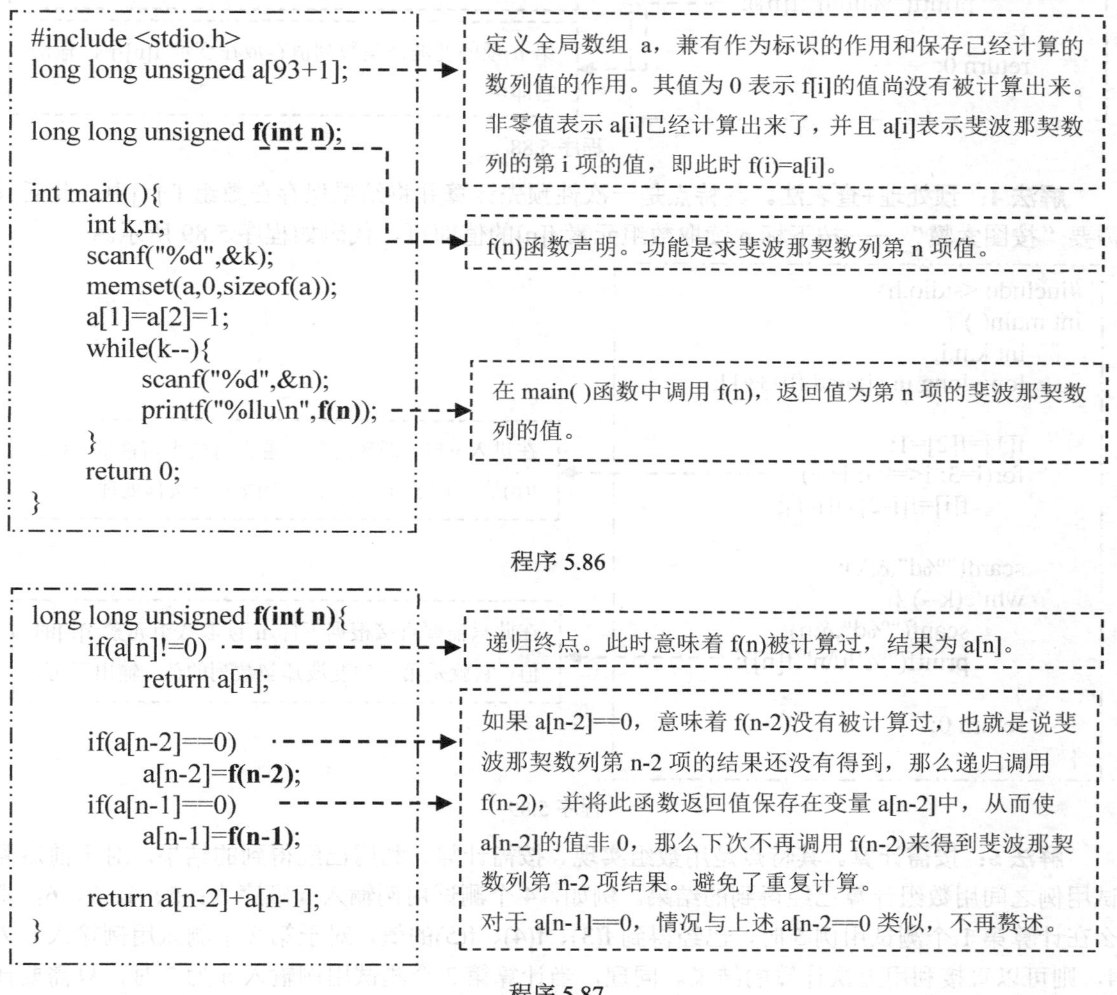


```
#include <stdio.h>
long long unsigned a[93+1];

long long unsigned f(int n);

int main( ){
    int k,n;
    scanf("%d",&k);
    memset(a,0,sizeof(a));
    a[1]=a[2]=1;
    while(k--){
        scanf("%d",&n);
        printf("%llu\n",f(n));
    }
    return 0;
}
```

程序 5.86

```
long long unsigned f(int n){
    if(a[n]!=0)
        return a[n];

    if(a[n-2]==0)
        a[n-2]=f(n-2);
    if(a[n-1]==0)
        a[n-1]=f(n-1);

    return a[n-2]+a[n-1];
}
```

程序 5.87

以上两种方法为递归解法，还有以下 4 种非递归解法，请仔细对比每个程序的异同。

解法 3：用数组存储计算结果，对每个测试用例重复计算。缺点 1：相比解法 1 来说占用的存储空间大；缺点 2：对于每个测试用例重复计算之前已经得到的项。代码如程序 5.88 所示。

```c
#include <stdio.h>
int main( ){
        int k,n,i;
        long long unsigned f[93+1];

        scanf("%d",&k);
        while(k--){
            scanf("%d",&n);
            f[1]=f[2]=1;
            for(i=3;i<=n;i++)
                f[i]=f[i-2]+f[i-1];

            printf("%llu\n",f[n]);
        }
        return 0;
}
```

直接利用数组元素 f[n]建立下标 n 的对应关系表示 n 与斐波那契数列第 n 项值之间的对应关系。也就是说，f[n]就是第 n 项斐波那契数列的值。

因为数组下标从 0 开始，我们最大需要用到下标值 93，因此数组大小至少为 93+1。

初始化 f[1],f[2]的值为 1。

利用斐波那契数列的计算公式计算第 i 项的值。i 从 3 开始计数。

第 n 项的斐波那契数列值存放在变量 f[n]中，输出它即可。

程序 5.88

解法 4：预处理+查表法。其特点是一次性预先计算并将结果保存在数组 f [ ]中，此后只需要"按图索骥"——按下标 n 读取数组元素 f[n]的值即可。代码如程序 5.89 所示。

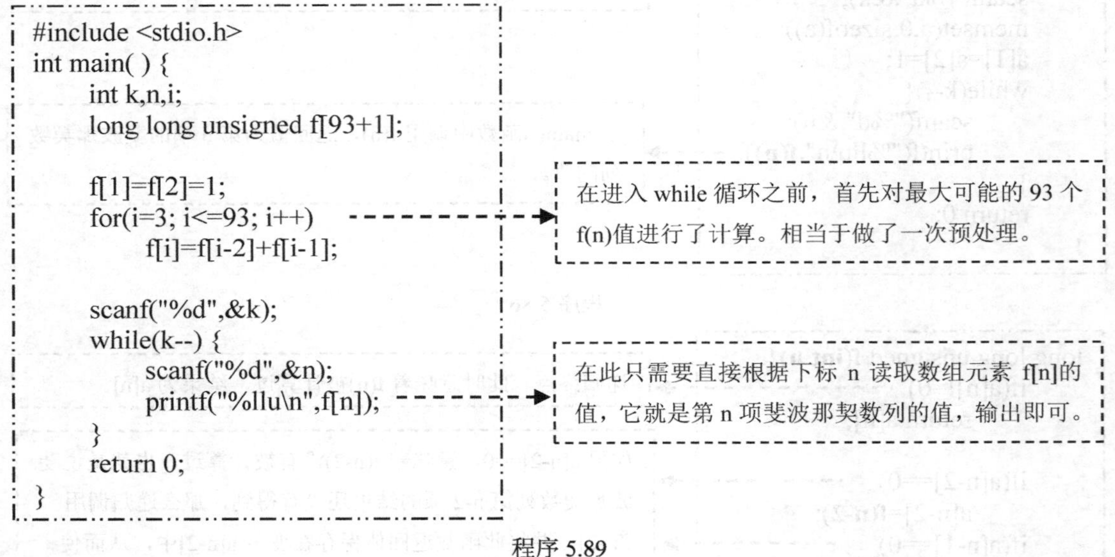

程序 5.89

解法 5：按需计算。其特点是用数组实现、按需计算、利用已经得到的结果。对于前后测试用例之间用数组计算已经得到的结果。例如，4 个测试用例输入 n 顺序为：5、4、7、6，那么在计算第 1 个测试用例 5 时，已经得到 f(3)、f(4)、f(5)的值，对于第 2 个测试用例输入 n 为 4，则可以直接利用上次计算的结果。同理，当计算第 3 个测试用例输入 n 为 7 时，只需要计算 f(6)、f(7)即可，无须从 f(3)开始计算到 f(7)，这样尽量减少了重复计算。

为了区别已经计算和没有计算过的值。因为 f(n)的值均为非 0，因此可用"0"作为"没有计算过"的标志。"非 0"表示"已经计算过"。

代码如程序 5.90 所示。

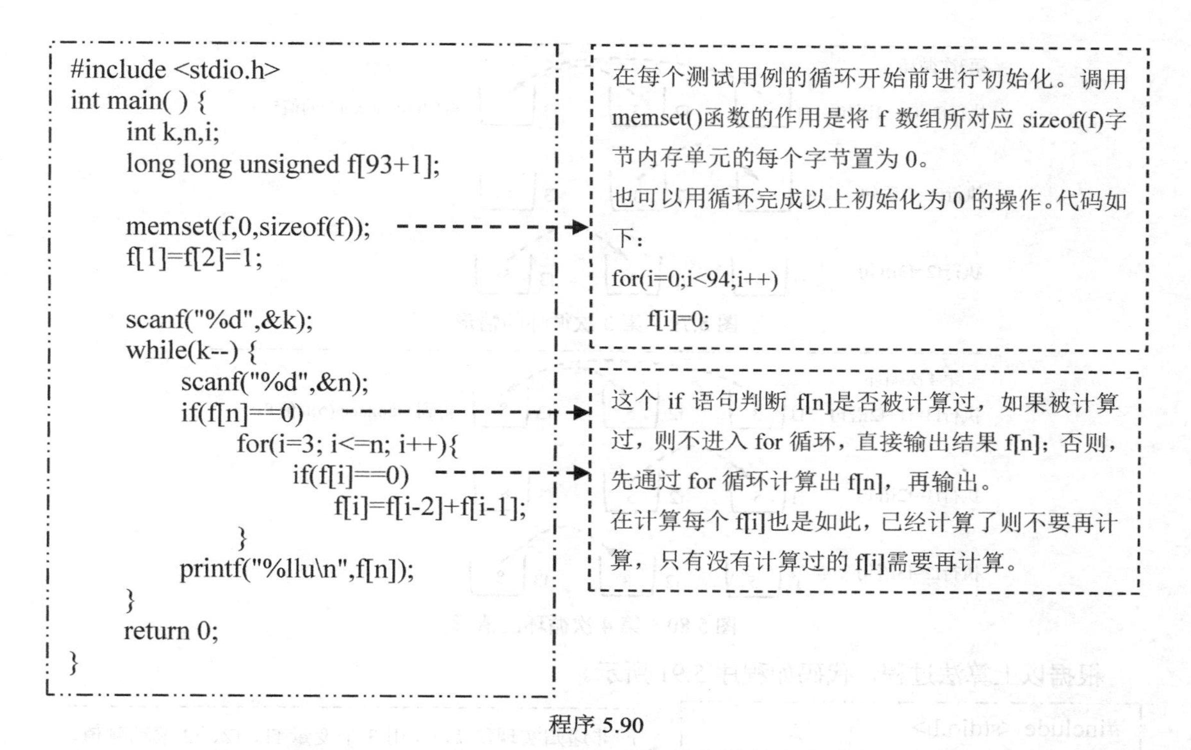

程序 5.90

解法 6：三变量滚动法。在此方法中，仅用 3 个变量 f1、f2、f3 滚动赋值，实现“后一个值等于前两个值相加”。此方法的特点是不需要数组，所需存储空间小。

循环开始前的情形如图 5.76 所示。通过 3 个变量滚动赋值求解 Fibonacci 数列项的过程如图 5.77 至图 5.80 所示。

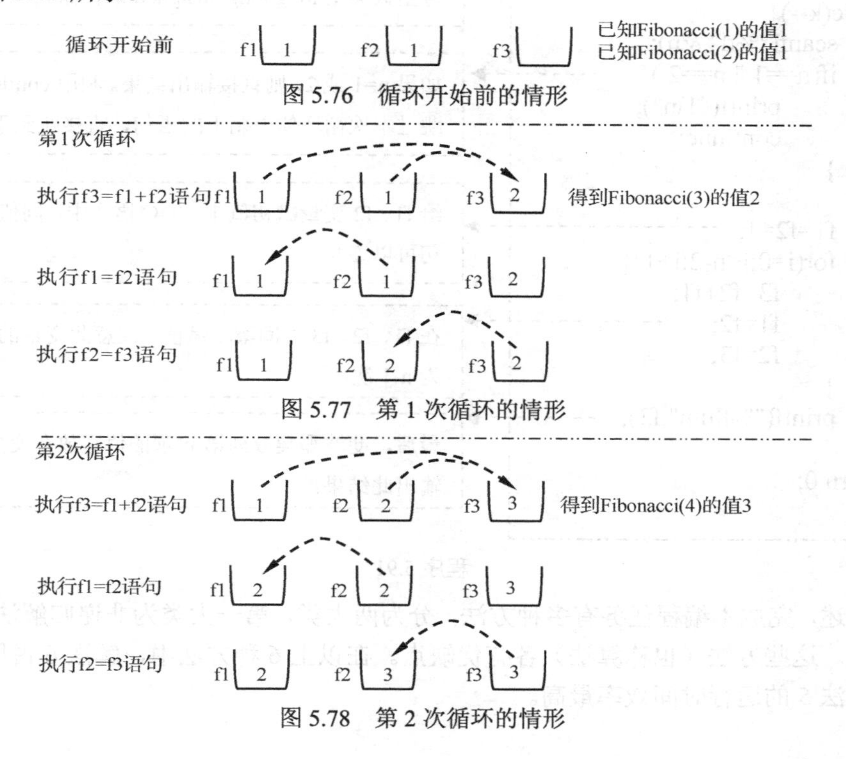

图 5.76　循环开始前的情形

图 5.77　第 1 次循环的情形

图 5.78　第 2 次循环的情形

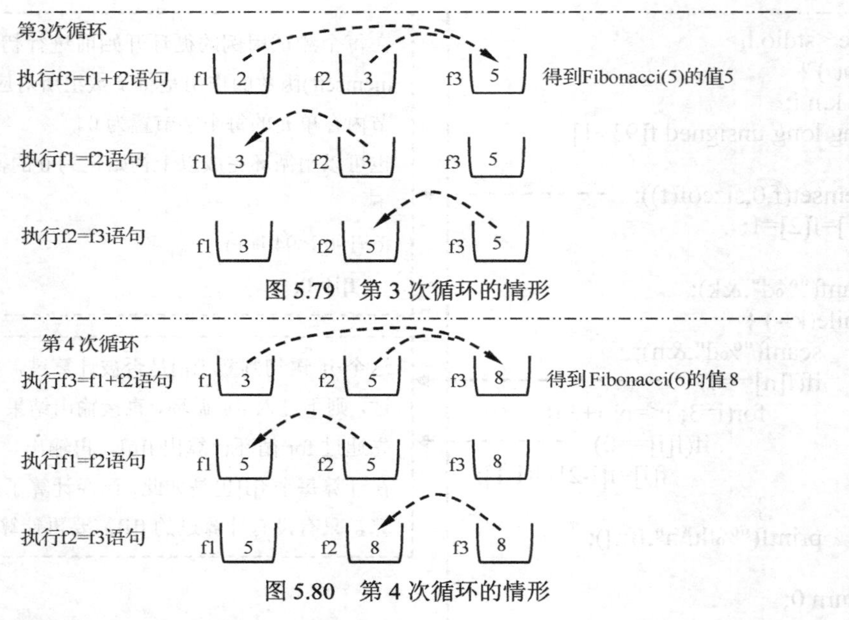

图 5.79　第 3 次循环的情形

图 5.80　第 4 次循环的情形

根据以上算法过程，代码如程序 5.91 所示。

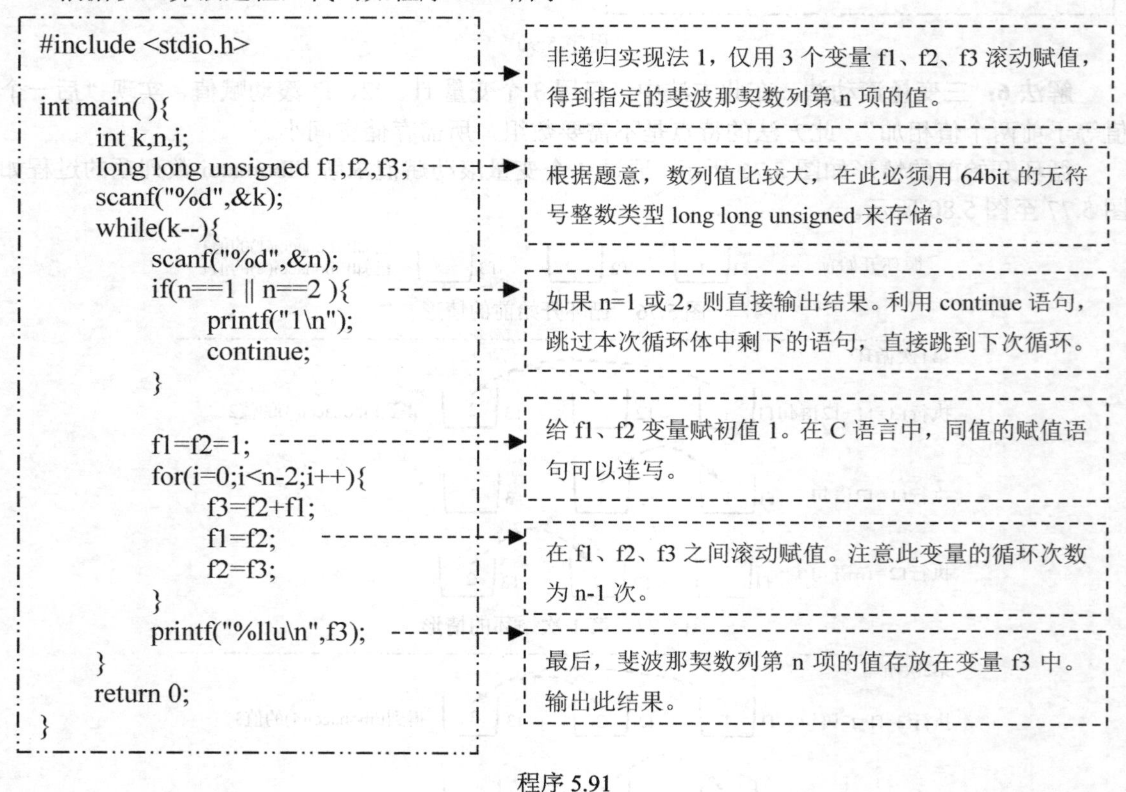

```
#include <stdio.h>

int main( ){
    int k,n,i;
    long long unsigned f1,f2,f3;
    scanf("%d",&k);
    while(k--){
        scanf("%d",&n);
        if(n==1 || n==2 ){
            printf("1\n");
            continue;
        }

        f1=f2=1;
        for(i=0;i<n-2;i++){
            f3=f2+f1;
            f1=f2;
            f2=f3;
        }
        printf("%llu\n",f3);
    }
    return 0;
}
```

非递归实现法 1，仅用 3 个变量 f1、f2、f3 滚动赋值，得到指定的斐波那契数列第 n 项的值。

根据题意，数列值比较大，在此必须用 64bit 的无符号整数类型 long long unsigned 来存储。

如果 n=1 或 2，则直接输出结果。利用 continue 语句，跳过本次循环体中剩下的语句，直接跳到下次循环。

给 f1、f2 变量赋初值 1。在 C 语言中，同值的赋值语句可以连写。

在 f1、f2、f3 之间滚动赋值。注意此变量的循环次数为 n-1 次。

最后，斐波那契数列第 n 项的值存放在变量 f3 中。输出此结果。

程序 5.91

综上所述，完成本编程任务有多种方法，分为两大类，第一大类为非递归解法，第二大类为递归解法。这些方法（也称算法）各有优缺点。在以上 6 种方法中，解法 6 占用内存最少，解法 4 与解法 5 的运行时间效率最高。

5.9 函数相关主题

5.9.1 局部变量与全局变量

局部变量和全局变量的概念。

（1）局部变量：函数的形式参数、在函数体中定义的变量为局部变量。

- 程序中，绝大部分变量是局部变量。
- 局部变量的作用范围小，其作用范围从它的定义处开始至它所在的代码块的右花括号“}”结束处为止。
- 局部变量生命期短。粗略地说，局部变量在函数被调用时才被实际分配内存而“生”，当函数返回时释放内存而“死”。
- 适用场景：仅在函数内部起作用的变量应该定义为局部变量。局部变量生命期和作用范围均被限制在它所处的函数内，因此命名空间也相对独立，只要保证它在本函数内部变量名唯一即可。
- 局部变量的特性充分地体现了“函数是相对独立的代码模块”这一重要概念。

（2）全局变量：定义在函数之外的变量。

- 程序中一般少量地使用全局变量。
- 全局变量的作用范围大，其作用范围从它的定义处开始，至它所在代码文件结束处为止。
- 全局变量的生命期长。它所需的内存在程序运行时已经分配，程序结束后才释放。粗略地讲，可认为全局变量生命期与它所在的程序相同，与它所在的程序“同生共死”。
- **适用场景：如果多个函数之间需要对公共数据的变量共享存取，那么这个变量可定义为全局变量。**从代码表象层面来看，全局变量的使用能够减少函数之间传递参数的个数。
- 程序设计应遵循“全局变量的个数尽量少”的原则。因为全局变量作用范围大，生命期长，如果大量使用全局变量，将导致“函数是相对独立的代码模块”这一特性遭到严重破坏，函数之间的逻辑相互影响、纠缠不清，难于理解和调试。
- 同名冲突时谁说了算？C 语言规定，当全局变量与函数的局部变量同名时，则在函数中以局部变量为准。这可理解为“我的地盘（局部变量在它所处的函数范围内）我做主”，“强龙（全局变量）斗不过地头蛇（局部变量）”。

补充说明如下。

（1）变量的作用范围是指变量能被访问的代码范围。

（2）因为数组是相同数据类型的元素集合，因此在概念上，局部数组、全局数组与局部变量、全局变量类似。也就是说，可以理解为：局部数组中的每个元素都是局部变量。全局数组中的每个元素都是全局变量。

（3）关于变量的更多细节，请参考第 6 章的内存间接访问之神器——指针中的相关内容。

以最简单的“编程任务：A+B”（见第 1 章）为例，对比用全局变量和局部变量的不同之处，如图 5.81 所示。

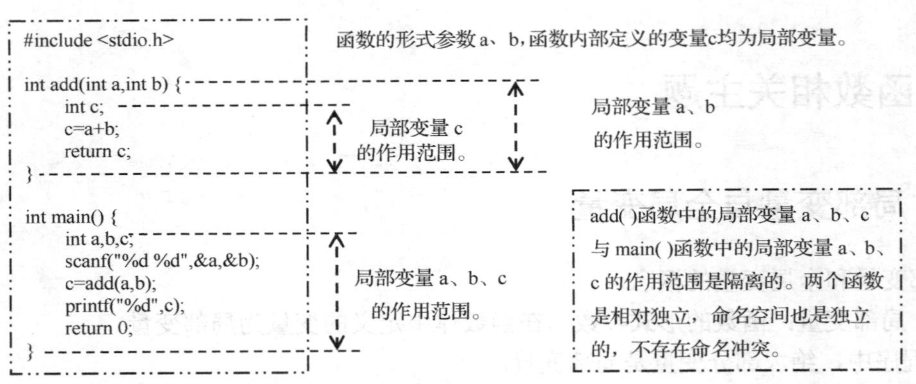

图 5.81　局部变量的作用范围

在以上代码中，请注意 add( )函数的局部变量 a、b、c，虽然与 main( )函数的局部变量 a、b、c 同名，但是 add( )函数的局部变量 a、b、c 仅限在 add( )内访问，不能在其他任何函数中访问到此处的局部变量 a、b、c。同理，main( )函数的局部变量 a、b、c 仅限在 main( )内访问，不能在其他任何函数中访问到此处的局部变量 a、b、c。

以下代码利用全局变量来实现同样的功能，如图 5.82 所示。

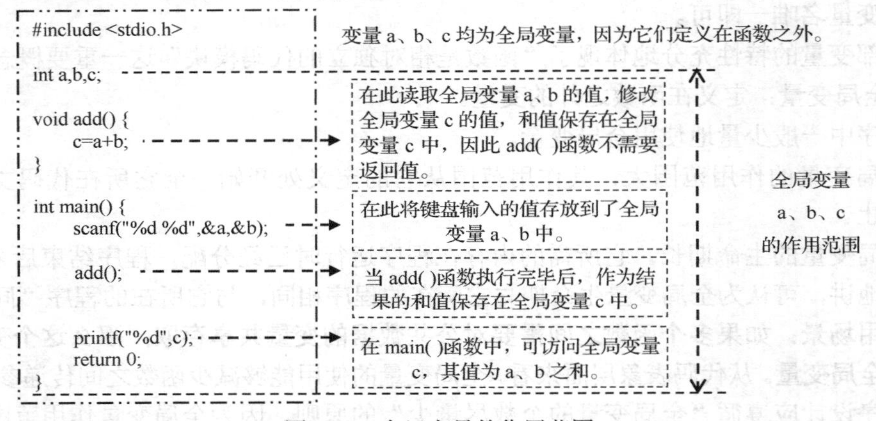

图 5.82　全局变量的作用范围

在此代码中，变量 a、b、c 为全局变量，所有函数都能访问到它们。它们是所有函数共享访问的公共的变量。

对比上述只用局部变量和全部用全局变量的两段代码，显然可知，全局变量 a、b、c 的使用，将 add( )函数参数从原来的 2 个减少为 0 个，并且 add( )返回值由原来的有 1 个返回变为没有返回值。add( )函数的计算结果通过全局变量 c 保存，在 main 函数中调用 add( )函数，将 a 与 b 之和存放到了全局变量 c，add( )函数返回后，因为 c 是全局变量，变量 c 的存储空间不会随着 add( )函数的返回而释放。因此，在 main( )中当 add( )返回之后，仍然可以将保存全局变量 c 中的值输出来。

在此我们清晰地看到了利用全局变量减少函数参数个数的实例。

全局变量能够减少参数的传递。例如，在前述“编程任务——铁骑踏遍”的代码中，函数的参数个数比较多，将二维数组 map 及表示其行数列数的变量 m、n 设计成全局变量，从而使 traverse( )函数、showMap( )函数、initMap( )函数均减少 3 个参数。此时，函数的“接口清晰、相对独立”的特性遭到了破坏，以下为将大量参数修改为全部变量后的代码。

总之，全局变量给我们带来多个函数共享访问同一变量的便利，但应该清楚地认识到全局变量的弊端：全局变量的使用在一定程度上破坏了函数“边界清晰、相对独立、高内聚、低耦合、模块化设计”的特性。因此，在软件工程实践中，不建议大量使用全局变量。

5.9.2 函数的嵌套定义的应用

当然，在函数的调用过程中，允许多级函数嵌套调用。但 C 语言本身也在发展变化。在 C89 标准（C89 为国际标准 ISO/IEC 9899:1990 的简称，或称 ANSI C）中不允许嵌套定义函数，但在 C 语言后续新标准，如 C99（C99 为国际标准 ISO/IEC 9899:1999 的简称）、C11（C11 为 ISO/IEC 9899:2011 的简称）中，支持函数定义的嵌套，也就是说，一个函数定义在另一个函数的函数体内。代码如程序 5.92 所示。

```
#include <stdio.h>
int main( ) {
    int add( int a, int b ) {
        int sum;
        sum= a+b;
        return sum;
    }

    int m,n,s;
    scanf("%d%d",&m,&n);
    s = add(m,n);
    printf("%d+%d=%d\n",m,n,s);
    return 0;
}
```

函数 add 定义在函数 main( )之内，这是允许的。但是函数 add( )的作用范围仅限于 main( )内，也就是说，main( )之外的其他函数是无法调用此处的add( )函数的。

这种做法的好处是将函数的作用方位控制在更小的范围，使多个函数按照调用关系以层次结构的方式组织起来。

在不允许嵌套定义的情况下，一个程序的多个函数是扁平式的组织形式：程序中所有的函数，不管是否有调用关系，全部在同一层次。

程序 5.92

5.9.3 如何生成随机数

在实际应用中，我们会遇到需要随机生成数据的场合，如抽奖程序中随机抽取中奖号码、微信红包中随机生成每个红包金额、扑克牌或麻将牌游戏的洗牌、软件测试中随机生成测试数据等等。

C 语言库函数提供了生成随机数的函数 rand( )。rand( )函数功能为返回值为[0 , 32767]范围内的整数。函数声明所在头文件为 stdlib.h。函数名 rand 来自英文单词“random”。

rand( )函数生成的随机数服从在[0,32767]区间的均匀分布。通俗地说，每次调用 rand( )函数得到的随机数取得[0,32767]之间每个值的机会是均等的。请读者自行设计一个程序验证此结论。

程序 5.93 是利用 rand( )生成 50 个随机数的生成情况。

第 1 次运行的结果如运行结果 5.10 所示。

再次运行的结果如运行结果 5.11 所示。

你会惊奇地发现，上述生成随机数的程序前后两次运行的结果完全相同！在实际应用中，这当然是不能允许的。如果是这样，每次开奖都是同一个人中奖。每次发红包，红包的金额都和上次相同，这怎么行！

```c
#include <stdio.h>
#include <stdlib.h>

int main() {
    int i;
    for(i=0; i<50; i++)
        printf("%6d",rand( ));
    return 0;
}
```

使用库函数 rand( )应该包含 stdlib.h 头文件。

调用 rand( )函数生成 50 个随机数。

程序 5.93

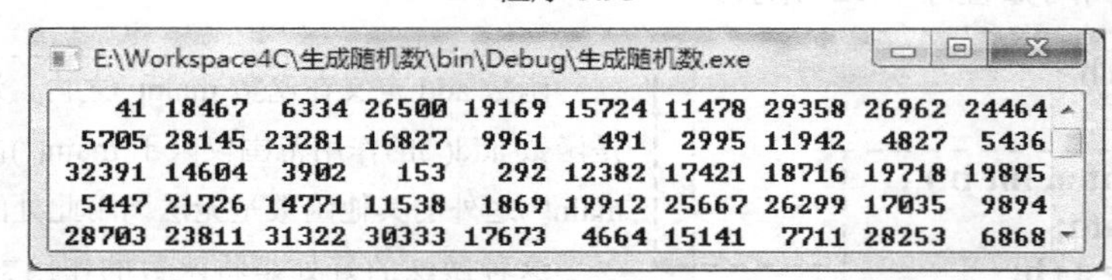

运行结果 5.10

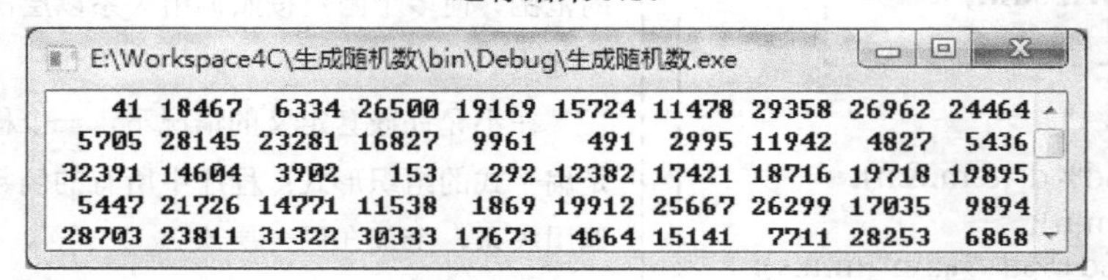

运行结果 5.11

其实导致上述现象的原因非常简单：计算机算法的确定性要求“对特定输入按特定算法得到特定输出”，也就是说，输入相同时，同一个程序的多次运行得到相同结果。例如，对于“编程任务——A+B”，给出特定输入 3 和 4，程序根据特定的算法，得到特定结果 7。对于这个计算“A+B”的程序，不管前后运行多少次，只要你给定的输入是 3 和 4，那么此程序一定输出相同的结果 7。这一点也不值得惊讶！那么对于 rand( )函数也是如此。

如何才能使前后两次运行得到不同的随机数呢？

解决办法：在第 1 次调用 rand( )函数之前执行 1 次“srand(time(NULL));”语句，并在代码中添加一行：#include <time.h>即可。添加一行 include 语句的原因是库函数 time( )的声明在头文件 time.h 中。time 函数的功能是获取系统当前时间。函数名 srand 来自“seed of random”。srand(time(NULL))的作用是使 rand( )函数在生成随机数时取系统当前时间作为随机种子。这样因为时间总是在流逝和变化的，因此以它作为生成随机数的种子，rand( )函数生成的随机数也会不一样。

“srand(time(NULL));”语句用到了两个库函数：

库函数 srand( )的函数原型为 void srand(unsigned seeds)，参数 seeds 为生成随机数的种子。

库函数 time(NULL)的返回值是以整数表示的当前系统时间，此整数值为从公元 1900 年 1 月 1 日 0 时 0 分 0 秒起至当前系统时间的秒数。

修改后的代码如程序 5.94 所示。

```
#include <stdio.h>
#include <stdlib.h>
#include <time.h>          ---> 使用库函数 time( )应该包含 time.h 头文件。

int main() {
    srand(time(NULL));     ---> 调用 srand( )函数，以当前系统时间作为随机种子，
                                以便 rand( )函数能够生成不同的随机数。
    int i;
    for(i=0; i<50; i++)
        printf("%6d",rand());  ---> 调用 rand( )函数生成 50 个随机数。
    return 0;
}
```

程序 5.94

请多次运行程序，观察每次结果是否不相同。

下面请看随机数的应用。

编程任务 5.22： 扑克牌洗牌

任务描述： 扑克牌是我们日常生活中常玩的游戏，洗牌是各种扑克牌游戏玩法中都有的动作，洗牌的目的是使牌的顺序呈现随机性，使游戏具有公平性。

现在我们利用程序实现洗牌，实质是利用某种方法，随机地将 54 张牌的顺序打乱。

一副扑克牌共有 54 张，其中黑、红、梅、方 4 种花色，每种花色 13 张牌，共有 52 张，外加大王、小王各一张。本程序为了存储和表示 54 张扑克牌，对 54 张牌按如下方式编码，为每张牌对应[0,53]范围的唯一整数值，如表 5.6 所示。

表 5.6 扑克牌编码表

扑克牌	值	扑克牌	值	扑克牌	值	扑克牌	值	扑克牌	值
黑桃 A	0	红心 A	13	梅花 A	26	方块 A	39	小王	52
黑桃 2	1	红心 2	14	梅花 2	27	方块 2	40	大王	53
黑桃 3	2	红心 3	15	梅花 3	28	方块 3	41		
黑桃 4	3	红心 4	16	梅花 4	29	方块 4	42		
黑桃 5	4	红心 5	17	梅花 5	30	方块 5	43		
黑桃 6	5	红心 6	18	梅花 6	31	方块 6	44		
黑桃 7	6	红心 7	19	梅花 7	32	方块 7	45		
黑桃 8	7	红心 8	20	梅花 8	33	方块 8	46		
黑桃 9	8	红心 9	21	梅花 9	34	方块 9	47		
黑桃 10	9	红心 10	22	梅花 10	35	方块 10	48		
黑桃 J	10	红心 J	23	梅花 J	36	方块 J	49		
黑桃 Q	11	红心 Q	24	梅花 Q	37	方块 Q	50		
黑桃 K	12	红心 K	25	梅花 K	38	方块 K	51		

给定一个 int 型数组 poker[ ]用来存放 54 张牌的编码。初始时 poke[i]的值等于 i，i=0,1,2, …, 53。此初始状态表示游戏开始时扑克牌是有序的。

输入： 无输入。

输出： 输出洗牌前与洗牌后的结果。输出格式要求如下：共输出两次，洗牌前与洗牌后

各输出一次。两次输出之间有空行。每次输出占 5 行，每行输出 11 张牌，每列输出为 7 个英文字符宽度（一个中文字符宽度=两个英文字符宽度），靠左对齐。

输入举例：无输入。

输出举例：如下所示。

```
黑桃A  黑桃2  黑桃3  黑桃4  黑桃5  黑桃6  黑桃7  黑桃8  黑桃9  黑桃10 黑桃J
黑桃Q  黑桃K  红心A  红心2  红心3  红心4  红心5  红心6  红心7  红心8  红心9
红心10 红心J  红心Q  红心K  梅花A  梅花2  梅花3  梅花4  梅花5  梅花6  梅花7
梅花8  梅花9  梅花10 梅花J  梅花Q  梅花K  方块A  方块2  方块3  方块4  方块5
方块6  方块7  方块8  方块9  方块10 方块J  方块Q  方块K  小王   大王

黑桃K  红心Q  黑桃6  方块7  梅花3  梅花K  红心8  黑桃7  红心7  方块5  梅花6
梅花8  黑桃Q  梅花10 红心2  黑桃10 方块K  梅花7  梅花J  红心J  红心9  小王
方块J  黑桃9  红心3  梅花A  方块10 黑桃2  方块A  红心5  黑桃5  方块4  方块2
梅花5  黑桃3  大王   方块3  梅花9  方块Q  黑桃J  黑桃8  方块8  梅花Q  黑桃4
红心K  梅花2  红心10 红心A  梅花4  方块9  红心4  方块6  黑桃A  红心6
```

分析：

（1）如何实现洗牌？此编程任务中，洗牌的本质是将数组 poker[]中存放的 54 个整数随机地打乱顺序。因此，可以利用库函数中的伪随机数生成函数 rand( )，它返回取值范围在[0,32767]之间的无符号整数，取值服从均匀分布。

洗牌算法：对 poker[ ]数组元素执行足够多次（具体次数可根据洗牌效果调整，在此程序中取 1000 次）随机对调操作即可。也就是说，随机地在区间[0,53]取两个不相同的整数 i 和 j，然后交换 poker[i]与 poker[j]的值。

（2）如何按要求输出？为了简化输出，在此将表示扑克牌的 4 种花色的字符串常量存放在二维字符数组 faceType[][]中，那么 faceType[0]表示黑桃、faceType[1]表示红心、faceType[2]表示梅花、faceType[2]表示方块。

与之类似，对于牌的点数“A,2,3,4,5,6,7,8,9,10,J,Q,K”用同样的方式处理，如图 5.83 所示。

faceType 数组

faceType[0]	黑桃'\0'
faceType[1]	红心'\0'
faceType[2]	梅花'\0'
faceType[3]	方块'\0'

facePoint 数组

facePoint[0]	A'\0'
facePoint[1]	2'\0'
facePoint[2]	3'\0'
facePoint[3]	4'\0'
facePoint[4]	5'\0'
facePoint[5]	6'\0'
facePoint[6]	7'\0'
facePoint[7]	8'\0'
facePoint[8]	9'\0'
facePoint[9]	10'\0'
facePoint[10]	J'\0'
facePoint[11]	Q'\0'
facePoint[12]	K'\0'

图 5.83　牌面和牌点数数组

（3）利用函数实现模块化设计：显然，洗牌和输出是两个相对独立的接口清晰的功能单元，并且输出需要在洗牌前和洗牌后各执行一次，实现“输出”功能的代码具有可重用性。因此，将洗牌和输出分别设计成两个函数。代码如程序 5.95、程序 5.96、程序 5.97 所示，结果如运行结果 5.12 所示。

```c
#include <stdio.h>
char faceType [4][5]=
      {"黑桃","红心","梅花","方块"};
char facePoint [13][3]=
      {"A","2","3","4","5","6","7",
       "8","9","10","J","Q","K" };

void showPoker(int pk[]) {
      //请完成此函数代码
}
void shuffle(int pk[]) {
      //请完成此函数代码
}

int main( ) {
      int poker[54],i;
      for(i=0; i<54; i++)
            poker[i]=i;
      showPoker(poker);
      shuffle(poker);
      showPoker(poker);
      return 0;
}
```

扑克牌花色的 faceType 数组有 4 行，每行容纳 5 个字符，因为 2 个中文字符需要占用 4 个英文字符空间，并在字符串常量的最末尾有 1 个“空字符\0”。在 showPoker( )将读取 faceType[i]对应的字符串。

扑克牌点数的 facePoint 数组有 13 行，每行容纳 3 个字符，因为最长字符串“10”有 2 个字符，并在字符串常量的最末尾有 1 个“空字符\0”。在 showPoker( )将读取 faceType[i]对应的字符串。

此函数的功能为：按照指定的格式要求，输出 pk 数组中 54 张牌。

此函数的功能为：随机打乱 pk[]数组中元素的顺序。

定义了可以存放 54 张牌扑克牌编码的 int 型数组。

初始时，将 54 张扑克牌的编码从 0 到 53 顺序存放在数组元素 poker[0]到 poker[53]中。

洗牌前调用 showPoker( )函数，将数组 poker 中的 54 张牌按格式要求输出。

调用函数 shuffle( )，对数组 poker 中的元素随机打乱，实现洗牌。洗牌的结果保存在 poker 数组中。

洗牌后再次调用 showPoker( )函数，将数组 poker 中的 54 张牌按格式要求输出。

程序 5.95

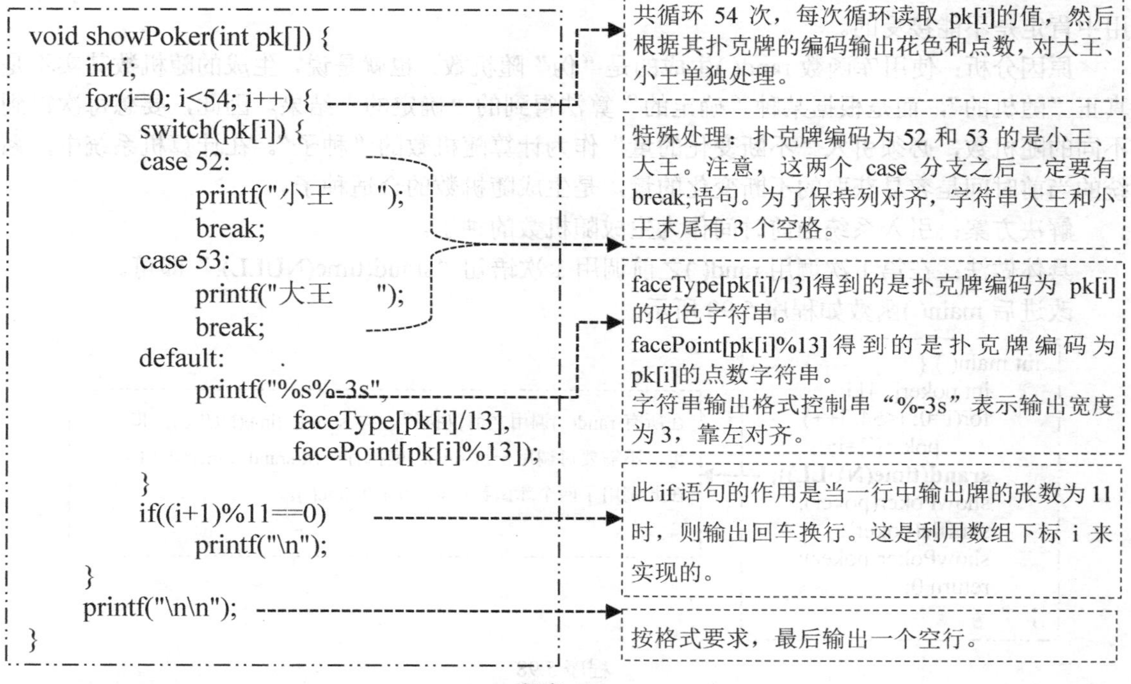

程序 5.96

```
void shuffle(int pk[]) {
    int i,j,k,t;
    for(k=0 ; k<1000 ;   )
    {
        i=rand( )%54;
        j=rand( )%54;
        if(i==j)
            continue;

        t=pk[i];
        pk[i]=pk[j];
        pk[j]=t;
        k++;
    }
}
```

共循环的目的是执行 1000 次 pk[i]与 pk[j]的对调。这个对调次数可以根据实际洗牌效果调整。
注意，for循环头的第2个分号后为空表达式，但是分号不能省。

利用 rand( )函数和取余运算符，确保得到的随机数取值范围为[0,53]。

如果取到的随机数 i 与 j 相同，则跳过此后循环体中的语句（即交换和计数），重新获取随机数，直到获取到不相同的 i 和 j。这样确保交换两个不相同牌的次数为 1000 次。但是循环次数可能远远大于 1000。

即交换 pk[i]和 pk[j]和 k 计数。
注意，此处 k++不能放在 for 循环头的第 3 部分处，如果放在此处，则循环仅执行 1000 次，那么实际交换次数可能远低于 1000 次。

程序 5.97

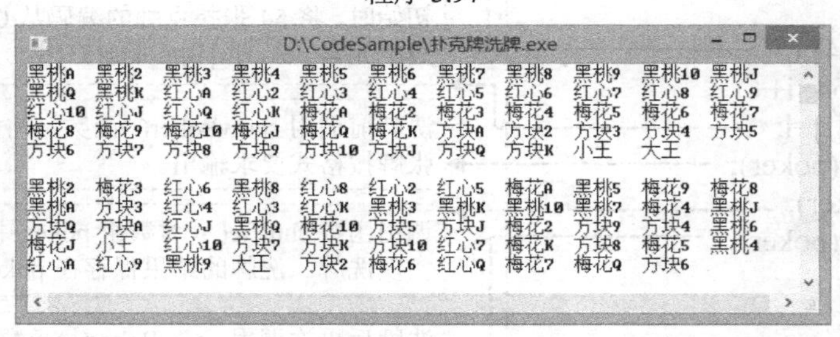

运行结果 5.12

存在的问题及解决方案：

存在的问题：先后多次运行程序会发现，得到的洗牌结果竟然是一模一样的！这在实际应用中肯定是不能接受的。

原因分析：使用库函数 rand( )生成的是“伪”随机数，也就是说，生成的随机数其实不是真正“随机的”，而是根据某种“确定的”算法得到的“确定的”结果。因此，要想每次得到不同的随机数，必须引入“不断变化的量”作为计算随机数的“种子”。在计算机系统中，系统的当前时间是容易获取的不断变化的量，是生成随机数的合适种子。

解决方案：引入系统当前时间作为生成随机数的种子。

具体做法：在第 1 次调用 rand( )之前调用 1 次语句“srand(time(NULL);”即可。

改进后 main( )函数如程序 5.98 所示。

```
int main( ) {
    int poker[54],i;
    for(i=0; i<54; i++)
        poker[i]=i;
    srand(time(NULL));
    showPoker(poker);
    shuffle(poker);
    showPoker(poker);
    return 0;
}
```

在所有 rand( )调用之前仅执行一次 srand(time(NULL)); 即可，不需要每调用一次 rand( )就执行一次 srand(time(NULL));。在此调用了两个库函数：srand( )和 time( )。

程序 5.98

思考题：

（1）微信红包的随机金额。给定金额和给定红包个数，随机分配每个红包的金额，当然，每个红包至少发 1 分钱。

（2）利用 rand( )如何生成在给定区间[a,b]内的随机数。其中，a 和 b 均为整数，0≤a<b≤32767。

（3）如果所需的随机数大于 rand( )函数能够生成的最大随机数 32767 时，怎么办？

5.9.4 库函数

此前的编程实践表明，某些经常使用的函数，如 scanf( )、printf( )、sqrt( )、strcmp( )等，C 语言已经将一些函数作为“现成的软构件”组织成函数库以供使用。函数库中的函数称为库函数。

函数库的构建在软件工程中有重要意义。

软件工程中，利用库函数可以快速地构建新系统、完成新任务。新系统中得到的新成果可以再次被自己或他人利用，如此往复，成果被不断积累。人类的文明和进步是传承和发扬了历史文化遗产。人们不断利用积累的已有成果，创造出新成果，新成果又会成为新的积累，这样反复迭代，为人类文明的进步创造了更好的条件。这正是当今人类文明发展到如今程度的重要原因。

在软件工程中，程序设计任务的完成也采用了类似的方式，利用已经编写完成并经过严格测试的具有一定功能的代码块——函数或类。这些函数或类就是已有的成果，当我们开发新的软件系统时，可以利用这些已有的成果来构建新的系统，这样我们开发新系统的工作则更加快速、高效、可靠。

我们设计程序往往不是从零开始的，而是在前人的积累和取得的成就基础上开始工作的，这就是代码的复用。C 语言中代码复用的单位是函数。很多具有一定功能的函数组织在一起，构成函数库。

函数库是软件工程中实现代码可重用的基本单元。在软件工程中，可重用级别更高单元的有“类”、“框架”。类=函数+结构体。框架：某种类型的软件框架。

常用库函数列表参见附录（扫描前言中的二维码）。

5.9.5 初谈提高程序效率

我们在设计程序时，首要的任务当然是能够实现指定功能。但是，如果实现同样的功能，使用不同的算法或代码写法，程序运行的时间效率（运行速度快）和空间效率（占用内存少）可能相差甚远。

常见的提高程序效率的策略有：减少循环的次数、减少函数调用次数、减少费时操作次数、减少重复计算、设计高效率的算法、用空间换时间或者用时间换空间。

编程任务 5.23：素数有多少

任务描述：给定的区间[2,n]，求其中有素数的个数。

输入：第一行包含一个整数（1≤k≤100000），表示测试用例的个数。输入一个整数 n（1≤n≤1000000）。

输出：每个测试用例输出一行，输出区间[2,n]中素数的个数。

输入举例：

3

10

20

30

输出举例：

4

8

10

分析：因为本问题中提问次数最大为 10 万次，每次问到的最大范围为[2,1000000]次，因此必须注意提高程序的效率，谨防运行时间太长。

如何提高程序运行的时间效率呢？程序的运行效率与循环直接相关。因此提高程序的途径有 3 条。

途径 1：减少循环的次数，如改变算法。

途径 2：减少每次循环的时间。循环中避免重复地调用函数进行计算。

途径 3：减少重复计算。可将已经计算得到的结果保存，下次需要此结果时，不再计算，直接从 3 保存的结果取出即可。对此问题可用制表法。编制数学用表，使用时直接查表。编制表格只需操作 1 次，查表是反复操作。因此可以节省运行时间。否则，每次都反复计算，反而耗费更多时间。

具体做法如下。

（1）为了减少重复计算，利用先计算表格，然后查表的方式解决。即“一次计算，多次查询”。也就是说，首先，生成不超过 n 的素数个数的表，存放在数组 a[ ]中，a[k]的值表示不超过 k 的素数的个数。下次当需要计算区间[2,k]中素数个数，直接根据此表回答结果即可。

（2）尽量提高“素性测试”的效率。减少循环次数，或者使用素数筛方法。

（3）判断 n 是否存在因子的循环，如果写成如下形式；

```
for( i=2;i<sqrt(n); i++){      ……      }
```

这个循环的效率比较低，因为每循环一次都需要重新计算 n 的平方根，其实这个计算只需要做一次。因此以上循环可以改成如下形式，提高了运行效率。

```
int gen=sqrt(n);      for( i=2; i<=gen; i++ ){      ……      }
```

记录素数个数的表用数组存储，填表过程如图 5.84 所示。

说明：（1）a[n]的值的含义为区间[2,n]中素数的个数。

（2）判断 n 是否为素数时，用 1 表示素数，0 表示不是素数。

n	n是素数吗？	a[n]的值		说明
			a[0]	这个元素空置不用
			a[1]	这个元素空置不用
2		1	a[2]	此为初始值，n为2时，2至2之间共有1个素数
3	1	2	a[3]	n=3为素数，执行a[3]←a[2]+1，表示[2,3]之间素数个数等于[2,2]之间素数个数+1
4	0	2	a[4]	n=4为合数，执行a[4]←a[3]+0，表示[2,4]之间素数个数等于[2,3]之间素数个数+0
5	1	3	a[5]	n=5为素数，执行a[5]←a[4]+1，表示[2,5]之间素数个数等于[2,4]之间素数个数+1
6	0	3	a[6]	n=6为合数，执行a[6]←a[5]+0，表示[2,6]之间素数个数等于[2,5]之间素数个数+0
7	1	4	a[7]	n=7为素数，执行a[7]←a[6]+1，表示[2,7]之间素数个数等于[2,6]之间素数个数+1
8	0	4	a[8]	n=8为合数，执行a[8]←a[7]+0，表示[2,8]之间素数个数等于[2,7]之间素数个数+0
9	0	4	a[9]	n=9为合数，执行a[9]←a[8]+0，表示[2,9]之间素数个数等于[2,8]之间素数个数+0
10	0	4	a[10]	n=10为合数，执行a[10]←a[9]+0，表示[2,10]之间素数个数等于[2,9]之间素数个数+0

图 5.84　填表的过程

实现本任务的主函数部分的代码如程序 5.99 所示。但是，对完成填表功能的函数 mkTab( ) 有多种实现方式。

```
#include<stdio.h>
#include <math.h>
int a[1000001];

void mkTab( );

int main( ) {
    int cases,n;
    mkTab();
    scanf("%d",&cases);
    while(cases--) {
        scanf("%d",&n);
        printf("%d\n",a[n]);
    }
    return 0;
}
```

a[ ]为全局数组，以便所有函数不用传递参数就能访问。

mkTab( )函数的声明，其调用处在 main( )函数内部，其实现部分在 main( )函数之后。

在此调用 mkTab( )函数，完成制表任务。结果在数组 a[ ] 中，a[n]的值就是区间[2,n]中素数的个数。利用制表减少了重复计算，从而提供了程序的效率。

直接访问数组 a[ ]，a[n]中存储的值就是结果，输出即可。

程序 5.99

实现方法 1：程序 5.100、程序 5.101 将素数判断的因子用试除法和制表法相结合。

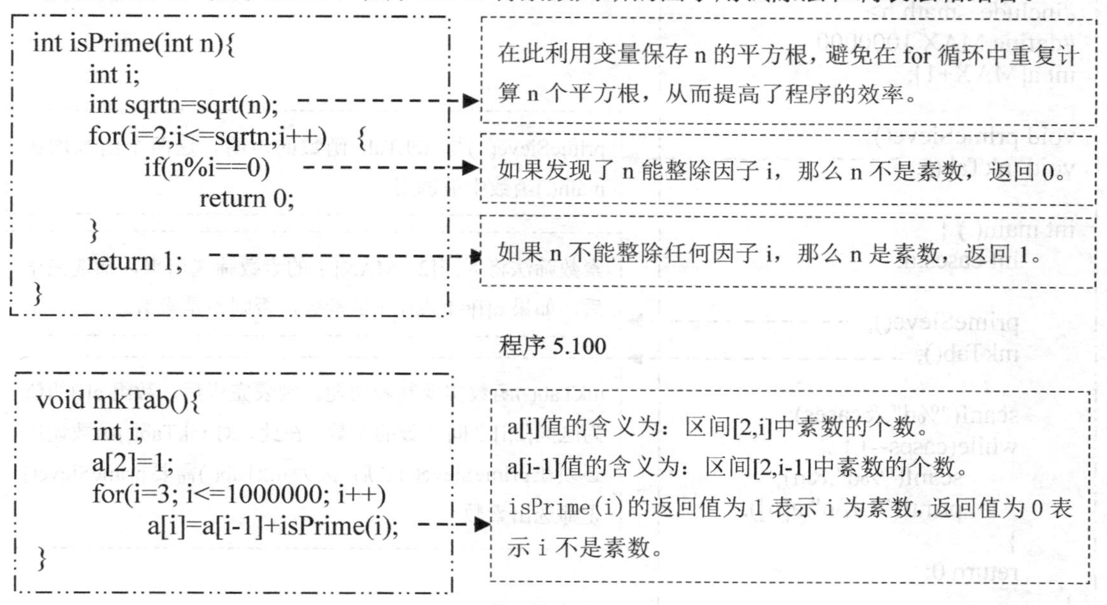

```
int isPrime(int n){
    int i;
    int sqrtn=sqrt(n);
    for(i=2;i<=sqrtn;i++)  {
        if(n%i==0)
            return 0;
    }
    return 1;
}
```

在此利用变量保存 n 的平方根，避免在 for 循环中重复计算 n 个平方根，从而提高了程序的效率。

如果发现了 n 能整除因子 i，那么 n 不是素数，返回 0。

如果 n 不能整除任何因子 i，那么 n 是素数，返回 1。

程序 5.100

```
void mkTab(){
    int i;
    a[2]=1;
    for(i=3; i<=1000000; i++)
        a[i]=a[i-1]+isPrime(i);
}
```

a[i]值的含义为：区间[2,i]中素数的个数。
a[i-1]值的含义为：区间[2,i-1]中素数的个数。
isPrime(i)的返回值为 1 表示 i 为素数，返回值为 0 表示 i 不是素数。

程序 5.101

实现方法 2：素数筛法和制表法相结合。素数筛法的计算过程如图 5.85 所示。
程序主体部分如程序 5.102 所示。

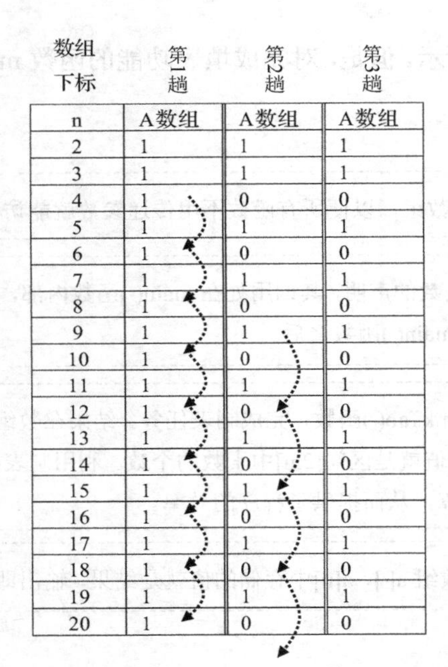

数组下标	第一趟	第二趟	第三趟
n	A数组	A数组	A数组
2	1	1	1
3	1	1	1
4	1	0	0
5	1	1	1
6	1	0	0
7	1	1	1
8	1	0	0
9	1	1	1
10	1	0	0
11	1	1	1
12	1	0	0
13	1	1	1
14	1	0	0
15	1	1	1
16	1	0	0
17	1	1	1
18	1	0	0
19	1	1	1
20	1	0	0

素数筛：
第 1 趟：步长为 2，起点为 2*2，直至终点。
第 2 趟：步长为 3，起点为 3*3，直至终点
第 3 趟：步长为 5，起点为 5*5，直至终点

图 5.85　素数筛法的过程示意图

```
#include<stdio.h>
#include <math.h>
#define MAX 1000000
int a[MAX+1];

void primeSieve();
void mkTab();

int main( ) {
    int cases,n;

    primeSieve();
    mkTab();

    scanf("%d",&cases);
    while(cases--) {
        scanf("%d",&n);
        printf("%d\n",a[n]);
    }
    return 0;
}
```

primeSieve( )与 mkTab 函数的声明。这两个函数均在 main( )函数中被调用。

素数筛法将区间[2 , MAX]中的素数筛选出来，筛选完毕后，如果 a[i]=1 表示 i 是素数，否则不是素数。

mkTab( )函数实现制表功能。制表完毕后，数组 a[i]的值为区间[2,i]之间素数的个数。在此，对 mkTab( )函数调用必须在 primeSieve( )之后，因为 mkTab( )需要 primeSieve() 先筛选出素数。

程序 5.102

如程序 5.103 所示，素数筛法将区间[2,MAX]中的素数筛选出来，筛选完毕后，如果 a[i]=1 表示 i 是素数，否则不是素数。

```
void primeSieve() {
    int i,j;
    for(i=0;i<MAX+1;i++)
        a[i]=1;
    int sqrtMax=sqrt(MAX);
    for(i=2; i<=sqrtMax; i++) {
        if(a[i]==0)
            continue;
        for(j=i*i; j<=MAX; j+=i )
            a[j]=0;
    }
}
```

将所有 a[ ]元素值初始化为 1，即默认每个整数都是素数。

如果 i 不是素数则不用做任何处理，直接跳过。

如果 i 是素数则将所有 i 的倍数都不是素数。注意，这里 j 的起点是 i*i，而不是 2*i，想想为什么 j 的循环起点为 i 的平方，结果仍然正确？这样写的好处在哪儿？

程序 5.103

如程序 5.104 所示，mkTab( )函数实现制表功能。制表完毕后，数组 a[i]的值为区间[2,i]之间素数的个数。

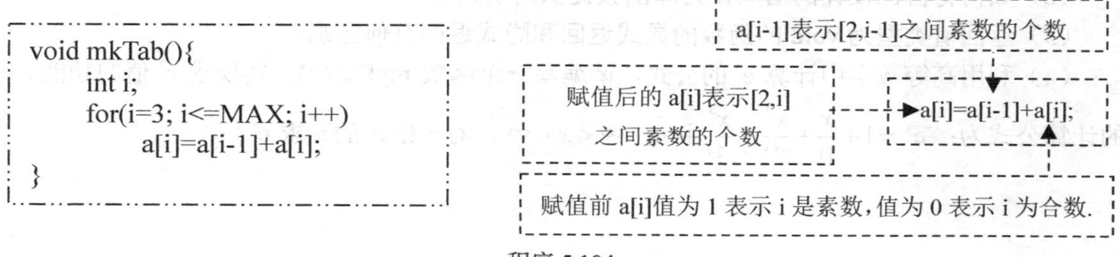

程序 5.104

通过本编程任务的程序设计，不难体会到：即使是完成同样任务的函数也有多种实现方式；函数的设计是根据实际应用的需要来定的。

知识拓展：（如果对此部分内容感兴趣，请扫描二维码）

1．本章综合应用实例。

2．深入理解函数的概念。

本章小结

1．函数是程序设计的重要概念。它是“功能明确、边界清晰、相对独立、方便重用的代码模块”，是模块化程序设计的基石，是最小的代码重用单元。

2．库函数为我们提供了常用的功能模块，可以拿来就用。

3．我们可以自己设计函数为自己所用或提供给他人使用。能按照实现编程任务所需的功能设计新函数是必须掌握的程序设计重要技能。

4．函数的定义即函数的实现，即实现函数功能的具体代码。

5．函数的调用是指函数代码的一次实际执行。执行过程包括一系列动作：参数传递、调用栈的压栈、局部变量的内存分配、执行函数内代码、函数返回、返回值的获得、局部变量内存的释放、调用栈的出栈等。

6．函数的声明是为了使函数的定义代码能写在函数的调用之后。

7．自己调用自己的函数为递归函数。具有自相似性的问题适用递归函数表达。

8．函数的返回值是函数调用结束，返回到主调函数时所带回的值。一次函数调用只能带回 0 个或 1 个返回值。

9．实际参数为调用函数是传递给函数的参数。形式参数是函数定义时参数列表中的参数。实参和形参是独立的，仅仅只有在传值时由实参向形参赋值，此外无任何牵连。

10．参数传递个规则：只能由实参向形参单向传递；实参和形参必须一一对应。

11．函数之间可以形成复杂的调用关系。返回时按调用的路径原路返回。

常见错误：

（1）分不清函数声明、函数定义与函数调用的区别。

（2）在函数头的末尾添加分号，导致函数定义的两部分被割裂，即函数头与函数体被分离。

（3）函数名的命名违反标识符命名规则或者与已有库函数名冲突。

思考题：

（1）你认为函数在软件工程中有何重要意义？

（2）如何将自己设计的函数作为库函数提供给别人使用？

（3）返回值类型为 void 的函数的显式返回和隐式返回有何区别？

（4）利用高等数学中计算 e^x 的公式，请编写一个函数 myExp(x)，实现求 e^x 值的功能。e^x 的计算公式为：$e^x = 1 + \frac{x}{1!} + \frac{x^2}{2!} + \frac{x^3}{3!} + \cdots, -\infty < x < \infty$，对于给定的 x 求 e^x。

第 6 章　内存间接访问之神器——指针

C 语言的指针赋予了 C 语言强大的内存间接访问能力，这是很多譬如 Java、C#、Python 等高级语言所不具备的。因此，C 语言能很好地满足系统软件或需要与底层硬件打交道的编程需要，如操作系统的设计、各种硬件设备驱动程序的设计、单片机或嵌入式系统程序的设计。那么，为什么需要指针？或者说，什么情况下需要指针？

C 语言中，必须用指针才能实现特定任务或要求的应用场合如下。

- 被调函数需要读/写主调函数中的一组数据，而不是一个数据。
- 动态内存的分配、访问和释放。
- 构建复杂数据结构。例如，链表（见本书第 7 章）、二叉树、图（见算法或数据结构相关资料）等。
- 通过指针访问文件（见本书第 8 章）。

因此，指针在 C 语言中有重要的地位。

什么是“指针”？计算机里面真的有一根“铁针”吗？

非也，在 C 语言中，指针是一个与内存地址紧密联系的概念。

“指针”可有两种含义：

（1）“指针”即内存地址本身，如“指针数组”、“指针作为函数参数”。

（2）“指针”是存放内存地址的变量，即指针变量。

如图 6.1 所示，变量 b 中存放了变量 a 的内存地址，则称 b 为指针变量。

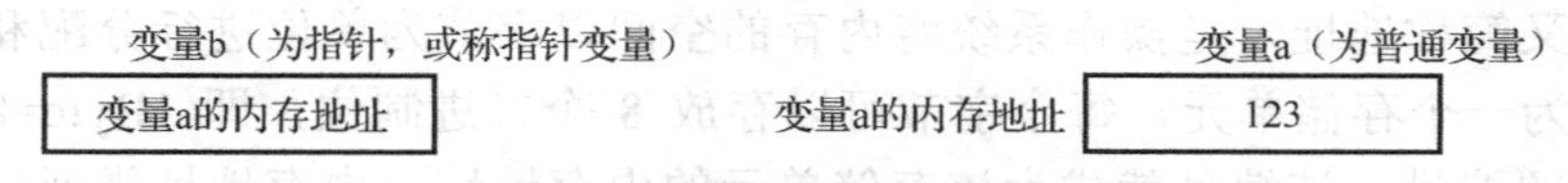

图 6.1　指针变量尚未指向被指变量时的情形

当我们不关心变量 a 的内存地址的具体值，只关心 a 和 b 两者之间的指向关系时，图 6.1 可化简得到图 6.2。从图 6.2 中，容易看出，b“指向”a，容易理解“指针”是指向关系的形象比喻。具体到变量 a、b 来说，是存放有内存地址的变量 b（也称为指针变量）与存放在该地址处的变量 a 之间的指向关系的比喻。

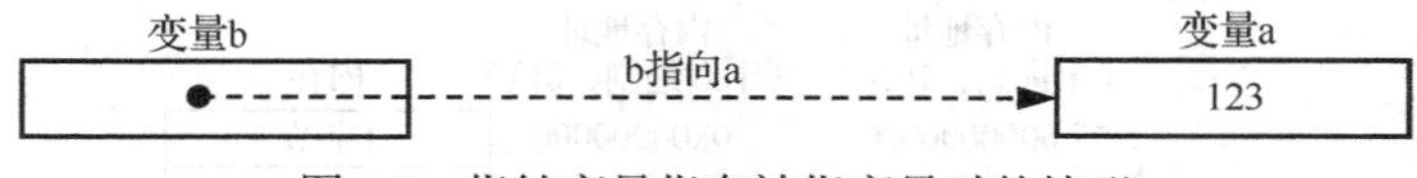

图 6.2　指针变量指向被指变量时的情形

地址、指针、指针变量之间的概念区别并不重要，关键是在程序设计中能理解和运用指针。

本章内容对于深入理解 C++、Java、C#、JavaScript 等程序设计语言中的“引用”的概念至关重要。虽然在 Java、C#、JavaScript 等程序设计语言中没有“指针”，但是与“指针”概念密切相关的间接访问机制却是幕后英雄。

6.1 深入理解内存地址

为了能很好地理解指针的相关概念，必须先深入理解内存地址的概念。

6.1.1 内存是什么

计算机的存储器用来存储数据，按性能特点和用途分为内存和外存。

（1）内存即内部存储器，用来存放当前正在执行的程序和数据，也就是说，程序和数据必须载入内存后才能真正运行。关机或断电后内存数据会丢失，内存的数据容量小，单位字节价格较高，读/写速度快。内存最常见的物理形态是内存条，如图 6.3 所示。

图 6.3 台式计算机的内存条

（2）外存即外部存储器，通常是磁性介质、闪存介质或光盘等，能长期保存信息，数据容量大，单位字节价格便宜，读/写速度慢。外存常见的物质形态为机械硬盘、SSD 盘、U 盘、光盘、各种存储卡（如 SD 卡、CF 卡）等。

6.1.2 什么是内存地址

内存地址又简称地址，是操作系统将内存的空间以字节为单位进行分配和管理，每个字节（Byte）为一个存储单元，每个字节可以存放 8 个二进制位，即 1Byte=8bit。每个存储单元有唯一的编号，该编号就成为该存储单元的内存地址。内存地址类似于宾馆的房间编号。

如图 6.4 所示，内存地址的编号从 0 开始。如果用 32bit（32 个二进制位）表示内存地址，那么能编码内存地址空间大小为 2^{32}=4GB=4294967296 ≈ 4×10^9B。此时，最小的内存地址为 0，最大的内存地址为 4294967295。其中，0x********开头的数字为十六进制表示。由于十六进制表示与二进制之间转换的方便性，地址通常采用十六进制表示。

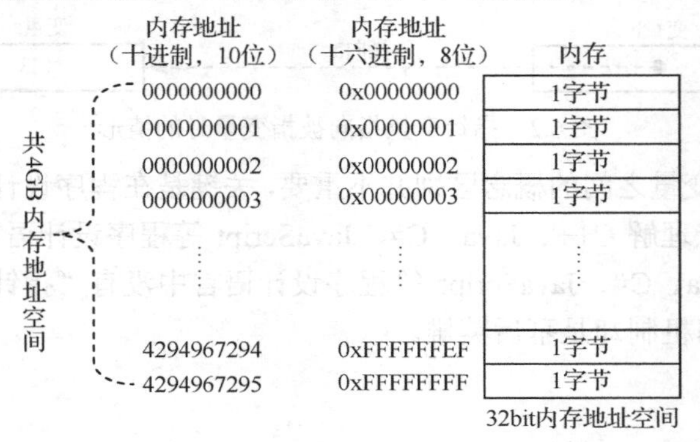

图 6.4 内存空间与内存地址示意图

需要注意的是，计算机的内存单元最小单位是 bit，即二进制的 1 位，但是内存的基本单位是字节（Byte）。也就是说，对内存中数据的运算可以深入到每个 bit（参见“位运算”），但是对内存的存取、分配、编址是以字节为单位的。

通常情况下，程序中的数据在程序代码中形式上体现为常量、变量、数组。

（1）整型常量和浮点型常量、字符型常量通常作为指令的立即数，不需要关心它在内存中如何存放，但代码中形如”I am a student.”字符串常量例外，字符串常量在 C 语言中当作普通字符数组处理。

（2）在程序运行时，程序中的变量和数组需要分配内存空间。所需空间大小取决于变量的数据类型和数组元素个数。

程序运行时，C 语言的源代码都将转换为机器指令被计算机执行。因此，在机器层面上，理解计算机对数据的读/写操作，都是根据变量或数组的地址进行操作的。而在“人类（程序员）”层面上，理解数据的读/写操作，是根据变量的名字来操作的。

我们的每个程序都在使用内存，为什么就不用关心内存地址呢？

在前面的程序中，我们通过变量使用内存空间，因为变量名比内存编号好记、好用得多。C 语言程序经过编译和连接后，建立了变量名与存储空间的对应关系，所以不用关心某个变量具体存放在编号为多少的内存单元中。即使是指针变量，我们在应用程序的层面上，也可以不用关心变量的具体内存地址，只需要关心指针变量与要操纵的目标数据之间的指向关系即可。

程序中的每个变量存储在计算机中都对应内存中一定的存储空间，一个变量占用存储空间的大小就是内存中存储该变量所需的字节数。例如，char 型变量需占用 1 字节的内存空间，int 型变量占用 4 字节。

C 语言**运算符 sizeof** 用来获得变量或数组占用内存大小，单位为字节（Byte）。用法如下。

sizeof (类型名)　或者　sizeof (变量名|数组名)　或者　sizeof 变量名|数组名

需要注意的是，sizeof 是 C 语言的单目运算符，并非函数。

变量的地址：变量所占内存单元首地址作为变量的地址。

获得变量地址：通过 C 语言的取地址运算符&，表达式“&变量名”为取变量名对应的变量地址。

通过程序 6.1 及运行结果 6.1 可知：

（1）如何利用 sizeof 运算符得到不同数据类型的变量所占内存空间大小。

（2）如何利用取地址运算符&得到变量地址。

（2）数组所需要内存空间的分配情况。

知识拓展：

换个角度来说，计算机语言（如 C 语言、Java 语言、Python 语言、C#语言等）是既便于人类编写和理解（接近人类的自然语言），又能被准确无误地转化为机器指令（机器语言、机器指令）的一门语言，它是连通“机器世界”与“人类世界”的中间桥梁。

编程时，要求我们“既要知其然（我们要理解代码的意图），又要知其所以然（我们要理解代码在机器层面上的运行机制）”。

图 6.5 展示了每个基本数据类型的变量占用的内存空间位置和大小。

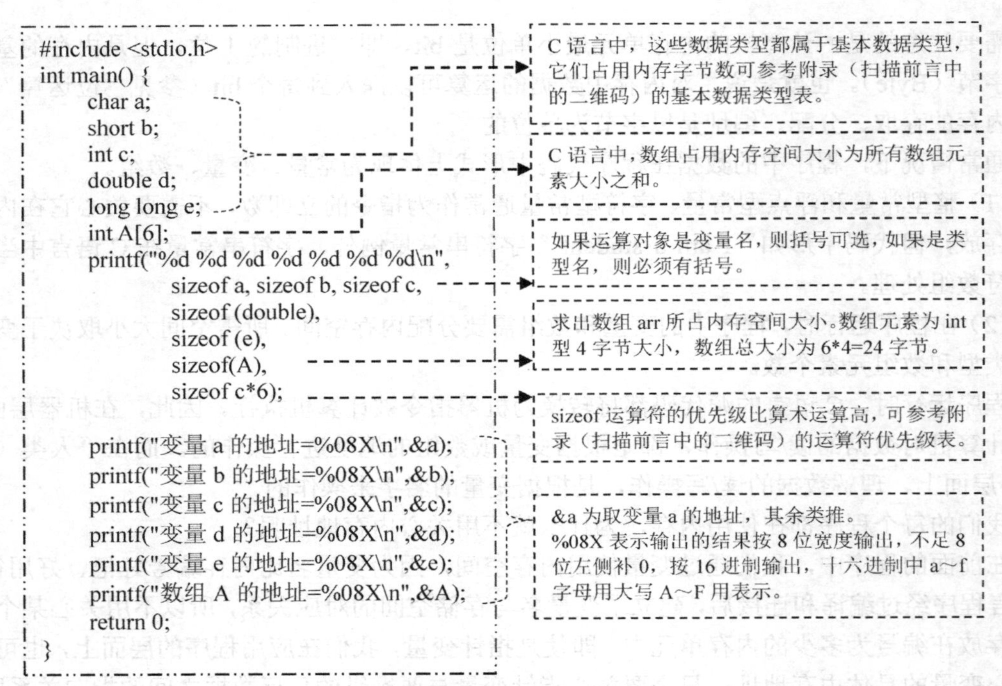

程序 6.1

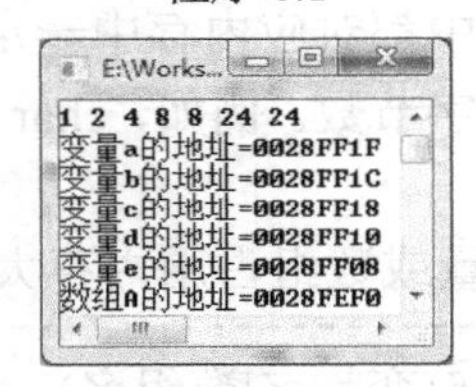

运行结果 6.1

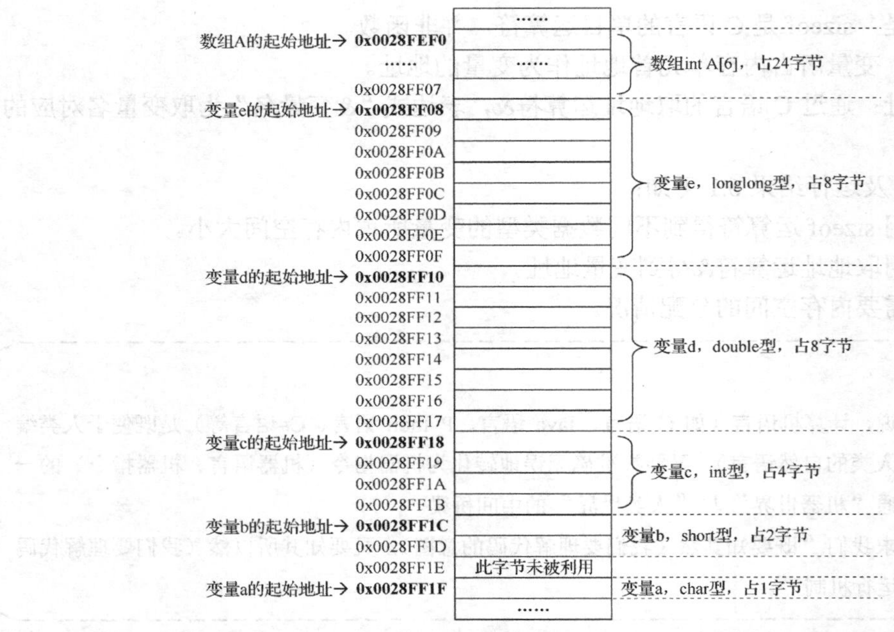

图 6.5　每个基本数据类型的变量占用的内存空间位置和大小

观察以上变量和数组的内存空间分配情况，不难得出以下结论。

（1）如果变量数据的存储需要多个字节，这些字节的内存地址必须是连续的。

（2）数组的存储通常需要占用多个字节，这些字节的内存地址必须是连续的。这是数组元素能够通过“起始地址+偏移量”方式访问前提条件。这可参考“指针与数组”中的相关内容。

拓展与探索：

从 32 位变化为 64 位，使计算机在操作系统、程序设计、应用领域等方面发生质的飞跃。地址空间从 2^{32} 将提升到 2^{64}，是 32 位系统地址空间的 4G 倍！有兴趣的读者，可查阅有关 32 位与 64 位操作系统的区别和 64 位应用程序设计方面的知识。

计算机系统的发展史上曾经历了 16 位硬件和 16 位操作系统时代，地址空间大小仅有 2^{16}=64KB，系统的功能十分受限，它与 32 位或 64 位系统不可同日而语。

6.2 间接访问与直接访问

指针对被指数据的访问方式为间接访问。为此，我们要清楚，程序对内存数据的访问有两种方式。

（1）直接访问方式：执行写操作时，如给变量赋值，是直接将值放到变量对应的存储空间；执行读操作时，直接从变量对应的存储空间读取已经存放在其中的数据。

（2）间接访问方式：执行写操作时，如通过指针变量给它所指向的存储空间赋值，是首先将指针变量的值读取出来，此值为某内存单元的起始地址，然后，根据这个内存地址找到对应的存储单元，在将待赋的值放到变量对应的存储空间；执行读操作时，直接从变量对应的存储空间读取已经存放在其中的数据。间接访问方式为计算机中数据访问和组织提供了高度灵活性。

直接访问和间接访问在程序中如何体现，示例代码及结果如程序 6.2 所示。

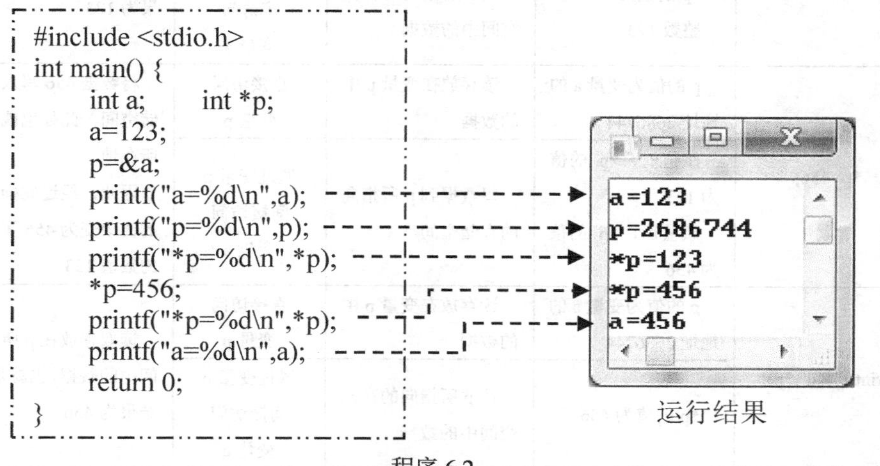

程序 6.2

对于形如“int a;”的表达式，定义了变量 a，我们可以理解为变量 a 是存放 int 型数据的容器。在程序代码中，通过变量名 a 可以直接读取到变量的值，如 printf("%d",a);。同样通过对变量名 a 赋值，就能将值存放到变量 a 中，如 a=123。因此，我们对变量名 a 的访问，等同于对变量 a 的值的访问。也就是说，从程序代码的角度看，变量名和变量值之间是直接关联的。因此这种对变量的访问称为**直接访问**。

对于形如“int *p;”的表达式，定义了指针变量 p。然后，经过“p=&a;”语句，使 p 中存放了变量 a 的地址；最后可以通过对*p 赋值，来改变 p 中地址值对应的存储空间中值，如*p=456；或者，利用*p 来读取 p 中的地址值对应的存储空间中的值，如 printf("%d",*p)。总之，通过*p 存取的数据实际上就是存取变量 a 的数据。我们通过变量 p 间接地存取了变量 a 的值，这称为**间接访问**。

表 6.1 对程序 6.2 进行了详细解读，对比了直接访问和间接访问，请注意两者的区别和联系。

表 6.1 示例程序详解

执行顺序	代码	程序运行至此时变量的值	操作	访问方式	解释
	int a;	a 的值未初始化	定义变量 a		定义普通变量 a
	int *p;	p 的值未初始化	定义变量 p		定义指针变量 p
	a=123;	a 的值整数 123	写数据到变量 a	直接访问变量 a	写数据到变量 a 对应的存储空间
↓	p=&a;	p 的值为变量 a 的地址 2686744	写数据到变量 p	直接访问变量 p	将变量 a 的地址值写入变量 p
	printf("%d",a);	a 的值为 123	读存放在变量 a 中数据	直接访问变量 a	读取变量 a 对应的存储空间中的数据，然后输出。
↓	printf("%d",p);	p 的值为变量 a 的地址 2686744	读存放在 p 中的数据	直接访问变量 p	读取存放在 p 中数据，也就是变量 a 的地址值
	printf("%d",*p);	p 的值为变量 a 的地址 2686744	读存放在变量 p 中的数据	直接访问变量 p	读取 p 中地址对应存储空间中的数据，也就是变量 a 的值，结果为 123
↓		*p 的值为整数 123	读 p 所指向的存储空间中的数据	通过变量 p 间接访问变量 a	
	*p=456;	p 的值为变量 a 的地址 2686744	读存放在变量 p 中的数据	直接访问变量 p	将数据 456 写入 p 所指向的存储空间，此处也就是变量 a 数据所在地。 因此，经过此操作后，变量 a 的值改变为 456 了，覆盖了原来的数值 123
↓		赋值前，*p 的值为 123， 赋值后，*p 的值为 456	写数据到 p 所指向的存储空间	通过变量 p 间接访问变量 a	
↓	printf("%d",*p);	p 的值为变量 a 的地址 2686744	读存放在变量 p 中的数据	直接访问变量 p	读取存放在 p 所指向的存储空间中的数据，也就是变量 a 的值，结果为 456
		*p 的值为 456	读 p 所指向的存储空间中的数据	通过变量 p 间接访问变量 a	
	printf("%d",a);	a 的值为 456	读存放在变量 a 中数据	直接访问变量 a	读取存放在变量 a 中值，结果为 456

说明：

（1）在执行包含间接访问操作的赋值语句“*p=456;”时，包含两个步骤。

第一，以直接访问方式获取变量 p 的值，该值就是变量 a 的地址，值为 2686744。

第二，根据此地址值，然后将整数 456 存放到内存地址为 2686744 开始的存储空间中去。数据大小为 4 字节，因为指针变量的类型为 int 型，表示指针变量所指向的数据类型为 int 型，该数据需要占用大小为 4 字节的存储空间。这样，就把原来存储在此 4 字节的整数值 123 覆盖了。

（2）在执行包含间接访问操作的第 1 次输出语句“printf("%d",*p);”时，包含两个步骤。

第一，以直接访问方式获取变量 p 的值，该值就是变量 a 的地址，值为 2686744。

第二，根据此地址值，然后将存放在内存地址为 2686744 开始的连续 4 字节存储空间中的数据当作 int 型数据读取出来，最后用 printf 语句输出。为什么是读连续的 4 字节，数据为什么会当作 int 型来解析呢？因为指针变量的类型为 int 型，表示指针变量所指向的数据类型为 int 型，该数据需要占用大小为 4 字节的存储空间。这样，就把原来存储在此 4 字节的整数值 123 读取出来了。

综合说明（1）、（2）所述可知：利用**间接访问表达式“*指针变量名”**进行操作，无论是**写**数据还是**读**数据，都包含两步：第 1 步为直接访问，得到存放在指针变量中的地址值；第 2 步利用此地址,间接访问（读/写）需要操作的目标数据。

与间接访问相关的两个重要运算符：

- 取地址运算符&：形如“&变量名”，表示取变量的首地址。因为有的变量占据多个字节，&运算符取其首地址。
- 间接访问运算符*：形如“*变量名”，表示根据变量中存放地址值，访问存放在该地址的数据。此地址是数据在内存中的起始地址。

在程序中，利用指针变量实现对目标数据的间接访问（读/写），通常需要 3 步：

（1）通过“&目标数据对应的变量名”得到需要指向的目标数据的首地址。

（2）将得到地址值赋值给指针变量。

（3）通过“*指针变量名”访问（读/写）所指向的目标数据。

> **小提示：**
>
> 比 C 语言更接近机器底层的程序设计语言是汇编语言，C 语言可以与汇编语言混合编程，这能很好地满足如设备驱动等底层程序设计的需要，这也是 C 语言相对其他高级语言的一大优势。虽然 C 语言也是高级语言，但如果从接近底层程度的角度来看，则可以认为 C 语言是介于汇编和高级语言之间的程序设计语言。

为了能很好地理解间接访问和直接访问，图 6.6 和图 6.7 类比了储物柜和内存中的直接访问与间接访问的情形。

为了更好地理解内存直接/间接访问，图 6.8 所示为将储物柜存取物品与内存访问的类比。

> **运算符*的含义小结：**
>
> 根据运算符“*”所处上下文不同，它有以下 3 种不同含义。
>
> - 上下文为“a*b”，且 a、b 均为变量时，“*”为算术运算符“乘法”。
> - 上下文为“类型名*变量名”时，出现在指针变量的定义语句中，“*”仅作为指针变量区别于普通变量的标识。
> - 上下文为“*变量名”时*为间接访问运算符。此处的变量应为指针变量。

"储物柜"存放物品的背景设定：

- 有若干储物格，每个储物格有唯一编号，如1037号，此编号为十进制表示的非负整数。
- 储物格中可以存放物品，物品分为两类，一类为普通物品，如帽子、上衣、裤子、鞋子、袜子等，另一类为写有号码的卡片，该号码是某个储物柜的编号。
- 为了方便使用，已经将柜子名与特定编号的储物格对应起来了，例如，柜名a与1037号柜对应。
- 对每个储物柜的物品存取，都是通过储物柜编号来操作的，不是通过柜名来操作的。

"内存"存放数据的背景设定：

- 有若干个内存单元，每个内存单元有唯一编号，如0x0028FF18号，在此编号为十六进制非负整数。
- 内存单元中可以存放数据，数据分为两类，一类为普通数据，如char型数据、int型数据、double型数据等，另一类为一个非负整数，该整数是某个内存单元的编号，即某个内存单元的地址。
- 为了方便使用，已经将变量名与特定编号的内存单元对应起来了，例如，变量名a与0028FF18号内存单元对应。
- 对每个内存单元的数据存取，都是通过内存单元编号来操作的，不是通过变量名来操作的。

图 6.6　储物柜和内存的直接访问与间接访问类比示意图（a）

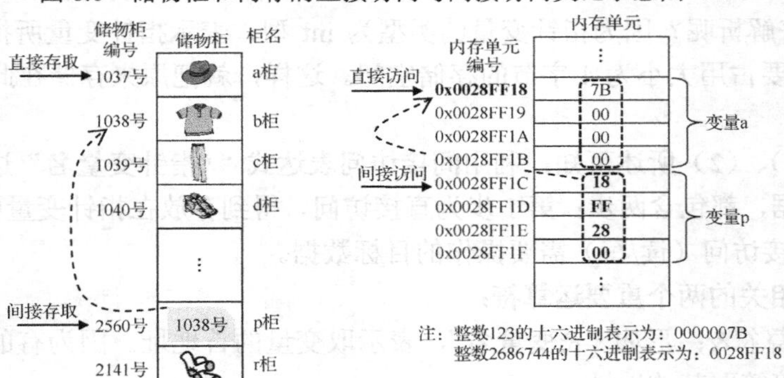

图 6.7　储物柜和内存的直接访问与间接访问类比示意图（b）

1. 储物柜对物品的直接存取

- **存物品的指令**：将帽子存放到a柜。
  指令执行过程：根据"柜名a对应1037号储物柜"这一信息，直接找到1037号储物柜，将帽子存放于其中。
- **取物品的指令**：从a柜取出帽子。
  指令执行过程：根据"柜名a对应1037号储物柜"这一信息，直接找到1037号储物柜，将其中的帽子取出来。
- **特点**：直接根据柜名a存取帽子。

1. 程序对数据的直接访问

- **存数据的指令**：将数据123存放到变量a。
  指令执行过程：根据"变量名a对应0028FF18号内存单元"这一信息，直接找到0028FF18号内存单元，将数据123存放于其中。
- **取数据的指令**：从a变量取出数据123。
  指令执行过程：根据"变量名a对应10FF70号内存单元"这一信息，直接找到10FF70号内存单元，将其中的帽子取出来。
- **特点**：直接根据变量名a存取数据。

2. 储物柜对物品的间接存取

- **存物品的指令**：将上衣存放到p柜中卡片号码对应的柜子中去。
  指令执行过程：
  第1步，根据"柜名p对应2140号储物柜"这一信息，找到2140号储物柜，取出其中存放的卡片号码。
  第2步，根据卡片号码1038，将上衣存放到编号为1038的储物柜。该储物柜是柜名b所对应的储物柜。
- **取物品的指令**：将p柜中卡片号码对应的柜子上衣取出来。
  指令执行过程：
  第1步，根据"柜名p对应2140号储物柜"这一信息，找到2140号储物柜，取出其中存放的卡片号码。
  第2步，根据卡片号码1038，将上衣存放到编号为1038的储物柜。该储物柜是柜名b所对应的储物柜。
- **特点**：根据柜名p间接地存取柜名b对应的储物柜中的上衣。

2. 程序对数据的间接访问

- **存物品的指令**：将数据123存放到p变量中的内存地址对应的变量中去。
  指令执行过程：
  第1步，根据"变量名p对应0028FF18号内存单元"这一信息，找到002BFF18号内存单元，取出其中存放的内存地址。
  第2步，根据地址值0028FF18，将数据83存放到编号为0028FF18内存单元。该内存单元是变量名b对应的内存单元。
- **取物品的指令**：将p变量中内存地址值对应的变量中的数据123取出来。
  指令执行过程：
  第1步，根据"变量名p对应0028FF18号内存单元"这一信息，找到0028FF18号内存单元，取出其中存放的内存地址。
  第2步，根据地址值0028FF18，将数据123存放到编号为0028FF18的内存单元。该内存单元是变量名p所对应的内存单元。
- **特点**：根据变量名p间接地存取变量名b所对应的内存单元中的数据。

图 6.8　储物柜存取物品与内存访问的类比

6.3 指针变量与普通变量

6.3.1 指针变量的概念

指针变量：变量中存放的值不是通常的数值，而是内存地址，则该变量为指针变量。通常，该地址处存放了可被访问的目标数据。该目标数据可通过指针变量以间接访问方式存取。目标数据也称为“指针变量所指向的数据”。

C 语言中指针变量，通过以下形式的代码，定义指针变量。

```
被访问的目标数据的数据类型名 * 指针变量名;
```

说明：

（1）此处的“*”号仅是一个标志，表示所定义的变量为指针变量。

（2）此处的星号“*”既不是变量名的一部分，也不是目标数据类型名的一部分。

（3）如果同时定义多个指向相同目标数据类型的指针变量，则每个指针变量名前必须有一个“*”号。

（4）星号“*”与目标数据类型名和指针变量名之间可以没有空格分隔。如以下定义：int*a; 等价于 int*□a; 等价于 int□*a; 等价于 int□*□a;

指针变量的定义举例：

```
char * p1;              //定义了指针变量，变量名为 p1，p1 所指向数据的数据类型为 char 型
unsigned * p2;          //定义了指针变量，变量名为 p2，p2 所指向数据的数据类型为 unsigned 型
double * p3;            //定义了指针变量，变量名为 p3，p3 所指向数据的数据类型为 double 型
long long * p4,p5;      //定义了一个指针变量，变量名为 p4，p4 所指向的数据类型为 long long;
                        //还定义了一个普通变量，变量名为 p5，p5 为 long long 型变量
int *p6,p7,*p8, p9;     //定义 4 个变量，变量名分别为 p6、p6、p8、p9，p6、p8 为指针变量，
                        //p7、p9 为普通变量。p8、p9 为指向 int 型数据的指针变量，p7、p9 为
                        //int 型普通变量
```

有了以上变量定义后，通常我们称 p1 为指向 char 型数据的指针变量，p2 为指向 int 型数据的指针变量，p3 为指向 double 型数据的指针变量，p4 为指向 long long 型数据的指针变量，p6 和 p8 为指向 int 数据型的指针变量。

普通变量和指针变量都属于“变量”，两者都用“变量”所具备的共性，例如，有变量名，可按名访问其值、用相应的数据类型、都需要一定的内存空间、有内存首地址等。但是两者又有不同之处。

如图 6.9 和图 6.10 所示的“程序一”与“程序二”实现的功能相同，都是将变量 a 的值乘以 2 再输出。程序一以直接访问的方式实现，程序二利用指针以间接访问的方式实现，请仔细比较这两种方式的异同。“程序一”中的 a、b 都是普通变量。“程序二”中的 a 是普通变量，但 pa 为指针变量。程序运行时，各变量在内存的情况如图 6.9、图 6.10 所示。

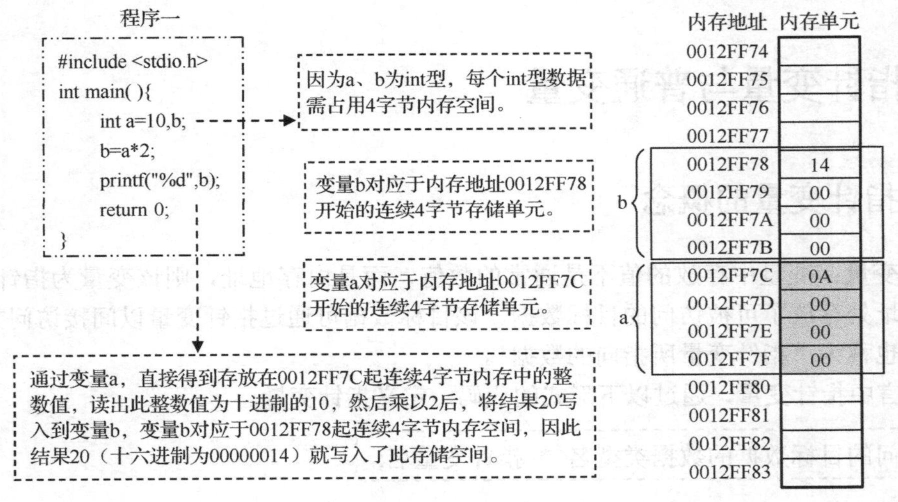

图 6.9　直接寻址访问内存状态示意图

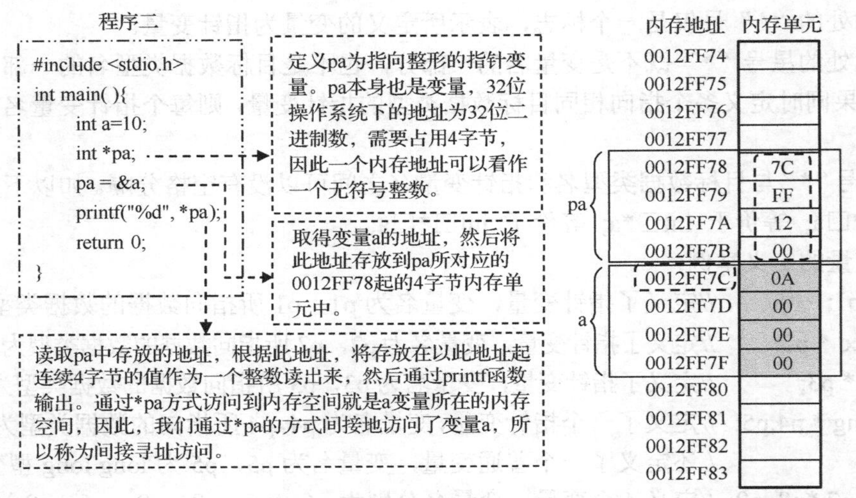

图 6.10　间接寻址访问内存状态示意图

6.3.2　揭秘“指针”的由来

“指针”（Pointer）是一个形象的比喻。表示指针变量和被间接访问的数据之间通过“地址”建立的一种单向的联系——根据指针变量能够访问到被指向的数据，这种单向的联系被形象地理解为有一条起点为指针变量，终点为被指向数据的“指针”。简而言之，“指针”是指针变量和目标访问数据之间指向关系的比喻。

如图 6.11（a）所示是体现了指针变量 pa 与被指向变量 a 之间的内存关系图。

从图 6.11（a）经过第 1 次简化，得到图 6.11（b），简化的理由是图 6.11（a）太复杂，我们只关注 pa 变量中的值、a 变量的地址和 a 变量的值。

从图 6.11（b）经过第 2 次简化，得到图 6.11（c），简化的理由是，我们甚至不需要关心变量 pa 中和变量 a 的地址的具体取值，而只要知道，根据变量 pa 可以访问到存放在变量 a 中的值就足够了。体现在图中，就是从 pa 引出且指向 a 的箭头。在这个箭头指向下，就能访问到存放在目标存储空间中数据。

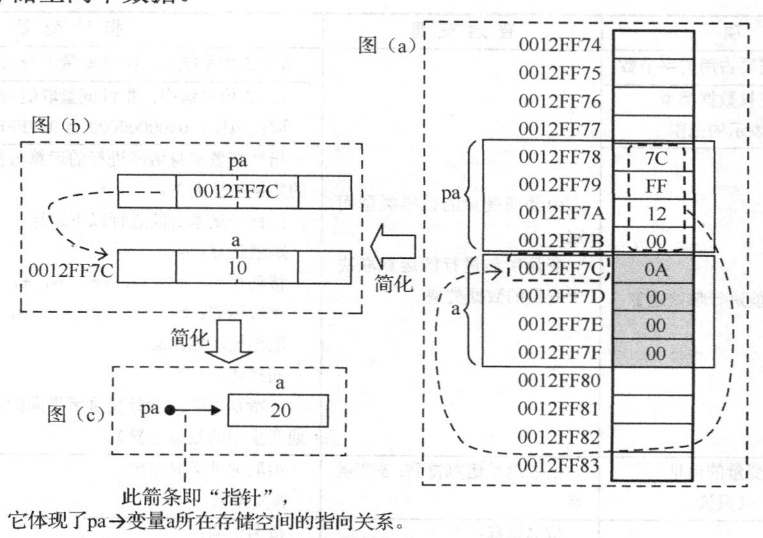

图 6.11　指针变量与被指对象之间的指向关系

图 6.11 揭示了“指针”概念的由来，顾名思义，“指针”从概念上讲，关键是“指”，即体现指向关系，并没有“针”，计算机中哪可能有像仪表指针那样的“针”呢。

6.3.3　普通变量与指针变量的对比

普通变量与指针变量的对比如表 6.2 所示。

表 6.2　普通变量与指针变量的对比

对比项		普通变量	指针变量
变量定义形式	单个变量定义	类型名 变量名; 如 double s;	类型名 * 变量名; 如 double *s;
	同类型的多个变量定义	类型名 变量名 1 ,…, 变量名 n; 如 double a,b,c;	类型名 * 变量名 1 ,… ,* 变量名 n; 如 double *p1,*p2,*p3;
变量名	按名引用：通过变量名读/写其值	是	是
	直接访问：变量名与其值直接关联	是 其值为普通值	是 其值为地址值
	是否支持间接访问	否	是
变量的数据类型	变量的数据类型	int、double、char 等数据类型，是变量本身的类型。如 int a，表示变量 a 的数据类型为 int 型	int*、double*、char*等数据类型，是变量所指向的数据的数据类型。例如，double *a 表示变量 a 所指向的数据的数据类型为 int 型，而不是指变量 a 本身为 double 型。 任何指针变量本身都可看作无符号整数类型，即 unsigned int 或 unsigned 型

续表

对比项		普通变量	指针变量
变量的数据类型	变量需要占用的字节数	由普通变量的数据类型而定 变量所能进行的运算取决于变量的数据类型	在 32 位系统中，指针变量本身总是占用 4 字节
	变量数据类型表示的范围		在 32 位系统中，指针变量取值最多 4G 种， 取值范围：0x00000000 至 0xFFFFFFFF
	变量能进行哪些运算		指针变量本身所能进行的运算与指针变量所指向数据的数据类型无关。 指针变量本身能进行以下运算： 赋值运算：= 移动指针：++，--，+=，-=，+，- 比较运算：>，>=，<，<=，==，!= 取地址运算：& 间接访问：* （特别说明：指针变量所指向的目标数据与存放在普通变量中的数据无异）
通过变量可访问到的值	变量的地址（只读）	由取地址运算得到：&变量名	由取地址运算得到： &变量名
	变量本身的值（读/写）	按名访问： 程序中可直接引用“变量名”	按名访问： 程序中可直接引用“变量名”， 得到的值是地址值
	可间接访问到的值（读/写）	无	由间接访问运算符“*”实现对目标数据的访问（读/写）：*变量名

6.4 指针与数组的天然联系

6.4.1 数组名与数组起始地址

在 C 语言程序中，数组名对应的值就是数组的起始地址。

程序 6.3 和运行结果 6.2 展示了指针与数组的天然联系。

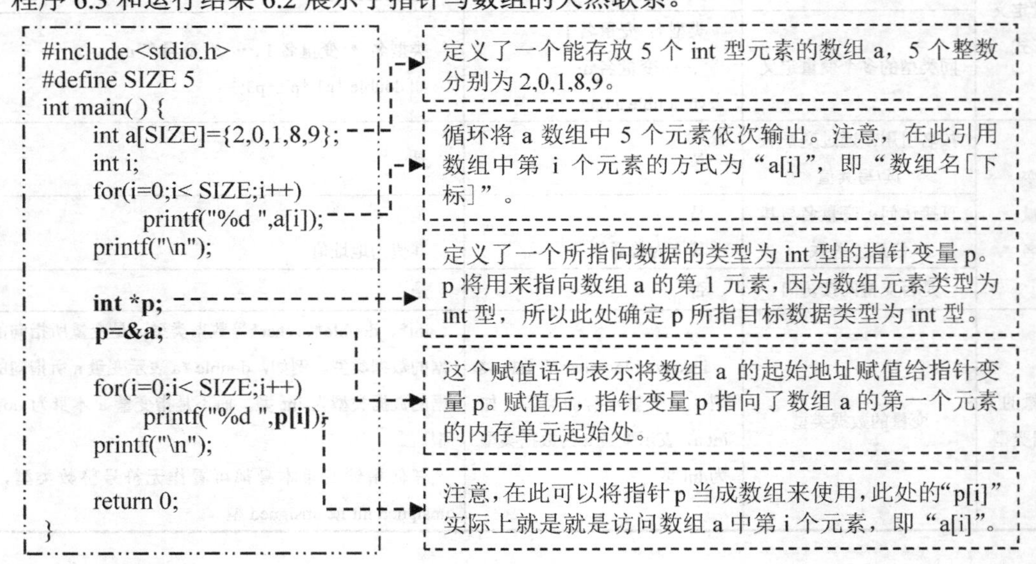

程序 6.3

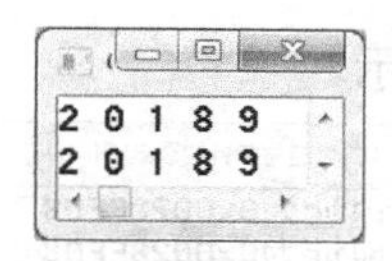

运行结果 6.2

从运行结果可以看出，将指针变量 p 指向数组 a 的起始地址后，对“p[i]”的访问等同于对“a[i]”的访问。在此，令人惊奇的是，**指针变量竟然能像数组一样通过“指针变量名[i]”的方式访问到数组中第 i 个元素，当然，其前提条件是该指针变量指向了数组的起始地址。**

6.4.2　揭秘访问数组的更多细节

为了叙述方便，如无特殊说明，本节中所谓数组皆指一维数组。

细节 1：在 C 语言中，根据定义数组时数组元素的最大个数和每个元素的数据类型，就已经确定了数组的大小——存储数组元素所需最大内存字节数。运行时，不仅数组的大小不能改变，而且数组所占存储空间的位置也不能改变。数组名可被看作不能被移动的指针变量。

细节 2：在 C 语言中，数组名与数组的起始地址直接关联。程序中，获得数组起始地址的方式有两种：方式 1，“&数组名”；方式 2，直接用数组名即可。

细节 3：对数组元素的访问，本质上是通过间接访问方式实现的。所访问的数组元素首地址是通过“首地址+相对偏移量”来计算的。

根据以上规则，不难理解 C 语言中的如下结论。

（1）数组名与它所占内存空间起始地址忠贞不渝、生死与共、从一而终。

（2）不允许向数组名赋值。因此，也不能通过“数组名 1=数组名 2;”的方式实现数组的整体复制。只能通过逐个元素复制的方式实现整个数组的复制。

（3）不能对数组名执行指针移动操作。

（4）对数组元素的访问相当于通过“基地址+偏移量”的间接访问。也就是说，“数组名[下标]”等价于“*（数组名+下标）”。其中，“数组名”为“基地址”，“下标*单个元素大小”为“偏移量”。

下面通过一些小程序来验证以上结论。

程序 6.4 展示了数组的内存分配与数组起始地址、数组所占字节数、每个数组元素地址。

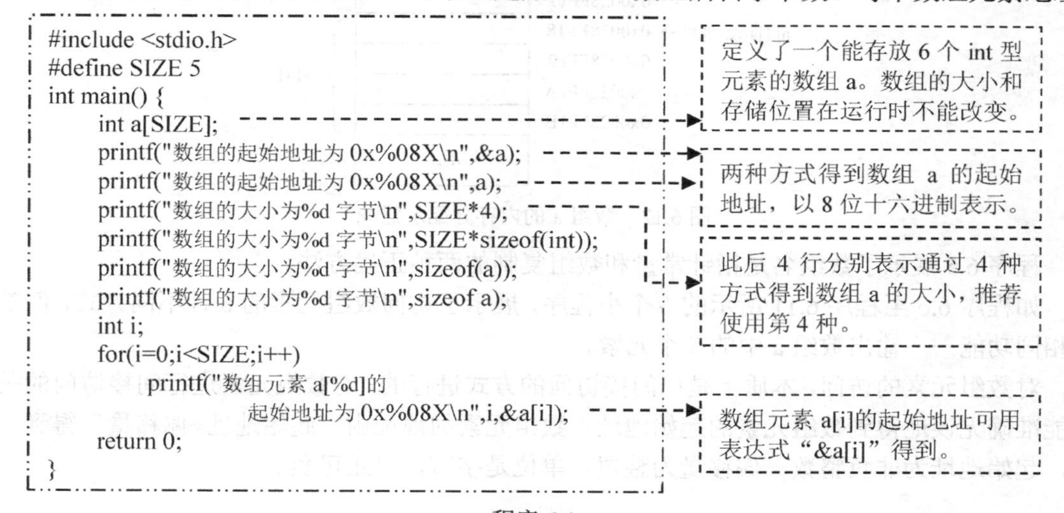
```
#include <stdio.h>
#define SIZE 5
int main() {
    int a[SIZE];
    printf("数组的起始地址为 0x%08X\n",&a);
    printf("数组的起始地址为 0x%08X\n",a);
    printf("数组的大小为%d 字节\n",SIZE*4);
    printf("数组的大小为%d 字节\n",SIZE*sizeof(int));
    printf("数组的大小为%d 字节\n",sizeof(a));
    printf("数组的大小为%d 字节\n",sizeof a);
    int i;
    for(i=0;i<SIZE;i++)
        printf("数组元素 a[%d]的
                起始地址为 0x%08X\n",i,&a[i]);
    return 0;
}
```


程序 6.4

程序 6.4 的结果如运行结果 6.3 所示。

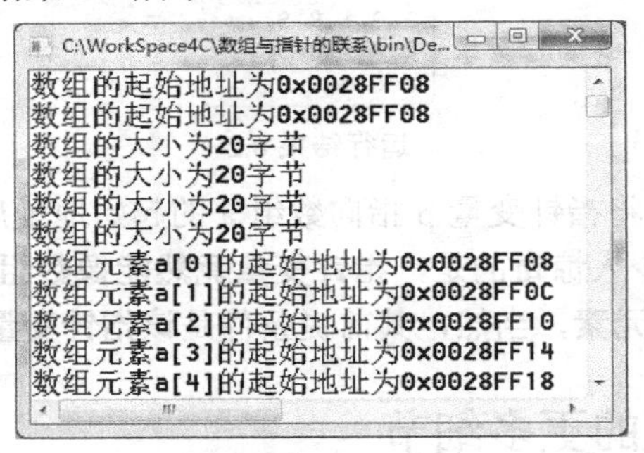

运行结果 6.3

图 6.12 展示了数组 a 在内存分配情况。

需要注意的是，数组的起始地址与数组中第 1 个元素的起始地址相同。在此例中，两者均为 0x0028FF08。

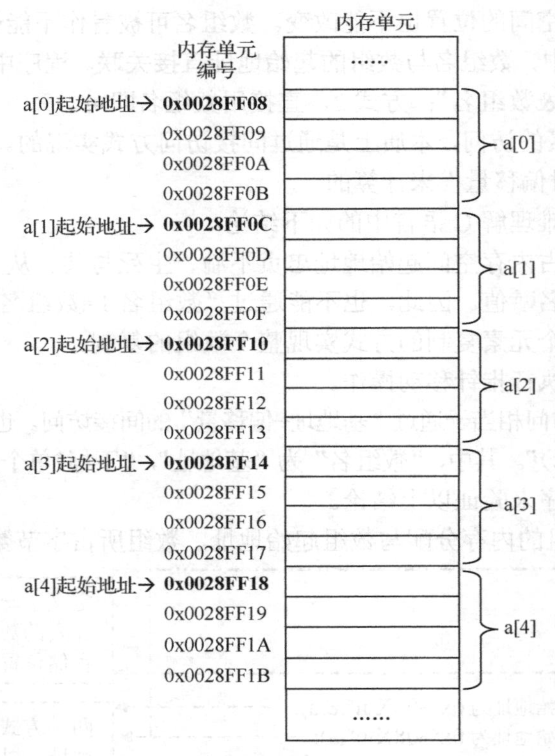

图 6.12　数组 a 的内存分配示意图

程序 6.5 展示了数组名是指针常量和数组复制的两种正确方法。

如程序 6.6 至程序 6.11 所示的 6 个小程序，展示了访问数组元素的 6 种不同方式，但都实现相同功能——输出数组 a 中的 5 个元素。

对数组元素的访问，本质上是以间接访问的方式进行的。对数组元素进行间接访问的关键是能准确无误地得到数组元素的起始地址。数组元素的地址由“起始地址+偏移量”得到。其中，起始地址为非负整数。偏移量为整数，单位是字节，可正可负。

```c
#include <stdio.h>
#include <string.h>
#define SIZE 5
int main(){
    int a[SIZE]={2,0,1,8,9};
    //a=a+1;
    int b[SIZE];
    //b=a;

    int i;
    for(i=0;i<SIZE;i++)
        b[i]=a[i];

    memcpy(b,a,sizeof(a));

    for(i=0;i<SIZE;i++)
        printf("%d ",b[i]);
    return 0;
}
```

memcpy( )函数所在的头文件 string.h。

此语句错误。数组名可视为指针常量，不能接受被赋值。

此语句错误。不能通过此赋值语句实现数组的复制。

数组复制的正确做法之一：逐个元素复制。

数组复制的正确做法之二：逐字节复制。

运行结果：
输出数组 b 的值

2 0 1 8 9

程序 6.5

```c
#include <stdio.h>
#define SIZE 5
int main( ) {
    int a[SIZE]= {2,0,1,8,9};
    int i;
    for(i=0; i< SIZE; i++)
        printf("%d ",a[i]);
    printf("\n");
    return 0;
}
```

访问数组元素的方式之 1

通过“数组名[下标]”的方式访问数组元素。这是数组元素访问的通常方式。

程序 6.6

```c
#include <stdio.h>
#define SIZE 5
int main( ) {
    int a[SIZE]= {2,0,1,8,9};
    int i;
    for(i=0; i< SIZE; i++)
        printf("%d ",*(a+i));
    printf("\n");
    return 0;
}
```

访问数组元素的方式之 2

通过“*（数组名+下标）”的方式访问数组元素。这种方式揭示了数组元素是通过间接访问方式实现的本质。

程序 6.7

表达式*(a+i)是如何实现对数组元素 a[i]的访问的呢？

- 必须计算数组元素的首地址，数组元素起始地址 = 数组起始地址 + 偏移量。
  - ◆ 数组起始地址很容易得到。因为数组名对应的值就是数组的起始地址。

此例中，数组名对应的起始地址为 0x0028FF08。

◆ 偏移量 = 数组下标 *存储数组元素的数据类型所需字节数
　　　　 = 数组下标 * sizeof(数组元素的数据类型)

◆ 在程序中，数组元素 a[i]的起始地址由表达式“a+i”得到。

◆ a[i]的地址 = 表达式“a+i”的值
　　　　　　 = 数组 a 的起始地址 + 下标 i * sizeof (int)
　　　　　　 = 0x0028FF08 + i*4

● 通过“*（a[i]地址）”以间接访问方式访问存取在起始地址为 0x0028FF08 处连续 4 个字节的 int 型数据。

理解数组元素访问的间接访问本质，对于理解数组名作为函数参数的间接访问机制是至关重要的。

利用指针指向数组后，可通过指针访问数组元素。

指向数组元素的指针所指向的目标数据的数据类型就是数组元素的数据类型。

```
#include <stdio.h>
#define SIZE 5
int main( ) {
    int a[SIZE]= {2,0,1,8,9},*p;
    int i;
    p=a;
    for(i=0; i< SIZE; i++)
        printf("%d ",*(p+i));
    printf("\n");
    return 0;
}
```

访问数组元素的方式之 3

在此直接以“基地址+偏移量”的方式访问数组元素。P 的值就是数组的起始地址，再根据下标 i 计算偏移量，得到元素 a[i]的之后，通过间接访问的方式存取存放在 a[i]中的数据。

程序 6.8

```
#include <stdio.h>
#define SIZE 5
int main( ) {
    int a[SIZE]= {2,0,1,8,9},*p;
    int i;
    p=a;
    for(i=0; i< SIZE; i++)
        printf("%d ",p[i]);
    printf("\n");
    return 0;
}
```

访问数组元素的方式之 4

在此定义了指针变量 p，它所指向数据的数据类型为 int 型，因为数组元素的数据类型为 int。

通过这个赋值语句，实现了将数组 a 的起始地址 0x0028FF08 赋值给了指针变量 p。

通过“指针变量名[下标]”的方式数组中的元素。形式上，可将 p 当成数组用，其访问本质是*(p+i)。

程序 6.9

程序 6.8、程序 6.9 中的指针变量和数组的关系如图 6.13 所示。

图 6.14 详细展示程序中的指针变量和数组的内存分配情况。

图 6.15 展示了以上程序 for 循环的过程。注意，初始时指针 p 指向数组的第一个元素，即指向 a[0]。然后在循环中通过 p++使指针变量 p 值自增 1，表现为指针变量 p 所指向的位置发生变化——指向了当前数组元素的下一个元素。

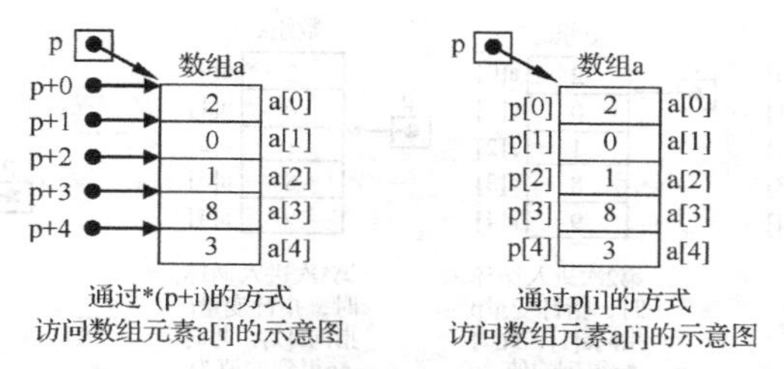

图 6.13　通过指针访问数组的示意图（a）

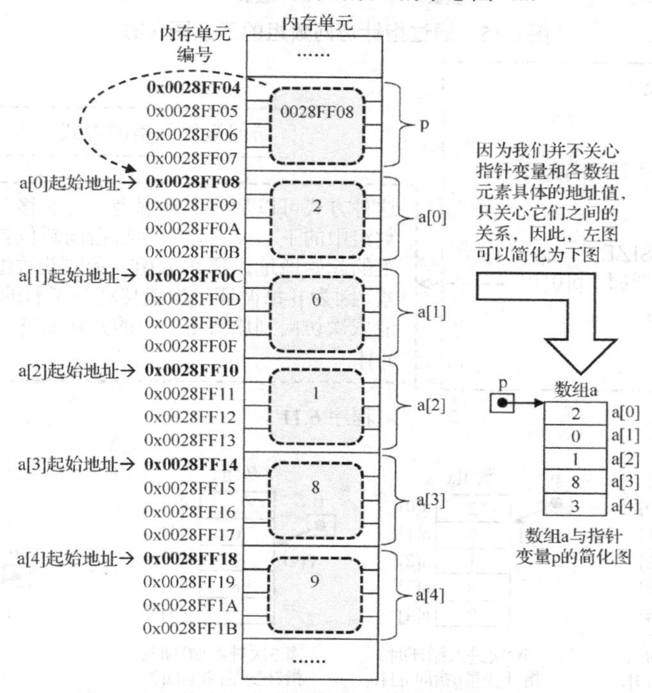

图 6.14　数组 a 和指针变量 p 的内存分配示意图

```
#include <stdio.h>
#define SIZE 5
int main( ) {
    int a[SIZE]= {2,0,1,8,9},*p;
    int i;
    p=a;
    for(i=0; i< SIZE; i++,p++)
        printf("%d ",*p);
    printf("\n");
    return 0;
}
```

访问数组元素的方式之 5

在此，先将数组 a 的起始赋值给指针变量 p，然后，通过循环，利用*p 实现间接访问，将 p 中地址所指向的数据读取出来。第 1 次进入循环时，此时 p 指向 a[0]所在存储空间的起始地址，因此通过*p 读取得到的值就是 a[0]的值，此值为整数 2。再将指针移动到下一个数组元素所在存储空间的起始处，下次在进入循环则表达式*p 得到的值为 a[1]的值，以此类推，直到将数组 a 中的 5 个元素全部输出。

程序 6.10

图 6.16 展示了以上 for 循环过程。请注意，初始时指针 p 指向数组的第一个元素，即指向 a[0]。然后在每次循环时 p 指针往下移动，指向下一个数组元素，所以 p[0]的值是分别为 a[0]、a[1]、a[2]、a[3]、a[4]的值。

程序 6.12 演示了指针变量 p 通过赋值语句 p=a;指向数组 a 的起始处，然后通过语句 p=b;指向数组 b 的起始处。也就是说，指针变量可以先后指向不同的数组。

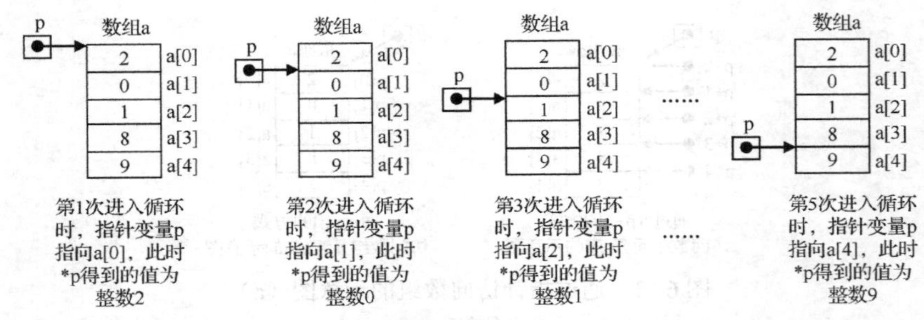

图 6.15　通过指针访问数组的示意图（b）

```
#include <stdio.h>
#define SIZE 5
int main( ) {
        int a[SIZE]= {2,0,1,8,9},*p;
        int i;
        p=a;
        for(i=0; i< SIZE; i++,p++)
                printf("%d ",p[0]);
        printf("\n");
        return 0;
}
```

访问数组元素的方式之 6

这种方式可以形式上理解为：每次移动指针 p 指向原数组中的下一元素，然后将指向新位置的 p 当作新数组的起始地址，那么 p[0]表示取新数组中的第 1 个元素。因为 p 每循环一次就移动到了新的位置，因此 p[0]能依次访问到原数组 a 中的元素 a[0]、a[1]、a[2]、a[3]、a[4]。

程序 6.11

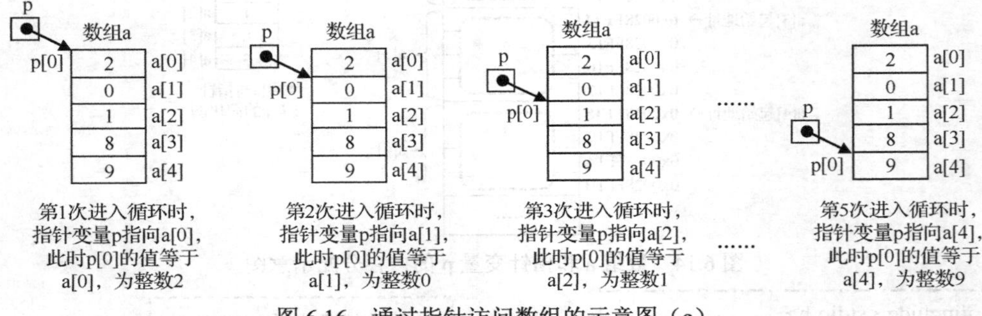

图 6.16　通过指针访问数组的示意图（c）

```
#include <stdio.h>
#define SIZE 5
int main( ) {
        int a[SIZE]= {2,0,1,8,9},*p;
        int i;
        p=a;
        for(i=0; i< SIZE; i++)
                printf("%d ",p[i]);
        printf("\n");

        int b[SIZE]= {6,7,3,4,5};
        p=b;
        for(i=0; i< SIZE; i++)
                printf("%d ",p[i]);
        printf("\n");
        return 0;
}
```

执行此赋值语句后，指针变量 p 指向了数组 a 的起始处，那么此后可以通过 p[i]的方式访问数组元素 a[i]。

实际效果是输出 a 数组中的 5 个元素，值为 2、0、1、8、9。

执行此赋值语句后，指针变量 p 指向了数组 b 的起始处，那么此后可以通过 p[i]的方式访问数组元素 b[i]。

实际效果是输出 b 数组中的 5 个元素，值为 6、7、3、4、5。

程序 6.12

结果如运行结果 6.4 所示。

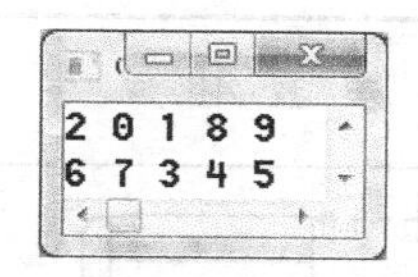

运行结果 6.4

指针变量可以根据程序的需要指向不同的数组。图 6.17 展示了程序 6.12 的指针变量 p 先后指向数组 a 和数组 b 时的情形。

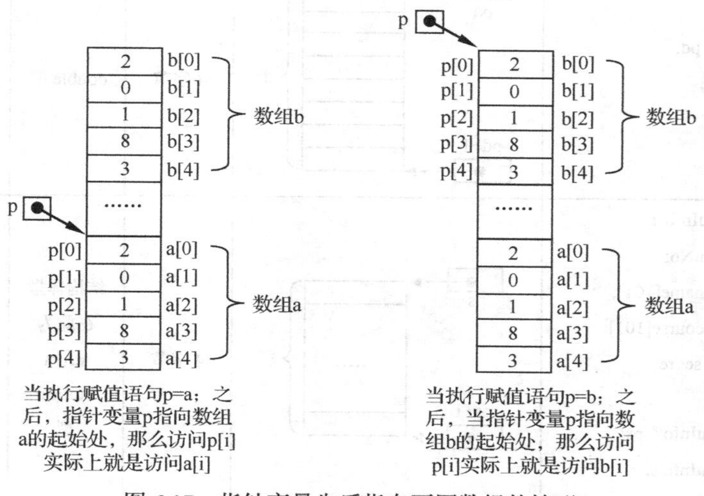

图 6.17　指针变量先后指向不同数组的情形

6.5　指针的移动

指针的移动是指针所指向的目标地址发生改变，实质是指针变量的值发生了改变。

指针的移动包括相对移动和绝对移动。通常所说的“指针的移动”是相对移动。

- 指针的绝对移动是通过直接给指针变量赋值来实现的。
- 指针的相对移动是通过“基地址+偏移量”的方式来计算的，其中“基地址”是指针变量中已有的地址值，“偏移量”是指相对基地址往前或往后偏移的字节数。

如表 6.3 所示，观察指针变量大小与它所指的变量大小的对比。

表 6.3　指针变量大小与它所指的变量大小的对比

类　型	代　码	示 意 图	指针变量大小	所指数据类型	所指数据大小	移动的单位字节数
指针指向 char 型数据	char * pa; char a; pa=&a;	pa　pa+1　a	4 字节	char 型	1 字节	1 字节
指针指向 short 型数据	short * pb; short b; pb=&b;	pb　pb+1　b	4 字节	short 型	2 字节	2 字节

续表

类　型	代　码	示 意 图	指针变量大小	所指数据类型	所指数据大小	移动的单位字节数
指针指向 int 型数据	int * pc; int c; pc=&c;	pc pc+1 c	4 字节	int 型	4 字节	4 字节
指针指向 double 型数据	double * pd; double d; pd=&d;	pd pd+1 d	4 字节	double 型	8 字节	8 字节

指针指向结构体型数据	struct StuInfo {
	int stuNo;
	char name[101];
	char course[101];
	float score;
	};
	struct StuInfo * ps;
	struct StuInfo s;
	ps=&s;
		ps
		……
		ps+1
		s
			4 字节	结构体型在此为 struct StuInfo 型	结构体实际大小在此为 212 字节	结构体实际大小在此为 212 字节

说明：关于结构体型变量的概念和用法，请参考“数据的结盟——结构体”的相关内容。

根据表 6.3，可得如下两条规律。

规律 1：在 32 位的应用程序中，指向任何数据类型的指针变量本身所占用存储空间大小固定为 4 字节，即 32bit，与被指数据大小无关。被指数据可以是任意大小，因为指针变量中仅存放了被指数据的起始地址，而地址在 32 位应用程序中总是 32bit，即 4 字节。

规律 2：相对移动的单位字节数 = 它所指目标数据的数据类型所占内存字节数。

规律 2 推论：一般来说，假设对于指向数据类型为 TPYE 型的指针变量 p，保存在 p 变量中地址值为 BASE，也就是说，程序中有如下代码：

```
TYPE * p;      //指针变量 p 的定义语句
p=BASE;        //给指针变量 p 赋值为 BASE，此值 BASE 表示某个确定的地址值
```

表 6.4 展示了指针移动时，它所移动的实际字节数。

表 6.4　指针移动的实际字节数

程序中表达式	执行表达式之前指针变量 p 的值	执行表达式之后指针变量 p 的值	表达式的值
p++	BASE	BASE+1*sizeof(TYPE)	BASE
++p	BASE	BASE+1*sizeof(TYPE)	BASE+1*sizeof(TYPE)
p--	BASE	BASE-1*sizeof(TYPE)	BASE
--p	BASE	BASE-1*sizeof(TYPE)	BASE-1*sizeof(TYPE)

续表

程序中表达式	执行表达式之前指针变量p的值	执行表达式之后指针变量p的值	表达式的值
p+i	BASE	BASE	BASE+i*sizeof(TYPE)
p-i	BASE	BASE	BASE-i*sizeof(TYPE)

特别说明：表达式“p[i]”等价于“*(p+i)”,其中表达式“p+i”按表 6.4 所示方式计算，因此 p[i] 等价于 *(BASE+i*sizeof(TYPE))，也就是说，p[i]表示存取起始内存地址为 BASE+i*sizeof(TYPE)的连续 sizeof(TYPE)字节的数据，该数据为 TYPE 型。

程序 6.13 展示了用指向不同数据类型的指针间接访问同一内存区域中的数据时，对目标数据的解读方式不同以及指针移动字节数不同。

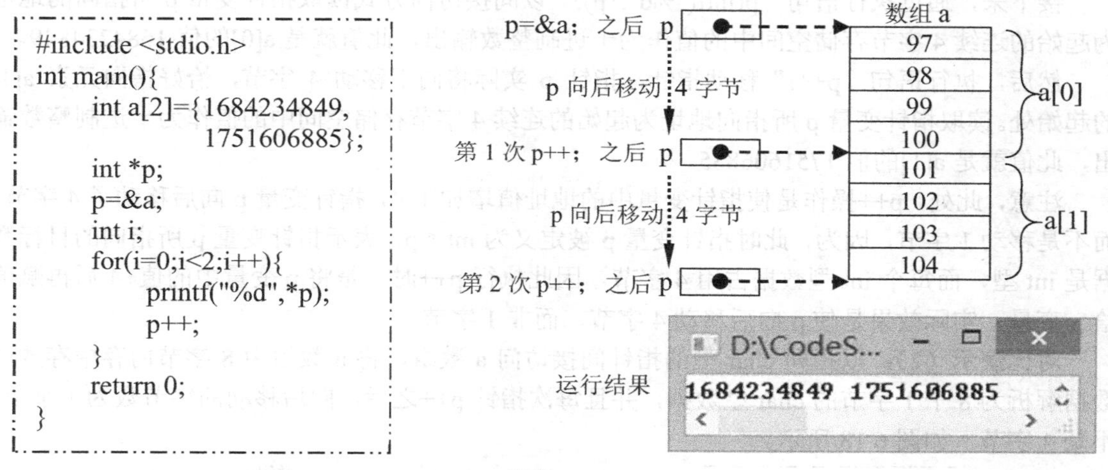

程序 6.13

对比演示（1）：以指向 int 型的指针间接访问 a 数组，将 a 数组 8 字节内存的数据解析为 2 个 4 字节的 int 型数据，并且每次指针 p++之后，向后移动的字节数为 4 字节，不是 1 字节。

为了更好地理解 a 数组中数据在内存的存放情况，下面对数组 a 的存储进行详细说明。

根据程序代码“int a[2]={1684234849, 1751606885};”可知，数组 a 中有两个元素，每个元素为 int 型，每个 int 型数据占用 4 字节，共占用 8 字节。

int 型数组 a 中有两个元素 a[0]和 a[1]，其中 a[0]的值为$=100\times2^{(3\times8)}+99\times2^{(2\times8)}+98\times2^{(1\times8)}+97\times2^{(0\times8)}=100\times16777216+99\times65536+98\times256+97\times1=1677721600+6488064+25088+97=1684234849$，其二进制值为 01100100 01100011 01100010 01100001，在计算机中 a[0]为 int 型需用 4 字节存储，那么每个字节存放的数值如表 6.5 所示。

表 6.5　int 型数据存储（1）

位　序	高位（高地址）		低位（低地址）	
字节序	第 4 字节	第 3 字节	第 2 字节	第 1 字节
每字节的值（二进制）	01100100	01100011	01100010	01100001
每字节的值（十进制）	100	99	98	97

同理，a[1]的值为 1751606885，其二进制值为 01101000 01100111 01100110 01100101，在

计算机中 a[1]为 int 型需用 4 字节存储，那么每个字节存放的数值如表 6.6 示：

表 6.6　int 型数据存储（2）

位　　序	高位（高地址）		低位（低地址）	
字节序	第 4 字节	第 3 字节	第 2 字节	第 1 字节
每字节的值（二进制）	01101000	01100111	01100110	01100101
每字节的值（十进制）	104	103	102	101

对比演示（1）运行结果分析：

指针变量 p 由语句“int * p;”被定义为指向 int 型数据的指针，初始时由语句“p=&a;”使指针变量 p 指向数组 a 的起始地址，也就是说，p 指向了数组 a 第一个元素 a[0]的起始处。

接下来，通过执行语句“printf("%d",*p);”以间接访问方式读取指针变量 p 所指向的地址为起始的连续 4 字节存储空间中的值作为十进制整数输出，此值就是 a[0]的值 1684234849。

然后，执行语句“p++;”移动指针，指针 p 实际将向下移动 4 字节，恰好指向元素 a[1]的起始处。读取指针变量 p 所指向地址为起始的连续 4 字节存储空间中的值作为十进制整数输出，此值就是 a[1]的值 1751606885。

注意，此处，p++操作是使指针变量中的地址值增加了 4，指针变量 p 向后移动了 4 字节，而不是移动 1 字节，因为，此时指针变量 p 被定义为 int * p，表示指针变量 p 所指向的目标数据是 int 型，而每个 int 型数据占用 4 字节，因此执行 p++时，是将 p 变量中的值+4 后再赋值给 p 变量，实际效果是使 p 向后移动 4 字节，而非 1 字节。

对比演示（2）：以指向 char 型的指针间接访问 a 数组，将 a 数组中 8 字节内存中存放的数据解析为 8 个 1 字节的 char 型数据，并且每次指针 p++之后，向后移动的字节数为 1 字节，不是 4 字节，如图 6.18 所示。

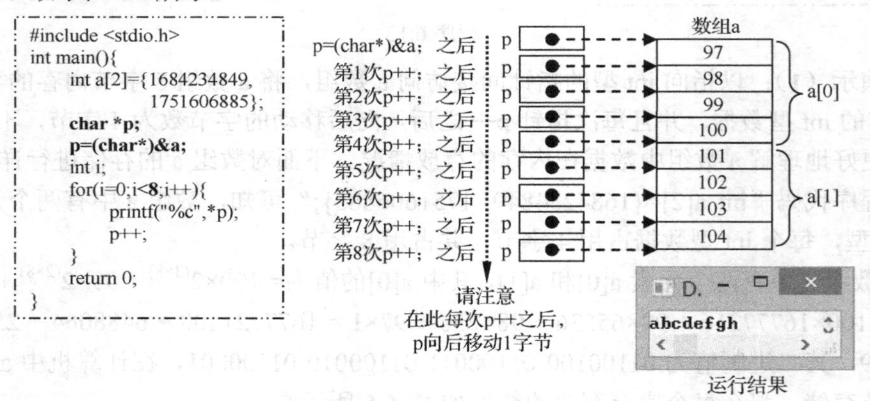

图 6.18　代码、指针于东情况及运行结果

对比演示（2）运行结果分析：

初始时用 char * p 的指针变量通过执行语句“p=(char*)&a;”指向数组的起始地址，也就是第一个元素 a[0]的起始地址。

接下来，通过执行语句“printf("%c",*p);”读取指针变量 p 所指向的起始地址开始的 1 字节存储空间中的值作为字符输出，ASCII 码值 97 对应的字符是字母“a”。

然后，执行语句“p++;”移动指针，数组 a 的起始地址的之后的第 2 字节处。读取指针变量 p 所指向的起始地址开始的 1 字节存储空间中的值作为字符输出，ASCII 码值 98 对应的字符是字母“b”。

然后，执行语句“p++;”移动指针，数组 a 的起始地址的之后的第 3 字节处。读取指针变量 p 所指向的起始地址开始的 1 字节存储空间中的值作为字符输出，ASCII 码值 99 对应的字符是字母“c”。

注意，此处，p++操作是使指针变量中的地址值增加了 1，指针变量 p 向后移动了 1 字节，而不是移动 4 字节，因为，此时指针变量 p 被定义为 char * p，表示指针变量 p 所指向的目标数据是 char 型，而每个 char 型数据占用 1 字节，因此执行 p++时，是将 p 变量中的值+1 后再赋值给 p 变量，实际效果是使 p 向后移动 1 字节，而非 4 字节。

通过上面的两个对比实例可知，对存储在内存中的数据（如数组中的数据），我们可通过指针以不同的方式解读这些数据。正是利用这个原理，有很多小的实用工具软件可以帮助我们以不同的方式查看内存中的数据。

例如，在 Code::Blocks 的 IDE 中，在调试模式（debug 模式）下运行，那么在程序中设置断点能让程序在设置的断点处暂停运行，此时可以通过调试工具查看程序运行到断点时的各个数据和状态，从而排除程序中的错误（也称 bug）。当然，Code::Blocks 提供了观察指定内存区域中的数据的功能。

下面列举一个小实例，对比通过指针访问指定内存的数据和通过 Code::Blocks 的调试功能查看指定内存区域的数据。

请在 Code::Blocks 中按如下步骤操作。

第 1 步：新建工程。单击菜单 File→New→Project…，新建 Console application 工程，工程名为 byteViewer。请特别注意，此工程所在的路径中不能有中文字符，否则 Code::Blocks 无法正常进入调试模式运行此程序，这是 Code::Blocks 功能的一个小缺陷。

第 2 步：编写程序。输入如图 6.19 所示代码。

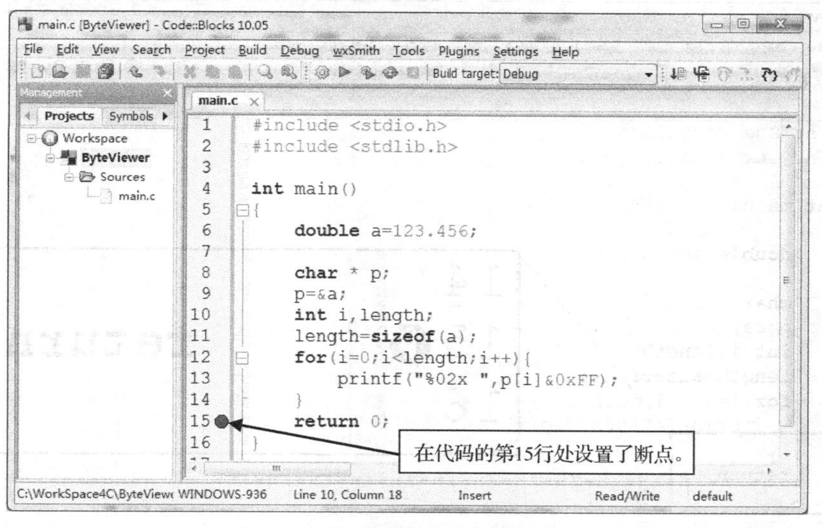

图 6.19 debug 模式下的断点设置

第 3 步：设置断点。请将鼠标移动到第 15 行，在行号与行首的空隙处单击鼠标左键，将看到此处有红色的圆点。这表示此处设置了断点（Break Point）。如果再次单击红色圆点，红色圆点将消失，表示取消了此处的断点，如图 6.19 所示。

第 4 步：以调试模式运行。单击菜单 Debug→Start，使程序以调试模式运行。只有在调试模式下运行，程序才能在断点处暂停。如果通过菜单 Build→Run 或者直接单击工具栏中 Run 或 Build and Run 按钮，则程序以正常模式运行，此时所有断点都不起作用，如图 6.20 所示。

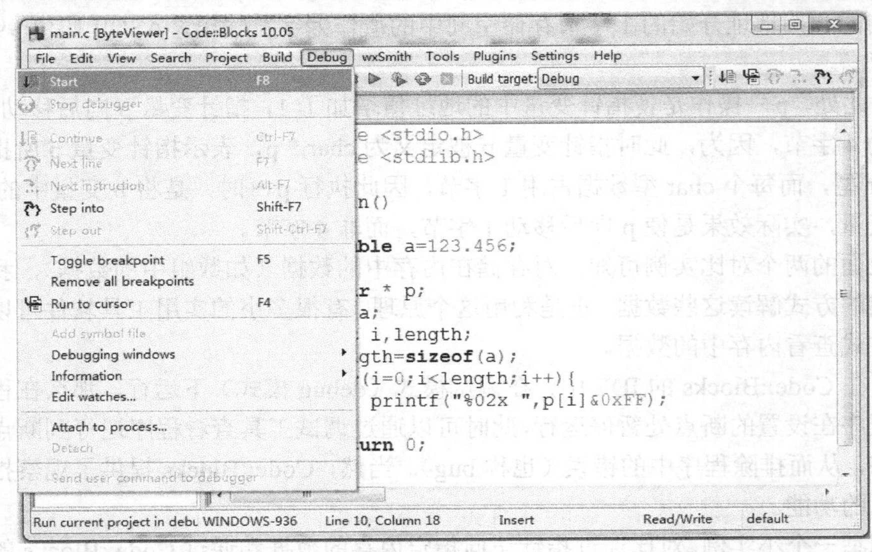

图 6.20　进入调试模式菜单项

第 5 步：在断点处观察。因为程序在调试模式下遇到断点将暂停运行。因此可在此时观察程序中的各个变量、内存、函数调用情况等信息，以便确认程序代码是否按照算法正确地被执行，各个变量的当前值、内存数据、函数调用等情况是否与预期结果一致。在本例中，程序将在第 15 行处的断点暂停运行。此时红色圆点内有黄色三角形，表示程序已经运行到断点所在行，并且处于暂停状态，如图 6.21 所示。

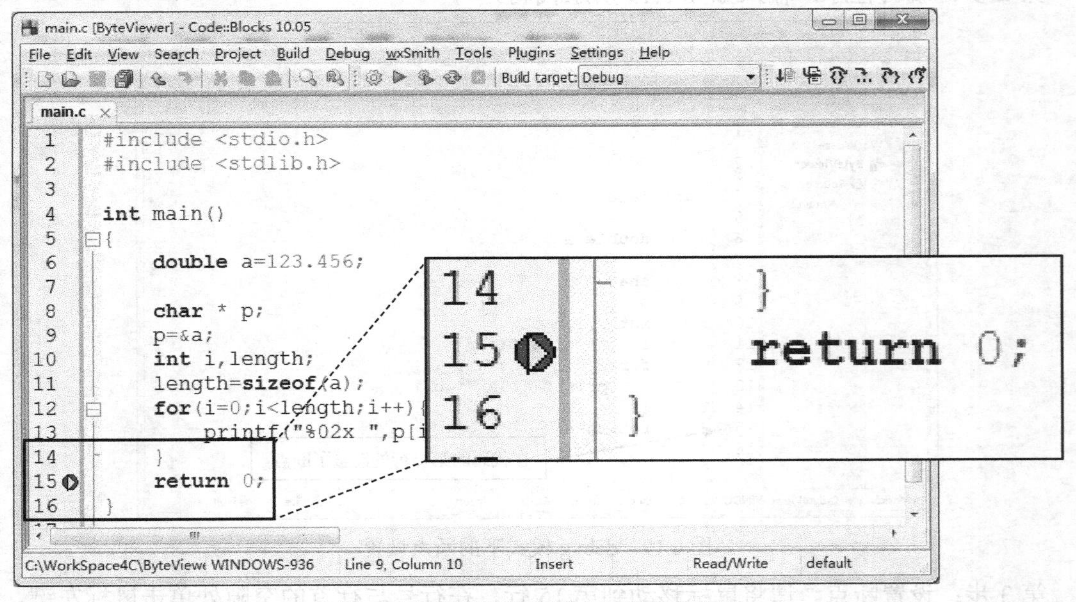

图 6.21　程序执行到断点时暂停的界面

此时程序处于暂停状态，单击菜单 Debug→Debugging windows→Examine memory，如图 6.22 所示。

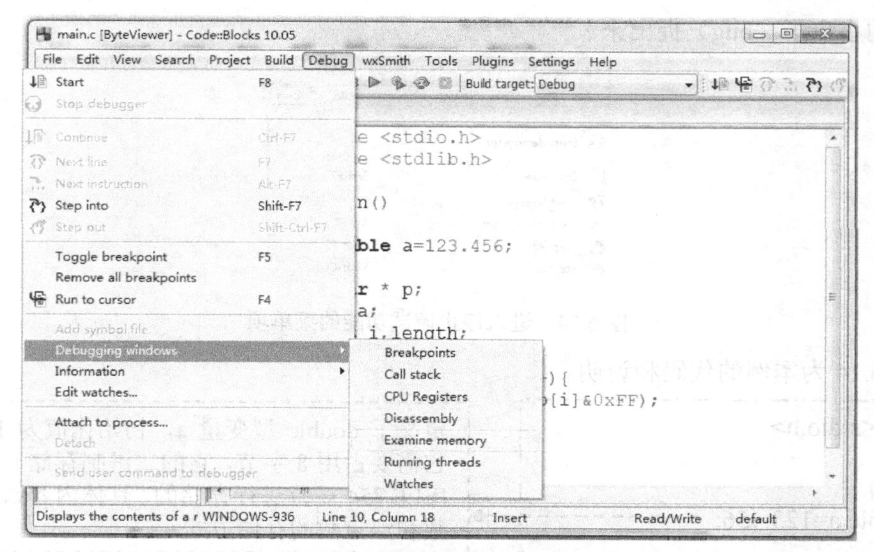

图 6.22　进入观察内存界面的菜单路径

如图 6.23 所示，在弹出的 Memory 窗口中的 Address 框中输入“&a”就能看到 double 型变量 a 中起始地址为&a 的内存中的数据。

在此，程序的输出的结果为“77 be 9f 1a 2f dd 5e 40”，从 Memory 窗口中观察到的起始地址为 0x28ff08 处连续的 8 字节的数据“77 be 9f 1a 2f dd 5e 40”，两者结果一致，如图 6.23 所示。

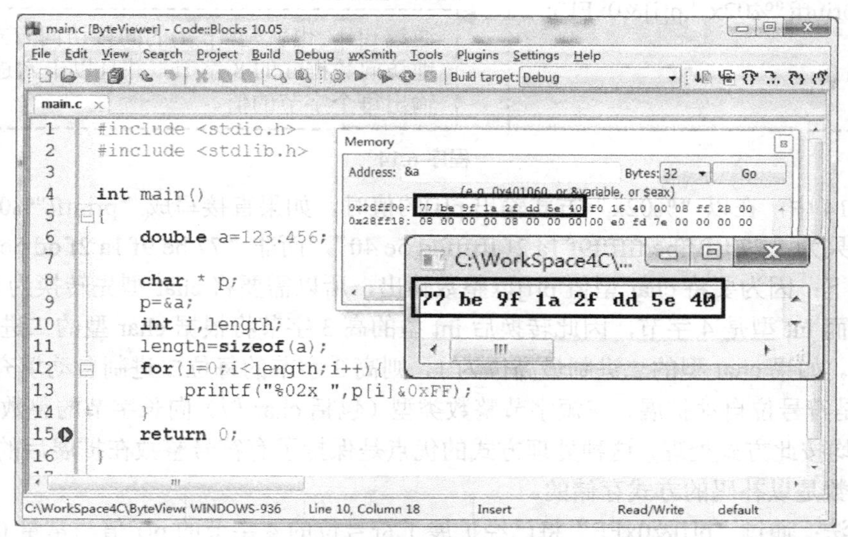

图 6.23　观察内存指定地址处的值界面

第 6 步：继续运行或停止调试。根据实际调试的需要，如果需要继续运行，请单击菜单 Debug 菜单下的 Continue（继续运行），Next Line（运行到下一行），Next instruction（运行到下一条指令），Step into（进入到函数体内），Step out（运行到函数体外）。如果需要停止调试，则）单击 Debug 菜单下的 Stop debugger，如图 6.24 所示。

当然，在调试过程中，还可以观察指定变量的值、可以观察函数调用栈的情况。程序的调试技术需要自己多次尝试。调试并排除程序错误的过程称为“debug”，其寓意来自将程序中把程序出错的小虫子（bug）捉出来。

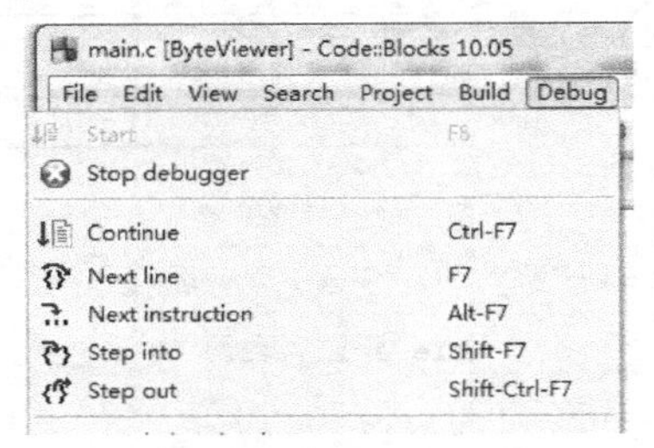

图 6.24　进入停止调试功能的菜单项

程序 6.14 为本例的代码和说明。

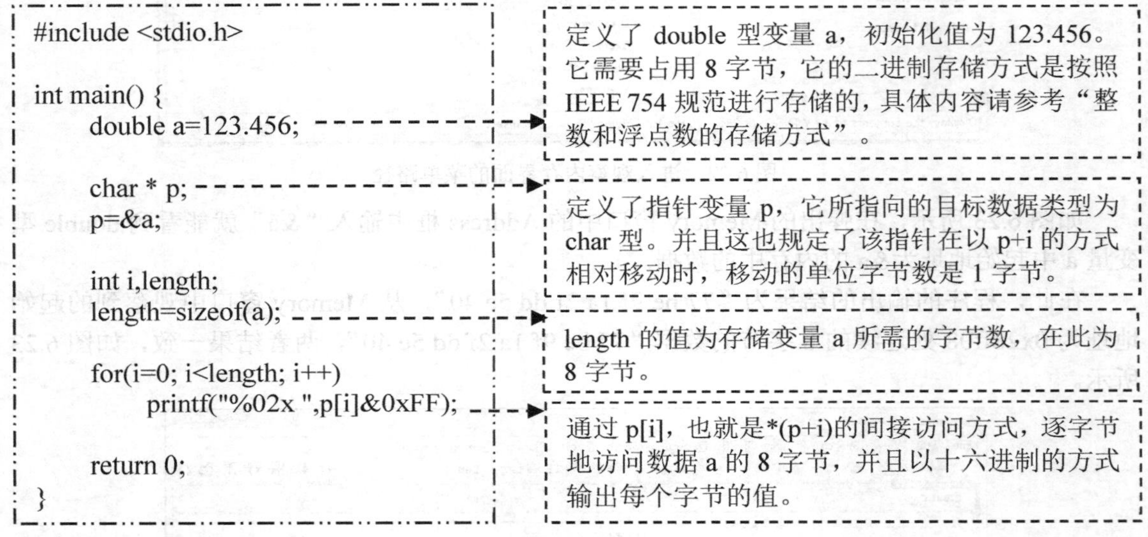

程序 6.14

程序 6.14 中，在以“%02x”方式输出 p[i]的值时，如果直接写成“printf("%02x ",p[i]);”，那么运行结果为“77 ffffffbe ffffff9f 1a 2f ffffffdd 5e 40”，而非“77 be 9f 1a 2f dd 5e 40”。

原因如下：因为要将 char 型值 p[i]以整数输出，所以需要将 char 型先转换为 int 型，char 型是 1 字节而 int 型是 4 字节，因此转换后 int 型的高 3 字节将根据 char 型的二进制最高位进行扩展填充。如果 char 型的二进制最高位为 1，则高 3 字节的每位二进制自动填充为 1，否则为 0。这就是符号位自动扩展，在短字节整数类型（包括 char 型）向长字节的整数类型进行类型转换时，均按此方式处理，这种处理方式的优点是保持了有符号整数在扩展后的正确性，因为有符号整数是以补码的方式存储的。

解决办法：通过“p[i]&0xFF”将已经扩展了符号位的 4 字节的 p[i]值与常量 0xFF 进行二进制的按位与运算，使结果的高 3 字节置为 0，但保留最低的 1 字节值不变。这正好达到了我们的目的。关于位运算请参考“位运算”的相关内容。按位与运算在每一位上的运算规则为“1 按位与 0 得 0，1 按位与 1 得 1，0 按位与 0 得 0，0 按位与 1 得 0”。有关位运算的更多知识，参考“位运算”的相关内容。

以 p[i]的值为十六进制的 77、be 为例，p[i]先从 char 型转换为 int 型，然后与 0xFF 进行二进制的按位与的过程，如图 6.25 所示。图中的每小格表示 1 个二进制位，8 个二进制位为 1 字节。

（1）图 6.25 所示为 p[i]的值为十六进制 77 时，类型转换和计算过程。

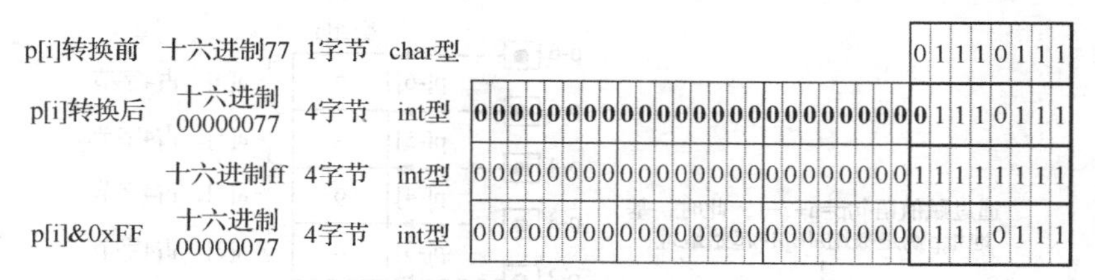

图 6.25 从 char 型到 int 型的转换过程示例（1）

（2）图 6.26 所示为 p[i]的值为十六进制 be 时，类型转换和计算过程。

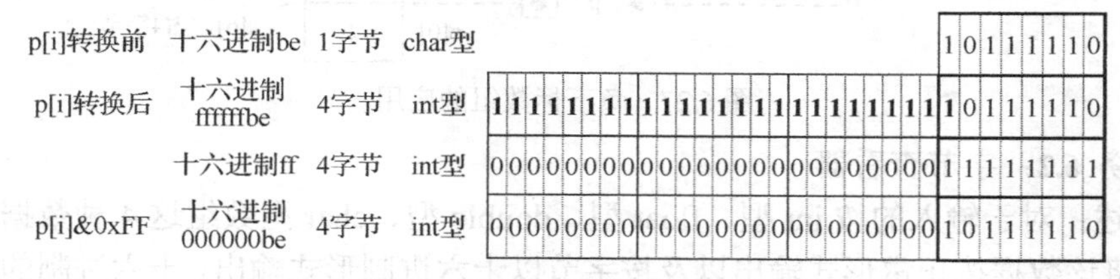

图 6.26 从 char 型到 int 型的转换过程示例（2）

虽然在“3.2.4 节一维数组的运用”中已经展示了用一维数组求解此问题的方法。下面展示利用指针求解此问题。

编程任务 6.1： 蛟龙转身

任务描述： 参见“编程任务 3.1 蛟龙转身”。

分析： 利用指针变量的数组下标访问方式，其下标不仅可以是正值，也可以是负值。程序 6.15 利用负下标实现数组元素的访问。其本质是通过“基地址+偏移量”的方式正确地获得了每个元素的起始地址。

```
#include <stdio.h>
#define SIZE 1000
int main( ) {
    int a[SIZE],n,i,*p;
    scanf("%d",&n);
    for(i=0;i<n;i++)
        scanf("%d",&a[i]);

    p=a+n-1;

    for(i=0; i< n; i++)
        printf("%d ",p[-i]);

    return 0;
}
```

定义了一个指向 int 型数据的指针变量 p。

通过这个赋值语句使指针变量指向了数组 a 的最后一个元素 a[n-1]的起始处。

请注意这个 p[-i]表达式中下标为“-i”，p[-i]等价于*(p-i)。因为 p 指向数组元素 a[n-1]的起始处，所以：
当 i 为 0 时，p-i 指向 a[n-1]起始处，*(p-i)等于 a[n-1]。
当 i 为 1 时，p-i 指向 a[n-2]起始处，*(p-i)等于 a[n-2]。
……
当 i 为 n-2 时，p-i 指向 a[1]起始处，*(p-i)等于 a[1]。
当 i 为 n-1 时，p-i 指向 a[0]起始处，*(p-i)等于 a[0]。
其输出效果就是倒序输出数组 a 的元素。

程序 6.15

以本编程任务的“输入示例”的数据作为测试用例，指针变量 p 的指向 p[-i]与数组 a 的元素对应关系如图 6.27 所示。

由此可见，不管是数组下标是正下标还是负下标，实际访问数据范围必须控制在数组实际存储范围内。避免数组访问越界（包括越上界和越下界）必须由程序员自己负责。C 语言编译器不会对数组访问越界进行检查。

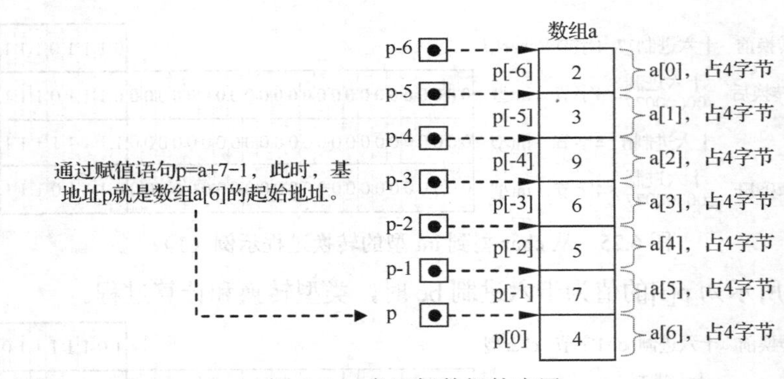

图 6.27　负下标数组的应用

编程任务 6.2：字节查看器

任务描述：对于输入的按 int 型、float 型、double 型、char 型数组这 4 种数据类型存储的数据，分别将该数据按正常形式输出以及按字节以十六进制形式输出。十六进制的字母请用大写的 A、B、C、D、E、F。其中，int 型、float 型、double 型数据按先输出高位字节，从高位字节向低位字节输出的形式。字符串型则直接按字符顺序逐字节输出。

输入：有 4 行，第 1 行是一个整数，以 int 型数据存储。第 2 行是一个带小数点的实数，以 float 型存储，第 3 行是一个带小数点的实数，以 double 型存储，第 4 行是长度为不超过 100 字符的英文字符串，以 char 型数组存储。

输出：输出 4 组结果，每组输出 2 行。

第 1 组：第 1 行输出 int 型整数本身，第 2 行按字节输出该 int 型数据 4 组十六进制值。

第 2 组：第 1 行输出 float 型实数本身，第 2 行按字节输出该实数的 4 组十六进制值。

第 3 组：第 1 行输出 double 型实数本身，第 2 行按字节输出该实数的 8 组十六进制值。

第 4 组：第 1 行输出字符串本身，第 2 行按字节输出该字符串的每个字符的十六进制值。

每组数据的 2 行输出之后有空行。每两个十六进制值之间用空格分隔。

输入举例：

```
123456
123.456
123.456
123456 and 123.456 is a number!
```

输出举例：

```
123456
00 01 E2 40

123.456001
42 F6 E9 79

123.456000
40 5E DD 2F 1A 9F BE 77

123456 and 123.456 is a number!
```

31 32 33 34 35 36 20 61 6E 64 20 31 32 33 2E 34 35 36 20 73 20 61 20 6E 75 6D 62 65 72 21

分析：完成本编程任务有多种做法。程序 6.16 和程序 6.17 采用了将 4 种数据类型的输出功能统一用一个函数 byteView( )实现的方式。

```
#include <stdio.h>
#include <string.h>

void byteView(char * p,
              int length, int step);
int main(){
    int a;
    float b;
    double c;
    char d[101];

    scanf("%d",&a);
    scanf("%f",&b);
    scanf("%lf\n",&c);
    gets(d);

    printf("%d\n",a);
    byteView(&a,sizeof(a),-1);

    printf("\n%f\n",b);
    byteView(&b,sizeof(b),-1);

    printf("\n%lf\n",c);
    byteView(&c,sizeof(c),-1);

    printf("\n%s\n",d);
    byteView(&d,strlen(d),1);

    return 0;
}
```

byteView( )函数的声明。其功能是将起始地址为 p 的连续 length 字节的数据逐字节以十六进制值输出。如果 step 参数值为-1，则从高地址字节向低地址字节输出，否则反向输出。

分别定义了 int 型变量 a、float 型变量 b、double 型变量 c、可以容纳 100 个英文字符的 char 型数组 d。

这 4 个语句分别接受用户从键盘输入的 4 组数据。特别注意：第 3 个 scanf( )语句的格式串中\n 是防止下一个输入语句 gets( )读入第 3 个输入数据末尾的回车符，得到空串，存放到字符数组 d 中。

这 4 组语句分别接输出数据本身数据。注意 4 组调用 byteView( )函数的相同点和不同点：

（1）第 1 个实参均是取变量或数组的起始地址。

（2）前面 3 次调用 byteView( )函数的第 2 个实参都是由 sizeof（变量名）得到变量所占字节数大小。但是第 4 次调用 byteView( )函数时的第 2 个实参没有使用 sizeof(d)而是用 strlen(d)，这样做的目的是按实际字符串的长度输出，而不是按字符数组的容量总是输出 100 个元素。

（3）前面 3 次调用 byteView( )函数的第 3 个实参均为-1，只有最后一次调用的第 3 个实参为 1。因为前面 3 个数据的低位存放在低地址，字节存放顺序与输出顺序相反。但是 char 型数组中字符串从左到右是从低地址到高地址存放的，字节存放顺序与输出顺序相同。

程序 6.16

```
void byteView(char * p, int length, int step){
    if( step == -1 )
        p+=length-1;

    int i;
    for(i=0;i<length;i++){
        if(i!=0)
            printf(" ");
        printf("%02X",p[i*step]&0xFF);
    }
    printf("\n");
}
```

当 step ==-1 时，表示数组的内存字节存放顺序与输出顺序相反，需要从高地址字节向低地址直接输出，因此将 p 移动到末尾字节的起始处。

这个 if 语句用来确保输出的两个十六进制值之间用空格分隔。

当 step 等于 1 时，p[i*step] = p[i] = *(p+i)，此时 p 指向数据的起始字节，此处为低地址。当 step 等于-1 时，p[i*step] = p[-i] = *(p-i)，此时 p 指向数据的末尾字节，此处为高地址。

程序 6.17

程序 6.17 的结果如运行结果 6.5 所示。

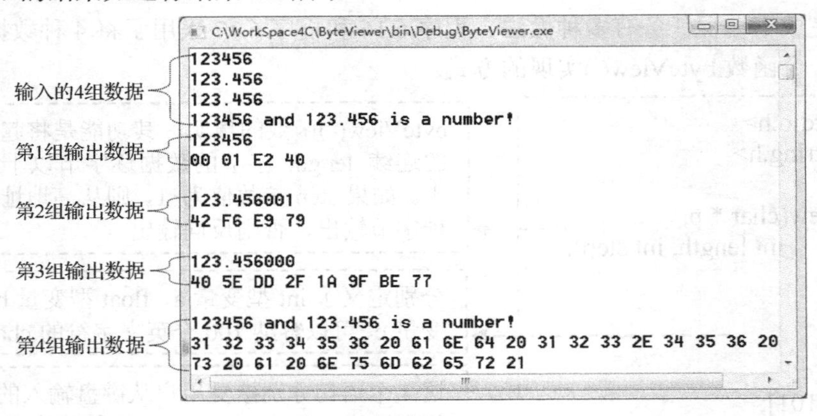

运行结果 6.5

借此结果，可以帮助我们深入理解 float 型和 double 型浮点数的二进制存储方式。

（1）在本例中，输入的测试数据为 123.456，用 float 型变量 b 保存后，输出的结果为 123.456001，这是因为浮点数表示时的误差引起的。

（2）输入的实数均为 123.456，但分别用 float 型和 double 型保存时，从输出的结果来看，两者的二进制值存储并不相同。

通过 Windows 自带的“程序”→“附件”→“计算器”功能，就能方便地将“42 46 E9 79”以及“40 5E DD 2F 1A 9F BE 77”这两个十六进制数转换为二进制数。打开“计算器”，单击菜单“查看”，选择“程序员”。再在窗口中的进制选择区勾选“十六进制”，然后在输入框中输入以上十六进制值，就能在二进制结果区看到该数值对应的二进制数，如图 6.28 所示。

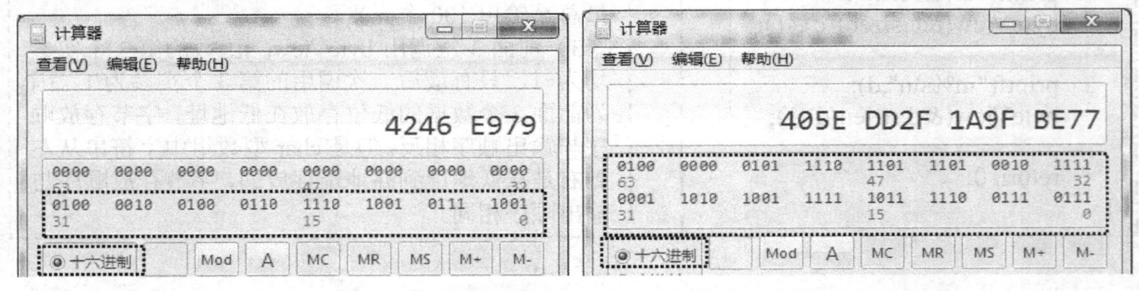

图 6.28　利用计算器实现十六进制转为二进制

两者的二进制存储形式如图 6.29 所示。图中虚线部分为两者相同的二进制位。浮点数的存储方式请参见整数和浮点数存储方式”的相关相容。

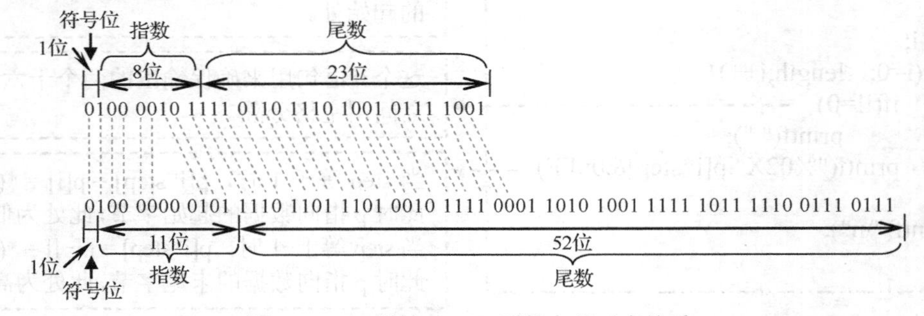

图 6.29　int 型转 double 型的字节对应关系

从图 6.29 中可以观察到：

（1）两者符号位相同。

（2）指数部分的低位和高位相同，只有中间 0 的个数不同。因为 float 的指数偏移量为 127 而 double 型的指数偏移量为 1023。

（3）尾数部分的前 22 位相同。22 位以后的部分，因为 double 型的表示精度高，因此尾数的位数更长，也就是 double 型比 float 的有效数字位数更长。

小贴士：

能以不变应万变的指针

因为“不管指针变量指向的目标数据类型是何种，指针变量的值本身是无符号整数，并且指针所指目标数据类型可以根据实际需要来改变”的特性，所以通过指针指向某地址起始处，我们可对存放在该起始处的目标数据以自己需要的方式进行访问，而不管目标数据是什么类型。也就是说，对于千变万化的不同格式的数据，通过指针，我们可以用一种统一的方式进行访问。此特性应用的场合有：内存数据转储、内存块复制（如库函数 memcpy( )、memset( )、memcmp( )的实现，请参见本章的“void 指针”部分的 memcpy( )函数的设计）、对象的序列化（如 C++、Java、C#等面向对象编程语言中的对象序列化）、按字节复制的对象复制（如 C++中复制构造函数的实现）、通用数据类型的设计（如 C++的泛型）、通用函数的设计（如库函数 qsort( )的实现，请参见本章的函数指针部分）、数据加密（请参见“数据持久化——文件”的编程任务）等。

6.6　地址值在函数调用中的特殊作用

问题的提出：程序设计中有如下需求场景，在函数调用时，要求在主调函数调用被调函数后，能改变主调函数的一个或一组局部变量的值。

面临的问题：在 C 语言中，不允许被调函数访问主调函数中的局部变量，那么应该运用何种机制，才能满足上述需求呢？

解决方案：这必须利用地址值在函数调用中的特殊作用才能实现。

大致思路：在主调函数中调用被调函数时，实参值为主调函数一个或一组局部变量的起始地址，形参接受从实参传递过来的地址值，然后被调函数利用此地址值进行间接访问（间接访问包括读和写，特别是写入，即修改该处的数据）存放在该起始地址处的数据（此数据起始就是主调函数局部变量所在的存储空间）。被调函数执行完毕，返回到主调函数时，能观察到局部变量发生了改变。

为了理解这种机制。我们先来了解函数调用过程中参数是如何从实参传递到形参的。

6.6.1　函数调用过程详解

函数参数传递的规则：在函数调用过程中，函数参数的传递方式是将实际参数的值按参数列表顺序一一对应地赋值给形式参数。因此，形式参数的值是实际参数值的“复印件”。不管实参传递给形参的值是普通值还是地址值，均按此方式传递。

程序 6.18 和运行结果 6.6 展示了函数调用时主调函数和被调函数中局部变量的独立性。

```
#include <stdio.h>

void inc(int a){
    printf("在 inc 函数中，自加之前变量 a 的值为%d\n",a);
    a++;
    printf("在 inc 函数中，自加之后变量 a 的值为%d\n",a);
    return;
}

int main() {
    int a=123;

    printf("在 main 函数中，调用 inc(a)之前变量 a 的值为%d\n",a);
    inc(a);
     printf("在 main 函数中，调用 inc(a)之后变量 a 的值为%d\n",a);
    return 0;
}
```

在 main( )函数中调用 inc( )函数时，那么 main( )为主调函数，inc( )为被调函数。在主调函数 main( )中调用被调函数 inc( )时，实参 a 的值为整数 123。此值将复制给被调函数 inc()的形参 a。在被调函数 inc( )中执行 a++改变形参 a 的值，根本不会影响主调函数中的实参 a，因为两者是两个不同的变量。

程序 6.18

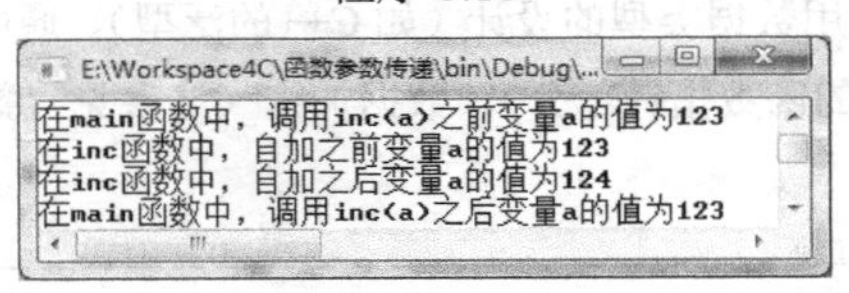

运行结果 6.6

图 6.30 至图 6.34 所示的系列图展示了程序 6.18 中 main( )函数调用 inc( )函数过程中，主调函数和被调函数在各个阶段的内存中变量的状态。在本例中，实参到形参传递的值的普通值，即整型值 123。

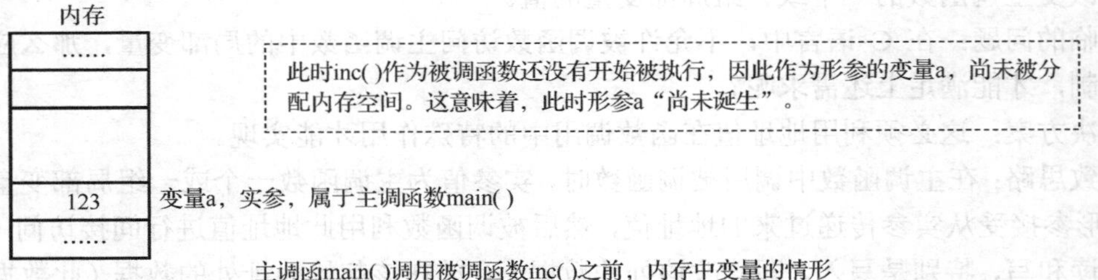

图 6.30　调用时情形（1）

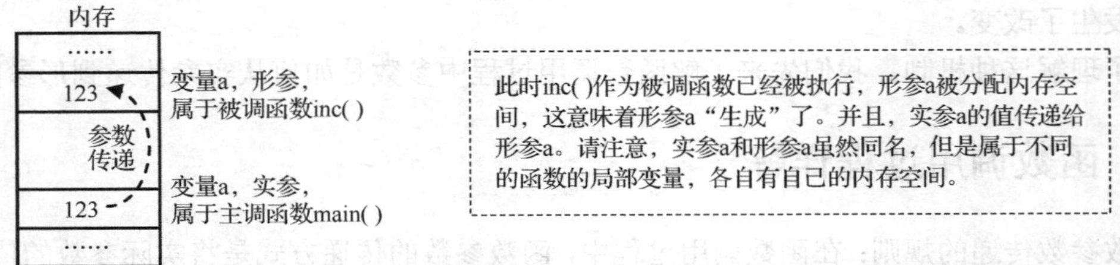

图 6.31　调用时情形（2）

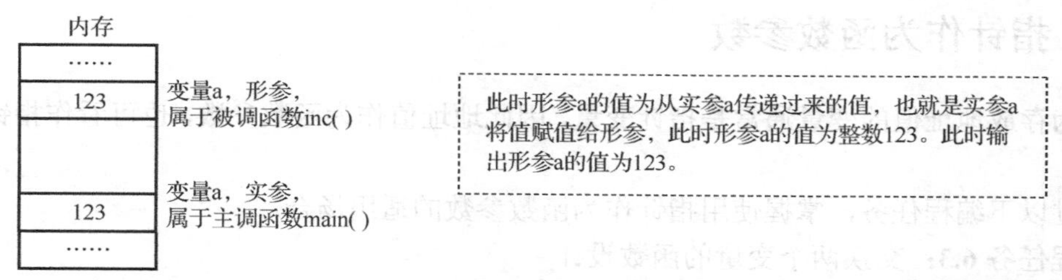

图 6.32 调用时情形（3）

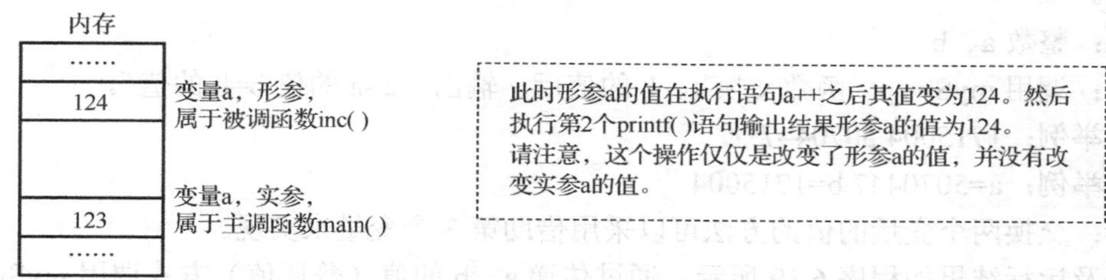

图 6.33 调用时情形（4）

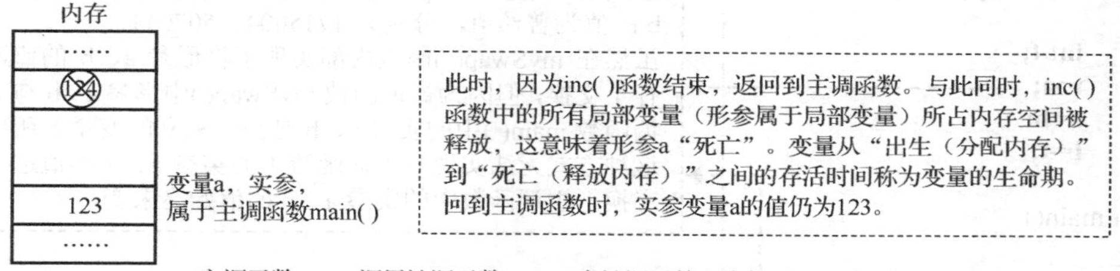

图 6.34 调用时情形（5）

从图 6.30 至图 6.34 所示函数调用过程我们可以看到，被调函数中局部变量的“生”与“死”的过程。

函数中的形式参数和函数体中定义的变量都是局部变量。局部变量的生命期为：当函数被调用时，这些变量就被“生成”（向操作系统申请了相应变量所需的存储空间，并且获得了对这些存储空间的使用权）。当被调函数返回时，函数中的局部变量就被“销毁”（向操作系统归还了相应变量占用的存储空间，并且被操作系统回收了对这些存储空间的使用权，此后，函数对这些局部变量就没有访问权了）。

据此，我们可以看到操作系统对内存资源实行动态管理——当函数被调用时操作系统分配给此函数运行所需空间，当函数返回时，操作系统回收这些内存空间。因为内存资源是相对紧缺的资源，任何程序的运行都需要一定量的内存，也就是说没有足够的内存空间时程序就不能运行。计算机系统中每个程序的运行都需要由操作系统这个计算机资源大管家来统一管理内存的分配、使用和回收。这样才能保证系统中多个程序同时运行时，不会因为内存使用的混乱而出现内存不足、死机甚至整个系统崩溃的现象。

6.6.2 指针作为函数参数

因为存放地址值的变量通常是指针变量，因此地址值作为函数参数，也可看作指针作为函数参数。

通过以下编程任务，掌握使用指针作为函数参数的适用场合。

编程任务 6.3：交换两个变量的函数设计

任务描述：设计一个函数 mySwap(…)，调用该函数后能够使主调函数中 int 型变量 a、b 的值交换。

输入：整数 a、b。

输出：调用 mySwap( )函数交换 a、b 的值后，输出“a=a 的值 b=b 的值”。

输入举例：1715004 5070447

输出举例：a=5070447 b=1715004

分析：交换两个变量的值的方法可以采用借助第 3 个变量来实现。

代码及运行结果如程序 6.19 所示，通过传递 a、b 的值（普通值）方式调用 mySwap( )并不能实现交换主调函数中变量 a、b 的值。

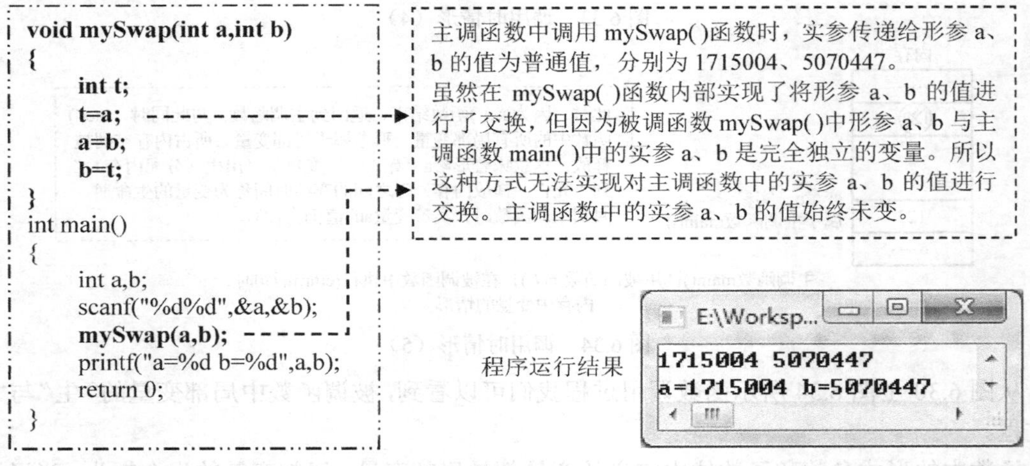

程序 6.19

修改程序 6.19 的 mySwap( )函数，main( )调用此函数时，将原来的以变量 a、b 的值为实参修改为以变量 a、b 的地址值为实参。修改后的代码及运行结果如程序 6.20 所示。

从运行结果看，程序 6.20 成功地实现了本编程任务的功能。

接下来，通过系列图解详细展示以上程序运行过程。每个阶段有详解图和对应的简化图。详解图展示了内存中变量以字节为单位存储的情形。简化图则略去了大量不需要关注的细节，突出展示变量中值和指针的指向关系。

需要说明的是：为了更清楚地看到地址值和普通的整数值在内存中存放方式，在下面的图示中，地址值以及每字节（一个单元格表示一个字节）中的值均用十六进制表示，开头的 0x 表示该数值为十六进制。

如图 6.35、图 6.36 所示，以“输入举例”中的数据为例，输入给变量 a、b 的整数分别是十进制的 1715004、5070447，对应的十六进制值为 001A2B3C 004C5D6F。数据字节存放顺序是“数据的低位存放在低地址字节，数据的高位存放在高地址字节”。

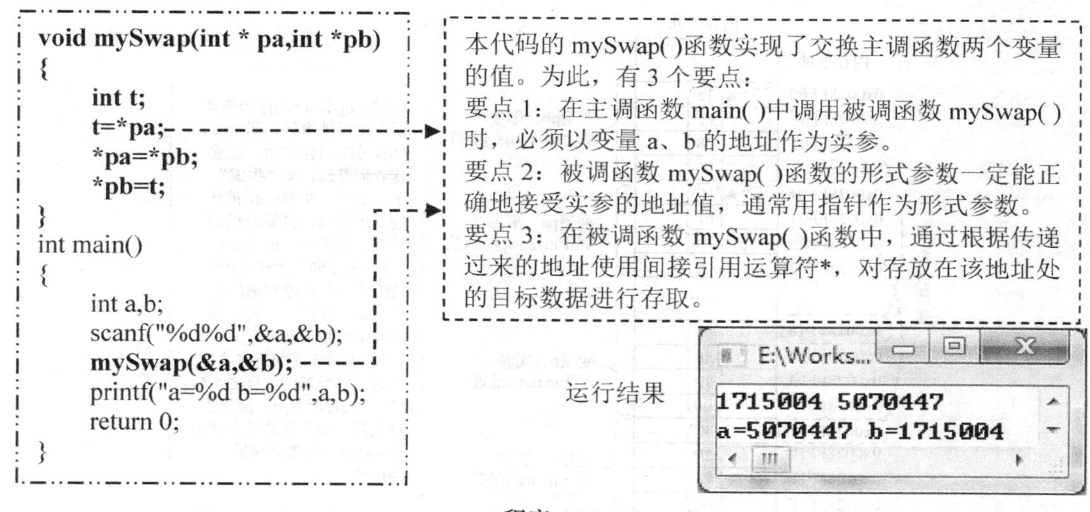

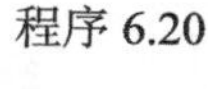
程序 6.20

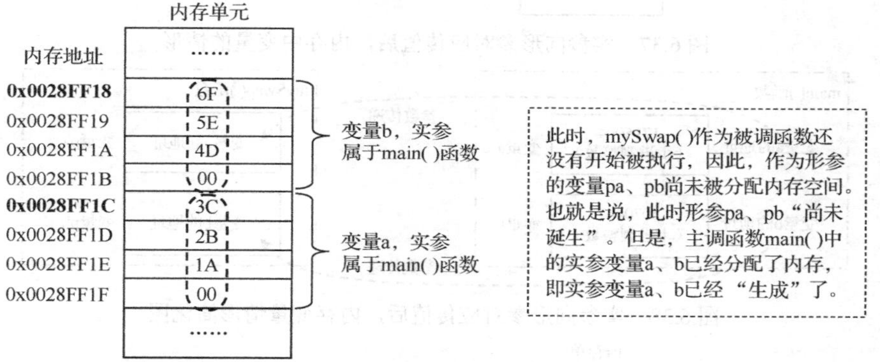

图 6.35　主调函数 main( )调用被调函数 mySwap( )函数之前，内存中变量的情形

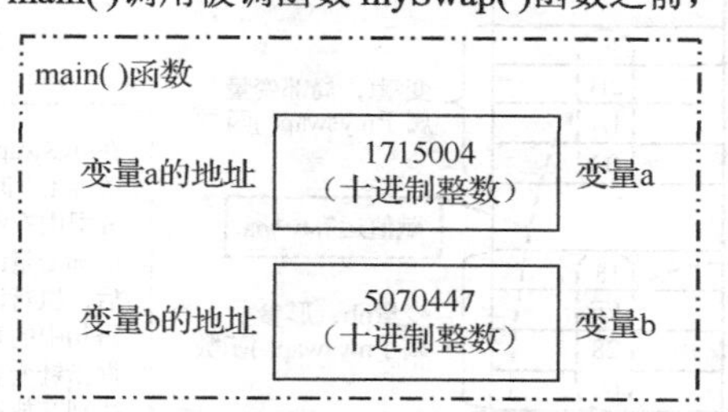

图 6.36　变量在内存的地址、变量值的情形简化图

从图 6.36 中可以看出，当被调函数 mySwap( )没有被实际执行时，不会为 mySwap( )函数所需的局部变量（包括形式参数在内）分配内存空间。一般来说，被调函数运行所需的内存空间分配是动态地、自动地进行的，也就是说，被调函数开始被调用时，自动分配内存；被调函数返回时将自动释放内存。函数所需的存储空间在“栈（Stack）”上，它是内存空间中专门留给函数调用时使用的空间。

主调函数 main( )调用被调函数 mySwap( )，实参向形参一一对应方式传递值后，内存中变量的情形如图 6.37 所示，简化后如图 6.38 所示。

被调函数 mySwap( )执行语句“t=*pa;”时，内存中各个变量的情形如图 6.39 所示，简化后如图 6.40 所示。

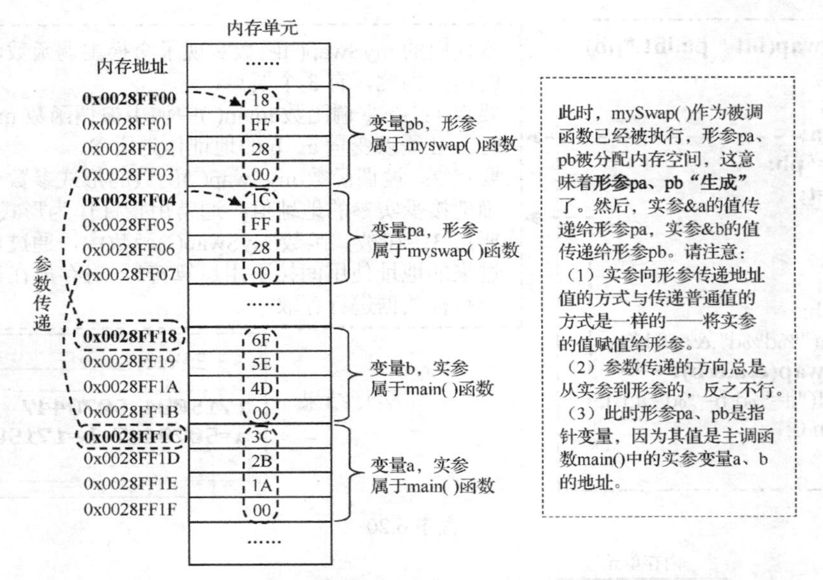

图 6.37　实参向形参对应传值后，内存中变量的情形

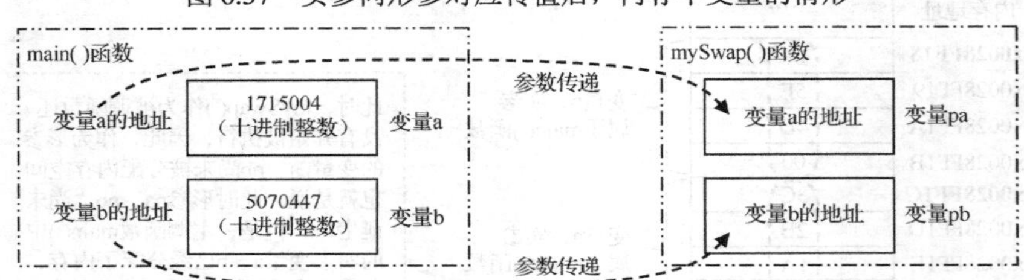

图 6.38　实参向形参对应传值后，内存变量情形简化图

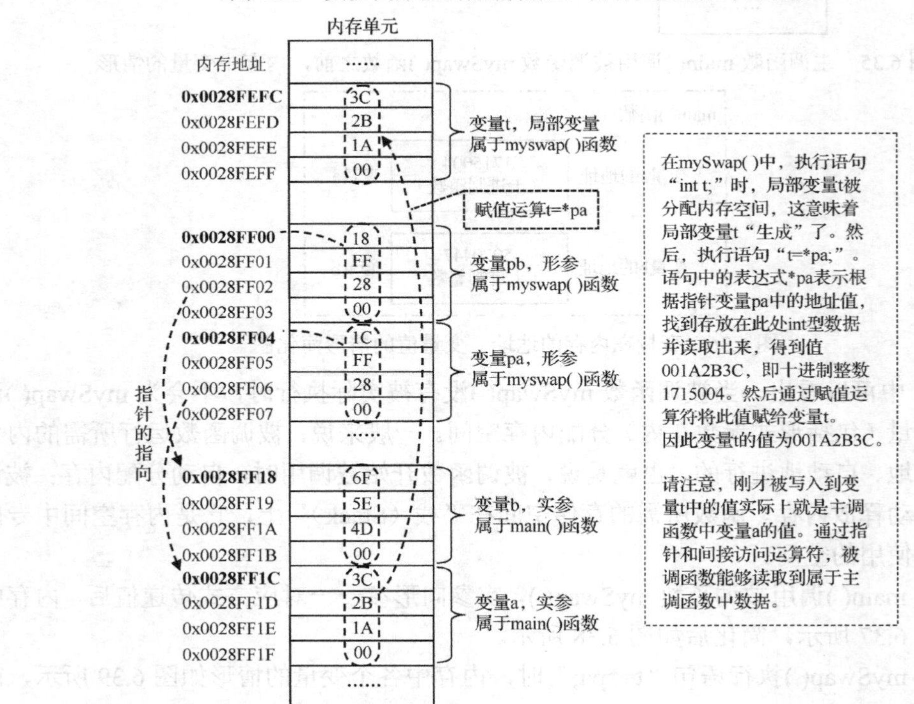

图 6.39　被调函数中执行语句“t=*pa;”时内存变量情形示意图

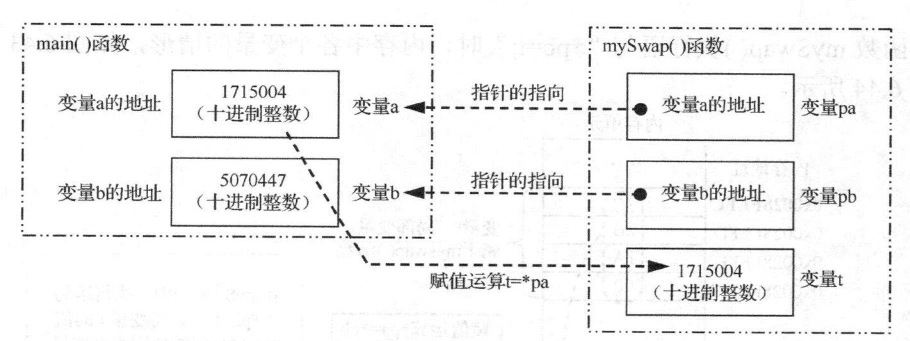

图 6.40 被调函数中执行语句“t=*pa;”时内存变量情形简化图

被调函数 mySwap( )执行语句“*pa=*pb;”时，内存中各个变量中的情形如图 6.41 所示，简化后如图 6.42 所示。

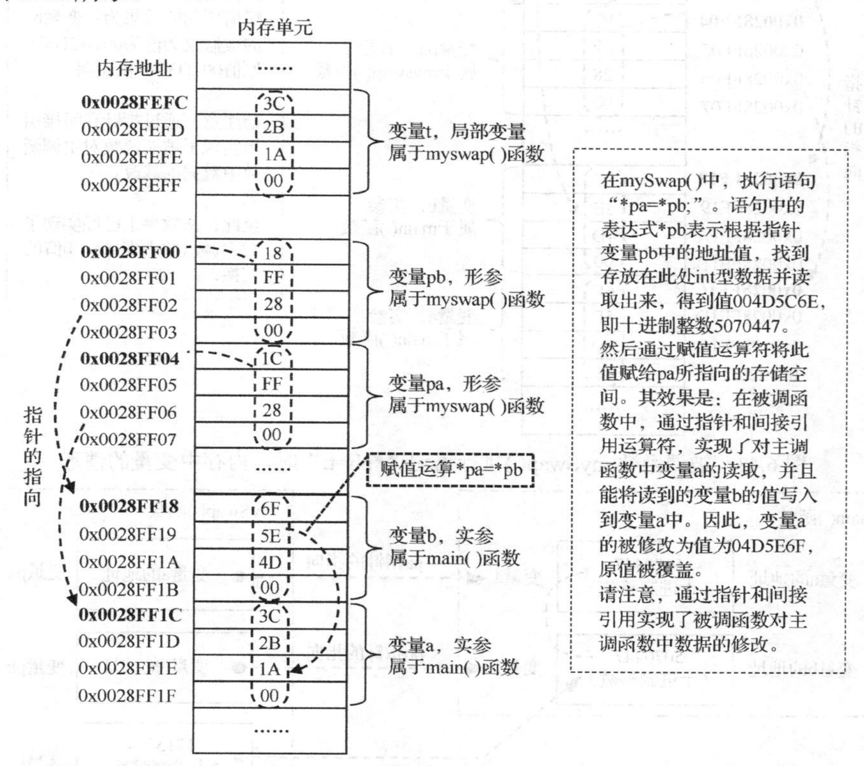

图 6.41 被调函数 mySwap( )执行语句“*pa=*pb;”时，内存中变量的情形

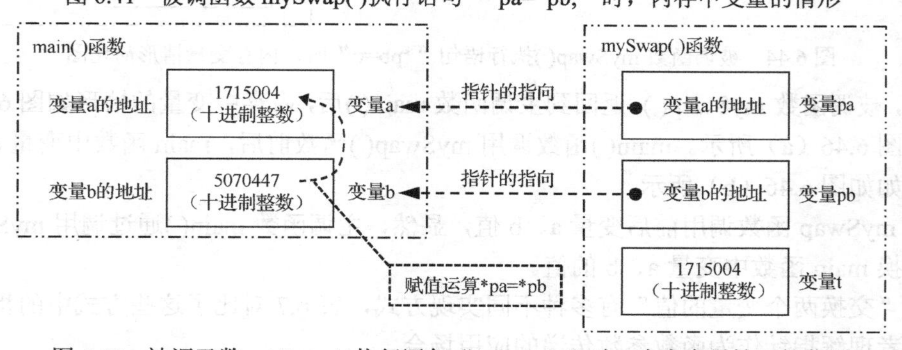

图 6.42 被调函数 mySwap( )执行语句“*pa=*pb;”时，内存变量情形简化图

被调函数 mySwap( )执行语句“*pb=t;”时，内存中各个变量的情形，如图 6.43 所示，简化后如图 6.44 所示。

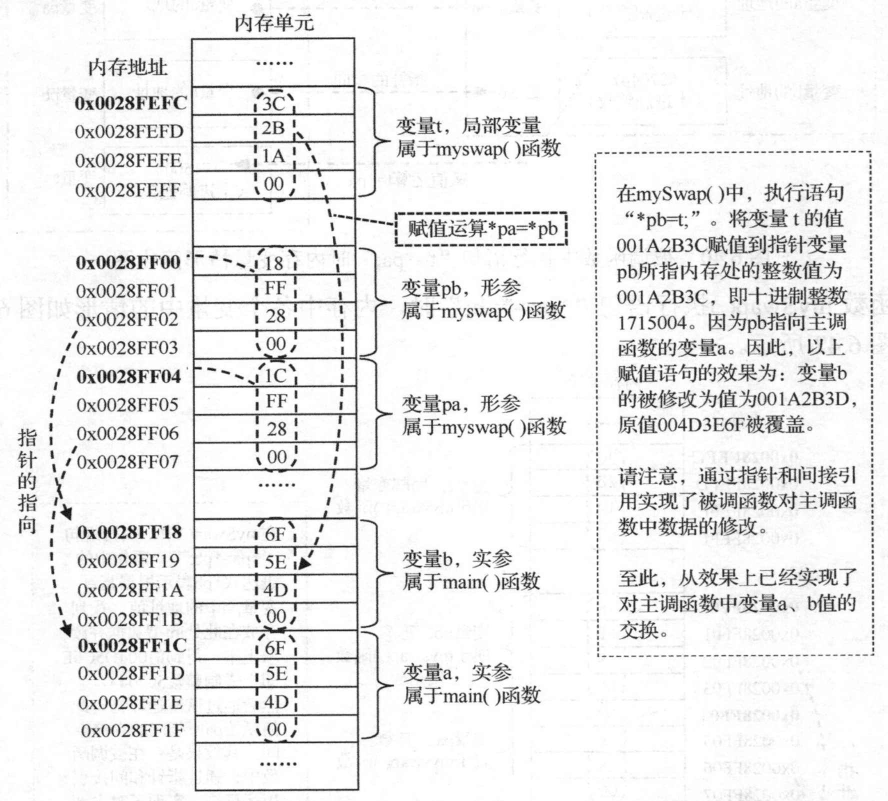

图 6.43　被调函数 mySwap( )执行语句“*pb=t;”时，内存中变量的情形

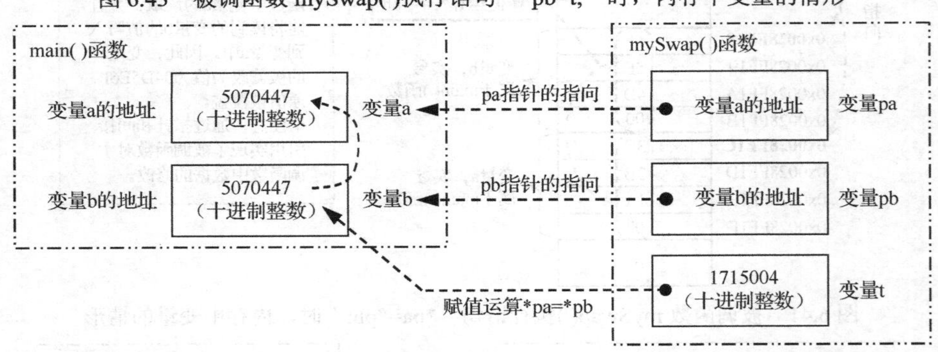

图 6.44　被调函数 mySwap( )执行语句“*pb=t;”时，内存变量情形简化图

最后，被调函数 mySwap( ) 返回到主调函数 main( )后，内存中变量的情形如图 6.45 所示，简化后如图 6.46（a）所示。main( )函数调用 mySwap( )函数前后，main 函数中变量 a、b 的值变化情况如如图 6.46（b）所示。

对比 mySwap 函数调用前后变量 a、b 值，显然，主调函数 main( )通过调用 mySwap 函数实现了交换 main 函数中变量 a、b 的值。

实现“交换两个变量的值”有多种不同实现方式，表 6.7 对比了这些方式中的相关概念，以帮助读者理解指针作为函数参数传递的应用场合。

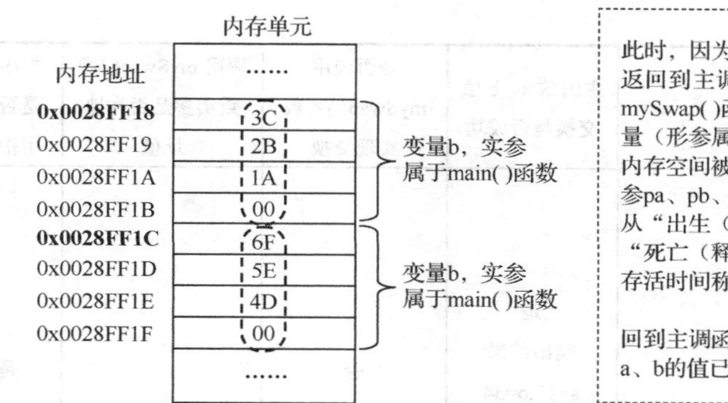

此时，因为mySwap( )函数结束，返回到主调函数。与此同时，mySwap( )函数中的所有局部变量（形参属于局部变量）所占内存空间被释放，这意味着形参pa、pb、t的“死亡”。变量从“出生（分配内存）”到“死亡（释放内存）”之间的存活时间称为变量的生命期。

回到主调函数时，实参变量a、b的值已经被交换。

图 6.45　被调函数 mySwap( ) 返回到主调函数 main( )后，内存中变量的情形

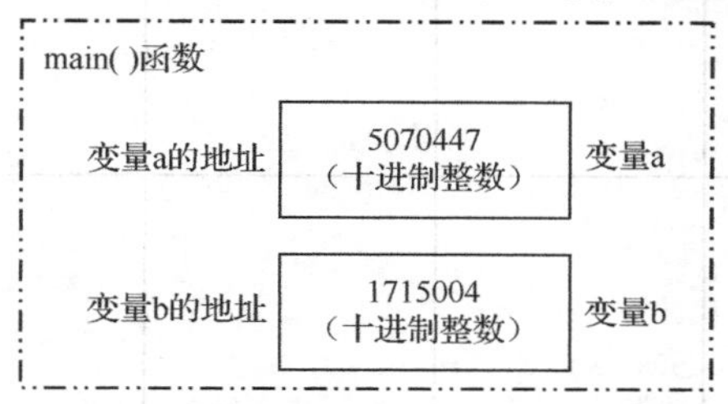

（a）被调函数返回后的内存变量情形简化图

	调用 mySwap( ) 函数之前	调用 mySwap( ) 函数之后
main函数中变量a的值	1715004	5070447
main函数中变量b的值	5070447	1715004

（b）mySwap函数调用前后变量a、b值对比

图 6.46　被调函数返回后的情形

表 6.7　对比交换两个变量值的不同实现方式

方式	代　码	主函数 a、b 值交换是否成功	是否使用 mySwap( )函数实现交换	调用 mySwap( )函数实参是否为地址值	程序中是否使用指针	是否使用全局变量

1	#include<stdio.h>
	int main( ){
	int a=12,b=34;
	printf("a=%d,b=%d\n",a,b);
	int t;　t=a;　a=b; b=t;
	printf("a=%d,b=%d\n",a,b);
	return 0;
	}
		是
		输出结果
		a=12,b=34
		a=34,b=12
			否		否	否

2	#include<stdio.h>
	void mySwap(int a,int b){
	int t;　t=a;　a=b; b=t;
	}
	int main( ){
	int a=12,b=34;
	printf("a=%d,b=%d\n",a,b);
	mySwap(a,b);
	printf("a=%d,b=%d\n",a,b);
	return 0;
	}
		否
		输出结果
		a=12,b=34
		a=12,b=34
			是	否	否	否

续表

方式	代　　码	主函数 a、b 值交换是否成功	是否使用 mySwap( )函数实现交换	调用 mySwap( )函数实参是否为地址值	程序中是否使用指针	是否使用全局变量

3	#include<stdio.h>
	int main( ){
	　　int a=12,b=34;
	　　printf("a=%d,b=%d\n",a,b);
	　　int *pa,*pb; //pa,pb 为指针
	　　pa=&a;　pb=&b;
	　　int t; t=*pa; *pa=*pb; *pb=t;
	　　printf("a=%d,b=%d\n",a,b);
	　　return 0;
	}
		是
		输出结果
		a=12,b=34
		a=34,b=12
			否		是	否

4	#include<stdio.h>
	void mySwap(int *pa,int *pb){
	　　int t;　　t=*pa; *pa=*pb; *pb=t;
	}
	int main( ){
	　　int a=12,b=34;
	　　printf("a=%d,b=%d\n",a,b);
	　　mySwap(&a,&b);
	　　printf("a=%d,b=%d\n",a,b);
	　　return 0;
	}
		是
		输出结果
		a=12,b=34
		a=34,b=12
			是	是	是	否

5	#include<stdio.h>
	int a=12,b=34; //a、b 为全局变量
	void mySwap( ){
	　　int t;　　t=a;　a=b; b=t;
	}
	int main( ){
	　　printf("a=%d,b=%d\n",a,b);
	　　mySwap( );
	　　printf("a=%d,b=%d\n",a,b);
	　　return 0;
	}
		是
		输出结果
		a=12,b=34
		a=34,b=12
			是	无参数	否	是

函数参数传递时，传递普通值和传递地址值的机制是相同的，均是将实参的值赋给形参。也就是说，此时形参获得的均是实参值的“复印件”。但如果形参获得的是地址值，在被调函数中可根据此地址值使用“间接访问运算符*”就能访问到主调函数中的数据。也就是说，在被调函数中，通过此地址（或称指针）能对主调函数中的变量进行读/写。

例如，在被调函数中，某指针变量 p 获得了传递过来的地址值，执行形如“*p=某值;”语句后，主调函数中的那个变量的值就发生了改变，并且此改变不会随着被调函数的返回而消失。

通过上述 mySwap()将指针作为函数参数的图解和剖析，使我们对函数参数传递、指针、间接引用等机制有如下更深层次的理解。

函数调用时，从实参到形参的传值过程的实质是将实参值以赋值运算的方式赋给对应的形参。不管这个值是地址值还是普通值，也就是说，将实参的值复制给形参。因此参数传递过程是单向的，只能是“实参→形参”，无法实现“实参←形参”的值传递。实参与形参仅在传值时发生一次赋值运算关系，此后，实参和形参是独立的，互不相干。即使从实参传递给形参的是地址值，此时实参是“地址值”，形参通常是用来存放地址值的指针变量，在参数传递完成后，实参和形参再无任何关系，因此参数传递过程与普通值无任何区别。唯一有点特别的事情是发生在传值完成之后。因为被调函数的形参获得的是地址值（不管是哪个数据的地址），通过此地址值就能间接访问它所对应的存储空间中的数据。因为此存储空间可能实质上是主调函数中某些数据的存放处，所以在被调函数中对此处数据的修改实质上是在修改主调函数的数据，显然，这样修改后的结果能在被调函数返回到主调函数时仍然被保留下来。最终从表象上看，效果是这样的：主调函数调用被调函数后，主调函数中的某些数据被修改了。这给人一种错觉，好像是结果数据从被调函数“传回”到主调函数，即结果数据从形参“传回”到了实参。其实这是假象。

根据以上分析，可得如下结论。

指针在函数调用中的特殊作用体现在：在程序设计中，如果需要实现被调函数对主调函数中局部变量读/写（特别是“写”），则在函数调用时，必须具备如下三要素。

（1）主调函数的实参传递给被调函数的形参的值为地址值。该地址值为主调函数局部变量的地址。

（2）被调函数的形参能够正确地接受实参传递过来的地址值；通常情况下，形参为指针。但是严格地讲，并不要求被调函数接受地址值的形参一定为指针，如 int 型或 long long 型也可以。

（3）在被调函数中，能正确地通过实参传递过来的地址值以间接访问方式读/写存放在该地址处的数据。该地址处的数据就是主调函数局部变量所在的实际存储区域。

特别需要提及的是：因为实参传递给形参的关键信息是目标数据的起始地址，而目标数据的类型并非关键信息。在被调函数中，程序员可按需要改变以何种数据类型来解析目标数据。例如，不管目标数据为何种类型，在被调函数中均按 char*类型进行处理，将目标数据当成 char 数组，即以字节为单位的一块数据。具体应用请参考后面相关章节中的 qsort 函数的设计。

在程序设计中，必须使用指针作为函数形式参数（或者说必须以地址值为实参）的情形有哪些呢？

有以下两种情形：

（1）主调函数需要向被调函数传递数据不是单个数据，而是一组数据。通常这一组数据是存放在数组中的，因此将此数组的首地址传递到被调函数。

（2）主调函数中某个变量值需要在被调函数中被修改，因此将此变量的地址值作为参数传递给被调函数。

6.6.3 数组名作为函数实参

何时需要使用数组名作为形式参数呢？

在程序设计中，当主调函数需要通过调用被调函数对一组数据进行处理时，则应将数组名作为实参传递给该函数。具体包括以下 3 种情形。

（1）情形 1（只写）：主调函数仅是将数组所需存储空间准备就绪，但需要被调函数对此数组进行初始化或赋值，并且要求，在被调函数返回后，初始化或赋值后数组元素能被主调函数访问到。

（2）情形 2（只读）：在被调函数中，需要读取主调函数中的一组数据，而不是单个数据。

（3）情形 3（读/写）：在被调函数中，不仅需要读取主调函数中的一组数据，还需要对这一组数据进行修改，并且要求，修改的结果能在被调函数返回到主调函后，改变后的数据能被主调函数访问到。

1. 一维数组作为函数参数

编程任务 6.4：“一”哥是何人

任务描述：参见“编程任务 3.2：‘一’哥是何人”。

分析：解决本问题当然可以将所有代码写在主函数中，不设计额外的函数，其代码参见“编程任务 3.2：‘一’哥是何人”。

但是，根据模块化设计的思想，可设计 3 个函数 inputScore( )、getMax( )和 showFirst( )分别实现：输入 n 个学生的成绩到数组 a 中；求成绩数组 a 中 n 个分数的最高分；输出成绩数组为 a 的 n 个学生中取得最高分的学生学号。代码如程序 6.21 至程序 6.24 所示。

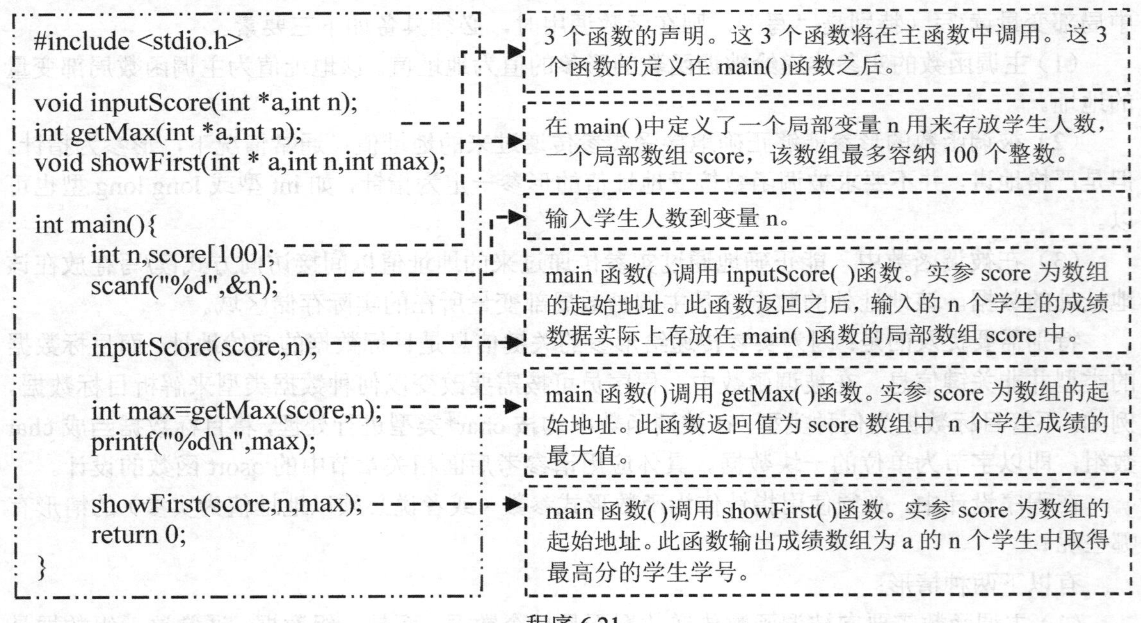
```c
#include <stdio.h>

void inputScore(int *a,int n);
int getMax(int *a,int n);
void showFirst(int * a,int n,int max);

int main(){
    int n,score[100];
    scanf("%d",&n);

    inputScore(score,n);

    int max=getMax(score,n);
    printf("%d\n",max);

    showFirst(score,n,max);
    return 0;
}
```


程序 6.21

当然，作为可选方案，也可只将其中的任意一个或多个模块设计为函数，而不是全部模块都设计为函数。

inputScore( )函数代码如程序 6.22 所示，其设计思路如下。

需求：在主调函数 main( )调用 inputScore( )函数之前，已经由“int score[100];”语句将数组 score 的存储空间准备就绪了，需要调用 inputScore( )函数实现将用户输入的数据赋值给数组 score。并且要求 inputScore( )函数返回后，在主调函数 main( )中能在 score 数组中访问到这些输入数据。这符合“情形 1（只写）”。

解决方案：在 main( )函数调用 inputScore( )函数时，用数组名 score 作为实参。此外，为了能让 inputScore( )函数知道数组的数据个数，将 n 作为此函数第 2 个实参。

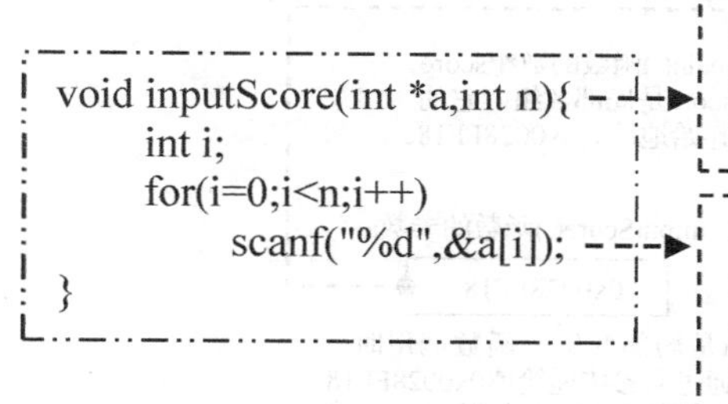

```
void inputScore(int *a,int n){
    int i;
    for(i=0;i<n;i++)
        scanf("%d",&a[i]);
}
```

inputScore( )函数的定义。此函数的形参 a 为指向 int 型数据的指针。在本函数被调用时，它接受的实参值是 main( )函数局部数组 score 的起始地址。因此，a 与 score 指向相同的存储空间。

在此函数中，从形式上看，数据输入到了数组 a。实际上，因为本函数局部变量 a 中的地址值与 main( )的局部数组 score 的起始地址相同，因此在本函数中访问 a[i]实际上等效于访问 main( )函数的 score[i]。

程序 6.22

getMax ( )函数代码如程序 6.23 所示，其设计思路如下。

需求：在主调函数 main( )调用 getMax( )函数之前，score 数组中已经存放 n 个学生的成绩。现在需要调用 getMax( )函数，返回值这 n 个学生成绩的最大值。因为，在被调函数 getMax( )中，需要读取主调函数 main( )中的一组数据，而不是单个数据。这符合“情形 2（只读）”。

解决方案：在 main( )函数调用 getMax( )函数时，用数组名 score 作为实参。此外，为了能让 getMax( )函数知道数组的数据个数，将 n 作为此函数第二个实参。

```
int getMax(int *a,int n){
    int i,max=a[0];
    for(i=1;i<n;i++)
        if(max<a[i])
            max=a[i];
    return max;
}
```

getMax( )函数的定义。此函数的形参 a 为指向 int 型数据的指针。在本函数被调用时，它接受的实参值是 main( )函数局部数组 score 的起始地址。因此，a 与 score 指向相同存储空间。

在此函数中，从形式上看，通过 a[i]读取的是本函数中数组 a 下标为 i 的元素。实际上，因为本函数局部变量 a 中的地址值与 main( )的局部数组 score 的起始地址相同，因此在本函数中访问 a[i]实际上等效于访问 main( )函数的 score[i]。

程序 6.23

showFirst ( )函数代码如程序 6.24 所示，其设计思路如下。

需求：在主调函数 main( )调用 showFirst ( )函数之前，score 数组中已经存放 n 个学生的成绩。现在，需要调用 showFirst ( )函数，输出这 n 个学生中成绩取得最高分学生学号。因为在被调函数 showFirst ( )中，需要读取主调函数 main( )中的一组数据，而不是单个数据。这符合“情形 2（只读）”。

```
void showFirst(int * a,int n
                    ,int max){
    int i;
    for(i=0;i<n;i++)
        if(max ==a[i])
            printf("%d□",i+1);
}
```

getMax( )函数的定义。此函数的形参 a 为指向 int 型数据的指针。在本函数被调用时，它接受的实参值是 main( )函数局部数组 score 的起始地址。因此，a 与 score 指向相同存储空间。

在此函数中，从形式上看，通过 a[i]读取的是本函数中数组 a 下标为 i 的元素。实际上，因为本函数局部变量 a 中的地址值与 main( )的局部数组 score 的起始地址相同，因此在本函数中访问 a[i]实际上等效于访问 main( )函数的 score[i]。

程序 6.24

解决方案：在 main( )函数调用 showFirst( )函数时，用数组名 score 作为实参。此外，为了能让 showFirst ( )函数知道数组的数据个数和最高分，分别将 n 和 max 作为此函数第 2 个、第 3 个实参。

图 6.47 更清晰地展示了数组名作为实参传递给被调函数后的情形。

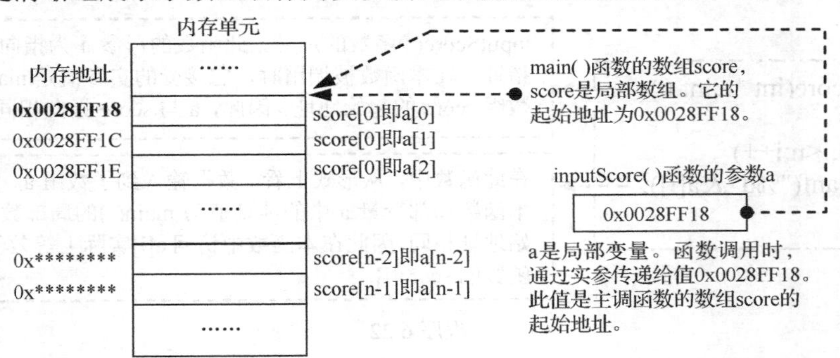

图 6.47　数组名作为实参传递给被调函数后的情形

通过图 6.47，容易理解数组名作为实参的运行机制：main( )函数以数组名 score 作为实参，调用 inputScore( )、getMax ( )、showFirst ( )函数，这些函数以指向 int 型的指针变量作为形式参数，接受实参传递过来的地址值，该地址值是主调函数 score 数组的起始地址。然后，在被调函数中，表达式“a[i]”就是将指针变量 a 当成数组以“数组名[下标]”方式间接访问学号为 i 的学生成绩数据，实际上，读/写 a[i]就是对 main 函数的 score 数组元素 score[i]进行读/写。因为 inputScore( )函数的形参 a 所指向的位置就是 main( )函数数组 score 的起始地址。因此可以认为，访问 score[i]等价于访问 a[i]。

数组名作为实参时，应该注意：

（1）主调函数将数组名作为实参传递给被调函数后，在被调函数中对数组元素的修改实际上就是修改主调函数数组元素。因为数组名是数组的起始地址，在被调函数中通过“数组名[下标]”方式访问的数组元素，实际上就是访问主调函数中的数组元素。

（2）数组名作为函数实参，虽然被调函数实际上能访问到每个数组元素，但在概念上，不能理解为“主调函数将数组的每一个元素传递给了被调函数”。因为主调函数仅是将数组的起始地址传递过去了，并没有将任何数组元素传递给被调函数。

（3）被调函数根据传递过来的主调函数局部数组的起始地址，通过间接访问方式读/写数据，实际上就是在读/写主调函数局部数组的元素。

相关内容参见“6.4.2 揭秘访问数组的更多细节”和“6.6.2 指针作为函数参数”。

此外，对于本编程任务的以上程序，如果将 3 个函数中需要处理的数组改为全局数组，那么每个函数能减少第 1 个参数 int *a，并且将函数内的变量名 a 改为 score 即可。这样，程序中包括 main( )函数在内的 4 个函数因为使用全部数组 score 而紧密耦合在一起。这种做法破坏了函数模块间的低耦合性要求。代码如程序 6.25 所示。

编程任务 6.5：包含数字的成语（基础版）

任务描述：参见第 4 章二维码内容中的“编程任务：包含数字的成语（基础版）”。

分析：因为“给定一条成语，判定其中是否包含数字”，这个任务满足单独设计成函数的要求——明确、边界清晰、相对独立。在 main 函数调用 hasNums( )函数时，需要将代表一条成语的字符串（含有多个字符）能被 hasNum( )函数访问，因此将 main( )函数的局部数组名 idioms 作为 hasNums( )函数的实参。在 hasNums( )函数中，对 idioms 数组的元素只执行“读”

操作。这符合“情形2（只读）”。代码如程序 6.26、程序 6.27 所示。

```c
#include <stdio.h>

int score[100];//此为全局数组

void inputScore(int n);
int getMax(int n);
void showFirst(int n,int max);

int main(){
        int n,max;
        scanf("%d",&n);

        inputScore(n);

        max=getMax(n);
        printf("%d\n",max);

        showFirst(n,max);
        return 0;
}
```

```c
void inputScore(int n){
        int i;
        for(i=0;i<n;i++)
                scanf("%d",&score[i]);
}

int getMax(int n){
        int i,max=score[0];
        for(i=1;i<n;i++)
                if(max<score[i])
                        max=score[i];
        return max;
}

void showFirst(int n,int max){
        int i;
        for(i=0;i<n;i++)
                if(max==score[i])
                        printf("%d ",i+1);
}
```

程序 6.25

```c
int hasNums(char * s) {
        int i,j;
        int len=strlen(s);
        for(i=0; i<len; i+=2)
                for(j=0; j<14; j++)
                        if(s[i]== numTab[j][0]&&
                                        s[i+1]== numTab[j][1])
                                return TRUE;
        return FALSE;
}
```

请注意，此时本函数形参 s 为指向 char 型数据的指针，但在主函数中调用此函数时传递的实参是某条输入的成语所在字符数组的起始地址。这不会存在任何问题，因为字符数组的起始地址赋值给指向 char 型数据的指针变量。

这个 return 语句将使 for 循环提前终止，这正是我们需要的效果。

程序 6.26

思考题：

（1）在程序 6.27 中，为什么标志变量 hasNumInAll 赋值为 FALSE 的语句必须在 for 循环外？

（2）对比以上利用函数设计和原来不利用函数设计两种方式的优缺点。

2．二维数组名作为函数实参

主调函数有属于局部数组的二维数组。主调函数以二维数组名为实参调用被调函数，是将二维数组的起始地址赋值给被调函数的形参。这与一维数组名为实参的情形类似。

编程任务 6.6： 图像的翻转

任务描述： 当利用各种图像处理工具对照片、图片等数字图像处理时，经常需要对图像进行水平翻转或垂直翻转。一幅分辨率为 m*n 的数字图像可以看成一个 m 行 n 列的像素矩阵，每个像素用一个整数表示其颜色值。请对指定的图像进行水平或垂直翻转，如图 6.48 所示。

```
#include <stdlib.h>
#include <string.h>
#define TRUE 1
#define FALSE 0

char numTab[14][3]= {
      "一","二","三","四","五","六","七",
      "八","九","十","百","千","万","亿"
};

int hasNums(char * s);

int main() {
      char idioms[41];
      int i,n,hasNumInAll=FALSE;
      scanf("%d",&n);

      for(i=0; i<n; i++){
            scanf("%s",idioms);
            if(hasNums(idioms)==TRUE){
                  printf("%s\n",idioms);
                  if(hasNumInAll==FALSE)
                        hasNumInAll=TRUE;
            }
      }

      if(hasNumInAll==FALSE)
            printf("无数字成语");

      return 0;
}
```

定义了 2 个符号常量，TRUE 表示“逻辑真”，FALSE 表示“逻辑假”。

定义了用来存储所有成语中可能出现的数字字符。

函数的声明。该函数的功能为判断给定的成语 s 中是否有数字。如果有则返回值为 TRUE，否则为 FALSE。

此字符数组用来存储一条成语，最多能存放 20 个汉字。

此变量标志“在所有成语中是否存在有数字的成语”，TRUE 表示“存在”，FALSE 表示“不存在”。初始时假定为“不存在”。

此循环每循环一次则调用 hasNums(idioms)函数，检查存储在字符数组 idioms 中的成语是否出现了数字。如果出现了，则输出并修改 hasNumInAll 标志。

最后，如果标志变量 hasNumInAll 的值为 FALSE，那么意味着“在所有成语中不存在有数字的成语”。

程序 6.27

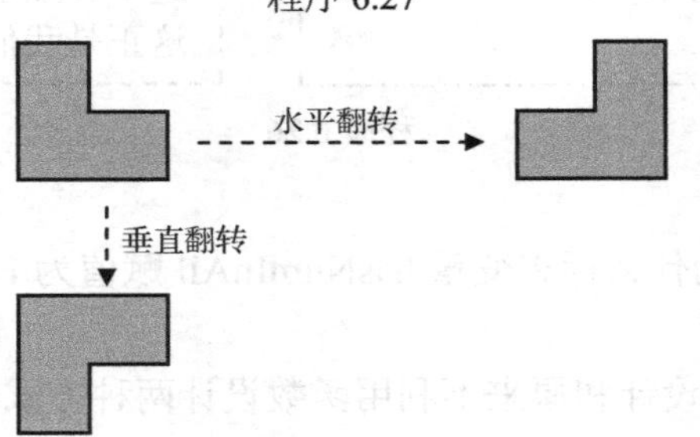

图 6.48　水平和垂直翻转示意图

输入：第一行一个整数 k（1≤k≤1000）表示测试用例的个数。其后每个测试用之间的数据用空行隔开。每个测试用例的第一行包含 3 个整数 m、n、t，分别表示图像中像素点的行数、列数、翻转的方式，其中 0<m、n<500。如果 t 为-1 表示水平翻转，如果为 1 表示垂直翻转。

输出：对每个测试用例，输出旋转后的图像像素矩阵。每个测试用例输出的最后一行是一个空行。特别注意，每行末尾数字之后只有回车没有空格。

输入举例：

2

2 4 1

1 2 3 4

5 6 7 8

2 4 -1

1 2 3 4

5 6 7 8

输出举例：

5 6 7 8

1 2 3 4

4 3 2 1

8 7 6 5

分析：实现图像的水平翻转的算法思想是按行处理，将每行元素左右对调；实现图像的水平翻转的算法思想是按列处理，将每列元素上下对调。

对于 3 行 4 列的图像，用二维数组 a 进行存储，水平和垂直翻转过程如图 6.49 所示。

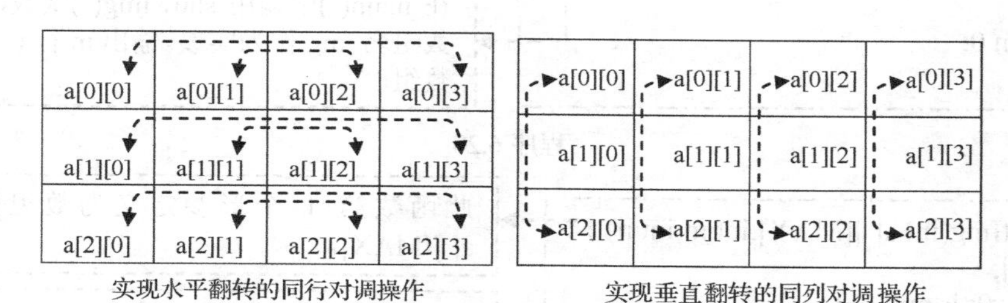

图 6.49　二维数组的水平和垂直翻转示意图

对每幅图像的处理，分为输入图像数据、翻转（水平或垂直）图像、显示图像 3 个模块，分别设计成 3 个函数，即 inputImg( )、flipImg( )和 showImg( )。在 inputImg( )函数中需要将用户的 m 行 n 列的图像数据存储到二维数组 a 中，符合“情形 1（只写）”；在 flipImg( )函数中需要对 m 行 n 列的图像数据执行读和写操作，符合“情形 3（读/写）”；在 showImg( )函数中需要读取 m 行 n 列的图像数据，符合“情形 2（只读）”。

这 3 个被调函数用来接受实参值（实参值是 img 数组的首地址）的形参定义均为“int a[ ][MAX]”作为形参。实质上，a 是二阶指针，并且规定了 a 所指二维数组的每行有 MAX 个元素。这样，在 3 个函数中，可把指针变量名 a 当成数组名 a，以“a[行下标][列下标]”的方式访问数组元素。

本编程任务的完整程序代码如程序 6.28 至程序 6.31 所示。

当我们在设计函数时，应该如何确定参数的类型呢？

站在主调函数的角度来看，问题是这样的：主调函数何时应以传地址作为实参，何时应该以普通值作为实参。

站在被调函数的角度来看，问题是这样的：被调函数形参类型应该如何确定。

这需要考虑该函数的形参是接受主调函数传递过来的普通值还是地址值，有了如表 6.8 所示的对比分析，相信读者已经知道该如何决策了。

```c
#include <stdio.h>
#define MAX 500

void inputImg(int a[ ][MAX],int m,int n);
void flipImg(int a[ ][MAX],int m,int n,int t);
void showImg(int a[ ][MAX],int m,int n);

int main() {
    int cases,m,n,t;
    int img[MAX][MAX];
    scanf("%d",&cases);

    while(cases--) {
        scanf("%d %d %d",&m,&n,&t);
        inputImg(img,m,n);
        flipImg(img,m,n,t);
        showImg(img,m,n);
    }
    return 0;
}
```

定义了符号常量MAX，用于定义数组大小。

3 个函数的声明，将在主函数中被调用。

定义了一个二维数组 img，最大行数和列数均为 MAX，元素类型为 int。该数组占用地址连续的 MAX*MAX*4 字节存储空间。数组 img 是 main 函数的局部数组。

在 main( )中调用 inputImg( )函数，以二维数组名 img 作为实参。实现输入 m 行 n 列数据到 img 数组。

在 main( )中调用 flipImg( )函数，以二维数组名 img 作为实参。实现对 m 行 n 列的 img 数组实行翻转，翻转的类型由实参 t 决定。

在 main( )中调用 showImg( )函数，以二维数组名 img 作为实参。输出 m 行 n 列的 img 数组。

程序 6.28

```c
void inputImg(int a[ ][MAX],int m,int n) {
    int i,j;
    for(i=0; i<m; i++)
        for(j=0; j<n; j++)
            scanf("%d",&a[i][j]);
}
```

此函数第 1 个形参定义为数组形式 int a[ ][MAX]。

在本函数中访问 a[i][j]实际上就是访问主函数的局部数组元素 img[i][j]。“&a[i][j]”等价于“a[i]+j”，等价于“*(a+i)+j”，等价于“（int *）a+i*MAX+j”。

程序 6.29

```c
void flipImg(int a[ ][MAX],int m,int n,int t) {
    int i,j,i1,i2,j1,j2,tmp;
    if(t==1)
        for(j=0; j<n; j++)
            for(i1=0,i2=m-1; i1<i2; i1++,i2--) {
                tmp=a[i1][j];
                a[i1][j]=a[i2][j];
                a[i2][j]=tmp;
            }
    else {
        for(i=0; i<m; i++)
            for(j1=0,j2=n-1; j1<j2; j1++,j2--) {
                tmp=a[i][j1];
                a[i][j1]=a[i][j2];
                a[i][j2]=tmp;
            }
    }
}
```

外循环按列进行处理，每循环一次处理一列，内循环每循环一次对调同列的一对数据。在处理第 j 列时，对同列的 m 行进行 m/2 次对调，实现垂直翻转。

外循环按行进行处理，每循环一次处理一行，内循环每循环一次对调同行的一对数据。在处理第 i 行时，对同行的 n 列进行 n/2 次对调，实现水平翻转。

程序 6.30

```
void showImg(int a[ ][MAX],int m,int n) {
    int i,j;
    for(i=0; i<m; i++){
        printf("%d",a[i][0]);
        for(j=1; j<n; j++)
            printf("□%d",a[i][j]);
        printf("\n");
    }
    printf("\n");
}
```

为了在每行的末尾不输出多余的空格，在此采用的解决方案是：特殊处理第一个输出数据，即输出的第一个数据之前没有空格。其后的每个输出数据之前有一个空格。

当然，要解决以上关于末尾空格的问题，还有很多其他解决方案，留给读者思考。

程序 6.31

表 6.8 传地址值与传普通值的对比分析

应用场景	在被调函数中，只需要主调函数单个数据的复制	在被调函数中，需要读/写主调函数的一个或一组数据本身
实参传递何种值	实参向形参传递的是普通值（在此称地址值之外的值为普通值）	实参向形参传递的是地址值
形参值的来源	主调函数中某个变量值或常量值	主调函数中局部变量的地址 （包括两种情形：向实参传递的是单个数据的起始地址或一组数组的起始地址）
参数传递方式	将实参的“值”赋给形参，使形参获得实参的“值”，只不过这个值可能是地址值或普通值	
实参与形参的关系	自从主调函数在调用被调函数时，将实参值赋给被调函数的形参后，程序的执行控制权转移到了被调函数，此时，实参和形参除了此时值相同外，两者是相互独立的、互不相干的	
形参的生命期	形参在被调函数被调用时“生”，在被调函数返回时“死”	
形参的作用范围	形参仅在被调函数内可见	
对形参本身的访问	形参属于被调函数的局部变量。在被调函数中，对形参的访问被限制在形参所在函数范围内，不管形参是普通值还是地址值，均无法通过形参直接访问主调函数中的局部变量	
访问方式	在被调函数中，对形参的访问是“直接访问”，被访问数据是属于被调函数的局部变量	在被调函数中，通过形参中的地址值，“间接访问存放在该地址处的数据”。被间接访问的数据也就是该起始地址处存放数据，它是主调函数的局部变量
处理的目标数据	在被调函数中，形参的值就是被处理的目标数据	在被调函数中，形参的值本身不是被处理的目标。处理的目标是形参（此值为地址）为起始地址所对应的内存块中的值。形参的值（地址值）在此起“中间跳板”作用
对主调函数局部变量的影响	无法对主调函数局部变量造成任何影响	在被调函数中，能读/写主调函数的局部变量。特别地，如果在被调函数中通过间接访问方式修改了某些数据，那么在被调函数返回后，在主调函数中能观察到局部变量的值被改变

6.6.4 可接受地址值的形参类型探究

主调函数以地址值为实参调用被调函数，被调函数形参的类型可有多种形式。只要被调函数的形参类型同时满足以下两个原则即可。

（1）接受地址正确：被调函数形参必须能够正确地接受实参传递的地址值。例如形参用 char 型接收时，会造成地址数据本身被截断，从而使地址错误。

（2）间接访问正确：在被调函数中能正确地通过地址间接访问存放在该地址起始处的数据。

在设计函数时，如果形参接受实参传来的地址值，那么只要不违背以上原则，形参的类型可以任意选择。

以下程序的功能为：主函数 main( )调用函数 show( )输出已经存放在数组 arr 中的 10 个 int 型数据。程序 6.32 展示了函数 show( )的形参类型可以设计为“int *a;”。结果如运行结果 6.7 所示。

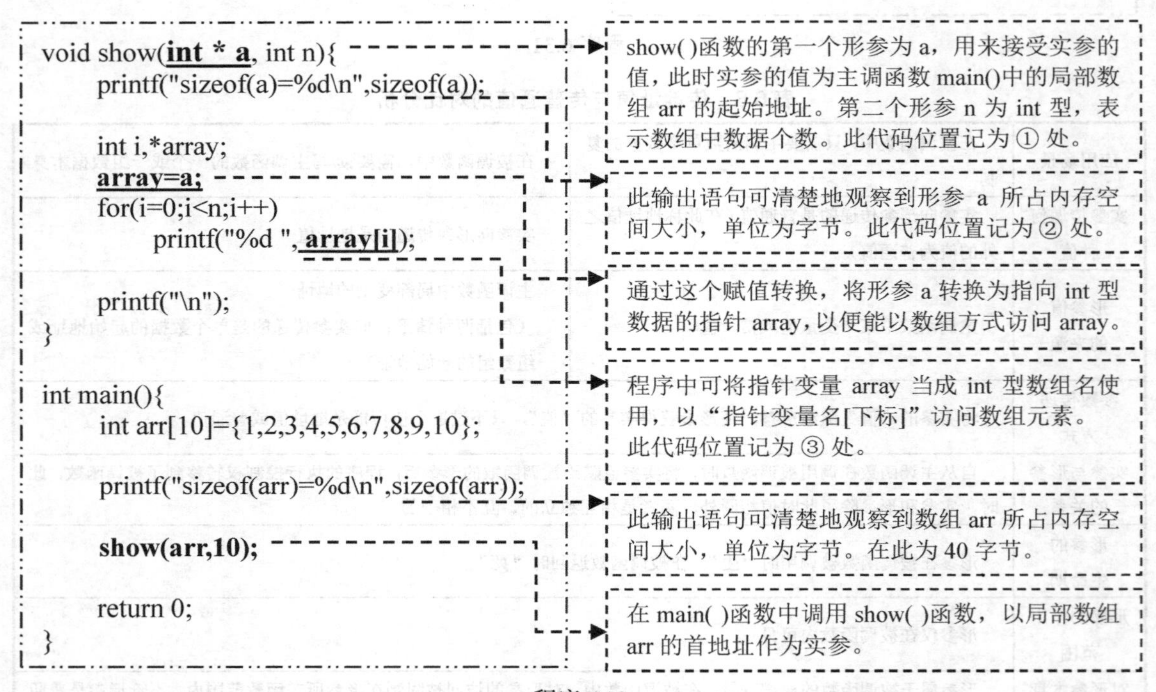

程序 6.32

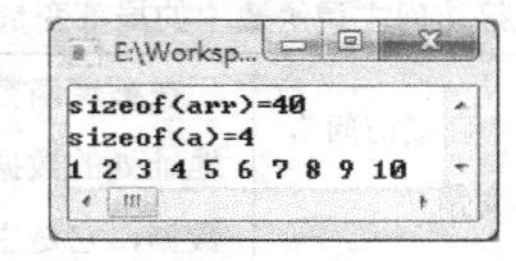

运行结果 6.7

表 6.9 展示了以上代码中的①处 21 种不同形参类型与②、③处 5 种地址值使用方式的组合结果对比。程序运行能得到正确结果的组合用“√”表示，否则用“×”表示。

备注：结构体类型 struct Student 的定义如下（详细内容请参见本书关于“结构体”的相关章节）。

```
struct Student {
    char name[101];
    char className[101];
    int score;
};
```

表 6.9　不同形参类型和地址使用方式组合结果

位置①形参 a 的类型		位置②、③的语句（通过赋值语句实现对形参 a 的类型转换）				
		不经过赋值转换（也就是无语句②）		经过赋值转换形参 a 到指针变量 array		
		方式 1	方式 2	方式 3	方式 4	方式 5
		直接通过 a[i]访问数组元素	((int*)a)[i]或*((int*)a+i)	array=a;	array=(int*)a;	array=(unsigned)a;
				通过 array[i]访问数组元素		
指针类型	char * a	×	√	√	√	√
	short * a	×	√	√	√	√
	int * a	**√（推荐）**	√	√	√	√
	unsigned * a	√	√	√	√	√
	long * a	√	√	√	√	√
	long long * a	×	√	√	√	√
	float * a	×	√	√	√	√
	double * a	×	√	√	√	√
	struct Student * a	×	√	√	√	√
整数型	char a	×	×	×	×	×
	short a	×	×	×	×	×
	int a	×	√	√	√	√
	unsigned a	×	√	√	√	√
	long a	×	√	√	√	√
	long long a	×	√	√	√	√
非整数型	float a	×	×	×	×	×
	double a	×	×	×	×	×
	struct Student a	×	×	×	×	×
数组型	int a[100]	√	√	√	√	√
	int a[0]	√	√	√	√	√
	int a[ ]	√	√	√	√	√

对表 6.9 的分析如下。

（1）推荐写法为上表中加粗的"√"所对应的组合。即形参采用 int *a，在 show( )函数中直接以"a[i] "方式访问数组元素。此处的指针类型为 int *，是因为实参对应的数组元素为 int 型。推广到一般情形，如果实参数组元素类型为 TYPE，那么接受数组起始地址的形参类型推荐设计成"TYPE *"。

（2）所有指针型形参都能通过类型转换后访问到数组元素。其中，能直接使用"形参指针名[下标]"方式访问数组元素的情况下，对形参类型的要求是：如果实参数组元素类型为 TYPE_1 a，接受数组起始地址的形参类型 TYPE_2 * b"，那么 sizeof(TYPE_1)必须等于 sizeof(TYPE_2)，这样才能保证：

b[i] = “起始地址 b+下标 i*sizeof(TYPE_2)”
　　= “起始地址 a+下标 i*sizeof(TYPE_1)”
　　=a[i]

（3）地址值本质是无符号整数，在 32 位应用程序中地址长度为 32bit，即 4 字节（4Byte）。只要形参的实际存储空间不少于 4 字节，那么都能正确接受实参的地址值。char、short 型分别是 1 字节和 2 字节，以 char 型、short 型作为形参类型来接受 4 字节的地址时会造成地址信息丢失，因此后续的访问数组操作会失败。

（4）对于 float 型、double 型形参，因为这些类型数据占用内存大小都大于或等于 4 字节，所以在参数传递时地址信息不会丢失。编译器的类型检查语法不允许 float 型、double 型与任何指针类型之间赋值，但可以长度为 4 字节以上整数类型作为中间桥梁实现转换。也就是说，“float 或 double 型↔int 型或 unsigned 型↔指针型”。因此，当 float 型、double 型作为形参时，应将主调函数的 show(arr,100)修改为 show((unsigned)arr,100)，并且在将②处的代码改为“array=(unsigned)a;”，才能正确引用数组元素。

（5）自定义类型 struct Student 作为形参时，编译器无法实现将自定义类型 struct Student 转换为指针型。

（6）当参数定义为数组形式 int a[100],int a[0],int a[ ]时，其本质就是“int *a”。这可以从 show( )函数中 printf("sizeof(a)=%d\n",sizeof(a));语句的输出均为 4 看出，此时的形参并没有被当作数组进行内存分配，而只是当作指针变量，其大小为 4 字节。

6.7　指针与动态内存分配

为什么需要动态内存分配呢？

在实际应用需求中，经常会遇到这样的情景：无法在程序运行前预估数据的个数，只有等到程序运行时，根据当时的实际情况才能确定。采用动态内存分配的方式能实现在运行时按需分配所需存储空间。

如表 6.10 所示，动态内存分配和回收主要利用如下 4 个库函数实现。这些库函数所在头文件为：stdlib.h。程序中使用这些库函数时应使用预处理指令#inlcude <stdlib.h>。

表 6.10　实现动态内存分配的库函数

		函数原型	功能描述	备　　注
申请动态内存分配	首次申请分配动态内存	void * malloc(long unsigned int size)	如果分配成功，返回值为所分配的 size 字节连续内存空间起始地址；如果分配失败，则返回值为 NULL	分配后空间不会被初始化
		void * calloc(long unsigned int size)		分配后的空间被按字节初始化为 0
	重新申请分配动态内存	void * realloc(void *ptr, long unsigned int size)	ptr 为指向与原已动态分配空间。 如果重新分配成功，返回值为重新分配的 size 字节连续内存空间起始地址； 如果失败，则返回值为 NULL	如果 size 大于原 ptr 所指已动态分配空间，则优先分配紧接原空间后的连续空闲空间，此时，新分配空间与原空间起始地址相同；如果其后空闲空间不足，则重新分配，将原 ptr 所指空间的数据复制到新分配的空间，并将释放 ptr 所指空间。此时新分配空间与原空间起始地址不同

续表

	函 数 原 型	功 能 描 述	备 注
释放已分配的动态内存	void free(void * ptr)	释放指针 ptr 所指向的已分配的动态内存空间	此内存空间必须是先前通过malloc( )、calloc( )、realloc( )分配动态空间。 释放后指针 ptr 的值不变，因此，free(ptr)后应将 ptr 赋值为 NULL。 free(NULL)不会执行任何动作

动态内存分配的注意事项如下。

（1）函数调用后，如果内存分配成功，将返回该空间的起始地址。所需动态内存空间由操作系统在称为堆（Heap）的特定空间中寻找满足要求的连续空闲空间进行分配。具体分配策略由操作系统决定。

（2）调用上述函数动态内存分配成功必须满足两个条件：空闲地址空间连续；空闲内存单元数量满足。动态内存分配申请有可能失败，其原因可能有两个方面：虽然总空闲空间足够大，但因为要求分配的内存空间必须是连续的，操作系统找不到足够大的连续空间而失败；即使是单次分配空间不大，但可能因为累计分配空间太大而失败，如动态内存累计超过了 2GB。具体上限与操作系统有关。

（3）动态内存分配可能会失败。如果 malloc( )、calloc( )、realloc( )返回值为 NULL 时，表示动态内存分配失败。NULL 是在 stdio.h 中定义的常量，其值为 0。不能对值为 NULL 的指针变量 b 进行“*p”操作。因此，为了使程序具有健壮性，应考虑动态内存分配失败时该如何处理。

（4）内存分配函数 malloc( )、calloc( )、realloc( )的返回值类型均为 void *。返回值类型 void*型指针含义是该指针指向的元素类型待定。用户可以强制类型转换 void *为任何具体类型的指针，也允许将 void*型指针赋值给任何类型的指针变量。并且，形如 void *p 的指针在没有转换为指向具体数据类型的指针前，不允许执行“*p”操作，也就是说不能使用间接访问运算符对 p 所指向的存储空间进行读/写。

（5）free( )函数应与 malloc( )、calloc( )、realloc( )函数配对调用，及时地释放不再需要使用的动态内存空间，防止内存泄漏。如果程序中不断地调用 malloc( )、calloc( )、realloc( )函数分配内存，而对不再使用的内存空间不调用 free( )函数使其释放，那么可能会导致后续的内存分配请求失败，这就是内存泄漏（Memory Leak）现象。造成内存泄漏的原因通常是编程时忘记配对调用 free( )函数了。正如你在想看书时都主动向图书馆借书，但在看完书后，很容忘记归还日期，常常不能按时主动归还。

例：请动态分配可以存放 n 个整型数据的数组，并让 p 指针指向此数组。

int * p=(int*)malloc(n*sizeof(int));　　或者写成：int * p = malloc(n*sizeof(int))

例：请动态分配可以存放 k 个字符型数据的数组，并让 str 指针指向此数组。

char * str=(char*)malloc(k*sizeof(char));　　或者写成：int * str = malloc(k*sizeof(char))

例：请动态分配可以存放 m 个双精度型数据的数组，并让 distance 指针指向此数组。

double * distance=(double*)malloc(m*sizeof(double));

或者写成：double * distance = malloc(m*sizeof(double))

操作系统（Operating System，OS）对内存动态分配的管理，如图 6.50 所示。OS 作为计算机资源的大管家，内存作为计算机中最重要的资源之一，是重点被管理的对象。操作系统对计算机中所用应用程序的内存分配和回收进行管理，以确保多个应用程序能正常、有序运行。

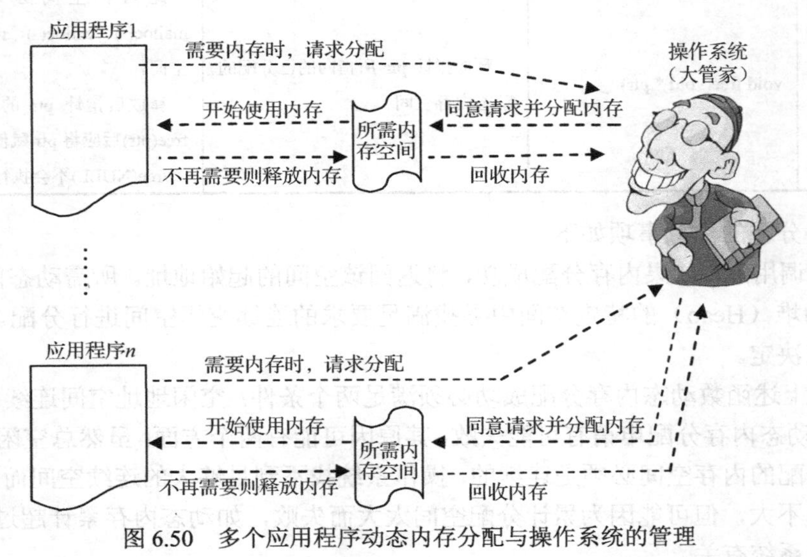

图 6.50　多个应用程序动态内存分配与操作系统的管理

6.7.1　一维数组的动态内存分配

一维数组的动态内存分配相对比较简单。在原来的直接定义数组方式下，代码只需要进行如下 3 处修改。

（1）将原来的数组定义改为定义指针变量。

（2）在代码中已经确定数组元素个数之后，访问数组元素之前，添加一行代码，调用库函数 malloc( )或 calloc( )，申请动态内存分配并将分配得到的空间首地址赋值给(1)中定义的指针变量。因为这样分配得到的内存空间是地址连续的内存空间，指针变量的值就是数组的起始地址，因此，可把指针变量名当作数组名使用。

（3）此后不再需要使用已动态分配内存的代码位置添加一行代码了，调用库函数 free( ) 释放已动态分配的内存空间。

编程任务 6.7： 蛟龙转身

任务描述： 参见“编程任务 3.1：蛟龙转身”。

分析： 蛟龙用一维数组保存，但因为蛟龙长度要等到程序运行时才能确定，因此可动态内存分配一维数组所需空间。以下代码采用算法为：先在原数组中将元素前后对调，然后再顺序输出数组元素。在原来定义数组方式的基础上，只需进行 3 处改动，代码如程序 6.33 所示。

到目前为止，我们已经知道了实现一维数组的有两种方式：定义局部数组方式与动态内存分配方式。表 6.11 将两种方式进行了详细对比。理解这两种方式的共性和特性后，在程序设计中就能根据实际需求决定采用哪种方式了。

```
#include <stdio.h>
int main() {
        int n,i,j,t;
        int *a;                         // 改动处1

        scanf("%d",&n);

        a=malloc(sizeof(int)*n);        // 改动处2

        for( i=0 ; i<n ; i++ )
                scanf("%d",&a[i]);

        for(i=0 , j=n-1 ; i<j ; i++ , j--) {
                t=a[i];
                a[i]=a[j];
                a[j]=t;
        }

        for( i=0 ; i<n ; i++ )
                printf("%d ",a[i]);

        free(a);                        // 改动处3
        return 0;
}
```

改动处 1：定义了一个指针变量 a，它指向的数据类型为 int。
原来此处的语句为：int a[1000];。

改动处 2：新增一行代码。此代码的位置之前已通过输入语句 scanf( )得到了数组 a 的元素个数。此位置也必须在其后、for 循环之前，因为在 for 循环中要访问数组 a 的元素。此语句申请动态分配 n*4 字节连续内存空间。指针变量 a 的值为该空间的起始地址。这与原来数组名 a 就是数组起始地址的情形等价。

访问数组的元素的代码不需要修改。在程序中，可以像原来使用数组 a 一样通过“指针变量名[下标]”的方式访问第 i 个数据。关于“为什么能这样访问”的解答请参考“指针与数组的天然联系”的相关内容。

改动处 3：新增一行代码。调用 free()释放指针 a 所指向的已分配的动态内存空间。
这行代码应该写在“此后不再需要使用 a 所指的已分配空间”的位置。

程序 6.33

表 6.11　一维数组的定义局部数组方式与动态内存分配方式对比

	方式 1：定义局部数组		方式 2：动态分配数组所需存储空间	
	定义数组　　（类比）	预订车票	动态分配　　（类比）	上车后补票
空间需求	在程序中要存放最多 10 个 int 型数据	最多 10 个人的旅游团需要坐火车出行	只有在运行时才能确定数据个数	散客旅行团，只有在旅游过程中才能确定旅客人数
需求的预见性	事先预知数据个数≤10 个	事先预知出行人数≤10 人	不能预知数据个数，必须在运行时，根据用户输入的数据才能确定	不能预知旅客人数，只有等到已经出发了，程序运行时，根据用户输入的数据才能确定
实现形式	int a[10];	通过 12306 官网预订 10 张座位票	调用 malloc( )函数	临时组团
被分配空间的连续性特点	所有 10 个元素必须占用地址连续的内存空间	所有 10 个旅客的座位必须连续	所分配的若干个数据元素的地址空间必须连续	座位可以在一起，散客中是朋友或家庭关系的要求座位必须连续
实际分配空间大小	按预算的 10 个 int 型数据所需字节数计算	按预订的 10 个旅客座位所需车厢空间计算	按实际数据所需字节数计算	按实际参加旅游的旅客人数计算
最大可分配大小	局部数组最大为 200MB		动态分配数组最大为 2GB	
分配时机	在程序运行前	在列车运行前	在程序运行中	在列车运行中

续表

	方式 1：定义局部数组		方式 2：动态分配数组所需存储空间	
	定义数组　（类比）　预订车票		动态分配　（类比）　上车后补票	
存储空间所属区域	“栈区”	可预订车厢区	“堆区”	可临时补票的车厢区
回收时机	局部数组在函数返回后自动回收空间	旅游结束时自动回收所占座位	在需要此空间时，必须显式调用 free( )函数才能释放	随时可离团，离团时必须报告导游，以便座位能被收回重用
分配方式	按预算分配		按需分配	
优点	（1）分配和回收过程简单，速度快；(2)自动回收空间		（1）可在运行时根据实际需求再分配所需空间大小；（2）按需分配，空间利用率高	
缺点	（1）必须预先确定空间；（2）为了满足最大需求而预留足够大空间，事实上，大部分情形下不需要用到如此大的空间，导致空间浪费		（1）分配和回收过程复杂，速度慢；（2）必须显式地调用 free( )函数才能及时地释放动态分配的空间，否则，此空间一直要等到程序对应的进程终止时才被释放	
空间使用特点	整个空间被分配后直到释放前，不能增加、减少和移动。如果已分配空间在运行过程中发现不够用，不能临时增加，因为在此连续空间末尾可能没有额外空间。如果已分配空间有剩余，只能空在那儿，在此连续空间被释放前，多余空间不能被再利用			
分配和回收特点	只能整体分配和整体释放。也就是说，申请所需全部连续空间的分配要么成功，要么失败，不存在部分满足的情形。回收时也是全部空间一次性回收			
数组元素访问方式	不管数组是否为动态分配，均可以通过“数组名[下标]”形式，访问数组元素。 例如，访问数组 a 中下标为 i 的数组元素可用“a[i]”的形式			
等价关系	&a[i]等价于 a+i，a[i] 等价于*(a+i)			

动态内存分配举例如下。

调用 malloc( )或 calloc( )分配的动态内存空间必须是内存地址连续的空间。

分配成功时，返回指向所分配空间起始地址的指针。分配不成功时，返回值为 NULL。

分配不成功的两种情形。

情形 1：所需空间大于系统总空闲空间。此时，显然无法满足分配要求。

情形 2：所需空间虽然小于系统总空闲空间，但可能因为没有所需大小的连续空间。

如图 6.51 所示，假如总内存容量为有 16 字节的内存空间。阴影单元格表示已经分配的内存空间，空白单元格表示空闲的内存空间。

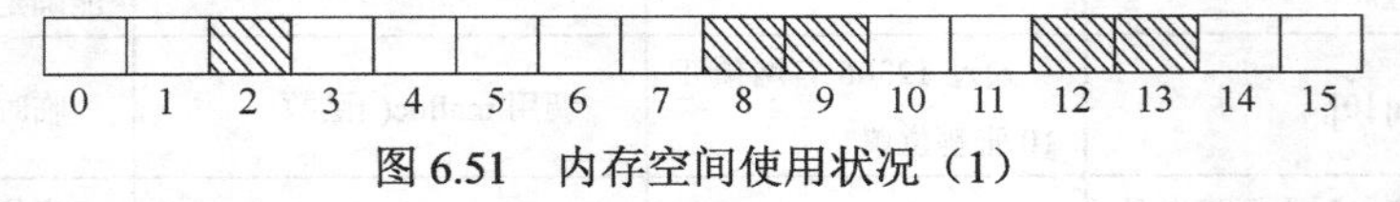

图 6.51　内存空间使用状况（1）

假如此时某个应用程序执行代码 char*str=(char*)malloc(4)申请分配 4 字节的空闲的连续内存空间。此时，此内存分配请求可满足，假设最终成功分配到内存地址为 4～7 的 4 字节空间，此时 malloc 返回指向所分配内存空间的首地址，即 4。也就是说指针变量 str 中的值为 4，即从 str 所指的内存地址编号为 4 开始连续 4 字节的空间将供本程序使用。

分配成功后，这些被分配到的内存也会标记为已占用状态，直到通过 free(str)释放分配到的 4 字节空间。分配成功后的情形如图 6.52 所示。

假如某个应用程序执行代码 char*str=(char*)malloc(8)，因为总的空闲内存空间数 7 字节小于所申请的 8 字节，内存分配不成功，此时 malloc( )函数返回值为 NULL。

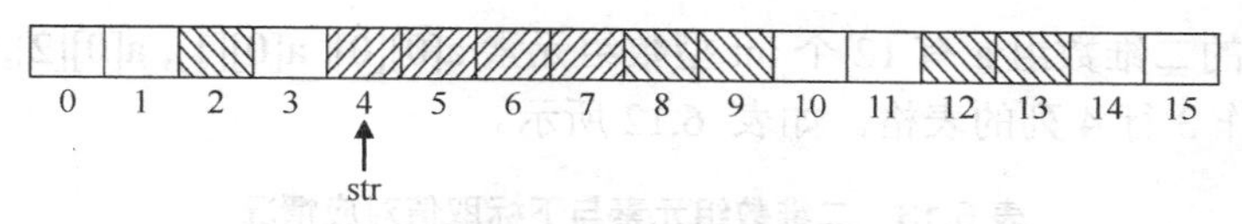

图 6.52 内存空间使用状况（2）

假如某个应用程序执行代码 char*str=(char*)malloc(4)申请分配 4 字节空闲的连续内存空间，虽然总的空闲内存空间数 7 字节大于所申请的 4 字节，但因没有连续 4 字节空闲空间，此时内存分配请求不能满足，malloc( )函数返回值为 NULL。

总之，程序中调用 malloc( )函数能否成功分配内存空间取决于两个条件：当时系统内存使用情况和申请分配的内存空间大小。

6.7.2 二维及多维数组与指针

前面主要对数组为一维的情形进行了讨论，二维与多维数组是一维数组的扩展和延伸。

1．二维数组的存储

例如，以下 3 行 4 列的二维数组 a，存放了 12 个 int 型数据。数据的实际意义为某产品某年 4 个季度每个季度内月份的销量，如表 6.12 所示。

表 6.12 季度—月份销量表

	季度内第 1 月	季度内第 2 月	季度内第 3 月
第 1 季度	1	2	3
第 2 季度	4	5	6
第 3 季度	7	8	9
第 4 季度	10	11	12

程序 6.34 展示了用二维数组对以上数据的存储、赋值（写数组元素）和输出（读数组元素）。

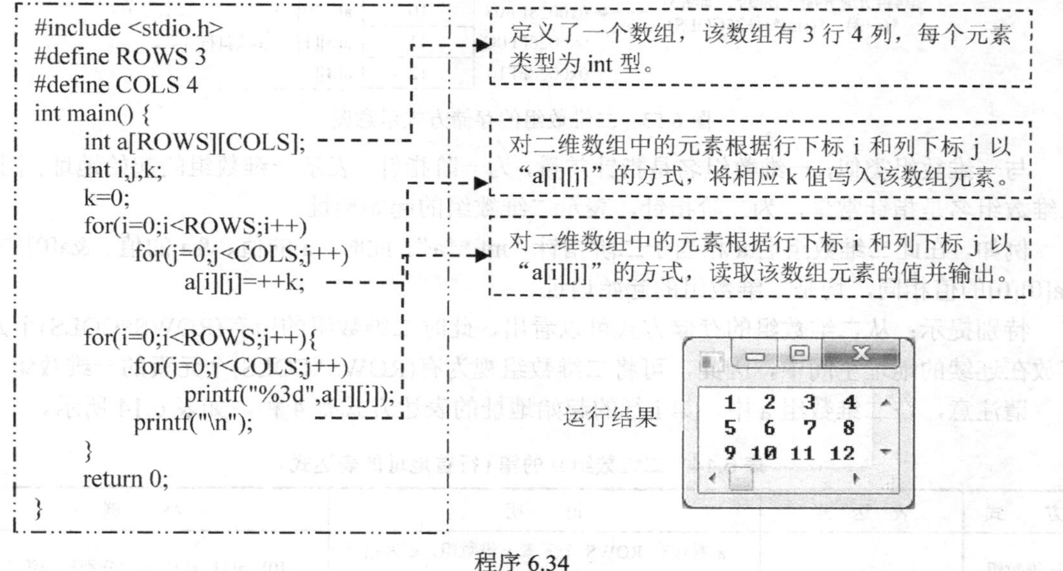

程序 6.34

二维数组的逻辑结构，可以看成二维的表格。

程序 6.34 中的二维数组 a 有 12 个 int 型数组元素 a[0][0], a[0][1], a[0][2],…, a[3][2]。它们的逻辑结构可看作 3 行 4 列的表格。如表 6.12 所示。

表 6.13　二维数组元素与下标取值对应情况

	列下标 0	列下标 1	列下标 2
行下标 0	a[0][0] 1	a[0][1] 2	a[0][2] 3
行下标 1	a[1][0] 4	a[1][1] 5	a[1][2] 6
行下标 2	a[2][0] 7	a[2][1] 8	a[2][2] 9
行下标 3	a[3][0] 10	a[3][1] 11	a[3][2] 12

二维数组在逻辑上是 m 行 n 列的二维表格。但因为计算机的内存是按线性方式组织的，因此，必须将 m 行 n 列的数组转换成线性顺序方式存储。有两种转换方式，分别为行优先存储和列优先存储。C 语言采用行优先存储方式。

程序 6.34 中的二维数组元素的存储方式如图 6.53 所示。

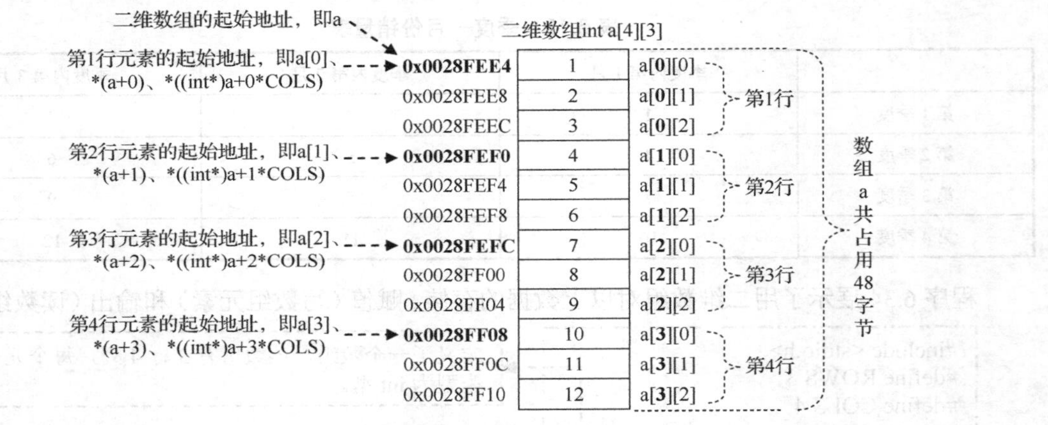

图 6.53　二维数组的存储方式示意图

与一维数组类似，一维数组名是指针常量，为一阶指针，表示一维数组的起始地址；同样，二维数组名是指针常量，为二阶指针，表示二维数组的起始地址。

例如，在此二维数组名 a 相当于二阶指针“int **a”。此时，a 的值、&a 的值、&a[0]的值、&a[0][0]的值相同，均是二维数组的起始地址。

特别提示：从二维数组的存储方式可以看出，此时二维数组的所有(ROWS*COLS)个元素存放在连续的地址空间中，因此，可将二维数组视为有(ROWS*COLS)个元素的一维数组。

请注意，在二维数组 a 中，第 i 行的起始地址的表达方式有 4 种，如表 6.14 所示。

表 6.14　二维数组 a 的第 i 行首地址的表达式

方　式	表 达 式	说　　明	举　　例
一维数组方式	a[i]	a 看作有 ROWS 个元素一维数组，a 为指针数组，其元素 a[i]为指向第 i 行第 1 列元素的列向指针	a[0]、a[1]、a[2]、a[3]分别指向第 1 行、第 2 行、第 3 行、第 4 行的首地址

续表

方　式	表 达 式	说　明	举　例
行向指针方式	a+i	二维数组名 a 可看作二阶指针，a+i 为行向指针，表示行向移动指针到第 i 行起始处	a+0、a+1、a+2、a+3 分别指向第 1 行、第 2 行、第 3 行、第 4 行的行首地址
元素指针方式	*(a+i)	为列向指针，与 a[i]等价	*(a+0)、*(a+1)、*(a+2)、*(a+3)分别指向第 1 行第 0 列、第 2 行第 0 列、第 3 行第 0 列、第 4 行第 0 列的数组元素首地址
	(int*)a+i*COLS	将 a 强制转换为指向 int 型数组元素的指针，此指针为列向指针	(int*)a+0*COLS、(int*)a+1*COLS、(int*)a+2*COLS、(int*)a+3*COLS 分别指向第 1 行第 0 列、第 2 行第 0 列、第 3 行第 0 列、第 4 行第 0 列的数组元素首地址

表 6.15 展示了在二维数组 a 中访问数组元素 a[i][j]的 5 种不同表达方式。除了用双下标数组方式访问外，其余 4 种表达方式基于上表中第 i 行行首地址的 4 种表达方式。

表 6.15　二维数组 a 的数组元素 a[i][j]的表达式

方　式		表 达 式	说　明	举　例
数组方式	二维数组方式	a[i][j]	双下标方式，最常见	a[0][0]、a[1][2]、a[3][2]分别表示第 1 行第 1 列、第 2 行第 3 列、第 4 行第 3 列的数组元素
指针方式	先行后列（先行向移动到第 i 行行首，然后，列向移动到该行第 j 列元素起始处）；两次间接访问	*(a[i]+j) 其中，a[i]为指向第 i 行第 1 列元素的指针，为列向指针	a 看作一维数组，其元素为指向第 i 行第 1 列元素的列向指针，然后再列向移动 j 次	*(a[0]+0)、*(*(a+1)+2)、*(a[3]+2)分别表示第 1 行第 1 列、第 2 行第 3 列、第 4 行第 3 列的数组元素
		((int)(a+i)+j) 其中，a+i 为指向第 i 行第 1 列元素的指针，为行向指针	a 当作行向指针，a+i 为行向指针，指向第 i 行行首。(int*)(a+i)为通过强制类型转换为指向 int 型指针，即转换为列向指针，然后再列向移动 j 次	*((int*)(a+0)+0)、*((int*)(a+1)+2)、*((int*)(a+3)+2)分别表示第 1 行第 1 列、第 2 行第 3 列、第 4 行第 3 列的数组元素
		((a+i)+j) 其中，*(a+i)为指向第 i 行第 1 列元素的指针，为列向指针	a 当作行向指针，指向第 i 行行首。*(a+i)指向第 i 行第 1 列的数组元素，为列向指针，然后列向移动 j 次	*(*(a+0)+0)、*(*(a+1)+2)、*(*(a+3)+2)分别表示第 1 行第 1 列、第 2 行第 3 列、第 4 行第 3 列的数组元素
	先强制转换为指向元素的指针后再移动；一次间接访问	*((int*)a+i***COLS**+j) 其中，(int*)a+i***COLS** 为指向第 i 行第 1 列元素指针，为列向指针	将 a 强制转换为指向 int 型数组元素的指针；一次间接访问	*((int*)a+0*COLS+0)、*((int*)a+1*COLS+2)、*((int*)a+3*COLS+2)分别表示第 1 行第 1 列、第 2 行第 3 列、第 4 行第 3 列的数组元素

请注意，在上表的最后一种访问方式中，为了以“数组元素”为单位，计算数组的第 i 行的起始地址时，使用“起始地址+偏移量”方式计算数组元素 a[i][i]的起始地址，即

“(int*)a+i*COLS”。其中需要用到一项重要的信息 COLS——二维数组每行的列数。在其他 4 种方式下，COLS 均未显式地出现在表达式中。

2．二维数组动态分配实现方式 1——基于连续地址空间

程序 6.35 展示了以动态内存分配方式，在连续地址空间上实现二维数组存储和访问。结果如运行结果 6.8 所示。

```c
#include <stdio.h>
#include <stdlib.h>
int main() {
    int rows,cols;
    scanf("%d %d",&rows,&cols);
    int *a=malloc(rows*cols*sizeof(int));
    int i,j,k;
    k=0;
    for(i=0;i<rows;i++)
        for(j=0;j<cols;j++)
            *(a+i*cols+j)=++k;

    for(i=0;i<rows;i++){
        for(j=0;j<cols;j++)
            printf("%3d",*(a+i*cols+j));
        printf("\n");
    }
    free(p);
    return 0;
}
```

动态分配了存放(rows*cols)个 int 型元素的连续存储空间，用来存放 rows 行 cols 列的二维数组。指针 a 指向该数组起始地址。

表达式*(a+i*cols+j)实现了将 a 视为二维数组，通过行下标 i 和列下标 j 访问二维数组元素 a[i][j]。但在内存分配时，将 a 当作有(rows*cols)个 int 型元素的一维数组。

表达式*(a+i*cols+j)以指针方式访问数组 a 中的元素 a[i][j]。因为指针变量 a 为一阶指针，即 a 为列向指针，因此，计算 a 数组中第 i 行第 j 列的元素首地址的表达式为 a+i*cols+j。因此，*(a+i*cols+j)表示间接访问数组 a 中第 i 行第 j 列的数组元素值。

程序 6.35

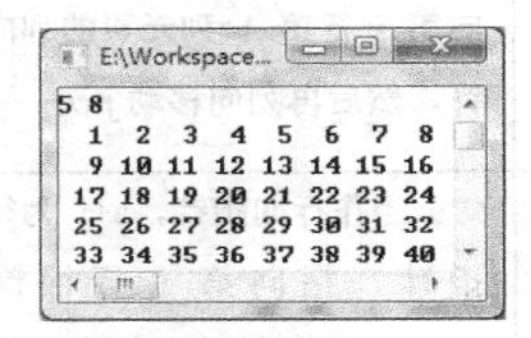

运行结果 6.8

图 6.54 展示了上例中所分配的连续内存空间以及指向每个元素起始处的指针。

指针a指向动态分配得到的48字节空间首地址

4*3=12个int型元素所占连续存储空间

指针	地址	值	相当于	行
指针（a+0*cols+0）指向	**0x005C1090**	1	相当于a[0][0]	第1行
指针（a+0*cols+1）指向	0x005C1094	2	相当于a[0][1]	
指针（a+0*cols+2）指向	0x005C1098	3	相当于a[0][2]	
指针（a+1*cols+0）指向	**0x005C109C**	4	相当于a[1][0]	第2行
指针（a+1*cols+1）指向	0x005C10A0	5	相当于a[1][1]	
指针（a+1*cols+2）指向	0x005C10A4	6	相当于a[1][2]	
指针（a+2*cols+0）指向	**0x005C10A8**	7	相当于a[2][0]	第3行
指针（a+2*cols+1）指向	0x005C10AC	8	相当于a[2][1]	
指针（a+2*cols+2）指向	0x005C10B0	9	相当于a[2][2]	
指针（a+3*cols+0）指向	**0x005C10B4**	10	相当于a[3][0]	第4行
指针（a+3*cols+1）指向	0x005C10B8	11	相当于a[3][1]	
指针（a+3*cols+2）指向	0x005C10BC	12	相当于a[3][2]	

共占用48字节

图 6.54　指向每个二维数组元素起始地址的指针

以上方式存在两个缺点。

缺点 1：不能在程序代码直接以“数组名[行下标][列下标]”的方式访问行下标为 i、列下标为 j 所对应的数组元素。

缺点 2：二维数组所有元素的存储空间是连续分配的。当二维数组很大时，可能因为连续内存空间不足导致动态内存分配失败。

因此，针对以上两个缺点改进二维数组的设计。

改进方案 1：改进后，允许使用“数组名[行下标][列下标]”方式访问数组元素，但仍然用连续内存空间存放所有二维数组元素。

为了达到此目的，首先增设一个指针数组，该数组有 rows 个元素，它所需的内存空间通过动态内存分配获得。然后将二维数组名定义为指向数组元素类型的二阶指针，该指针指向指针数组起始处。最后将指针数组的第 i 个元素指向第 i 行的起始处。这样通过“二阶指针名[行下标][列下标]”方式，访问二维数组行下标为 i、列下标为 j 所对应的数组元素。代码及运行结果如程序 6.36 所示。

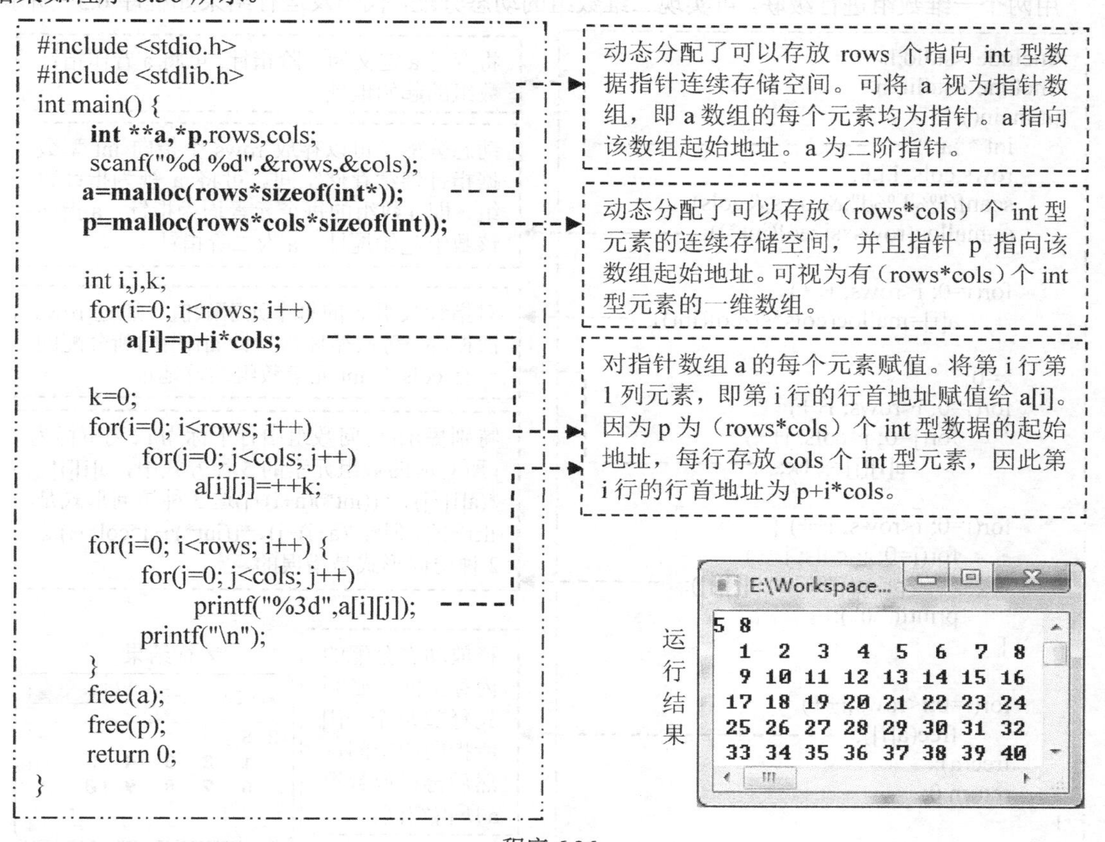

```
#include <stdio.h>
#include <stdlib.h>
int main() {
    int **a,*p,rows,cols;
    scanf("%d %d",&rows,&cols);
    a=malloc(rows*sizeof(int*));
    p=malloc(rows*cols*sizeof(int));

    int i,j,k;
    for(i=0; i<rows; i++)
        a[i]=p+i*cols;

    k=0;
    for(i=0; i<rows; i++)
        for(j=0; j<cols; j++)
            a[i][j]=++k;

    for(i=0; i<rows; i++) {
        for(j=0; j<cols; j++)
            printf("%3d",a[i][j]);
        printf("\n");
    }
    free(a);
    free(p);
    return 0;
}
```


程序 6.36

特别需要提及的是：在以上代码中，访问数组中行下标为 i、列下标为 j 所对应的数组元素的 5 种方式中，a[i][j]、*(a[i]+j)、*((int*)(a+i)+j)这 3 种访问形式是正确的，但*(*(a+i)+j)、*((int*)a+i*cols+j)这 2 种访问形式是错误的，根据指针移动的规律就容易理解其原因。

程序 6.36 的内存分配示意图如图 6.55 所示。

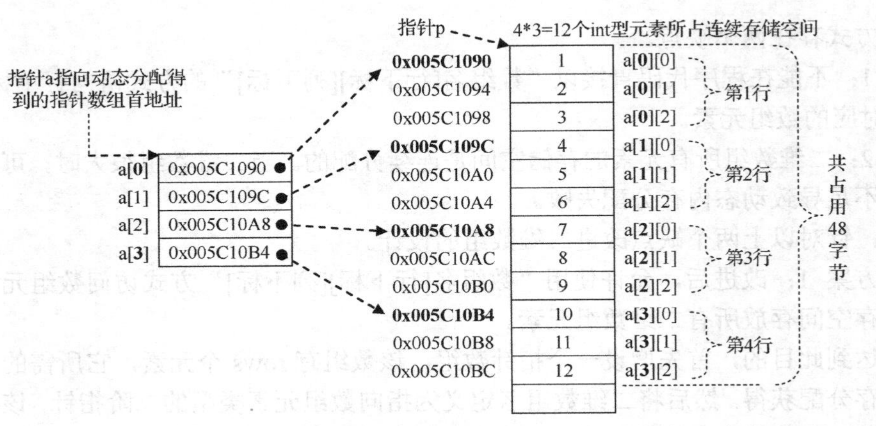

图 6.55 动态二维数组的实现方式（1）示意图

3. 二维数组动态分配实现方式 2——基于两层级一维数组

用两个一维数组进行级联，可实现二维数组的动态分配，代码及运行结果如程序 6.37 所示。

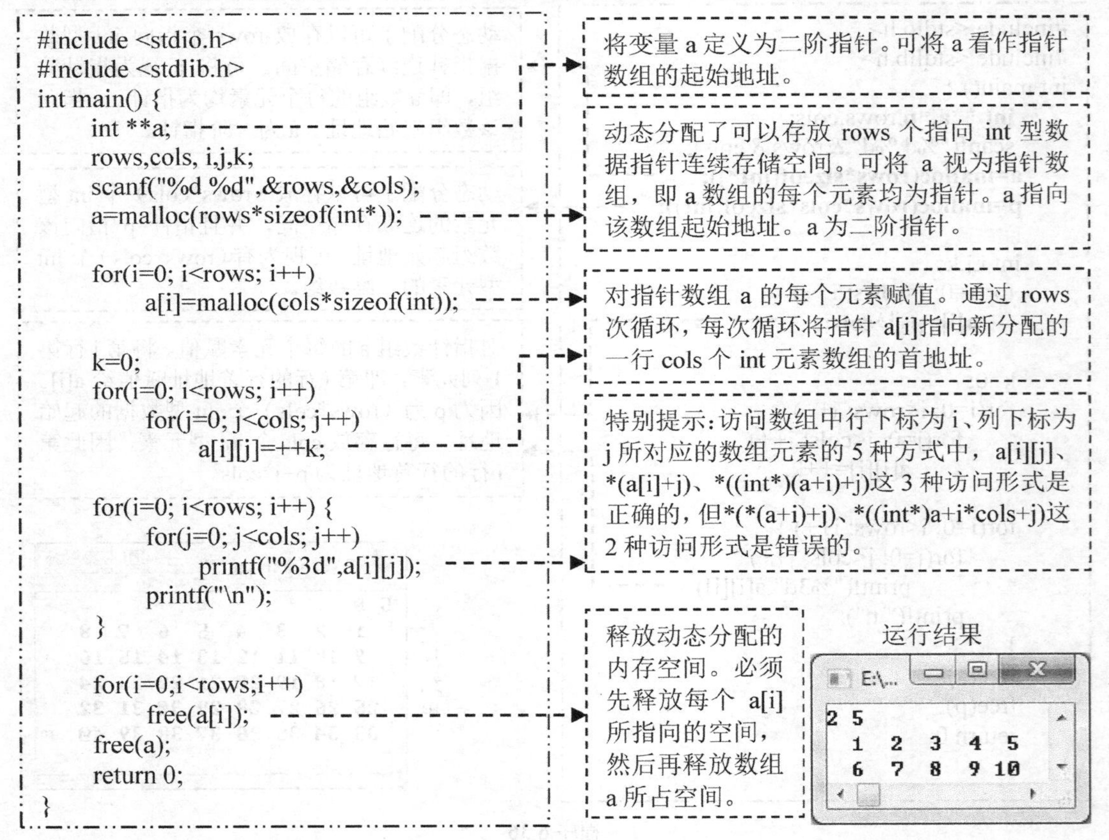

```
#include <stdio.h>
#include <stdlib.h>
int main() {
    int **a;
    rows,cols, i,j,k;
    scanf("%d %d",&rows,&cols);
    a=malloc(rows*sizeof(int*));

    for(i=0; i<rows; i++)
        a[i]=malloc(cols*sizeof(int));

    k=0;
    for(i=0; i<rows; i++)
        for(j=0; j<cols; j++)
            a[i][j]=++k;

    for(i=0; i<rows; i++) {
        for(j=0; j<cols; j++)
            printf("%3d",a[i][j]);
        printf("\n");
    }

    for(i=0;i<rows;i++)
        free(a[i]);
    free(a);
    return 0;
}
```


程序 6.37

以二级一维数组的级联方式实现二维数组，其内存组织方式如图 6.56 所示。

这种方式实现二维数组的好处如下。

（1）二维数组的实际存储按行为单位拆分，只要求同行数组元素内存空间连续，不要求二维数组所有元素占用连续的内存空间，这样就将二维数组对连续内存空间大小的要求降到原来的 rows 分之一。

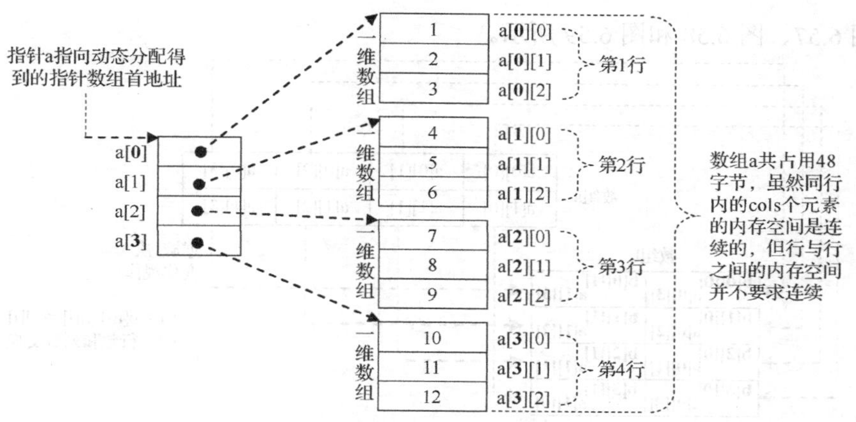

图 6.56　动态二维数组实现方式（2）示意图

（2）可使用形如“a[i][j]”的方式访问数组 a 中行下标为 i、列下标为 j 所对应的数组元素。

4．二维数组动态分配应用实例

编程任务 6.8：图像的旋转

任务描述：通过数码相机或扫描仪获得的数字图像有时需要旋转后才符合正常的观察视角。一幅分辨率为 m*n 的数字图像可以看成一个 m 行 n 列的像素矩阵，每个像素代表一个颜色值。请对指定的图像进行顺时针或逆时针旋转，如下所示。

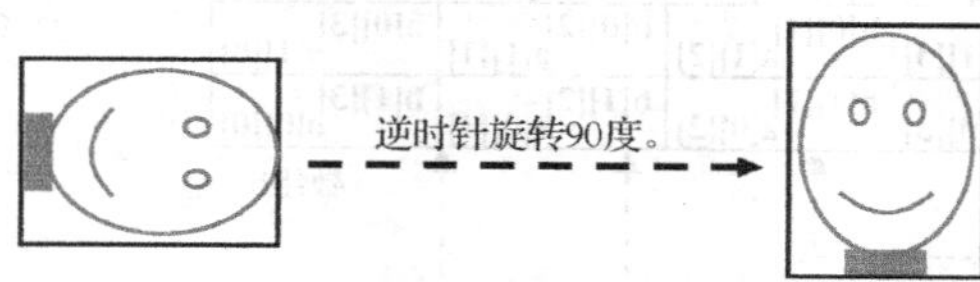

输入：第一行一个整数 k（1≤k≤1000）表示测试用例的个数。其后每个测试用之间的数据用空行隔开。每个测试用例的第一行包含 3 个整数 m、n、t，分别表示图像中像素点的行数、列数、旋转的次数。m,n 的取值范围均为[1,1000]，t 的取值范围为[−1000,1000]。t 为正整数表示逆时针旋转，t 为负整数表示顺时针旋转，t 为 0 表示无须旋转。

输出：对每个测试用例，请输出旋转后的图像像素矩阵。每个测试用例输出的最后一行是一个空行。每行输出的末尾只有回车，没有空格。

输入样例：	**输出样例：**
2	8 7 6 5
2 4 2	4 3 2 1
1 2 3 4	
5 6 7 8	4
	3
1 4 -3	2
1 2 3 4	1

分析：（1）关于旋转次数：因为图像旋转 4 的倍数次回到原来的位置，因此对于输入的旋转次数的绝对值≥4 时，则取 4 的余数即可。旋转有顺时针和逆时针两种方式，因为顺时针分别旋转 3、2、1 次等价于逆时针分别旋转 1、2、3 次，因此两种旋转方式可统一到逆时针旋转方式。程序代码分成了 3 部分。

（2）逆时针旋转的 3 种情况，以“输入举例”的数据为例，旋转前后两个数组中元素的位置关系如图 6.57、图 6.58 和图 6.59 所示。

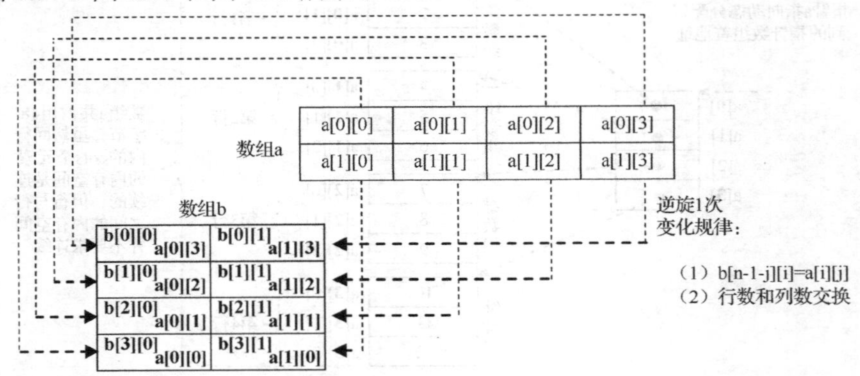

图 6.57　图像逆旋 1 次在二维数组中的实现示意图

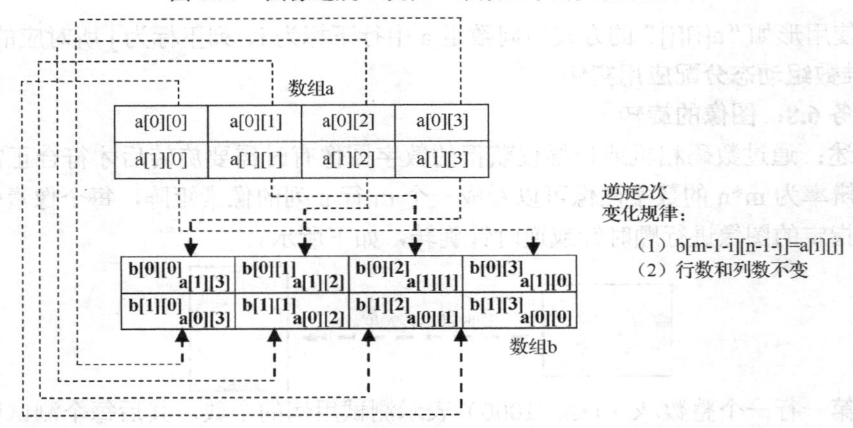

图 6.58　图像逆旋 2 次在二维数组中的实现示意图

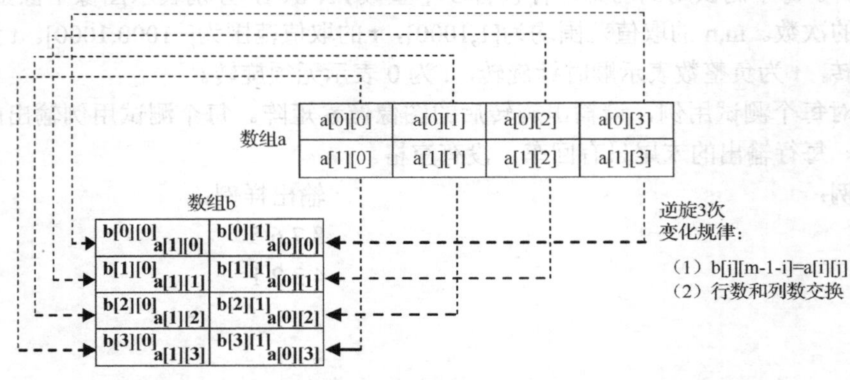

图 6.59　图像逆旋 3 次在二维数组中的实现示意图

（3）利用函数实现模块化程序设计。按照函数设计的原则，对本问题进行分析后，确定一些“功能明确、边界清晰、相对独立、方便重用”的模块，设计成函数。例如，将显示二维数组、动态分配二维数组所需存储空间、释放二维数组所占动态存储空间分别设计成函数 show( )、allocArray( )、freeArray( )。

以下程序代码比较长，分为 3 部分。

（1）程序开始部分，代码如程序 6.38 所示。

（2）main( )函数，代码如程序 6.39 所示。

```c
#include <stdio.h>
#include <stdlib.h>

void show(int **arr,int rows,int cols);
int **allocArray(int rows,int cols);
void freeArray(int **arr,int rows);
```

此为主函数 main( )中将用到的 3 个函数的声明。show( )函数用来输出 arr 所指向的 rows 行 cols 列 int 型二维数组元素。allocArray( )函数按两层级一维数组方式动态分配 row 行 cols 列的 int 型二维数组所需的存储空间，返回二维数组起始地址。free( )函数用来释放 arr 所指二维数组动态分配的空间。

程序 6.38

```c
int main() {
    int cases,m,n,t,i,j;
    int **a,**b;
    scanf("%d",&cases);
    while(cases--) {
        scanf("%d %d %d",&m,&n,&t);

        a=allocArray(m,n);

        for(i=0; i<m; i++)
            for(j=0; j<n; j++)
                scanf("%d",&(a[i][j]));

        t=t%4;
        if(t<0)        t=4+t;

        switch(t) {
        case 0://不动
            show(a,m,n);
            break;
        case 1://逆时针转动 1 次
            b=allocArray(n,m);
            for(i=0; i<m; i++)
                for(j=0; j<n; j++)
                    b[n-1-j][i]=a[i][j];
            show(b,n,m);
            freeArray(b,n);
            break;
        case 2://逆时针转动 2 次
            b=allocArray(m,n);
            for(i=0; i<m; i++)
                for(j=0; j<n; j++)
                    b[m-1-i][n-1-j]=a[i][j];
            show(b,m,n);
            freeArray(b,m);
            break;
        case 3://逆时针转动 3 次
            b=allocArray(n,m);
            for(i=0; i<m; i++)
                for(j=0; j<n; j++)
                    b[j][m-1-i]=a[i][j];
            show(b,n,m);
            freeArray(b,n);
            break;
        }
        freeArray(a,m);
    }
    return 0;
}
```

在此定义了 2 个指向 int 型的二级指针，它们将用来指向动态分配的二维数组的存储空间。a 保存原图像数据，b 保存旋转后的图像数据。

m、n 为表示图像像素的行数、列数。t 为旋转次数，注意 t 值有正负之分。

调用函数 allocArray( )返回分配得到的二维数组指针，此指针赋值给指针变量 a。

输入 m 行 n 列的每个像素点的颜色值到二维数组元素 a[i][j]。

首先对旋转次数 t 取 4 的余数，此时可能取值只有 0、1、2、3、−1、−2、−3。然后将 −1、−2、−3 再转化为 3、2、1。以便对所有 t 值统一处理。

根据统一转化到逆时针旋转次数 t，分情况处理。
如果 t 为 0，表示不要旋转，直接输出即可。
如果 t 为 1，图像逆时针旋转 1 次，分 4 小步完成。
（1）动态分配旋转后所需的存储空间，用指针 b 指向此此空间。
（2）将 a 数组的 m 行 n 列元素按照以上分析，复制到相应位置的 b 数组中。
（3）显示存储了旋转后图像数组 b。
（4）释放数组 b 所指的二维数组所占动态分配的存储空间。因为此空间不再使用了。
如果 t 为 2 或 3 时，与 t 为 1 的情况类似，不再赘述。

在此，不要忘记对于动态分配的由指针所指二维数组所占存储空间正确释放。否则，会导致可用内存空间不够，而占用空间实际上被闲置，这就是“内存泄漏”现象。

程序 6.39

（3）show( )、allocArray( )、freeArray( )函数的实现部分，代码如程序 6.40、程序 6.41 和程序 6.42 所示。

```
void show(int **arr,int rows,int cols) {
    int i,j;
    for(i=0; i<rows; i++) {
        printf("%d",arr[i][0]);
        for(j=1; j<cols; j++)
            printf(" %d",arr[i][j]);
        printf("\n");
    }
}
```

show( )函数的实现，此函数用来输出 arr 所指向的 rows 行 cols 列 int 型二维数组元素。

程序 6.40

```
int **allocArray(int rows,int cols) {
    int i,**a=malloc(rows*sizeof(int*));
    for(i=0; i<rows; i++)
        a[i]=malloc(cols*sizeof(int));
    return a;
}
```

allocArray( )函数的实现，此函数按两层级一维数组方式动态分配 row 行 cols 列的 int 型二维数组所需的存储空间，返回二维数组起始地址。
具体实现是通过二级数组实现了二维数组的动态分配内存。

程序 6.41

```
void freeArray(int **arr,int rows) {
    int i;
    for(i=0; i<rows; i++)
        free(arr[i]);
    free(arr);
}
```

freeArray( )函数的实现，此函数用来释放 arr 所指二维数组动态分配的空间。释放的顺序与分配时的顺序相反。
必须先释放 arr[i]所指一维数组存储空间。
然后才能释放指针 arr 所指的一维数组。

程序 6.42

5. 三维与多维数组的动态分配

为了能够理解三维数组的动态分配，我们先来看三维数组的非动态分配方式，即通常的三维数组方式。

```
#define PAGES 3
#define ROWS 4
#define COLS 5
int a[PAGES][ROWS][COLS];
```

那么三维数组 a 可以看作有 3 页、每页有 4 行、每行有 5 列。以下为按页、按行、按列的顺序从 1 开始递增逐个赋值后，大小为 3 页、4 行、5 列的三位数组的逻辑结构如图 6.60 所示。

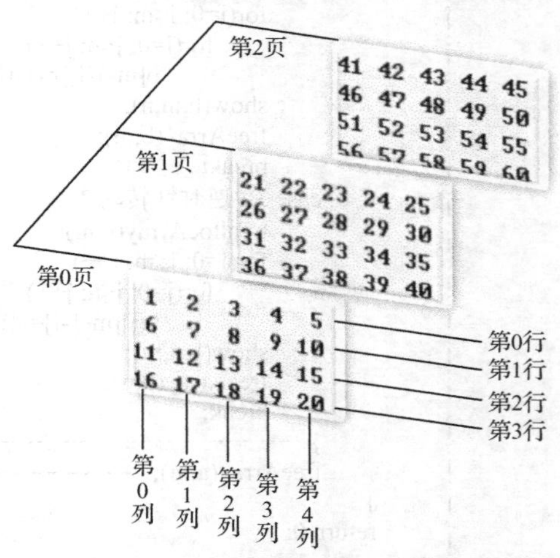

图 6.60　三维数组逻辑结构示意图

对于以上定义的三维数组 a，访问其下标分别为 i、j、k 的数组元素，可用如下表达式。

（1）a[i][j][k]

（2）*(a[i][j]+k)

（3）*(*(a[i]+j)+k)

（4）*(*(*(a+i)+j)+k)

三维数组的动态分配实例如图 6.61 所示，代码如程序 6.43 所示。在此例中，三维数组 a 的第一、二、三维的大小分别为 3、4、5，共有 60 个数组元素。

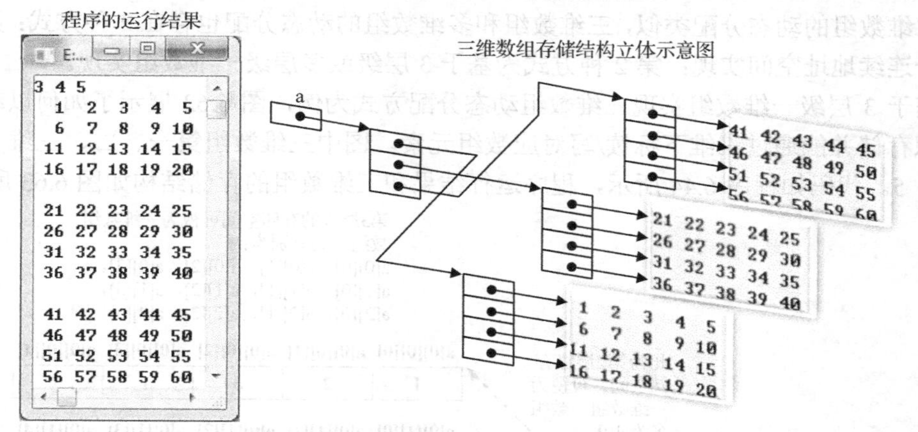

图 6.61　三维数组非动态分配运行结果和存储结构立体示意图

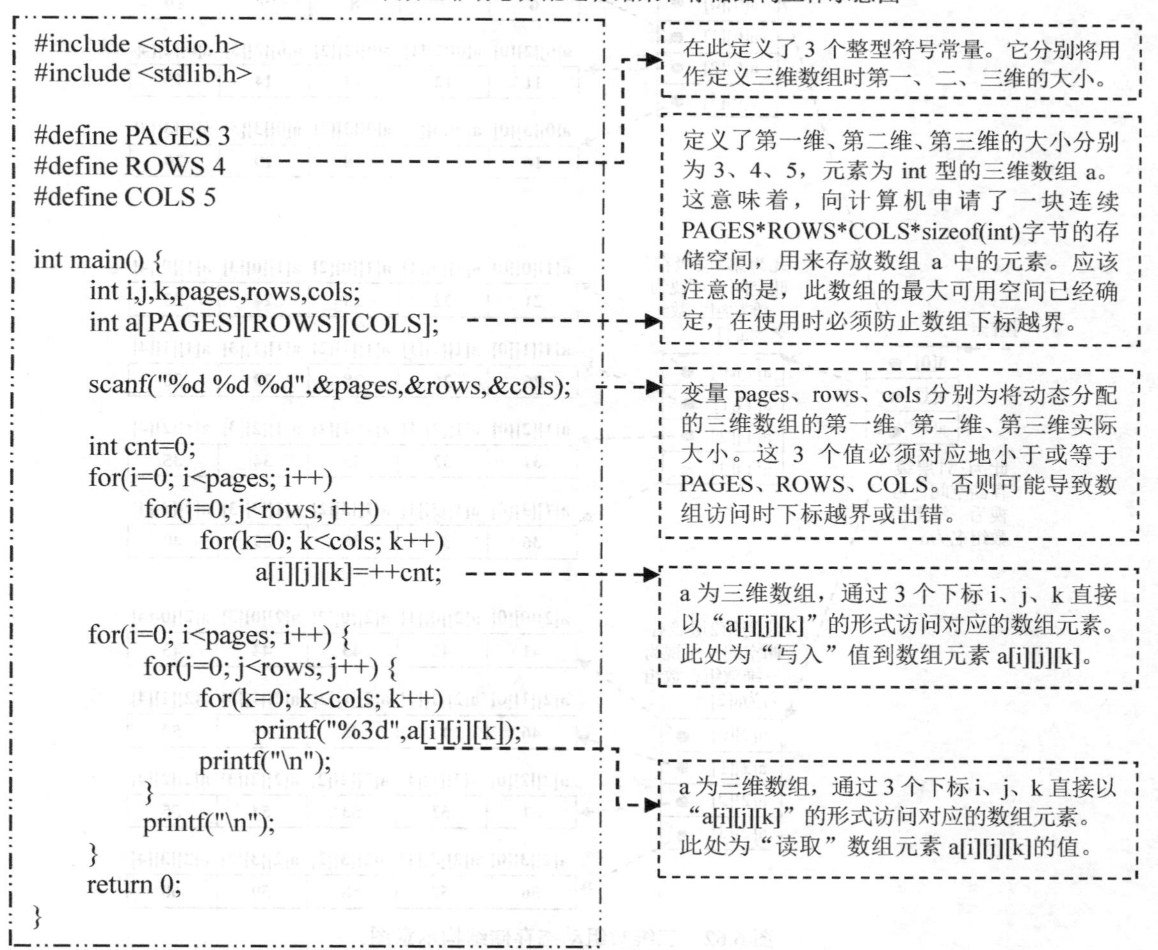


```
#include <stdio.h>
#include <stdlib.h>

#define PAGES 3
#define ROWS 4
#define COLS 5

int main() {
    int i,j,k,pages,rows,cols;
    int a[PAGES][ROWS][COLS];

    scanf("%d %d %d",&pages,&rows,&cols);

    int cnt=0;
    for(i=0; i<pages; i++)
        for(j=0; j<rows; j++)
            for(k=0; k<cols; k++)
                a[i][j][k]=++cnt;

    for(i=0; i<pages; i++) {
        for(j=0; j<rows; j++) {
            for(k=0; k<cols; k++)
                printf("%3d",a[i][j][k]);
            printf("\n");
        }
        printf("\n");
    }
    return 0;
}
```

程序 6.43

对于程序 6.43 中的三维素组 a，应该注意：该数组的存储空间大小是预先确定的（相当于火车出发前，乘客提前预定了车票），不是在程序运行时根据具体的空间需求再确定的（相当于火车已经运行，乘客根据实际上车人数购票）。但是，不管是哪种方式，内存空间分配后就不能改变大小（相当于购票后不能退票、增票）。

与二维数组的动态分配类似，三维数组和多维数组的动态分配也存在 2 种方式：第 1 种方式为基于连续地址空间实现；第 2 种方式为基于 3 层级或多层级一维数组实现。

以基于 3 层级一维数组实现三维数组动态分配方式为例，图 6.62 展示了如何以动态分配方式组织存储并能通过三维下标读/写对应数组元素。图中三维数组第一、二、三维大小分别为 3、4、5。代码如程序 6.44 所示，程序运行结果和三维数组的存储结构如图 6.63 所示。

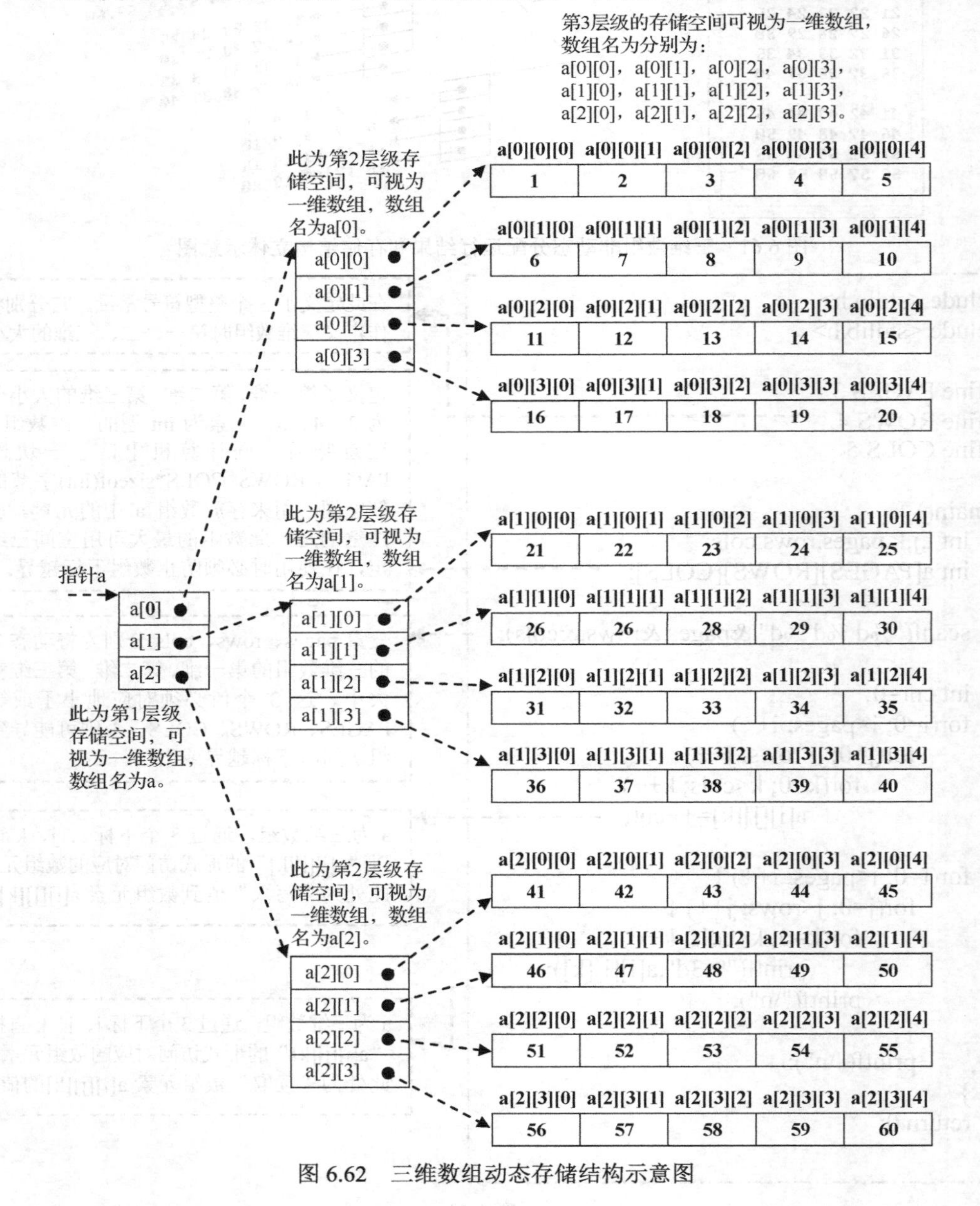

图 6.62　三维数组动态存储结构示意图

```c
#include <stdio.h>
#include <stdlib.h>
int main() {
    int i,j,k,pages,rows,cols;
    int ***a;

    scanf("%d %d %d",&pages,&rows,&cols);

    a=malloc(pages*sizeof(int**));

    for(i=0; i<pages; i++) {
        a[i]=malloc(rows*sizeof(int*));
        for(j=0; j<rows; j++)
            a[i][j]=malloc(cols*sizeof(int));
    }

    int cnt=0;
    for(i=0; i<pages; i++)
        for(j=0; j<rows; j++)
            for(k=0; k<cols; k++)
                a[i][j][k]=++cnt;

    for(i=0; i<pages; i++) {
        for(j=0; j<rows; j++) {
            for(k=0; k<cols; k++)
                printf("%3d",a[i][j][k]);
            printf("\n");
        }
        printf("\n");
    }

    for(i=0; i<pages; i++) {
        for(j=0; j<rows; j++)
            free(a[i][j]);
        free(a[i]);
    }
    free(a);
    return 0;
}
```

- `int ***a;`：定义了指针变量 a 为三阶指针。以变量 a 为入口，通过三阶动态分配的数组，实现三维数组的存储和访问。
- `scanf(...)`：变量 pages、rows、cols 分别为将动态分配的三维数组的第一维、第二维、第三维的大小。
- `a=malloc(pages*sizeof(int**));`：分配一维数组 a，其大小为存放 pages 个 int**型指针所需的存储空间。此为第 1 层级的动态内存分配。
- `a[i]=malloc(rows*sizeof(int*));`：对于数组 a 的元素 a[0]，a[1]，…，a[pages-1]，分别指向动态分配的大小为可存放 rows 个 int*型指针所需内存空间起始处。此为第 2 层级的动态内存分配。
- `a[i][j]=malloc(cols*sizeof(int));`：对于数组 a[i]的元素 a[i][j]，分别指向动态分配的大小为可存放 cols 个 int 型指针所需内存空间的起始处。此为第 3 层级的动态内存分配。此层级的数组才是三维数组元素值实际存放的空间。
- `a[i][j][k]=++cnt;`：对于将 a 视为三维数组，通过 3 个下标 i、j、k 直接以“a[i][j][k]”的形式访问数组元素。此处为“写入”值到数组元素 a[i][j][k]。
- `printf("%3d",a[i][j][k]);`：对于将 a 视为三维数组，通过 3 个下标 i、j、k 直接以“a[i][j][k]”的形式访问数组元素。此处为“读取”数组元素 a[i][j][k]的值。
- `free(a[i][j]); free(a[i]); free(a);`：动态的分配的内存空间，不再使用时，必须调用库函数 free( )释放其空间。请注意，在此例中，释放 3 个层级数组所占存储空间的顺序必须与分配时的顺序相反，也就是说，必须按第 3 层级、第 2 层级、第 1 层级的顺序释放相应的空间。

程序 6.44

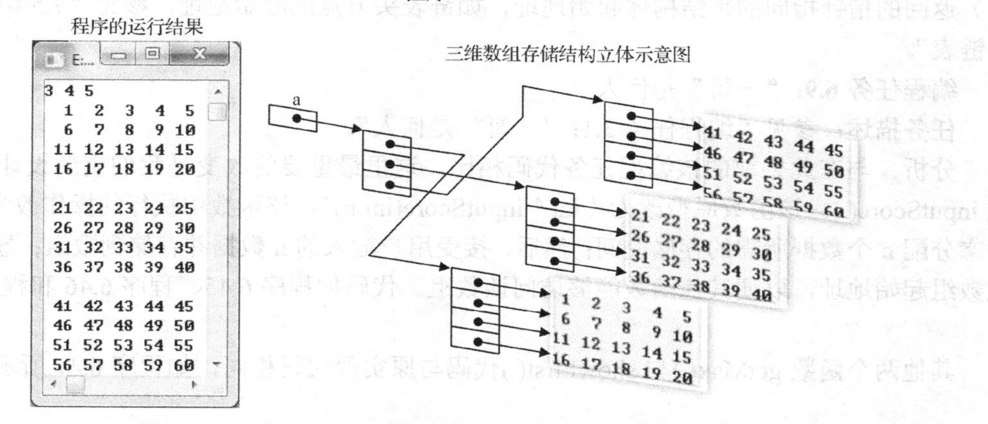

图 6.63　三维数组动态分配运行结果和存储结构立体示意图

6.7.3 多阶指针

如果指针所指数据仍为指针，那么该指针称为多阶指针。根据间接访问层级数，分为一阶指针（通常所说的指针）、二阶指针、三阶指针等。在前述“二维数组动态分配”、“三维数组动态分配”中，已经应用了此概念。

例如，在上例三维数组的动态内存分配构成的 3 层级存储结构中，指针变量 a 是三阶指针。指针变量 a[0]、a[1]、a[2]均为二阶指针。指针变量 a[0][0]、a[0][1]、a[0][2]、a[0][3]、a[1][0]、a[1][1]、a[1][2]、a[1][3]、a[2][0]、a[2]1]、a[2][2]、a[2][3]均为一阶指针。

小探究：有趣“自环”

如果指针变量中存放的地址，不是其他变量的地址，而是指针变量本身的地址，指针指向自身，这样形成了“自环”，此时 p 与*p、**p、***p 有同样的值。代码及运行结果如下。

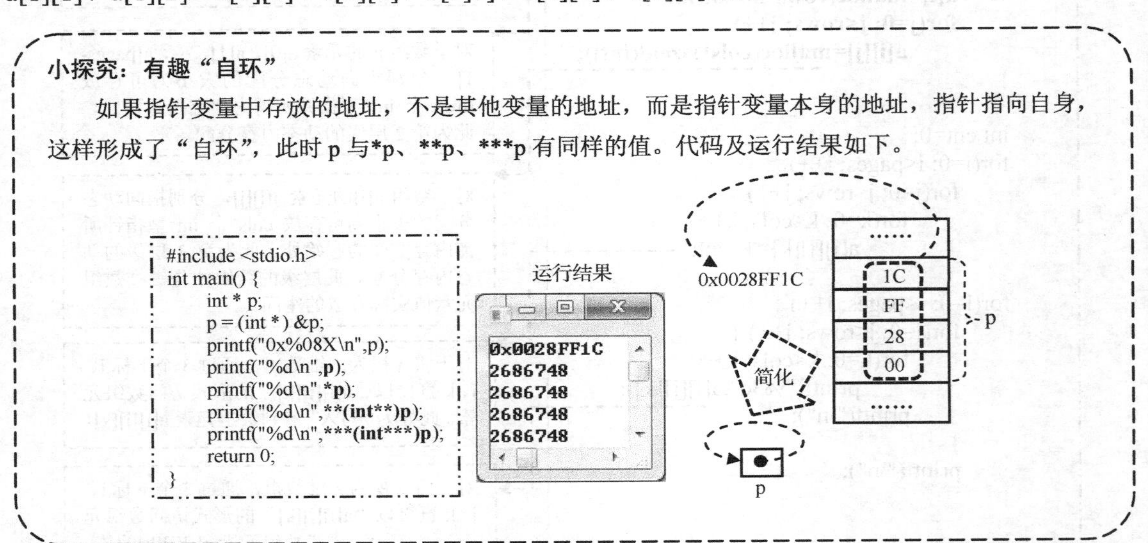


```
#include <stdio.h>
int main() {
        int * p;
        p = (int * ) &p;
        printf("0x%08X\n",p);
        printf("%d\n",p);
        printf("%d\n",*p);
        printf("%d\n",**(int**)p);
        printf("%d\n",***(int***)p);
        return 0;
}
```

6.7.4 返回值为指向动态分配空间的指针

当需要在函数内部进行动态内存分配，并且在函数返回后需要读/写此已分配空间中的数据时，可考虑将此函数返回值类型设计为指针型，函数返回此已动态分配空间首地址。主要分为两种情况：（1）返回的指针指向的是用于存放数组数据的起始地址，参见编程任务 6.9；（2）返回的指针指向的是结构体起始地址，如链表头节点的起始地址，参见“7.5 结构体类型与链表”。

编程任务 6.9：“一哥”是何人

任务描述：参见“编程任务 3.1：‘一哥’是何人”。

分析：与在此之前的该编程任务代码相比，这里最重要的改变是我们重新设计了输入函数 inputScore( )。该函数原型改为“int * inputScore(int n)”，该函数中执行的操作改为：首先，动态分配 n 个数据所需的存储空间；然后，接受用户输入的 n 数据并存储到数组；最后，返回该数组起始地址，以便其他函数能够访问该数组。代码如程序 6.45、程序 6.46 和程序 6.47 所示。

其他两个函数 getMax( )与 showFirst( )代码与原实现代码相同，如程序 6.47 所示。

```c
#include <stdio.h>

int * inputScore(int n);
int getMax(int *a,int n);
void showFirst(int * a,int n,int max);

int main(){
    int n,max,*score;
    scanf("%d",&n);

    score=inputScore(n);

    max=getMax(score,n);
    printf("%d\n",max);

    showFirst(score,n,max);
    free(score);
    return 0;
}
```

改动处 1：这里是 inputScore( )函数的申明。此函数在 main( )函数中被调用，其定义在 main( )函数之后。

改动处 2：在 main( )中定义了指向 int 型的指针变量 score，它是局部变量，用来指向存放了 n 个学生成绩的数组。

改动处 3：在 main( )中调用函数 iniputScore(n)，实现动态分配 n 个数据所需的存储空间，接受用户输入的 n 数据并存储到数组。返回值为该数组起始地址。主函数用指针变量 score 存储了该起始地址，该地址又作为 getMax( ), showFirst( )函数的参数，使这些函数能够访问该数组。

改动处 4：因为自此之后，不再需要访问 score 指针所指的存储空间，因此调用 free( )释放原来分配的 n 个数据所占内存空间。虽然在本例中，不调用 free( )函数，程序也不会有问题，但此为不良的编程风格。

程序 6.45

```c
int * inputScore(int n){
    int * a=malloc(n*sizeof(int));
    int i;
    for(i=0;i<n;i++)
        scanf("%d",&a[i]);
    return a;
}
```

改动处 5：该函数的参数减少指针参数 int *a。返回类型由原来的 void 改为 int *。

改动处 6：实现动态内存分配 n 个整数所需的存储空间。首地址存放到指针变量 a 中。a 是局部变量。

改动处 7：返回 a 的值，就是已动态分配空间的首地址。该动态内存分配的空间不会随着 inputScore 函数的返回而释放。只当将该空间首地址作为参数，调用 free( )函数之后，该存储空间才会释放。

程序 6.46

```c
int getMax(int *a,int n){
    int i,max=a[0];
    for(i=1;i<n;i++)
        if(max<a[i])
            max=a[i];
    return max;
}
```

```c
void showFirst(int * a,int n , int max){
    int i;
    for(i=0;i<n;i++)
        if(max ==a[i])
            printf("%d□",i+1);
}
```

程序 6.47

6.8 变量的存储区、作用范围与生命期

程序中需要存储数据时，都需要用到变量，可以将变量理解为“盛放数据的容器”。但是

用来存放数据变量有如下 3 个方面的属性：变量的存储区，即变量存放在什么进程空间中位置区域；变量的作用范围，即变量在代码中哪些部分是可被访问的；变量的生命期，即在程序运行时，从变量所需的存储空间被分配开始至该空间被回收为止的时间段。这 3 个方面的属性既有区别又有联系。理解了每个变量的存储区、作用范围和生命期后，才能全面地理解和掌控程序的变量。

6.8.1 静态变量和全局变量

什么是全局变量？定义在函数之外的变量称为全局变量。同一代码文件中的所有函数均能访问全局变量。其作用范围最大，生命期最长。

什么是静态变量？变量定义时，使用了关键词“static”修饰的变量称为静态变量，分为静态全局变量、静态局部变量。静态变量能在同一函数的多次调用之间保留其值，并且只在第一次函数调用时被初始化。程序设计中常用的是静态局部变量，它的作用范围与局部变量相同，它的生命期和存储区域与全部变量相同，它具有“全局存储，局部可见”的特点。

需要注意的一点是，如果全局变量与某个函数局部变量同名时，在该函数内，局部变量名有效但同名的全局变量名无效。可以理解为“强龙斗不过地头蛇”、“我的地盘我做主”。

何时需要使用静态变量呢？

当程序中需要某个变量在函数多次调用之间仍然保留其值，则可用静态变量实现，更具体一点来说是静态局部变量。

使用全局变量不是也可以实现在多次函数调用之间保留其值吗？ 是的。但是，全局变量的使用在一定程度上破坏了函数的“相对独立性”。而静态局部变量无此不良副作用。

静态局部变量初始化的特性如下。

(1)该变量只有在函数第一次被调用时执行初始化，此后的函数调用将不再执行初始化了。如果是局部非静态变量，则在每次函数被调用时执行初始化。

(2) 只能用常量对静态变量进行初始化，不能用变量对其进行初始化。

以下为静态变量运用的例子。

编程任务 6.10：排字母卡片

任务描述：对于给定的 n 个不同字母卡片，每个字母有 n 张。要求用这些卡片排列出长度为 k 的字符串。

输入：第一行为长度为 n 的字符串，包含 n 个不同字母，1≤n≤10。第二行为整数 k，1≤k≤n。

输出：按输入的字母的顺序，输出所有长度为 k 的字符串。每个字符串占一行。

输入举例：

Bac

2

输出举例：

BB

Ba

Bc

aB

aa
ac
cB
ca
cc

分析：这是允许重复的全排列问题。对此问题，我们使用递归的方法实现。递归函数 f(s,n,k) 的功能是依序将 s 串的 n 个字符填充到 path[depth]位置。当已填充字符个数 depth 等于字符串长度 n 时，输出 path 数组中字符，即得到了一个结果。然后回到上一个位置填入下一个字符。以此类推，直到输出所有结果。

在设计函数 f( )时，有两处变量类型的选择问题。考虑到不破坏其模块相对独立性，因此没有采用全局变量，而是采用了局部变量或静态局部变量（数组）的方式。其一，变量 s、n、k 虽然在整个函数调用过程中不发生变化，但把它们设计成了 f 函数的形式参数，形式参数为局部变量；其二，变量 depth 和数组 path 分别被设计成了静态局部变量和静态局部数组。

代码如程序 6.48、程序 6.49 所示。

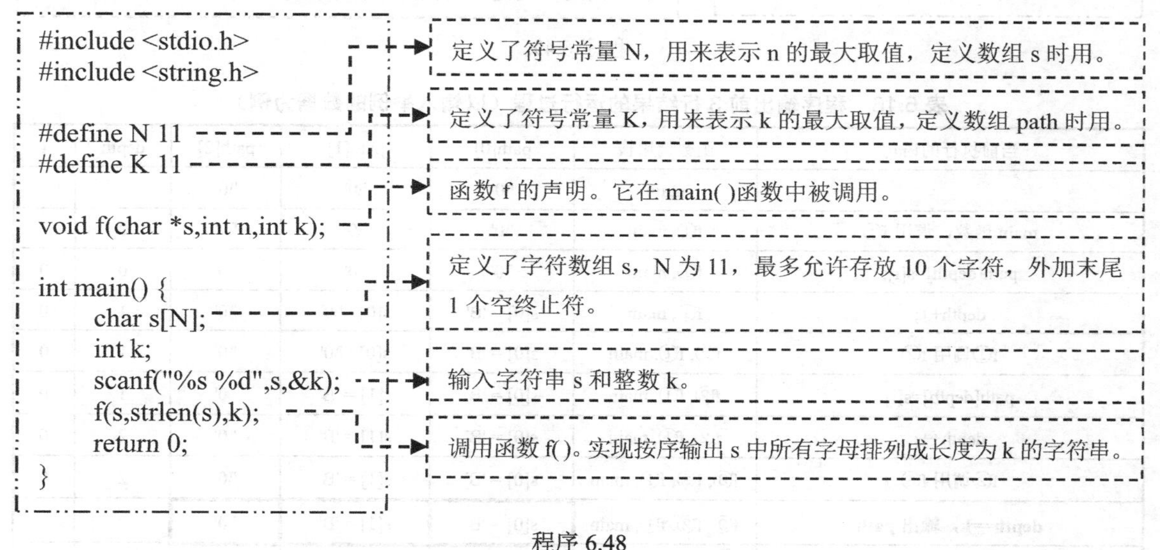

程序 6.48

f( )函数的关键逻辑在 for 循环部分。通过 for 循环实现对 path 数组下标为 depth 的元素按序填入字符 s[i]。然后，使静态局部变量 depth 自加。接下来递归调用 f( )函数。本次递归调用结束后，应该进入当前位置的前一个位置，以便得到下一个组合。请注意，在以上递归函数的调用过程中，s、n、k 的值没有变化，变化的是 depth。每次添一个字母到 path 中，depth 便自加，每次退到前一个位置以便填写该位置下一个字母时，depth 便自减。

以“输入举例”中的数据为例，表 6.15 详细展示了输出前 3 行结果的运行过程。表中列出了当前的语句、函数调用栈、静态局部数组 path、静态局部变量 depth 以及局部变量 i 的变化情况。其中，s 为字符串“Bac”，n 为 3，k 为 2。因为 depth 的值表示 path 数组已填入了前 depth 个字符，因此，将 path 数组中长度超过 depth 的单元格字体设为浅色斜体，以便能更清楚地观察到当前状态下 path 数组中已经填好的前 depth 个字符。加粗字体和边框处为输出结果时所在状态。

```
void f(char *s,int n,int k) {
    int i;
    static int depth=0;
    static char path[K]={0};

    if(depth==k) {
        printf("%s\n",path);
        return;
    }

    for(i=0; i<n; i++) {
        path[depth]=s[i];
        depth++;
        f(s,n,k);
        depth--;
    }
}
```

静态局部变量 depth，初始化为 0，静态局部数组 path 的每个字符被初始化空终止符。depth 用来保存在多次递归调用之间记录当前所填字母的位置，path 用来记录在对此递归调用之间记录当前已经填好的长度为 depth 的字符串。关键字 static 表明该变量为静态变量。此处如果去掉 static 关键字，depth 和 path 则是局部变量，不能满足本程序要求，运行结果将错误。

递归终点：如果已填字符串长度 depth 等于 k 则可以输出一个排列结果。因为字符数组 path 在初始化时每个字符初始为空终止符，因此可以直接使用%s 格式输出 path 字符串。当然，也可用%c 方式逐个输出 path 中的字符。

递归调用。关键逻辑在此，详解如下。

程序 6.49

表 6.16　程序输出前 3 行结果的运行过程（以输入举例的数据为例）

当前执行的语句	函数调用栈	path[0]	path[1]	path[2]	depth	i
	main	'\0'	'\0'	'\0'		
main 函数，调用 f①	f①, main	'\0'	'\0'	'\0'	0	
path[depth]=s[i];	f①, main	'\0'	'\0'	'\0'	0	0
depth++;	f①, main	s[0] = 'B'	s[0]= '\0'	'\0'	1	0
f①调用 f②	f②, f①, main	s[0] = 'B'	s[0]= '\0'	'\0'	1	0
path[depth]=s[i]	f②, f①, main	s[0] = 'B'	s[1] = 'B'	'\0'	1	0
depth++;	f②, f①, main	s[0] = 'B'	s[1] = 'B'	'\0'	2	0
f②调用 f③	f③, f②, f①, main	s[0] = 'B'	s[1] = 'B'	'\0'	2	0
depth==k，输出 path	f③, f②, f①, main	s[0] = 'B'	s[1] = 'B'	'\0'	2	
f③返回到 f②	f②, f①, main	s[0] = 'B'	s[1] = 'B'	'\0'	2	0
depth--;	f②, f①, main	s[0] = 'B'	s[1] = 'B'	'\0'	1	0
i++;	f②, f①, main	s[0] = 'B'	s[1] = 'B'	'\0'	1	1
path[depth]=s[i];	f②, f①, main	s[0] = 'B'	s[1] = 'a'	'\0'	1	1
depth++;	f②, f①, main	s[0] = 'B'	s[1] = 'a'	'\0'	2	1
f②调用 f④	f④, f②, f①, main	s[0] = 'B'	s[1] = 'a'	'\0'	2	1
depth==k，输出 path	f④, f②, f①, main	s[0] = 'B'	s[1] = 'a'	'\0'	2	
f④返回到 f②	f②, f①, main	s[0] = 'B'	s[1] = 'a'	'\0'	2	1
depth--;	f②, f①, main	s[0] = 'B'	s[1] = 'a'	'\0'	1	1
i++;	f②, f①, main	s[0] = 'B'	s[1] = 'a'	'\0'	1	2
path[depth]=s[i];	f②, f①, main	s[0] = 'B'	s[1] = 'c'	'\0'	1	2
depth++;	f②, f①, main	s[0] = 'B'	s[1] = 'c'	'\0'	2	2

续表

当前执行的语句	函数调用栈	path[0]	path[1]	path[2]	depth	i
f②调用 f⑤	f⑤, f②, f①, main	s[0] = 'B'	s[1] = 'c'	'\0'	2	2
Depth==k，输出 path	f⑤, f②, f①, main	**s[0] = 'B'**	**s[1] = 'c'**	**'\0'**	2	
f⑤返回到 f②	f②, f①, main	s[0] = 'B'	s[1] = 'c'	'\0'	2	2
depth--;	f②, f①, main	s[0] = 'B'	s[1] = 'c'	'\0'	1	2
i++;	f②, f①, main	s[0] = 'B'	s[1] = 'c'	'\0'	1	3
i<n 不成立，for 循环结束，f②返回到 f①	f①, main	s[0] = 'B'	s[1] = 'c'	'\0'	1	0
depth--;	f①, main	s[0] = 'B'	s[1] = 'c'	'\0'	0	0
i++;	f①, main	s[0] = 'B'	s[1] = 'c'	'\0'	0	1
path[depth]=s[i];	f①, main	s[0] = 'a'	s[1] = 'c'	'\0'	0	1

“输入举例”数据还有后续 6 行结果输出，其详细运行过程留给读者自行完成。

使用全局变量的最大好处是可以减少函数调用时的参数个数，坏处用是破坏了函数模块的“相对独立性”。函数与函数之间因全局变量构成“紧耦合”关系。例如，将程序 6.48、程序 6.49 中的局部变量 s、n、k、depth、path 改为全局变量，代码如程序 6.50 所示。

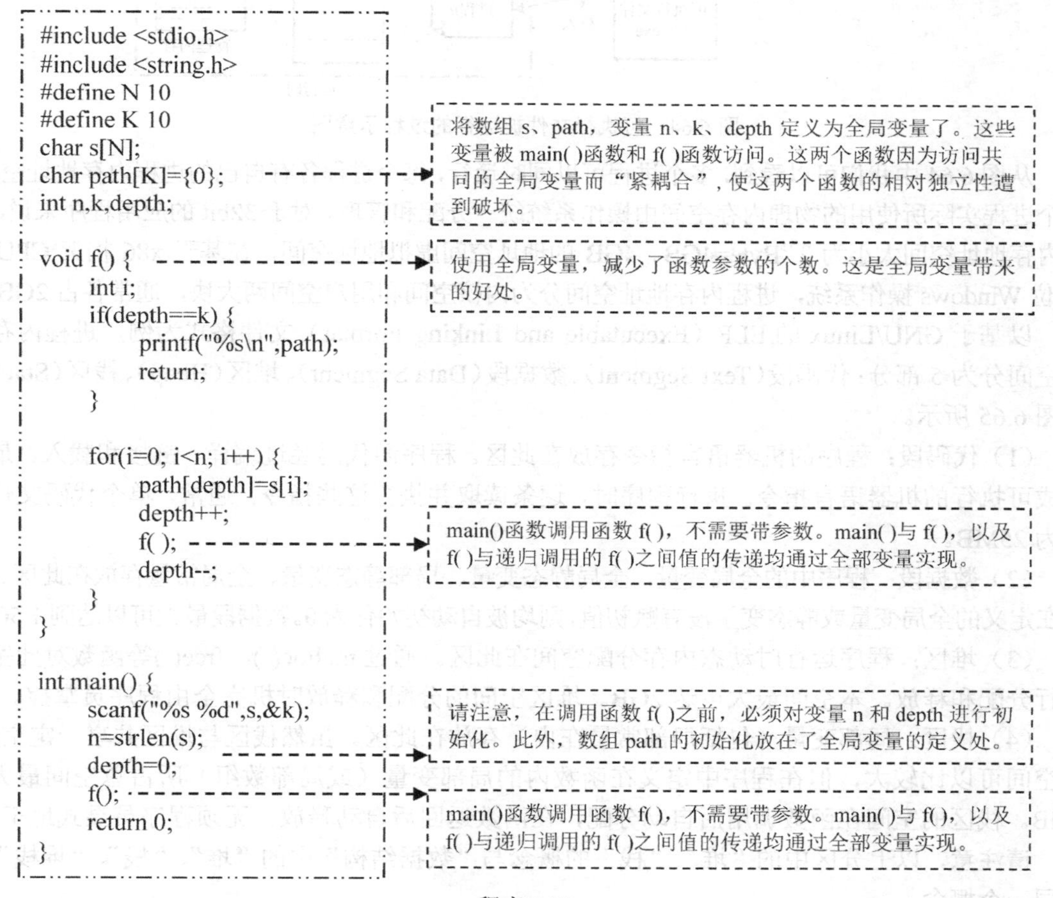

```
#include <stdio.h>
#include <string.h>
#define N 10
#define K 10
char s[N];
char path[K]={0};
int n,k,depth;

void f() {
    int i;
    if(depth==k) {
        printf("%s\n",path);
        return;
    }

    for(i=0; i<n; i++) {
        path[depth]=s[i];
        depth++;
        f( );
        depth--;
    }
}

int main() {
    scanf("%s %d",s,&k);
    n=strlen(s);
    depth=0;
    f();
    return 0;
}
```


程序 6.50

6.8.2 进程内存地址空间布局

什么是进程（Proccess）？

简单地说，一个可执行文件在特定的操作系统（如 Linux、Windows 操作系统）中被装载器载入到内存运行后对应一个进程。我们编写的 C 语言程序代码，经过编译和链接后，得到可执行的扩展名为.exe 文件就是可执行文件。它运行起来后就对应一个进程，如图 6.64 所示。实际上，从源代码经过编译、链接、载入，直到运行的过程，有些许复杂，详情可请参考操作系统原理的相关资料。

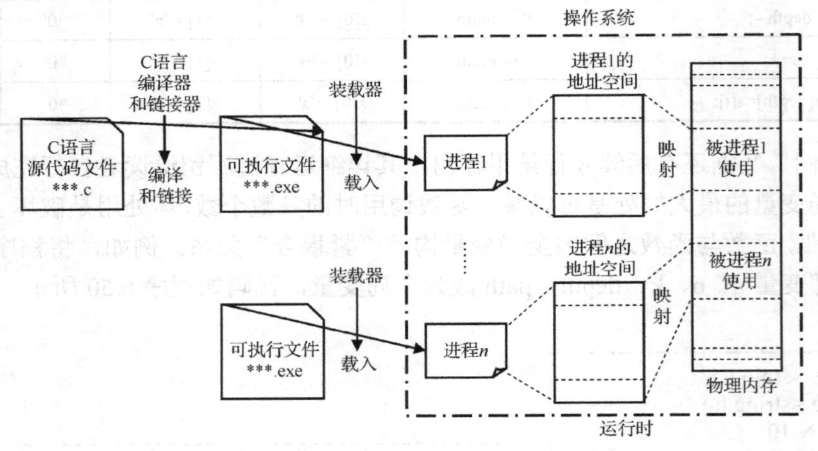

图 6.64 可执行文件被运行的过程示意图

从图 6.64 中我们可以看到，多个进程可以同时运行，每个进程各有自己的进程内存地址空间，每个进程实际所使用的物理内存空间由操作系统统一分配和管理。对于 32bit 的应用程序来说，进程内存地址空间大小为 2^{32}Byte=4GB。4GB 的地址空间虚拟地址空间，在基于 x86 构架 CPU 的 32 位 Windows 操作系统，进程内存地址空间分为内核空间和用户空间两大块，通常各占 2GB。

以基于 GNU/Linux 的 ELF（Executable and Linking Format）文件格式为例，进程内存地址空间分为 5 部分：代码段（Text Segment）、数据段（Data Segment）、堆区（Heap）、栈区（Stack），如图 6.65 所示。

（1）代码段：程序的机器语言指令存放在此区。程序源代码经过编译、链接和载入，最后变成可执行的机器语言指令。执行程序时，逐条读取并执行这些指令。通常，单个代码文件最大为 25MB。

（2）数据段：程序中的全局变量，全局静态变量、局部静态变量、全局常量存放在此区。如果在定义的全局变量或静态变量没有赋初值，则均被自动初始化为 0。数据段最大可以达到 1.5GB。

（3）堆区：程序运行时动态内存分配空间在此区。通过 malloc( )、free( )等函数对此空间进行分配和释放。本空间最大可达 2GB。堆区空间的分配和释放时机完全由程序员掌控。

（4）栈区：局部变量（包括局部常量在内）存放在此区。虽然栈区与堆区共享一定空间，总空间可以比较大，但在程序中定义在函数内的局部变量（或局部数组）所占总空间最大为 1MB。栈区的空间在函数调用后自动分配，在函数返回后自动释放，无须程序员显式地干预。

请注意，以上分区中的“堆”、“栈”的概念与“数据结构”中的“堆”、“栈”、“堆栈”不是同一个概念。

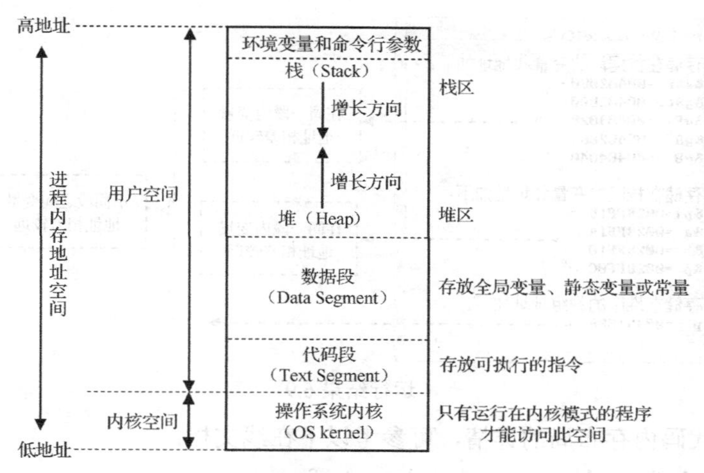

图 6.65　内存空间分区示意图

通过程序 6.51 和运行结果 6.9 可观察到不同种类的变量所在内存空间区段。

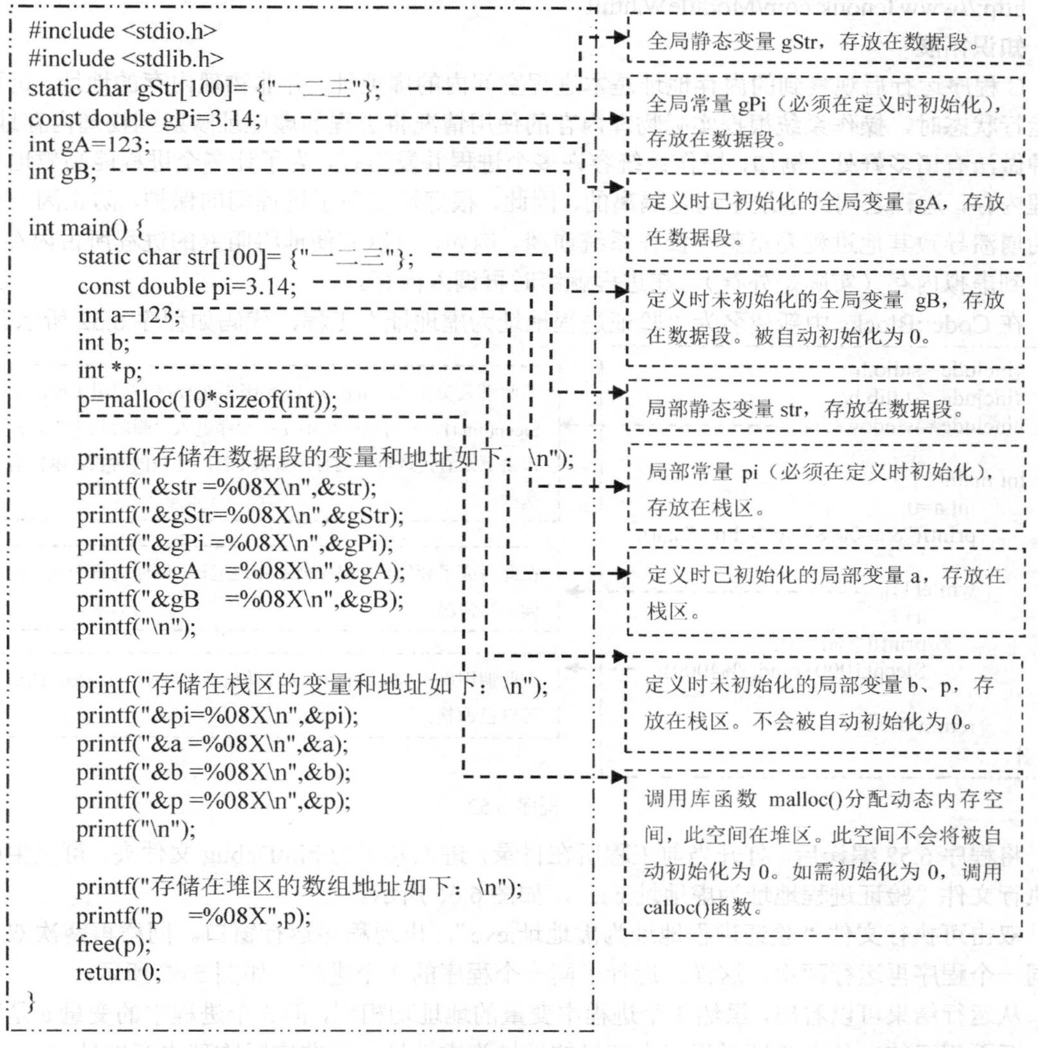


```c
#include <stdio.h>
#include <stdlib.h>
static char gStr[100]= {"一二三"};
const double gPi=3.14;
int gA=123;
int gB;

int main() {
    static char str[100]= {"一二三"};
    const double pi=3.14;
    int a=123;
    int b;
    int *p;
    p=malloc(10*sizeof(int));

    printf("存储在数据段的变量和地址如下：\n");
    printf("&str =%08X\n",&str);
    printf("&gStr=%08X\n",&gStr);
    printf("&gPi =%08X\n",&gPi);
    printf("&gA    =%08X\n",&gA);
    printf("&gB    =%08X\n",&gB);
    printf("\n");

    printf("存储在栈区的变量和地址如下：\n");
    printf("&pi=%08X\n",&pi);
    printf("&a =%08X\n",&a);
    printf("&b =%08X\n",&b);
    printf("&p =%08X\n",&p);
    printf("\n");

    printf("存储在堆区的数组地址如下：\n");
    printf("p    =%08X",p);
    free(p);
    return 0;
}
```

程序 6.51

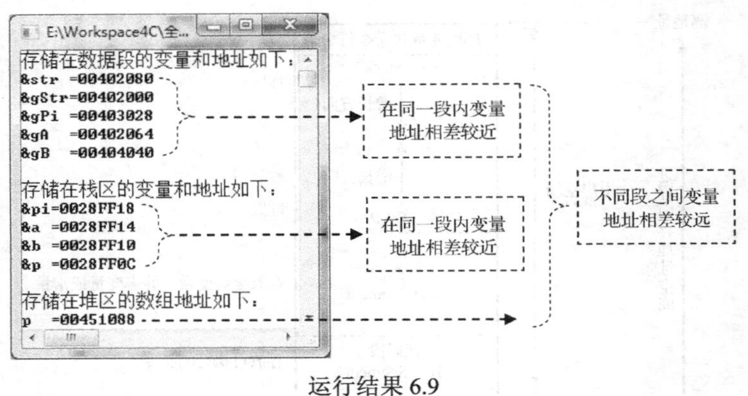

运行结果 6.9

关于 C 语言代码内存布局的详情，可参考以下在线文档：

http://www.geeksforgeeks.org/memory-layout-of-c-program/

关于 C 程序的编译、汇编、链接、载入以及内存布局的更多信息可参考在线文档：

http://www.tenouk.com/ModuleW.html

知识拓展

C 程序运行后观察到的内存地址是本进程空间内的虚地址，并非物理内存的地址。进程处于运行状态时，操作系统根据实际物理内存的使用情况将进程的虚地址映射到物理内存地址。这种做法有诸多好处。例如，操作系统容许多个进程并发运行，为了让多个进程能高效地共享物理内存，进程之间的地址空间是隔离的，因此，很好地实现了进程间的保护，防止因一个进程的崩溃导致其他进程乃至整个操作系统崩溃。例如，可以方便地将阻塞的进程所占内存“倒出”到虚拟内存（实际是外存），在进程就绪时再调入内存。

在 Code::Blocks 中新建名为“验证进程地址为虚地址”工程，代码如程序 6.52 所示。

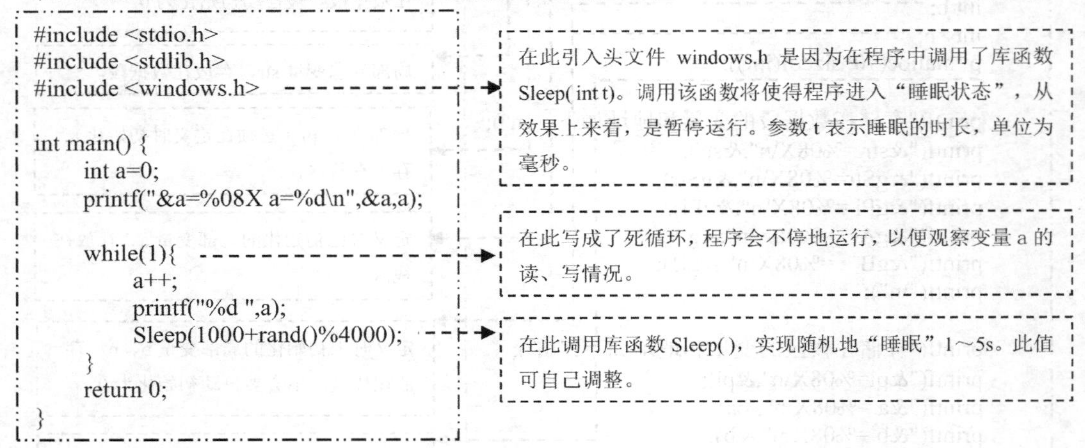

程序 6.52

将程序 6.52 编译后，打开当前工程所在目录，进入其下的\bin\Debug 文件夹，可见生成的可执行文件“验证进程地址为虚地址.exe”，如图 6.66 所示。

双击可执行文件“验证进程地址为虚地址.exe”，出现程序运行窗口。同样再两次双击，使同一个程序再运行两次。这样，运行了同一个程序的 3 个进程，如图 6.67 所示。

从运行结果可以看出，虽然 3 个进程中变量的地址均相同，但 3 个进程中的变量 a 是独立的、互不相干的，从而验证了程序中变量的地址为虚地址，而非实际物理内存地址。

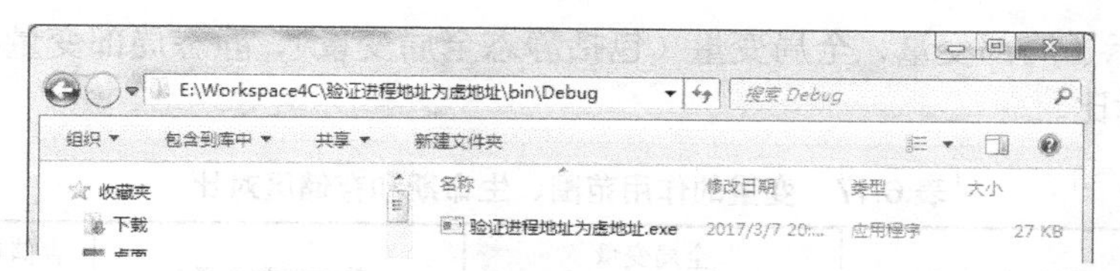

图 6.66　编译得到的可执行文件所在位置

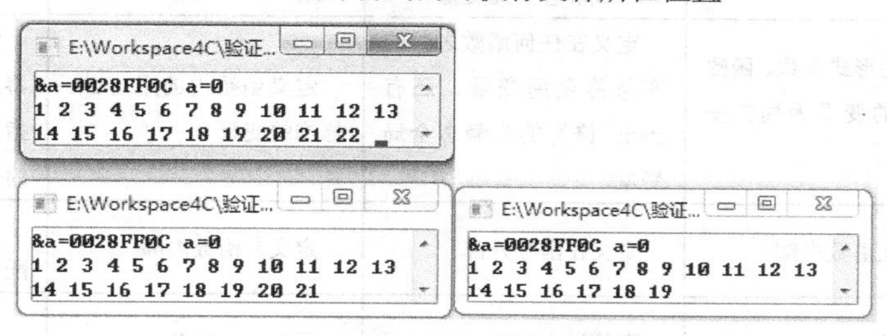

图 6.67　同一程序运行 3 次的输出结果

6.8.3　变量的作用范围、生命期和存储区

在此前的程序中，我们将“变量”通俗地理解为“存放数据的容器”。这种理解比较粗放。事实上，在程序设计中，根据实际应用的需要以及不同种类变量的作用范围、生命期及其所处存储区的特点，确定合适的变量类型。

局部变量、全局变量的作用范围、生命期和存储区各有特点，在程序设计中有各自特定的适用场合。

基本概念：

变量的作用范围：代码中变量可被访问的范围。变量作用范围的起始处均为变量的定义处或变量声明处。变量作用范围结束处依变量类型而异。从起始处至终止处之间的范围为变量的作用范围。这是静态地从代码的角度来看的。

变量的生命期：从变量被实际分配内存空间开始，至变量内存被回收为止，这段时间称为变量的生命期。

变量的存储区：变量被分配的存储空间所在的区域。

局部变量（以下简称变量）定义背后所发生的故事。

不要小看变量定义这个不起眼的动作，其背后，在计算机中发生了一系列和存储空间管理相关的动作。欲知详情，请听分解。

问：变量为什么要先定义，后使用呢？

答：在计算机中，变量是用来存放数据的，存放数据需要一定的存储空间（此处为内存中的空间），存储空间是应用程序乃至整个计算系统中的公共资源，对它的使用需要由操作系统来进行统一的管理。因此，定义变量的实质是向操作系统这位计算机资源“大管家”申请存放数据的存储空间。一旦应用程序获得了这些存储空间的使用权，那么在该程序运行结束之前，一直归它独占使用。程序结束后，操作系统将回收这些存储空间。操作系统接到此申请后，将根据当前内存资源使用状况确定是否有足够的存储空间分配，如果足够，则将某块存储空间分配给该程序，以并将登记该块内存使用状况，以防止这些空间在该程序归还之前被别的程序使用。

表 6.17 展示了局部变量、全局变量（包括静态全局变量）、静态局部变量的作用范围、生命期和存储区对比。

表 6.17　变量的作用范围、生命期和存储区对比

		局部变量	全局变量 或静态全局变量	静态局部变量	存储在动态分配空间中的变量
概念		函数的形式参数、函数内定义的变量为局部变量	定义在任何函数之外的变量称全局变量。还有 static 修饰的为静态全局变量	定义函数内的用 static 修饰的变量	调用动态内存分配函数得到所需空间，然后通过指针访问存放在此空间中的变量
定义所在位置		定义在函数内部	定义在函数外部	定义在函数内部	在函数内部调用内存分配函数
能够定义数组大小		不超过 1MB	不超过 1.5GB	不超过 1.5GB	不超过 2GB
初始化	默认	不会自动初始化	自动初始化为 0	自动初始化为 0	
	初始化时机和次数	如果程序中有显式地初始化操作，则函数每被调用一次就重新初始化一次	只被初始化一次。全局变量的初始时机在 main( ) 函数被调用之前	只有当静态局部变量所在函数第 1 次被调用时执行初始化，此后再调用时将不再执行初始化操作	只有调用 calloc( )函数时才会初始化所得动态空间为 0
作用范围	起止位置	起：变量定义点； 止：变量定义所在代码块的结束位置	起：变量定义点； 止：定义所在代码文件末尾	起：变量定义点； 止：变量所在代码块的结束位置	以生命期为准
	说明	局部变量的“势力范围”仅是“本地”，其作用范围在三者中最小	全局变量的“势力范围”是“全文件”，作用范围最大	静态变量的作用范围与局部变量同	动态存储空间分配后，任何函数均能通过指针访问存放在此空间的变量
生命期	“生死”时间	“生”：每次当函数被调用时	“生”：先于进入 main( ) 之前	“生”：当静态变量所在函数第一次被调用时	“生”：调用动态内存分配函数时起
		“死”：当函数返回后	“死”：后于 main( )返回之后	“死”：后于 main( )返回之后	“死”：调用 free( )函数时
	说明	函数被调用一次，局部变量就“生”1 次，“死”1 次，是生命期最短的变量	在整个程序执行过程中值“生”1 次，“死”1 次，是生命期最长的变量	静态变量的生命期与比局部变量长，比全局变量短	存放在动态分配内存空间中的变量（或数据）其生命期其可以跨函数
所在存储区		栈区	数据段	数据段	堆区
比喻		“地头蛇”。 因为局部变量能被访问“地盘”仅为其所在函数范围内	“强龙”。 因为全局变量能被程序中任何函数访问	生命期可与全局变量“强龙”相当，但作用范围与局部变量“地头蛇”相同	动态内存空间是“按需分配”的
意义		局部变量符合模块化设计的思想。每个函数模块内部的局部变量不会影响其他函数模块。能保持函数模块之间的独立性	优点：全局变量的应用能够减少函数模块需要传递的参数个数； 缺点：破坏了函数模块的独立性	能够满足某些特定应用场合的要求，同时保持函数模块的独立性	只有这种方式允许程序员自由地掌控存放在动态内存空间中的变量的生命期

说明：

（1）因为数组中的所有元素是类型相同的一组数据。因此，对于单变量的情形，对于数组同样适用。例如，全局数组（或静态全局数组）与全局变量的特性相同，局部数组与局部变量的特性相同，静态局部数组与静态局部变量的特性相同。

（2）如果全局变量与某函数局部变量同名时，在该函数内同名的局部变量名有效但同名的全局变量名无效。可以理解为“强龙斗不过地头蛇”。

（3）static 关键字不仅可以修饰变量，而且可以修饰函数。当 static 修饰函数时，表示该函数只能在它所在的文件中被调用，在其他文件中不能调用此函数。

（4）什么是块变量？定义在某个代码块内的变量。代码块是指配对的左右花括号之间的代码。其作用范围从其定义点开始至它所在代码块的右花括号处为止，因此，不同代码块内使用同名的块变量相互不会受到任何影响。块变量用于进一步缩小局部变量的作用范围。它的生命期与局部变量相同。例如，在程序 6.33 的基础上，可用于交换的临时变量 t 由原来的局部变量改为块变量，如程序 6.53 所示。

```
#include <stdio.h>
int main() {
    int n,i,j;
    int *a;

    scanf("%d",&n);

    a=malloc(sizeof(int)*n);
    for( i=0 ; i<n ; i++ )
        scanf("%d",&a[i]);

    for(i=0 , j=n-1 ; i<j ; i++ , j--) {
        int t;
        t=a[i];
        a[i]=a[j];
        a[j]=t;
    }

    for( i=0 ; i<n ; i++ )
        printf("%d ",a[i]);

    free(a);
    return 0;
}
```

改动处 1：取消原来局部变量 t 在此处的定义。

改动处 2：新增一行代码。在此定义变量 t，它是块变量，变量 t 的作用范围仅限于从此定义点开始，至本代码所在右花括号即 for 循环循环体的右括号为止。这样使得变量 t 的作用比原来的局部变量 t 要小。变量 t 的作用范围比局部变量 n、i、j 要小，但生命期与它们相同。

程序 6.53

因为局部变量的生命期和作用域仅限于本函数，因此如下函数 func( )存在错误。函数 func( )的意图是返回对数据元素进行某些操作之后的数组首地址 str。

```
char * func(void){
    char str[30];
    …… //在此省略了对 str 数组元素的某些操作
```

```
    return str;
}
```

在 func( )函数中，显然 str 属于局部变量，其作用域仅限于 func( )内，生命期也在 func( )返回时结束，数组 str 所占内存空间也被释放了。如果其他函数试图利用 func( )函数返回的地址值访问数组元素，将会导致错误。

如何才能解决以上问题呢？很简单，以动态内存分配方式分配 str 数组所需存储空间即可。但要注意的是，应在程序的合适时机调用 free( )函数，以便释放在此动态分配的内存空间，代码如下所示。

```
char * func(void){
    char str=malloc(30*sizeof(char));
    …… //在此省略了对 str 数组元素的某些操作
    return str;
}
```

因此，如果函数的返回值为指针，不要返回指向局部变量的指针。因为该局部变量在函数返回时其所占存储空间会被释放，操作系统回收此存储空间。显然，函数返回后，不应再对此空间进行访问。

这可与生活中坐车的场景类比。作为乘客，你下了火车就释放了你对座位的使用权。也就是说，下车后你对此座位就没有了使用权，铁路客运公司收回此座位的使用权，以便下次分配给需要座位的其他旅客。如果你在下车前记住该座位的编号（类似于内存地址），下车后想再通过此地址找到座位并使用它，这显然是不可以的。

小问答：

问：定义变量时，为什么要指定变量的数据类型呢？

答：因为变量是用来存放数据的，不同类型的数据在计算机中占用的字节数、能表示的数据范围、存放方式等方面各有千秋。因此，需要程序设计者根据实际需要存放在变量中的值的特点来确定。

一般可以按照以下方法来确定变量的类型。

如果程序中待处理值是整数（包括正整数、零、负整数），则变量可定义为整数型（如 short、int、unsigned、long long 型）。例如，程序中表示事物个数、人数、年龄、商品项数、车票张数等。

如果程序中待处理值是带有小数点的实数（包括正实数、0、负实数），变量可定义为 float、double 型。例如，圆的面积、学生的平均分数、身高等。

如果程序中待处理的数据是单个英文字母、标点符号，则变量可定义为字符型（char 型）。如果是字符串，则需定义成 char 型数组。

当然，数据类型还有更深层的含义，将在后续章节中讲解。

6.8.4 extern 的用法

在软件功能复杂、代码量大的情况下，将所有代码写在一个文件中不是明智的做法。因为这会导致代码的阅读和理解困难，代码维护和升级后重新编译整个大文件耗时太长等一列问题。因此，一个项目允许由多个源代码文件构成。当一个源代码需要引用另一个源代码中的全局变量时，需要用 extern 修饰该全局变量。

例如，将“6.8.1 静态变量和全局变量”例子中的全局变量的代码进行如下改造：将原来的 1 个文件拆分为多个文件。

通常的做法是：常用的函数和全局变量的声明放在头文件（文件扩展名为.h）中，函数的定义放在 C 代码（文件扩展名为.c）文件中，主函数单独放在一个 C 文件中，那么原来的 1 个程序在此被拆分成 3 个程序。工程结构如图 6.68 所示。fileA.h 文件的代码如图 6.69 所示，fileA.c 文件的代码如图 6.70 所示，fileB.c 文件的代码如图 6.71 所示。main( )函数在 fileB.c 文件中。

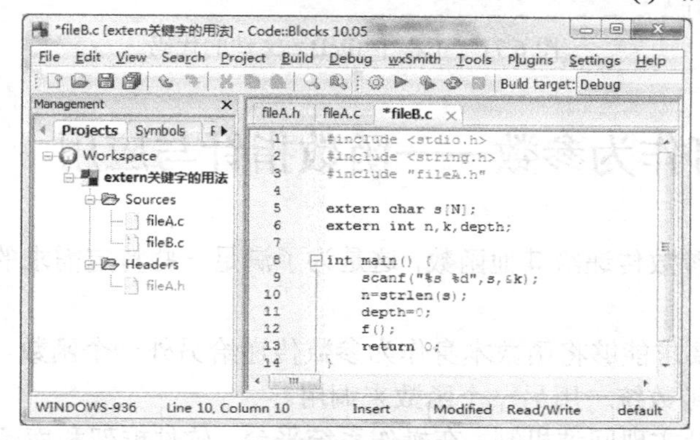

图 6.68 多文件的工程结构界面

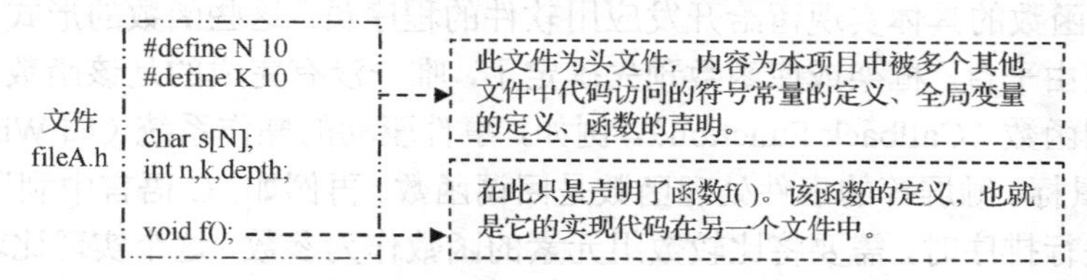

图 6.69 工程中 fileA.h 文件的代码

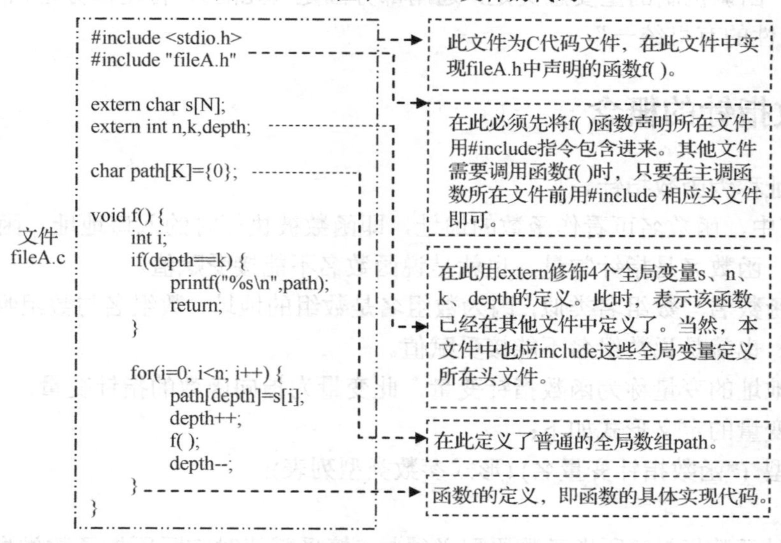

图 6.70 工程中 fileA.c 文件的代码

需要说明的是，在不同文件之间调用函数时，只要在主调函数所在文件开始处#include 该函数声明所在文件即可（此文件通常为头文件）。

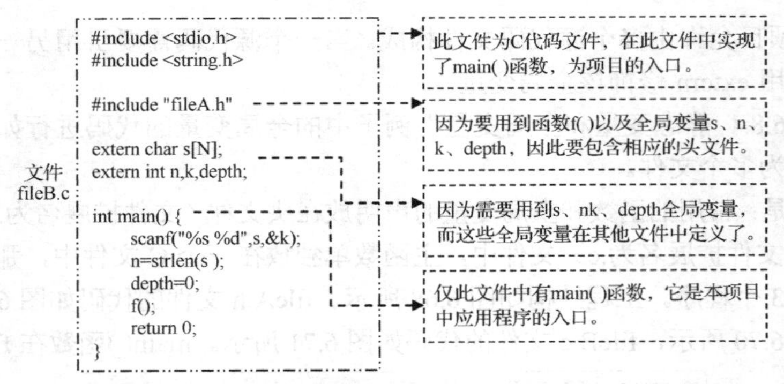

图 6.71　工程中 fileB.c 文件的代码

6.9　函数也可作为参数——函数指针与应用

函数名可以作为参数传递给其他函数，这是为了满足一些特定需求的场景。需要使用函数指针的场景如下。

（1）在某些应用要求能够将函数本身作为参数传递给另外一个函数。例如，需要将形式相同、功能不同的多个函数统一用另一个函数来调用。

（2）利用函数指针实现回调机制。在操作系统平台、软件框架和库函数中，为了它们具有灵活性，将某些函数的具体实现留给开发应用软件的程序员。这些函数的形式、被调用时机和调用方式均已经由平台、框架或库函数预先确定了，唯一没有完成的是该函数的具体实现。这种函数称为回调函数（Callback Function）。例如，事件驱动的操作系统（如 Windows、Android 等）中对窗口、鼠标、触屏等的事件处理函数是回调函数。再例如，C 语言中利用库函数 qsort( ) 对数组中数据进行排序时，需要将比较数组元素的函数作为参数，这个实现比较功能的函数可视为回调函数。回调机制的重要意义是：通用部分固定（死的），特定部分留白（活的），实现“通用性与灵活性的有机统一”。

6.9.1　函数指针的概念

函数的地址称为函数指针。

在 C 语言中，函数名可看作函数的地址，即函数被执行时的入口地址。函数名与函数的地址唯一关联，函数名是指针常量，也就是说函数名不能接受赋值。

在概念上函数名与数组名类似，因为数组名是数组的地址，数组名与数组唯一关联，数组名是指针常量，也就是说数组名不能接受赋值。

存放函数地址的变量称为函数指针变量，此变量为指向函数的指针变量。

函数指针变量的定义形式如下：

返回值类型 (*函数指针变量名) (形式参数类型列表);

注意：

（1）定义时函数指针 f 所指函数原型必须与 f 接受赋值时实际所指函数类型一致。

（2）函数指针变量能够接受函数名或其他函数指针的赋值。

（3）可通过函数指针调用函数。表达式“函数指针名（实参列表）”等价于“函数指针所指函数（实参列表）”方式调用函数。

（4）两个函数指针能进行比较是否相等的运算。

例如，有 cmp 函数定义：

int cmp (int a, int b) { return a – b; } ;

那么，调用 cmp 函数的方式有两种：

方式 1：直接通过函数名 cmp 调用：

printf("%d", cmp(12, 34));

方式 2：通过函数指针调用 cmp 函数。

第 1 步：先定义能指向函数原型为“int 函数名(int, int)”的函数指针 p。

int (*p)(int, int);

第 2 步：使函数指针 p 指向 cmp 函数。

p=cmp;

第 3 步：通过函数指针 p 调用它所指的函数 cmp。

printf("%d", p(12, 34)); //在此表达式 p(12, 34)等价于 cmp(12, 34)。

编程任务 6.11：简单的功能菜单

任务描述：功能菜单是应用程序常见的用户界面元素，它能实现根据用户的选择完成指定的功能。在此实现简单的功能菜单，实现对用户输入的两个整数执行加、减、乘、除运算。菜单设计如下所示。

1: a+b

2: a−b

3: a*b

4: a/b

每次先显示菜单，然后等待用户输入 3 个整数 k、a、b，k 表示选择的菜单项，回车后输出结果。每次计算完毕后，在此显示菜单并等待用户的下次输入。如果 k 值为 1、2、3、4 之外的其他值，则结束程序。

输入：3 个整数 k、a、b，取值范围为[1,10000]，输出按菜单计算的结果。

输出：如果 k 的值为 1、2、3、4 则输出相应结果。

输入举例：

1 2 3

4 5 6

5

输出举例：

1:a+b

2:a-b

3:a*b

4:a/b

2+3=5

1:a+b

2:a-b

3:a*b
4:a/b
5/6=0

1:a+b
2:a-b
3:a*b
4:a/b

分析：解决本问题有很多种写法。当然，也并不一定要用函数指针才能实现上述功能。程序 6.54、程序 6.55 展示了函数指针的运用。

```
#include <stdio.h>

void add(int a,int b) {
    printf("%d+%d=%d\n\n",a,b,a+b);
}

void sub(int a,int b) {
    printf("%d-%d=%d\n\n",a,b,a-b);
}

void mult(int a,int b) {
    printf("%d*%d=%d\n\n",a,b,a*b);
}

void div(int a,int b) {
    printf("%d/%d=%d\n\n",a,b,a/b);
}
```

在此请不要包含头文件 stdlib.h，因为在该头文件中有一个库函数 div( )与本文件中的 div( )函数同名，这会引起名字冲突。

在此定义了 4 个函数，分别实现加、减、乘、除运算，并输出结果。
请注意，这 4 个函数除了名字不同之外，它们的返回值和参数列表是相同的。

程序 6.54

```
int main() {
    int k,a,b;
    void (*f)(int,int);
    while(1) {
        printf("1:a+b\n");
        printf("2:a-b\n");
        printf("3:a*b\n");
        printf("4:a/b\n");
        scanf("%d",&k);
        if(k<1||k>4)
            break;
        scanf("%d %d",&a,&b);
        if(k==1)       f=add;
        else if(k==2) f=sub;
        else if(k==3) f=mult;
        else           f=div;

        f(a,b);
    }
    return 0;
}
```

函数指针变量 f 的定义。它所指向的函数的原型为 void 函数名(int, int)。
定义时函数指针 f 所指函数原型必须与 f 接受赋值时实际所指函数类型一致。

注意这里的 4 个赋值语句。接受赋值的变量是指针变量，赋的值分别是 4 个函数的函数名。因为函数名就是函数的地址，因此通过赋值语句后函数指针 f 分别指向了 add( )函、sub( )函数、mult( )函数、div( )函数。

在此通过函数指针调用它所指向的函数。如果 f 指向 add( )，那么这个调用相当于调用 add(a, b)；同理，如果 f 指向 sub( )，那么这个调用相当于调用 sub(a,b)，以此类推。

程序 6.55

6.9.2 函数指针数组的运用

如果数组的元素是函数指针，那么此数组就是函数指针数组。

利用函数指针数组，可以在程序中通过数组下标访问相应的数组元素，然后根据数组元素调用它所指向的不同函数模块。

函数指针数组定义的如下。

返回值类型 (*函数指针名 [表示数组大小的常量]) (形式参数类型列表)

上例中如果利用函数指针数组，可修改为如下代码：前面 4 个函数定义不变，主函数修改后如程序 6.56 所示。

```
int main() {
    int k,a,b;
    void (*fs[4])(int,int)={
        add,sub,mult,div};
    while(1) {
        printf("1:a+b\n");
        printf("2:a-b\n");
        printf("3:a*b\n");
        printf("4:a/b\n");
        scanf("%d",&k);
        if(k<1||k>4)
            break;
        scanf("%d %d",&a,&b);
        fs[k-1](a,b);
    }
    return 0;
}
```

定义了一个有 4 个元素的函数指针数组，数组元素指向的函数的原型为 void 函数名(int，int)。同时，在此对数组的 4 个元素进行了初始化。fs[0]、fs[1]、fs[2]、fs[3]分别用 add( )函数的地址、sub( )函数的地址、mult( )函数的地址、div( )函数的地址对此数组进行初始化。

因为前面已经对数组 fs 进行了初始化，使 fs[0]、fs[1]、fs[2]、fs[3]分别指向了 add( )函数、sub( )函数、mult( )函数、div( )函数。因此直接可以 fs[k-1](a, b)的方式调用 add(a, b)、sub(a, b)、mult(a, b)、div(a, b)，从而实现相应的功能。

程序 6.56

当然，也可用动态内存分配方式分配 fs 数组所需存储空间。只不过此时，变量 fs 应该定义为二阶指针。同样，前面 4 个函数定义不变，主函数修改后如程序 6.57 所示。

```
int main() {
    int k,a,b;
    void (**fs)(int,int);
    fs=malloc(4*sizeof(int));
    fs[0]=add;
    fs[1]=sub;
    fs[2]=mult;
    fs[3]=div;

    while(1) {
        printf("1:a+b\n");
        printf("2:a-b\n");
        printf("3:a*b\n");
        printf("4:a/b\n");
        scanf("%d",&k);
        if(k<1||k>4)
            break;
        scanf("%d %d",&a,&b);
        fs[k-1](a,b);
    }
    return 0;
}
```

定义了一个指向函数的二阶指针 fs。请注意定义指向函数的二阶指针的形式。

动态内存分配函数指针数组所需的存储空间，并且让指针 fs 指向此空间起始处。

分别对 fs 数组中的 4 个元素进行赋值，使它们分别指向 add( )函数、sub( )函数、mult( )函数、div( )函数。

程序 6.57

6.9.3 函数指针与 qsort( )函数的应用

在应用程序设计中，经常遇到需要对存放在数组中元素进行排序的情况。一般来说，没有必要自己每次为了实现排序功能而重新写一个排序函数，可以直接调用函数中 qsort( )函数。有趣的是，qsort( )函数能对任何类型的数组进行排序。qsort( )函数所在的头文件为 stdlib.h。

qsort 的函数原型如下。

void qsort(void * arr, int n, int len, int (*cmp)(void * p1, void *p2))

功能：利用快速排序算法实现对数组 arr 中的 n 个元素进行排序。如果读者对快速排序算法的详细内容感兴趣，请参考算法与数据结构的相关资料。

4 个形式参数：

第 1 个参数 arr 为需要排序的数组的起始地址。

第 2 个参数 n 为待排序数组中元素的个数。

第 3 个参数 len 表示每个数组元素大小，单位为字节。

第 4 个参数为函数指针 cmp，该函数实现比较两个数组元素大小的功能。具体来说，cmp 函数实现比较指针 p1、p2 所指向的两个数组元素的大小。如果返回值大于 0，则表示 p1 所指元素大于 p2 所指元素；如果返回值等于 0，则表示 p1 所指元素等于 p2 所指元素；如果返回值小于 0，则表示 p1 所指元素小于 p2 所指元素。第 4 个形式参数 cmp 为函数指针。该函数的返回值、参数个数、参数类型、函数功能均已确定，需要由我们（应用程序设计者）负责的是 cmp 函数的具体实现。cmp 函数由我们设计，并且将它作为参数传递给了 qsort( )函数。cmp 函数的调用在库函数 qsort( )函数内，因此，可将 cmp 函数视为回调函数。

编程任务 6.12：数字串比较

任务描述：对于给定的仅由数字 0～9 构成的数字串进行排序。某个数字串可按两种方式理解，例如，数字串 2019，可被看作字符串“2019”，也可被看作整数“二千零一十九”，同理，数字串 61，可被看作字符串“61”，也可被看作整数“六十一”。需要注意的是，当作字符串时 2019<61，当作为整数时 2019>61。

请对输入的一组数字串，分别按照字符串和整数并各按升序和降序排列。

输入：第一行一整数 n（0<n≤100）表示数据个数。其后一行为 n 个仅由数字 0~9 构成的串。每个串数字个数不超过 10 个。

输出：共 4 行，分别按字符串升序输出、按字符串降序输出、按整数升序输出、按整数降序输出。如有前导 0，在排序和输出时均忽略。数据之间用空格分隔，每行行尾无空格。

输入举例：

5

007 21 0183 00000 90

输出举例：

0 183 21 7 90

90 7 21 183 0

0 7 21 90 183

183 90 21 7 0

分析：此问题有许多种做法，以下代码为其中的一种，供参考。请注意，此做法将输入的数字当作字符串存储在字符数组中，简单地说，就是将整数当作字符串处理的。代码如程序 6.58 至程序 6.62 所示。

```
#include <stdio.h>
#include <stdlib.h>
#include <string.h>
#define N 100
#define LEN 11

int strAsc(char *p1,char *p2);
int strDesc(char *p1,char *p2);
int numAsc(char *p1,char *p2);
int numDesc(char *p1,char *p2);
void show(char s[][LEN],int n);

int main() {
      int n,i;
      char strArr[N][LEN];

      scanf("%d",&n);

      for(i=0;i<n;i++)
            scanf("%s",strArr[i]);

      qsort(strArr,n,LEN,strAsc);
      show(strArr,n);

      qsort(strArr,n,LEN,strDesc);
      show(strArr,n);

      qsort(strArr,n,LEN,numAsc);
      show(strArr,n);

      qsort(strArr,n,LEN,numDesc);
      show(strArr,n);

      return 0;
}
```

定义了一个字符二维数组容量为 100 行 11 列。能存放 100 个当作字符串的数据，每个数据的字符个数为 10 个外加一个空字符。

此处为 5 个函数的声明。前 4 个为实现比较功能函数的声明。这些函数将分别以函数指针的形式作为调用 qsort( )函数时的第 4 个实参。第 5 个函数即 show( )函数，其功能为以字符串方式输出数组 s 的 n 个数据。

通过这个 for 循环，每循环一次则以字符串方式输入一个数据到字符数组 strArr[i]中。如测试用例中的 5 个数据“007 21 0183 00000 90”，输入的结果是 strArr[0]为“007”、strArr[1]为“21”、strArr[2]为“0183”、strArr[3]为“00000”、strArr[4]为“90”。

此处 4 组语句，分别实现将数据按字符串升序输出、按字符串降序输出、按整数升序输出、按整数降序输出。

每组输出中，分为两步：

（1）先调用 qsort 函数对 strArr 数组中的 n 个长度固定为 LEN 个字符的字符数组按字符串方式进行升序排列，使用函数 strAsc( )作为比较函数，该函数是返回数据按字符升序方式比较的结果。

（2）调用 show( ) 函数输出结果。

按照输出要求，在比较函数和输出函数中，分别实现了忽略前导 0 的功能。

程序 6.58

```
int strAsc(char *p1,char *p2){
      while(*p1=='0'&&*(p1+1)!='\0')
            p1++;
      while(*p2=='0'&&*(p2+1)!='\0')
            p2++;

      return strcmp(p1,p2);
}
```

此函数实现了对指针 p1 所指向的字符串和指针 p2 所指向的字符串按字符串升序方式进行比较。在调用 strcmp( )函数进行比较前，通过 while 循环实现如果遇到前导 0 则向后移动 p1、p2，直到 p1、p2 指向第一个非 0 字符或最后一个字符时为止，这样就实现忽略 p1、p2 所指字符串中的前导字符 0 的功能。

程序 6.59

程序 6.59 中，strAsc 函数代码是实现将指针 p1、p2 所指向的字符串按字符串升序方式比较。应该引起特别注意的是，在主函数调用函数 qsort(strArr,n,LEN,strAsc)进行排序时，sqrt 函数在排序过程中将调用比较函数 strAsc( )来比较存放在 strArr 数组中两行字符串。例如，比较的是二维数组 strArr 第 j 行和第 k 行中字符串 strArr[j]和 strArr[k]，这两个字符串都可以看作一维数组，因此在调用 strAsc( )函数时，实参传递给形参 p1、p2 的值就是数组 strArr[j]的起始地址和数组 strArr[k]的起始地址。这里形参 p1、p2 的类型和“char *”，表面上看，参数 p1、p2 指向的目标数据是单个字符，其实这里应该看作 p1、p2 指向的目标数据是字符串。其他比较函数的形参与此情形相同，不再赘述。

```c
int strDesc(char *p1,char *p2){
    return -strAsc(p1,p2);
}
```

此函数实现了对指针 p1 所指向的字符串和指针 p2 所指向的字符串按字符串降序方式进行比较。直接利用了前面的升序比较函数 strAsc( )。

程序 6.60

```c
int numAsc(char *p1,char *p2){
    while(*p1=='0'&&*(p1+1)!='\0') p1++;
    while(*p2=='0'&&*(p2+1)!='\0') p2++;
    int len1=strlen(p1),len2=strlen(p2);
    if(len1>len2)      return 1;
    else if (len1<len2) return -1;
    else return strcmp(p1,p2);
}
int numDesc(char *p1,char *p2){
    return -numAsc(p1,p2);
}
```

此函数实现了对指针 p1 所指向的字符串和指针 p2 所指向的字符串按整数升序方式进行比较。通过 while 循环移动 p1、p2 跳过所指字符串中的前导字符 0。然后，将两个整数当字符串比较。长度大的串表示整数值大，长度小的串表示整数值小，如果长度相等，则结果与 strcmp(p1,p2)同。

此函数实现了对指针 p1 所指向的字符串和指针 p2 所指向的字符串按整数降序方式进行比较。直接利用了前面的升序比较函数 numAsc( )。

程序 6.61

```c
void show(char s[ ][LEN], int n){
    int i;
    char *p;
    for(i=0;i<n;i++){
        p=s[i];
        while(*p=='0'&&*(p+1)!='\0')
            p++;
        printf("%s",p);
        if(i!=n-1)
            printf(" ");
        else
            printf("\n");
    }
}
```

请注意，第一个形参的类型定义为 char s[ ][LEN]，这样定义后，s[i]表示二维数组 s 中第 i 行行首地址。

每次 for 循环时，p 指向二维数组 s 的第 i 行行首。然后通过 while 循环实现如果遇到前导 0 则向后移动 p，直到 p 指向第一个非 0 字符或最后一个字符时为止，这样就实现忽略 p 所指字符串中的前导字符 0 的功能。

输出忽略了前导 0 之后的单个数据串。

这个判断是为了使数据之间用 1 个空格分隔，行尾无空格，只有回车。

程序 6.62

利用函数指针数组可以进一步简化主函数部分的代码，其余代码相同，在此略去，如程序 6.63 所示。

```c
#include <stdio.h>
#include <stdlib.h>
#include <string.h>
#define N 100
#define LEN 11

int strAsc(char *p1,char *p2);
int strDesc(char *p1,char *p2);
int numAsc(char *p1,char *p2);
int numDesc(char *p1,char *p2);
void show(char * s,int n);

void cmpAndShow(char * s,int n,
        int len,int (*cmp)(char *,char*)){
    qsort(s,n,LEN,cmp);
    show(s,n);
}

int main() {
    int n,i;
    char strArr[N][LEN];

    scanf("%d",&n);
    for(i=0; i<n; i++)
        scanf("%s",strArr[i]);

    int(*fs[4])(char *,char*)={
        strAsc, strDesc,
        numAsc, numDesc };

    for(i=0;i<4;i++)
        cmpAndShow(strArr,n,LEN,fs[i]);
    return 0;
}
```

在此定义了一个函数 cmpAndShow( )，实现对数组元素按要求排序和输出。注意，此函数使用了函数指针 cmp 作为参数。

在此定义了一个函数指针数组，容量为4，数组元素为函数指针，所指函数原型为“int 函数名(char *, char*)”。并且数组 fs 的 4 个元素分别初始化为 4 个比较函数名 strAsc、strDesc、numAsc、numDesc。

在此通过循环，调用 cmpAndShow( )函数。请注意 fs[0]、fs[1]、fs[2]、fs[3]这 4 个数组元素为函数指针，分别指向 strAsc( )函数、strDesc( )函数、numAsc( )函数、numDesc( )函数。这些函数最终将被 qsort 调用。

程序 6.63

思考题： 参考库函数 qsort 的设计思路，请设计一个能实现在任意类型数组中顺序查找指定元素的函数。如果元素存在则返回该元素第 1 次出现时的下标，如果不存在则返回-1。

库函数 qsort( )能实现对任何数据类型的数组进行排序，它是一个数据类型通用的函数。函数能处理任何数据类型，这一特性在软件工程中有重要的意义。这使得我们设计的函数或模块能适用各种数据类型，不必为每种不同数据类型设计功能类似的函数模块，从而大大减少重复劳动，提高软件开发效率。

以下“数据排序”的 3 个编程任务，展示了 qsort( )函数的灵活运用。

编程任务 6.13： 数据排序之一（升序）

任务描述： 某实验收集到的实验数据，现在要求对实验数据按升序方式排列。已知每个实验数据为整数，取值范围为[-2000000000,2000000000]，实验数据个数不超过 1000 个。

输入： 第一行有一个整数 n（0<n≤1000），表示实验数据的个数。第二行有 n 个实验数据。

输出：将 n 个实验数据按升序输出。每个输出数据之后有一个空格。

输入举例：

10

168 2 365 139 58 6 2017 8848 9 50

输出举例：

2 6 9 50 58 139 168 365 2017 8848

分析：对数组中数据进行排序可以直接利用库函数 qsort( )来实现。但因为 qsort( )是通用数据排序函数，因此调用 qsort 时需要知道待排序数据的起始地址、数据元素个数、每个数据元素的字节数和数据的比较函数。其中比较函数的形式和功能已经确定，但函数名可自定义，并且函数的命名必须遵守标识符命名规则（参见“1.6.1 变量的概念”）。代码如程序 6.64、程序 6.65 和程序 6.66 所示，结果如运行结果 6.10 所示。

```
#include <stdio.h>
#include <stdlib.h>

#define SIZE 1000

int cmp(int *p1,int *p2);

void show(int *a,int n);

int main() {
    int a[SIZE],n,i;
    scanf("%d",&n);
    for(i=0; i<n; i++)
        scanf("%d",&a[i]);

    qsort(a,n,sizeof(int),cmp);

    show(a,n);

    return 0;
}
```

- `#include <stdlib.h>`：库函数 qsort( )所在的头文件为 stdlib.h。
- `#define SIZE 1000`：因为实验数据的个数最多为 1000 个，以此作为保存实验数据数组的大小。
- `int cmp(int *p1,int *p2);`：自定义的比较函数 cmp( )的声明。这个比较函数将被作为参数传递给 qsort( )函数。此函数的形式和功能已经确定：函数的原型为 int 函数名（void * p1, void * p2)；函数功能为比较指针变量 p1、p2 指向的两个数据的大小。按升序排时，前者大于后者，则返回值大于 0；前者等于后者，则返回值等于 0；前者小于后者，则返回值小于 0。函数原型中两个参数类型为 void*与本函数 int*兼容。
- `void show(int *a,int n);`：show( )函数声明。功能为输出 int 型数组 a 的 n 个元素。
- `qsort(a,n,sizeof(int),cmp);`：调用 qsort 函数。第 1 个参数为待排序的数据所在数组的起始地址，第 2 个参数为待排序数据个数，第 3 个参数为每个数据元素所占字节数，第 4 个参数为比较两个数据元素大小函数名。在此比较数组 a 中 n 个数据，每个数据大小为 sizeof(int)字节，数据比较的函数为 cmp。

程序 6.64

```
int cmp(int *p1,int *p2) {
    if(*p1>*p2) return 1;
    else if(*p1==*p2) return 0;
    else return -1;
}
```

- `int cmp(int *p1,int *p2) {`：比较函数的实现，即具体实现对数组中元素的大小比较。其中参数 p1、p2 表示分别指向两个待比较的元素。因为在此比较的目标数据类型为 int 型，因此*p1、*p2 得到的值为 int 型值，那么直接通过比较运算符大于（>）、小于（<）、等于（==）进行比较即可。

程序 6.65

```
void show(int *a,int n) {
    int i;
    for(i=0; i<n; i++)
        printf("%d ",a[i]);
    printf("\n");
}
```

- `for(i=0; i<n; i++)`：show( )的实现。此函数的功能是将参数 a 所指向地址为起始地址的连续 n 个 int 型数据输出。

程序 6.66

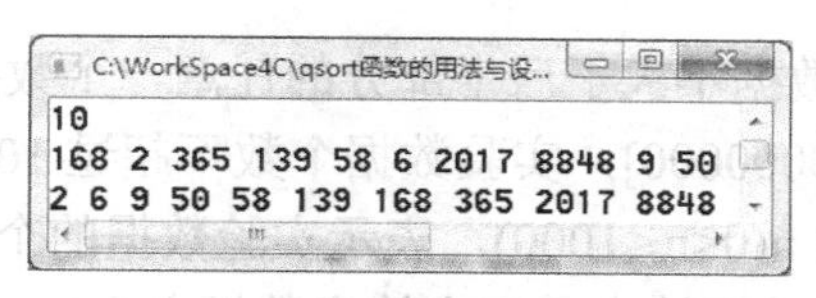

运行结果 6.10

编程任务 6.14：数据排序之二（降序）

任务描述：某实验收集到的实验数据，现在要求对实验数据按降序方式排列。已知每个实验数据为有效数字在 14 位以内且小数部分为 6 位以内的实数，取值范围为[-2000000000,2000000000]，实验数据个数不超过 1000 个。

输入：第一行有一个整数 n(0<n≤1000)，表示实验数据的个数。第二行有 n 个实验数据。

输出：将 n 个实验数据按降序输出。每个输出数据之后有一个空格，保留 6 位小数。

输入举例：

10

1.68 2 36.5 139 5.8 6 201.7 88.48 9 50

输出举例：

201.700000 139.000000 88.480000 50.000000 36.500000 9.000000 6.000000 5.800000 2.000000 1.680000

分析：实现代码与编程任务 6.13 的代码类似。只是待排序的数据类型和排序方式不同。请注意，排序方式从升序变为降序，只需要将比较函数两个数据的比较结果反号即可。修改后的主函数部分如程序 6.67 所示。

```
#include <stdio.h>
#include <stdlib.h>
#define SIZE 1000
int cmp(double *p1,double *p2);

void show(double *a,int n);

int main() {
	double a[SIZE];
	int n,i;
	scanf("%d",&n);
	for(i=0; i<n; i++)
		scanf("%lf",&a[i]);

	qsort(a,n,sizeof(double),cmp);

	show(a,n);

	return 0;
}
```

```
int cmp(double *p1,double *p2) {
	if(*p1>*p2) return -1;
	else if(*p1==*p2) return 0;
	else return 1;
}
```

```
void show(double *a,int n) {
	int i;
	for(i=0; i<n; i++)
		printf("%.6lf ",a[i]);
	printf("\n");
}
```

程序 6.67

编程任务 6.15：数据排序之三（前升后降）

任务描述：某实验收集到的实验数据，现在要求对实验数据按如下方式排列：将实验数据分成两半（如果为奇数个则后半部分多 1 个数据），前半部分按升序排列，后半部分按降序排列，但前半部分的任意一个数据不大于后半部分的任意一个数据。已知每个实验数据为整数，取值范围为[-2000000000,2000000000]，实验数据个数不超过1000。

输入：第一行有一个整数n(0<n≤1000)，表示实验数据的个数。第二行有n个实验数据。

输出：将n个实验数据按升序输出。每个输出数据之后有一个空格。

输入举例：

9

168 2 365 139 58 6 2017 8848 9

输出举例：

2 6 9 58 8848 2017 365 168 139

分析：在此，采用两次排序来实现。首先在整个数据范围内升序排列，然后在数组后半部分降序排列。

本任务基本的cmp( )函数和show( )函数代码与编程任务6.13的完全相同，在此略去，只是main( )函数部分有两处不同。增加了用于降序排列的比较函数cmpDesc( )，此外，在原来qsort( )对整个数组进行升序排列之后，增加了一行代码，调用qsort( )函数对数组后半部分进行降序排列。

修改后主函数部分以及cmpDesc()函数定义如程序6.68所示。

```
#include <stdio.h>
#include <stdlib.h>
#define SIZE 1000
int cmp(int *p1,int *p2);
int cmpDesc(int *p1,int *p2){
    return -cmp(p1,p2);
}
void show(int *a,int n);
int main() {
    int a[SIZE],n,i;
    scanf("%d",&n);
    for(i=0; i<n; i++)
        scanf("%d",&a[i]);
    qsort(a,n,sizeof(int),cmp);
    qsort(a+n/2,(n+1)/2,sizeof(int),cmpDesc);
    show(a,n);
    return 0;
}
```

新增此行代码。这是降序比较时的比较函数cmpDesc( )的定义。它的比较结果只需要将原比较函数结果 cmp( )反号即可。

新增此行代码。调用 qsort( )函数实现对数组后半部分降序排列。
请注意，在此函数调用中，第1个参数a+n/2，将待排序数组的起点移到了后半部分的第一个元素开始处；第2个参数为元素的个数。其中表达式n/2和(n+1)/2均利用了整数除法的取整特性，使得当n为奇数时中间元素划入后半部分。
最后一个参数为cmpDesc，表示本次排序的比较函数为cmpDesc，从而实现了降序排列。

程序 6.68

知识拓展：

不同程序设计语言操控计算存储的能力不相同。汇编语言操纵CPU的寄存器，通过地址访问内存，对计算机底层硬件的操控能力最强。C/C++语言能通过指针访问内存中的数据，但不能操纵CPU寄存器。很多其他更高级的程序设计语言（如Java、C#、Python等）中没有“指针”的概念，不能通过地址访问内存，更不能操纵CPU寄存器了。

小贴士：

合并定义多个同类型变量时，只有类型名可以公共，其他信息不能公共。例如：

```
int a,b[100];            //a 为 int 型单变量，只有 b 是一个可以存放 100 个 int 型元素的数组
int a[100],b[100];       //这样才定义了两个数组 a、b
int *p,a;                //p 为指向 int 型的指针变量，a 为普通的 int 型变量
int *p,*a;               //这样才定义了两个指向 int 型的指针变量 p、a
```

小贴士：

C 语言指针的利与弊：

指针给程序设计带来的好处是多方面的：对动态内存使用和分配的自由掌控、构建复杂数据结构、操作系统提供的 API（Application Programming Inteface）函数中大量函数需要使用指针。

指针的弊端同样也是严重的安全性问题：指针移动后可能指向了本不该访问或者根本不能访问的内存区域，读/写此区域的数据可能会引起严重的应用程序问题或系统错误。动态内存使用后忘记释放导致“内存泄漏”问题。

按照语言的抽象等级：在汇编语言中没有指针，C/C++语言中有指针，Java 和 C#等高级语言中没有指针。但是，指针的实质作用——“间接访问内存”在这些语言中都是有的。在汇编语言中通过一系列指令可实现通过地址间接寻址，在 Java 和 C#语言中采用了“引用”的方式，既能“间接访问内存”又保证了安全性，并且采用内存垃圾自动回收策略解决了“内存泄漏”问题。

Java 和 C#语言中的“引用”可以理解为“不可移动的隐式指针”，因此其安全性得到了加强。此处“不可移动”意味着 p++、p—、p+i 这样的操作是不允许的。理解 C 语言中的指针对深入理解 Java 和 C#语言中的引用类型至关重要。

小贴士：

关于常量和 const 关键字：

（1）常量不能接受赋值。常量在程序运行过程中是不变的。

（2）#define 常量名 常量值。例如，#define PI 3.145159，以此方式定义的常量，在运行时不会对常量进行类型检查，只是在编译时简单地将代码中所有的常量名替换成常量值。

（3）const 常量类型名 常量名=常量值;。例如，const double pi=3.14159;。以此方式定义的常量，在运行时能进行类型检查，更加安全可靠。

（4）const 类型名 * 变量名;。例如, int a=123; cons tint *p=&123;。那么意味指针变量 p 所指存储空间为只读，不能被赋值。也就是说不能执行*p=456;。并不是说指针变量 p 不能被移动指向新的存储位置。qsort( )函数的比较函数的形参类型就是 const void *。

> **性能提示：**
>
> 程序占用内存空间的大小与所使用的数组大小直接相关。在程序设计中，如何尽量减少程序占用的内存。
>
> （1）使用动态数组，使用完毕后立即释放不再使用的空间，可以提高内存的利用率。
>
> （2）减少保存中间结果，适当增加重复计算。也就是通常所说的“用(CPU)时间换(内存)空间”的做法。

知识拓展：（如果对此部分内容感兴趣，请扫描二维码）

1．综合应用实例。

2．与指针相关的其他主题：指针的类型转换及其应用、被指数据类型待定的 void*类型指针、特殊的指针变量值——NULL、main( )函数可以带参数、参数列表长度可变的函数、字符串与指针、如何减少指针的副作用、指针变量与数组的区别、常量是否有地址。

本章小结

1．因为指针，使我们的程序有了对存放在内存中的数据的间接访问能力，这给我们的程序带来了对内存数据极大的操控能力和复杂数据结构的构造能力。

2．指针与数组、指针与字符串、指针与函数、指针与结构体、指针与文件均有紧密联系。本章内容对程序设计的初学者具有一定的难度，但是“指针”概念的理解程度将对初学者以后学习和应用其他程序设计语言进行软件开发具有重大而深远的影响。

3．C 语言因为提供了“指针”，使我们对计算机内存的使用有了很强的掌控能力。但是，指针的使用也为我们的程序带来了不利的影响，因为 C 语言本身不能对指针的移动范围进行控制，当指针移动后指向了原本不该访问的存储区，可能会给程序带来意想不到的错误，增加程序调试和排错的难度。能否善用 C 语言的指针是真正学好 C 语言的重要标志。

4．不管指针变量所指向的数据是何种类型，指针变量本身的大小是恒定的。在 32 位系统下指针变量本身的大小为 32bit，即 4B（4 字节）。通过指针变量可以间接访问所指存储空间中的数据。因此，利用指针可以实现对各种数据类型统一、通用的处理。

5．函数指针的应用排序对象的比较方法，接口确定，但内容留给程序员根据实际情况设计。为什么要这样做，其目标是最大限度地实现代码的重用。

6．栈上空间和堆空间管理的策略和方法，生命期大不相同。这对理解 C#中值类型和引用类型的内存空间管理有极大的帮助。值类型的空间在栈上分配，系统自动分配，自动释放；引用类型的空间在堆上分配，由垃圾内存回收器自动回收，简化了内存管理的难度，减少了内存泄漏的风险。

思考题：

（1）通过“数组名[下标]”的方式是如何实现对数据元素的快速访问的？

（2）二维数组 T a[m][n]中元素 a[i][j]的地址如何确定？二维数组元素 a[i][j]的起始地址是如何计算的？

（3）程序中如何得到一维数组元素 a[i]的地址呢？程序中如何得到二维数组元素 a[i][j]元素的地址呢？

（4）指针和数组之间有何联系和区别？

（5）int *p = NULL 和*p = NULL 有什么区别？

（6）当我们需要将用户输入的整数值输入到 int 型变量 a 中，scanf("%d",&a)。为什么变量名前必须有“&”符号呢？在此 scanf( )函数表达式中，如果在变量名前不写&符号，为什么程序将出现运行时错误？一般地说，为什么调用 scanf( )函数输入数据到某变量时，一定要用变量的地址作为实参，而不能直接将变量本身作为实参呢？

（7）解释为什么以下程序也能正确地将输入的整数值存放到变量 a 中？

```
#include <stdio.h>
int main( ) {
    int a=10;
    int *p=&a;
    scanf("%d",p);
    printf("*p 的值为%d a 的值为%d",*p,a);
    return 0;
}
```

（8）下例为字符串赋值时，下标越界造成的严重后果。请分析并解释结果形成的原因。

```
#include <stdio.h>
int main( ){
    char s1[]="1234567890abcdefghijklmnopqrstuvwxyz";
    char s2[]="Li si";
    char s3[]="ww";
    printf("%s\n%s\n%s\n\n",s1,s2,s3);
    strcpy(s2,s1);
    printf("%s\n%s\n%s\n",s1,s2,s3);
    return 0;
}
```

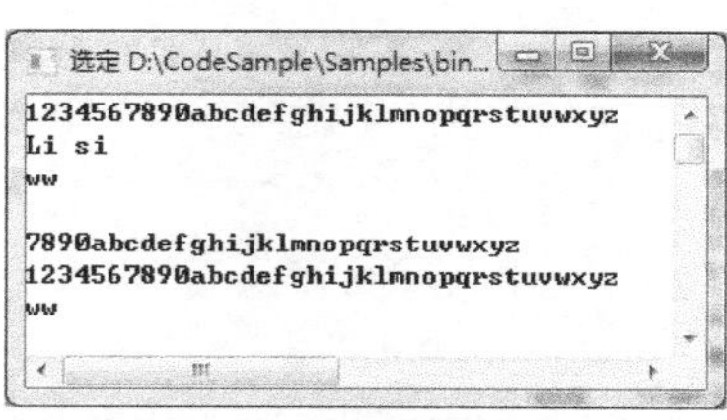

（9）以下代码的功能是实现“编程任务——蛟龙转身”。请补全函数体代码，体会利用函数进行模块化设计的好处，掌握指针作为函数参数的用法。

```
#include <stdio.h>
#include <stdlib.h>
// getInput 函数功能：将 n 个 int 型数据输入到 a 所指数组
void getInput(int *a,int n){   /* 请填写代码，完成指定功能   */   }
//reverse 函数功能：将数组 a 中 n 个元素位置水平翻转
```

```
void reverse(int a[],int n) {   /* 请填写代码，完成指定功能   */  }
//showResult 函数功能：将数组 a 中 n 个元素输出
void showResult(int a[],int n) {   /* 请填写代码，完成指定功能   */  }
int main( ){
        int n,a[1000];
        scanf("%d",&n);
        getInput(a,n);
        reverse(a,n);
        showResult(a,n);
        return 0;
}
```

第 7 章　创造新数据类型——结构体类型

结构体类型的引入，为程序员创建新数据类型提供了途径。结构体类型的概念和用法均不复杂。“结构体类型”是面向对象程序设计中最重要概念——“类”的“前身”。

7.1　为何引入结构体类型

为什么要引入“结构体类型”呢？

C 语言程序引入“结构体类型”主要是为了满足以下 3 种需求。

需求（1）：便于存储和处理“记录型”数据。

需求（2）：便于构建链式存储结构。

需求（3）：满足程序设计中构建新数据类型的需要。

1．对于需求（1）

所谓“记录型”数据最常见的形式是“表格”，表格中的每一行数据为一条“记录（Recorder）”，一条记录描述了一个事物某些方面的信息，一条记录是一个相对独立的信息实体。每条记录具有相同的信息项，每个信息项称为“字段（Field）”，它是对某事物的信息描述。表的信息项构成“表结构”，由多个字段构成。“表结构”对应 C 语言的“结构体类型”。“表结构”的字段对应“结构体类型”的“成员”。表中的一条记录对应一个“结构体类型的变量”。

例如，如表 7.1 所示学生信息表中，通过 7 项信息来描述一个学生。表中的每行数据称为一条记录。通常来说，表的结构是相对稳定的，每条记录的信息是相对易变的。例如，新增了学生，学生改名了、因休学后复学的班级变了、学生被开除了等。

表 7.1　学生信息表

	学号	姓名	性别	年龄	班名	专业	学院
第 1 条记录	2018001	张三	男	18	计算机 18-3	计算机科学	信息学院
第 2 条记录	2018002	李四	女	17	经济 18-2	经济学	经济学院
第 3 条记录	2018003	王五	男	19	园艺 18-1	园艺学	园艺学院
第 4 条记录	2018004	赵六	女	18	会计 18-2	会计学	商学院

表头的（学号、姓名、性别、年龄、班名、专业、学院）为这个学生信息表的“表结构”。因此，表示学生信息的结构体类型 struct StudentInfo 可以设计为：

```
struct StudentInfo{ //struct 是定义结构体类型的关键字，StudentInfo 是结构体类型名
    char stuNum[9];        //学号
    char name[21];         //姓名
    char sex[3];           //性别
    int age;               //年龄
```

```
    char className[31];      //班名
    char major[31];          //专业
    char college[31];        //学院
};
```

表 7.1 中有 4 个学生的信息，每个学生的信息为 1 条记录，每条记录可用一个变量来存放，变量类型为 struct StudentInfo 结构体类型，如图 7.1 至图 7.4 所示。

学号	姓名	性别	年龄	班名	专业	学院
2018001	张三	男	18	计算机18-3	计算机科学	信息学院

存放了第1个学生信息的变量，变量类型为struct StudentInfo结构体类型

图 7.1　结构体变量示意图（1）

学号	姓名	性别	年龄	班名	专业	学院
2018002	李四	女	17	经济18-2	经济学	经济学院

存放了第2个学生信息的变量，变量类型为struct StudentInfo结构体类型

图 7.2　结构体变量示意图（2）

学号	姓名	性别	年龄	班名	专业	学院
2018003	王五	男	19	园艺18-1	园艺学	园艺学院

存放了第3个学生信息的变量，变量类型为struct StudentInfo结构体类型

图 7.3　结构体变量示意图（3）

学号	姓名	性别	年龄	班名	专业	学院
2018004	赵六	女	18	会计18-2	会计学	商学院

存放了第4个学生信息的变量，变量类型为struct StudentInfo结构体类型

图 7.4　结构体变量示意图（4）

以上 4 个学生信息的存储可按如下方式组织：将 4 个学生信息存放在的数组元素 a 中，数组元素的数据类型为 struct StudentInfo 结构体类型，如图 7.5 所示。

数组a

a[0]	第1个学生信息（其类型为StudentInfo结构体类型）
a[1]	第2个学生信息（其类型为StudentInfo结构体类型）
a[2]	第3个学生信息（其类型为StudentInfo结构体类型）
a[3]	第4个学生信息（其类型为StudentInfo结构体类型）

图 7.5　存放了 4 个学生信息的结构体数组示意图

补充说明（1）：以上将 4 个学生的信息数据存放到数组元素类型为 struct StudentInfo 型的数组 a 的做法与将 4 个 int 型数据存放到数组元素类型为 int 型的数组 a 中是类似的。其区别仅在于数组元素的类型不一样。

补充说明（2）：对于二维表格形式数据，视表格中数据的特点，有如下两种情形：

① 二维表格中，如果所有数据的类型相同，则可直接用二维数组实现。如表 7.2 所示的课程表中的所有数据均是字符串类型的，因此可以直接用二维数组存储，每个数组元素的类型为字符串。

表 7.2　课程表

	星期一	星期二	星期三	星期四	星期五
第 1 大节	语文	英语	数学	地理	数学
第 2 大节	数学	历史	物理	语文	英语
第 3 大节	英语	数学	语文	数学	语文
第 4 大节	体育	语文	化学	体育	政治

② 二维表格中，如果每列数据的类型相同，但列与列间数据类型不同，这就是我们所说的“记录型”数据表，则可有两种组织方式：按列组织、按行组织。

- 按列组织的方式。每列为一个数组，同一列中的所有元素数据类型相同、含义相同，不同列的数据含义不同，数据类型可能不同。这种方式不太符合人们的认知习惯，如图 7.6 所示。

也就是说，上例中 4 个学生的信息可以不用结构体类型的方式存储。可分别将 4 个学生的学号信息存放在学号数组中，4 个学生的姓名信息存储在姓名数组中，以此类推。这种做法有其劣势，这将在“编程任务——图书查询”中予以进一步说明。

学号数组 stuNum	姓名数组 name	性别数组 sex	年龄数组 age	班名数组 className	专业名数组 major	学院名数组 college
2018001	张三	男	18	计算机18-3	计算机科学	信息学院
2018002	李四	女	17	经济18-2	经济学	经济学院
2018003	王五	男	19	园艺18-1	园艺学	园艺学院
2018004	赵六	女	18	会计18-2	会计学	商学院

图 7.6　多个数组存储学生信息示意图

- 按行组织的方式。每行的类型相同，均为结构体类型，同一列中的所有元素数据类型相同、含义相同，不同列的数据类型可能不同。可以看成一维数组，一维数组的每个元素类型为某结构体类型，此时一维数组也就是元素类型为某结构体类型的一维数组。例如，4 个学生的信息可存储成有 4 个元素的数组，每个数组元素为 struct StudentInfo 结构体类型，如图 7.7 所示。

结构体类型struct StudentInfo的结构

学号	姓名	性别	年龄	班名	专业	学院

struct StudentInfo数组

2018001	张三	男	18	计算机18-3	计算机科学	信息学院
2018002	李四	女	17	经济18-2	经济学	经济学院
2018003	王五	男	19	园艺18-1	园艺学	园艺学院
2018004	赵六	女	18	会计18-2	会计学	商学院

图 7.7　学生信息结构体类型和 4 个学生的信息

- 对比按行和按列的组织方式。将一行数据视为具有一定结构意义的整体，非常符合我们的认知习惯。我们在认识“学生”时，是将学生的姓名、性别、年龄、班名等信息当作一个整体来认知的，那么用（姓名、性别、年龄、班名等）信息项整体描述“一个学生”是很自然的。

2．对于需求（2）

计算机对数据的基本组织方式有两种：顺序存储结构、链式存储结构。两者各有优缺点。

应用时应根据具体需求选择适当的存储方式。顺序存储是用数组的方式存储数据的；链式存储最常见的是用链表存储数据的。

图 7.8 展示了以顺序存储方式和链式存储方式存放一组数据 data_1、data_2、data_3、data_4。

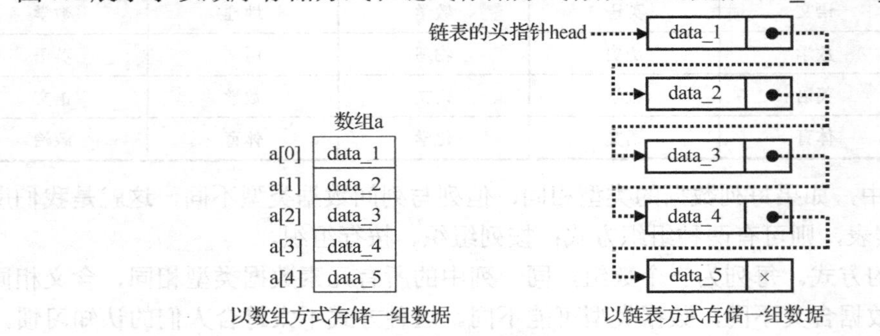

图 7.8　顺序存储与链式存储示意图

在链式存储方式中，链表的每个节点的数据类型是“结构体类型”。链节点结构体类型通常包含两个信息项：一个用来存放实际数据的“数据域”；另一个用来指存储节点之间链接关系的“指针域”。链表节点之间用“指针域”的指针连接起来，如图 7.8 的虚线箭头所示。

链表本身在程序设计中常有应用，此外，它还在构造“树”、“图”等复杂数据结构中有重要应用。

3．对于需求（3）

“结构体类型”的引入给了程序员创造新数据类型的自由。程序员可以根据需要将紧密联系的描述统一信息实体的数据项组合在一起，定义成新的数据类型——自定义的结构体类型。

C 语言内置数据类型并不多，如 char 型、int 型、float 型、double 型等。引入“结构体类型”后，我们的程序处理的数据类型就不再只局限于 C 语言内置的数据类型了。

当然，“结构体类型”不是凭空创建的，而是基于已有数据类型有机组合而成的。其中已有的数据类型可以是 C 语言的内置数据类型，也可以是已定义的结构体类型。也就是说，允许结构体类型的成员是结构体类型，这为表达复杂数据结构提供了便利。

7.2　结构体类型的定义和基本用法

本节将介绍结构体类型的定义和基本用法。

7.2.1　结构体类型的定义

我们在程序设计中，经常遇到描述同一事物的多个信息项紧密关联在一起的情形。例如，在教务管理信息系统中，描述学生信息的学号、姓名、年龄、班级等，描述教师信息的教师名、学院、专业等，描述课程信息的课程名、学分、开课学期、考核方式等，描述上课信息的教师名、课程名、上课时间、教室等。

此时，可以将描述同一事物的多个信息项定义为新的数据类型——结构体类型。其中的每个信息项称为结构体类型的“成员”。

定义结构体类型的语法如图 7.9 所示。

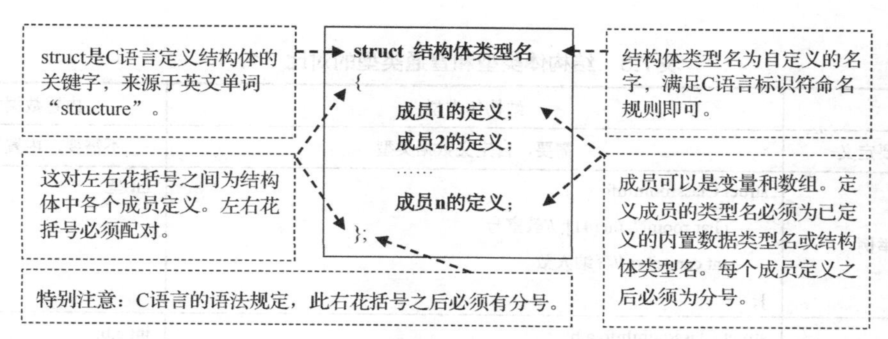

图 7.9　结构体类型定义的各部分含义

例如，某教务管理信息系统中，学生信息结构体类型如下。

```
struct StudentInfo{
    char stuNum[9];          //学号，最长 8 个数字
    char name[41];           //姓名，最长 20 个汉字
    char sex[3];             //性别，男或女
    int age;                 //年龄，为整数。
    char className[31];      //班名，最长 15 个汉字
    char major[31];          //专业，最长 15 个汉字
    char college[31];        //学院，最长 15 个汉字
};
```

关于结构体类型定义的说明。

（1）结构体类型名只能是“stuInfo”吗？当然不是，你可以自由命名，只要遵守 C 语言标识符命名规则即可。当然，名字最好能“见其名知其意”。

（2）结构体中成员定义是怎么确定的？显然，结构体中成员的定义是按待解决的实际问题的需求来确定的，这需要软件设计者了解软件用户需求后做出决定。例如，为什么学号定义成 char 数组，不用 int 型呢？这是因为学号没有加、减、乘、除运算，并且学号中包含了年级、学院、专业等信息，用字符串型更方便，不必用 int 型。学号的 char 数组大小为什么定为 9 字节呢？这是根据本软件的使用方也就是某学校的学号情况来确定的，该校学号规定为 8 位数字，最后还需要为'\0'字符保留 1 个位置，因此数组大小定义为 9 字节。为什么学生姓名的 char 数组大小定为 41 字节呢？这是根据该校学生名字的情况来确定的，该校没有名字长度超过 20 个汉字的学生名，每个汉字占 2 字节，最后为'\0'字符保留 1 字节，所以大小定为 41 字节……

（3）通常情况下，我们不必在意结构中各个成员定义的先后顺序。

（4）在概念上，结构体类型是描述某类事物的一种特定数据类型。这与 int 型是描述整数的特定数据类型、float 型是描述精度浮点数的特定数据类型、char 是描述字符的特定数据类型等是一样的。

（5）用结构体类型定义变量后，该变量的成员不会自动有值。因此，应该在读取某成员前对其进行赋值。

为了更好地理解结构体类型，表 7.3、表 7.4 对比了它与普通变量的异同。

本章中所述名词“结构体类型”、“结构体类型的变量”，在不引起理解困难的情况下，有时表述为“结构体”。

表 7.3　结构体类型和普通类型的对比（1）

			结构体类型	内置数据类型
是否需要定义			需要，自定义数据类型	不需要，内置数据类型

类型举例			struct ClassroomInfo {
			char roomName[41]; //教室号
			int capacity; //容纳人数
			};
				int 型

单个变量	定义单变量		struct ClassroomInfo a,b; 定义了 2 个 ClassRoomInfo 型变量， 变量名为 ra、rb	int a,b; 定义了 2 个 int 型变量， 变量名为 a、b

单个变量	写变量	给变量的成员赋值	strcpy(ra.roomName, "13 教 507");
			ra.capacity=60;
			
			strcpy(rb.roomName, "10 教南 520");
			rb.capacity=128;
				a=12;
				b=34;

单个变量	写变量	变量间赋值	rb=ra;
			此时，rb 的所有成员的值与 ra 相同，
			相当于对每个成员执行了赋值：
			strcpy(rb.roomName,ra.roomName);
			rb.capacity=ra.capacity;
				b=a;

单个变量	读变量		printf("%s %d\n" , ra.roomName , ra.capacity);
			printf("%s %d\n" , rb.roomName , rb.capacity);
			结构体类型变量不能整体输出，只能按成员输出
				printf("%d\n" ,a);
				printf("%d\n" ,b);

数组	定义数组		strcut ClassroomInfo rooms[10]; 定义了一个最多容纳 10 个元素的结构体类型数组，数组名为 rooms，每个元素的数据类型均为 struct ClassroomInfo 类型	int arr[10]; 定义了一个最多容纳 10 个元素的整型数组，数组名为 arr，每个元素的数据类型均为 int 型

数组	写数组元素	给数组元素整体赋值	rooms[0]=a;
			rooms[1]=b;
			rooms[2]=rooms[0];
				arr[0]=a;
				arr[1]=b;
				arr[2]=arr[0];

数组	写数组元素	给数组元素成员赋值	strcpy(rooms[3].roomName, "9 教北 211"); rooms[3].capacity=80;	arr[3]=567;
数组	读数组元素		printf("%s %d\n" , rooms[0].roomName , rooms[0].capacity); printf("%s %d\n" , rooms[1].roomName , rooms[1].capacity); 一个结构体只能分别读取每个成员并输出	printf("%d\n" , arr[0]); printf("%d\n" , arr[1]);

表 7.4　结构体类型和普通类型的用法对比（2）

		结构体类型	内置数据类型

指针	定义指针	struct ClassRoomInfo * pa;　//定义单个指针变量
		struct ClassRoomInfo * pb; //定义单个指针变量
		struct ClassRoomInfo *pc, *pd;　//定义多个指针变量
			int * pa;
			int * pb;
			int * pc, *pd;

	取地址	pa=&ra;
		pb=&rb;
		pc=pa;
		pd=rooms;
		//指针 pd 指向数组 rooms 的起始处
			pa=&a;
			pb=&b;
			pc=pa;
			pd=arr;
			//指针 pd 指向数组 arr 的起始处

	间接引用	printf("%s %d\n" , (*pa).roomName , (*pa).capacity);
		(*pb).capacity=(*pa).capacity+100;
		在此通过指针 pa、pb 读/写其所指结构体成员时，
		一定要有圆括号将*pa、*pb 括起来。
		访问指针所指结构体成员还有一种等价写法，
		用“->”运算符实现，如下所示：
		printf("%s %d\n" , pa->roomName , pa->capacity);
		pb->capacity=pa->capacity+100;
			printf("%d" , *pa);
			*pb=*pc+789;

函数参数	结构体类型作为函数参数	#include <stdio.h>
		#include <string.h>
		struct ClassroomInfo {
		　　char roomName[41]; //教室号
		　　int capacity; //容纳人数
		};
		
		//情形 1：结构体类型变量本身作为函数参数
		void show(struct ClassroomInfo ci){
		　　printf("%s %d\n" , ci.roomName , ci.capacity);
		}
		
		//情形 2：指向结构体类型的指针作为函数参数。
		//函数中，通过指针修改它所指向的结构体型变量
		//的值，也就是修改结构体变量的成员的值
		void change(struct ClassroomInfo *p){
		　　int len=strlen(p->roomName);
		　　p->roomName[len-1]++;
		　　p->capacity/=2;
		}
		
		int main( ) {
		　　struct ClassroomInfo ra;
		　　strcpy(ra.roomName,"十三教 507");
		　　ra.capacity=60;
		　　show(ra);
		
		　　change(&ra);
		　　show(ra);
		　　return 0;
		}
		此程序运行结果：
		十三教 507 60
		十三教 508 30
			#include <stdio.h>
			
			//情形 1：int 型变量本身作为函数参数
			void show(int a){
			　　printf("%d\n",a);
			}
			
			//情形 2：指向 int 型变量的指针作为
			//函数参数。函数中通过指针修改它所
			//指向的 int 型变量的值
			void change(int *p){
			　　*p=*p*2;
			}
			
			int main( ){
			int a;
			
			　　a=123;
			　　show(a);
			
			　　change(&a);
			　　show(a);
			　　return 0;
			}
			此程序运行结果：
			123
			246

7.2.2 结构体类型的基本用法

使用结构体类型的 3 个步骤。

第一步：定义所需的结构体类型。由此，我们创造了新的数据类型。

第二步：使用结构体类型定义结构体变量。由此，用新数据类型定义了所需的变量。

第三步：读/写结构体类型的变量。通过结构体类型变量读/写其成员。

第一步的说明：如何定义结构体类型请参见 7.2.1 节。

第二步的说明：定义变量的语法为“struct 结构体类型名 变量名”。可见，定义结构体类型变量与之前 int 型之类的变量的方式相同，仍然是“类型名 变量名”的方式，只不过在此的类型名应为“struct 自定义的结构体类型名”。注意 C 语言关键字 struct 不能省略了，否则结构体类型名会出现编译错误。这确实有点奇怪，按常理讲，关键字 struct 应该不属于类型名，但这是 C 语言的规定。在 C++语言中，此问题得以改进。

第三步的说明：通过“变量名.成员名”的方式访问其成员。其中“变量名”与“成员名”之间的点“.”可以理解为“的”。“变量名.成员名”可理解为“某变量的某成员”。并且，“变量名.成员名”可在整体上看作一个单变量，其数据类型是在其结构体类型定义中的该成员的数据类型。

特别地讲，可以将结构体的定义与结构体变量的定义合并。此时，结构体类型名甚至可省略，定义匿名结构体类型的同时定义变量。

例如，以下左侧的语句在定义结构体类型 struct Teacher 的同时，定义了两个结构体类型的变量 MissLi 和 MrZhang。右侧的语句在定义匿名结构体类型的同时，定义变量 MissLi 和 MrZhang。

```
struct Teacher {
    char teacherName[31];
    char courseName[31];
} MissLi, MrZhang;
```

```
struct {
    char teacherName[31];
    char courseName[31];
} MissLi, MrZhang;
```

编程任务 7.1：学生信息简单处理

任务描述：给定某学生的姓名、年龄和分数，请输出姓什么、名什么，明年年龄多大了、成绩是否及格了。

输入：姓名、年龄和分数。其中，姓名为中文字符，最长不超过 20 个汉字，并且第一个汉字一定是姓，其后为名。

输出：输出 6 行。前 3 行为该学生的基本信息，分别输出“姓名：”、“年龄：”、“分数：”，后 3 行分别输出姓和名、明年多少岁、成绩是否及格，如果及格则输出“成绩及格啦！”，否则输出“成绩不及格！”。详细输出格式请参照输出举例。

输入举例：

王小二愣 18 92.5

输出举例：

姓名：王小二愣

年龄：18

分数：92.50

姓王，名小二愣
明年 19 岁
成绩及格啦！

分析：显然，完成本任务可不用结构体类型，以下代码采用结构体类型。

本任务中的一个子任务是：对于给定的中文姓名，其第一个汉字为姓，其后为名，如何分别获得姓和名呢？如图 7.10 所示。其中，中文字符编码以 GBK 的双字节编码为例。

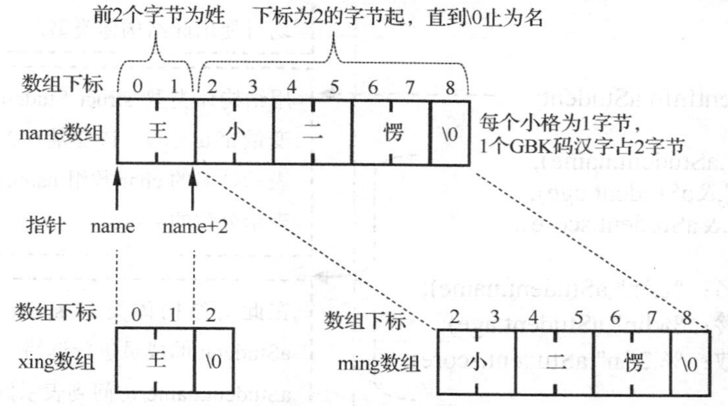

图 7.10　从姓名数组 name 解析得到姓数组 xing 和名数字 ming 的示意图

因此，从姓名数组 name 解析得到姓数组 xing 和名数字 ming 的过程分为两步。

第 1 步：将 name 数组的前 2 个字节复制到姓数组，并在第 3 个字符处赋值为\0，表示字符串结束，代码如下。

```
xing[0]=name[0];
xing[1]=name[1];
xing[2]='\0';
```

第 2 步：将 name+2 处开始一直到末尾的字符串复制到数组名，代码如下。

```
strcpy(ming,name+2);
```

注意，以上做法的正确性是基于“姓是名字中的第一个汉字”，不包括诸如“欧阳”等姓的汉字长度超过 1 的情形。

将表示学生信息的数据类型设计为 StudentInfo 结构体类型，成员有：姓名、年龄、分数。代码如程序 7.1 所示，结果如运行结果 7.1 所示。

小结：从以上实例中可以发现，访问结构体变量的成员的与访问该成员对应的普通变量的方式是相同的。

例如，对于上述 struct StudentInfo 结构体类型的变量 aStudent 来说：

（1）aStudent 的 name 成员是一个 char 型数组，那么访问 aStudent.name 与访问一个 char 型数组的方式相同。可以将 aStudent.name 整体上当作一个 char 数组来对待。

（2）aStudent 的 age 成员是一个 int 型变量，那么访问 aStudent.age 与访问一个 int 型变量的方式相同。可以将 aStudent.age 整体上当作一个 int 型变量来对待。

（3）aStudent 的 score 成员是一个 float 型变量，那么访问 aStudent.score 与访问一个 float 型变量的方式相同。可以将 aStudent.score 整体上当作一个 float 型数组来对待。

```
#include <stdio.h>
#include <string.h>

struct StudentInfo{
    char name[41];
    int age;
    float score;
};

int main( ){
    struct StudentInfo aStudent;

    scanf("%s",aStudent.name);
    scanf("%d",&aStudent.age);
    scanf("%f",&aStudent.score);

    printf("姓名：%s\n",aStudent.name);
    printf("年龄：%d\n",aStudent.age);
    printf("分数：%.2f\n",aStudent.score);

    char xing[41],ming[41];
    xing[0]=aStudent.name[0];
    xing[1]=aStudent.name[1];
    xing[2]='\0';
    strcpy(ming,aStudent.name+2);
    int lastIndex=strlen(aStudent.name+2);
    ming[lastIndex]='\0';

    printf("姓%s，名%s\n",xing,ming);

    aStudent.age++;
    printf("明年%d 岁\n",aStudent.age);

    if(aStudent.score>=60)
        printf("成绩及格啦！\n");
    else
        printf("成绩不及格！\n");
    return 0;
}
```

定义了结构体类型 struct StudengInfo。它有 3 个成员。分别是：姓名，最长 20 个汉字；年龄，为整数；分数，分数保留 2 位小数。请注意，右大括号之后必须有分号。此结构体类型是在全局变量的位置定义的，其作用范围与全局变量相同。因此，本程序此位置之后的代码均可使用此结构体类型。

用结构体类型 struct StudengInfo 定义了一个变量 aStudeng。该变量有 3 个成员，分别是：表示姓名的 char 数组 name；表示年龄的 age；表示分数的 score。

在此对结构体类型 struct StudengInfo 变量 aStudeng 的成员进行读写。

aStudent.name 访问到表示姓名的 name 成员，它是一个 char 型数组。

aStudent.name 访问到表示年龄的 age，它是 int 型变量。

aStudent.name 访问到表示分数的 score，它是 float 型变量。

从 aStudeng 的 name 成员中解析得到分别表示姓和名的 char 数组 xing、ming，然后输出。

将 aStudeng 的 age 成员自增 1，得到明年的岁数，然后输出。

比较 aStudeng 的 score 成员是否大于或等于 60 分，然后输出是否及格的信息。

程序 7.1

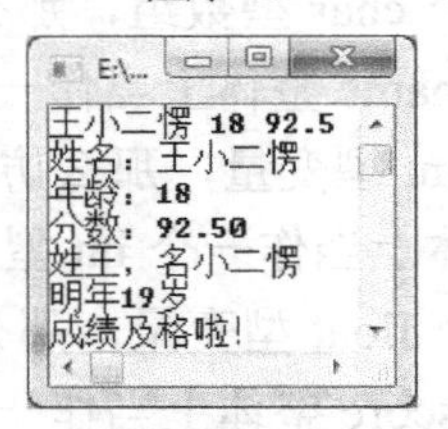

运行结果 7.1

小问答：

问：如何确定结构体类型定义的位置？

答：我们可以根据结构体在程序中的作用域来确定。定义的结构体类型的作用域与同位置所定义的变量的作用域一致。

通常的做法是：将结构体的定义放在代码开始处，所有函数之外，此时它的作用域与全局变量相同。从定义到之后的所有位置均对此自定义的结构体类型可见。

7.3 结构体类型数组的用法

在程序设计中，对于多条“记录型”的数据适合用结构体类型数组来存储和处理。

结构体类型数组与 int 型、double 型之类的数组在概念上类似：

- 可以通过“数组名[i]”的方式访问数组中下标为 i 的元素；
- 数组中的每个元素都是结构体类型；
- 数组在定义时确定了元素个数；
- 所有数组元素占据连续的存储空间；
- 数组名是数组的起始地址，它是指针常量。

不同之处：可以进一步访问数组元素的成员。例如，可通过以下方式访问数组元素的成员：“数组名[下标 i]·成员名”，因为“数组名[i]”为数组中下标为 i 的数组元素，因此它是一个结构体类型变量。

编程任务 7.2：简单电话簿

任务描述：现代生活离不开电话，联系人太多，人们往往记不住那么多电话号码，因此，电话簿应运而生。

输入：第一行一个整数 n（n≤10000），表示电话簿中记录的条数。其后的 n 行，每行有 3 个数据，第 1 个为联系人的姓名（不超过 20 个中文字符或 40 个英文字符），第 2 个为联系人的手机号码（不超过 20 位数字），第 3 个为联系人的 QQ 号（不超过 20 位数字）。接下来的一行中有一个整数 k，表示要查找 k 次联系人的信息。其下的 k 行，每行有一个待查人的姓名。为了简便，在此假设联系人的名字是唯一的。

输出：输出每个待查联系人的信息。每个联系人的输出单独占一行。如果没有该联系人的信息，则输出“not found!”。

输入举例：

4

张三 13812345678 345678

李四 13507310731 55667788

王五 13073107310 123456789

赵六 13967896789 987654321

5

张六

张三

李四
王五
赵六
输出举例：
not found!
张三 13812345678 345678
李四 13507310731 55667788
王五 13073107310 123456789
赵六 13967896789 987654321
分析：本任务中表示一条联系人信息的数据类型可设计成 ContactInfo 结构体类型，有成员：姓名、电话号码、QQ 号。ContactInfo 结构体的定义如下：

```
struct ContactInfo {
    char name[41]; //长度为 41 字节是因为名字最多有 20 个汉字或 40 个英文字符，末尾留
                   //1 字节给\0
    char tel[21];    //长度为 21 字节是因为手机号码最多有 20 个数字，末尾留 1 字节给\0
    long long qq;    //QQ 号码最多 20 个数字，因此可用 long long 型存储
};
```

说明：在本任务中，成员 tel 和 qq 可用大小为 21 字节的字符数组也可用 long long 型。

对于电话簿中多条联系人信息的存储可用 ContactInfo 类型的数组 pbs 来存储，每个数组元素存储一条联系人信息。

查找联系人信息是否存在时，只需要依次查找需要查找的联系人姓名与数组 pbs 中的某个元素的 name 成员是否相等。如果相等，则输出数组元素包含的联系人信息即可。如果找遍了整个数组 pbs 还是找不到，则输出“not found!”。

pbs[i].name 表示 pbs 数组中第 i 个元素（为 BkInfo 结构体类型）的成员 name，它的数据类型由结构体定义时的“char name[41];”确定，在此是大小为 41 字节的字符数组。

pbs[i].tel 表示 pbs 数组中第 i 个元素（为 BkInfo 结构体类型）的成员 tel，它的数据类型由结构体定义时的“char tel[11];”确定，在此是大小为 21 字节的字符数组。

pbs[i].qq 表示 pbs 数组中第 i 个元素（为 BkInfo 结构体类型）的成员 QQ 号，它的数据类型由结构体定义时的“long long qq;”确定，在此为 long long 型。

本编程任务代码如程序 7.2 所示。

```c
#include <stdio.h>
#include <string.h>

#define N 10000

struct ContactInfo {
    char name[41];
    char tel[21];
    long long qq;
} pbs[N];

int main( ) {
    int x,i,n;
    scanf("%d",&x);
    for (i=0; i<x; i++)
        scanf("%s %s %lld\n",
              pbs[i].name,
              pbs[i].tel,
              &pbs[i].qq);

    char name[41];
    scanf("%d\n",&n);
    while (n--) {
        scanf("%s",name);
        for(i=0; i<x; i++) {
            if(strcmp(name,
                    pbs[i].name)==0) {
                printf("%s %s %lld\n",
                       pbs[i].name,
                       pbs[i].tel,
                       pbs[i].qq);
                break;
            }
        }
        if(i==x) printf("not found!\n");
    }

    return 0;
}
```

符号 N 表示电话簿中记录的最大条数 10000。

定义了表示电话簿的结构体类型 ContactInfo，其成员分别表示姓名、电话、QQ 号，成员数组 name、tel 的大小及存放 QQ 号的成员的类型定义为 long long 型是根据任务需求来确定的。

在定义结构体类型 ContactInfo 的同时，定义了数组 pbs[ ]，数组中大小为 N，每个元素的类型为结构体类型 struct ContactInfo。

数组元素 pbs[i]的类型是结构体类型 struct ContactInfo。因此可以通过“数组元素. 成员名”的方式访问结构体成员。

注意，因为 name、tel 是数组名，因此在调用 scanf( )输入数据到这两个数组时，可不用取地址运算符“&”。但是 qq 是普通变量，因此其前需要取地址运算符“&”。

输入需要查找的联系人名字到 char 数组 name 中。

依次比较表示需要查找的联系人名字的 name 与电话簿数组 pbs 中每个元素的 name 成员是否相同。注意，因为 name 与 pbs[i].name 都是存储在字符数组中的字符串，比较其字符串是否相同不能用 if(name==pbs[i].name)，应调用 strcmp( )进行比较。

因为本任务中联系人名字唯一，因此一旦找到某联系人信息，就没有必要继续往后查找了。调用 break，跳出 for 循环。

此时，如果 i 与 x 相等则意味着没有找到某联系人，即联系人在电话簿中不存在。

程序 7.2

7.4 结构体类型在函数中的运用

7.4.1 结构体类型在函数中的一般用法

结构体类型在函数中的运用大体可分 4 种情形。

（1）结构体类型变量本身可以作为函数实际参数。

（2）结构体类型的地址作实参，与形参为结构体类型指针配合使用；此指针可指向单个或者一组结构体类型元素的起始地址。

（3）返回值为结构体类型（可返回单个结构体类型的值）。

（4）返回值为指向结构体类型的指针。此指针可指向单个或者一组结构体类型元素的起始地址。但是应该确保：函数返回后，作为返回值的指针所指向的内存空间是能有效访问的存储空间，不能是已经被释放的空间。

以上 4 种情形及其适用场合，与诸如 int 型的内置数据类型在函数中的运用是类似的。

编程任务 7.3：图书查询

任务描述：某图书馆的藏书丰富，每天来借书的人也是络绎不绝。在整个图书馆业务中，查询图书是重要一环。编写一个简单版的程序，能根据书名查询该图书信息。为了简便，做如下约定。

（1）只考虑书名完全匹配的情形，不支持模糊查找。

（2）本程序中处理的待查图书数量小于 1000 本。

（3）每本图书的信息为 8 项：书名、作者、出版社、出版年、价格、页数、书架号、数量。

（4）书名、作者名、出版社名为长度不超过 50 个中文或英文字符的字符串。价格保留 1 位小数。出版年为正整数。书架号以 5 位数字表示，可能是 0 开头。

（5）书名、作者名、出版社名中没有空格、跳格、回车等特殊字符。原名中的空格已经做了预处理（用短下画线“_”替换了原名中的空格）。

输入：第一行为一个整数，表示图书馆的藏书数量 n，其后的 n 行，每行为一本图书的信息，同行的信息项之间用空格分隔。其后一行包含一个整数 k，表示图书查询操作的次数 k，其后的 k 行，每行包含一个文件。

输出：输出与查询书名完全相同并且数量至少有 1 本的图书信息。如果存在多本图书，则按输入的顺序输出所有满足条件的图书信息。按输出举例的格式输出，书价输出保留 2 位小数。如果所查书不存在，则输出“对不起，找不到您的图书！”。每本书的输出信息之后有一个空行。

输入举例：

5
生存哲学 喜羊羊 洋洋出版社 2018 23.4 600 17695 0
管理艺术 村长 干部出版社 2016 30.9 238 42560 2
烹羊百法 灰太狼 大郎出版社 2017 10.5 300 08306 15
管理艺术 大牛 牛人出版社 2018 48.8 488 42561 3
ABC_English Smith_John BBC_Press 2018 22.8 412 72549 10
3
ABC_English
哲学
管理艺术

输出举例：

图书名：ABC_English
作者名：Smith_John
出版社：BBC_Press

出版年：2018
图书价：22.80
书页数：412
书架号：72549
图书数：10

哲学
对不起，找不到您的图书！

管理艺术
图书名：管理艺术
作者名：村长
出版社：干部出版社
出版年：2016
图书价：30.90
书页数：238
书架号：42560
图书数：2

图书名：管理艺术
作者名：大牛
出版社：牛人出版社
出版年：2018
图书价：48.80
书页数：488
书架号：42561
图书数：3

分析：对于某一本图书有书名、作者、出版社、出版年、价格、页数、书架号、数量等属性来描述它。我们应该如何存储多本图书的信息呢？

方法一：对于图书每个属性定义一个数组，数组的每个元素存储某本图书的该项属性值。

方法二：因为每本书都有相同结构的属性，这些属性可以看成一个整体，用一个结构体类型变量来表示，那么多本图书的信息就可以看成这个结构体类型的一维数组了。当然，结构体的每个成员在需要时能被方便地访问。

以“输入举例”的 5 本图书信息为例（见图 7.11）。图书信息表如表 7.5 所示，结构体类型与图书信息数组如图 7.12 所示，简化后的结构体数组示意图如图 7.13 所示。

表 7.5　图书信息表

书名	作者	出版社	出版年	价格	页数	书架号	数量
生存哲学	喜羊羊	洋洋出版社	2018	23.4	600	17695	0
管理艺术	村长	干部出版社	2016	30.9	238	42560	2

续表

书名	作者	出版社	出版年	价格	页数	书架号	数量
烹羊百法	灰太狼	大郎出版社	2017	10.5	300	08306	15
管理艺术	大牛	牛人出版社	2018	48.8	488	42561	3
ABC_English	Smith_John	BBC_Press	2018	22.8	412	72549	10

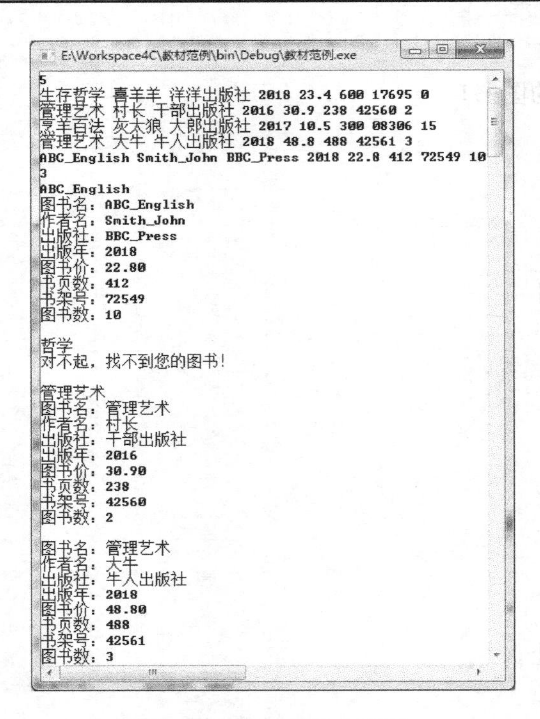

图 7.11　输入、输出举例

struct BkInfo结构体类型的结构

bkName	author	pubHouse	year	price	pages	shelf	nums

books数组（struct BkInfo books[5];）

books[0]	生存哲学	喜羊羊	洋洋出版社	2018	23.4	600	17695	0
books[1]	管理艺术	村长	干部出版社	2016	30.9	238	42560	2
books[2]	烹羊百法	灰太狼	大郎出版社	2017	10.5	300	08306	15
books[3]	管理艺术	大牛	牛人出版社	2018	48.8	488	42561	3
books[4]	ABC_English	Smith_John	BBC_Press	2018	22.8	412	72549	10

图 7.12　结构体类型的结构和图书数信息数组

books数组

books[0]	第1本书的信息，保存在一个struct BkInfo结构体中
books[1]	第2本书的信息，保存在一个struct BkInfo结构体中
books[2]	第3本书的信息，保存在一个struct BkInfo结构体中
books[3]	第4本书的信息，保存在一个struct BkInfo结构体中
books[4]	第5本书的信息，保存在一个struct BkInfo结构体中

图 7.13　保存图书信息的 books 数组简化图

books 数组可存放 3 个 struct BkInfo 结构体元素。和通常的一维数组一样，以“结构体类型数组名[下标]”的方式访问数组元素。books[0]为该数组的第 1 个元素。那么，books[i].bkName 就可访问到数组第 i 个元素的 bkName 成员，它表示该本书的书名，它是大小为 41 字节的 char 型数组，因此

books[i].bkName 整体上可以看作一个大小为41字节的char型数组。其他成员的情形以此类推。

本编程任务代码由程序 7.3 至程序 7.7 构成。

```c
#include <stdio.h>

#define N 1000
#define NOTFOUND 0
#define FOUND 1

struct BkInfo {
    char bkName[101];
    char author[101];
    char pubHouse[101];
    int year;
    float price;
    int pages;
    char shelf[6];
    int nums;
};
```

此块代码是程序的开始部分，包括头文件的包含指令、符号常量的定义、结构体类型 BkInfo 的定义。

定义了 3 个符号常量，在以下程序中将被用到。
N 表示图书最大数量。
NOTFOUND 用作查找标识值，表示没有找到。FOUND 反之。

在此定义了一个结构体类型 struct BkInfo，它用来表示一本图书的信息。其成员分别表示书名、作者、出版社、出版年、价格、页数、书架号、数量。成员的定义是根据本编辑任务所处理数据的实际需求来确定的。
请注意，结构体类型定义之后必须有分号，否则会导致编译错误。

程序 7.3

```c
void input(struct BkInfo *books,int n) {
    int i;
    for(i=0; i<n; i++) {
        scanf("%s",books[i].bkName);
        scanf("%s",books[i].author);
        scanf("%s",books[i].pubHouse);
        scanf("%d",&books[i].year);
        scanf("%2f",&books[i].price);
        scanf("%d",&books[i].pages);
        scanf("%s",books[i].shelf);
        scanf("%d",&books[i].nums);
    }
}
```

此函数功能是将输入的 n 本图书的信息依次输入到指针 books 所指向的结构体数组的 n 个元素中。第 1 个形参为指向结构体类型的指针，它接受实参的值为主调函数中结构体类型数组的起始地址。在此函数中，可将形参指针 books 当作数组名来使用。books[i]为指针 books 所指数组的下标为 i 的元素。然后通过“book[i].成员名”访问各个成员。请注意，因为成员 bkName、author、pubHouse、shelf 是字符数组，因此，用 scanf 输入时可以不用取地址运算符“&”，但成员 year、price、page、nums 必须用取地址运算符“&”。

程序 7.4

```c
void showBook(struct BkInfo aBook) {
    printf("图书名：%s\n",aBook.bkName);
    printf("作者名：%s\n",aBook.author);
    printf("出版社：%s\n",aBook.pubHouse);
    printf("出版年：%d\n",aBook.year);
    printf("图书价：%2f\n",aBook.price);
    printf("书页数：%d\n",aBook.pages);
    printf("书架号：%s\n",aBook.shelf);
    printf("图书数：%d\n\n",aBook.nums);
}
```

此函数功能为输出结构体类型 struct BkInfo 变量 aBook 所表示的一本图书的信息。此函数形参为结构体类型本身，函数参数传递时，实参结构体会将结构体整体赋值给形参结构体变量，也就是说，实参的所有成员均会被复制到形参。
在此函数中，输出结构体信息是通过结构体类型变量 aBook 访问它的每个成员的。

程序 7.5

```c
void findBks(char *bkName,struct BkInfo *books,int n) {
    int flag=NOTFOUND;
    int i;
    for(i=0; i<n; i++) {
        if(books[i].nums!=0 &&
            strcmp(bkName,books[i].bkName)==0) {
            flag=FOUND;
            showBook(books[i]);
        }
    }
    if(flag==NOTFOUND)
        printf("对不起，找不到您的图书！ \n\n");
}
```

此函数实现图书查找功能。字符指针 bkName 指向待查找图书名所在数组起始地址。结构体类型指针 Books 指向存放了 n 本图书信息的结构体数组的起始地址。

根据任务要求同名多本图书均应该输出。因此在此使用标志变量 flag。for 循环中利用 strcmp( )函数依次比较 bkName 与 books[i].bkName 是否相同。

程序 7.6

```c
int main( ) {
    struct BkInfo books[N];
    int n,k,i;
    scanf("%d",&n);
    input(books,n);

    scanf("%d",&k);
    char bkName[101];
    for(i=0; i<k; i++) {
        scanf("%s",bkName);
        findBks(bkName,books,n);
    }
    return 0;
}
```

主函数 main( )，它是本应用程序入口。

在此定义了大小为 N 的结构体类型 struct BkInfo 数组，数组名为 books，它的值就是数组的起始地址。

在此调用 input( )函数，实现将 n 本图书信息数据输入到数组 books 中。请注意，此处的实参为数组名books，它的值就是数组的起始地址。

这个 for 循环共循环 k 次，每循环一次实现将根据输入的待查书名 bkName 查询 books 数组中的 n 本图书信息并输出查找结果。

程序 7.7

以此编程任务为例，在不设计新函数（也就是说，所有代码全部写在 main( )函数内）的情况下，使用与不使用结构体的两种实现方式对比，如程序 7.8、程序 7.9 所示。在设计新函数的情况下，使用与不使用结构体的两种实现方式对比，如程序 7.10、程序 7.11、程序 7.12、程序 7.13 所示。

下面的 4 行代码是以下左右两个例子代码文件开始处的相同部分。

```c
#include <stdio.h>
#define N 1000
#define NOTFOUND 0
#define FOUND 1
```

结论：通过以上对比，结构体的引入是通过将记录型数据封装成一个新的数据类型，方便了对记录型数组的组织，提高了软件的开发效率。

如何从软件工程的可重用性角度来看待“函数、结构体、类”之间的关系呢？

“函数、结构体、类”三者都在一定程度上实现了代码的重用。函数和结构体在同一重用层次的两个不同方面，类的重用层次高于函数和结构体。

```
//直接用二维数组的实现方式
int main( ) {
    char bkName[N][101];
    char author[N][101];
    char pubHouse[N][101];
    int year[N];
    float price[N];
    int pages[N];
    char shelf[N][6];
    int nums[N];



    int n,k,i,j,flag;
    scanf("%d",&n);
    for(i=0; i<n; i++) {
        scanf("%s",bkName[i]);
        scanf("%s",author[i]);
        scanf("%s",pubHouse[i]);
        scanf("%d",&(year[i]));
        scanf("%f",&(price[i]));
        scanf("%d",&(pages[i]));
        scanf("%s",shelf[i]);
        scanf("%d",&(nums[i]));
    }
    scanf("%d",&k);
    char bookName[101];
    for(i=0; i<k; i++) {
        scanf("%s",bookName);
        flag=NOTFOUND;
        for(j=0; j<n; j++) {
            if(nums[j]!=0 && strcmp(bookName,
                                bkName[j])==0) {
                flag=FOUND;
                printf("图书名：  %s\n",bkName[i]);
                printf("作者名：  %s\n",author[i]);
                printf("出版社：  %s\n",pubHouse[i]);
                printf("出版年：  %d\n",year[i]);
                printf("图书价：  %2f\n",price[i]);
                printf("书页数：  %d\n",pages[i]);
                printf("书架号：  %s\n",shelf[i]);
                printf("图书数：  %d\n\n",nums[i]);
            }
        }
        if(flag==NOTFOUND)
            printf("对不起，找不到您的图书！\n\n");
    }
    return 0;}
```

程序 7.8

```
//使用结构体数组的实现方式
struct BkInfo {
    char bkName[101];
    char author[101];
    char pubHouse[101];
    int year;
    float price;
    int pages;
    char shelf[6];
    int nums;
};
int main( ) {
    struct BkInfo books[N];
    int n,k,i,j,flag;
    scanf("%d",&n);
    for(i=0; i<n; i++) {
        scanf("%s",books[i].bkName);
        scanf("%s",books[i].author);
        scanf("%s",books[i].pubHouse);
        scanf("%d",&books[i].year);
        scanf("%f",&books[i].price);
        scanf("%d",&books[i].pages);
        scanf("%s",books[i].shelf);
        scanf("%d",&books[i].nums);
    }
    scanf("%d",&k);
    char bookName[101];
    for(i=0; i<k; i++) {
        scanf("%s",bkName);
        flag=NOTFOUND;
        for(j=0; j<n; j++) {
        if(books[j].nums!=0&&strcmp(bookkName,
                                books[j].bkName)==0){
                flag=FOUND;
                printf("图书名：%s\n",books[j].bkName);
                printf("作者名：%s\n",books[j].author);
                printf("出版社：%s\n",books[j].pubHouse);
                printf("出版年：  %d\n",books[j].year);
                printf("图书价：  %2f\n",books[j].price);
                printf("书页数：%d\n",books[j].pages);
                printf("书架号：  %s\n",books[j].shelf);
                printf("图书数：  %d\n\n",books[j].nums);
            }
        }
        if(flag==NOTFOUND)
            printf("对不起，找不到您的图书！\n\n");
    }
    return 0; }
```

程序 7.9

```c
//不用结构体，设计新函数
#include <stdio.h>
#define N 1000
#define NOTFOUND 0
#define FOUND 1

void input(char bkName[][101],
        char author[][101],
        char pubHouse[][101]
        ,int year[],float price[],int pages[],
        char shelf[][6],int nums[],int n) {
    int i;
    for(i=0; i<n; i++) {
        scanf("%s",bkName[i]);
        scanf("%s",author[i]);
        scanf("%s",pubHouse[i]);
        scanf("%d",&year[i]);
        scanf("%f",&price[i]);
        scanf("%d",&pages[i]);
        scanf("%s",shelf[i]);
        scanf("%d",&nums[i]);
    }
}
void showBook(char bkName[101],
        char author[101],
        char pubHouse[101],
        int year,float price,
        int pages,char shelf[6],int nums) {
    printf("图书名：%s\n",bkName);
    printf("作者名：%s\n",author);
    printf("出版社：%s\n",pubHouse);
    printf("出版年：%d\n",year);
    printf("图书价：%2f\n",price);
    printf("书页数：% d\n",pages);
    printf("书架号：%s\n",shelf);
    printf("图书数：%d\n\n",nums);
}
```

程序 7.10

```c
//用结构体，设计新函数
#include <stdio.h>
#define N 1000
#define NOTFOUND 0
#define FOUND 1

struct BkInfo {
    char bkName[101];
    char author[101];
    char pubHouse[101];
    int year;
    float price;
    int     pages;
    char shelf[6];
    int nums;
};

void input(struct BkInfo *books,int n) {
    int i;
    for(i=0; i<n; i++) {
        scanf("%s",books[i].bkName);
        scanf("%s",books[i].author);
        scanf("%s",books[i].pubHouse);
        scanf("%d",&books[i].year);
        scanf("%f",&books[i].price);
        scanf("%d",&books[i].pages);
        scanf("%s",books[i].shelf);
        scanf("%d",&books[i].nums);
    }
}

void showBook(struct BkInfo aBook) {
    printf("图书名：%s\n",aBook.bkName);
    printf("作者名：%s\n",aBook.author);
    printf("出版社：%s\n",aBook.pubHouse);
    printf("出版年：%d\n",aBook.year);
    printf("图书价：%2f\n",aBook.price);
    printf("书页数：%d\n",aBook.pages);
    printf("书架号：%s\n",aBook.shelf);
    printf("图书数：%d\n\n",aBook.nums);
}
```

程序 7.11

```c
void findBks(char *bookName,
          char bkName[][101],
          char author[][101],
          char pubHouse[][101],
          int year[],float price[],
          int pages[],char shelf[][6],
          int nums[],int n) {
   int i,flag=NOTFOUND;
   for(i=0; i<n; i++) {
      if(nums[i]!=0 &&
            strcmp(bookName
                     ,bkName[i])==0) {
         flag=FOUND;
         showBook(bkName[i],author[i],
               pubHouse[i],year[i],price[i],
               pages[i],shelf[i],nums[i]);
      }
   }
   if(flag==NOTFOUND)
      printf("对不起，找不到您的图书！\n\n");
}

int main( ) {
   char bkName[N][101];
   char author[N][101];
   char pubHouse[N][101];
   int year[N];
   float price[N];
   int pages[N];
   char shelf[N][6];
   int nums[N];

   int n,k,i;
   scanf("%d",&n);
   input(bkName,author,pubHouse,
         year,price,pages,shelf,nums,n);

   scanf("%d",&k);
   char bookName[101];
   for(i=0; i<k; i++) {
      scanf("%s",bookName);
      findBks(bookName,bkName,author,
               pubHouse,year,price,
               pages,shelf,nums,n);
   }
   return 0;
}
```

程序 7.12

```c
void findBks(char *bkName,
          struct BkInfo *books
          ,int n) {


   int i,flag=NOTFOUND;
   for(i=0; i<n; i++) {
      if(books[i].nums!=0 &&
            strcmp(bkName,
                  books[i].bkName)==0) {
         flag=FOUND;
         showBook(books[i]);
      }
   }

   if(flag==NOTFOUND)
      printf("对不起，找不到您的图书！\n\n");
}

int main( ) {
   struct BkInfo books[N];







   int n,k,i;
   scanf("%d",&n);
   input(books,n);


   scanf("%d",&k);
   char bkName[101];
   for(i=0; i<k; i++) {
      scanf("%s",bkName);
      findBks(bkName,books,n);
   }


   return 0;
}
```

程序 7.13

结构体类型实现了软件构件化的第一步。结构体将相互紧密联系的数据项封装成新的数据类型。如果再将操作这些数据项的函数进一步封装到结构体内，这样就使“函数”和“数据”

封装到了一起，那么就得到了面向对象程序中最重要的概念“类”。

“函数”是对一系列语句的封装。这些语句具有一定的联系、能执行特定动作、实现特定功能的代码。函数是对“行为”的封装。

“结构体”是对一系列数据项的封装。这些数据项具有一定的联系、能描述某事物特性。这些数据项是事物的某个“属性”的体现，因此，结构体是对“属性”的封装。

“类”是对数据项和操作这些数据项的函数的封装。因此，类可看作将“结构体”和“函数”更高一层的封装。

7.4.2 结构体类型数组的排序

1. int 型数组上的排序

软件设计中经常遇到需要对一组数组根据某指标进行排序的情况。怎样才能使排序算法高效是计算机算法设计中重要的问题，并且已有很多研究成果。对各种排序算法有兴趣者可查阅算法和数据结构的相关书籍。

选择排序算法是众多排序算法中的一种易于理解、易于实现、适合初学者的算法。但是，该算法的时间效率不是最优的。

排序任务可以简单描述：有一组数据，共 n 个。请对其根据特定指标排列。

排序任务的说明如下。

（1）排序有升序和降序两种排列方式，下文中不特殊说明的，均指升序排列。

（2）所有待排序的数据具有相同的数据类型。数据类型可以是 C 语言内置数值类型也可以是自定义数据类型。

（3）排序的指标根据具体的应用需求来定。例如，学生排序可按年龄、身高、分数、姓氏笔画等指标进行排序。

（4）待排序的数据存放在数组中，排序后的数据也存放在数组中。

选择排序算法思路：对于需要排序的一组数据，共 n 个数据，用一条分界线将数据分为左右两部分，左侧为已排序的序列，右侧为待排序的序列。初始时，分界线处于第 1 个数据之前。每次从待排序序列中找到最小值，然后与待排序序列最左边的数据交换。那么，此时分界线向右移动 1 个数据的位置，这意味着左边已排序数据增加 1 个，右侧未排序数据减少 1 个。如此循环 n-1 次，则全部数据为升序排列。此时，分界线处于第 n-1 和第 n 个数据之间。

下面以数据为整数为例，比较的指标是其整数值。选择排序的过程如下。

初始时待排序的 n 个元素存放在数组 a 中（如图 7.14 所示），此例的 n 为 10。

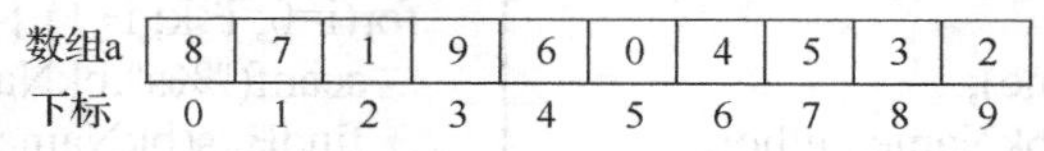

图 7.14 排序前的数组

我们将 n-1 次循环的每次循环称为“一趟”，用循环变量 i 表示“第 i 趟”处理，i 从 0 开始计数。每趟的目的是找到待排序序列中最小值的位置，然后与待排序序列最左边的元素交换，最后分界线向右推进 1 个位置。

那么，对于第 i 趟来说，需要进一步明确 3 个动作：

（1）找到待排序序列的最小值。我们可通过“某种方法（稍后详述此方法）”找到最小值元素所在下标，用 minPos 记录此下标。由此最小值就是 a[minPos]。

（2）找到待排序序列最左边的元素。只要知道它的下标即可。根据规律很容易找到：第 0 趟时，待排序序列最左边的元素所在位置为 0；第 1 趟时，待排序序列最左边的元素所在位置为 1；…；第 i 趟时，待排序序列最左边的元素的下标为 i，那么该元素就是 a[i]。

（3）将最小值与待排序序列最左边的数据交换，也就是交换 a[minPos]与 a[i]。当然，如果 minPos 与 i 相同，则没有必要交换，因为 a[i]与 a[minPos]是同一个值。

下面展示从每趟的角度来看的排序过程。

第 0 趟，i 为 0。分界线左右两边元素个数分别为 0、10。本趟的 minPos 为 5，待排序序列的最小值为 a[5]，待排序序列最左边的元素为 a[0]，交换 a[5]与 a[0]的值，如图 7.15 所示。

第 1 趟，i 为 1。分界线左右两边元素个数分别为 1、9。本趟的 minPos 为 2，待排序序列的最小值为 a[2]，待排序序列最左边的元素为 a[1]，交换 a[2]与 a[1]的值，进入下一趟，如图 7.16 所示。

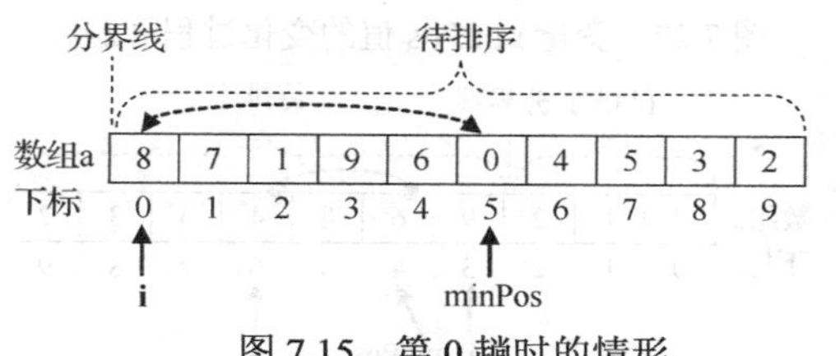

图 7.15　第 0 趟时的情形

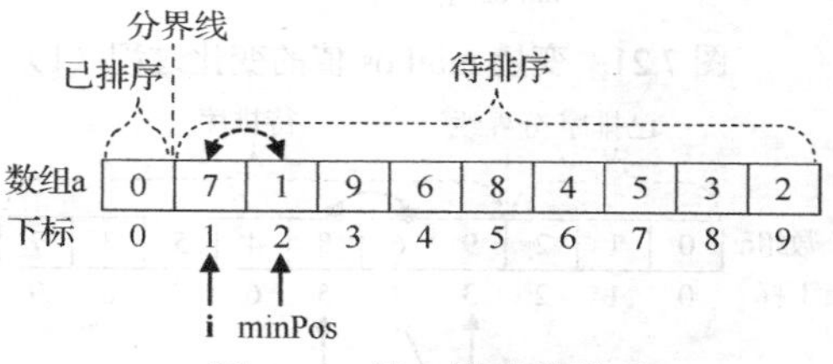

图 7.16　第 1 趟时的情形

第 2 趟，i 为 2。分界线左右两边元素个数分别为 2、8。本趟的 minPos 为 9，待排序序列的最小值为 a[9]，待排序序列最左边的元素为 a[2]，交换 a[9]与 a[2]的值，进入下一趟，如图 7.17 所示。

第 3 趟，i 为 3。分界线左右两边元素个数分别为 3、7。本趟的 minPos 为 8，待排序序列的最小值为 a[8]，待排序序列最左边的元素为 a[3]，交换 a[8]与 a[3]的值，进入下一趟，如图 7.18 所示。

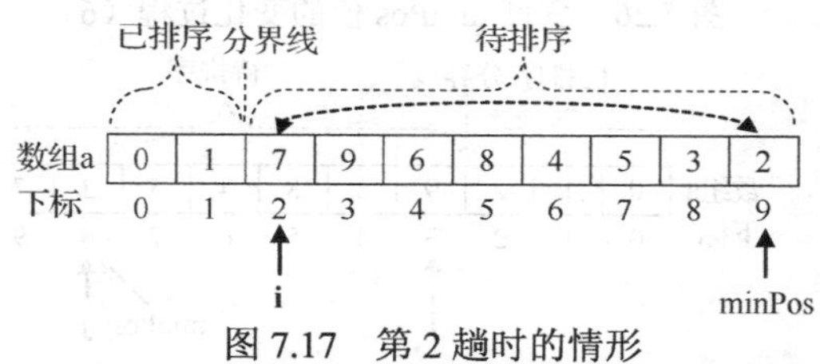

图 7.17　第 2 趟时的情形

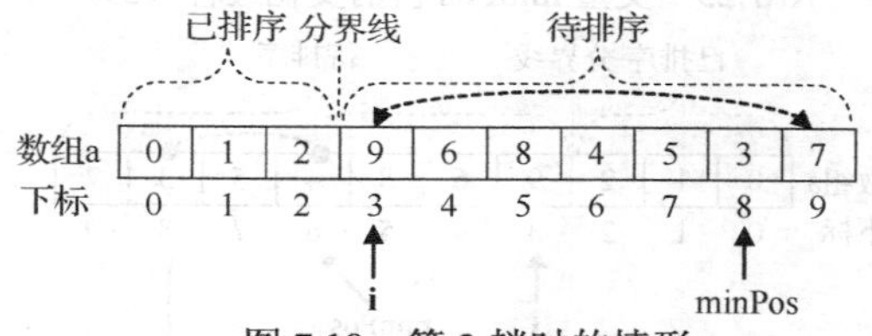

图 7.18　第 3 趟时的情形

第 4 趟、第 5 趟、第 6 趟、第 7 趟的情形以此类推，在此略去。直接进入最后一趟。

第 8 趟，i 为 8。分界线左右两边元素个数分别为 8、2。本趟的 minPos 为 9，待排序序列的最小值为 a[9]，待排序序列最左边的元素为 a[8]，交换 a[9]与 a[8]的值，此为最后一趟，如图 7.19 所示。

至此，得到了如图 7.20 所示的排序，此时数组 a 中的 n 个数全部已经按照升序排列了。

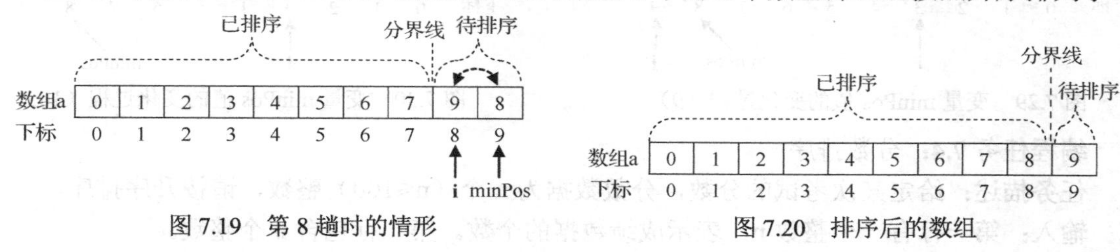

图 7.19　第 8 趟时的情形

图 7.20　排序后的数组

那么，下一步只要解决在第 i 趟处理中，如何获得最小值的位置 minPos 即可。这不难实现。其算法思路为：初始时，让 minPos 指向 i 所在位置。让循环变量 j 从 i 的后一个位置开始。然后，比较 a[minPos]与 a[j]的值，如果 a[minPos]<=a[j]则不用动作，否则将 j 赋值给 minPos，因为此时意味着有一个更小的元素其位置为 j，因此应立即用 j 值更新 minPos，以确保 minPos 总是指示最小值所在位置。之后，j++进入下一个循环，直到 j 到达位置 n-1 为止。

如图 7.21 至图 7.30 所示，以第 3 趟为例，展示以上算法得到 minPos 值为 8 的过程。

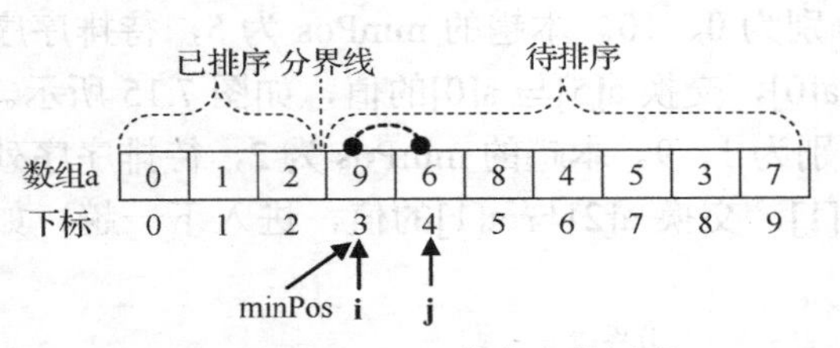

图 7.21　变量 minPos 值的变化过程（1）

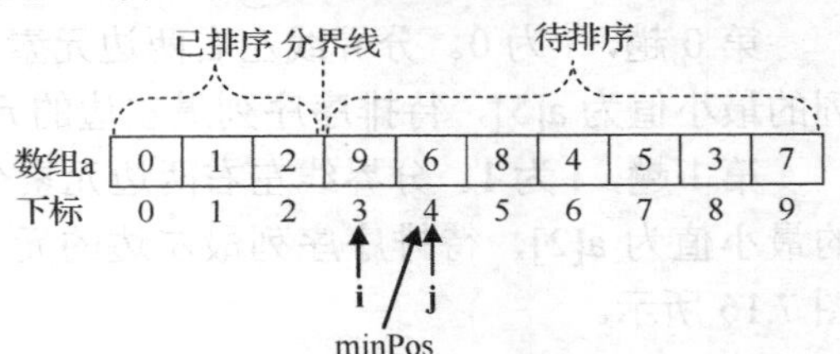

图 7.22　变量 minPos 值的变化过程（2）

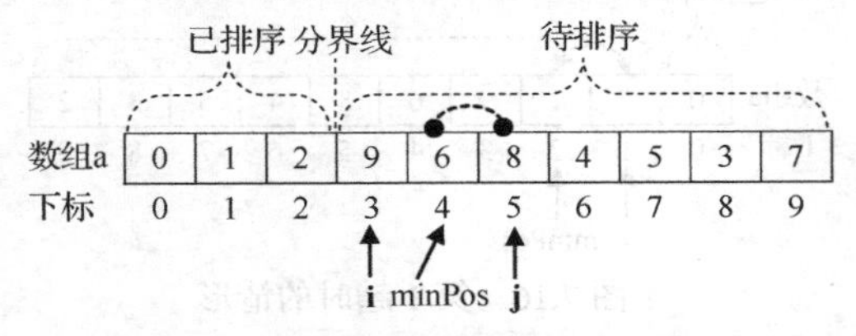

图 7.23　变量 minPos 值的变化过程（3）

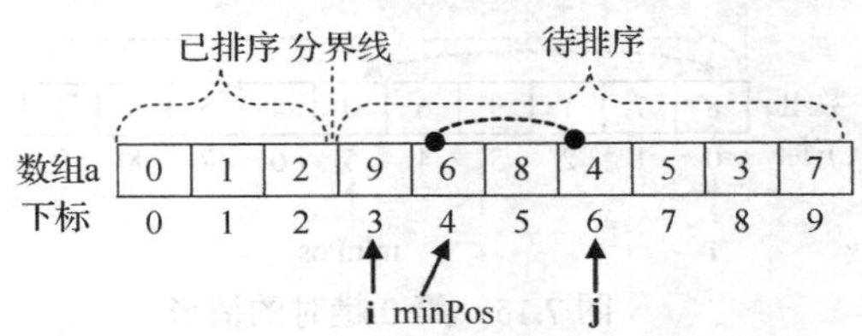

图 7.24　变量 minPos 值的变化过程（4）

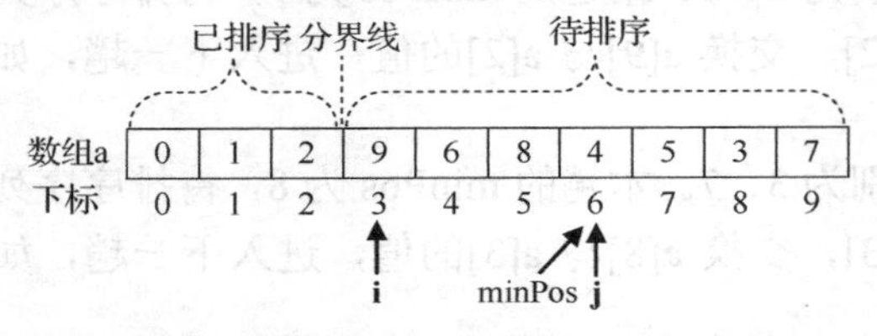

图 7.25　变量 minPos 值的变化过程（5）

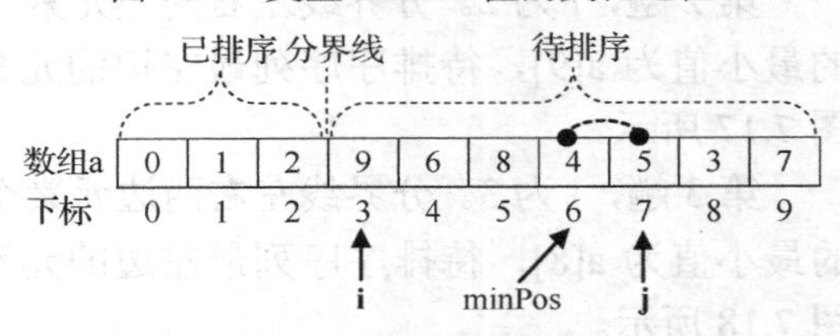

图 7.26　变量 minPos 值的变化过程（6）

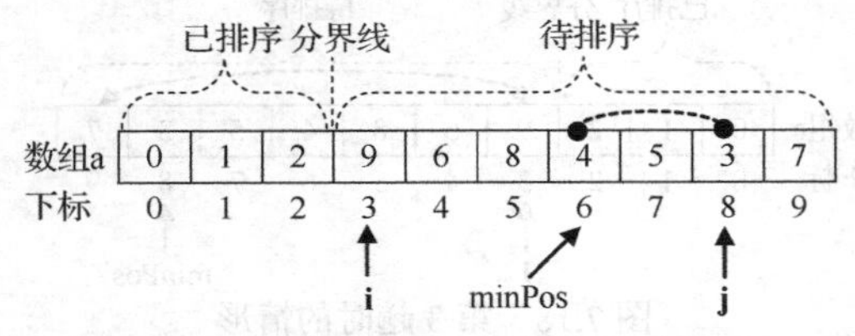

图 7.27　变量 minPos 值的变化过程（7）

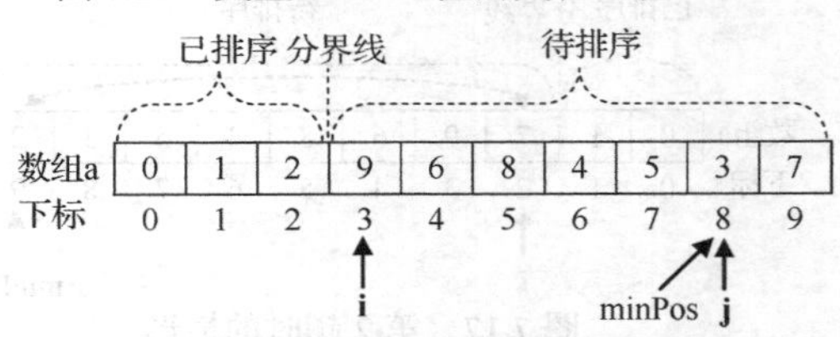

图 7.28　变量 minPos 值的变化过程（8）

至此，j 循环结束。得到第 3 趟的 minPos 为 8，如图 7.30 所示。

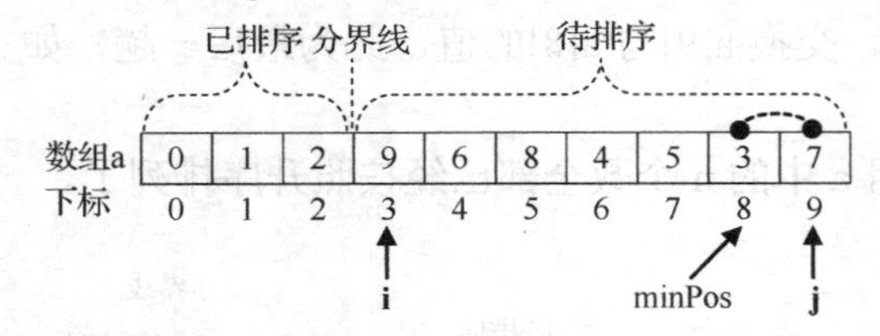

图 7.29　变量 minPos 值的变化过程（9）

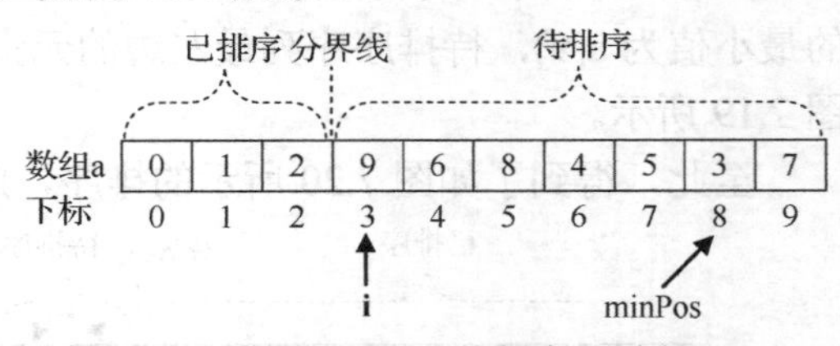

图 7.30　变量 minPos 值的变化过程（10）

编程任务 7.4： 分数排序

任务描述： 给定某次考试的分数，分数数据为 n 个（n≤100）整数，请按升序排序。

输入： 第一行有一个整数 n，表示成绩数据的个数。第二行包含 n 个整数。

输出：升序排序后的成绩。每个成绩数据之后输出一个空格。

输入举例：

10

8 7 1 9 6 0 4 5 3 2

输出举例：

0 1 2 3 4 5 6 7 8 9

分析：因为本任务的数据可用 int 型存储，所以可用上述选择排序算法实现。

代码如程序 7.14、程序 7.15 所示，结果如运行结果 7.2 所示。

```
#include <stdio.h>
void selectSort(int *a,int n);
int main( ){
    int i,n;
    int a[100];
    scanf("%d",&n);
    for(i=0;i<n;i++)
        scanf("%d",&a[i]);

    selectSort(a,n);

    for(i=0;i<n;i++)
        printf("%d ",a[i]);
    return 0;
}
```

- `void selectSort(int *a,int n);`：selectSort( )函数的声明。它在 main( )函数中被调用，但定义在 main( )函数之后。
- `int a[100];`：此数组 a 中，最多只能容纳 100 个元素。这是按照本编程任务的要求来确定的。过大则浪费存储空间，过小则不能满足需求。
- `scanf("%d",&a[i]);`：将待排序的 n 个表示分数的数据输入到数组 a 中。
- `selectSort(a,n);`：调用 selectSort( )函数实现排序，实参 a 为 main( )函数中局部数组的起始地址。在 selectSort( ) 函数中通过此地址以间接引用方式能够实际改变 main( )函数中 a 的元素值。也就是说，a 数组的元素值被 selectSort( )函数排序并返回后，排序的结果保留在了 a 数组中。最后，在 main( )函数中输出 a 数组中的元素值时，就是已被排序好的元素值。

程序 7.14

```
void selectSort(int *a,int n){
    int i,j,minPos;
    int t;
    for(i=0;i<n-1;i++){
        minPos=i;
        for(j=i+1;j<n;j++)
            if(a[minPos]>a[j])
                minPos=j;
        if(minPos!=i){
            t=a[minPos];
            a[minPos]=a[i];
            a[i]=t;
        }
    }
}
```

- `void selectSort(int *a,int n){`：selectSort( )函数的定义，它实现对指针 a 所指起始地址的数组中 n 个整数进行排序。排序的结果仍存放在原数组中。
- `for(i=0;i<n-1;i++){`：i 每循环一次，完成第 i 趟处理，实现了将数组 a 的 n 个数中前 i+1 个元素排放到了正确的最终位置。
- `minPos=i;`：这意味着在第 i 趟处理中，先假定 a[i]就是最小值。因此，在第 i 趟中，minPos 初值就是 i。
- `minPos=j;`：通过 j 循环，逐一地比较 a[minPos]和 a[j]，如果后者更小，意味着必须用当前 j 值更新 minPos 的值，以确保 a[minPos]是第 i 趟的最小值。
- `a[minPos]=a[i];`：最后判断一下，如果 minPos 就是最初假定的位置 i，则没有必要交换，否则交换 a[minPos]和 a[i]。

程序 7.15

理解 selectSort( )函数的算法，请参看图 7.21 至图 7.30 所示的算法过程。

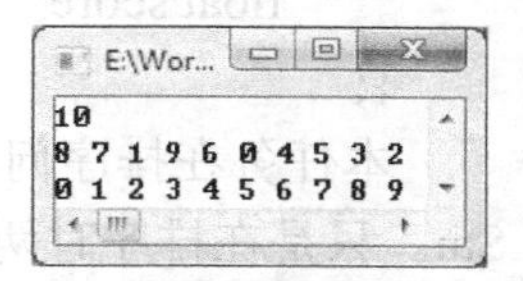

运行结果 7.2

2．结构体类型数组上的排序

编程任务 7.5：学生信息排序（基础版）

任务描述：有一组学生信息的列表，用户需要根据自己需要的信息进行排序。学生信息包括学号、姓名、性别、成绩。

输入：第一行有一个整数 n（1≤n≤1000），表示学生信息的条数，其后的 n 行，每行包含 4 个字段，分别是学号、姓名、年龄、成绩。其中学号为 12 位数字，姓名长度在 25 个汉字以内，姓名中没有空格，年龄为整数，成绩保留 2 位小数。分别表示按学号、姓名、年龄、成绩升序排列。在本任务中，学号是唯一的，姓名、年龄、成绩可能具有相同值。

输出：参照输出举例格式，输出按学号升序排序后的学生信息。成绩输出时保留 2 位小数。

输入举例：

```
10
201912341234 陈二 20 93.78
201812341227 陈三 23 86.12
202012341269 陈二 18 90.56
201912341218 李四 22 75.88
201812341256 王五 19 89.71
201912341291 赵六 20 91.88
202012341234 孙七 22 85.36
201912341268 周八 21 90.56
202012341219 王五 19 85.36
201812341292 孙七 20 93.78
```

输出举例：

```
201812341227 陈三 23 86.12
201812341256 王五 19 89.71
201812341292 孙七 20 93.78
201912341218 李四 22 75.88
201912341234 陈二 20 93.78
201912341268 周八 21 90.56
201912341291 赵六 20 91.88
202012341219 王五 19 85.36
202012341234 孙七 22 85.36
202012341269 陈二 18 90.56
```

分析：根据本任务的实际需求，可以定义如下结构体类型用来表示学生信息。

```
struct Stu{              //结构体类型名为 Stu，有 4 个成员
    long long num;   //学号
    char name[51];   //姓名，长度应定义为 51 字节
    int age;         //年龄
    float score;     //成绩
};
```

本任务在排序问题上，只是将排序的数据类型由上例的 int 型变为了本例的结构体类型 Stu。只是在排序时两个数据对象比大小的方式有所变化：两个 int 型数据直接根据 int 值比大小即可，但比较两个表示学生信息的结构体类型 Stu 的对象时，必须具体到结构体类型的成员

才能比较大小。在本例中，是要比较两个 Stu 结构体的"学号"成员的大小，学号成员是 long long 型，可以直接比较大小。

代码如程序 7.16、程序 7.17 所示。

```
#include <stdio.h>
struct Stu{
    long long num;
    char name[51];
    int age;
    float score;
};

void selectSortStuNum(
        struct Stu *a,int n);

int main( ){
    int i,n;
    struct Stu a[1000];
    scanf("%d",&n);
    for(i=0;i<n;i++){
        scanf("%lld",&a[i].num);
        scanf("%s",&a[i].name);
        scanf("%d",&a[i].age);
        scanf("%f",&a[i].score);
    }

    selectSortStuNum(a,n);

    for(i=0;i<n;i++){
        printf("%lld ",a[i].num);
        printf("%s ",a[i].name);
        printf("%d ",a[i].age);
        printf("%.2f\n",a[i].score);
    }
    return 0;
}
```

这是自定义的结构体类型 Stu，用来表示学生的信息。它有 4 个成员，分别表示学号、姓名、年龄、成绩。注意，此结构体类型定义的位置决定了它是全局数据类型，因此结构体类型 Stu 在本代码的任何函数中均可见。

selectSortStuNum( )函数的声明。它在 main( )函数中被调用，但定义在 main( )函数之后。

此数组 a 中，最多只能容纳 1000 个元素。这是按照本编程任务的要求来确定的。过大则浪费存储空间，过小则不能满足需求。此数组 a 的数组元素数据类型为结构体类型 Stu。

将待排序的 n 个表示学生信息的数据输入到数组 a 中。因为是结构体数组，因此必须逐个输入每个结构体类型元素 a[i]的每个成员。

调用 selectSortStuNum( )函数实现排序，实参 a 为 main( )函数中局部数组的起始地址，数组为结构体类型 Stu 数组。在 selectSort( )函数中通过此地址以间接引用方式能够实际改变 main( )函数中 a 的元素值。也就是说，a 数组的元素值被 selectSort( )函数排序并返回后，排序的结果保留在了 a 数组中。最后，在 main( )函数中输出 a 数组中的元素值是已被排序的。

输出排序后的数组 a 中的元素。因为每个元素为结构体类型，因此，必须逐个输出每个元素 a[i]的每个成员。

程序 7.16

对比在普通数组上的排序函数 selectSort(int* a,int n)和在结构体数组上的排序函数 selectSortStuNum(struct Stu * a , int n)，有以下 3 点区别。

（1）函数第 1 个形式参数的数据类型不同：前者为 int *型，后者为 struct Stu *型。

（2）用于交换过程的临时变量 t 的类型不同：前者为 int 型，后者为 struct Stu 型。

（3）比较时指标不一样：前者直接比较 a[minPos]与 a[j]的大小，因为 a[minPos]和 a[j]的值为分数值可直接比较；后者比较的是 a[minPos].num 与 a[j].num 的大小，因为 a[minPos]和 a[j]的值是表示学生信息的结构体，不能直接比较。也就是说，当 a[minPos],a[j]为 2 个结构体时，C 语言无法执行如下比较运算 if(a[minPos]>a[j])，必须进一步具体到某个成员之后才能比较，如进一步具体到 a[minPos]的 num 成员与 a[j]的 num 成员后才能比较。

```
void selectSortStuNum(
        struct Stu *a, int n){
    int i,j,minPos;
    struct Stu t;
    for(i=0;i<n-1;i++){
        minPos=i;
        for(j=i+1;j<n;j++)
            if(a[minPos].num>a[j].num)
                minPos=j;
        if(minPos!=i){
            t=a[minPos];
            a[minPos]=a[i];
            a[i]=t;
        }
    }
}
```

selectSortStuNum( )函数的定义，它实现对指针a所指起始地址的数组中n个Stu结构体类型进行排序。排序的结果仍存放在原数组中。

i每循环一次，完成了第i趟处理，实现了将数组a的n个数中前i+1个元素排放到了正确排序的最终位置。

这意味着在第i趟处理中，先假定a[i]就是学号最小值所在的结构体。因此，在第i趟中，minPos初值就是i。

通过j循环，逐一地比较a[minPos]和a[j]的num成员，如果后者更小，意味着必须用当前j值更新minPos的值，以确保a[minPos]是第i趟的最小学号所在的结构体。

最后判断一下，如果minPos就是最初假定的位置i，则没有必要交换，否则交换a[minPos]和a[i]。

程序 7.17

编程任务 7.6： 学生信息排序（多关键字排序版）

任务描述： 有一组学生信息的列表，用户根据自己需要的信息进行排序。学生信息包括学号、姓名、性别、成绩。

输入： 第一行有一个整数n（1≤n≤1000），表示学生信息的条数，其后的n行，每行包含4个字段，分别是学号、姓名、年龄、成绩。其中学号为12位数字，姓名长度在25个汉字以内，姓名中没有空格，年龄为整数，成绩保留2位小数。其后一行包含一个整数k（0<k<4），表示需要排序操作的次数。其后k行，每行包含1个整数为1、2、3、4中的某个数字，分别表示按学号、姓名、年龄、成绩升序排列。在本任务中，学号是唯一的，姓名、年龄、成绩可能具有相同值。姓名的顺序由字符的内码决定。如果在按学号、姓名、成绩排序时出现相同值，则按学号升序排列。

输出： 按输出举例的格式输出排序后的学生信息。成绩输出时保留2位小数。

输入举例：

```
10
201912341234 陈二 20 93.78
201812341227 陈三 23 86.12
202012341269 陈二 18 90.56
201912341218 李四 22 75.88
201812341256 王五 19 89.71
201912341291 赵六 20 91.88
202012341234 孙七 22 85.36
201912341268 周八 21 90.56
202012341219 王五 19 85.36
201812341292 孙七 20 93.78
4
```

1

2

3

4

输出举例：

201812341227 陈三 23 86.12
201812341256 王五 19 89.71
201812341292 孙七 20 93.78
201912341218 李四 22 75.88
201912341234 陈二 20 93.78
201912341268 周八 21 90.56
201912341291 赵六 20 91.88
202012341219 王五 19 85.36
202012341234 孙七 22 85.36
202012341269 陈二 18 90.56

201912341234 陈二 20 93.78
202012341269 陈二 18 90.56
201812341227 陈三 23 86.12
201912341218 李四 22 75.88
201812341292 孙七 20 93.78
202012341234 孙七 22 85.36
201812341256 王五 19 89.71
202012341219 王五 19 85.36
201912341291 赵六 20 91.88
201912341268 周八 21 90.56

202012341269 陈二 18 90.56
201812341256 王五 19 89.71
202012341219 王五 19 85.36
201812341292 孙七 20 93.78
201912341234 陈二 20 93.78
201912341291 赵六 20 91.88
201912341268 周八 21 90.56
201912341218 李四 22 75.88
202012341234 孙七 22 85.36
201812341227 陈三 23 86.12

201912341218 李四 22 75.88
202012341219 王五 19 85.36
202012341234 孙七 22 85.36
201812341227 陈三 23 86.12
201812341256 王五 19 89.71
201912341268 周八 21 90.56
202012341269 陈二 18 90.56
201912341291 赵六 20 91.88
201812341292 孙七 20 93.78
201912341234 陈二 20 93.78

分析：上述任务中可能会碰到名字相同、年龄相同、分数相同的情形，这时需要进一步根据学号进行排序，这就是多关键字排序（每个排序指标看作一个关键字）。

在此任务中，4 种排序方法可以统一成一个函数 selectSort，将比较函数作为该函数的参数，那么，根据用户的需要分别调用 4 个比较函数。为了方便调用，将 4 个比较函数指针存放在函数指针数组 cmps[ ]中，其中：

cmps[0]：存放的是比较学号的函数 cmpStuNum 的起始地址。

cmps[1]：存放的是比较姓名的函数 cmpStuName 的起始地址。

cmps[2]：存放的是比较年龄的函数 cmpStuAge 的起始地址。

cmps[3]：存放的是比较成绩的函数 cmpStuScore 的起始地址。

本编程任务代码由程序 7.18 至程序 7.26 构成。其中，程序 7.18 为本程序开始部分，包括 #include 语句部分、结构体类型 Stu 的定义、有关函数的声明。

在以上函数 cmpStuScore( )的代码中，比较 float 型存储的学生分数时，直接用运算符“==”，但以这种方式判断两个浮点数是否相等并不完全合理。

```c
#include <stdio.h>
#include <string.h>

struct Stu {
    long long num;
    char name[51];
    int age;
    float score;
};

int cmpStuNum(struct Stu * p1,
              struct Stu * p2);
int cmpStuName(struct Stu * p1,
               struct Stu * p2);
int cmpStuAge(struct Stu * p1,
              struct Stu * p2);
int cmpStuScore(struct Stu * p1,
                struct Stu * p2);
void selectSort(
    struct Stu *a,int n,
    int (*cmp)(struct Stu *,
               struct Stu *));
void showStuArr(
    struct Stu *a,int n);
```

- #include <string.h>：因为在 cmpStuName( )函数中调用了库函数 strcmp( )。
- struct Stu：自定义的表示学生信息的结构体类型 Stu。4 个成员分别表示学号、姓名、年龄、成绩。
- cmpStuNum：比较 p1、p2 所指学生信息结构体的学号的函数声明。
- cmpStuName：比较 p1、p2 所指学生信息结构体的姓名的函数声明。
- cmpStuAge：比较 p1、p2 所指学生信息结构体的年龄的函数声明。
- cmpStuScore：比较 p1、p2 所指学生信息结构体的成绩的函数声明。
- selectSort：排序函数的声明。该函数功能为：按 cmp 所指比较函数对 a 所指 Stu 结构体类型数组中的 n 个元素进行排序。
- showStuArr：输出排序结果函数的声明。该函数功能为：输出 a 所指 Stu 结构体类型数组中的 n 个元素。

程序 7.18

```c
int main( ) {
    int i,n,k,j;
    struct Stu a[1000];
    scanf("%d",&n);
    for(i=0; i<n; i++) {
        scanf("%lld",&a[i].num);
        scanf("%s",&a[i].name);
        scanf("%d",&a[i].age);
        scanf("%f",&a[i].score);
    }

    int (*cmps[4])(struct Stu *,
                   struct Stu *)={
        cmpStuNum, cmpStuName,
        cmpStuAge, cmpStuScore
        };

    scanf("%d",&k);
    for(i=0;i<k;i++){
        scanf("%d",&j);
        selectSort(a,n,cmps[j-1]);
        showStuArr(a,n);
    }

    return 0;
}
```

- struct Stu a[1000];：在此定义了一个数组 a，它的数组元素类型为 struct Stu 型，a 数组最多容纳 1000 个 struct Stu 类型的数据。数组 a 是局部数组，它的作用范围和生命期取决于其定义所在的 main( )函数。
- for 循环：通过 for 循环将 a 数组的每个 struct Stu 元素（每个成员）输入值。
- int (*cmps[4])(...)：这个定义语句看上去有点复杂。在此定义了一个数组 cmps，该数组可以容纳 4 个元素，数组元素的类型为函数指针，函数指针所指的函数类型为“int 函数名(struct Stu *, struct Stu *)”，也就是说该函数的返回值类型为 int，它的第 1 个参数和第 2 个参数均为指向 struct Stu 结构体的指针。在定义数组 cmps 的同时给其数组元素赋值，cmps[0]、cmps[1]、cmps[2]、cmps[3]被分别赋值为 cmpStuNum、cmpStuName、cmpStuAge、cmpStuScore，分别是 4 个函数名，这 4 个函数实现对 Stu 结构体的不同方式的比较。
- scanf("%d",&j);：变量 j 用来接受输入的表示比较字段的序号。 cmps[j-1]的值是指向实现按第 j 个字段进行比较的函数的指针。
- selectSort(a,n,cmps[j-1]);：在此调用 selectSort( )，实现对数组 a 的 n 个元素按照 cmps[j-1]所指函数对 Stu 结构体的比较方式进行排序。
- showStuArr(a,n);：输出 a 中 n 个元素，这 n 个元素已按字段 j 排了序。

程序 7.19

```c
int cmpStuNum(struct Stu * p1,
              struct Stu * p2){
    if(p1->num > p2->num)
        return 1;
    else if(p1->num == p2->num)
        return 0;
    else
        return -1;
}
```

比较函数之一，实现比较两个学生学号的大小。p1、p2分别指向两个存放了学生信息的 struct Stu 结构体。

根据 p1、p2 所指学生结构体中的学号成员进行比较。如果 p1 所指结构体的学号大于 p2 所指结构体学号，则返回 1，如果相等则返回 0，如果小于则返回-1。这种根据比较结果最终返回 3 个值（正值、负值、0），是比较函数返回值常用做法。因为学号是唯一的，所以不会存在两个结构体学号相同，除非两个是同一个结构体。

程序 7.20

```c
int cmpStuName(struct Stu * p1,
               struct Stu * p2){
    int result=strcmp(p1->name,p2->name);
    if(result==0)
        return cmpStuNum(p1,p2);
    return result;
}
```

比较函数之二，实现比较两个学生姓名的大小。p1、p2 分别指向两个存放了学生信息的 struct Stu 结构体。

首先通过调用 strcmp（）比较 p1、p2 所指结构体的姓名，如果姓名相同则调用 cmpStuNum（）函数进一步比较两者的学号。

程序 7.21

```c
int cmpStuAge(struct Stu * p1,
              struct Stu * p2){
    if(p1->age > p2->age)
        return 1;
    else if(p1->age == p2->age)
        return cmpStuNum(p1,p2);
    else
        return -1;
}
```

比较函数之三，实现比较两个学生年龄的大小。 p1、p2 分别指向两个存放了学生信息的 struct Stu 结构体。

直接比较 p1、p2 所指结构体的年龄，如果不同，则直接返回结果，如果年龄相同则调用 cmpStuNum（）函数进一步比较两者的学号。

程序 7.22

```c
int cmpStuScore(struct Stu * p1,
                struct Stu * p2){
    if(p1->score > p2->score)
        return 1;
    else if(p1->score == p2->score)
        return cmpStuNum(p1,p2);
    else
        return -1;
}
```

比较函数之四，实现比较两个学生分数的大小。p1、p2 分别指向两个存放了学生信息的 struct Stu 结构体。

直接比较 p1、p2 所指结构体的分数，如果不同，则直接返回结果，如果分数相同则调用 cmpStuNum（）函数进一步比较两者的学号。

程序 7.23

小探究：误差影响浮点数的相等比较结果。

关于浮点数的比较，如果要判断两个浮点数是否相等，不应直接用相等运算符“==”进行判断，正确的做法是：若两者误差绝对值小于预设精度（此预设精度由程序员根据实际情况设定）则认为是相等的。这是因为浮点数在计算机的表示本身就是有误差的，通过计算后误差可能累积，导致本该相等的两个浮点数用“==”运算符判定为结果为不相等。代码及运行结果如程序 7.26 所示。

```
void selectSort(
        struct Stu *a,
        int n,
        int (*cmp)(struct Stu *,struct Stu *)){
        int i,j,minPos;
        struct Stu t;
        for(i=0; i<n-1; i++) {
            minPos=i;
            for(j=i+1; j<n; j++)
                    if(cmp(a+minPos,a+j)>0)
                        minPos=j;
            if(minPos!=i) {
                    t=a[minPos];
                    a[minPos]=a[i];
                    a[i]=t;
            }
        }
}
```

此处代码为 selectSort( )函数的实现。它在主函数中被调用。此函数有 3 个形式参数：第 1 个形参 a 为指向结构体类型 Stu 的指针，指向存放了 n 个学生信息的数组的起始处；第 2 个形参 n 为 a 数组中元素的个数；第 3 个形参 cmp 为函数指针，它指向实现比较功能的函数，函数指针所指的函数类型为“int　函数名(struct　Stu *, struct Stu *)”。

在此通过函数指针 cmp 调用它所指的函数。函数指针 cmp 具体指向哪个函数，取决于在主函数调用 selectSort( )函数时的第 3 个实参值。此实参值将根据需要比较的字段作为下标对应的 cmps[ ]数组的元素值。而 cmps[ ]数组元素是预先已经分别赋值了 4 个比较函数的函数名。

根据函数指针的概念可知，函数名就是函数的入口地址，也就是指向该函数的指针。

这样设计的函数 selectSort( )具有了灵活性：可按用户自定的比较方式排序结构体数组的顺序。

程序 7.24

```
void showStuArr(
        struct Stu *a,int n) {
        int i;
        for(i=0; i<n; i++) {
            printf("%lld ",a[i].num);
            printf("%s ",a[i].name);
            printf("%d ",a[i].age);
            printf("%.2f\n",a[i].score);
        }
        printf("\n");
}
```

因为“输出包含那个元素的结构体数组 a”这个功能模块满足函数设计必要条件：“功能明确、边界清晰、相对独立、方便重用”。因此设计成函数是合适的。第 1 个形参为指向存放了 n 个元素的 Stu 结构体类型的数组，第 2 个形参为数组 a 中的元素个数。

通过循环将数组 a 中每个元素（每个元素是类型为 struct Stu 的结构体）的所有成员按要求输出。

请注意换行的时机：每个元素输出换行，数组的 n 个元素输出完毕后另加一个换行。

程序 7.25

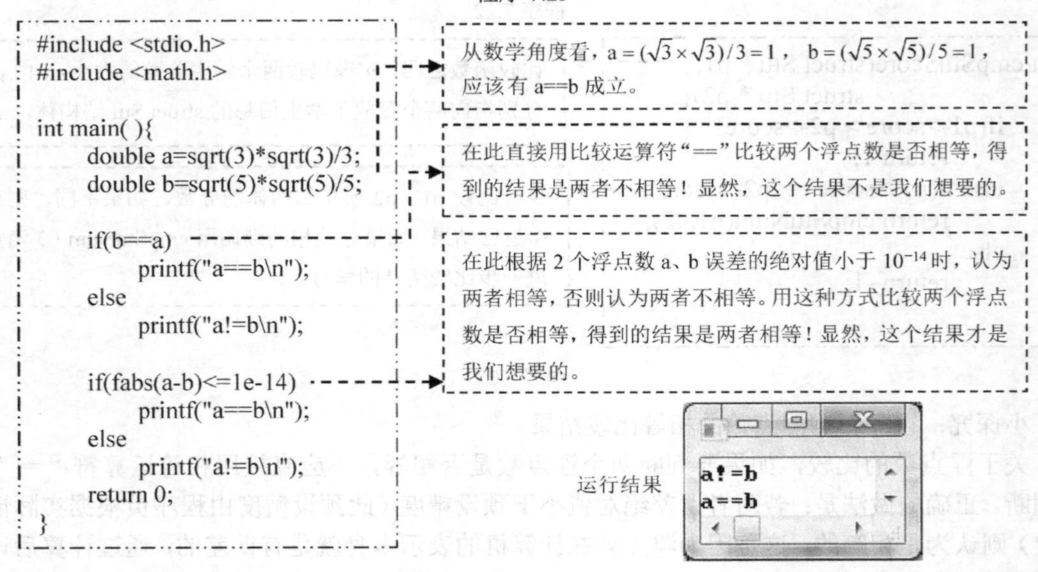

```
#include <stdio.h>
#include <math.h>

int main( ){
        double a=sqrt(3)*sqrt(3)/3;
        double b=sqrt(5)*sqrt(5)/5;

        if(b==a)
                printf("a==b\n");
        else
                printf("a!=b\n");

        if(fabs(a-b)<=1e-14)
                printf("a==b\n");
        else
                printf("a!=b\n");
        return 0;
}
```

从数学角度看，$a=(\sqrt{3}\times\sqrt{3})/3=1$，$b=(\sqrt{5}\times\sqrt{5})/5=1$，应该有 a==b 成立。

在此直接用比较运算符“==”比较两个浮点数是否相等，得到的结果是两者不相等！显然，这个结果不是我们想要的。

在此根据 2 个浮点数 a、b 误差的绝对值小于 10^{-14} 时，认为两者相等，否则认为两者不相等。用这种方式比较两个浮点数是否相等，得到的结果是两者相等！显然，这个结果才是我们想要的。

运行结果

程序 7.26

3．运用 qsort( )对结构体类型数组排序

库函数 qsort( )能实现对任意数据类型的数组中的元素排序。在此，“任意数据类型”包括 C 语言内置数据类型（如 int、char、float 等）和自定义数据类型（所有通过 struct 定义的结构体类型）。因此，qsort( )是一个类型通用的函数。

qsort( )函数原型如下：

void qsort(void* arr, size_t num, size_t size, int (cmp*)(const void* p1, const void*p2));

函数功能：对 arr 所指向的数组中的 num 个元素进行排序，每个元素的大小为 size 字节，使用 cmp 所指函数作为比较函数来决定排序的顺序。

返回值：qsort( )函数没有返回值，但能修改 arr 所指数组，也就是 arr 数组中的元素顺序可能被调整，排序是直接在 arr 所指数组中进行的。函数返回后，排序的结果直接体现在 arr 所指的数组中。

说明：比较一对元素的大小由第 4 个形参 cmp 来确定。此形参 cmp 为函数指针，它指向实现了比较功能的函数。cmp 所指比较函数的原型为“int 函数名(const void * p1, const void * p2)”，它比较 p1、p2 所指数组元素的大小，返回值大于 0、等于 0、小于 0 分别表示 p1 所指元素大于、等于、小于 p2 所指元素。在此 const 修饰符的使用是为了增加调用 cmp 所指函数的安全性。此处的 const void *p1,const void *p2 表示不能在 cmp 函数中修改 p1、p2 所指向的数据，也就是说，在 cmp 函数中，对 p1、p2 所指数据是“只读”的，不能“写”。

此外，在应用 qsort( )函数时，对于传递给它第 4 个形参 cmp 的实参的函数，此函数的形参类型可以是实际所指数组元素类型，不必一定是 void*类型，因为在参数传递过程中 void * 类型能接受任何指向实际数据类型的指针。

例如，对于以上“编程问题——学生信息排序（多关键字排序版）”而言，可用 qsort( )函数代替 selectSort( )函数实现排序功能。这样，不需要自己实现排序函数，直接将库函数 qsort( )“拿来就用”，从而减少重复劳动，实现了代码的重用，提高了开发效率。使用 qsort( )后，在源代码基础上只需做如下修改。

（1）添加 qsort( )函数所在头文件的文件包含指令：#include <stdlib.h>。

（2）将主函数中的语句 selectSort(a,n,cmps[j-1]);替换为 qsort(a,n,sizeof(struct Stu),cmps[j-1]);，其中，sizeof(struct Stu)的作用是得到存储一个结构体类型 stu 数据所占字节数。

（3）删除 selectSort( )函数的声明和定义。

修改后的代码略。

7.5 结构体类型与链表

有了结构体类型，就能很好地实现数据的链式存储了。

7.5.1 链表的概念和用途

什么是链表？若干个存放了数据的节点通过“链”连接起来后形成的数据结构称为链表。

链表的用途：链表可用来存储两个节点间特定的关系。

利用结构体类型可以实现链表。链表的每个节点的数据类型为结构体类型。此结构体类型通常包含数据域和指针域。

例如，我们需要存储如图 7.31 所示的一队手牵手的人的右邻关系：甲的右邻为乙，乙的右邻为丙，丙的右邻为丁，丁的右邻无人或称丁的右邻为空。

以上数据和右邻关系，可用如图 7.32 所示“链表”表示。

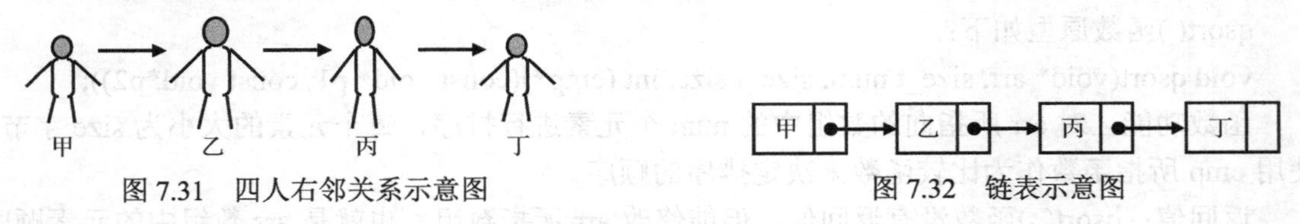

图 7.31　四人右邻关系示意图　　　　图 7.32　链表示意图

链表的节点

数据域 | 指针域

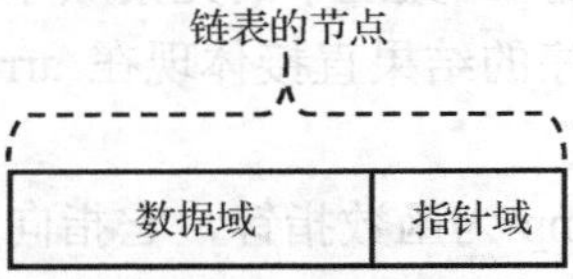

图 7.33　链表节点结构

其中，每个节点的结构如图 7.33 所示。

链表的节点由数据域和指针域构成。

（1）数据域用来存放节点对应的事物的数据。数据域中可以是若干个简单数据（如 int 型、double 型数据），也可以是数组（如 char 数组、int 型数组），甚至可以是结构体类型的数据。

（2）指针域用来存放指向下一个节点的指针，也就是说，指针域中存放的数据是另一个节点的地址或为空。那么，如果“A 节点的指针指向 B 节点”，也就是说“A 的指针域存放了 B 节点的地址”，那么这个指向关系就像一条“链”，将节点 A、B 连接起来了。在实际应用中，我们可将这种节点间的指向关系赋予特定的含义。例如，A→B 表示“A 的右邻是 B”、“A 是 B 的父亲”、“A 是 B 的上级”、“A 是 B 的上层文件夹”、“A 是 B 的前一名”等。

上述表示甲、乙、丙、丁四人右邻关系的链表的存储结构如图 7.34 所示。

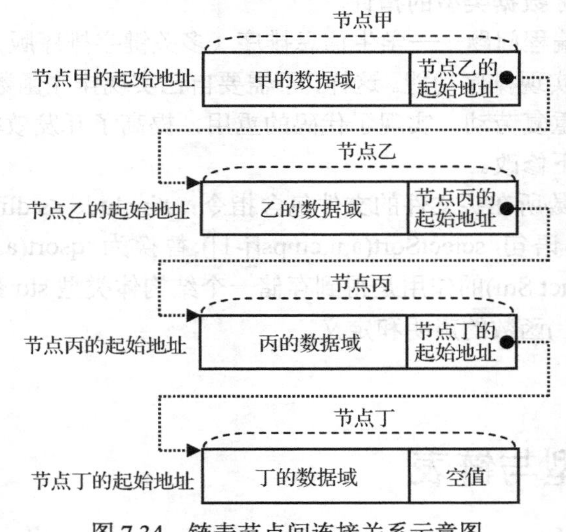

图 7.34　链表节点间连接关系示意图

7.5.2　链表

最简单的链表是单链表，它的每一个节点最多有一个后继节点，第一个节点没有前驱节点，称为头节点，最后一个节点没有后继节点，称为尾节点。本章所述“链表”，无特殊说明即为单链表。

为了方便处理，一般会用指向头节点的指针作为访问单链表的入口。

以下 3 个程序展示了“甲乙丙丁”四人右邻关系的链表建立和访问过程。其中，程序 7.27 建立的是无头节点的链表，程序 7.28 建立的是有头节点的链表，程序 7.29 展示了使用循环语句建立有头节点的链表。

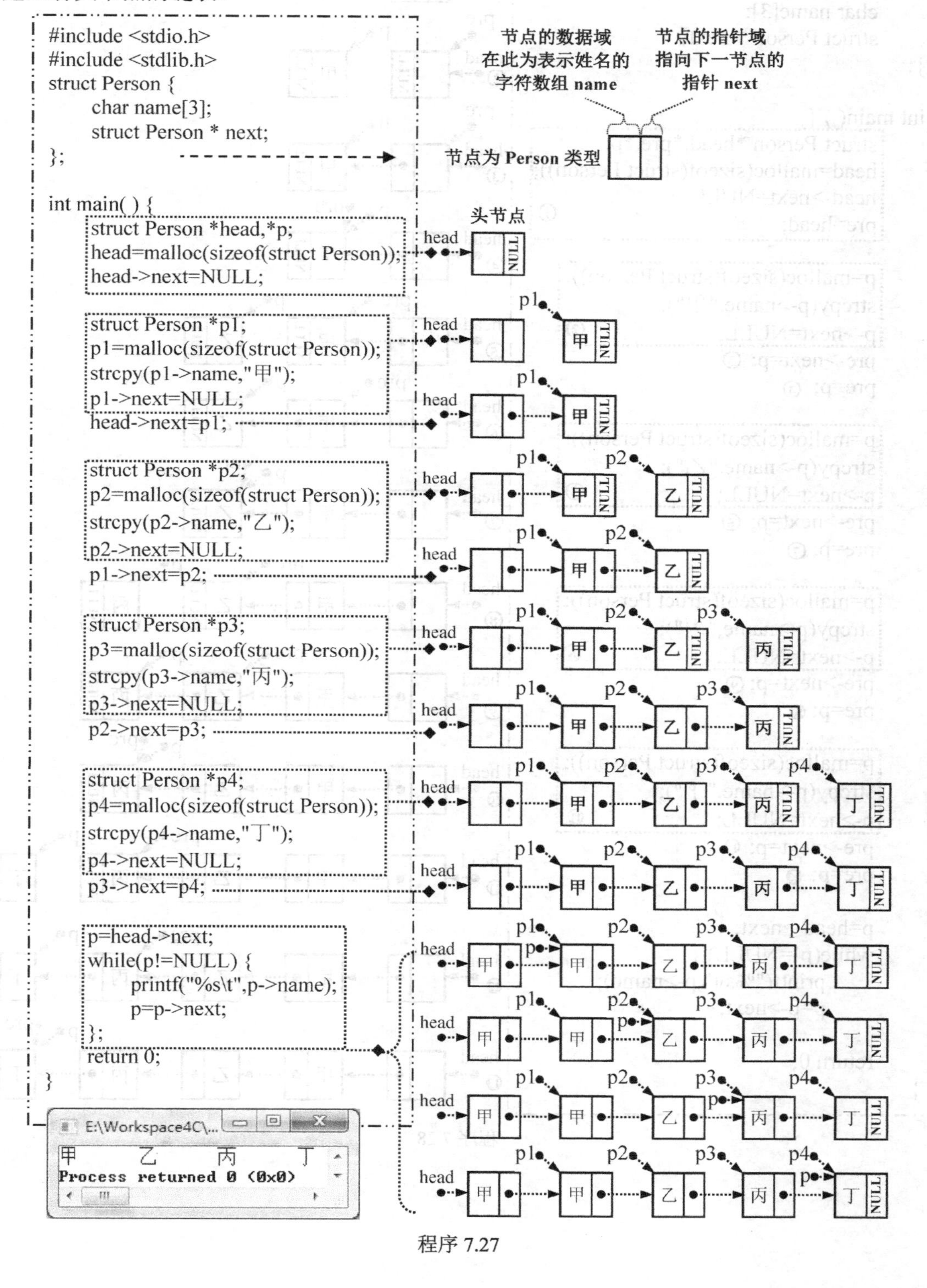

程序 7.27

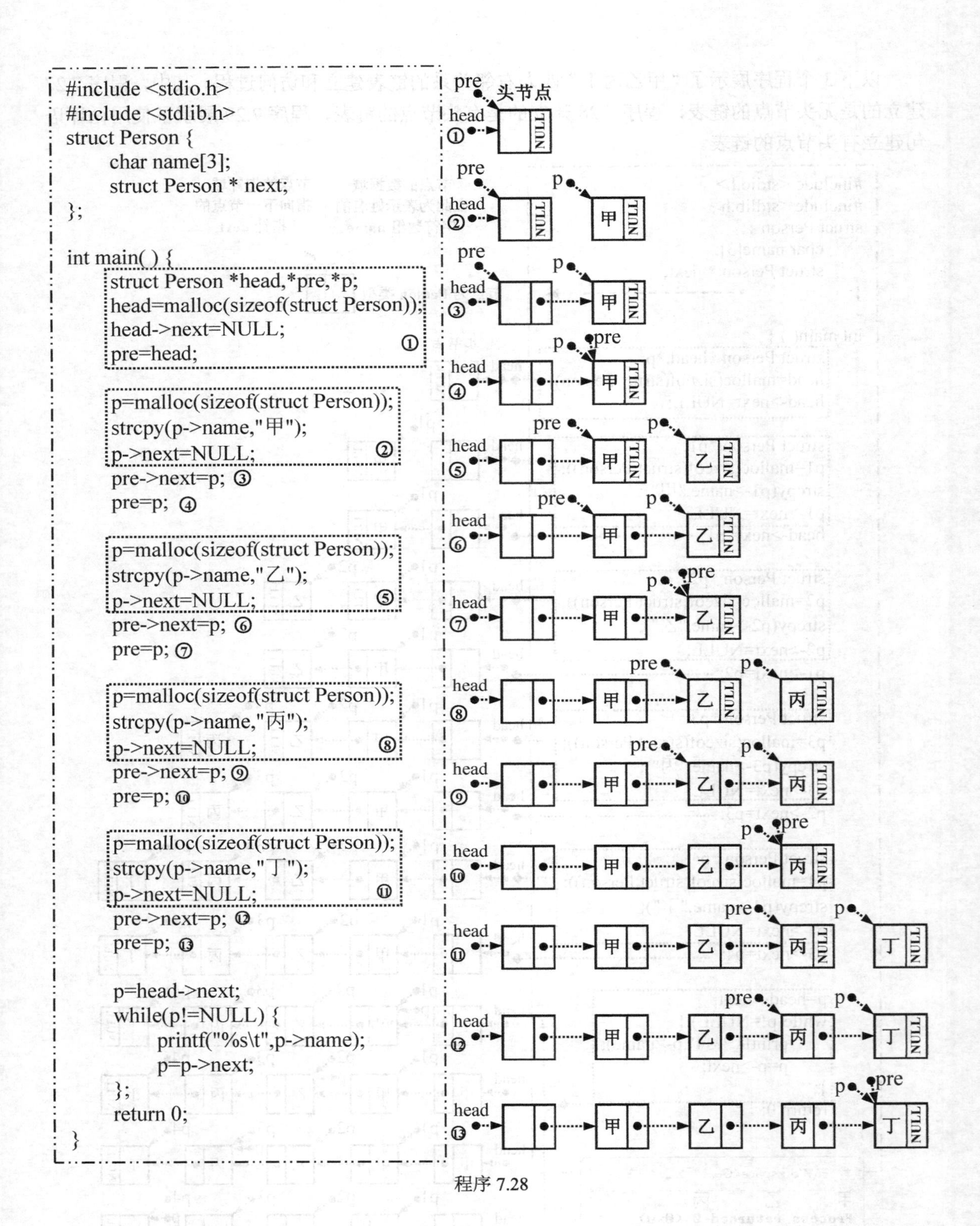

#include <stdio.h>
#include <stdlib.h>
struct Person {
char name[3];
struct Person * next;
};
int main( ) {
struct Person *head,*pre,*p;
head=malloc(sizeof(struct Person));
head->next=NULL;
pre=head; ①
p=malloc(sizeof(struct Person));
strcpy(p->name,"甲");
p->next=NULL; ②
pre->next=p; ③
pre=p; ④
p=malloc(sizeof(struct Person));
strcpy(p->name,"乙");
p->next=NULL; ⑤
pre->next=p; ⑥
pre=p; ⑦
p=malloc(sizeof(struct Person));
strcpy(p->name,"丙");
p->next=NULL; ⑧
pre->next=p; ⑨
pre=p; ⑩
p=malloc(sizeof(struct Person));
strcpy(p->name,"丁");
p->next=NULL; ⑪
pre->next=p; ⑫
pre=p; ⑬
p=head->next;
while(p!=NULL) {
printf("%s\t",p->name);
p=p->next;
};
return 0;
}
pre
头节点
head
p
NULL
甲
乙
丙
丁

程序 7.28

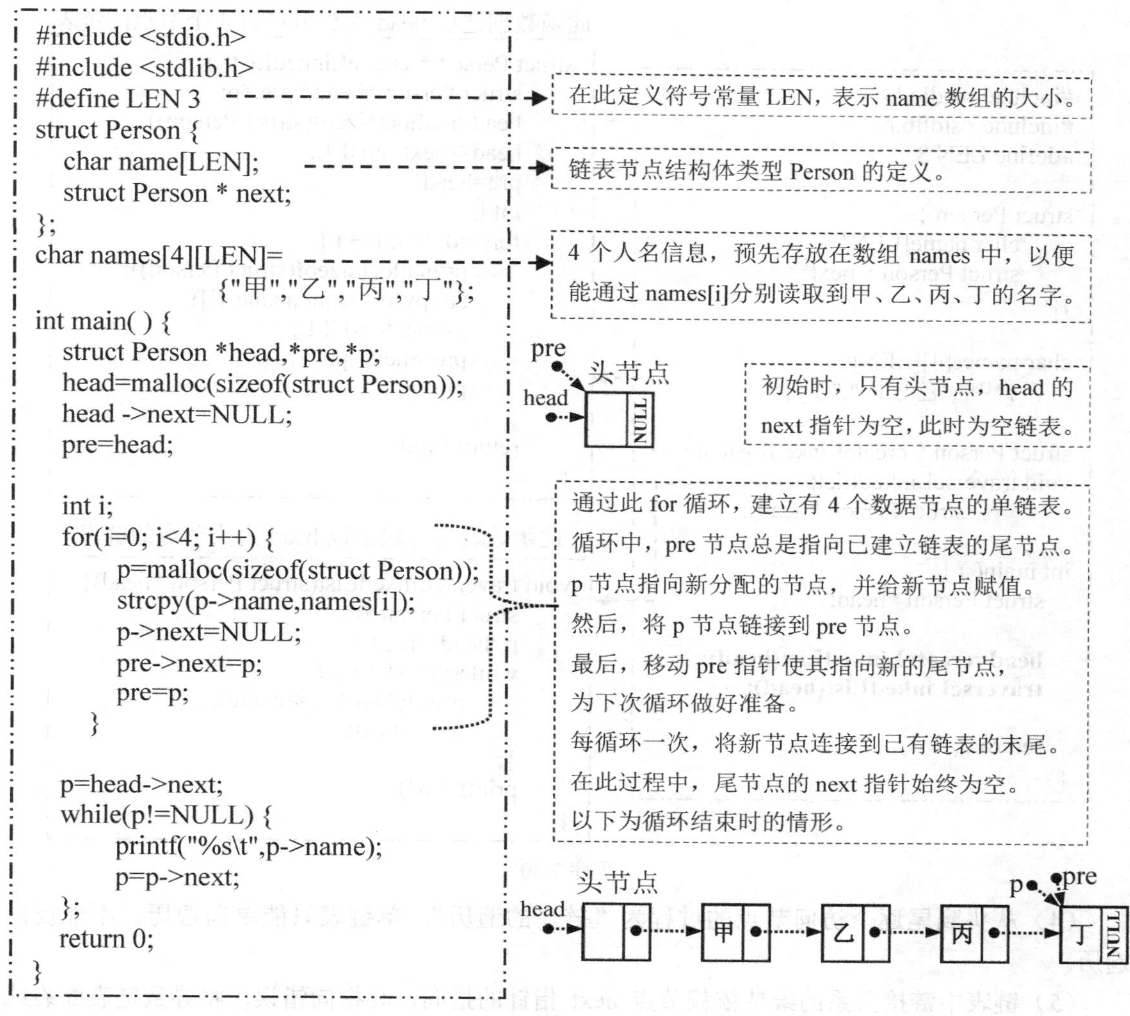

程序 7.29

理解了程序 7.28 的代码后，将上述代码用模块化设计的思想，可将“链表的创建”和“链表的遍历并输出”两个功能模块分别设计成函数 createLinkedList(struct Person * head)和 traverseLinkedList(struct Person * head)，其中形式参数 head 指针为指向头节点的指针。代码如程序 7.30 所示。

关于以上单链表，有如下几点说明。

（1）头节点：以上链表的设计中设置了一个特殊的节点，其类型与其他节点类型相同（此例为 struct Person 结构体类型），但是其数据域（此例为 name 数组成员）被闲置，只利用其指向下一节点的指针域（此例为 next 指针成员）。头节点是链表“存在的标志”，无头节点，意味着“链表不存在”。

（2）头指针：头指针为链表的入口，它是指向头节点的指针，此例为 head 指针。如果 head 指针的值为 NULL，则表示“链表不存在”。

（3）何为空链表？对于设有“头节点”的链表，空链表应同时满足两个条件：其一，头节点应该存在，即 head != NULL；其二，头节点的 next 域为空，即 head->next == NULL。此时，链表中只有头节点，无实际存储数据的节点。

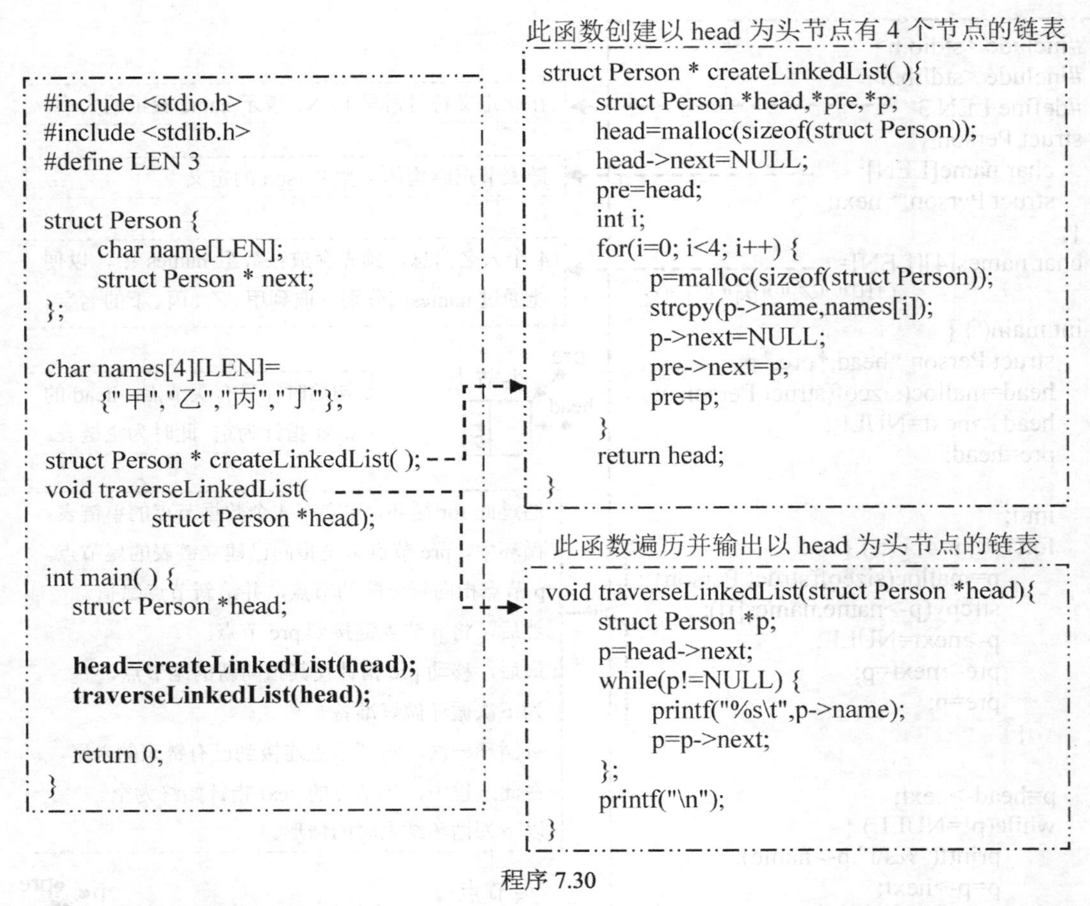

此函数创建以 head 为头节点有 4 个节点的链表

```
#include <stdio.h>
#include <stdlib.h>
#define LEN 3

struct Person {
    char name[LEN];
    struct Person * next;
};

char names[4][LEN]=
    {"甲","乙","丙","丁"};

struct Person * createLinkedList( );
void traverseLinkedList(
        struct Person *head);

int main( ) {
    struct Person *head;

    head=createLinkedList(head);
    traverseLinkedList(head);

    return 0;
}
```

```
struct Person * createLinkedList( ){
    struct Person *head,*pre,*p;
    head=malloc(sizeof(struct Person));
    head->next=NULL;
    pre=head;
    int i;
    for(i=0; i<4; i++) {
        p=malloc(sizeof(struct Person));
        strcpy(p->name,names[i]);
        p->next=NULL;
        pre->next=p;
        pre=p;
    }
    return head;
}
```

此函数遍历并输出以 head 为头节点的链表

```
void traverseLinkedList(struct Person *head){
    struct Person *p;
    p=head->next;
    while(p!=NULL) {
        printf("%s\t",p->name);
        p=p->next;
    };
    printf("\n");
}
```

程序 7.30

（4）从头到尾逐个访问节点的过程为“链表的遍历”。单链表只能单向遍历，不能反向遍历。

（5）链表中链接关系的维持依赖节点 **next** 指针的指向，其指向错误，将导致链表断裂或错误。

（6）利用结构体类型，可以构建复杂的结构，如图 7.35 所示。

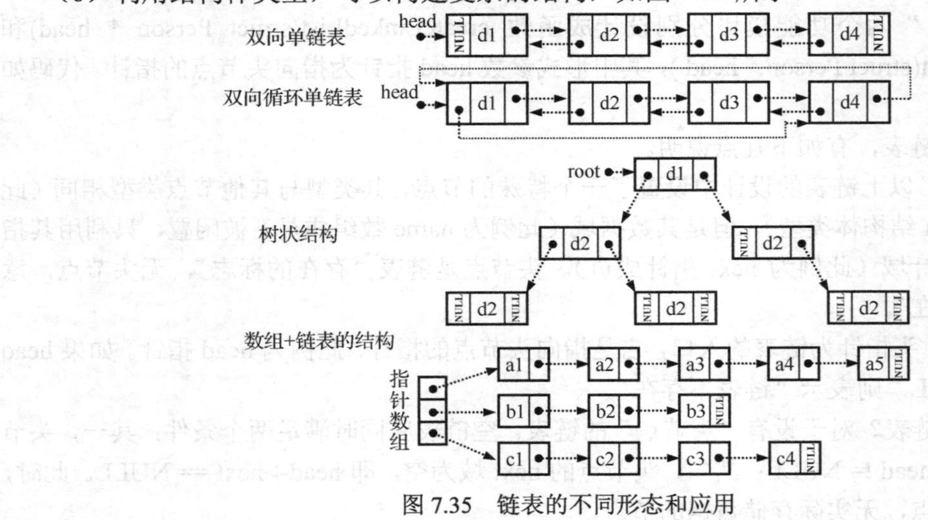

图 7.35　链表的不同形态和应用

结构体在树、图等复杂数据结构中的应用请参考算法和数据结构的相关书籍和资料。

思考题：在链表设计中，对比有无头节点两种情形各自的优缺点？

思考题：如果不再需要链表的某个节点，如何将此节点删除？

思考题：为什么用动态内存分配的方式为链表的节点分配存储空间，能用局部变量分配存储空间的方式吗？如果能，请详细比较这两种方式。提示：动态分配的存储空间在“堆区（Heap）”，而局部变量的分配存储空间在“栈区（Stack）”。

上述程序还存在一个小小的缺陷：我们的程序创建了链表，但在最后不再使用链表时，没有释放链表所占存储空间。

链表所占存储空间实际就是链表所有节点所占存储空间。链表每个节点所占存储空间是动态分配的，因此应为每个节点调用库函数 free( )释放其所占存储空间。

下面设计 destroyLinkedList( )函数。它的功能是释放形参 head 指针所指链表的所有节点所占存储空间，包括头节点在内。destroyLinkedList( )函数代码如程序 7.31 所示。

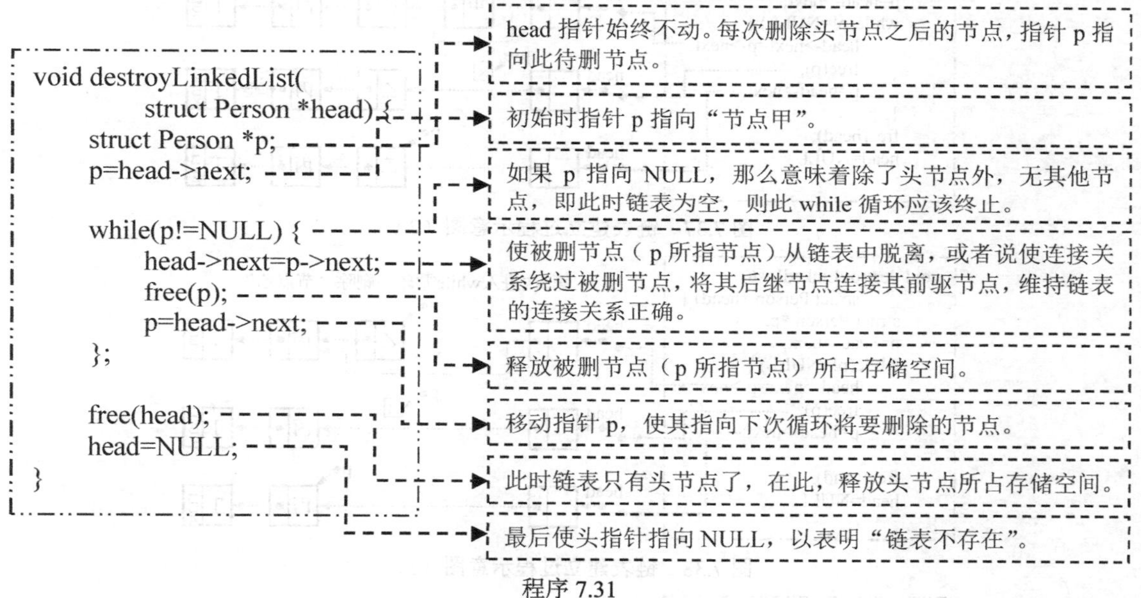

程序 7.31

当然，在主函数 main( )中，应在不使用链表之处调用函数 destroyLinkedList(head)，释放 head 所指的链表所占全部存储空间。此例中应该在调用 traveseLinkedList(head)之后，return 0; 之前，如下所示。

```
int main( ) {
    struct Person *head;

    head=createLinkedList(head);
    traverseLinkedList(head);
    destroyLinkedList( head );
  return 0;
}
```

以之前建立的“甲乙丙丁”的链表为例，destroyLinkedList( )函数被调用时，某语句被执行后对应的当前链表的状态如图 7.36 至图 7.41 所示。

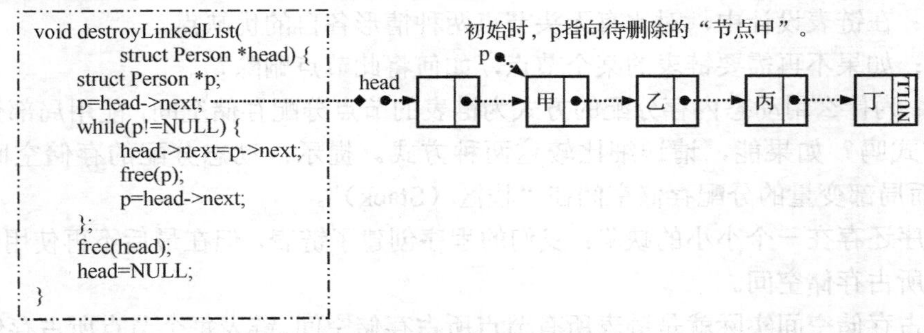

图 7.36　链表建立过程示意图（1）

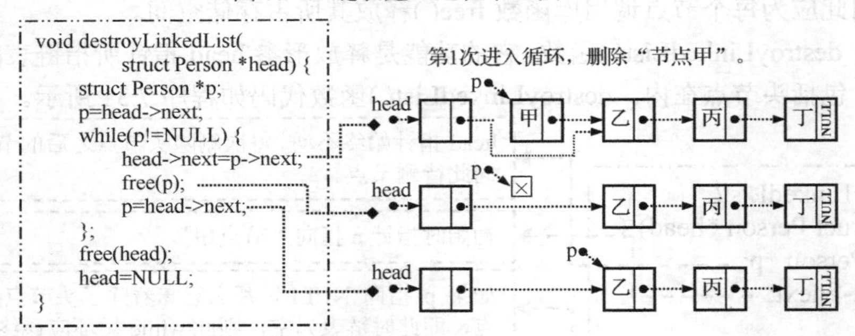

图 7.37　链表建立过程示意图（2）

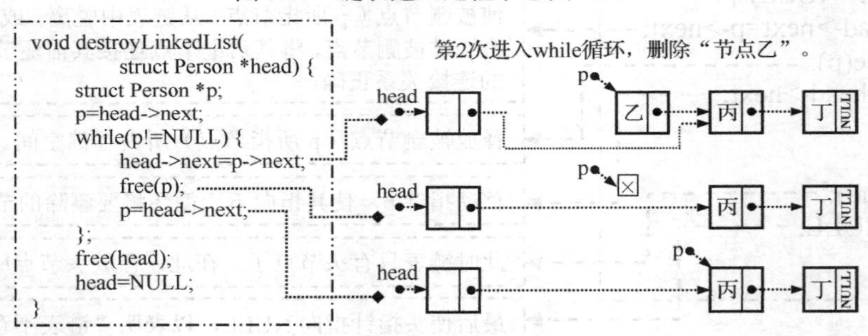

图 7.38　链表建立过程示意图（3）

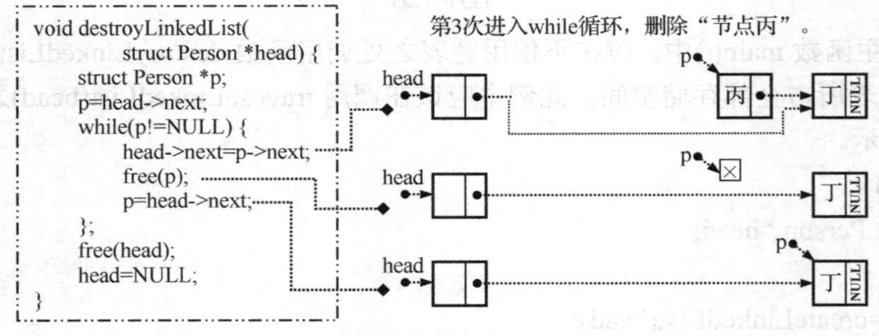

图 7.39　链表建立过程示意图（4）

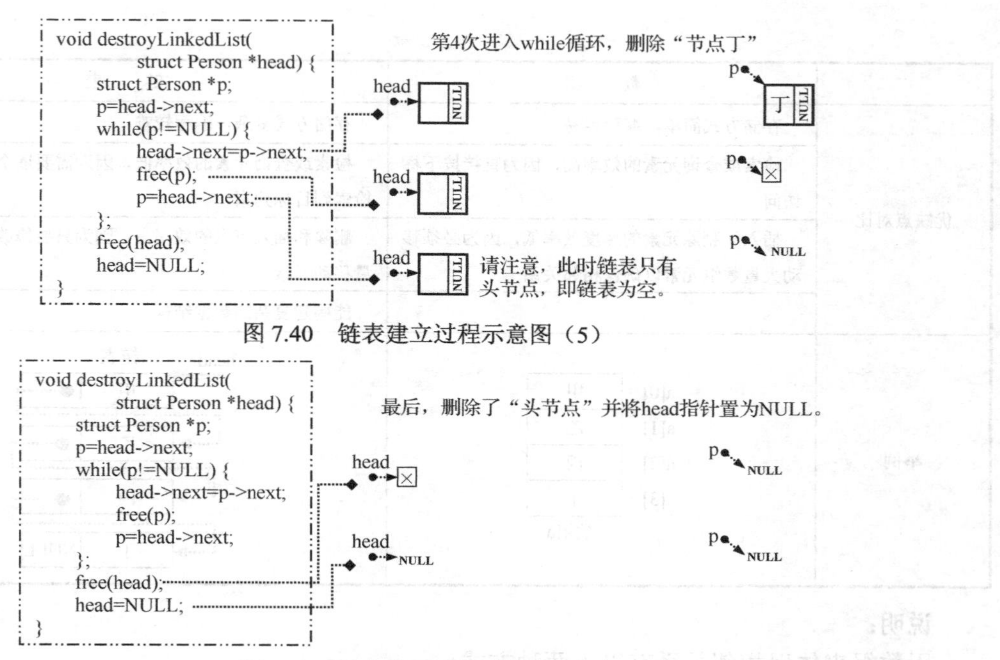

图 7.40　链表建立过程示意图（5）

图 7.41　链表建立过程示意图（6）

关于链表的进一步介绍请参考数据结构和算法设计的相关参考书。

7.5.3　为什么需要链表

通过对比链表和数组各自的特点，我们才能更好地理解为什么需要链表，以及链表的适用场合，如表 7.6 所示。

表 7.6　数组与链表的对比

	数　组	链　表
存储方式	顺序存储	链式存储
特点	逻辑相邻，物理相邻； 不需要额外空间存储连接关系； 逻辑相邻通过数组下标体现	逻辑相邻，物理不一定相邻； 需要额外空间存储连接关系； 逻辑相邻通过连接关系体现
所用存储区	堆区或栈区	栈区
空间分配方式	动态分配（在堆区）或以局部数组方式分配（在栈区）	动态分配
空间分配/释放的单位	整个数组为一个分配单位，空间大，空间分配要求难以满足。 不需要时，数组只能整体释放，不能部分释放	每个节点为一个分配单位，空间小，空间分配要求容易满足。 不需要时，能以节点为单位部分释放所占存储空间
地址空间连续性要求	全部数组元素的内存地址必须连续	只要求每个节点内部所需空间的地址连续，节点之间的地址空间可不连续

续表

	数　组	链　表
优缺点对比	存储方式简单，编程容易	存储方式复杂，编程较难
	检索或查询元素的效率高，因为直接按下标访问	检索或查询元素的效率低，因为需要逐个元素遍历才能检索到目标元素
	插入和删除元素的速度效率低，因为必须移动大量数组元素以确保相邻关系	删除和插入节点的效率高，因为只要修改指针，无须大量移动元素
		能构建复杂的数据结构
举例	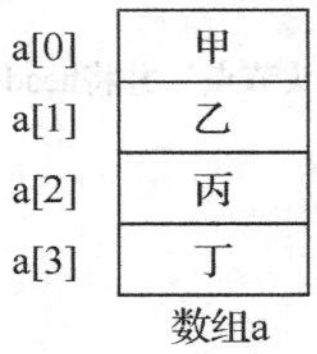 a[0] 甲 a[1] 乙 a[2] 丙 a[3] 丁 数组a	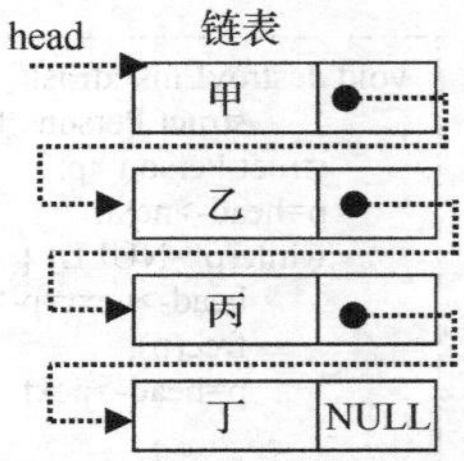 链表 head 甲 乙 丙 丁 NULL

说明：

用数组来体现相邻关系有以下两种方式。

方式一：数组中位置相邻的两个元素之间的下标有天然的先后关系，因此可以用来表示前后两个元素的特定关系。在此利用的是“逻辑相邻，物理相邻”。

方式二：数组的下标实质就是数组元素的地址。因此可以用数组下标替代链表节点中的指针。其相邻关系体现它记录了下一个元素的下标，这个下标的作用域链表的“指向下一个节点的指针”的作用是相同的，因此这种存储形式可以看作以数组方式存储的链表。以下数组使用下标记录下个元素所在下标的方式，存储了“甲乙丙丁”的关系，如图 7.42 所示。

	数据域	下个元素所在下标
a[0]	甲	2
a[1]	丁	−1
a[2]	乙	3
a[3]	丙	1

图 7.42　用数组存储链表的示例

链表的常用操作包括创建链表、销毁链表、查找链表、插入节点、删除节点、判断链表是否存在、链表是否为空等。更多关于链表的操作可自行探索或参考数据结构相关的参考资料。

7.5.4　循环单链表及其应用

在实际应用中，如果需要处理的节点之间的关系是一个环形时，可以用循环单链表实现。

循环单链表的特点是所有节点连接成环形。可以看作普通单链表的尾节点的 next 指针指向第一个节点。

仍然以体现“甲乙丙丁”的相邻关系为例。如图 7.43、图 7.44 所示两种相邻关系，可分别用普通单链表和循环单链表来表示。

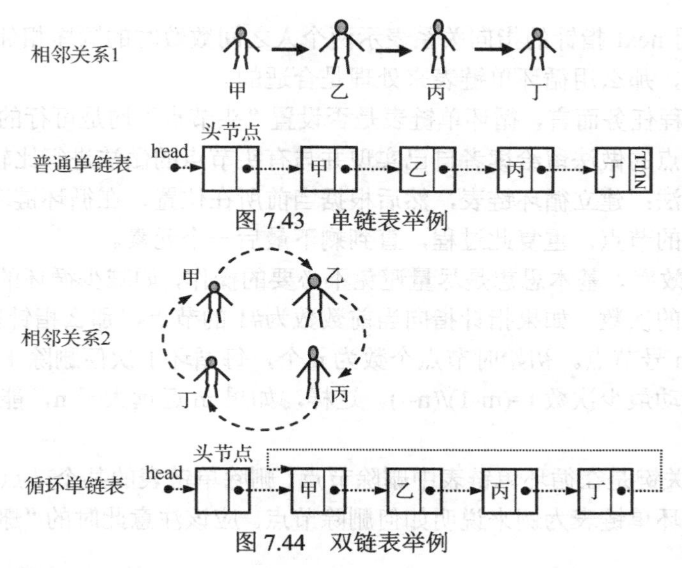

图 7.43　单链表举例

图 7.44　双链表举例

编程任务 7.7：谁是幸运者

任务描述：有一个从 n 个人中找出一个幸运者游戏。n 个人围成一圈，每个人都有唯一不变的顺序编号，编号从第一个人开始，顺时针方向依次为 1，2，3，…，n。第一个人以顺时针方向从 1 开始报数，数到 m 则将此人淘汰出局。从被淘汰者的下一个人重新从 1 开始报数，数到 m 则将此人淘汰出局，以此类推，直到最后只剩下一个人，此人为幸运者，游戏结束。如 n=6、m=5，依次被淘汰的人的序号为 5、4、6、2、3。最后剩下 1 号。

输入：第一行包含一个整数 k，表示测试用例的个数。对于每个测试用例，输入占一行，有两个整数 n、m，其中，1≤n、m≤10000。

输出：每个测试用例输出 1 行，按出局先后顺序输出被淘汰的人的序号，以及最后幸运者的序号。输出的 2 个序号之间用 1 个空格分隔。

输入举例：

4
6 4
2 2
1 1
3 1

输出举例：

4 2 1 3 6 5
2 1
1
1 2 3

分析：为了实现本编程任务，有以下几点需要分析和说明。

（1）对于本问题的求解方法有多种。分为两大类：一类为利用数组实现；另一类为利用循环的单链表实现。本例采用利用循环单链表的方式实现。利用数组实现的方法留给读者自己实现并与利用循环单链表的实现方式进行比较。

（2）对于每个人用一个节点表示，节点的数据域为游戏者的编号，指针域为指向下一个节点的 next 指针。用 next 指针的指向关系表示两个人之间数数时的顺序相邻关系。显然，n 个人始终围成一个圈，那么用循环单链表来处理是合适的。

（3）对于本编程任务而言，循环单链表是否设置“头节点”均是可行的。本例采用有头节点的做法，无头节点的做法留给读者自己实现并与有头节点的做法进行比较。

（4）大致的算法：建立循环链表，然后根据当前所在位置，在循环链表中向后走过 m 个节点后，删除指定的节点，重复此过程，直到剩下最后一个元素。

（5）如何提高效率？基本思想是尽量避免不必要的操作，如减少循环的次数、利用取模运算、减少访问节点的次数。如果指针指向当前数数为#1 的节点，那么指针需要往后移动(m-1)次，就指向了第#m 号节点。初始时节点个数为 n 个，每循环 1 次便删除 1 个节点，因此，往后移动实际需要移动最少次数 t=(m-1)/(n--)。这样，如果 m 远远大于 n，能大量地减少不必要的指针移动动作。

（6）本问题的关键是在循环单链表中删除节点。删除单链表的某个节点应如何实现呢？我们以有头节点的循环单链表为例来说明如何删除节点。应该注意此时的“删除节点”操作不包括删除头节点。

删除前的准备工作：以下不论哪种情形，在删除节点前，确保指针 p 所指节点为被删节点，确保指针 pre 指向被删节点的前节点。

根据被删节点情况，分 3 种情形讨论。

情形 1：此为一般情形，被删节点为中间节点，如图 7.45 至图 7.47 所示。

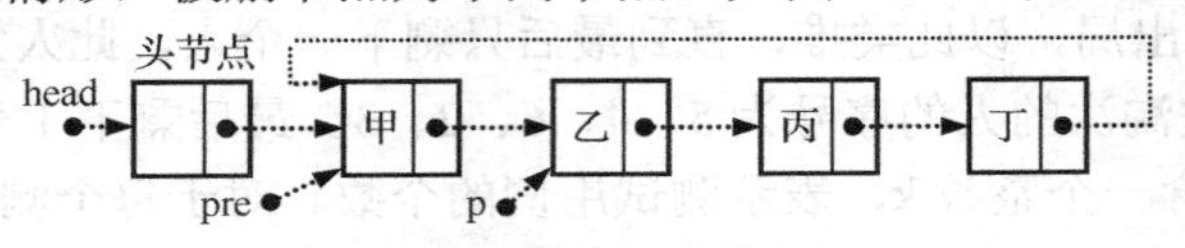

图 7.45　中间节点被删时的情形（1）

分解动作 1：执行语句 pre->next=p->next;将被删节点从连接关系中脱离。

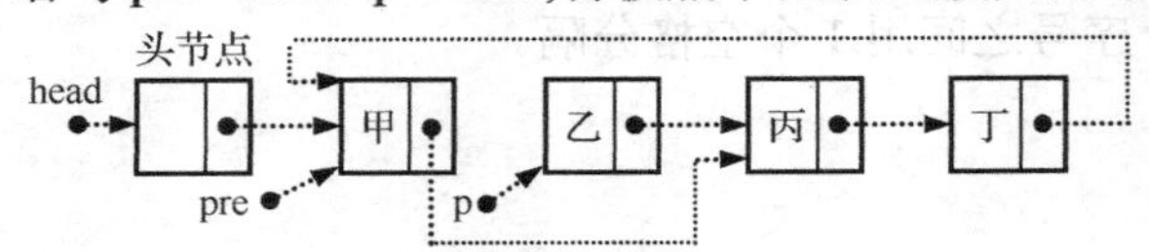

图 7.46　中间节点被删时的情形（2）

分解动作 2：执行语句 free(p);释放被删节点所占存储空间。

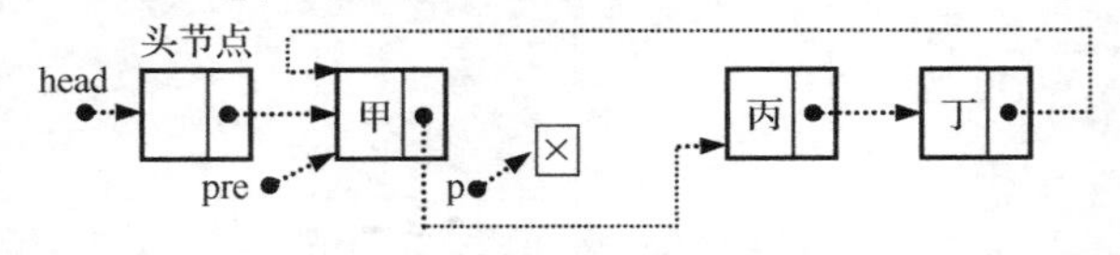

图 7.47　中间节点被删时的情形（3）

情形 2：此为特殊情形，被删节点为头节点 next 指针所指节点。此情形的判别条件为 if (p == head->next) 成立。如图 7.48 至图 7.51 所示。

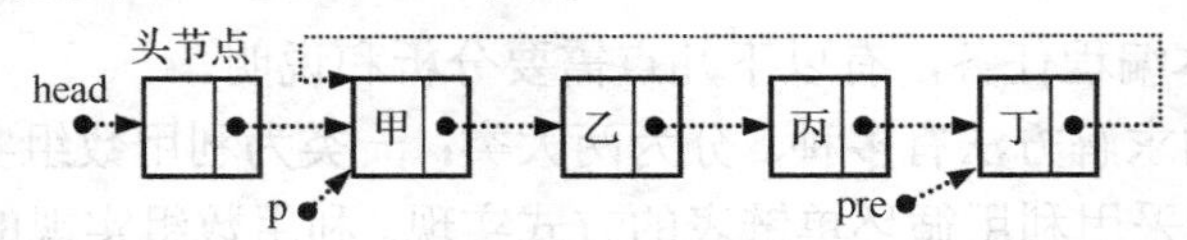

图 7.48　head 的 next 所指节点被删时的情形（1）

分解动作 1：执行语句 pre->next=p->next;将被删节点从连接关系中脱离。

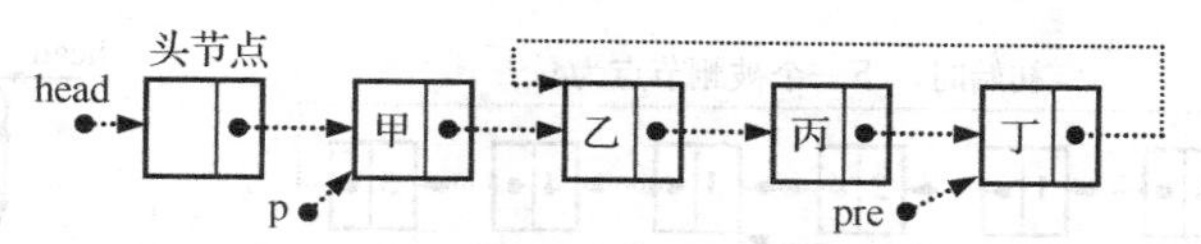

图 7.49　head 的 next 所指节点被删时的情形（2）

分解动作 2：执行语句 head->next=p->next;确保头节点正确指向链表。

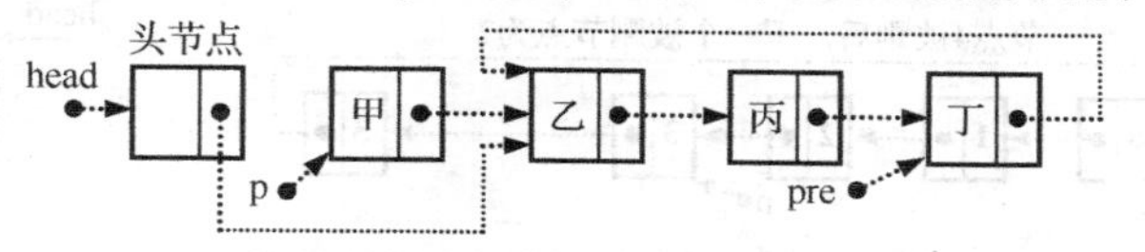

图 7.50　head 的 next 所指节点被删时的情形（3）

分解动作 3：执行语句 free(p);释放被删节点所占存储空间。

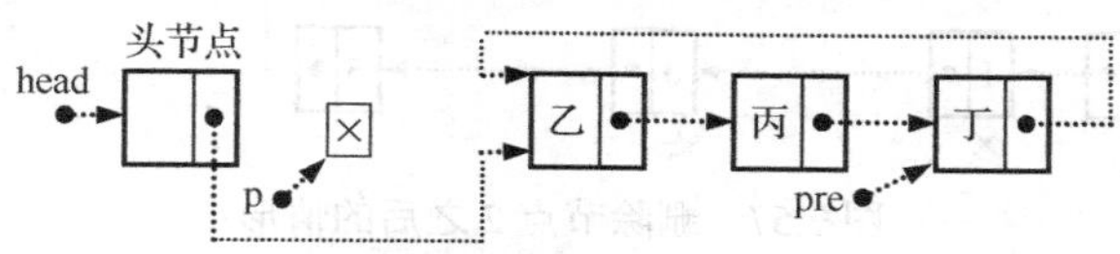

图 7.51　head 的 next 所指节点被删时的情形（4）

情形 3：此为最特殊的情形，被删节点为唯一数据节点，也就是说，删除此节点后，链表为空，此时头节点的 next 指针值应为 NULL。此情形的判别条件为 if (p == pre)成立，如图 7.52 至图 7.54 所示。

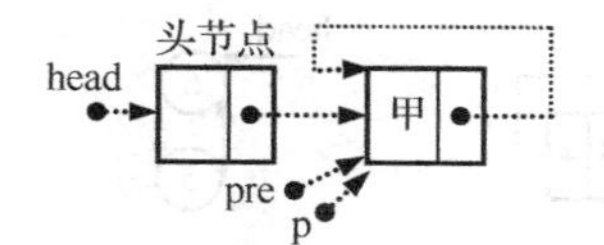

图 7.52　删除唯一节点时的情形（1）

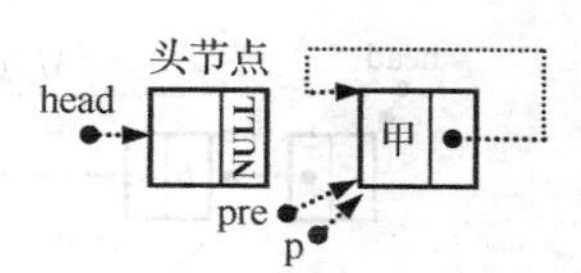

图 7.53　删除唯一节点时的情形（2）

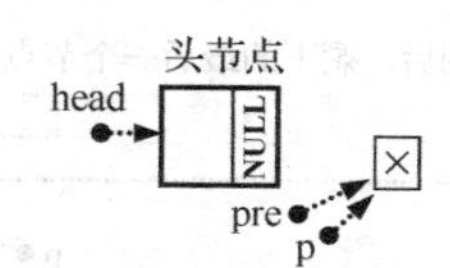

图 7.54　删除唯一节点时的情形（3）

分解动作 1：执行语句 head->next=NULL;将头节点的 next 指针赋值为 NULL，以示此链表为空。

分解动作 2：执行语句 free(p);释放被删节点所占存储空间。

在循环单链表中删除节点的操作小结。

（1）必须首先获得指向被删节点的前一个节点的指针。

（2）应该对比头节点的 next 指针指向编号为 1 的节点还是编号为 n 的节点，哪种方式更合适？（此问题留给读者作为课后思考题，本例中采用后者。）

（3）必须考虑被删节点为被头节点的 next 所指向的节点的情形，此时必须修改头节点的 next 指针的值。

（4）必须考虑被删节点为链表中的最后一个节点（头节点除外），此时，该节点被删除后，链表为空。因此，应该修改头节点的 next 指针的值为 NULL。

如图 7.55 至图 7.60 所示，以本编程任务“输入举例”数据 m=6、n=5 为例，图示当前循环单链表状态和留在游戏圈中人员编号的情形。

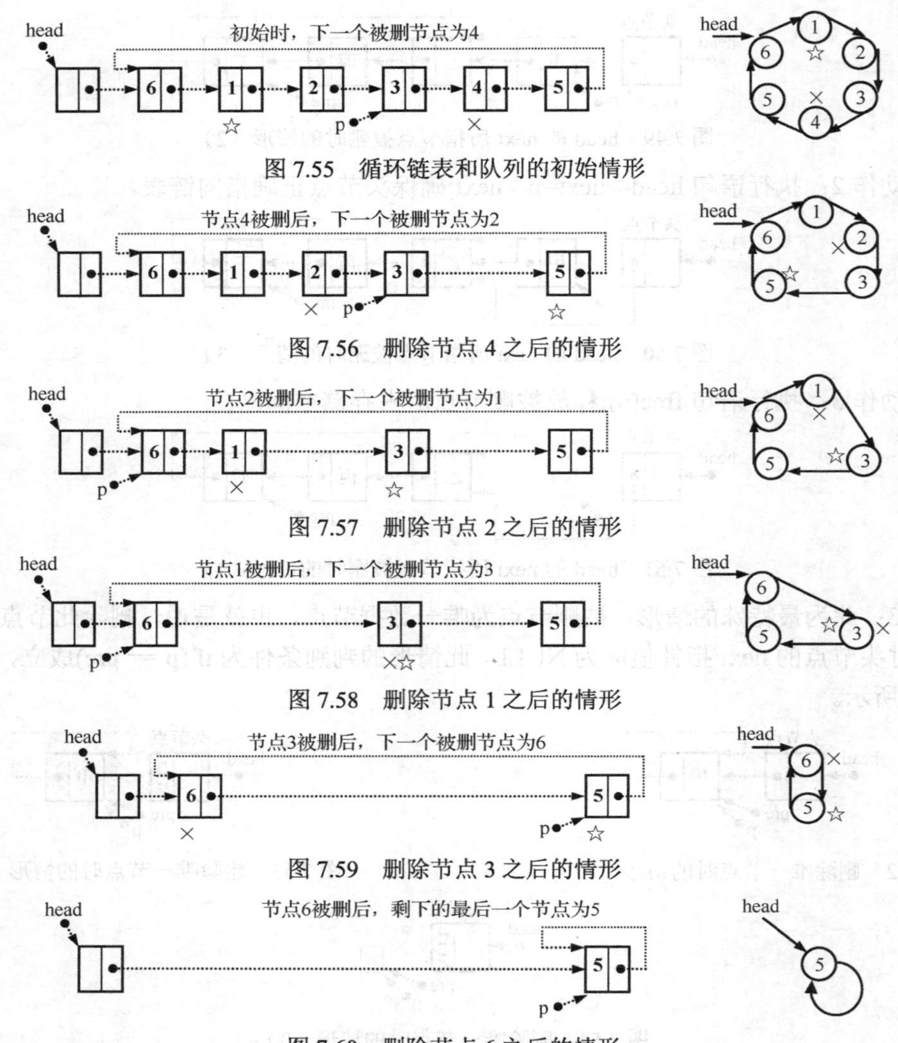

图 7.55　循环链表和队列的初始情形

图 7.56　删除节点 4 之后的情形

图 7.57　删除节点 2 之后的情形

图 7.58　删除节点 1 之后的情形

图 7.59　删除节点 3 之后的情形

图 7.60　删除节点 6 之后的情形

图中的“☆”表示当前数数为 1 的节点。“×”表示数数为 5 的节点，即下一个将被删除的节点。根据单链表删除节点的特点，删除某个节点时，必须获得指向该节点前一个节点的指针。因此，以下 p 表示为了删除“×”所在节点时，p 指针必须指向的位置。

由于本任务可以分解为多个子任务，因此解决本问题可采用模块化设计的思想：按模块设计，按模块测试，不断完善程序功能。例如，程序代码中的 show(head)函数，其功能输出 head 所指单链表中游戏者的编号。此函数在最终提交时是不需要的，但它在模块测试时非常有用，它能帮助我们观察链表中元素的变化情况。

根据以上分析，本编程任务的代码如程序 7.32 至程序 7.36 所示。

注意：以上代码中两处调用 free( )函数释放内存，虽然无此两个语句不会有太大影响，但会造成内存泄漏，这样的程序虽然能得到正确结果，但程序是不严谨、有缺陷的。

```c
#include <stdio.h>
#include <stdlib.h>

struct Node {
      int num;
      struct Node* next;
};

void createLinkedList(
          struct Node * head, int n);
void show(struct Node* head);
void delNext(struct Node * head,
                    struct Node *p) ;
void process(struct Node * head,
                         int n,int m);

int main( ) {
      struct Node * head;
      head=malloc(sizeof(struct Node));
      int m,n,cases;
      scanf("%d",&cases);

      while(cases--) {
            scanf("%d %d",&n,&m);
            createLinkedList(head , n);
            process(head,n,m);
            free(head->next);
      }
      free(head);
      return 0;
}
```

- struct Node：自定义的结构体类型 Node 的定义。成员 num 表示游戏者的编号。next 为指向下一节点的指针。
- createLinkedList：函数的声明，此函数功能为：创建 n 节点的循环单链表，返回指向头节点的指针。
- show：函数的声明，此函数功能为：输出循环单链表中每个游戏者的编号，形参 head 为指向链表头节点的指针。此函数为模块测试而设计，最后提交时可不要。
- delNext：函数的声明，此函数功能为：删除指针 p->next 所指节点，也就是说，删除的不是指针 p 所指节点，而是 p 所指节点之后的节点。形参 head 为指向链表头节点的指针。此函数被 process( )函数调用。
- process：函数的声明，此函数功能为：初始时，形参 head 所指链表中有 n 个节点，然后按照任务要求，反复地删除从 1 数到 m 的那个节点，直到剩下最后一个节点为止。依次输出被删节点的游戏者编号和最后剩余节点对应的游戏者（幸运者）的编号。
- head=malloc(...)：为 head 所指头节点动态分配所需内存空间。
- createLinkedList(head , n)：创建有 n 个节点的循环单链表，head 指针指向头节点。
- process(head,n,m)：按任务要求处理 head 所指链表，n 个游戏者，每数到 m 删除一个，依次输出被删游戏者和最后幸运者编号。
- free(head->next)：此时，链表除了头节点外，还有一个节点即幸运者对应的节点，应通过 head->next 释放它所占的内存空间。
- free(head)：最后应释放 head 所指头节点所占内存空间。

程序 7.32

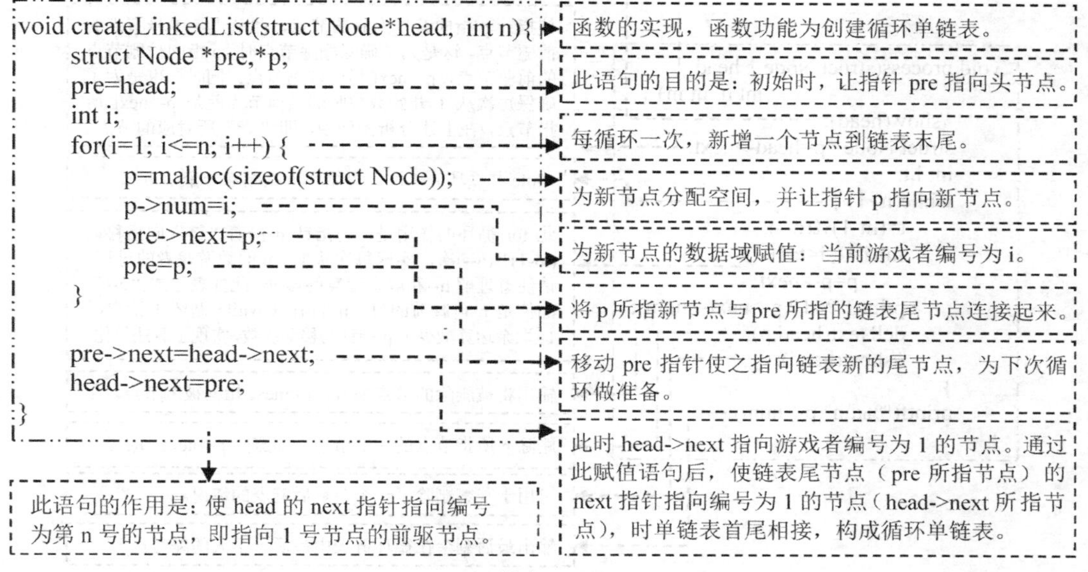

```c
void createLinkedList(struct Node*head, int n){
      struct Node *pre,*p;
      pre=head;
      int i;
      for(i=1; i<=n; i++) {
            p=malloc(sizeof(struct Node));
            p->num=i;
            pre->next=p;
            pre=p;
      }

      pre->next=head->next;
      head->next=pre;
}
```


程序 7.33

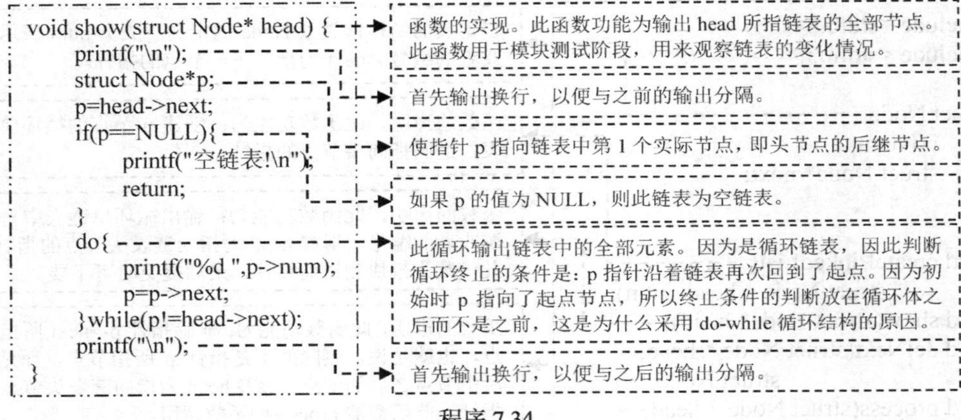

程序 7.34

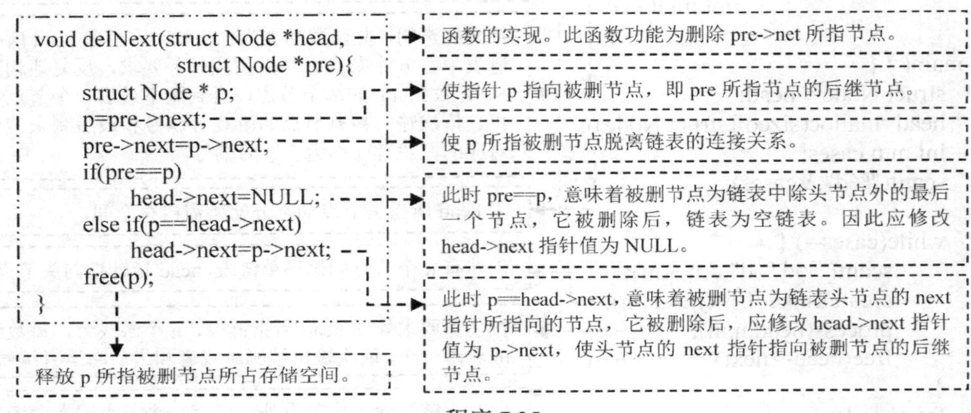

程序 7.35

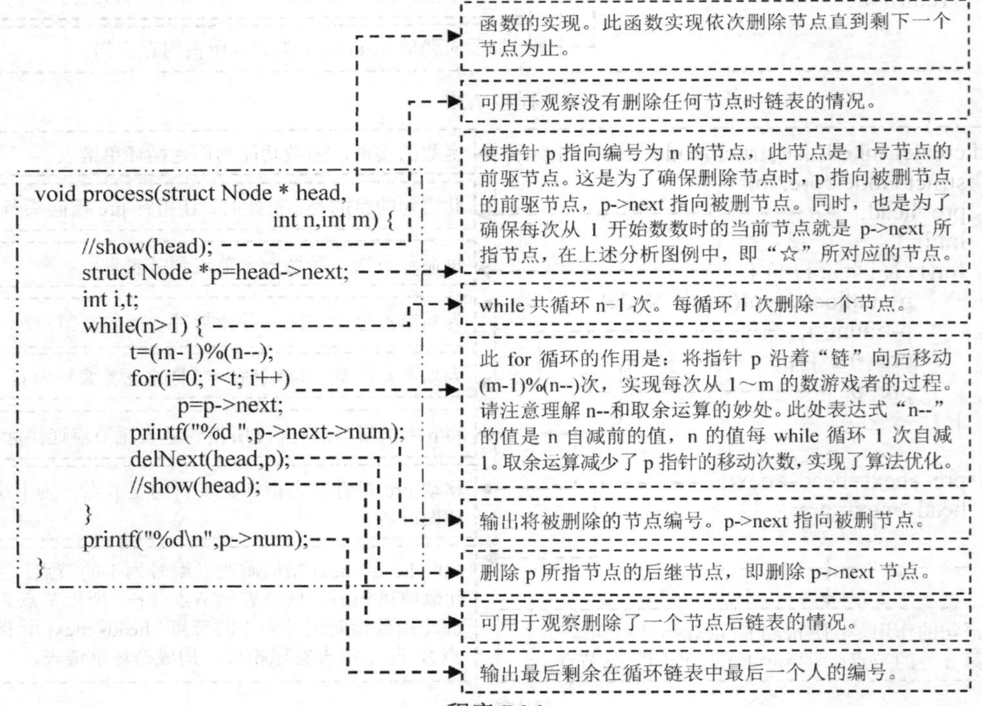

程序 7.36

知识拓展：（如果对此部分内容感兴趣，请扫描二维码）

1．综合应用实例。

2．结构体相关主题：typedef 的用法、结构体成员的内存对齐现象、获取系统当前日期时间、通用排序函数的设计、结构体类型的作用范围、结构体与类及接口的联系。

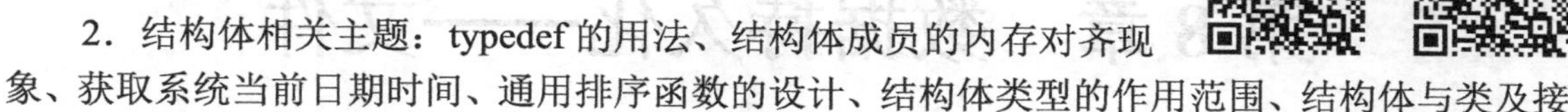

本章小结

1．结构体类型的引入使得程序员能根据需要创建新类型。这不仅是 C 程序设计语言的特性，而且几乎是所有高级语言的特性。

2．从另外一个角度看，结构体类型可以看作对描述同一事物的多个相关数据项的封装。每个数据项是结构体的成员。用结构体类型的数据描述事物更加符合人的认知习惯——将结构体所描述的事物认知为一个整体，成员是整体的部分。

3．结构体类型和 C 语言内置数据类型均是 C 语言中的数据类型，两者在作为“数据类型”这一概念上具有极大的相似性。利用此相似性，可更好地帮助我们理解和掌握结构体类型的运用。

4．结构体类型为构建复杂数据结构体——链式结构——提供了存储基础。链表的运用就很好地体现了这一点。

5．结构体类型运用可与数组、函数、指针、字符串等相结合。

6．结构体类型从概念上扩展后，与面向对象程序设计中的核心概念“类”有密切的联系。掌握结构体类型的用法有助于理解面向对象程序设计。

第8章　数据持久化——文件

为什么需要文件呢？主要原因如下。

其一，数据持久化存储的需要。计算机数据存储到外存时，一般以文件的形式存在。文件可以长期、持久地保存在外存设备上。即使计算机断电，文件中的数据仍然存在，因此将内存的数据保存到外存也称为“数据持久化”。

其二，海量数据存储的需要。外存能提供海量存储，且每比特价格低廉。

其三，移动和交换数据的需要。某些外存介质（包括U盘、SD卡、CF卡、MMC卡、固态硬盘等闪存介质、硬盘、光盘等）携带方便，为人们随身携带数据提供便利。例如，你可将个人资料保存到U盘（写入数据到外存的文件）中，随身携带，再在另一台计算机上将U盘中的数据读取出来（从外存的文件中读取数据）。

总之，内存中的数据是相对动态的、易失的、与程序运行时相关的。文件中的数据是相对静态的、持久的。

为了更好地理解存储在外存的“文件”的作用，表8.1将存储计算机数据的内存和外存进行了对比分析。

表8.1　内存与外存的特性对比

特　性	内　存	外　存	说　明
数据读/写速度	快	慢	读/写内存数据的速度约为读/写硬盘数据速度的10～100倍。因为内存的存取速度快，因此内存用作应用程序展开运行所需的“工作台”，而外存一般作为存储程序和数据的“仓库”
容量	小	海量	外存中数据存储量是内存数据存储量的100倍以上。因为外存的容量可以存储海量数据，因此外存用作为程序数据的后备仓库
数据持久性	易失	持久	断电后或程序关闭后，内存中的数据将丢失，而外存中的数据能持久存储。存储在外存介质中的数据可长时间保存
每字节价格	贵	便宜	一般计算机中内存容量远小于外存容量（一般是硬盘）
可扩容性	难	易	内存的扩容受到主板型号和内存插槽数量等条件限制，外存扩容相对简单，可更换为大容量设备，可构建磁盘阵列（RAID，廉价磁盘冗余阵列）提高外存容量和读/写速度及可靠性
数据存在形式	变量 数组 结构体	文件	内存中的数据程序可直接访问。 外存中的数据必须通过读/写文件操作才能访问
数据结构	顺序结构 链式结构	顺序结构	内存中的数据可以以顺序结构和链式结构方式存储。但是，外存中的数据，也就是文件中的数据，不管是二进制文件还是文本文件，只能以顺序的、线性的方式存储
典型的存储介质	ROM RAM	磁盘 光盘 闪存	磁盘主要指硬磁盘，又称硬盘。闪存包括各种U盘、SD卡、CF卡、MS卡、SSD（Solid Status Disk，固态硬盘）等闪存介质

从程序员的角度来看，计算机存储数据的位置有内存和外存。内存对应的物理设备是内存条，它插在计算机主板上。外存设备多种多样，最常见、最主要的外存设备是硬盘，硬盘分机械式硬磁盘（Hard Disk，HD）和基于闪存（Flash Memory）介质的固态硬盘（Solid State Disk，SSD）。

如何在内存中存储数据呢？程序中的变量、数组、结构体等“存储数据的容器”都在内存，内存数据的特点是断电后其数据丢失，应用程序关闭后，这些数据也会丢失。

如果数据需要在断电后得到保存，这些数据必须保存到外存介质，数据在外存中的存在形式是“文件”。

从以上对比可以看出，内存和外存各有所长，特性互补，计算机既需要内存也需要外存。

相对外存来说，内存是计算机系统中相对稀缺和宝贵的计算机资源，计算机的内存空间是有限的。解决同样的问题，不同的程序或算法占用的内存空间大小会有很大差异，优秀的程序或算法占用内存空间较少。

小问答：

问：计算机休眠模式实现快速开机的原理是什么？

答：利用文件对数据持久性存储的特性，计算机休眠模式能实现快速开机并继续执行休眠前的所有程序。实现原理是休眠时将计算机内存的所有数据原封不动地写入一个特殊文件，开机时，直接将此文件中的数据读入内存。这样就实现了快速恢复内存中所有程序的执行现场，也就恢复了休眠前所有程序的状态，实现了系统的快速启动，大大节约了开机时间。

8.1 文件的基本概念

文件是计算机操作系统管理外存数据的基本单位。

8.1.1 文件的“纸带模型”

“纸带模型”是指文件数据的逻辑组织方式。

在逻辑上，文件中的数据以“线性的、一维的、顺序的”方式存储，也就是说，从逻辑的角度可以将文件可以看成数据的线性序列。文件就像一条纸带，纸带上所有数据按字节顺序排列。

值得注意的是，在物理上，文件数据的存储方式与具体的外存设备相关，有多种不同的存储方式。但对于应用程序来说，我们根本不用关心也没有必要关心这些数据在底层的物理设备上是如何存储的。应用程序可以认为存储在不同设备的文件数据的存储方式是无差别的，都是以纸带模型的方式存储。文件数据的统一的逻辑结构是对底层各种物理结构的抽象，我们应用程序读/写数据，只需用统一的方式进行，这给应用程序读/写文件带来了极大的便利。

文件有“头”有“尾”。文件开始处为“头”，文件结尾处为“尾”，记为 EOF（End Of File）。存取文件数据时自然走向是从文件开始处往文件结尾处顺序地读/写。

图 8.1 所示为文件纸带模型示意图。此文件存储了 20 字节的数据。当前文件读/写位置在第 9 字节开始处，表示下一个读/写操作将从此文件的第 5 字节开始。

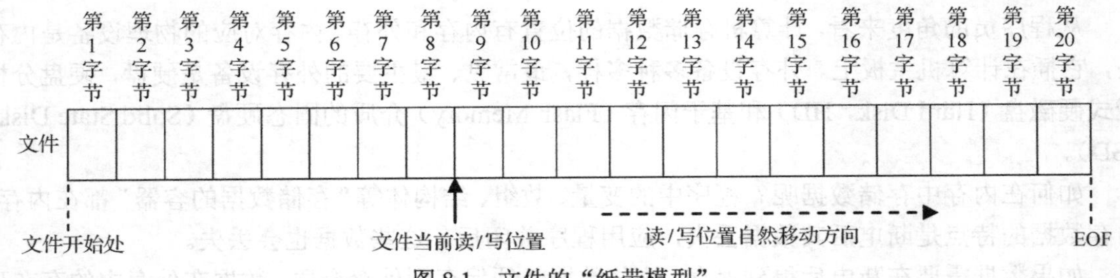

图 8.1 文件的“纸带模型”

下面讲述文件的读/写位置。

（1）文件的当前读/写位置由底层的文件读/写机制自动记录和维护，程序设计者只要清楚当前文件读/写位置即可，应用程序设计者不需要也没有必要知道文件当前位置信息是如何记录和维护的。

（2）打开文件时，文件当前读写位置指向文件头，如图 8.2 所示。

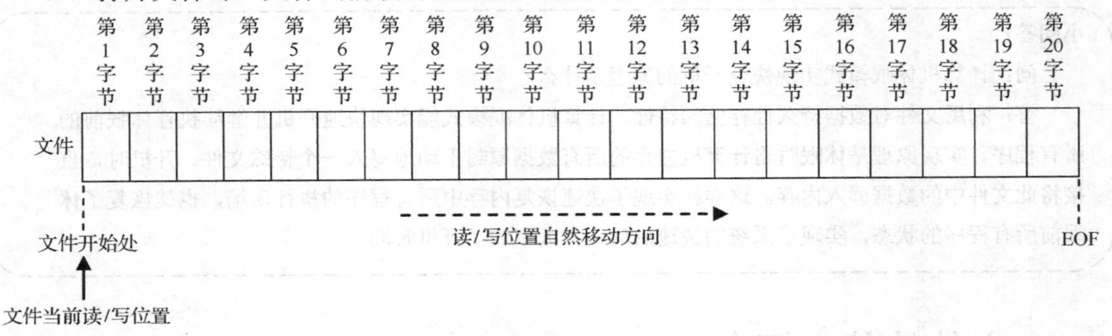

图 8.2 文件读/写位置示意图（1）

（3）每次读/写都会使当前读/写位置自然地往文件尾方向移动。也就是说，读/写文件时，自然的顺序是从“头”往“尾”方向顺序地读/写数据的，前一次读/写的结束位置就是下次读/写的开始位置。

如图 8.3 所示，假定上述文件打开后，执行了从文件读取 4 字节的操作，那么文件的当前读取位置在第 5 字节开始处。

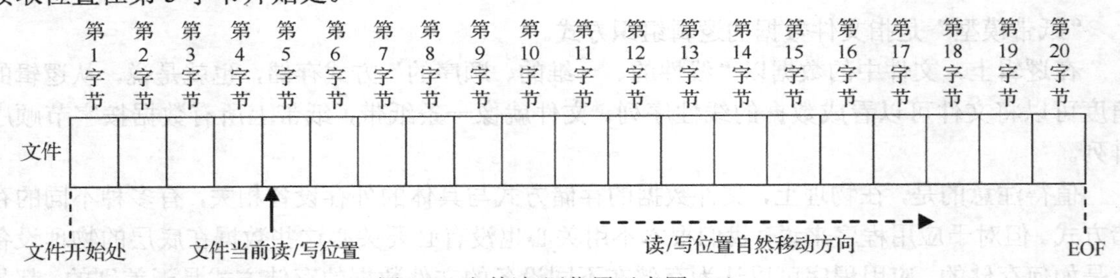

图 8.3 文件读/写位置示意图（2）

（4）读文件时应用程序如何感知文件中的数据全部被读完了呢？也就是说如何得知已经读到了 EOF 处？如图 8.4 所示。

有两种方式可以判断文件是否到达文件末尾。

方式 1：应用程序可以通过执行读文件数据函数的返回值来判断。例如，fscanf( )函数返回值为 EOF 表示读到了文件末尾。fgets( )返回值为 NULL 表示读到文件末尾 EOF 处。其他读文件的函数的返回值请查阅相关资料。详见本章 EOF 的运用。

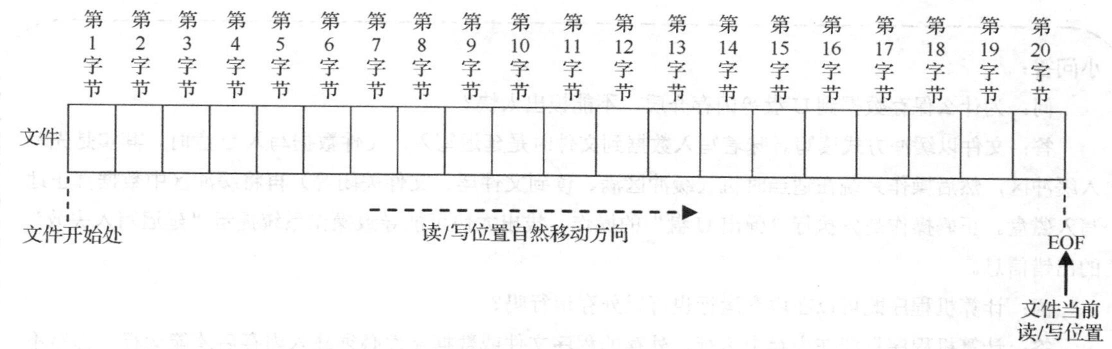

图 8.4　文件读/写位置示意图（3）

方式 2：利用 feof( )函数来判断当前读文件位置是否已经到达文件末尾 EOF 处。详见本章 feof( )函数用法。

（5）对于写文件来说，一般不需要关心 EOF。因为在文件末尾写数据，相当于在原文件末尾追加数据。

（6）应用程序可以将文件当前读/写位置设定为到指定位置，可通过调用函数 fseek( )来实现。详见本章 fseek( )函数的用法。

8.1.2　缓冲文件读/写过程模型

首先，我们必须区分何为“读文件”，何为“写文件”。此处的所谓读/写是站在程序的角度。读文件是指将数据从文件读入到程序，即将数据从外存读入到内存，载入内存的数据可被程序直接访问。反之，写文件是将内存中的数据写入外存。

带缓冲区的读/写过程模型如图 8.5 所示。

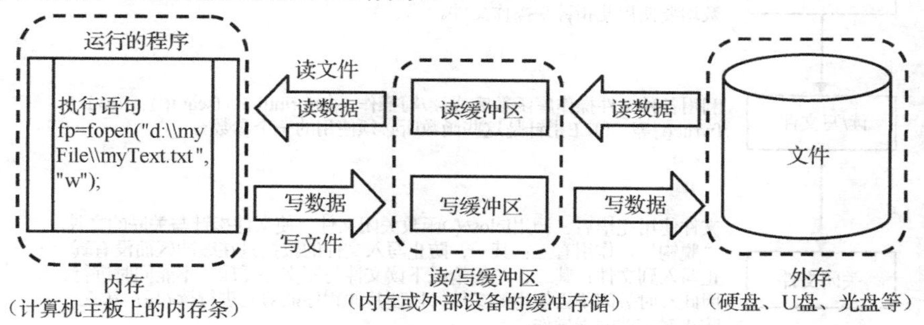

图 8.5　文件读/写与缓冲模型

数据可以存在于内存和外存介质。在内存的存在形式主要有：变量、数组、结构体，这些数据只在程序运行时存在于内存中。数据在外存的存在形式主要以文件的方式存在。外存介质主要有硬盘（如机械硬盘和固态硬盘）、光盘（CD、DVD、蓝光 DVD 等）、闪存介质（如 U 盘、SD 卡、CF 卡、MMC 卡、MS 卡等）、磁带等。

为了调和 CPU 的高速、内存读/写的高速与外存读/写的低速之间的矛盾，操作系统在内存和文件之间引入“缓冲区”。如果程序需要从文件读取数据到内存，则操作系统首先将文件数据读入到“缓冲区”（慢速，CPU 无须等待此操作完成，可以转而处理其他任务，从而提高了 CPU 的利用率），当缓冲区读满后，则通知 CPU 将缓冲区中的数据读出并处理（快速），如此循环，直到文件读取完毕。

小问答：

问：为什么保存数据到 U 盘等闪存介质，不能拔出太快？

答：文件以缓冲方式读写意味着写入数据到文件时是延迟写入。文件数据写入 U 盘时，其实是先写入缓冲区，然后操作系统在适当时机（缓冲区满、读到文件尾、文件关闭等）再将缓冲区中数据真正地写入磁盘。正确操作是先执行“弹出 U 盘”的操作。拔出太快可能导致操作系统提示“延迟写入失败”的出错信息。

问：计算机程序既可以在内存运行也可以外存运行吗？

答：计算机程序只能在内存中运行，外存的程序文件或数据文件必须载入内存后才能运行，程序不能直接在外存中运行。

问：如果文件或数据太大，不能一次载入内存，怎么办？

答：通过“读/写缓冲区”存取文件的方式也使得程序利用相对较小的内存空间处理相对巨大的外存文件成为可能。因此每次只要载入文件的小部分到缓冲区即可。如果待处理的数据太大，超过可用内存容量，无法全部在内存中展开，则必须利用外存中的文件才能完成特定的操作。例如，视频播放器程序播放一部 8GB 的高清电影，物理内存只有 4GB，无法一次将整部电影文件载入内存，只能一次载入一小段，一边播放一边载入。

8.1.3 读/写文件基本流程与文件指针

程序读/写文件基本流程如图 8.6 所示，主要有三步，打开→读/写→关闭。

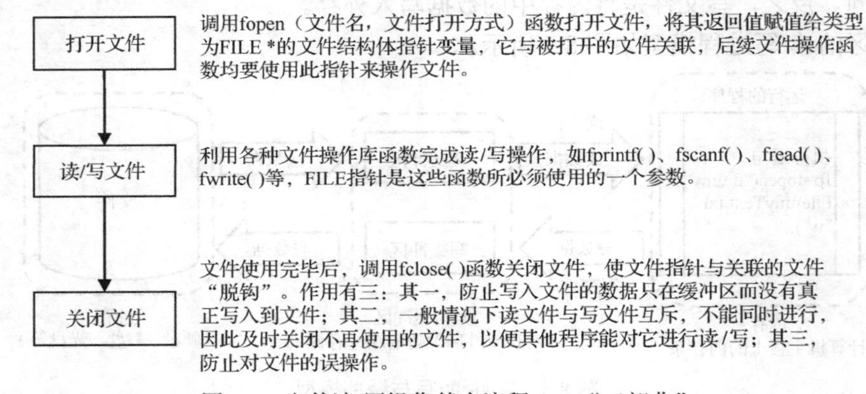

图 8.6　文件读/写操作基本流程——“三部曲”

图 8.7 至图 8.11 展示了文件指针与所操作文件在打开、读、写、关闭时的示意图。

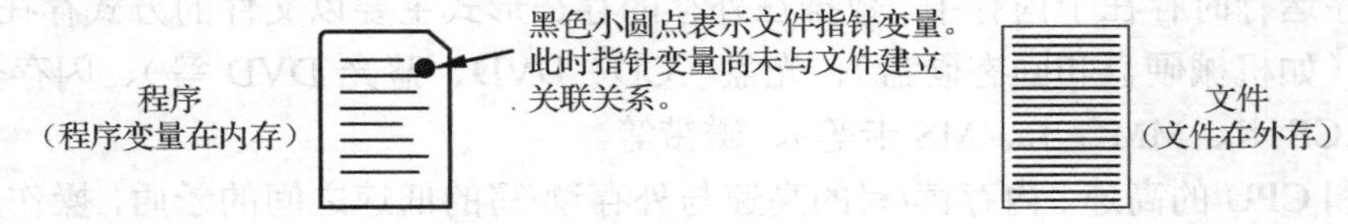

图 8.7　打开文件之前

下面讲述文件的打开和关闭。

对于任何文件进行读/写操作，必须先打开文件建立文件指针变量与文件的关联。读/写操作完毕后必须关闭文件。

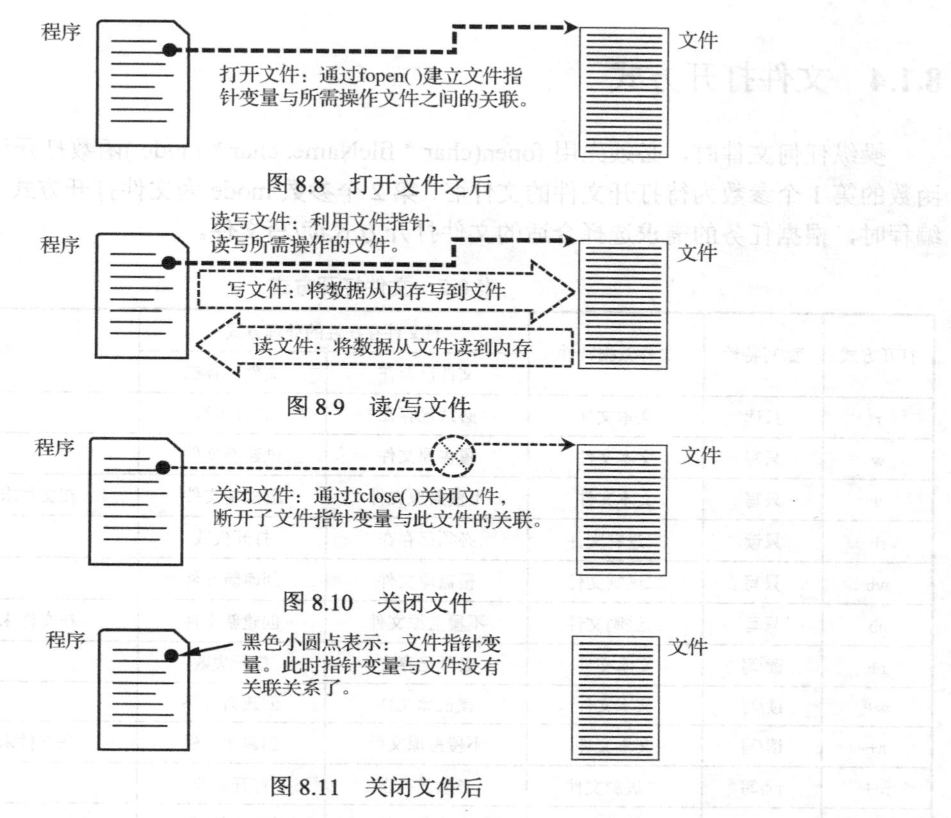

图 8.8　打开文件之后

图 8.9　读/写文件

图 8.10　关闭文件

图 8.11　关闭文件后

例如，通过 FILE * fp=fopen（文件名，文件打开方式）函数返回值得到一个 FILE*类型的“文件指针”变量 fp，该变量与某个待操作的文件关联，其后的文件操作函数都需要使用此 FILE 指针变量。这样，程序对“文件指针”变量的读/写操作，实质就是对此“指针变量”对应的“文件”进行操作。

fopen( )函数的第 1 个参数“文件名”可以是带文件路径的文件名，但文件路径必须已存在。如果文件名不带路径，则此文件位置与当前 Code::Blocks 代码工程或可执行文件（.exe）在同一文件夹。文件名如果有扩展名则必须包含扩展名。

FILE 类型是 C 语言 stdio.h 头文件中预定义的结构体类型，它用来表示读/写文件时所需相关信息，如当前读/写位置、状态标志、缓冲区起始地址、缓冲区大小，缓冲区中实际字符个数等信息。不同的 C 编译器对 FILE 结构体类型有不同的实现，但我们编程时仅需关注 FILE 指针变量与文件的对应关系即可，无须关心其具体结构。

如果打开文件失败，则 fopen( )函数返回 NULL。一般来说，应判断 fopen( )函数返回的文件指针是否为 NULL，以便应对文件打开失败的情形。打开文件失败的原因有很多：文件路径不存在、文件路径错误、文件名错误、扩展名错误、读文件时文件不存在、没有文件访问权限、存储设备硬件故障等。

小提示：

面向对象的程序设计语言（如 Java、C++等）将读写文件数据相关操作封装成文件输入/输出流（File Input/Output Stream）类，使用起来更加方便。

8.1.4　文件打开方式

操纵任何文件时，必须先用 fopen(char * fileName, char * mode)函数打开该文件。fopen( )函数的第 1 个参数为待打开文件的文件名，第 2 个参数 mode 为文件打开方式，如表 8.2 所示。编程时，根据任务的需求选择合适的文件打开方式读/写文件。

表 8.2　文件打开方式

打开方式	读/写特性	文件数据特性	对文件存在性的处理方式		备　注
			文件已存在	文件不存在	
r	只读	文本文件	必须已存在	打开失败	
w	只写	文本文件	覆盖原文件	创建新文件	
a	只写	文本文件	不覆盖原文件	创建新文件	在文件末尾追加写数据
rb	只读	二进制文件	必须已存在	打开失败	
wb	只写	二进制文件	覆盖原文件	创建新文件	
ab	只写	二进制文件	不覆盖原文件	创建新文件	在文件末尾追加写数据
r+	读/写	文本文件	必须已存在	打开失败	
w+	读/写	文本文件	覆盖原文件	创建新文件	
a+	读/写	文本文件	不覆盖原文件	创建新文件	在文件末尾追加写数据
rb+	读/写	二进制文件	必须已存在	打开失败	
wb+	读/写	二进制文件	覆盖原文件	创建新文件	
ab+	读/写	二进制文件	不覆盖原文件	创建新文件	在文件末尾追加写数据

（读/写方式助记：r—read，读；w—write，写；a—append 或 attach，追加；b—binary，二进制。）

小提示：何时需要将数据保存到文件？

当需要长时间保存的数据或希望数据不因程序运行终止或计算机重启和关机而丢失的话，就应该将数据保存为文件。例如，程序运行时的系统配置信息、输入数据、处理后的数据、最终运行结果等。

8.2　文件的读/写

文件读/写包括对文本文件的读/写和对二进制文件的读/写。

虽然用读/写二进制文件方式读/写文本文件仍可能正确，但用读/写文本文件方式读/写二进制文件通常是不可行的。建议用相应的读/写方式读/写文本文件和二进制文件。

8.2.1　文本文件的读/写

编程任务 8.1：写文本文件

任务描述：将键盘输入的文本写入到指定文本文件中。

输入：一段文本。

输出：将此文本数据保存到文本文件。文件路径和文件名为 D:\myFile\myText.txt。以上文件路径 D:\myFile 已经存在，但文件 myText.txt 并不存在，如图 8.12 所示。

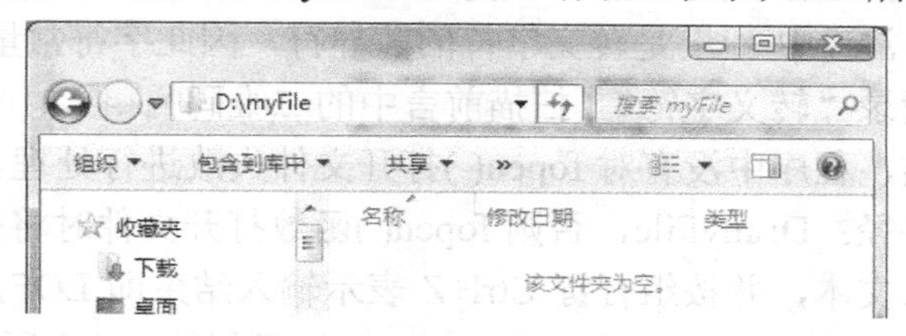

图 8.12 文件路径示意图

输入举例：

This is test for writing text to text file.

This is the second text line!（按组合键 Ctrl+Z 结束输入。）

输出举例：

在本地计算机指定路径生成了 D:\myFile\myText.txt 文件，其内容为输入的文本。

分析：用读/写文本文件的方式操作指定文件，代码如程序 8.1 所示。此程序写数据到文件的过程如图 8.13 所示。

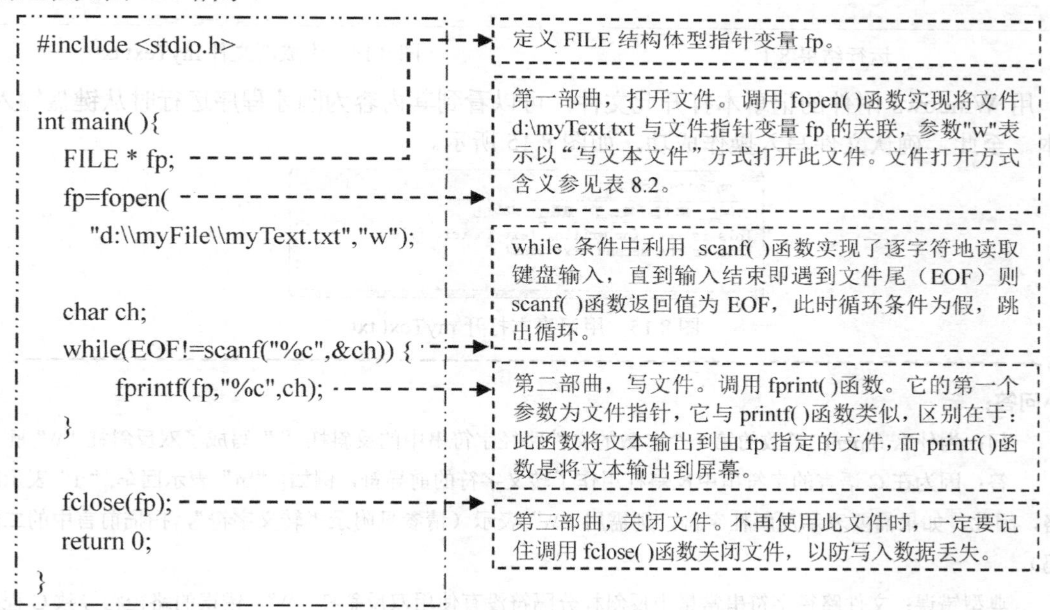

程序 8.1

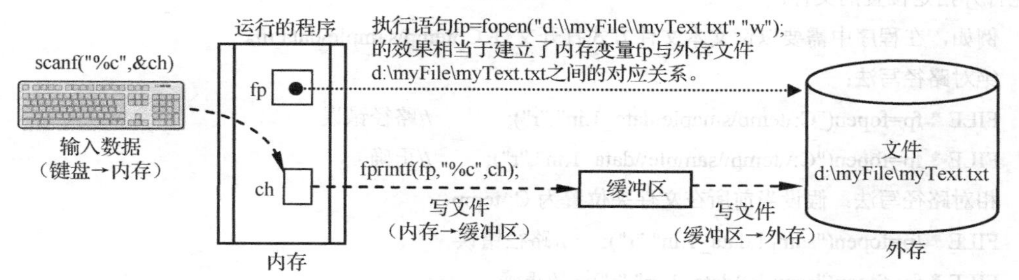

图 8.13 写数据到文件的过程

特别注意：

（1）以上程序中 fopen( )函数的第 1 个参数为待操作的文件名，此处的“d:\\myFile\\myText.txt”是带绝对路径的文件名，是字符串常量。因为路径中上下级目录之间的分隔符为“\”，而 C 语言字符串常量中“\”是转义字符的前导符，因此字符常量“\”必须写成“\\”。关于转义字符请参考附录“转义字符”（扫描前言中的二维码）。

（2）为了代码简洁，程序中没有对 fopen( )打开文件失败进行处理。程序运行前，请确认计算机已经存在文件路径：D:\myFile，否则 fopen( )函数打开文件时将失败。

程序运行后，输入文本，并按组合键 Ctrl+Z 表示输入结束即 EOF，回车。程序将输入的文本写入到指定文件，此处为 D:\myFile\myText.txt，如运行结果 8.1 所示。

如图 8.14 所示，可以看到在目录 D:\myFile 下有一个文件 myText.txt。至此确认文件创建成功。

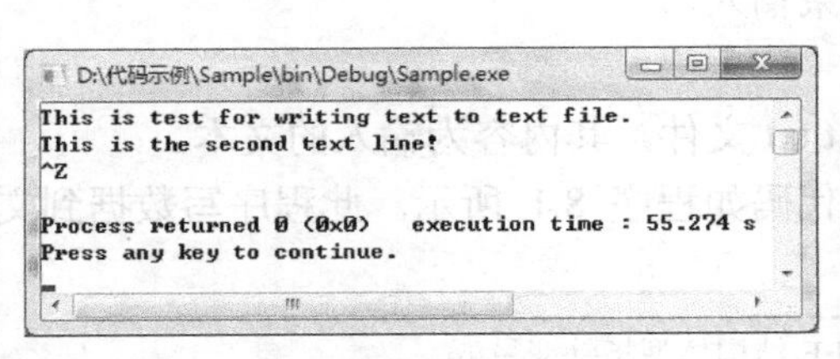

运行结果 8.1

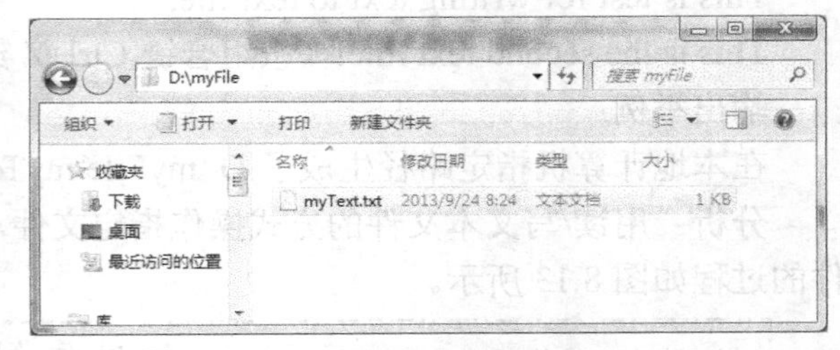

图 8.14　生成新文件 myText.txt

用 Windows 附件的记事本打开此文件，可以看到其内容为刚才程序运行时从键盘输入的文本。至此，确认文件写入操作成功，如图 8.15 所示。

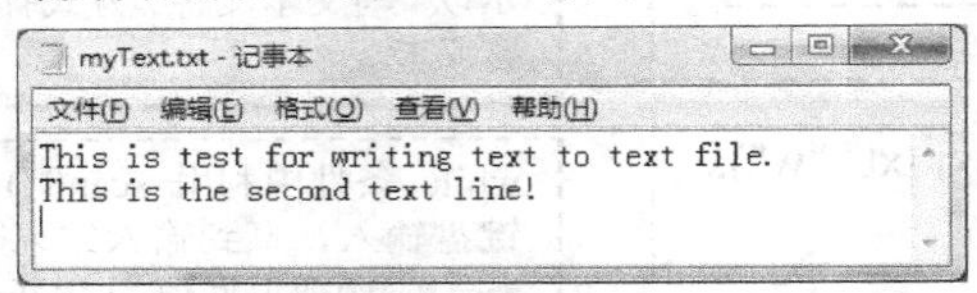

图 8.15　用记事本打开 myText.txt

小问答：

问：为什么 fopen( )函数的第 1 个参数的文件路径字符串中的反斜杠“\”写成了双反斜杠“\\”呢？

答：因为在 C 语言的字符串中反斜杠用作了转义字符的前导符，例如，“\n”表示回车，“\t”表示跳格，因此，如果需要表示反斜杠字符，则需用“\\”表示（请参见附录“转义字符”，扫描前言中的二维码）。

典型错误：文件路径字符串常量中反斜杠分隔符没有使用双反斜杠“\\”。错误的路径将导致 C 程序不能打开指定位置的文件。

例如，在程序中需要以读文本文件方式打开文件 C:\temp\sample\data.in。

绝对路径写法：

```
FILE * fp=fopen("C:\temp\smaple\data_1.in","r");        //路径错误
FILE * fp=fopen("C:\\temp\\sample\\data_1.in","r");     //正确
```

相对路径写法：假设当前所在文件夹位置为 C:\temp。

```
FILE * fp=fopen("sampl\data_1.in","r");    //路径错误
FILE * fp=fopen("sample\\data_1.in","r");  //正确
```

编程任务 8.2：读文本文件

任务描述：将指定文本文件的内容读出并显示到屏幕。

输入：给定文件 D:\myFile\myText.txt。此文件一定存在，并且其中已有文本内容。

输出：在屏幕上显示文件中文本内容。

输入示例：D:\myFile\myText.txt，其内容为上例所写入的内容。

输出示例：

This is test for writing text to text file.

This is the second text line!

分析：对于文本文件的输入结束，可以利用 fscanf( )函数的返回值来判断，当然也可以利用 feof( )来判断。本例采用前者，代码如程序 8.2 所示。

```
#include <stdio.h>

int main( ){
        FILE * fp;
        fp=fopen("d:\\myFile\\myText.txt", "r" );

        char ch;
        while(EOF!=fscanf(fp,"%c",&ch)) {
                printf("%c",ch);
        }
        fclose(fp);
        return 0;
}
```

此程序代码与上例及其相似，下面只展示不同之处。

因为本任务需要读取文本文件，因此 fopen( )函数的读写文件方式参数为"r"。

上例是利用 scanf( )函数接受键盘的输入，结果用 fprintf( )函数输出到文件。本例则用 fscanf( )函数接收从文件输入的字符，结果用 printf( )函数输出到屏幕。

程序 8.2

程序 8.2 的运行结果如运行结果 8.2 所示，该程序从文件中读出了数据显示到屏幕。

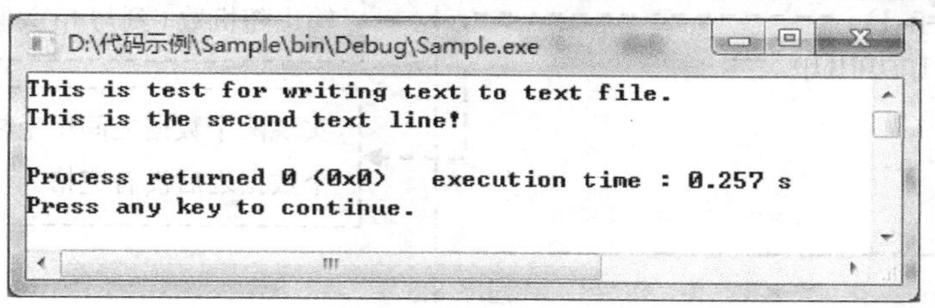

运行结果 8.2

以下两个编程任务将演示如何将数据以文本方式输出到文件，如何从文本文件读入数据。此前程序的输入默认从键盘输入（一般通过 scanf ( )函数实现），输出默认输出到控制台，即通常所说的屏幕显示器（一般通过 printf( )函数实现），如图 8.16 所示。

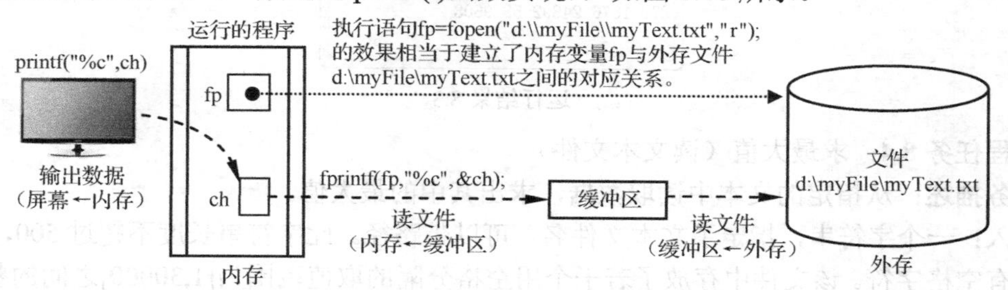

图 8.16　从文件中读取数据

编程任务 8.3：生成随机数（写文本文件）

任务描述：在软件测试时经常需要生成大规模随机测试数据文件，显然，用手工方式去编辑很难做到，编程实现此任务能大大提高工作效率。

输入：一个正整数 n（1≤n≤100000)。

输出：生成 D:\myFile\myData.txt 文本文件。文件数据为 n 个用空格分隔的范围在 1～30000 之间的正整数。文件夹 D:\myFile 是已经存在的。

输入示例：5

输出示例：

396 2 17543 87 4052

分析：随机数的生成可以利用库函数 rand( )。此函数生成范围为[0, 32767]的伪随机整数。为了区间为[0,32767]的随机数落在指定区间[1,30000]内，利用取余运算即可实现。每生成一个随机数便写入到文件中，代码如程序 8.3 所示。

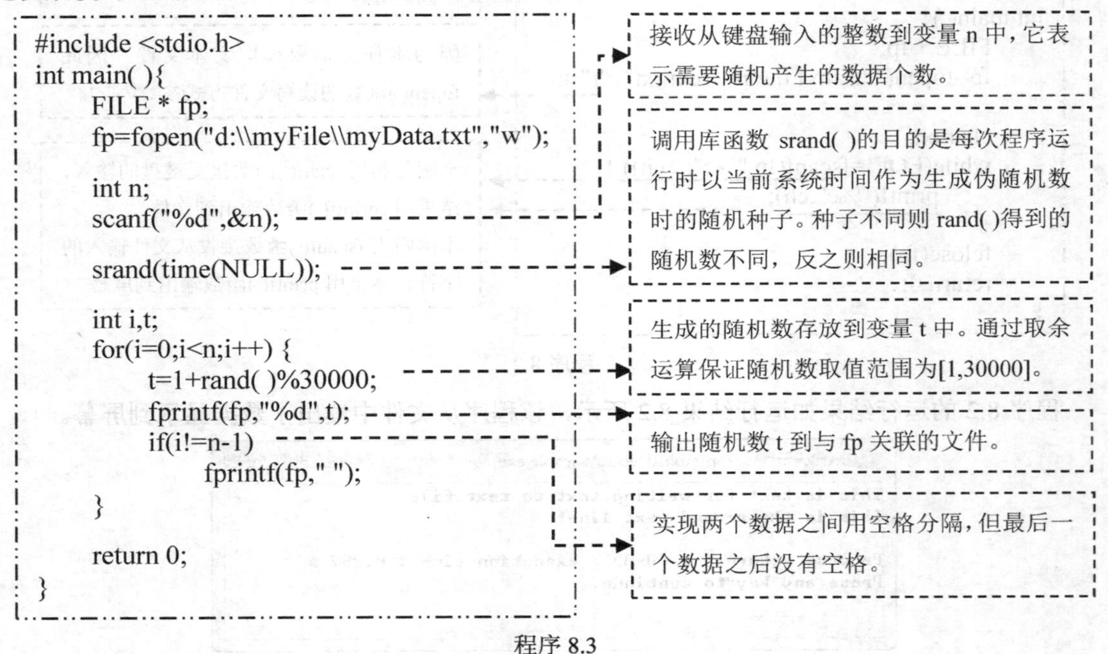

程序 8.3

程序运行后，从键盘输入 5，程序将生成 5 个随机数，写入文件 D:\myFile\myData.txt。打开此文件可以查看其内容，如运行结果 8.3 所示。

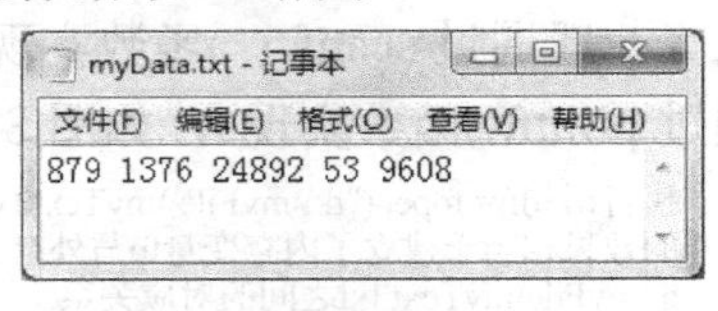

运行结果 8.3

编程任务 8.4：求最大值（读文本文件）

任务描述：从指定的文本中读取数据，求出其中的最大值。

输入：一个字符串，指定了文本文件名，可以带路径。此字符串长度不超过 500，并且此串中没有空格字符。该文件中存放了若干个用空格分隔的取值范围为[1,30000]之间的整数，至少有一个整数。

输出：这些整数的最大值。

输入示例：D:\myFile\myData.txt。这是以上例生成的 D:\myFile\myData.txt 作为输入文件。文件中包含如下数据：879 1376 24892 53 9608。

输出示例：

24892

分析：为了求最大值，每次从指定的文本文件中读取一个整数。因为输入文件中至少有一个整数。因此可以将第一个整数读入 max 变量，并将此值作为初始的最大值。然后，每次从文件中读入一个数据到 now 变量就与 max 变量相比较，如果 now 大则更新 max，否则跳过。判断输入数据是否结束需要利用 scanf( )的返回值 EOF 实现。代码如程序 8.4 所示，结果如运行结果 8.4 所示。

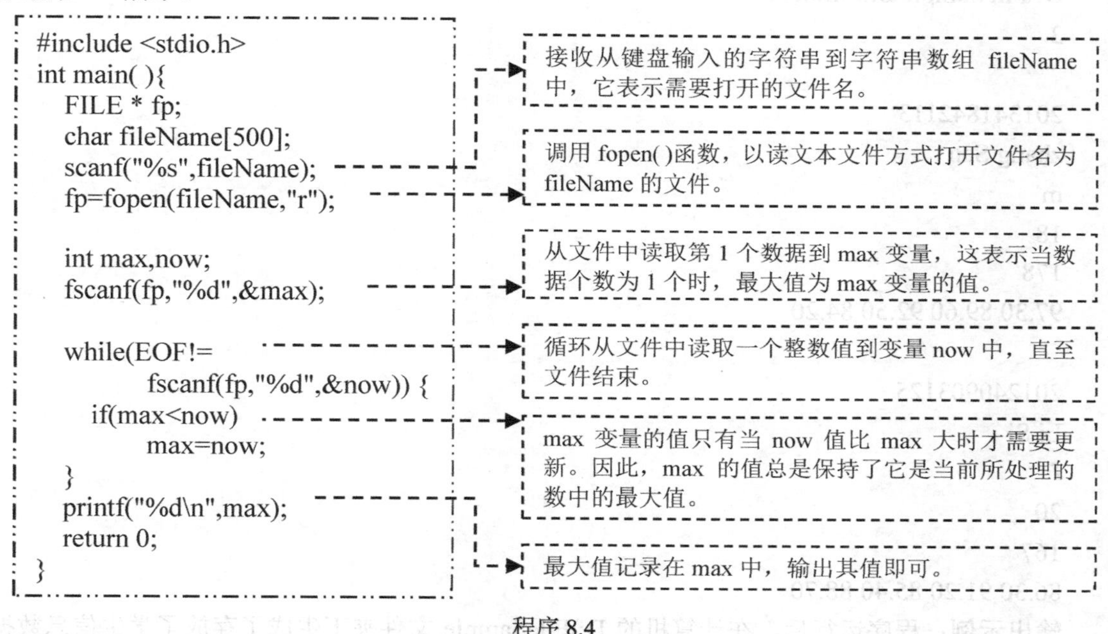

```
#include <stdio.h>
int main( ){
   FILE * fp;
   char fileName[500];
   scanf("%s",fileName);
   fp=fopen(fileName,"r");

   int max,now;
   fscanf(fp,"%d",&max);

   while(EOF!=
           fscanf(fp,"%d",&now)) {
     if(max<now)
           max=now;
   }
   printf("%d\n",max);
   return 0;
}
```


程序 8.4

```
D:\代码示例\Sample\bin\Debug\Sample.exe
D:\myFile\myData.txt
24892

Process returned 0 (0x0)   execution time : 29.599 s
Press any key to continue.
```

运行结果 8.4

文本文件其他的读/写函数还包括 fgets( )、fputs( )、fgetc( )、fputc( )等，其用法请参考附录“库函数 输入/输出函数 stdio.h”（扫描前言中的二维码）部分。

8.2.2 二进制文件读/写

编程任务 8.5：保存学生信息到二进制文件

任务描述：请将如下所述的一个学生信息保存到指定的二进制文件中。

学生信息各项数据和格式：学号为 12 位整数；姓名长度不超过 50 个字符，可有空格；性别，字母 m 表示男生，f 表示女生；年龄为整数；身高为整数，以厘米为单位。其后 4 个数为该同学大学 4 年每年的平均成绩，保留两位小数。

输入：第 1 行有一个字符串，长度不超过 1000 个字符，表示保存学生信息的二进制文件的文件名。文件名可带文件路径，且文件路径已存在，可有空格。第 2 行有一个整数 n，表示学生人数。其后的每个学生信息按照以上格式中各项数据，每项数据占一行，其中年平均成绩之间用空格分隔。两个学生信息之间有空行。

输出：将输入的学生信息以二进制方式写入指定文件。

输入示例：

```
D:\FileSample\StuInfo.dat
2

201341842113
zhang San
m
18
178
97.30 89.60 92.50 84.20

201240903125
Li Si
f
20
167
86.30 91.20 85.40 88.70
```

输出示例：程序运行后，在计算机的 D:\FileSample 文件夹下生成了存放了学生信息数据的文件 stuInfo.dat。程序运行前，必须确保 D:\FileSample 文件夹已经存在，如图 8.17 所示。

图 8.17　打开 D:\FileSample 文件夹

分析：先通过一个小实验程序以帮助理解结构体在内存中的存储方式。代码如程序 8.5 所示，结果如运行结果 8.5 所示。此程序中结构体变量在内存中的情形如图 8.18 所示。

```
#include <stdio.h>
struct stuInfo{
    long long stuId;    //学号
    char name[50];    //姓名
    char sex;           //性别
    int age;            //年龄
    int height;         //身高
    float avg[4];       //4 年的年平均成绩
};

int main( ){
    struct stuInfo s;
    printf("sizeof(s)=%08X\n",sizeof(s));      // 输出结构体变量 s 占用内存字节总数。
    printf("&s\t =%08X\n",&s);                 // 输出结构体变量 s 的起始地址。
    printf("&s.stuId =%08X\n",&s.stuId);       // 输出结构体变量 s 每个数据成员的起始地址。
    printf("&s.name\t =%08X\n",&s.name);
    printf("&s.sex\t =%08X\n",&s.sex);
    printf("&s.age\t =%08X\n",&s.age);
    printf("&s.height=%08X\n",&s.height);
    printf("&s.avg\t =%08X\n",&s.avg);
    return 0;
}
```

程序 8.5

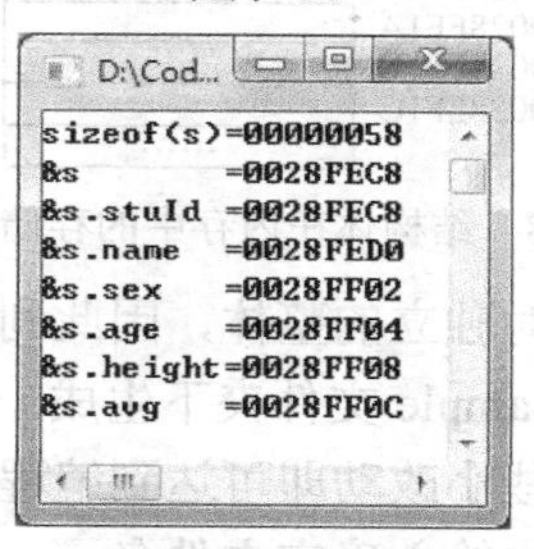

```
sizeof(s)=00000058
&s        =0028FEC8
&s.stuId  =0028FEC8
&s.name   =0028FED0
&s.sex    =0028FF02
&s.age    =0028FF04
&s.height =0028FF08
&s.avg    =0028FF0C
```

运行结果 8.5

为了使问题简化，首先实现一个功能被简化的程序。该程序直接将程序中存放了某个特定学生信息数据的结构体写入某个特定路径和文件名的二进制文件中。因为是以二进制方式写文件，所以应该调用 fwrite( )函数实现写数据到文件。代码如程序 8.6 所示。

例如，将输出文件固定为：D:\\File。

仅输出一个学生的信息，并且此学生信息固定为：

学号：201341842113

姓名：zhang san

性别：m

年龄：18

身高：178

年平均成绩：97.30 89.60 92.50 84.20

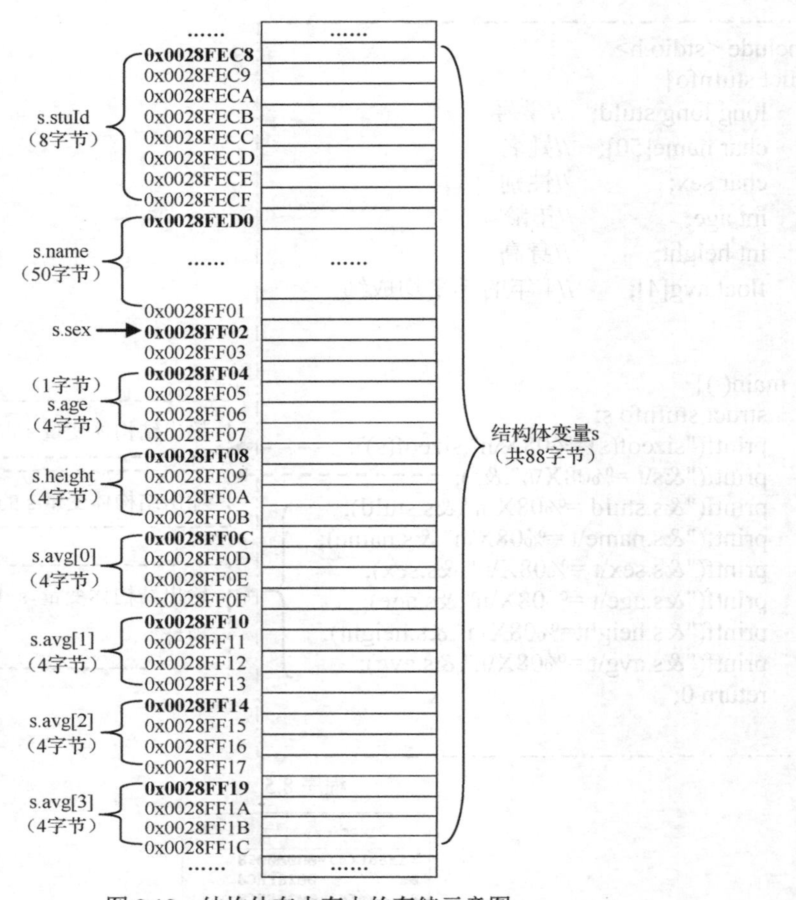

图 8.18　结构体在内存中的存储示意图

因为每个学生的信息是一个相对独立的整体，因此利用结构体类型表示学生信息。

程序 8.6 运行后，将在 D:\FileSample 文件夹下生成一个名为 stuInfo.dat 的新二进制文件。

在以上程序的基础上，只需做些小改动即可达到编程任务的要求，改动如下。

（1）将固定文件名改为根据用户输入确定文件名。

（2）将固定学生信息改为接受用户输入的学生信息。

（3）将只输出 1 个学生信息改为可处理 n 个学生信息。

修改后的代码如程序 8.7 所示。

以编程任务的“输入举例”中的学生信息作为程序 8.7 的输入，该程序将结构体数据以二进制方式输出到文件 StuInfo.dat，那么此文件中数据为二进制格式。用 UltraEdit 打开此文件后，所见内容如图 8.19 所示。

如果将以上测试用例数据以文本文件方式保存到文件，再用 UltraEdit 打开此文本文件查看其中的数据。我们能看到，右侧显示了左侧 ASCII 码对应的文本，如图 8.20 所示。

以文本方式存储时，存储的是字符的编码（英文字符为 ASCII 码、中文字符为中文编码）。

例如，学号 201341842113 以 long long 型的二进制存储为 8 字节（因为 long long 型大小为 8 字节）：（C1 B2 E8 E0 2E 00 00 00）$_{十六进制}$。如果以文本方式存储为 12 字节（因为共有 12 个字符，每个字符 1 字节）：（32 30 31 33 34 31 38 34 32 31 31 33）$_{十六进制}$。

```c
#include <stdio.h>

struct stuInfo{
    long long stuId;   //学号
    char name[50];     //姓名
    char sex;          //性别
    int age;           //年龄
    int height;        //身高
    float avg[4];      //4 年的年平均成绩
};

int main( ){
    struct stuInfo s;

    s.stuId=201341842113;
    strcpy(s.name,"zhang San");
    s.sex='m';
    s.age=18;
    s.height=178;
    s.avg[0]=97.3;
    s.avg[1]=89.6;
    s.avg[2]=92.5;
    s.avg[3]=84.2;

    FILE * fp;
    fp=fopen("D:\\myFile\\stuInfo.dat",
             "wb");

    fwrite(&s,sizeof(struct stuInfo),1,fp);

    fclose(fp);
    return 0;
}
```

定义能表示学生信息的结构体类型 stuInfo。各成员的定义按照数据的格式要求来设计。

考虑到学号有 12 位数字，可以考虑用字符数组类型或 long long 型。

4 年的年平均成绩可以定义为数组，也可以定义成 4 个单变量。

定义一个学生结构体类型的变量 s，它可以存放一个具体学生信息。变量 s 在计算机中占用连续的内存空间。

给结构体变量 s 的成员赋值。
学号可直接赋值。
姓名是字符串，不能写成 s.name="Zhan san"，必须通过 strcpy( )函数实现字符串的复制。
性别是单字符，注意单引号的用法。
4 年平成绩数组中通过下标访问对应的数组元素的方式一一赋值。

以写二进制文件的方式打开 D:\FileSample\stuInfo.dat 文件。程序运行前，应确保计算机中已存在文件路径 D:\FileSample，否则 fopen( )函数打开文件时将失败。

以写二进制数据块的方式写入文件。将结构体变量 s 的起始地址作为数据源的起始地址，将 1 块单位长度为一个结构体类型 stuInfo 所占字节数的数据块，写入 fp 对应的文件。其效果是将结构体 s 中的数据写入文件。

最后要关闭已打开的文件。

程序 8.6

因此，可以看出同样的数据用文本文件存储和用二进制文件存储的数据迥异。

编程任务 8.6：从二进制文件读取学生信息

任务描述：请从指定的文件中读入按如下结构体类型存放的学生信息。

```c
struct stuInfo
{
    long long stuId;   //学号，为 12 位整数
    char name[50];     //姓名，长度不超过 50 个字符
    char sex;          //性别，字母 m 表示男生，f 表示女生
    int age;           //年龄
    int height;        //身高，以厘米为单位，保留两位小数
    float avg[4];      //大学 4 年的年平均成绩
};
```

```c
#include <stdio.h>

struct stuInfo{
      long long stuId;   //学号
      char name[50];     //姓名
      char sex;          //性别
      int age;           //年龄
      int height;        //身高
      float avg[4];      //4 年的年平均成绩
};

int main( ){
     char fn[1001];
     gets(fn);
     FILE * fp=fopen(fn,"wb");

     int n,i,j;
     struct stuInfo s;

     scanf("%d",&n);

     for(i=0;i<n;i++)        {
          scanf("%lld",&s.stuId);
          getchar( );
          gets(s.name);
          scanf("%c",&s.sex);
          scanf("%d",&s.age);
          scanf("%d",&s.height);
          for(j=0;j<4;j++)
               scanf("%f",&s.avg[j]);

          fwrite(&s,sizeof(s),1,fp);
     }

     fclose(fp);
     return 0;
}
```

- struct stuInfo{ —— 定义能表示学生信息的结构体类型 stuInfo。各成员的定义按照数据的格式要求来设计。
- long long stuId; —— 考虑到学号有 12 位数字，可以考虑用字符数组类型或 long long 型。
- float avg[4]; —— 4 年的年平均成绩可以定义为数组，也可以定义成 4 个单变量。
- char fn[1001]; —— 字符串 fn 存放待写入数据的文件名。
- gets(fn); —— 因为文件路径和文件名中可能有空格，因此利用 gets( )实现输入。
- FILE * fp=fopen(fn,"wb"); —— 以写二进制文件方式打开文件名 fn 对应的文件。
- struct stuInfo s; —— 定义一个学生结构体类型的变量 s，它可以存放一个具体的生信息。
- scanf("%d",&n); —— 输入学生人数到变量 n。
- for(i=0;i<n;i++) { —— 此循环的作用：对每次从输入中接受 1 个学生的信息，填充到 stuInfo 型结构体变量 s 的各成员。然后将结构体变量所在的数据块写入文件。注意，在此过程中结构体变量 s 用来充当存放 1 个学生信息的“容器”，被循环重复使用。
- scanf("%lld",&s.stuId); … scanf("%f",&s.avg[j]); —— 接受输入，给结构体变量 s 的成员赋值。
- fwrite(&s,sizeof(s),1,fp); —— 以写二进制数据块的方式写入文件。将起始地址为结构体变量 s 的起始地址，将 1 块单位长度为一个结构体类型 stuInfo 所占字节数的数据块，写入 fp 对应的文件。
- fclose(fp); —— 不再使用文件，关闭文件。

程序 8.7

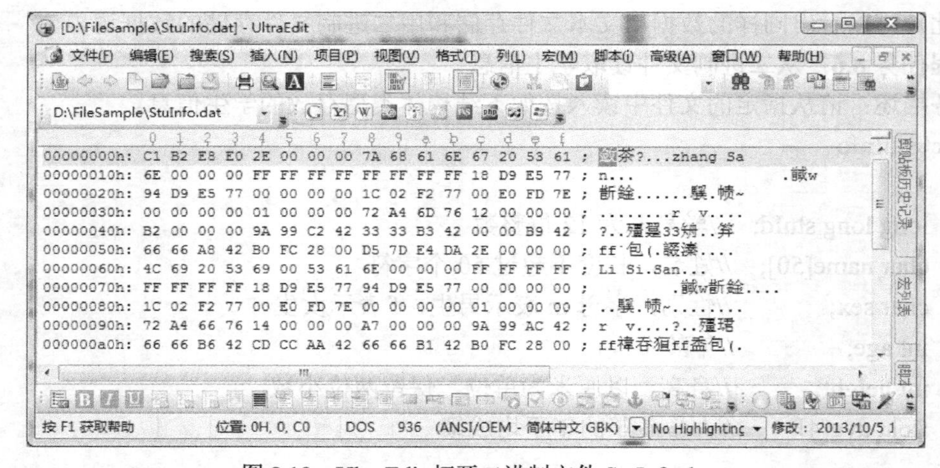

图 8.19　UltraEdit 打开二进制文件 StuInfo.dat

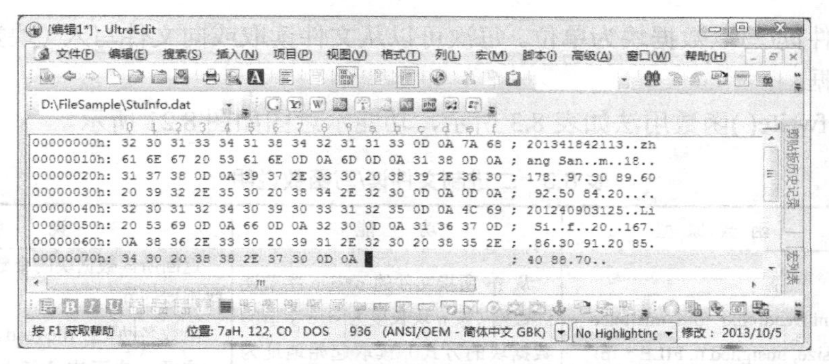

图 8.20　UltraEdit 打开文本文件 StuInfo.dat 以二进制方式查看

输入：第 1 行有一个字符串，长度不超过 1000 个字符，表示存放了若干个学生信息数据的二进制文件的文件名。文件名可带文件路径，可有空格。输入时已确保此文件存在，并已正确地按以上学生信息格式存放了若干个学生的结构体类型数据。

输出：文件中所有的学生信息。每个学生信息按照以上格式中各项数据输出，每项数据占一行，其中年平均成绩之间用空格分隔，保留 2 为小数。每个学生信息之后有空行。

输入举例：d:\stuInfo.dat。（在 D 盘根目录下有二进制文件 stuInfo.dat，该文件）。

输出举例：略。

分析：直接利用 fread( )函数以读二进制文件方式读文件，将数据读入到结构体变量，代码如程序 8.8 所示。

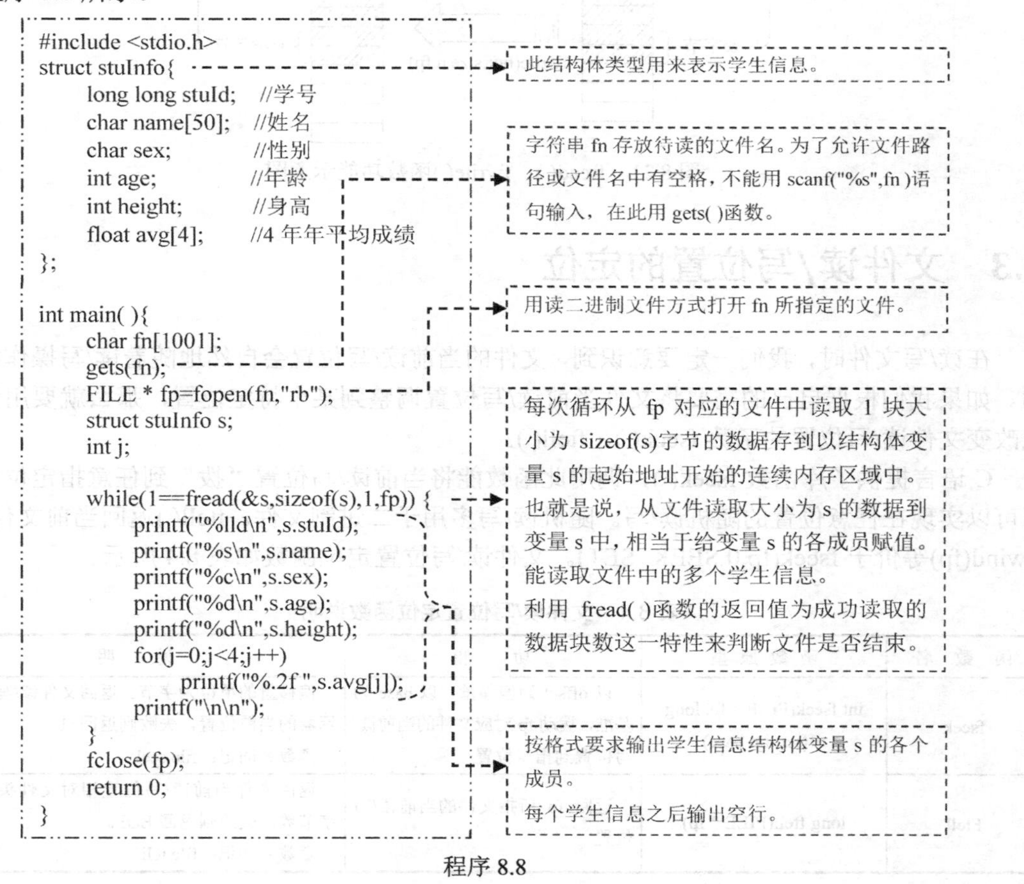

```
#include <stdio.h>
struct stuInfo{
    long long stuId;    //学号
    char name[50];      //姓名
    char sex;           //性别
    int age;            //年龄
    int height;         //身高
    float avg[4];       //4 年年平均成绩
};

int main( ){
    char fn[1001];
    gets(fn);
    FILE * fp=fopen(fn,"rb");
    struct stuInfo s;
    int j;

    while(1==fread(&s,sizeof(s),1,fp)) {
        printf("%lld\n",s.stuId);
        printf("%s\n",s.name);
        printf("%c\n",s.sex);
        printf("%d\n",s.age);
        printf("%d\n",s.height);
        for(j=0;j<4;j++)
            printf("%.2f ",s.avg[j]);
        printf("\n\n");
    }
    fclose(fp);
    return 0;
}
```


程序 8.8

二进制文件读/写以数据块为单位。每次可以从文件读取或向文件写入（块数×每数据块大小）字节的数据。

fread( )和 fwrite( )函数用法如表 8.3 所示，功能示意图如图 8.21 所示。

表 8.3　二进制文件读/写函数说明

函数名	函数原型	功　能	说　明
fread	int fread(char *buf, unsigned size, unsigned n, FILE * fp)	从 fp 所指文件的 n*size 字节连续数据（按 n 块长度为 size 字节的数据块的方式）读取起始地址为 buf 的 n*size 字节的连续内存空间	返回所读数据块的个数，如遇文件尾或出错则返回 0。 函数名助记：file read。 注意，内存中 buf 所指向地址开始的 n*size 字节存储空间的数据将被覆盖
fwrite	int fwrite(char *buf, unsigned size, unsigned n, FILE * fp)	将内存起始地址为 buf 的 n*size 字节的数据（按 n 块长度为 size 字节的数据块的方式）写入 fp 所指文件	返回写入文件的数据块个数。 函数名助记：file write。 注意，文件当前位置开始的 n*size 字节存储空间的数据将被覆盖

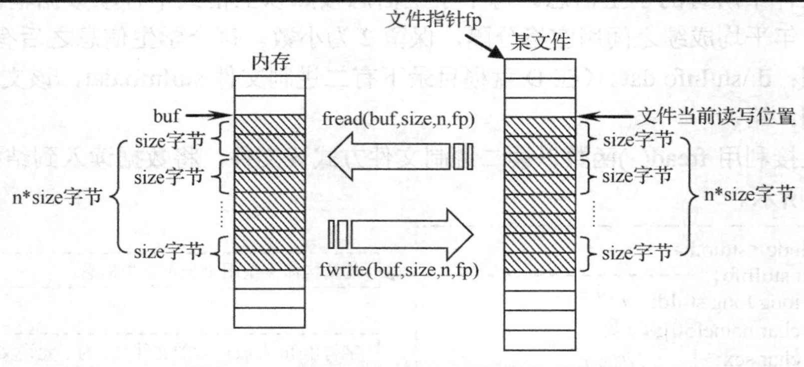

图 8.21　fread( )、fwrite( )函数功能示意图

8.3　文件读/写位置的定位

在读/写文件时，我们一定要意识到，文件的当前读/写位置会自然地随着读/写操作往后移动。如果我们根据自己的需要将文件当前读/写位置调整到某个特定位置，那么就要用到读取或改变文件读/写位置的函数 fseek( )、ftell( )。

C 语言提供了库函数 fseek( )，调用此函数能将当前读/写位置“拨”到任意指定位置，从而可以实现在任意位置的随机读/写。随机读/写多用于二进制文件。ftell()返回当前文件位置，rewind(fp)等价于 fseek(fp,0,SEEK_SET)。文件读/写位置定位函数如表 8.4 所示。

表 8.4　文件读/写位置定位函数说明

函数名	函数原型	功　能	说　明
fseek	int fseek(FILE * fp, long offset, int base)	以 offset 为偏移量、以 base 为基准，拨动 fp 对应文件的当前读/写位置到指定位置	偏移量的单位为字节。返回文件读/写位置指示器的当前位置，失败则返回-1。 函数名助记：file seek
Ftell	long ftell(FILE * fp)	返回 fp 所指文件的当前读/写位置	返回文件当前读/写位置相对文件头的偏移字节数，失败则返回 EOF。 函数名助记：file tell

续表

函 数 名	函 数 原 型	功 能	说 明
Rewind	void rewind(FILE * fp)	将 fp 所指文件的当前读/写位置拨回到文件开始处	注意，此函数名不要误作 frewind

feek(fp,offset,base)中的第 3 个参数 base 可取 3 个预定义常量之一，如表 8.5 所示。

表 8.5 fseek( )函数第 3 个参数 base 取值

预定义常量	值	含 义
SEEK_SET	0	以文件开始处为基准
SEEK_CUR	1	以文件开始当前读/写位置为基准
SEEK_END	2	以文件结束处为基准

第 2 个参数可以为正值也可以为负值。正值表示从基准点往文件尾方向偏移；负值表示从基准点往文件头方向偏移。文件定位函数与文件位置常量如图 8.22 所示。

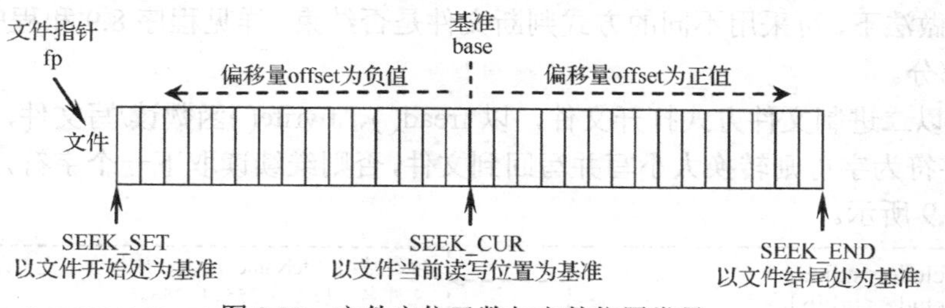

图 8.22 文件定位函数与文件位置常量

编程任务 8.7： 文本文件中字母大小写相互转换

任务描述： 某文本文件中含有大小写字母和其他字符，请将此文件的大小写字母互转，非字母字符不变，转换后的结果存放在原文件中。

输入： 一个字符串占一行，长度为不超过 255 个字符，字符串为包含了文件路径的待处理文本文件的文件名。该文件中已经存放了包含大小写字母和其他字符。输入已确保文件存在，并且程序能根据此路径访问此文件。

输出： 字母大小写转换后的原文件。

输入举例： D:\data.txt

用记事本打开此文件，可见文件中包含如图 8.23 所示的字符。

输出举例： 本程序运行后，再次打开此文件，内容如图 8.24 所示。

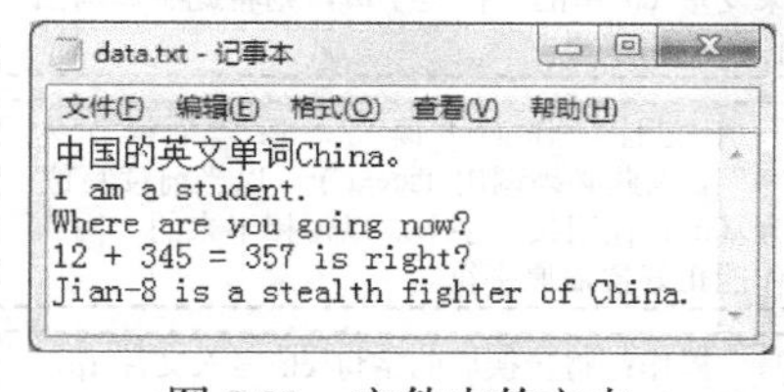

图 8.23 文件中的文本

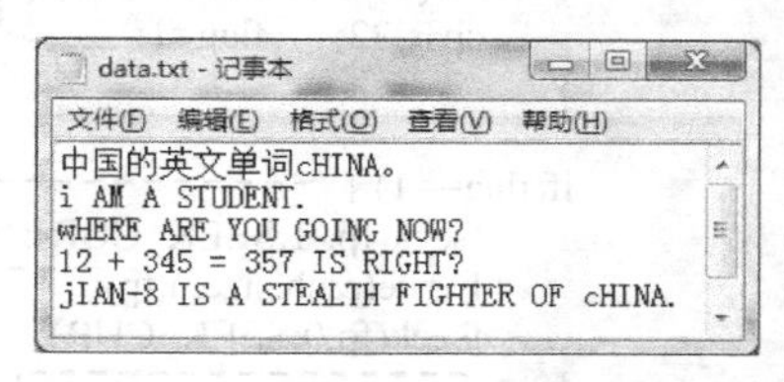

图 8.24 转换后，文件中的文本

分析： 解决本编程任务有多种思路。

思路 1：将文件中所有内容全部读入数组（内存）中，然后在数组中完成转换大小写字母，最后将数组内容写入程序。此方法的优点是实现代码相对简单，缺点是如果被处理的文件很大，无法一次读入内存。

思路 2：每次从文件读取一个字符或单词到变量（在内存）中，如果是字母则转换后马上写回到文件替换原字符或单词，否则读取下一个字符或单词，直到文件结束。

本例采用第 2 种思路。具体做法又有两种。

做法 1：将此文件以二进制文件方式打开，调用 fread( )、fwrite( )函数读/写文件。

做法 2：将此文件以文本文件方式打开，调用 fscanf( )、fprintf( )函数读/写文件。

以上两种做法均是“对同一个文件交替进行读/写”。因为是对已经存在的同一文件进行交替读、写，对于这种情况下的文件操作应注意以下 3 个问题。

（1）文件读/写方式的选择：做法 1 打开文件模式串应该为“r+”，做法 2 打开文件模式串应该为“rb+”。这取决于 3 个方面：二进制方式还是文本方式、可读并且可写、待处理文件已存在。

（2）因为 C 语言中对同一个文件进行交替读/写时，在读与写（同理，写与读）之间必须调用 fseek( )语句，否则写文件的操作不起作用。具体原因请参阅《C 陷阱与缺陷》（[美] Andrew Koenig 著；高巍译，人民邮电出版社，2008 年）。

（3）两种做法下，可采用不同的方式判断文件是否结束。详见程序 8.9 和程序 8.10 中 while 语句的条件部分。

做法 1：以二进制文件方式打开文件，以 fread( )、fwrite( )函数读/写文件，每次读取一个字符如果该字符为字母则转换大小写并写回到文件，否则继续读取下一个字符，直到文件结束，代码如程序 8.9 所示。

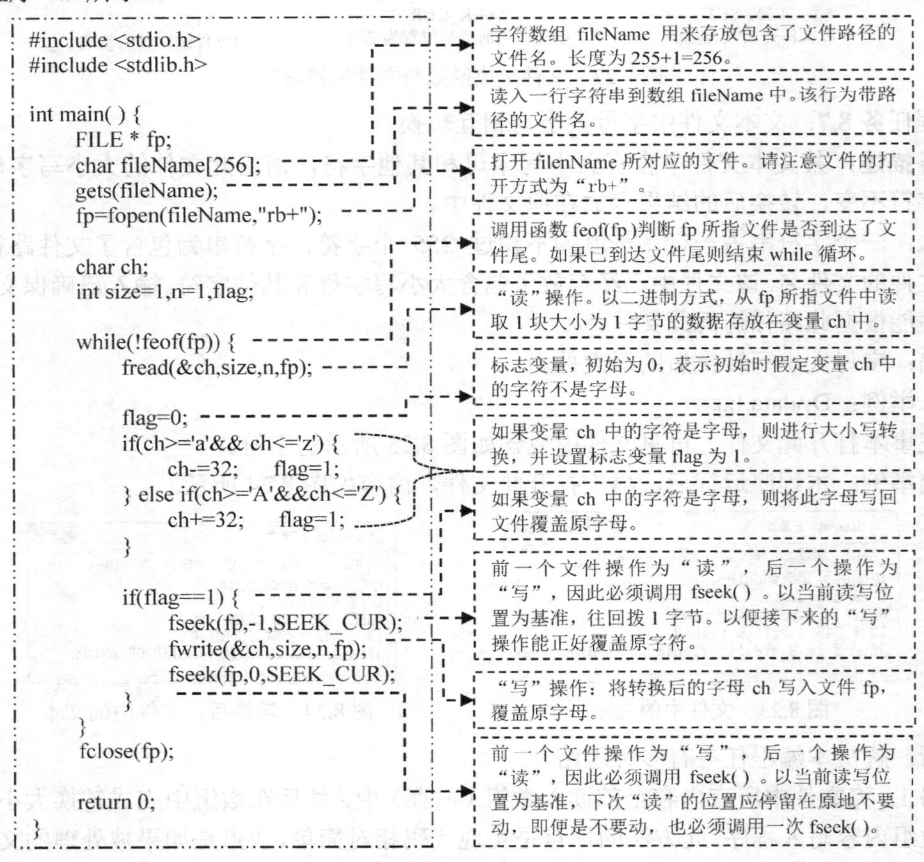

程序 8.9

程序运行后，输入已经预先准备好的文本文件路径。例如，输入字符串“D:\data.txt”。回车后，程序对此文件进行了处理。然后用记事本打开此文件观察其中的大小写字母是否已经发生了转换。

做法 2：每次读入一个字符串（由空格、回车、跳格分隔的字符串），如果此字符串中有字母，则将字母大小写互转后写回到文件覆盖原字符串；如果此字符串中没有字母，则继续读取下一个字符串，直到文件结束。其代码如程序 8.10、程序 8.11 所示。

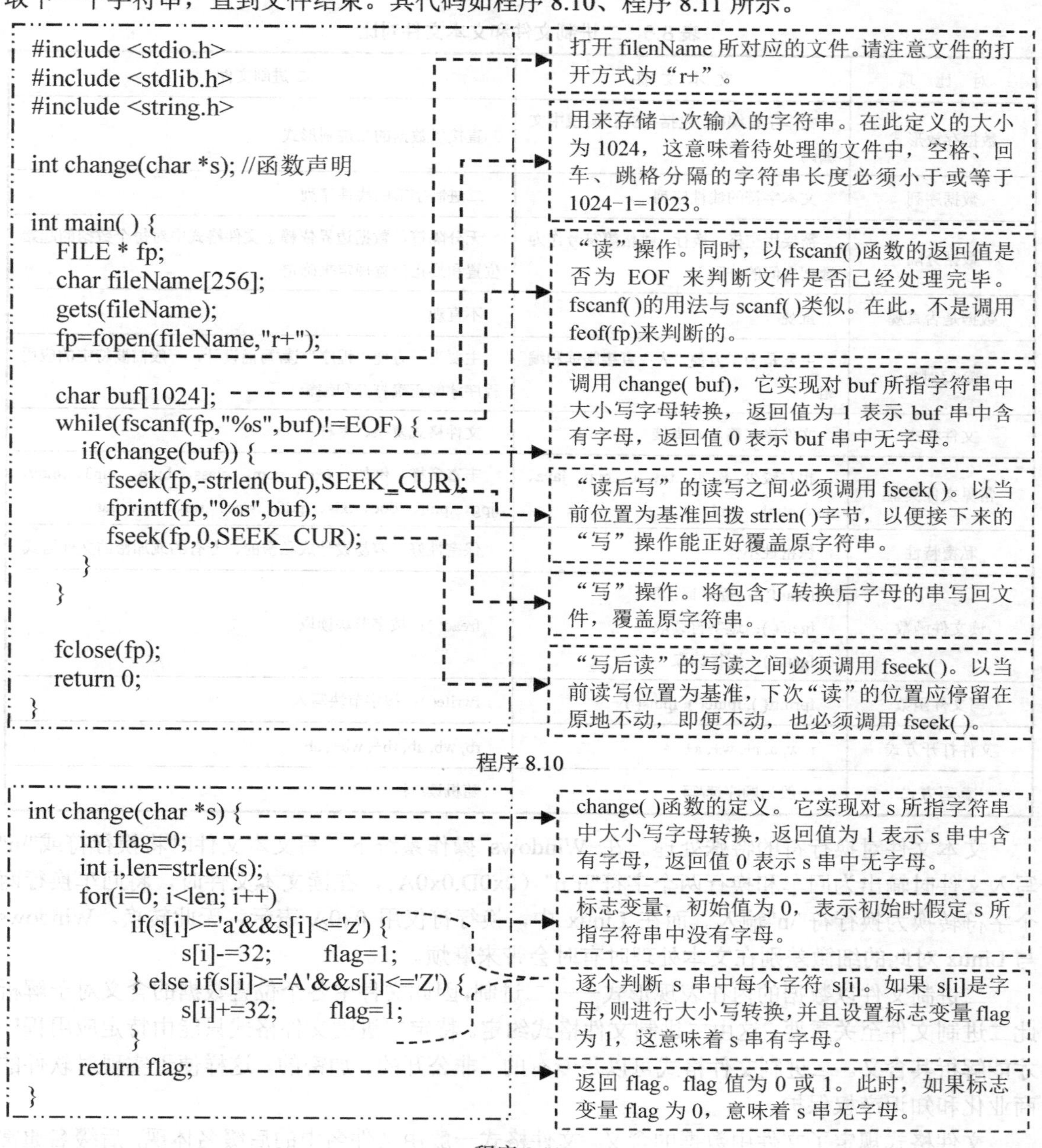

```c
#include <stdio.h>
#include <stdlib.h>
#include <string.h>

int change(char *s); //函数声明

int main( ) {
    FILE * fp;
    char fileName[256];
    gets(fileName);
    fp=fopen(fileName,"r+");

    char buf[1024];
    while(fscanf(fp,"%s",buf)!=EOF) {
        if(change(buf)) {
            fseek(fp,-strlen(buf),SEEK_CUR);
            fprintf(fp,"%s",buf);
            fseek(fp,0,SEEK_CUR);
        }
    }

    fclose(fp);
    return 0;
}
```

打开 filenName 所对应的文件。请注意文件的打开方式为“r+”。

用来存储一次输入的字符串。在此定义的大小为 1024，这意味着待处理的文件中，空格、回车、跳格分隔的字符串长度必须小于或等于 1024−1=1023。

“读”操作。同时，以 fscanf( )函数的返回值是否为 EOF 来判断文件是否已经处理完毕。fscanf( )的用法与 scanf( )类似。在此，不是调用 feof(fp)来判断的。

调用 change(buf)，它实现对 buf 所指字符串中大小写字母转换，返回值为 1 表示 buf 串中含有字母，返回值 0 表示 buf 串中无字母。

“读后写”的读写之间必须调用 fseek( )。以当前位置为基准回拨 strlen( )字节，以便接下来的“写”操作能正好覆盖原字符串。

“写”操作。将包含了转换后字母的串写回文件，覆盖原字符串。

“写后读”的写读之间必须调用 fseek( )。以当前读写位置为基准，下次“读”的位置应停留在原地不动，即便不动，也必须调用 fseek( )。

程序 8.10

```c
int change(char *s) {
    int flag=0;
    int i,len=strlen(s);
    for(i=0; i<len; i++)
        if(s[i]>='a'&&s[i]<='z') {
            s[i]-=32;      flag=1;
        } else if(s[i]>='A'&&s[i]<='Z') {
            s[i]+=32;      flag=1;
        }
    return flag;
}
```

change( )函数的定义。它实现对 s 所指字符串中大小写字母转换，返回值为 1 表示 s 串中含有字母，返回值 0 表示 s 串中无字母。

标志变量，初始值为 0，表示初始时假定 s 所指字符串中没有字母。

逐个判断 s 串中每个字符 s[i]。如果 s[i]是字母，则进行大小写转换，并且设置标志变量 flag 为 1，这意味着 s 串有字母。

返回 flag。flag 值为 0 或 1。此时，如果标志变量 flag 为 0，意味着 s 串无字母。

程序 8.11

8.4 文本文件与二进制文件的对比

按照数据存储方式，文件分为文本文件和二进制文件。本质上，文本文件也是二进制文件，因为文本文件中字符编码本质上也是二进制数据。两者的对比如表 8.6 所示。

表 8.6 二进制文件和文本文件对比

对 比 项	文 本 文 件	二进制文件
数据存放形式	文本字符编码，包括 ASCII 码或中文编码	直接以数据的二进制形式
数据序列	文本字符的线性序列	二进制字节的线性序列
数据分隔	需要用空格、换行、跳格等符号作为数据之间的分隔	无分隔符，数据边界依赖于文件格式中对每个数据的起始位置和终止位置规定来确定
数据是否直观	直观	不直观
读/写对象	主要是为了方便“人”直接阅读和编辑	主要为了方便“程序”读/写而设计，一般需要特定的应用程序才能正确打开和编辑
文件格式	文件格式简单、直接	文件格式复杂、多样
常见文件类型	相对较少，例如，.txt、.c、.cpp、.java、.cs、html、.xml	丰富多样，例如，.exe、.com、.class、.bmp、.mp3、.mov、.jpg、.png、.doc、.xls、.pdf、.wps、.rm、.zip、.rar.
私密特性	保密性不佳	保密性好。容易设计成私密的、专有的或加密的文件格式
读文件函数	fscanf( )：逐单词读取 fgetc( )：逐字符读取 fgets( )：逐行读取	fread( )：按字节块读取
写文件函数	fprintf( ), fputc( ), fputs( )	fwrite( )：按字节块写入
文件打开方式	r, w, a, r+, w+, a+	rb, wb, ab, rb+, wb+, ab+
读/写方式	一般为顺序读/写	随机读/写

文本文件对换行符的特殊处理。在 Windows 操作系统下，写文本文件时将换行符或"\n"写入文件时输出为回车和换行两个字符"\r\n"（0x0D,0x0A），在读文本文件时，将回车换行两个字符转换为换行符"\n"输入。而在 Linux 中，换行符仅用 0x0A 表示，无此转换。Windows 与 Linux 对此的细微差别在文本处理时有时会带来麻烦。

二进制文件以数据的内在表现形式——二进制，因此文件中各个位置数据的含义对于解析此二进制文件至关重要，这由二进制文件格式约定。特定二进制文件格式只能由特定应用程序才能解析其含义。二进制文件格式可以是专有的、非公开的、加密的，这样便于实现对软件的商业化和知识产权保护。

文件格式规定了文件中数据的含义。文件格式一般由文件名中的后缀名体现，后缀名通常与读/写此类文件的特定应用程序相关联，表 8.7 列举了常见文件后缀名。

表 8.7　常见文件后缀名与对应的应用程序

后　缀　名	文 件 类 型	能读/写此格式文件的应用程序
.mp3	音乐文件	百度音乐、酷狗音乐、QQ 音乐等音乐播放器
.doc	MS Word 文件	Microsoft Word
.wps	金山 WPS 文件	金山 WPS 办公软件
.jpg	图像文件	AcdSee、Windows 照片查看器等
.mpg	视频文件	Windows 媒体播放器、暴风影音、QQ 影音等视频播放器
.avi		
.rar	压缩文件	WinRAR、WinZip、好压等
.zip		

为了更好地理解文本文件和二进制的联系和区别，请看如下验证性实验。

验证性实验 1：验证文本文件本质上是二进制文件。

实验方法：将内存中的纯文本数据分别以文本文件方式存储和以二进制文件方式存储，比较两个文件是否有区别。

实验过程：

第 1 步：以文本文件方式存储内存中的字符串。

内存中字符数组 str 存放如下文本字符：

I am a student.

I'm 18 years old.

str 数组存放数据情况如图 8.25 所示，代码如程序 8.12 所示。

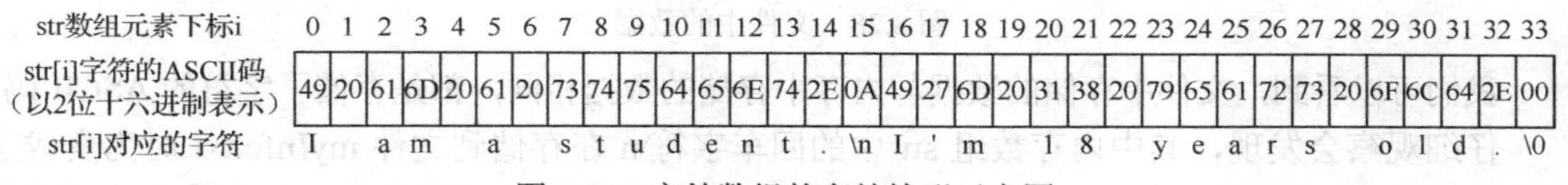

图 8.25　字符数组的存储情形示意图

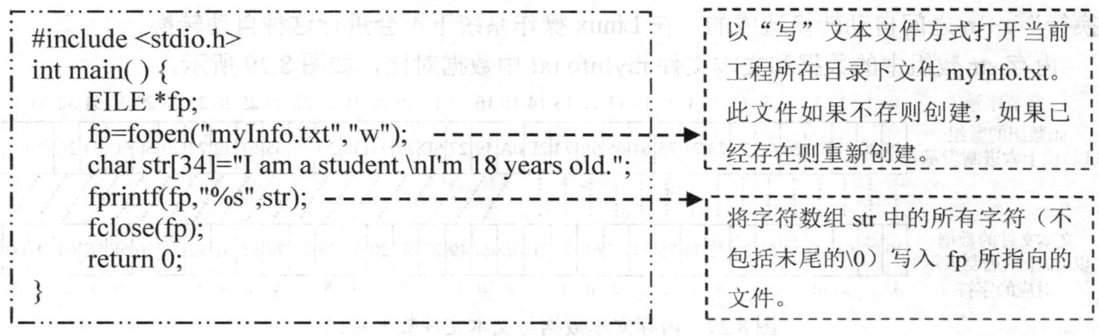

程序 8.12

利用 UltraEdit 分别以文本方式和十六进制方式查看文件 myInfo.txt 中的数据，如图 8.26、图 8.27 所示。

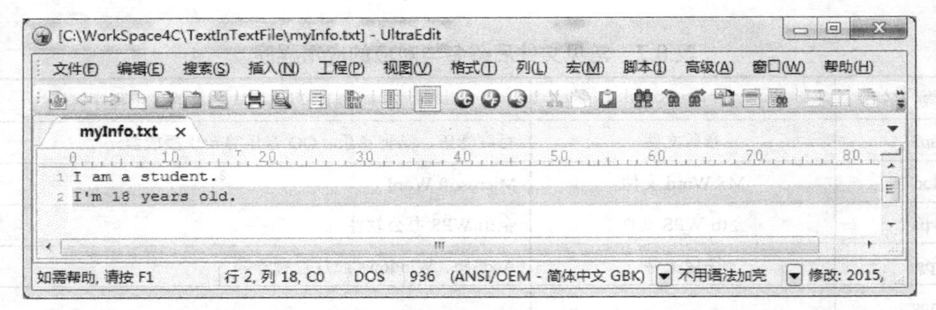

图 8.26　以文本方式查看文件 myInfo.txt 中的数据

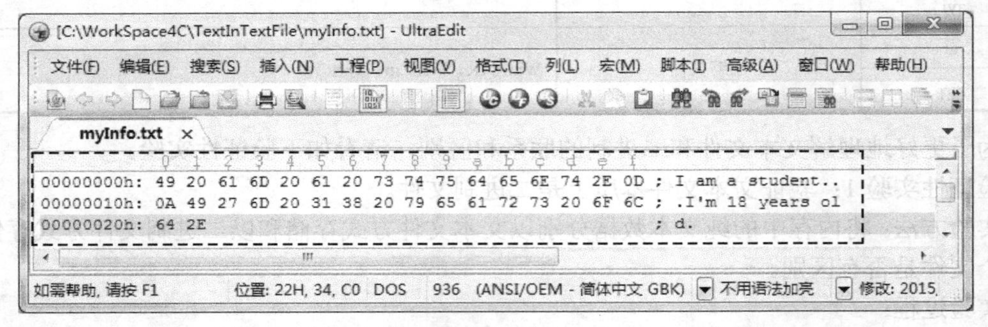

图 8.27　以十六进制方式查看文件 myInfo.txt 中的数据

也就是说文件 myInfo.txt 中的数据如图 8.28 所示。

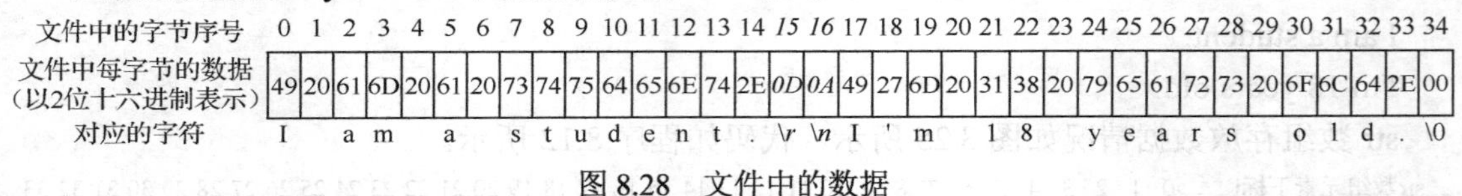

文件中的字节序号	0	1	2	3	4	5	6	7	8	9	10	11	12	13	14	*15*	*16*	17	18	19	20	21	22	23	24	25	26	27	28	29	30	31	32	33	34
文件中每字节的数据（以2位十六进制表示）	49	20	61	6D	20	61	20	73	74	75	64	65	6E	74	2E	*0D*	*0A*	49	27	6D	20	31	38	20	79	65	61	72	73	20	6F	6C	64	2E	00
对应的字符	I		a	m		a		s	t	u	d	e	n	t		*\r*	*\n*	I		m		1	8		y	e	a	r	s		o	l	d		\0

图 8.28　文件中的数据

我们可以看到，文件中存储的数据与内存中存储的数据相同，都是存储了字符的 ASCII 码。

仔细观察会发现，其中内存数组 str 中的回车字符\n 在存储到文件 myInfo.txt 时为变成了两个字符\r、\n。这是因为 Windows 操作系统中，会将内存中的“回车”\n 与文件中的“回车+换行”\r+\n 之间自动转换造成的。在 Linux 操作系统下不会进行这种自动转换。

内存 str 数组中的数据和文本文件 myInfo.txt 中数据对比，如图 8.29 所示。

字节序号	0	1	2	3	4	5	6	7	8	9	10	11	12	13	14	15	16	17	18	19	20	21	22	23	24	25	26	27	28	29	30	31	32	33	
str数组的数组（以2位十六进制表示）	49	20	61	6D	20	61	20	73	74	75	64	65	6E	74	2E	0A	49	27	6D	20	31	38	20	79	65	61	72	73	20	6F	6C	64	2E	00	
文本文件的数据（以2位十六进制表示）	49	20	61	6D	20	61	20	73	74	75	64	65	6E	74	2E	*0D*	*0A*	49	27	6D	20	31	38	20	79	65	61	72	73	20	6F	6C	64	2E	00
对应的字符	I		a	m		a		s	t	u	d	e	n	t	.	*\r*	*\n*	I	'	m		1	8		y	e	a	r	s		o	l	d	.	\0

图 8.29　内存文本数据与文本文件数据对比

第 2 步：以二进制文件方式存储内存中的字符串。代码如程序 8.13 所示，然后分别以文本文件方式和十六进制方式查看输出的结果文件 myInfo.txt，如图 8.30、图 8.31 所示。

```
#include <stdio.h>

int main( ) {
    FILE *fp;
    fp=fopen("myInfo.dat","wb");
    char str[34]="I am a student.\nI'm 18 years old.";
    fwrite( str , strlen(str) , 1 , fp );
    fclose(fp);
    return 0;
}
```

FILE *fp;：以"写"二进制文件方式打开当前工程所在目录下文件myInfo.dat。此文件如果不存则创建，如果已经存在则重新创建。

fwrite(str , strlen(str) , 1 , fp);：将内存起始地址为str的1块大小为strlen(str)字节的数据块写入fp所指文件。实质上等同于：将字符数组str中的所有字符（不包括末尾\0）写入fp所指向的文件。

程序 8.13

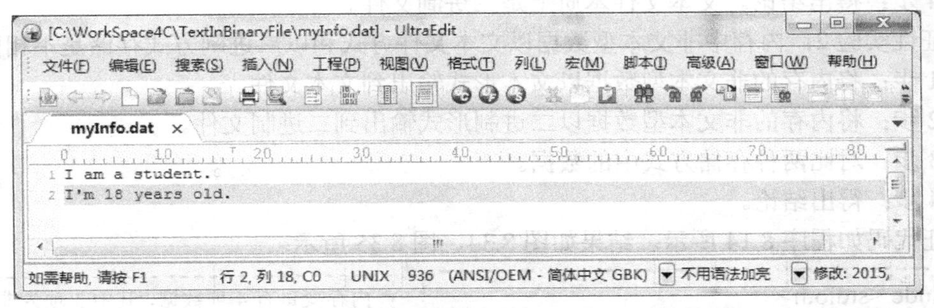

图 8.30　以文本方式查看文件 myInfo.txt 中的数据

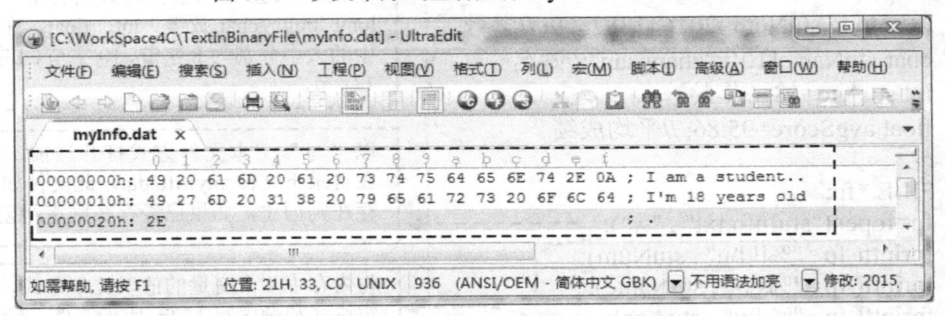

图 8.31　以十六进制方式查看文件 myInfo.txt 中的数据

内存中的str数组与二进制文件myInfo.dat中的数据对比，如图8.32所示。

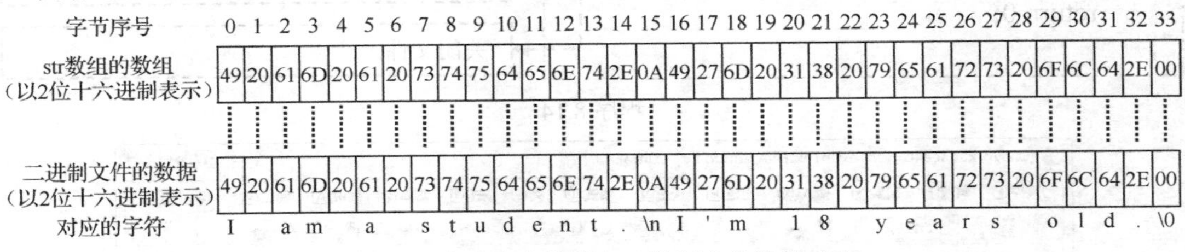

图 8.32　内存文本数据与二进制文件数据对比

第3步：对比两种文件存储方式中的数据，如图8.33所示。

内存中的纯文本数据分别以文本文件方式存储和以二进制文件方式存储，两个文件没有区别（除了回车符与回车+换行之间的区别外）。

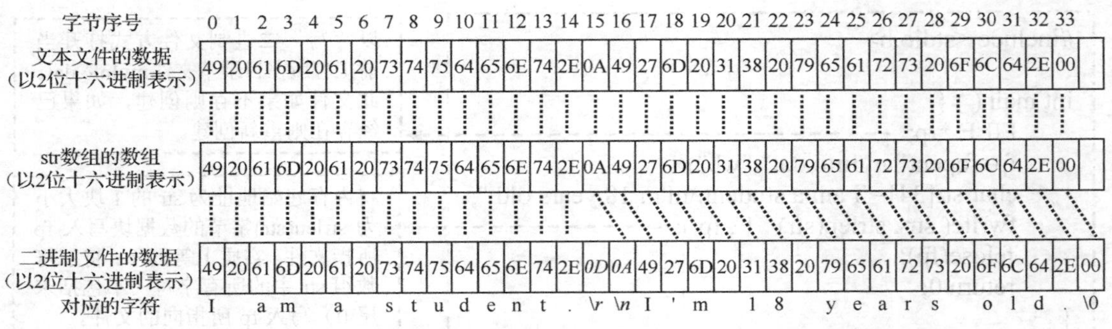

图 8.33　内存中的文本数据与文本文件数据、二进制文件数据的对比

第 4 步：得出结论。文本文件本质上是二进制文件。

验证性实验 2：内存中非文本型数据以文本文件方式和以二进制方式存储是不相同的。

第 1 步：将内存的非文本型数据以文本形式输出到文本文件。

第 2 步：将内存的非文本型数据以二进制形式输出到二进制文件。

第 3 步：对比两种存储方式中的数据。

第 4 步：得出结论。

验证代码如程序 8.14 所示。结果如图 8.34、图 8.35 所示。

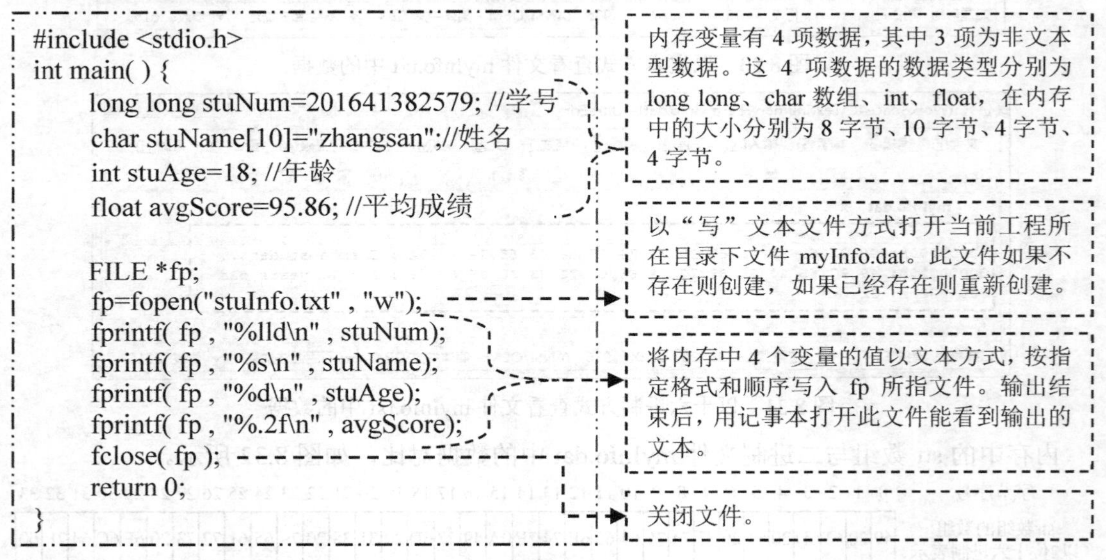

程序 8.14

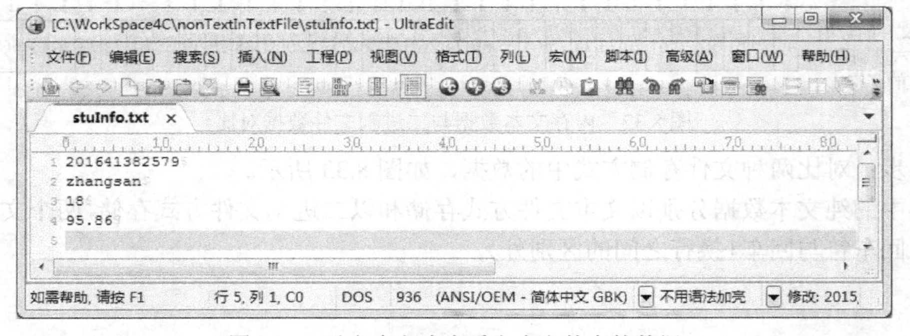

图 8.34　以文本方式查看文本文件中的数据

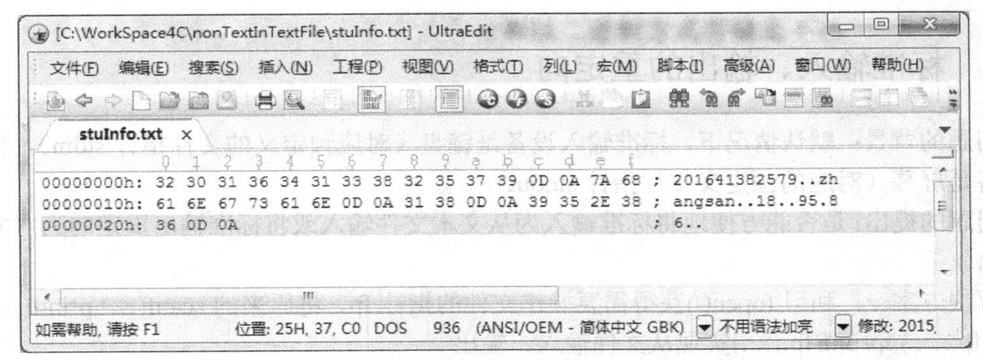

图 8.35 以十六进制方式查看文本文件中的数据

8.5 其他主题

8.5.1 关于 stdin、stdout、stderr

在 C 语言头文件 stdio.h 中预定义了 3 个文件指针：stdin、stdout、stderr。文件指针 stdin 对应的是标准输入设备，默认是键盘，文件指针 stdout 对应的是标准输出设备，默认是屏幕。

系统预定义的 3 个文件指针，在程序中可直接使用，如表 8.8 所示。

表 8.8 预定义文件指针

文件指针名	英 文 名 称	含 义
stdin	standard input	标准输入文件指针，默认情况下，stdin 与键盘关联，也就是说，程序从 stdin 所指的文件读入数据意味着默认从键盘读入数据
stdout	standard output	标准输出文件指针，默认情况下，stdout 与屏幕关联，也就是说，程序向 stdout 所指的文件写出数据意味着默认将数据写出到屏幕，也就是将数据从屏幕上显示出来
stderr	standard error	标准错误文件指针，默认情况下，stdout 与屏幕关联，通常用于输出程序出错信息。这样有理由将正常结果输出与错误信息输出分流。后续的程序可以从 stdout 获取正常结果输出，从 stderr 获取出错信息输出。例如，利用编译器程序对某个源代码文件进行编译时，将编译错误信息输出到文件指针 stderr 所指的标准错误文件中，因此，我们可以通过 stderr 文件指针读取到此错误信息。此功能在是 Online Judge（在线判题系统）自动编译用户提交的源代码并分别获取用户的标准输出和错误输出

因此，对于程序中最常用的输入、输出函数 printf、scanf 有如下等价形式。

printf(格式串，参数列表) ⇔ **fprinf(stdout,** 格式串，参数列表)

scanf(格式串，参数列表) ⇔ **fscanf(stdin,** 格式串，参数列表)

以上等价形式意味着：通过 printf 输出数据实质是将数据通过 fprintf 函数向文件指针 stdout 所关联的文件（默认时实际上就是“屏幕”）输出；通过 scanf 输入数据实质是将数据通过 fscanf 函数向文件指针 stdin 所关联的文件（默认时实际上就是“键盘”）输入。

作业：请读者自己设计实例验证以上结论。

以上 3 个预定义文件指针也常用于标准输入、输出的重定向。

8.5.2 标准输入、输出的重定向

问题的背景：默认情况下，标准输入设备是键盘（对应预定义的文件指针 stdin），标准输出设备是屏幕（对应的预定义文件指针 stdout）。

问题的提出：是否能方便地将标准输入为从文本文件输入或将标准输出重定向为向文本文件输出。

解决方案一：利用 fopen( )获得需要操作文件的指针 fp，将原来的 scanf(…),printf(…)改为 fscanf(fp,…..),fprintf(fp,…..)实现从文件输入、输出。

此方案的优点为思路直观、容易理解，缺点是代码修改量大、不方便，因为每处 scanf(…),printf(…)都需要修改。

解决方案二：在输入、输出操作之前，利用 freopen( )函数对输入和输出进行重定向。此方案优点：代码修改量小，使用方便，因为无须修改原来的 scanf( )和 printf( )语句。缺点：理解此用法稍有难度。

如果希望程序从标准输入设备（stdin）输入数据重定向为从文件输入，可调用函数：

freopen(输入文件的文件名，读文件方式，stdin);

这样程序不再接受从键盘的输入，转而从文件接受输入数据。

如果希望程序从向标准输出设备（stdout）输出数据重定向为向文件输出，可调用函数：

freopen(输出文件的文件名，写文件方式，stdout);

这样程序不再向屏幕输出，转而将数据向文件输出。

1．标准输入的重定向

重定向标准输入前，程序中通过 scanf( )语句从标准输入设备输入数据，数据输入方向为：内存←键盘，如图 8.36 所示。

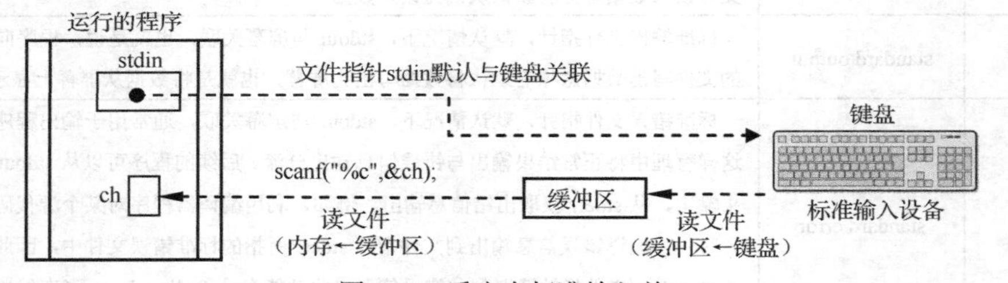

图 8.36　重定向标准输入前

在输入语句之前，执行语句 freopen("d:\\myFile\\myText.txt","r",stdin);，那么，自此以后，将文件指针 stdin 从标准输入设备（键盘）输入重定向为从外存文件 d:\myFile\myText.txt 输入，也就是说，自此以后，所有 scanf( )语句将从键盘输入重定向为从文件输入，数据输入方向为：内存←文件，如图 8.37 所示。

2．标准输出的重定向

重定向标准输出前，程序中通过 printf( )语句向标准输出设备输出数据，数据输出方向为：内存→屏幕，如图 8.38 所示。

在输出语句之前，执行语句 freopen("d:\\myFile\\myText.txt","w",stdout);，那么，自此以后，将文件指针 stdout 向标准输出设备(屏幕)输出重定向为向外存文件 d:\myFile\myText.txt 输出，也就是说，自此以后，所有 printf( )语句将向屏幕输出重定向为向文件输出，数据输出方向为：

内存→文件，如图 8.39 所示。

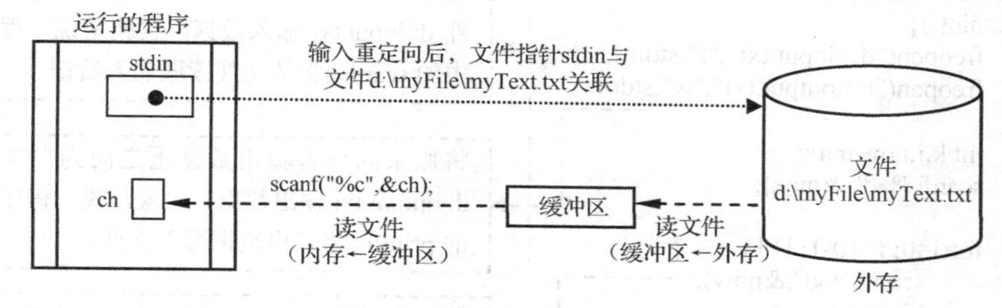

图 8.37　重定向标准输入后

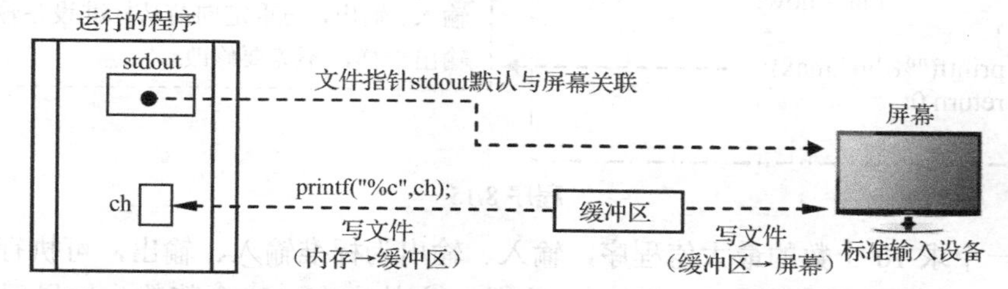

图 8.38　重定向标准输出前，向标准输出设备输出数据（内存→屏幕）

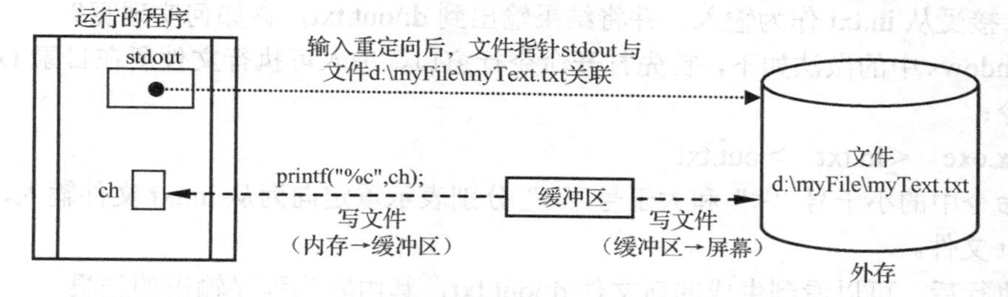

图 8.39　重定向标准输出后

编程任务 8.8：10 个整数最大值（重定向输入/输出）

任务描述：对于给定的 10 个整数，求最大值。

输入：10 个整数存放在输入文件 d:\input.txt 中。

输出：请将结果输出到文件 d:\output.txt 中。

输入举例：输入文件 d:\input.txt 中的 10 个数据为：8 9 3 7 1 2 4 5 0 6。

输出举例：输出文件 d:\output.txt 中包含一个整数：9。

分析：在此采用输入、输出重定向的方式读/写文本文件。代码如程序 8.15 所示。

> 小问答：
>
> 问：利用 freopen( )函数将标准输入、输出重定向到文件有何好处？
>
> 答：只要预先准备好输入文件，那么程序就能自动从文件读取输入数据并将结果输出到文件。这样就能实现程序运行过程自动化，中间不需要人干预，可利用此方式处理大批量数据。程序设计在线判题系统（Oline Judge，OJ）的自动判题就利用了此特性。

3．命令行中重定向标准输入、输出。

即使程序本身使用标准输入、输出，仍可以在运行时通过命令行方式实现输入、输出重定向。在线判题系统（Online Judge，OJ）的自动判题功能利用此方式实现。

```c
#include <stdio.h>
int main( ){
    freopen("d:\\input.txt","r",stdin);
    freopen("d:\\output.txt","w",stdout);

    int k,i,now,max;
    scanf("%d",&max);

    for(i=0; i<10-1; i++)   {
        scanf("%d",&now);
        if(max<now)
            max=now;
    }
    printf("%d\n",max);
    return 0;
}
```

将原来接受从键盘输入数据重定向为从文件 d:\input.txt 输入数据。也就是说，程序中的 scanf( )将从文件读取输入数据。

将原来向屏幕输出数据重定向为向文件 d:\output.txt 输出数据。也就是说，程序中的 printf( )将输出数据写入文件。

程序中仍然使用 scanf( )、printf( )函数进行输入、输出，与重定向前从标准设备输入、输出一样，不需要修改。

程序 8.15

假设有一个求 10 个数的最大值程序，输入、输出为标准输入、输出，可执行程序文件为 d:\tenmax.exe，在此目录下有一个 d:\in.txt 文件，文件中有 10 个整数。如果现在想要程序 tenmax.exe 接受从 in.txt 作为输入，并将结果输出到 d:\out.txt，该如何实现呢？

在 Windows 中的做法如下，首先打开命令行窗口，进入可执行文件所在目录 D:\，然后执行如下命令：

```
tenmax.exe   < in.txt   > out.txt
```

上述命令中的小于号“<”和大于号“>”分别表示重定向为从 in.txt 文件输入，重定向输出到 out.txt 文件。

程序执行后，可以看到生成的新文件 d:\out.txt，其内容为程序输出的结果。

8.5.3 理解和运用 stderr 与 stdout

stderr 和 stdout 用于将程序输出的错误信息和正常结果信息相分离。

标准错误文件指针 stderr 的用法如程序 8.16 所示，结果如运行结果 8.6 所示。

```c
#include <stdio.h>
int main( ){
    fprintf(stdout,"这是 stdout 的标准输出流的输出结果!\n");
    fprintf(stderr,"这是 stderr 的标准错误流的输出结果!\n");
    return 0;
}
```

程序 8.16

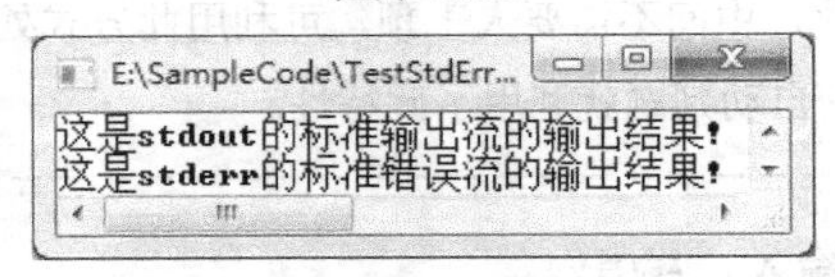

运行结果 8.6

以上程序代码说明了向 stdout 和 stderr 输出，默认都是向屏幕输出。

但是，stdout 和 stderr 中的信息实质上是分开的，可通过程序 8.17 来验证。

假设以上程序编译后的可执行文件文件名 e:\test\info.exe，那么，通过程序 8.17，可以分别读取以上可执行文件 info.exe 运行后的标准输出和错误输出，并分别重定向输出到磁盘文件 e:\test\stdout.txt 和 e:\test\stderr.txt。

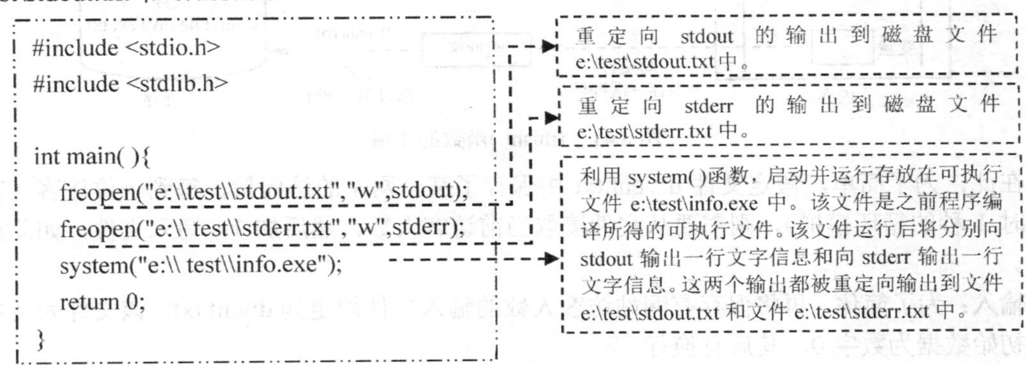

```
#include <stdio.h>
#include <stdlib.h>

int main( ){
    freopen("e:\\test\\stdout.txt","w",stdout);
    freopen("e:\\ test\\stderr.txt","w",stderr);
    system("e:\\ test\\info.exe");
    return 0;
}
```


程序 8.17

程序 8.17 运行后，文件及其路径如运行结果 8.7 所示。

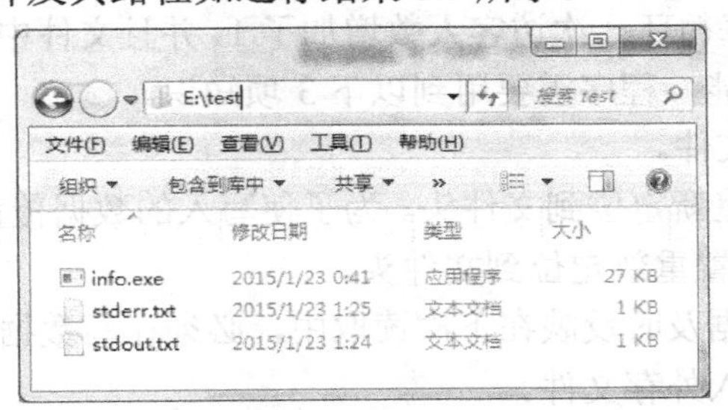

运行结果 8.7

在 Notepad++软件中打开 stderr.txt 和 stdout.txt 文件，如图 8.40 所示。

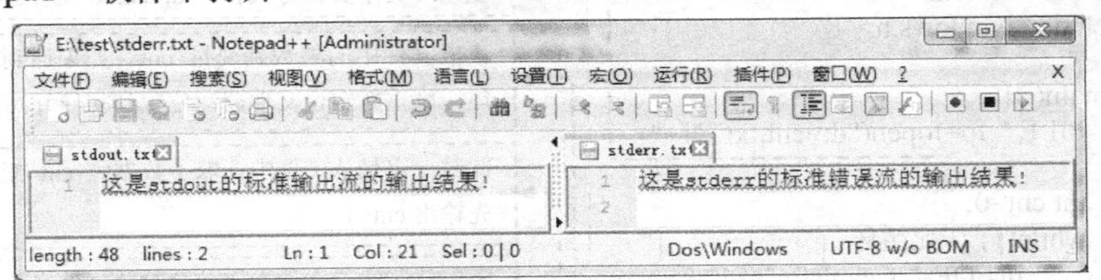

图 8.40 用文本文件方式观察输出的文件 stderr.txt，stdout.txt

8.5.4 fflush( )函数的用法

fflush(FILE * fp)的作用是将写缓冲区的数据强制性地、真正地写入 fp 所对应的外存文件中，而不是被动地等待写入缓冲区满之后，由系统隐性地将写入缓冲区数据真正写入外存文件。fflush( )函数的作用如图 8.41 所示。

典型应用场合：对同一个文件有写有读，希望写入的数据能够立即生效，也就是能被立即读出来。

编程任务 8.9：网站访客计数

任务描述：网站的访客计数功能是网站的实用功能之一，其实现方式有多种。其中一种方法是利用文件来记录网站访客数，这样当网站重启后不会丢失原访客数。

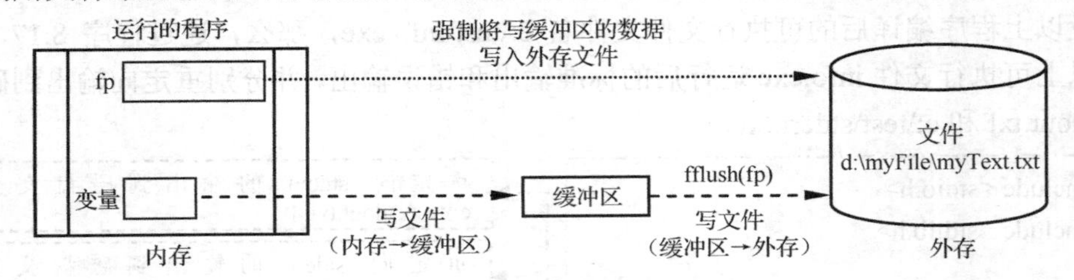

图 8.41　fflush( )函数的作用

在此，为了简单，假定文件 d:\\cnt.txt 中保存了某个网站的访问量，每到一位访客（在此用延时 1 秒的循环模拟），则需要从文件读取当前访客人数，然后加 1，写入文件，如此循环不止。

输入：为了简化，再将保存有网站访客人数的输入文件固定为 d:\cnt.txt。该文件为文本文件，初始数据为数字 0，其后有换行。

输出：每到一位访客输出当前访客数。

输入示例：略。

输出示例：能够看到每循环一次访客人数增加了 1，并且文件中的数据实时地发生了改变。

分析：为了实现此功能，程序需要用到以下 3 项知识。

（1）以"r+"方式打开文件。

（2）读到文件结束时重新定位到文件头。为了使写入的数据覆盖原来的数据，因此也要在写数据之前将文件读/写位置重新定位到文件头。

（3）为了让写入的数据及时反映在下次读取中，必须在写数据之后立即调用 fflush( )函数将写缓冲区的数据强制写入外存文件。

代码如程序 8.18 所示。

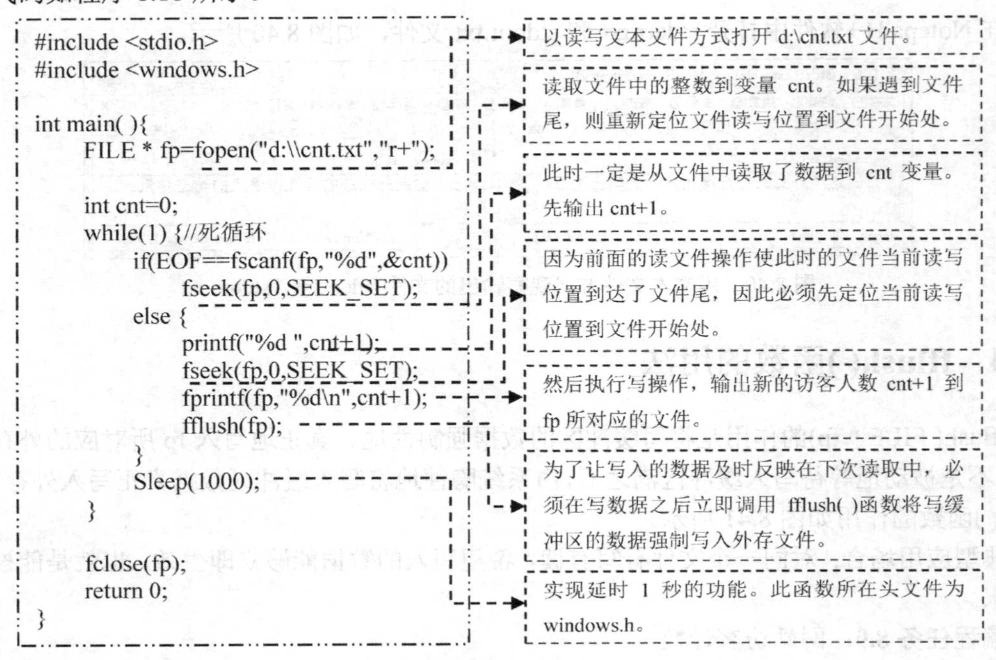

```
#include <stdio.h>
#include <windows.h>

int main( ){
    FILE * fp=fopen("d:\\cnt.txt","r+");

    int cnt=0;
    while(1) {//死循环
        if(EOF==fscanf(fp,"%d",&cnt))
            fseek(fp,0,SEEK_SET);
        else {
            printf("%d ",cnt+1);
            fseek(fp,0,SEEK_SET);
            fprintf(fp,"%d\n",cnt+1);
            fflush(fp);
        }
        Sleep(1000);
    }

    fclose(fp);
    return 0;
}
```


程序 8.18

8.5.5 EOF 的运用

EOF 为 C 语言 stdio.h 头文件中的预定义常量，其值为-1，意为 End Of File，文件结束。

小实验：查找并验证 EOF 常量的值为-1。

首先，在 Code::Blocks 安装目录\MinGW\include 找到 stdio.h 文件，如图 8.42 所示。

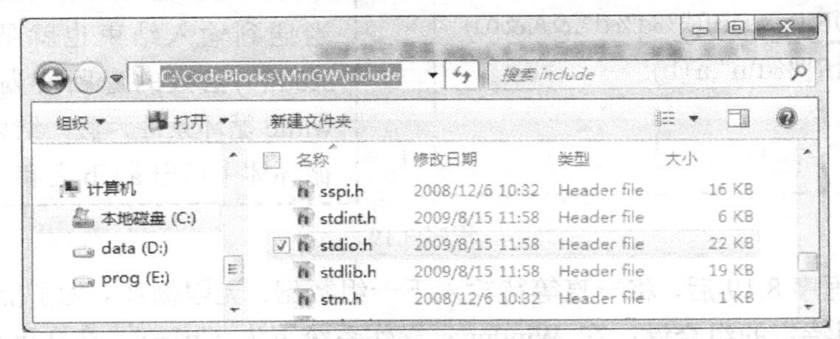

图 8.42　stdio.h 文件所在文件夹

然后，在 Code::Blocks 中打开 stdio.h，利用“查找”定位 EOF 在此文件中的位置，如图 8.43 所示。

```
stdio.h - Code::Blocks 10.05
File Edit View Search Project Build Debug wxSmith Tools Plugins Settings Help
42    #define STDIN_FILENO    0
43    #define STDOUT_FILENO   1
44    #define STDERR_FILENO   2
45
46    /* Returned by various functions on end of file condition or error. */
47    #define EOF (-1)
48
WINDOWS-936   Line 47, Column 17   Insert   Read/Write   default
```

图 8.43　EOF 常量在 stdio.h 文件中的定义

因为文件在逻辑上可以认为是字节的线性序列，因此，文件是“有头有尾”的，即有文件开始处（BOF）和文件结尾处（EOF）（见图 8.1）。

问题的背景：在实际应用中，因为某种实际原因而不能预先知道其后输入数据的个数，而是以文件中实际数据为准，即以文件尾作为输入结束。输入可以是从键盘输入或从文件输入。

问题的提出：此时，程序中应该如何处理输入结束呢？

解决的方案：可利用 scanf( )函数的返回值来判断输入是否结束。当遇到输入结束时，scanf( )函数的返回值为 EOF。

编程任务 8.10：我会做加法（输入个数未知版）

任务描述：求给定的两个数之和。

输入：若干测试用例，每个测试用例输入占一行，每行有空格分隔的 2 个整数 A、B。A、B 取值范围为[-10000, 10000]。

输出：每个测试用例输出占一行，输出 A 与 B 的和。

输入示例：	**输出示例**：
13 27	40
3 19	22

分析：因为输入的个数不确定，只能利用 scanf( )函数的返回值为 EOF 来判断输入数据结束。代码如程序 8.19 所示。

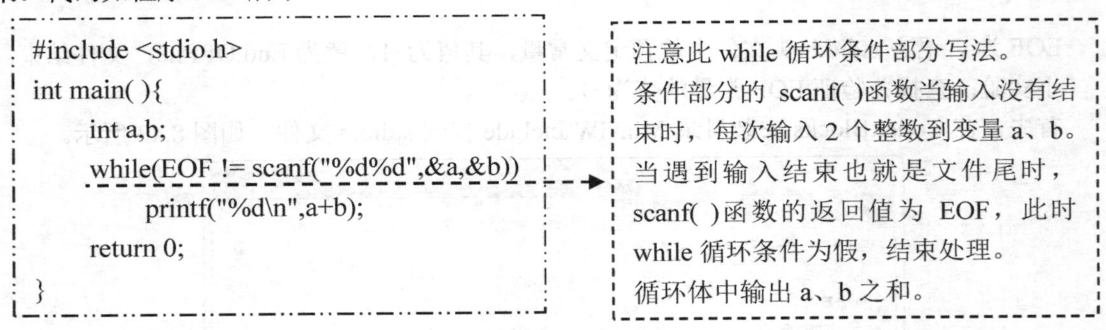

```c
#include <stdio.h>
int main( ){
    int a,b;
    while(EOF != scanf("%d%d",&a,&b))
        printf("%d\n",a+b);
    return 0;
}
```


程序 8.19

说明：运行程序 8.19 后，将一直等待输入下一组数据，无限循环。为了能从键盘输入“文件尾”，需要使用特定的组合键：在 Windows 操作系统下为 Ctrl+Z，在 Linux 操作系统下为 Ctrl+D。

例如，输入 2 个测试用例后，想结束输入，按组合键 Ctrl+Z 即可，如运行结果 8.8 所示。

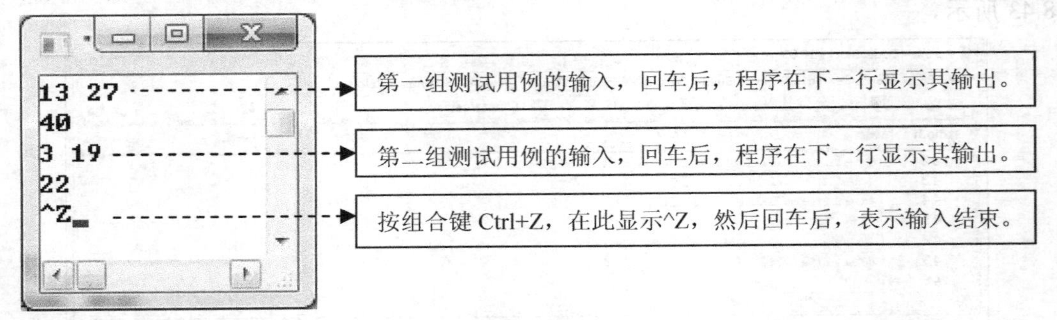

运行结果 8.8

8.5.6 容易被误解的 feof( )函数

当上一次读 fp 所关联的文件遇到了 EOF，feof(fp)函数的返回值为“真”，否则返回值为“假”。特别注意，feof(fp)返回值为真并非表示文件当前读/写位置为 EOF。

通过下面的例子，让我们探究 feof( )函数何时返回“真”。为了测试 feof( )在读二进制文件中的效果，必须先通过写二进制文件方式新建此文件。

程序 8.20 的功能是向二进制文件 d:\test.dat 中写入 3 个 int 型整数 1、2、3。

运行此程序，得到二进制文件 d:\\test.dat。

然后，编写代码，读二进制文件，如程序 8.21 所示。

程序 8.21 的功能：已知二进制文件 d:\test.dat 中存储了若干个 int 型整数，请将文件中所有的整数顺序读出。

程序运行结果输出：1 2 3 3，此结果并非我们想要的 1 2 3。结果显然表明 while(!feof(fp)) 多循环了一次。这是什么原因呢？也就是说 feof(fp)何时为真呢？图 8.44 对此 while 循环过程进行了剖析，展示了多循环一次的原因。

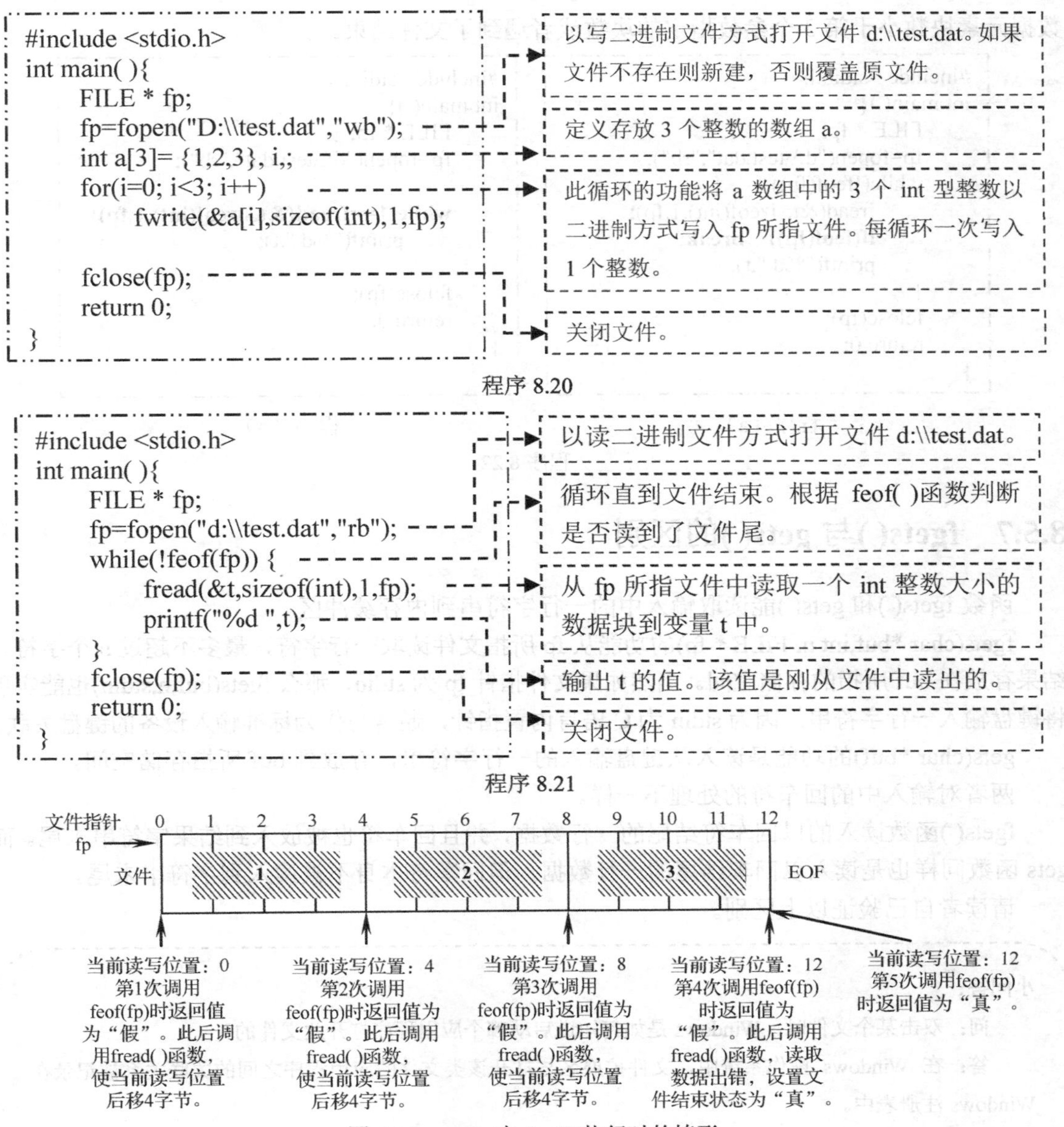

程序 8.20

程序 8.21

图 8.44　while 中 feof( )执行时的情形

值得特别注意的是，即使当前文件读/写位置已到达文件尾，但此时 feof(fp)的返回值仍可能为“假”，但如果此时再有读文件的操作，则将导致读操作失败，并设置了文件结束状态为“真”，此时再调用 feof(fp)得到的返回值为“真”。

总之，feof(fp)返回值为真当且仅当读/写位置到达文件尾并且有读操作。

（考察：如果通过 fseek( )定位到文件末尾那么是否 feof(fp)返回为真。）

因此可利用 feof(fp)函数判断文件是否结束，应当对最后一次读操作失败做正确处理，防止程序执行不必要的或错误的动作。

以上程序可有两种修改形式，如程序 8.22 所示。

方法 1：利用上述原理。方法 2：利用 fread( )的返回值表示实际读取的指定大小数据元素的块数。其返回值如果与其第 3 个参数相同，则表示读取正确，如果不同，可能是实际读取的数据元素块数小于第 3 个参数指定的块数或者遇到了文件结束。

```
#include <stdio.h>
int main( ){
        FILE * fp;
        fp=fopen("d:\\test.dat","rb");
        while(!feof(fp))        {
                fread(&t,sizeof(int),1,fp);
                if(feof(fp))    break;
                printf("%d ",t);
        }
        fclose(fp);
        return 0;
}
```

程序（a）

```
#include <stdio.h>
int main( ){
        FILE * fp;
        fp=fopen("d:\\test.dat","rb");

        while(1==fread(&t,sizeof(int),1,fp))
                printf("%d ",t);

        fclose(fp);
        return 0;
}
```

程序（b）

程序 8.22

8.5.7 fgets( )与 gets( )的区别

函数 fgets( )和 gets( )能读取输入中的一行字符串到内存缓冲区。

fgets(char *buf,int n, FILE * fp)的功能从 fp 所指文件读取一行字符，最多不超过 n 个字符。结果存放在 buf 所指的存储空间。当然如果文件指针 fp 为 stdin，那么 fgets(buf,n,stdin)也能实现将键盘输入一行字符串。因为 stdin 为 C 语言内置指针，通常与作为标准输入设备的键盘关联。

gets(char *buf)的功能是读入从键盘输入的一行字符串，存放到 buf 所指存储空间。

两者对输入中的回车符的处理不一样。

fgets( )函数读入的以回车符结尾的一行数据，并且回车符也被放入到结果字符串末尾。而 gets 函数同样也是读入以回车结尾的一行数据，但回车符本身不被读入到字符串末尾。

请读者自己验证以上区别。

小问答：

问：双击某个文件时，Windows 是如何知道启动哪个应用程序打开此文件的？

答：在 Windows 操作系统中，文件扩展名与打开该类文件的应用程序之间的关联关系被记录在 Windows 注册表中。

注册表中文件关联信息示例

扩展名	打开此文件的应用程序
*.doc	Microsoft Word
*.jpg	Windows 画图程序
*.mp3	百度音乐，酷狗音乐
*.flv	Flash
*.mov	暴风影音

例如，双击扩展名为.doc 的文档时，Windows 操作系统查找注册表中与*.doc 文件关联的应用程序为 MS Word，即可自动启动 Microsoft Word 应用程序打开此文件。

小问答：

文件和数组有可对比的类似之处和不同之处吗？

答：两者从数据的角度看有类似之处。

数组为保存在内存中的一组数据。文件数据角度可理解为保存在外存中的数组。

数组名与数组在内存单元的起始地址关联，数组元素之间的内存空间是连续的，逻辑上和物理上都是连续的。可以通过下标访问数组元素。文件指针与文件存放在外存某起始地址相关联，文件数据也是连续存放的，逻辑上是线性的（虽然物理上不一定连续）。可以通过 fseek( )定位到指定位置后读/写文件中该位置的数据，文件的读/写位置相当于数组下标。

数组中的数据在内存直接通过下标访问、访问速度快，但容量小、不便于扩充、不能持久化存储（断电后内存中的数据消失）、单位容量的价格昂贵。文件中的数据在外存必须通过文件操作函数才能访问，访问速度慢，但容量大、便于扩充、能持久化存储（计算机断电后文件中的数据仍然存在），单位容量的价格便宜。

知识拓展：（如果对此部分内容感兴趣，请扫描二维码）

1．综合应用实例。

2．文件相关知识补充：文件名与扩展名、文件路径、文件的相对路径和绝对路径、文件夹、常见文件管理操作命令。

本章小结

1．只有写入文件中的数据才能实现持久化存储。程序运行时的数据均在内存中，在计算机断电后这些数据就丢失了。

2．文件可被看成存放了字节序列的“纸带”。文件有名称、有头、有尾并储存在外存中。文件的纸带模型对于理解文件读/写至关重要。

3．文件操作的三部曲：打开、读/写、关闭。文件必须用合适的方式打开。不再使用文件时，应该调用 fclose( )将已打开的文件关闭。

4．所有的文件操作都是通过文件指针对其所指文件进行的。

5．文本文件与二进制文件的详细对比：它们在打开方式、读/写方式、数据存储方式、使用场合、文件大小等方面均有不同。例如，文本文件的读/写函数：fscanf( )、fprintf( )、fgetc( )、fputc( )、fgets( )、fputs( )；二进制文件的读/写函数：fread( )、fwrite( )。

6．其他常用文件函数：fseek( )、feof( )、fflush( )、freopen( )、frewind( )、ftell( )。

7．常见的文件管理操作、文件管理命令包括：md、rd、del、rename、copy、move。这些命令可通过调用库函数 system( )得到执行。

思考题：

（1）如何实现倒序读/写文件中的数据。例如，英文文本文件或学生信息定长结构体数组的二进制文件的倒序输出。方法一：将数据一次性全部读入到内存的数组，然后倒序输出。存在的问题：文件太大时无法做到。方法二：利用 fseek( )函数，将数据倒序输出。

（2）查阅 BMP 文件、MP3 文件、PDF 文件、Word 文件的格式规范。尝试利用读/写二进制文件的方式，读取或修改文件中的数据，实现某些特定功能，或者设计一款实用工具软件。例如，编程实现 bmp 图像的旋转、切割 bmp 文件图像的左半部分、修改 Word 文档中的文本、提取 PDF 文档中的文本等功能。

(3) 将编程任务——“文件复制”中的逐字节复制的实现方式改为每次读取和写入一定长度的数据块的方式。

(4) 当需要存储自己特定格式的数据到文件时，选择用文本文件方式存放数据还是用二进制方式存放数据。请从文件的大小、读/写方式、数据保密性等方面比较两种方式的特点和优缺点。

(5) 要正确地解析（读/写）二进制文件必须预先知道该二进制文件的数据存放格式，这是为什么呢？这在软件工程中有何意义？

第 9 章　深入到 bit 的运算——位运算

在某些实际应用中要求程序能对数据的二进制位进行操控。二进制位的值可能与某些硬件状态对应，如灯的开与关、电动机的正转与反转、电梯的上升和下降、音量的增大与减小等。又例如，在数据压缩和加密时需要直接对字节中的某些二进制位进行置位、复位、移位等运算。这就要求 C 语言能够支持对数据的某个二进制位进行运算，位运算因此应运而生。

C 语言支持位运算并支持指针，许多其他高级程序语言不具备此特性，因此 C 语言是设备驱动程序（如打印机、显卡、网卡等驱动程序）、嵌入式系统和单片机开发首选语言。

众所周知，计算机存储的基本单位是字节（Byte），1 字节有 8 个二进制位（bit）。二进制位（bit）是计算机存储的最小单位。C 语言的运算也可以深入到“bit”层面。

9.1　位运算的运算符

C 语言提供的位运算运算符如表 9.1 所示。

表 9.1　位运算运算符一览表

<table>
<tr><th colspan="2">运　算　符</th><th>运 算 规 则</th><th>运 算 特 点</th><th>用　　途</th><th>举　　例</th></tr>
<tr><td>按位与</td><td>&</td><td>0&0=0
0&1=0
1&0=0
1&1=1</td><td>0&x=0
1&x=x
x&x=x
x&~x=0</td><td>1．复位：用位 0 “与” 位 x，x 将被复位为 0，因为 0&x=0
2．保留：用位 1 “与” 位 x，x 的值保持不变，因为 1&x=x</td><td>确定整数 b 的值和何种位运算，使已知变量 a 的高 4 位保留，低 4 位复位。
a = 10101101
b = 11110000
a&b=10100000</td></tr>
<tr><td>按位或</td><td>|</td><td>0|0=0
0|1=1
1|0=1
1|1=1</td><td>1|x=1
0|x=x
x|x=x
x|~x=1</td><td>1．置位：用位 1 “或” 位 x，x 将被置位为 1，因为 1|x=1
2．保留：用位 0 “或” 位 x，x 的值保持不变，因为 0|x=x</td><td>确定整数 b 的值和何种位运算，使已知变量 a 的高 4 位保留，低 4 位置位。
a =10101101
b =00001111
a|b=10101111</td></tr>
<tr><td>按位异或</td><td>^</td><td>0^0=0
0^1=1
1^0=1
1^1=0</td><td>1^x=~x
0^x=x
x^x=0
x^~x=1</td><td>1．取反：用位 1 “异或” 位 x，x 将被取反为~x，因为 1^x=~x
2．保留：用位 0 “异或” 位 x，x 的值保持不变，因为 0^x=x</td><td>确定整数 b 的值和何种位运算，使已知变量 a 的高 4 位保留，低 4 位取反。
a =10101101
b =00001111
a^b=10100010</td></tr>
<tr><td>按位取反</td><td>~</td><td>~0=1
~1=0</td><td>翻转 01</td><td></td><td>设计一个运算，使 a 的全部位按位翻转。
a=10101101
~a=01010010</td></tr>
<tr><td>左移</td><td><<</td><td>向左移</td><td>低位补 0，高位溢出</td><td>1．向左移动指定位数
2．实现“×2”的运算</td><td>将变量 a 中的值左移 2 位。
a<<2
将 1 左移 3 位，结果为 8。
1<<3</td></tr>
</table>

续表

运 算 符		运 算 规 则	运 算 特 点	用　途	举　例
右移	>>	向右移	低位溢出，高位补 0 或 1	1．向右移动指定位数 2．实现“÷2”的运算	将变量 a 中的值右移 2 位。 a>>2 将 8 右移 3 位，结果为 1。 8>>3
赋值运算符	&= |= ^= <<= >>=		赋值运算的简便写法	a&=b; 等价于 a=a&b; a|=b; 等价于 a=a|b; a^=b; 等价于 a=a^b; a<<=b; 等价于 a=a<<b; a>>=b; 等价于 a=a>>b;	

说明：

（1）上表中，1,0 是指 1bit 中的取值，即一个二进制位的取值。x 表示可以取值 0 或 1 的 1 个二进制位。

（2）位运算的优先级：整体上，算术运算>移位运算>关系运算>按位与、按位或及按位异或>逻辑与或。因此，如果位运算与算术运算、关系运算同时出现在表达式时，应注意位运算的优先级，确保运算按你想表达的方式进行。

9.2　初识位运算

所述的“位”即 1bit，指二进制的 1 位，如果是十进制或十六进制的“1 位”将特别说明。

位运算的特点：数据的每一个二进制位执行相同的运算，这是 bit 层面上的运算。

通过下列程序，初步认识位运算的按位运算的特性。

（1）按位与的示例及结果分析，如程序 9.1 所示。

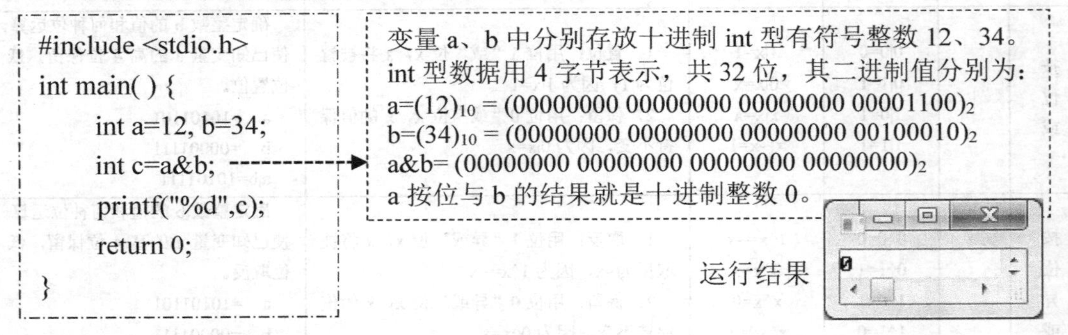

```
#include <stdio.h>
int main( ) {
    int a=12, b=34;
    int c=a&b;
    printf("%d",c);
    return 0;
}
```


程序 9.1

程序 9.1 的运算过程如图 9.1 所示。

		1字节（高位）	1字节	1字节	1字节（低位）
操作数1	$(12)_{10}$	0 0 0 0 0 0 0 0	0 0 0 0 0 0 0 0	0 0 0 0 0 0 0 0	0 0 0 0 1 1 0 0
位运算符	&	& & & & & & & &	& & & & & & & &	& & & & & & & &	& & & & & & & &
操作数2	$(34)_{10}$	0 0 0 0 0 0 0 0	0 0 0 0 0 0 0 0	0 0 0 0 0 0 0 0	0 0 1 0 0 0 1 0
结果	$(0)_{10}$	0 0 0 0 0 0 0 0	0 0 0 0 0 0 0 0	0 0 0 0 0 0 0 0	0 0 1 0 0 0 1 0

图 9.1　按位与运算

从图 9.1 可以看出，a&b 是对变量 a、b 的二进制值逐位进行“与”运算，因为 a、b 有 32 位，因此相当于进行了 32 次“与”运算。

（2）按位或的示例及结果分析。

请注意，负数是用补码表示的，算法为“原码取反+1”。

例如，求-1234 的补码，步骤如下。

① 先计算 1234 的原码，其 32 位二进制为 00000000 00000000 00000100 11010010。

② 对原码按位取反，得：11111111 11111111 11111011 00101101。

③ 对以上结果在加 1，得：11111111 11111111 11111011 00101110。

结果$(11111111\ 11111111\ 11111011\ 00101110)_2$就是-1234 的补码。

基于以上对于补码在计算机中的存储方式的认识，程序 9.2 展示了一个负整数和一个正整数的按位或运算。

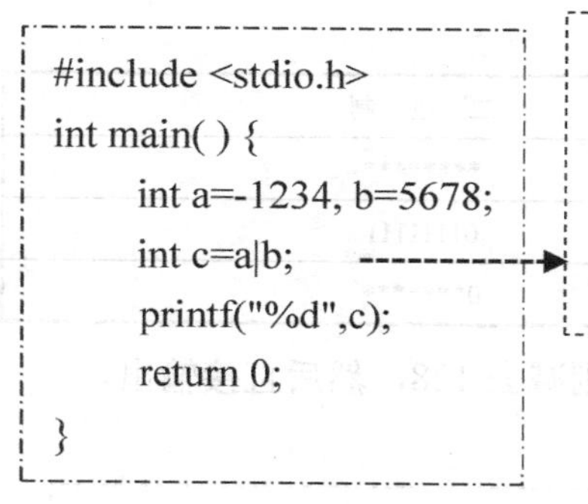

```
#include <stdio.h>
int main( ) {
    int a=-1234, b=5678;
    int c=a|b;
    printf("%d",c);
    return 0;
}
```

变量 a、b 中分别存放十进制 int 型有符号整数-1234、5678。
int 型数据用 4 字节表示，共 32 位，其二进制值分别为：
$a=(-1234)_{10} = (11111111\ 11111111\ 11111011\ 00101110)_2$
$b=(5678)_{10} = (00000000\ 00000000\ 00010110\ 00101110)_2$
$a\&b= (11111111\ 11111111\ 11111111\ 00101110)_2$
a 按位与 b 的结果就是十进制有符号整数-210。

程序 9.2

以上位运算得到的结果的最高位为 1，说明这个数是负数，那么如何从补码（11111111 11111111 11111111 00101110）得到对应的原码呢？答案是“补码取反+1”即可。

补码 11111111 11111111 11111111 00101110

原码 00000000 00000000 00000000 11010001

原码+1 00000000 00000000 00000000 11010010（此值对应十进制 210）

那么，以上补码表示的有符号整数值为-210。

显然，了解数据的二进制存储方式是掌握位运算的前提。计算机中数据的存储、处理、传输均采用二进制，每个二进制位只有两种取值，0 或 1。因为位运算的目标是对被处理数据的二进制位直接进行操控，因此需要先了解被处理数据类型在计算机中是如何存储的，即该类型的数据在计算机中二进制存储方式。整型数和浮点型数在计算机中是如何存储的请参见第 1 章二维码中的相关内容；字符型（包括英文字符和中文字符）在计算机是如何存储的，请参见第 4 章；用户自定义数据类型在计算机中是如何存储的，请参见第 7 章。

9.3 位运算的应用

编程任务 9.1：复位英文字符校验位

任务描述：底层通信程序从调制解调器（Modem，俗称“猫”）通信端口读入一个字节，该字节为英文字符的 ASCII 码，但其最高位，即该字节的第 8 位为奇校验位，为了让上层应用程序能够通过 ASCII 码使用英文字符，需要将此校验位复位为 0，从而得到英文字符的ASCII 码。

现在，给定最高位带奇校验的 ASCII 码，求对应的 ASCII 码。

输入：第一行一个整数 n，表示已从调制解调器接收的带校验的英文字符个数。

输出：每个英文字符输出一行，输出该字符对应的 ASCII 码。

输入举例	输出举例
2	97
97	66
194	

分析：假设带奇校验位的字符对应的 ASCII 码值为 x，那么利用位运算 x&0x7F 即可实现将校验位复位为 0，保留低 7 位，如表 9.2 所示。

表 9.2 位运算

参与运算的值	二 进 制
x	********
0x7F	01111111
x & 0x7F	0*******

另一种实现方法：判断 x 的值是否大于 128，如果是，则减去 128，然后直接输出。

代码如程序 9.3 所示，结果如运行结果 9.1 所示。

```
int main( ){
    int n;
    scanf("%d",&n);
    int x;
    while(n--){
        scanf("%d",&x);
        printf("%d\n",x&0x7F);
    }
    return 0;
}
```

请注意，在此接收输入的 ASCII 码变量 x 类型为 int 而不是 char，否则结果不正确。

每循环一次，处理一个 ASCII 码 x，输出 x&0x7F。注意，输出的格式控制符用%d，不能用%c。请读者自己思考这是为什么。

程序 9.3

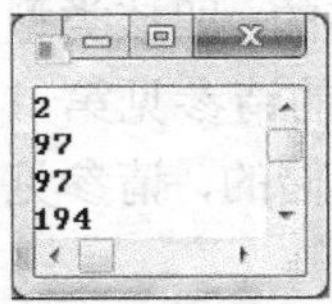

运行结果 9.1

编程任务 9.2：校验码

任务描述：某网络通信系统将待传输数据处理后得到了 63 位无符号二进制整数，为了能够在接收端检测到通信信道最可能发生的 1 位翻转错误，将其第 64 位作为校验位。校验码有奇校验和偶校验。在此采用偶校验，也就是说，如果前 63 位二进制中为“1”的位的个数是奇数，则此校验为 1，否则为 0。

对于给定的 63 位无符号整数，请输出按偶校验设置了校验位的 64 位无符号整数。

输入：第一个整数位 n 表示输入整数的个数，n<100000。其后 n 行，每行一个整数，为 63 位无符号整数。

输出：每行输出一个设置了校验位的 64 位无符号整数。

输入举例

6
0
1
2
3
9223372036854775807
4611686018427387904

输出举例

0
9223372036854775809
9223372036854775810
3
18446744073709551615
13835058055282163712

分析：对于给定的 63 位无符号数 x，从低位开始，计数二进制位中 1 的个数为奇数个还是偶数个。如果为偶数个，则校验位为 0，此时第 64 位默认就是 0，直接输出即可。如果为奇数个，则校验位为 1，通过位运算 x|0x8000000000000000 就能将第 64 位置为 1，其余位与 x 对应位相同。代码如程序 9.4 所示，结果如运行结果 9.2 所示。

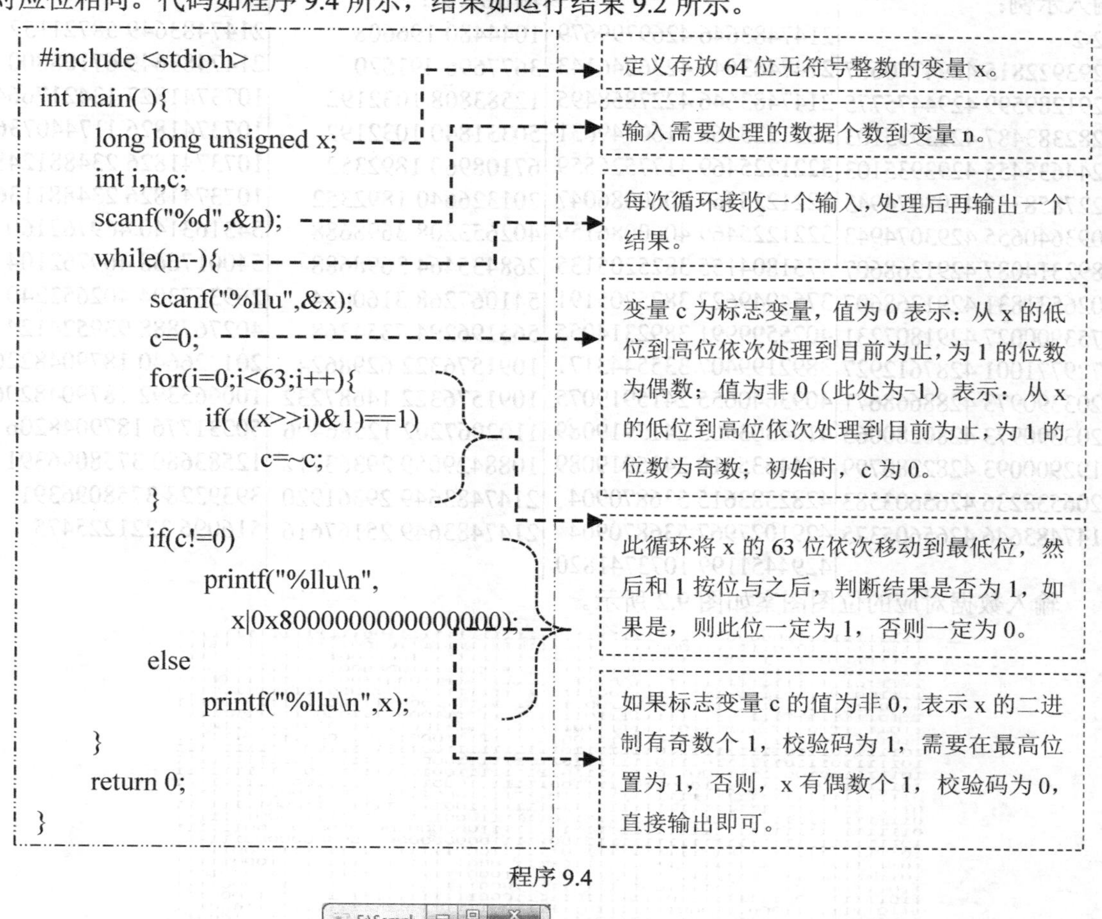

程序 9.4

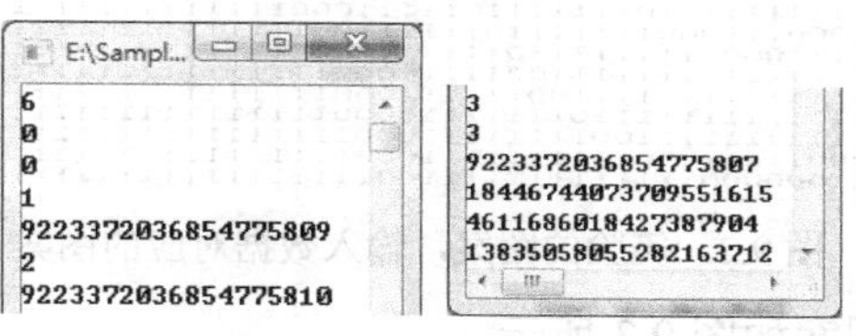

运行结果 9.2

在程序 9.4 中，注意 64 位无符号整数的定义为 long long unsigned，输入、输出格式控制符为%llu。

编程任务 9.3：反色翻转

任务描述：有一块由 LED 阵列构成的霓虹灯广告牌，每个小 LED 灯的开关状态由程序控制。按一定的时序和图案开关每个小 LED 灯就能展现出绚丽的效果。

已知每个 LED 灯的开关对应一个二进制位，一块广告牌 LED 灯对应二进制位的阵列，此阵列用无符号整数数组表示，每个整数用 4 字节表示。现在给定表示某图案，用无符号整数数组表示，请输出翻转 LED 灯开关状态后的图案对应的无符号整数数组。

输入：第一行两个整数 r、c，表示 LED 灯的行数 r 和列数 c*32，0<r、c<1024。其后 r 行，每行有 c 个无符号整数。同行的两个整数之间用空格分隔。

输出：输出 r 行、c 列翻转后无符号整数数组。同行的数据之间用空格分隔。

输入示例：		**输出示例：**	
32 2	2147483646 4269799679	1044480 196608	2147483649 58721152
4293922815 4294770687	2147483646 4236246143	3677696 491520	2147483649 67108800
4291289599 4294475775	2147483646 4227858495	12583808 1032192	1073741827 134217664
4282383487 4293935103	3221225468 4160749631	50331840 1032192	1073741826 117440736
4244635455 4293935103	3221225469 4177526559	67108960 1892352	1073741826 234881248
4227858335 4293074943	3221225469 4060086047	201326640 1892352	1073741826 234881136
4093640655 4293074943	3221225469 4060086159	402653208 3698688	543163140 469762160
3892314087 4291268607	3751804155 3825205135	268435464 3698688	540017668 469762104
4026531831 4291268607	3754949627 3825205191	541067268 3160064	269367304 402653240
3753900027 4291807231	4025599991 3892314055	565196294 7354368	402767888 939524124
3729771001 4287612927	3892199407 3355443171	1091576322 6298624	201326640 1879048220
3203390973 4288668671	4093640655 2415919075	1091576322 14687232	100663392 1879048206
3203390973 4280280063	4194303903 2415919089	1102067202 12586496	50331776 1879048206
3192900093 4282380799	4244635519 2415919089	1088429059 29363712	12583680 3758096391
3206538236 4265603583	4282383615 536870904	2147483649 29361920	3939328 3758096391
2147483646 4265605375	4291027967 536870904	2147483649 25167616	516096 3221225475
	4294451199 1073741820		

输入数据对应的位图图案如图 9.2 所示。

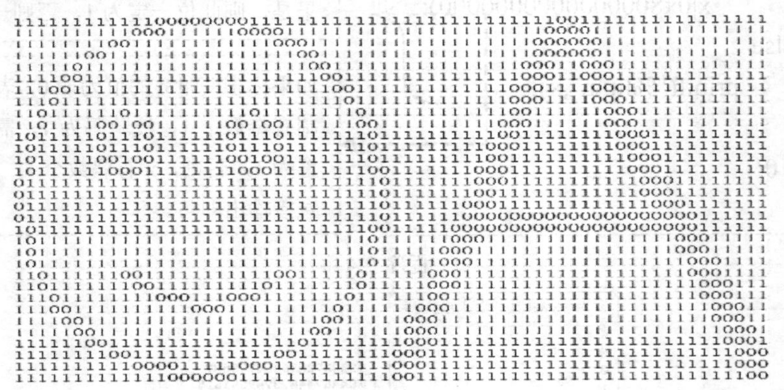

图 9.2　笑脸的图案，输入数据对应的图案

输出数据对应的位图图案如图 9.3 所示。

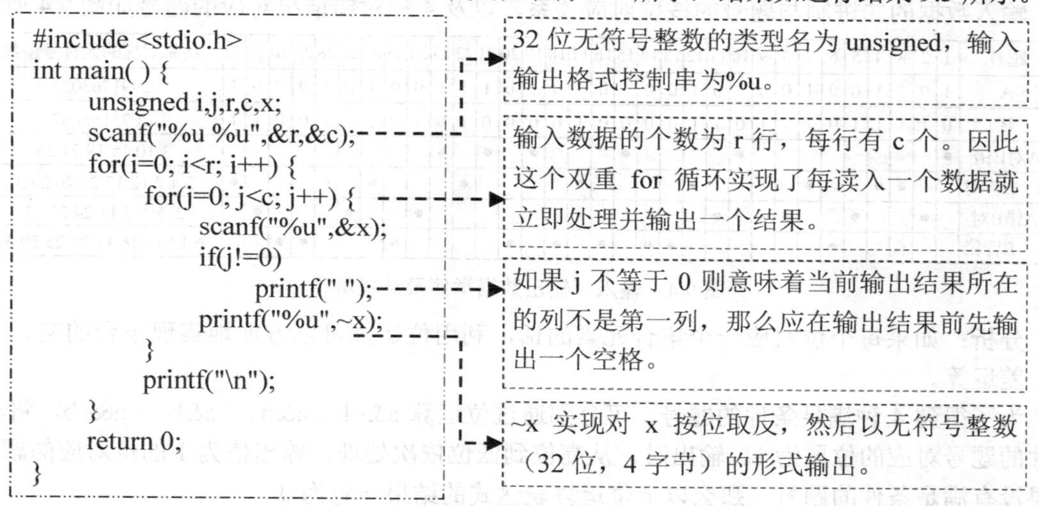

图 9.3　反转后的笑脸图案，输出数据对应的图案

分析：直接利用位运算~实现即可。代码如程序 9.5 所示，结果如运行结果 9.3 所示。

```
#include <stdio.h>
int main( ) {
    unsigned i,j,r,c,x;
    scanf("%u %u",&r,&c);
    for(i=0; i<r; i++) {
        for(j=0; j<c; j++) {
            scanf("%u",&x);
            if(j!=0)
                printf(" ");
            printf("%u",~x);
        }
        printf("\n");
    }
    return 0;
}
```

32 位无符号整数的类型名为 unsigned，输入输出格式控制串为%u。

输入数据的个数为 r 行，每行有 c 个。因此这个双重 for 循环实现了每读入一个数据就立即处理并输出一个结果。

如果 j 不等于 0 则意味着当前输出结果所在的列不是第一列，那么应在输出结果前先输出一个空格。

~x 实现对 x 按位取反，然后以无符号整数（32 位，4 字节）的形式输出。

程序 9.5

编程任务 9.4：做题情况对比

任务描述：有一场程序设计竞赛共有 32 个题，用 32 个格子来表示，每个格子对应一个题目，如果某个题做对了，那么该题对应的格子值为 1，否则为 0。32 题结果用一个 32 位的无符号整数来表示，每个二进制位对应一个题目。现在对于给定的两个参赛队员 A、B 的做题情况，求分别满足以下 4 种情况题目编号：A 做对了但 B 做错了，A、B 都做对了，B 做对了 A 做错，A、B 都做错了。

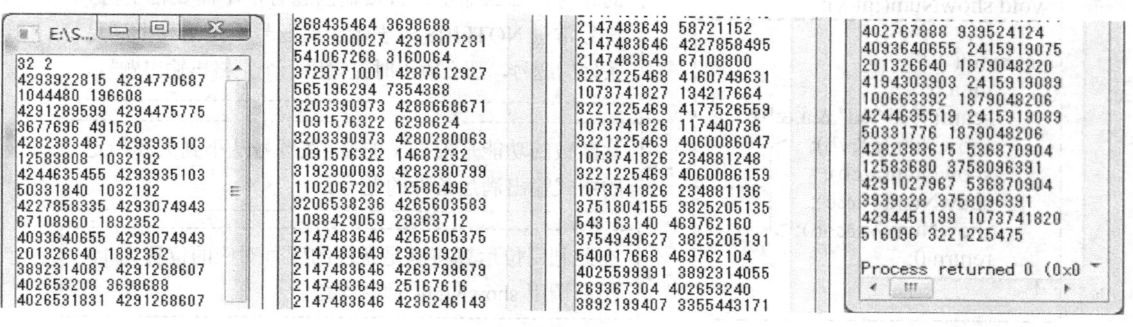

运行结果 9.3

输入：整数 a、b。

输出：输出 4 行，分别输出 A 做对了但 B 做错了，A、B 都做对了，B 做对了但 A 做错，A、B 都做错了的题目编号。题号之间用空格分隔，行首行尾均无空格。题号用小到大排列。如果没有满足条件的题号，则输出 0。题号自左向右编号分别为 1 到 32 号。

输入举例：2991763025 2075166067

输出举例：

1 10 15 19 21 23

3 4 7 12 17 22 26 28 32

2 5 8 9 11 24 27 31

6 13 14 16 18 20 25 29 30

以上输入、输出举例数据的解析如下。

输入数据的二进制与题号的按位对应关系，以及 4 种对错情况对应的题号如图 9.4 所示。

题号	1	2	3	4	5	6	7	8	9	10	11	12	13	14	15	16	17	18	19	20	21	22	23	24	25	26	27	28	29	30	31	32	结果对应的无符号整数
A	1	0	1	1	0	0	1	0	0	1	0	1	0	0	1	0	1	0	1	0	1	1	1	0	0	1	0	1	0	0	0	1	2991763025
B	0	1	1	1	1	0	1	1	1	0	1	1	0	0	0	0	1	0	0	0	0	1	0	1	0	1	1	1	0	0	1	1	2075166067
A对B错	●									●					●				●		●		●										1 10 15 19 21 23
A、B皆对			●	●			●					●					●					●				●		●				●	3 4 7 12 17 22 26 28 32
A错B对		●			●			●	●		●													●			●				●		2 5 8 9 11 24 27 31
A、B皆错						●							●	●		●		●		●					●				●	●			6 13 14 16 18 20 25 29 30

图 9.4　输入、输出数据举例及结果解释

分析：如果每个位对应一个集合元素的话，利用位运算可以方便地实现集合的交、并、补、差运算。

为了得到 4 种满足条件的题号，可分别通过位运算 a&~b、a&b、~a&b、~a&~b，将满足条件的题号对应的位置为 1。输出时，从高位到低位依次处理，输出值为 1 的位对应的题号。如果没有满足条件的题号，那么以上位运算表达式的结果一定为 0。

注意，以上运算中的取反运算~是单目运算符，它的优先级高于&、|、^运算。

因为输出过程是可重用的功能特定的代码块，因此设计成单独的函数，在此函数名为 showNum，形式参数为以上位运算表达式的结果 x。x 为 32 位的整数。

代码如程序 9.6、程序 9.7 所示，结果如运行结果 9.4 所示。

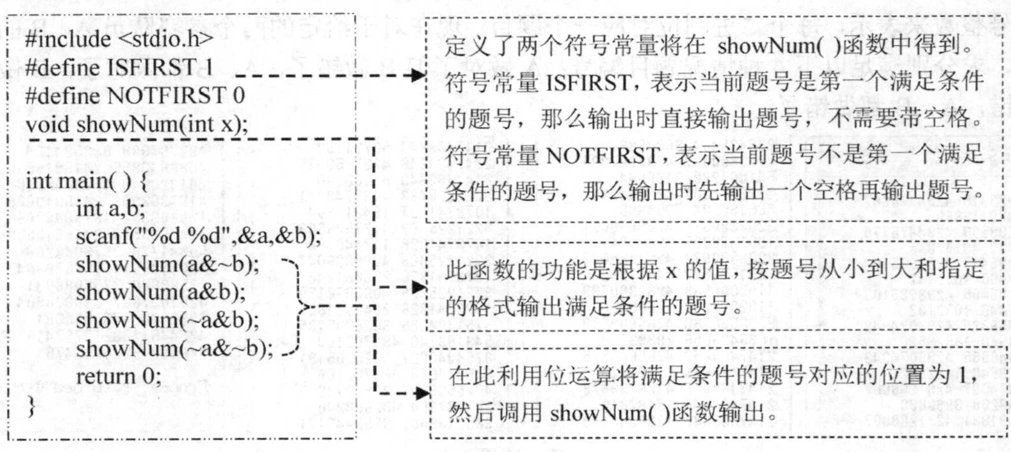

程序 9.6

```
void showNum(int x) {
    int i;
    if(x==0) {
        printf("0\n");
        return;
    }
    int flag=ISFIRST;
    for(i=1; i<=32; i++) {
        if( ((x>>(32-i))&1)==1) {
            if(flag==ISFIRST)
                flag=NOTFIRST;
            else
                printf(" ");
            printf("%d",i);
        }
    }
    printf("\n");
}
```

如果 x 为 0，表示没有满足条件的题号，按任务要求输出 0，然后函数返回。

初始时，将标志变量置为 ISFIRST。

此循环依次将 x 中题号为 1～32 对应的位移动到最低位，再与 1 按位与，如果结果为 1，则表示此位对应的题号为(i+1)，每次处理循环一次，处理共循环 32 次。

如果当前有一个满足条件的题号并且标志变量置为 ISFIRST。此时不需要输出空格，只需要改变标志变量的值为 NOFIRST 即可，这样在第 2 个满足条件的题号输出前，先输出空格。

程序 9.7

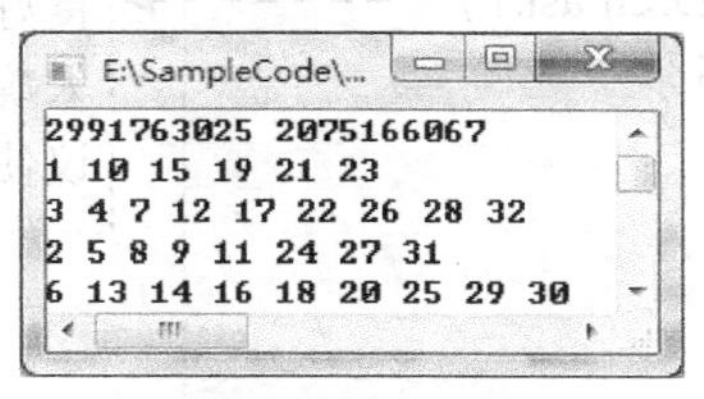

运行结果 9.4

编程任务 9.5：子网掩码

任务描述：IP V4 规定在互联网上计算机有唯一的 32 位 IP 地址。为计算机设置 IP 地址信息通常需要设置子网掩码和网关。子网掩码用来判断需要通信的源主机和目标主机的两个 IP 地址是否属于同一个子网，子网内通信一般比公网或外网的带宽要高得多。如果源主机和目标主机在同一子网中，则它们之间的通信无须通过网关经过公网或外网，而直接在子网内实现高效通信。

IP 地址和子网掩码都可以看作一个 32 位的无符号整数。子网掩码的特点是高位为连续的 1，低位为连续的 0。如果子网掩码为 1 的位对应的源 IP 地址和目标 IP 地址的相应位相同，则两者在同一子网中，否则不在同一子网中，如表 9.3 所示。

表 9.3　IP 地址与子网掩码的十进制和二进制

	十进制	二进制
来源 IP 地址	3526090771	**11010010 00101011** 11100000 00010011
目标 IP 地址	3526035463	**11010010 00101011** 00001000 00000111
子网掩码	4294901760	**11111111 11111111** 00000000 00000000

因为子网掩码为 1 的位对应的源 IP 和目标 IP 的位相同，如表 9.3 中粗体部分所示，因此两者在同一子网中。

给定的源 IP 地址、目标 IP 地址和子网掩码，请判断两者是否在同一子网中。

输入：第一个整数 n（0<n≤100），表示测试用例的个数。其后每行包含 3 个小于 2 的 32

次方的正整数，分别表示源 IP 地址、目标 IP 地址、子网掩码。

输出：每个测试用例输出一行，如果源 IP 地址与目标 IP 在同一子网中则输出 YES，否则输出 NO。

输入举例	**输出举例**
2	YES
3526090771 3526035463 4294901760	NO
2887523098 2887523354 4294966272	

分析：根据任务要求很容易得知，只要判断（源 IP 按位与子网掩码）和（源 IP 按位与子网掩码）的结果是否相等，相等则结果为 YES，否则为 NO。

代码如程序 9.8 所示，结果如运行结果 9.5 所示。

```
#include <stdio.h>
int main( ) {
    unsigned n,ipS,ipD,mask;
    scanf("%u",&n);
    while(n--) {
        scanf("%u %u %u",&ipS,&ipD,&mask);
        if( (ipS&mask)==(ipD&mask) )
            printf("YES\n");
        else
            printf("NO\n");
    }
    return 0;
}
```

此处应注意位运算“&”与比较运算符“==”优先级大小，前者比后者低，因此此处必须将&运算括起来。良好的编程习惯：如果在编程时不太确定两个运算符的优先顺序，建议使用括号表达正确的优先级。

程序 9.8

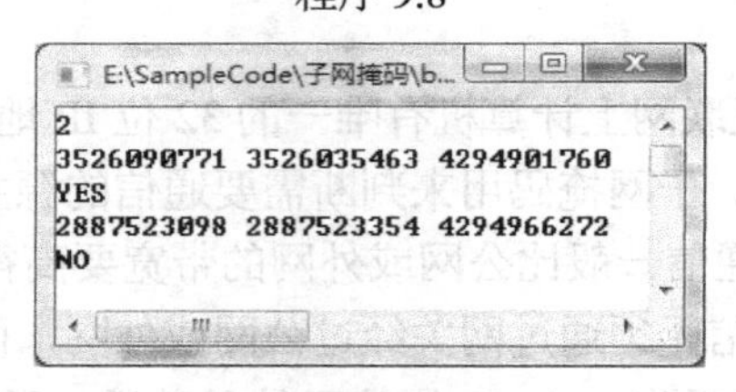

运行结果 9.5

编程任务 9.6：跑马灯（基础版）

任务描述：现代都市有着绚丽多彩的夜色，商店大厦前的霓虹灯闪烁变幻往往能吸引眼球。某商店有 64 盏霓虹灯，呈现跑马灯的效果，这个霓虹灯由一个单片机控制其开关状态，有一个 64 位二进制整数，每一位对应控制一个霓虹灯，现在给定一个非负整数 k（0≤k<2 的 64 次方-1）作为初始霓虹灯状态，此处的跑马方向向左，每次移动一个灯的位置，循环移位，即高位移出的位从低位移入。请输出此霓虹灯在之后的 64 步的状态对应的整数值。

输入：一个非负整数 k（0≤k<2 的 64 次方-1），以十进制方式输入。

输出：每次循环向左移动一位后输出一行，以十进制方式输出霓虹灯状态对应的整数值。共 64 行。

输入举例：

1234567890123456789

输出举例：（以下为了排版美观，将输出结果排成了 4 列，实际输出仅有 1 列。）

2469135780246913578	2443479681541481028	18145849703592632808	1559748131197408883
4938271560493827156	4886959363082962056	17844955333475714001	3119496262394817766
9876543120987654312	9773918726165924112	17243166593241876387	6238992524789635532
1306342168265757009	1101093378622296609	16039589112774201159	12477985049579271064
2612684336531514018	2202186757244593218	13632434151838850703	2495597009915854128
5225368673063028036	4404373514489186436	8818124229968149791	4991194019831708256
10450737346126056072	8808747028978372872	17636248459936299582	9982388039663416512
2454730618542560529	17617494057956745744	16825752846163047549	1518032005617281409
4909461237085121058	16788244042203939873	15204761618616543483	3036064011234562818
9818922474170242116	15129744010698328131	11962779163523535351	6072128022469125636
1191100874630932617	11812743947687104647	5478814253337519087	12144256044938251272
2382201749261865234	5178743821664657679	10957628506675038174	5841768016166950929
4764403498523730468	10357487643329315358	3468512939640524733	11683536032333901858
9528806997047460936	2268231212949079101	6937025879281049466	4920327990958252101
610869920385370257	4536462425898158202	13874051758562098932	9840655981916504202
1221739840770740514	9072924851796316404	9301359443414646249	1234567890123456789

分析：本任务的核心是实现将 64 位二进制数循环左移。

先判断高位是否为 1，如果为 1，则移入的最低位为 1，否则移入的最低位为 0。具体有两种方法实现。

方法 1：不用位运算。先用 k 整除 2 的 63 次方（9223372036854775808 或 0x8000000000000000），判断商为 0 还是 1。如果为 1 表示最高位为 1，如果为 0 表示最高位为 0。左移 1 位通过 k←2*k 实现。程序代码留给读者自己完成。

方法 2：利用位运算。此方法的运算效率比以上方法要高，代码如程序 9.9 所示。

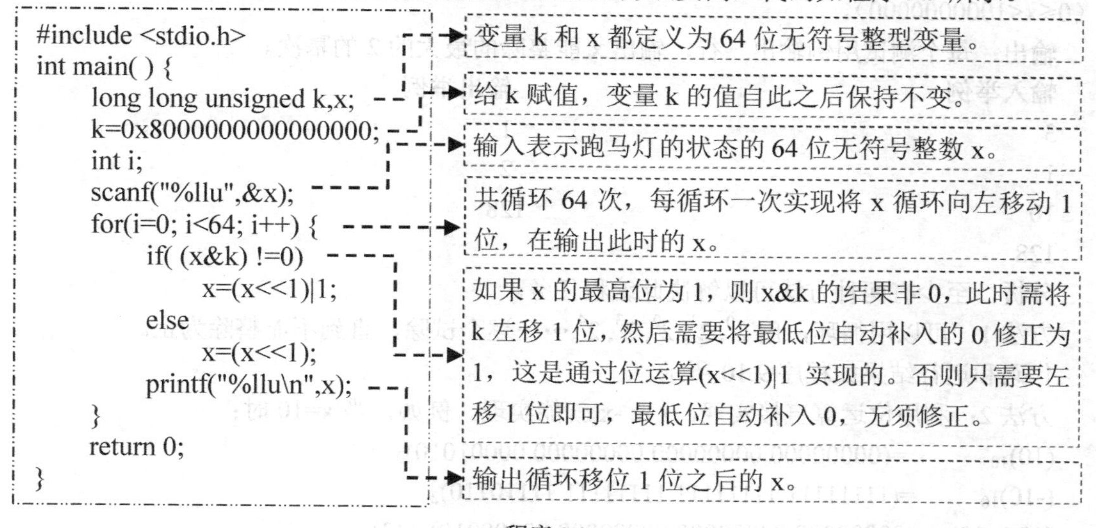

程序 9.9

以上程序中需要注意两点。

（1）64 位无符号整数的类型名为 long long unsigned，对应的输入、输出格式控制串为“%llu”。

（2）if 语句中的表达式(x&k) !=0，一定要用括号提高位运算的优先级，因为按位与运算符&的优先级低于比较运算符==的优先级。请参考附录（扫描前言中的二维码）中的运算符优先级表。

运行结果：（略）

小问答：

问：64 位的无符号整型变量 k 如何获得最高位为 1 其余 63 位为 0 的无符号整数。

答：有 3 种做法。

方法 1：直接赋值法。又有两种写法，用十进制常数表示为 k=9223372036854775808，用十六进制常数表示为 k=0x8000000000000000。

方法 2：常量移位法。用无符号常数 1 左移 63 位，写为 k=((long long unsigned)1)<<63，因为此处的 1 默认是 32 位的整数，必须强制类型转换为 64 位整数。

方法 3：变量移位法。先给变量 k 赋值为 1，此时 k 中值为 64 位。然后再执行 k=k<<63 即可。也就是写成如下两个语句：

```
k=1;
k=k<<63;
```

错误的做法：k=1<<63。此时 k 得到的结果值为 0，因为常数 1 默认是 32 位整数，左移 63 位后，变成了 0。

编程任务 9.7：最大 2 的幂次因子

任务描述：在树状数组的应用中，有如下计算需求：对于给定的 x，求其能整除的最大 2 的幂次。树状数组是一种高效的“数据结构”，对此感兴趣的读者可以查阅相关资料。

输入：第一行一个整数 n（0<n<1000）表示测试用例的个数，其后 k 行，每行一个正整数 x（0≤x<1000000000）。

输出：每个测试用例输出一行，输出 x 能整除的最大的 2 的幂次。

输入举例	输出举例
3	1
1	2
10	128
128	

分析：至少有两种方法可以解决此编程任务。

方法 1：可以用循环，用 $2^0, 2^1, 2^2, 2^3, 2^4$,……逐个试除，直到不能整除为止。

代码和运行结果如程序 9.10 所示。

方法 2：利用位运算直接实现，x & -x 就能实现。例如，当 x=10 时：

$(10)_{10}$ =$(00000000\ 00000000\ 00000000\ 00001010)_2$

$(-10)_{10}$ =$(11111111\ 11111111\ 11111111\ 11110110)_2$

$(10\&-10)_{10}$=$(00000000\ 00000000\ 00000000\ 00000010)_2$=$(2)_{10}$

方法 2 更加简便、运行效率高于方法 1。

代码和运行结果如程序 9.11 所示。

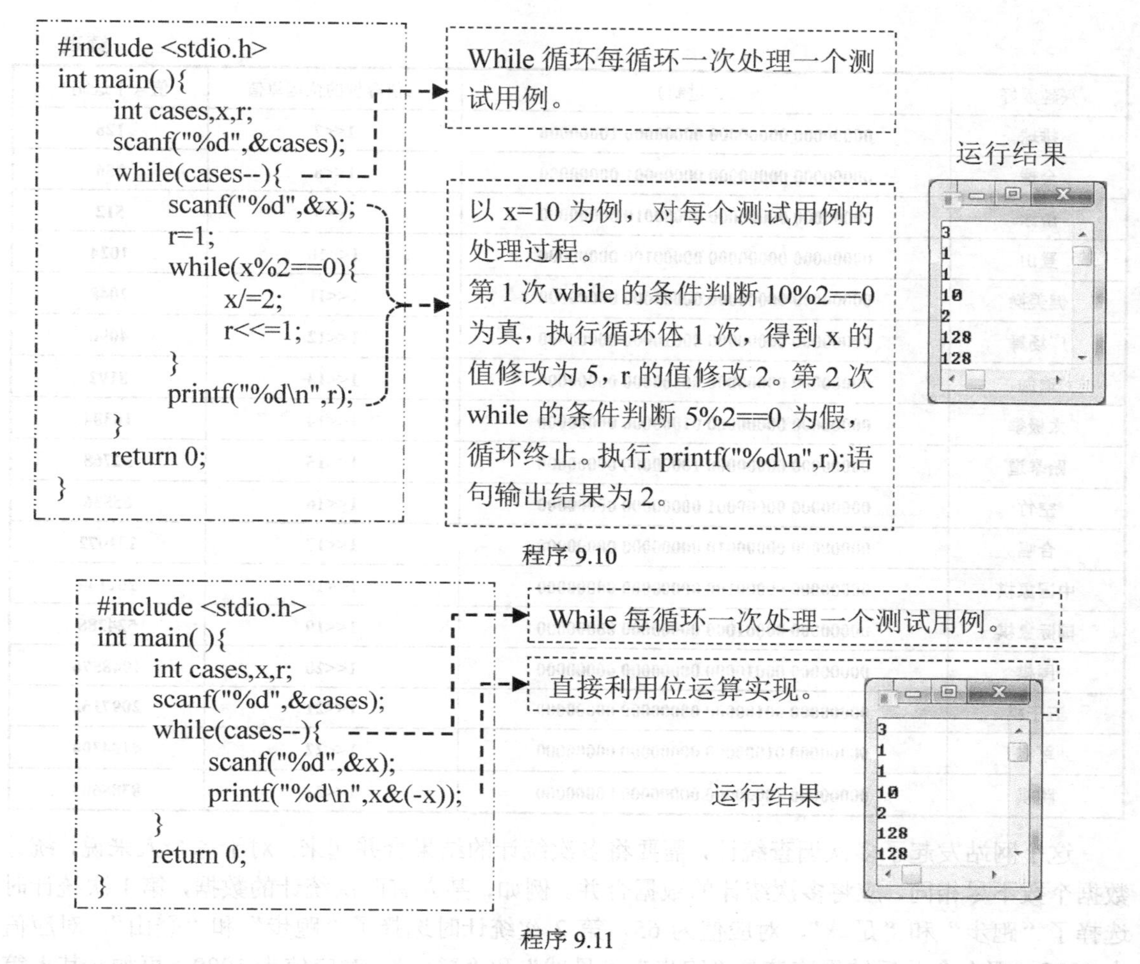

程序 9.11

编程任务 9.8：体育运动爱好调查

任务描述：为了响应全民健身运动提倡的“每天锻炼一小时，健康工作五十年，幸福生活一辈子”。某网站发起了一项体育运动兴趣爱好调查，以掌握居民的运动喜好，以便更好地组织和开展社区体育运动。

用户可以复选任意项运动。因为运动的总项数小于 32，因此，用一个 32 位的二进制整数保存用户选择的运动项目。这些运动项目的常量名和二进制值及十进制值如表 9.4 所示。

表 9.4 体育运动兴趣爱好表

兴趣爱好	值（二进制）	与值等价的位运算值	值（十进制）
跑步	00000000 00000000 00000000 00000001	1<<0	1
自行车	00000000 00000000 00000000 00000010	1<<1	2
乒乓球	00000000 00000000 00000000 00000100	1<<2	4
羽毛球	00000000 00000000 00000000 00001000	1<<3	8
篮球	00000000 00000000 00000000 00010000	1<<4	16
网球	00000000 00000000 00000000 00100000	1<<5	32
足球	00000000 00000000 00000000 01000000	1<<6	64

续表

兴趣爱好	值（二进制）	与值等价的位运算值	值（十进制）
排球	00000000 00000000 00000000 10000000	1<<7	128
台球	00000000 00000000 00000001 00000000	1<<8	256
游泳	00000000 00000000 00000010 00000000	1<<9	512
登山	00000000 00000000 00000100 00000000	1<<10	1024
健美操	00000000 00000000 00001000 00000000	1<<11	2048
广场舞	00000000 00000000 00010000 00000000	1<<12	4096
瑜伽	00000000 00000000 00100000 00000000	1<<13	8192
太极拳	00000000 00000000 01000000 00000000	1<<14	16384
跆拳道	00000000 00000000 10000000 00000000	1<<15	32768
空竹	00000000 00000001 00000000 00000000	1<<16	65536
合唱	00000000 00000010 00000000 00000000	1<<17	131072
中国象棋	00000000 00000100 00000000 00000000	1<<18	262144
国际象棋	00000000 00001000 00000000 00000000	1<<19	524288
围棋	00000000 00010000 00000000 00000000	1<<20	1048576
五子棋	00000000 00100000 00000000 00000000	1<<21	2097152
军棋	00000000 01000000 00000000 00000000	1<<22	4194304
跳棋	00000000 10000000 00000000 00000000	1<<23	8388608

这个网站发起了多次调查统计，需要将多次统计的结果合并起来。对于每个人来说，统计数据个数不尽相同，应将多次统计的数据合并。例如，某人有两次统计的数据，第 1 次统计时选择了“跑步”和“足球”，对应值为 65，第 2 次统计时选择了“跑步”和“登山”，对应值为 1025，那么合并后结果应该是“跑步”、“足球”和“登山”，对应值为 1089。再如，某人第 1 次统计时选择了“羽毛球”，对应值为 8，第 2 次选择了“羽毛球”、“游泳”，对应值为 520，第 3 次统计时选择了“健美操”、“游泳”，对应值为 2560，那么合并后结果应该是“羽毛球”、“游泳”和“健美操”，对应值为 2568。

输入： 第一行包含一个整数 k（0<k≤10000），表示参加的统计的人数。

接下来的 k 行，每一行表示对一个人的统计数据。其中，每行第一个整数 n 表示此人有 n（0<n≤100）次调查的数据。其后的 n 个整数表示分别表示每次调查的结果。

输出： 对每个人的统计结果，输出一行。如果有多项体育运动爱好，必须按照上表从小到大顺序输出。注意，多项爱好之间用空格分隔，行尾只有回车，没有空格。如果没有选中任何一项运动，则输出“无”。

输入举例	**输出举例**
3	跑步 足球 登山
2 65 1025	无
4 0 0 0 0	羽毛球 游泳 健美操
3 8 520 2560	

分析： 对于此问题，显然不能直接将统计结果相加，例如，第一次调查为“跑步”，对应值为 1，第 2 次调查仍然为“跑步”，对应值为 1。此时，如果直接相加，1+1=2，而 2 对应的

运动是“自行车”，这个结果肯定是错误的。因此，利用位运算中的“按位或”能够很好地实现此任务，1|1=1，结果 1 对应的运动仍然是“跑步”，这显然是正确的。

为了对输出的多项运动之间用空格分隔，而最后一项运动之后没有空格，有两种方法。

方法 1：首先求出合并后结果中运动的项数。这样在输出时，第 1 项输出之前不带空格，从第 2 项起，每一项先输出空格，再输出运动名。所有运动名输出完毕后，输出一个回车符。

方法 2：利用标记变量，标记当前输出次数是否为第 1 次，如果是第 1 次，则不输出空格，只输出运动名，其后每项运动都是先输出一个空格再输出运动名。所有运动名输出完毕后，输出一个回车符。

中文运动名和数组的对应关系利用字符数组实现，根据下标，利用“运动项目下标→运动项目名对照表”直接得到运动项名。

代码如程序 9.12 所示，结果如运行结果 9.6 所示。

思考题：请尝试用尽量多的方法实现以上编程任务。

编程任务 9.9：字符的 Unicode 编码转换为 UTF-16 编码

任务描述：Unicode 是为了解决全世界各种语言文字的统一编码问题而提出的。虽然 Unicode 字符集仍然在不断补充和发展中。字符对应的 Unicode 编码称为码点，即通常所说的 Unicode 编码，取值范围为 0-0x10FFFF(此为十六进制整数，0x10FFFF 表示十进制的 1114111)。其编码空间能容纳 111 万多个字符，已经能够很好地满足编码全世界文字符号的需要。

Unicode 只提供了每个字符与 Unicode 码点的对应关系。具体编码方案可以有多种。最容易想到的方案是直接采用 3 个字节定长的 Unicode 来存储和处理字符，但这并不是合适的解决方案。其主要原因是：对于全世界绝大多数国家来说，使用频率最高的字符是单字节和双字节编码。如果全部按 3 字节处理，浪费了存储空间，降低了传输效率。因此，Unicode 有多种变长编码的具体实现形式，如 UTF-8、UTF-16、UTF-32 等，其中的 UTF（Unicode Transformation Format），意为 Unicode 转换格式，如表 9.5 所示。

表 9.5　Unicode 编码方案举例

编 码 方 案	编码单位的长度	表示一个字符所需编码单位的个数	表示一个字符所需字节数	备　　注
UTF-8	8 bits	1,2,3,4,5,6	1,2,3,4,5,6	变长编码
UTF-16	16 bits	1,2	2,4	变长编码
UTF-32	32 bits	1	4	定长编码

字符从 Unicode 的码点转换为 UTF-8、UTF-16、UTF-32 编码有规定的转换规则。

Unicode 转换为 UTF-16 编码的规则如下。

令字符的 Unicode 编码为 U。

如果 0<=U<0x10000，那么 UTF-16 编码就是 U，它是一个 16 位二进制无符号整数。

如果 0x10000≤U≤0x10FFFF，那么字符的 UTF-16 编码由 2 个 16 位无符号二进制整数表示。转换算法如下：首先将 U'=U-0x10000，得到的 U'的取值范围为 0x00000≤U'≤0xFFFFF，因此可用 20 位二进制表示，即用 3 字节表示，最左边的高 4 位为 0，其 3 字节的二进制形式为高 10 位的每个二进制位用 y 表示，低 10 位的每个二进制位用 x 表示；然后高 10 位之前补 6 位“110110”，低 10 位之前补 6 位“110111”；最后得到的 2 个 16 位的二进制编码就是 U 的 UTF-16 编码。

```
#include <stdio.h>
#define IS_FIRST 1
#define NOT_FIRST 0
char sports[32][11]={"跑步",
  "自行车","乒乓球","羽毛球",
  "篮球","网球","足球","排球",
  "台球","游泳","登山",
  "健美操","广场舞","瑜伽",
  "太极拳","跆拳道","空竹","合唱",
  "中国象棋","国际象棋","围棋",
  "五子棋","军棋","跳棋"
};

int main( ){
  int k,i,n,hobby,item,now,flag;
  scanf("%d",&k);
  while(k--){
    scanf("%d",&n);
    hobby=0;
    while(n--){
      scanf("%d",&item);
      hobby|=item;
    }

    if(hobby==0){
      printf("无\n");
      continue;
    }
    now=1;
    flag=IS_FIRST;
    for(i=0;i<24;i++,now<<=1){
      if( (hobby&now)!=0){
        if(flag==IS_FIRST)
          flag=NOT_FIRST;
        else
          printf(" ");
        printf("%s",sports[i]);
      }
    }
    printf("\n");
  }
  return 0;
}
```

定义了常量 IS_FIRST 的值为 1，表示当前输出是第 1 个体育爱好项目。定义了常量 NOT_FIRST 的值为 0，表示当前输出不是第 1 个体育爱好项目。这两个常量作为标志变量 flag 的值。然后利用当前是否是第 1 个输出项来控制空格的输出。

按体育项目的顺序定义了 24 个项目。sports[i]对应的是第 i+1 项运动项目名称。

此循环每循环一次，就处理一个人的多次运动爱好，得到并输出合并结果，此循环共循环 k 次。

初始时，hobby 用来保存逐步合并 hobby 中保存的当前值与每次输入 item 值。初始时必须置为 0。

此循环每循环一次，就将某个人已有的运动爱喝与输入的 1 次运动爱好合并，合并结果保存在变量 hobby 中。对某个人来说，此循环共循环 n 次。在此利用了位运算“或”。

如果合并后 hobby 的值为 0，说明没有选中任何体育运动。此时按任务要求输出“无”，并且，此循环体之后的语句只有当体育运动爱好不为“无”时才有必要执行，因此，此处使用 continue 语句，跳过此处后面的本次循环的语句，进入下一次循环。

此循环功能是从低位到高位，通过 if((hobby&now)!=0)测试该位是否为 1。如果不为 0，则表明此位有 1，应该输出此位对应的体育运动 sports[i]。循环 24 次，对应 24 种体育爱好，并且是按体育项目的顺序进行处理的。Now 变量在循环中依次取值 1，2，4，8，16，…，8388608。初始时取值 1，在循环中每循环一次向左移 1 位。

这里需要特别注意位运算&与比较运算!=的优先级顺序，位运算的优先级很低，因此此处必须有左右括号。

flag 初始时置为 IS_FIRST，表示当前出现的输出是第 1 个输出。此时不需要输出空格，但需要改变 flag 的状态为 NOT_FIRST。

只有当不是第 1 个输出时，才输出一个空格。

根据下标 i 得到 sports[i]就是当前体育项目名。

输出所有体育项目名之后，必须输出一个回车。

程序 9.12

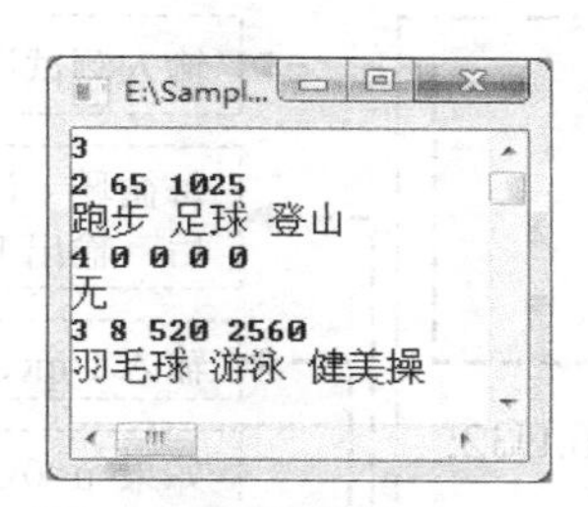

运行结果 9.6

编码前，20 位二进制：[******yy][yyyyyyyy][******xx][xxxxxxxx]

编码后，32 位二进制：[110110yy][yyyyyyyy][110111xx][xxxxxxxx]

例 1：U=0x4E2D 为字符“中”，因为 U<0x10000，所以其 UTF-16 编码是 0x4E2D。

例 2：U=0x20000 为字符“𠀀”，因为 U≥0x10000，首先令 U'=U-0x10000，得 U'=0x10000，则

编码前，20 位二进制：[******00][01000000][******00][00000000]

编码后，32 位二进制：[11011000][01000000][11011100][00000000]

编码后的十六进制为：   D   8   4   0   D   C   0   0

得 U=0x20000 的 UTF-16 编码为：0x D840DC00。

显然，大于 0x10FFFF 的 Unicode 不能用 UTF-16 表示。

Unicode 与 UTF-16 编码的详细说明，请查阅 RFC 文档：http://ietf.org/rfc/rfc2781.txt。

现在要求给定的某个字符的 Unicode，请输出其 UTF-16 编码。

输入：第一个正整数 n 表示测试用例的个数。其后 n 行，每行有一个十六进制整数 U（0≤U≤0x10FFFF），没有前导 0，十六进制字母 ABCDEF 采用大写。

输出：每行输出一个 Unicode 对应的 UTF-16 编码。以十六进制表示，结果为 4 位十六进制（当 Unicode 小于 0x10000 时）或 8 位十六进制（当 Unicode 大于或等于 0x10000 时）。

输入举例：	**输出举例**：
4	0000
0	0F30
F30	4E2D
4E2D	D840DC00
20000	

分析：根据编码规则，利用位运算即可实现。代码如程序 9.13 所示，结果如运行结果 9.7 所示。

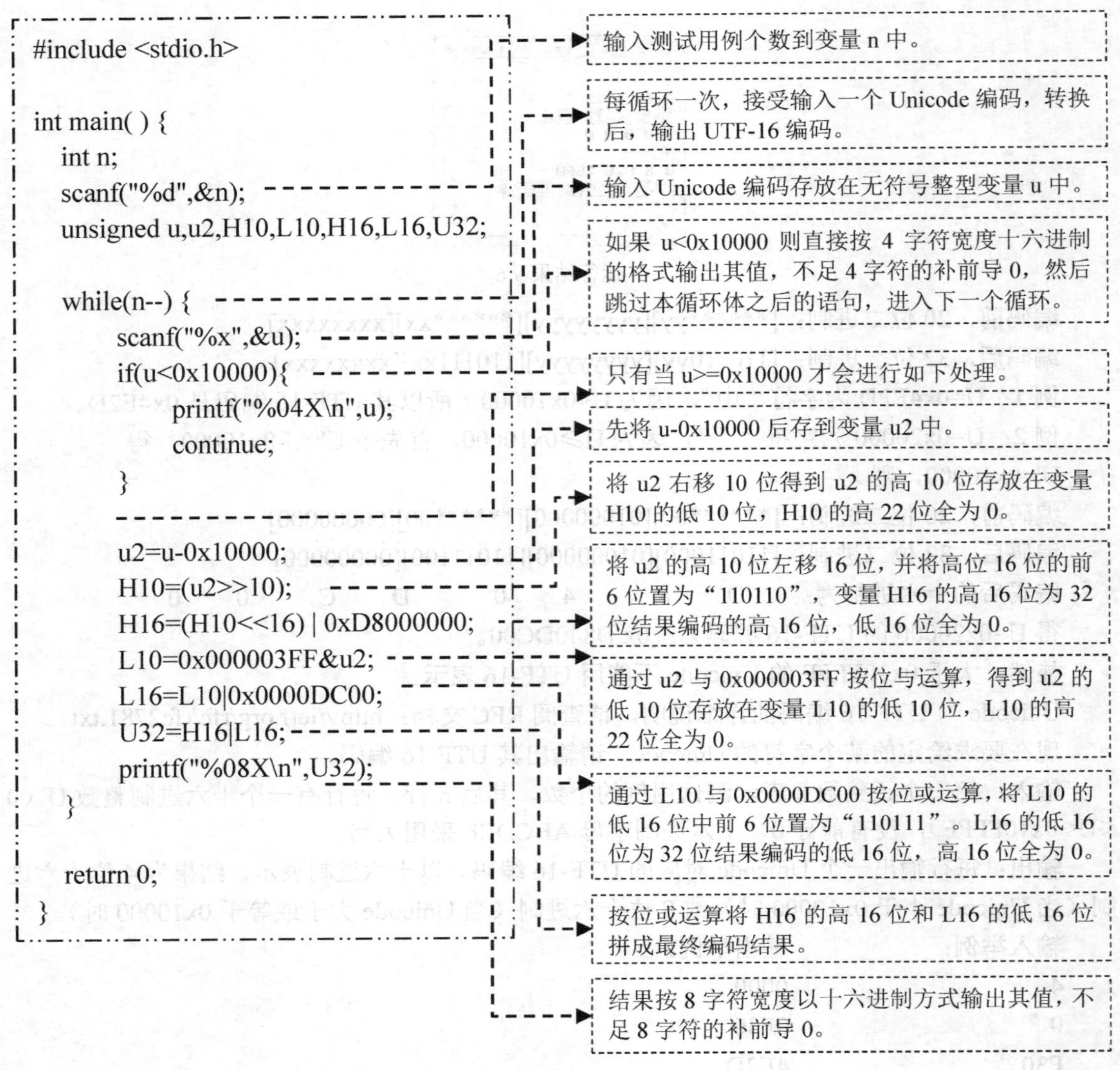

程序 9.13

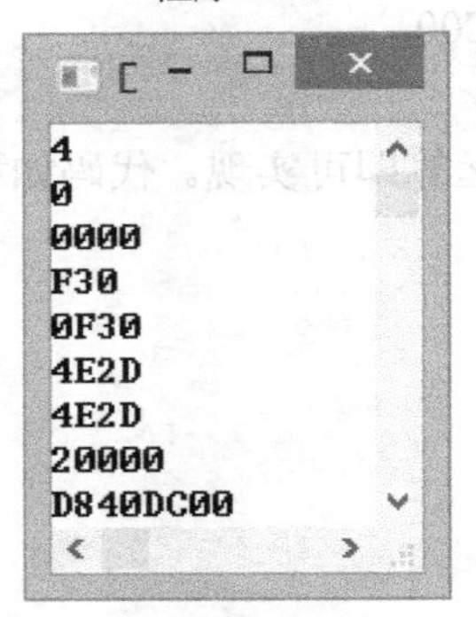

运行结果 9.7

表 9.6 展示了上述位运算的计算过程。

表 9.6　程序执行过程详解

执行的语句	运算过程		待观察的变量
	二进制	十六进制	
scanf("%x",&u);	00000000 00000010 00000000 00000000	0x00020000	u
u2=u-0x10000;	00000000 00000001 00000000 00000000	0x00010000	u2
H10=(u2>>10);	00000000 00000000 00000000 01000000	0x00000040	H10
H16=(H10<<16) | 0xD8000000;	00000000 01000000 00000000 00000000	0x00400000	H10<<16
	11011000 00000000 00000000 00000000	0xD8000000	D80000000
	11011000 01000000 00000000 00000000	0xD8400000	H16
L10=0x000003FF&u2;	00000000 00000000 00000011 11111111	0x000003FF	0x000003FF
	00000000 00000001 00000000 00000000	0x00010000	u2
	00000000 00000000 00000000 00000000	0x00000000	L10
L16=L10|0x0000DC00;	00000000 00000000 00000000 00000000	0x00000000	L10
	00000000 00000000 **110111**00 00000000	0x0000DC00	0x0000DC00
	00000000 00000000 **110111**00 00000000	0x0000DC00	L16
U32=H16|L16;	**110110**00 01000000 00000000 00000000	0xD8400000	H16
	00000000 00000000 **110111**00 00000000	0x0000DC00	L16
	11011000 01000000 **110111**00 00000000	0xD840DC00	U32

9.4　位运算的注意事项

9.4.1　右移的补位方式

右移运算对最高位的补位有两种处理方式：如果最高位总是补 0，则称之为逻辑右移运算；如果是有符号数，则最高位总是补符号位，而对于无符号数最高位总是补 0，那么称之为算术右移运算。不同 C 语言编译器可能有不同的处理方式，C 语言编译器中的 gcc、g++、cl 编译器采用算术右移运算。

代码和运行结果如程序 9.14 所示。

```
#include <stdio.h>
int main( ) {
    unsigned a=2147483648;
    printf("a 移位前=0x%08X=%u\n",a,a);
    printf(" a>>1 后=0x%08X=%u\n",a>>1,a>>1);
    int b=-2147483648;
    printf("b 移位前=0x%08X=%d\n",b,b);
    printf(" b>>1 后=0x%08X=%d\n",b>>1,b>>1);
    return 0;
}
```

运行结果

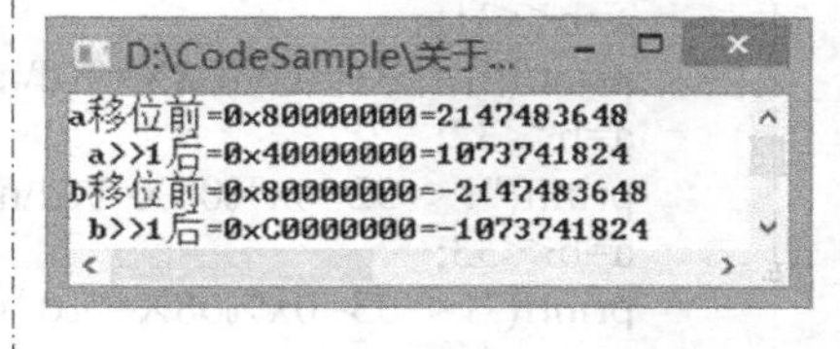

程序 9.14

从以上程序运行结果可以看出，x>>1 的结果等价于 x/2。同理，x<<1 的结果等价于 x*2。

但在计算机的 CPU 中，移位运算比乘法或除法运算快很多倍，因此，可用移位运算代替乘 2 或除 2 运算。

9.4.2 移位量的取模特性

在 C 语言中，左移和右移运算的取模特性与右操作数的数据类型相关，如表 9.7 所示。

表 9.7 移位运算的取模特性

左操作数的数据类型		移位量的取模特性	说 明
常量		无	按实际移位量计算
变量	char 型、short 型、int 型、unsigned 型、short unsigned 型	模 32	a<<n 等价于 a<<(n%32) a>>n 等价于 a>>(n%32)
	long long 型、long long unsigned 型	模 64	a<<n 等价于 a<<(n%64) a>>n 等价于 a>>(n%64)

程序 9.15 验证和展示了移位运算的取模特性。

```
#include <stdio.h>
int main( ) {
    int a;
    a=1<<30;
    printf("1<<30=0x%08X=%d\n",a,a);
    a=1<<31;
    printf("1<<31=0x%08X=%d\n",a,a);
    a=1<<32;
    printf("1<<32=0x%08X=%d\n",a,a);
    a=1<<33;
    printf("1<<33=0x%08X=%d \n",a,a);
    return 0;
}
```

当参与位运算的左操作数为整型常量时，往左移动位数≥32 时，结果为 0。

运行结果

```
1<<30=0x40000000=1073741824
1<<31=0x80000000=-2147483648
1<<32=0x00000000=0
1<<33=0x00000000=0
```

程序 9.15

下面仅将程序 9.15 的左移运算操作数改为 int 型。那么当左移位数大于或等于 32 时，首先将对移动位数取 32 的余数。代码和运行结果如程序 9.16 所示。

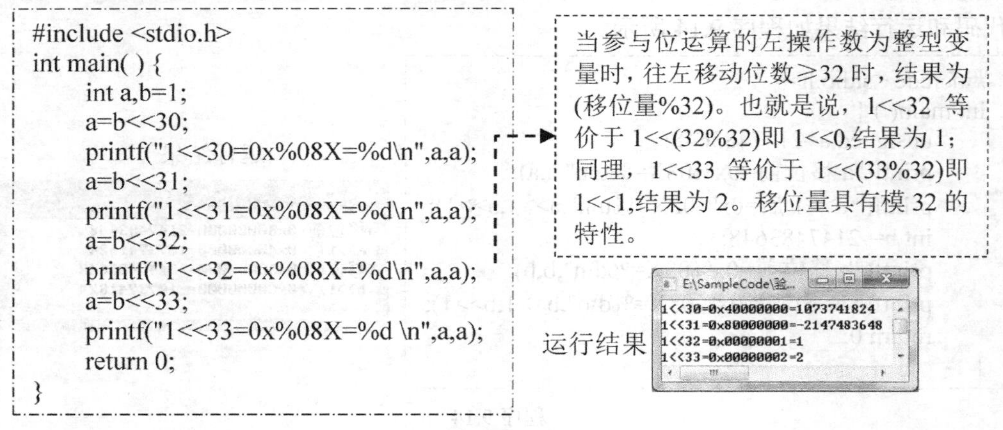

```
#include <stdio.h>
int main( ) {
    int a,b=1;
    a=b<<30;
    printf("1<<30=0x%08X=%d\n",a,a);
    a=b<<31;
    printf("1<<31=0x%08X=%d\n",a,a);
    a=b<<32;
    printf("1<<32=0x%08X=%d\n",a,a);
    a=b<<33;
    printf("1<<33=0x%08X=%d \n",a,a);
    return 0;
}
```


程序 9.16

下面将程序 9.16 的变量 b 改为 char 型，其余代码不变，结果与 b 为 int 型相同。代码和运行结果如程序 9.17 所示。

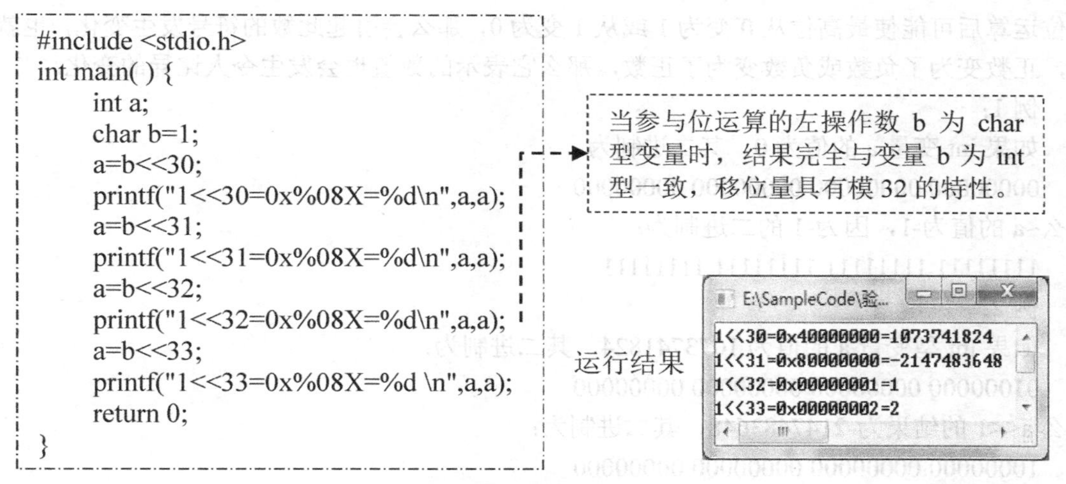

```c
#include <stdio.h>
int main( ) {
      int a;
      char b=1;
      a=b<<30;
      printf("1<<30=0x%08X=%d\n",a,a);
      a=b<<31;
      printf("1<<31=0x%08X=%d\n",a,a);
      a=b<<32;
      printf("1<<32=0x%08X=%d\n",a,a);
      a=b<<33;
      printf("1<<33=0x%08X=%d \n",a,a);
      return 0;
}
```


程序 9.17

当参与位运算的左操作数类型为 long long 时，代码和运行结果如程序 9.18 所示。

```c
#include <stdio.h>
int main( ) {
      long long a;
      long long b=1;
      a=b<<62;
      printf("1<<62=0x%016llX=%lld\n",a,a);
      a=b<<63;
      printf("1<<63=0x%016llX=%lld\n",a,a);
      a=b<<64;
      printf("1<<64=0x%016llX=%lld\n",a,a);
      a=b<<65;
      printf("1<<65=0x%016llX=%lld\n",a,a);
      return 0;
}
```

当参与位运算的左操作数 b 为 long long 型变量时，移位量具有模 64 的特性。

运行结果

```
E:\SampleCode\验证移位量的模32位特性\bin...
1<<62=0x4000000000000000=4611686018427387904
1<<63=0x8000000000000000=-9223372036854775808
1<<64=0x0000000000000001=1
1<<65=0x0000000000000002=2
```

程序 9.18

对于右移运算具有相同的特性，请读者自己编程验证。

9.4.3 可进行位运算的数据类型

C 语言约定，位运算只能针对带符号或不带符号的 char、short、int、long、long long 型数据进行运算，对于其他数据类型的数据是不能直接进行位运算的。

请注意，其他数据类型的数据仅是不能直接参与位运算，但通过指针间接访问方式，可使任何数据类型参与位运算。（读者可自己尝试设计程序验证此结论）

例如，3.14<<2 是不允许的，因为 3.14 是浮点数。但如果需要对此存储空间中的数据进行位运算，可以将此 4 字节的浮点数（64bit）看作有 4 个元素的 char 型数组或 2 个元素的 short 型数组或看作一个 int 型或 long 型数据，然后再进行操作。

重视符号位的变化。

注意，对于有符号整数，因为其最高位表示符号，0 表示正“+”，1 表示负“–”。如果经过位运算后可能使最高位从 0 变为 1 或从 1 变为 0，那么会引起此数的符号发生变化，也就是说，正数变为了负数或负数变为了正数，那么它表示的数值也会发生令人诧异的变化。

例 1:

如果 int 变量 a 的值为 0，其二进制为:

00000000 00000000 00000000 00000000

那么~a 的值为-1，因为-1 的二进制为:

11111111 11111111 11111111 11111111

例 2:

如果 int 型变量 a 的值为 1073741824，其二进制为:

01000000 00000000 00000000 00000000

那么 a<<1 的结果为-2147483648，其二进制为:

10000000 00000000 00000000 00000000

如果对于无符号型整数进行左移和右移，相当于将原来无符号整数值乘以 2（结果有可能溢出）或者整除以 2。但对于有符号型整数，如果左移或右移的移位运算不改变其符号位，那么仍然满足以上规律，否则，不满足以上规律。

左移时，最高位的符号位溢出，此时次高位移动到最高位作为符号位，可能使结果由正数变为负数或者由负数变为正数。代码如程序 9.19 所示，结果如运行结果 9.8 所示。

```
#include <stdio.h>
int main( ){
        int i,a=1431655765;
        for(i=0;i<32;i++)
                printf("a<<%d=%d\n",i,a<<i);
        return 0;
}
```

变量 a 中存放的数据为十进制的有符号整数 1431655765，其二进制值为 01010101010101010101010101010101。

每循环一次，得到的 a<<i 结果使符号位发生改变，因此我们看到运行结果为正数和负数交替出现。

程序 9.19

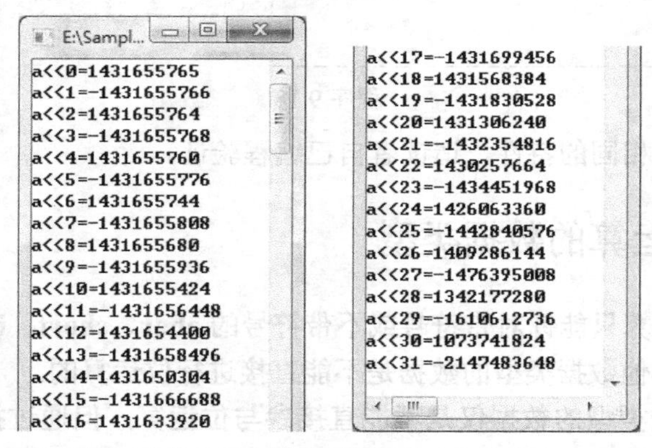

运行结果 9.8

9.5　位域

C 语言还提供了操作二进制位的便利途径，在结构体中以位为单位来指定其成员所占二进制位数，这种以位为单元的结构体成员称为“位域”或“位段”。它使用起来就像结构体的成员，而实际占用内存为指定的位数。位域的使用提高了程序设计的效率和程序的可读性。

例如，描述某个磁盘驱动器状态的结构体定义为：

```
struct DiskDesp{
    unsigned active: 1;
    unsigned ready:1;
    unsigned error:2;
    int code;
} hd;
```

那么，以上结构体中的成员 active、ready、error 为位域，code 为普通成员。

结构体存储单元分配如图 9.5 所示。不同的机器存储单元分配方式可能不同。

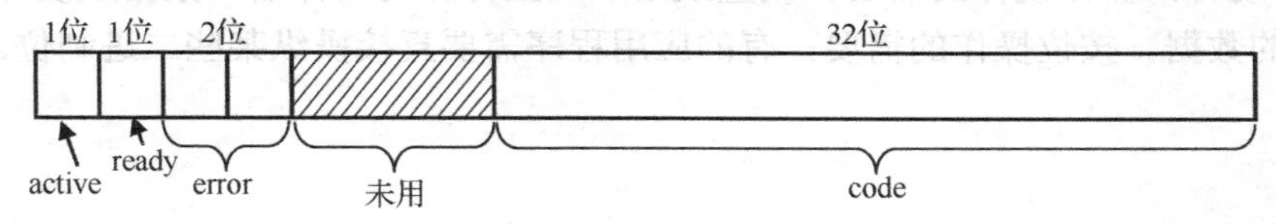

图 9.5　位域的结构示意图

程序中引用位域的方式与引用结构体成员相同。例如：

```
hd.active=1;
if(hd.ready==0){……}
printf("%u",hd.error);
printf("%d",code);
```

使用位域的注意事项如下。

（1）位域的类型只能是 unsigned 或 int。

（2）位域的输出格式控制串可以是%u、%d、%o、%x。

（3）给位域赋值时，如果数值超过了位域能接受的最大值，则自动赋予其低位。

（4）位域可以用在数值计算表达式中，它将自动转换为整型数。

（5）允许定义有宽度的无名位域，表示该宽度对应的二进制位不用。宽度为 0 的无名位域表示下一个位域从另一个字开始存放。

有兴趣的读者可参考相关资料了解位域的更多用法。

知识拓展：（如果对此部分内容感兴趣，请扫描二维码）

位运算应用拓展：用于组合可选属性或标志、双重异或位运算的运用、位运算在“内存查看”实用工具中的应用。

本章小结

1. 位(bit)：一个 bit 就是指一个二进制位。字节 Byte 是计算机存储管理的基本单位，1 Byte = 8bits。

2．位运算包括：&（按位与）、|（按位或）、^（按位异或）、~（按位取反，或称按位非）、<<（左移位）、>>（右移位）以及赋值运算符（&=、|=、^=、<<=、>>=）。

3．以字节为单位的按位运算。

“位”是运算单位：参与运算是在二进制“位”层次的运算，这是区别于其他运算的显著特点。虽然运算是按“位”进行的，但参与运算的单位是字节，也就是说，参与位运算的操作数是以字节为单位的，1 个字节中的 8 位都必须参与运算，并不能只允许 1 个位参与运算。

4．位运算只能针对 char、short、int、long long、unsigned short、unsigned int 型进行操作。

5．运算速度快：相比乘 2 或除 2 运算，移位运算更快，位运算比通常的算术运算需要的机器周期数更少。

6．应用场合：操作硬件的需要：设置或读取某些特殊的硬件端口数据或硬件标志位寄存器或缓冲区的数据。按位操作的需要：有的应用程序需要直接操纵某些二进制位。

反侵权盗版声明

举报电话：（010）88254396；（010）88258888
传　　真：（010）88254397
E-mail：　dbqq@phei.com.cn
通信地址：北京市海淀区万寿路 173 信箱
　　　　　电子工业出版社总编办公室
邮　　编：100036